KB181757

PERFECT GUIDE

전기기능사

필기

원명수 | 나승권 공저

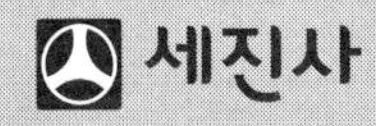

머리말

<<< PREFACE

인생에서 안전한 성공비결

전기처럼 산업이 초고속으로 발전해도 기술이 변하지 않는 것은 + 더하고(빨리 취득)

컴퓨터처럼 산업이 발달함에 따라 기술이 변하는 것은 − 빼고(돈이 안 된다)

건설현장 전기실무 및 기계설치시 자동제어실무(PLC)를 배우면 × 곱(배)이 되니(돈이 됨)

기능사 ➜ 전기기사 ➜ 전기기술사를 취득하여 전기사업으로 돈(부자)을 잘 버는 멋진 전기기술인이 되는 그날까지 오늘도 매순간 열심히 최선을 다하는 기술자가 됩시다.

왜 인생이 짧으니 안전한 한우물(파산대비용)을 파야 한다.

인생 성공의 비결

절차	생각을 바꾼다	행동이 변한다	(돈+지인−사기꾼) 권력얻음
성공 내용	스마트폰(게임, 카톡) 생각 ⬇ 기술 공부할(배울) 것	책임이 없고 돈이 되는 자격증 취득 ⬇ 생명(돈)과 연관이 있는 자격증 취득	나이에 관계없이 일할 수 있음 ⬇ 돈이 된다(노후대비)

인생 성공의 예

절차	생각을 바꾼다	행동이 변한다	(돈+지인−사기꾼) 권력얻음
성공 내용	스마트폰(게임, 카톡) 생각 ⬇ 전기기술 공부할(배울) 것	의무고용, 돈이 되는 자격증 취득 ⬇ 감전=사망=돈이 되는 자격증 취득	나이에 관계없이 의무고용임 ⬇ 돈이 된다(노후대비)

인생 실패의 절차

절차	생각을 바꾼다	행동이 변하지 않는다	(내 돈−지인−사기꾼) 미래불안
성공 내용	기술공부 안 한다 ⬇ 스마트폰(게임, 카톡) 생각	책임이 없고 돈이 안 되는 자격증 취득 ⬇ 생명(돈)과 연관이 없는 자격증 취득	60세가 되면 일할 수 없다 ⬇ 돈이 안 된다(노후대비 안 된다)

차 례

<<< CONTENTS

1과목 전기이론

제1장 직류회로

제2장 정전기(진공 중의 정전계)

제3장 자기회로(정자계)

제4장 교류회로

2과목 전기기기

제1장 직류기

제2장 동기기 : 교류발전기

제3장 변압기

제4장 유도기

제5장 정류기

제6장 교류 정류자기

3과목 전기설비

제1장 전선 및 케이블

제2장 배선 재료와 공구 및 기구

제3장 전선의 접속

제4장 옥내 배선 공사

제5장 전선 및 기계기구의 보안과 접지공사

제6장 가공 인입선 및 배전반 공사

제7장 배전반 및 분전반 공사

제8장 위험한 장소의 공사

제9장 특수 시설의 전기 공사

제10장 조명배선

최근 기출문제

1 CASIO *fx-350ES* 계산기

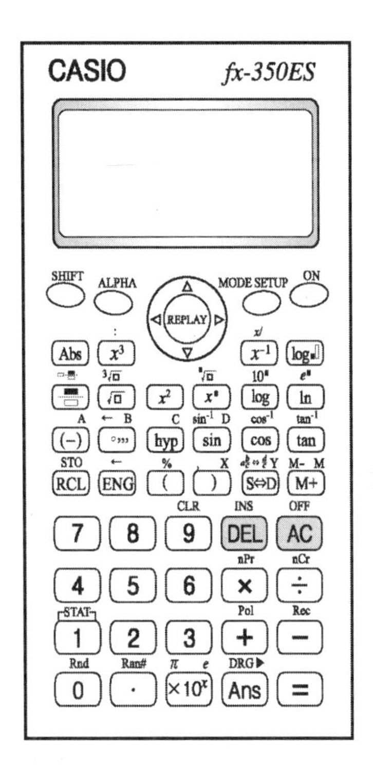

▎SHIFT (계산기 왼쪽 끝의 맨 위)를 사용하지 않는 경우 계산 방법▎

계산기 버튼에 표기되어 있는 문자를 우리가 사용하고자 하는 문자 또는 방식 그대로 일치시켜 누르면 계산기 화면에 표시되며, 연속해서 누르면 된다.

- 계산기 켜는 법(ON) : ON 을 누른다.
- 계산기 끄는 법(OFF) : 계산기 맨 왼쪽 위 SHIFT 를 누른 다음 AC 를 누르거나 그냥 두면 자동으로 꺼진다.

[예제 1] 다음 $\frac{1}{3}(120+60+80\sqrt{3})$ 값을 계산하시오.

(계산기) ⇒ 방법 1. $1 \div 3 \times (120+60+80 \times \sqrt{\ \ }\ 3$ ▶ $) = 106.188$

방법 2. ▭ 1 ▼ 3 ▶ × (120 + 60 + 80 × √■ 3 ▶) =

[예제 2] 다음 $\dfrac{1}{\frac{1}{7}+\frac{1}{8}+\frac{1}{9}}$ **값을 계산하시오.**

계산기 ⇒ 방법 1. $1 \div (1 \div 7 + 1 \div 8 + 1 \div 9) = \dfrac{504}{191}$ [S⇔D] 또는 2.638

방법 2. [분수] 1 (▼) [분수] 1 (▼) 7 (▶) [+] [분수] 1 (▼) 8 (▶) [+] [분수] 1 (▼) 9 [=]

도우미 [S⇔D] 기능 : "분수값 ⇄ 소숫값" 변환기능 버튼

[예제 3] 다음 $3^4 \log \dfrac{3}{2}$ **값을 계산하시오.**

계산기 ⇒ 방법 1. 3 [$x^{■}$] 4 (▶) × [log] (3 ÷ 2) = 14.26

방법 2. 3 [$x^{■}$] 4 (▶) [×] [log] [분수] 3 (▼) 2 (▶) [)] [=]

[예제 4] 다음 $\sin\dfrac{\pi}{6} \times \cos\dfrac{\pi}{4}$ **값을 계산하시오.**

계산기 ⇒ 방법 1. [sin] (180 ÷ 6) × [cos] (180 ÷ 4) = $\dfrac{\sqrt{2}}{4}$ [S⇔D] 또는 0.35

방법 2. [sin] [분수] 180 (▼) 6 (▶) [)] [×] [cos] [분수] 180 (▼) 4 (▶) [)] [=]

[예제 5] 다음 $\sqrt{\dfrac{2}{5 \times 3 \times 7 \times 9}}$ **값을 계산하시오.**

계산기 ⇒ 방법 1. $\sqrt{\quad}$ (2 ÷ 5 ÷ 3 ÷ 7 ÷ 9) = 0.046

방법 2. $\sqrt{\quad}$ (2 ÷ (5 × 3 × 7 × 9)) = 0.046

방법 3. [√■] [분수] 2 (▼) 5 [×] 3 [×] 7 [×] 9 (▶) [=]

▎ SHIFT 를 사용하는 경우 계산 방법 ▎

계산기 바로 위에 글자로 써 있는 것을 입력하려면 SHIFT 를 누른 다음 입력하고자 하는 글자의 버튼을 누른다.

[예제 1] 다음 $154^2 \times 10^6 \times 10^{-4}$ 값을 계산하시오.

계산기 $\Rightarrow$ 154 [x^2] × [SHIFT] [log] [▶] × [SHIFT] [log] [(−)] 4 [▶] = 2371600

[예제 2] 다음 $\left(\dfrac{154}{\sqrt{3}} \times 10^3\right)^2 \times 10^{-9}$ 값을 계산하시오.

계산기 $\Rightarrow$ (154 ÷ √ 3 [▶] × [SHIFT] [log] [▶]) [x^2] × [SHIFT] [log] [(−)] 9 [▶]

= 7.9

[예제 3] 다음 $5\sqrt[3]{2}$ 값을 계산하시오.

계산기 $\Rightarrow$ 5 × [SHIFT] [√■] 2 = 6.299

[예제 4] 다음 $4 \times \sqrt[6]{2}$ 값을 계산하시오.

계산기 $\Rightarrow$ 4 × [SHIFT] [$x^{\square}$] 6 [▶] 2 = 4.489 (단, $\sqrt[6]{}$: [SHIFT] [$x^{\square}$]을 누름)

[예제 5] 다음 $110^2 \times \left(\dfrac{100}{200}\right)^{\frac{3}{2}}$ 값을 계산하시오.

계산기 $\Rightarrow$ 방법 1. 110 [x^2] × (100 ÷ 200) [$x^{\square}$] (3 ÷ 2) = 4277.99

방법 2. 110 [x^2] [×] [(] 100 [÷] 200 [)] [$x^{\blacksquare}$] 3 [÷] 2 = 4277.99

[예제 6] 다음 $\sin^{-1}\dfrac{1}{2}$ 값을 계산하시오.

계산기 $\Rightarrow$ 방법 1. [SHIFT] [sin] (1 ÷ 2) = 30° (단, $\sin^{-1}$은 [sin] 누름)

방법 2. [SHIFT] [sin] [▭/▭] 1 [▼] 2 [▶] [)] [=]

[예제 7] 다음 $\cos^{-1}\frac{\sqrt{3}}{2}$ 값을 계산하시오.

계산기 ⇒ 방법 1. [SHIFT] [cos] ([√] 3 ▶ ÷ 2) = 30° (단, $\cos^{-1}$은 [cos] 누름)

방법 2. [SHIFT] [cos] [분수] [√] 3 ▼ 2 ▶ [)] [=]

[예제 8] 다음 $\sqrt{1.5^2+4^2}$ 값을 계산하시오.

계산기 ⇒ √ (1.5 [x^2] + 4 [x^2]) = 4.27

[예제 9] 다음 $\frac{10}{33}\times\sqrt{(160+33^2\times0.16)^2+(300+33^2\times0.3)^2}$ 값을 계산하시오.

계산기 ⇒ 10 ÷ 33 × √ ((160 + 33 [x^2] × 0.16) [x^2] + (300 + 33 [x^2] × 0.3) [x^2])

= 215.23

[예제 10] 다음 $\sqrt{\frac{40}{90}}$ 값을 계산하시오.

계산기 ⇒ 방법 1. √ 40 ÷ 90 = $\frac{2}{3}$ [S⇔D] 0.666

방법 2. √■ [분수] 40 ▼ 90 = $\frac{2}{3}$ 또는 [S⇔D] 0.667

계산기 초기화시키는 요령

해 설	계산기를 일단 초기화해 그 계산 모드로 돌아오고 싶을 때나, 또는 설정을 초기 상태로 리셋하고 싶을 때에는 다음과 같은 조작을 한다. 이 조작은 현재 메모리에 남아 있는 데이터를 모두 소거해 버리므로 주의하세요.
초기화 요령 방 법	[SHIFT] [9] (삭제 CLR 의미) [3] (전체 All 의미) [=] (실행 Yes 의미)

2 전기수학

사칙연산

(1) 덧셈 및 뺄셈의 부호(±) 처리 방법

㉠ $A = C + D - B$

㉡ $B = C + D - A$

㉢ $C = A + B - D$

㉣ $D = A + B - C$

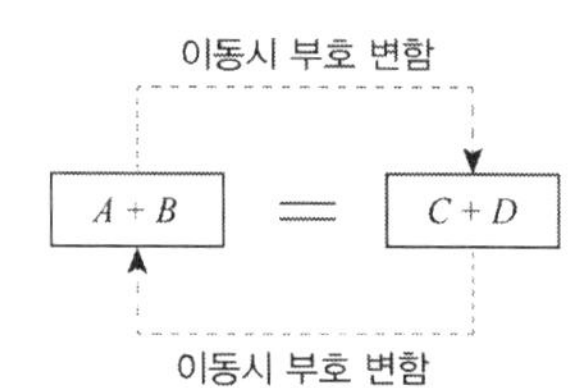

(2) 곱셈과 나눗셈의 부호 처리 방법

구 분	곱셈일 때 적용	나눗셈일 때 적용
+처리 하는 경우	−가 짝수(2, 4, 6…)개 곱해진 경우 전체 부호는 +값이다.	−가 짝수(2, 4, 6…)개 분자와 분모에 곱해진 경우 전체 부호는 +값이다.
−처리 하는 경우	−가 홀수(1, 3, 5…)개 곱해진 경우 전체 부호는 −값이다.	−가 홀수(1, 3, 5…)개 분자와 분모에 곱해진 경우 전체 부호는 −값이다.
예제	$(-1)\times(-2)\times(-3)=-1\times2\times3=-6$	$\frac{(-1)\times(-2)}{(-3)\times(-4)}=+\frac{1\times2}{3\times4}=\frac{2}{12}=\frac{1}{6}$

(3) 곱셈값 이항시 처리 방법

㉠ $A = C\times D\times\frac{1}{B}=\frac{CD}{B}$

㉡ $C= A\times B\times\frac{1}{D}=\frac{AB}{D}$

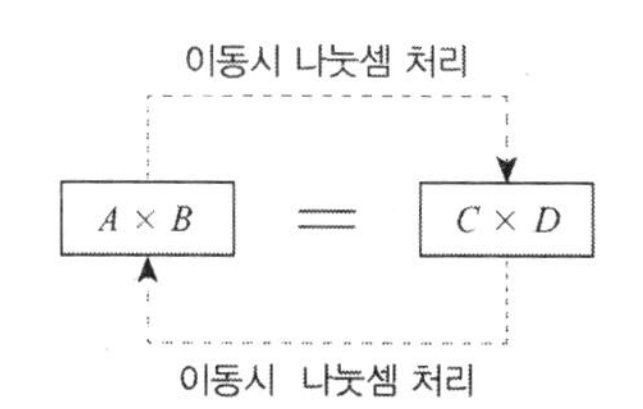

(4) 나눗셈값 이항시 처리 방법

㉠ $A = \frac{C}{D}\times B=\frac{C\times B}{D}$

㉡ $C= \frac{A}{B}\times D=\frac{A\times D}{B}$

이동시 곱셈(×) → 나눗셈(÷)으로 변함
이동식 나눗셈(÷) → 곱셈(×)으로
$\frac{A}{B}$ = $\frac{C}{D}$
이동식 곱셈(×) → 나눗셈(÷)으로
이동시 나눗셈(÷) → 곱셈(×)으로 변함

2 전기에서 (−)값 의미

(1) 전류 I[A]에서 (−)값 의미 : 전류의 흐름 방향이 반대

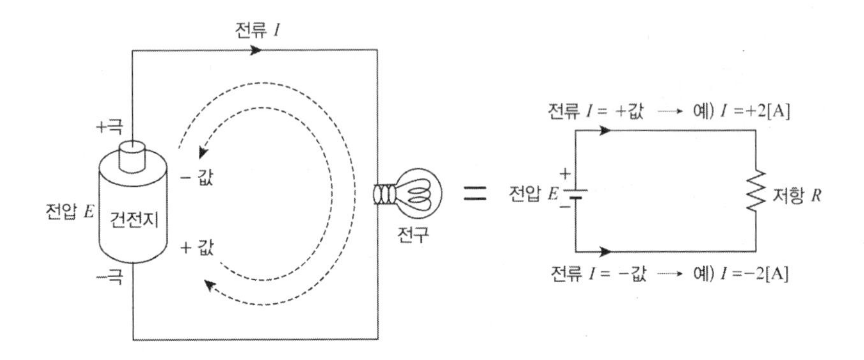

(2) 전압 $E(e)[\mathrm{V}]$에서 (−)값 의미 : 유도기전력 방향 의미

• 렌츠의 법칙 : 유도기전력 $e = -N\dfrac{d\phi}{dt} = -L\dfrac{di}{dt} = -M\dfrac{di}{dt}$[V]

(3) 힘 F[N]에서 (−)값 의미 : 흡인력

1) 흡인력(서로 끌어 당기는 힘) $F=(-)$값
2) 반발력(서로 밀어내는 힘) $F=(+)$값

(4) 지상 및 진상에서

부하 종류	부호 처리	값	해당 전류 및 부하 종류	작용(역할)
코일 L	지상(+)	$+jwL$	유도성(코일 L, 인덕턴스) → jwL 부하전류 = 단락전류 → 전압강하 작용	전압강하 작용(↓) 감자작용(↓)
콘덴서 C	진상(−)	$-j\dfrac{1}{wC}$	용량성(콘덴서 C, 정전용량) → $-j\dfrac{1}{wC}$ 무부하전류 = 충전전류 → 전위상승 작용	전위상승 작용(↑) 증자작용(↑)

3 비례 및 반비례

(1) 적용식

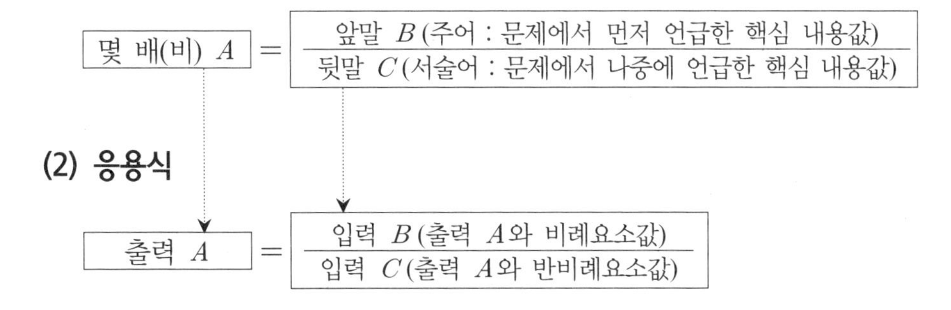

(3) 비례 관계만 적용하는 경우

★ [시험문제에서 정답 형태]

출제유형	출력 A와 입력 B 관계	내 용	식 표기방법
정답	비례 관계	출력 A는 입력 B에 비례한다.	$A \propto B$

(4) 반비례 관계만 적용하는 경우

★ [서술형 시험문제에서 정답 형태]

출제유형	출력과 입력 관계	내 용	식 표기방법
정답	반비례 관계	출력 A는 입력 C에 반비례한다.	$A \propto \frac{1}{C}$(역수)

(5) 비례 및 반비례 공식정리

구 분		비례 관계식인 경우
출력(좌변)값 계산시 적용	1승인 경우	적용식 : $A \propto B$
	예 $A = \frac{B}{C}$ 사용	나중출력 $A_2 = \frac{\text{나중입력 } B_2}{\text{처음입력 } B_1} \times$ 처음출력 A_1
	2승(제곱)인 경우	적용식 : $A \propto B^2$
	예 $A = \frac{B^2}{C^2}$ 사용	나중출력 $A_2 = \left[\frac{\text{나중입력 } B_2}{\text{처음입력 } B_1}\right]^2 \times$ 처음출력 A_1
입력(우변)값 계산시 적용	$\frac{1}{2}$승($\sqrt{\ }$, 제곱근)인 경우	적용식 : $B \propto \sqrt{A}$
	예 $A = \frac{B^2}{C^2}$ 사용	나중입력 $B_2 = \sqrt{\frac{\text{나중출력 } A_2}{\text{처음출력 } A_1}} \times$ 처음입력 B_1
암기하는 방법		㉥례식 → ㉯중값 / ㉳음값

구 분		반비례 관계식인 경우
출력(좌변)값 계산시 적용	1승인 경우 예 $A=\frac{B}{C}$ 사용	적용식 : $A \propto \frac{1}{C}$
		나중출력 $A_2 = \frac{\text{처음입력 } C_1}{\text{나중입력 } C_2} \times \text{처음출력 } A_1$
	2승(제곱)인 경우 예 $A=\frac{B^2}{C^2}$ 사용	적용식 : $A = \frac{1}{C^2}$
		나중출력 $A_2 = \left[\frac{\text{처음입력 } C_1}{\text{나중입력 } C_2}\right]^2 \times \text{처음출력 } A_1$
입력(우변)값 계산시 적용	$\frac{1}{2}$승($\sqrt{\ }$, 제곱근)인 경우 예 $A=\frac{B^2}{C^2}$ 사용	적용식 : $C \propto \frac{1}{\sqrt{A}}$
		나중입력 $C_2 = \sqrt{\frac{\text{처음출력 } A_1}{\text{나중출력 } A_2}} \times \text{처음입력 } C_1$
암기하는 방법		ⓑ반 비 례 식 → (처)음값 / (나)중값

(6) 분수의 사칙연산 정리

구 분	분모값이 서로 다른 경우	분모값이 서로 같은 경우
덧셈인 경우	$\frac{A}{B}+\frac{C}{D}=\frac{A\times D+B\times C}{B\times D}$	$\frac{A}{B}+\frac{C}{B}=\frac{A+C}{B}$
뺄셈인 경우	$\frac{A}{B}-\frac{C}{D}=\frac{A\times D-B\times C}{B\times D}$	$\frac{A}{B}-\frac{C}{B}=\frac{A-C}{B}$
곱셈인 경우	$\frac{A}{B}\times\frac{C}{D}=\frac{A\times C}{B\times D}$	$\frac{A}{B}\times\frac{C}{B}=\frac{A\times C}{B^2}$
나눗셈인 경우	$\frac{\frac{A}{B}}{\frac{C}{D}}=\frac{A}{B}\times\frac{D}{C}=\frac{AD}{BC}$	$\frac{\frac{A}{B}}{\frac{C}{B}}=\frac{A}{C}$

4 인수분해 및 지수

(1) 인수분해

1) **1승인 경우** : $m(a-b+c) = ma - mb + mc$
2) **2승의 덧셈인 경우** : $(a+b)^2 = a^2 + 2ab + b^2$
3) **2승의 뺄셈인 경우** : $(a-b)^2 = a^2 - 2ab + b^2$
4) **덧셈과 뺄셈이 동시에 있는 경우** : $(a+b)(a-b) = a^2 - b^2$

(2) 지수

구 분	처리방법(공식)		예
곱셈인 경우	① $a^m \times a^n = a^{m+n}$		$a^3 \times a = a^{3+1} = a^4$
지수처리	② $(a^m)^n = a^{m \times n}$		$(a^2)^2 = a^{2\times 2} = a^4$
나눗셈인 경우	③ $a^m \div a^n = \dfrac{a^m}{a^n} = a^{m-n}$	a^{m-n} ($m>n$인 경우)	$a^4 \div a^2 = \dfrac{a^4}{a^2} = a^4 \cdot a^{-2} = a^{4-2} = a^2$
		$a^0 = 1$ ($m=n$인 경우)	$a^4 \div a^4 = \dfrac{a^4}{a^4} = a^{4-4} = a^0 = 1$
		a^{m-n} ($m<n$인 경우)	$a^3 \div a^4 = \dfrac{a^3}{a^4} = a^3 \times a^{-4} = a^{3-4} = a^{-1} = \dfrac{1}{a}$
주의사항 (성질)	④ $(ab)^n = a^n b^n$ $\left(\dfrac{a}{b}\right)^n = \dfrac{a^n}{b^n}$		① $(ab)^2 = a^2b^2$ ② $\left(\dfrac{a}{b}\right)^2 = a^2 \cdot b^{-2}$
특징	⑤ $a^0 = 1$ 처리 ⑥ $a^{-n} = \dfrac{1}{a^n}$		① $a^0 = 1$ ② $a^{-2} = \dfrac{1}{a^2}$
계산시 주의사항	$a^0 = 1 = 10^{+3} \times 10^{-3} = 10^{+6} \times 10^{-6} = 10^{+9} \times 10^{-9} = 10^{+12} \times 10^{-12}$		

5 단위환산

(1) 기준 단위 : 전기의 모든 값의 단위가 기준이 된다.

① 전류 I[A]인 경우 암페어[A]가 기준단위이다.
② 전압 E[V]인 경우 볼트[V]가 기준단위이다.
③ 임피던스 Z[Ω]인 경우 옴[Ω]이 기준단위이다.
④ 길이 l[m]인 경우 미터[m]가 기준단위이다.
⑤ 전력 P[W]인 경우 와트[W]가 기준단위이다.

(2) 단위환산표

	약 자	읽기(명칭)	환산 값(크기)	예 제
큰값 ㊅ ↑	G	기가	10^{+9}	주파수 $1[GHz] = 10^{+9}[Hz]$
	M	메가	10^6	절연저항 $0.4[M\Omega] = 4\times10^5[\Omega]$
	k	킬로	10^3	길이 $3[km] = 3\times10^3[m]$
기준값 1	m	미터	1(기준값)	예 1[A], 1[Ω], 10[Ω], 10[V], 2[F], 3[C], 10[m], 5[H], …
↓	cm	센티	$10^{-2} = 0.01$	면적 $2[cm^2] = 2\times10^{-4}[m^2]$
	mm	밀리	$10^{-3} = 0.001$	간격 $5[mm] = 5\times10^{-3}[m]$
	μ	마이크로	$\frac{1}{10^6} = 10^{-6} = 0.000001$	콘덴서 $200[\mu F] = 2\times10^{-4}[F]$
작은값 ㊈	n	나노	$\frac{1}{10^9} = 10^{-9}$	콘덴서 $200[nF] = 2\times10^{-7}[F]$
	p	피코	$\frac{1}{10^{12}} = 10^{-12}$	콘덴서 $300[pF] = 3\times10^{-10}[F]$

6 무리수 : $\sqrt{\ } = (\ )^{\frac{1}{2}승}$ = 제곱근

(1) 성질(주의사항)

구 분	성 질
곱셈인 경우	$\sqrt{a}\ \sqrt{b} = \sqrt{a\times b} = \sqrt{ab}$
나눗셈인 경우	$\frac{\sqrt{a}}{\sqrt{b}} = \sqrt{\frac{a}{b}}$
★ 꼭 암기해야 할 공식	$\sqrt{x^2} = (\sqrt{x})^2 = (-\sqrt{x})^2 = x$

(2) 응용공식

1) $(\sqrt{a} + \sqrt{b})\times(\sqrt{a} - \sqrt{b}) = a - b$
2) $(\sqrt{a} + \sqrt{b})^2 = a + 2\sqrt{ab} + b$
3) $(\sqrt{a} - \sqrt{b})^2 = a - 2\sqrt{ab} + b$

(3) 분모의 유리화

1) $\dfrac{b}{\sqrt{a}}$ 인 경우 유리화(분모에 $\sqrt{\ }$ 가 1개인 경우)

$$\frac{b}{\sqrt{a}}=\frac{b\times\sqrt{a}}{\sqrt{a}\times\sqrt{a}}=\frac{b\sqrt{a}}{(\sqrt{a})^2}=\frac{b\sqrt{a}}{a}$$

2) $\dfrac{c}{\sqrt{a}+\sqrt{b}}$ 인 경우 유리화(분모에 $\sqrt{\ }$ 가 2개인 경우)

$$\frac{c}{\sqrt{a}+\sqrt{b}}=\frac{c}{(\sqrt{a}+\sqrt{b})}\times\frac{(\sqrt{a}-\sqrt{b})}{(\sqrt{a}-\sqrt{b})}=\frac{c(\sqrt{a}-\sqrt{b})}{(\sqrt{a})^2-(\sqrt{b})^2}=\frac{c(\sqrt{a}-\sqrt{b})}{a-b}$$

복소수(전기값) = 실수(유효분) + j 허수(무효분)

★ **전기 모든 값에 적용에 적용한다.**

- 전압 V=실수(유효분) 전압 V_R+j허수(무효분) 전압 V_L[V]
- 전류 I=실수(유효분) 전류 I_R+j허수(무효분) 전류 I_c[A]
- 전력 P_a=실수(유효분) 전력 $P+j$허수(무효분) 전력 P_r[VA]
- 임피던스 Z=실수(유효분) 저항 $R+j$허수(무효분) 리액턴스 X_L[Ω]

복소수(부하)	실수값	허수값	크기 $\|Z\|$	암기법
$Z=3+j4$	3	4	$5=\sqrt{3^2+4^2}$	3, 4, 5
$Z=6+j8$	6	8	$10=\sqrt{6^2+8^2}$	6, 8, 10
$Z=0.6+j0.8$	0.6	0.8	$1=\sqrt{0.6^2+0.8^2}$	0.681
$Z=0.3+j0.4$	0.3	0.4	$0.5=\sqrt{0.3^2+0.4^2}$	0.345

① 직각좌표 표기법=실수+ j허수

② 극좌표 표기법=크기∠위상 $\theta=\sqrt{실수^2+허수^2}\angle\tan^{-1}\dfrac{허수}{실수}$

③ 지수함수 표기법=크기 $e^{j위상\theta}=\sqrt{실수^2+허수^2}\,e^{j\tan^{-1}\frac{허수}{실수}}$

④ 삼각함수 표기법=크기×(cos위상$\theta+j$sin위상θ)

$$=\sqrt{실수^2+허수^2}\times[\cos위상\theta+j\sin위상\theta]$$

(1) 복소수의 사칙 연산 $\xrightarrow{\text{목적}}$ "크기와 위상" 계산

1) 덧셈

$$A+B=a+jb+c+jd=\sqrt{(a+c)^2+(b+d)^2}\angle\tan^{-1}\frac{b+d}{a+c}$$

2) 뺄셈(차)

$$A-B=a+jb-c-jd=\sqrt{(a-c)^2+(b-d)^2}\angle\tan^{-1}\frac{b-d}{a-c}$$

3) 곱셈

실수 ①: $a \times c$, 실수 ②: $jb \times jd$, 허수 ③: $a \times jd$, 허수 ④: $jb \times c$

$$A\times B=(a+bj)\times(c+dj)=(a+jb)\times(c+jd)+(a+jb)\times(c+jd)$$

$$=\sqrt{(ac-bd)^2+(ad+bc)^2}\angle\tan^{-1}\frac{ad+bc}{ac-bd}$$

4) 나눗셈

$$\frac{A}{B}=\frac{a+jb}{c+jd}$$

→ 분모의 j를 소거해야 실수와 허수로 구분되므로

→ $c+jd$ 의 공액 복소수 $c-jd$ 를 분자와 분모에 곱한다.

★★ $j^2=-1$ (실수 의미)

(2) 응용문제 공식

① $(a+b)(a-b)=a^2-b^2$

② $(a+jb)(a-jb)=a^2+b^2$

③ $(\sqrt{a}+\sqrt{b})(\sqrt{a}-\sqrt{b})=a-b$

④ $(\sqrt{a}+j\sqrt{b})(\sqrt{a}-j\sqrt{b})=a+b$

(3) 복소수 정리

복소수 표기 종류	직각좌표	극좌표	지수	삼각함수
식 표기	실수 + j 허수	크기 ∠ 위상	크기$e^{j\text{위상}}$	크기(cos 위상 + j sin 위상)
예 $Z=3+j4$	$3+j4$ =	$5\angle 53.1°$ =	$5e^{j53.1°}$ =	$5(\cos 53.1° + \sin 53.1°)$

8 삼각함수(사인 sin, 코사인 cos, 탄젠트 tan)

■ 전압 표기방법

전압 명칭	사용 공식	적용 과목
기전력(전압)	$e = vBl\sin\theta$[V]	전기이론, 전기기기
전압(순시값, 정현파)	$e = V_m \sin\theta$ 또는 $\sqrt{2}\,V\sin\theta$ 또는 $V\angle 0°$	전기이론
유기(도)기전력	$E = \frac{P}{a}Z\phi\frac{N}{60}$	전기기기
송전단 전압	V_s = 수전단 전압 V_R + 전압강하 e	전기공사

(1) 전기 파형의 종류

1) 정현파형(sin파, 기함수, 원점 대칭) $\xrightarrow{\text{암기}}$ 정 싸 기 원

주의

파이(π)

① 각 $\theta = \pi = 180°$ 적용 ② 기타 $\pi = 3.14\cdots$ 사용

• **전압 $e = V_m \sin\theta$[V]인 경우**

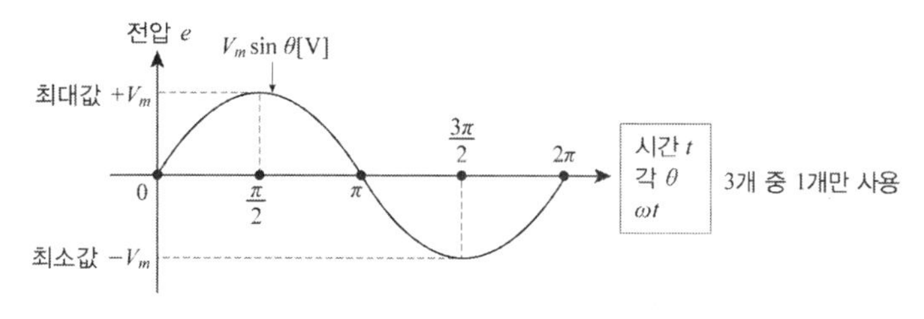

실제 사용전압 크기	$V = \frac{\text{최대전압 } V_m}{\sqrt{2}}$[V] $= 0.707\,V_m$

2) 여현파형(cos파, 우함수, y축 대칭)

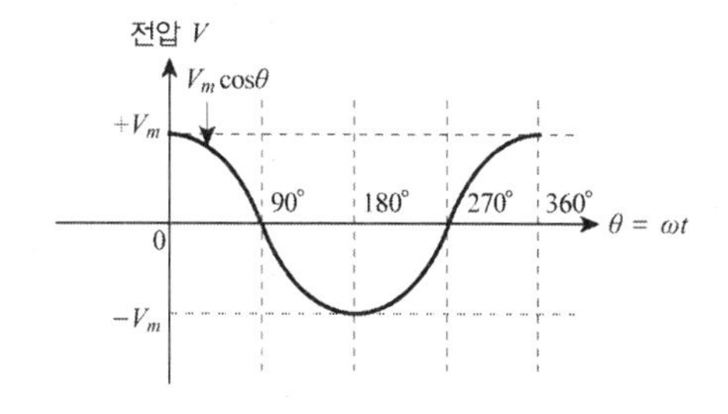

3) 탄젠트(tan 파형, 경사, 기울기값 의미) $= \dfrac{\text{높이}}{\text{밑변}}$

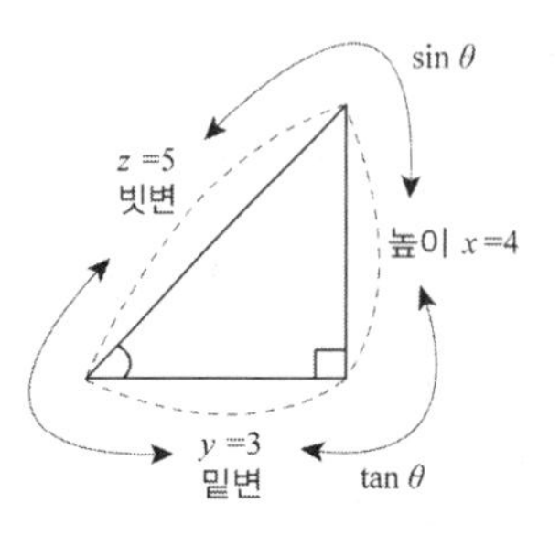

- $\sin\theta = \dfrac{x(\text{높이})}{z(\text{빗변})} = \dfrac{4}{5}$
- $\cos\theta = \dfrac{y(\text{밑변})}{z(\text{빗변})} = \dfrac{3}{5}$
- $\tan\theta = \dfrac{\sin\theta}{\cos\theta} = \dfrac{x(\text{높이})}{y(\text{밑변})} = \dfrac{4}{3}$

4) 피타고라스 정리

$$\text{빗변}=\text{대각선 길이}= \sqrt{\text{밑변}^2+\text{높이}^2} = \sqrt{\text{실수}^2+\text{허수}^2}$$

빗변(크기) $z = \sqrt{x^2+y^2} = \sqrt{3^2+4^2} = 5$

(2) 공식

1) 제곱식 ★★★

공 식	내 용
$\sin^2\theta+\cos^2\theta=1$	무효율 $\sin\theta=\sqrt{1-\cos^2\theta}$ 역률 $\cos\theta=\sqrt{1-\sin^2\theta}$

★ 콘덴서 용량 Q_c 계산시 적용 : $\tan\theta = \dfrac{\sin\theta}{\cos\theta} = \dfrac{\sqrt{1-\cos\theta^2}}{\cos\theta}$

2) 정현파 $\sin\theta$ 와 여현파 $\cos\theta$ 의 관계 ☆☆

+90° 추가

① $+\cos\theta = \sin\left(\theta+\dfrac{\pi}{2}\right) = \sin(\theta+90°)$

−90° 추가

② $-\cos\theta = \sin\left(\theta-\dfrac{\pi}{2}\right) = \sin(\theta-90°)$

3 전기용어해설(명칭 · 문자 · 단위)

(1) 그리스 문자의 명칭 및 해설(용도)

번호	그리스 문자	명칭	용도 및 용어해설
1	α	알파	벡터 각 축의 방향 및 유도기 권수비 표기
2	β	베타	전기자기학에서 벡터값에 대한 방향($\cos\alpha$, $\cos\beta$, $\cos\gamma$)에 사용
3	γ	감마	
4	$\delta(\Delta)$	델타	전압강하율, 부하각(Δ : 변압기 결선 및 미분) 표기
5	ε	엡실론	전압변동률 및 전기충전물질의 유전율 표기
6	ζ	제타	자동제어 제동비 δ와 같이 사용 표기
7	η	이타	실제 전기가 사용되는 비율(효율)
8	θ	세타	전기소비시간(각, 위상, 위상차, 상차각) 표기
9	λ	람다	전기 또는 전자파 또는 빛이 직선으로 가는 거리 표기
10	μ	뮤	물질에 전기를 흘렸을 때 자기(자속 ϕ) 투과 정도로 투자(과)율 및 단위환산에서 마이크로 10^{-6} 표기
11	π	파이	면적 계산시 $\pi=3.14$, 각 $\theta=\pi=180°$ 표기
12	ρ	로	전압강하 및 도체의 고유저항 표기
13	$\sigma(\Sigma)$	시그마	전기흐름 정도 도전율(숫자 합성값 계산) 표기
14	$\tau(T)$	타우	전동기의 회전력(토크) 표기
15	ϕ	파이	철에 전기를 흘린 경우 자기(자속) 발생 크기 표기
16	ω	오메가	발전기 및 전동기 회전자 중심에서 볼 때 도체(코일)가 1초당 이동한 각 θ값 및 $\omega=2\pi f$ 표기

(2) 단위의 종류 · 명칭 · 용도

번호	기호	명칭	크기값	용도 및 용어해설
1	G	기가(giga)	10^{+9}	주파수 f에 사용
2	M	메가(mega)	10^{+6}	절연저항에 사용
3	k	킬로(kilo)	10^{+3}	전압, 전류, 저항, 전력, 길이 등에 사용
4	m	미터(meter)	1	전선(코일) 길이만 사용
5	C → cm 사용	센티(centi)	10^{-2}	전선(코일) 길이 l, 간격 d, 거리 r에 사용
6	cm^2	제곱미터	10^{-4}	면적 $S(A)$에 사용
7	mm → m만 사용	밀리(milli)	10^{-3}	도체 사이 간격 d, 길이 l, 거리 r, 전선직경에 사용
8	mm^2	제곱밀리	10^{-6}	전선단면적 $S(A)$에 사용
9	μ	마이크로(micro)	10^{-6}	콘덴서 C 용량에 사용
10	η	나노(nano)	10^{-9}	콘덴서 C 용량에 사용
11	p	피코(pico)	10^{-12}	콘덴서 C 용량에 사용

(3) 전기 용어 및 자기용어 해설

1) 전기용어

번호	용어 및 기호와 단위		단위명칭	용도 및 용어해설
1	전압(전위) V	[V]	볼트 volt	발전기, 변압기의 전기적인 압력
2	전위차 V	[V]	볼트 volt	두 지점 간의 전기적인 압력차
3	유기기전력 E	[V]	볼트 volt	발전기 및 변압기 내부 자속으로부터 유기(유도)되는 전기적인 압력
4	전류 I	[A]	암페어 Ampere	전압을 전선(구리)에 인가시 자동으로 흐르는 전기성분(전자)
5	저항(부하) R	[Ω]	(오)옴 ohm	전기가 이동하는 것을 방해하는 정도
6	고유저항 e	[Ω · m]	옴미터 ohm meter	전선재질이 갖고 있는 저항
7	전기저항 R	[Ω]	옴 ohm	전선 자체의 저항
8	전(도)전율 δ	[℧/m]	모(오) 퍼 미터 mho per meter	전기를 잘 흘려주는 정도

번호	용어 및 기호와 단위		단위명칭	용도 및 용어해설
9	전자 e	[C]	쿨롱 coulomb	전기 1개 값 $=1.602\times10^{-19}$
10	전하(량) Q	[C]	쿨롱 coulomb	다수의 전자합=전기 1개 값×개수 n
11	컨덕턴스 G	[℧]	모(오) mho	전기가 잘 흐르는 정도($\frac{1}{R}$값)
12	전력 P	[W]	와트 Watt	전기가 일을 한 값($\frac{일\ W}{시간\ t}$)
13	유효(소비)전력 P	[W]	와트 Watt	일을 한 전기값(저항이 소비한 전기)
14	무효전력 Pr	[Var]	바 Var	일을 안 한 전기값(코일과 콘덴서의 전기)
15	피상전력 Pa (변압기용량)	[VA]	볼트암페어 Volt Ampere	일한 전기+일 안 한 전기 (저항 R+코일 L+콘덴서 C의 전기)
16	전력량 H (에너지, 일 W)	[J 또는 W·s]	줄 Joule 또는 왓트세크 Watt second	전기를 소비한 총량 ($H(W)=P\times t$)
17	인덕턴스 L	[H]	헨리 Henry	코일(전동기)를 부르는 저항 명칭
18	정전용량 C	[F]	패럿 Farad	콘덴서(축전지)를 부르는 저항 명칭
19	자기인덕턴스 L	[H]	헨리 Henry	내전기(전류)에 의해 발생되는 자속 ϕ값
20	상호인덕턴스 M	[H]	헨리 Henry	넘전기(전류)에 의해 발생되는 자속 ϕ값
21	주파수 f	[Hz]	헤르츠 Hertz	발전기가 1초동안 회전한 회전수
22	각속도 ω	[rad/s]	라디안 퍼 세크 radian per second	발전기 도체가 회전하는 속도 $\left(\frac{각\ \theta}{시간\ t}값\right)$
23	주기 T	[sec]	세크 second	발전기 도체가 1회전하는 데 걸린 시간 $\left(\frac{1}{f}값\right)$
24	리액턴스 X	[Ω]	옴 ohm	전동기(코일) 및 축전지(콘덴서)의 전기 흐름방해 정도값
25	유도성 리액턴스 X_L	[Ω]	옴 ohm	전동기의 저항값(전기흐름 방해 정도)
26	용량성 리액턴스 X_C	[Ω]	옴 ohm	축전지(콘덴서 C)의 저항값(전기흐름 방해정도)
27	임피던스 Z	[Ω]	옴 ohm	직렬회로에 교류(주파수) 인가시 부하값
28	어드미턴스 Y	[℧]	모 mho	병렬회로에 교류(주파수) 인가시 부하값
29	서셉턴스 B	[℧]	모 mho	코일 L 및 콘덴서 C에 전기가 잘 흐르는 정도$\left(\frac{1}{X}값\right)$
30	(발)열량 $H(Q)$	[cal]	칼로리 calorie	전열기(저항)에서 전기소비시 발생하는 열
31	힘 $F(f)$	[N]	뉴턴 Newton	두 전기(전선) 사이 작용하는 흡입력이나 반발력(척력)

번호	용어 및 기호와 단위	단위명칭	용도 및 용어해설
32	흡인력 F [N]	뉴턴 Newton	두 전선(전하) 사이에 끌어당기는 힘
33	반발력(척력) F [N]	뉴턴 Newton	두 전선(전하) 사이에 밀어내는 힘
34	토크 $T(\tau)$ [N·m]	뉴턴 미터 Newton meter	전동기가 회전하는 힘
35	회전속도 N [rpm]	알피엠	발전기 및 전동기의 분당 회전수
36	회전속도 N [rps]	알피에스	발전기 및 전동기의 초당 회전수
37	마력 P [HP]	마력 Horse power	말 1마리가 끌 수 있는 힘
38	전장(전계)의 세기 E [V/m]	볼트 퍼 미터	전압 존재시 전선 주위에 발생되는 힘
39	전속(전하) Q [C]	쿨롱 Coulomb	다수의 전기합(덩어리)
40	전속수 Q [개]	개	다수의 전기(전하) 주위에서 발생하는 이상적인 힘 수
41	전속밀도 D [C/m^2]	쿨롱 퍼 제곱미터	전선(전하) 주변에서 발생하는 면적 1[m^2]당 전기력선의 밀도
42	시간 t [s]	세크 second	1초당
43	시간 t [min]	미닛 minute	1분당=60초당
44	시간 t [h]	아워 hour	1시간당=60분=3600초당
45	힘 F [N/m]	뉴턴 퍼 미터	길이 1[m]당 작용하는 힘
46	힘 F [N/kg]	뉴턴 퍼 킬로그램	무게 1[kg]당 작용하는 힘
47	유전율 ε [F/m]	패럿 퍼 미터 Farad per meter	거리 1[m]당 물질에 따른 전기충전 정도

2) 자기용어

번호	용어 및 기호와 단위	단위명칭	용도 및 용어해설
1	자속 ϕ [Wb]	웨버 Weber	코일에 전기를 흘리면 철에서 발생되는 자기(전류 I와 같다)
2	자극(자하) m [Wb]	웨버 Weber	자석이 처음부터 갖고 있는 자기
3	자계(자장)의 세기 H [AT/m]	암페어 턴 퍼 미터 Ampere Turn per meter	전선에 전류 I 이동시 주변에 발생되는 자기장의 세기(힘)
4	자위 U [AT 또는 A]	암페어 턴 또는 암페어	자석(자극)이 갖고 있는 자기적인 압력

번호	용어 및 기호와 단위		단위명칭	용도 및 용어해설
5	투자(과)율 μ	[H/m]	헨리 퍼 미터 Henry per meter	1m당 물질에 따른 자기충전 정도
6	자속밀도 B	[Wb/m^2]	웨버 퍼 제곱미터 Weber per meter^2	철 1m^{2}당에 존재하는 자속(자기)
7	기자력 F	[AT]	암페어 턴	철에 코일을 감고 전류를 흘릴 때 철에서 발생되는 힘(전자력 힘)
8	자기저항 R	[AT/Wb]	암페어 턴 퍼 웨버	철에 자속이 잘못 흐르는 정도
9	권수 N	[회]	회	철에 코일감은 회수
10	특성임피던스 Z	[Ω]	옴 ohm	전자파가 잘못 이동하는 정도
11	전파속도 ν	[m/s]	미터 퍼 세크	전자파 이동속도

3) 전기설비용어 및 해설

① 발전소 : 전기(전압)를 발생시키는 곳

② 변전소 : 기계기구에 의하여 변성(5만[V] 이상)하는 곳으로서 변성한 전기를 다시 구외로 전송하는 곳

③ 개폐소 : 개폐기 장치에 의하여 전로를 개폐하는 곳

④ 급전소 : 전력계통의 운용에 관한 지시 및 급전조작을 하는 곳

⑤ 전선로(전로) : 전기가 통하고 있는 곳(전선 또는 가공전선)

⑥ 조상설비 : 무효전력을 조정하는 기계기구(전력용 콘덴서, 분로 리액터, 조상기)

⑦ 지중 관로 : 지중 전선로, 지중 약전류 전선로, 지중 광섬유 케이블 선로, 지중함

⑧ 제1차 접근상태 : 전선의 절단, 지지물의 도괴시 다른 시설물에 접촉할 우려가 있는 상태

⑨ 제2차 접근상태 : 가공전선이 다른 시설물의 위쪽 또는 옆쪽에서 수평거리로 3[m] 미만인 곳에 시설되는 상태

⑩ 전력 보안 통신 : 전력의 수급에 필요한 급전, 운전, 보수 등의 업무 운영용으로 사용되는 전화 또는 제어계측용 통신의 총합체를 말한다.

⑪ 관등회로 : 방전등용 안정기(방전등용 변압기 포함)로부터 방전관까지의 전로

⑫ 인입선 : 가공인입선 및 수용장소의 조영물의 옆면 등에 시설하는 것으로 그 수용장소의 인입구에 이르는 부분의 전선

⑬ 가공인입선 : 가공전선로 지지물에서 다른 지지물을 거치지 않고 다른 수용장소의 붙임점에 이르는 가공전선

⑭ 연접인입선 : 한 수용장소의 인입선에서 분기하여 지지물을 거치지 않고 다른 수용장소의 인입구에 이르는 전선
⑮ 전차선 : 전차에 동력용 전기를 공급(팬터그라프, 제3레일, 모노레일, 강색철도의 차량)하는 접촉전선
⑯ 전차선로 : 전차선 및 이를 지지하는 시설물
⑰ 옥내배선 : 옥내의 전기 사용 장소에 고정시켜 시설하는 전선(단, 기계기구내부전선, 관등회로, X선관, 옥내전선로, 접촉전선, 소세력 및 출퇴표시등 회로 제외)
⑱ 약전류전선 : 약전류 전기의 전송에 사용하는 전선(최대사용전압(직류) 60[V] 이하 소세력회로 또는 출퇴표시등 회로의 전선. 즉, 전신선, 전화선, 인터폰·확성기 음성 전송회로, 고조파(펄스)에 의한 신호전송회로, 최대사용전압이 10[V] 이하이고 사용전류가 5[A]를 넘지 않는 전기회로)
⑲ 건조물 : 지붕, 기둥, 벽을 갖는 조영물(사람이 거주하는 건물)
⑳ 전기기계기구의 방폭구조 : 가스증기 위험장소에서 사용에 적합하도록 특별히 고려한 구조를 말하며, 내압방폭구조, 유압방폭구조, 안전증가 방폭구조, 본질안전증가 방폭구조 및 특수 방폭구조와 분진위험장소에서 사용에 적합하도록 고려한 분진 방폭방진구조가 있다.
㉑ 우선내(雨線內) : 옥측의 처마 또는 이와 유사한 곳의 선단에서 연직선에 의하여 45° 각도로 그은 선로의 옥측 부분[강우 상태에서 비를 맞지 않은 부분]
㉒ 대지전압(E)
  ㉠ 비접지(3.3, 6.6[kV])인 경우 : 전선과 전선 사이의 전압
  ㉡ 접지식(22.9, 154, 345[kV])인 경우 : 대지와 전선 사이 전압
㉓ 소세력 회로 : 전자 개폐기 조작회로 또는 초인벨·경보벨 등에 접속하는 최대 사용전압이 60[V] 이하인 전로
㉔ 광섬유 케이블 : 광신호 전송에 사용되는 전선(절연물이며 전자유도·정전유도·통신장애가 없다.)
㉕ 지지물 : 목주(나무), 철주(철근), 철근 콘크리트주(철근+콘크리트), 철탑으로서 전선, 약전류전선, 광섬유 케이블 등을 지지하는 것
㉖ 옥측 배선 : 옥외의 전기사용장소에서 조영물에 고정시켜 사용하는 전선(단, 기계기구내부전선, 관등회로, 접촉전선, 소세력 및 출퇴표시등 회로 제외)
㉗ 옥외 배선 : 옥외의 전기사용장소에서 고정시켜 사용하는 전선(단, 기계기구내부전선, 관등회로, 접촉전선, 소세력 및 출퇴표시등 회로 제외)

전기기능사 시험대비

제 1 과목

전기이론

제1장 _ 직류회로
제2장 _ 정전기(진공 중의 정전계)
제3장 _ 자기회로(정자계)
제4장 _ 교류회로

Tip

전기의 종류

1. **직류(D.C) :** 시간 t의 변화에 관계없이 일정한 전기값을 갖는다.

예 건전지
(축전지)

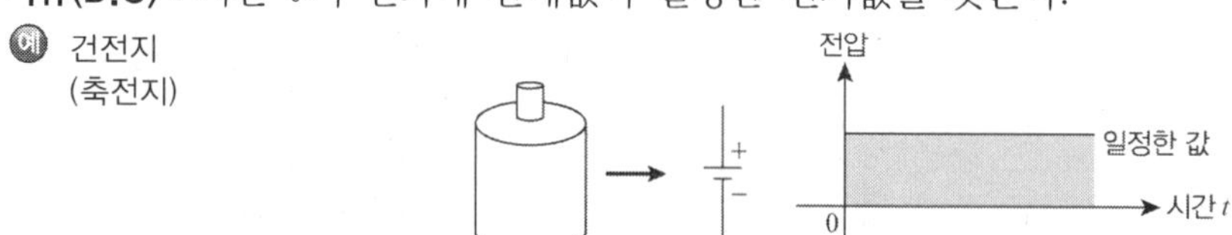

2. **교류(A.C) :** 시간 t의 변화에 따라 전기값(크기)도 변한다.

예 발전기

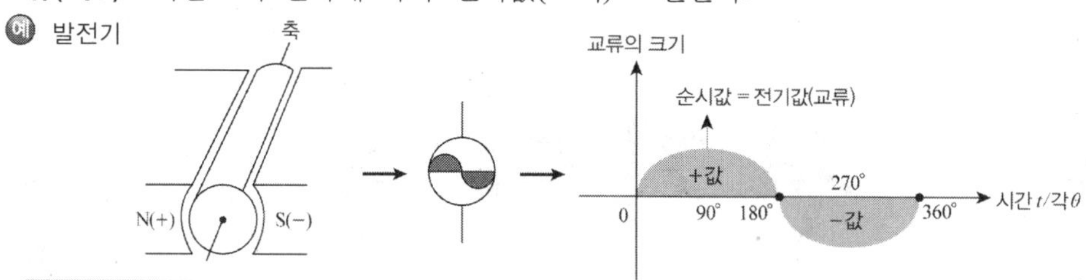

물질의 구조

1. **정의 :** 모든 물질은 매우 작은 분자 또는 원자의 집합이며 원자는 양 전기를 가진 원자핵과 그 주위를 돌고 있는 음전기를 가진 몇 개의 전자로 구성되고 원자핵은 양자와 중성자로 구성되어 있다.

2. **원자핵과 전자의 구조**

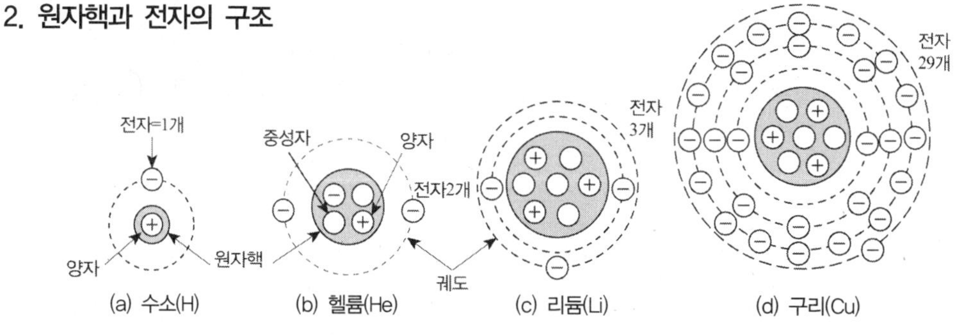

(a) 수소(H) (b) 헬륨(He) (c) 리듐(Li) (d) 구리(Cu)

3. **특징**

① 전자 개수 공식 : $2n^2$개(단, n = 궤도수)

② 양자는 양(+)전기, 전자는 음(−)전기를 가지며 같은 종류의 전기를 가진 것은 서로 반발하고 다른 종류의 전기는 서로 흡인한다.

③ 전자의 질량 $= 9.10955 \times 10^{-31}$[kg], 양자의 질량 $= 1.67261 \times 10^{-27}$[kg]이며 전자의 약 1,840배가 된다.

④ 1개의 전자와 양자가 갖는 음전기와 양전기 양의 절대값은 같다. 1개의 전기량은 1.60219×10^{-19}[C]

⑤ 양자의 수는 전자의 수이다.

제1장 직류회로

1 전기의 본질

(1) 전자와 양자의 성질

① 양자의 양전기(+), 전자는 음전기(−)를 가진다.

★ ┌같은 종류의 전기일 때 : 반발력 작용(㉵+전기 ← → +전기)
　 └다른 종류의 전기일 때 : 흡입력 작용(㉵+전기 → ← −전기)

② 전기량 또는 전자 1개 크기값 : $e = 1.60219 \times 10^{-19}$[C] ≒ 1.602×10^{-19}[C]

(2) 자유전자 ★

전자들 중에서 가장 바깥쪽 궤도의 전자들은 핵의 구속을 벗어나 물질 내를 자유로이 이동하는 성질이 있다.

(3) 중성상태

모든 물질은 같은 수의 전자와 양자를 가지므로 보통은 중성상태를 유지한다.

2 전기의 발생

(1) 양전기 : 어떤 원인으로 자유 전자가 물질 밖으로 나가면 물질 속에서는 양전기 발생

(2) 음전기 : 밖에서 자유 전자가 들어오면 음전기를 가지게 된다.

3 전하와 전기량 (Q [C])

(1) 전하 : 물질의 마찰 등에 의하여 대전된 전기

(2) 전기량 : 전하가 가지고 있는 전기의 양 또는 전자들의 합

＊단위 : 쿨롱[C]을 사용

제1장 → 직류회로

실전문제

문제 01 원자핵의 구속력을 벗어나서 물질 내에서 자유로이 이동할 수 있는 것은?

㉮ 자유전자 ㉯ 양자
㉰ 중성자 ㉱ 분자

문제 02 전자가 갖는 전하량은?

㉮ $+2\times10^{-19}$[C] ㉯ $+1.6\times10^{-19}$[C]
㉰ $+1.6\times10^{-21}$[C] ㉱ $+1.2\times10^{-17}$[C]

문제 03 전기량의 단위는?

㉮ [C] ㉯ [A]
㉰ [W] ㉱ [eV]

해설 [A] : 전류, [W] : 전력, [eV] : 전자볼트

문제 04 1[eV]는 몇 [J]인가?

㉮ 1[J] ㉯ 1.602×10^{-19}[J]
㉰ 9.1095×10^{-31}[J] ㉱ $1.602\times10^{+19}$[J]

해설 [eV](전자볼트) : 전자에 1[V]의 전위차를 가했을 때 전자에 주어진 에너지

정답 01. ㉮ 02. ㉯ 03. ㉮ 04. ㉯

4 전기회로의 전압과 전류 및 저항

(1) 전류 I [암페어, A] : 전자의 흐름(합)

① **정의** : 도체 단면을 단위시간 t(1초당)에 통과하는 전하 Q[C]의 양

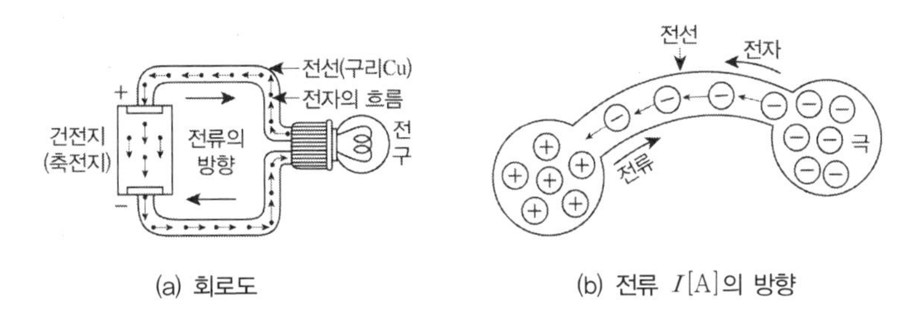

(a) 회로도　　(b) 전류 I[A]의 방향

★ ② **공식** : 전류 $I=\dfrac{Q}{t}$[A 또는 C/S] → 전하 $Q=I\times t$[C]

★ ③ **전류의 방향**

구 분	내 용	전류값 표기
전류의 이동방향	⊕극 → ⊖극으로 이동한다.	$I=$ ⊕값
전자의 이동방향	⊖극 → ⊕극으로 이동한다.	$I=$ ⊖값

④ **전기(빛)의 속도** : $v=3\times10^{+8}$[m/s]

(2) 전압 V [볼트, V] : 전기적인 압력(두 점 사이의 전위차)

① **직류(건전지)**　　② **교류(콘센트)**

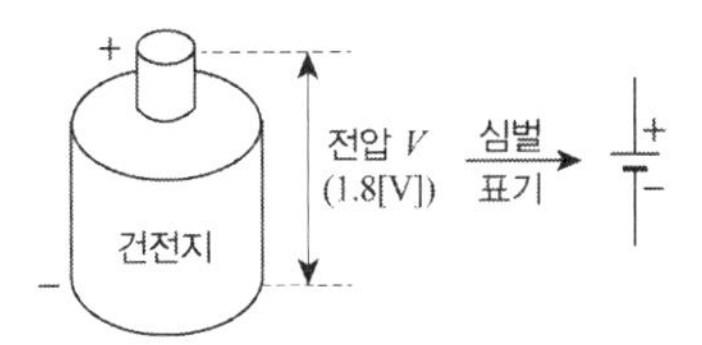

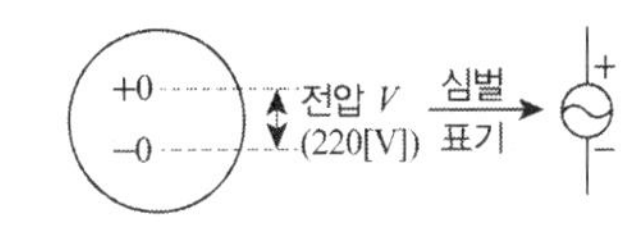

정 의	어떤 도체에 전하 Q가 이동하면서 한 일 W[J]의 양
★ 공 식	전압 $V=\dfrac{W}{Q}$[V] → 일 $W=Q\times V$[J] $=ItV$[J]

(3) 저항 R[옴, ohm[Ω]] : 부하(전기의 소비자)

① **정의** : 전기(전류)의 흐름을 방해하는 것(전기를 소비하는 것)

②

종류 및 적용	심벌 직류 및 교류	교류만 적용	
종류	등(전구)	전동기(모터)	콘덴서(축전지)
심벌 (그림)	→ $R[\Omega]$	N S → $L[H]$	→ $C[F]$
부하 표기	저항 R	유도성 리액턴스 $X_L = \omega L$	용량성 리액턴스 $X_C = \frac{1}{\omega C}$

(4) 콘(컨덕턴스) G(모오, mho[℧])

① **정의** : 전기(전류)가 잘 흐르는 정도의 크기값

② **공식** : 저항의 역수 $G = \frac{1}{R}[℧] \rightarrow R = \frac{1}{G}[\Omega]$

제1장 → 직류회로

실전문제

전기이론

문제 01 전류의 정의를 바르게 설명한 것은?

㉮ 단위시간에 이동한 전기량 ㉯ 단위시간에 발생한 기전력
㉰ 단위시간에 수행한 일 ㉱ 단위기전력에 수행한 일

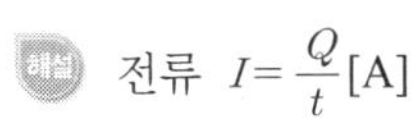

해설 전류 $I=\frac{Q}{t}$[A]

∴ 단위시간에 이동한 전기량

문제 02 어떤 도체를 t초 동안에 Q[C]의 전기량이 이동하면 이때 흐르는 전류 I는?

㉮ $I=Q\cdot A$[A] ㉯ $I=\frac{1}{Qt}$[A]
㉰ $I=\frac{t}{Q}$[A] ㉱ $I=\frac{Q}{t}$[A]

문제 03 도체에 1[A]의 전류가 5분간 흘렀다. 이때 도체를 통과한 전기량은 몇 [C]인가?

㉮ 100 ㉯ 200
㉰ 300 ㉱ 400

해설 전하(전기량) $Q=It=1\times5$분$\times60$초$=300$[C]

문제 04 2[A]의 전류가 흘러 72000[C]의 전기량이 이동하였다. 전류가 흐른 시간은 몇 분인가?

㉮ 3600분 ㉯ 36분
㉰ 60분 ㉱ 600분

해설 전하 $Q=It$[C]식에서

∴ 시간 $t=\frac{Q}{I}=\frac{72000}{2}=36000$[sec]$=\frac{36000}{60}=600$[분]

[도우미] 1초$=\frac{1}{60}$분$=\frac{1}{3600}$시간

정답 01. ㉮ 02. ㉱ 03. ㉰ 04. ㉱

문제 **05**

어떤 도체에 10[A]의 전류가 4분간 흘렀다면 이때 도체를 통과한 전기량 [C]는 얼마인가?

㉮ 1,500　　㉯ 1,800
㉰ 2,200　　㉱ 2,400

해설 전하(전기량) $Q = It = 10 \times 4 \times 60 = 2400$[C]

문제 **06**

Q[C]의 전하가 V[V]의 전위차를 가진 두 점 사이를 이동할 때 전자가 얻는 에너지 W[J]는?

㉮ $W = \frac{V}{Q}$　　㉯ $W = \frac{Q}{V}$
㉰ $W = QV$　　㉱ $W = \frac{1}{QV}$

해설 에너지 $W = QV$[V]

문제 **07**

[J/C]과 같은 단위는?

㉮ [N]　　㉯ [V]
㉰ [H]　　㉱ [F]

해설 전압 V[V]$= \frac{\text{일 } W[\text{J}]}{\text{전하 } Q[\text{C}]}$ 이므로 단위 [J/C]=[V]와 같다.

문제 **08**

3[V]의 기전력으로 300[C]의 전기량이 이동할 때 몇 [J]의 일을 하게 될 것인가?

㉮ 900　　㉯ 600
㉰ 300　　㉱ 150

해설 전압 $V = \frac{W}{Q}$[V]

∴ 일(에너지) $W = VQ = 3 \times 300 = 900$[J]

문제 **09**

100[V]의 전위차로 1[A]의 전류가 1분 동안 흘렀을 때 전자가 한 일을 구하면?

㉮ 100[J]　　㉯ 600[J]
㉰ 1,200[J]　　㉱ 6,000[J]

해설 → 일 $W = VQ$[J]이므로 일(에너지) $W = VIt = 100 \times 1 \times 60$초 $= 6000$[J]
└ 전하 $Q = I \times t$[C]을 위 식에 적용

정답 05. ㉱ 06. ㉰ 07. ㉯ 08. ㉮ 09. ㉱

5 옴의 법칙(Ohm's law)

• **전기의 3요소** : 전압 V, 전류 I, 저항 R

(1) 정의

도체(전선)에 흐르는 전류 I[A]는 전압 V[V]에 비례하고 저항 R[Ω]에 반비례한다. 즉 전류 $I=\frac{V}{R}$값이다.

(2) 회로

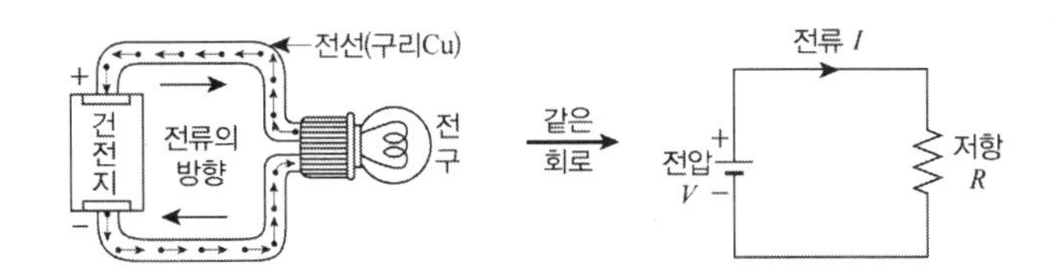

(3) 공식

각 기본 공식	킬로(k)로 단위환산시 공식
① 전류 $I=\frac{V}{R}[\text{A}]=GV[\text{A}]$	$I=\frac{V}{R}\times 10^{-3}[\text{kA}]$
② 전압 $V=I\times R[\text{V}]=\frac{I}{G}[\text{V}]$	$V=I\times R\times 10^{-3}[\text{kV}]$
③ 저항 $R=\frac{V}{I}[\Omega]$	$R=\frac{V}{I}\times 10^{-3}[\text{k}\Omega]$

제1장 → 직류회로

실전문제

문제 01

옴의 법칙을 나타낸 식 중 틀린 것은?

㉮ $E = IR$　　㉯ $I = \dfrac{E}{R}$

㉰ $R = \dfrac{I}{E}$　　㉱ $R = \dfrac{E}{I}$

해설 옴의 법칙(Ohm's law)에서 전류 $I = \dfrac{\text{전압 } E}{\text{저항 } R}$[A]

문제 02

옴의 법칙에서 옳은 설명은?

㉮ 전압은 전류에 비례한다.　　㉯ 전압은 저항에 반비례한다.

㉰ 전압은 전류의 제곱에 비례한다.　　㉱ 전압은 전류에 반비례한다.

해설 전압 V=전류 $I \times$ 저항 R[V]

∴ 전압 V은 전류 I에 비례하고 저항 R에 비례한다.

문제 03

전류가 전압에 비례하는 것은 다음 중 어느 것과 관계가 있는가?

㉮ 키르히호프의 법칙　　㉯ 옴의 법칙

㉰ 줄의 법칙　　㉱ 렌츠의 법칙

문제 04

그림에서 2[Ω] 양단의 전압은 몇 [V]인가?

㉮ 2

㉯ 3

㉰ 5

㉱ 10

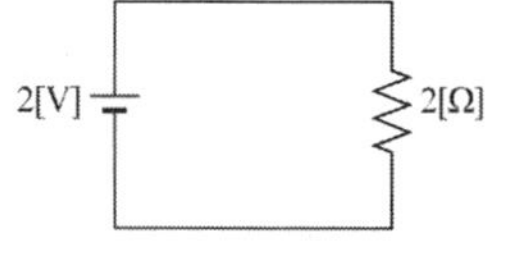

해설 "저항 R이 1개인 경우 소비전압 V=건전지전압"과 같다.

정답 01. ㉰ 02. ㉮ 03. ㉯ 04. ㉮

문제 05 10[Ω] 저항 양단에 100[V]의 전압을 인가하면 몇 [A]의 전류가 흐르는가?

㉮ 10[A] ㉯ 4[A]

㉰ 2.5[A] ㉱ 0.25[A]

해설

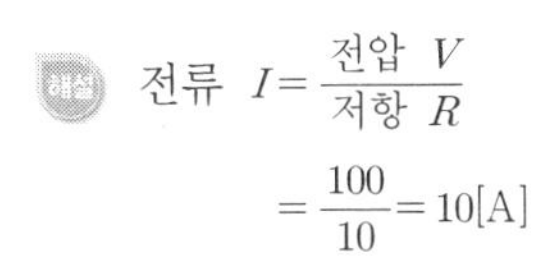

전류 $I = \frac{\text{전압 } V}{\text{저항 } R} = \frac{100}{10} = 10[\text{A}]$

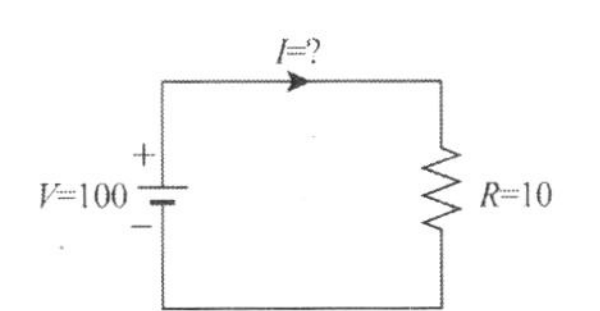

문제 06 100[V]의 전원전압에 의하여 5[A]의 전류가 흐르는 전기회로의 컨덕턴스[℧]는?

㉮ 0.05 ㉯ 0.4

㉰ 2.5 ㉱ 4

해설

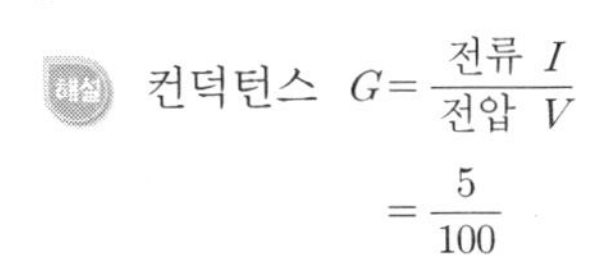

컨덕턴스 $G = \frac{\text{전류 } I}{\text{전압 } V} = \frac{5}{100} = 0.05[℧]$

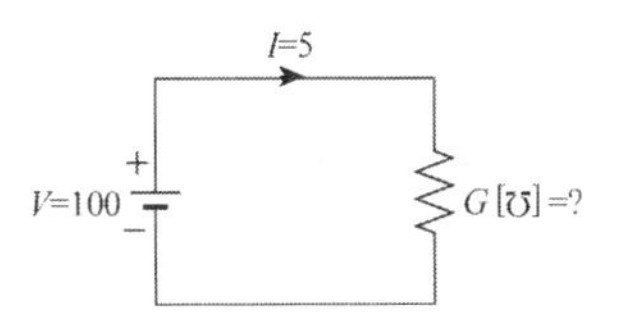

문제 07 0.5[℧]의 컨덕턴스를 가진 저항체에 6[A]의 전류를 흘리려면 몇 [V]의 전압을 가하면 되겠는가?

㉮ 10 ㉯ 12

㉰ 30 ㉱ 40

해설 전압 $V = \frac{\text{전류 } I}{\text{컨덕턴스 } G} = \frac{6}{0.5} = 12[\text{V}]$

문제 08 0.01[℧]의 컨덕턴스를 가진 저항에 2[A]의 전류를 흘리려면 몇 [V]의 전압을 가해야 하는가?

㉮ 50[V] ㉯ 100[V]

㉰ 200[V] ㉱ 0.02[V]

해설 전압 $V = IR = \frac{I}{G} = \frac{2}{0.01} = 200[\text{V}]$

정답 05. ㉮ 06. ㉮ 07. ㉯ 08. ㉰

6 저항(부하)의 접속(연결)법

(1) 직렬접속★

1) 특징 : 각 저항에 흐르는 전류가 같다(일정하다).

2) 공식

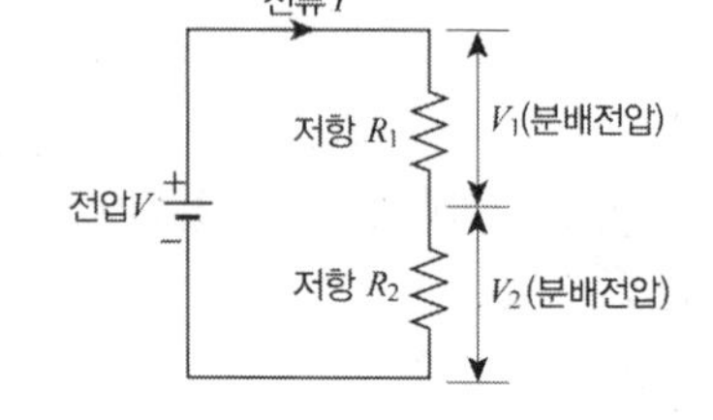

① **전압** $V = V_1 + V_2[\mathrm{V}]$

② **합성저항** $R_0 = R_1 + R_2[\Omega]$

③ **전류** $I = \dfrac{V}{R_0} = \dfrac{V}{R_1 + R_2}[\mathrm{A}]$

④ **전압분배식**

저항 R_1이 소비하는 전압 $V_1 = I \times R_1 = \dfrac{R_1}{R_1 + R_2} \times V$(전체전압)[V]

저항 R_2가 소비하는 전압 $V_2 = I \times R_2 = \dfrac{R_2}{R_1 + R_2} \times V$(전체전압)[V]

(2) 병렬접속★

1) 특징 : 각 저항 양단의 전압은 전원전압과 같다.

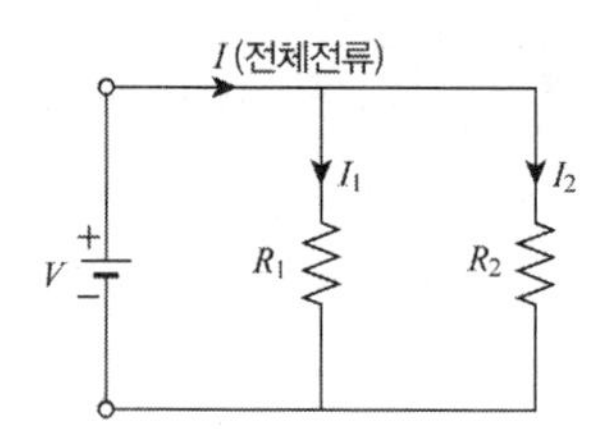

2) 공식

① **합성저항** R_0 **계산**

정의식 : $\dfrac{1}{R_0}$(역수의 합) $= \dfrac{1}{R_1} + \dfrac{1}{R_2} + \dfrac{1}{R_3} + \cdots$

$R_0 = \dfrac{R_1 R_2}{R_1 + R_2}[\Omega]$ (저항이 2개인 경우 사용식)

$R_0 = \dfrac{R_1 R_2 R_3}{R_1 R_2 + R_2 R_3 + R_3 R_1}[\Omega]$ (저항이 3개인 경우 사용식)

$R_0 = \dfrac{1\text{개 저항 } R\text{값}}{\text{연결된 저항개수 } n}[\Omega]$ (저항이 모두 같은 경우 사용식)

② **전체전류** $I = \dfrac{V(\text{전압})}{R_0(\text{합성저항})} = \dfrac{V}{\dfrac{R_1 R_2}{R_1 + R_2}}$[A] (저항이 2개인 경우)

③ **전류 분배식**

- 저항 R_1에 흐르는 전류 $I_1 = \dfrac{V}{R_1} = \dfrac{R_2}{R_1 + R_2} \times I$(전체전류)[A]
- 저항 R_2에 흐르는 전류 $I_2 = \dfrac{V}{R_2} = \dfrac{R_1}{R_1 + R_2} \times I$(전체전류)[A]

제1장 → 직류회로

실전문제

문제 01 2[Ω]의 저항 10개, 5[Ω]의 저항 3개가 있다. 이들을 모두 직렬로 접속할 때의 합성저항[Ω]은?

㉮ 35　　㉯ 20
㉰ 15　　㉱ 7

 합성저항 R_0=2[Ω]짜리×10개+5[Ω]짜리×3개=35[Ω]

문제 02 15[Ω]의 저항에 2[A]의 전류가 흐를 때 저항의 단자전압은 얼마인가?

㉮ 5[V]　　㉯ 10[V]
㉰ 15[V]　　㉱ 30[V]

 전압 $V=RI$=전류 I × 저항 R = 2×15=30[V]

문제 03 저항 R_1[Ω]과 R_2[Ω]을 직렬로 연결하고 V[V]의 전압을 가할 때 저항 R_1 양단의 전압은 몇 [V]인가?

㉮ $\frac{R_1}{R_1+R_2}V$　　㉯ $\frac{R_1R_2}{R_1+R_2}V$
㉰ $\frac{R_2}{R_1+R_2}V$　　㉱ $\frac{R_1+R_2}{R_1}V$

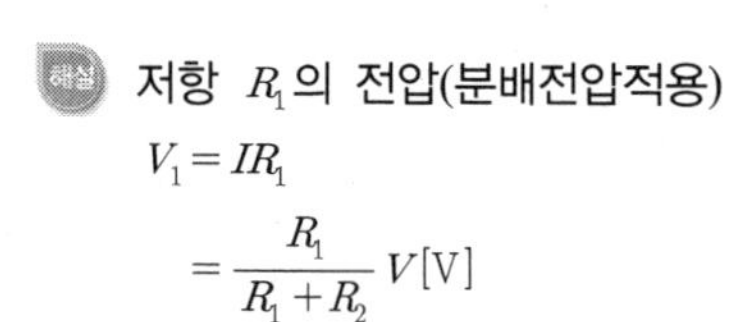
해설 저항 R_1의 전압(분배전압적용)

$$V_1 = IR_1 = \frac{R_1}{R_1+R_2}V[\text{V}]$$

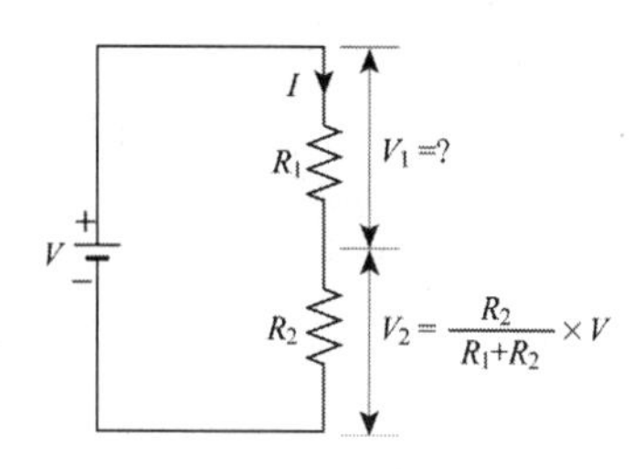

정답 01. ㉮ 02. ㉱ 03. ㉮

문제 04

R_1, R_2, R_3의 저항 3개를 직렬로 연결했을 때의 각 저항에 걸리는 전압을 V_1, V_2, V_3라 하고 합성저항을 R, 전전압을 V라 할 때 단저전압 V_1의 값은?

㉮ $V_1 = \dfrac{R_2 R_3}{R} V$　　㉯ $V_1 = \dfrac{R_1}{R} V$

㉰ $V_1 = \dfrac{R}{R_2 R_3} V$　　㉱ $V_1 = \dfrac{R}{R_1} V$

해설 저항 R_1의 전압 $V_1 = \dfrac{R_1}{R_1+R_2+R_3} \times V = \dfrac{R_1}{\text{합성저항 } R} \times V = \dfrac{R_1}{R} V[\text{V}]$

문제 05

다음 그림에서 저항 $R[\Omega]$은?

㉮ 5

㉯ 3

㉰ 2

㉱ 1

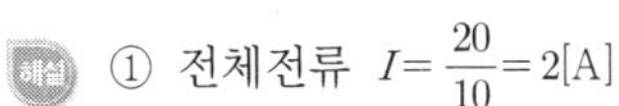

해설 ① 전체전류 $I = \dfrac{20}{10} = 2[\text{A}]$

② 저항 $R[\Omega]$ 양단의 전압 $V = 30 - (3 \times 2 + 20) = 4[\text{V}]$

③ 저항 $R = \dfrac{V}{I} = \dfrac{4}{2} = 2[\Omega]$

문제 06

그림과 같은 회로에서 전압 V를 가할 때 합성저항 R_0값은 얼마인가?

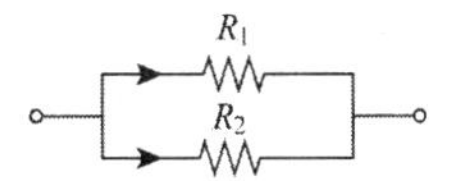

㉮ $R_1 + R_2$

㉯ $\dfrac{R_1 \cdot R_2}{R_1 + R_2}$

㉰ $\dfrac{1}{R_1 \cdot R_2}$

㉱ $\dfrac{1}{R_1 + R_2}$

문제 07

두 개의 저항 R_1, R_2를 병렬로 접속하면 그 합성저항은?

㉮ $\dfrac{R_1 R_2}{R_1 + R_2}$　　㉯ $\dfrac{R_1 + R_2}{R_1 R_2}$

㉰ $\dfrac{R_1 + R_2}{2}$　　㉱ $R_1 R_2$

정답 04. ㉯ 05. ㉰ 06. ㉯ 07. ㉮

문제 **08** **저항 R_1, R_2, R_3가 병렬로 연결되었을 때 합성저항은?**

㉮ $\dfrac{1}{R_1}+\dfrac{1}{R_2}+\dfrac{1}{R_3}$ ㉯ $\dfrac{R_1R_2R_3}{R_1R_2+R_2R_3+R_3R_1}$

㉰ $\dfrac{R_1R_2+R_2R_3+R_3R_1}{R_1R_2R_3}$ ㉱ $\dfrac{R_1R_2R_3}{R_1+R_2+R_3}$

해설 저항 3개 병렬시 합성저항 $R_0=\dfrac{R_1R_2R_3}{R_1R_2+R_2R_3+R_3R_1}[\Omega]$

R_1 R_2 R_3 + −

문제 **09** **저항 10[Ω]과 15[Ω]의 병렬회로에 30[V]의 전압을 가할 때 15[Ω]에 흐르는 전류[A]는?**

㉮ 1 ㉯ 2

㉰ 3 ㉱ 4

해설 병렬회로는 전압이 같다.

$I_2=\dfrac{V(\text{전체값})}{R_2}=\dfrac{30}{15}=2[\text{A}]$

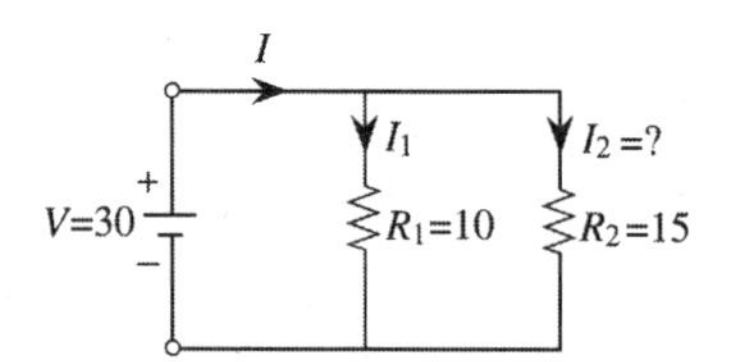

문제 **10** **저항 R_1, R_2가 병렬일 때 전전류를 I라 하면 R_2에 흐르는 전류는?**

㉮ $\dfrac{R_1R_2}{R_1+R_2}I[\text{A}]$ ㉯ $\dfrac{R_1+R_2}{R_1\cdot R_2}I[\text{A}]$

㉰ $\dfrac{R_2}{R_1+R_2}I[\text{A}]$ ㉱ $\dfrac{R_1}{R_1+R_2}I[\text{A}]$

해설 병렬시 저항 R_1의 전류 $I_1=\dfrac{R_2}{R_1+R_2}\times I$, 저항 R_2의 전류 $I_2=\dfrac{R_1}{R_1+R_2}\times I$

문제 **11** **그림에서 전류 $I_1[\text{A}]$는?**

㉮ $I+I_2$

㉯ $\dfrac{R_2}{R_1+R_2}I$

㉰ $\dfrac{R_1}{R_1+R_2}I$

㉱ $\dfrac{R_1+R_2}{R_2}I$

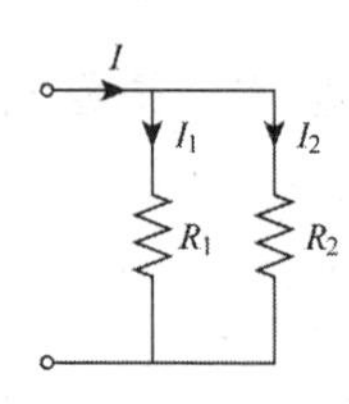

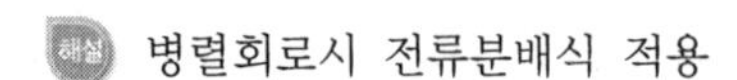
해설 병렬회로시 전류분배식 적용

정답 08. ㉯ 09. ㉯ 10. ㉱ 11. ㉯

문제 **12** **그림과 같은 회로에서 6[Ω]의 저항에 흐르는 전류 I_2[A]의 값 중 옳은 것은?**

㉮ 0.5

㉯ 1

㉰ 1.5

㉱ 2

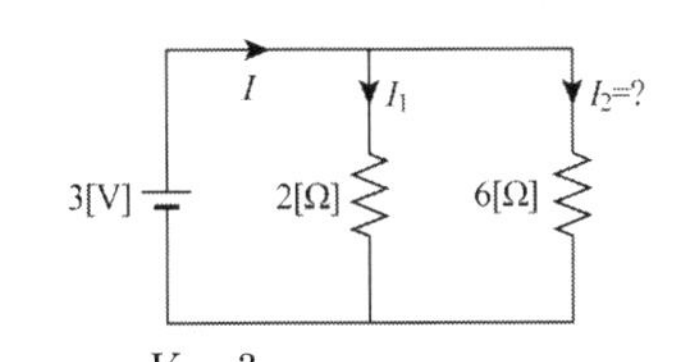

해설 "병렬시 전압이 같다"를 적용하면 $I_2 = \dfrac{R_1}{R_1+R_2}\times I = \dfrac{V}{R_2} = \dfrac{3}{6} = 0.5[A]$

문제 **13** **다음 회로에서 저항 R_x에 흐르는 전류는 몇 [A]인가?**

㉮ 4[A]

㉯ 3[A]

㉰ 2[A]

㉱ 1[A]

20[V] R_x =5[Ω] R=20[Ω]

해설 "병렬회로시 각 저항(R_x와 R)의 전압(20[V])이 같다"를 적용할 것

전류 $I = \dfrac{V}{R_x} = \dfrac{20}{5} = 4[A]$

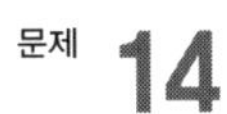

문제 **14** **그림과 같은 회로에서 2[Ω]에 흐르는 전류[A]는?**

㉮ 0.8

㉯ 1

㉰ 1.2

㉱ 2

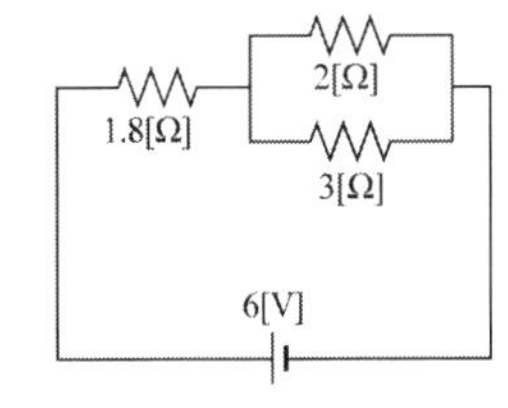

해설 합성저항 $R_0 = 1.8 + \dfrac{2\times3}{2+3} = 3[\Omega]$, 전체전류 $I = \dfrac{6}{3} = 2[A]$

∴ 2[Ω]에 흐르는 전류 $I_1 = \dfrac{3}{2+3}\times 2 = 1.2[A]$

| 별해 | 전류 분배식 적용

$$I_1 = \frac{R_2}{R_1+R_2}\times I \xrightarrow{(\text{전체전류})} \left(\frac{\text{전압}V}{\text{합성}R_0}\right)$$

$$= \frac{R_2}{R_1+R_2}\times\frac{V}{R_3+\dfrac{R_1R_2}{R_1+R_2}}$$

$$= \frac{3}{2+3}\times\frac{6}{1.8+\dfrac{2\times3}{2+3}}$$

$$= 1.2[A]$$

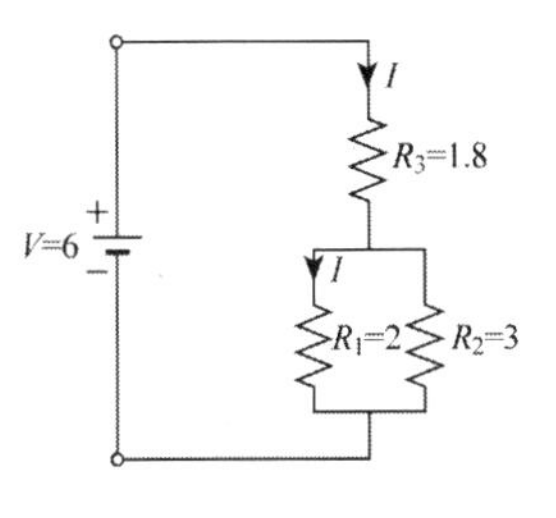

정답 12. ㉮ 13. ㉮ 14. ㉰

문제 **15**

그림의 회로에서 전류 I[A]는?

㉮ 1[A]
㉯ 2[A]
㉰ 3[A]
㉱ 4[A]

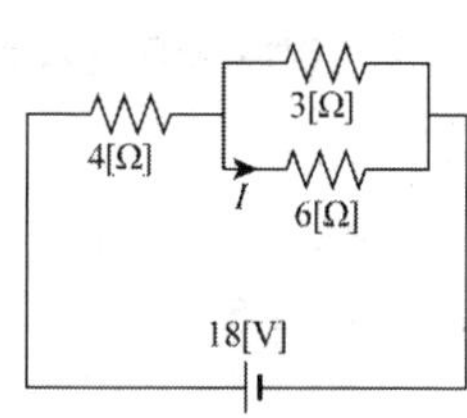

해설 병렬시 전류 분배식 적용하면 전류 $I(I_2)=\frac{3}{3+6}\times\frac{18}{4+\frac{3\times6}{3+6}}=1[\mathrm{A}]$

문제 **16**

그림의 회로에서 I_1[A]은?

㉮ 4
㉯ 3
㉰ 2
㉱ 1

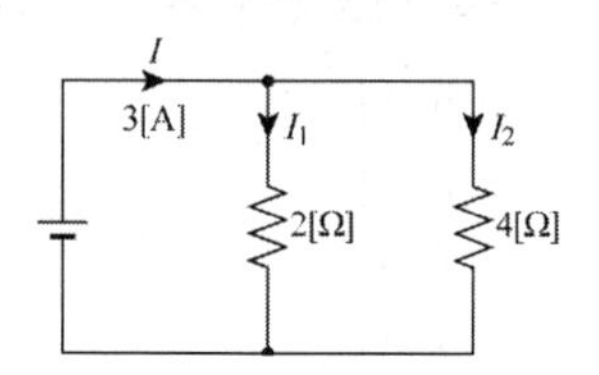

해설 병렬시 전류 분배식 적용

전류 $I_1=\frac{R_2}{R_1+R_2}\times I=\frac{4}{2+4}\times3=2[\mathrm{A}]$

문제 **17**

10[Ω]과 15[Ω]의 저항을 병렬로 하고 50[A]의 전류를 흘렸을 때 저항 15[Ω]에 흐르는 전류는?

㉮ 10[A]
㉯ 20[A]
㉰ 30[A]
㉱ 40[A]

해설 병렬시 전류 분배식 적용하면

$$I_2=\frac{R_1}{R_1+R_2}\times I$$

$$=\frac{10}{10+15}\times50=20[\mathrm{A}]$$

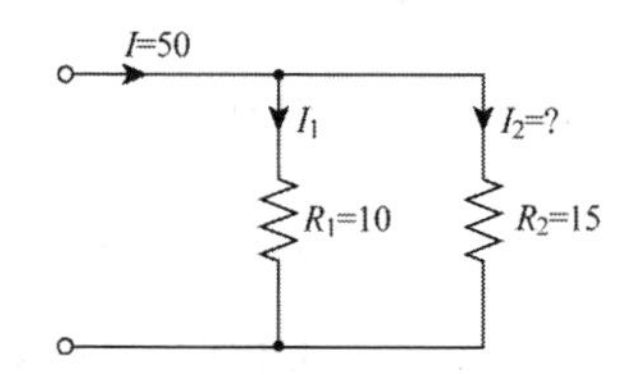

문제 **18**

12[Ω], 20[Ω], 30[Ω] 3개의 저항을 병렬로 접속했을 때의 합성저항[Ω]은?

㉮ 5
㉯ 6
㉰ 7
㉱ 8

해설 저항 3개 병렬연결시 합성저항 R_0 계산

$$R_0=\frac{R_1R_2R_3}{R_1R_2+R_2R_3+R_3R_1}=\frac{12\times20\times30}{12\times20+20\times30+30\times12}=6[\Omega]$$

정답 15. ㉮ 16. ㉰ 17. ㉯ 18. ㉯

문제 19 120[Ω] 저항 3개의 조합으로 얻어지는 가장 작은 합성저항은?

㉮ 10[Ω] ㉯ 80[Ω]
㉰ 120[Ω] ㉱ 40[Ω]

해설 병렬접속시 합성저항 R_0은 최소가 된다.

- 병렬시 합성 $R_0 = \frac{R}{N} = \frac{120}{3} = 40[\Omega]$ ㉦小값
- 직렬시 합성 $R_0 = N \times R = 3 \times 120 = 360[\Omega]$ ㊅大값

문제 20 10[Ω]의 저항 4개를 접속하여 얻어지는 합성저항 중 가장 작은 것은?

㉮ 2.5[Ω] ㉯ 4[Ω]
㉰ 5[Ω] ㉱ 10[Ω]

해설 병렬접속시 합성저항 R_0가 최소가 된다.

합성 $R_0 = \frac{1\text{개 저항 } R}{\text{연결된 갯수 } n} = \frac{10}{4} = 2.5[\Omega]$

문제 21 10[Ω]짜리 저항 10개를 직렬연결했을 때의 합성저항은 병렬연결했을 때 합성저항의 몇 배가 되는가?

㉮ 10 ㉯ 50
㉰ 100 ㉱ 200

직렬 $R_0 = NR = 10 \times 10 = 100[\Omega]$, 병렬 $R_0 = \frac{R}{N} = \frac{10}{10} = 1[\Omega]$

∴ 100배

| 별해 | 몇 배(비) $= \frac{\text{직렬 합성저항값}}{\text{병렬 합성저항값}} = \frac{10[\Omega] \times 10[\text{개}]}{\frac{10[\Omega]}{10[\text{개}]}} = 100$배

문제 22 20[Ω]의 저항에 미지저항 R_x[Ω]를 병렬로 접속하여 4[Ω]의 합성저항이 나왔다. R_x의 값은?

㉮ $R_x = 2[\Omega]$ ㉯ $R_x = 3[\Omega]$
㉰ $R_x = 4[\Omega]$ ㉱ $R_x = 5[\Omega]$

해설 병렬시 합성저항 R_0 계산

합성저항 $R_0 = \frac{R_1 R_2}{R_1 + R_2}$ 에서, $4 = \frac{20R_x}{20 + R_x}$

∴ 미지저항 $R_x = \frac{80}{16} = 5[\Omega]$

정답 19. ㉱ 20. ㉮ 21. ㉰ 22. ㉱

문제 23

다음과 같은 회로에서 합성저항은?

㉮ 30[Ω]
㉯ 40[Ω]
㉰ 50[Ω]
㉱ 60[Ω]

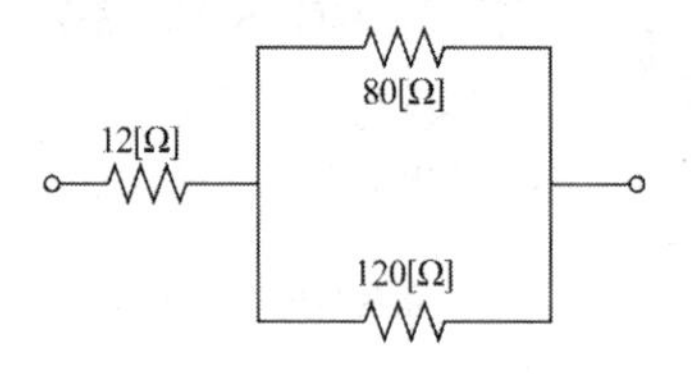

해설 직렬·병렬혼합회로시 합성저항 계산

합성저항 R_0(직렬은 +하고 병렬은 나눈다)$= 12 + \frac{80 \times 120}{80 + 120} = 60[\Omega]$

문제 24

그림에서 a–b간의 합성저항은?

㉮ R
㉯ $2R$
㉰ $3R$
㉱ $6R$

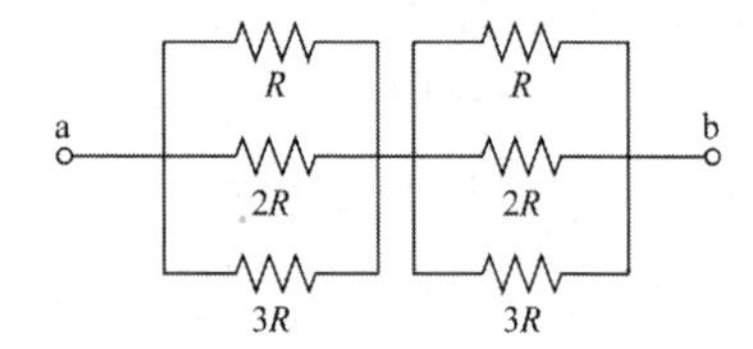

해설 병렬저항 3개시 합성저항 $R_0(R_{ab})$ 계산

합성저항 $R_{ab} = \frac{R \times 2R \times 3R}{R \times 2R + 2R \times 3R + 3R \times R} \times 2[\text{개}] = \frac{12}{11}R \fallingdotseq R[\Omega]$

문제 25

그림과 같은 저항 회로에서 3[Ω] 저항의 지로에 흐르는 전류가 2[A]이다. 단자 ab 간의 전압강하는 얼마인가?

㉮ 8[V]
㉯ 10[V]
㉰ 12[V]
㉱ 14[V]

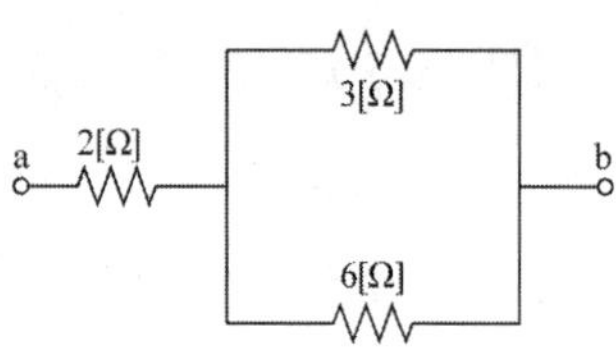

해설 a와 b 사이의 전압(전압강하) V_{ab} 계산

전압 $V_2 = I_1 \times R_1 = 2 \times 3 = 6[\text{V}]$

전류 $I_2 = \frac{V_2}{R_2} = \frac{6}{6} = 1[\text{A}]$

전압 $V_1 = I \times R_3 = (I_1 + I_2) \times R_3$
$= (2+1) \times 2 = 6[\text{V}]$

$\therefore\ V_{ab} = V_1 + V_2 = 6 + 6 = 12[\text{V}]$

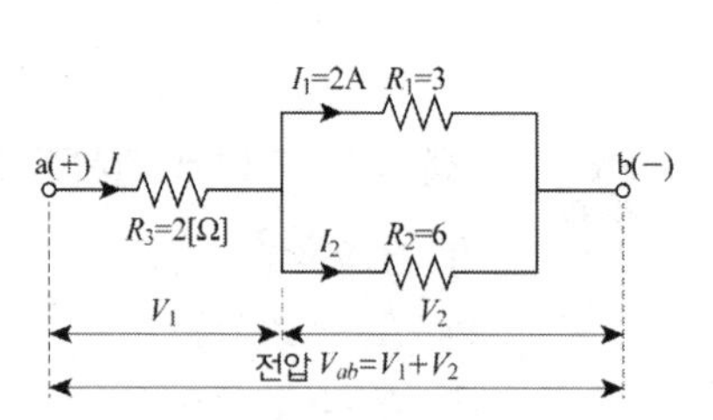

정답 23. ㉱ 24. ㉮ 25. ㉰

휘이트스톤(휘스톤) 브리지 평형조건

전기이론

(1) 정의

각 저항을 조정하여 검류계 G에 전류가 흐르지 않도록 되었을 때($I_g = 0$) 조건 또는 대각선 저항값 곱이 서로 같을 때 조건

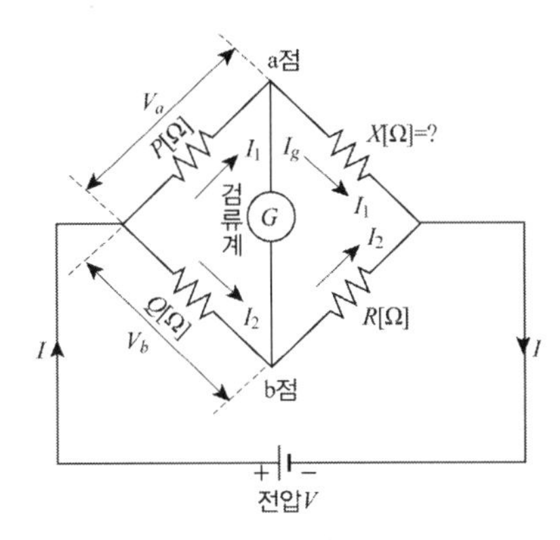

(2) 브리지 평형조건

"a점의 전압 V_a = b점의 전압 V_b" 성립될 때

(3) 브리지의 평형 조건식

마주보는 저항값 곱이 서로 같을 것

즉, $PR = QX$

$\therefore$ 미지저항 $X = \dfrac{P}{Q} \times R[\Omega]$

제1장 → 직류회로

실전문제

문제 01

다음 그림과 같은 회로의 AB에서 본 합성저항은 몇 [Ω]인가?

㉮ $\frac{r}{2}$

㉯ r

㉰ $\frac{3}{2}r$

㉱ $2r$

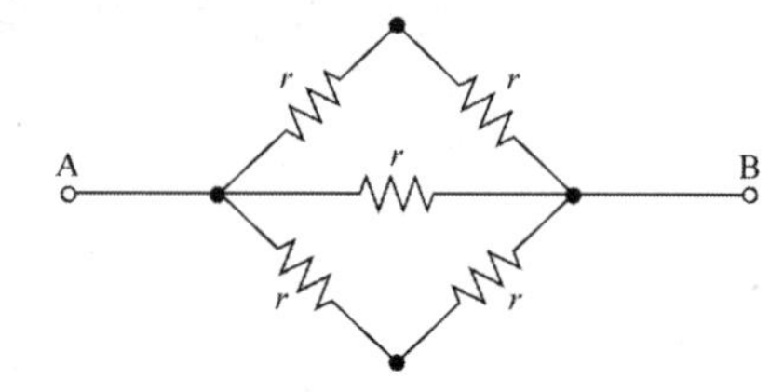

해설 브리지 회로가 아닌 병렬회로의 합성저항 R_0 계산

합성저항 R_0 = (2r, r, 2r 병렬) = (r ← $\frac{2r}{2개}$, r 병렬) = $\frac{r}{2}$ = $\frac{r}{2}[\Omega]$

문제 02

다음 브리지 회로에서 a-b 간의 합성저항은?

㉮ 4[kΩ]

㉯ 6[kΩ]

㉰ 3.4[kΩ]

㉱ 2.4[kΩ]

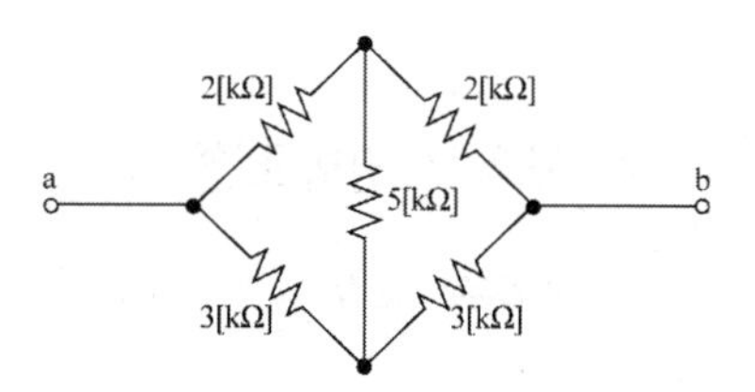

해설 브리지 평형조건이 성립하고 있으므로 가운데 5[kΩ]은 무시하면,

합성저항 $R_{ab} = \frac{6 \times 4}{6+4} = 2.4[\text{k}\Omega]$ = (2—2 직렬, 3—3 직렬의 병렬)

문제 03

그림에서 전체전류 I는 몇 [A]인가?

㉮ 1[A]

㉯ 2[A]

㉰ 3[A]

㉱ 4[A]

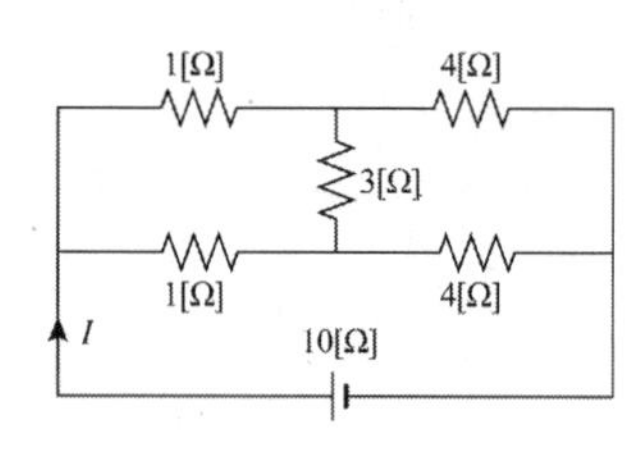

해설 합성저항 $R[\Omega]$는 회로가 평형상태이므로 3[Ω]을 무시한다.

합성 R_0 = (1—4 직렬, 1—4 직렬의 병렬) = $\frac{5}{2개}[\Omega]$

전류 $I = \frac{V}{R_0} = \frac{10}{\frac{5}{2}} = 4[\text{A}]$

정답 01. ㉮ 02. ㉱ 03. ㉱

문제 04

다음과 같은 회로에서 a–b 사이의 합성저항은?

㉮ r

㉯ $\frac{3}{2}r$

㉰ $2r$

㉱ $3r$

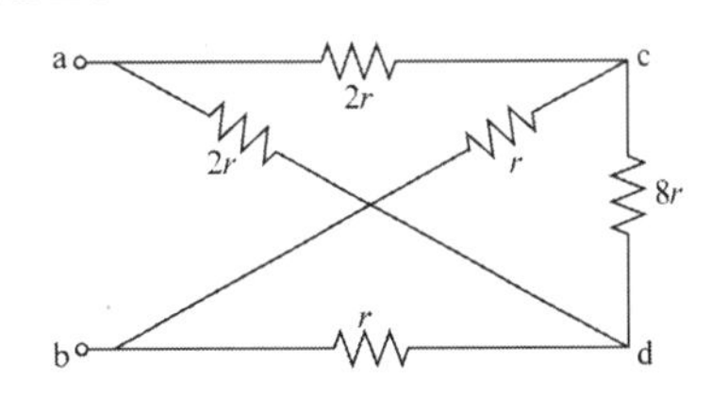

해설 브리지 평형조건 성립된다. ⇒ 가운데 $8r$은 생략하고 계산한다.

합성저항 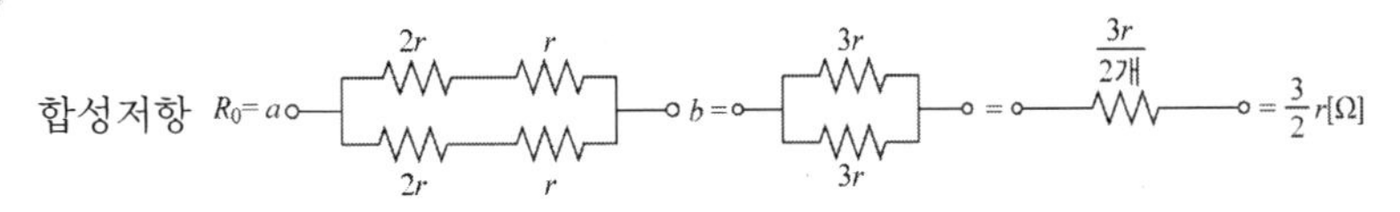

문제 05

그림과 같은 회로에서 단자 a–b 간의 합성저항은?

㉮ 2[Ω]

㉯ 4[Ω]

㉰ 6[Ω]

㉱ 8[Ω]

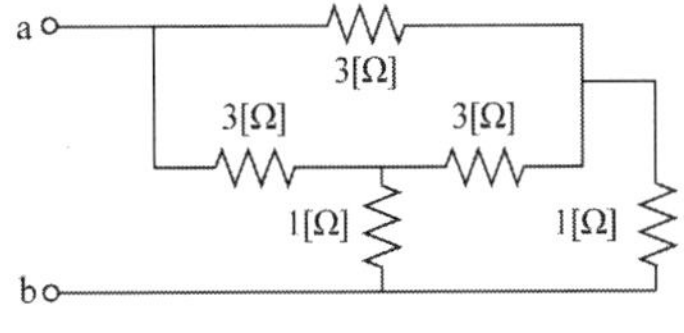

해설 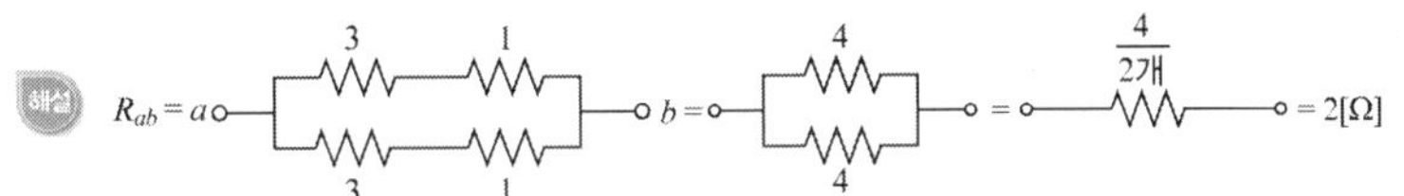

문제 06

그림과 같은 회로에서 a–b 간에 48[V]의 전압을 가했을 때 c–d 간의 전위차는 몇 [V]가 되는가?

㉮ 0[V]

㉯ 4[V]

㉰ 8[V]

㉱ 12[V]

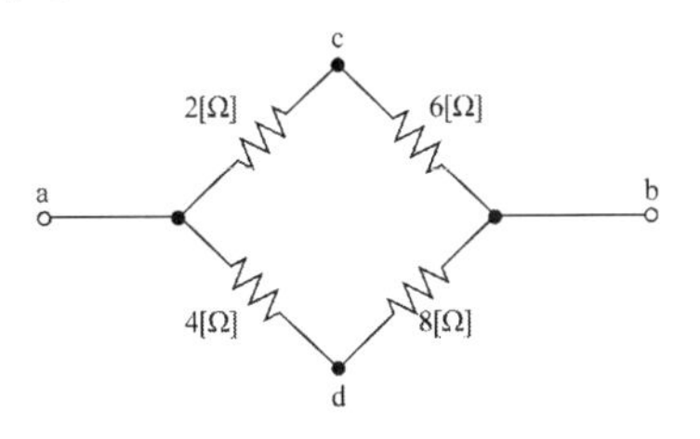

해설 직렬회로 전압 분배식 적용한다.

전위차 $V_{cd}=$ 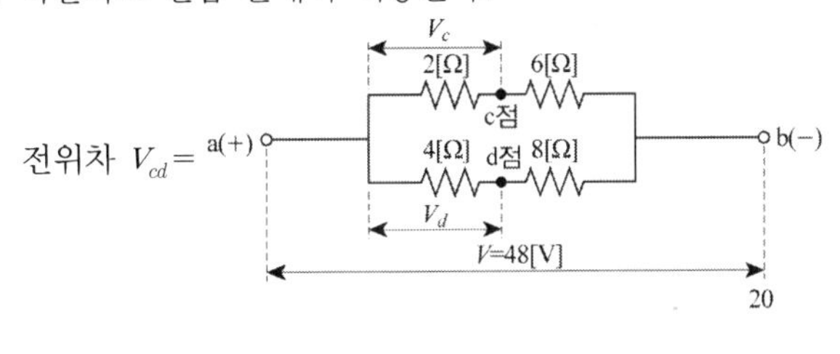

$$= V_c - V_d$$

$$= \frac{2}{2+6}\times 48 - \frac{4}{4+8}\times 48$$

$$= 4[\mathrm{V}]$$

정답 04. ㉯ 05. ㉮ 06. ㉯

문제 **07**

다음에 기술한 내용 중 맞지 않는 것은?

㉮ 두 개의 저항을 병렬접속하는 경우의 합성저항은 각 저항값보다 작다.

㉯ 저항이 병렬연결된 두 저항의 양단에 전압이 인가되었을 때 각 저항에 인가되는 전압은 서로 같다.

㉰ 직류전원회로에서 병렬연결된 저항에 전류가 흐를 때 저항값이 작은 쪽이 큰 쪽보다 많은 전류가 흐른다.

㉱ 두 개의 저항이 직렬연결된 직류회로에서 저항값이 작은 쪽이 저항값이 큰 쪽보다 많은 전류가 흐른다.

해설 직렬및 병렬회로의 특징

직렬연결 회로인 경우 : 각 저항에 흐르는 전류 I가 같다.

병렬연결 회로인 경우 : 각 저항에 걸리는 전압 V가 같다.

문제 **08**

일정 전압의 직류전원에 저항을 접속하고 전류를 흘릴 때, 이 전류값을 20[%] 감소시키기 위한 저항값은 처음의 몇 배가 되는가?

㉮ 0.65배　　㉯ 0.83배

㉰ 1.25배　　㉱ 1.5배

해설 옴의 법칙 적용

전류 $I=100[\%]$로 본다. $\rightarrow \dfrac{1}{100\%-20\%}=\dfrac{1}{80\%}=\dfrac{1}{0.8}=1.25$배 증가

1) 처음회로(전류 $I=100\%$일 때)　2) 나중회로(전류 $I=100\%-20\%=80\%$ 적용)

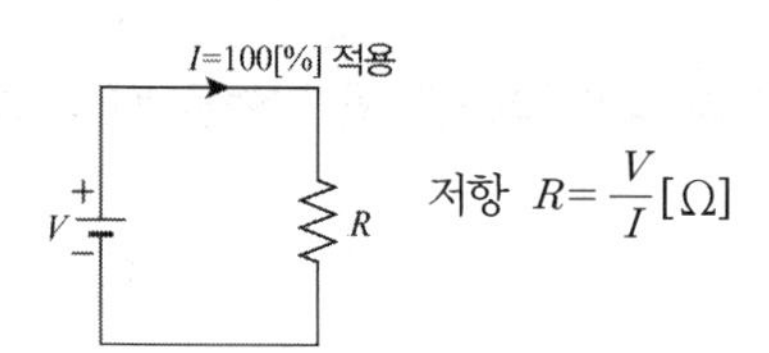

저항 $R=\dfrac{V}{I}[\Omega]$

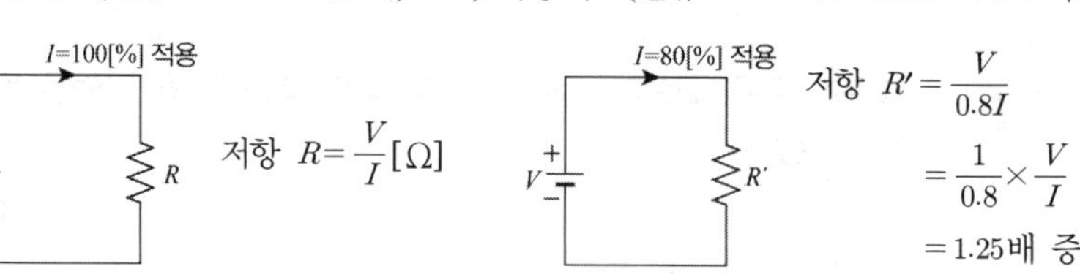

저항 $R'=\dfrac{V}{0.8I}$

$=\dfrac{1}{0.8}\times\dfrac{V}{I}$

$=1.25$배 증가

문제 **09**

일정전압의 직류전원에 저항을 접속하고 전류를 흘릴 때, 이 전류값을 20[%] 증가시키기 위한 저항값은 몇 배로 하여야 하는가?

㉮ 약 0.80　　㉯ 약 0.83

㉰ 약 1.20　　㉱ 약 1.25

해설 옴의 법칙 적용

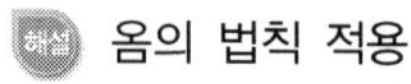

전류 $I=\dfrac{V}{R}$ 적용

전류 $I=100[\%]+20[\%]=120[\%]=1.2$ 적용 $\rightarrow \dfrac{1}{1.2}=0.83$

저항 $R=\dfrac{V}{I}=\dfrac{V}{1.2I}=\dfrac{1}{1.2}\times\dfrac{V}{I}=0.83$배 감소

정답 07. ㉱ 08. ㉰ 09. ㉯

7 키르히호프의 법칙(Kirchhoff's law)

• **정의** : 입력에너지(인가 전기량)=사용에너지(사용한 전기량)

(1) 제1법칙(전류평형의 법칙)

① **정의** : 회로망 중의 한 접속점(마디)에서 그 점에 들어오는 전류의 총합과 나가는 전류의 총합은 같다(유입전류의 합=유출전류의 합).

② **적용** : 병렬회로에 적용한다.

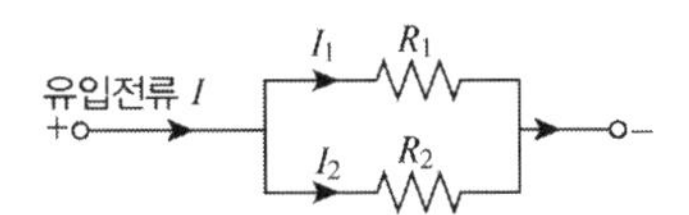

③ **공식** : 유입전류 I=유출전류$(I_1+I_2) \rightarrow I-I_1-I_2=0$

(2) 제2법칙(전압평형의 법칙)

① **정의** : 회로망에서 임의의 한 폐회로에서 기전력의 대수합과 전압강하의 대수합은 같다.(인가전압의 합=각 저항에서 소비한 전압강하의 합)

② **적용** : 직렬회로에서 적용한다.

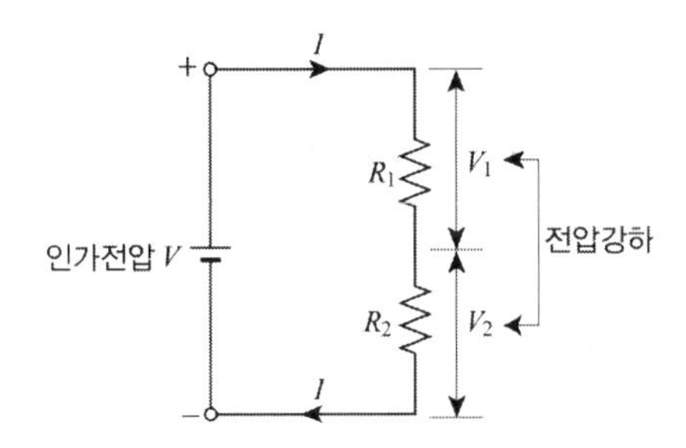

③ **공식** : 인가전압 V=소비전압 합$(V_1+V_2) \rightarrow V-V_1-V_2=0$

제1장 → 직류회로

실전문제

문제 01

키르히호프의 제1법칙은?

㉮ 회로망에 유입전류의 총합은 유출전류의 총합과 같다.
㉯ 임의의 폐회로에서 기전력의 대수의 합과 전압강하의 대수의 합은 서로 같다.
㉰ 회로망에 들어오고 나가는 전류는 0이다.
㉱ 임의의 폐회로에서 기전력의 대수의 합은 0이다.

문제 02

키르히호프의 제1법칙은?

㉮ 전압에 관한 법칙이다.
㉯ 정전기에 관한 법칙이다.
㉰ 전류평형에 관한 법칙이다.
㉱ 자기에 관한 법칙이다.

해설 제1법칙 : 전류평형법칙(유입전류 합=유출전류 합)

문제 03

그림과 같은 회로망에서 전류를 산출하는데 맞는 것은?

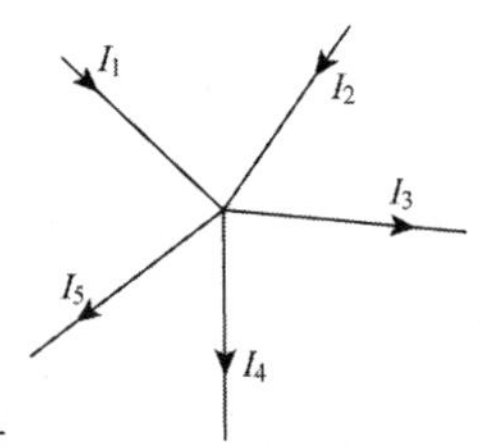

㉮ $I_1 + I_2 - I_3 - I_4 - I_5 = 0$
㉯ $I_1 - I_2 - I_3 - I_4 - I_5 = 0$
㉰ $I_1 + I_2 + I_3 + I_4 - I_5 = 0$
㉱ $I_1 - I_2 - I_3 + I_4 + I_5 = 0$

 키르히호프의 제1법칙 적용 : 유입전류 합=유출전류 합

$I_1 + I_2 = I_3 + I_4 + I_5$

유입전류 합$(I_1 + I_2)$−유출전류 합$(I_3 + I_4 + I_5) = 0$

$\therefore\ I_1 + I_2 - I_3 - I_4 - I_5 = 0$

정답 01. ㉮ 02. ㉰ 03. ㉮

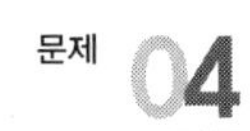

문제 04

다음 회로에 흐르는 전류는 얼마인가?

㉮ 0.2[A]

㉯ 0.4[A]

㉰ 0.6[A]

㉱ 0.8[A]

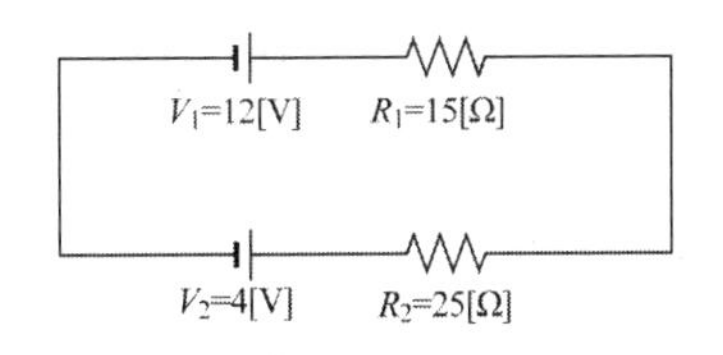

해설 키르히호프의 제2법칙 적용 : 인가전압의 합 = 각 저항의 전압강하 합

<풀이 1> $V_1 - V_2 = I \times R_1 + IR_2 = I(R_1 + R_x)$에서

$$12 - 4 = I(15 + 25) \rightarrow \text{전류 } I = \frac{12-4}{15+25} = \frac{8}{40} = 0.2[\text{A}]$$

<풀이 2> 전류 $I = \frac{V(\text{합성전압})}{R_0(\text{합성저항})} = \frac{V_1 - V_2}{R_1 + R_2} = \frac{12-4}{15+25} = 0.2[\text{A}]$

정답 04. ㉮

8 줄(Joule)의 법칙

(1) 정의

저항(부하) $R[\Omega]$에 전류 I[A]가 흐르면 열이 발생 → 이 열을 줄열이라 함.

(2) 공식

① **열에너지** : $H=$ 전력$P\times$ 시간$t = VIt = I^2Rt = \dfrac{V^2}{R}t$[J] 또는 [W · S]

② **열량(발열량)** : $H = 0.24\,I^2Rt$[cal] $= \underline{CM\theta[\text{kcal}] = 860\eta Pt[\text{kcal}]}$

주의 질량 M[kg], 전력 P[kW], 시간 t[h] 사용할 것

③ **명칭(용어)**

비열 C, 질량 M[kg], 온도차 $\theta=$나중 온도 T_2-처음온도 T_1

효율 η, 전력 P[kW]

시간 t[h], ※ 분 t[m], 초 t[s], 전류 I[A], 저항 $R[\Omega]$

④ **소비전력** $P = \dfrac{Cm(T_2-T_1)}{860\eta t}$[kW]

⑤ **효율** $\eta = \dfrac{Cm(T_2-T_1)}{860Pt}\times 100$[%]

⑥ **시간** $t = \dfrac{Cm(T_2-T_1)}{860P\eta}$[h] $\xrightarrow{\times 60}$ [분 min] $\xrightarrow{\times 60}$ [초 sec]

(3) 단위 환산

1[J] = 0.24[cal] 1[cal] = 4.186[J] 1[kWh] = 860[kcal]

제1장 → 직류회로

실전문제

문제 01 **도선에 전류를 흐르게 하면 열이 발생한다. 그 열은 전류의 제곱 및 흐른 시간에 비례한다라고 하는 법칙은?**

㉮ 줄(joule)의 법칙
㉯ 옴(ohm)의 법칙
㉰ 패러데이(faraday)의 법칙
㉱ 비오-사바르(biot-savart)의 법칙

해설 줄의 법칙 적용
열량 $H=0.24I^2Rt$[cal]
∴ 열 $H \propto I^2 \cdot t$

문제 02 **전류의 열작용과 관계가 있는 것은 어느 것인가?**

㉮ 키르히호프의 법칙
㉯ 줄의 법칙
㉰ 플레밍의 법칙
㉱ 전류의 옴의 법칙

해설 줄의 법칙 : 전류 I가 흐르면 열이 발생하는 법칙

문제 03 **도선에 t초 동안 I[A]의 전류를 흘릴 경우 발생하는 열량을 나타낸 식은?**

㉮ $H=0.24I^2Rt$
㉯ $H=4.18I^2R/t$
㉰ $H=4.18I^2Rt$
㉱ $H=0.24I^2R/t$

열량 $H=0.24I^2Rt$[cal]
[용어] 전류 I[A]/저항 $R[\Omega]$/시간 t[s]

문제 04 **줄의 법칙에 있어서 열량을 계산하는 식은?**

㉮ $H=0.24I^2Rt$[cal]
㉯ $H=0.24IR^2t$[cal]
㉰ $H=\dfrac{t}{0.24I^2R}$[cal]
㉱ $H=\dfrac{1}{0.24I^2Rt}$[cal]

해설 열량 $H=0.24I^2Rt$[cal]

정답 01. ㉮ 02. ㉯ 03. ㉮ 04. ㉮

문제 **05** 어떤 저항에서 1[kWh]의 전력량을 소비시켰을 때 발생하는 열량은 몇 [kcal]인가?

㉮ 860 ㉯ 746
㉰ 780 ㉱ 825

1[J] = 0.24[cal]

※ 1[kWh] = 1×60분×60초[kWs] 또는 [kJ] = 0.24×3600 = 860[kcal]

시간환산 : 1시간[h] = 3600초

문제 **06** 1[kcal]는 몇 줄[Joule]인가?

㉮ 5185 ㉯ 4186
㉰ 860 ㉱ 0.24

 열량단위

1[J] = 0.24[cal]

$1[\text{cal}] = \frac{1}{0.24} = 4.186[\text{J}]$

∴ 1[kcal] = 4.186×1000 = 4186[J]

문제 **07** 100[Ω]의 저항에 1[A]의 전류가 1분간 흐를 때 발생하는 열량은 몇 [kcal]인가?

㉮ 6 ㉯ 4
㉰ 2.88 ㉱ 1.44

 열량 $H = 0.24I^2Rt = 0.24 \times 1^2 \times 100 \times 60\text{초} = 1440[\text{cal}]$

$= 1440 \times 10^{-3}[\text{kcal}] = 1.44[\text{kcal}]$

문제 **08** 저항 1[kΩ]의 전열기에 5[A] 전류를 2시간 동안 흘렸을 때 발생하는 열량[kcal]은 얼마인가?

㉮ 21,600[kcal] ㉯ 43,200[kcal]
㉰ 18,000[kcal] ㉱ 9,000[kcal]

 열량 $H = 0.24I^2Rt = 0.24 \times 5^2 \times 1000 \times 2\text{시간} \times 3600\text{초} \times 10^{-3}[\text{kcal}] = 43,200[\text{kcal}]$

문제 **09** 500[W] 전열기를 정격 상태에서 30분 동안 사용한 경우의 발열량은?

㉮ 216[kcal] ㉯ 432[kcal]
㉰ 580[kcal] ㉱ 650[kcal]

 발열량 $H = 0.24Pt = 0.24 \times 500 \times 30\text{분} \times 60\text{초} \times 10^{-3}[\text{kcal}] = 216[\text{kcal}]$

시간 : 초[s] 사용

정답 05. ㉮ 06. ㉯ 07. ㉱ 08. ㉯ 09. ㉮

문제 **10** 1.5[kW]의 전열기의 정격상태에서 30분간 사용할 때의 발열량은 몇 [kcal]인가?

㉮ 648 ㉯ 1290
㉰ 1500 ㉱ 2700

해설 발열량 $H = 0.24Pt = 0.24 \times 1500 \times 30\text{분} \times 60\text{초} \times 10^{-3}[\text{kcal}] = 648[\text{kcal}]$

문제 **11** 어떤 전열기로 정격상태에서 30분 동안에 216[kcal]의 열량을 얻었다면 전열기의 용량은 얼마인가?

㉮ 500[W] ㉯ 400[W]
㉰ 300[W] ㉱ 200[W]

해설 열량 $H = 0.24Pt[\text{cal}]$식 사용

전력(전열기 용량) $P = \dfrac{H}{0.24t} = \dfrac{216 \times 10^3}{0.24 \times 30\text{분} \times 60\text{초}} = 500[\text{W}]$

문제 **12** 500[W] 전열기를 5분간 사용하면 20[℃]의 물 1[kg]을 몇 [℃]로 올릴 수 있는가?

㉮ 36 ㉯ 46
㉰ 56 ㉱ 66

해설 열량 $H = 0.24Pt = CM(T_2 - T_1)[\text{cal}]$

나중온도 $T_2 = \dfrac{0.24Pt}{CM} + \text{처음온도 } T_1$

$= \dfrac{0.24 \times 500 \times 5\text{분} \times 60\text{초}}{1000} + 20 = 56[℃]$

정답 10. ㉮ 11. ㉮ 12. ㉰

9 전력 P와 전력량 W

(1) 전력 P(watt, [W]) 또는 소비전력

① **정의** : 전기가 시간 t[s] 동안 전구(전열기, 전기다리미)에서 한 일 W[J]

$$\text{전력 } P[\text{W}] = \frac{\text{일 } W}{\text{시간 } t}[\text{J/s}] \text{ 또는 } [\text{W}]$$

② **공식** : 전력 $P = V \times I = I^2 R = \dfrac{V^2}{R}$[W]

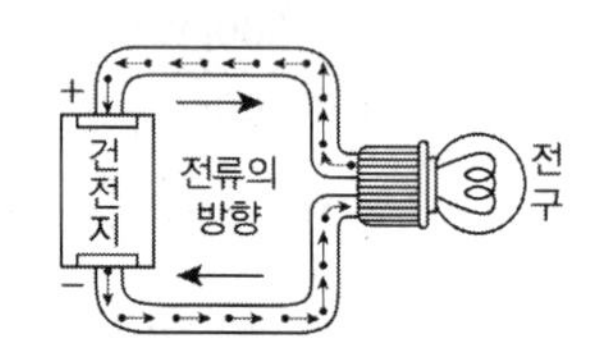

〈유도식〉 $P = \dfrac{W}{t} = \dfrac{VIt}{t} = VI$[W]

$P = VI = (IR)I = I^2 R$[W]

$P = VI = V\left(\dfrac{V}{R}\right) = \dfrac{V^2}{R}$[W]

(2) 전력량 H 또는 에너지 W[J]

① **정의** : 저항 $R[\Omega]$에 전류 I[A]가 시간 t[s] 동안 흐를 때 전기가 한 일 또는 에너지

② **전력량** : $W[\text{H}] =$ 전력 $P \times$ 시간 t [W·s] 또는 [J]$= VIt = I^2 Rt = \dfrac{V^2}{R} \times t$ [J]

③ **단위환산**

1[W · sec]= 1[J] 1[Wh]= 1시간×60분×60초= 3600[J] 1[kWh]= 10^3[Wh]= 3.6× 10^6[J]= 860[kcal]

(3) 전력량과 전력의 단위

전력	kW	1[kW] = 1000[W]
전력량	kWh	1[kWh] = 3600×1000[W·s] 또는 [J]

제1장 → 직류회로 실전문제

문제 01 **전력을 나타낸 식 중 맞는 것은?**

㉮ $P = IR$　　㉯ $P = \dfrac{R}{I^2}$

㉰ $P = I^2 \cdot R$　　㉱ $P = I \cdot R^2$

해설 전력 $P = VI = I^2 R = \dfrac{V^2}{R}$[W]

문제 02 **전력에 대한 설명 중 틀린 것은?**

㉮ 단위는 [J/sec]이다.　　㉯ 단위기간의 전기에너지이다.

㉰ 공률과 같은 단위를 갖는다.　　㉱ 열량으로 환산할 수 있다.

해설 전력량은 열량으로 환산되지만 전력은 할 수 없다.

문제 03 **1[W]와 같은 것은?**

㉮ 1[J]　　㉯ 1[J/sec]

㉰ 1[cal]　　㉱ 1[cal/sec]

문제 04 **1[J]과 같은 것은 다음 중 어느 것인가?**

㉮ 1[cal]　　㉯ 1[W·sec]

㉰ 1[kg·m]　　㉱ 1[N·m]

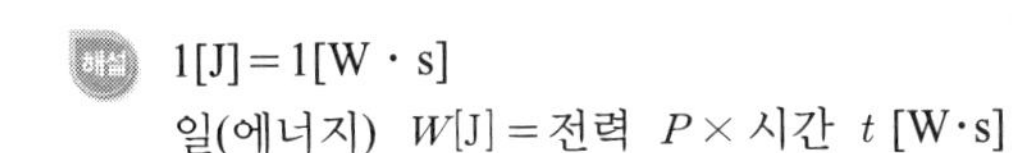

문제 05 

㉮ 1[W]　　㉯ 1[kcal]

㉰ 1[kg·m]　　㉱ 860[cal]

해설 전력 $P[\mathrm{W}] = \dfrac{일\ W}{시간\ t}[\mathrm{J/s}]$

정답 01. ㉰ 02. ㉱ 03. ㉯ 04. ㉯ 05. ㉮

문제 06 **4[Wh]는 몇 [J]인가?**

㉮ 7200　　㉯ 3600
㉰ 14400　　㉱ 5200

해설 전력량 $W=Pt=4[\text{Wh}]4\times3600$초$[\text{W}\cdot\text{s}]=14400[\text{J}]$
1시간[h] → 3600초[s]

문제 07 **1[kWh]는 몇 [J]인가?**

㉮ 3.6×10^6　　㉯ 860
㉰ 10^3　　㉱ 10^6

해설 전력량 $W=Pt=1000\times60$분$\times60$초$=3600000=3.6\times10^6[\text{J}]$

문제 08 **2분 동안에 87600[J]의 일을 하였다. 그 전력은 얼마나 되겠는가?**

㉮ 0.073[kW]　　㉯ 7.3[kW]
㉰ 0.73[kW]　　㉱ 73[kW]

해설 전력 $P=\dfrac{\text{일 } W}{\text{시간 } t}=\dfrac{87600}{2\text{분}\times60\text{초}}\times10^{-3}[\text{kW}]=0.73[\text{kW}]$

문제 09 **100[V]용 전구 30[W], 60[W] 두 개를 직렬연결하고 직류 100[V] 전원에 접속하면 어느 전구가 더 밝은가?**

㉮ 30[W]가 더 밝다.　　㉯ 60[W]가 더 밝다.
㉰ 두 전구 모두 안 켜진다.　　㉱ 두 전구의 밝기가 같다.

해설 두 전구에 흐르는 전류가 같으므로 저항이 큰 30[W]가 더 밝다.
(적용식 : 전력 $P=I^2R$ $\therefore$ $P\propto R$)

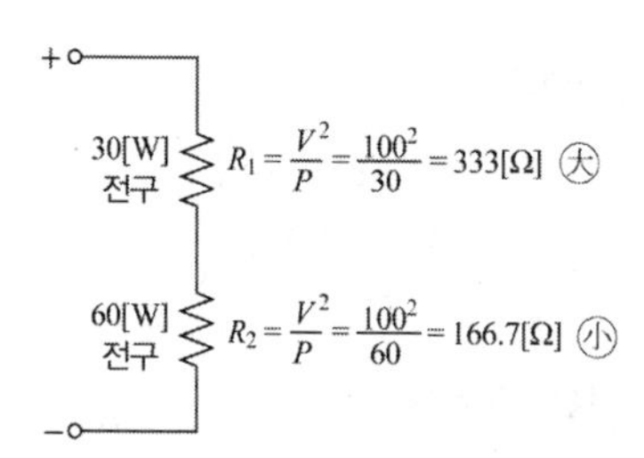

문제 10 **100[V]에서 사용하는 50[W] 전구의 필라멘트(Filament) 저항을 구하면?**

㉮ 50[Ω]　　㉯ 100[Ω]
㉰ 200[Ω]　　㉱ 400[Ω]

해설 전구의 필라멘트 저항 $R=\dfrac{V^2}{P}=\dfrac{100^2}{50}=200[\Omega]$

정답 06. ㉰ 07. ㉮ 08. ㉰ 09. ㉮ 10. ㉰

문제 **11** **100[V], 500[W] 전기다리미 저항의 크기는?**

㉮ 0.2[Ω] ㉯ 5[Ω]
㉰ 20[Ω] ㉱ 40[Ω]

 전기다리미 저항 $R=\dfrac{V^2}{P}=\dfrac{100^2}{500}=20[\Omega]$

문제 **12** **100[V], 1[kW]의 전열기의 저항[Ω]은?**

㉮ 10 ㉯ 20
㉰ 30 ㉱ 40

 전열기(전구, 전기다리미, 전기후라이팬) 저항 $R=\dfrac{V^2}{P}=\dfrac{100^2}{1000}=10[\Omega]$

문제 **13** **어떤 전등에 100[V]의 전압을 가하면 0.2[A]의 전류가 흐른다. 이 전등의 소비전력은 얼마인가?**

㉮ 10[W] ㉯ 20[W]
㉰ 30[W] ㉱ 40[W]

해설 전구의 소비전력 $P=VI=100\times 0.2=20[\mathrm{W}]$

문제 **14** **20[A]의 전류를 흘렸을 때의 전력이 60[W]인 저항에 30[A]를 흘렸을 때의 전력[W]은 얼마인가?**

㉮ 80 ㉯ 90
㉰ 120 ㉱ 135

해설 적용식 $P=I^2R[\mathrm{W}]$ → 전력 $P\propto I^2$(비례식 적용)

$\left[\begin{array}{l} I_1=20[\mathrm{A}]\text{일 때} \rightarrow P_1=60[\mathrm{W}] \\ I_2=30[\mathrm{A}]\text{일 때} \rightarrow P_2=? \end{array}\right]$ 나중전력 $P_2=\left(\dfrac{\text{나중전류 } I_2}{\text{처음전류 } I_1}\right)^2\times\text{처음전력 } P_1$

$=\left(\dfrac{30\mathrm{A}}{20\mathrm{A}}\right)^2\times 60=135[\mathrm{W}]$

문제 **15** **10[kΩ]의 저항의 허용전력은 10[kW]라 한다. 이때의 허용전류는 몇 [A]인가?**

㉮ 100 ㉯ 1
㉰ 10 ㉱ 0.1

 $P=I^2R[\mathrm{W}]$에서 허용전류 $I=\sqrt{\dfrac{P}{R}}=\sqrt{\dfrac{10[\mathrm{kW}]}{10[\mathrm{k\Omega}]}}=1[\mathrm{A}]$

정답 11. ㉰ 12. ㉮ 13. ㉯ 14. ㉱ 15. ㉯

문제 **16**

100[V]용 1[kW]의 전열기가 있다. 이 전열기의 전열선이 길이를 반감시킬 때 소비전력은?

㉮ 1[kW] ㉯ 2[kW]
㉰ 100[W] ㉱ 200[W]

 적용식 : 전력 $P=\frac{V^2}{R}$ 사용 → $P\propto\frac{1}{R}$ 적용

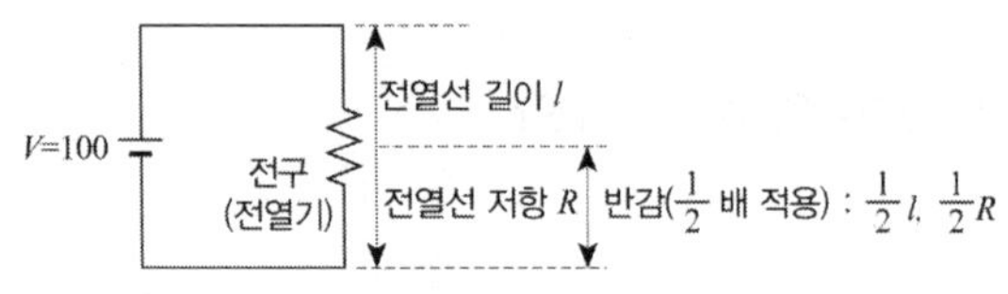

길이 반감시 소비전력 $P\propto\frac{1}{\frac{1}{2}R}=\frac{2}{R}$ → 소비전력 2배 증가 = 2[kW]

문제 **17**

100[V], 500[W]의 전열기를 80[V]로 사용했을 때의 소비전력은?

㉮ 240[W] ㉯ 320[W]
㉰ 400[W] ㉱ 480[W]

 (소비) 전력 $P=\frac{V^2}{R}$에서 → 비례식 적용 $P\propto V^2$

나중소비전력 $P_2=\left(\frac{\text{나중전압 } V_2}{\text{처음전압 } V_1}\right)^2\times$처음전력 $P_1=\left(\frac{80}{100}\right)^2\times 500=320[\text{W}]$

문제 **18**

100[V], 400[W]의 전기다리미를 90[V]에서 사용하면 전력은 몇 [W]가 되는가?

㉮ 334 ㉯ 324
㉰ 314 ㉱ 304

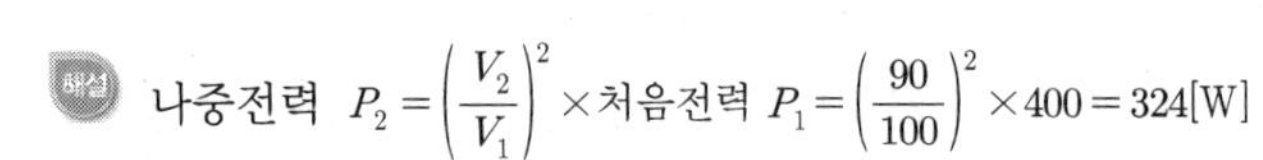

나중전력 $P_2=\left(\frac{V_2}{V_1}\right)^2\times$처음전력 $P_1=\left(\frac{90}{100}\right)^2\times 400=324[\text{W}]$

문제 **19**

10[A]의 전류에서 100[W]를 소비하는 저항에 20[A]의 전류가 흐르도록 하면 소비전력[W]은?

㉮ 300 ㉯ 400
㉰ 500 ㉱ 600

 소비전력 $P=I^2R$에서 → 비례식 적용 $P\propto I^2$

나중소비전력 $P_2=\left(\frac{\text{나중전류 } I_2}{\text{처음전류 } I_1}\right)^2\times$처음전력 $P_1=\left(\frac{20}{10}\right)^2\times 100=400[\text{W}]$

정답 16. ㉯ 17. ㉯ 18. ㉯ 19. ㉯

문제 **20**

정격전압에서 600[W]의 전력을 소비하는 저항에 정격의 90[%]의 전압을 가할 때의 전력은 얼마인가?

㉮ 540[W] ㉯ 486[W]
㉰ 545[W] ㉱ 500[W]

해설 정격전압 $V=100$[%]로 보고 계산 → 90[%] 정격전압$=0.9\times V$[V]

정격 100% 전력 $P=\dfrac{V^2}{R}=600$에서

정격 90%일 때 전력 $P'=\dfrac{(0.9V)^2}{R}=\dfrac{0.81V^2}{R}$

$=0.81\times 600=486$[W]

문제 **21**

다음 설명 중 틀린 것은?

㉮ 전력은 칼로리 단위로 환산할 수 없다.
㉯ 전력량은 마력으로 환산할 수 있다.
㉰ 전력량은 칼로리로 환산할 수 있다.
㉱ 전력과 전력량은 다르다.

문제 **22**

R[Ω]의 저항에 I[A]의 전류를 T[sec] 동안 흘릴 때 저항 중에서 소비되는 전력량 [J]은?

㉮ RIT ㉯ R^2IT
㉰ I^2RT ㉱ $\dfrac{RT}{I^2}$

 소비전력량

$W=P\times t=VIt=I^2Rt=\dfrac{V^2}{R}\times t$[J] 또는 [W · s]

문제 **23**

200[V]를 가하여 5[A]가 흐르는 직류전동기를 5시간 사용할 때 전력량[kWh]은 얼마인가?

㉮ 0.5 ㉯ 5
㉰ 50 ㉱ 500

 전력량

$W=VIt$

$=200\times 5\times 5$시간$\times 10^{-3}$[kWh]$=5$[kWh]

문제 24 정격 소비전력이 50[W]인 TV를 정격상태로 하루에 3시간씩 사용할 때 한 달(30일)간 사용한 전력량은 얼마인가?

㉮ 4500[kWh] ㉯ 4.5[kWh]
㉰ 72[kWh] ㉱ 7.2[kWh]

 전력량

$W = P \times t \times$ 사용일수

$= 50 \times 3$시간 $\times 30$일 $= 4500[\mathrm{Wh}] = 4.5[\mathrm{kWh}]$

문제 25 저항값이 일정한 저항에 가해지고 있는 전압을 3배로 하면 소비전력은 몇 배가 되는가?

㉮ $\frac{1}{3}$배 ㉯ 9배
㉰ 6배 ㉱ 3배

해설 소비전력 $P = \frac{V^2}{R}$에서 → 비례식 적용($P \propto V^2$)

전력은 전압의 제곱에 비례한다.

전압 3배 증가시 전력 $P' = \frac{(3V)^2}{R} = 9\frac{V^2}{R}$[W]

∴ 소비전력 P는 9배 증가한다.

정답 24. ㉯ 25. ㉯

10 열과 전기 효과

(1) 제베크(제어벡) 효과(seebeck effect) : 온도차

① **정의** : 두 종류의 금속의 접속점에 온도의 차이를 주면 열기전력이 발생하여 전류가 흐른다.(온도차 → 전기발생)

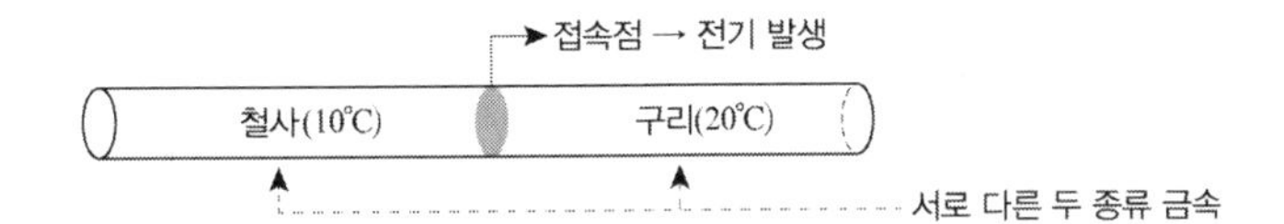

② **용도** : 열전 온도계(열전쌍 이용, 온도 측정), 열전계기, 열전대식 감지기

(2) 펠티에 효과(peltier effect)

① **정의** : 두 종류의 금속의 접속점에 전류를 흘리면 열의 흡수, 또는 발생현상이 생기는 것.(전류차 → 열 흡수)

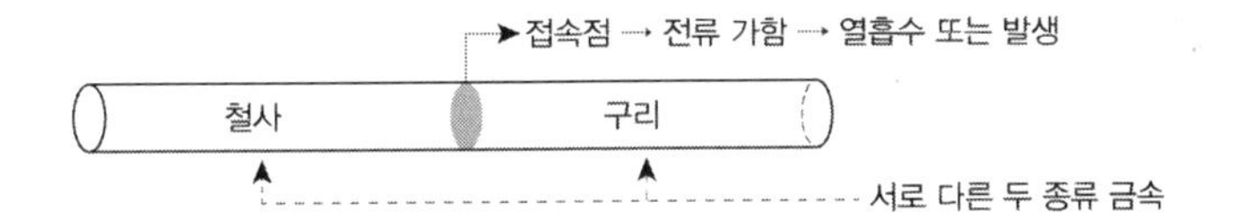

② **용도** : 전자 냉동기(흡열), 전자 온풍기(발열)

(3) 톰슨 효과

① **정의** : 동일 금속에 온도차와 전류를 흘리면 열의 흡수 또는 발생을 수반하는 현상

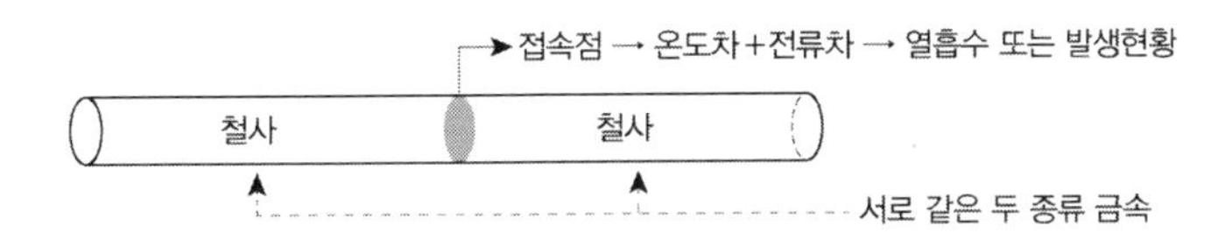

② **용도** : 냉동기

(4) 홀 효과

전류가 흐르고 있는 도체에 자계를 가하면 도체 측면에는 정부의 전하가 나타나 두 면간에 전위차가 발생하는 현상

제1장 → 직류회로

실전문제

문제 01

두 종류의 금속을 접속하여 두 접점을 다른 온도로 유지하면 전류가 흐르는 현상은?

㉮ 제베크 효과 ㉯ 펠티에 효과
㉰ 제3금속의 법칙 ㉱ 패러데이의 법칙

해설 제베크 효과 : 온도차를 주면 전기발생효과

문제 02

제베크 효과의 설명에 맞지 않는 것은?

㉮ 두 종류의 금속 비스무트(Bi)와 안티몬(Sb)으로 되어 있다.
㉯ 두 접점을 다른 온도로 유지하면 1[℃]의 온도차로 약 0.12[mV]의 기전력이 발생한다.
㉰ 이 효과를 이용한 열전쌍이 있다.
㉱ 이 효과를 이용한 전열기가 있다.

해설 전열기 : 주열을 이용한 전기를 열로 소비하는 것

문제 03

두 종류의 금속의 접합부에 전류를 흘리면, 전류의 방향에 따라 주열 이외의 열의 발생 또는 흡수현상이 생기는 것을 무엇이라 하는가?

㉮ 옴의 법칙 ㉯ 제베크 효과
㉰ 열전효과 ㉱ 펠티에 효과

해설 펠티에 효과 : 전류 흘리면 열 흡수 효과(전자 냉동기)

문제 04

전자 냉동기는 다음 어떤 효과를 응용한 것인가?

㉮ 제베크 효과 ㉯ 톰슨 효과
㉰ 펠티에 효과 ㉱ 줄 효과

해설 펠티에 효과 : 두 종류의 금속의 접속점에 전류를 흘리면 열의 흡수, 또는 발생 현상이 생기는 것(전류차 → 열 흡수)

정답 01. ㉮ 02. ㉱ 03. ㉱ 04. ㉰

문제 05 **열전쌍의 재료로 사용되는 것이 아닌 것은?**

㉮ 철－콘스탄탄　　㉯ 백금－백금 로듐

㉰ 백금－콘스탄탄　　㉱ 구리－콘스탄탄

해설 제어벡 또는 제벡크 효과

1) 열전쌍(열전대) : 두 금속의 온도가 달라지면 전류가 흘린 온도를 측정할 수 있는 금속재료

2) 열전쌍 종류
- 구리－콘스탄탄 : (보통 열전대 사용)(－200～400[℃]) 측정 가능
- 철콘－콘스탄탄 : (－200～700[℃]) 측정 가능
- 크로멜－알루멜 : (－200～1,000[℃]) 측정 가능
- 백금－백금로듐 : (공업용으로 널리 사용)(0～1,600[℃]) 측정 가능

정답 05. ㉰

11 전기저항 $R[\Omega]$

• **정의** : 전기저항은 전선 자체가 갖고 있는 저항값이다.

(1) 저항 $R[\Omega]$

① **정의** : 전기를 소비하는 부하가 갖고 있는 저항값

② **전기저항** : 전선 길이 l에 비례하고 전선 단면적 A에 반비례한다.

전기저항(전선의 저항) $R=\rho\dfrac{l}{A}[\Omega]$

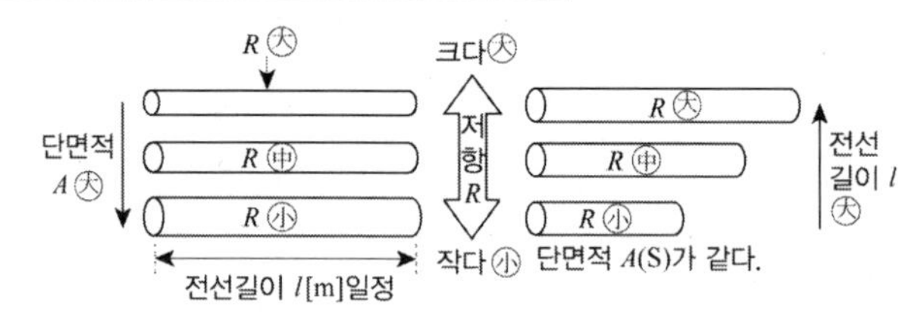

(2) 고유저항 $\rho[\Omega\cdot\text{m}]$

전선 재질(구리, 알루미늄, 경동……)이 갖고 있는 고유저항(전선 길이 1[m], 전선 단면적 1[m²]의 전선의 저항값)

(3) 전도율(도전율) $\sigma[\mho/\text{m}]$ 또는 $K[\mho/\text{m}]$

고유저항 $\rho[\Omega\cdot\text{m}]$의 역수(전류가 통하기 쉬운 정도)

도전율 $\sigma=\dfrac{1}{\text{고유저항 }\rho}=\dfrac{1}{\rho}[\mho/\text{m}]$ 또는 $[\Omega^{-1}/\text{m}]$

(4) 전선의 단면적 $A(S)$

직경 d 반지름 r 전선

$A(S)=\pi r^2=\pi\left(\dfrac{d}{2}\right)^2=\dfrac{\pi d^2}{4}[\text{m}^2]$

(5) 저항온도 계수 α

① **정의** : 저항의 온도가 1[℃] 상승할 때 원래의 저항값에 대한 저항의 증가(감소) 비율값(상수) → 저항 $R \propto$ 온도 T

② **공식** :
- 온도 0[℃]에서 표준 연동의 온도계수 : $\alpha_0 = \dfrac{1}{234.5}$
- 온도 t [℃]일 때 온도계수 : $\alpha_t = \dfrac{1}{234.5 + t(\text{주어진 온도})}$

③ **온도증가시 전선의 저항 R값 계산공식**

$$\text{나중저항 } R_2 = \text{처음저항 } R_1\{1+\alpha(\text{나중온도 } T_2 - \text{처음온도 } T_1)\}[\Omega]$$

(6) 저항체의 필요한 조건

① 고유저항이 클 것
② 저항의 온도계수가 작을 것
③ 구리에 대한 열기전력이 적을 것
④ 내구성이 좋을 것
⑤ 값이 쌀 것(경제적일 것)

제1장 → 직류회로

실전문제

문제 01

다음 중 저항체로서 필요한 조건이 아닌 것은?

㉮ 고유저항이 클 것
㉯ 저항의 온도가 작을 것
㉰ 구리에 대한 열기전력이 작을 것
㉱ 전압(전압강하)이 높을 것

해설 저항체의 필요한 조건
① 고유저항이 클 것
② 저항의 온도계수가 작을 것
③ 구리에 대한 열기전력이 적을 것
④ 내구성이 좋을 것
⑤ 값이 쌀 것(경제적일 것)

문제 02

도체의 저항값에 대한 설명 중 틀린 것은?

㉮ 저항값은 도체의 고유저항에 비례한다.
㉯ 저항값은 도체의 단면적에 비례한다.
㉰ 저항값은 도체의 길이에 비례한다.
㉱ 저항값은 도체의 단면적에 반비례한다.

해설 전기저항 R
$R=\rho\frac{l}{A}[\Omega]$: 저항값은 길이에 비례하고 그 단면적에 반비례한다.

문제 03

어떤 도선의 저항은?

㉮ 도선의 길이에 비례하고 직경에 반비례한다.
㉯ 도선의 길이에 비례하고 단면적에 반비례한다.
㉰ 도선의 직경에 비례하고 길이에 반비례한다.
㉱ 도선의 직경에 비례하고 단면적에 반비례한다.

해설 전선(도선)의 전기저항 $R=\text{고유저항 }\rho\times\frac{\text{전선길이 }l}{\text{전선 단면적 }A(S)}[\Omega]$

문제 04

전구를 점등하기 전의 저항과 점등한 후의 저항을 비교하면 어떻게 되는가?

㉮ 점등 후의 저항이 크다.
㉯ 점등 전의 저항이 크다.
㉰ 변동 없다.
㉱ 경우에 따라 다르다.

해설 저항 $R\propto$ 온도 T(열) $\propto$ 전기 투입(점등 후)
∴ 전구 점등 후의 저항 R값이 크다.

정답 01. ㉱ 02. ㉯ 03. ㉯ 04. ㉮

문제 05 **고유저항의 단위는?**

㉮ $\Omega mm^2/m$ ㉯ $\Omega \cdot cm$
㉰ $\Omega \cdot m$ ㉱ $\Omega \cdot A \cdot cm$

해설 고유저항 $\rho[\Omega \cdot m]$
$\therefore\ 1[\Omega \cdot m] = 10^{+6}[\Omega \cdot mm^2/m]$

문제 06 **옴미터(Ohm-meter)는 다음 어느 것의 단위인가?**

㉮ 전기량 ㉯ 고유저항
㉰ 전위 ㉱ 기자력

해설

명칭	전기량 Q	고유저항 ρ	전위 V	기자력 F
단위	쿨롱 C	옴미터 $\Omega \cdot m$	볼트 V	암페어턴 AT

문제 07 **전기저항의 역수의 단위는?**

㉮ Farad ㉯ Henry
㉰ Mho ㉱ Ohm

해설 단위

명칭	전기저항 R	콘덕턴스 $G=\frac{1}{R}$	콘덴서 C	코일 L
단위	Ω(옴 Ohm)	℧(모오 Mho)	F(패럿 Farad)	H(헨리 Henry)

문제 08 **전도율의 단위는?**

㉮ [Ωm] ㉯ [Ω/m]
㉰ [℧/m] ㉱ [S·m]

해설 전도율(도전율) $\delta(K) = \frac{1}{\text{고유저항 } \rho}$[℧/m]

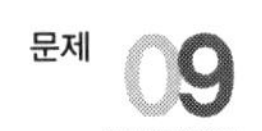

문제 09 **고유저항이 $\rho[\Omega \cdot m]$, 길이가 l[m], 반지름이 r[m]인 전선의 저항은?**

㉮ $R = \frac{2\pi r l}{\rho}[\Omega]$ ㉯ $R = \rho\frac{\pi r^2}{l}[\Omega]$
㉰ $R = \rho\frac{l}{2\pi r}[\Omega]$ ㉱ $R = \rho\frac{l}{\pi r^2}[\Omega]$

해설 전선의 전기저항 R

전기저항식	반지름 r일 때	직경(지름) d일 때
$R=\rho\frac{l}{A}$(단면적 $A=\pi r^2$)	$R=\rho\frac{l}{\pi r^2}$	$R=\rho\frac{l}{\frac{\pi d^2}{4}}[\Omega]$

정답 05. ㉰ 06. ㉯ 07. ㉰ 08. ㉰ 09. ㉱

문제 10 **같은 길이의 저항으로 지름을 2배로 하면 저항값은?**

㉮ 1/2배 ㉯ 1/4배

㉰ 2배 ㉱ 4배

 전기저항 $R=\rho\frac{l}{A}=\rho\frac{l}{\pi r^2}$

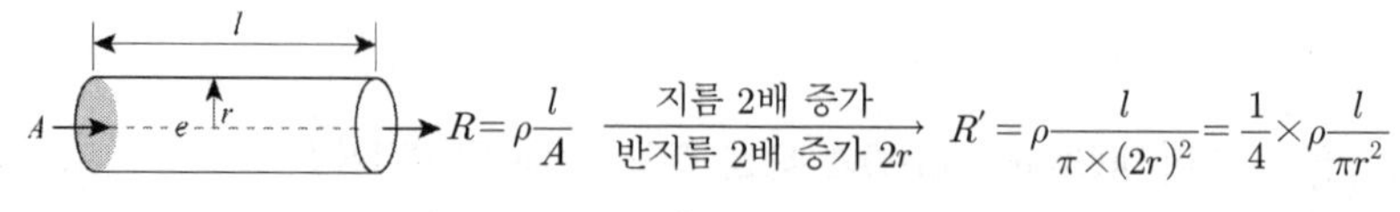

∴ 지름을 2배 증가하면 전기저항은 $\frac{1}{4}$배 감소한다.

문제 11 **도선의 단면적의 반지름을 2배로 늘리면 그 저항은 얼마가 되겠는가?**

㉮ 2배로 는다. ㉯ $\frac{1}{2}$배로 준다.

㉰ 4배로 는다. ㉱ $\frac{1}{4}$배로 준다.

 전선저항 R

전선저항 $R=\rho\frac{l}{A}=\rho\frac{l}{\pi r^2}\xrightarrow[2r\ \text{적용}]{\text{반지름 2배 증가}}\frac{1}{4}$배 감소(준다.)

문제 12 **국제 표준 연동 고유저항은 몇 [Ω·m]인가?**

㉮ 1.7241×10^{-6} ㉯ 1.7241×10^{-7}

㉰ 1.7241×10^{-8} ㉱ 1.7241×10^{-9}

문제 13 **0[℃]에서 20[Ω]인 구리선이 90[℃]로 되면 증가된 저항은 몇 [Ω]인가?**

㉮ 약 6.7 ㉯ 약 7.7

㉰ 약 26.7 ㉱ 약 27.7

 온도 증가시 저항 R값 계산

온도 90[℃]일 때 나중저항 R_2 = 처음저항 $R_1\{1+\alpha_0(T_2-T_1)\}[\Omega]$

$\therefore R_2=20\left\{1+\frac{1}{234.5}\times(90°-0°)\right\}=27.7[\Omega]$

(구리선의 0[℃]때 온도계수 $\alpha_0=\frac{1}{234.5}$)

정답 10. ㉯ 11. ㉱ 12. ㉰ 13. ㉱

12 패러데이의 법칙

(1) 전기 분해

전해액(황산구리, $CuSO_4$)에 전류를 흘려 화학적으로 변화를 일으키는 현상(분해하여 금속을 석출하는 것)

용어

① 전리 : 물질이 양이온(+)과 음이온(−)으로 분리되는 현상
② 전해질 : 물에 녹아 전해액을 만드는 물질

(2) 패러데이 법칙(Faraday's law)

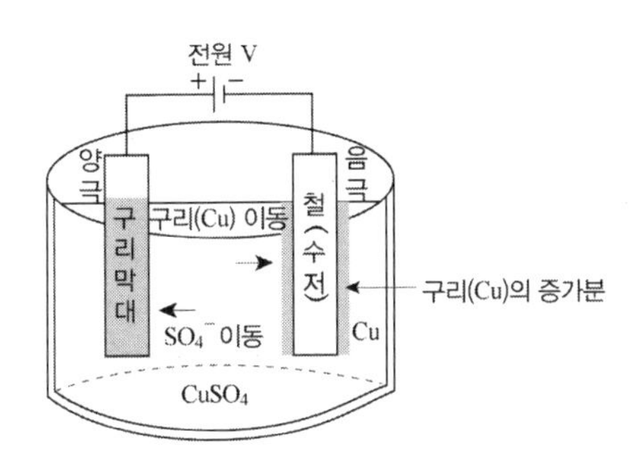

① 전기 분해시 전극에 석출되는 물질의 양 W[g]은 전기량 Q[C]에 비례한다.
② 물질의 양 W[g]은 전기량이 일정하면 물질의 전기화학당량 K에 비례한다.

- **적용식** 석출량 $W = KQ = KIt$[g]

③ **전기화학당량** $K\,[\text{g/C}] = \dfrac{\text{원자량}}{\text{원자가}}$

- **정의** : 1[C]의 전기량에 의해 분해되는 물질의 양(물질에 따라 정해지는 상수)

13 전지의 원리와 종류

(1) 전지의 원리

아래 그림과 같이 묽은황산 용액에 구리(Cu)와 아연(Zn)판을 넣으면, 아연은 구리보다 이온이 되는 성질이 강하므로 전해액 중에 용해되어 양이온이 되며, 아연판은 음전기를 띠게 된다.

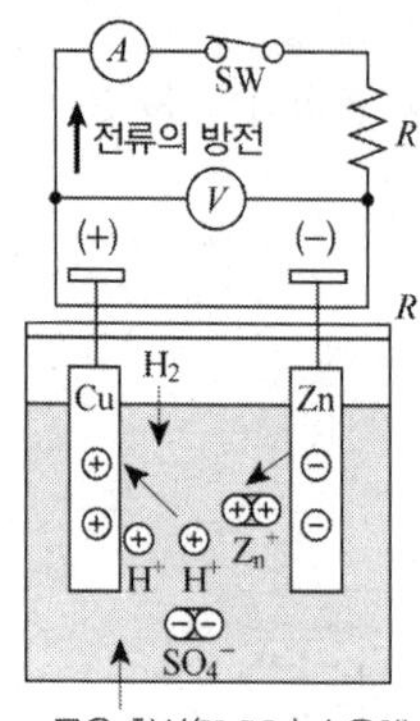

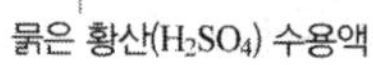
묽은 황산(H_2SO_4) 수용액

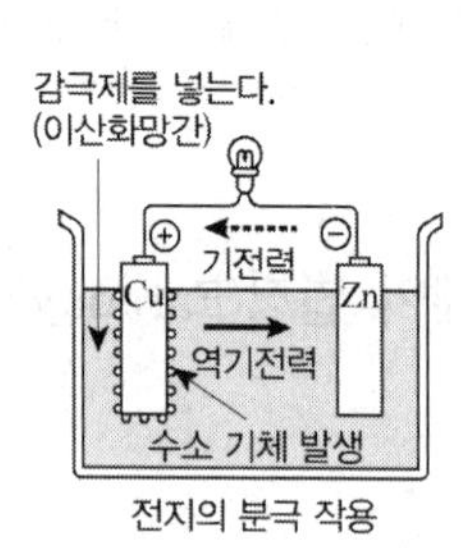

전지의 분극 작용

구분	전해액	양극	음극
내용	묽은황산(증류수) (H_2SO_4)	구리판이며 수소기체가 발생하여 기전력을 감소시키는 분극작용이 된다.	아연판

(2) 종류

1) **건전지**(르클랑세전지) : 망간 건전지(1차 전지)

① **양극**(+) : 탄소 막대

② **음극**(−) : 아연 원통

③ **전해액** : 염화암모늄(NH_4Cl) 용액 사용

④ **기전력** : 1.5[V]

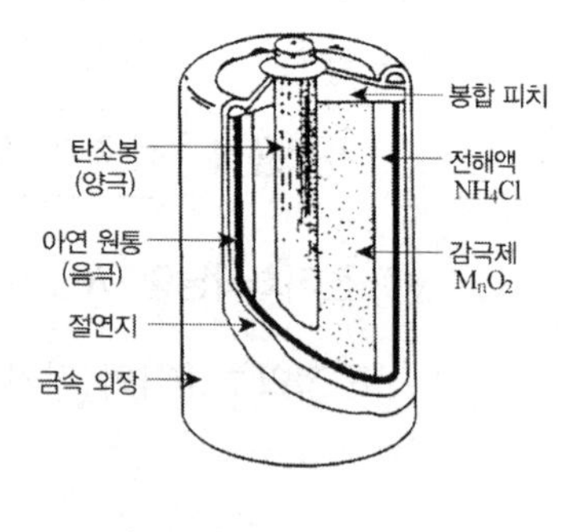

1차 전지 종류 : (알칼리) 망간전지, 공기전지, 수은전지

→ 용도 : 전자기기, 전등, 완구류, 시계, 카메라, 계량기

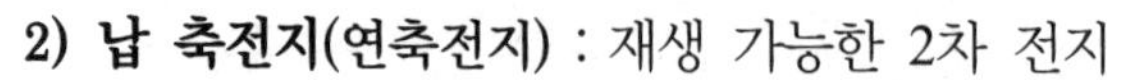

2) **납 축전지**(연축전지) : 재생 가능한 2차 전지

① **양극**(+) : 이산화납(PbO_2)

② **음극**(−) : 납(Pb)

③ **전해액** : 묽은황산(H_2SO_4) (비중 1.23 ~ 1.26)

④ **기전력** : 2[V], 방전 종기 전압 1.8[V]

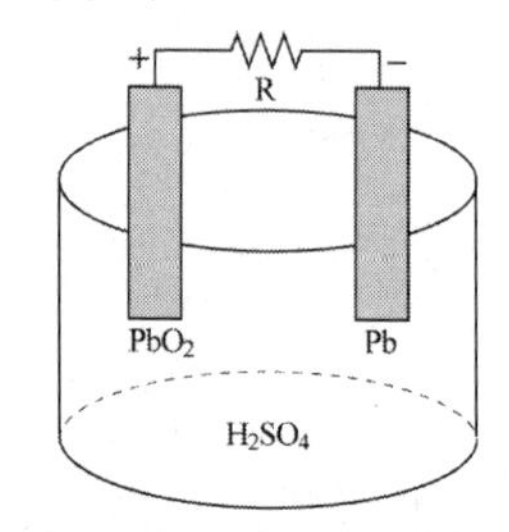

⑤ **전지 용량** : 10시간 방전율 사용

⑥ **축전지 용량** Q=전류 $I\times$시간 t[A·h]

⑦ **방전과 충전시의 화학 반응식**

양극		전해액		음극	방전	양극		물		음극
PbO_2	+	$2H_2SO_4$	+	Pb	$\rightleftharpoons$	$PbSO_4$	+	$2H_2O$	+	$PbSO_4$
(이산화납)		(황산)		(납)	충전	(황산납)		(물)		(황산납)

- 2차 전지 종류 : 납(연)축전지, 니켈 · 수소전지, 니켈 · 카드뮴전지, 리튬이온전지, 리튬폴리머전지
- → 용도 : 휴대용 전자기기의 이동전원으로 사용

3) 알칼리 축전지(충전용량 : 5[Ah]) : 재생 가능한 2차전지

① 양극 : $Ni(OH)_3$(산화니켈) 사용

② 음극 ┌ 에디슨 전지 : Fe(철) 사용
　　　 └ 융그너 전지 : Cd(카드뮴) 사용

③ 방전전압(공칭전압) : 1.2[V]

④ 충전전압 : 1.35 ~ 1.33[V]

구분	전지의 종류	모양	크기	전압	충전	용도
내용	알칼리 망건전지	둥근 원통형	약 길이 5cm, 지름 1.3cm	1.5V	×	라디오, 시계, 손전등
	아연 탄소 전지	둥근 원통형	약 길이 5cm, 지름 1.3cm	1.5V	×	손전등, 라디오
	니켈 · 카드뮴 전지	둥근 원통형	약 길이 5cm, 지름 1.3cm	1.2V	○	카메라, 손목시계
	리튬전지	원형	약 지름 13mm	3.6V	×	심장 박동기
	수은전지	단추 모양	약 지름 13mm	1.35V	×	계산기, 손목시계
	납축전지	직육면체	20cm×18cm×18cm	2.0V	○	자동차
	산화은전지	단추 모양	약 지름 13mm	1.55V	×	전자 수첩
	연료전지			1.23V	×	우주선 전기

제1장 → 직류회로

실전문제

문제 01 **패러데이의 법칙을 설명한 것은?**

㉮ 전극에서 석출되는 물질의 양은 통과한 전기량의 제곱에 비례한다.
㉯ 전극에서 석출되는 물질의 양은 통과한 전기량의 제곱에 반비례한다.
㉰ 전극에서 석출되는 물질의 양은 통과한 전기량에 비례한다.
㉱ 전극에서 석출되는 물질의 양은 통과한 전기량에 반비례한다.

해설 석출량 $W = KQ = KIt\,[\mathrm{g}]$

문제 02 **전기분해에 의해 전극에 석출된 물질의 양은 통과한 전기량과 그 물질의 전기화학량에 비례하는 것은?**

㉮ 줄의 법칙　　㉯ 앙페르의 법칙
㉰ 패러데이의 법칙　　㉱ 렌츠의 법칙

문제 03 **다음 중 패러데이의 법칙과 관계없는 것은?**

㉮ 전극에서 석출되는 물질의 양은 통과한 전기량에 비례한다.
㉯ 전해질이나 전극이 어떤 것이라도 같은 전기량이면 항상 같은 화학 당량의 물질을 석출한다.
㉰ 여기서 화학당량이란 $\frac{원자량}{원자가}$을 말한다.
㉱ 석출되는 물질의 양은 전류의 세기와 전기량의 곱과 같다.

해설 패러데이 법칙 : 전극에서 석출량 $W = kQ = KIt[\mathrm{g}]$
$\therefore$ 석출량 $W \propto$ 전기량 Q 또는 석출량 $W \propto$ 전류 I

문제 04 **화학당량이란 어떤 값인가?**

㉮ $\frac{원자량}{원자가}$　　㉯ $\frac{원자가}{원자량}$
㉰ $\frac{분자량}{분자가}$　　㉱ $\frac{분자가}{분자량}$

해설 전기화학당량 K(분해되는 물질의 양)$= \frac{원자량}{원자가}$

정답 01. ㉰ 02. ㉰ 03. ㉱ 04. ㉮

전기이론

문제 05

은전량계에 1시간 동안 전류를 통과시켜 8.054[g]의 은이 석출되면 이때 흐른 전류의 세기는 약 얼마인가? (은의 전기화학당량은 $K=0.001118$[g/C]이다.)

㉮ 2[A] ㉯ 4[A]
㉰ 6[A] ㉱ 8[A]

해설 패러데이 법칙 : 석출량 $W=KQ=KIt$[g]

$\therefore$ 전류 $I=\dfrac{W}{Kt}=\dfrac{8.054}{0.001118\times 1\text{시간}\times 3600\text{초}}\fallingdotseq 2$[A]

문제 06

1.5[A]의 전류를 1분 동안 질산은 용액에 흘리면 몇 [g]의 은을 석출하겠는가? (단, 은의 전기화학당량은 0.001118[g/C]이다.)

㉮ 0.00168 ㉯ 0.0172
㉰ 0.10062 ㉱ 0.1602

해설 패러데이 법칙 : 석출량 $W=KIt=0.001118\times 1.5\times 1\text{분}\times 60\text{초}=0.10062$[g]

문제 07

표준 전지에서 사용하는 양극 재료는?

㉮ 백금 ㉯ 은
㉰ Cd ㉱ 수은

해설 표준전지는 양극 : 수은(Hg), 음극 : 카드뮴 아말감(치과와 소결한 텅스텐선 제조시 사용), 전해액 : 황산카드뮴

문제 08

전지에 전류가 흐르면 양극에 수소가스가 생겨 기전력이 감소하는 현상을 무엇이라고 하는가?

㉮ 분극(성극) ㉯ 보극
㉰ 멸극 ㉱ 충극

감극제로 MnO_2(이산화망간)을 쓰는 이유	분극 작용에 의한 전압강하 방지
분극 작용	일정한 전압을 가진 전지에 부하를 걸면 단지 전압이 저하되는 현상(수소가 생겨 기전력이 감소하는 현상)
국부 작용	불순물이 흘러나오는 현상(부식이 되는 것) → 방지법 : 수은도금

문제 09

전지를 쓰지 않고 오래 두면 못쓰게 되는 까닭은?

㉮ 성극 작용 ㉯ 분극 작용
㉰ 국부 작용 ㉱ 전해 작용

정답 05. ㉮ 06. ㉰ 07. ㉱ 08. ㉮ 09. ㉰

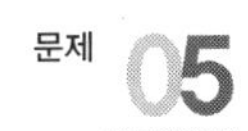

문제 **10**

납축전지의 전해액의 비중은?

㉮ 1.0～1.2　　㉯ 1.23～1.26
㉰ 1.3～1.5　　㉱ 1.5～1.8

해설 납축전지 전해액 비중 : 1.23～1.26

문제 **11**

납축전지에 쓰는 전해액은?

㉮ 납　　㉯ 초산은
㉰ 물　　㉱ 묽은황산

해설 납축전지의 전해액 : 묽은황산(H_2SO_4) 사용

문제 **12**

다음은 연축전지에 대한 설명이다. 옳지 않은 것은?

㉮ 전해액은 황산을 물에 섞어서 비중을 1.2～1.3 정도로 하여 사용한다.
㉯ 충전시 양극은 PbO로 되고, 음극은 $PbSO_2$로 된다.
㉰ 방전전압의 한계는 1.8[V]로 하고 있다.
㉱ 용량은 방전전류×방전시간으로 표시하고 있다.

해설 납(연) 축전지

양극		전해액		음극	방전시	양극		물		음극
PbO_2	+	$2H_2SO_4$	+	Pb	$\rightleftarrows$	$PbSO_4$	+	$2H_2O$	+	$PbSO_4$
(이산화납)		(황산)		(납)	충전시	(황산납)		(물)		(황산납)

문제 **13**

축전지의 용량을 표시하는 단위는?

㉮ VAR　　㉯ W
㉰ Ah　　㉱ VA

해설 축전지 용량 Q= 전류 I×시간 t[Ah]

문제 **14**

1[Ah]는 몇 [C]인가?

㉮ 7,200　　㉯ 3,600
㉰ 120　　㉱ 60

해설 축전지 용량 $Q = I \times t$[Ah]

1[Ah] = 3600[A·s]=3600[C]
1시간 = 3600초

정답 10. ㉯ 11. ㉱ 12. ㉯ 13. ㉰ 14. ㉯

용량 30[Ah]의 전지를 2[A]의 전류로 방전시키면 몇 시간 방전시킬 수 있는가? (단, 누설은 전혀 없다고 본다.)

㉮ 10　　㉯ 15

㉰ 60　　㉱ 100

해설 축전지 방전시간 $t[\text{h}] = \dfrac{\text{축전지 용량 } Q}{\text{전류 } I} = \dfrac{30}{2} = 15[\text{h}]$

정답 15. ㉯

14 전지의 접속(연결)

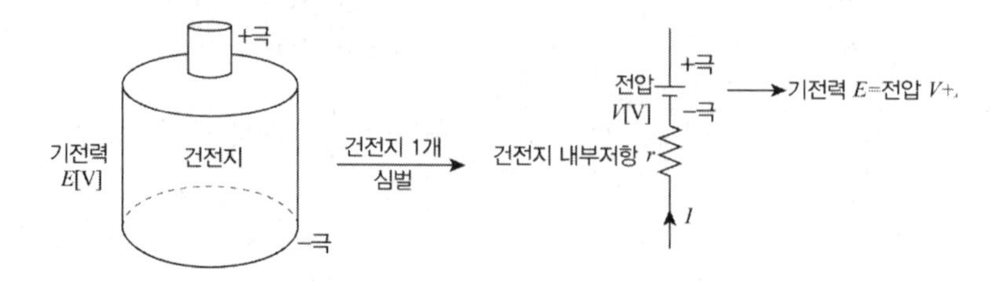

(1) 건전지의 직렬접속(★ 각 저항에 흐르는 전류 I는 같다.)

기전력 E[V], 내부저항 r[Ω]인 전기 n개를 직렬접속하고 여기에 부하저항 R[Ω]를 연결했을 때, 부하에 흐르는 전류 I 계산

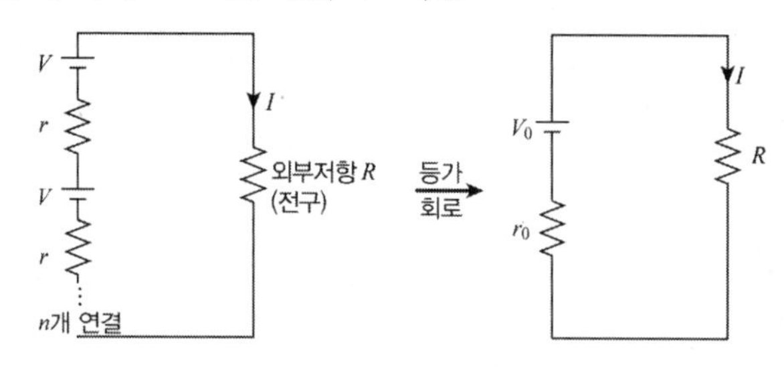

$$\therefore \text{ 부하전류 } I = \frac{\text{합성전압 } V_0}{\text{합성 내부저항 } r_0 + R} = \frac{nV}{nr + R}[\text{A}]$$

용어

① $V_0 = nV$: 합성 기전력
② $r_0 = nr$: 합성 내부저항

(2) 전지의 병렬접속(★ 각 저항의 전압은 같다.)

기전력 E[V], 내부저항 r[Ω]인 전지 n개를 병렬접속하고 여기에 부하저항 R[Ω]를 연결했을 때, 부하에 흐르는 전류 I 계산

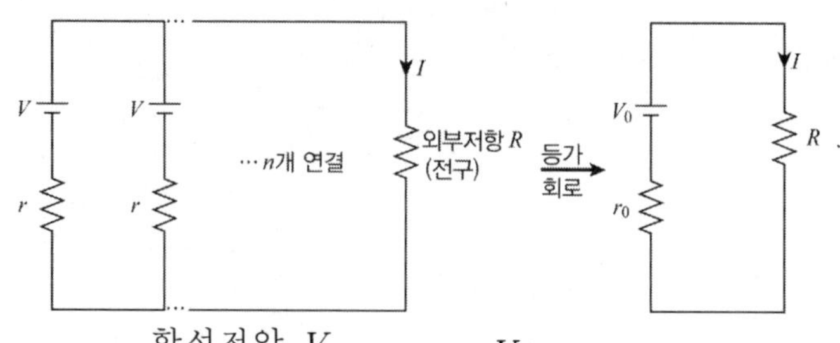

$$\therefore \text{ 부하전류 } I = \frac{\text{합성전압 } V_0}{\text{합성 내부저항 } r_0 + R} = \frac{V}{\frac{r}{n} + R}[\text{A}]$$

(3) 전지의 단자전압 V = 기전력 E − 내부 전압강하 Ir

$\therefore\ V = E - Ir = IR[\mathrm{V}]$

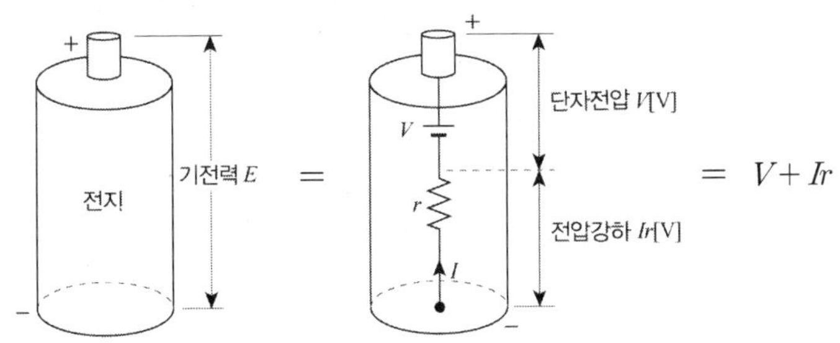

$\therefore$ 기전력 $E = V + Ir[\mathrm{V}]$

(4) 배율기

정의	더 많은 전압을 공급하기 위해 저항 R_m을 직렬로 삽입하여 전압의 측정범위를 확대시키는 것
적용 공식	배율 $M(\text{전압비}) = \dfrac{E}{V} = 1 + \dfrac{R_m(\text{배율기 저항})}{r(\text{전압계 내부저항})}$

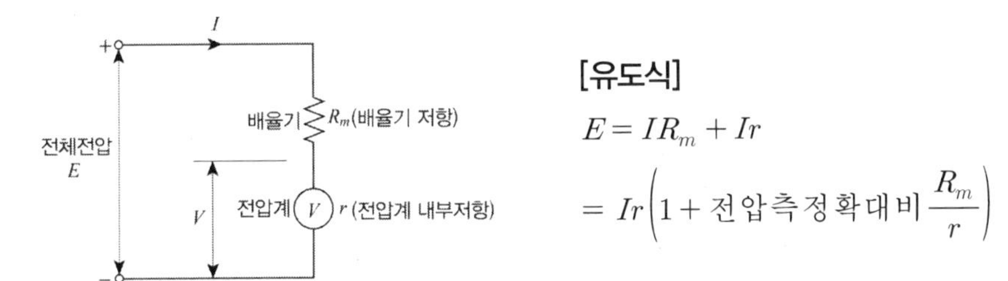

[유도식]

$$E = IR_m + Ir$$

$$= Ir\left(1 + \text{전압측정확대비}\ \frac{R_m}{r}\right)$$

$$\therefore\ \text{배율}\ M = \frac{E}{Ir} = \frac{E(\text{전체 전압})}{V(\text{전압계 전압})} = 1 + \frac{R_m}{r}$$

(5) 분류기

정의	전류의 측정범위를 확대(더 많은 전류 공급)하기 위해 저항을 병렬삽입시킨 것
적용 공식	분류비 $M(\text{전류비}) = \dfrac{I}{I_r} = 1 + \dfrac{r(\text{전류계 내부저항})}{R_m(\text{분류기 저항})}$

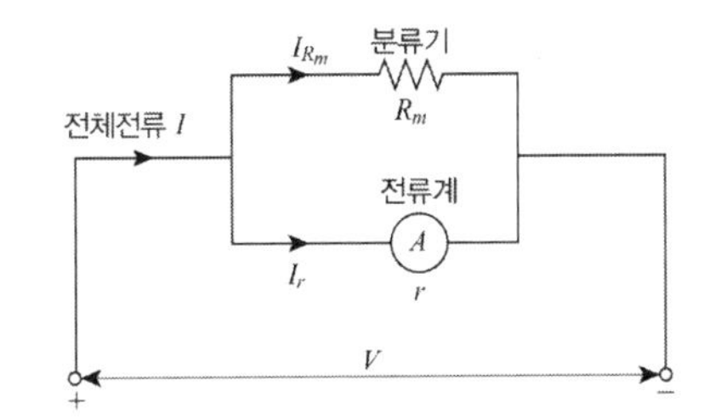

[유도식]

$$I = I_r + I_{R_m} = \frac{V}{r} + \frac{V}{R_m}$$

$$= \frac{V}{r}\left(1 + \frac{r}{R_m}\right) = I_r\left(1 + \frac{r}{R_m}\right)$$

$$\therefore\ \text{분류비}\ M = \frac{I(\text{전체 전류}\ I)}{I_r(\text{전류계 전류})} = 1 + \frac{r}{R_m}$$

제1장 → 직류회로

실전문제

문제 01

전압 1.5[V], 내부저항 0.2[Ω]의 전지 5개를 직렬로 접속하면 전전압은 몇 [V]인가?

㉮ 5.7　　㉯ 0.2
㉰ 1.0　　㉱ 7.5

합성전압 V_0 =전지수 n개×전지 1개 전압 $V = nV = 5 \times 1.5 = 7.5$[V]

문제 02

기전력 E[V], 내부저항 r[Ω]인 전지를 저항 R[Ω]에 연결하면 R 양단의 전압은?

㉮ $\dfrac{E \cdot R}{r}$　　㉯ $\dfrac{E^2}{r \cdot R}$

㉰ $\dfrac{E^2}{r+R}$　　㉱ $\dfrac{E \cdot R}{r+R}$

전압 분배식 적용

∴ 외부저항 R의 전압

$$V_2 = \frac{r_2}{r_1 + r_2} \times E = \frac{R}{r+R} \times E[\text{V}]$$

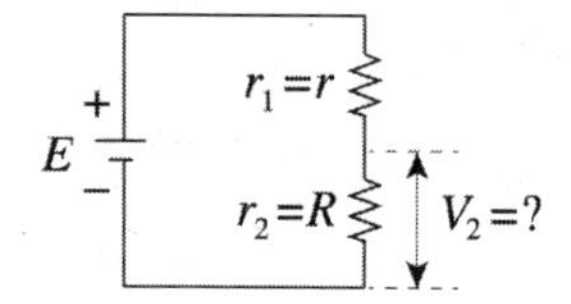

문제 03

기전력 1.5[V], 내부저항 0.1[Ω]인 전지 10개를 직렬로 연결하면 2[Ω]의 저항을 가진 전구에 연결할 때 전구에 흐르는 전류 [A]는 얼마인가?

㉮ 2[A]　　㉯ 3[A]
㉰ 4[A]　　㉱ 5[A]

건전지 직렬연결시 부하전류 I 계산

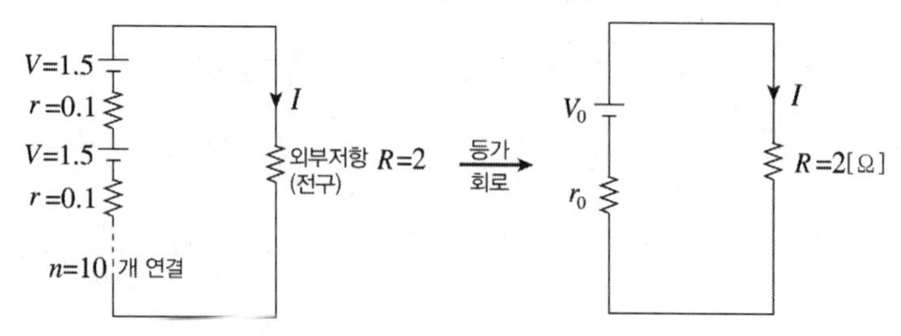

부하전류 $I = \dfrac{\text{합성 전압 } V_0}{\text{합성 내부저항 } r_0 + R} = \dfrac{nV}{nr+R} = \dfrac{10 \times 1.5}{10 \times 0.1 + 2} = 5[\text{A}]$

정답 01. ㉱ 02. ㉱ 03. ㉱

문제 04

기전력 E[V], 내부저항 r[V]의 같은 전지 n개를 병렬로 접속한 경우 부하저항 R에 흐르는 전류 I[A]는?

㉮ $I=\dfrac{E}{\dfrac{N}{r}+R}$[A] ㉯ $I=\dfrac{E}{\dfrac{r}{R}+N}$[A]

㉰ $I=\dfrac{E}{\dfrac{R}{N}+r}$[A] ㉱ $I=\dfrac{E}{\dfrac{r}{N}+R}$[A]

문제 05

그림에서 전지의 내부저항 r의 값은 몇 [Ω]인가?

㉮ $r=\dfrac{V}{E-V}\cdot R$

㉯ $r=\dfrac{R}{E-V}\cdot R$

㉰ $r=\dfrac{E-V}{E}\cdot R$

㉱ $r=\dfrac{E-V}{V}\cdot R$

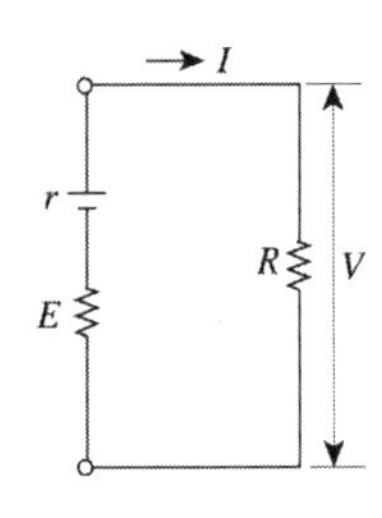

해설 전압 분배식 적용

저항 R의 전압 $V(V_2)=\dfrac{r_2}{r_1+r_2}\times E=\dfrac{R}{r+R}\times E \rightarrow r+R=\dfrac{R}{V}\times E$ 식에서

내부저항 $r=\dfrac{R}{V}\times E-R=\dfrac{R}{V}\times E-R\times\dfrac{V}{V}=\dfrac{E-V}{V}\times R$[V]

문제 06

기전력 2[V], 내부저항 0.5[Ω]인 전지 2개를 직렬로 한 것을 다시 2개 병렬로 연결한 양 끝에 1.5[Ω]의 저항을 접속하였을 때 부하전류는 몇 [A]인가?

㉮ 1[A] ㉯ 2[A]

㉰ 1.6[A] ㉱ 4[A]

해설 직렬과 병렬혼합형 전류 I 계산

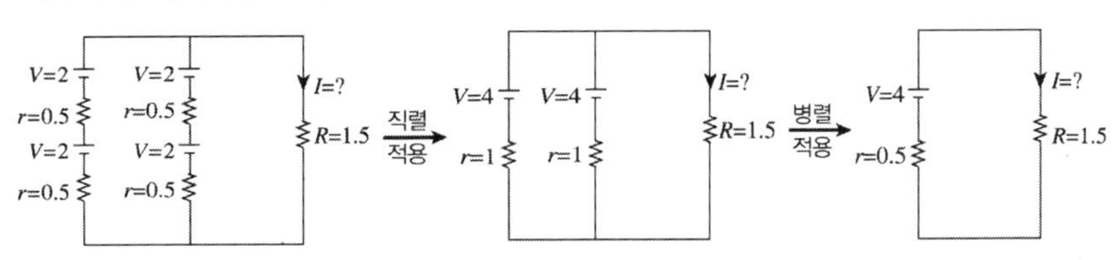

부하전류 $I=\dfrac{V}{r+R}=\dfrac{4}{0.5+1.5}=2$[A]

정답 04. ㉱ 05. ㉱ 06. ㉯

문제 **07** **기전력이 1.5[V], 내부저항이 0.1[Ω]인 전지 10개를 직렬로 연결하고 2[Ω]의 저항을 가진 전구에 연결할 때 전구에 흐르는 전류는 몇 [A]인가?**

㉮ 2 ㉯ 3
㉰ 4 ㉱ 5

 건전지 직렬회로

전구전류 $I = \dfrac{nV}{nr+R}$

$= \dfrac{10 \times 1.5}{10 \times 0.1 + 2} = \dfrac{15}{3} = 5[\text{A}]$

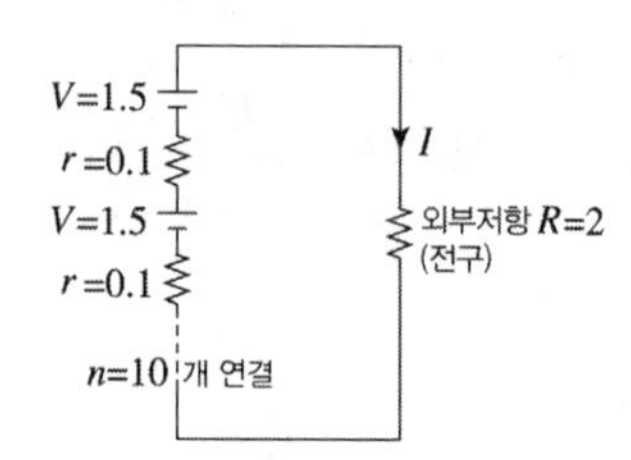

정답 07. ㉱

도체의 종류

전기가 이동하는 도체(코일, 구리)의 종류(형태)를 구분해서 어느 도체의 무슨 값을 요구하는지 구분해야 다득점 할 수 있다.

(1) 구도체 : 코일

1) **구(점) :** 동그란 단독의 쇠구슬, 구리구슬, 축구공 형태

2) **구(점)전하 :** 동그란 도체(구리구슬) 표면에 있는 전기덩어리

(2) 원주도체 : 코일

원주 : 전선 1가닥(단도체), 무한장 직선 1가닥

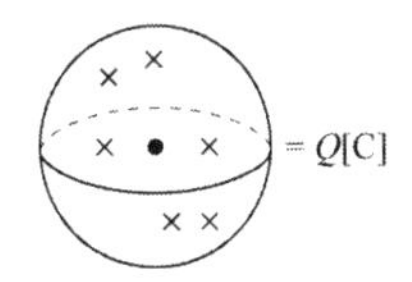

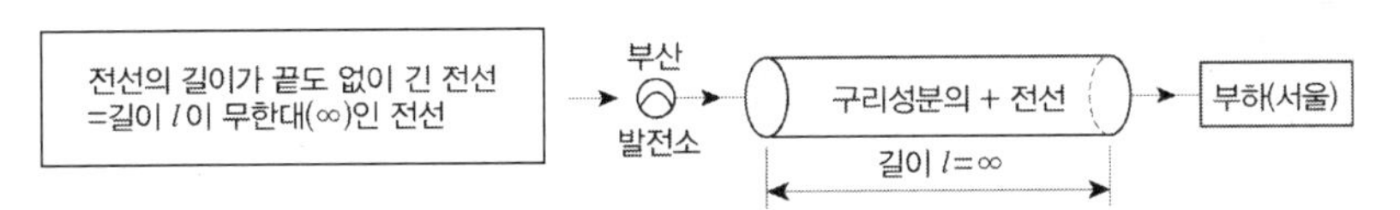

(3) 평행도체(도선) : 코일

평행도선 : 전선 2가닥(복도체), 무한장 직선 2가닥

1) **극성이 같은 경우**

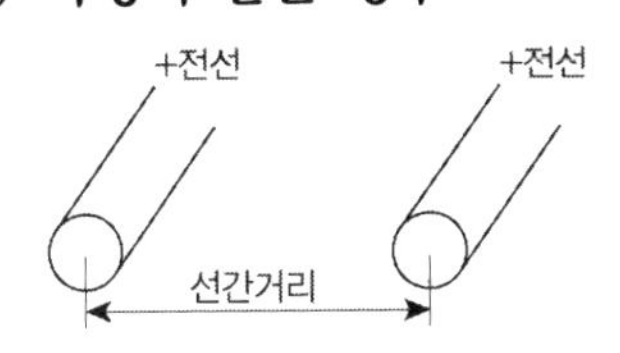

또는

2) **극성이 다른 경우**

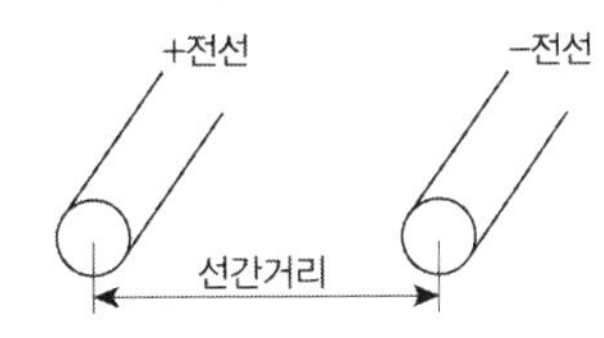

(4) 평행판 콘덴서(무한평면도체) : 콘덴서

무한평면 : 전기를 저장하는 그릇, 콘덴서, 평행판도체 의미(길이 l = 무한대 ∞)

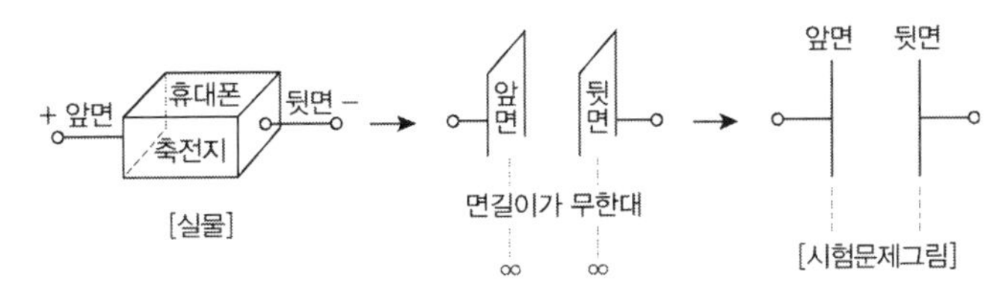

제2장 정전기(진공 중의 정전계)

정전기는 공기 중에 전계(전기) 에너지가 최소로 분포된 상태이다.

구전하(전자)	정의	전기성분의 한 덩어리(무리)값
	표기	대문자 Q=소문자 $q=e$[C]

1 용어해설

① **대전** : 두 가지의 절연체를 마찰하면 (+), (−) 전기를 띠는 것

② **전하** : 대전한 전기의 양(전기량, 전자)

③ **정전력** : 전하 사이에 작용하는 힘

④ **정전유도** : 대전체 근처에 대전되지 않은 도체를 가져오면 대전체 가까운 쪽에는 다른 종류의 전하, 먼 쪽은 같은 종류의 전하가 나타나는 현상

2 쿨롱의 법칙(Coulomb's law) → 힘 $F(f)$[N] 계산시 사용

(1) 정의

어떤 매질 공간 두 지점 두 전하 사이에 작용하는

힘 f는 ┌ ① 두 전하의 곱에 비례($f \propto Q_1 Q_2$)
　　　　└ ② 두 전하 직선거리 제곱에 반비례($f \propto \frac{1}{r^2}$) ┘ 한다.

① 공기 중에서

Q_1[C]　Q_2[C]

구전하　공기중 ε_o에 존재하는 경우　구자극

거리 r[m]

② 유전체(ε_s 추가)에서

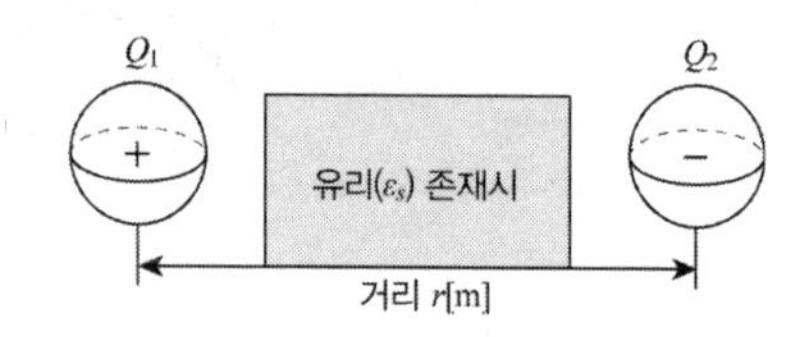

(2) 적용식

출제 유형	공식 찾을 때 사용	거리 r이 주어지고 계산할 때	ε_s 주어진 경우 사용	거리 r이 안주어진 경우 사용
공식	힘 $f=\dfrac{Q_1Q_2}{4\pi\varepsilon_0 r^2}$ (π: 3.14, ε_0: 8.855×10^{-12})	$=9\times10^9\dfrac{Q_1Q_2}{r^2}$[N]	$\xrightarrow{\varepsilon_s \text{주어진 경우}}$ $9\times10^9\dfrac{Q_1Q_2}{\varepsilon_s r^2}$	$=QE$[N]

(3) 유전율 $\varepsilon=\varepsilon_o\times\varepsilon_s$[F/m]

정 의	전기에너지를 중간에서 차단(저장)하는 물질→장애물	
구성요소	ε=진공 중의 유전율 $\varepsilon_o\times$비유전율 ε_s[F/m], 공기의 비유전율 $\varepsilon_s(\varepsilon_r)=1$값 적용	
적용방법	① 기준	공기 중일 때 또는 문제에서 아무 조건이 없는 경우
		$\varepsilon=\varepsilon_o\times\varepsilon_s$(공기 1값)$=\varepsilon_o=8.855\times10^{-12}$[F/m]
	② 기타	비유전율 ε_s가 주어진 경우
		$\varepsilon=\varepsilon_o\times\varepsilon_s=8.855\times10^{-12}\times\varepsilon_s$[F/m]

(4) 힘의 종류

종류	① 흡인력 또는 인력	② 반발력 또는 척력
정의	두 전하가 서로 끌어당기는 힘	두 전하가 서로 미는 힘(배척하는 힘)
조건	두 전하 극성이 다른 경우 발생	두 전하 극성이 같은 경우 발생
	$+Q\leftrightarrow-Q$ 또는 $-Q\leftrightarrow+Q$	$+Q\leftrightarrow+Q$ 또는 $-Q\leftrightarrow-Q$

3 콘덴서 C의 접속(연결)

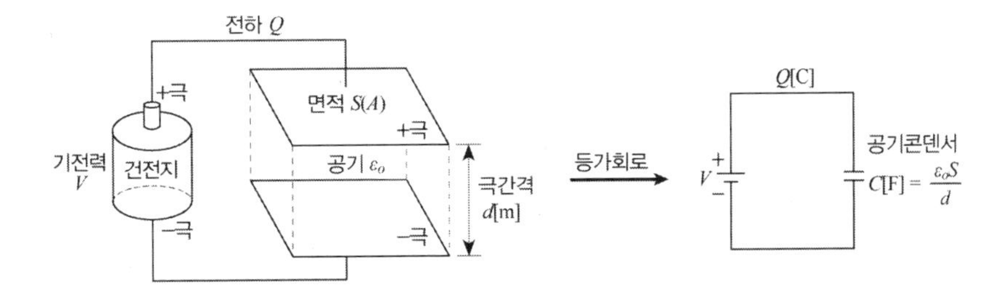

(1) 직렬연결인 경우

정 의	콘덴서(⊣⊢) 2개 이상을 일렬로 연결시킨 것(회로)
특 징	각 콘덴서의 전하 Q값이 같다(일정하다)

1) 합성 정전용량 C_o 계산

출제유형	콘덴서 2개일 때	콘덴서 3개일 때	콘덴서가 모두 같은 경우
회로도 (그림)	+ C_1 C_2 −	+ C_1 C_2 C_3 −	+ C C C ······ n개 연결 −
합성 C_o (공식)	$\frac{C_1 \cdot C_2}{C_1 + C_2}$	$\frac{C_1C_2C_3}{C_1C_2 + C_2C_3 + C_3C_1}$	$\frac{1\text{개 콘덴서 } C\text{값}}{\text{연결(주어진) 갯수}n}$
암기	직렬연결시 합성 정전용량 C_o = 분수값(나눈다) = ■ 값 / ▲ 값		

2) 전압분배식

회로도	콘덴서 C_1 분배전압식	콘덴서 C_2 분배전압식	암기방법
+, −, V, C_1, C_2, V_1, V_2	$V_1 = \frac{C_2}{C_1 + C_2} \times V$	$V_2 = \frac{C_1}{C_1 + C_2} \times V$	분자에 상대편값 대입

(2) 병렬연결인 경우

정 의	콘덴서(⏊) 2개 이상이 분기(나누어서)되어 연결시킨 것
특 징	각 콘덴서의 전압 V값이 같다.(일정하다)

1) 합성 정전용량 C_o 계산

출제유형	콘덴서 크기가 모두 다른 경우	콘덴서 크기가 모두 같은 경우
회로도	+전선, −전선, C_1 C_2 C_3 ···	+, −, C C ··· n개 연결
합성 C_o값(공식)	$C_1 + C_2 + C_3 + \cdots$	1개 C값 × 연결 개수 n
암기	병렬연결시 합성 정전용량 C_o = 모두 합(+)한다 = ■ 값	

2) 전하 분배식

회로도	콘덴서 C_1 전하 분배식	콘덴서 C_2 전하 분배식	암기방법
+전선, −전선, Q, Q_1, Q_2, C_1, C_2	$Q_1 = \frac{C_1}{C_1 + C_2} \times Q$[C]	$Q_2 = \frac{C_2}{C_1 + C_2} \times Q$[C]	분자값은 자기편값 대입

제2장 → 정전기 (진공 중의 정전계)

실전문제

문제 01

다음 회로에서 a-b간의 합성 정전용량은?

㉮ 2C[μF]
㉯ 3C[μF]
㉰ $\frac{2C}{3}$[μF]
㉱ $\frac{3C}{2}$[μF]

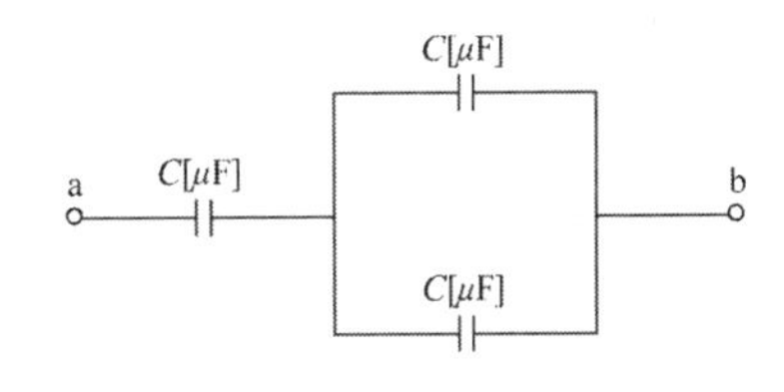

해설 합성 정전용량 C_{ab}

합성 C_{ab}= a○—C—2C—○b $= \frac{C\times 2C}{C+2C} = \frac{2C}{3}$[$\mu$F]

문제 02

다음 회로의 합성 정전용량은?

㉮ 2C
㉯ 5C
㉰ 6C
㉱ C

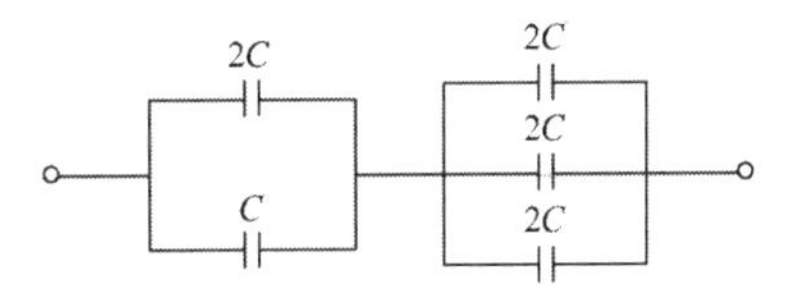

해설 합성 정전용량 C_o

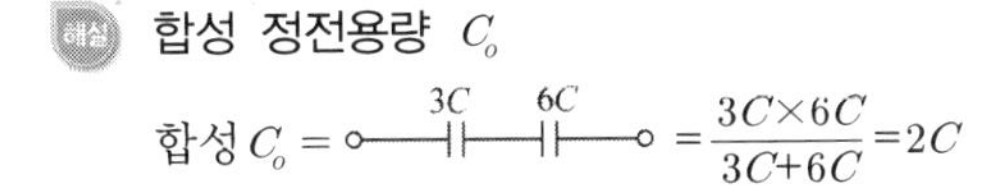

합성 C_o = ○—3C—6C—○ $= \frac{3C\times 6C}{3C+6C} = 2C$

문제 03

정전용량이 같은 콘덴서 20개를 병렬로 했을 때의 합성용량은 직렬로 했을 때의 합성용량의 몇 배인가?

㉮ 20 ㉯ 40
㉰ 400 ㉱ 800

해설 합성 정전용량 C_o

몇 배(비)$= \frac{\text{병렬시 합성정전용량}}{\text{직렬시 합성정전용량}} = \frac{20\text{개}\times C}{\frac{C}{20\text{개}}} = 20\times 20 = 400$배

문제 04

동일한 용량의 콘덴서 5개를 직렬로 접속했을 때와 병렬로 접속했을 때의 합성용량은 다르다. 직렬로 접속하는 경우는 병렬로 접속하는 경우의 몇 배인가?

㉮ 1/25배　　㉯ 25배

㉰ 15배　　㉱ 1/15배

합성 정전용량 C_o

$$\text{몇 배(비)} = \frac{\text{직렬}}{\text{병렬}} = \frac{\frac{C}{5\text{개}}}{5\text{개}\times C} = \frac{1}{5\times5} = \frac{1}{25}\text{배}$$

문제 05

진공 중에 1[m]의 거리로 10^{-5}[C] 및 10^{-6}[C]의 두 점전하가 놓여있을 때 그 사이에 작용하는 힘[N]은?

㉮ 5×10^{-2}　　㉯ 6×10^{-2}

㉰ 7×10^{-2}　　㉱ 9×10^{-2}

쿨롱의 법칙

$$\text{힘 } F = 9\times10^{9}\times\frac{Q_1Q_2}{r^2} = 9\times10^{9}\frac{10^{-5}\times10^{-6}}{1^2} = 9\times10^{+9-5-6} = 9\times10^{-2}[\text{N}]$$

문제 06

2[μF]의 콘덴서에 미지의 콘덴서가 직렬로 접속되어 있다. 이 회로의 합성 정전용량이 1.2[μF]일 때 미지의 콘덴서의 정전용량[μF]은?

㉮ 3　　㉯ 2

㉰ 14　　㉱ 24

합성 정전용량 C_o

합성 C_o = ○─┤├(2)─┤├(C_x=?)─○ $= \dfrac{2C_x}{2+C_x} = 1.2$

$\therefore\ C_x = 3[\mu\text{F}]$

문제 07

정전용량이 같은 콘덴서 2개를 병렬로 접속했을 때의 합성 정전용량은 직렬로 접속했을 때에 비해 몇 배인가?

㉮ 0　　㉯ 1

㉰ 2　　㉱ 4

합성 정전용량 C_o

$$\text{몇 배(비)} = \frac{\text{병렬시}}{\text{직렬시}} = \frac{2\text{개}\times C}{\frac{C}{2\text{개}}} = 2\times2 = 4\text{배 증가}$$

정답 04. ㉮ 05. ㉱ 06. ㉮ 07. ㉱

문제 08

C_1과 C_2의 직렬회로에 V[V]의 전압을 가할 때 C_1에 걸리는 전압 V_1을 구하는 식은?

㉮ $\dfrac{C_1}{C_1+C_2}V$　　㉯ $\dfrac{C_2}{C_1+C_2}V$

㉰ $\dfrac{C_1+C_2}{C_1}V$　　㉱ $\dfrac{C_1+C_2}{C_2}V$

해설 콘덴서 직렬연결시 전압분배식 적용

회로도	콘덴서 C_1 전하 분배식	콘덴서 C_2 전하 분배식	암기방법
+, −, V, C_1, C_2, V_1, V_2	$V_1=\dfrac{C_2}{C_1+C_2}\times V$	$V_2=\dfrac{C_1}{C_1+C_2}\times V$	분자에 상대편값 대입

문제 09

재질과 두께가 같은 세 개의 콘덴서 5[μF], 4[μF], 3[μF]를 직렬로 접속하고 전압을 가하여 증가시킬 때 가장 먼저 절연이 파괴되는 것은?

㉮ 5[μF]　　㉯ 4[μF]

㉰ 3[μF]　　㉱ 동시에

해설 콘덴서 절연파괴

전기를 담아 놓는 콘덴서는 크기값이 가장 작은 3[μF]이 먼저 파괴된다.

문제 10

4[μF] 및 6[μF]의 콘덴서를 직렬로 접속하고 100[V]의 전압을 가했을 때 합성 정전용량[μF]은?

㉮ 1.8　　㉯ 2.4

㉰ 3.8　　㉱ 5

해설 합성 정전용량 C_o

합성 $C_o=\dfrac{C_1C_2}{C_1+C_2}=\dfrac{4\times6}{4+6}=2.4[\mu\text{F}]$

문제 11

다음 중 정전기에서 MKS 단위계로 표시한 쿨롱의 법칙은?

㉮ $9\times10^{9}\times(Q_1Q_2/\varepsilon_s r^2)$[N]

㉯ $9\times10^{-9}\times(Q_1Q_2/\varepsilon_s r^2)$[N]

㉰ $6.339\times10^{4}\times(Q_1Q_2/\varepsilon_s r^2)$[N]

㉱ $6.339\times10^{-4}\times(Q_1Q_2/\varepsilon_s r^2)$[N]

정답 08. ㉯　09. ㉰　10. ㉯　11. ㉮

문제 **12**

3[μF]과 6[μF]의 두 콘덴서를 직렬로 접속하고 120[V]의 전압을 가했을 때 6[μF]의 콘덴서에 걸리는 단자 전압[V]은?

㉮ 40　　　㉯ 60

㉰ 80　　　㉱ 100

 콘덴서 직렬접속

$$V_2 = \frac{C_1}{C_1 + C_2} \times V$$

$$= \frac{3}{3+6} \times 120 = 40[\text{V}]$$

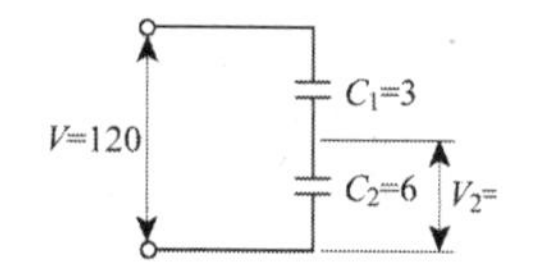

문제 **13**

다음 회로의 합성 정전용량이 8[μF]일 때 C_x의 정전용량[μF]은?

㉮ 1

㉯ 2

㉰ 3

㉱ 4

 합성 C_o

합성 정전용량 $C_{ab} = C_x + \dfrac{3 \times 2}{3+2} + 2.8 = 8$

$\therefore\ C_x = 4[\mu\text{F}]$

문제 **14**

공기 중에서 2×10^{-5}[C]과 2.5×10^{-5}[C]의 두 전하가 2[m]의 거리에 있을 때 그 사이에 작용하는 힘[N]은?

㉮ 0.75　　　㉯ 1.2

㉰ 1.125　　　㉱ 1.238

 힘 $F = 9 \times 10^9 \times \dfrac{Q_1 Q_2}{r^2} = 9 \times 10^9 \times \dfrac{2 \times 10^{-5} \times 2.5 \times 10^{-5}}{2^2} = 1.125[\text{N}]$

문제 **15**

다음 회로에서 C_{ac} 사이의 합성 정전용량[F]은?

㉮ $C_1 + C_2 + C_3$

㉯ $C_2 + \dfrac{1}{\dfrac{1}{C_1} \times \dfrac{1}{C_3}}$

㉰ $C_3 + \dfrac{1}{\dfrac{1}{C_1} + \dfrac{1}{C_2}}$

㉱ $C_2 + \dfrac{1}{\dfrac{1}{C_2} \times \dfrac{1}{C_3}}$

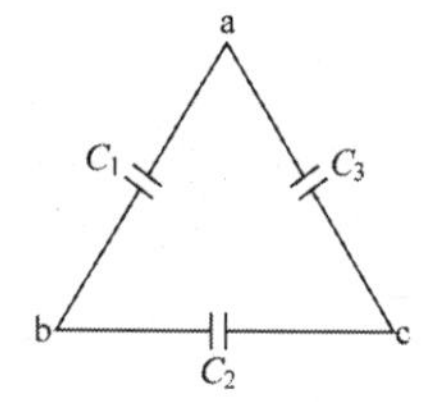

정답 12. ㉮ 13. ㉱ 14. ㉰ 15. ㉰

해설 합성 정전용량 C_o

합성 C_{ac} = 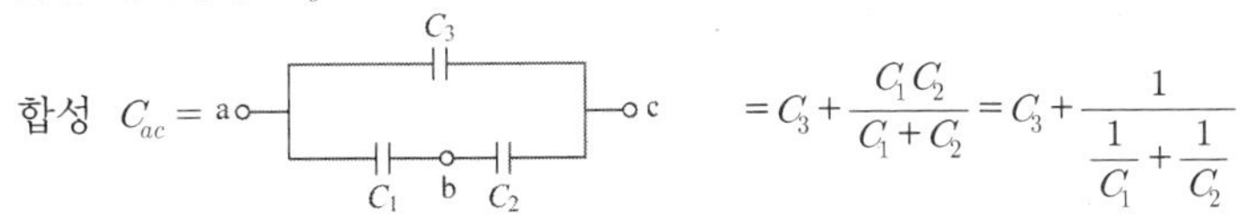 $= C_3 + \frac{C_1 C_2}{C_1 + C_2} = C_3 + \frac{1}{\frac{1}{C_1} + \frac{1}{C_2}}$

문제 **16**

다음 회로에서 a–b 사이의 정전용량[μF]은?

㉮ 380
㉯ 86
㉰ 187
㉱ 376

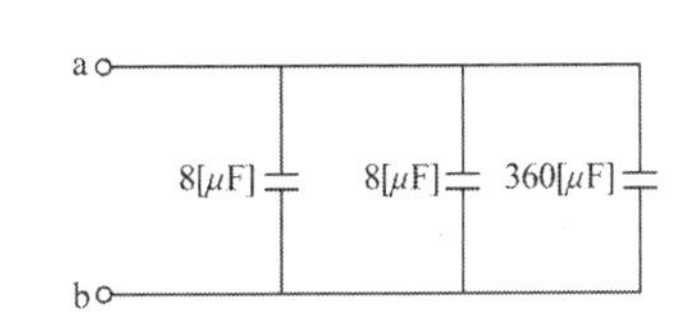

해설 병렬시 합성 정전용량 C_o
합성 $C_o = 8+8+360 = 376[\mu F]$

문제 **17**

다음 중 콘덴서의 성격에 대한 설명으로 틀린 것은?

㉮ 정전용량이란 도체의 전위를 1[V]로 하는데 필요한 전하량[C]을 말한다.
㉯ 콘덴서를 직렬연결할 때 각 콘덴서의 분포되는 전하량은 콘덴서 크기에 비례한다.
㉰ 용량이 같은 콘덴서를 n개 직렬연결하면 내압은 n배, 용량은 $1/n$배로 된다.
㉱ 용량이 같은 콘덴서를 n개 병렬연결하면 내압은 $1/n$배, 용량은 n배로 된다.

해설 콘덴서 직렬연결시 각 콘덴서의 전하량 Q가 같다.

문제 **18**

다음 설명 중 틀린 것은?

㉮ 정전용량이란 콘덴서가 전하를 축적하는 능력을 말한다.
㉯ 정전 유도에 의하여 작용하는 힘은 반발력이다.
㉰ 콘덴서에 전압을 가하는 순간은 콘덴서는 단락 상태가 된다.
㉱ 같은 부호의 전하끼리는 반발력이 생긴다.

해설 정전유도
정전유도에 의해서 작용하는 힘은 항상 흡인력이다.

문제 **19**

엘라스턴스(Elastance)는?

㉮ 전위차×전기량
㉯ $\frac{\text{전위차}}{\text{전기량}}$
㉰ $\frac{1}{\text{전위차} \times \text{전기량}}$
㉱ $\frac{\text{전기량}}{\text{전위차}}$

해설 엘라스턴스 $= \frac{1}{C}$값 $= \frac{1}{\frac{Q}{V}} = \frac{V(\text{전위차})}{Q(\text{전기량})}$

정답 16. ㉱ 17. ㉯ 18. ㉯ 19. ㉯

4 전(기)력선

(1) 정의

전기장 중에 +1[C]의 전하를 놓았다고 가정하고 여기에 가해지는 힘의 방향을 차례로 연결한 선

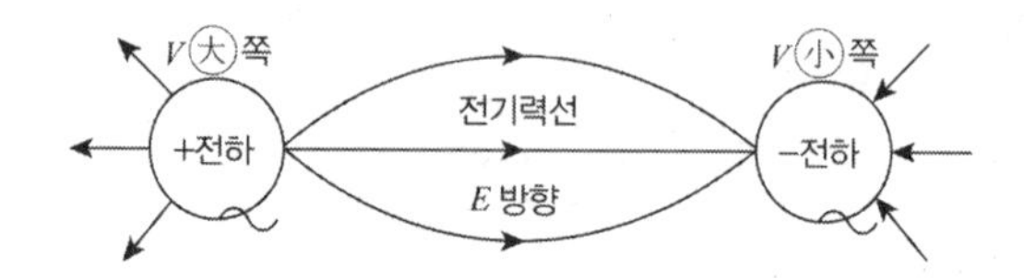

(2) 성질

① 전기력선의 방향은 전기장 E의 방향과 같다.

② 전기력선의 밀도는 전기장 E의 크기와 같다.

③ 전기력선은 양전하(+)에서 시작하여 음전하(−)에서 끝난다.

④ 전하가 없는 곳에서는 전기력선의 발생, 소멸이 없다. 즉, 연속적이다.

⑤ 전기력선은 전위가 높은 점에서 낮은 점으로 향한다.(V㊇ → V㊈)

⑥ 전기력선은 도체 표면(등전위면)에 수직(90°)으로 출입한다.

⑦ 도체 내부에서는 전기력선이 존재하지 않는다.

⑧ 전기력선은 당기고 있는 고무줄과 같이 언제나 수축하려고 하며, 전기장이 0이 아닌 곳에서 2개의 전기력선이 교차하지 않는다.

⑨ 전(기)력 선수 : 실제 존재하는 전기력선수(조건 유전율 ε을 적용한 값)

출제유형	기준(공기 중일 때)	기타(비유전율 ε_s 주어진 경우)
전기력 선수	$\frac{Q(\text{구전하})}{\varepsilon_0}$[개]	$\frac{Q}{\varepsilon}=\frac{Q}{\varepsilon_0\varepsilon_s}$[개]

5 유전율 : $\varepsilon=\varepsilon_0\times\varepsilon_s$ [F/m]

(1) 진공 중의 유전율 : $\varepsilon_0=8.855\times10^{-12}$[F/m]

(2) 비유전율 ε_s : 유전율 ε[F/m]와 진공의 유전율 ε[F/m]와의 비

$$\varepsilon_s=\frac{\varepsilon}{\varepsilon_0}$$

6 전속(유전속)

(1) 정의

유전체 내의 전하의 연결을 가상하여 나타내는 선

(2) 성질

① 전속은 양전하에서 나와 음전하에서 끝난다.
② 전속이 나오는 곳과 끝나는 곳에는 전속과 같은 전하가 있다.
③ $+Q$[C]의 전하에서 Q개의 전속이 나오면 단위는 [C]를 사용한다.

(3) 전속수(가상적인 전기력선수) : 항상 Q개(조건을 무시한 값)

7 전속밀도 D[C/m²]

(1) 정의

구전하 Q으로부터 거리 r[m]인 지점에서 가상적인 전기력선수(전속수)의 밀도 D

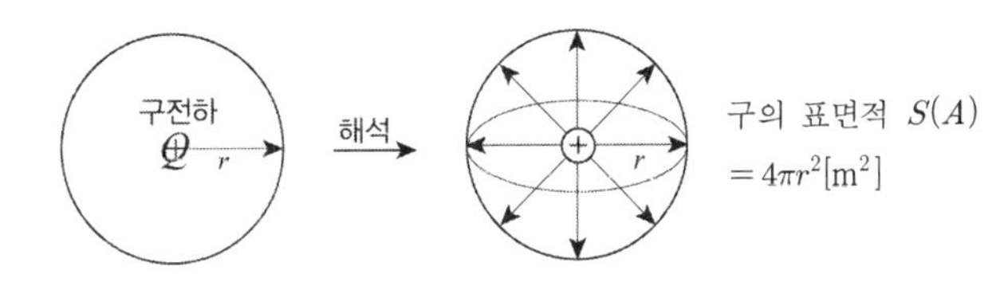

$$\text{전속밀도 } D = \frac{\text{전하 } Q}{\text{구 표면적 } S} = \frac{Q}{4\pi r^2}[\text{C/m}^2] \times \frac{\varepsilon_o}{\varepsilon_o} \rightarrow \varepsilon_o E$$

$$\therefore D = \varepsilon_o E$$

(2) 공식

출제유형	공기 중 ε_o일 때	비유전율 ε_s 주어진 경우
전속밀도 공식	$D = \varepsilon_o E$[C/m²]	$D = \varepsilon_o \varepsilon_s E = \varepsilon E$[C/m²]

8 평행한 콘덴서의 정전용량 C[F]

(1) 정의

평행한 콘덴서의 정전용량 C[F]는 판의 면적 $S(A)$[m^2]에 비례하고 극간격 d[m]에 반비례한다.

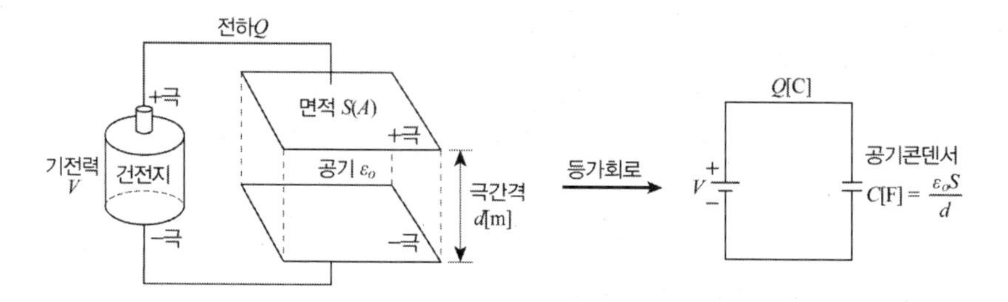

(2) 공식

출제유형	Q와 V 주어진 경우	면적 S와 d 주어진 경우	ε_s 주어진 경우
적용공식	$C=\frac{Q}{V}$ =	$\frac{\varepsilon_o S}{d}$ =	$\frac{\varepsilon_o \varepsilon_s S}{d}$

(3) 콘덴서 C 용량을 증가시키는 방법

적용식	내 용
콘덴서 C 증가(↑) = $\frac{\varepsilon(\uparrow)\times S(\uparrow)}{d(\downarrow)}$	㉠ 유전율 ε이 큰 물질을 사용한다.(↑) ㉡ 콘덴서 면적 S를 크게 한다.(↑) ㉢ 극간격 d을 작게 한다.(↓)

제2장 → 정전기 (진공 중의 정전계)

실전문제

문제 01

전기력선의 성질 중 옳지 못한 것은?

㉮ 정전하에서 시작하여 부전하에서 그친다.
㉯ 그 자신만으로 폐곡선이 될 수 있다.
㉰ 전위가 높은 점에서 낮은 점으로 향한다.
㉱ 전계가 0이 아닌 곳에서는 2개의 전기력선은 교차하지 않는다.

해설 전기력선의 성질
전기력선은 그 자신만으로 폐곡선이 될 수 없다.

문제 02

다음 중 전속의 성질 중 맞지 않는 것은?

㉮ 전속은 양전하에서 나와서 음전하에 끝난다.
㉯ 전속이 나오는 곳 또는 끝나는 곳에서는 전속과 같은 전하가 있다.
㉰ $+Q$[C]의 전하로부터 $\frac{Q}{\varepsilon}$개의 전속이 나온다.
㉱ 전속은 금속판에 출입하는 경우 그 표면에 수직이 된다.

해설 전속
전속수는 항상 Q개이다.

문제 03

다음 중 그 내용이 잘못된 것은?

㉮ 전기력선은 양전하의 표면에서 나와서 음전하의 표면에서 끝난다.
㉯ 전기력선은 도체의 표면에 수직으로 출입한다.
㉰ 전기력선은 서로 교차하지 않는다.
㉱ 같은 전기력선은 흡입한다.

해설 전기력선의 성질
같은 전기력선은 서로 반발한다.

문제 04

MKS 유리화 단위계에서 유전속밀도의 단위는 어느 것인가?

㉮ [F/m] ㉯ [C]
㉰ [Wb] ㉱ [C/m^2]

해설 전속밀도 D
$D=\varepsilon_o E$[C/m^2]

정답 01. ㉯ 02. ㉰ 03. ㉱ 04. ㉱

문제 05 유전율 ε의 유전체 내에 있는 전하 Q[C]에서 나오는 전기력 선수는 얼마인가?

㉮ Q　　㉯ $\dfrac{Q}{\varepsilon_0}$

㉰ $\dfrac{Q}{\varepsilon_s}$　　㉱ $\dfrac{Q}{\varepsilon}$

- 전기력선 수 : $\dfrac{Q}{\varepsilon}$개
- 전속수 : Q개

문제 06 진공 중에 Q[C]의 전하가 있을 때 이 전하로부터 나오는 전기력선 수는?

㉮ Q　　㉯ $\dfrac{Q}{\varepsilon_0}$

㉰ $\varepsilon_0 Q$　　㉱ $\dfrac{Q}{4\pi\varepsilon_0}$

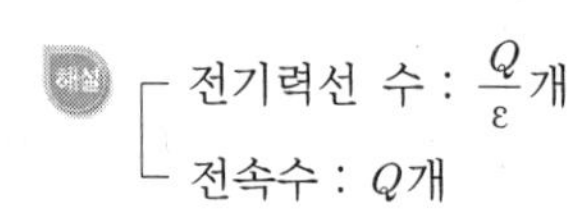

문제 07 1[C]에서 나오는 전기력선 수는 몇 개인가?

㉮ $\dfrac{1}{\varepsilon_0}$개　　㉯ 1개

㉰ 10개　　㉱ ε_0개

전기력선 수

진공 중에서는 $\dfrac{Q}{\varepsilon_0}$개 $= \dfrac{1}{\varepsilon_0}$개

문제 08 유전율의 단위는?

㉮ [F/m]　　㉯ [V/m]

㉰ [C/m^2]　　㉱ [H/m]

유전율 ε

ε=진공 중의 유전율 ε_o×비유전율 ε_s[F/m]

정답 05. ㉱ 06. ㉯ 07. ㉮ 08. ㉮

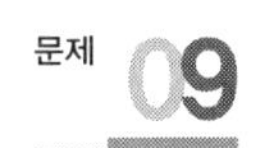

문제 09 유전체 중 유전율이 가장 큰 것은?

㉮ 석면 ㉯ 자기
㉰ 운모 ㉱ 유리

문제 10 평행판 도체의 정전용량 $C=\frac{\varepsilon_0 \varepsilon_s A}{l}$[F]에서 진공의 유전율이 ε_0[F/m]의 값은?

㉮ 8.85×10^{-6} ㉯ 8.85×10^{-12}
㉰ 9×10^{6} ㉱ 9×10^{12}

해설 유전율 ε

진공 중의 유전율 $\varepsilon_0 \fallingdotseq 8.85\times10^{-12}$[F/m]$=\frac{10^{-9}}{36\pi}$

정답 09. ㉰ 10. ㉯

9 전장(전계)의 세기(기호 E, 단위 V/m)

(1) 정의

정 의	도체의 지정하는 점 P(외부 또는 내부)에 단위전하 +1[C]을 놓았을 때 힘의 세기

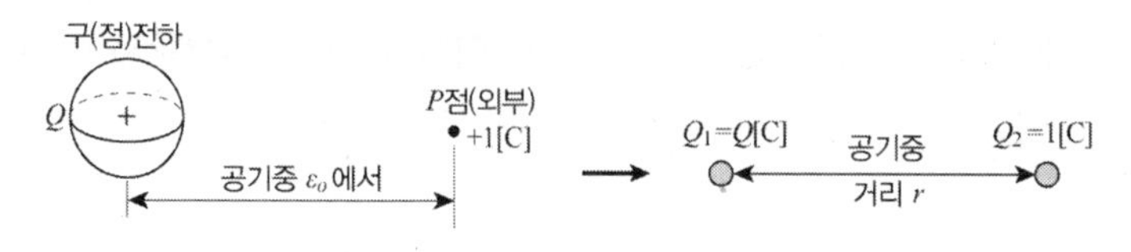

P점에서 전계의 세기 E= 쿨롱의 법칙 힘 $f=\dfrac{Q_1\times Q_2}{4\pi\epsilon_o r^2}=\dfrac{Q\times 1}{4\pi\epsilon_o r^2}$

(2) 공식

출제 유형	식 찾을 때 사용식	거리 r이 주어진 경우의 식	ε_s가 주어진 경우 사용식	거리 r이 안주어진 경우 사용식
구외부 공식	전계 $E=\dfrac{Q}{4\pi\varepsilon_o r^2}$	$=9\times10^9\dfrac{Q}{r^2}$	$=9\times10^9\times\dfrac{Q}{\varepsilon_s r^2}$[V/m] =	$\dfrac{힘 F}{Q}$[N/C]

예 1[C]의 전하를 놓았을 때 10[N]의 힘이 작용한다면 전장의 세기는 얼마일까요?

전계 $E=\dfrac{F}{Q}=\dfrac{10[\mathrm{N}]}{1[\mathrm{C}]}=10$[N/C]

10 전위(전위차, 전압) V [V]

(1) 등전위면(전선표면)

① 전위가 같은 각 점을 포함하는 면

② 전위의 기울기가 0의 점으로 되는 평면

③ 등전위면과 전기력선은 수직으로 만난다.

④ 등전위면끼리는 만나지 않는다.

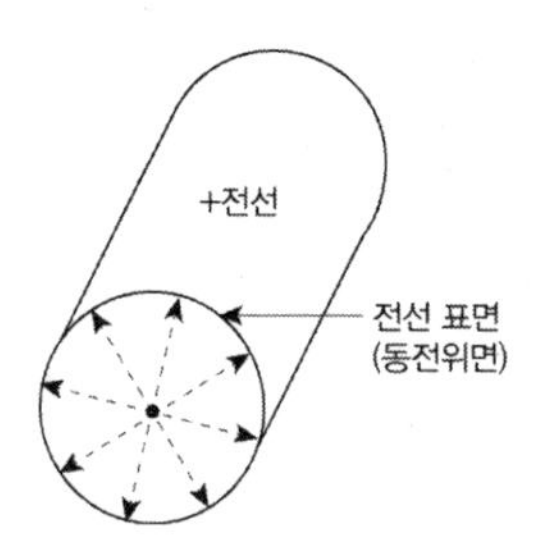

(2) 전위 V : Q[C]의 전하에서 r[m] 떨어진 점(P점)의 전위 V 계산

① **정의** : +1[C]의 전하를 낮은 전위 점으로부터 높은 점으로 이동시키는 데 한 일[W]

② **공식** : $V=\dfrac{Q}{4\pi\varepsilon_o r}=9\times10^9\times\dfrac{Q}{r}$[V]= 전장세기 $E\times$거리 $r(d)$

전하 Q (+) ——— 거리 r ——— • P점

제2장 → 정전기 (진공 중의 정전계)

실전문제

문제 01

전기장 중에 단위 정전하를 놓을 때 여기에 작용하는 힘과 같은 것은?

㉮ 전기장의 세기 ㉯ 전하
㉰ 전위 ㉱ 전속

문제 02

전기력선 밀도와 같은 것은?

㉮ 정전력 ㉯ 유전속밀도
㉰ 전하밀도 ㉱ 전장의 세기

해설 전기력선의 성질
"전기력선의 밀도=전장의 세기 E"이다.

문제 03

공기 중에 12[μC]와 6[μC]의 전하를 가진 두 대전체를 4[m]의 거리에 두었을 때 두 대전체 사이의 중앙부의 전계의 세기는 얼마인가?

㉮ 9000[V/m] ㉯ 12000[V/m]
㉰ 13500[V/m] ㉱ 14500[V/m]

해설 두 전하 중심에서 전계 E값 계산

$Q_1 = 12[\mu C]$ ← E_2, r_2 중심 +1C E_1, r_1 → $Q_2 = 6[\mu c]$

$$E_1 = 9\times10^9\times\frac{12\times10^{-6}}{2^2} = 27,000[V/m]$$

$$E_2 = 9\times10^9\times\frac{6\times10^{-6}}{2^2} = 13,500[V/m]$$

$$\therefore\ E = E_1 - E_2 = 27,000 - 13,500 = 13,500[V/m]$$

문제 04

진공 중에 있는 반지름 10[cm]인 도체에 10^{-8}[C]의 전하를 줄 때 도체표면상의 전장의 세기는 얼마인가?

㉮ 9×10[V/m] ㉯ 9×10^2[V/m]
㉰ 9×10^3[V/m] ㉱ 9×10^4[V/m]

해설 전장의 세기 E

$$E = 9\times10^9\times\frac{Q}{r^2} = 9\times10^9\times\frac{10^{-8}}{(10\times10^{-2})^2} = 9\times10^3[V/m]$$

정답 01. ㉮ 02. ㉱ 03. ㉰ 04. ㉰

문제 **05**

공기 중에 놓여 있는 2×10^{-7}[C]의 점전하로부터 50[cm]이 거리에 있는 점의 전장의 세기는 몇 [V/m]인가?

㉮ 0.9×10^3　　㉯ 1.8×10^3

㉰ 7.2×10^3　　㉱ 9.0×10^3

 구전하 Q에서 전장의 세기 E

$$E=9\times10^9\times\frac{Q}{r^2}=9\times10^9\times\frac{2\times10^{-7}}{(50\times10^{-2})^2}=7.2\times10^3[\text{V/m}]$$

문제 **06**

5[C]의 전기량이 두 점 사이를 이동하여 100[J]의 일을 할 때 이 두 점 사이의 전위차(전압)는 몇 [V]인가?

㉮ 10　　㉯ 20

㉰ 30　　㉰ 40

 전위차(전압) $V=\frac{W}{Q}=\frac{100}{5}=20[\text{V}]$

문제 **07**

공기 중에 5[μC]의 전하가 있을 때 이로부터 50[cm] 떨어진 점의 전위는 몇 [V]인가?

㉮ 3×10^5　　㉯ 6×10^4

㉰ 9×10^4　　㉱ 12×10^4

 구전하 Q에서 전위 V값

$$V=9\times10^9\times\frac{Q}{r}=9\times10^9\times\frac{5\times10^{-6}}{50\times10^{-2}}=9\times10^4[\text{V}]$$

문제 **08**

평등전장 40[V/m]의 전장방향으로 10[cm] 떨어진 두 점 사이의 전위차는 얼마인가?

㉮ 0.04[V]　　㉯ 0.4[V]

㉰ 4[V]　　㉱ 40[V]

 전장의 세기 $E=\frac{\text{전압 } V}{\text{거리 } d}$ [V/m] 식에서

전위 $V=Ed=40\times10\times10^{-2}=4[\text{V}]$

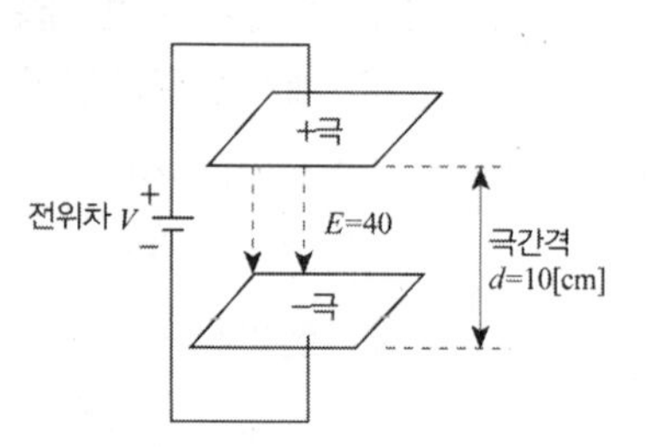

정답 05. ㉰ 06. ㉯ 07. ㉰ 08. ㉰

문제 

전계의 세기에 대한 단위는 [V/m]이다. 이것을 전기량[C], 힘[N], 거리[m]로 표시했을 때 맞는 것은?

㉮ N^2/m　　㉯ C/N
㉰ C^2/m　　㉱ N/C

 전계(전장)의 세기 $E=\frac{V}{d}[V/m]=\frac{F}{Q}[N/C]$

∴ 단위 [V/m 또는 N/C]

문제 **10**

100[V/m]의 전장에 어떤 전하를 놓으면 0.1[N]의 힘이 작용한다고 한다. 이때 전하의 양은 몇 [C]인가?

㉮ 10　　㉯ 1000
㉰ 0.1　　㉱ 0.001

해설 힘 $F=QE$ 식에서

전하 $Q=\frac{F}{E}=\frac{0.1}{100}=0.001[C]$

+ $E=100$ $Q=?$ $F=0.1$ −

문제 **11**

다음은 전장에 대한 설명이다. 옳지 않은 것은?

㉮ 대전된 무한장 원통의 내부 전장은 0이다.
㉯ 대전된 구의 내부 저장은 0이다.
㉰ 대전된 도체 내부의 전하 및 전장은 모두 0이다.
㉱ 도체 표면의 전장은 그 표면에 평행이다.

해설 전기력선의 성질

도체 표면(등전위면)의 전장(전기력선)은 그 표면에 수직이다.

문제 **12**

가우스의 정리는 다음 무엇을 구하는 데 사용하는가?

㉮ 자장의 세기　　㉯ 자위
㉰ 전장의 세기　　㉱ 전위

해설 가우스 정리

$\int EdS=\frac{Q}{\varepsilon_o}$ ↔ "전계세기 E=전기력선 수" 일치한다.

문제 **13**

평행판 도체(콘덴서)의 정전용량에 대한 설명 중 틀린 것은?

㉮ 평행판의 간격에 비례한다.　　㉯ 평행판 사이의 유전율에 비례한다.
㉰ 평행판의 면적에 비례한다.　　㉱ 평행판 사이의 비유전율에 비례한다.

해설 평행판도체의 정전용량 C
정전용량 C는 평행판 간격 d에 반비례한다.
적용식 $C=\frac{\varepsilon S}{d}$ 또는 $\frac{\varepsilon A}{d}$[F]

문제 14 평행 평판의 정전용량은 간격을 l, 평행판의 면적은 A라 하면 콘덴서의 정전용량 식은? (단, ε은 유전율이다.)

㉮ $C=\varepsilon Al$ ㉯ $C=\frac{l}{\varepsilon A}$
㉰ $C=\frac{\varepsilon A}{l}$ ㉱ $C=\frac{A}{\varepsilon l}$

해설 평행판 콘덴서 C

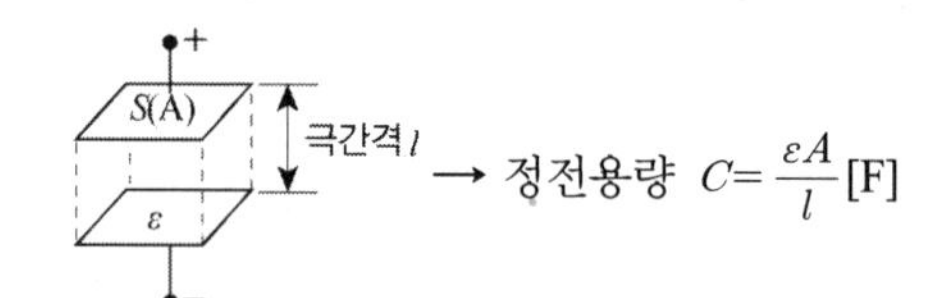

문제 15 평행판 콘덴서 ε_s의 유전체를 채워 놓았을 때 이때의 정전용량은 처음의 몇 배가 되는가?

㉮ ε_s ㉯ $1/\varepsilon_s$
㉰ ε_s+1 ㉱ $1-\varepsilon_s$

해설 평행콘덴서 C

$$\text{몇 배(비)}=\frac{\text{나중 } \varepsilon_s \text{추가시 콘덴서}}{\text{처음(공기) 콘덴서}}=\frac{\frac{\varepsilon_o\varepsilon_s S}{d}}{\frac{\varepsilon_o S}{d}}=\varepsilon_s\text{배 증가}$$

문제 16 10[μF]인 콘덴서를 극판 간격을 $\frac{1}{2}$로 하고 극판 면적을 2배로 하면 정전용량은 몇 [μF]인가?

㉮ 10[μF] ㉯ 20[μF]
㉰ 30[μF] ㉱ 40[μF]

해설 평행콘덴서 C
처음 $C=\frac{\varepsilon A}{d}$ $\xrightarrow[d\to\frac{d}{2}\text{ 적용}]{A\to 2A\text{ 적용}}$ $\frac{\varepsilon 2A}{\frac{d}{2}}=4\times\frac{\varepsilon A}{d}=4\times 10=40[\mu F]$

정답 14. ㉰ 15. ㉮ 16. ㉱

문제 **17** **공기 콘덴서의 극판 사이에 비유전율 7인 유전체를 넣을 경우 정전용량 C는 몇 배로 증가하는가?**

㉮ 7배 ㉯ $\frac{1}{7}$배

㉰ 불변 ㉱ 14배

해설 처음 정전용량(공기 콘덴서) $C=\frac{\varepsilon_0 A}{l}$ → $C \propto$ 유전율 ε

∴ 새로운 정전용량(비유전율 $\varepsilon_s=7$) $C'=\varepsilon_s \times$처음 정전용량 $C=7C$

문제 **18** **평행판 전극에 일정 전압을 가하면서 극판의 간격을 2배로 하면 내부 전장의 세기는 어떻게 되는가?**

㉮ 2배로 커진다. ㉯ $\frac{1}{2}$배로 작아진다.

㉰ 2배로 작아진다. ㉱ $\frac{1}{4}$배로 작아진다.

해설 평행콘덴서 C에서 처음 전장 $E=\frac{V}{l}$이므로 전장의 세기 E는 간격 l에 반비례한다.

∴ 극판 간격 2배 증가시 새로운 전장의 세기 $E'=\frac{V}{2l}=\frac{\text{처음 } E}{2}$이므로 $\frac{1}{2}$배 작아진다.

정답 17. ㉮ 18. ㉯

11 정전에너지(콘덴서에 축적되는 에너지) W [J]

$$W = \frac{1}{2}VQ = \frac{1}{2}CV^2 = \frac{Q^2}{2C}[\mathrm{J}]$$

단, 전하 $Q = CV[\mathrm{C}]$

12 단위체적($1\mathrm{m}^3$)당 에너지 W [$\mathrm{J/m^3}$]

$$W = \frac{1}{2}DE = \frac{1}{2}\varepsilon E^2 = \frac{1}{2} \times \frac{D^2}{\varepsilon}[\mathrm{J/m^3}]$$

단, 전속밀도 $D = \varepsilon E[\mathrm{C/m^2}]$

13 정전 흡인력(단위면적당 정전 흡인력) F [$\mathrm{N/m^2}$]

$$F = \frac{1}{2}ED = \frac{1}{2}\varepsilon E^2 = \frac{D^2}{2\varepsilon}[\mathrm{N/m^2}]$$

제2장 → 정전기 (진공 중의 정전계)

실전문제

문제 01 정전에너지(콘덴서에 축적되는 에너지)에 대한 식 중 맞지 않는 것은? (단, 정전에너지 : W, 전위차 : V, 정전용량 : C, 전기량 : Q)

㉮ $W=\frac{1}{2}CV^2$ ㉯ $W=\frac{1}{2}QV$

㉰ $W=\frac{1}{2}QV^2$ ㉱ $W=\frac{1}{2}\frac{Q^2}{C}$

해설 콘덴서 축적에너지 $W=\frac{1}{2}QV=\frac{1}{2}CV^2=\frac{Q^2}{2C}$[J]

문제 02 콘덴서에 V[V]의 전압을 가해서 전하를 충전할 때 저장되는 에너지는 몇 [J]인가?

㉮ $2QV$ ㉯ $2QV^2$

㉰ $\frac{1}{2}QV$ ㉱ $\frac{1}{2}QV^2$

해설 콘덴서 축적에너지 $W=\frac{1}{2}QV=\frac{1}{2}CV^2=\frac{Q^2}{2C}$[J]

문제 03 정전용량 C[F]에 V[V]의 전압을 가하면 축적되는 에너지는 몇 [J]인가?

㉮ $2C^2V$ ㉯ $\frac{1}{2}C^2V$

㉰ $2CV^2$ ㉱ $\frac{1}{2}CV^2$

해설 콘덴서 축적에너지 $W=\frac{1}{2}CV^2$[J]

문제 04 5[μF]의 콘덴서에 1[kV]의 전압을 가할 때 축적에너지[J]는?

㉮ 2.5 ㉯ 3.25

㉰ 4.5 ㉱ 5.25

해설 콘덴서 축적에너지 $W=\frac{1}{2}CV^2=\frac{1}{2}\times5\times10^{-6}\times1000^2=2.5$[J]

정답 01. ㉰ 02. ㉰ 03. ㉱ 04. ㉮

문제 05

정전용량 C[F]의 콘덴서에 W[J]의 에너지를 축적하려면 이 콘덴서에 가해줄 전압[V]은?

㉮ $\dfrac{2W}{C}$　　㉯ $\sqrt{\dfrac{2W}{C}}$

㉰ $\dfrac{2C}{C}$　　㉱ $\sqrt{\dfrac{2C}{W}}$

 콘덴서 축적에너지 $W=\dfrac{1}{2}CV^2$[J] 식에서

$\therefore$ 전압 $V=\sqrt{\dfrac{2W}{C}}$ [V]

문제 06

50[μF]의 콘덴서에 1[J]의 에너지가 축적되려면 몇 [V]로 충전해야 하는가?

㉮ 50　　㉯ 100

㉰ 150　　㉱ 200

 콘덴서 축적에너지 $W=\dfrac{1}{2}CV^2$에서

전위 $V=\sqrt{\dfrac{2W}{C}}=\sqrt{\dfrac{2\times1}{50\times10^{-6}}}=200$[V]

문제 07

어떤 콘덴서를 300[V]로 충전하는데, 9[J]의 전력량이 필요하였다. 이 콘덴서의 정전용량은 얼마인가?

㉮ 0.2[μF]　　㉯ 2[μF]

㉰ 20[μF]　　㉱ 200[μF]

 콘덴서 축적에너지 $W=\dfrac{1}{2}CV^2$에서

$C=\dfrac{2W}{V^2}=\dfrac{2\times9}{300^2}\times10^{+6}=200[\mu\text{F}]$

문제 08

100[μF]의 콘덴서에 1000[V]의 전압을 가하여 충전한 뒤 저항을 통하여 방전시키면 저항 중의 발생열량[cal]은?

㉮ 1.2　　㉯ 5

㉰ 12　　㉱ 43

 열량 $W=0.24\times$콘덴서 에너지[cal], 단) 1[J] = 0.24[cal]

열량 $W=0.24\times\dfrac{1}{2}CV^2=0.24\times\dfrac{1}{2}\times100\times10^{-6}\times1000^2=12$[cal]

정답 05. ㉯ 06. ㉱ 07. ㉱ 08. ㉰

문제 09

다음은 정전 흡인력에 대한 설명이다. 옳은 것은?

㉮ 정전 흡인력은 전압의 제곱에 비례한다.
㉯ 정전 흡인력은 극판 간격에 비례한다.
㉰ 정전 흡인력은 극판 면적의 제곱에 비례한다.
㉱ 정전 흡인력은 쿨롱의 법칙으로 직접 계산된다.

해설 콘덴서 C 판 사이의 힘 F
정전 흡입력은 전압의 제곱에 비례

힘 $F=\frac{\text{에너지 } W}{\text{거리 } d}=\frac{\frac{1}{2}CV^2}{d}=\frac{\varepsilon SV^2}{d^2}$[N]

∴ 정전 흡인력 F는 전압 V의 제곱(2승)에 비례한다.($F\propto V^2$)

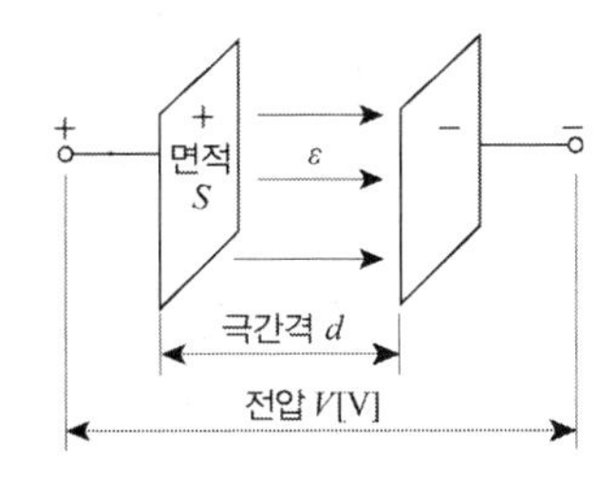

제3장 자기회로(정자계)

1 자기현상과 쿨롱의 법칙

(1) 자력선의 성질=기력선의 성질

① 자기장의 상태를 표시하는 선을 가상하여 자기장의 크기와 방향을 표시한다.
② 자력선은 잡아당긴 고무줄과 같이 그 자신이 줄어들려고 하는 장력이 있으며, 같은 방향으로 향하는 자력선은 서로 반발한다.
③ 자력선은 만나거나 서로 교차하지 않는다.
④ 자석의 N(+)극에서 시작하여 S(−)극에서 끝난다.
⑤ 자기장 방향은 그 점을 통과하는 자기력선의 방향으로 표시한다.
⑥ 자기장 H의 크기는 그 점에 있어서의 자기력선 밀도를 나타낸다.

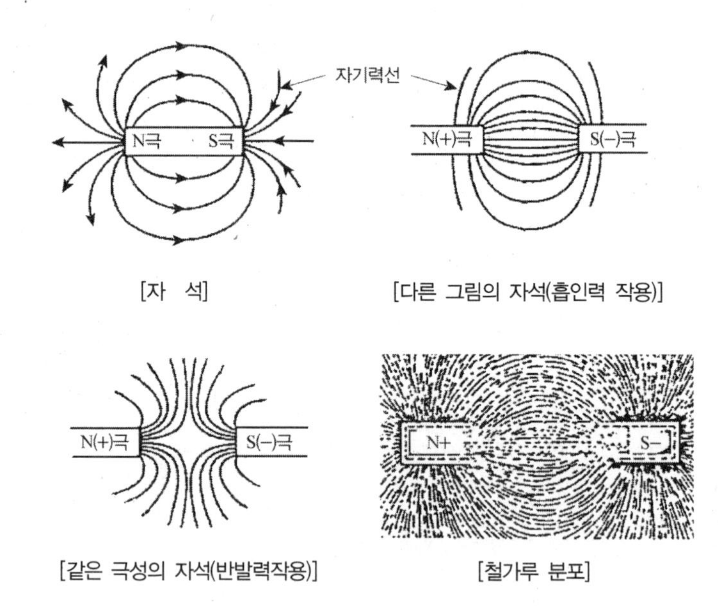

[자 석]

[다른 그림의 자석(흡인력 작용)]

[같은 극성의 자석(반발력작용)]

[철가루 분포]

(2) 쿨롱의 법칙 힘 $F(f)$[N]

자극 m[Wb] : 자석 N(+)극 또는 S(−)극의 자기장값 ← 전하 Q와 같은 의미

구(점)자극 m[Wb] : 자석이 동그란 구형태 (m) ← 구(점)전하 (Q)와 같다.

① **정의** : 두 자극 사이의 작용하는 힘

힘 F는 ┌ 두 자극의 세기 m_1[Wb], m_2[Wb] 곱에 비례하고
└ 두 자극 사이의 거리 r[m]의 제곱에 반비례한다.

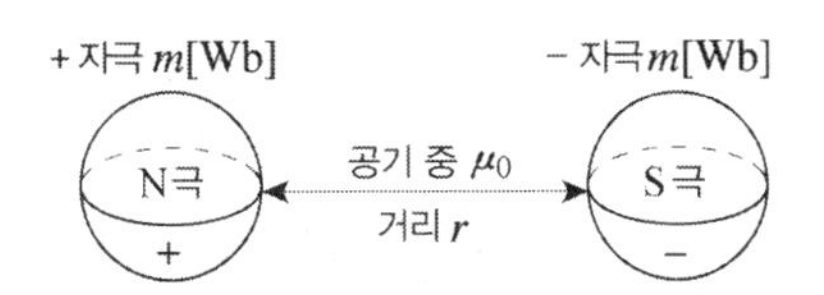

② **공식** : $$\boxed{\text{힘 } F=\frac{m_1m_2}{4\pi\mu_o r^2}=6.33\times10^4\times\frac{m_1m_2}{r^2}\text{[N]}}=mH\text{[N]}$$

③ **힘 F 종류**

㉠ 흡인력(인력) : 서로 당기는 힘 → 두 자극 극성이 서로 다른 경우

예 N(+) ⟷ S(−) 힘 $F=$⊖값

㉡ 반발력(척력) : 서로 미는 힘 → 두 자극 극성이 서로 같은 경우

예 N(+) ⟷ N(+) 힘 $F=$⊕값

(3) 투자율(투과율) μ=진공 중의 투자율 μ_o×비투자율 μ_s[H/m]

① **비투자율 μ_s**

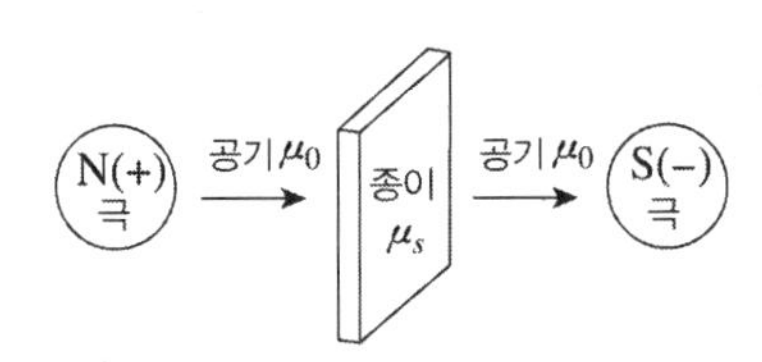

매질의 종류에 의해 정해지는 값이다.
(진공 중에서는 1, 공기 중에서는 약 1 → 공기의 투자율 $\mu_s=1$)

② **진공의 투자율**

$\mu_o=4\pi\times10^{-7}=12.56\times10^{-7}$[H/m]

③ **적용방법**

기준	공기 중인 경우 $\mu_s=1$	투자율 $\mu=\mu_o=4\pi\times10^{-7}$[H/m] 사용한다.
기타	비투자율 μ_s 주어진 경우	투자율 $\mu=\mu_o\times\mu_s$[H/m] 사용한다.

④ **μ_s 주어진 경우 힘 F 계산**

$$\text{힘 } F=\frac{m_1m_2}{4\pi\mu_o\mu_s r^2}=6.33\times10^4\frac{m_1m_2}{\mu_s r^2}\text{[N]}$$

제3장
→ 자기회로 (정자계)

실전문제

문제 01 m_1, m_2의 세기를 가진 2개의 자극을 진공 중에서 r의 거리에 놓았을 때 작용하는 힘 $F=k\dfrac{m_1m_2}{r^2}$는?

㉮ 페러데이의 법칙　　㉯ 쿨롱의 법칙
㉰ 렌츠의 법칙　　㉱ 플레밍의 법칙

해설 힘 $F=\dfrac{m_1m_2}{4\pi\mu_o r^2}=\dfrac{1}{4\pi\mu_o}\times\dfrac{m_1m_2}{r^2}=k\dfrac{m_1m_2}{r^2}$[N]

문제 02 다음 중 두 자극 사이에 작용하는 힘의 크기를 잘 설명한 것은 어느 것인가?

㉮ 두 자극의 세기의 곱에 비례하고 두 자극 사이의 거리에 제곱에 반비례한다.
㉯ 두 자극의 세기의 곱에 비례하고 두 자극 사이의 거리에 제곱에 비례한다.
㉰ 두 자극의 세기의 곱에 반비례하고 두 자극 사이의 거리에 제곱에 비례한다.
㉱ 두 자극의 세기의 곱에 반비례하고 두 자극 사이의 거리에 제곱에 반비례한다.

해설 쿨롱의 법칙 적용

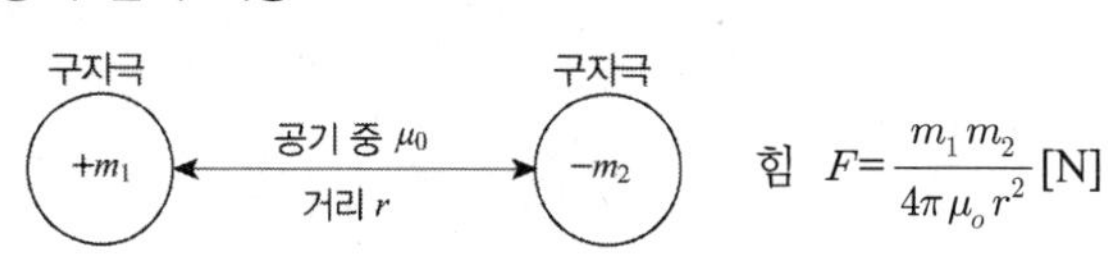

∴ 힘 $F\propto m_1\cdot m_2$(비례)$\propto\dfrac{1}{r^2\text{(반비례)}}$한다.

문제 03 진공 중에서 같은 크기의 두 자극을 1[m] 거리에 놓았을 때 작용하는 힘이 6.33×10^4[N]이 되는 자극의 단위는?

㉮ 1[N]　　㉯ 1[Wb]
㉰ 1[C]　　㉱ 1[F]

해설 쿨롱의 법칙 힘 F

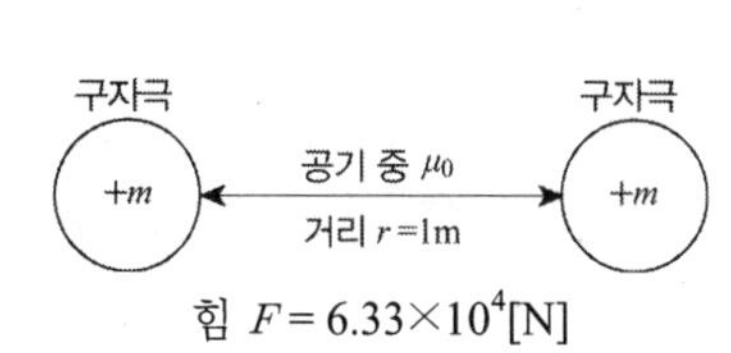

힘 $F=6.33\times10^4$[N]

힘 $F=6.33\times10^4\ \dfrac{m_1m_2}{r^2}$

$6.33\times10^4=6.33\times10^4\times\dfrac{m\times m}{1^2}$

$1=m^2$

∴ 자극 m=1[Wb]

정답 01. ㉯ 02. ㉮ 03. ㉯

문제 04 두 자극 사이에 작용하는 힘의 크기를 나타낸 식은?
(m_1, m_2 : 자극의 세기, μ : 투자율, r : 자극 간의 거리)

㉮ $F=\dfrac{m}{4\pi\mu r}$[N]　　㉯ $F=\dfrac{m}{4\pi\mu r^2}$[N]

㉰ $F=\dfrac{m_1 m_2}{4\pi\mu r}$[N]　　㉱ $F=\dfrac{m_1 m_2}{4\pi\mu r^2}$[N]

해설 쿨롱의 법칙 힘 F

두 자극 m_1과 m_2 사이의 힘 $F=\dfrac{m_1 m_2}{4\pi\mu r^2}$[N]

문제 05 자극의 세기가 각각 0.05[Wb]인 N극 두 개를 공기 중에서 5[cm]의 거리에 두었을 때 작용하는 반발력은?

㉮ 3.17×10^4[N]　　㉯ 6.33×10^4[N]

㉰ 3.17×10^2[N]　　㉱ 6.33×10^2[N]

해설 쿨롱의 법칙 적용

힘 $F=6.33\times10^4\times\dfrac{m_1 m_2}{r^2}=6.33\times10^4\times\dfrac{0.05\times0.05}{(5\times10^{-2})^2}=6.33\times10^4$[N]

문제 06 공기 중에서 10[cm]의 거리에 있는 두 자극의 세기가 각각 8×10^{-4}[Wb]이면 자력은 몇 [N]인가?

㉮ 0.05[N] 흡인력　　㉯ 4.05[N] 반발력

㉰ 7.05[N] 흡인력　　㉱ 0.5[N] 반발력

해설 쿨롱의 법칙 힘 F

힘 F(자력) $=6.33\times10^4\dfrac{m_1 m_2}{r^2}=6.33\times10^4\times\dfrac{8\times10^{-4}\times8\times10^{-4}}{0.1^2}$

$=4.05$[N] (반발력 작용)

문제 07 공기 중에서 10[cm]의 거리에 있는 두 자극의 세기가 각각 5×10^{-3}[Wb]와 3×10^{-3}[Wb]이면 이때 작용하는 힘은 얼마인가?

㉮ 약 6.3[N]　　㉯ 약 24[N]

㉰ 약 68[N]　　㉱ 약 95[N]

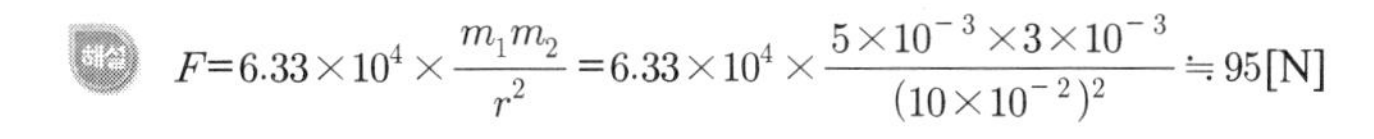

해설 $F=6.33\times10^4\times\dfrac{m_1 m_2}{r^2}=6.33\times10^4\times\dfrac{5\times10^{-3}\times3\times10^{-3}}{(10\times10^{-2})^2}\fallingdotseq 95$[N]

정답 04. ㉱ 05. ㉯ 06. ㉯ 07. ㉱

2 자장(자계)의 세기 H[AT/m]

(1) 정의

자기장 중의 어느 점에 단위 점 자극(+1[Wb])을 놓고 이 자극에 작용하는 자력의 방향을 그 점에서의 자기장의 방향으로 하고 자력의 크기를 그 점의 자장의 세기(크기) H라 한다.

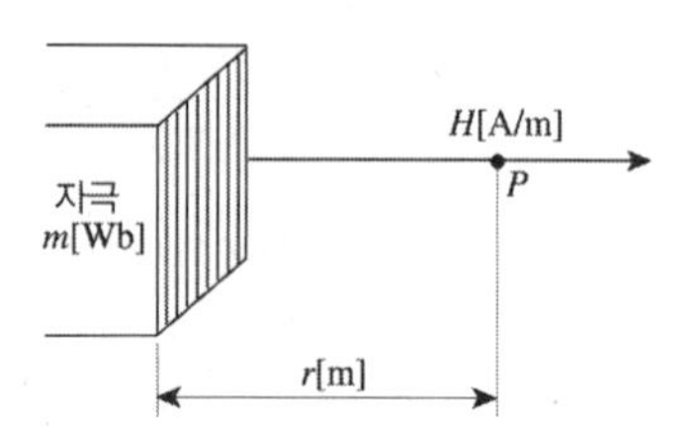

(2) 구자극의 자계 H값

(구)자극 m[Wb]로부터 거리 r[m] 떨어진 점(P점)의 자장의 세기 H[AT/m]

+m　공기 중 μ_0　거리 r　P점 (+1Wb)

$$\text{자계 } H = \frac{1}{4\pi\mu_0} \times \frac{m}{r^2} = 6.33 \times 10^4 \times \frac{m}{r^2} \text{[AT/m]} = \frac{\text{힘 } F}{\text{자극 } m} \text{[N/Wb]}$$

단, 비투자율 μ_s 주어진 경우 $H = 6.33 \times 10^4 \dfrac{m}{\mu_s r^2}$[AT/m]

(3) 힘 F와 자계의 세기 H의 관계식

★ 힘 F= 자극 $m \times$ 자계 H[N]

3 자기유도

(1) 자속 ϕ[Wb]

기호 ϕ, 단위[웨버, Wb] → 자속 ϕ[Wb] = 자극 m[Wb]

1) 자(기)력선 수

① **정의** : 공기 중의 점 자극 m[Wb]로부터 나오는 자력선의 총수 N

② **자기력선 수 N**(현실)

★ $N = \dfrac{m}{\mu_0}$[개](공기 중에서)

　$N = \dfrac{m}{\mu_0 \mu_s}$[개]($\mu_s$가 주어진 경우)

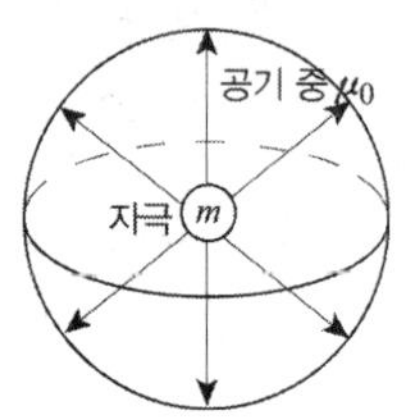

[공기 중일 때]

2) **자속수**(가상적인 자기력선 수)

① **정의** : $+m$[Wb]의 구자극에서는 m[개]의 자속이 나온다.

★② **자속수**(주어진 조건 무시) : 항상 m개

(2) 자속밀도

기호 B, 단위 : [Wb/m^2] → 자속밀도 B[Wb/m^2]

① **정의** : 자기장의 크기H를 표시하며 단위 면적 1[m^2]를 통과하는 자속 수(자기력선수)

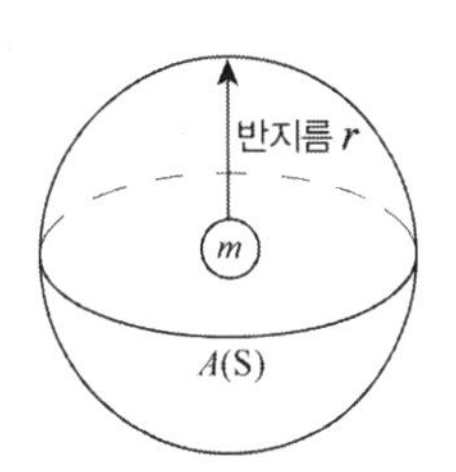

② **단위** : [Wb/m^2]

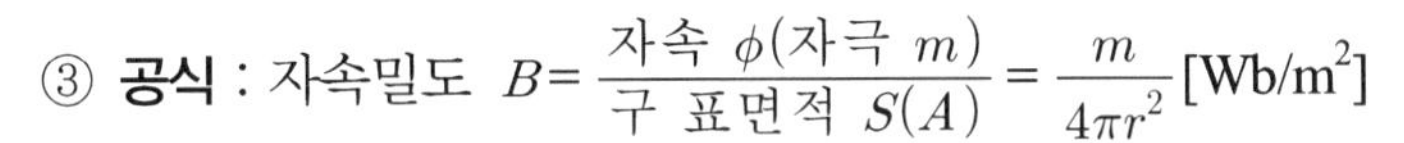

③ **공식** : 자속밀도 $B = \dfrac{\text{자속 } \phi(\text{자극 } m)}{\text{구 표면적 } S(A)} = \dfrac{m}{4\pi r^2}$ [Wb/m^2]

$$\therefore\ B = \frac{m \times \mu_0}{4\pi \mu_0 r^2} = \mu_0 \times H \text{ [Wb/m}^2\text{]}$$

(3) 자속밀도 B와 자장의 세기 H의 관계

★$B = \mu_0 H$[Wb/m^2] (진공 또는 공기 중인 경우 사용)
$B = \mu_s \mu_0 H = \mu H$[Wb/m^2] ($\mu_s$인 매질이 주어진 경우 사용)

(4) 자기유도와 자성체

① **자기유도** : 자성체를 자석 가까이 놓으면 자화되는 현상

② **자화** : 쇳조각 등 자성체를 자석으로 만드는 것

③ **자성체의 종류**

종류	비투자율 μ_s 조건	예
강자성체	$\mu_s \gg 1$인 물체	니켈(Ni), 코발트(Co), 망간(Mn), 철(Fe)
상자성체	$\mu_s > 1$인 물체	알루미늄(Al), 백금(Pt), 공기(O), 텅스텐(W)
반자성체	$\mu_s < 1$인 물체	금(Au), 은(Ag), 구리(Cu), 아연(Zn), 납(Pb), 수은(Hg)

제3장
→ 자기회로
(정자계)

실전문제

문제 **01** **자장의 세기가 H[AT/m]인 곳에 m[Wb]의 자극을 놓았을 때 작용하는 힘이 F[N]라 하면 어떤 식이 성립되는가?**

㉮ $F=mH$　　㉯ $F=6.33\times10^4 mH$

㉰ $F=\dfrac{H}{m}$　　㉱ $F=\dfrac{m}{H}$

해설 힘 F와 자계 H의 관계식 : $F=mH$ [N]

문제 **02** **자기장의 세기가 10[AT/m]인 점에 자극을 놓았을 때 50[N]의 힘이 작용했다. 이 자극의 세기[Wb]는?**

㉮ 5　　㉯ 10

㉰ 15　　㉱ 25

해설 힘 $F=mH$ [N]에서 자극 $m=\dfrac{\text{힘}F}{\text{자계}H}=\dfrac{50}{10}=5$[Wb]

문제 **03** **비투자율 μ_s, 자속밀도 B[Wb/m²]의 자장 중에 있는 m[Wb]의 자극이 받는 힘[N]은?**

㉮ $\dfrac{mB}{\mu_0\mu_s}$　　㉯ mB

㉰ $\dfrac{mB}{\mu_s}$　　㉱ $\dfrac{mB}{\mu_0}$

 자속밀도 $B=\mu_0\mu_s H$ → 자장의 세기 $H=\dfrac{B}{\mu_0\mu_s}$[AT/m]

힘 $F=mH=m\times\dfrac{B}{\mu_0\mu_s}=\dfrac{mB}{\mu_0\mu_s}$[N]

문제 **04** **공기 중 비투자율은 대략 얼마인가?**

㉮ 6.33×10^4　　㉯ 0

㉰ 1　　㉱ $4\pi\times10^{-7}$

해설 공기의 비투자율 μ_s

공기(진공)의 비투자율 $\mu_s=$ 비유전율 $\varepsilon_s=1$

정답 01. ㉮ 02. ㉮ 03. ㉮ 04. ㉰

문제 05 **다음은 강자성체의 투자율에 대한 설명이다. 옳은 것은?**

㉮ 투자율은 매질의 두께에 비례한다.
㉯ 투자율은 자화력에 따라서 크기가 달라진다.
㉰ 투자율이 큰 것은 자속이 통하기 어렵다.
㉱ 투자율은 자속밀도에 반비례한다.

해설 자화력 : 철심 길이 1m당 발생하는 힘

문제 06 **영구자석의 재료로서 적당한 것은?**

㉮ 잔류자기가 크고 보자력이 작을 것
㉯ 잔류자기가 적고 보자력이 큰 것
㉰ 잔류자기와 보자력이 큰 것
㉱ 잔류자기와 보자력 모두 작은 것

해설 영구자석의 재료는 잔류자기(남아있는 자기)와 보자력(남아있는 힘)이 매우 큰 재료 사용할 것

문제 07 **다음 물질 중에서 반자성체가 아닌 것은?**

㉮ 납 ㉯ 망간
㉰ 구리 ㉱ 아연

해설 자성체의 종류

종류	비투자율 μ_s 조건	예
강자성체	$\mu_s \gg 1$인 물체	니켈(Ni), 코발트(Co), 망간(Mn), 철(Fe)
상자성체	$\mu_s > 1$인 물체	알루미늄(Al), 백금(Pt), 공기(O), 텅스텐(W)
반자성체	$\mu_s < 1$인 물체	금(Au), 은(Ag), 구리(Cu), 아연(Zn), 납(Pb), 수은(Hg)

문제 08 **다음 중 투자율이 가장 작은 것은?**

㉮ 공기 ㉯ 강철
㉰ 주철 ㉱ 훼라이트

해설 공기 비투자율=1, 강자성체=비투자율 μ_s이 대단히 크다.

문제 09 **자기장의 세기에 대한 설명이 잘못된 것은?**

㉮ 수직 단면의 자력선 밀도와 같다.
㉯ 단위 길이당 기자력과 같다.
㉰ 단위 자극에 작용하는 힘과 같다.
㉱ 자속밀도에 투자율을 곱한 것과 같다.

정답 05. ㉯ 06. ㉰ 07. ㉯ 08. ㉮ 09. ㉱

해설 자기장의 세기 H

자속밀도 $B=\mu H$식에서 자계 $H=\frac{B}{\mu(\text{투자율})}$ =자(기)력선 밀도

∴ 자장의 세기 H는 투자율 μ에 반비례한다.

문제 10 **자계 중의 한 점에 1[Wb]의 정자극(N극)을 놓았을 때 이에 작용하는 힘의 크기와 방향을 그 점에 대한 무엇이라고 하는가?**

㉮ 자계의 세기 ㉯ 자위
㉰ 자속밀도 ㉱ 자위차

문제 11 **공기 중에서 $+8\times10^{-3}$[Wb]인 자속으로부터 5[cm] 떨어진 점의 자계의 세기는 얼마인가?**

㉮ 20.3×10^4[AT/m] ㉯ 20.3×10^3[AT/m]
㉰ 20.3×10^6[AT/m] ㉱ 20.3×10^7[AT/m]

해설 구자극에서 자계의 세기 H값

$$H=6.33\times10^4\times\frac{m}{r^2}$$
$$=6.33\times10^4\times\frac{8\times10^{-3}}{(5\times10^{-2})^2}$$
$$=20.3\times10^4\text{[AT/m]}$$

구자극
공기중에서
P점(+1Wb)
거리 r=5cm
$m=8\times10^{-3}$

문제 12 **어느 자극에 의하여 생긴 자장의 세기를 1/2로 하려면 자극으로부터의 거리를 몇 배로 하여야 하는가?**

㉮ $\sqrt{2}$배 ㉯ 1/2배
㉰ 2배 ㉱ $1/\sqrt{2}$배

해설 구자극에서 자장(자계)의 세기 H값

처음자장의 세기 $H=6.33\times10^4\frac{m}{r^2}$(거리가 r일 때)

$$=6.33\times10^4\frac{m}{(\sqrt{2}r)^2}\text{(거리가 }\sqrt{2}\text{배}\times r\text{일 때)}$$
$$=\frac{1}{2}\text{배}\times6.33\times10^4\frac{m}{r^2}\text{(처음 }H\text{의 }\frac{1}{2}\text{배로 감소한다.)}$$

문제 13 **1[Wb]의 자극에서 나오는 자력선의 수는 몇 개인가?**

㉮ 6.33×10^4[개] ㉯ 7.958×10^5[개]
㉰ 8.855×10^3[개] ㉱ 1.256×10^6[개]

정답 10. ㉮ 11. ㉮ 12. ㉮ 13. ㉯

해설 공기 중에서 자(기)력선 수

$$\frac{\text{자극 } m}{\mu_0} = \frac{1}{4\pi \times 10^{-7}} = \frac{1}{4 \times 3.14} \times 10^7 = 0.07958 \times 10^7 = 7.958 \times 10^5 \text{개}$$

문제 **14** **공기 중에서 m[Wb]의 자극으로부터 나오는 자력선의 총수는 얼마인가?**

㉮ m ㉯ $\frac{\mu_0}{m}$

㉰ $\mu_0 m$ ㉱ $\frac{m}{\mu_0}$

해설 자(기)력선 수

공기 중에서 자기력선수 : $\frac{m}{\mu_0}$개

문제 **15** **자속밀도의 단위는?**

㉮ [Wb] ㉯ [Wb/m^2]

㉰ [AT/Wb] ㉱ [Wb^2·m]

해설 자속밀도 B

$$B = \frac{\text{자속 } \phi}{\text{단면적 } A(S)} [\text{Wb/m}^2] = \mu_0 H$$

문제 **16** **자속밀도의 단위로 쓸 수 없는 것은?**

㉮ [T] ㉯ 테라시

㉰ [Wb/m^2] ㉱ [ATH/m^2]

문제 **17** **공심 솔레노이드의 내부 자장의 세기가 4000[AT/m]일 때 자속밀도[Wb/m^2]는 얼마인가?**

㉮ $16\pi \times 10^{-4}$ ㉯ $1.6\pi \times 10^{-4}$

㉰ $32\pi \times 10^{-4}$ ㉱ $3.2\pi \times 10^{-4}$

해설 자속밀도 B

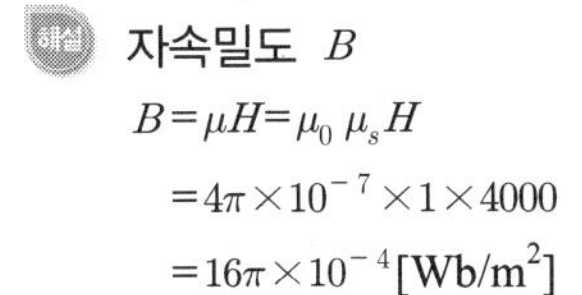

$$B = \mu H = \mu_0 \mu_s H$$
$$= 4\pi \times 10^{-7} \times 1 \times 4000$$
$$= 16\pi \times 10^{-4} [\text{Wb/m}^2]$$

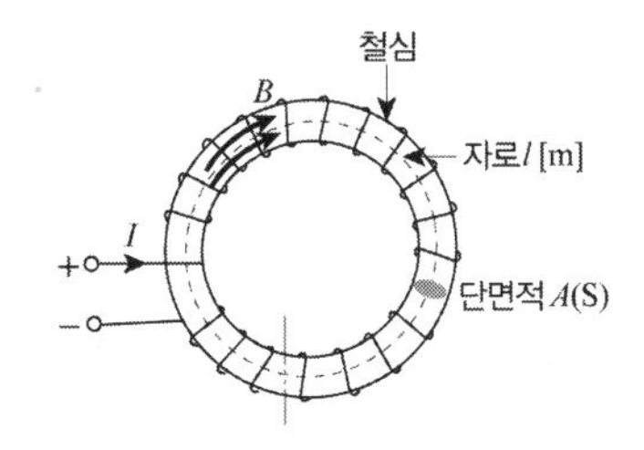

정답 14. ㉱ 15. ㉯ 16. ㉯ 17. ㉮

4 자기회로의 옴법칙

(1) 기자력(기호 F, 단위[AT])

① **정의** : 자속 ϕ를 만드는 원동력(철심에 코일을 감고 전류 I를 흘리면 발생되는 자속의 힘 F)

★② **공식** : $F=NI$[AT] (N : 코일 횟수[T], I : 전류[A])

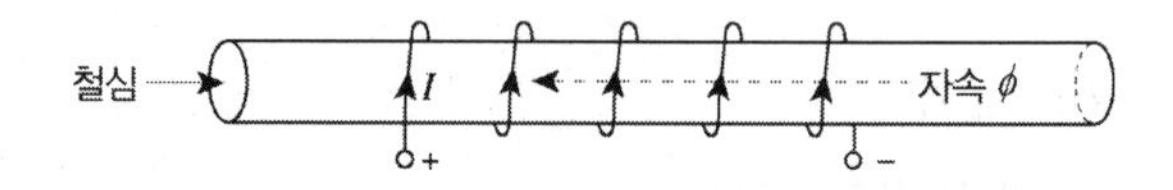

(2) 자기저항(기호 R, 단위[AT/Wb])

① **정의** : 자속 ϕ의 발생을 방해하는 성질의 정도(자속 ϕ이 이동시 철심에서 생기는 저항)

★② **공식** : 자기저항 R

$$R=\frac{l}{\mu S}=\frac{\text{기자력}F}{\text{자속}\phi}=\frac{NI}{\phi}\text{[AT/Wb]}$$

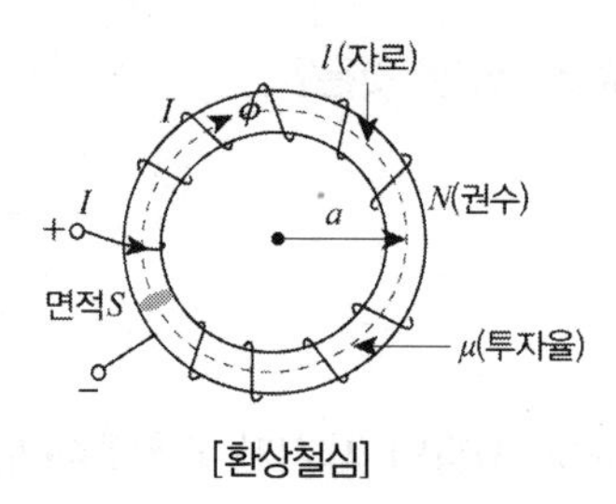

[환상철심]

용어

- 자속 ϕ가 이동하는 거리 :
  자로 l [m] / 철심의 투자율 $\mu=\mu_0\mu_s$[H/m] / 철심의 단면적S[m²]
- 기자력 $F=NI$[AT] / 자속 ϕ[Wb]=자속밀도 $B\times$면적 A(S)

(3) 자속(기호 ϕ, 단위[Wb])

$$자속\ \phi = \frac{F(기자력)}{R(자기저항)} = \frac{NI}{R}[Wb]$$

〈응용식〉

$$B = \frac{\phi}{A(S)} \rightarrow \phi = B \times A = \mu H[Wb/m^2]$$

$$자속밀도\ B = \mu H[Wb/m^2]$$

◎ **비슷한 유형 공식**

구 분	환상철심 자기저항 R_m	전선의 전기저항 R	공기 콘덴서 C_o(정전용량)
공 식	$R_m = \frac{l}{\mu S}$	$R = e\frac{l}{S}$	$C_o = \frac{\varepsilon_o S}{d}$
적용그림	l, μ, S	길이 l, 전선 $e[\Omega \cdot m]$, S	S, 공기 ε_0, 간격 d

제3장 → 자기회로 (정자계)

실전문제

문제 01 **자속을 만드는 원동력이 되는 것은?**

㉮ 전자력 ㉯ 회전력
㉰ 기자력 ㉱ 전기력

해설 기자력 F : 철심에 코일을 감고 전류 I을 흘리면 발생되는 자속 ϕ의 힘

문제 02 **MKS 단위계에서 기자력의 단위는?**

㉮ Wb ㉯ AT/m
㉰ AT ㉱ Wb/m^2

해설 기자력 F= 권수 $N\times$ 전류 I[AT 또는 A]

문제 03 **자기저항 100[AT/Wb]인 회로에 400[AT]의 기자력을 가할 때 생기는 자속[Wb]은?**

㉮ 1 ㉯ 2
㉰ 3 ㉱ 4

자속 $\phi = \dfrac{\text{기자력}F}{\text{자기저항}R} = \dfrac{400}{100} = 4[\text{Wb}]$

문제 04 **자화력을 표시하는 식과 관계가 되는 것은?**

㉮ NI ㉯ $\dfrac{NI}{l}$
㉰ $\dfrac{NI}{\mu}$ ㉱ μIl

자화력 : 단위길이에 대한 기자력 $\dfrac{F}{l} = \dfrac{NI}{l}[\text{AT/m}]$
즉, 철심 길이 1[m]당 발생되는 힘(기자력)

문제 05 **자기저항 2300[AT/Wb]의 회로에 40000[AT]의 기자력을 가할 때 생기는 자속은 얼마나 되는가?**

㉮ 약 17.4[Wb] ㉯ 약 26.4[Wb]
㉰ 약 1.74[Wb] ㉱ 약 2.64[Wb]

정답 01. ㉰ 02. ㉰ 03. ㉱ 04. ㉯ 05. ㉮

해설 자기회로

자속 $\phi = \dfrac{F(\text{기자력})}{R(\text{자기저항})} = \dfrac{40000}{2300} = 17.4[\text{Wb}]$

문제 06

자기저항의 단위는?

㉮ Ω　　㉯ Wb/AT

㉰ H/m　　㉱ AT/Wb

해설 자기회로 : 자기저항 $R = \dfrac{F}{\phi} = \dfrac{NI}{\phi}[\text{AT/Wb}]$

문제 07

철심의 자기저항을 설명하는 것 중 틀린 것은?

㉮ 철심의 길이에 비례한다.　　㉯ 철심의 투자율에 반비례한다.

㉰ 철심의 비저항에 비례한다.　　㉱ 철심의 단면적에 반비례한다.

해설 자기회로 : 자기저항 $R = \dfrac{l}{\mu S}[\text{AT/Wb}]$

$\therefore$ 자기저항 $R \propto l(\text{비례}) \propto \dfrac{1}{\mu(\text{반비례})} \propto \dfrac{1}{S(\text{반비례})}$

문제 08

자기회로의 길이 l[m], 단면적 A[m²], 진공의 투자율 μ_0[H/m], 비투자율 μ_s일 때 자기저항[AT/Wb]은?

㉮ $l/\mu_0 \mu_s A$　　㉯ $A/\mu_0 \mu_s l$

㉰ $\mu_0 \mu_s A/l$　　㉱ $\mu_0 \mu_s l/A$

해설 자기저항 R

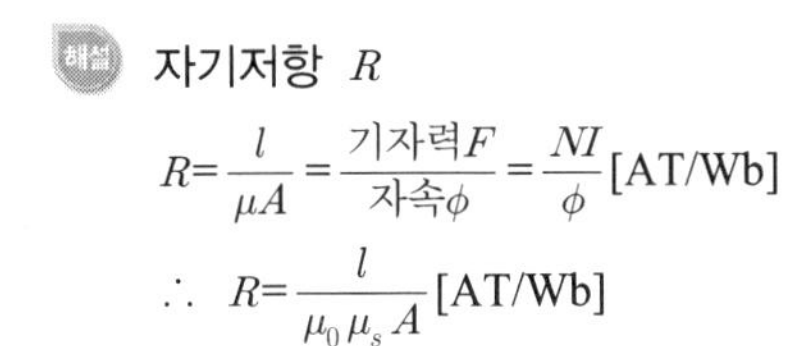

$R = \dfrac{l}{\mu A} = \dfrac{\text{기자력}F}{\text{자속}\phi} = \dfrac{NI}{\phi}[\text{AT/Wb}]$

$\therefore R = \dfrac{l}{\mu_0 \mu_s A}[\text{AT/Wb}]$

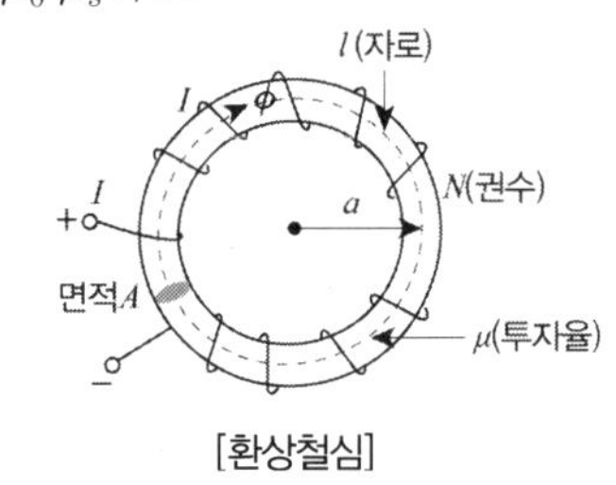

[환상철심]

문제 09

단면적 6[cm²]인 자로에 공극 1[mm]의 자기저항[AT/Wb]은?

㉮ 1.33　　㉯ 1.33×10^5

㉰ 1.33×10^6　　㉱ 1.33×10^8

해설 환상 철심에서 공극부분의 자기저항 R

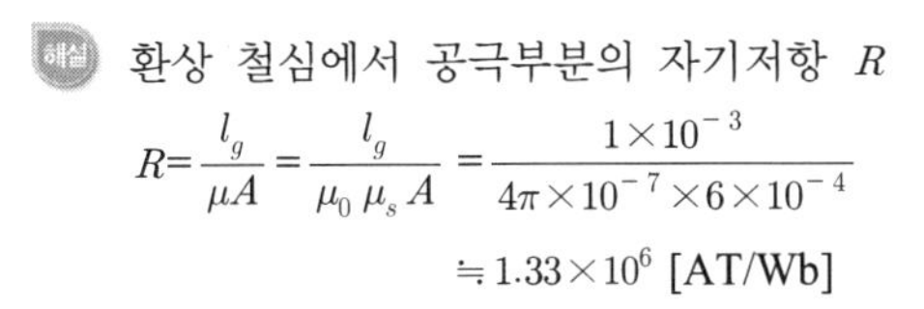

$R = \dfrac{l_g}{\mu A} = \dfrac{l_g}{\mu_0 \mu_s A} = \dfrac{1 \times 10^{-3}}{4\pi \times 10^{-7} \times 6 \times 10^{-4}}$

$\fallingdotseq 1.33 \times 10^6$ [AT/Wb]

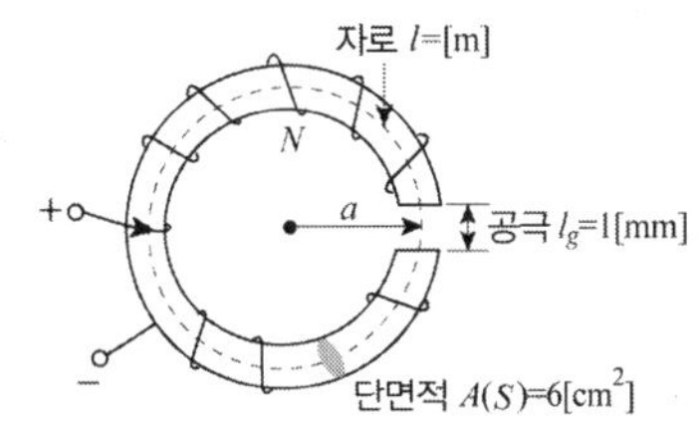

정답 06. ㉱ 07. ㉰ 08. ㉮ 09. ㉰

5 자기모멘트 M

(1) 정의

막대자석 또는 봉자석에서 자극의 세기 m [Wb]와 자극 간의 거리 l [m]와의 곱값

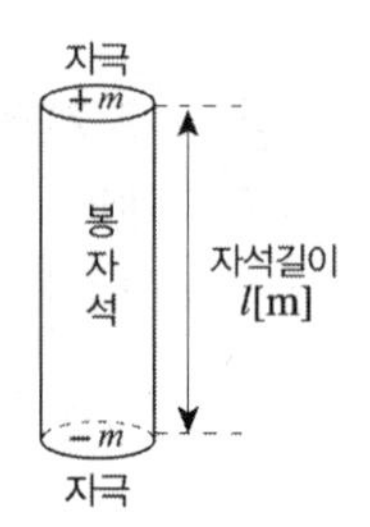

★ (2) 공식

자기모멘트 $M = ml$ [Wb · m]

6 막대자석의 회전력(토크) T [N·m]

★토크 $T = mlH\sin\theta = MH\sin\theta$ [N · m]

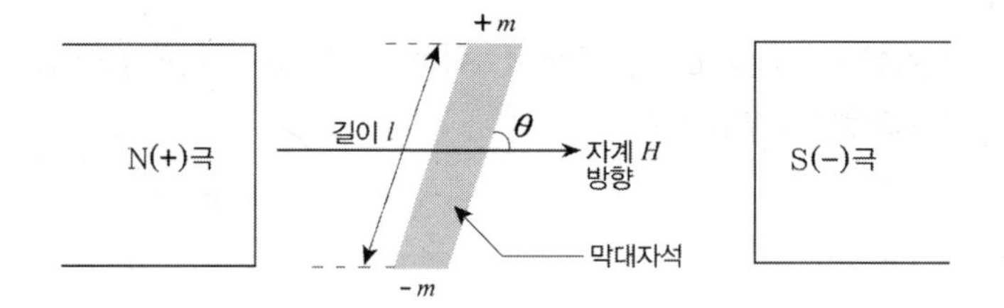

용어

자극 m [Wb] / 막대자석 길이 l [m] / 자장의 세기 H [AT/m]
막대자석과 자계 H가 이루는 각 θ

제3장 → 자기회로 (정자계)

실전문제

문제 01 **자극의 세기 m, 자극 사이의 거리 l일 때 자기모멘트는?**

㉮ $\dfrac{l}{m}$ ㉯ $\dfrac{m}{l}$

㉰ ml ㉱ $\dfrac{m}{l^2}$

 자기모멘트 M=자극 m×길이 l[Wb · m]$=ml$

문제 02 **자극의 세기 10[Wb], 길이 20[cm]의 막대자석의 자기모멘트는 얼마인가?**

㉮ 2[Wb · cm] ㉯ 20[Wb · cm]

㉰ 2[Wb · m] ㉱ 20[Wb · m]

해설 막대자석의 자기모멘트 M

$M=ml=10\times20\times10^{-2}$[Wb · m]$=2$[wb·m]

문제 03 **자극의 세기가 4×10^{-5}[Wb], 길이 10[cm]의 막대자석을 200[AT/m]의 평등자계 내에 자계와 30°의 각도로 놓았을 때 자석이 받는 회전력[N·m]은?**

㉮ 6×10^{-4} ㉯ 5×10^{-4}

㉰ 4×10^{-4} ㉱ 3×10^{-4}

 막대자석의 회전력 T

$T=MH\sin\theta=mlH\sin\theta$

$=4\times10^{-5}\times0.1\times200\times\dfrac{1}{2}$

$=4\times10^{-4}$[N · m]

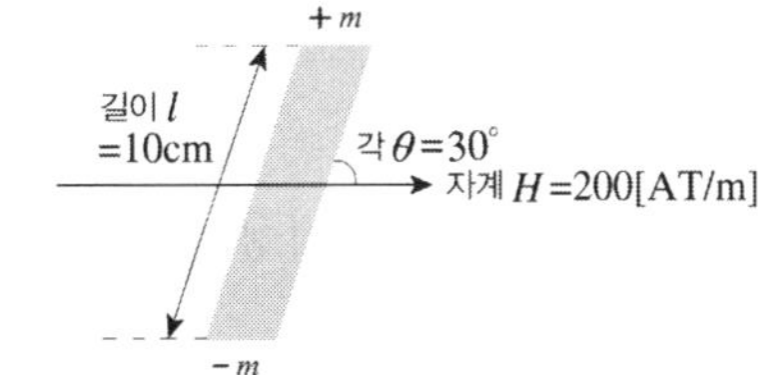

문제 04 **자극의 세기 8×10^{-6}[Wb] 길이 10[cm]의 막대자석을 200[AT/m]의 평등자장 내에 자장과 30°의 각도로 놓았을 때 자석이 받는 회전력[N·m]은?**

㉮ 8×10^{-5} ㉯ 3×10^{-5}

㉰ 2×10^{-7} ㉱ 8×10^{-7}

 막대자석의 회전력 T

$T=mlH\sin\theta=8\times10^{-6}\times0.1\times200\times\dfrac{1}{2}=8\times10^{-5}$[N · m]

정답 01. ㉰ 02. ㉰ 03. ㉰ 04. ㉮

7 앙페르(암페어)의 오른나사의 법칙(전류 I에 의한 자계 H의 방향결정 법칙)

• **정의** : 전류 I에 의해서 생기는 자기장 H의 방향은 전류 방향의 오른쪽으로 향한다.

★

전류 I의 방향=오른나사의 진행 방향 자장 H(자기장의 자력선)의 방향=오른나사의 회전 방향

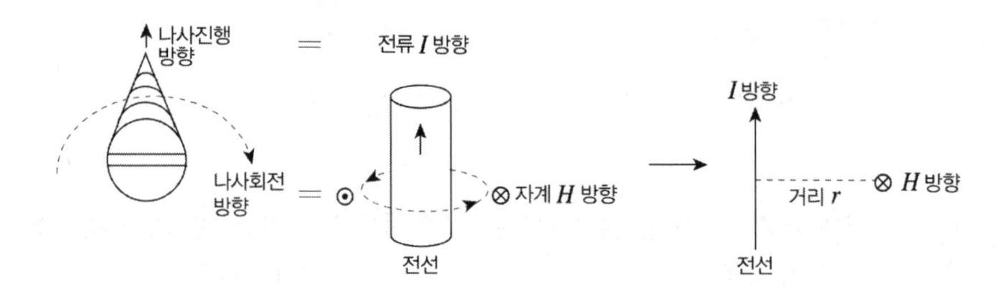

8 직선상 전류에 의한 자기장의 세기 H[AT/m]

(1) 정의

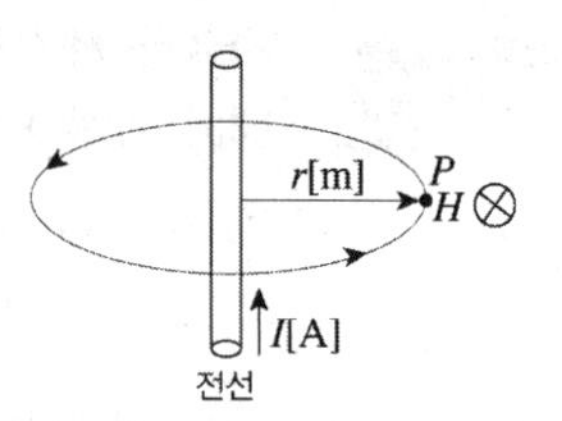

직선 도체(전선 또는 코일)에 전류 I가 흐를 때 거리 r인 점 P의 자기장의 세기 H값 계산

(2) 공식

무한장 직선의 자기장 세기 $H=\dfrac{I}{2\pi r}$[AT/m]

9 환상 철심(솔레노이드) 내부의 자기장의 세기 H값 계산

(1) 정의

권수가 N회, 평균 반지름이 r[m], 전류 I가 흐를 때 철심 내부의 자기장 H값 계산

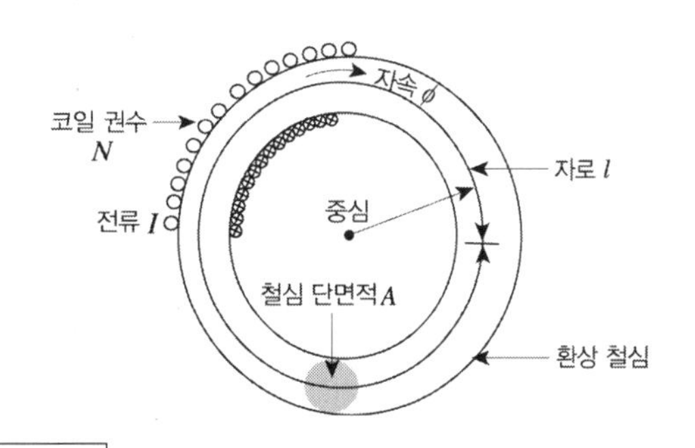

(2) 공식

환상 철심의 자계 세기 $H=\dfrac{NI}{2\pi r}$[AT/m]

10 무한장 철심(솔레노이드)의 자장(자계)의 세기 H값 계산

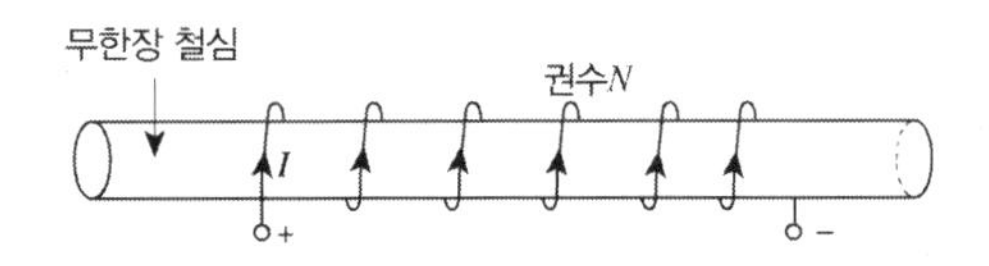

무한장 철심 자장의 세기 $H=$ 권수 $N\times$전류 I[AT]$=NI$

11 도체 종류별 자장(자계)의 세기 H값

정의	도체의 지정하는 점 P(외부 또는 내부)에 단위자극 $+1$[Wb]를 놓았을 때 힘의 세기				
도체 종류	① 구 도체	② 무한장 도체	③ 원형 코일	④ 환상 철심	⑤ 무한장 철심
	r, m	I, 외부 거리 r	I, 중심 거리 r	N, r, +, −	철심 내부(기준), I, N, +, −
자계의 세기 H	$\dfrac{m}{4\pi\mu_a r^2}$	$\dfrac{I}{2\pi r}$	$\dfrac{NI}{2r}$	$\dfrac{NI}{2\pi r}$	NI

제3장 → 자기회로 (정자계)

실전문제

문제 01

전류와 자장의 방향을 쉽게 아는 것은?

㉮ 오른나사의 법칙 ㉯ 렌츠의 법칙
㉰ 비오－사바르의 법칙 ㉱ 전자유도 법칙

해설 앙페르(암페어) 오른나사(오른손)법칙

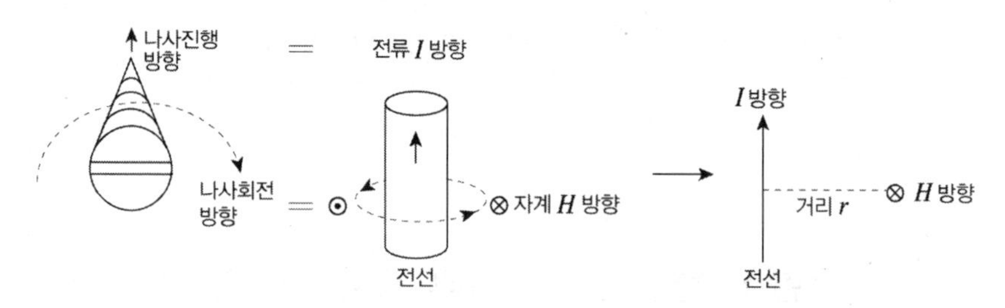

문제 02

"전류의 방향과 자기장의 방향은 각각 나사의 진행 방향과 회전방향에 일치한다."와 관계가 있는 것은?

㉮ 플레밍의 왼손법칙 ㉯ 앙페르의 오른나사법칙
㉰ 플레밍의 오른손법칙 ㉱ 앙페르의 왼손나사법칙

해설 앙페르의 오른나사법칙

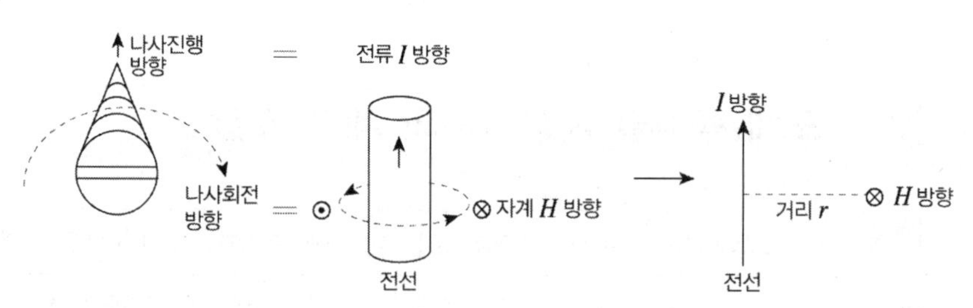

문제 03

전류에 관한 자장 방향을 결정해 주는 것은?

㉮ Fleming의 오른손법칙 ㉯ Fleming의 왼손법칙
㉰ Ampere의 오른나사법칙 ㉱ Lenz의 법칙

정답 01. ㉮ 02. ㉯ 03. ㉰

해설 Ampere의 오른나사법칙

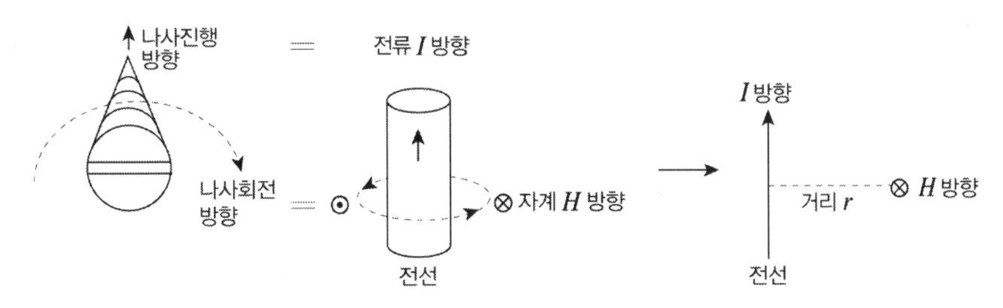

문제 04 **직선전류에 의한 자력선의 방향을 아는 데 쓰이는 법칙은?**

㉮ 플레밍의 오른손법칙　　㉯ 플레밍의 왼손법칙
㉰ 비오－사바르의 법칙　　㉱ 오른나사의 법칙

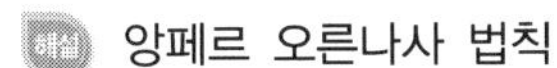
해설 앙페르 오른나사 법칙

전선전류=직선전류=무한장 직선=

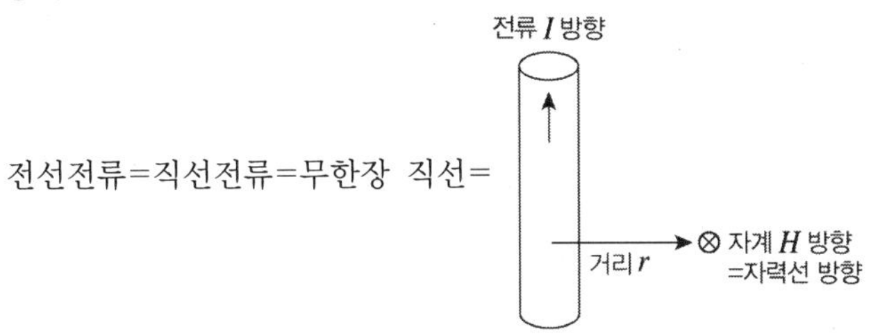

문제 05 **전류 및 자계의 관계로 가장 먼 것은?**

㉮ 플레밍의 왼손법칙　　㉯ 비오－사바르 법칙
㉰ 가우스의 법칙　　㉱ 암페어의 오른나사법칙

해설

구 분	정의 및 공식
플레밍의 왼손법칙	전류 I에 의한 자계 H 발생 → 힘 $F=IBl\sin\theta$[N]
비오－사바르 법칙	전류 I에 의한 자계 H값 → $\Delta H=\dfrac{I\cdot\Delta l}{4\pi r^2}\sin\theta$[AT/m]
가우스의 법칙	전장의 세기 E값 계산시 적용
암페어 오른나사법칙	전류 I에 의한 자계 H 방향 결정

문제 06 **다음 식은 전류에 의한 자장의 세기에 관한 법칙을 표시한 것이다. 어떤 법칙인가?**

$$\Delta H=\frac{I\cdot\Delta l}{4\pi r^2}\cdot\sin\theta\,[\text{AT/m}]$$

㉮ 렌츠의 법칙　　㉯ 가우스의 법칙
㉰ 스타인메츠의 실험식　　㉱ 비오－사바르의 법칙

정답 04. ㉱　05. ㉰　06. ㉱

문제 **07** **긴 직선도선에 I의 전류가 흐를 때 이 도선으로부터 r만큼 떨어진 곳의 자장의 세기는?**

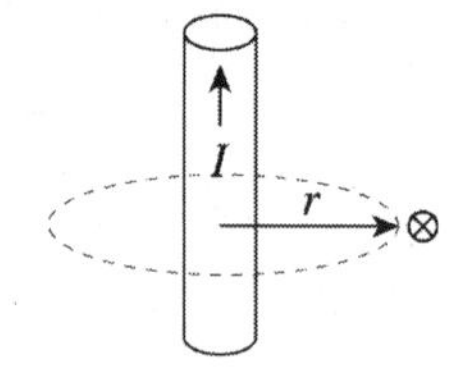

㉮ I에 반비례하고 r에 비례한다.
㉯ I에 비례하고 r에 반비례한다.
㉰ I의 제곱에 비례하고 r에 반비례한다.
㉱ I에 비례하고 r의 제곱에 반비례한다.

해설 직선도선 전류 I에 의한 자장의 세기 H값

자장세기 $H = \dfrac{I(\text{비례})}{2\pi r(\text{반비례})}$[AT/m]

∴ 자장의 세기 H는 전류 I에 비례하고 거리 r에 반비례한다.

문제 **08** **그림에서 전류 I가 3[A], r가 35[cm]인 점의 자장 세기 H[AT/m]를 구하면? (단, 도선을 매우 긴 직선이다.)**

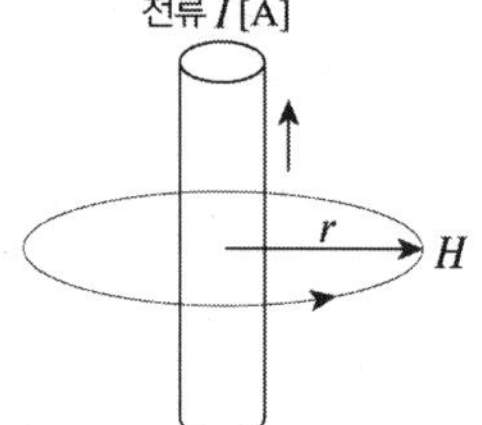

㉮ 약 3.89[AT/m]
㉯ 약 1.36[AT/m]
㉰ 약 1.0[AT/m]
㉱ 약 0.478[AT/m]

해설 직선도선 전류 I에 의한 자장의 세기 H

자장의 세기 $H = \dfrac{I}{2\pi r} = \dfrac{3}{2\pi \times 35 \times 10^{-2}} \fallingdotseq 1.36$[AT/m]

문제 **09** **무한히 긴 직선도선에 31.4[A]의 전류가 흐를 때 이 도선에서 50[cm] 떨어진 점의 자장세기를 구하면 얼마인가?**

㉮ 5[AT/m] ㉯ 10[AT/m]
㉰ 15[AT/m] ㉱ 20[AT/m]

해설 직선도선 전류 I에 의한 자장의 세기 H

자장 $H = \dfrac{I}{2\pi r} = \dfrac{31.4}{2\pi \times 50 \times 10^{-2}} = 10$[AT/m]

문제 **10** **무한장 직선전류에서 5[cm] 떨어진 점의 자장의 세기가 3[AT/m]였다면 전류의 크기는 얼마인가?**

㉮ 약 0.54[A] ㉯ 약 0.94[A]
㉰ 약 1.54[A] ㉱ 약 1.94[A]

해설 직선전류 I에서 자계의 세기 H

$H = \dfrac{I}{2\pi r}$[AT/m]

∴ 전류 $I = 2\pi r H = 2\pi \times 5 \times 10^{-2} \times 3 \fallingdotseq 0.94$[A]

정답 07. ㉯ 08. ㉯ 09. ㉯ 10. ㉯

문제 11 무한장 솔레노이드에 의한 자기장의 세기를 맞게 설명한 것은?

㉮ 솔레노이드 내부 자기장은 모든 점에서 같다.
㉯ 솔레노이드 외부에서 가장 크다.
㉰ 솔레노이드 표면에서 가장 크다.
㉱ 솔레노이드 내부 중심부에서 가장 크다.

해설 무한장 철심(솔레노이드)의 자기장(자장)의 세기 H값 계산

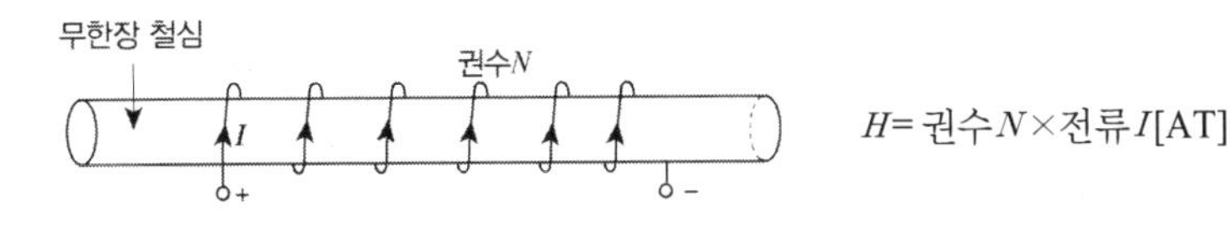

H= 권수N×전류I[AT]

문제 12 반지름 r[m], 권수 N회의 환상 솔레노이드 I[A]의 전류가 흐를 때 그 중심의 자장의 세기 H[AT/m]는?

㉮ $\frac{NI}{2\pi r}$[AT/m]　　㉯ $\frac{NI}{2r}$[AT/m]
㉰ $\frac{NI}{r^2}$[AT/m]　　㉱ $\frac{NI}{4\pi r^2}$[AT/m]

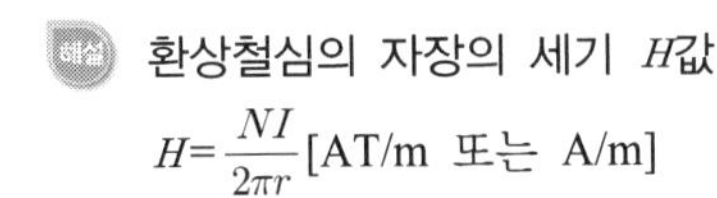

해설 환상철심의 자장의 세기 H값

$H=\frac{NI}{2\pi r}$[AT/m 또는 A/m]

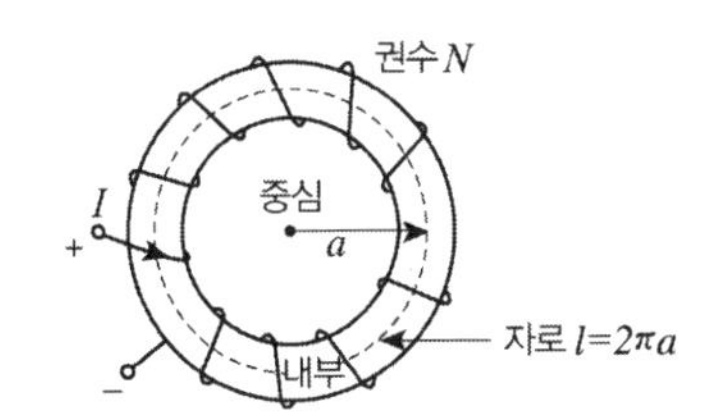

문제 13 자로의 평균 길이가 1[m]인 환상 솔레노이드가 있다. 자장의 세기를 225[AT/m]로 하려면 몇 [AT]의 기자력이 필요한가?

㉮ 150[AT]　　㉯ 225[AT]
㉰ 272.5[AT]　　㉱ 290[AT]

해설 환상철심의 자장의 세기 H

자장 $H=\frac{NI}{2\pi r}=\frac{NI}{\text{자로 } l}$[AT/m], 기자력 $F=NI=Hl=225\times 1=225$[AT]

문제 14 1[cm]당 권수 50인 솔레노이드에 10[mA]의 전류를 흘릴 때 내부의 자계의 세기 [AT/m]는?

㉮ 10　　㉯ 20
㉰ 20　　㉱ 50

정답 11. ㉮ 12. ㉮ 13. ㉯ 14. ㉱

해설 환상철심의 자장의 세기 H

$$H=\frac{NI}{자로\,l}=\frac{50\times10\times10^{-3}}{1\times10^{-2}}=50[AT/m]$$

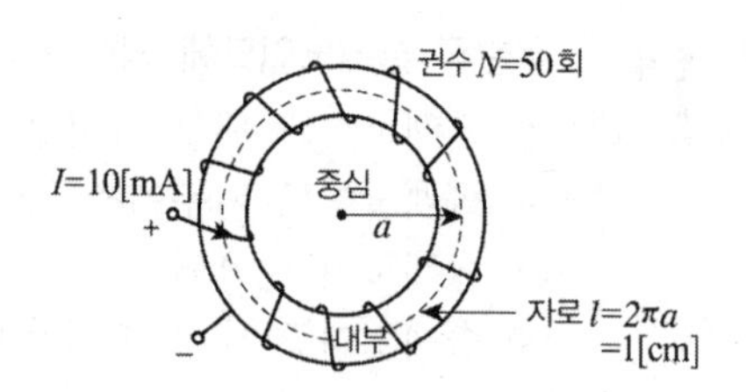

문제 **15** **단위길이당 권수가 200회인 무한장 솔레노이드가 있다. 이 코일에 20[A]의 전류가 흐를 때 솔레노이드 내부의 자장의 세기[AT/m]는?**

㉮ 5000 ㉯ 4000

㉰ 1000 ㉱ 2000

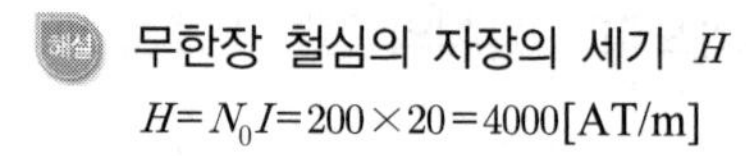

해설 무한장 철심의 자장의 세기 H

$$H=N_0I=200\times20=4000[AT/m]$$

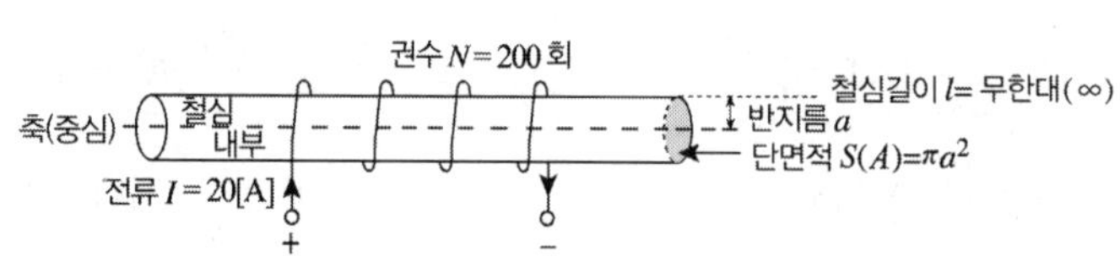

정답 15. ㉯

12 플레밍의 왼손법칙(전동기회전 원리에 적용)

(1) 정의

자기장 내에 있는 도체(코일)에 전류 I를 흘리면 힘 F이 작용하며, 이 힘을 전자력이라 한다.

(2) 적용공식

★힘 $F = BIl\sin\theta$[N]

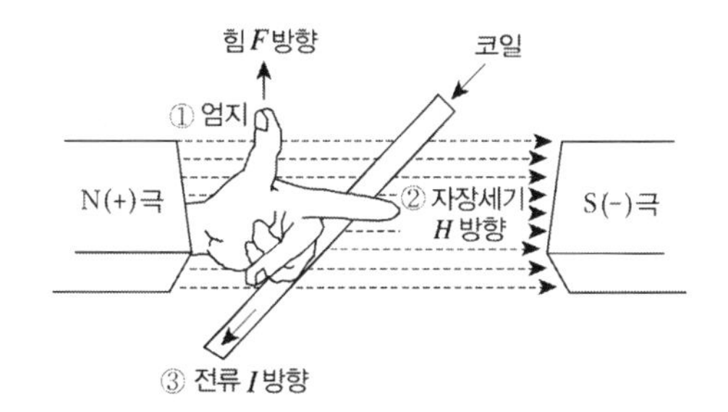

용어

B : 자속밀도[Wb/m^2] $= \mu H$
I : 도체에 흐르는 전류[A]
l : 자장 중에 놓여 있는 도체의 길이[m]
θ : 자장과 도체가 이루는 각

플레밍의 왼손법칙	전동기 적용시 법칙	암기
① 엄지 손가락	힘 F의 방향	F
② 집게 손가락	자장 $H(B)$의 방향	B
③ 가운데 손가락	전류 I의 방향	I

(3) 전동기적용

전동기회전자 권선 코일의 전류 I와 자계 $H(B)$에 의해서 발생되는 힘 F

└ 선전류 또는 도선 또는 직선전류

전동기 구조	플레밍의 왼손법칙 적용	전동기(플레밍의 왼손법칙)에 적용
자석N극 고정자 회전자 코일 I B I S극 고정자 + − 축(중심)	힘 $F=IBl\sin\theta$ 방향 엄지 검지 자계 $H(B)$ 방향 =자속ϕ 중지 전류 I 방향	축 힘 F 방향 N극 (+) I 선전류 I 방향 I B방향 S극 (−) 힘 F 방향$=IBl\sin\theta$

| 암기 | F, B, I

제3장 → 자기회로 (정자계)

실전문제

문제 01 **플레밍의 왼손법칙에 의하면 힘의 방향은 어떤 손가락과 관계가 있는가?**

㉮ 가운데손가락 ㉯ 집게손가락
㉰ 엄지손가락 ㉱ 끝지손가락

플레밍의 왼손법칙	전동기 적용시 법칙(원리)	암기
엄지손가락 방향	힘 F 방향	F
집게손가락 방향	자장 $H(B)$ 방향	B
가운데손가락 방향	전류 I 방향	I

자속밀도 $B=\mu H[\text{Wb/m}^2]$

문제 02 **그림과 같이 자장 내에 있는 도체에 전류가 지면 밖으로 흘러나올 경우 도체가 받는 힘의 방향은?**

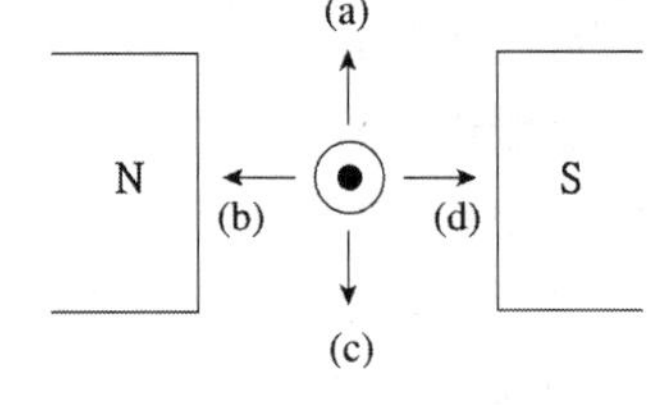

㉮ (a)방향
㉯ (b)방향
㉰ (c)방향
㉱ (d)방향

해설 플레밍의 왼손법칙 적용

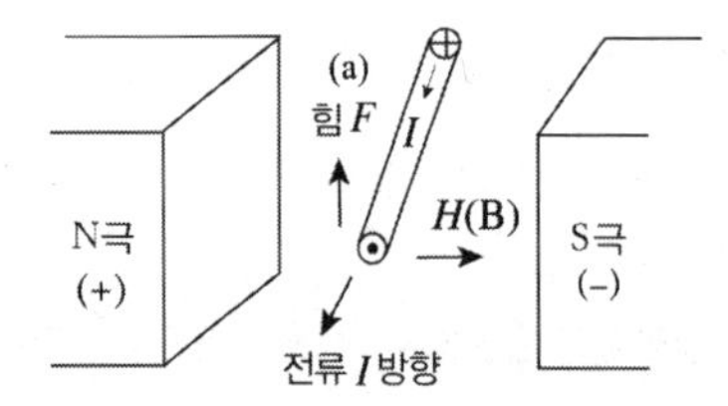

문제 03 **전동기의 회전방향을 알기 위한 법칙은 어느 것인가?**

㉮ 플레밍의 오른손법칙 ㉯ 플레밍의 왼손법칙
㉰ 렌츠의 법칙 ㉱ 앙페르의 오른나사법칙

구 분	적용기기	암기
플레밍의 왼손법칙	전동기의 회전방향 결정법칙	왼 · 전
플레밍의 오른손법칙	발전기의 회전방향 결정법칙	오 · 발

정답 01. ㉰ 02. ㉮ 03. ㉯

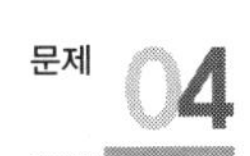

문제 04 **플레밍의 왼손법칙에 따르는 것은?**

㉮ 전동기 ㉯ 발전기
㉰ 정류기 ㉱ 용접기

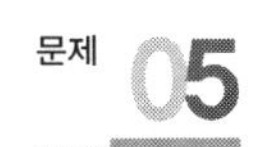

문제 05 **공기 중 자속밀도가 40[Wb/m^2]인 평등자기장 내에 길이 30[cm]의 도체를 자기장의 방향과 30°의 각도로 놓고 이 도체에 10[A]의 전류를 흘리면 이때 도체에 작용하는 힘[N]은?**

㉮ 60 ㉯ 103.8
㉰ 600 ㉱ 1038

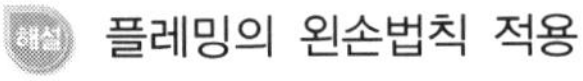

해설 플레밍의 왼손법칙 적용

힘 $F = IBl\sin\theta = 10 \times 0.3 \times 40 \times \sin 30° = 120 \times \frac{1}{2} = 60$[N]

문제 06 **공기 중에 있어서 자속밀도 1.5[Wb/m^2]의 평등자장 내에 길이 40[cm]의 도선을 자장의 방향과 30°의 각도로 놓고 여기에 5[A]의 전류를 흐르게 하면, 도선에 작용하는 힘 F는 얼마인가?**

㉮ 1.5[N] ㉯ 2[N]
㉰ 2.5[N] ㉱ 3[N]

해설 플레밍의 왼손법칙 적용

선(도선, 코일)전류에 작용하는 힘 F 계산

힘 $F = IBl\sin\theta$

$= 5 \times 1.5 \times 40 \times 10^{-2} \times \sin 30°$

$= 1.5$[N]

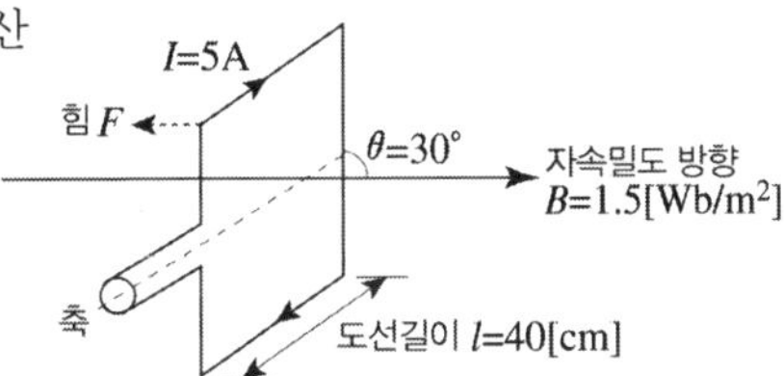

정답 04. ㉮ 05. ㉮ 06. ㉮

13 평행도선(전선2가닥, 왕복도선)간의 작용하는 힘 F 계산

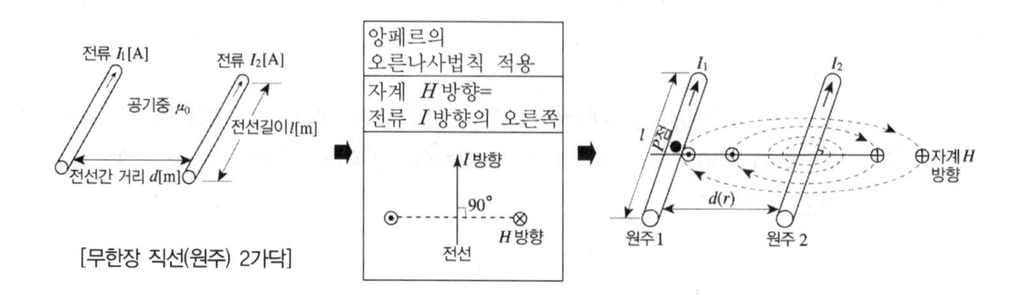

(1) 공식

출제유형	공식 찾을 때 사용식	계산 및 공식문제에 적용
평행도선 간 힘 F 공식	$F=\dfrac{\mu_0 I_1 I_2}{2\pi r}\times l$	$F=2\times\dfrac{I_1 I_2\times 10^{-7}}{r}\times l$
용어	진공 중의 투자율 $\mu_0=4\pi\times10^{-7}$[H/m], 전선에 흐르는 전류 I_1, I_2[A] 전선간의 거리 r 또는 d[m], 전선의 총길이 l[m]	

(2) 힘(전자력) F의 종류

종류	흡인력(전선끼리 서로 당기는 힘)	반발력(전선끼리 서로 미는 힘)
조건	전류 I_1, I_2 방향이 같을 때	전류 I_1, I_2 방향이 다를 때
	I_1 I_2 r 또는 r I_1 I_2	I_1 r I_2 또는 I_1 r I_2

제3장 → 자기회로 (정자계)

실전문제

문제 01 평행한 두 도체에 동일방향의 전류를 통하였을 때 두 도체에 작용하는 힘은?

㉮ 반발력의 전자력이 작용한다.
㉯ 흡인력의 전자력이 작용한다.
㉰ 힘이 작용하지 않는다.
㉱ 힘의 작용 여부를 알 수 없다.

해설 평행도선 간의 작용하는 힘 F 종류

1) 흡인력 : 두 전선의 전류방향이 같은 경우$\left(\overset{I_1}{\uparrow}\ \overset{I_2}{\uparrow}\right)$

2) 반발력 : 두 전선의 전류방향이 다른 경우$\left(\overset{I_1}{\uparrow}\ \underset{I_2}{\downarrow}\right)$

문제 02 그림과 같이 A, B 도체에 같은 방향의 전류가 동일하게 흐를 때 두 도체 간에 작용하는 힘은?

㉮ 반발력이 작용한다.
㉯ A가 B쪽으로 흡인된다.
㉰ B가 A쪽으로 흡인된다.
㉱ 흡인력이 작용한다.

해설 평행도선 간의 작용하는 힘 F 종류

1) 흡인력 : 두 전선의 전류방향이 같은 경우$\left(\overset{I_1}{\uparrow}\ \overset{I_2}{\uparrow}\right)$

2) 반발력 : 두 전선의 전류방향이 다른 경우$\left(\overset{I_1}{\uparrow}\ \underset{I_2}{\downarrow}\right)$

문제 03 전류가 흐르는 두 평행도선 간에 반발력이 작용했다면?

㉮ 두 도선의 전류방향은 같다.
㉯ 두 도선의 전류방향은 반대이다.
㉰ 두 도선의 전류방향은 서로 수직이다.
㉱ 한쪽 도선만 흐른다.

해설 평행도선 간의 작용하는 힘 F 종류

1) 흡인력 : 두 전선의 전류방향이 같은 경우$\left(\overset{I_1}{\uparrow}\ \overset{I_2}{\uparrow}\right)$

2) 반발력 : 두 전선의 전류방향이 다른 경우$\left(\overset{I_1}{\uparrow}\ \underset{I_2}{\downarrow}\right)$

정답 01. ㉯ 02. ㉱ 03. ㉯

문제 04 M, K, S유리 단위계에서 진공 중에 놓인 두 줄의 매우 긴 평행도선에 흐르는 전류가 I_1[A], I_2[A]이고 선간거리 r[m]일 때 단위길이당 작용하는 힘은?

㉮ $\dfrac{I_1 I_2}{2r}$[N/m]　　㉯ $\dfrac{2I_1 I_2}{r} \times 10^{-7}$[N/m]

㉰ $\dfrac{I_1 I_2}{2r} \times 10^{-7}$[N/m]　　㉱ $\dfrac{I_1 I_2}{r} \times 10^{-7}$[N/m]

 평행도선 간에 작용하는 힘 F

$F = 2\dfrac{I_1 I_2 \times 10^{-7}}{r} \times$ 전선길이 l [N] $= \dfrac{2I_1 I_2}{r} \times 10^{-7}$[N/m]

단, 단위길이당 전선길이 $l = 1$m 대입

문제 05 평행도선의 간격이 10[cm]로서 각 도선에 10[A]의 전류가 흐를 때 도선 1[m]에 작용하는 전자력은 어느 정도인가?

㉮ 10×10^{-2}[N/m]　　㉯ 8×10^{-4}[N/m]

㉰ 3×10^{-1}[N/m]　　㉱ 2×10^{-4}[N/m]

 평행도선 간에 작용하는 힘 F

$F = \dfrac{2I_1 I_2}{r} \times 10^{-7} = \dfrac{2 \times 10 \times 10}{10 \times 10^{-2}} \times 10^{-7} = 2 \times 10^{-4}$[N/m]

문제 06 평행한 두 도선의 간격이 20[cm]로 각 도선에 20[A]의 전류가 흐를 때 단위길이에 작용하는 전자력은 몇 [N/m]인가?

㉮ 2×10^{-4}　　㉯ 3×10^{-4}

㉰ 4×10^{-4}　　㉱ 5×10^{-4}

 힘 $F = \dfrac{2I_1 I_2}{r} \times 10^{-7} = \dfrac{2 \times 20 \times 20}{20 \times 10^{-2}} \times 10^{-7} = 4 \times 10^{-4}$[N]

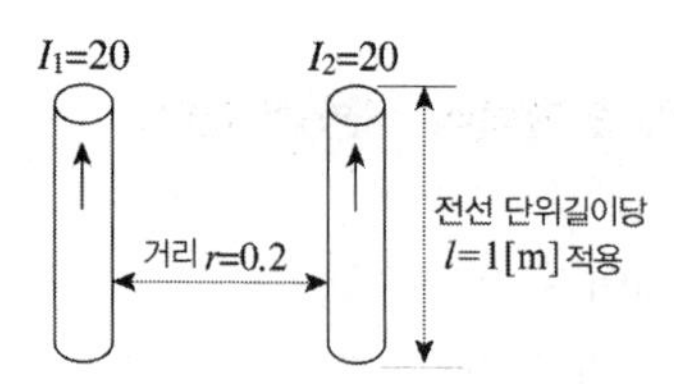

정답 04. ㉯ 05. ㉱ 06. ㉰

14 전자유도

(1) 정의

① 도체와 자속이 쇄교(변화)하거나, 또는 자장 중에 도체를 움직일 때 도체에 기전력이 유도되는 현상

┌ 이때 발생한 전압 → 유도기전력
└ 이때 흐르는 전류 → 유도전류

★

패러데이 법칙	유도기전력의 (크기) 결정 법칙(전압크기)
렌츠의 법칙	유도기전력의 (방향) 결정 법칙(전압 발생방향)

② 변압기 구조

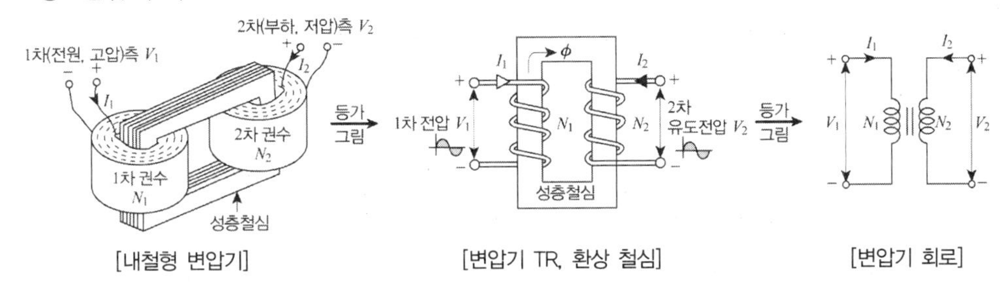

[내철형 변압기] [변압기 TR, 환상 철심] [변압기 회로]

(2) 렌츠의 법칙(유도기전력의 방향)

전자유도에 의하여 생긴 기전력의 방향은 그 유도전류가 만드는 자속이 항상 원래의 자속의 증가 또는 감소를 방해하는 방향이다.

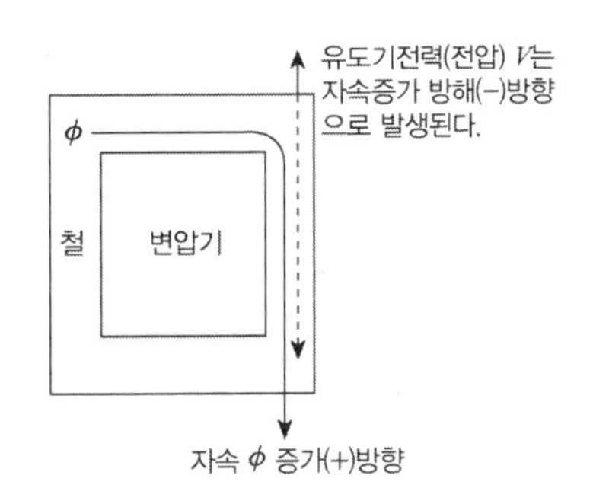

(3) 패러데이의 전자유도 법칙(유도전압의 크기)

① 유도기전력의 크기는 코일을 지나는 자속의 매초 변화량과 코일의 권수에 비례한다.

② **공식** : 유도기전력 V=코일의 권수×매초 변화하는 자속$=-N\times\dfrac{d\phi}{dt}$[V]

렌츠의 법칙(방향)

★ 2차측 유도기전력 $V=-N\dfrac{d\phi}{dt}=\ominus\times\boxed{N\times\dfrac{d\phi}{dt}}$[V]

패러데이 법칙(크기)

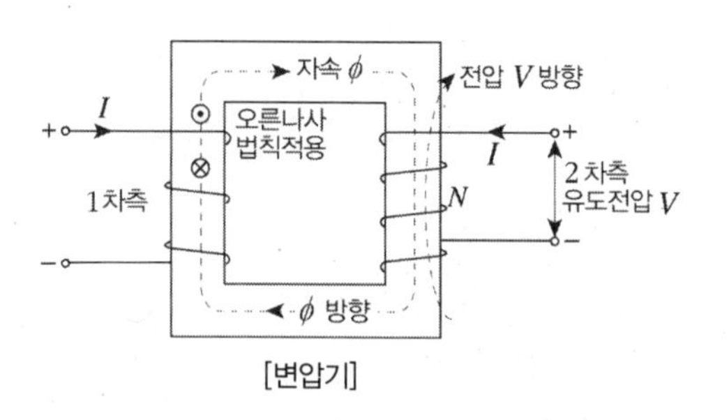

[변압기]

(4) 플레밍의 오른손법칙(발전기의 회전원리)

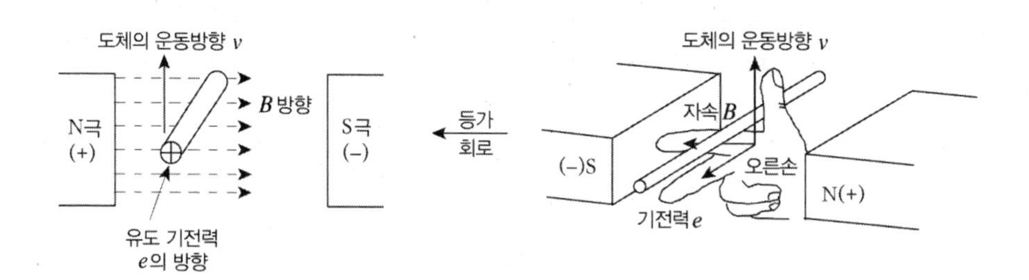

용 어	오른손의 손가락 방향의미	암기
l : 도체의 길이[m] B : 자속밀도[Wb/m^2]	엄지손가락 방향 → (도) 체 운동의 방향	도
V : 도체의 속도[m/sec]	집게손가락 방향 → (자) 속 B의 방향	자
θ : 도체의 방향과 자계의 각	가운데손가락 방향 → (기) 전력 e의 방향	기

★★ 적용 공식 : 전압(기전력) $e = VBl\sin\theta$[V]

제3장 → 자기회로 (정자계)

실전문제

문제 **01**

'전자유도에 의하여 생긴 기전력의 방향은 그 유도전류가 만들 자속이 항상 원래의 자속의 증가 또는 감소를 방해하는 방향이다'라는 법칙을 만든 사람은?

㉮ 렌츠　　　㉯ 패러데이
㉰ 플레밍　　　㉱ 볼타

문제 **02**

전자유도 현상에 의하여 생기는 유기기전력의 방향을 정하는 법칙은?

㉮ 플레밍의 오른손법칙　　　㉯ 패러데이의 법칙
㉰ 플레밍의 왼손법칙　　　㉱ 렌츠의 법칙

구 분	정 의
패러데이 법칙	유도기전력의 크기 결정 법칙(전압 크기)
렌츠의 법칙	유도기전력의 방향 결정 법칙(전압 발생 방향)

문제 **03**

코일에 전류가 흘러 그 양단에 역기전력을 일으킬 때의 전류의 방향과 기전력의 방향과 관계되는 법칙은?

㉮ 렌츠의 법칙　　　㉯ 플레밍의 왼손법칙
㉰ 플레밍의 오른손법칙　　　㉱ 키르히호프의 법칙

구 분	정 의
패러데이 법칙	유도기전력의 크기 결정 법칙(전압 크기)
렌츠의 법칙	유도기전력의 방향 결정 법칙(전압 발생 방향)

문제 **04**

도체가 운동하여 자속을 끊었을 때의 기전력의 방향을 알아내는 데 편리한 법칙은?

㉮ 패러데이의 법칙　　　㉯ 렌츠의 법칙
㉰ 플레밍의 오른손법칙　　　㉱ 플레밍의 왼손법칙

구 분	정 의
패러데이 법칙	유도기전력의 크기 결정 법칙(전압 크기)
렌츠의 법칙	유도기전력의 방향 결정 법칙(전압 발생 방향)

정답 01. ㉮ 02. ㉱ 03. ㉮ 04. ㉰

문제 **05** **플레밍의 오른손법칙에서 셋째 손가락의 방향은?**

㉮ 운동 방향 ㉯ 자속밀도의 방향
㉰ 유도기전력의 방향 ㉱ 자력선의 방향

해설 플레밍의 오른손법칙

플레밍의 오른손법칙	발전기 적용시 법칙(원리)	암기
엄지손가락 방향	도체 운동의 방향	도
집게손가락 방향	자속 B의 방향	자
가운데손가락 방향	기전력 e의 방향	기

문제 **06** **플레밍(fleming)의 오른손법칙에 따르는 기전력이 발생하는 기기는?**

㉮ 교류발전기 ㉯ 교류전동기
㉰ 교류정류기 ㉱ 교류용접기

구분	적용기기	공식
플레밍의 오른손법칙	발전기	전압 $e = VBl\sin\theta$[V]
플레밍의 왼손법칙	전동기	힘 $F = IBl\sin\theta$[V]

문제 **07** **전자유도현상에 의하여 생기는 유도기전력의 크기를 정의하는 법칙은?**

㉮ 렌츠의 법칙 ㉯ 패러데이 법칙
㉰ 앙페르의 법칙 ㉱ 플레밍의 오른손법칙

구 분	정 의
패러데이 법칙	유도기전력의 크기 결정 법칙(전압 크기)
렌츠의 법칙	유도기전력의 방향 결정 법칙(전압 발생 방향)

문제 **08** **유기기전력은 다음의 어느 것에 관계되는가?**

㉮ 시간에 비례한다.
㉯ 쇄교자속수의 변화에 비례한다.
㉰ 쇄교자속수에 반비례한다.
㉱ 쇄교자속수에 비례한다.

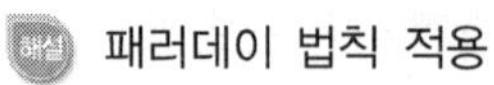
해설 패러데이 법칙 적용

유기기전력(전압) $e = -$ 코일의 권수 $N \times$ 매초 변화(쇄교)자속 $\dfrac{d\phi}{dt}$

$$= -N \times \frac{d\phi}{dt} \text{[V]}$$

정답 05. ㉰ 06. ㉮ 07. ㉯ 08. ㉯

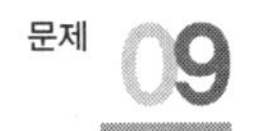

문제 **09** **1[V·sec]의 단위는 무엇의 단위인가?**

㉮ 자속　　㉯ 전압
㉰ 전력　　㉱ 전자력

해설 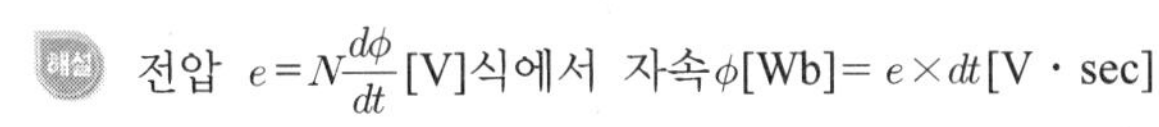
전압 $e = N\frac{d\phi}{dt}$[V]식에서 자속 ϕ[Wb]$= e \times dt$[V · sec]

문제 **10** **다음 중 변압기의 원리와 관계가 있는 것은?**

㉮ 전자유도작용　　㉯ 표피작용
㉰ 전기자 반작용　　㉱ 편자작용

해설 변압기의 원리
패러데이의 전자유도법칙(작용)을 적용한다.

문제 **11** **단일코일(권수1)을 통과하는 자속의 변화가 1[Wb/sec]일 때 이 코일에 유기되는 기전력은?**

㉮ 4[V]　　㉯ 5[V]
㉰ 1[V]　　㉱ 2[V]

해설 전압 $v = N \cdot \frac{d\phi}{dt} = 1 \times \frac{1}{1} = 1$[V]

문제 **12** **1회 감은 코일에 지나가는 자속이 1/100[sec] 동안에 0.3[Wb]에서 0.5[Wb]로 증가하였다면 유도기전력은 몇 [V]인가?**

㉮ 5　　㉯ 10
㉰ 20　　㉱ 40

해설 유도기전력(전압) $e = N \cdot \frac{d\phi}{dt} = 1\text{회} \times \frac{0.5-0.3}{\frac{1}{100}} = 20$[V]

문제 **13** **감은 횟수 30회의 코일과 쇄교하는 자속이 0.2[sec] 동안에 0.2[Wb]에서 0.15[Wb]로 변화하였을 때의 기전력의 크기는?**

㉮ 750[V]　　㉯ 75[V]
㉰ 7.5[V]　　㉱ 0.75[V]

해설 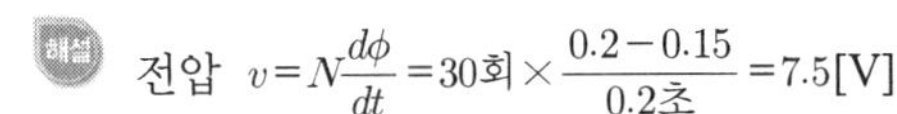
전압 $v = N\frac{d\phi}{dt} = 30\text{회} \times \frac{0.2-0.15}{0.2\text{초}} = 7.5$[V]

정답 09. ㉮　10. ㉮　11. ㉰　12. ㉰　13. ㉰

문제 **14**

자속밀도 B[Wb/m^2] 중의 길이 l[m]의 도체가 B에 직각으로 V[m/s]의 속도로 운동할 때 도선에 유기되는 기전력[V]는?

㉮ $\frac{B \cdot V}{l}$ ㉯ $B \cdot l \cdot V$

㉰ $\frac{1}{B \cdot l \cdot V}$ ㉱ $\frac{B \cdot l}{V}$

플레밍의 오른손법칙

전압 $e = BlV\sin\theta$[V]에서 직각 $\theta = 90°$이므로, 유기기전력 $e = B \cdot l \cdot V$[V]

문제 **15**

길이 20[cm]의 도선이 자속밀도 2[Wb/m^2]의 평등자장 안에서 자속과 수직방향으로 2초 동안에 10[cm] 이동하였다. 이때 유도되는 기전력은?

㉮ 0.2[V] ㉯ 0.4[V]

㉰ 0.02[V] ㉱ 0.04[V]

전압 e 계산

전압 $e = BlV\sin\theta = 2 \times 20 \times 10^{-2} \times \frac{10}{2} \times 10^{-2} \times 1 = 0.02$[V]

정답 14. ㉯ 15. ㉰

15 인덕턴스 L[H]

전선(코일) 주위에 전류 I에 의해 발생된 자장(전자유도)값을 숫자로 표기한 것

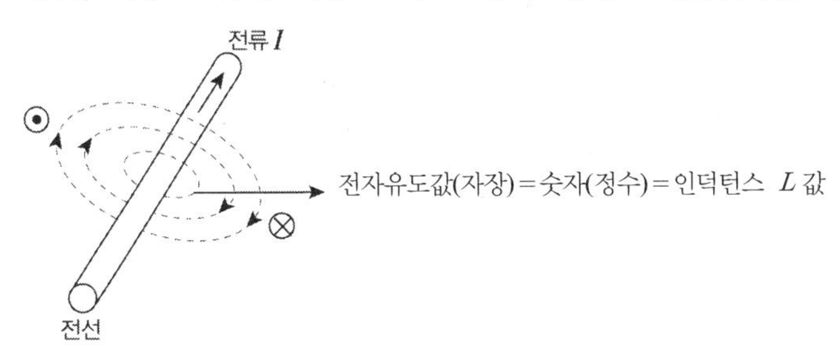

(1) 인덕턴스 L

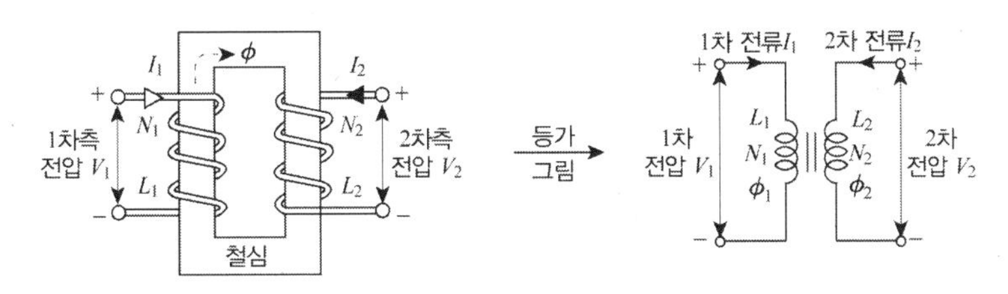

★

용어 정의	자기인덕턴스 L_1 ,L_2[H]	자기쪽(각 1차, 2차)전류에 의해 생긴 전자유도값
	상호인덕턴스 M[H]	상대편 전류에 의해 생긴 전자유도값
공식	$M = k\sqrt{L_1 L_2}$ [H] (단, 결합계수 k가 이상결합인 경우는 $k=1$처리)	

| 유도식 |

유도전압 방향(렌츠 법칙)

1차측 전압 $V_1 = \ominus N_1 \dfrac{d\phi_1}{dt} = \ominus L_1 \dfrac{dI_1}{dt} = \ominus M \dfrac{dI_2}{dt}$ [V]

2차측 전압 $V_2 = \ominus N_2 \dfrac{d\phi_2}{dt} = \ominus L_2 \dfrac{dI_2}{dt} = \ominus M \dfrac{dI_1}{dt}$ [V]

유도기전력 크기(패러데이 법칙)

★

출제유형	N과 ϕ 주어진 경우 사용식	L과 I 주어진 경우 사용식	M 주어진 경우 사용식
적용공식	전압 $V = -N\dfrac{d\phi}{dt}$ =	$-L\dfrac{dI}{dt}$ =	$-M\dfrac{dI}{dt}$[V]
용어	권수N, 자속 ϕ[Wb], 시간 t[s], 인덕턴스 L[H], 전류 I[A], 상호인덕턴스 M[H]		

(2) 인덕턴스 L 계산

적용공식 : $LI = N\phi$ 사용 ← 유도기전력 $V = -L\frac{dI}{dt} = -N\frac{d\phi}{dt}$ 에서 유도한다.

★인덕턴스 $L = \frac{N\phi}{I}$[H]

1) 철심(솔레노이드)의 L값

① 환상 철심인 경우

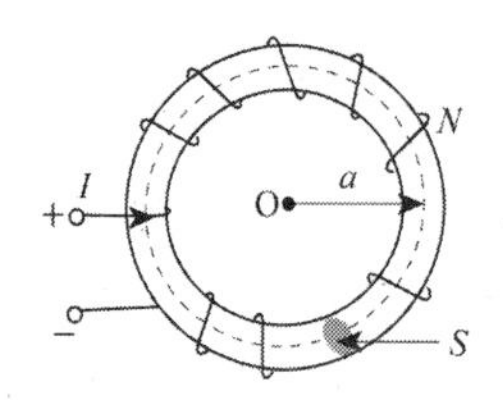

출제유형	N, ϕ, I 주어진 경우 사용식	μ와 S 주어진 경우 사용식
적용공식	환상철심 $L = \frac{N\phi}{I} =$	$\frac{\mu SN^2}{l}$ 또는 $\frac{\mu SN^2}{2\pi a}$[H]
용어	인덕턴스 L[H], 권수N, 자속ϕ[Wb], 전류I[A], 투자율 $\mu = \mu_0 \times \mu_s$[H/m] 철심단면적S[m^2], 자속이 다니는 길 자로 $l = 2\pi a$[m]	

② 무한장 철심인 경우

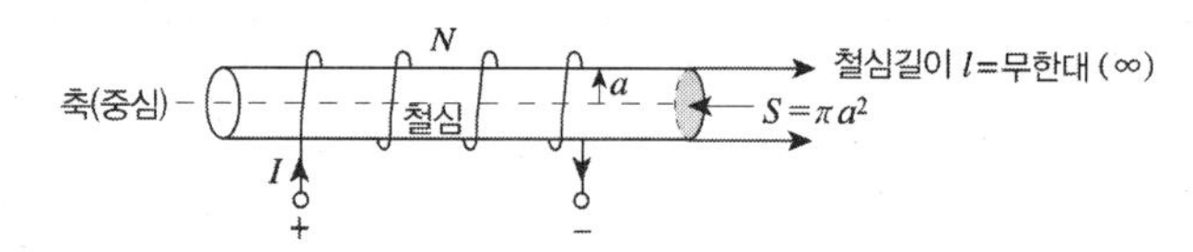

출제유형	S가 주어진 경우 사용식	a가 주어진 경우 사용식	단위길이 1m당
적용공식	무한장 철심 $L = \mu SN^2 l$ ≑	$\mu\pi a^2 N^2 l$ [H] ≑	μSN^2 [H/m]
용어	투자율 $\mu = \mu_0 \times \mu_s$[H/m], 철심면적 S[m^2], 철심반지름 a[m], 파이 $\pi = 3.14$, 철심길이 l [m]		

제3장 → 자기회로 (정자계)

실전문제

문제 01 다음 중 자체인덕턴스의 단위 H와 같은 단위를 나타내는 것은?

㉮ $[H]=[\Omega/S]$　　㉯ $[H]=[Wb/v]$

㉰ $[H]=[A/Wb]$　　㉱ $[H]=\dfrac{[V][S]}{[A]}$

해설 패러데이 법칙 적용

전압 $V=L\times\dfrac{\Delta I}{\Delta t}$[V]식에서 인덕턴스 $L=\dfrac{v\cdot\Delta t}{\Delta I}$이므로 단위는 $\dfrac{[V][S]}{[A]}$가 된다.

문제 02 10[mH]의 코일에 0.01[sec] 동안에 0에서 20[A]까지 증가하는 전류를 흘렸다면 이 코일에 발생하는 기전력[V]은?

㉮ 40　　㉯ 20

㉰ 10　　㉱ 6

해설 패러데이 법칙 적용

전압(기전력) $e=L\times\dfrac{dI}{dt}=10\times10^{-3}\times\dfrac{20}{0.01}=20[V]$

문제 03 자체인덕턴스 0.2[H]의 코일에 전류가 0.01[초] 동안에 3[A] 변화했을 때 코일에 유도되는 기전력[V]은?

㉮ 40　　㉯ 50

㉰ 60　　㉱ 70

해설 전압(기전력) $v=L\dfrac{\Delta I}{\Delta t}=0.2\times\dfrac{3}{0.01}=60[V]$

문제 04 권수 N[T]인 코일에 I[A]의 전류가 자속 ϕ[Wb]가 발생할 때의 인덕턴스는 몇 [H]인가?

㉮ $\dfrac{N\phi}{I}$　　㉯ $\dfrac{I\phi}{N}$

㉰ $\dfrac{NI}{\phi}$　　㉱ $\dfrac{\phi}{NI}$

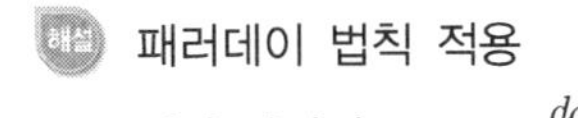

해설 패러데이 법칙 적용

전압(기전력) $e=-N\dfrac{d\phi}{dt}=-L\dfrac{dI}{dt}$[V]에서 인덕턴스 $L=\dfrac{N\phi}{I}$[H]

정답 01. ㉱ 02. ㉯ 03. ㉰ 04. ㉮

문제 **05** **권선수 50인 코일에 5[A]의 전류가 흘렀을 때 10^{-3}[Wb]의 자속이 코일 전체를 쇄교하였다면 이 코일의 자체인덕턴스는?**

㉮ 10[mH] ㉯ 20[mH]
㉰ 30[mH] ㉱ 40[mH]

 인덕턴스 L값 계산

$$L=\frac{N\phi}{I}=\frac{50\times10^{-3}}{5}\times10^{+3}[\text{mH}]=10[\text{mH}]$$

문제 **06** **코일의 자기인덕턴스는 다음 어느 매질의 상수에 따라 변화하는가?**

㉮ 도전율 ㉯ 투자율
㉰ 유전율 ㉱ 절연저항

 인덕턴스 L

$L=\frac{\mu AN^2}{l}$[H]에서, 인덕턴스 L은 투자율 μ(도체재질)에 비례한다.

문제 **07** **단면적 A[m²], 자로의 길이 l[m], 투자율 μ, 권수 N회인 환상철심의 자체인덕턴스의 식은 다음 중 어느 것인가?**

㉮ $\frac{AN^2}{l}$ ㉯ $\frac{AlN^2}{4\pi\mu}$
㉰ $\frac{\mu AN^2}{l}$ ㉱ $\frac{\mu lN^2}{A}$

 환상철심의 인덕턴스 L값

$$L=\frac{N\phi}{I}=\frac{\mu AN^2}{l}[\text{H}]$$

문제 **08** **환상 솔레노이드에 10회를 감았을 때의 자체인덕턴스는 100회 감았을 때의 몇 배인가?**

㉮ 10 ㉯ 100
㉰ 1/10 ㉱ 1/100

 환상철심의 인덕턴스 L값

적용식 : $L=\frac{\mu SN^2}{l}$ ∴ $L\propto N^2$ 적용(인덕턴스 L은 권수 제곱에 비례)

몇 배(비) $=\frac{\text{처음권수}^2}{\text{나중권수}^2}=\frac{N_1^{\ 2}}{N_2^{\ 2}}=\frac{10^2}{100^2}=\frac{1}{100}$배 감소(↓)

정답 05. ㉮ 06. ㉯ 07. ㉰ 08. ㉱

16 결합계수 k와 인덕턴스 L

(1) 결합계수 k(손실계수)

$$M = k\sqrt{L_1 L_2}\,[\mathrm{H}]$$

$$k = \frac{M}{\sqrt{L_1 L_2}}$$

- k : 1보다 작은 값을 가지며, 코일 간의 결합계수 (이상결합 $k=1$ 처리)
- M : 상호인덕턴스
- $L_1\ L_2$: 자체인덕턴스

(2) 인덕턴스 직렬접속시 합성인덕턴스 L_o 계산

종류	① 차동접속(결합)인 경우 ㊗小	② 가동접속(결합)인 경우 ㊗大
그림 및 회로	1차 코일, 2차 코일, I[A], a(+), b(−), L_1, L_2, ϕ	1차 코일, 2차 코일, I[A], a(+), b(−), b, L_1, L_2, ϕ
합성 L_o값	$L_o(L_{ab}) = L_1 + L_2 - 2M[\mathrm{H}]$	$L_o(L_{ab}) = L_1 + L_2 + 2M[\mathrm{H}]$
암기	$-2M$ 小	$+2M$ 大

제3장 → 자기회로 (정자계)

실전문제

문제 01

자기인덕턴스 L_1, L_2 상호인덕턴스 M인 두 코일의 동일방향으로 직렬연결한 경우 합성자기인덕턴스는?

㉮ $L_1 + L_2 + M$　　㉯ $L_1 + L_2 + 2M$

㉰ $L_1 + L_2 - M$　　㉱ $L_2 + L_1 - 2M$

해설 직렬접속시 합성인덕턴스 L_o

동일방향 → 가동접속 $L_o = L_1 + L_2 + 2M$[H] ㊅값

문제 02

자체인덕턴스 L_1, L_2 상호인덕턴스 M의 코일을 반대방향으로 직렬연결하면 합성인덕턴스는?

㉮ $L_1 + L_2 + M$　　㉯ $L_1 + L_2 - M$

㉰ $L_1 + L_2 + 2M$　　㉱ $L_1 + L_2 - 2M$

해설 직렬접속시 합성인덕턴스 L_o

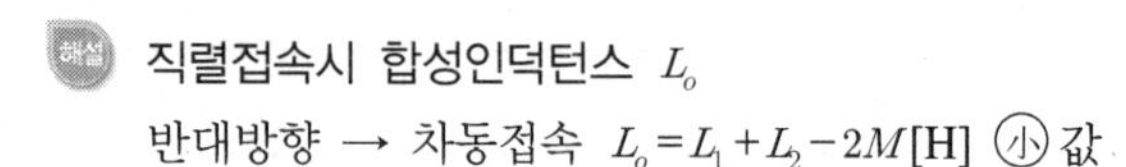

반대방향 → 차동접속 $L_o = L_1 + L_2 - 2M$[H] ㊂값

문제 03

자체인덕턴스 L_1, L_2 상호인덕턴스 M인 두 코일의 결합계수가 1이면 어떤 관계가 되겠는가?

㉮ $L_1 L_2 = M$　　㉯ $\sqrt{L_1 L_2} = M$

㉰ $\sqrt{L_1 L_2} > M$　　㉱ $L_1 L_2 > M$

해설 상호인덕턴스 M

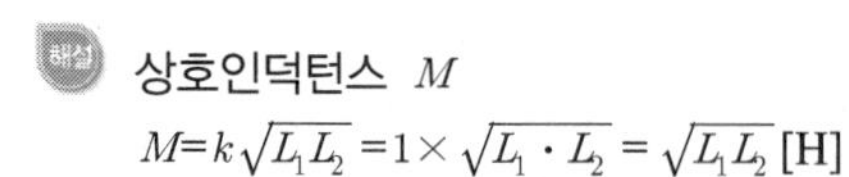

$M = k\sqrt{L_1 L_2} = 1 \times \sqrt{L_1 \cdot L_2} = \sqrt{L_1 L_2}$ [H]

문제 04

0.25[H]와 0.23[H]의 자체인덕턴스를 직렬로 접속할 때 합성인덕턴스의 최대값[H]은?

㉮ 0.96　　㉯ 0.58

㉰ 0.48　　㉱ 0.27

정답 01. ㉯ 02. ㉱ 03. ㉯ 04. ㉮

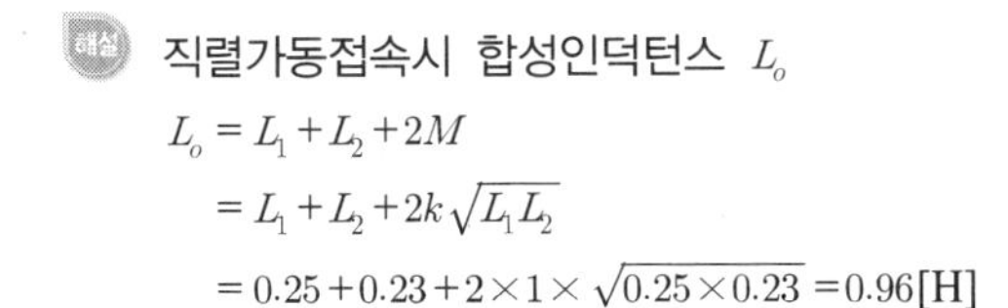

해설 직렬가동접속시 합성인덕턴스 L_o

$$L_o = L_1 + L_2 + 2M = L_1 + L_2 + 2k\sqrt{L_1 L_2} = 0.25 + 0.23 + 2 \times 1 \times \sqrt{0.25 \times 0.23} = 0.96[\mathrm{H}]$$

문제 05 **자체인덕턴스 40[mH]와 90[mH]인 두 개의 코일이 있다. 양 코일 사이에 누설자속이 없다고 하면 상호인덕턴스는 몇 [mH]인가?**

㉮ 20 ㉯ 40

㉰ 60 ㉱ 80

해설 상호인덕턴스 M

$M = k\sqrt{L_1 L_2} = \sqrt{40 \times 90} = 60[\mathrm{mH}]$ (누설자속이 없으므로 $k=1$ 대입)

문제 06 **자체인덕턴스가 각각 160[mH], 250[mH]의 두 코일이 있다. 두 코일 사이의 상호인덕턴스가 150[mH]이면 결합계수는 얼마인가?**

㉮ 0.866 ㉯ 0.75

㉰ 0.62 ㉱ 0.5

해설 상호인덕턴스 M

결합계수 $K = \dfrac{M}{\sqrt{L_1 L_2}} = \dfrac{150}{\sqrt{160 \times 250}} = 0.75$

정답 05. ㉰ 06. ㉯

17 코일(자계) 축적에너지 W[J]

코일에너지 식	용 어
$W=\frac{1}{2}LI^2=\frac{1}{2}N\phi I$[J] 단, $LI=N\phi$ 적용	• 인덕턴스(코일) L[H] • 전류 I[A] • 권수 N[회] • 자속 ϕ[Wb]

18 철심 내의 작용힘 F와 에너지 W

	출제유형	B와 H 주어진 경우 사용식	H만 주어진 경우 사용식	B만 주어진 경우 사용식
자계	힘 F와 에너지 W 공식	$F=\frac{1}{2}BH$ =	$\frac{1}{2}\mu H^2$ =	$\frac{B^2}{2\mu}$[N 또는 N/m^2 또는 N/m^3] ↓ 면적당 ↓ 체적당
용 어		자속밀도 B[Wb/m^2], 자계 H[AT/m], 투자율 $\mu=\mu_o\cdot\mu_s$[H/m]		
정전계	힘 F와 에너지 W 공식	$W=\frac{1}{2}ED$ =	$\frac{1}{2}\varepsilon E^2$ =	$\frac{D^2}{2\varepsilon}$[J 또는 J/m^2 또는 J/m^3] ↓ 면적당 ↓ 체적당

철심 면적 S가 주어진 경우 힘

$F=\frac{B^2}{2\mu}\times$주어진 면적 S[N]

N(+)극
면적 S
S(−)극

19 자기흡인력 F

힘 $F=\frac{B^2}{2\mu_0}\times$면적 $S(A)$[N]

20 환상 철심의 손실 P_l(변압기철손)

(1) 와류손 P_e(맴돌이 전류손)

자기장(자속 ϕ)이 이동하지 않고 철심 제자리에서 맴도는 손실발생(철 · 온도 상승)

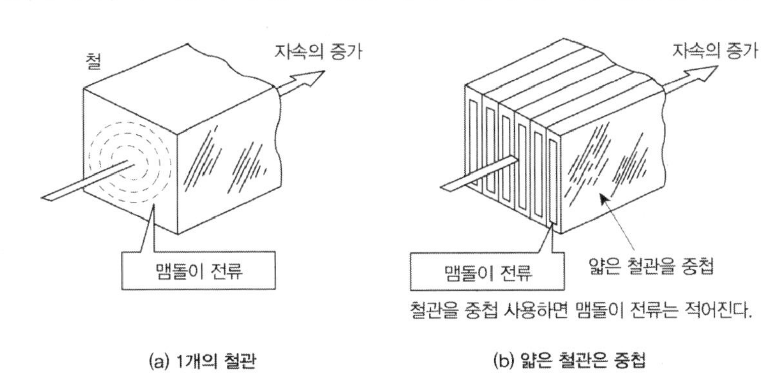

(a) 1개의 철관　　(b) 얇은 철관은 중첩

(2) 히스테리시스손실(곡선) P_h 또는 $B-H$ 곡선

전류 증가시 철심 내에서 자속밀도 B_m가 교번하는 데(포화상태) 발생되는 손실(곡선면적)

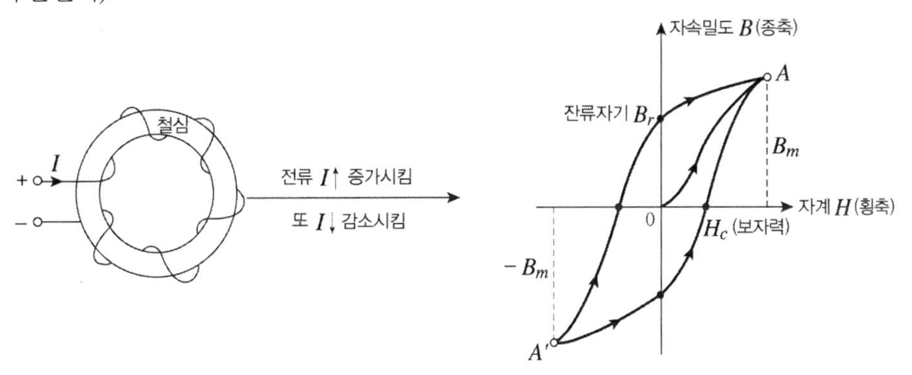

(3) 공식

구 분	와류손 P_e	히스테리시스손 P_h
공 식	$P_e = k(fB_m t)^2$	$P_h = kfB_m^{1.6}t$
용 어	재료에 따른 상수 k, 주파수 f[Hz], 자속밀도 B_m[Wb/m^2], 철두께 t	
잔류자기	전류 $I=0$일 때 철심에 존재하는 자석의 성질(자속밀도 B)	
보자력(항자력)	자화된 자성체를 처음 0(자화 안 된) 상태로, 되돌리는데 필요한 자계 H값	

※ 자화 : 자성체(철, Fe)를 자석으로 만드는 것 → 전자석

제3장
→ 자기회로
(정자계)

실 전 문 제

문제 **01** 자기인덕턴스 L[H]의 코일에 I[A]의 전류가 흐를 때 저장되는 에너지[J]는?

㉮ LI　　㉯ $\frac{1}{2}LI$

㉰ LI^2　　㉱ $\frac{1}{2}LI^2$

해설 코일 축적에너지 $W=\frac{1}{2}LI^2=\frac{1}{2}N\phi I$ [J]

문제 **02** 자체인덕턴스 10[mH]의 코일에 10[A]의 전류를 흘렸을 때 코일에 저축되는 에너지는 몇 [J]인가?

㉮ 0.1　　㉯ 0.5

㉰ 10　　㉱ 50

코일 축적에너지 $W=\frac{1}{2}LI^2=\frac{1}{2}\times 10\times 10^{-3}\times 10^2=0.5$[J]

문제 **03** 어떤 코일에 직류10[A]가 흐를 때, 축적된 에너지가 50[J]이라면 이 코일의 자기인덕턴스는 몇 [H]인가?

㉮ 0.5　　㉯ 1.0

㉰ 1.5　　㉱ 2.0

해설 $W=\frac{1}{2}LI^2$에서, 인덕턴스 $L=\frac{2W}{I^2}=\frac{2\times 50}{10^2}=1$[H]

문제 **04** 코일에 흐르고 있는 전류가 5배로 되면 축적되는 전자에너지의 몇 배가 되겠는가?

㉮ 10　　㉯ 15

㉰ 20　　㉱ 25

코일 축적에너지 $W=\frac{1}{2}LI^2$[J]

에너지 W는 전류 I의 제곱에 비례하므로 $5^2 \Rightarrow 25$배 증가한다.

정답 01. ㉱ 02. ㉯ 03. ㉯ 04. ㉱

문제 05 단위시간에 5[Wb]의 자속을 어떤 곡선이 끊으면서 2[J]의 일을 하였다. 이때 흘린 전류[A]는 얼마인가?

㉮ 2.5[A] ㉯ 0.4[A]
㉰ 4[A] ㉱ 0.25[A]

해설 에너지(일) $W=I\phi$[J]에서 전류 $I=\frac{W}{\phi}=\frac{2}{5}=0.4$[A]

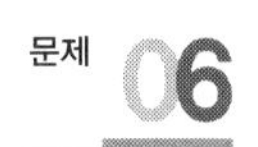

문제 06 자속밀도 0.5[Wb/m²]의 자장 안에 자장과 직각으로 20[cm]의 도체를 놓고 이것에 10[A]의 전류를 흘릴 때 도체가 50[cm] 운동한 경우의 일[J]은?

㉮ 0.5 ㉯ 1
㉰ 1.5 ㉱ 5

해설 에너지 W=힘 F×거리 x[J]($F=BlI$)
$\therefore W=BlI\cdot x=0.5\times0.2\times10\times0.5=0.5$[J]

문제 07 히스테리시스손은?

㉮ 최대 자속밀도의 제곱에 비례한다.
㉯ 주파수에 비례한다.
㉰ 주파수의 제곱에 비례한다.
㉱ 도전율이 클수록 적다.

해설 히스테리시스손 $P_h=kfB_m^{1.6}t$
$\therefore$ 히스테리시스손 P_h는 주파수 f에 비례한다.($P_h \propto f$)

문제 08 주파수 f[Hz]의 교류에 의해서 생기는 히스테리시스손은 자속밀도를 일정하게 하면 주파수 f의 몇 승에 비례하는가?

㉮ 1/2 ㉯ 1
㉰ 1.6 ㉱ 2

해설 히스테리시스손 $P_h=kfB_m^{1.6}t$
$\therefore P_h \propto f^1$(히스테리시스손은 주파수 f의 1승에 비례한다.)

문제 09 히스테리시스 곡선이 종축과 만나는 점의 값은 무엇을 나타내는가?

㉮ 보자력 ㉯ 자화력
㉰ 잔류자기 ㉱ 자속밀도

정답 05. ㉯ 06. ㉮ 07. ㉯ 08. ㉯ 09. ㉰

해설 히스테리시스 곡선
종축 – 잔류자기 B_r
횡축 – 보자력 H_c

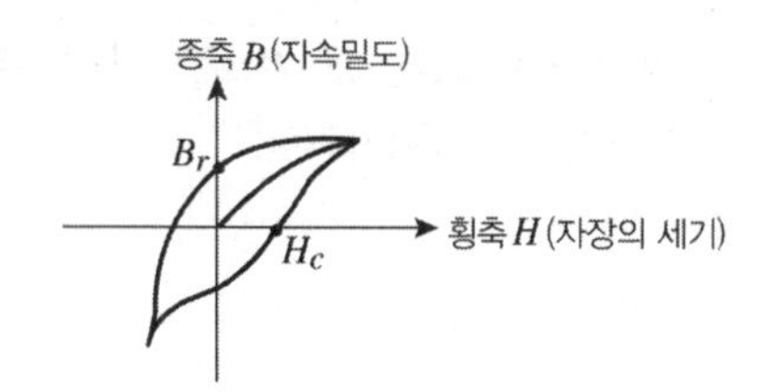

문제 10 **다음 자화곡선에서 B_r은 무엇을 뜻하는가?**

㉮ 자계의 세기 ㉯ 보자력
㉰ 투자율 ㉱ 잔류자기

잔류자기	전류 $I=0$일 때 철심에 존재하는 자석의 성질(자속밀도 B)
보자력(항자력)	자화된 자성체를 처음 0(자화 안 된) 상태로, 되돌리는 데 필요한 자계 H값

※ 자화 : 자성체(철, Fe)를 자석으로 만드는 것 → 전자석

문제 11 **히스테리시스 곡선의 횡축과 종축은 각각 무엇을 나타내는가?**

㉮ 자장의 세기, 자속밀도 ㉯ 자속밀도, 투자율
㉰ 자화의 세기, 자장의 세기 ㉱ 자장의 세기, 투자율

문제 12 **맴돌이 전류손은?**

㉮ 주파수에 비례한다.
㉯ 최대자속밀도에 비례한다.
㉰ 주파수의 2승에 비례한다.
㉱ 최대자속밀도의 3승에 비례한다.

해설 맴돌이 전류손 $P_e = kf^2 B_m^2$ [W]
∴ 맴돌이 전류손 P_e는 주파수 f의 2승에 비례한다.

정답 10. ㉱ 11. ㉮ 12. ㉰

제4장 교류회로

1 정현파 교류(sin파 또는 AC) 및 교류표기

시간 t의 변화에 따라 변하는 전기값(크기)

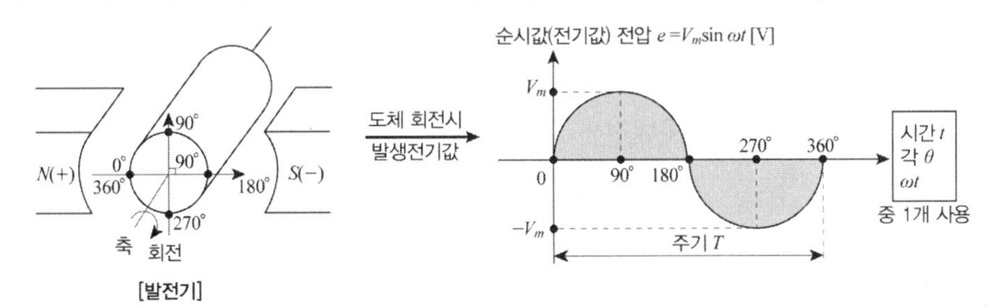

(1) 주기 T와 주파수 f

1) 주기 T[s]

회전자가 1회전 변화에 요하는 시간[sec]

2) 주파수(frequency, f[Hz])

1시간[sec] 동안에 반복하는 사이클(cycle)의 수

예 우리나라 표준 주파수 $f = 60$[Hz], $f = 50$[Hz]

3) 주기와 주파수의 관계

주기 $T = \frac{1}{f}$[S]	주파수 $f = \frac{1}{T}$[Hz]

(2) 각속도 ω[rad/s]

① 정의 : 시간 1초 동안의 각 θ의 속도(변화율)

$$\text{각속도 } \omega = \frac{\text{각(위상차)}\ \theta}{\text{시간 } t}\text{[rad/s]} = 2\pi f$$

	주파수 f 종류	각속도 ω값
과년도 문제	주파수 $f = 60$Hz일 때	$\omega = 2\pi f = 2 \times 3.14 \times 60 = 377$[rad/s]
	주파수 $f = 50$Hz일 때	$\omega = 2\pi f = 2 \times 3.14 \times 50 = 314$[rad/s]

② 전기자의 회전각 θ

$\omega = \frac{\theta}{t}$ 식에서 → 각(위상차) $\theta = \omega t$[rad]

∴ 시간 t = 각 $\theta = \omega t$는 같은 의미이다.

(3) 순시값(교류AC) 표기 방법 → 소문자 영문(전압 : e 또는 v, 전류 : i)

전기값(순시값)=최대값× $\sin(\omega t +$ 위상 $\theta)$ = $\sqrt{2}$ × 실효값 × $\sin(\omega t + \theta)$

1) 순시값 전압 v, 전류 i 값

순시값 전압 v=최대전압 $V_m \sin(\omega t +$ 전압위상 $\theta)$
= $\sqrt{2}$ 실효값 전압 $V \sin(2\pi f t + \theta)$

순시값 전류 i=최대전류 $I_m \sin(\omega t +$ 전류위상 $\theta)$
= $\sqrt{2}$ 실효값 전류 $I \sin(2\pi f t + \theta)$

(4) 위상과 위상차(phase difference)

1) 위상(phase) : 전기가 도착하는 시간(ωt 다음에 오는 값)

2) 위상차 : 전압 v와 전류 i의 시간차(전압위상 − 전류위상)

① 전압순시값 $e = V_m \sin\omega t = V_m \sin(\omega t +$ 위상 0°) 기준값

② 전류순시값 $i = I_m \sin(\omega t - 90°)$ → 위상이 90° 뒤짐(지상)

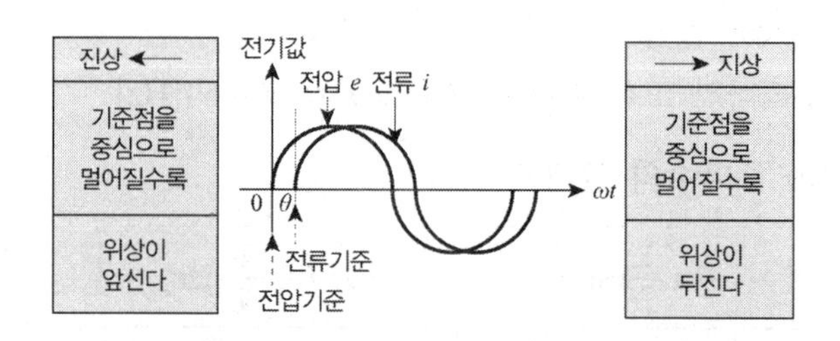

위상 관계	전압 기준일 때 : 전압 e는 전류 i보다 θ만큼 위상이 앞선다.	진상
	전류 기준일 때 : 전류 i는 전압 e보다 θ만큼 위상이 뒤진다.	지상 ★

★ "전력공학 및 전기기기" 과목에서는 전류를 기준으로 적용한다.

(5) 최대값 : 진폭(파형이 최대로 많이 올라간 값)

최대전압 $V_m = \sqrt{2} \times V$(실효값 전압) $= 1.414V$ [V]

최대전류 $I_m = \sqrt{2} \times I$(실효값 전류) $= 1.414I$ [A]

★ **(6) 실효값**(정격) **:** 실제 기계 기구에 투입되는 전기값(기준값)

- 전압실효값 $V = \dfrac{V_m}{\sqrt{2}} = 0.707\,V_m$ [V]
- 전류실효값 $I = \dfrac{I_m}{\sqrt{2}} = 0.707 I_m$ [A]

★ **(7) 평균값 :** 순시값의 반주기에 대한 평균한 값

- 전압평균값 $V_a = \dfrac{2}{\pi} V_m \fallingdotseq 0.637\,V_m$ [V] 또는 $\dfrac{2\sqrt{2}\,V}{\pi}$ [V]
- 전류평균값 $I_a = \dfrac{2}{\pi} I_m = 0.637 I_m$ [V] 또는 $\dfrac{2\sqrt{2}\,I}{\pi}$ [A]

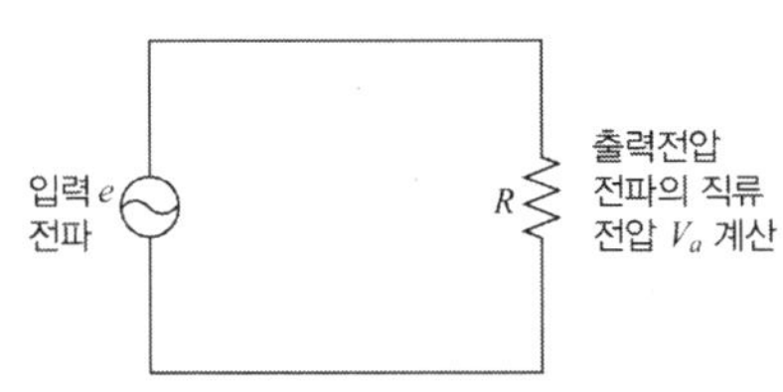

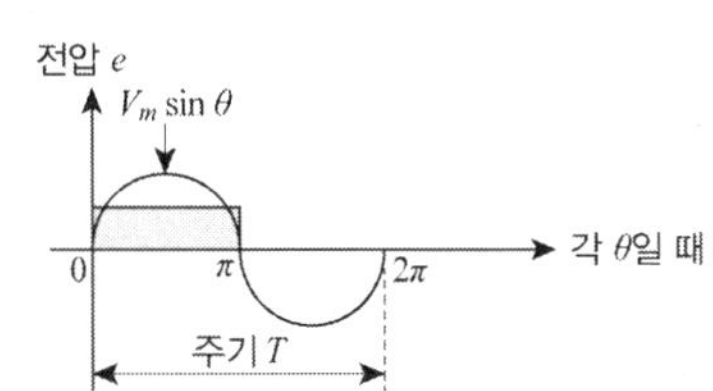

(8) 각 파형의 실효값 · 평균값 · 파고율 · 파형률

정현파 종류		평균값 전류	실효값 전류	
정현전파		$I_a = \dfrac{2}{\pi} I_m$ (암기: 전, 2, π)	$I = \dfrac{I_m}{\sqrt{2}}$	파고율 $= \sqrt{2}$ 파형률 $= 1.11$
		↓ $\times \dfrac{1}{2}$배 적용	↓ $\times \dfrac{1}{\sqrt{2}}$배 적용	
정현반파	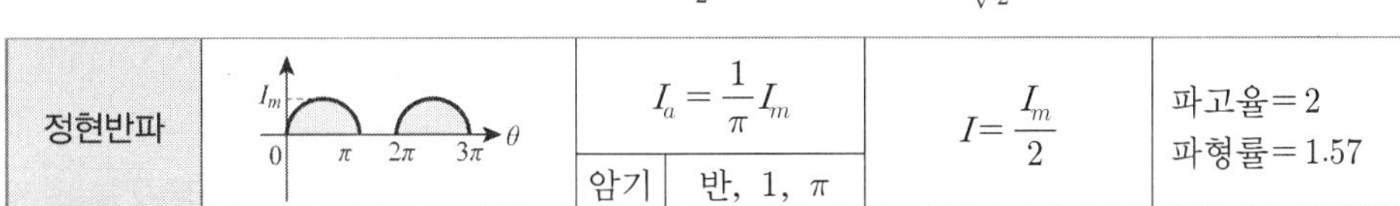	$I_a = \dfrac{1}{\pi} I_m$ (암기: 반, 1, π)	$I = \dfrac{I_m}{2}$	파고율 $= 2$ 파형률 $= 1.57$

구형파 종류		평균값 전류	실효값 전류	
구형전파		$I_a = I_m$	$I = I_m$	파고율=파형률=1
		↓ $\times \dfrac{1}{2}$배 적용	↓ $\times \dfrac{1}{\sqrt{2}}$배 적용	
구형반파		$I_a = \dfrac{I_m}{2}$	$I = \dfrac{I_m}{\sqrt{2}}$	파고율=파형률= $\sqrt{2}$

(9) 파고율 및 파형률 공식

파고율 $= \dfrac{최대값}{실효값}$	파형률 $= \dfrac{실효값}{평균값}$

← 암기

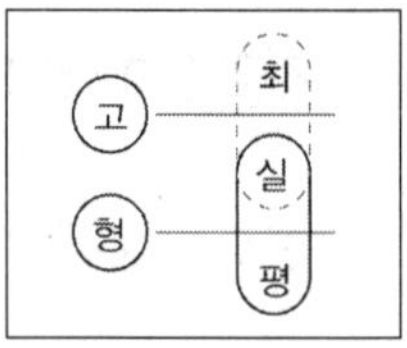

고 — 최 / 실
형 — 실 / 평

제4장 → 교류회로

실전문제

문제 01 $e = 100\sqrt{2}\sin 120\pi t$[V]인 정현파 교류전압의 주파수는 얼마인가?

㉮ 50[Hz] ㉯ 60[Hz]
㉰ 100[Hz] ㉱ 314[Hz]

 교류

각속도 $\omega = 120\pi = 2\pi f$에서

$\therefore$ 주파수 $f = \dfrac{\omega}{2\pi} = \dfrac{120\pi}{2\pi} = 60$[Hz]

문제 02 $e = E_m \sin\left(628t - \dfrac{\pi}{3}\right)$인 정현파 전압의 주파수는 몇 [Hz]인가?

㉮ 30 ㉯ 50
㉰ 60 ㉱ 100

 각속도 $\omega = 2\pi f = 628$에서 주파수 $f = \dfrac{628}{2\pi} = \dfrac{6.28}{2 \times 3.14} = 100$[Hz]

문제 03 어느 교류의 순시값이 $v = 141\sin(100\pi t - 30°)$[V]라면 이 교류의 주기는 몇 [sec]인가?

㉮ 0.0167 ㉯ 0.02
㉰ 0.053 ㉱ 0.115

 각속도 $\omega = 100\pi = 2\pi f$, 주파수 $f = \dfrac{\omega}{2\pi} = \dfrac{100\pi}{2\pi} = 50$[Hz]

$\therefore$ 주기 $T = \dfrac{1}{f} = \dfrac{1}{50} = 0.02$[sec]

문제 04 백열전구를 점등했을 경우 전압과 전류의 위상 관계는 어떻게 되는가?

㉮ 90° 앞선다. ㉯ 90° 뒤진다.
㉰ 동상이다. ㉱ 45° 뒤진다.

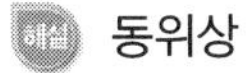 동위상

백열전구는 순저항부하(소자)이므로 전압과 전류의 위상이 동상이다.

정답 01. ㉯ 02. ㉱ 03. ㉯ 04. ㉰

문제 05 $e = E_m \sin(\omega t - 20°)[V]$**와** $i = I_m \cos(\omega t - 20°)[A]$**의 위상차를 구하면?**

㉮ $\pi/2$[rad]
㉯ $\pi/3$[rad]
㉰ $\pi/4$[rad]
㉱ $\pi/6$[rad]

해설 위상차 θ 계산

전류 $i = I_m \cos(\omega t - 20°) = I_m \sin(\omega t - 20° + 90°) = I_m \sin(\omega t + 70°)[A]$

∴ 위상차 θ = 전류위상 70° − 전압위상(−20°) = 90° = $\frac{\pi}{2}$[rad]

전류의 위상이 전압보다 90° 앞선다.

문제 06 $I_m \sin(\omega t + 30°)$**인 전류와** $E_m \sin(\omega t - 30°)$**인 전압 사이의 위상차는?**

㉮ 30°
㉯ 60°
㉰ 0°
㉱ 90°

해설 위상차 θ 계산

위상차 θ = 전류위상 30° − 전압위상(−30°) = +60°

문제 07 $v = 100\sqrt{2}\sin(120\pi t + \frac{\pi}{4})[V]$, $i = 10\sin(120\pi t + \frac{\pi}{2})[A]$**인 경우 전압보다 전류의 위상은?**

㉮ $\frac{\pi}{2}$[rad] 앞선다.
㉯ $\frac{\pi}{2}$[rad] 뒤진다.
㉰ $\frac{\pi}{4}$[rad] 앞선다.
㉱ $\frac{\pi}{4}$[rad] 뒤진다.

해설 위상차 $\theta = \frac{\pi}{4} - \frac{\pi}{2} = \frac{\pi}{4} - \frac{2\pi}{2\times 2} = -\frac{\pi}{4}$

∴ 전류의 위상이 전압보다 $\frac{\pi}{4}$만큼 앞선다.

문제 08 **60[Hz]인 2개의 교류발전기의 위상차는** $\frac{\pi}{3}$**[rad]이다. 이 위상차를 시간으로 표시하며 몇 초인가?**

㉮ 1/120
㉯ 1/240
㉰ 1/360
㉱ 1/720

해설 위상차 $\theta = \omega t$, 각속도 $\omega = 2\pi f$

∴ 시간 $t = \frac{\text{위상차 } \theta}{\text{각속도 } \omega} = \frac{\pi/3}{2\pi f} = \frac{\pi/3}{2\pi \times 60} = \frac{\pi/3}{120\pi} = \frac{1}{360}$[s]

정답 05. ㉮ 06. ㉯ 07. ㉰ 08. ㉰

제4장 → 교류회로

실전문제

문제 **01** $e = 100\sqrt{2}\sin 120\pi t$[V]인 정현파 교류전압의 주파수는 얼마인가?

㉮ 50[Hz] ㉯ 60[Hz]
㉰ 100[Hz] ㉱ 314[Hz]

해설 교류
각속도 $\omega = 120\pi = 2\pi f$에서
$\therefore$ 주파수 $f = \dfrac{\omega}{2\pi} = \dfrac{120\pi}{2\pi} = 60$[Hz]

문제 **02** $e = E_m \sin(628t - \dfrac{\pi}{3})$인 정현파 전압의 주파수는 몇 [Hz]인가?

㉮ 30 ㉯ 50
㉰ 60 ㉱ 100

해설 각속도 $\omega = 2\pi f = 628$에서 주파수 $f = \dfrac{628}{2\pi} = \dfrac{6.28}{2 \times 3.14} = 100$[Hz]

문제 **03** 어느 교류의 순시값이 $v = 141\sin(100\pi t - 30°)$[V]라면 이 교류의 주기는 몇 [sec]인가?

㉮ 0.0167 ㉯ 0.02
㉰ 0.053 ㉱ 0.115

각속도 $\omega = 100\pi = 2\pi f$, 주파수 $f = \dfrac{\omega}{2\pi} = \dfrac{100\pi}{2\pi} = 50$[Hz]
$\therefore$ 주기 $T = \dfrac{1}{f} = \dfrac{1}{50} = 0.02$[sec]

문제 **04** 백열전구를 점등했을 경우 전압과 전류의 위상 관계는 어떻게 되는가?

㉮ 90° 앞선다. ㉯ 90° 뒤진다.
㉰ 동상이다. ㉱ 45° 뒤진다.

동위상
백열전구는 순저항부하(소자)이므로 전압과 전류의 위상이 동상이다.

정답 01. ㉯ 02. ㉱ 03. ㉯ 04. ㉰

문제 05 $e=E_m \sin(\omega t-20°)$[V]와 $i=I_m \cos(\omega t-20°)$[A]의 위상차를 구하면?

㉮ $\pi/2$[rad]　　㉯ $\pi/3$[rad]
㉰ $\pi/4$[rad]　　㉱ $\pi/6$[rad]

해설 위상차 θ 계산
전류 $i=I_m \cos(\omega t-20°)=I_m \sin(\omega t-20°+90°)=I_m \sin(\omega t+70°)$[A]
∴ 위상차 θ=전류위상 70°−전압위상(−20°)=$90°=\frac{\pi}{2}$[rad]
전류의 위상이 전압보다 90° 앞선다.

문제 06 $I_m \sin(\omega t+30°)$인 전류와 $E_m \sin(\omega t-30°)$인 전압 사이의 위상차는?

㉮ 30°　　㉯ 60°
㉰ 0°　　㉱ 90°

해설 위상차 θ 계산
위상차 θ=전류위상 30°−전압위상(−30°)=+60°

문제 07 $v=100\sqrt{2}\sin(120\pi t+\frac{\pi}{4})$[V], $i=10\sin(120\pi t+\frac{\pi}{2})$[A]인 경우 전압보다 전류의 위상은?

㉮ $\frac{\pi}{2}$[rad] 앞선다.　　㉯ $\frac{\pi}{2}$[rad] 뒤진다.
㉰ $\frac{\pi}{4}$[rad] 앞선다.　　㉱ $\frac{\pi}{4}$[rad] 뒤진다.

해설 위상차 $\theta=\frac{\pi}{4}-\frac{\pi}{2}=\frac{\pi}{4}-\frac{2\pi}{2\times2}=-\frac{\pi}{4}$
∴ 전류의 위상이 전압보다 $\frac{\pi}{4}$만큼 앞선다.

문제 08 60[Hz]인 2개의 교류발전기의 위상차는 $\frac{\pi}{3}$[rad]이다. 이 위상차를 시간으로 표시하며 몇 초인가?

㉮ 1/120　　㉯ 1/240
㉰ 1/360　　㉱ 1/720

해설 위상차 $\theta=\omega t$, 각속도 $\omega=2\pi f$
∴ 시간 $t=\frac{\text{위상차 }\theta}{\text{각속도 }\omega}=\frac{\pi/3}{2\pi f}=\frac{\pi/3}{2\pi\times60}=\frac{\pi/3}{120\pi}=\frac{1}{360}$[s]

정답 05. ㉮ 06. ㉯ 07. ㉰ 08. ㉰

문제 

60[Hz]의 2개의 교류전압 위상차가 $\frac{\pi}{6}$[rad]이었다면 이 위상차를 시간으로 표시하면 몇 초인가?

㉮ 1/20[초] ㉯ 1/120[초]
㉰ 1/180[초] ㉱ 1/720[초]

 위상차 $\omega t=\theta$

시간 $t=\frac{\text{위상차 }\theta}{\text{각속도 }\omega}=\frac{\pi/6}{2\pi f}=\frac{\pi/6}{2\pi\times 60}=\frac{1/6}{2\times 60}=\frac{1}{2\times 6\times 60}=\frac{1}{720}$[초]

문제 10

50[Hz], 20[A]인 교류의 순시값(i)을 나타내는 일반적인 식은?

㉮ $20\sqrt{2}\sin 100\pi t$[A] ㉯ $20\sqrt{2}\sin 120\pi t$[A]
㉰ $20\sin 120\pi t$[A] ㉱ $20\sin 100\pi t$[A]

 순시값

각속도 $\omega=2\pi f=2\pi\times 50=100\pi$, 실효값 전류 $I=20$

최대값 전류 $I_m=20\sqrt{2}$[A]

∴ 순시값 전류 $i=I_m\sin\omega t=\sqrt{2}I\sin 2\pi ft=20\sqrt{2}\sin 100\pi t$[A]

문제 11

어느 전등의 전압은 100[V]이다. 이때 전압이 0[V]로부터 $t=\frac{1}{360}$[sec] 때의 순시값은 얼마인가?

㉮ 86.6[V] ㉯ 100[V]
㉰ $100\sqrt{2}$[V] ㉱ 122[V]

 전압순시값 v

전압실효값 $V=100$[V], 주파수 $f=60$[Hz]

전압순시값 $v=V_m\sin\omega t[\text{V}]=\sqrt{2}V\sin 2\pi ft=\sqrt{2}\times 100\sin\left(2\pi\times 60\times\frac{1}{360}\right)$

$=141.4\sin\frac{\pi}{3}=141.4\sin 60°=141.4\times\frac{\sqrt{3}}{2}=122$[V]

문제 12

어떤 주기전류가 저항 R에 공급하는 것과 같은 전력을 공급하는 직류전류의 값을 무엇이라 하는가?

㉮ 순시치 ㉯ 실효치
㉰ 평균치 ㉱ 최대치

정답 09. ㉱ 10. ㉮ 11. ㉱ 12. ㉯

문제 **13** 가정용 전등의 전압이 실효값으로 220[V]로 승압되었다. 이 교류의 최대값은 몇 [V]인가?

㉮ 155.6 ㉯ 311.1
㉰ 381.1 ㉱ 127.1

최대값

최대전압 $V_m = \sqrt{2} \times$ 실효(정격)전압 $V = \sqrt{2} \times 220 = 311.1$[V]

문제 **14** $v = 141\sin 377t$[V] 되는 사인파 전압의 실효값은?

㉮ 100[V] ㉯ 110[V]
㉰ 150[V] ㉱ 180[V]

최대전압 $V_m = 141 = \sqrt{2}\,V$

$\therefore$ 실효전압 $V = \dfrac{V_m}{\sqrt{2}} = \dfrac{141}{\sqrt{2}} = 100$[V]

문제 **15** $v = 100\sin 100\pi \cdot t$[V]의 교류에서 실효치 전압 V와 주파수 f를 옳게 표시한 것은?

㉮ $V = 70.7$[V], $f = 60$[Hz] ㉯ $V = 70.7$[V], $f = 50$[Hz]
㉰ $V = 100$[V], $f = 60$[Hz] ㉱ $V = 100$[V], $f = 50$[Hz]

순시값

$V_m = 100$이므로 전압실효값 $V = \dfrac{V_m}{\sqrt{2}} = \dfrac{100}{\sqrt{2}} = 70.7$[V]

$\omega = 100\pi = 2\pi f$이므로 주파수 $f = \dfrac{\omega}{2\pi} = \dfrac{100\pi}{2\pi} = 50$[Hz]

문제 **16** 어떤 교류전압의 평균값 382[V]일 때 실효값은 약 얼마인가?

㉮ 164 ㉯ 240
㉰ 365 ㉱ 424

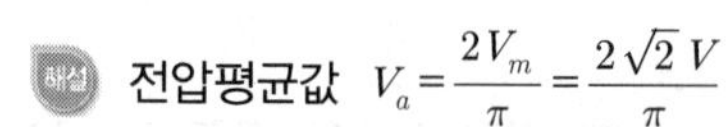
전압평균값 $V_a = \dfrac{2V_m}{\pi} = \dfrac{2\sqrt{2}\,V}{\pi}$

$\therefore$ 전압실효값 $V = \dfrac{\pi}{2\sqrt{2}} \times V_a$

$\therefore$ $V = \dfrac{3.14}{2\sqrt{2}} \times 382 = 424$[V]

정답 13. ㉯ 14. ㉮ 15. ㉯ 16. ㉱

문제 **17** **실효값이 E[V]인 정현파 교류의 평균값[V]은?**

㉮ $\frac{\pi}{2\sqrt{2}}E$ ㉯ $\frac{2\sqrt{2}}{\pi}E$

㉰ $\frac{2}{\pi}E$ ㉱ $\frac{\pi}{2}E$

전압평균값 $V_a = \frac{2V_m}{\pi} = \frac{2\sqrt{2}E}{\pi}$[V]

문제 **18** **정현파 교류 $i = 3.14\sin\omega t$[A]의 I[A]는?**

㉮ 2.2 ㉯ 3

㉰ 20 ㉱ 30

전류실효값 $I = \frac{\text{최대전류 } I_m}{\sqrt{2}} = \frac{3.14}{\sqrt{2}} = 2.2$[A]

문제 **19** **100[V]를 사용하는 가정집 전압의 최대값은 몇 [V]인가?**

㉮ 70.72[V] ㉯ 100[V]

㉰ 141.4[V] ㉱ 200[V]

해설 최대전압 $V_m = \sqrt{2}V = \sqrt{2} \times 100 = 141.4$[V]

문제 **20** **사인파 교류전류에서 평균값(I_{av})과 최대값(I_m) 사이의 관계식은 어떻게 되는가?**

㉮ $I_{av} = \frac{1}{\sqrt{2}}I_m$ ㉯ $I_{av} = \frac{2}{\pi}I_m$

㉰ $I_{av} = \frac{\pi}{2}I_m$ ㉱ $I_{av} = \frac{1}{2\sqrt{2}}I_m$

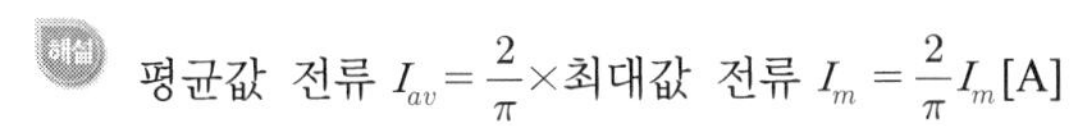

평균값 전류 $I_{av} = \frac{2}{\pi} \times$최대값 전류 $I_m = \frac{2}{\pi}I_m$[A]

정답 17. ㉯ 18. ㉮ 19. ㉰ 20. ㉯

2 복소수(전기값)＝실수＋j 허수

(1) 정의

복소수 구성 요소		내 용	주파수 적용 방법
직류	실수 또는 유효분	주파수 f에 영향 받지 않음	$f=0$ 처리
교류	허수 또는 무효분	주파수 f에 영향 받음	$(f \neq 0)$ 주어진 주파수 f 사용

(2) 복소수의 성질

① 실수부와 허수부로 구성된 전기값

예 전압 V, 전류 I, 전력 P_a, 임피던스 Z

② 허수는 제곱하면 음수가 되는 수 : $j^2=-1$

③ 허수 표기 : $j=\sqrt{-1}$

(3) 복소수 적용

복소수(전기값) 종류	=	실수(주파수 $f=0$ 처리)	+	j 허수(주파수 $f \neq 0$)
전압 V	=	실수(유효분) 전압 V_R	+	j 허수(무효분) 전압 V_L[V]
전류 I	=	실수(유효분) 전류 I_R	+	j 허수(무효분) 전류 I_c[A]
전력 P_a	=	실수(유효분) 전력 P	+	j 허수(무효분) 전력 P_r[VA]
임피던스 Z	=	실수(유효분) 저항 R	+	j 허수(무효분) 리액턴스 $X[\Omega]$

(4) 복소수의 전기값 해석

수학 용어	복소수	실수	허수
전기 용어	전기값(비정현파)	유효분(직류값)	무효분(교류값)
		주파수 f에 영향받지 않는다. 즉 $f=0$ 처리	주파수 f에 영향받음 즉 $f \neq 0$
적용 부하	임피던스(직렬) 어드미턴스(병렬)	전구, 전열기, 전기다리미	전동기, 변압기, 콘덴서

(5) 복소수 Z의 표현

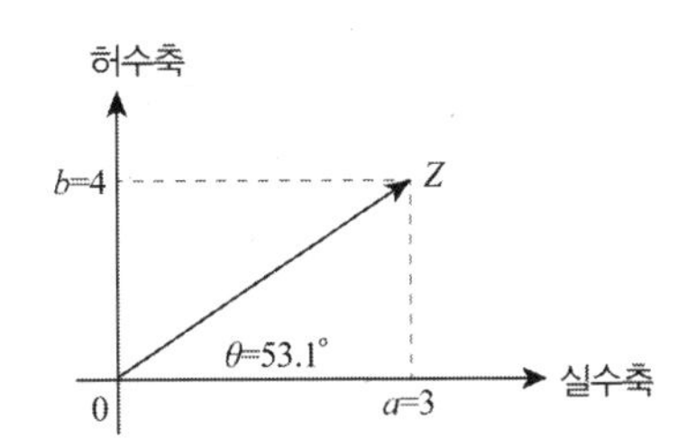

① **임피던스** : $Z = 실수 + j허수 = a + jb[\Omega] = 3 + j4$

② **임피던스 크기(절대값)** : $|Z| = \sqrt{실수^2 + 허수^2} = \sqrt{a^2 + b^2}[\Omega] = \sqrt{3^2 + 4^2} = 5$

③ **위상** : $\theta = \tan^{-1}\dfrac{실수}{허수} = \tan^{-1}\dfrac{b}{a} = \tan^{-1}\dfrac{4}{3} = 53.1°$

④ **극좌표표기법** $= 실수 + j허수 = 크기 \angle 위상 = \sqrt{a^2 + b^2} \angle \tan^{-1}\dfrac{b}{a}$

예 $Z = 3 + j4 = \sqrt{3^2 + 4^2} \angle \tan^{-1}\dfrac{4}{3} = 5 \angle 53.1°$

제4장 → 교류회로

실전문제

문제 01

$A = a - jb$의 절대값은?

㉮ $|A| = a^2 + b^2$
㉯ $|A| = a^2 - b^2$
㉰ $|A| = \sqrt{a^2 + b^2}$
㉱ $|A| = \sqrt{a^2 - b^2}$

해설 복소수 크기

복소수 $A = a \pm jb$의 크기 $|A| = \sqrt{a^2 + b^2}$

문제 02

$a = 1 + j\sqrt{3}$ 으로 표시되는 벡터의 편각은?

㉮ 30°
㉯ 45°
㉰ 60°
㉱ 90°

해설 위상 또는 편각 θ

$$\theta = \tan^{-1}\frac{\text{허수}}{\text{실수}} = \tan^{-1}\frac{\sqrt{3}}{1} = \tan^{-1}\sqrt{3} = 60°$$

문제 03

최대값이 141.4[V]이고 위상이 30° 앞선 교류 전압을 복소수로 표시하면?

㉮ $100\angle 30°$
㉯ $141.4\angle 30°$
㉰ $100\angle -30°$
㉱ $141.4\angle -30°$

해설 전압복소수 v = 크기(실효값) $V\angle$ 위상 θ

$$= \frac{\text{최대전압 } V_m}{\sqrt{2}}\angle \text{위상 } \theta = \frac{141.4}{\sqrt{2}}\angle +30° = 100\angle +30°$$

정답 01. ㉰ 02. ㉰ 03. ㉮

3 교류에 대한 R, L, C 부하

(1) 저항 $R[\Omega]$만의 회로(부하가 "전등, 전열기, 전기다리미"인 경우)

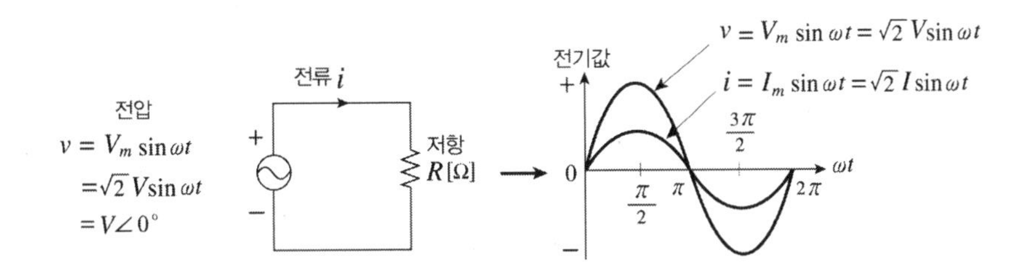

전류순시값 i	최대전류 I_m	실효값 전류 I(정격)	위상관계
$i = I_m \sin\omega t$ $= \sqrt{2}\,I\sin\omega t$	$I_m = \dfrac{V_m}{R} = \dfrac{\sqrt{2}\,V}{R}$[A]	$I = \dfrac{V}{R}$[A]	전압과 전류는 동위상

(2) 코일 L만의 회로("전동기" 부하인 경우)

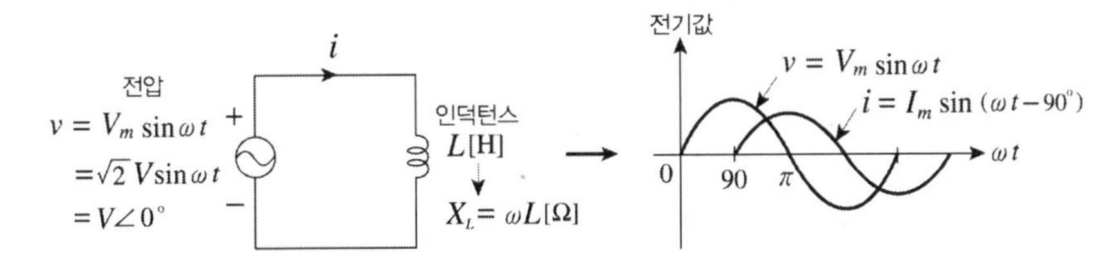

① **유도성 리액턴스** : $X_L = \omega L = 2\pi f L[\Omega]$ → 주파수 f 에 비례한다.

전류순시값 i	최대전류 I_m	실효값 전류 I(정격)	위상관계
$i = I_m \sin(\omega t - 90°)$ $= \sqrt{2}\,I\sin(\omega t - 90°)$	$I_m = \dfrac{V_m}{\omega L \text{ 또는 } X_L}$ $= \dfrac{\sqrt{2}\,V}{X_L}$	$I = \dfrac{V}{\omega L}$	지상

② **실효값 전압** : $V = IX_L = I\omega L$[V]

③ **전압과 전류의 위상관계**

전압은 전류보다 위상이 90° 앞선다.
또는 전류는 전압보다 위상이 90° 뒤진다.(지상)

(3) 콘덴서(정전용량 C[F])만의 회로("축전지" 부하인 경우)

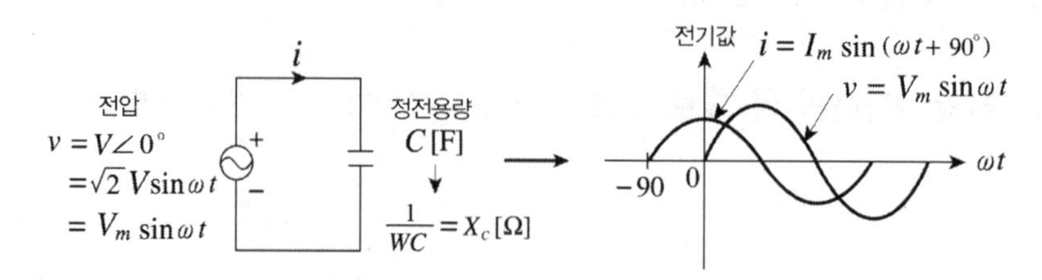

① **용량성 리액턴스** : $X_c = \dfrac{1}{\omega C} = \dfrac{1}{2\pi f C}[\Omega]$ → 주파수 f에 반비례한다.

전류순시값 i	최대전류 I_m	실효값 전류 I(정격)	위상관계
$i = I_m \sin(\omega t + 90°)$ $= \sqrt{2}I\sin(\omega t + 90°)$	$I_m = \dfrac{V_m}{\dfrac{1}{\omega C}\text{ 또는 }X_c}$ $= \dfrac{\sqrt{2}V}{X_c} = \omega C V_m$ $= \omega C\sqrt{2}V$	$I = \dfrac{V}{X_c} = \omega CV$	진상

② **실효값 전압** : $V = \dfrac{1}{\omega C} \cdot I = X_c I$[V]

③ **전압과 전류의 위상관계**

전류는 전압보다 위상이 90° 앞선다.(진상)

④ **콘덴서 C가 가지는 특성 및 기능**

㉠ 전기를 저장하는 특성이 있다.

㉡ 직류전류를 차단하고 교류전류를 통과시키는 목적으로 사용된다.

㉢ 공진회로를 이루어 어느 특정한 주파수만을 취급하거나 통과시키는 곳 등에 사용된다.

제4장 → 교류회로

실전문제

문제 01 전기다리미의 저항선에 100[V], 60[Hz]의 전압을 가할 경우 6[A]의 전류가 흐르는데 이때의 저항선은 몇 [Ω]인가?

㉮ 14.7　　㉯ 16.7
㉰ 18.7　　㉱ 20.7

해설 저항 $R = \frac{\text{실효값 } V}{\text{실효값 } I} = \frac{100}{6} = 16.7[\Omega]$

문제 02 순저항만으로 구성된 회로에 흐르는 전류와 공급 전압과의 위상관계는?

㉮ 180° 앞선다.　　㉯ 90° 앞선다.
㉰ 동위상이다.　　㉱ 90° 뒤진다.

해설 저항 R 부하
순저항 R 회로는 전류와 전압이 동상이다.

문제 03 코일만(인덕턴스)의 회로에서 전압과 전류의 위상차는?

㉮ 동상이다.　　㉯ 전류가 $\frac{\pi}{2}$ 앞선다.
㉰ 전압이 $\frac{\pi}{2}$ 앞선다.　　㉱ 전류가 $\frac{\pi}{3}$ 앞선다.

해설 코일 L 회로
전류 I가 전압보다 위상이 $90°\left(\frac{\pi}{2}\right)$ 뒤진다. → 전압이 $\frac{\pi}{2}$만큼 앞선다.

문제 04 자체인덕턴스 20[mH]의 코일에 60[Hz]의 전압을 가할 때 코일의 유도리액턴스[Ω]는 얼마인가?

㉮ 5.54　　㉯ 6.54
㉰ 7.54　　㉱ 8.54

해설 코일 L 회로
유도성 리액턴스 $X_L = \omega L = 2\pi f L = 2\pi \times 60 \times 20 \times 10^{-3} \fallingdotseq 7.54[\Omega]$

정답 01. ㉯ 02. ㉰ 03. ㉰ 04. ㉰

문제 **05** **100[mH]의 인덕턴스에 100[V]의 전압(f =60[Hz])을 가하면 전류[A]는?**

㉮ 5.85 ㉯ 4.97
㉰ 3.65 ㉱ 2.65

해설 코일 L 회로

$X_L = \omega L = 2\pi f L = 2 \times 3.14 \times 60 \times 100 \times 10^{-3} = 37.68[\Omega]$

전류실효값 $I = \dfrac{V}{X_L} = \dfrac{100}{37.68} = 2.65[A]$

문제 **06** **어떤 코일에 60[Hz], 10[V]의 교류전압을 가했더니 1[A]의 전류가 흐른다면 이 코일의 인덕턴스[mH]는?**

㉮ 약 13.3 ㉯ 약 15.9
㉰ 약 26.5 ㉱ 약 62.8

해설 코일 L 회로

유도성 리액턴스 $X_L = \dfrac{V}{I} = \dfrac{10}{1} = 10[\Omega]$, $X_L = 2\pi f L[\Omega]$

∴ 인덕턴스 $L = \dfrac{X_L}{2\pi f} = \dfrac{10}{377} \times 10^{+3} = 26.5[mH]$

문제 **07** **1[μF]인 콘덴서의 60[Hz] 전원에 대한 용량리액턴스[Ω]의 값은?**

㉮ 약 2453[Ω] ㉯ 약 2563[Ω]
㉰ 약 2653[Ω] ㉱ 약 2753[Ω]

 콘덴서 C 회로

용량성 리액턴스 $X_c = \dfrac{1}{2\pi f C}[\Omega] = \dfrac{1}{2 \times 3.14 \times 60 \times 1 \times 10^{-6}} \fallingdotseq 2653[\Omega]$

문제 **08** **10[μF]의 콘덴서에 60[Hz], 100[V]의 교류전압을 가하면 이때 흐르는 전류는?**

㉮ 약 0.18[A] ㉯ 약 0.38[A]
㉰ 약 2.1[A] ㉱ 약 4.8[A]

해설 콘덴서 C 회로

용량성 리액턴스 $X_c = \dfrac{1}{2\pi f C}[\Omega]$, $I = \dfrac{V}{X_c}$[A]이므로

전류실효값 $I = \omega C V = 2\pi f C V = 2\pi \times 60 \times 10 \times 10^{-6} \times 100 \fallingdotseq 0.38[A]$

정답 05. ㉱ 06. ㉰ 07. ㉰ 08. ㉯

문제 09 50[μF]의 콘덴서에 200[V], 60[Hz]의 교류전압을 인가했을 때 흐르는 전류는?

㉮ 약 7.54[A] ㉯ 약 3.77[A]
㉰ 약 5.84[A] ㉱ 약 7.77[A]

 콘덴서 C 회로

전류실효값 $I=\frac{V}{X_c}=\omega cv=377\times 50\times 10^{-6}\times 200=3.77$[A]

단, 각속도 $\omega=2\pi f=2\times 3.14\times 60=377$ [rad/s]

문제 10 용량리액턴스와 반비례하는 것은?

㉮ 전압 ㉯ 저항
㉰ 임피던스 ㉱ 주파수

 콘덴서 C 회로

용량성 리액턴스 $X_c=\frac{1}{\omega C}=\frac{1}{2\pi fC}$[Ω]이므로 X_c는 주파수 f에 반비례한다.

정답 09. ㉯ 10. ㉱

4 $R-L-C$ 직렬회로

◎ 직렬회로 부하 표기방법

① 부하(임피던스 Z)=저항 $R+j$리액턴스 $X[\Omega]$

→ 콘덴서 C[F]인 경우 : 용량성 리액턴스 $X_c=\frac{1}{\omega C}$

→ 코일 L[H]인 경우 : 유도성 리액턴스 $X_L=\omega L$

② 저항 R(실수부하) : 주파수 f에 영향 받지 않는다.

③ 리액턴스 X(허수부하) : 주파수 f에 영향 받는다.

(1) $R-L$ 직렬회로

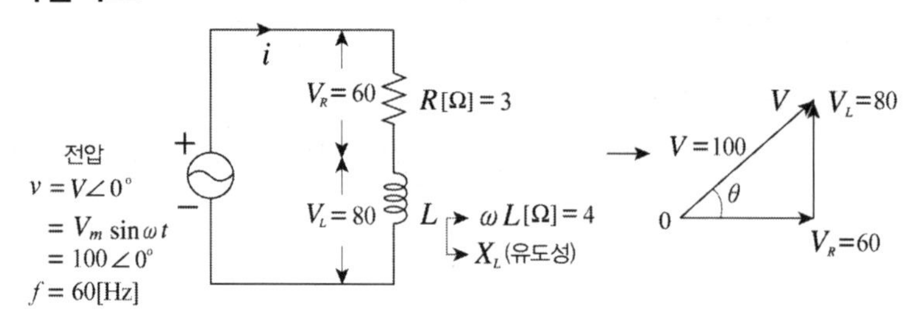

① **실효값 전압** $V=V_R+jV_L=\sqrt{{V_R}^2+{V_L}^2}=\sqrt{60^2+80^2}=100[\text{V}]$

② **임피던스** $Z=R+jX_L=\sqrt{R^2+X_L^2}=\sqrt{3^2+4^2}=5[\Omega]$

③ **실효치 전류** $I=\frac{V}{Z}=\frac{V}{R+jX_L}=\frac{V}{\sqrt{R^2+X_L^2}}=\frac{100}{5}=20[\text{A}]$

④ **전압과 전류의 위상차** $\theta=\tan^{-1}\frac{\text{허수}}{\text{실수}}=\tan^{-1}\frac{\omega L}{R}=\tan^{-1}\frac{4}{3}=53.1°$

⑤ **전류순시값**

$i=I_m\sin(\omega t-\theta)=\sqrt{2}I\sin(2\pi f-\theta)=\sqrt{2}\times 20\times\sin(377t-53.1°)[\text{A}]$

⑥ **역률(전기가 일을 한 정도)** $\cos\theta=\frac{R}{|Z|}=\frac{\text{실수 } R}{\sqrt{R^2+{X_L}^2}}=\frac{3}{\sqrt{3^2+4^2}}=\frac{3}{5}=0.6$

⑦ **무효율(전기가 일을 안 한 정도)**

$\sin\theta=\frac{X_L}{|Z|}=\frac{\text{허수 } X_L}{\sqrt{R^2+{X_L}^2}}=\frac{4}{\sqrt{3^2+4^2}}=\frac{4}{5}=0.8$

⑧ **시정수(과도현상 지속시간)** $\tau=\frac{L}{R}[\text{sec}]$

(2) $R-C$ 직렬회로

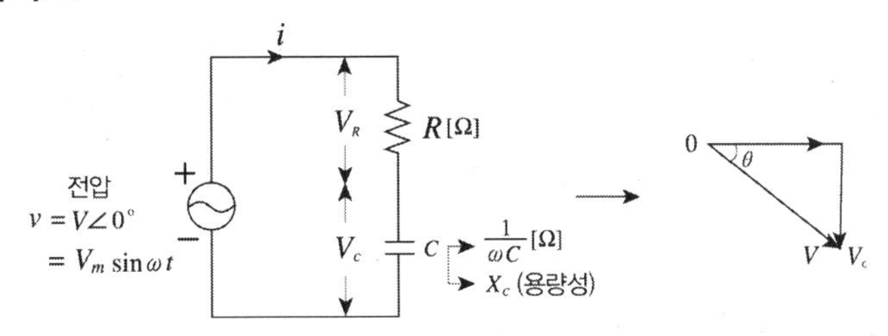

① **실효값 전압** $V=V_R-jV_C=\sqrt{{V_R}^2+{V_C}^2}$

② **임피던스** $Z=R-jX_C=\sqrt{R^2+{X_C}^2}\,[\Omega]$

③ **실효치 전류** $I=\dfrac{V}{Z}=\dfrac{V}{\sqrt{R^2+{X_C}^2}}\,[\text{A}]$

④ **전압과 전류의 위상차** $\theta=\tan^{-1}\dfrac{X_C}{R}=\tan^{-1}\dfrac{1}{\omega CR}$

⑤ **전류순시값** $i=I_m\sin(\omega t+\theta)=\sqrt{2}\,I\sin(2\pi ft-\theta)[\text{A}]$

⑥ **역률** $\cos\theta=\dfrac{R}{|Z|}=\dfrac{\text{실수 } R}{\sqrt{R^2+{X_C}^2}}$, **무효율** $\sin\theta=\dfrac{\text{허수 } X_C}{\sqrt{R^2+{X_C}^2}}$

⑦ **시정수** $\tau=RC[\text{sec}]$

(3) $R-L-C$ 직렬회로

i
V_R $R[\Omega]$
전압 $v=V\angle 0°$
V_L $L[\text{H}]\rightarrow\omega L[\Omega]=X_L$ (유도성)
V_c $C[\text{F}]\rightarrow\frac{1}{\omega C}[\Omega]=X_c$ (용량성)

① **합성임피던스** Z

$Z=R+j(X_L-X_C)$

→ 크기 $|Z|=\sqrt{R^2+(X_L-X_C)^2}$

② **전압실효값** V

$V=V_R+j(V_L-V_C)$

→ 크기 $|V|=\sqrt{{V_R}^2+(V_L-V_C)^2}$

③ **전류실효값** $I=\dfrac{|V|}{|Z|}$ → **순시값** $i=I_m\sin(\omega t\pm\theta)[\text{A}]$

리액턴스 조건 종류	회로 명칭 및 위상관계
$\omega L>\frac{1}{\omega C}$의 경우	유도성 회로(지상회로)
$\omega L<\frac{1}{\omega C}$의 경우	용량성 회로(진상회로)
$\omega L=\frac{1}{\omega C}$의 경우	직렬공진(동위상)

제4장 → 교류회로

실전문제

문제 01 $R \cdot L$ 직렬회로에서 전압과 전류의 위상차 $\tan\theta$는?

㉮ R/L　　㉯ ωRL
㉰ $\omega L/R$　　㉱ $R\omega L$

 $R-L$ 직렬회로

위상차 $\theta=\tan^{-1}\dfrac{\text{허수}}{\text{실수}}=\tan^{-1}\dfrac{\omega L}{R} \rightarrow \tan\theta=\dfrac{\omega L}{R}$

문제 02 저항 10[Ω], 유도리액턴스 10[Ω]의 직렬회로에 교류전압을 가했을 때 전압과 전류의 위상차는?

㉮ 15°　　㉯ 30°
㉰ 45°　　㉱ 60°

 $R-L$ 직렬회로

위상차 $\theta=\tan^{-1}\dfrac{X_L}{R}=\tan^{-1}\dfrac{10}{10}=\tan^{-1}1=45°$

| 계산기 | [SHIFT] [tan] [(] 10 [÷] 10 [)] [=]

문제 03 8[Ω]의 저항과 6[Ω]의 리액턴스가 직렬로 된 회로의 역률은?

㉮ 0.4　　㉯ 0.6
㉰ 0.8　　㉱ 1.0

해설 $R-L$ 직렬회로

역률 $\cos\theta=\dfrac{R}{Z}=\dfrac{\text{실수 } R}{\sqrt{R^2+X^2}}=\dfrac{8}{\sqrt{8^2+6^2}}=\dfrac{8}{10}=0.8$

문제 04 저항 4[Ω], 유도리액턴스 3[Ω]이 직렬일 때 5[A]의 전류가 흐른다면 이 회로에 가한 전압은?

㉮ 35[V]　　㉯ 25[V]
㉰ 20[V]　　㉱ 15[V]

 $R-L$ 직렬회로

임피던스 $Z=\sqrt{R^2+X_L{}^2}=\sqrt{4^2+3^2}=5[\Omega]$

전압 $V=IZ=5\times5=25[\text{V}]$

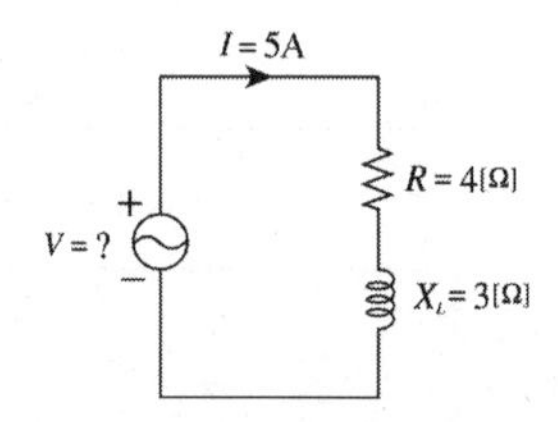

정답 01. ㉰ 02. ㉰ 03. ㉰ 04. ㉯

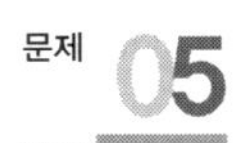

문제 05 **임피던스 10[Ω]인 $R-L$ 직렬회로에서 저항과 리액턴스 양단의 전압이 각각 80[V], 60[V]였다면 리액턴스[V]는?**

㉮ 2　　㉯ 4
㉰ 6　　㉱ 8

해설 $R-L$ 직렬회로

전체전압 $V=\sqrt{V_R{}^2+V_L{}^2}=\sqrt{80^2+60^2}=100[V]$

전체전류 $I=\dfrac{V}{Z}=\dfrac{100}{10}=10[A]$

유도성 리액턴스 $X_L=\dfrac{V_L}{I}=\dfrac{60}{10}=6[\Omega]$

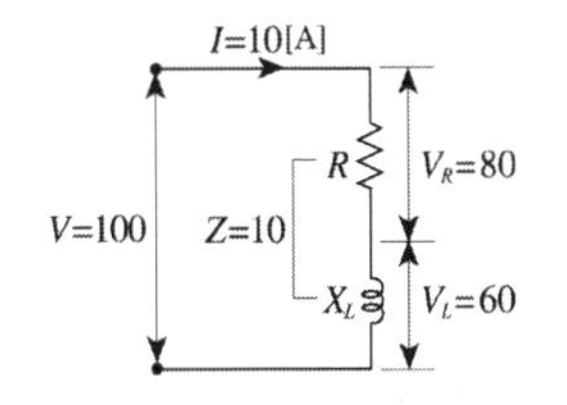

문제 06 **4[Ω]의 저항과 8[mH]의 인덕턴스가 직렬로 접속된 회로에 $f=60$[Hz], $E=100$[V]의 교류전압을 가하면 전류는 몇 [A]인가?**

㉮ 약 20[A]　　㉯ 약 25[A]
㉰ 약 24[A]　　㉱ 약 12[A]

해설 $R-L$ 직렬회로

유도성 리액턴스 $X_L=2\pi fL=2\pi\times60\times8\times10^{-3}=3[\Omega]$

임피던스 $Z=\sqrt{R^2+X_L{}^2}=\sqrt{4^2+3^2}=5[\Omega]$

전류 $I=\dfrac{E}{Z}=\dfrac{E}{\sqrt{R^2+X_L{}^2}}=\dfrac{100}{\sqrt{4^2+3^2}}=20[A]$

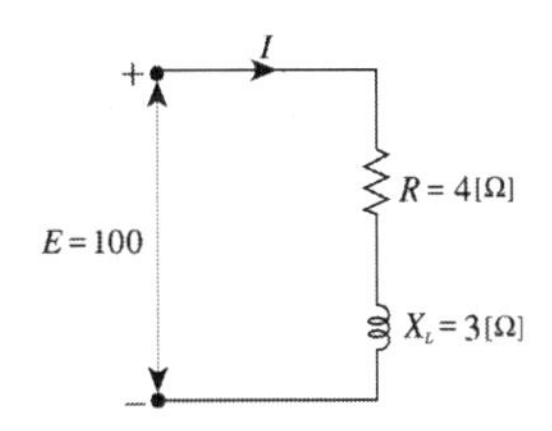

문제 07 **$R-L-C$ 직렬회로의 합성임피던스[Ω]는?**

㉮ $\sqrt{\dfrac{1}{R^2}+(\omega L-\dfrac{1}{\omega C})^2}$　　㉯ $\sqrt{R^2+(\dfrac{1}{\omega L}-\omega C)^2}$

㉰ $\sqrt{\dfrac{1}{R^2}+(\dfrac{1}{\omega L}-\omega C)^2}$　　㉱ $\sqrt{R^2+(\omega L-\dfrac{1}{\omega C})^2}$

해설 $R-L-C$ 직렬회로

합성임피던스 $Z=R+j(\omega L-\dfrac{1}{\omega C})=\sqrt{R^2+(\omega L-\dfrac{1}{\omega C})^2}\,[\Omega]$

문제 08 **저항 6[Ω], 유도리액턴스 2[Ω], 용량리액턴스 10[Ω]인 직렬회로의 임피던스는 얼마인가?**

㉮ 5　　㉯ 10
㉰ 15　　㉱ 20

해설 $R-L-C$ 직렬회로

임피던스 $Z=\sqrt{R^2+(X_L-X_C)^2}=\sqrt{6^2+(2-10)^2}=10[\Omega]$

정답 05. ㉰ 06. ㉮ 07. ㉱ 08. ㉯

문제 **09**

저항 16[Ω], 유도리액턴스 2[Ω], 용량리액턴스 14[Ω]인 직렬회로의 임피던스는 몇 [Ω]인가?

㉮ 5　　　　㉯ 10

㉰ 15　　　　㉱ 20

 $R-L-C$ 직렬회로

$Z=\sqrt{16^2+(2-14)^2}=20[\Omega]$

문제 **10**

$R=100[\Omega]$, $C=30[\mu F]$의 직렬회로에 $f=60[Hz]$, $V=100[V]$의 교류전압을 가할 때 C의 용량리액턴스[Ω]는?

㉮ 67.4　　　　㉯ 77.5

㉰ 88.4　　　　㉱ 97.4

 용량성 리액턴스 X_C

$X_C=\dfrac{1}{2\pi fC}=\dfrac{1}{2\pi\times60\times30\times10^{-6}}\fallingdotseq 88.4[\Omega]$

문제 **11**

6[Ω]의 저항에 어떤 교류전압을 가하면 10[A]의 전류가 흐른다. 여기에 용량리액턴스 X를 직렬로 접속하여 같은 전압을 가했더니 6[A]로 전류가 감소하였다. 용량리액턴스 X는 몇 [Ω]인가?

㉮ 4　　　　㉯ 6

㉰ 8　　　　㉱ 10

 전압 $V=IR=10\times6=60[V]$

임피던스 $Z=\dfrac{V}{I}=\dfrac{60}{6}=10[\Omega]$　　$\therefore\ Z=\sqrt{R^2+X_C{}^2}$ 에서

용량성 리액턴스 $X_C=\sqrt{Z^2-R^2}=\sqrt{10^2-6^2}=8[\Omega]$

문제 **12**

그림과 같은 회로에 10[A]의 전류가 흐르게 하려면 a, b 양단에 가할 전압은 몇[V]인가?

㉮ 60

㉯ 80

㉰ 100

㉱ 120

a 10[A] 8[Ω] 6[Ω] b

 임피던스 $Z=\sqrt{R^2+X_C{}^2}=\sqrt{8^2+6^2}=10[\Omega]$

$\therefore$ 전압 $V=I\cdot Z=10\times10=100[V]$

정답 09. ㉱ 10. ㉰ 11. ㉰ 12. ㉰

문제 **13** $R=3[\Omega]$, $X_C=4[\Omega]$이 직렬로 접속된 회로에 $I=12$[A]의 전류를 통할 때의 전압[V]은?

㉮ $25+j30$　　㉯ $25-j$

㉰ $36-j48$　　㉱ $36+j48$

임피던스 $Z=R-jX_C=3-j4[\Omega]$

전압 $V=IZ=12(3-j4)=36-j48[\text{V}]$

문제 **14** 4$Z=4+j3[\Omega]$의 임피던스에 $V=10$[V]의 전압을 가할 때 흐르는 전류 I[A]는 얼마인가?

㉮ $1.6+j1.2$　　㉯ $1.2-j1.6$

㉰ $1.6-j1.2$　　㉱ $1.2+j1.6$

$R-L$ 직렬회로

전류 $I=\dfrac{V}{Z}=\dfrac{10}{4+j3}=\dfrac{10(4-j3)}{(4+j3)(4-j3)}=1.6-j1.2[\text{A}]$

문제 **15** 어떤 회로에 100[V]의 교류전압을 가하면 $I=4+j3$[A]의 전류가 흐른다. 이 회로의 임피던스[Ω]는?

㉮ $4-j3$　　㉯ $4+j3$

㉰ $16-j12$　　㉱ $16+j12$

임피던스 Z

$Z=\dfrac{E}{I}=\dfrac{100}{4+j3}=\dfrac{100(4-j3)}{(4+j3)(4-j3)}=\dfrac{400-j300}{4^2+3^2}=16-j12[\Omega]$

정답 13. ㉰ 14. ㉰ 15. ㉰

(4) $R-L$ 병렬회로

부하 종류	내 용
병렬부하	어드미턴스 $Y=$컨덕턴스 $G\left(\frac{1}{R}\text{값}\right)+$서셉턴스 $B\left(\frac{1}{X}\text{값}\right)$ [℧]
직렬부하	임피던스 $Z=$저항 $R+j$리액턴스 $X[\Omega]$ → $Y=\frac{1}{Z}$값

① **어드미턴스** $Y=\frac{1}{R}-j\frac{1}{X_L}$

크기 $|Y|=\sqrt{\frac{1}{R^2}+\frac{1}{{X_L}^2}}$ [℧]

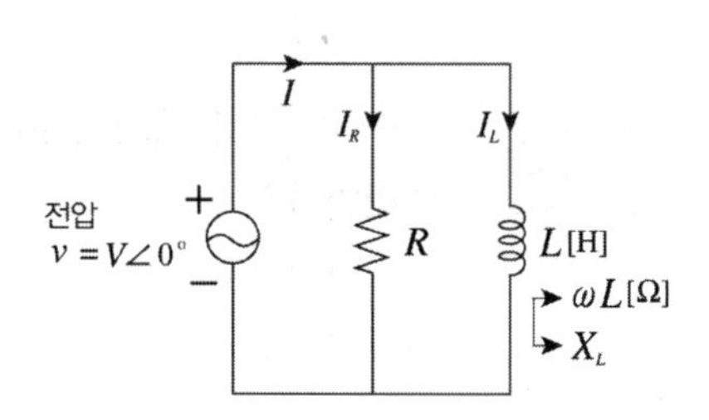

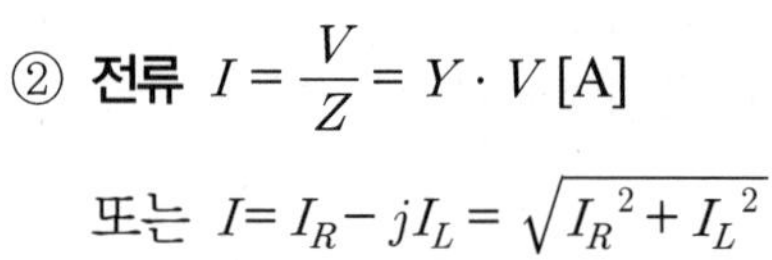

② **전류** $I=\frac{V}{Z}=Y\cdot V$ [A]

또는 $I=I_R-jI_L=\sqrt{{I_R}^2+{I_L}^2}$

③ **역률** $\cos\theta=\frac{X_L}{\sqrt{R^2+{X_L}^2}}$

무효율 $\sin\theta=\frac{R}{\sqrt{R^2+{X_L}^2}}$

(5) $R-C$ 병렬회로

① **어드미턴스** $Y=\frac{1}{R}+j\frac{1}{X_C}$ [℧]

크기 $|Y|=\sqrt{\frac{1}{R^2}+\frac{1}{{X_C}^2}}$

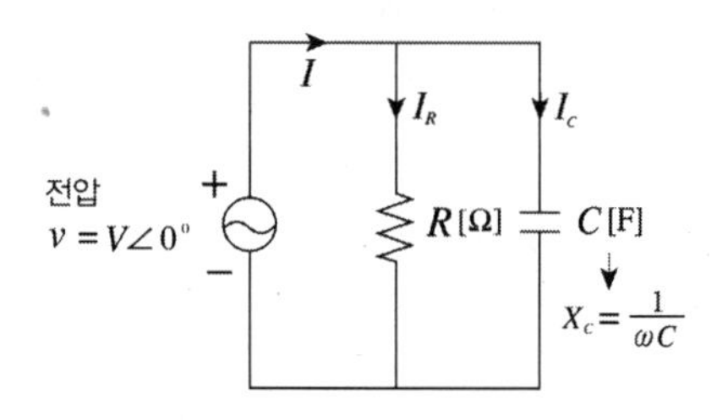

② **전류** $I=Y\cdot V$ [A]

또는 $I=I_R+jI_C=\sqrt{{I_R}^2+{I_C}^2}$

③ **역률** $\cos\theta=\frac{X_C}{\sqrt{R^2+{X_C}^2}}$

무효율 $\sin\theta=\frac{R}{\sqrt{R^2+{X_C}^2}}$

(6) $R-L-C$ 직렬공진회로

전압과 전류가 동위상인 회로(① 허수부=0, ② 역률 $\cos\theta=1$)

임피던스 $Z=R+j(\omega L-\frac{1}{\omega C})[\Omega]$

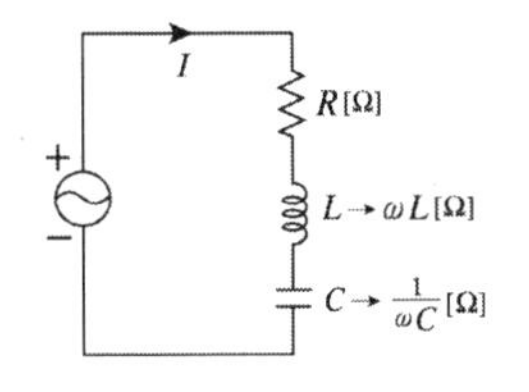

① **공진조건** : 허수부=0

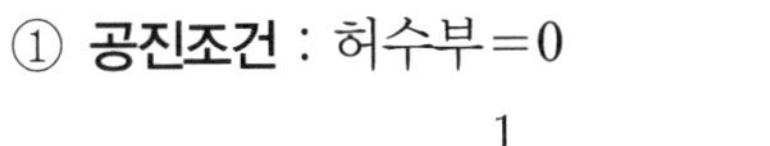

$$\omega L-\frac{1}{\omega C}=0 \rightarrow \omega^2 LC=1$$

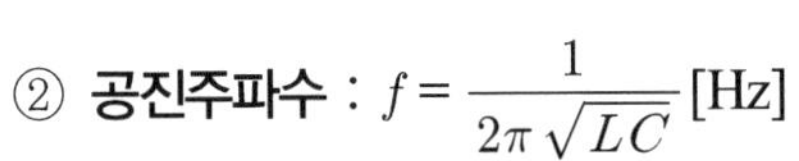

② **공진주파수** : $f=\frac{1}{2\pi\sqrt{LC}}[\text{Hz}]$

③ **공진효과**

- 최소 : 임피던스 $Z=R+j\times 0=R$
- 최대 : 전류 $I=\frac{V}{R}$(과전류 발생)

제4장 → 교류회로

실전문제

문제 01 **임피던스의 역수는?**

㉮ 어드미턴스 ㉯ 컨덕턴스
㉰ 서셉턴스 ㉱ 인덕턴스

해설 임피던스 $Z=R+jX[\Omega]$

어드미턴스 $Y\left(\frac{1}{Z}\right)=$컨덕턴스 $G\left(\frac{1}{R}\text{값}\right)+j$ 서셉턴스 $B\left(\frac{1}{X}\text{값}\right)[\mho]$

문제 02 **$R-L-C$ 직렬회로에서 직렬 공진조건은?**

㉮ $\omega L=\omega C$ ㉯ $\omega L=\frac{1}{\omega C}=0$

㉰ $\omega L=\frac{1}{\omega C}$ ㉱ $\omega L=\omega^2 LC$

 공진

공진조건 : 허수부 = 0 → $X_L=X_C$ 이므로 $\omega L=\frac{1}{\omega C}$ → $\omega^2 LC=1$

문제 03 **$R-L-C$ 직렬회로에서 직렬공진인 경우 전압과 전류의 위상관계는 어떻게 되는가?**

㉮ 전류가 전압보다 $\frac{\pi}{2}$[rad] 앞선다.
㉯ 전류가 전압보다 $\frac{\pi}{2}$[rad] 뒤진다.
㉰ 전류가 전압보다 π[rad] 앞선다.
㉱ 전류와 전압은 동상이다.

해설 공진회로

임피던스 $Z=R[\Omega]$이므로 동위상이다.

문제 04 **$R-L-C$ 직렬회로에서 임피던스가 최소가 되기 위한 조건은?**

㉮ $\omega L+\frac{1}{\omega C}=1$ ㉯ $\omega L+\frac{1}{\omega C}=1$

㉰ $\omega L-\frac{1}{\omega C}=1$ ㉱ $\omega L-\frac{1}{\omega C}=0$

정답 01. ㉮ 02. ㉰ 03. ㉱ 04. ㉱

전기이론

공진조건

Z의 허수부$=0$ → $\omega L-\frac{1}{\omega C}=0$ → $\omega L=\frac{1}{\omega C}$

문제 05

직렬공진시 최대가 되는 것은?

㉮ 전류 ㉯ 임피던스

㉰ 리액턴스 ㉱ 저항

직렬공진시 효과

- 최소 : 임피던스 $Z=R+0\times j=R[\Omega]$
- 최대 : 전류 $I=\frac{V}{R}$(과전류↑)

문제 06

$R-L-C$ 직렬회로에서 전압과 전류가 동위상이 되기 위한 조건은?

㉮ $\omega L^2C^2=1$ ㉯ $\omega^2LC=1$

㉰ $\omega LC=1$ ㉱ $\omega=\omega LC$

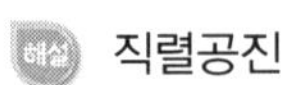

직렬공진

직렬공진 조건 : $\omega L=\frac{1}{\omega C}$ → $\therefore\ \omega^2LC=1$

문제 07

저항 $R=5[\Omega]$, 자체인덕턴스 $L=30[\text{mH}]$, 정전용량 $c=100[\mu\text{F}]$의 직렬회로에서 공진주파수 f는 얼마인가?

㉮ 약 90[Hz] ㉯ 약 92[Hz]

㉰ 약 94[Hz] ㉱ 약 96[Hz]

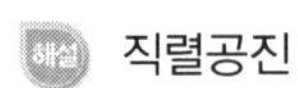

직렬공진

공진주파수 $f=\frac{1}{2\pi\sqrt{LC}}=\frac{1}{2\pi\sqrt{30\times10^{-3}\times100\times10^{-6}}}\fallingdotseq 92[\text{Hz}]$

문제 08

직렬공진회로에서 회로의 리액턴스는 공진주파수 f_r보다 낮은 주파수에서는?

㉮ 유도성이다. ㉯ 용량성이다.

㉰ 무유도성이다. ㉱ 저항성이다.

정답 05. ㉮ 06. ㉯ 07. ㉯ 08. ㉯

문제 09 RLC 직렬회로의 제n고조파의 공진주파수[Hz]는?

㉮ $\dfrac{n}{2\pi\sqrt{LC}}$　　㉯ $\dfrac{2\pi}{n\sqrt{LC}}$

㉰ $\dfrac{\pi}{2n\sqrt{LC}}$　　㉱ $\dfrac{1}{2\pi n\sqrt{LC}}$

해설 n고조파 공진주파수 f_n

공진 : 허수부$=0$ $\rightarrow$ $n\omega L=\dfrac{1}{n\omega C}$ $\rightarrow$ $n^2\omega^2LC \rightarrow f_n=\dfrac{1}{2\pi n\sqrt{LC}}$[Hz]

문제 10 저항 R과 유도 리액턴스 X_L이 병렬로 연결된 회로의 임피던스는?

㉮ $\dfrac{R}{\sqrt{R^2+X_L^{\ 2}}}$　　㉯ $\dfrac{X_L}{\sqrt{R^2+X_L^{\ 2}}}$

㉰ $\dfrac{1}{\sqrt{R^2+X_L^{\ 2}}}$　　㉱ $\dfrac{RX_L}{\sqrt{R^2+X_L^{\ 2}}}$

해설 $R-L$ 병렬

임피던스 $Z=\dfrac{R\times jX_L}{R+jX_L}=\dfrac{RX_L}{\sqrt{R^2+X_L^{\ 2}}}[\Omega]$

문제 11 $R=3[\Omega]$, $X=4[\Omega]$의 병렬회로의 역률은?

㉮ 0.4　　㉯ 0.6

㉰ 0.8　　㉱ 1.0

해설 $R-L$ 병렬회로

역률 $\cos\theta=\dfrac{X}{\sqrt{R^2+X^2}}=\dfrac{4}{\sqrt{3^2+4^2}}=0.8$

문제 12 저항 6[Ω], 용량성 리액턴스 4[Ω]이 병렬로 접속된 회로의 임피던스는?

㉮ 약 10[Ω]　　㉯ 약 5[Ω]

㉰ 약 3.3[Ω]　　㉱ 약 4.4[Ω]

해설 $R-C$ 병렬회로

풀이1) $Z=\dfrac{R\cdot X_C}{\sqrt{R^2+X_C^{\ 2}}}=\dfrac{6\times4}{\sqrt{6^2+4^2}}\fallingdotseq 3.3[\Omega]$

풀이2) $Z=\dfrac{1}{Y}=\dfrac{1}{\sqrt{\dfrac{1}{R^2}+\dfrac{1}{X_C^{\ 2}}}}=\dfrac{1}{\sqrt{\dfrac{1}{6^2}+\dfrac{1}{4^2}}}=3.3[\Omega]$

정답 09. ㉱ 10. ㉱ 11. ㉰ 12. ㉰

문제 **13** **그림에서 임피던스는 Z_1에 흐르는 전류 I[A]는?**

㉮ $I_1 = \dfrac{Z_1}{Z_1 + Z_2} I$

㉯ $I_1 = \dfrac{Z_2}{Z_1 + Z_2} I$

㉰ $I_1 = \dfrac{Z_1 Z_2}{Z_1 + Z_2} I$

㉱ $I_1 = \dfrac{1}{Z_1 + Z_2} I$

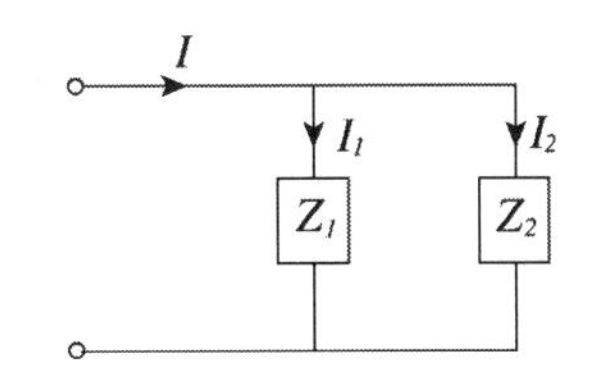

해설 병렬회로 전류분배식 적용

$I_1 = \dfrac{Z_2}{Z_1 + Z_2} I\,[\mathrm{A}],\quad I_2 = \dfrac{Z_1}{Z_1 + Z_2} I\,[\mathrm{A}]$

문제 **14** **인덕턴스와 콘덴서가 병렬공진되었을 때 임피던스는?**

㉮ 무한값이다.
㉯ 0이다.
㉰ 유한값이다.
㉱ 공진주파수에 따라 변한다.

해설 병렬공진 효과

어드미턴스 $Y = \dfrac{1}{R} + j(\omega C - \dfrac{1}{\omega L})\,[\mho]$ → 허수부=0

① 어드미턴스 Y(최소)$= \dfrac{1}{R}$

② 전류I(최소)$= Y \cdot V$ [A]

문제 **15** **병렬공진회로에서 회로의 리액턴스는 공진주파수 f_r보다 낮은 주파수에서는?**

㉮ 유도성이다.
㉯ 용량성이다.
㉰ 무유도성이다.
㉱ 저항성이다.

해설 병렬공진

$f < f_r$일 때 : 유도성

$f > f_r$일 때 : 용량성(직렬과 반대)

정답 13. ㉯ 14. ㉮ 15. ㉮

5 단상(1ϕ) 교류의 전력

용어

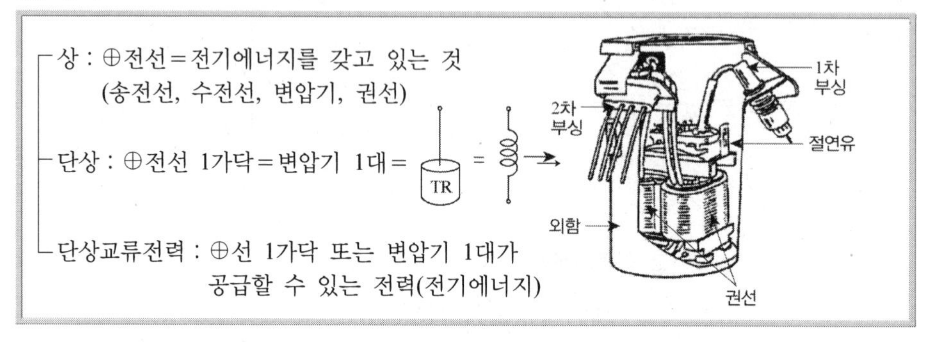

(1) 유효(소비, 평균)전력 P[W]

① **정의** : 저항 R이 소비하는 전력(일하는 전기)

② **공식** : $P= VI\cos\theta = I^2R = \dfrac{V^2}{R}$[W] $= \sqrt{P_a^{\,2} - P_r^{\,2}}$

적용 방법	역률($\cos\theta$)이 주어진 경우	역률($\cos\theta$)이 안 주어진 경우	다른 전력값이 주어진 경우
사용 공식 P	$= VI\cos\theta$	$= I^2R$ 또는 $\dfrac{V^2}{R}$	$= \sqrt{P_a^2 - P_r^2}$ [W]

- V와 I는 실효값 적용, 전압과 전류의 위상차 θ ＝전압위상－전류위상
- 무효율 $\sin\theta$ 주어진 경우 : 역률 $\cos\theta = \sqrt{1-\sin^2\theta}$

(2) 무효전력(reactive power) P_r [Var]

① **정의** : 코일 L 또는 콘덴서 C가 소비하는 전력(일하지 않는 전기)

② **공식** : $P_r = VI\sin\theta = I^2X = \dfrac{V^2}{X}$[Var]

$$= P_a \sin = \frac{P}{\cos\theta} \times \sin\theta = \sqrt{P_a^{\,2} - P^2}$$

적용 방법	무역률($\sin\theta$)이 주어진 경우	무역률($\sin\theta$)이 안 주어진 경우	다른 전력값이 주어진 경우
사용 공식 P_r	$= VI\sin\theta$	$= I^2X$ 또는 $\dfrac{V^2}{X}$	$= \sqrt{P_a^2 - P^2}$ [Var]

- V와 I는 실효값 적용, 전압과 전류의 위상차 θ ＝전압위상－전류위상
- 역률 $\cos\theta$가 주어진 경우 : 무효율 $\sin\theta = \sqrt{1-\cos^2\theta}$

(3) 피상전력(apparent power) P_a[VA]

① **정의** : 임피던스 Z가 소비하는 전력

② **공식**

기본식	$P_a = VI = I^2Z = \frac{V^2}{Z}$[VA]
타전력 이용식	$P_a =$ 유효전력 $P + j$무효전력 $P_r = \sqrt{P^2+P_r^2} = \frac{P}{\cos\theta}$

(4) 역률(전기가 일을 하는 정도 값) $\cos\theta$

유형	직렬인 경우	병렬인 경우	단상전력인 경우
역률 $\cos\theta$ 식	$\frac{\text{실수 } R}{\text{임피던스 } \lvert Z\rvert}$	$\frac{\text{실수 } G}{\text{어드미턴스 } \lvert Y\rvert}$	$\frac{\text{유효전력 } P}{\text{피상전력 } P_a} = \frac{P}{\sqrt{P^2+P_r^2}}$

key point 정리

전력의 종류	식	직렬회로	병렬회로	단위	응용 문제식
유효전력	$P = VI\cos\theta$	$= I^2R$	$= \frac{V^2}{R}$	[W]	$= \sqrt{P_a^2 - P_r^2}$
무효전력	$P_r = VI\sin\theta = \frac{P}{\cos\theta} \times \sin\theta$	$= I^2X$	$= \frac{V^2}{X}$	[Var]	$= \sqrt{P_a^2 - P^2}$
피상전력	$P_a = VI = \frac{P}{\cos\theta}$	$= I^2Z$	$= \frac{V^2}{Z}$	[VA]	$= \sqrt{P^2 + P_r^2}$

제4장 → 교류회로

실전문제

문제 01 피상전력이 500[kVA], 유효전력이 300[kW]일 때 역률은?

㉮ 0.5　　㉯ 0.6

㉰ 0.85　　㉱ 1.33

해설 역률 $\cos\theta = \frac{P}{P_a} = \frac{300}{500} = 0.6$

문제 02 역률 80[%]의 부하의 유효전력이 80[kW]이면 무효전력 P_r은 몇 [kVAR]인가?

㉮ 60　　㉯ 40

㉰ 100　　㉱ 80

해설 전력

피상전력 $P_a = \frac{P}{\cos\theta} = \frac{80}{0.8} = 100[\text{kVA}]$

무효율 $\sin\theta = \sqrt{1-\cos^2\theta} = \sqrt{1-0.8^2} = 0.6$

∴ 무효전력 $P_r = P_a \cdot \sin\theta = 100 \times 0.6 = 60[\text{kVA}]$

문제 03 전력측정에서 전력을 관계식으로 표현할 때 단상 유효전력은?

㉮ $P = VI$[W]　　㉯ $P = VI\cos\theta$[W]

㉰ $Q = VI\ \sin\theta$[Var]　　㉱ $K = VI$[VA]

문제 04 전원이 전압 100[V]에 소형전동기를 접속하였더니 2.5[A]의 전류가 흘렀다. 이때의 역률이 75%이었다. 전동기의 소비전력은?

㉮ 250[W]　　㉯ 25.5[W]

㉰ 187.5[W]　　㉱ 40[W]

해설 유효전력 $P = VI\cos\theta = 100 \times 2.5 \times 0.75 = 187.5[\text{W}]$

문제 05 100[V]의 단상전동기를 입력 200[W], 역률 80[%]로 운전하고 있을 때의 전류는?

㉮ 3.0[A]　　㉯ 2.0[A]

㉰ 1.6[A]　　㉱ 2.5[A]

정답 01. ㉯ 02. ㉮ 03. ㉯ 04. ㉰ 05. ㉱

 유효전력 $P = VI\cos\theta$[W]

$\therefore$ 전류 $I = \dfrac{P}{V\cos\theta} = \dfrac{200}{100 \times 0.8} = 2.5$[A]

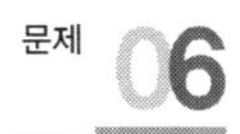

전압 $v = 100\sqrt{2}\sin\omega t$[V]가 인가된 회로에 전류 $i = 20\sin(\omega t - 30°)$[A]가 흐를 때 소비전력[W]은?

㉮ 500　　㉯ 866
㉰ 1,000　　㉱ 1,225

 유효전력 $P = VI\cos\theta = 100 \times \dfrac{20}{\sqrt{2}} \times \cos 30° = 1225$[W]

※ 전압과 전류의 위상차 $\theta =$ 전압위상$(0) -$ 전류위상$(-30°) = 30°$

문제 07

저항 R, 리액턴스 X의 직렬회로에 전압 E를 가했을 때 유효전력[W]은?

㉮ $\dfrac{E^2 R}{R^2 + X^2}$　　㉯ $\dfrac{E^2 X}{R^2 + X^2}$
㉰ $\dfrac{E^2 R}{R + X}$　　㉱ $\dfrac{E^2 X}{R \times X}$

 $R-L$ 직렬시 유효전력 P

유효전력 $P = I^2 R = \left(\dfrac{E}{\sqrt{R^2 + X^2}}\right)^2 \times R = \dfrac{E^2 R}{R^2 + X^2}$[W]

역률이 70[%]인 부하에 전압 80[V]를 가해서 전류 4[A]가 흘렀다. 이 부하의 유효전력은 얼마인가?

㉮ 36[W]　　㉯ 160[W]
㉰ 224[W]　　㉱ 320[W]

 유효전력 $P = VI\cos\theta = 80 \times 4 \times 0.7 = 224$[W]

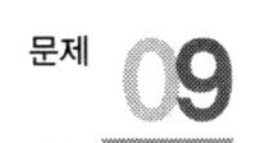

단상 교류전력을 측정하기 위한 방법 중 틀린 것은?

㉮ 3전압계법　　㉯ 3전류계법
㉰ 3전력계법　　㉱ 단상 전력계법

정답 06. ㉱ 07. ㉮ 08. ㉰ 09. ㉰

문제 **10** **단상 교류부하의 역률을 측정하는 데 필요한 계기 설치는?**

㉮ 전압계, 전류계, 전력계　　㉯ 주파수계, 전압계, 전력계
㉰ 전압계, 전류계, 회로계　　㉱ 전압계, 전류계, 절연저항계

문제 **11** $R-L$ **직렬회로에서 임피던스** $Z=3+j4[\Omega]$**이다. 이 회로에 교류100[V]를 가할 때 유효전력은 얼마인가?**

㉮ 1200[W]　　㉯ 1600[W]
㉰ 2000[W]　　㉱ 2500[W]

해설 유효전력 P

전류 $I=\frac{V}{Z}=\frac{100}{3+j4}=\frac{100}{\sqrt{3^2+4^2}}=\frac{100}{5}=20[A]$

$\therefore$ 유효전력 $P=I^2R=20^2\times 3=1200[W]$

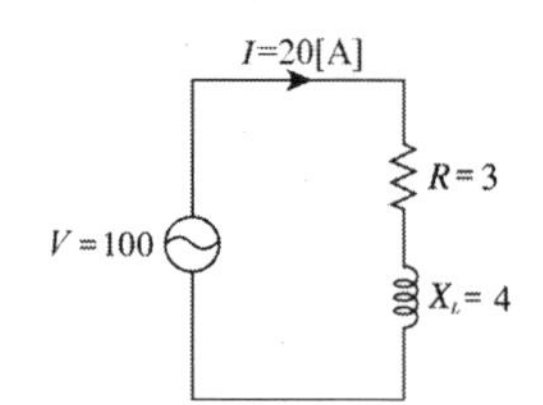

정답 10. ㉮ 11. ㉮

6 3상 교류

용어

┌ 상 : ⊕전선 = 전기에너지를 갖고 있는 것(송전선, 수전선, 변압기, 권선)
└ 3상 : +전선 3가닥 = 변압기 3대 = (코일) + (코일) + (코일)

$\frac{2}{3}\pi$[rad](120°) 만큼씩의 위상차를 가지며 크기가 같은 3개의 사인파 전압이 발생한다. 이를 3상 교류라 한다.

(1) 3상 교류의 순시값 표시(순시값의 합=0)

대칭 3상 교류 특징	대칭 3상 벡터도
① 3상의크기와 주파수가 같다. ② 상차(위상)가 120° $\left[=\frac{2}{3}\pi\right]$의 간격이다.	c상 전압 V_c 120° a상 전압 V_a 120° 120° b상 전압 V_b

a상 전압 $v_a = \sqrt{2}\,V\sin\omega t$[V]

b상 전압 $v_b = \sqrt{2}\,V\sin(\omega t - \frac{2}{3}\pi)$[V]

c상 전압 $v_a = \sqrt{2}\,V\sin(\omega t - \frac{4}{3}\pi)$[V]

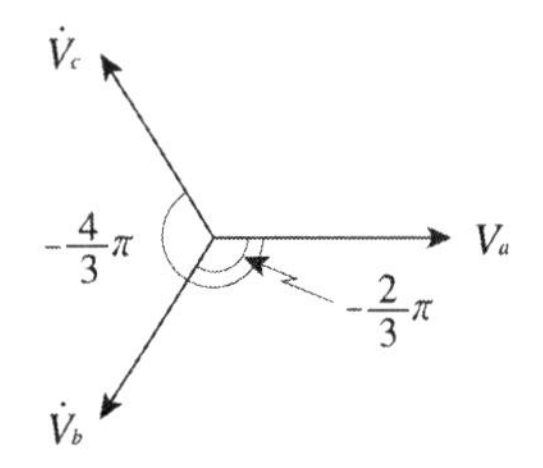

(2) 3상 결선

1) Y결선(성형결선)

┌ 선간전압 $V_L = \sqrt{3} \times V_P \angle +30°$
└ 선전류 I_l =상전류 I_P

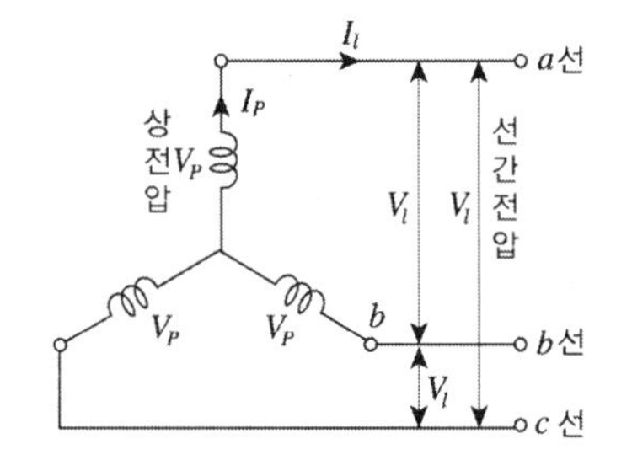

• 선전류 계산(기준 : 한상분의 부하에 흐르는 전류 계산)

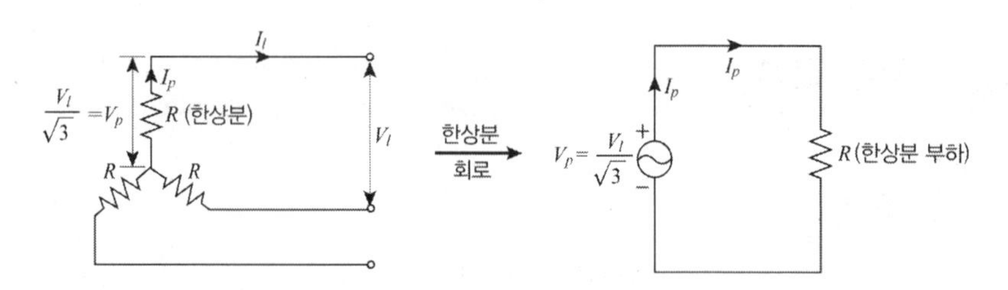

★ 선전류 I_l = 상전류 I_P(한상분 전류) $= \dfrac{V_P}{R} = \dfrac{V_l/\sqrt{3}}{R} = \dfrac{V_l}{\sqrt{3}\,R}$[A]

2) Δ결선(환상 결선)

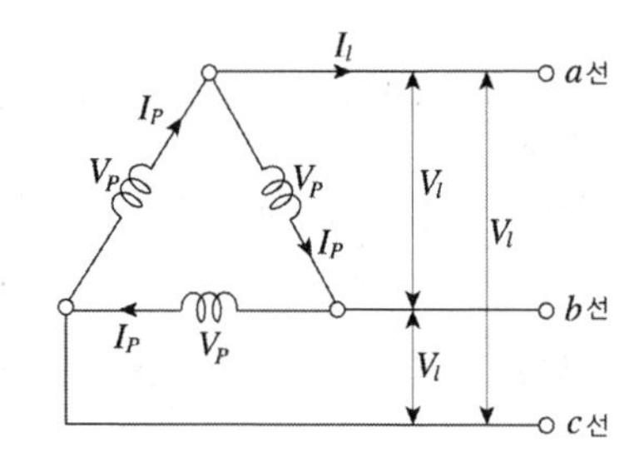

- 선간전압 V_L =상전압 V_P [V]
- 선전류 $I_l = \sqrt{3} \cdot I_P \angle -30°$

• 선전류 I_l 계산(기준 : 한상분의 부하에 흐르는 전류 계산)

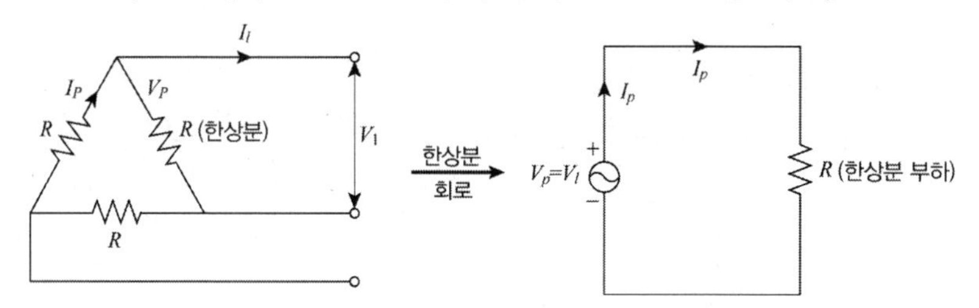

★ 선전류 $I_l = \sqrt{3}\,I_p$(한상분 전류) $= \sqrt{3} \times \dfrac{V_p}{R} = \dfrac{\sqrt{3}\,V_l}{R}$[A]

3) V결선

① $\Delta-\Delta$결선 운전 중 1대의 변압기가 고장이 나면 제거하고 남은 2대의 변압기를 이용하여 3상 변압을 계속하는 방식

② V결선의 이용률 : $\dfrac{\sqrt{3}\,V_2 I_2}{2\,V_2 I_2} = \dfrac{\sqrt{3}}{2} = 0.866$ 즉, 86.6[%]

③ V결선 출력비 : $\dfrac{\sqrt{3}}{3\text{대}} = 0.577 \times 100\% = 57.7$[%]

제4장 → 교류회로

실전문제

문제 01

대칭 3상 교류의 순시값의 합은?

㉮ 0[V] ㉯ 50[V]
㉰ 115[V] ㉱ 220[V]

해설 대칭 3상 전압합 $V = V_a + V_b + V_c = 0$[V]

문제 02

평형 3상 Y결선의 상전압과 선간전압과의 관계는 어떻게 되는가?

㉮ 서로 같다. ㉯ 선간전압 = $\sqrt{3}$ × 상전압
㉰ 선간전압 = 3 × 상전압 ㉱ 상전압 = $\sqrt{3}$ × 선간전압

해설 3상 Y결선
선간전압 $V_l = \sqrt{3} \times$ 상전압 $V_P \angle +30°$
선전류 $I_l =$ 상전류 I_P

상전압이 173[V]인 3상 평형 Y결선인 교류전압의 선간전압의 크기는 몇 [V]인가?

㉮ 173 ㉯ 273
㉰ 200 ㉱ 300

해설 Y결선
선간전압 $V_L = \sqrt{3}\,V_P = \sqrt{3} \times 173 \fallingdotseq 300$[V]

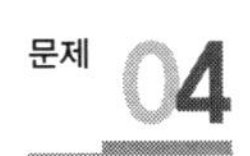

성형결선에서 상전압이 115[V]인 대칭 3상 교류의 선간전압은 약 얼마인가?

㉮ 115[V] ㉯ 150[V]
㉰ 200[V] ㉱ 225[V]

해설 Y결선
선간전압 $V_L = \sqrt{3} \cdot V_P = \sqrt{3} \times 115 \fallingdotseq 200$[V]

문제 05

정격전압 13.2[kV]의 전원 3개를 Y결선하여 3상 전원으로 할 때 이 전원의 정격전압[kV]은?

㉮ 22.9 ㉯ 13.2
㉰ 7.6 ㉱ 30

정답 01. ㉮ 02. ㉯ 03. ㉱ 04. ㉰ 05. ㉮

해설 Y결선

선간전압 $V_L = \sqrt{3}\, V_P = \sqrt{3} \times 13.2 \fallingdotseq 22.9$[kV]

문제 06

평형 3상 Y결선에서 선간전압과 상전압의 위상차는 몇 [rad]인가?

㉮ $\dfrac{2}{3}\pi$ ㉯ $\dfrac{\pi}{2}$

㉰ $\dfrac{\pi}{3}$ ㉱ $\dfrac{\pi}{6}$

해설 Y결선

선간전압 $V_l = \sqrt{3} \times$ 상전압 $V_P \angle +30°$ 또는 $\dfrac{\pi}{6}$

문제 07

이상적인 평형 Δ 전원에서 다음 중 옳은 것은?

㉮ 선전압의 크기 > 상전압의 크기

㉯ 선전압의 크기 = 상전압의 크기

㉰ 선전압의 크기 < 상전압의 크기

㉱ 선전압의 크기 ≧ 상전압의 크기

해설 Δ결선

선간전압 V_l =상전압 V_P

선전류 $I_l = \sqrt{3} \times$ 상전류 $I_P \angle -30°$

문제 08

평형 3상 Δ 결선의 상전류 I_P, 선전류 I_L과의 관계식은?

㉮ $I_P = I_L$ ㉯ $I_P = \sqrt{3}\, I_L$

㉰ $I_P = \dfrac{I_L}{\sqrt{3}}$ ㉱ $I_P = \dfrac{1}{3} I_L$

해설 Δ결선

선전류 $I_L = \sqrt{3} \times I_P \angle -30°$

상전류 $I_P = \dfrac{I_L}{\sqrt{3}} \angle +30°$

문제 09

대칭 3상 Δ 결선에 있어서 선전류와 상전류와의 위상관계는?

㉮ 선전류가 $\pi/3$[rad] 앞선다. ㉯ 상전류가 $\pi/3$[rad] 앞선다.

㉰ 선전류가 $\pi/6$[rad] 앞선다. ㉱ 상전류가 $\pi/6$[rad] 앞선다.

해설 Δ결선 : $I_l = \sqrt{3}\, I_P \angle -30°$ 이고 $I_P = \dfrac{I_L}{\sqrt{3}} \angle +30°$

Δ결선에는 상전류가 선전류보다 $\pi/6$[rad] 앞선다.

정답 06. ㉱ 07. ㉯ 08. ㉰ 09. ㉱

문제 **10** 대칭 3상 Y부하에서 각 상의 임피던스가 $3+j4[\Omega]$일 때 부하전류가 20[A]라면 이 부하의 선간전압은?

㉮ 181[V] ㉯ 167[V]
㉰ 173[V] ㉱ 278[V]

해설 Δ결선
선전류 $I_L = I_P$
상전압 $V_P = I_P \cdot Z = 20(3+j4) = 100[V]$
선간전압 $V_L = \sqrt{3} \cdot V_P = \sqrt{3} \times 100 \fallingdotseq 173[V]$

문제 **11** $Z = 8+j6[\Omega]$을 Y결선하여 3상 $200\sqrt{3}$[V]의 전원에 접속했다. 이때의 전력을 구하면?

㉮ $P=0.8[kW]$ ㉯ $P=20[kW]$
㉰ $P=12[kW]$ ㉱ $P=9.6[kW]$

해설 3상 유효전력 P
$P = \sqrt{3}\, V_L\, I_L \cos\theta = \sqrt{3} \times 200 \times \sqrt{3} \times 20 \times 0.8 \times 10^{-3} \fallingdotseq 9.6[kW]$

문제 **12** 그림과 같은 회로에서 대칭 3상 교류전압을 가했을 때 이 회로에 흐르는 선전류[A]는?

㉮ $\dfrac{10}{\sqrt{3}}$
㉯ 10
㉰ $10\sqrt{3}$
㉱ $20\sqrt{3}$

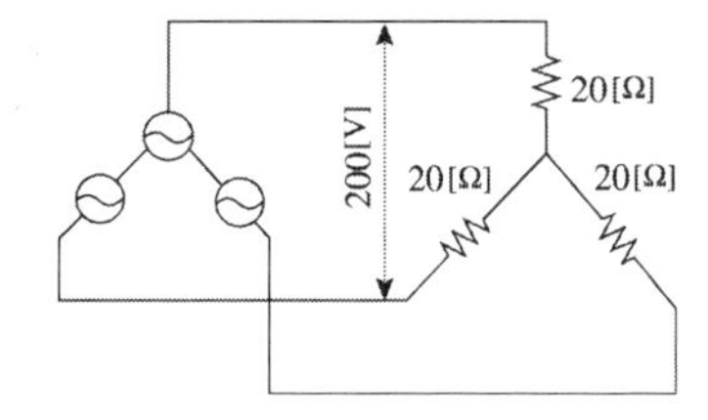

해설 Y결선
선간전압 $V_L = \sqrt{3}\, V_P$에서 상전압 $V_P = \dfrac{200}{\sqrt{3}}[V]$
선전류 I_l =상전류 I_p이므로
$\therefore$ 선전류 $I_l = \dfrac{V_P}{R} = \dfrac{\frac{200}{\sqrt{3}}}{20} = \dfrac{10}{\sqrt{3}}[A]$

문제 **13** 선간전압이 220[V]인 전원에 $Z=6+j8[\Omega]$의 부하를 Y결선으로 접속했을 때 선전류는?

㉮ 12.7[A] ㉯ 17.3[A]
㉰ 22[A] ㉱ 25.4[A]

정답 10. ㉰ 11. ㉱ 12. ㉮ 13. ㉮

 선전류 I_l = 상전류 $I_P = \frac{V_P}{Z} = \frac{V_l}{\sqrt{3}Z}$

$= \frac{220}{\sqrt{3}\times(6+j8)}$

$= \frac{220}{\sqrt{3}\times\sqrt{6^2+8^2}} = 12.7[A]$

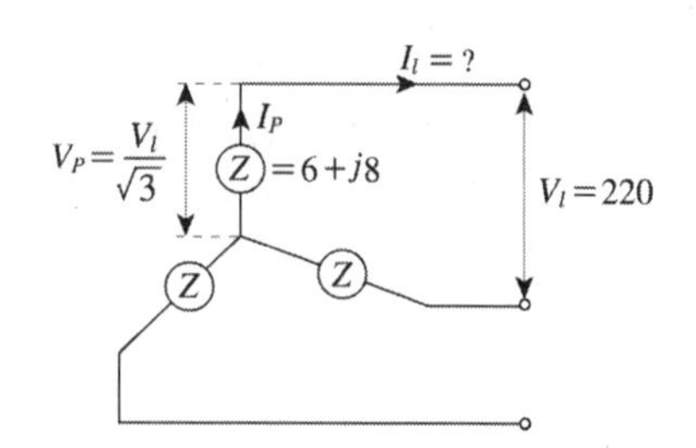

문제 **14** 상전압 200[V], 1상의 부하 임피던스 $Z = 8 + j6[\Omega]$인 Δ결선의 선전류[A]는?

㉮ 약 28.3 ㉯ 약 34.6
㉰ 약 40 ㉱ 약 20

해설 Δ결선

임피던스 $Z = \sqrt{8^2+6^2} = 10[\Omega]$

선전류 $I_L = \sqrt{3}I_P = \sqrt{3}\frac{V_P}{Z}$

$= \frac{200\sqrt{3}}{8+j6} = \frac{200\sqrt{3}}{\sqrt{8^2+6^2}} = 34.6[A]$

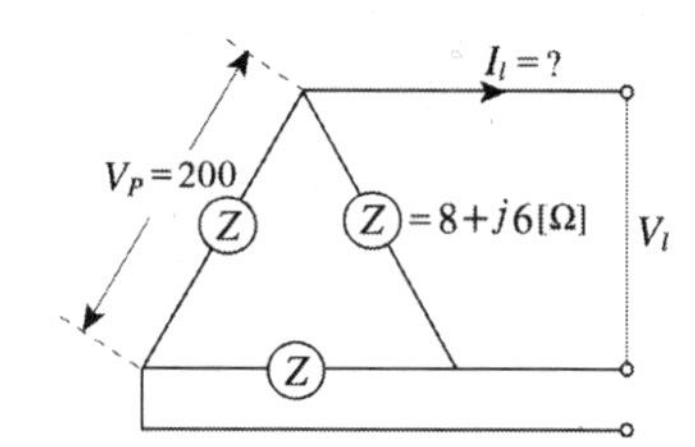

문제 **15** Δ결선의 전원이 있다. 선로의 전류가 30[A], 선간전압이 220[V]이다. 전원의 상전압 및 상전류는 각각 얼마인가?

㉮ 220[V], 30[A] ㉯ 127[V], 30[A]
㉰ 127[V], 17.3[A] ㉱ 220[V], 17.3[A]

 Δ결선

상전압 V_P = 선간전압 $V_l = 220[V]$, 선전류 $I_l = \sqrt{3}\times$상전류 I_P

상전류 $I_P = \frac{I_L}{\sqrt{3}} = \frac{30}{\sqrt{3}} \fallingdotseq 17.3[A]$

문제 **16** 13200/220[V], 20[kVA] 단상변압기 3대를 $\Delta-\Delta$로 접속하여 2차의 2선간에 단상전열기 부하를 연결하면 몇 [kW]까지 부하를 걸 수 있는가?

㉮ 20 ㉯ 30
㉰ 40 ㉱ 60

 3상 전력

전열기 부하는 $\cos\theta \fallingdotseq 1$이므로 부하전력(용량) = 3대 × 변압기 1대 용량 = 3×20 = 60[kW]

문제 **17** P[kVA]인 변압기 2대를 가지고 V결선으로 했을 경우 낼 수 있는 출력[kVA]은?

㉮ P ㉯ $\sqrt{3}P$
㉰ $2P$ ㉱ $3P$

정답 14. ㉯ 15. ㉱ 16. ㉱ 17. ㉯

해설 V결선시 출력 P_v

$P_v = \sqrt{3}\,VI$(변압기 1대 용량) $= \sqrt{3}P$ [kVA]

문제 18 V결선시 변압기의 이용률은 몇 [%]인가?

㉮ 57.7 ㉯ 70.7

㉰ 86.6 ㉱ 100

해설 V결선시 이용률

이용률 : $\frac{\sqrt{3}}{2대} \times 100\% = 86.6[\%]$

출력비 : $\frac{\sqrt{3}}{3대} \times 100\% = 57.7[\%]$

문제 19 Δ결선 변압기 1개가 고장으로 V결선으로 바꾸었을 때의 출력은 고장 전 출력의 몇 배인가?

㉮ $1/2$ ㉯ $\sqrt{3}/3$

㉰ $2/3$ ㉱ $\sqrt{3}/2$

해설 V결선

출력비 $= \frac{\sqrt{3}}{3대} = 0.577$

문제 20 평형 3상 회로에서 임피던스를 Δ에서 Y로 결선하면 소비전력은?

㉮ $1/3$배 ㉯ $1/\sqrt{3}$배

㉰ 3배 ㉱ $\sqrt{3}$배

문제 21 30[Ω]의 저항으로 Δ결선 회로를 만든 다음 그것을 다시 Y회로로 변환하면 한 변의 저항은?

㉮ 10[Ω] ㉯ 20[Ω]

㉰ 30[Ω] ㉱ 90[Ω]

해설 Δ결선 → Y결선 부하 변환

$30[\Omega] \xrightarrow{\times \frac{1}{3}배\ 적용} 30 \times \frac{1}{3} = 10[\Omega]$

문제 22 변압기를 Δ-Y결선했을 경우 1차와 2차 간의 전압위상차는?

㉮ 0° ㉯ 30°

㉰ 60° ㉱ 90°

정답 18. ㉰ 19. ㉯ 20. ㉮ 21. ㉮ 22. ㉯

(3) 3상 교류전력

⊕전선 3가닥 또는 변압기 3대가 공급할 수 있는 전력(전기에너지)

1) **유효전력** $P = 3V_P I_P \cos\theta = \sqrt{3}\, V_l I_l \cos\theta = 3I_P^2 R$[W]

적용방법	역률 $\cos\theta$가 주어진 경우	역률 $\cos\theta$가 안 주어진 경우
3상 유효전력	$P = \sqrt{3} \times$ 선간전압 $V_l \times$ 선전류 $I_l \times \cos\theta$	$P = 3I_P^2 R$[W]
단상 유효전력	$P =$ 실효전압 $V \times$ 실효전류 $I \times \cos\theta$	$P = I^2 R$[W]
직류인 경우	$P = VI = I^2 R = \dfrac{V^2}{R}$[W]	

2) **무효전력** $P_r = 3V_P I_P \sin\theta = \sqrt{3}\, V_l I_l \sin\theta = 3I_P^2 X$ [Var]

적용방법	무역률 $\sin\theta$가 주어진 경우	무역률 $\sin\theta$가 안 주어진 경우
3상 무효전력	$P_r = \sqrt{3}\, V_l I_l \sin\theta$	$P_r = 3I_P^2 X$ [Var]
단상 무효전력	$P_r = VI\sin\theta$	$P_r = I^2 X$ [Var]

3) **피상전력(변압기 용량)** $P_a = 3V_P I_P = \sqrt{3}\, V_l I_l = 3I_P^2 Z$[VA]

3상 피상전력	$P_a = \sqrt{3} \times$ 선간전압 $V_l \times$ 선전류 $I_l = 3I_P^2 Z$[VA]
단상 피상전력	$P_a =$ 실효값 전압 $V \times$ 실효값 전류 $I = I^2 Z$[VA]

4) **역률** $\cos\theta = \dfrac{P(\text{유효전력})}{P_a(\text{피상전력})} = \dfrac{P}{P + jP_r} = \dfrac{P}{\sqrt{P^2 + P_r^2}}$

5) **콘덴서 용량 Q 계산 방법**

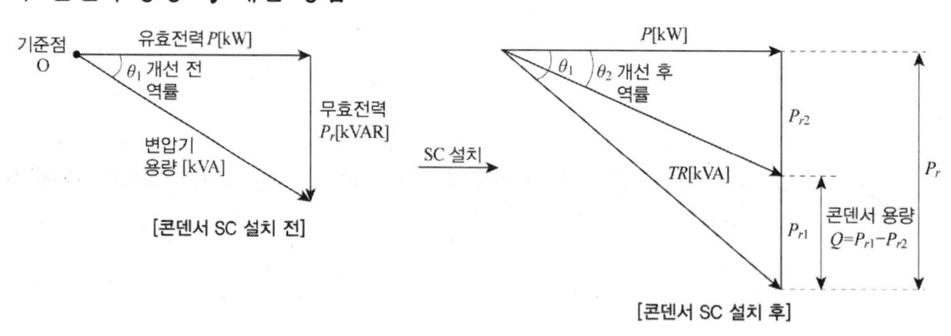

콘덴서 용량 $Q = P_{r1} - P_{r2} = P\tan\theta_1 - P\tan\theta_2$

$$\therefore Q = P\left(\frac{\sin\theta_1}{\cos\theta_1} - \frac{\sin\theta_2}{\cos\theta_2}\right) - P\left(\frac{\sqrt{1-\cos^2\theta_1}}{\cos\theta_1} - \frac{\sqrt{1-\cos^2\theta_2}}{\cos\theta_2}\right) \text{ [kVA]}$$

용어

설비(부하)용량 P[kW], 개선 전 역률 $\cos\theta_1$, 개선 후 역률 $\cos\theta_2$

(4) 3상 교류전력의 측정

1) 1전력계법

1대의 단상전력계로 3상 평형부하의 전력을 측정

2) 2전력계법

단상전력계 2대로 접속하여 3상 전력을 측정

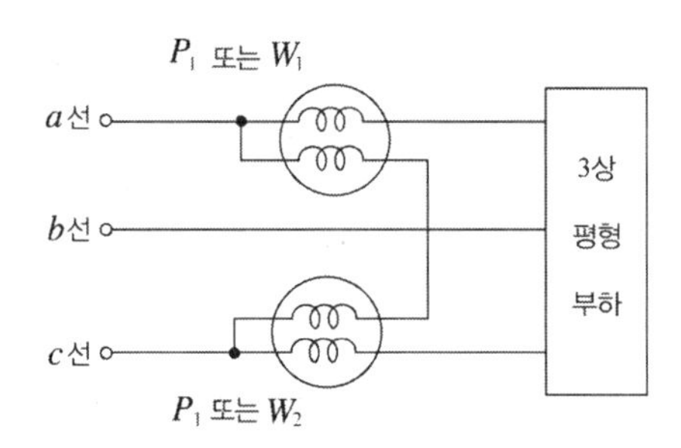

예 3상 유효전력 $P = W_1 + W_2$(W_1 , W_3 : 단상 전력계의 지시치)

① 유효전력 $P = P_1 + P_2 = \sqrt{3}\, VI\cos\theta$ [W]

② 무효전력 $P_r = \sqrt{3}(P_1 - P_2) = \sqrt{3}\, VI\sin\theta$ [Var]

③ 피상전력 $P_a = 2\sqrt{P_1^2 + P_2^2 - P_1 \cdot P_2} = \sqrt{P^2 + P_r^2}$ [VA]

④ 역률 $\cos\theta = \dfrac{P}{P_a} = \dfrac{P_1 + P_2}{2\sqrt{{P_1}^2 + {P_2}^2 - P_1 P_2}}$

| 과년도 |

역률 $\cos\theta$ 값	전력값	전력비
0.866일 때	$P_1 = 2P_2$인 경우	1 : 1인 경우
0.75일 때	$P_1 = 3P_2$인 경우	1 : 3인 경우
0.5일 때	$P_1 \neq 0$이고 $P_2 = 0$인 경우	

제4장 → 교류회로

실전문제

문제 01 3상 교류전력을 나타내는 식 중 옳은 것은?

㉮ $P=\sqrt{2}\times$(선간전압)$\times$(선전류)$\times$(역률)
㉯ $P=\sqrt{2}\times$(상전압)$\times$(상전류)$\times$(역률)
㉰ $P=\sqrt{3}\times$(상전압)$\times$(상전류)$\times$(역률)
㉱ $P=\sqrt{3}\times$(선간전압)$\times$(선전류)$\times$(역률)

문제 02 어떤 평형 3상 부하에 220[V]의 3상을 가하니 전류는 8.6[A]였다. 역률 0.8일 때 전력[W]은?

㉮ 2583　　㉯ 2979
㉰ 1778　　㉱ 5160

해설 3상 유효전력 P
$P=\sqrt{3}\,VI\cos\theta=\sqrt{3}\times220\times8.6\times0.8\fallingdotseq2583$[W]

문제 03 3상 평형부하의 전압이 200[V], 전류가 10[A]이고 역률은 0.8이다. 무효전력[Var]은?

㉮ 약 1732　　㉯ 약 1930
㉰ 약 2078　　㉱ 약 3021

해설 3상 무효전력 P_r
$P_r=\sqrt{3}\,VI\sin\theta=\sqrt{3}\times200\times10\times0.6=2078$[Var]
$\therefore$ 무효율 $\sin\theta=\sqrt{1-\cos\theta^2}=\sqrt{1-0.8^2}=0.6$

문제 04 어떤 공장의 3상 부하전압을 측정했을 때 선간전압 200[V], 소비전력 21[kW], 역률이 80[%]라고 한다. 이때 전류는 대략 얼마인가?

㉮ 58[A]　　㉯ 64[A]
㉰ 76[A]　　㉱ 131[A]

해설 3상 유효전력 P
$P=\sqrt{3}\,VI\cos\theta$ [W]
선전류 $I=\dfrac{P}{\sqrt{3}\,V\cos\theta}=\dfrac{21000}{\sqrt{3}\times200\times0.8}=76$[A]

정답 01. ㉱ 02. ㉮ 03. ㉰ 04. ㉰

전기이론

7 비정현파(비사인파)

(1) 푸리에 급수의 해석(푸리에 분석)

- 정의 : 전기는 무수히 많은 주파수 성분의 합으로 되어 있다.
- 전기값 : 비정현파 $f(t)=$ 직류분(평균치) + 기본파 + 고조파

$$=a_0+\sum_{n=1}^{\infty}a_n\cdot\cos n\omega t+\sum_{n=1}^{\infty}b_n\cdot\sin n\omega t$$

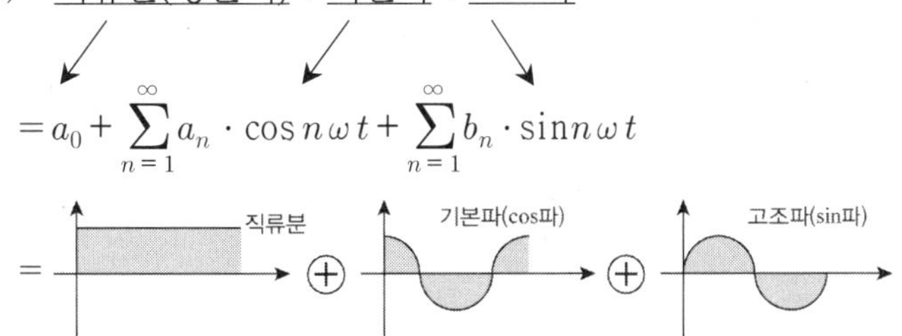

(2) 비정현파의 종류

1) 정현대칭(기함수, 원점 대칭) → sin파만 존재

$f(t)=-f(-t)$

$-f(t)=f(-t)$

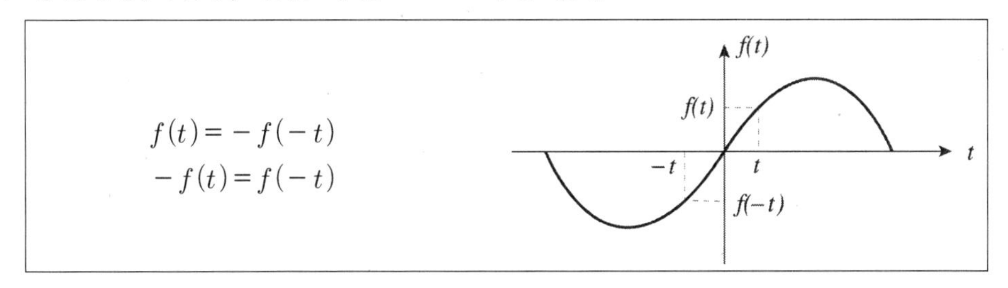

2) 여현대칭(우함수, y축 대칭) → 직류분 a_0 + cos파 존재

$f(t)=f(-t)$

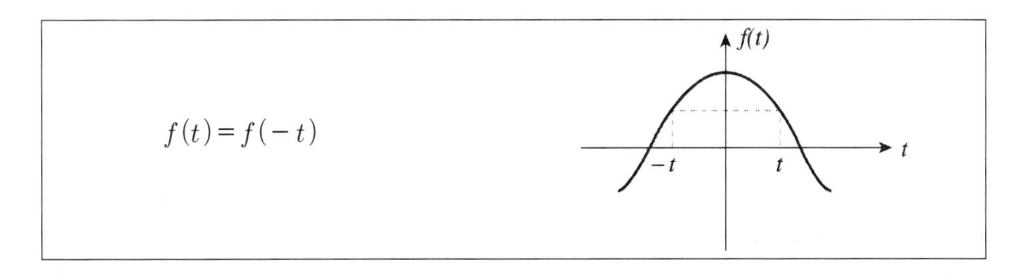

(3) 비정현파 실효값

예 전압 $V=V_0+V_{m1}\sin 1\omega t+V_{m2}\sin 2\omega t+V_{m3}\sin 3\omega t+\cdots$

유 형	비정현파 실효값 전압식 = 각 파의 실효값 제곱의 합의 제곱근
직류분이 주어진 경우	$V=\sqrt{V_0^2+V_1^2+V_2^2}=\sqrt{V_0^2+\left(\frac{V_{m_1}}{\sqrt{2}}\right)^2+\left(\frac{V_{m_2}}{\sqrt{2}}\right)^2+\cdots}$ [V]
직류분이 안 주어진 경우	$V=\sqrt{V_1^2+V_2^2+\cdots}=\sqrt{\left(\frac{V_{m_1}}{\sqrt{2}}\right)^2+\left(\frac{V_{m_2}}{\sqrt{2}}\right)^2+\cdots}$ [V]

(4) 외형률 D

전기의 파형이 일그러진 정도

예 전압 $V=\sqrt{2}V_1\sin\omega t+\sqrt{2}V_2\sin 2\omega t+\sqrt{2}V_3\sin 3\omega t+\cdots$

외형률 $D=\dfrac{\text{전 고조파의 실효값(최대치 대입 가능)}}{\text{기본파의 실효값(최대치 대입 가능)}}=\dfrac{\sqrt{V_2{}^2+V_3{}^2+\cdots}}{V_1}$

(5) 고조파 존재시 임피던스 Z_n

① $R-L$ 직렬인 경우 임피던스 $Z_n=R+jn\omega L$ → 크기 $|Z_n|=\sqrt{R^2+(n\omega L)^2}$

② $R-C$ 직렬인 경우 임피던스 $Z_n=R-j\dfrac{1}{n\omega c}$ → 크기 $|Z_n|=\sqrt{R^2+\left(\dfrac{1}{n\omega c}\right)^2}$

(n은 고조파 성분)

예 제3고조파 전류 $I_3=\dfrac{V_3[\text{3고조파 전압}]}{Z_3[\text{3고조파 임피던스}]}=\dfrac{V_3}{\sqrt{R^2+(3\omega L)^2}}$[A]

(6) 비정현파 유효전력

예 전압 $V=V_{m1}\sin 1\omega t+V_{m2}\sin 2\omega t+V_{m3}\sin 3\omega t+\cdots$

전류 $i=I_{m1}\sin 1\omega t+I_{m2}\sin 2\omega t+I_{m3}\sin 3\omega t+\cdots$

역률(위상차)이 주어진 경우 사용 식	역률이 안 주어진 경우 사용 식
$P=V_1I_1\cos\theta_1+V_2I_2\cos\theta_2+V_3I_3\cos\theta_3+\cdots$ 사용 $=\dfrac{V_{m_1}}{\sqrt{2}}\times\dfrac{I_{m_1}}{\sqrt{2}}\times\cos\theta_1+\dfrac{V_{m_2}}{\sqrt{2}}\times\dfrac{I_{m_2}}{\sqrt{2}}\times\cos\theta_2+\cdots$ $=\dfrac{V_{m_1}I_{m_1}}{2}\times\cos\theta_1+\dfrac{V_{m_2}I_{m_2}}{2}\times\cos\theta_2+\cdots$	$P=I^2R$[W] 사용 전류실효값 $I=\sqrt{I_o^2+I_1^2+I_2^2+\cdots}$ 직류분 전류 $I_o=\dfrac{V}{R}$ 1고조파 전류 $I_1=\dfrac{V_1}{\sqrt{R^2+(1\omega L)^2}}$ 2고조파 전류 $I_2=\dfrac{V_2}{\sqrt{R^2+(2\omega L)^2}}$

(7) n고조파 공진조건

$n\omega L=\dfrac{1}{n\omega C}$

$n^2\omega^2LC=1$

인덕턴스 $L=\dfrac{1}{n^2\omega^2C}$ [H]

정전용량 $C=\dfrac{1}{n^2\omega^2L}$ [F]

• 공진주파수 $f=\dfrac{1}{2\pi n\sqrt{LC}}$ [Hz]

제4장 → 교류회로

실전문제

문제 01 **비정현파를 여러 개의 정현파의 합으로 표시하는 방법은?**

㉮ 키르히호프의 법칙 ㉯ 노튼의 정리
㉰ 푸리에 분석 ㉱ 테일러의 공식

해설 비정현파(푸리에 분석)
교류 $f(t)$ = 직류분(평균값) + 기본파(cos계열) + 고조파(sin계열)

문제 02 **비사인파의 실효값은?**

㉮ 각 고조파의 실효값의 합
㉯ 각 고조파의 실효값의 제곱의 합의 평방근
㉰ 기본파의 3고조파 성분의 합
㉱ 각 고조파의 실효값의 합의 평균

해설 비정현파의 실효값 : 각 파의 실효값 제곱의 합의 제곱근
전압 $v = V_0 + V_{m1}\sin\omega t + V_{m2}\sin 2\omega t + \cdots$
실효값 $V = \sqrt{{V_0}^2 + \left(\frac{V_{m1}}{\sqrt{2}}\right)^2 + \left(\frac{V_{m2}}{\sqrt{2}}\right) + \cdots}$

문제 03 **전압의 순시값이 $e = 3 + 10\sqrt{2}\sin\omega t + 5\sqrt{2}\sin(3\omega t + 30°)$일 때 실효값은 몇 [V]이어야 하는가?**

㉮ 10.4 ㉯ 11.6
㉰ 12.5 ㉱ 16.2

해설 비정현파의 실효값 전압 $V = \sqrt{V_0^2 + \left(\frac{V_{m1}}{\sqrt{2}}\right) + \left(\frac{V_{m3}}{\sqrt{2}}\right)} = \sqrt{3^2 + 10^2 + 5^2} = 11.6$[V]

| 계산기 | $\sqrt{\ }$(3 x^2 + 10 x^2 + 5 x^2) = 11.6

문제 04 **어떤 회로에 흐르는 전류가 $i = 5 + 10\sqrt{2}\sin\omega t + 5\sqrt{2}\sin\left(3\omega t + \frac{\pi}{3}\right)$[A]인 경우 실효값[A]은?**

㉮ 12.2 ㉯ 13.6
㉰ 14.6 ㉱ 16.6

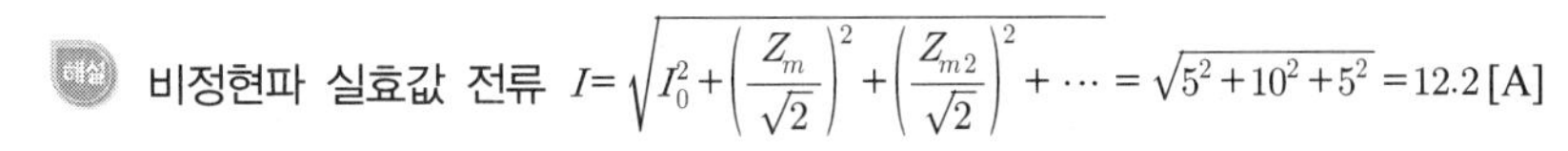
해설 비정현파 실효값 전류 $I = \sqrt{I_0^2 + \left(\frac{Z_m}{\sqrt{2}}\right)^2 + \left(\frac{Z_{m2}}{\sqrt{2}}\right)^2 + \cdots} = \sqrt{5^2 + 10^2 + 5^2} = 12.2$ [A]

정답 01. ㉰ 02. ㉯ 03. ㉯ 04. ㉮

문제 05

전류가 1[H]의 인덕터에 흐르고 있을 때 인덕터에 축적되는 에너지[J]는 얼마인가? (단, $i = 5 + 10\sqrt{2}\sin 100t + 5\sqrt{2}\sin 200t$[A]이다.)

㉮ 150 ㉯ 100

㉰ 75 ㉱ 50

코일에 축적에너지 $W = \frac{1}{2}LI^2$[J]

| 포인트 | 전류실효값 $I = \sqrt{I_0^{\,2} + \left(\frac{I_{m1}}{\sqrt{2}}\right)^2 + \left(\frac{I_{m2}}{\sqrt{2}}\right)^2} = \sqrt{5^2 + 10^2 + 5^2} = \sqrt{150}$[A]

$\therefore\ W = \frac{1}{2} \times 1 \times (\sqrt{150})^2 = 75$[J]

문제 06

왜형파 전압 $e = 100\sqrt{2}\sin\omega t + 75\sqrt{2}\sin 3\omega t + 20\sqrt{2}\sin 5\omega t$[V]를 $R-L$ 직렬회로에 인가할 때에 제3고조파 전류의 실효치는 얼마인가? (단, $R = 4[\Omega]$, $\omega L = 1[\Omega]$이다.)

㉮ 75[A] ㉯ 20[A]

㉰ 4[A] ㉱ 15[A]

| 포인트 | 제3고조파 전류만 계산시 제3고조파 전압과 임피던스만 사용한다.

제3고조파 전류 $I_3 = \frac{V_3}{Z_3} = \frac{V_3}{\sqrt{R^2 + (3\omega L)^2}} = \frac{75}{\sqrt{4^2 + (3\times 1)^2}} = \frac{75}{5} = 15$[A]

| 계산기 | 75 ÷ √ (4 [x^2] + (3×1) [x^2]) = 15

문제 07

기본파의 80[%]인 제3고조파와 60[%]인 제5고조파를 포함한 전압파의 왜형률은?

㉮ 1 ㉯ 3

㉰ 0.5 ㉱ 0.8

비정현파에서 왜형률(파형의 일그러짐 정도) $D = \frac{\text{전 고조파의 실효값}}{\text{기본파의 실효값}}$

- 기본파 V_1
- 제3고조파 $V_3 = 0.8V_1$
- 제5고조파 $V_5 = 0.6V_1$

$\therefore\ D = \frac{\sqrt{V_3^2 + V_5^2}}{V_1} = \frac{\sqrt{(0.8V_1)^2 + (0.6V_1)^2}}{V_1} = \sqrt{0.8^2 + 0.6^2} = 1$

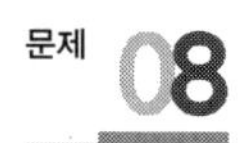

문제 08

전압 $v = 20\sin 20t + 30\sin 30t$이고, 전류 $i = 30\sin 20t + 20\sin 30t$이면 소비전력[W]은?

㉮ 1,200 ㉯ 600

㉰ 400 ㉱ 300

정답 05. ㉰ 06. ㉱ 07. ㉮ 08. ㉯

해설 비정현파에서 소비전력(유효전력)

$P = V_0 I_0 + V_1 I_1 \cos\theta_1 + V_2 I_2 \cos\theta_2 + \cdots$

$P = \frac{20}{\sqrt{2}} \times \frac{30}{\sqrt{2}} \times \cos 0° + \frac{30}{\sqrt{2}} \times \frac{20}{\sqrt{2}} \times \cos 0° = 600[W]$

| 계산기 | 20 ÷ √‾ 2×30 ÷ √‾ 2× [cos] 0° + 30 ÷ √‾ 2×20÷ √‾ 2× [cos] 0° [=]

문제 09

$R-L-C$ 직렬 공진회로에서 제n고조파의 공진주파수 f_n[Hz]은?

㉮ $\frac{1}{2\pi\sqrt{LC}}$

㉯ $\frac{1}{2\pi\sqrt{nLC}}$

㉰ $\frac{1}{2\pi n\sqrt{LC}}$

㉱ $\frac{1}{2\pi n^2\sqrt{LC}}$

해설 n고조파 공진

$R-L-C$ 직렬공진시 임피던스 $Z=R+j\left(n\omega L-\frac{1}{n\omega C}\right)[\Omega]$

공진 : 허수부 = 0

$\therefore\ n\omega L-\frac{1}{n\omega C}=0$에서 공진주파수 $f=\frac{1}{2\pi n\sqrt{LC}}$[Hz]

정답 09. ㉰

전기기능사 시험대비

제 2 과목

전 기 기 기

제1장 직류기

1 직류발전기의 구조 및 원리

(1) 전기기계의 종류

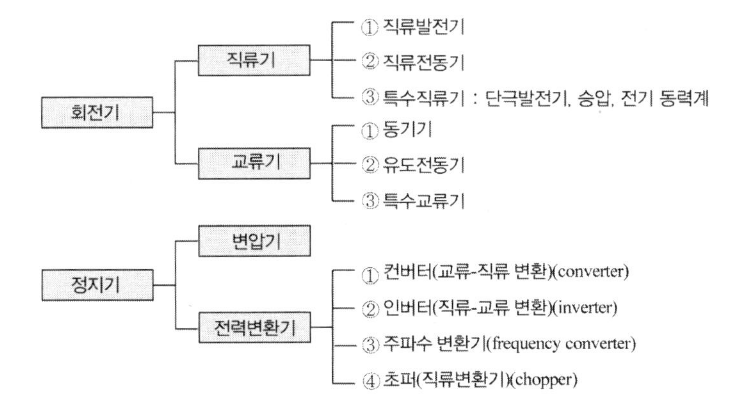

(2) 교류발전기

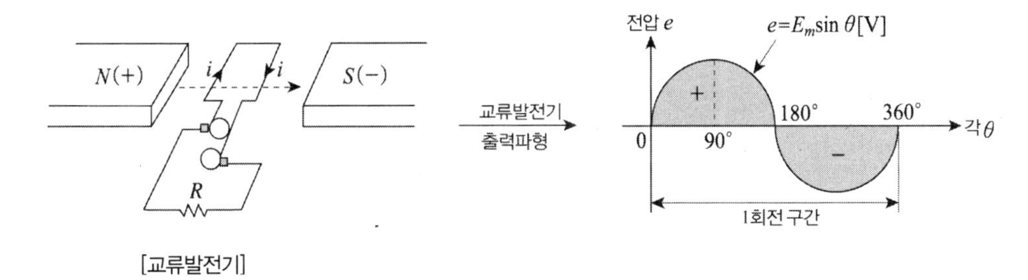

[교류발전기]

(3) 직류발전기

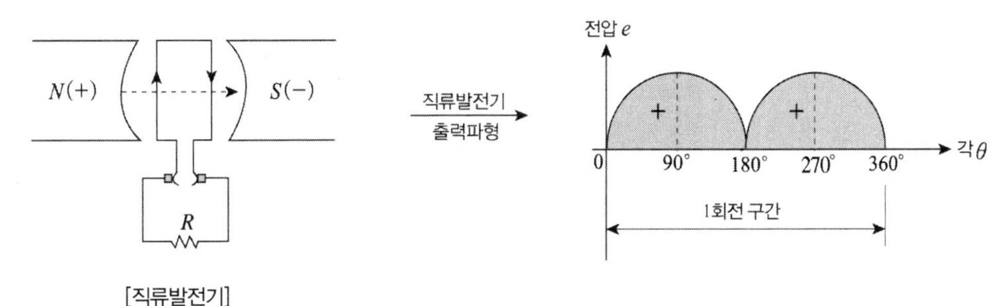

[직류발전기]

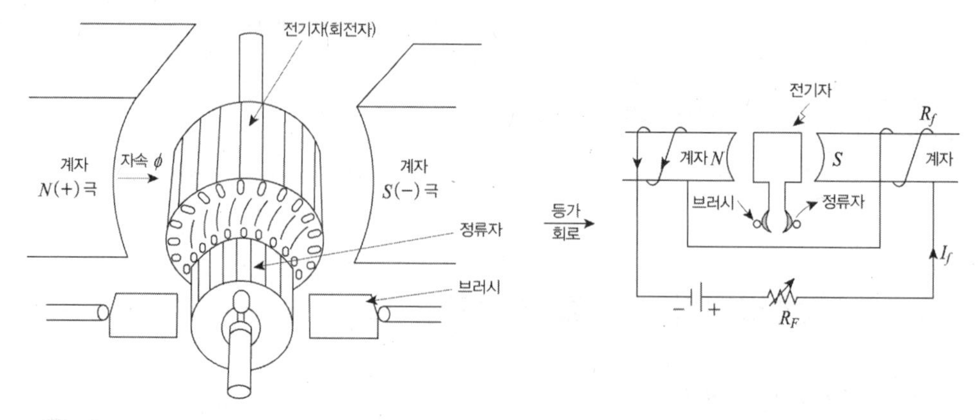

용어

계자(여자, 자화)전류 $I_f[\mathrm{A}]$ / 계자권선저항 $R_f[\Omega]$ / 계자저항 $R_F[\Omega]$

1) 구조

① 전기자(Amature) : 자속을 끊어서 기전력을 유기시키는 부분
② 계자(Field) : 자속을 발생시키는 부분
③ 정류자(Commutator) : 교류를 직류로 변환시키는 부분
④ 브러시(Brush) : 발생한 기전력을 외부회로에 연결하는 역할을 하는 부분
★직류기 3대 요소 : 전기자, 계자, 정류자

2) 원리 : 플레밍의 오른손법칙

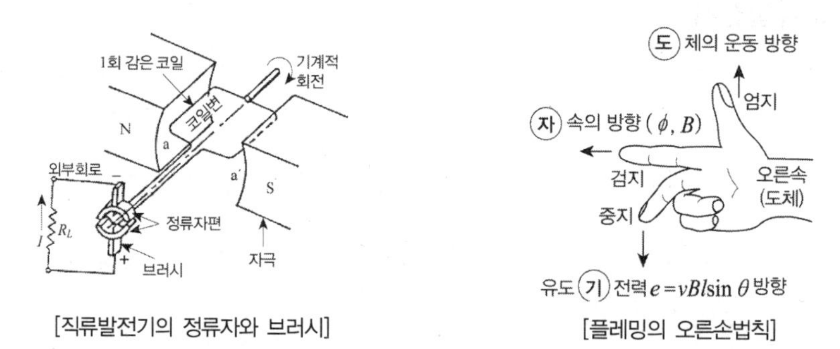

[직류발전기의 정류자와 브러시] [플레밍의 오른손법칙]

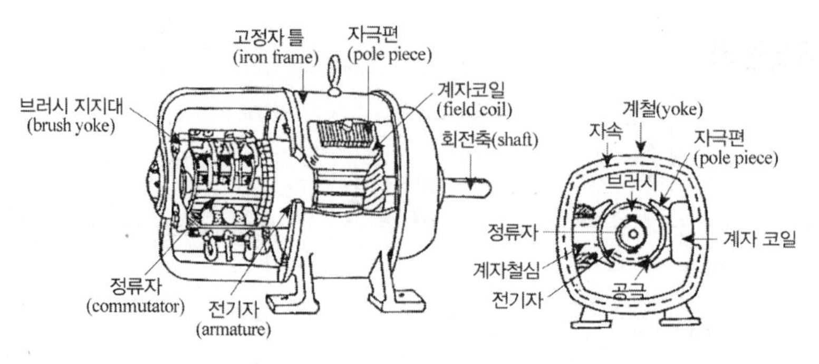

[4극 직류발전기의 내부 구조] [2극 직류발전기의 단면도]

3) 전기자

① **철심** : 규소 함유율이 1~2[%] 정도의 철심을 사용하면, 히스테리시스 손실을 감소시키고, 철심을 성층하면 와류손실을 감소시킨다.

② **전기자권선법**

㉠ 환상권(사용안함)

㉡ 고상권 : 중권 → 단층권
→ 2층권{중권(병렬권), 파권(직렬권)}

※ 직류기는 대부분 2층권을 사용한다.

구 분	"직류기"에 이용 권선법	"교류기"에 사용 권선법
명칭 및 그림	① 이층권 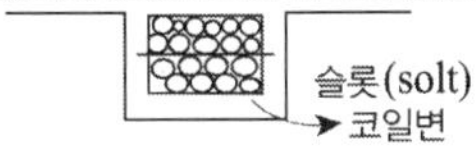 (슬롯(solt), 코일변)	① 단층권 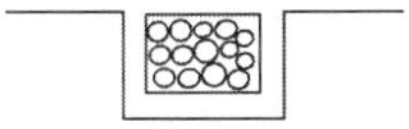
	② 고상권 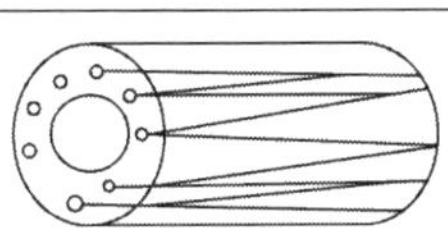	② 환상권 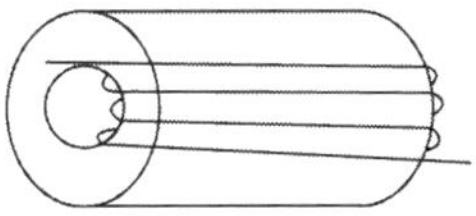

구 분	용 도	a와 B와 P의 관계	회로도
중권(병렬권)	저전압 대전류(장점)	병렬회로수 a= 브러시수 b= 극수 P	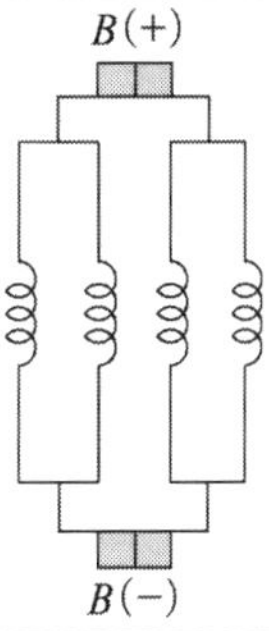 $B(+)$ / $B(-)$
파권(직렬권)	고전압 소전류(장점)	병렬회로수 a= 브러시수 b=2	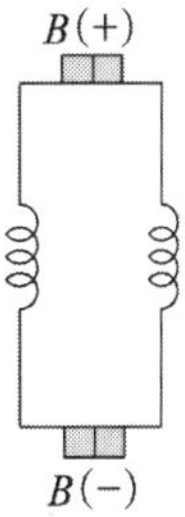 $B(+)$ / $B(-)$

③ **균압접속** : 중권에서 전기자 권선이 부분적으로 과열되는 것을 방지하기 위하여 전기자 권선중 같은 전위의 점을 저항이 적은 도선으로 접속하여 순환전류가 브러시를 통해 흐르지 않도록 하여 권선이 과열되는 것을 방지한다.

2 직류발전기의 유기기전력 E[V]

(1) 정의

전기자 권선이 회전하면서 발생시킨 전체 전압 E[V]값

(2) 공식

구 분	중권 또는 파권이 주어진 경우 사용식	중권 또는 파권이 안 주어진 경우 사용식
적용 공식	★ 전압 $E=\dfrac{P}{a}Z\phi\dfrac{N}{60}$	$=k\phi N$[V](비례식)
용 어	중권 $a=b=P$ / 파권 $a=b=2$ / 총 도체수 Z=전 슬롯수 × 한 슬롯 도체수 (한 슬롯 도체수 → 1권수×2도체) 자속 ϕ[Wb] / 회전속도 N[rpm]	

3 직류발전기의 종류 및 특성

(1) 직류발전기의 여자 방식

전자석을 만들기 위해 계자권선에 전류를 공급하는 방식

- **여자 종류**
  - ① 타여자 : 외부에서 계자전류 I_f를 공급받는 방식
  - ② 자여자(직권 · 분권 · 복권발전기) : 내부 스스로 계자전류를 공급하는 방식

참고 **| 여자(勵磁 : exciting) |**

철심에 코일을 감고, 직류전원을 인가하면 자속을 발생시키는 것

1) 타여자 발전기

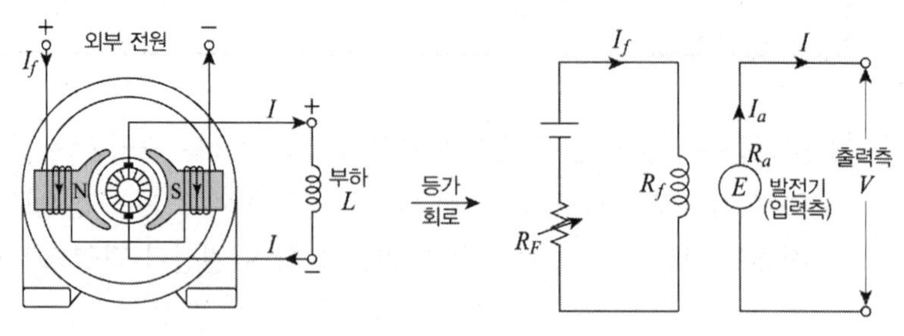

① **전기자전류(부하전류)** $I_a=I=\dfrac{P}{V}=\phi$(자속)와 같은 의미

② **유기기전력 E[V] 계산**

구 분	중권, 파권이 주어진 경우 사용식	비례식에 사용식	단자전압 V 주어진 경우 사용식
공 식	$E=\frac{P}{a}Z\phi\frac{N}{60}$	$=k\phi N$	$=V+I_aR_a$[V]
용 어	전기자전류 I_a / 계자전류 I_f / 전기자 저항 R_a / 계자권선저항 R_f 부하전류 I / 단자전압 V		
특 징	전압강하가 작고, 전압을 광범하게 조정하는 용도에 사용		

2) 직권발전기

★ **정의** : 계자권선(R_s)과 전기자 권선(R_a)을 직렬로 접속한 발전기

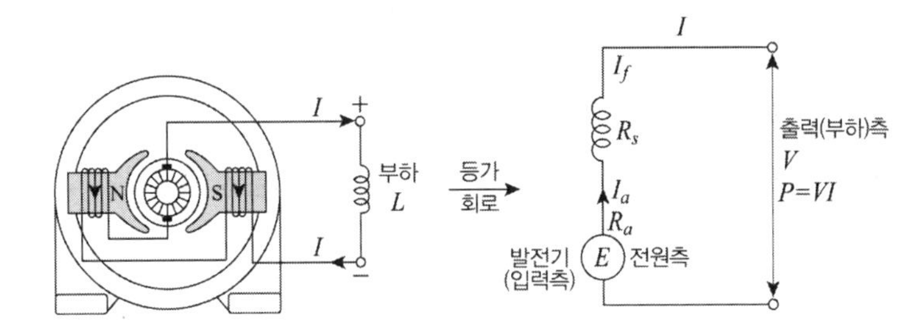

① **전기자전류 I_a**

$$I_a=I=I_f=\phi=\frac{P}{V}=\frac{E-V}{R_a+R_s}[\mathrm{A}]$$

② **유기기전력 E**

구 분	R_a와 R_s 주어진 경우 사용식	중권 및 파권 주어진 경우	비례식 적용
공 식	★$E=V+I_a(R_a+R_s)$	$=\frac{P}{a}Z\phi\frac{N}{60}$	$=k\phi N$[V]
용 어	전기자전류 I_a / 계자전류 I_f / 전기자 저항 R_a / 계자권선저항 R_f 부하전류 I / 단자전압 V		
특 징	무부하 상태에서는 발전이 불가능하다.		

3) 분권발전기

★ **정의** : 계자권선(R_s)과 전기자 권선(R_a)을 병렬로 접속한 발전기

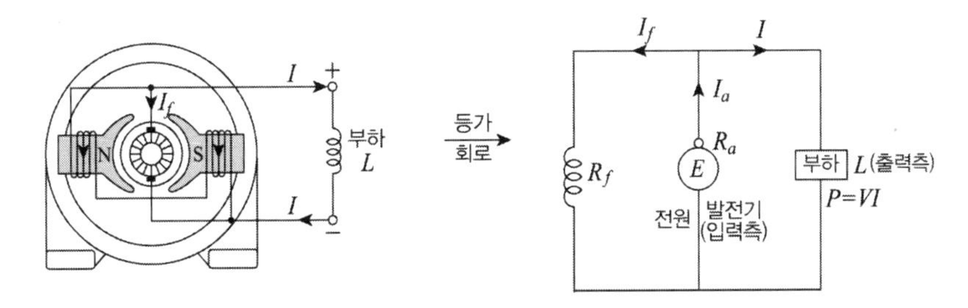

① **전기자전류** $I_a =$ 부하전류 I + 계자전류 $I_f = \frac{P}{V} + \frac{V}{R_f} = \frac{E-V}{R_a}$[A]

② **유기기전력** E

구분	R_a 주어진 경우 사용식	중권 및 파권 주어진 경우	비례식 적용
공식	★$E = V + I_a R_a$	$= \frac{P}{a} Z\phi \frac{N}{60}$	$= k\phi N$[V]
용어	전기자전류 I_a / 계자전류 I_f / 전기자저항 R_a / 계자권선저항 R_f 부하전류 I / 단자전압 V		
특징	• 잔류자기가 반드시 있어야 발전 가능(전압의 확립조건) • 운전 중 무부하시 계자권선에 큰 전류가 흘러 고전압이 유기됨(권선소손됨) • 수하특성이 있다. • 역회전 시 잔류자기 소멸 발전 불능($E=0$) ← 역회전 금지 • 정전압 발전기(타여자 발전기와 같이 전압의 변화가 작다.)		

4) 복권발전기

① **내분권 발전기**

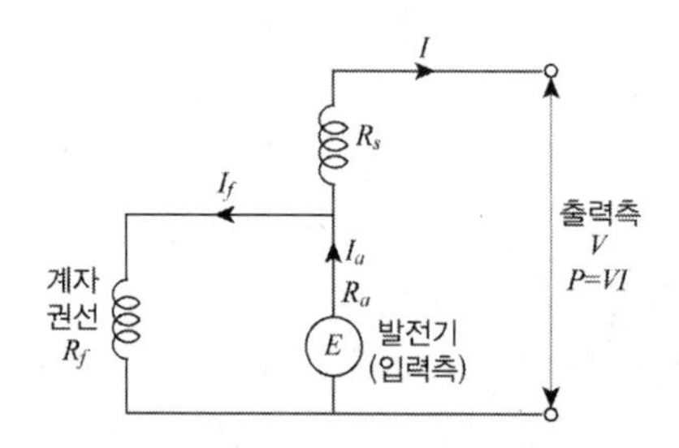

② **외분권 발전기**

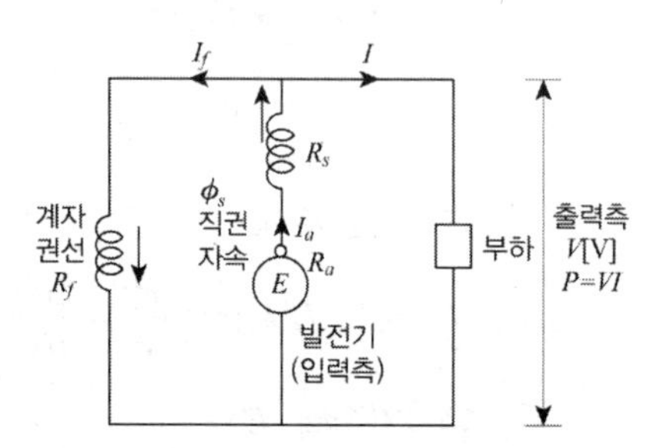

※ 부족 복권시, 분권과 마찬가지로 전압이 급강하 하는 수하특성을 가지게 되고, 이 수하특성을 이용하여 차동 복권발전기는 용접기용 전원으로 이용된다.

(2) 특성 곡선

종 류	적용 값
무부하 포화(특성)곡선	계자전류 I_f와 유기기전력 E 관계 곡선
부하 포화곡선	계자전류 I_f와 단자전압 V 관계 곡선
외부 특성곡선	부하전류 I와 단자전압 V 관계 곡선

전기자 반작용(Amature reaction)

전기자전류에 의한 자속이 주자속(계자) 분포에 영향을 미치는 현상

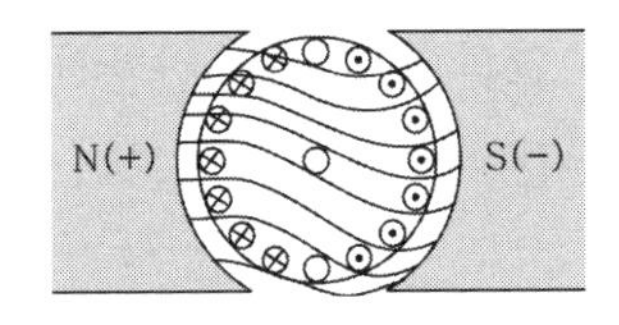

(1) 전기자 반작용 영향

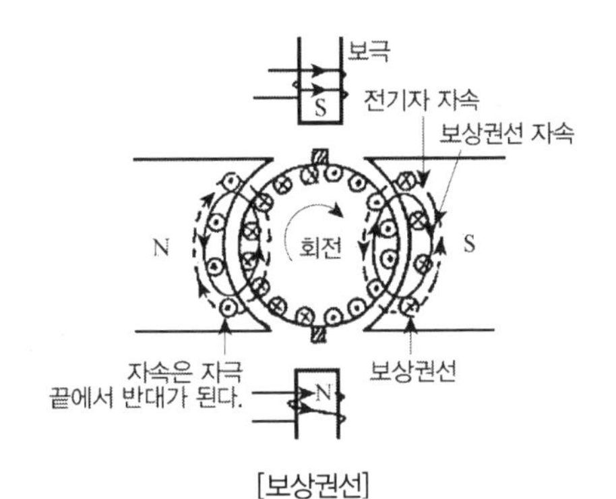

[보상권선]

1) 주자속 감소(감자작용)★

① 발전기 → 유기기전력 감소

② 전동기 → 토크 감소

2) 중성축 이동(편차작용)

① 발전기 → 회전방향

② 전동기 → 회전의 반대방향

3) 자속분포 불균일로 인한 국부적 전압상승으로 불꽃 발생

→ 정류불량의 원인(브러시에 불꽃 발생)

(2) 전기자 반작용 대책

1) 보상권선 설치(전기자전류와 반대방향)

2) 보극 설치

★ 가장 좋은 대책은 보극보다는

→ 보상권선 설치이다.

3) 브러시 위치를 전기적 중성점인 회전방향으로 이동시킴

5 정류

(1) 정류작용(교류 AC → 직류 DC로 변환시키는 것)

전기자 코일에 유도되는 교류를 직류로 변환시키는 것(직류발전기의 전기자 권선에 유도되는 교류 유도기전력은 정류자와 브러시의 작용으로 직류 유도기전력으로 변환된다.)

(2) 리액턴스 전압

전기자 코일은 유도성 소자이므로 전류의 급격한 변화에 따라 리액턴스 전압이 유도되는데(즉, $e_L = L\dfrac{di}{dt}$의 전압이 유기됨)

이 전압은 정류과정에서 "0"으로 되려는 전류의 변화를 방해하는 방향으로 유도되어 브러시 간 불꽃을 발생시킨다.

(3) 정류곡선

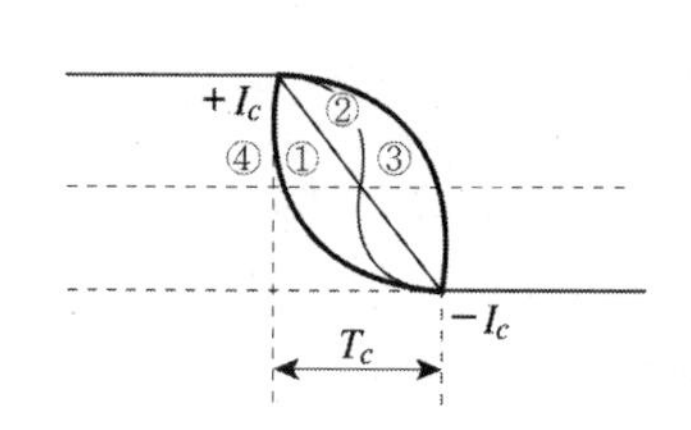

① 직선정류 : 양호한 정류
② 정현정류 : 양호한 정류
③ 부족정류 : 불량한 정류
(브러시 후단에서 나타난다.)
④ 과정류 : 불량한 정류
(브러시 전단에서 나타난다.)
※ ③, ④는 불꽃을 발생시킴

(4) 정류를 좋게 하는 방법(⇨ 즉, 불꽃 없는 정류)

부하가 증가하면 전류도 증가하기 때문에 중성축에 놓이는 코일의 리액턴스 전압도 높게 유기된다.

따라서, 정류자에 큰 불꽃을 발생하여 정류자 표면과 브러시를 빨리 손상시킨다. 이것은 코일의 인덕턴스로 인한 것이 원인이므로 코일에 걸리는 평균리액턴스 전압(e_L)을 작게 하면 된다.

평균 리액턴스 전압(e_L)$= L\dfrac{di}{dt}$

을 작게 하기 위해서는,

① 인덕턴스(L)가 작아야 한다.
② 정류주기(T_c)가 커야 한다.
③ 브러시의 접촉저항(R_c)이 커야 한다.
　★ 저항정류(접촉저항이 큰 탄소브러시 사용)
④ 리액턴스 평균전압이 작아야 한다.
　★ 전압정류(보극 설치)

6 직류발전기 운전

(1) 기동시 : 계자저항을 최대로 한다.

(2) 전압 조정방법

유기기전력 $E=\dfrac{P}{a}\phi Z\dfrac{N}{60}$ 식에서 자속 ϕ을 조정한다.

(3) 병렬운전 조건

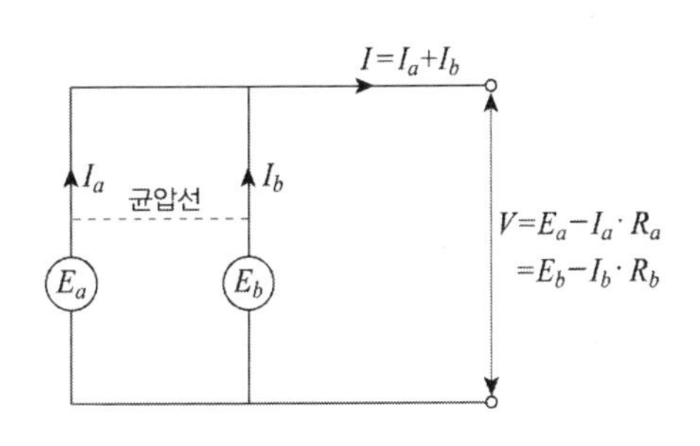

① 단자전압이 같을 것
② 각 발전기의 극성이 같을 것
③ 외부 특성곡선이 일치할 것
④ 외부 특성곡선이 수하특성일 것
　※ 발전기 용량 값이 같을 필요는 없다.
⑤ 균압선(균압모선)을 설치할 것
　㉠ 설치 목적 : 병렬운전을 안정하게 운전하기 위해 설치한다.
　㉡ 설치 기계 : 직권 · 복권발전기

7 직류전동기의 원리(플레밍의 왼손법칙 적용)

N극, S극의 자계 중에 전기자 도체를 놓고, 여기에 직류전류를 흘려주면 전기자 도체는 힘을 받게 되어 회전력(Torque)이 발생된다.

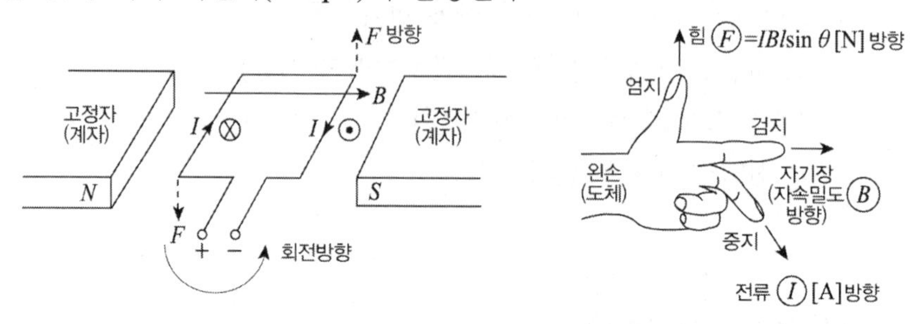

(1) 직권전동기

특징	무부하 하지 말 것. 또는 벨트운전하지 말 것
용도	가변속도 전동기로서 부하변동이 심하거나 또는 큰 토크 요구시 사용
	전동차, 기중기, 권상기, 크레인 등에 사용된다.

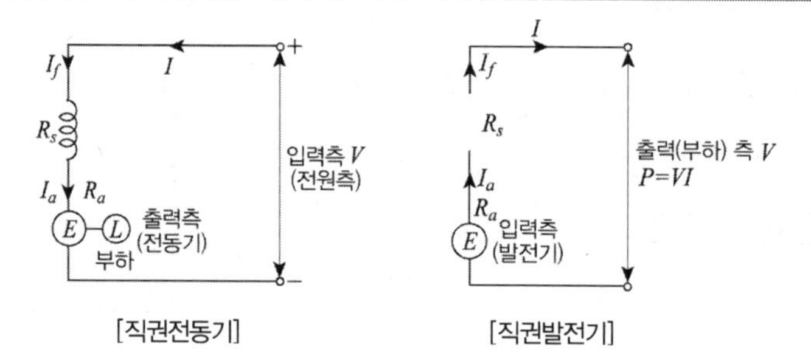

[직권전동기] [직권발전기]

1) 전기자전류 I_a

전동기	전기자전류 $I_a = I = I_f = \phi = \dfrac{V-E}{R_a+R_s}$[A]
발전기	전기자전류 $I_a = I = I_f = \phi = \dfrac{P}{V} = \dfrac{E-V}{R_a+R_s}$

2) 역기전력 E 공식

구 분	V, I_a, R_a, R_s 주어진 경우	중권, 파권 주어진 경우	비례식 적용
역기전력 E (전동기일 때)	$E = V - I_a(R_a+R_s)$	$= \dfrac{P}{a} Z\phi \dfrac{N}{60}$	$= k\phi N$[V]
유기기전력 E (발전기일 때)	$E = V + I_a(R_a+R_s)$	$= \dfrac{P}{a} Z\phi \dfrac{N}{60}$	$= k\phi N$[V]

① 입력 $P = VI$

② 출력 $P = EI_a$

3) 직권전동기의 회전방향을 반대로 하는 방법

전기자전류나 계자전류 중 1개의 방향을 바꾼다.

★ 극성을 바꾸어도 회전방향은 변화가 없다.

4) 직권전동기의 정격전압에 무부하(무여자) 상태

무부하시	$I_a = I = I_f = \phi = 0$ 상태 → 회전속도 $N = k\dfrac{V - I_a(R_s + R_s)}{\phi(0)}$ (↑증가) → 위험상태
대 책	기어 또는 체인으로 운전할 것(벨트운전하지 말 것)

(2) 분권전동기

특 징	무여자(계자전류 $I_f = 0$) 하지 말 것
용 도	정속도 전동기 / 정토크 / 정출력 부하에 적용한다.
	선박의 펌프, 송풍기, 공작기기, 권상기, 압연기 보조용에 사용한다.

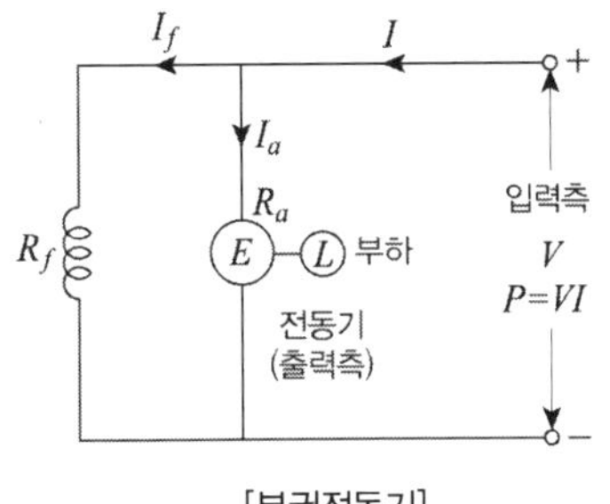

[분권전동기]

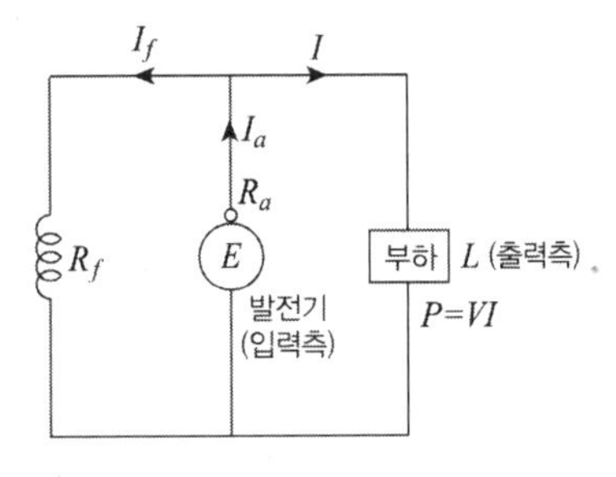

[분권발전기]

1) 전기자전류 I_a

전동기	$I_a = I - I_f = \dfrac{P(\text{입력})}{V} = \dfrac{V - E}{R_a}$[A]
발전기	$I_a = I + I_f = \dfrac{P}{V} + \dfrac{V}{R_f} = \dfrac{E - V}{R_a}$[A]

2) 역기전력 E

구 분	V, I_a, R_a 주어진 경우	중권, 파권 주어진 경우	비례식 적용할 때
역기전력 E (전동기)	$E = V - I_a R_a$	$= \dfrac{P}{a} Z\phi \dfrac{N}{60}$	$= k\phi N$[V]
유기기전력 E (발전기)	$E = V + I_a R_a$	$= \dfrac{P}{a} Z\phi \dfrac{N}{60}$	$= k\phi N$[V]

㉠ 입력 $P = VI$

㉡ 출력 $P = EI_a$

3) 회전수 N

분권전동기	직권전동기
$N=k\dfrac{V-I_aR_a}{\phi}$[rpm]	$N=k\dfrac{V-I_a(R_a+R_s)}{\phi}$

(3) 토크 T(회전력)

구 분	단 위	중권, 파권 주어진 경우	비례식 적용	E와 I_a 주어진 경우	V, I_a, R_a 주어진 경우
토크 T 공식	[N·m] 요구시 사용	$T=\dfrac{PZ}{2\pi a}\phi I_a$	$=k\phi I_a$	$=\dfrac{60I_aE}{2\pi N}$	$=\dfrac{60I_a(V-I_aR_a)}{2\pi N}$
구 분	단 위	출력 P와 회전수 N 주어진 경우		역기전력 E와 전기자전류 I_a 주어진 경우	
토크 T 공식	[kg·m] 요구시 사용	★ $T=0.975\dfrac{P}{N}$		$=0.975\times\dfrac{EI_a}{N}$[kg·m]	

용어

회전수 N[rpm], 극수 P 또는 출력 P, 전기자 총도체수 Z, 자속 ϕ[W]
전기자전류 I_a[A], 병렬회로수 a(중권=극수 P, 파권=2)

8 직류전동기 운전

(1) 기동

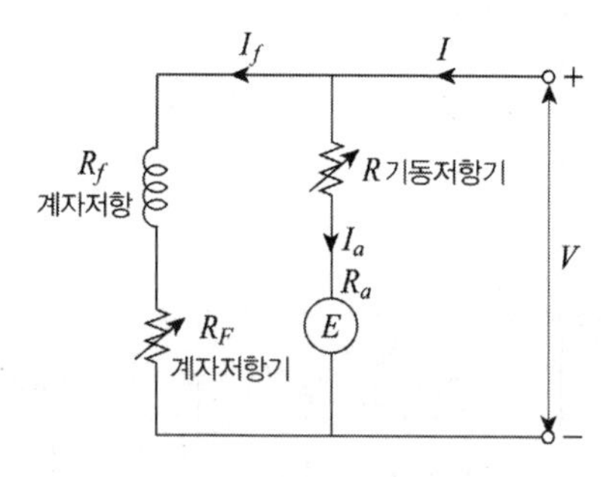

전동기 기동시 조건 및 방법

기동 조건	기동 방법
① 기동전류 최소일 것	기동저항 R을 최대로 할 것
② 기동토크 최대일 것	계자저항 R_f을 최소로 할 것($R_f=0$)

(2) 속도제어

$$E = K\phi N \text{ 에서, } N = K\frac{(V - I_a R_a)}{\phi}[\text{rpm}]$$

1) 전압제어(정토크 제어) : V값 조정

① **워드 레오나드 방식** : 발전기 이용, Fly-Wheel 없음

② **일그너 방식** : 발전기 이용, Fly-Wheel 있음

(부하변동이 심한 제철 · 제강 · 압연하는 곳에서 사용)

2) 계자제어(정출력제어) : 자속 ϕ을 계자저항 R_f로 조정

3) 저항제어(전력소모와 속도조정범위 좁음) : R_a 조정

(3) 전동기 역회전하는 방법

★전기자전류(권선)과 계자전류(권선) 중 1개의 방향을 바꾼다.

| 주의 | 극성을 바꾸어도 회전방향은 변화없다.

(4) 속도 - 토크 특성

1) 분권전동기, 타여자 전동기의 속도 특성

$N = \frac{V - i_a R_a}{K\phi}$ 식에서, 단자전압 V가 일정하면

계자전류 i_f 도 일정하여, 계자자속 ϕ도 거의 일정하다.

⇨ 따라서, 분권전동기(타여자 전동기 포함)에서 속도는 정속도 특성을 갖는다.

2) 직권전동기 속도 특성

$N = \frac{V - i_a(R_a + R_s)}{K\phi}$ 식에서,

$i_a = i_f = I$이므로, 전기자전류가 그대로 여자전류가 되기 때문에, 전류가 작을 경우에는 $N \propto \frac{1}{i_a}$, 전류가 커질 경우에는 자속 ϕ를 포함하여 거의 일정해지므로 $N \propto (V - i_a R_a)$가 되어 반비례하여 줄게 된다.

3) 토크 특성

$T = \frac{PZ}{2\pi a}\phi i_a = K\phi i_a$ 식에서

① **분권전동기** $T \propto i_a \propto \dfrac{1}{N}$

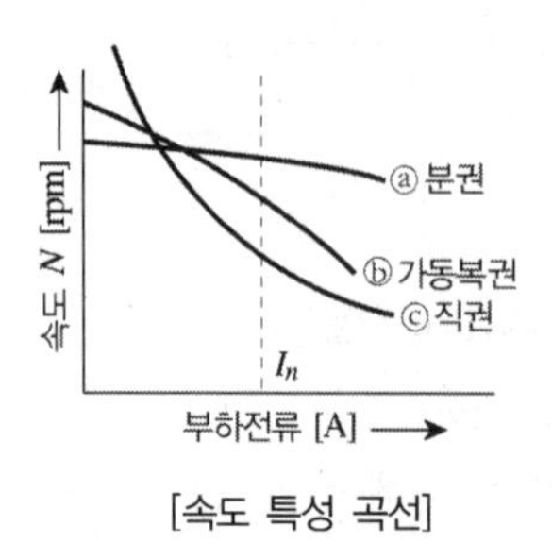

[속도 특성 곡선]

② **직권전동기** $T \propto (i_a)^2 \propto \left(\dfrac{1}{N}\right)^2$

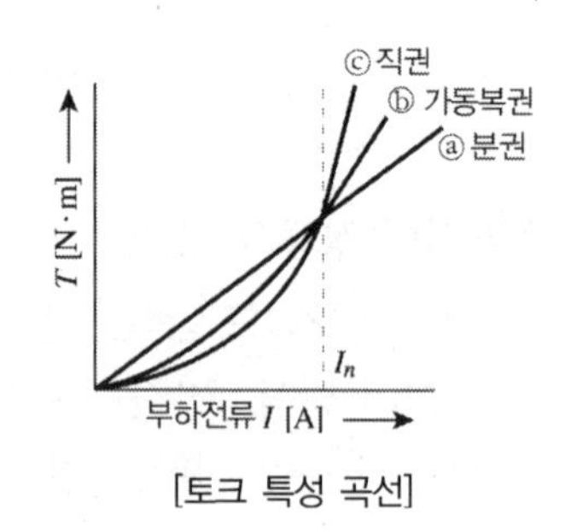

[토크 특성 곡선]

(5) $N-I$ 특성

① **분권전동기** : 계자회로 단선시 전동기는 부족여자 특성을 가지므로 고속이 되어 위험하다.

② **직권전동기** : 직권전동기를 정격전압 무부하 운전시 전동기는 무구속탈출속도($N \fallingdotseq \infty$)에 이르게 된다. 따라서 무부하 운전이나, Belt를 걸고 운전하는 것이 금지된다.

(6) 직류전동기의 전기적인 제동

① **발전제동** : 제동시 발전된 전력을 저항으로 소비하는 방법

② **회생제동** : 전동기를 발전기로 동작시켜 전원에 되돌려 제동시키는 방법

③ **플러깅(역전제동)** : 전기자의 접속을 반대로 바꾸어 회전방향과 반대의 토크를 발생시켜 정지시키는 방법(급정지에 사용)

9 직류기의 손실 및 효율

(1) 손실

① **동손** P_c(구리손, 부하손, 가변손) : 부하전류에 의해 권선에 생기는 줄열

② **철손** P_i(무부하손, 고정손) : 히스테리시스손 P_h +와류손 P_e

철손 종류	감소 대책
와류손 P_e	성층철심 사용
히스테리시스손 P_h	규소강판 사용

③ **기계손** P_m(마찰손+풍손) : 회전시에 생기는 손실
④ **표유부하손** : 부하전류로 인한 누설자속으로 도체 또는 금속 내부에서 생기는 손실

(2) 효율

1) 실측효율 η(실제 측정값 사용계산)

$$\text{실측효율 } \eta = \frac{\text{출력}}{\text{입력}} \times 100[\%] = \frac{\text{출력 } P}{\text{출력 } P + \text{손실 } P_l} \times 100[\%]$$

2) 규약효율 η(손실값을 기준으로 계산)

구 분	공 식	용 어
발전기 효율 G_η	$G_\eta = \frac{\text{출력}}{\text{출력}+\text{손실}} \times 100[\%]$	① 손실 P_l = 고정손+가변손(부하손) ② 고정손 : 부하 증가·감소하여도 항상 일정한 손실 ③ 가변손 : 부하 증가·감소에 따라 변하는 손실
전동기 효율 M_η	$M_\eta = \frac{\text{입력}-\text{손실}}{\text{입력}} \times 100[\%]$	
최대효율 조 건	• 발전기에서 : 고정손=가변손(부하손) • 변압기에서 : 철손 P_i = 동손 P_c	

(3) 전압변동률 ε 및 속도변동률 ε

구 분	전압변동률	속도변동률
공 식	$\frac{\text{무부하시 전압 } V_o - V_n}{\text{부하시 전압 } V_n} \times 100[\%]$	$\frac{\text{무부하시 속도 } N_o - N_n}{\text{부하시 속도 } N_n} \times 100[\%]$

제 1 장
→ 직류기

실전문제

문제 01 전기기계에 있어서 히스테리시스손을 감소시키기 위하여 어떻게 하는 것이 좋은가?

㉮ 성층철심 사용　㉯ 규소강판 사용
㉰ 보극 설치　㉱ 보상권선 설치

해설 규소를 함유하면 자기저항이 크게 되어 와류손과 히스테리시스손이 감소한다.

문제 02 전기기계에 있어 와류손(eddy current loss)을 감소하기 위해서는?

㉮ 보상권선 설치　㉯ 교류전원을 사용
㉰ 규소강판, 성층철심을 사용　㉱ 냉각압연을 한다.

금속(철심) 손실 종류	와류(맴돌이 전류)손	히스테리시스 손
철손 감소대책	성층철심 사용	규소강판 사용

문제 03 직류발전기에 있어서 전기자 반작용이 생기는 요인이 되는 전류는?

㉮ 동손에 의한 전류　㉯ 전기자 권선에 의한 전류
㉰ 계자권선의 전류　㉱ 규소강판에 의한 전류

전기자 반작용	영 향	대 책
전기자전류가 주자속에 영향을 주는 것	• 전기적 중성축 이동(편차작용) • 정류자편 간 전압상승(브러시 불꽃발생) • 주자속 감소 → 기전력 감소	보상권선 설치

문제 04 직류기의 전기자 권선을 중권(重卷)으로 하였을 때 해당되지 않는 조건은?

㉮ 전기자 권선의 병렬회로 수는 극수와 같다.
㉯ 브러시 수는 2개이다.
㉰ 전압이 낮고, 비교적 전류가 큰 기기에 적합하다.
㉱ 균압선 접속을 할 필요가 있다.

해설

전기자 권선법	용 도	a와 b와 P의 관계
중권(병렬권)	저전압 대전류(장점)	병렬회로 수 a=브러시 수 b=극수 P
파권(직렬권)	고전압 소전류(장점)	병렬회로 수 a=브러시 수 b=2

정답 01. ㉯ 02. ㉰ 03. ㉯ 04. ㉯

문제 05

직류기의 권선을 단중파권으로 감으면?

㉮ 내부 병렬회로 수가 극수만큼 생긴다.
㉯ 내부 병렬회로 수는 극수에 관계 없이 언제나 2이다.
㉰ 저전압 대전류용 권선이다.
㉱ 균압환을 연결해야 한다.

해설 문제 04번 참고

문제 06

직류발전기의 전기자 반작용의 영향이 아닌 것은?

㉮ 절연내력의 저하　　㉯ 유도기전력의 저하
㉰ 중성축의 이동　　㉱ 자속의 감소

해설 문제 03번 해설 동일

문제 07

전기자 도체의 굵기, 권수, 극수가 모두 동일할 때 단중파권은 단중중권에 비해 전류와 전압의 관계는 어떠한가?

㉮ 소전류 저전압　　㉯ 대전류 저전압
㉰ 소전류 고전압　　㉱ 대전류 고전압

해설 직류기 파권권선의 이점은 고전압(전압이 높아짐), 소전류용에 사용된다.

문제 08

정현파형의 회전자계 중에 정류자가 있는 회전자를 놓으면 각 정류자편 사이에 연결되어 있는 회전자 권선에는 크기가 같고 위상이 다른 전압이 유기된다. 정류자 편수를 K라 하면 정류자편 사이의 위상차는?

㉮ $\frac{\pi}{K}$　　㉯ $\frac{2\pi}{K}$
㉰ $\frac{K}{\pi}$　　㉱ $\frac{K}{\pi}\pi$

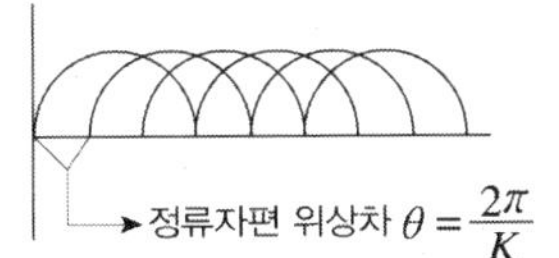

문제 09

직류기의 3대 요소 중 기전력을 발생하는 부분은?

㉮ 정류자　　㉯ 전기자
㉰ 브러시　　㉱ 계자

정답 05. ㉯ 06. ㉮ 07. ㉰ 08. ㉯ 09. ㉯

해설 ① 계자 : 자속을 만들어주는 부분
② 정류자 : 교류를 직류로 변환하는 부분
③ 전기자 : 자속을 쇄교하여 기전력을 발생시키는 부분
④ 브러시 : 외부회로와 내부회로를 연결하는 부분

문제 **10** **6극 직류발전기의 정류자편수가 132, 유기기전력이 210[V], 직렬도체수가 130개이고 중권이다. 정류자 편간전압[V]은?**

㉮ 4　　㉯ 9
㉰ 12　　㉱ 16

해설 정류자 편간전압 $e_k = \frac{\text{총 전압}}{\text{정류자편수}} = \frac{E \times a}{K} = \frac{210 \times 6}{132} = 9.54$

문제 **11** **다음 중 직류발전기의 전기자 반작용을 없애는 방법으로 옳지 않은 것은?**

㉮ 보상권선 설치
㉯ 보극 설치
㉰ 브러시 위치를 전기적 중성점으로 이동
㉱ 균압환 설치

해설

전기자 반작용	영 향	감소대책
전기자전류가 주자 속에 영향을 주는 것	• 전기적 중성축 이동(편차작용) • 정류자편간 전압상승 (브러시 불꽃발생) • 주자속 감소 → 기전력 감소	• 브러시 위치 회전방향으로 이동시킴 • 보극(중성축에) 설치 • 보상권선(주자극 표면에) 설치

문제 **12** **전기자 반작용이 직류발전기에 영향을 주는 것을 설명한 것이다. 틀린 설명은?**

㉮ 전기자 중성축을 이동시킨다.
㉯ 자속을 감소시켜 부하시 전압강하의 원인이 된다.
㉰ 정류자 편간전압이 불균일하게 되어 섬락의 원인이 된다.
㉱ 전류의 파형은 찌그러지거나 출력에는 변화가 없다.

문제 **13** **직류기의 전기자 반작용에 관한 사항으로 틀린 것은?**

㉮ 보상권선은 계자 극면의 자속분포를 수정할 수 있다.
㉯ 전기자 반작용을 보상하는 효과는 보상권선보다 보극이 유리하다.
㉰ 고속기나 부하변화가 큰 직류기에는 보상권선이 적당하다.
㉱ 보극은 바로 밑의 전기자 권선에 의한 기자력을 상쇄한다.

해설 보상권선은 전기자 회로에서 발생되는 자속을 상쇄시킨다. 반작용을 없애는 데는 보극보다 보상권선이 훨씬 유리하다.

정답 10. ㉯ 11. ㉱ 12. ㉱ 13. ㉯

문제 **14** **직류기에서 전기자 반작용이란, 전기자 권선에 흐르는 전류로 인하여 생긴 자속이 무엇에 영향을 주는 현상인가?**

㉮ 모든 부문에 영향을 주는 현상
㉯ 계자자속에 영향을 주는 현상
㉰ 감자작용만을 하는 현상
㉱ 편자작용만을 하는 현상

해설 전기자에서 발생된 자속이 계자자속에 영향을 주는 현상이다.

문제 **15** **부하의 변화가 심할 때 직류기의 전기자 반작용 방지에 가장 유효한 것은?**

㉮ 리액턴스 코일　　㉯ 보상권선
㉰ 공극의 증가　　㉱ 보극

해설 보상권선 : 전기자 반작용을 줄이는 데 가장 효과적이다.
보극 : 전기자 반작용을 경감시키고 양호한 정류를 얻는 데 더 효과적이다.

문제 **16** **직류발전기의 전기자 반작용을 줄이고 정류를 잘 되게 하기 위해서는?**

㉮ 리액턴스 전압을 크게 할 것
㉯ 보극과 보상권선을 설치할 것
㉰ 브러시를 이동시키고 주기를 크게 할 것
㉱ 보상권선을 설치하여 리액턴스 전압을 크게 할 것

문제 **17** **직류 분권전동기의 보극은 무엇 때문에 쓰이는가?**

㉮ 회전수 일정　　㉯ 토크(Torque)의 증가
㉰ 정류 양호　　㉱ 시동 토크(Torque)의 증가

해설 보상권선 : 전기자 반작용을 줄이는 데 가장 효과적이다.
보극 : 전기자 반작용을 경감시키고 양호한 정류를 얻는 데 더 효과적이다.

문제 **18** **보극이 없는 직류발전기는 부하의 증가에 따라서 브러시의 위치를 어떻게 해야 하는가?**

㉮ 그대로 둔다.
㉯ 회전방향과 반대로 이동한다.
㉰ 회전방향으로 이동한다.
㉱ 극의 중간에 놓는다.

해설 보극이 없는 직류발전기는 부하가 걸리면 중성축의 위치가 전기자 반작용 때문에 회전방향으로 이동하므로 회전방향으로 브러시를 옮겨 놓아야 한다.

정답 14. ㉯ 15. ㉯ 16. ㉯ 17. ㉰ 18. ㉰

문제 **19** **직류기의 정류작용에 관한 설명으로 틀린 것은?**

㉮ 리액턴스 전압을 상쇄시키기 위해 보극을 둔다.
㉯ 정류작용은 직선정류가 되도록 한다.
㉰ 보상권선은 정류작용에 큰 도움이 된다.
㉱ 보상권선이 있으면 보극은 필요없다.

문제 **20** **보극이 없는 직류기에서 브러시를 부하에 따라 이동시키는 이유는?**

㉮ 정류작용을 잘 되게 하기 위하여
㉯ 전기자 반작용의 감자분력을 없애기 위하여
㉰ 유기기전력을 증가시키기 위하여
㉱ 공극자속의 일그러짐을 없애기 위하여

문제 **21** **브러시를 중성축에서 이동시키는 것은?**

㉮ 로커　　㉯ 피그테일
㉰ 홀더　　㉱ 라이저

문제 **22** **직류기의 전기자 철심용 강판의 두께[mm]는?**

㉮ 0.1～0.25　　㉯ 0.35～0.5
㉰ 0.6～0.75　　㉱ 1.2

기계적 강도를 고려하여 정지기(0.35[mm] 정도)보다 약간 두터운 강판을 성층하여 사용하며 규소 함유량도 약간 적다.(0.35～0.5[mm])

문제 **23** **자극수 4, 전기자 도체수 500, 극당 유효자속 0.01[Wb], 회전수 600[rpm]인 직렬권 직류발전기의 유도기전력[V]은? (단, 단중파권일 때이다.)**

㉮ 50　　㉯ 70
㉰ 80　　㉱ 100

유도기전력 $E=\frac{PZ}{60a}\phi N[V]$

파권은 $a=2$이다.

$E=\frac{4\times500}{60\times2}\times0.01\times600=100[V]$

P : 극수
Z : 전기자 총도체수
a : 병렬회로수
ϕ : 자속[Wb]
N : 회로수[rpm]

정답 19. ㉱ 20. ㉮ 21. ㉰ 22. ㉯ 23. ㉱

문제 **24** **다음 권선법 중에서 직류기에 주로 사용되는 것은?**

㉮ 폐로권, 환상권, 이층권
㉯ 폐로권, 고상권, 이층권
㉰ 개로권, 환상권, 단층권
㉱ 개로권, 고상권, 이층권

해설 폐로권, 고상권, 이층권, 중권, 파권을 사용한다.

문제 **25** **그림과 같은 정류곡선에서 양호한 정류를 얻을 수 있는 곡선은?**

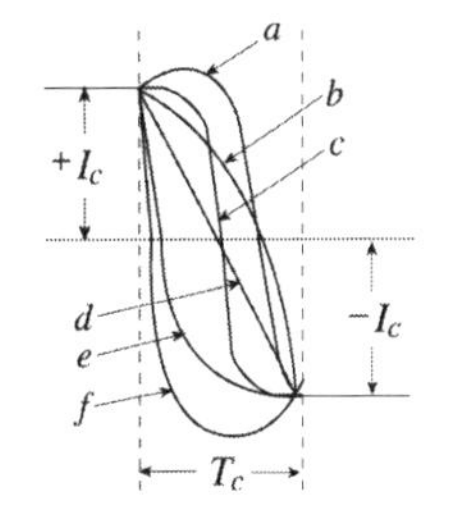

㉮ a, b
㉯ c, d
㉰ a, f
㉱ b, e

해설 정류곡선
㉠ 직선정류(이상적인 정류)
㉡ 과정류(정류 초기)
㉢ 정현파정류(양호한 정류)
㉣ 부족정류(정류 말기)

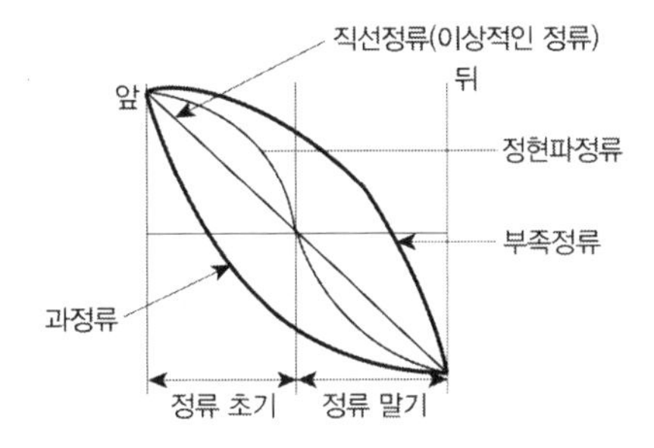

문제 **26** **전기자 지름 0.2[m]의 직류발전기가 1.5[kW]의 출력에서 1800[rpm]으로 회전하고 있을 때 전기자 주변속도는 약 몇 [m/s]인가?**

㉮ 9.42　　㉯ 18.84
㉰ 21.43　　㉱ 42.86

해설 전기자 주변속도 $v = \pi D \frac{N}{60}[\text{m/s}] = 3.14 \times 0.2 \times \frac{1800}{60} = 18.84[\text{m/s}]$

문제 **27** **직류기에서 양호한 정류를 얻는 조건이 아닌 것은?**

㉮ 정류주기를 크게 한다.
㉯ 전기자 코일의 인덕턴스를 작게 한다.
㉰ 평균 리액턴스 전압을 브러시 접촉면 전압강하보다 크게 한다.
㉱ 브러시의 접촉저항을 크게 한다.

정답 24. ㉯ 25. ㉯ 26. ㉯ 27. ㉰

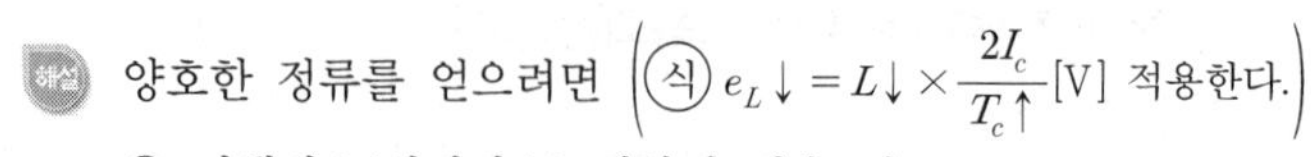

해설 양호한 정류를 얻으려면 $\left(\text{식}\ e_L\downarrow = L\downarrow \times \dfrac{2I_c}{T_c\uparrow}[\text{V}]\ \text{적용한다.}\right)$

㉠ 리액턴스(인덕턴스) 전압이 적을 것
㉡ 리액턴스(인덕턴스) 값이 적을 것
㉢ 정류주기를 길게(크게) 할 것
㉣ 회전자 속도를 적게 할 것
㉤ 리액턴스 전압 < 브러시 전압 강하
㉥ 브러시의 접촉저항 크게 할 것 ⇒ 저항정류(탄소 브러시 사용)
※ 용도 : 금속 흑연브러시 – 저전압, 대전류용

문제 28

불꽃 없는 정류를 하기 위해 평균 리액턴스 전압(A)과 브러시 접촉면 전압강하(B) 사이에 필요한 조건은?

㉮ A > B ㉯ A < B
㉰ A = B ㉱ A, B에 관계없다.

해설 리액턴스 전압 < 브러시 전압강하

문제 29

보극이 없는 직류기의 운전 중 중성점의 위치가 변하지 않는 경우는?

㉮ 무부하일 때 ㉯ 전부하일 때
㉰ 중부하일 때 ㉱ 과부하일 때

해설 직류기 무부하일 때 전기자전류가 0이므로 중성점 위치는 변하지 않는다.

문제 30

직류기에 있어서 불꽃 없는 정류를 얻는 데 가장 유효한 방법은?

㉮ 탄소 브러시와 보상권선 ㉯ 보극과 탄소 브러시
㉰ 자기포화와 브러시의 이동 ㉱ 보극과 보상권선

해설 보극은 전압정류, 탄소 브러시는 저항정류에 유효하다.

문제 31

직류기 정류 작용에서 전압정류의 역할을 하는 것은?

㉮ 탄소 브러시 ㉯ 보상권선
㉰ 전기자 반작용 ㉱ 보극

해설 보극은 전압정류, 탄소 브러시는 저항정류에 유효하다.

정답 28. ㉯ 29. ㉯ 30. ㉯ 31. ㉱

문제 **32** **직류발전기의 무부하 포화곡선은 다음 중 어느 관계를 표시한 것인가?**

㉮ 계자전류 대 부하전류 ㉯ 부하전류 대 단자전압
㉰ 계자전류 대 유기기전력 ㉱ 계자전류 대 회전속도

해설 직류발전기 특성곡선

특성곡선 종류	무부하 특성곡선	부하 포화곡선 (정격부하시)	외부 특성곡선 (정격부하시)
관계곡선값	무부하시 계자전류 I_f와 유기기전력 E	계자전류와 단자전압	부하전류 I와 단자전압 V

문제 **33** **계자철심에 잔류자기가 없어도 발전되는 직류기는?**

㉮ 직권기 ㉯ 타여자기
㉰ 분권기 ㉱ 복권기

해설 타여자 발전기는 전기자 회로와 계자회로가 독립되어 있어서 잔류자속이 없어도 발전가능하다.

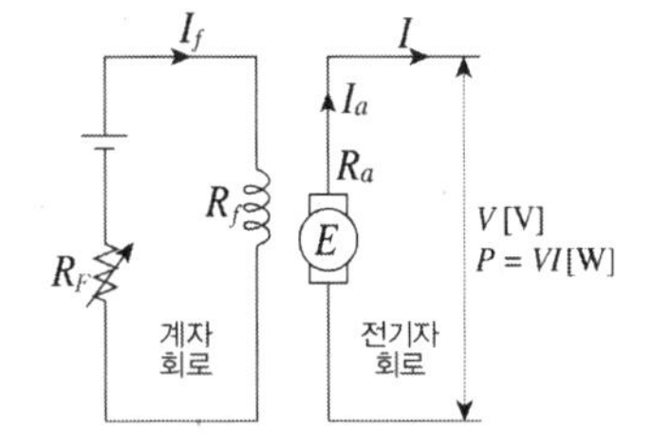

문제 **34** **직류 분권발전기를 서서히 단락상태로 하면 다음 중 어떠한 상태로 되는가?**

㉮ 과전류로 소손된다. ㉯ 과전압이 된다.
㉰ 소전류가 흐른다. ㉱ 운전이 정지된다.

해설 부하측이 단락되면 부하측으로 전기자전류(I_a)가 모두 흐르게 되어 계자전류(I_f)가 거의 흐르지 않게 되어 자속을 얻을 수 없다.
$E = k\phi N$[V]

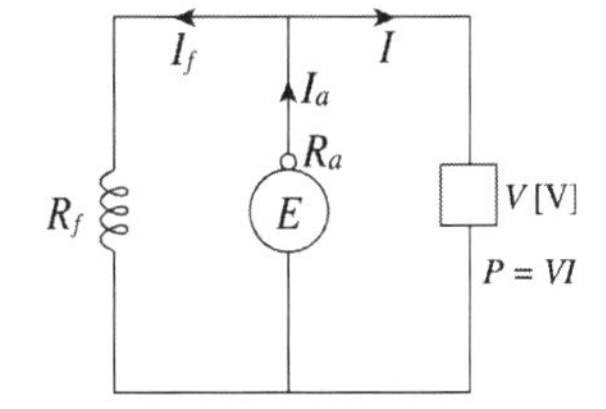

문제 **35** **직류 분권발전기를 역회전하면?**

㉮ 발전되지 않는다. ㉯ 정회전 때와 마찬가지이다.
㉰ 과대전압이 유기된다. ㉱ 섬락이 일어난다.

해설 잔류자속이 소멸되어 발전할 수 없다.(ϕ=0이기 때문에)
$E = k\phi N$[V] $(E \propto \phi)$ → $E=0$

정답 32. ㉰ 33. ㉯ 34. ㉰ 35. ㉮

문제 **36** **무부하에서 자기여자로 전압을 확립하지 못하는 직류발전기는?**

㉮ 타여자 발전기 ㉯ 직권발전기
㉰ 분권발전기 ㉱ 차동 복권발전기

해설 무부하 특성에서 직권발전기는 전류가 0이기 때문에 전압이 성립되지 못한다.

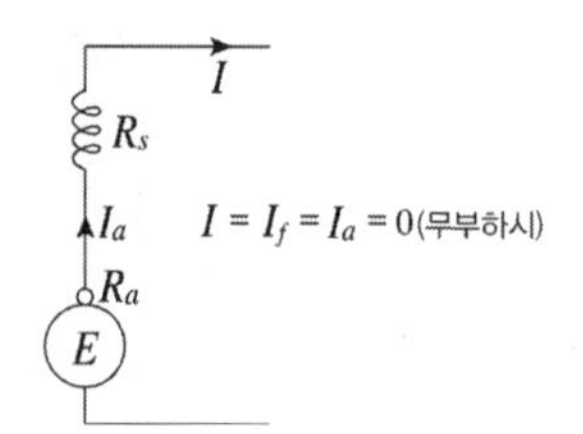

문제 **37** **가동 복권발전기의 내부결선을 바꾸어 분권발전기로 하자면?**

㉮ 내분권 복권형으로 해야 한다.
㉯ 외분권 복권형으로 해야 한다.
㉰ 분권계자를 단락시킨다.
㉱ 직권계자를 단락시킨다.

해설 복권을 분권 또는 직권으로 사용방법
1) 분권 사용시 → 직권계자 단락시킴
2) 직권 사용시 → 분권계자 개방시킴

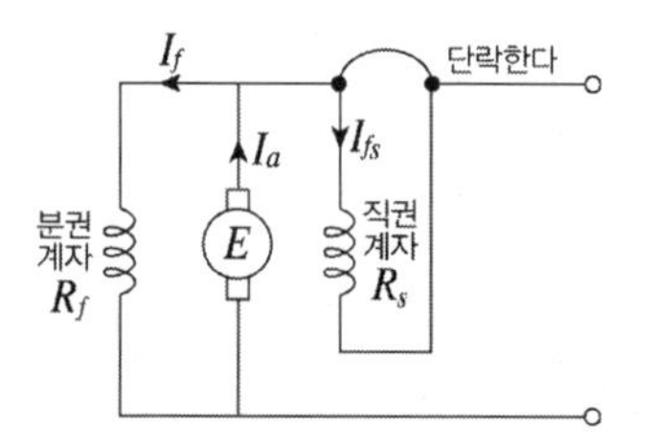

문제 **38** **직류 가동 복권발전기를 전동기로 사용하자면?**

㉮ 가동 복권전동기로 사용 가능
㉯ 차동 복권전동기로 사용 가능
㉰ 속도가 급상승해서 사용 불능
㉱ 직권 코일의 분리가 필요

해설 가동 복권발전기 → 차동 복권전동기
차동 복권발전기 → 가동 복권전동기

문제 **39** **직류 복권발전기를 병렬운전할 때, 반드시 필요한 것은?**

㉮ 과부하 계전기 ㉯ 균압선
㉰ 용량이 같을 것 ㉱ 외부 특성곡선이 일치할 것

해설

직류발전기 병렬운전 조건	균압선 설치 목적	균압선 설치 기계
① 두 발전기 극성이 일치할 것	병렬운전을 안정하게 해줌	• 직권발전기 • 복권발전기
② 두 발전기 단자전압이 일치할 것		
③ 외부 특성이 수하 특성일 것		

정답 36. ㉯ 37. ㉱ 38. ㉯ 39. ㉯

문제 40 **직류 복권발전기의 병렬운전에 있어 균압선을 붙이는 목적은 무엇인가?**

㉮ 운전을 안정하게 한다. ㉯ 손실을 경감한다.
㉰ 전압의 이상상승을 방지한다. ㉱ 고조파의 발생을 방지한다.

문제 41 **직류발전기를 병렬운전할 때 균압선이 필요한 직류기는?**

㉮ 분권발전기, 직권발전기 ㉯ 분권발전기, 복권발전기
㉰ 직권발전기, 과복권발전기 ㉱ 분권발전기, 단극발전기

해설 문제 **39**번과 동일

문제 42 **직류 분권발전기의 병렬운전을 하기 위해서는 발전기의 용량 P와 정격전압 V와의 관계는?**

㉮ P도, V도 임의이다. ㉯ P는 임의, V는 같다.
㉰ P는 같고, V는 임의 ㉱ P도, V도 같다.

해설 직류발전기의 병렬운전 조건
① 극성이 같을 것
② 단자전압(V)이 같을 것
③ 외부 특성곡선이 수하 특성곡선일 것
※ 용량 P와 주파수 f는 같을 필요 없다.

문제 43 **직류 분권전동기의 계자전류를 감소시키면 회전수는 어떻게 변하는가?**

㉮ 변화 없음 ㉯ 정지
㉰ 증가 ㉱ 감소

역기전력 $E=k\phi N$[V], 회전수 $N=k\dfrac{E}{\phi}$, $N\propto\dfrac{1}{\phi}$

계자전류(I_f)가 줄어들면 자속 ϕ도 줄어들기 때문에 속도 N이 증가한다.

문제 44 **직류전동기의 회전수는 자속이 감소하면 어떻게 변하는가?**

㉮ 불변이다. ㉯ 정지한다.
㉰ 저하한다. ㉱ 상승한다.

역기전력 $E=k\phi N$[V], 회전수 $N=k\dfrac{E}{\phi}$, $N\propto\dfrac{1}{\phi}$

계자전류(I_f)가 줄어들면 자속도 줄어들기 때문에 속도 N이 증가한다.

정답 40. ㉮ 41. ㉰ 42. ㉯ 43. ㉰ 44. ㉱

문제 **45** **부하변화에 대하여 속도변동이 가장 작은 전동기는?**

㉮ 차동복권 ㉯ 가동복권
㉰ 분권 ㉱ 직권

해설 속도변동이 큰 것부터 작은 순
직권전동기 → 가동 복권전동기 → 분권전동기 → 차동 복권전동기

문제 **46** **부하가 변하면 심하게 속도가 변하는 직류전동기는?**

㉮ 직권전동기 ㉯ 분권전동기
㉰ 차동 복권전동기 ㉱ 가동 복권전동기

해설 직권전동기는 계자(부하)전류가 커지면 자속(ϕ)이 커져서 속도가 심하게 변한다.

문제 **47** **직류전동기의 속도제어 방법 중 광범위한 속도제어가 가능하며 운전효율이 좋은 방법은 어떤 것인가?**

㉮ 계자제어 ㉯ 직렬저항제어
㉰ 병렬저항제어 ㉱ 전압제어

해설

직류전동기 속도제어법 종류	적용 식
㉠ 계자제어법 : 정출력 제어법 ㉡ 전압제어법 : 광범위한 속도(정토크)제어 ㉢ 저항제어법 : 손실이 크다.	$N=K\dfrac{V-I_aR_a}{\phi}$

문제 **48** **직류 분권전동기에서 운전 중 계자권선의 저항을 증가하면 회전속도의 값은?**

㉮ 감소한다. ㉯ 증가한다.
㉰ 일정하다. ㉱ 관계없다.

해설 계자회로의 저항이 증가하면 계자전류가 줄어들고, 따라서 자속(ϕ)이 줄어들기 때문에 회전속도는 증가한다.

문제 **49** **분권 직류전동기에서 부하의 변동이 심할 때 광범위하게 또한 안정되게 속도를 제어하는 가장 적당한 방식은?**

㉮ 계자 제어방식 ㉯ 직렬저항 제어방식
㉰ 워드 레오나드 제어법 ㉱ 일그너 방식

해설 일그너 방식 : 직류전동기 속도전압 제어법으로 제철소의 압연기 및 고속 엘리베이터의 제어에 사용된다.

정답 45. ㉮ 46. ㉮ 47. ㉱ 48. ㉯ 49. ㉱

문제 **50**

워드 레오너드 방식의 목적은 직류기의 무엇에 쓰이는가?

㉮ 정류 개선　　㉯ 속도제어
㉰ 계자자속 조정　　㉱ 병렬운전

문제 **51**

워드 레오너드 속도제어는?

㉮ 전압제어　　㉯ 직 · 병렬 제어
㉰ 저항제어　　㉱ 계자제어

전압제어 종류
① 워드 레오너드 방식　　② 일그너 방식
③ 직 · 병렬 제어　　④ 초페 제어

문제 **52**

직류전동기의 속도제어법에서 정출력 제어에 속하는 것은?

㉮ 전압제어법　　㉯ 계자제어법
㉰ 워드 레오나드 제어법　　㉱ 전기자 저항제어법

해설 계자제어는 정출력제어, 전압제어는 정토크제어

문제 **53**

그림은 여러 직류전동기의 속도 특성 곡선을 나타낸 것이다. ①부터 ④까지 차례로 맞는 것은?

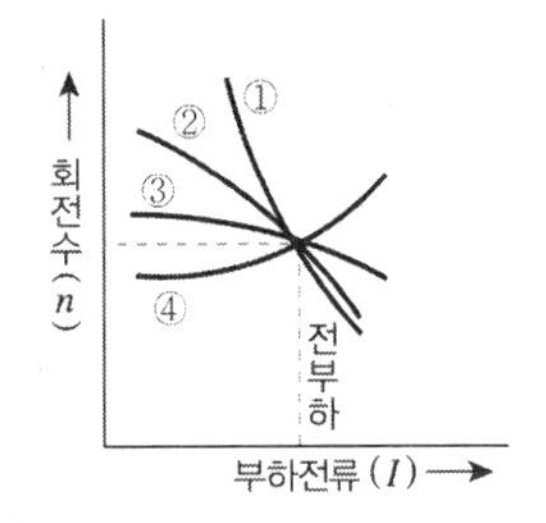

㉮ 차동복권, 분권, 화동복권, 직권
㉯ 분권, 직권, 화동복권, 차동복권
㉰ 화동복권, 차동복권, 직권, 분권
㉱ 직권, 화동복권, 분권, 차동복권

문제 **54**

직류 분권전동기의 공급전압의 극성을 반대로 하면 회전방향은?

㉮ 변하지 않는다.　　㉯ 반대로 된다.
㉰ 회전하지 않는다.　　㉱ 발전기로 된다.

해설 공급전압의 극성이 반대로 되면, 계자전류와 전기자전류의 방향이 동시에 반대로 되어 회전방향은 변하지 않는다.

직류전동기 회전방향	변하지 않는 경우	반대로 회전하는 경우
결선방법 구분	극성을 반대로 했을 때	전기자나 계자권선 둘 중 1개 접속을 반대로 했을 때

정답 50. ㉯ 51. ㉮ 52. ㉯ 53. ㉱ 54. ㉮

문제 **55** **무부하로 운전 중 분권전동기의 계자회로가 갑자기 끊어졌을 때 전동기의 속도는?**

㉮ 전동기가 갑자기 정지한다.
㉯ 속도가 약간 낮아진다.
㉰ 속도가 약간 빨라진다.
㉱ 전동기가 갑자기 가속되어 고속이 된다.

$N=k\dfrac{V-I_aR_a}{\phi}$에서 계자회로가 끊어지면 자속($\phi$)이 0 이 되어 전동기 속도가 고속으로 되어 위험하게 된다.

문제 **56** **직류 직권전동기에서 벨트(belt)를 걸고 운전하면 안 되는 이유는?**

㉮ 손실이 많아진다.
㉯ 직결하지 않으면 속도제어가 곤란하다.
㉰ 벨트가 벗겨지면 위험속도에 도달한다.
㉱ 벨트가 마모하여 보수가 곤란하다.

벨트가 벗겨지면 무부하로 되어 여자전류를 확립할 수 없기 때문에 위험속도에 도달한다.

$$N=k\frac{V-I_a(R_a+R_f)}{\phi}$$

문제 **57** **직권전동기에서 위험속도가 되는 경우는?**

㉮ 저전압, 과여자
㉯ 정격전압, 무부하
㉰ 정격전압, 과부하
㉱ 전기자의 저저항접속

문제 **58** **다음 중 옳은 것은?**

㉮ 전차용 전동기는 차동 복권전동기다.
㉯ 분권전동기의 운전 중 계자회로만이 단선되면 위험속도가 된다.
㉰ 직권전동기에서는 부하가 줄면 속도가 감소한다.
㉱ 분권전동기는 부하에 따라 속도가 많이 변한다.

속도 $N=k\dfrac{V-I_aR_a}{\phi}$에서 계자회로가 끊어지면 자속($\phi$)이 0 이 되어 전동기 속도가 고속으로 되어 위험하게 된다.

정답 55. ㉱ 56. ㉰ 57. ㉯ 58. ㉯

문제 **59** **직류기의 손실 중에서 부하의 변화에 따라서 현저하게 변하는 손실은 다음 중 어느 것인가?**

㉮ 표유부하손　　㉯ 철손
㉰ 풍손　　㉱ 기계손

문제 **60** **직류기의 반환부하법에 의한 온도시험이 아닌 것은?**

㉮ 킥법　　㉯ 블론델법
㉰ 홉킨슨법　　㉱ 카프법

해설 킥법은 직류기의 중성축을 결정하는 방법이다.

문제 **61** **직류기의 온도시험에는 실부하법과 반환부하법이 있다. 이 중에서 반환부하법에 해당되지 않는 것은?**

㉮ 홉킨슨법　　㉯ 프로니 브레이크법
㉰ 블론델법　　㉱ 카프법

해설 프로니 브레이크법은 직류 소형 진동기의 토크를 측정하는 데 적합하다.

문제 **62** **대형 직류전동기의 토크를 측정하는 데 가장 적당한 방법은?**

㉮ 와전류 제동기　　㉯ 프로니 브레이크법
㉰ 전기 동력계　　㉱ 반환부화법

해설 전기동력계는 토크와 출력을 측정하는 데 적당하다.

문제 **63** **자극수 6, 파권 전기자 도체수 400의 직류발전기를 600[rpm]의 회전속도로 무부하 운전할 때 기전력이 120[V]이다. 1극당 주자속[Wb]은?**

㉮ 0.89　　㉯ 0.09
㉰ 0.47　　㉱ 0.01

해설 유기기전력 $E=\frac{PZ}{60a}\phi N$[V] (파권인 경우 $a=2$, $P\neq a$)

1극당 주자속 $\phi=\frac{60aE}{PZN}=\frac{60\times2\times120}{6\times400\times600}=0.01$[Wb]

정답 59. ㉮ 60. ㉮ 61. ㉯ 62. ㉰ 63. ㉱

문제 **64**

직류 분권발전기의 극수 8, 전기자 총도체수 600으로 매분 800회전할 때 유기기전력이 110[V]라 한다. 전기자 권선이 중권일 때 매극의 자속수[Wb]는?

㉮ 0.03104 ㉯ 0.02375

㉰ 0.01014 ㉱ 0.01375

 유기기전력 $E=\frac{PZ}{60a}\phi N[\mathrm{V}]$ (중권일 때 $p=a=b$)

자속 $\phi=\frac{60aE}{PZN}=\frac{60E}{ZN}=\frac{60\times110}{600\times800}=0.01375[\mathrm{Wb}]$

문제 **65**

직류발전기의 극수가 10이고, 전기자 도체수가 500이며, 단중 파권일 때 매극의 자속수가 0.01[Wb]이면 600[rpm]일 때의 기전력[V]은?

㉮ 150 ㉯ 200

㉰ 250 ㉱ 300

해설 유기기전력 $E=\frac{PZ}{60a}\phi N$ (파권 $a=2,\ p\neq a$)$=\frac{10\times500}{60\times2}\times0.01\times600=250[\mathrm{V}]$

문제 **66**

200V의 직류 직권전동기가 있다. 전기자 저항이 0.1Ω, 계자저항은 0.05Ω이다. 부하전류 40A일 때의 역기전력[V]은?

㉮ 194 ㉯ 196

㉰ 198 ㉱ 200

 직류 직권전동기

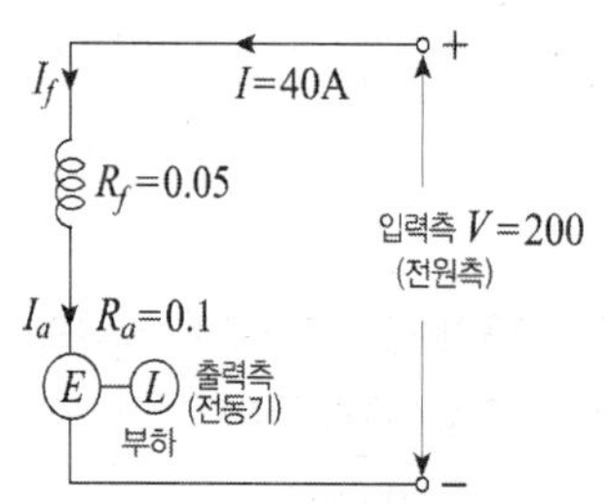

구 분	$V,\ I_a,\ R_a,\ R_s$ 주어진 경우
역기전력 E (전동기일 때)	$E=V-I_a(R_a+R_s)$ $=200-40(0.1+0.05)$ $=194[\mathrm{V}]$
유기기전력 E (발전기일 때)	$E=V+I_a(R_a+R_s)$

문제 **67**

정격속도로 회전하고 있는 분권발전기가 있다. 단자전압 220[V], 계자전류 2[A], 부하전류 48[A], 전기자 저항 0.2[Ω]이다. 이때 발전기의 유기기전력은 몇 [V]인가? (단, 전기자 반작용은 무시한다.)

㉮ 240 ㉯ 230

㉰ 220 ㉱ 210

 분권발전기 유기기전력

$E=V+I_aR_a=220+(50\times0.2)=230[\mathrm{V}]$

$I_a=I+I_f=48+2=50[\mathrm{A}]$

정답 64. ㉱ 65. ㉰ 66. ㉮ 67. ㉯

문제 68

정격속도로 회전하고 있는 무부하의 분권발전기가 있다. 계자권선의 저항이 50[Ω], 계자전류 2[A], 전기자 저항 1.5[Ω]일 때 유기기전력[V]은?

㉮ 97　　㉯ 100
㉰ 103　　㉱ 106

해설 분권발전기

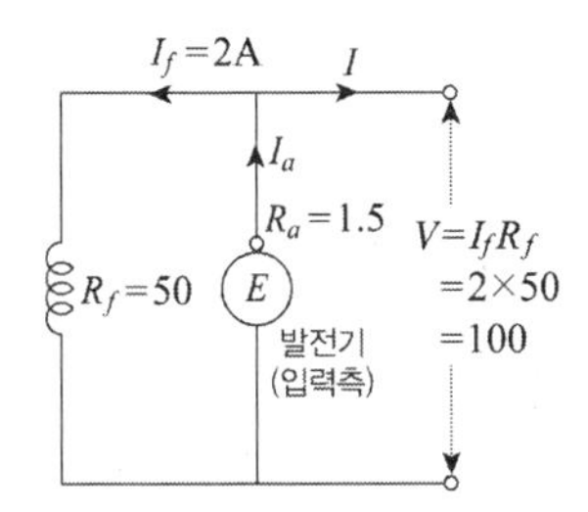

구 분	V, I_a, R_a 주어진 경우
역기전력 E (전동기)	$E=V-I_aR_a$
유기기전력 E (발전기)	$E=V+I_aR_a$ $=100+2\times1.5$ $=103[V]$

문제 69

발전기를 정격전압 220[V]로 운전하다가 무부하로 운전하였더니 단자전압 253[V]가 되었다. 이 발전기의 전압변동률 ε[%]은?

㉮ 6　　㉯ 10
㉰ 13　　㉱ 15

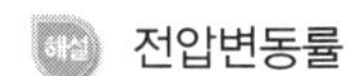

해설 전압변동률

$$\varepsilon=\frac{\text{무부하 단자전압}-\text{정격전압}}{\text{정격전압}}\times100[\%]$$

$$=\frac{253-220}{220}\times100=15[\%]$$

문제 70

120[V], 전기자전류 100[A], 전기자 저항 0.2[Ω]인 분권전동기의 발생동력[kW]은?

㉮ 10　　㉯ 9
㉰ 8　　㉱ 7

해설 출력 P=역기전력 E×부하(전기자)전류 I_a

$$=(V-I_aR_a)I_a=(120-100\times0.2)\times100\times10^{-3}=10[kW]$$

문제 71

직류전동기의 공급전압을 V[V], 자속을 Φ[Wb], 전기자전류를 I_a[A], 전기자 저항을 R[Ω], 속도를 N[rps]이라 할 때 속도식은? (단, k는 상수이다.)

㉮ $N=k\dfrac{V+RI_a}{\Phi}$　　㉯ $N=k\dfrac{V-RI_a}{\Phi}$

㉰ $N=k\dfrac{\Phi}{V-RI_a}$　　㉱ $N=k\dfrac{\Phi}{V+RI_a}$

정답 68. ㉰ 69. ㉱ 70. ㉮ 71. ㉯

문제 **72** 전기자저항 0.2[Ω], 직권계자권선저항 0.3[Ω]의 직권전동기에 100[V]를 가하였더니, 부하전류 10[A]이었다. 이때 전동기의 속도[rpm]은 약 얼마인가? (단, 기계 정수는 2.61이다.)

㉮ 1200 ㉯ 1300
㉰ 1500 ㉱ 1700

속도 $N=k\dfrac{V-I_a(R_a+R_f)}{\phi}$(단, 직권시 $I_a=I_f=I=\phi$) 식에서

직권전동기 속도 $N=2.61\times\dfrac{100-10(0.2+0.3)}{10}=1500[\text{rpm}]$

문제 **73** 직류전동기에서 전기자 전도체수 Z, 극수 p, 전기자 병렬회로수 a, 1극당의 자속 Φ[Wb], 전기자전류가 I_a[A]일 경우 토크[N · m]를 나타내는 것은?

㉮ $\dfrac{aZ\Phi I_a}{2\Phi p}$ ㉯ $\dfrac{pZ\Phi I_a}{2\pi a}$
㉰ $\dfrac{apZI_a}{2\pi\Phi}$ ㉱ $\dfrac{apZ\Phi}{2\pi I_a}$

해설

토크 T 계산 유형	중권 · 파권이 주어진 경우	출력 P와 회전수 N이 주어진 경우	단위 환산값
토크 T식	$\dfrac{PZ}{2\pi a}\phi I_a[\text{N}\cdot\text{m}]$	$0.975\dfrac{P}{N}[\text{kg}\cdot\text{m}]$	• 1[kg] = 9.8[N] • 1[HP] = 746[W]

문제 **74** 직류 분권전동기가 있다. 총도체수 100, 단중파권으로 자극수는 4, 자속수 3.14[Wb], 부하를 가하여 전기자에 5[A]가 흐르고 있으면, 이 전동기의 토크[N · m]는?

㉮ 400 ㉯ 450
㉰ 500 ㉱ 550

토크 $T=\dfrac{PZ}{2\pi a}\phi I_a$ (파권인 경우 $a=2$ 대입)

$=\dfrac{4\times100}{2\times3.14\times2}\times3.14\times5=500[\text{N}\cdot\text{m}]$

문제 **75** 직류전동기에 있어서 공극의 평균 자속밀도가 일정할 때 회전력(T)과 전기자전류(I)의 관계는?

㉮ $T\propto I$ ㉯ $T\propto\sqrt{I}$
㉰ $T\propto I_2$ ㉱ $T\propto I^{2/3}$

토크 $T=\dfrac{PZ}{2\pi a}\phi I_a[\text{N}\cdot\text{m}]$ ∴ $T\propto I_a$ (또는 I)

정답 72. ㉰ 73. ㉯ 74. ㉰ 75. ㉮

문제 **76** 직류 분권전동기가 있다. 단자전압 215[V], 전기자전류 50[A], 1,500[rpm]으로 운전되고 있을 때 발생 토크[N·m]는? (단, 전기자 저항은 0.1[Ω]이다.)

㉮ 6.6　　㉯ 68.4
㉰ 6.8　　㉱ 66.9

해설 토크 $T=9.55\frac{P}{N}=9.55\frac{EI_a}{N}=9.55\frac{(V-I_aR_a)\times I_a}{N}=9.55\times\frac{(215-50\times0.1)\times50}{1500}$
$=66.9[\text{N}\cdot\text{m}]$

문제 **77** 출력 3[kW], 1500[rpm]인 전동기의 토크[kg·m]는?

㉮ 1.5　　㉯ 2
㉰ 3　　㉱ 15

해설 토크 $T=0.975\frac{\text{출력 }P}{\text{회전수 }N}=0.975\times\frac{3\times10^3}{1500}=2[\text{kg}\cdot\text{m}]$

문제 **78** 출력 10[HP], 600[rpm]인 전동기의 토크(Torque)는 약 몇 [kg·m]인가?

㉮ 11.8　　㉯ 118
㉰ 12.1　　㉱ 121

해설 토크 $T=0.975\frac{P}{N}=0.975\times\frac{10\times746}{600}=12.1[\text{kg}\cdot\text{m}]$ (단, 1[HP]=746[W])

문제 **79** 직류전동기의 규약효율은 어떤 식으로 표시된 식에 의하여 구하여진 값인가?

㉮ $\eta=\frac{\text{출력}}{\text{입력}}\times100[\%]$　　㉯ $\eta=\frac{\text{출력}}{\text{출력}+\text{손실}}\times100[\%]$

㉰ $\eta=\frac{\text{입력}-\text{손실}}{\text{입력}}\times100[\%]$　　㉱ $\eta=\frac{\text{입력}}{\text{출력}+\text{손실}}\times100[\%]$

해설
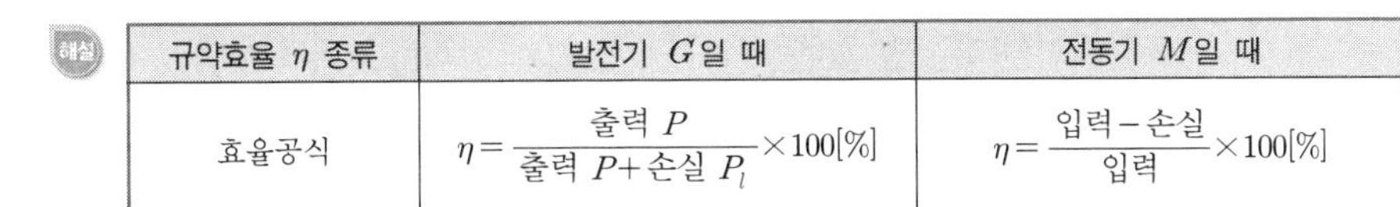

규약효율 η 종류	발전기 G일 때	전동기 M일 때
효율공식	$\eta=\frac{\text{출력 }P}{\text{출력 }P+\text{손실 }P_l}\times100[\%]$	$\eta=\frac{\text{입력}-\text{손실}}{\text{입력}}\times100[\%]$

문제 **80** 효율 80[%], 출력 10[kW]인 직류발전기의 전손실[kW]은?

㉮ 1.25　　㉯ 1.5
㉰ 2.0　　㉱ 2.5

해설 발전기 효율 $\eta=\frac{\text{출력}}{\text{출력}+\text{손실}}\times100[\%]$

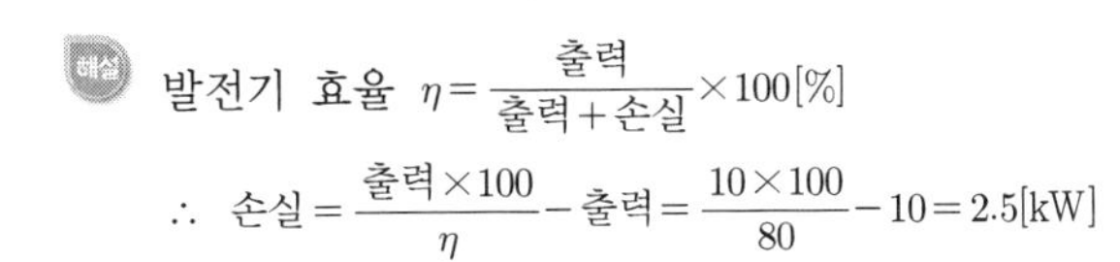

$\therefore$ 손실 $=\frac{\text{출력}\times100}{\eta}-\text{출력}=\frac{10\times100}{80}-10=2.5[\text{kW}]$

정답 76. ㉱ 77. ㉯ 78. ㉰ 79. ㉰ 80. ㉱

문제 **81**

직류기의 효율이 최대가 되는 경우는 다음 중 어느 것인가?

㉮ 와류손=히스테리시스손　　㉯ 기계손=전기자 동손
㉰ 전부하 동손=철손　　㉱ 고정손=부하손

문제 **82**

일정 전압으로 운전하고 있는 직류발전기의 손실이 $\alpha + \beta I^2$으로 표시될 때, 효율이 최대가 되는 전류는? (단, α, β는 정수이다.)

㉮ $\frac{\alpha}{\beta}$　　㉯ $\frac{\beta}{\alpha}$
㉰ $\sqrt{\frac{\alpha}{\beta}}$　　㉱ $\sqrt{\frac{\beta}{\alpha}}$

발전기 손실=고정손 α + 가변손 βI^2
최대효율조건 : 고정손 α=가변손 βI^2
$I^2 = \frac{\alpha}{\beta}$ → 전류 $I = \sqrt{\frac{\alpha}{\beta}}$

문제 **83**

E종 절연물의 최고 허용온도[°C]는?

㉮ 105[℃]　　㉯ 130[℃]
㉰ 90[℃]　　㉱ 120[℃]

절연물의 최고 허용온도

절연의 종류	Y	A	E	B	F	H	C
최고 허용온도	90	105	120	130	155	180	180 초과

문제 **84**

정격속도가 회전하고 있는 분권발전기가 있다. 단자전압 100[V], 계자권선의 저항은 50[Ω], 계자전류 2[A], 부하전류 50[A], 전기자 저항 0.1[Ω]이다. 이때 발전기의 유기기전력은 몇 [V]인가? (단, 전기자 반작용은 무시한다.)

㉮ 100　　㉯ 100.2
㉰ 105.0　　㉱ 105.2

유기기전력 $E = V + I_a R_a = 100 + 52 \times 0.1 = 105.2[V]$
(단, 전기자전류 $I_a = I + I_f = 50 + 2 = 52[A]$)

문제 **85**

전기자 저항 0.1[Ω], 전기자전류 104[A], 유도기전력 110.4[V]인 직류 분권발전기의 단자전압은 몇 [V]인가?

㉮ 98　　㉯ 100
㉰ 102　　㉱ 105

정답 81. ㉱ 82. ㉰ 83. ㉱ 84. ㉱ 85. ㉯

해설
유도기전력 $E = V + I_a R_a$[V]
→ 단자전압 $V = E - I_a R_a = 110.4 - 104 \times 0.1 = 100$[V]

문제 **86** **급전선의 전압강하 보상용으로 사용되는 것은?**

㉮ 분권기 ㉯ 직권기
㉰ 과복권기 ㉱ 차동복권기

해설 직권발전기(직권기)는 선로 중간에 설치하여 전압강하 보상용(승압기)으로 사용된다.

문제 **87** **다음 중 전기용접기용 발전기로 가장 적당한 것은?**

㉮ 직류분권형 발전기 ㉯ 차동복권형 발전기
㉰ 가동복권형 발전기 ㉱ 직류타여자식 발전기

해설 차동복권발전기는 수하특성 때문에 전기용접기용 전원에 사용된다.

문제 **88** **부하의 변화가 있어도 그 단자전압의 변화가 작은 직류발전기는?**

㉮ 가동복권발전기 ㉯ 차동복권발전기
㉰ 직권발전기 ㉱ 분권발전기

문제 **89** **분권전동기에 대한 설명으로 틀린 것은?**

㉮ 토크는 전기자전류의 제곱에 비례한다.
㉯ 부하전류에 따른 속도변화가 거의 없다.
㉰ 계자회로에 퓨즈를 넣어서는 안 된다.
㉱ 계자권선과 전기자 권선이 전원에 병렬로 접속되어 있다.

해설 분권전동기의 토크 $T = K\phi I_a$는 전류 I_a의 1승에 비례한다.

문제 **90** **정속도 전동기로 공작기계 등에 주로 사용되는 전동기는?**

㉮ 직류 분권전동기 ㉯ 직류 직권전동기
㉰ 직류 차동 복권전동기 ㉱ 단상 유도전동기

해설 직류 분권전동기는 정속도 전동기로서 공작기계 등에 사용된다.

정답 86. ㉯ 87. ㉯ 88. ㉮ 89. ㉮ 90. ㉮

문제 **91** **다음 직류전동기에 대한 설명 중 옳은 것은?**

㉮ 전기철도용 전동기는 차동 복권전동기이다.
㉯ 분권전동기는 계자저항기로 쉽게 회전속도를 조정할 수 있다.
㉰ 직권전동기에서는 부하가 줄면 속도가 감소한다.
㉱ 분권전동기는 부하에 따라 속도가 현저하게 변한다.

해설

구 분	용 도	특 징
직권전동기	전동차(가변속도 전동기)	부하가 줄면 속도가 증가한다.
분권전동기	공작기계(정속도 전동기)	계자저항기로 쉽게 속도 조정 가능

문제 **92** **정속도 및 가변속도제어가 되는 전동기는?**

㉮ 직권기
㉯ 가동복권기
㉰ 분권기
㉱ 차동복권기

해설 직권계자 권선전동기는 부하 변화시 자속이 변하기 때문에 속도제어가 어렵다.

문제 **93** **직류전동기를 기동할 때 전기자 전류를 제한하는 가감저항기를 무엇이라 하는가?**

㉮ 단속기
㉯ 제어기
㉰ 가속기
㉱ 기동기

문제 **94** **직류 분권전동기의 기동방법 중 가장 적당한 것은?**

㉮ 기동저항기를 전기자와 병렬 접속한다.
㉯ 기동토크를 작게 한다.
㉰ 계자저항기의 저항값을 크게 한다.
㉱ 계자저항기의 저항값을 0으로 한다.

해설 전동기 기동 및 운전시 기동저항 R값과 계자저항기 R_F값

구 분	전동기 기동시 조건	전동기 운전시 조건
기동저항 R	최대로 할 것	최소(0)로 할 것
계자저항 R_F	최소($R_F=0$)로 할 것	부하 크기에 따라 선정할 것

문제 **95** **직류전동기 운전 중에 있는 기동저항기에서 정전이거나 전원전압이 저하되었을 때 핸들을 정지위치에 두는 역할을 하는 것은?**

㉮ 무전압 계전기
㉯ 계자제어
㉰ 기동저항
㉱ 과부하 개방기

해설 무전압 계전기 : 직류전동기 운전 중 기동저항기 정전(전기자 권선소손)이나 전원전압 저하방지를 위해 기동저항을 최대(핸들 정지위치)로 이동시키는 계전기

정답 91. ㉯ 92. ㉰ 93. ㉱ 94. ㉱ 95. ㉮

문제 96 **전동기의 회전방향을 바꾸는 역회전의 원리를 이용한 제동방법은?**

㉮ 역상제동　　㉯ 유도제동
㉰ 발전제동　　㉱ 회생제동

해설

제동법 종류	내　용
① 회생제동	강하중량의 위치에너지로 전동기를 발전기로 작동시켜 발생전력을 전원으로 공급하는 제동법
② 발전제동	전동기를 발전기로 사용하여 전열 내에서 줄열로 소비하는 제동법
③ 역상제동 또는 플러깅	계자(전기자)전류 방향을 바꾸어 역토크 발생으로 제동(3상 중 2상을 바꾸어 제동)

문제 97 **다음 제동방법 중 급정지하는 데 가장 좋은 제동방법은?**

㉮ 발전제동　　㉯ 회생제동
㉰ 역전제동　　㉱ 단상제동

문제 98 **측정이나 계산으로 구할 수 없는 손실로 부하전류가 흐를 때 도체 또는 철심 내부에서 생기는 손실을 무엇이라 하는가?**

㉮ 구리손　　㉯ 히스테리시스손
㉰ 맴돌이 전류손　　㉱ 표류부하손

문제 99 **교류 동기 서보모터에 비하여 효율이 훨씬 좋고 큰 토크를 발생하여 입력되는 각 전기신호에 따라 규정된 각도만큼씩 회전하며 회전자는 축방향으로 자화된 영구자석으로서 보통 50개 정도의 톱니로 만들어져 있는 것은?**

㉮ 전기동력계　　㉯ 유도전동기
㉰ 직류 스테핑 모터　　㉱ 동기전동기

 스테핑 모터

원리	특성	용도
1펄스입력마다 일정한 각도로 회전하는 전동기	기동 및 정지, 역회전 특성이 우수하다.	• 특수기계의 속도, 거리, 방향 제어 가능 • 공작기계, 수치제어, 로봇 등 서보기구 제어

정답 96. ㉮ 97. ㉰ 98. ㉱ 99. ㉰

제2장 동기기 : 교류발전기

동기전동기는 정속도 전동기로서 사용된다.

1 구조

(1) 고정자(Stator) → 전기자

전기자나 부하권선을 지지

(2) 회전자(Rotor) → 계자

회전계자형과 회전전기자형이 있으나 회전계자형이 표준임(사용됨)

① **돌극형**(철극형) : 저속기(극수가 많다)에 사용, 수력발전기, 디젤발전

② **비돌극형**(원통형) : 고속기(극수가 적다)에 사용, 터빈발전기

※ 회전자 주변속도 : $V = \pi D \cdot \dfrac{N_s}{60}$[m/s]

(3) 여자기

직류전원(DC 발전기 사용)

2 원리

회전자(계자)도체에 직류전원을 가하여, 일정속도로 회전시키면 고정자 권선에 3상 교류기전력이 유기된다.

(1) 회전계자형을 사용하는 이유

① 기계적으로 유리하다.

② 큰 교류전압을 얻을 수 있다.

③ 절연이 용이하다.

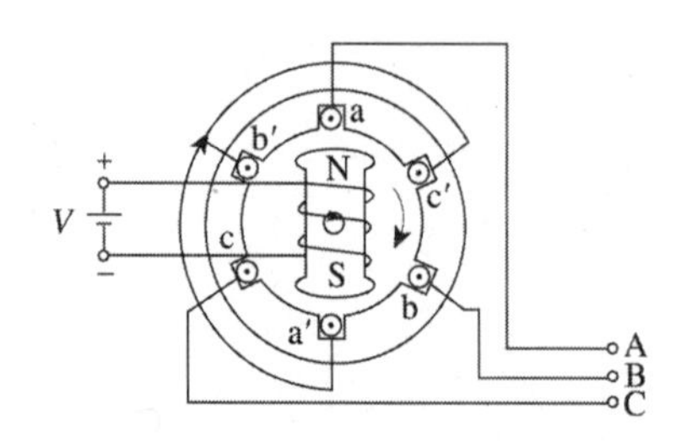

(2) Y결선 사용 이유

① 3고조파 및 권선불평형 방지

② 이상전압 방지유리(중성점 접지)

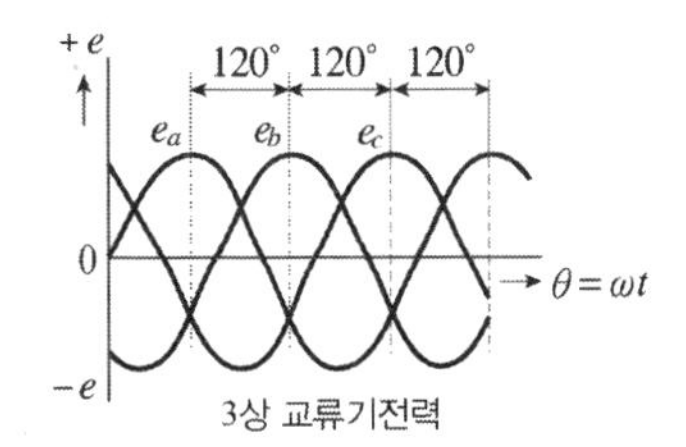

3상 교류기전력

3 동기속도 N_s(회전자 속도)

정 의	공 식
회전자 극수 P와 주파수 f로 정해지는 회전자 속도	$N_s = \dfrac{120f}{P}$[rpm]

4 전기자 권선법

(1) 단절권 K_p

극간격보다 코일간격을 짧게 감는 권선법

(cf. 전절권 : 극간격=코일간격)

$$\text{단절계수}(K_p) = \sin\frac{\beta\pi}{2}$$

여기서, 코일피치 $\beta = \dfrac{\text{코일간격}}{\text{극간격}}$

★ 기전력의 파형을 좋게 하고, 권선(동량)을 절약한다.

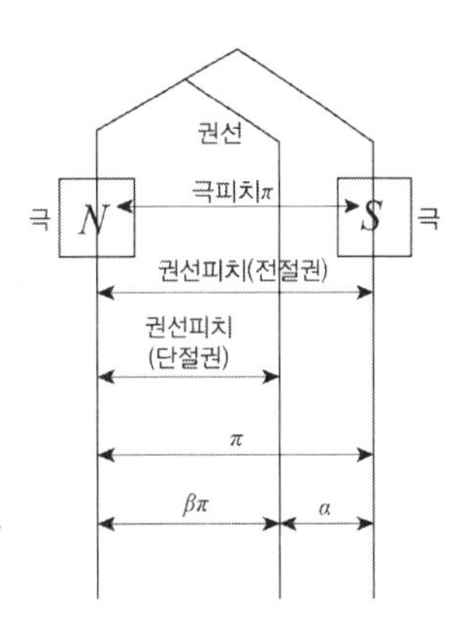

(2) 분포권 K_d

매극 매상당 코일을 2개 이상의 홈(Slot)에 분산시켜 감는 권선법

(cf. 집중권 : 1개의 코일을 1개의 홈에 넣어 배치)

$$\text{분포계수}(K_d) = \frac{\sin\dfrac{\pi}{2m}}{q\sin\dfrac{\pi}{2mq}}$$

여기서, q = 매극 매상당 Slot수

m =상수

★ 기전력의 파형을 좋게 하고, 누설리액턴스를 감소시킨다(열 분산됨).

(3) 권선계수(K) = 단절권계수 K_p × 분포권계수 K_d

단절권, 분포권으로 코일을 감으면, 고조파가 제거되어 파형이 좋아지므로 교류에서는 이 방법을 채택한다.
⇨ 교류에서는 전절권, 집중권은 사용하지 않는다.

5 동기발전기

(1) 유기(유도)기전력 E

$$E = 4.44 f N \phi [\mathrm{V}]$$

여기서, N : 권선수
f : 주파수
ϕ : 자속

(2) 전기자 반작용 ★

부하전류에 의한 자속이 주자속에 영향을 주는 작용

1) 동기발전기에서

① 저항 R 부하시 ⇨ (I_a와 E가 동상일 때)
교차자화작용 : 부하전류 자속과 주자속이 직각 작용

② 리액터 L 부하시 ⇨ (I_a와 E보다 늦을 때 : 지상부하시)
감자작용 : 부하전류 자속이 주자속을 감소시키는 작용

③ 콘덴서 C 부하시 ⇨ (I_a가 E보다 빠를 때 : 진상부하시)
증자작용 : 부하전류 자속이 주자속을 증가시키는 작용 → 자기여자현상

"발전기"인 경우		부하종별	"전동기"인 경우	
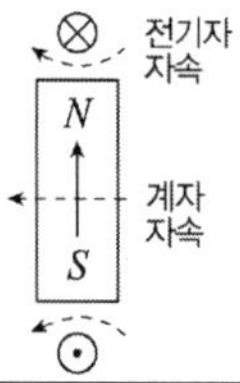 전기자 자속 / 계자 자속 / N / S	• 교차자화작용	저항 R 부하(동위상)	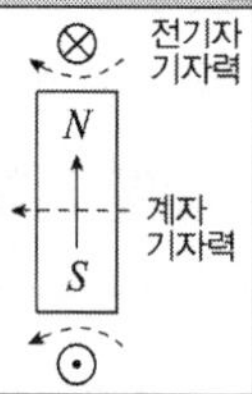 전기자 기자력 / 계자 기자력 / N / S	• 교차자화작용
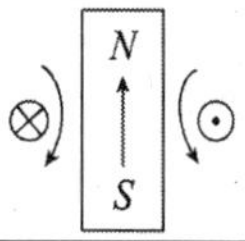 N / S	• 직축(자극축과 일치) 반작용에 의한 감자작용(↓감소)	코일 L(지상) 부하	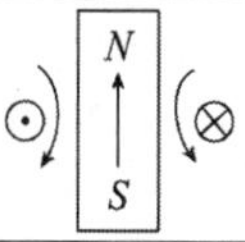 N / S	• 직축(자극축과 일치) 반작용에 의한 증자작용(↑증가)
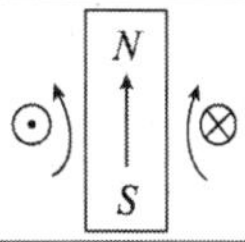 N / S	• 직축(자극축과 일치) 반작용에 의한 증자작용(↑증가)	콘덴서 C(진상) 부하	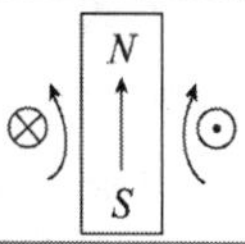 N / S	• 직축(자극축과 일치) 반작용에 의한 감자작용(↓감소)

6 동기발전기 출력

동기발전기는 동기속도로 회전하여야 하므로, 부하가 많이 걸려도 속도는 변화할 수 없기 때문에 순간적으로 자극이 밀리는데 이와 같이 자극이 밀린 각을 부하각이라 하고 전기각으로 나타낸다.

구 분	출력식	용 어	
단상인 경우	★$P=\dfrac{EV}{X_s}\sin\delta$	발전기인 경우	송전단 전압 E 수전단 전압 V
3상인 경우	$P=3$대분$\times\dfrac{EV}{X_s}\sin\delta$	전동기인 경우	역기전력 E 단자전압 V
용 어	동기리액턴스 X_s, 부하각 δ, 위상차 θ		

7 동기임피던스와 단락비

(1) %임피던스(%Z)

① $\%Z=\dfrac{I_n \cdot Z_s}{E}\times 100$

(E : 상전압, I_n : 정격전류,
Z_s : 동기임피던스)

② $\%Z=\dfrac{P \cdot Z_s}{10\,V^2}$

(V : 정격전압, P : 용량,
Z_s : 동기임피던스)

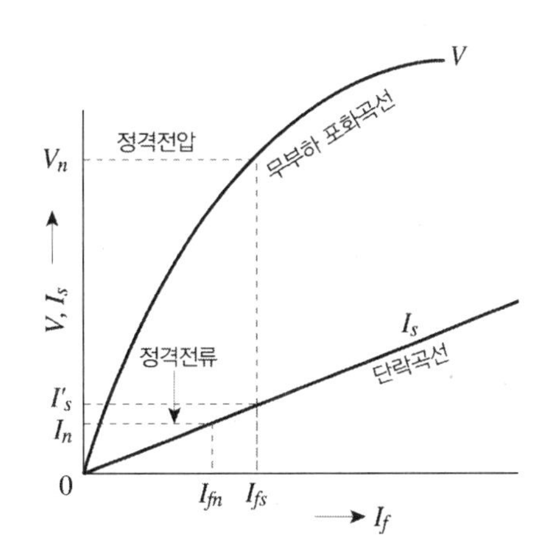

(2) 단락비 K_s : 무부하 포화곡선과 3상 단락곡선으로 구한다.

1) 정의

$$K_s=\frac{\text{무부하에서 정격전압을 유지하는 데 필요한 계자전류}}{\text{정격전류와 같은 단락전류를 흘리는 데 필요한 계자전류}}=\frac{1}{\%Z}$$

2) 단락비의 값에 따른 발전기의 특징

구분	단락비가 큰 ㊅ 동기기(철기계)인 경우	단락비가 작은 ㊆ 동기기(동기계)인 경우
특징	전기자 반작용이 작고↓ 전압변동률 ε이 작다.↓ 동기임피던스가 작다.↓	전기자 반작용이 크고↑ 전압변동률 ε이 크다.↑
	공극이 크고↑ 과부하 내량이 크고↑ 안정도가 높다.↑ 단락전류가 작다.↓	공극이 좁고↓ 안정도가 낮다.↓
	기계의 중량이 무겁고↑ 효율이 낮다.↓	기계의 중량이 가볍고↓ 효율이 좋다.↑
	충전용량이 크고↑ 비싸다.↑	충전용량이 작고↓ 싸다.↓

(3) 전압변동률 ε

$$\varepsilon = \frac{V_0 - V}{V} \times 100[\%]$$

단, V : 정격 단자전압(선간)[V]
V_0 : 무부하시 단자전압(선간)[V]

전압변동률은 작을수록 좋으며, 전압변동률이 작은 발전기는 동기리액턴스가 작다. 즉, 전기자 반작용이 작고 단락비가 큰 기계가 되어 값이 비싸진다.

(4) 자기여자

무여자로 운전하고 있는 동기발전기에 무부하의 장거리 송전선을 접속하면, 발전기의 잔류자기에 의한 전압 때문에 90°의 앞선 전류가 흐르므로, 전기자 반작용은 자화작용을 하여 단자전압이 높아지고 충전전류도 늘게 된다. 이와 같이 하여 단자전압은 계속해서 높아지게 되는 현상을 자기여자라 한다.

참고 **| 자기여자 방지법 |**

㉠ 발전기를 여러 대 병렬로 접속한다.
㉡ 수전단에 동기조상기를 접속한다.
㉢ 송전선로의 수전단에 변압기를 접속한다.
㉣ 수전단에 리액턴스를 병렬로 접속한다.

8 동기발전기 병렬운전조건

1) 기전력의 크기가 같을 것

불일치시 → ***무효 횡류***(무효 순환전류 $I_c = \dfrac{전압차\ V_s}{2x_s}$)가 흐른다.

2) 기전력의 위상이 같을 것

불일치시 → ***유효 횡류***(동기화 전류 $I_c = \dfrac{V_s}{x_s}\sin\dfrac{부하각\ \delta}{2}$)가 흐른다.

3) 기전력 주파수가 같을 것

4) 기전력 파형이 같을 것

5) 기전력 상회전수가 같을 것

9 동기 화력 $P_s = \dfrac{E_0^2}{2x_s}\sin\delta[W]$

병렬운전시 기전력의 위상이 일치하지 않을 때, 유효전력(동기화 전류)이 흐르게 되고, 이 동기화 전류에 의해서 위상각차를 좁히게 하는 힘이 생긴다.
즉, 동기화 전류에 의하여 발전기가 주고받는 전력

10 동기전동기의 특성

(1) 출력

① 1상의 출력 $P_s = \dfrac{E \cdot V}{x_s}\sin\delta$

② 3상의 출력 $P_s = 3\dfrac{E \cdot V}{x_s}\sin\delta$

전기기기

(2) 위상특성곡선(V곡선) : 전기자전류 I_a와 계자전류 I_f 관계 곡선

① 계자전류를 적절히 조정하여 역률이 1($\cos\theta = 1$)이 되도록 한 뒤,

② 계자전류를 증가시키면 역률은 진상으로 되며, 전기자전류값은 증가한다.

③ 계자전류를 감소시키면 역률은 지상으로 되며, 전기자전류값은 증가된다.

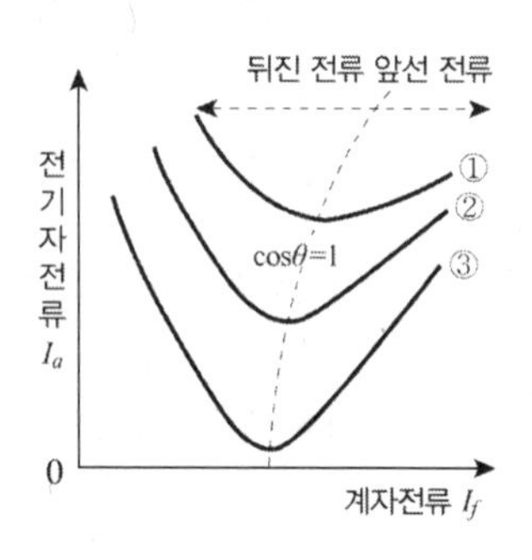

구 분	내 용
부족여자 $I_f \downarrow$	지상(뒤진)전류 증가시 리액터(L) 작용
과여자 $I_f \uparrow$	진상(앞선)전류 증가시 콘덴서(C) 작용
기 준	동위상(역률 $\cos\theta = 1$)일 때

※ 계자전류의 증감으로 역률을 진상, 지상으로 조정할 수 있으므로, 동기전동기를 송전선로에 접속하면 "동기조상기"라고 부른다.

(3) 난조

동기발전기 병렬운전 중 부하가 급변시 부하각이 주기적으로 진동하는 현상

원 인	대 책
㉠ 조속기가 너무 예민한 경우 ㉡ 관성모멘트가 작은 경우 ㉢ 고조파가 포함되어 있을 때 ㉣ 원동기에 전기자 저항이 큰 경우	★㉠ 제동권선을 설치(가장 좋은 방법) ㉡ 회전자에 Fly-Wheel 부착 ㉢ 조속기를 너무 예민하지 않게 한다. ㉣ 전기자 저항을 작게 한다.

11 동기전동기의 기동

(1) 기동토크

동기전동기는 회전자가 동기속도로 회전할 때에만 전동기로서의 토크를 내게 되므로, 동기전동기의 기동토크는 0이다. 그러므로 기동할 때에는 대개 제동권선을 기동권선으로 하고, 이것에서 기동토크를 얻도록 한다.

(2) 동기전동기 기동법

기동법 종류	내 용
① 자기 기동법	기동용 권선(회전자 자극표면의 권선 : 제동권선에 의한 기동토크)을 이용하여 기동시키는 방식
② 타 기동법	유도 또는 직류전동기로 동기속도까지 회전시켜 주는 방식 ★ 유도전동기 사용시 극수가 2극 작을 것
③ 저주파 기동법	작은 주파수에서 시동하여 동기속도가 되면 주전원에 투입방식

12 동기전동기의 특징

장 점	단 점
① 효율이 좋다.(특히 저속도에서) ② 정속도 전동기이다.(속도 불변) ③ 역률을 1, 또는 조정할 수 있다.(동기조상기) ④ 공극이 넓으므로 기계적으로 튼튼하고 보수가 용이하다.	① 기동토크가 작고, 기동하는 데 손이 많이 간다. ② 직류여자(전원장치)가 필요하고, 비싸다. ③ 난조가 일어나기 쉽다.

제2장 → 동기기 : 교류발전기

실전문제

문제 01

동기발전기에 회전 계자형을 사용하는 경우가 많다. 그 이유로 적합하지 않은 것은?

㉮ 전기자보다 계자극을 회전자로 하는 것이 기계적으로 튼튼하다.
㉯ 기전력의 파형을 개선하다.
㉰ 전기자 권선은 고전압으로 결선이 복잡하다.
㉱ 계자회로는 직류 저전압으로 소요전력이 작다.

해설 파형 개선을 위해서는 단절권이나 분포권을 사용해야 한다.

문제 02

3상 동기발전기의 전기자 권선을 Y권선으로 하는 이유 중 Δ권선과 비교할 때 장점이 아닌 것은?

㉮ 출력을 더욱 증대할 수 있다.
㉯ 권선의 코로나 현상이 작다.
㉰ 고조파 순환전류가 흐르지 않는다.
㉱ 권선의 보호 및 이상전압의 방지대책이 용이하다.

해설 전기자 권선을 Y결선하면 제3고조파 순환전류가 흐르지 않고, 중성점 접지방식을 이용하여 전위상승을 억제할 수 있고, 상전압과 선간전압을 활용할 수 있다.

$E = \frac{V}{\sqrt{3}}$, $V = \sqrt{3}E$ (E : 상전압, V : 선간전압)

문제 03

전기자를 고정시키고 자극 N, S를 회전시키는 동기발전기는?

㉮ 회전계자형
㉯ 직렬저항형
㉰ 회전전기자형
㉱ 회전정류자형

해설

동기기 구조 종류	내 용
회전계자형	전기자를 고정시키고 계자(N, S극)을 회전시키는 것
회전전기자형	계자(N, S)를 고정시키고 전기자를 회전시키는 것

문제 04

60[Hz] 12극 회전자 외경 2[m]의 동기발전기에 있어서 자극면의 주변속도[m/s]는?

㉮ 30
㉯ 40
㉰ 50
㉱ 60

정답 01. ㉯ 02. ㉮ 03. ㉮ 04. ㉱

해설 동기속도 $N_s = \dfrac{120f}{p} = \dfrac{120 \times 60}{12} = 600[\text{rpm}]$

주변속도 $V = \pi D \dfrac{N_s}{60} = 3.14 \times 2 \times \dfrac{600}{60} = 60[\text{m/s}]$

문제 **05** **동기발전기에서 동기 속도와 극수와의 관계를 표시한 것은 어느 것인가? (단, N_s : 동기속도, P : 극수)**

㉮
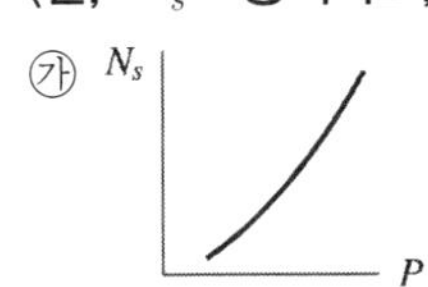

㉯ N_s P

㉰
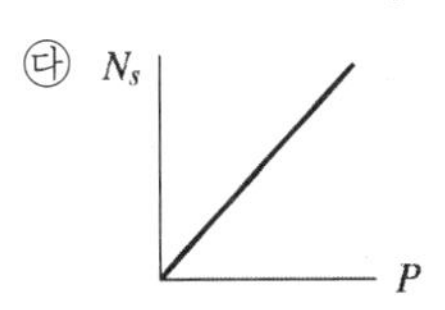

㉱
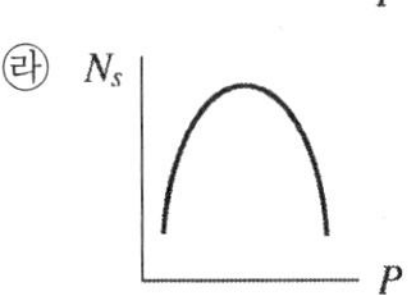

해설 동기속도 $N_s = \dfrac{120f}{P}$ $\quad \therefore N_s \propto \dfrac{1}{P}$

극수와 동기속도는 반비례하기 때문에 극수가 증가하면 동기속도는 줄어든다.

전기기기

문제 **06** **극수 6, 회전수 1,200[rpm]의 교류발전기와 병행운전하는 극수 8의 교류발전기의 회전수는 몇 [rpm]이라야 되는가?**

㉮ 800
㉯ 900
㉰ 1,050
㉱ 1,100

해설 두 발전기를 병렬운전시 주파수가 같아야 하므로

$N_s = \dfrac{120f}{P}$ 식에서 6극일 때 주파수 $f = \dfrac{PN_s}{120} = \dfrac{6 \times 1200}{120} = 60[\text{Hz}]$

8극일 때 회전수 $N_s = \dfrac{120 \times 60}{8} = 900[\text{rpm}]$

문제 **07** **60[Hz], 20,000[kVA]의 발전기의 회전수가 900[rpm]이라면 이 발전기의 극수는 얼마인가?**

㉮ 8극
㉯ 12극
㉰ 14극
㉱ 16극

해설 동기속도(회전수) $N_s = \dfrac{120f}{P}$ 에서 극수 $P = \dfrac{120 \times 60}{900} = 8$극

정답 05. ㉯ 06. ㉯ 07. ㉮

문제 08

동기기의 전기자 권선법이 아닌 것은?

㉮ 단절권 ㉯ 전절권
㉰ 2층 분포권 ㉱ 중권

 단절권은 고조파를 제거하고 기전력의 파형을 좋게 하고, 코일을 짧게 감을 수 있어 동(Cu)의 양이 적게 드는 이점이 있으며 동기기는 전절권보다 단절권을 사용한다.(분포권, 단절권, 2층권, 중권 사용, 결선은 Y결선 사용)

문제 09

교류기에서 집중권이란 매극, 매상의 홈(slot)수가 몇 개인 것을 말하는가?

㉮ $\frac{1}{2}$개 ㉯ 1개
㉰ 2개 ㉱ 5개

 매극, 매상의 슬롯수가 1개가 되는 권선을 집중권이라 하고, 2개 이상인 것을 분포권이라 한다.

문제 10

동기발전기의 권선을 분포권으로 하면?

㉮ 집중권에 비하여 합성유도기전력이 높아진다.
㉯ 권선의 리액턴스가 커진다.
㉰ 파형이 좋아진다.
㉱ 난조를 방지한다.

 분포권을 사용하는 이유
① 분포권은 집중권에 비하여 합성 유기기전력이 감소한다.
② 기전력의 고조파가 감소하여 파형이 좋아진다. → 3고조파, 5고조파 감소
③ 권선의 누설리액턴스가 감소한다.
④ 전기자 권선에 의한 열을 고르게 분포시켜 과열을 방지한다.

문제 11

상수 m, 매극, 매상당 슬롯수 q인 동기발전기에서 n차 고조파분에 대한 분포계수는?

㉮ $\dfrac{\sin\frac{\pi}{2m}}{q\sin\frac{n\pi}{2mq}}$ ㉯ $\dfrac{q\sin\frac{n\pi}{mq}}{\sin\frac{n\pi}{m}}$

㉰ $\dfrac{\sin\frac{n\pi}{m}}{q\sin\frac{n\pi}{mq}}$ ㉱ $\dfrac{\sin\frac{n\pi}{2m}}{q\sin\frac{n\pi}{2mq}}$

정답 08. ㉯ 09. ㉯ 10. ㉰ 11. ㉱

문제 **12** **동기발전기에서 기전력의 파형을 좋게 하고 누설리액턴스를 감소시키기 위하여 채택한 권선법은?**

㉮ 집중권 ㉯ 분포권
㉰ 단절권 ㉱ 전절권

해설 전기자를 권선함에 있어서 매극, 매상의 슬롯수가 1개인 것이 집중권이고 매극, 매상의 슬롯수가 2개 이상인 것이 분포권이다. 분포권으로 하면 파형뿐만 아니라 누설리액턴스도 감소할 수 있다.

문제 **13** **교류발전기에서 권선을 절약할 뿐 아니라 특성 고조파분이 없는 권선은?**

㉮ 전절권 ㉯ 집중권
㉰ 단절권 ㉱ 분포권

해설 전기자를 권선함에 있어서 코일간격과 극간격은 같게 하면 전절권이고, 극간격보다 코일간격을 짧게 하는 것이 단절권이다. 단절권으로 하면 고조파를 제거해 기전력의 파형을 좋게 할뿐만 아니라 코일 끝 부분이 단축되어 기계전체의 길이가 축소되며 동량을 절감할 수 있다.

문제 **14** **3상 동기발전기에서 권선피치와 자극피치의 비를 $\frac{13}{15}$의 단절권으로 하였을 때의 단절권 계수는 얼마인가?**

㉮ $\sin\frac{13}{15}\pi$ ㉯ $\sin\frac{15}{26}\pi$
㉰ $\sin\frac{13}{30}\pi$ ㉱ $\sin\frac{15}{13}\pi$

해설 단절권 계수 $K_p = \sin\frac{\beta\pi}{2}$ $\beta = \frac{\text{코일간격}}{\text{극간격}} = \frac{\text{코일간격}}{\frac{\text{전 슬롯수}}{\text{극수}}}$

$$K_p = \sin\frac{\frac{\beta}{15}\pi}{2} = \sin\frac{13}{30}\pi$$

문제 **15** **동기전동기의 용도가 아닌 것은?**

㉮ 크레인 ㉯ 분쇄기
㉰ 압축기 ㉱ 송풍기

해설 3상 권선형 유도전동기의 용도 : 크레인

정답 12. ㉯ 13. ㉰ 14. ㉰ 15. ㉮

문제 16

동기전동기의 진상전류는 어떤 작용을 하는가?

㉮ 증자작용　　㉯ 감자작용
㉰ 교차작용　　㉱ 아무 작용 없음

전기자 반작용으로 동기발전기는 전류와 전압이 동상일 때 횡축 반작용으로 교차자화작용이 일어나고, 전류가 전압보다 90° 앞설 때는 직축 반작용으로 주자속 감자작용이 일어나고, 전류가 전압보다 90° 뒤질 때는 직축 반작용으로 주자속 증자작용이 일어난다.

문제 17

동기전동기에서 위상에 관계없이 감자작용을 할 때는 어떤 경우인가?

㉮ 앞선 전기자전류가 흐를 때　　㉯ 뒤진 전기자전류가 흐를 때
㉰ 동상의 전기자전류가 흐를 때　　㉱ 전류가 흐를 때

해설 동기기의 전기자 반작용

부하 구분	코일 L(지상) 부하	콘덴서(진상) 부하	저항 R 부하
전기자 전류 구분	뒤진 전기자 전류인 경우	앞선 전기자 전류인 경우	동상인 경우
동기전동기 전기자 반작용	증자작용	감자작용	교차자화작용
동기발전기 전기자 반작용	감자작용	증자작용	교차자화작용

문제 18

동기발전기의 전기자 권선을 단절권으로 하면?

㉮ 역률이 좋아진다.　　㉯ 절연이 잘 된다.
㉰ 고조파를 제거한다.　　㉱ 기전력을 높인다.

단절권 사용 이유

① 고조파 제거 기전력의 파형이 좋아진다.
② 코일 끝부분이 단축되어 동량이 적게 들고 기계적으로 축소된다.
③ 단절계수만큼 합성 유도기전력이 감소된다.

문제 19

교류발전기의 고조파 발생을 방지하는 데 적합하지 않은 것은?

㉮ 전기자 슬롯을 스큐 슬롯으로 한다.
㉯ 전기자 권선의 결선을 성형으로 한다.
㉰ 전기자 반작용을 작게 한다.
㉱ 전기자 권선을 전절권으로 감는다.

해설 동기발전기는 전절권보다는 좋은 파형과 동량의 절감을 위해서 단절권을 사용하고 있다.

정답 16. ㉯ 17. ㉮ 18. ㉰ 19. ㉱

문제 20 **동기발전기에서 유기기전력과 전기자전류가 동상인 경우의 전기자 반작용은?**

㉮ 교차자화작용 ㉯ 증자작용
㉰ 감자작용 ㉱ 직축반작용

해설 동기기의 전기자 반작용

부하 구분	코일 L(지상) 부하	콘덴서(진상) 부하	저항 R 부하
전기자 전류 구분	뒤진 전기자 전류인 경우	앞선 전기자 전류인 경우	동상인 경우
동기전동기 전기자 반작용	증자작용	감자작용	교차자화작용
동기발전기 전기자 반작용	감자작용	증자작용	교차자화작용

문제 21 **동기발전기의 전기자 반작용에 대한 설명으로 틀린 사항은?**

㉮ 전기자 반작용은 부하 역률에 따라 크게 변화된다.
㉯ 전기자전류에 의한 자속의 영향으로 감자 및 자화현상과 편자현상이 발생된다.
㉰ 전기자 반작용의 결과 감자현상이 발생될 때 반작용 리액턴스의 값은 감소된다.
㉱ 계자자극의 중심축과 전기자전류에 의한 자속이 전기적으로 90°를 이룰 때 편자현상이 발생된다.

해설 전기자 반작용 리액턴스는 감자현상일 때 발생된다.

문제 22 **동기발전기의 전기자 반작용 중에서 전기자전류에 의한 자기장의 축이 항상 주자속의 축과 수직이 되면서 자극편 왼쪽에 있는 주자속은 증가시키고, 오른쪽에 있는 주자속은 감소시켜 편자작용을 하는 전기자 반작용은?**

㉮ 증자작용 ㉯ 감자작용
㉰ 교차자화작용 ㉱ 직축 반작용

해설 동기발전기의 전기자 반작용은 교차자화작용에 의한 증자작용과 감자(편차)작용이다.

문제 23 **비돌극형 동기발전기의 단자전압(1상)을 V, 유도기전력(1상)을 E, 동기리액턴스를 x_s, 부하각을 δ라고 하면 1상의 출력은 대략 얼마인가?**

㉮ $\dfrac{E^2 V}{x_s}\sin\delta$ ㉯ $\dfrac{EV^2}{x_s}\sin\delta$

㉰ $\dfrac{EV}{x_s}\sin\delta$ ㉱ $\dfrac{EV}{x_s}\cos\delta$

정답 20. ㉮ 21. ㉰ 22. ㉰ 23. ㉰

문제 **24**

동기리액턴스 $X_s = 10[\Omega]$, 전기자 권선저항 $r_a = 0.1[\Omega]$, 유기기전력 $E = 6{,}400[V]$, 단자전압 $V = 4{,}000[V]$, 부하각 $\delta = 30°$이다. 3상 동기발전기의 출력[kW]은? (단, 1상 값이다.)

㉮ 1,280 ㉯ 3,840
㉰ 5,506 ㉱ 6,650

 3상 동기발전기의 출력

$$P = \frac{EV}{X_s}\sin\theta \times 10^{-3}[kW] = \frac{6400 \times 4000}{10} \times \sin 30 \times 10^{-3} = 1280[V]$$

문제 **25**

동기발전기의 출력 $P = \frac{VE}{X_s}\sin\delta[W]$에서 각 항의 설명 중 잘못된 것은?

㉮ V : 단자전압 ㉯ E : 유도기전력
㉰ δ : 역률각 ㉱ X_s : 동기리액턴스

 부하각 δ : 유기기전력 E와 단자전압 V의 위상차 값

문제 **26**

동기발전기가 단락시험, 무부하 시험으로부터 구할 수 없는 것은?

㉮ 철손 ㉯ 단락비
㉰ 전기자 반작용 ㉱ 동기임피던스

 단락시험에서는 동기임피던스, 동기리액턴스를 무부하 시험에서는 철손, 기계손 등을 구할 수 있고, 단락비 산출에는 무부하(포화) 시험과 단락(3상)시험 등이 필요하다.

문제 **27**

동기기의 전기저항을 r, 반작용 리액턴스를 X_a, 누설리액턴스를 X_l이라고 하면 동기기의 동기임피던스는?

㉮ $\sqrt{r^2 + (x_a/x_l)^2}$ ㉯ $\sqrt{r^2 + {x_l}^2}$
㉰ $\sqrt{r^2 + x_a^2}$ ㉱ $\sqrt{r^2 + (x_a + x_l)^2}$

문제 **28**

3상 동기발전기의 단락비를 산출하는 데 필요한 시험은?

㉮ 외부 특성시험과 3상 단락시험
㉯ 돌발 단락시험과 부하시험
㉰ 무부하 포화시험과 3상 단락시험
㉱ 대칭분의 리액턴스 측정시험

정답 24. ㉮ 25. ㉰ 26. ㉰ 27. ㉱ 28. ㉰

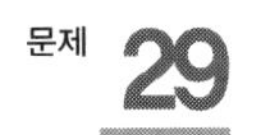

동기기에서 동기리액턴스가 커지면 동작특성이 어떻게 되는가?

㉮ 전압 변동률이 커지고 병렬운전시 동기화력이 커진다.
㉯ 전압 변동률이 커지고 병렬운전시 동기화력이 적어진다.
㉰ 전압 변동률이 적어지고 지속 단락전류도 감소한다.
㉱ 전압 변동률이 적어지고 지속 단락전류도 증가한다.

해설 동기리액턴스(동기임피던스)가 커지면 전압변동률이 커지고, 동기화력은 동기리액턴스(X_s)에 반비례한다. $P = \frac{E^2}{2x_s}\cos\delta[\text{W}]$

전기기기

문제 **30**

3상 교류 동기발전기를 정격 속도로 운전하고 무부하 정격전압을 유기하는 계자전류를 i_1, 3상 단락에 의하여 정격 전류를 흘리는 데 필요한 계자전류를 i_2라 할 때 단락비는?

㉮ $\frac{I}{i_1}$　　㉯ $\frac{i_2}{i_1}$
㉰ $\frac{I}{i_2}$　　㉱ $\frac{i_1}{i_2}$

단락비 k

$$k = \frac{3\phi \text{ 동기발전기 개방(무부하)하고 정격전압이 될 때까지의 필요한 계자전류 } I_f'}{3\phi \text{ 동기발전기 단락하고 정격전류가 흐를 때까지의 필요한 계자전류 } I_f''}$$

문제 **31**

정격전압을 E[V], 전격전류를 I[A], 동기임피던스를 Z_s[Ω]이라 할 때 [%]동기임피던스 Z_s'는? (이때 E[V]는 선간전압이다.)

㉮ $\frac{I \cdot Z_s}{\sqrt{3E}} \times 100$　　㉯ $\frac{I_1 \cdot Z_s}{3E} \times 100$
㉰ $\frac{\sqrt{3} \cdot I \cdot Z_s}{E} \times 100$　　㉱ $\frac{I \cdot Z_s}{E} \times 100$

문제 **32**

3상 동기발전기가 있다. 이 발전기의 여자전류 5[A]에 대한 1상의 유기기전력이 600[V]이고 이 3상 단락전류는 30[A]이다. 이 발전기의 동기임피던스[Ω]는 얼마인가?

㉮ 1　　㉯ 3
㉰ 20　　㉱ 30

해설 단락전류 $I_s = \frac{V}{Z_s}$ 식에서 동기임피던스 $Z_s = \frac{V}{I_s} = \frac{600}{30} = 20[\Omega]$

정답 29. ㉯ 30. ㉱ 31. ㉰ 32. ㉰

문제 **33**

정격전압 6,000[V], 정격 출력 12,000[kVA], 매상의 동기임피던스가 3[Ω]인 3상 동기발전기의 단락비는 얼마인가?

㉮ 1.0　　㉯ 1.2
㉰ 1.3　　㉱ 1.5

해설 단락비 $k = \frac{V^2}{P \cdot Z_s} = \frac{6000^2}{12000 \times 10^3 \times 3} = 1$

문제 **34**

정격전압 6,000[V], 용량 5,000[kVA]의 Y결선 3상 동기발전기가 있다. 여자전류 200[A]에서의 무부하 단자 전압 6,000[V], 단락전류 600[A]일 때 이 발전기의 단락비는?

㉮ 0.25　　㉯ 1
㉰ 1.25　　㉱ 1.5

해설
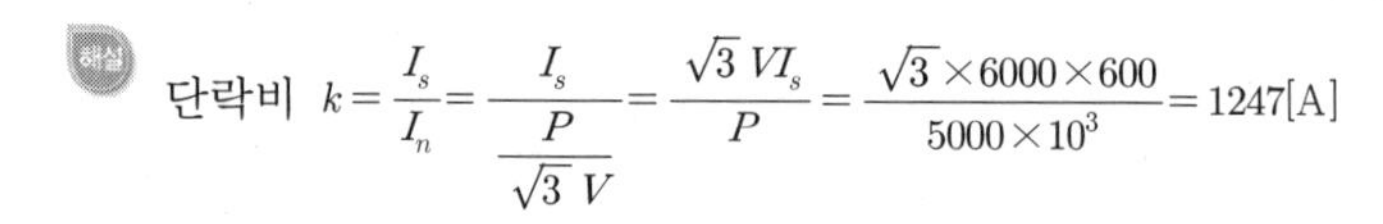
단락비 $k = \frac{I_s}{I_n} = \frac{I_s}{\frac{P}{\sqrt{3}\ V}} = \frac{\sqrt{3}\ VI_s}{P} = \frac{\sqrt{3} \times 6000 \times 600}{5000 \times 10^3} = 1247[A]$

문제 **35**

단락비 1.2인 발전기의 %동기임피던스[%]는 약 얼마인가?

㉮ 100　　㉯ 83
㉰ 60　　㉱ 45

해설 단락비 $k = \frac{1}{\%Z_s} \times 100[\%]$ 식에서 $\%Z_s = \frac{1 \times 100}{k} = \frac{100}{1.2} = 83.3[\%]$

문제 **36**

정격이 6,000[V], 9,000[kVA]인 3상 동기발전기의 %임피던스가 90[%]라면 동기임피던스는 몇 [Ω]인가?

㉮ 3.0　　㉯ 3.2
㉰ 3.4　　㉱ 3.6

해설
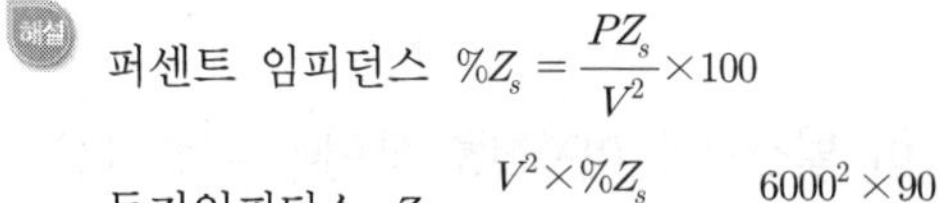
퍼센트 임피던스 $\%Z_s = \frac{PZ_s}{V^2} \times 100$

동기임피던스 $Z_s = \frac{V^2 \times \%Z_s}{P \times 100} = \frac{6000^2 \times 90}{9000 \times 10^3 \times 100} = 3.6[\Omega]$

문제 **37**

동기발전기의 동기임피던스는 철심이 포화하면 어떻게 되는가?

㉮ 증가한다.　　㉯ 증가·감소가 불분명하다.
㉰ 관계없다.　　㉱ 감소한다.

정답 33. ㉮ 34. ㉰ 35. ㉯ 36. ㉱ 37. ㉱

해설 동기임피던스 $Z_s = \dfrac{단자전압\ V}{단락전류\ I_s}$는 철심 포화시 단자전압이 감소하므로 감소한다.

문제 38 **정격용량 10,000[kVA], 정격전압 6,000[V], 극수 24, 주파수 60[Hz], 단락비 1.2 가 되는 3상 동기발전기의 1상의 동기임피던스는 얼마인가?**

㉮ 3.0[Ω]　　㉯ 3.6[Ω]
㉰ 4.0[Ω]　　㉱ 5.2[Ω]

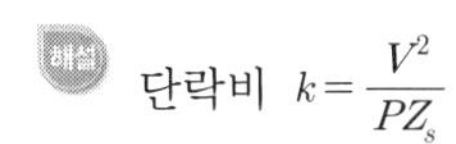

해설 단락비 $k = \dfrac{V^2}{PZ_s}$

1상 동기임피던스 $Z_s = \dfrac{V^2}{PK} = \dfrac{6000^2}{10000 \times 10^3 \times 1.2} = 3.0[\Omega]$

문제 39 **동기발전기의 단락비가 크다는 것은?**

㉮ 기계가 작아진다.　　㉯ 효율이 좋아진다.
㉰ 전압변동률이 나빠진다.　　㉱ 전기자 반작용이 작아진다.

해설 단락비가 큰 동기기(철기계) 특징
① Z_s가 작아 전기자 반작용이 작고 전압변동률이 작다.
② 공극이 커 안정도가 높고 과부하 내량이 크고 송전선의 충전용량이 크다.
③ 기계중량이 무겁고 비싸며 효율이 낮다.

문제 40 **동기기의 안정도 향상에 유효하지 못한 것은?**

㉮ 관성모멘트를 크게 할 것
㉯ 단락비를 크게 할 것
㉰ 속응 여자방식으로 할 것
㉱ 동기임피던스를 크게 할 것

해설 동기임피던스(Z_s)가 작아야 안정도가 높다.

문제 41 **단락비가 큰 동기기는?**

㉮ 선로 충전용량이 크다.
㉯ 전압변동률이 크다.
㉰ 안정도가 떨어진다.
㉱ 단자 단락시 단락전류가 적게 흐른다.

정답 38. ㉮　39. ㉱　40. ㉱　41. ㉮

 철기계, 동기계 비교

	구성재료	동기임피던스	단락비	계자자속	공극	철기계손	용량	안정도
철기계	동小 철大	Z_s 小	k : 大	大	大	大	大	大
동기계	동大 철小	Z_s 大	k : 小	小	小	小	小	小

문제 **42** **다음 중 단락비가 큰 동기발전기를 설명하는 것으로 옳은 것은?**

㉮ 동기임피던스가 작다. ㉯ 단락전류가 작다.
㉰ 전기자 반작용이 크다. ㉱ 전압변동률이 크다.

 철기계, 동기계 비교

	구성재료	동기임피던스	단락비	계자자속	공극	철기계손	용량	안정도
철기계	동小 철大	Z_s 小	k : 大	大	大	大	大	大
동기계	동大 철小	Z_s 大	k : 小	小	小	小	小	小

문제 **43** **단락비가 큰 동기기는?**

㉮ 안정도가 높다. ㉯ 기계가 소형이다.
㉰ 전압 변동률이 크다. ㉱ 전기자 반작용이 크다.

 철기계, 동기계 비교

	구성재료	동기임피던스	단락비	계자자속	공극	철기계손	용량	안정도
철기계	동小 철大	Z_s 小	k : 大	大	大	大	大	大
동기계	동大 철小	Z_s 大	k : 小	小	小	小	小	小

문제 **44** **동기기의 구성재료가 철이 비교적 적고 동이 비교적 많은 동기계는?**

㉮ 단락비가 크다. ㉯ 전기자 반작용이 크다.
㉰ 송전선로의 충전 용량이 크다. ㉱ 전압변동률이 양호하다.

 철기계, 동기계 비교

	구성재료	동기임피던스	단락비	계자자속	공극	철기계손	용량	안정도
철기계	동小 철大	Z_s 小	k : 大	大	大	大	大	大
동기계	동大 철小	Z_s 大	k : 小	小	小	小	小	小

문제 **45** **동기발전기의 단락비는 기계의 특성을 단적으로 잘 나타내는 수치로서, 동일정격에 대하여 단락비가 큰 기계는 다음과 같은 특성을 가진다. 옳지 않은 것은?**

㉮ 동기임피던스가 작아져 전압변동률이 좋으며, 송전선 충전용량이다.
㉯ 기계의 형태, 중량이 커지며 철손, 기계손실이 증가하고, 가격도 비싸다.
㉰ 과부하 내량이 크고, 안정도가 좋다.
㉱ 극수가 적은 고속기가 된다.

해설 단락비가 큰 철기계는 (돌극기)극수가 많은 저속기이다.

정답 42. ㉮ 43. ㉮ 44. ㉯ 45. ㉱

문제 46 **다음 중 동기기의 3상 단락곡선이 직선이 되는 이유는?**

㉮ 무부하 상태이므로　　㉯ 자기포화가 있으므로
㉰ 전기자 반작용으로　　㉱ 누설리액턴스가 크므로

해설 전기자 반작용(감자작용)이 커서 철심의 자기포화가 없어 단락곡선이 직선이 된다.

문제 47 **동기발전기의 3상 단락곡선은 무엇과 무엇의 관계 곡선인가?**

㉮ 계자전류와 단락전류　　㉯ 정격전류와 계자전류
㉰ 여자전류와 계자전류　　㉱ 정격전류와 단락전류

해설 동기발전기의 3상 단락곡선은 모든 단자를 단락시키고 정격속도 운전시 계자전류 I_f와 단락전류 I_s의 관계 곡선이다.

문제 48 **3상 동기발전기를 병렬운전시키는 경우 고려하지 않아도 되는 조건은?**

㉮ 발생 전압이 같을 것　　㉯ 전압파형이 같을 것
㉰ 회전수가 같을 것　　㉱ 상회전이 같을 것

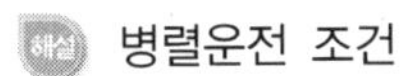

해설 병렬운전 조건
① 기전력의 크기가 같을 것　　② 기전력의 위상이 같을 것
③ 기전력의 주파수가 같을 것　　④ 기전력의 파형이 같을 것
⑤ 상회전방향이 같을 것

문제 49 **2대의 동기발전기를 병렬운전할 때 무효횡류(무효순환전류)가 흐르는 경우는?**

㉮ 부하분담의 차가 있을 때　　㉯ 기전력의 파형에 차가 있을 때
㉰ 기전력의 위상차가 있을 때　　㉱ 기전력의 크기에 차가 있을 때

해설 두 발전기 기전력 크기의 차가 있을 때 → 무효순환전류 I_c가 흐른다.

$$I_c = \frac{E_a - E_b}{2Z_s}$$

문제 50 **동기발전기를 병렬운전하는 데 필요하지 않는 조건은?**

㉮ 기전력의 크기가 같을 것　　㉯ 용량이 같을 것
㉰ 주파수가 같을 것　　㉱ 기전력의 위상이 같을 것

해설 동기발전기 병렬운전 조건
① 기전력의 크기가 같을 것　　② 기전력의 위상이 같을 것
③ 기전력의 주파수가 같을 것　　④ 기전력의 파형이 같을 것
⑤ 상회전방향이 같을 것

정답 46. ㉰ 47. ㉮ 48. ㉰ 49. ㉱ 50. ㉯

문제 **51** **동기발전기의 병렬운전 중 위상차가 생기면?**

㉮ 무효횡류가 흐른다.
㉯ 무효전력이 생긴다.
㉰ 유효횡류가 흐른다.
㉱ 출력이 요동하고 권선이 가열된다.

해설 두 발전기 기전력의 위상차가 생기면 → 유효순환전류(유효횡류)가 흐른다.

$I_c = \frac{E}{Z_s}\sin\frac{\delta}{2}$[A]

문제 **52** **동기발전기의 병렬운전 중에 기전력의 위상차가 생기면?**

㉮ 위상이 일치하는 경우보다 출력이 감소한다.
㉯ 부하분담이 변한다.
㉰ 무효순환전류가 흘러 전기자 권선이 과열된다.
㉱ 동기화력이 생겨 두 기전력의 위상이 동상이 되도록 작용한다.

해설 두 발전기 병렬운전 중 기전력 위상차 발생 시 순환전류가 흘러 위상이 앞선 발전기는 부하증가, 속도 감소하게 되어 동기화력이 생겨 두 기전력의 위상이 동상이 되도록 작용한다.

문제 **53** **두 동기발전기의 유도기전력이 2,000[V], 위상차 60° 동기리액턴스 100[Ω]식이다. 유효순환전류[A]는?**

㉮ 5　　㉯ 10
㉰ 20　　㉱ 30

순환전류(유효횡류)

$I_c = \frac{E}{x_s}\sin\frac{\delta}{2}[A] = \frac{2000}{100}\times\sin\frac{60}{2} = 10[A]$

문제 **54** **동기발전기 2대를 병렬운전하고자 할 때 필요로 하는 조건이 아닌 것은?**

㉮ 발생전압의 주파수가 서로 같아야 한다.
㉯ 각 발전기에서 유도되는 기전력의 위상이 일치해야 한다.
㉰ 발전기에서 유도된 기전력의 위상이 일치해야 한다.
㉱ 발전기의 용량이 같아야 한다.

정답 51. ㉰ 52. ㉯ 53. ㉯ 54. ㉱

문제 55 기전력(1상)이 E_0이고 동기임피던스(1상)가 Z_s인 2대의 3상 발전기를 무부하로 병렬운전시킬 때 대응하는 기전력 사이의 δ_s의 위상차가 있으면 한쪽 발전기에서 다른 쪽 발전기에 공급되는 전력은?

㉮ $\frac{E_0}{Z_s}\sin\delta_s$　　㉯ $\frac{E_0}{Z_s}\cos\delta_s$

㉰ $\frac{E_0^2}{2Z_s}\sin\delta_s$　　㉱ $\frac{E_0^2}{2Z_s}\cos\delta_s$

해설 수수전력 P(순환전류에 의한 발생전력)$=\frac{E_0^2}{2Z_s}\sin\delta_s$[W]

문제 56 3,000[V], 1,500[kVA], 동기임피던스 3[Ω]인 동일정격의 두 동기발전기를 병렬운전하던 중, 한 쪽 계자전류가 증가해서 각 상 유도기전력 사이에 300[V]의 전압차가 발생했다면 두 발전기 사이에 흐르는 무효횡류는 몇 [A]인가?

㉮ 20　　㉯ 30

㉰ 40　　㉱ 50

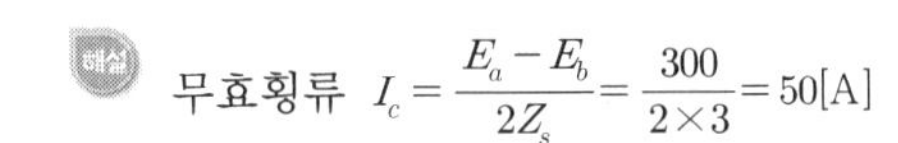

해설 무효횡류 $I_c=\frac{E_a-E_b}{2Z_s}=\frac{300}{2\times3}=50$[A]

문제 57 동기임피던스 5[Ω]인 2대의 3상 동기발전기의 유도기전력에 100[V]의 전압차이가 있다면 무효순환전류는?

㉮ 10[A]　　㉯ 15[A]

㉰ 20[A]　　㉱ 25[A]

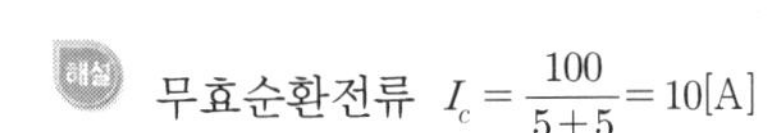

해설 무효순환전류 $I_c=\frac{100}{5+5}=10$[A]

문제 58 발전기 권선의 층간 단락보호에 가장 적합한 계전기는?

㉮ 과부하 계전기

㉯ 온도 계전기

㉰ 접지 계전기

㉱ 차동 계전기

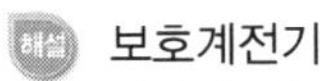

해설 보호계전기

과부하 계전기 : 선로의 과부하 및 단락사고 검출용

온도 계전기 : 절연유 및 권선의 온도상승 검출용

접지 계전기 : 선로의 지락사고 검출용

차동 계전기 : 발전기 및 변압기의 층간단락 등 내부고장 검출용에 사용된다.

정답 55. ㉰ 56. ㉱ 57. ㉮ 58. ㉱

문제 **59** **동기전동기는 유도전동기에 비하여 어떤 장점이 있는가?**

㉮ 기동 특성이 양호하다.
㉯ 전부하 효율이 양호하다.
㉰ 속도를 자유롭게 제어할 수 있다.
㉱ 구조가 간단하다.

해설 동기전동기의 장점 및 단점

장 점	단 점
① 역률 1로 운전가능하다. ② 필요시 지상, 진상으로 운전가능 ③ 정속도 전동기(속도가 불변) ④ 유도기에 비해 효율이 좋다.	① 기동토크가 0이다. ② 기동시 여자전원이 필요하고 구조가 복잡하다. ③ 속도조정이 곤란하다. ④ 난조가 일어나기 쉽다.

문제 **60** **동기전동기에 관한 설명 중 틀린 것은?**

㉮ 회전수를 조정할 수 없다.
㉯ 직류여자기가 필요하다.
㉰ 난조가 일어나기 쉽다.
㉱ 역률을 조정할 수 없다.

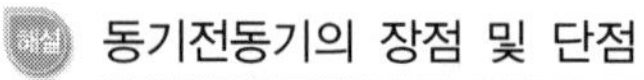
해설 동기전동기의 장점 및 단점

장 점	단 점
① 역률 1로 운전가능하다. ② 필요시 지상, 진상으로 운전가능 ③ 정속도 전동기(속도가 불변) ④ 유도기에 비해 효율이 좋다.	① 기동토크가 0이다. ② 기동시 여자전원이 필요하고 구조가 복잡하다. ③ 속도조정이 곤란하다. ④ 난조가 일어나기 쉽다.

문제 **61** **역률이 가장 좋은 전동기는?**

㉮ 농형 유도전동기
㉯ 반발 기동발전기
㉰ 동기전동기
㉱ 교류 정류자 전동기

문제 **62** **3상 동기전동기의 토크에 대한 설명으로 옳은 것은?**

㉮ 공급전압 크기에 비례한다.
㉯ 공급전압 크기의 제곱에 비례한다.
㉰ 부하각 크기에 반비례한다.
㉱ 부하각 크기의 제곱에 비례한다.

해설 토크 $T=3\frac{EV\sin\delta}{X_s W}$ 이므로 공급전압 E의 크기에 비례한다.

정답 59. ㉯ 60. ㉱ 61. ㉰ 62. ㉮

문제 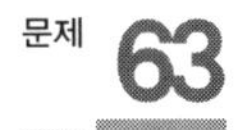

동기전동기의 전기자전류가 최소일 때 역률은?

㉮ 0 ㉯ 0.707

㉰ 0.866 ㉱ 1

 동기기 위상특성곡선
동기전동기의 전기자전류 I_a가 최소일 때 역률은 1이다.

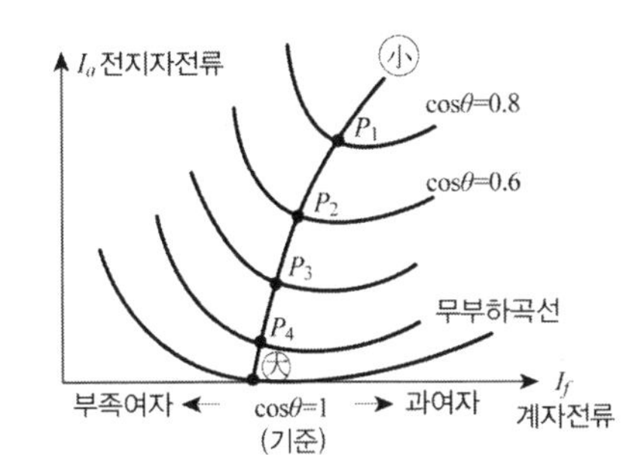

문제 64

3상 동기기의 제동권선의 효용은?

㉮ 출력 증가 ㉯ 효율 증가

㉰ 역률 개선 ㉱ 난조 방지

난조 발생원인	방지대책
① 조속기가 예민한 경우 ② 원동기 토크에 고조파가 포함된 경우 ③ 부하 맥동(변동)이 심한 경우 ④ 전기자 회로의 저항이 큰 경우	① 조속기를 무디게 할 것 ② 플라이 휠(축세륜 붙임) 효과 이용 ③ 제동권선 설치(가장 효과적) ④ 전기자 작용을 작게 할 것

문제 65

동기전동기의 난조방지에 가장 유효한 방법은?

㉮ 회전자의 관성을 크게 한다.

㉯ 자극면에 제동권선을 설치한다.

㉰ 동기리액턴스 X_s를 작게 하고, 동기화력을 크게 한다.

㉱ 자극수를 적게 한다.

해설

난조 발생원인	방지대책
① 조속기가 예민한 경우 ② 원동기 토크에 고조파가 포함된 경우 ③ 부하맥동(변동)이 심한 경우 ④ 전기자 회로의 저항이 큰 경우	① 조속기를 무디게 할 것 ② 플라이 휠(축세륜 붙임) 효과 이용 ③ 제동권선 설치(가장 효과적) ④ 전기자 작용을 작게 할 것

문제 66

8극 900[rpm]의 교류발전기와 병렬운전하는 극수 6의 동기발전기의 회전수[rpm]는?

㉮ 750 ㉯ 900

㉰ 1000 ㉱ 1200

정답 63. ㉱ 64. ㉱ 65. ㉯ 66. ㉱

두 발전기 병렬운전시 주파수가 같아야 하므로

8극 교류발전기 주파수 $f=\dfrac{N_s \times P}{120}=\dfrac{900\times 8}{120}=60[\text{Hz}]$

6극 동기발전기 회전수 $N_s=\dfrac{120f}{P}=\dfrac{120\times 60}{6}=1200[\text{rpm}]$

문제 67

동기발전기의 무부하 포화곡선에 대한 설명으로 옳은 것은?

㉮ 정격전류와 단자전압의 관계이다.
㉯ 정격전류와 정격전압의 관계이다.
㉰ 계자전류와 정격전압의 관계이다.
㉱ 계자전류와 단자전압의 관계이다.

동기발전기 특성곡선

구분	3상 단락곡선	(무)부하 포화곡선	외부특성 곡선
관계값	계자전류 I_f와 단락전류	I_f와 단자전압	부하전류와 단자전압

문제 68

동기기의 자기여자 현상의 방지법이 아닌 것은?

㉮ 단락비 증대
㉯ 리액턴스 접속
㉰ 발전기 직렬연결
㉱ 변압기 접속

자기여자(무부하시 단자전압증가) 방지법

① 발전기 여러 대를 병렬로 운전시킬 것
② 수전단에 동기조상기, 리액턴스, 변압기를 접속시킬 것
③ 단락비가 큰 발전기를 사용할 것

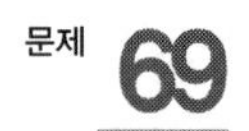

문제 69

3상 동기기에 제동권선을 설치하는 목적 중 가장 적합한 것은?

㉮ 출력증가 및 효율증가
㉯ 출력증가 및 난조방지
㉰ 기동작용 및 난조방지
㉱ 기동작용 및 효율증가

제동권선 설치기기	발전기인 경우	전동기인 경우
제동권선 설치목적	난조방지	기동작용

문제 70

난조방지와 관계가 없는 것은?

㉮ 제동권선을 설치한다.
㉯ 전기자 권선의 저항을 작게 한다.
㉰ 축세륜을 붙인다.
㉱ 조속기의 강도를 예민하게 한다.

해설 문제 64번 해설 참고

정답 67. ㉱ 68. ㉰ 69. ㉰ 70. ㉱

문제 **71** **동기발전기의 돌발단락전류를 주로 제한하는 것은?**

㉮ 권선저항　　㉯ 동기리액턴스
㉰ 누설리액턴스　　㉱ 역상리액턴스

동기발전기 전류 구분	돌발단락전류	지속단락전류
전류제한(억제)값	누설리액턴스 X_l	동기리액턴스 X_s

전기기기

문제 **72** **우산형 발전기의 용도는?**

㉮ 저속도 대용량기　　㉯ 고속도 소용량기
㉰ 저속도 소용량기　　㉱ 고속도 대용량기

해설 우산형 발전기 : 저속도 대용량 수차발전기이다.

문제 **73** **4극인 동기전동기가 1,800[rpm]으로 회전할 때 전원주파수는 몇 [Hz]인가?**

㉮ 50[Hz]　　㉯ 60[Hz]
㉰ 70[Hz]　　㉱ 80[Hz]

해설 동기전동기 회전속도 N는 동기속도 N_s와 같다.

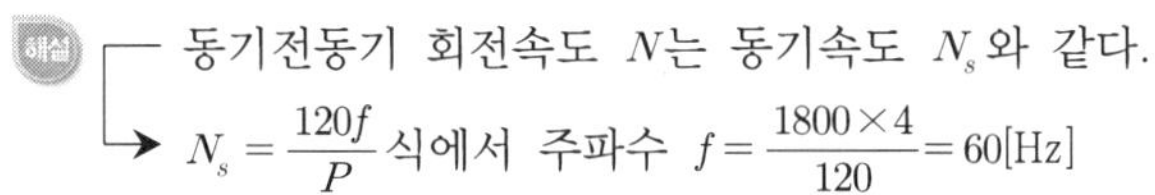

$N_s = \frac{120f}{P}$ 식에서 주파수 $f = \frac{1800 \times 4}{120} = 60$[Hz]

문제 **74** **동기전동기를 송전선의 전압조정 및 역률개선에 사용한 것을 무엇이라 하는가?**

㉮ 동기이탈　　㉯ 동기조상기
㉰ 댐퍼　　㉱ 제동권선

해설 동기조상기(무부하 동기전동기) : 송전선의 전압조정 및 역률개선을 위해 전력계통에 접속

문제 **75** **동기조상기를 부족여자로 운전하면 어떻게 되는가?**

㉮ 콘덴서로 작용한다.
㉯ 리액터로 작용한다.
㉰ 여자전압의 이상상승이 발생한다.
㉱ 일부 부하에 대하여 뒤진 역률을 보상한다.

동기조상기 여자 종류	부족여자 I_f (↓) 운전시	과여자 I_f (↑) 운전시
작 용 값	리액터(코일 L)로 작용	콘덴서(C)로 작용

정답 71. ㉰ 72. ㉮ 73. ㉱ 74. ㉯ 75. ㉯

문제 **76** **동기조상기가 전력용 콘덴서보다 우수한 점은?**

㉮ 손실이 적다.
㉯ 보수가 쉽다.
㉰ 지상역률을 얻는다.
㉱ 가격이 싸다.

해설

역률 조정기기 종류	동기조상기	전력용 콘덴서	리액터
역률 조정 가능값	진상 및 지상	진상	지상

문제 **77** **그림은 동기기의 위상특성곡선을 나타낸 것이다. 전기자전류가 가장 작게 흐를 때의 역률은?**

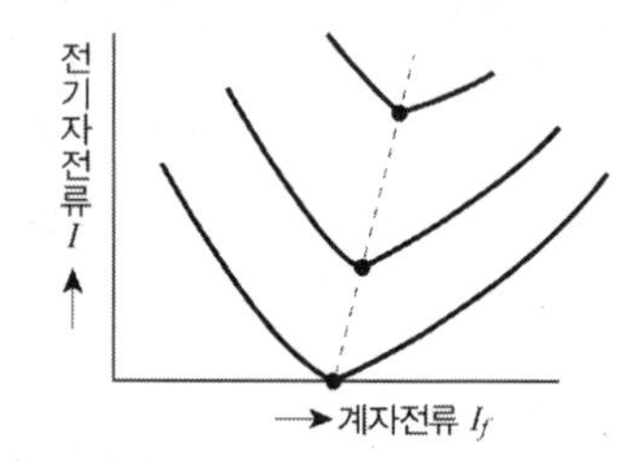

㉮ 1
㉯ 0.9[진상]
㉰ 0.9[지상]
㉱ 0

해설 동기기 위상특성곡선에서 전기자전류가 최소일 때 역률이 1이다.

문제 **78** **3상 동기전동기의 단자전압과 부하를 일정하게 유지하고, 회전자 여자전류의 크기를 변화시킬 때 옳은 것은?**

㉮ 전기자전류의 크기와 위상이 바뀐다.
㉯ 전기자 권선의 역기전력은 변하지 않는다.
㉰ 동기전동기의 기계적 출력은 일정하다.
㉱ 회전속도가 바뀐다.

해설 동기전동기는 여자전류 크기를 변화시켜 전기자 전류 I_a의 크기와 위상을 바꾼다.

문제 **79** **동기전동기의 기동토크는 몇 [N·m]인가?**

㉮ 0 ㉯ 100
㉰ 150 ㉱ 200

해설 동기전동기는 동기속도로 회전하고 있을 때만 토크가 발생하므로 동기전동기 자체 기동토크가 0이다.

정답 76. ㉰ 77. ㉮ 78. ㉮ 79. ㉮

문제 **80** **동기전동기를 자체 기동법으로 기동시킬 때 계자회로는 어떻게 하여야 하는가?**

㉮ 단락시킨다. ㉯ 개방시킨다.
㉰ 직류를 공급하다. ㉱ 단상교류를 공급한다.

해설 동기전동기 기동법

자기(자체) 기동법	회전 자극 표면에 기동권선을 설치하여 농형유도전동기로 기동시키는 방법
계자권선 단락이유	고전압 유도에 의한(계자회로) 절연파괴 위험 방지

문제 **81** **동기전동기의 자기기동에서 계자권선을 단락하는 이유는?**

㉮ 기동이 쉽다.
㉯ 기동 권선으로 이용한다.
㉰ 고전압이 유도된다.
㉱ 전기자 반작용을 방지한다.

해설 문제 **79**번 해설 동일

문제 **82** **3상 동기전동기 자기기동법에 관한 사항 중 틀린 것은?**

㉮ 기동토크를 적당한 값으로 유지하기 위하여 변압기 탭에 의해 정격전압의 80% 정도로 전압을 가해 기동을 한다.
㉯ 기동토크는 일반적으로 적고 전부하 토크의 40~60% 정도이다.
㉰ 제동권선에 의한 기동토크를 이용하는 것으로 제동권선은 2차 권선으로서 기동토크를 발생한다.
㉱ 기동할 때에는 회전자속에 의하여 계자권선 안에는 고압이 유도되어 절연을 파괴할 우려가 있다.

해설 자기기동법 : 기동전압=정격전압×(30~50%)

정답 80. ㉮ 81. ㉰ 82. ㉮

제3장 변압기

원리	전기에너지 → 자기에너지 → 전기에너지로 변환시키는 기계
목적	고압을 저압으로 변성하여 부하에 전기를 공급

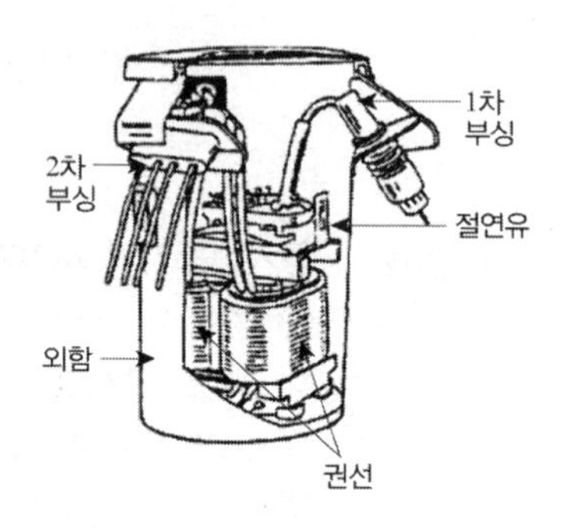

1 구조 : 코일과 철심

(1) 철심은 규소의 함유량이 3~4%인 규소강판을 사용

① 규소강판 사용 이유 → 히스테리시스손실 감소

② 철심을 성층하는 이유 → 와전류손실 감소

(2) 변압기의 분류

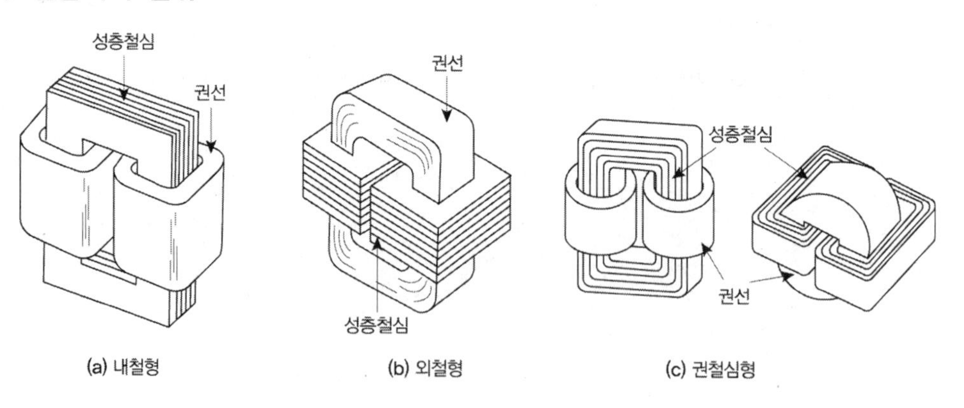

(a) 내철형 (b) 외철형 (c) 권철심형

2 유기기전력 E[V] 및 권수비 $a(n)$

1) 유기기전력 $E = 4.44 f\phi_m N$[V]

① 1차 전압 $E_1 = 4.44 f\phi_m N_1$

② 2차 전압 $E_2 = 4.44 f\phi_m N_2$

2) 권수비 a **또는** n

$$a(n) = \frac{1차\ 권수\ N_1}{2차\ 권수\ N_2} = \frac{1차\ 전압\ E_1}{2차\ 전압\ E_2} = \frac{2차\ 전류\ I_2}{1차\ 전류\ I_1}$$

3) 누설리액턴스 L

$$L = \frac{\mu A N^2}{l}[\mathrm{H}] \rightarrow L \propto N^2$$

용어

주파수 f[Hz] / 최대자속 ϕ_m[Wb] / 투자율 μ[H/m] / 철심면적 A[m^2] / 자로길이 l[m]

★ 여자(무부하)전류 I_o

$I_o =$ 철손전류 $I_i + j$ 자화전류 I_ϕ

$= \sqrt{I_i^2 + I_\phi^2}$ [A]

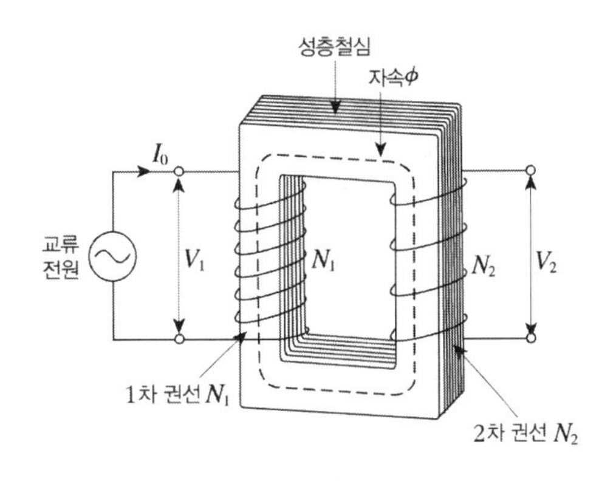

3 변압기 시험

(1) 무부하 시험

(2) 단락 시험

(3) 저항 측정

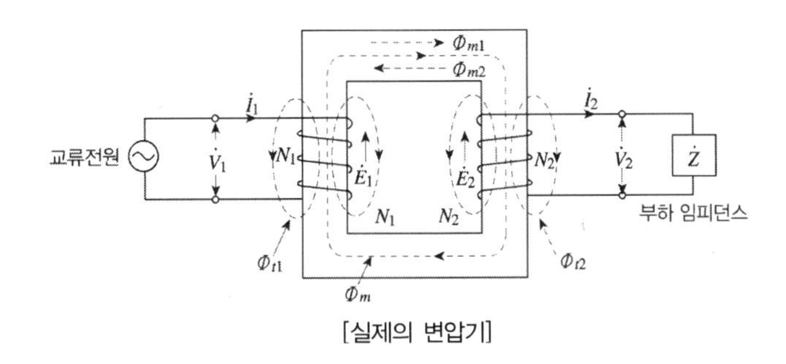

[실제의 변압기]

4 전압변동률 ε

(1) 임피던스 강하율($\%Z$ 강하=전압변동률 최대값)

정의	공식
정격전압 V_p에 대한 임피던스 Z의 전압강하(I_nZ)의 비	$\%Z=\dfrac{I\cdot Z}{V_{2n}}\times 100$

(2) 저항 강하율($\%r$ 강하$=P$)

정의	공식
정격전압 V_p에 대한 저항 r의 전압강하(I_nr)의 비	$P=\dfrac{I\cdot r}{V_{2n}}\times 100$

(3) 리액턴스 강하율($\%x$ 강하$=q$)

정의	공식
정격전압 V_p에 대한 리액턴스 X의 전압강하(I_nX)의 비	$q=\dfrac{I\cdot x}{V_{2n}}\times 100$

(4) 전압변동률(ε) ★

식	$\varepsilon=\dfrac{V_{20}-V_{2n}}{V_{2n}}\times 100$
용어	V_{20} : 무부하 2차 전압 V_{2n} : 2차 정격전압

또는

$\varepsilon \fallingdotseq p\cos\theta \pm q\sin\theta$ (+ : 지역율, − : 진역율)
$\cos\theta$: 역률, $\sin\theta$: 무효율

5 임피던스 전압과 임피던스 와트

변압기 2차측 단락시험으로 구한다.

(1) 임피던스 전압(V_s)

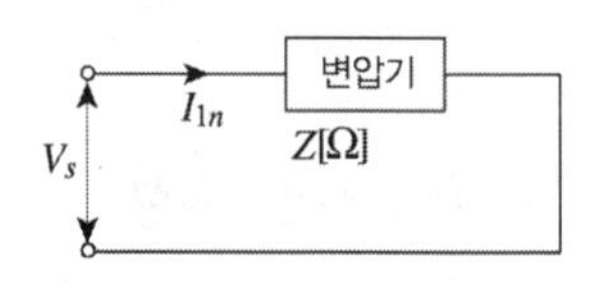

2차측을 단락해 두고, 1차 정격전류를 흐르게 했을 때, 변압기 내의 전압강하

$V_s=I_{1n}\cdot Z[\mathrm{V}]$

(2) 임피던스 와트(P_s)

임피던스 전압을 걸 때 입력[W] 즉, 2차측을 단락하였을 때 1차측에 정격전류를 흐르게 하기 위한 1차측의 유효 전력(동손)

$P_s = I_{1n}^2 \cdot r$[W]

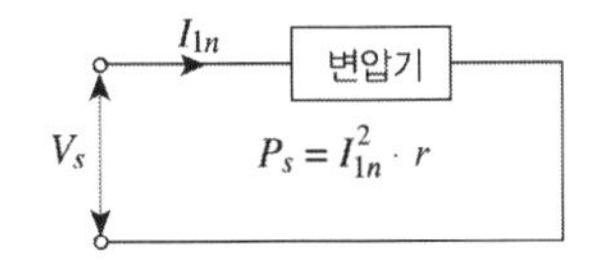

6 변압기의 병렬운전 조건

극성에는 감극성과 가극성이 있는데, 우리나라는 감극성을 표준으로 한다.

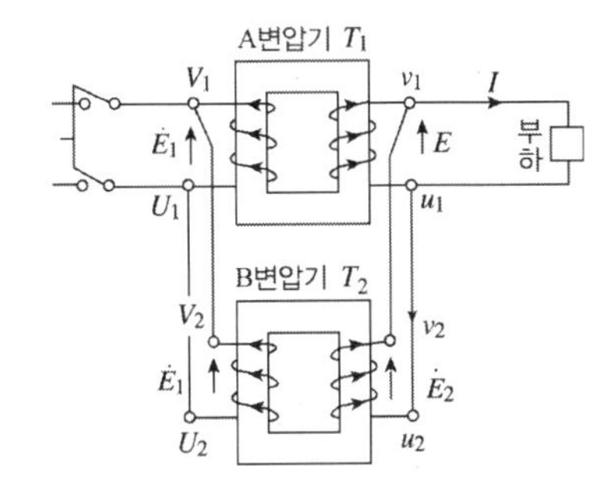

(1) 1·2차의 극성이 같을 것

만일 극성이 불일치시에는 2차 권선에 순환전류가 흘러서 이 전류로 인해 변압기가 과열되어 타버린다.

(2) 1·2차의 권수비 및 정격전압이 같을 것

만일 같지 않으면 2차에 큰 순환전류가 흘러서 권선이 과열된다.

(3) 각 변압기의 $\%Z$강하가 같을 것

부하분담은 정격용량에 비례하고, $\%Z$에는 반비례하도록 할 것

$$\frac{A\text{변압기 분담 전력 } P_a}{B\text{변압기 분담 전력 } P_b} = \frac{\text{정격용량 } P_{nA}}{\text{정격용량 } P_{nB}} \times \frac{\%Z_b}{\%Z_a}$$

(4) 각 변압기의 $\frac{r}{x}$비가 같을 것

※ 변압기 병렬운전은 극성, 권수비, 저항과 리액턴스비가 같아야 하며 출력과 용량은 같을 필요 없다.

7 단상변압기의 3상 결선(3상 변압기)

(1) Δ-Y결선(승압용)

2차측의 선간전압이 변압기 권선전압의 $\sqrt{3}$ 배가 되므로 발전소용 변압기와 같이 낮은 전압을 높은 전압으로 올리는 경우에 사용

(2) Y-Δ결선(감압용) : 위 용도의 반대

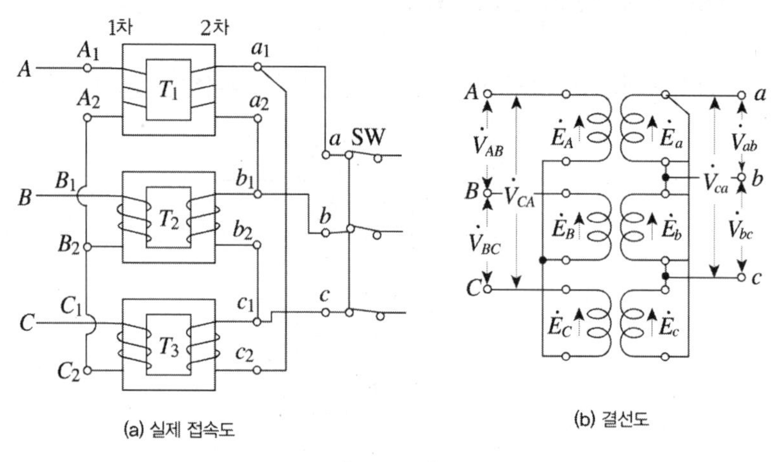

(a) 실제 접속도　　(b) 결선도

[Y-Δ 결선]

(3) Δ-Y 및 Y-Δ결선의 장·단점

1) 장점

① 한쪽 Y결선의 중성점을 접지할 수 있다.

② 한쪽이 Δ결선으로 여자전류의 제3고조파 통로가 있으므로 제3고조파 장해가 적고, 기전력의 파형이 왜형파가 되지 않는다.

③ Δ-Y결선은 승압변압기로 → 송전단 변전소용에,
Y-Δ결선은 강압변압기로 → 수전단 변전소용에 사용하여,
송전계통에 융통성 있게 쓰인다.

2) 단점

① 1차와 2차의 선간전압 사이에 $\frac{\pi}{6}$[rad](= 30°)의 위상차가 발생한다.

② 1상에 고장이 나면 송전을 계속할 수 없다.

(4) V - V결선(V결선)

V－V결선은 $\Delta-\Delta$ 결선 방식에 의해 3상 변압을 하는 경우, 1대의 변압기가 고장이 나면, 남은 2대의 변압기를 이용하여 3상 전력을 계속 공급할 수 있다.

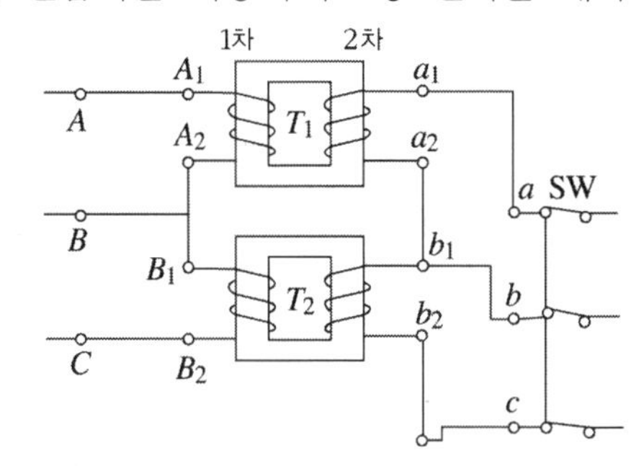

★ 단상변압기 1대의 용량을 P 라 두면

① V－V결선시 출력 : $P_V=\sqrt{3}\,P=\sqrt{3}\,VI$

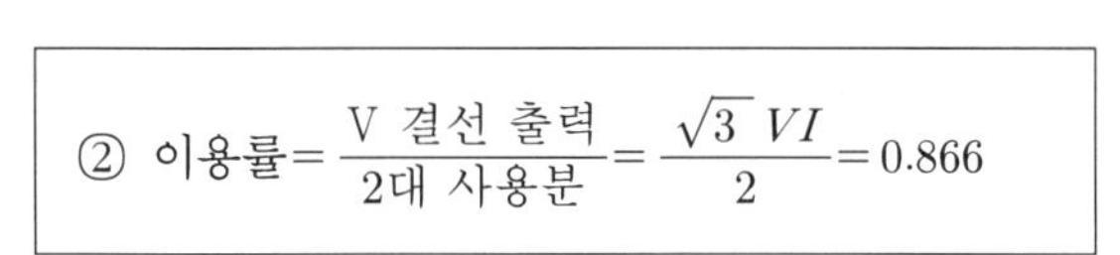
② 이용률 $=\dfrac{\text{V 결선 출력}}{\text{2대 사용분}}=\dfrac{\sqrt{3}\,VI}{2}=0.866$

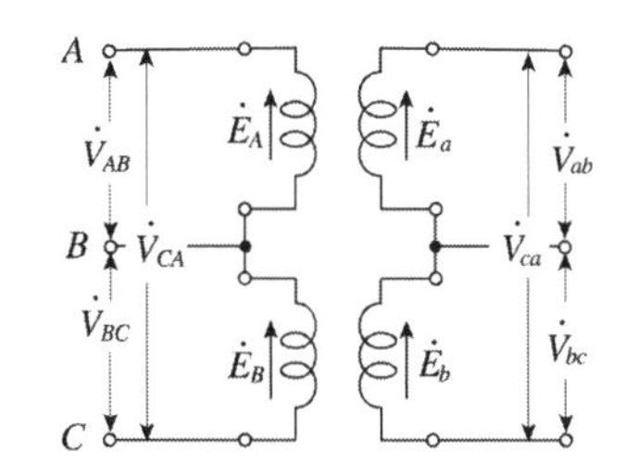

③ V－V결선으로 운전을 했을 때와 $\Delta-\Delta$ 결선으로 운전했을 때의 출력비를 비교하면,

출력비

$$=\frac{P_v}{P_\triangle}=\frac{\text{고장 후 출력(V 결선)}}{\text{고장 전 출력(3대분)}}=\frac{\sqrt{3}\,P}{3VI}=0.577$$

8 손실의 종류

(1) 철손 P_i (무부하손, 고정손) : ★무부하 시험으로 측정 ← 철심에서 발생

구 분	종 류	식	대 책
철손 P_i	와류손 P_e ⊕ 히스테리시스손 P_h	$P_e=k(fB_mt)^2$ $P_h=kfB_m^{1.6}t$	성층철심 사용 규소강판 사용
용 어	손실계수 k / 주파수 f [Hz] / 최대자속밀도 B_m[Wb/m^2] / 철 두께 t		

(2) 부하손 P_c(동손, 가변손) : ★단락시험으로 측정 ← 부하전류에 의해 발생

$$P_c = I^2 \cdot r[\mathrm{W}]$$

(3) 표유부하손

권선에 부하전류가 흐르면 누설자속이 증가하여 철심조임과 외함측벽 및 금속부분을 관통하여 그곳에서 와전류가 발생하여 손실(보통 무시된다.)

9 변압기 효율 η

(1) 실측효율 η(측정값으로 계산) : 거의 사용 안함

$$\text{효율 } \eta = \frac{\text{출력(측정값)}}{\text{입력(측정값)}} \times 100$$

(2) 규약효율 η(손실값을 기준으로 계산)

① 규약효율 $\eta = \dfrac{\text{출력[kW]}}{\text{출력[kW]} + \text{손실[kW]}} \times 100[\%]$

② 전부하 효율$= \dfrac{\text{출력}}{\text{출력} + (\text{동손} + \text{철손})} \times 100 = \dfrac{VI\cos\theta}{VI\cos\theta + (P_e + P_i)} \times 100$

③ 정격출력의 $\left(\dfrac{1}{m}\right)$부하시 효율$= \dfrac{\left(\dfrac{1}{m}\right)VI\cos\theta}{\left(\dfrac{1}{m}\right)VI\cos\theta + \left(\dfrac{1}{m}\right)^2 P_c + P_i} \times 100$

(3) 최대효율 조건

① 전부하일 때 : 철손 P_i = 동손 P_c

② $\left(\dfrac{1}{m}\right)$부하일 때 : $P_i = \left(\dfrac{1}{m}\right)^2 \cdot P_c$

(4) 전일효율 : 하루 중의 입력과 출력의 비(하루평균효율)

$$\text{전일효율} = \frac{VI\cos\theta \times \text{운전시간 } T}{VI\cos\theta \times \text{운전시간} + P_c \times \text{운전시간 } T + 24P_i} \times 100$$

전일효율을 좋게 하려면 전부하 시간이 짧을수록 좋고, 또한 무부하손(철손)을 적게 할수록 좋다.

10 변압기의 시험 및 보수

(1) 온도상승 시험법

① 실부하법 ② 반환부하법 ③ 등가부하법(단락시험법)

(2) 절연내력 시험법

① 유도가압시험(층간절연 확인시험)
② 충격전압시험(절연파괴시험)
③ 가압시험(절연저항 확인시험)
④ 변압기유(절연파괴) 전압시험

(3) 정수측정 시험법

① 단락시험 ② 무부하시험 ③ 저항측정시험

(4) 변압기 건조법(습기제거)

① 열풍법 ② 단락법 ③ 진공법

11 단권변압기

(1) 변압기의 1, 2차 권선을 직렬로 감고, 도중에 탭(Tap)을 만들어 사용한 것

(2) 1, 2차 권선이 공통이고 누설자속이 없어 전압변동률이 작다.

(3) 용도

① 승압기용(권수비 a가 1에 가까울수록, 효율이 좋으므로, 선로 전압을 10% 정도

이내에서, 전압을 올리는 승압기로 쓰인다.)

② 기동보상기용(동기전동기나 유도전동기의 기동시 공급전압을 낮추어 기동시에 흐르는 급격한 기동전류를 제한하는 기동보상기에 주로 쓰인다.)

③ 실험실에서 저압을 연속적으로 조정하는 소용량의 슬라이닥스나 형광등용 승압변압기로 많이 쓰인다.

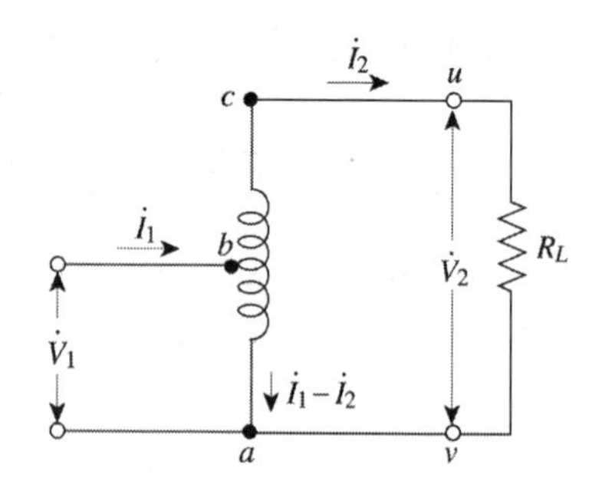

12 3상 변압기

단상 변압기 철심 3대를 하나로 조합하여 1개의 철심에 1차 및 2차 권선을 감은 변압기

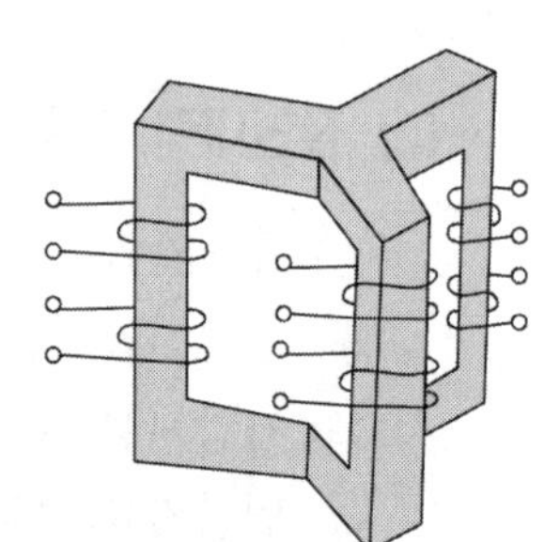

(1) 장점

① 단상을 3대 쓰는 것보다는 가격이 저렴하고, 설치면적도 적게 차지한다.

② 단상을 3대 쓰는 것보다는 철심의 양이 적게 들어, 철손이 적어지므로 효율이 좋다.

(2) 단점

① 1상의 고장이 발생되었을 시, 단상변압기는 V결선을 사용하여 급전할 수 있으나, 3상 변압기는 운전할 수 없다.

② 예비기를 둘 때, 비용이 많이 든다.

③ 단상변압기의 병렬운전 조건 외에 상회전방향 및 1차, 2차 선간 유도기전력의 위상차가 같아야 한다.

(3) 3상 변압기군의 병렬운전 가능 및 불가능한 조합

병렬운전 가능(짝수일 때 가능)	병렬운전 불가능(홀수일 때 불가능)
$\Delta-\Delta$와 $\Delta-\Delta$ Y$-\Delta$와 Y$-\Delta$ Y$-$Y와 Y$-$Y $\Delta-$Y와 $\Delta-$Y $\Delta-\Delta$와 Y$-$Y	$\Delta-\Delta$와 $\Delta-$Y $\Delta-$Y와 Y$-$Y 불가능 이유 : 위상차 때문에

13 계기용 변성기 MOF = PT + CT

큰(높은) 전압과 전류를 측정하기 위한 변성기(변압기)

(1) 계기용 변압기 PT

1차의 고압을 2차 저압(110V)로 전압을 감소시키는 기계(심벌 ⧽⧼)

① 2차 정격전압 : 110[V]가 측정되도록 설계된 것

② 1차측이 고전압이므로 2차측이 충분히 절연이 되어 있다하더라도 1차 권선과 2차 권선 사이에는 분포용량이 존재하여 고압전류가 흐를 수 있다. 따라서 2차측에 접촉하면 치명적인 위험이 있으므로 2차 권선은 반드시 접지한다.

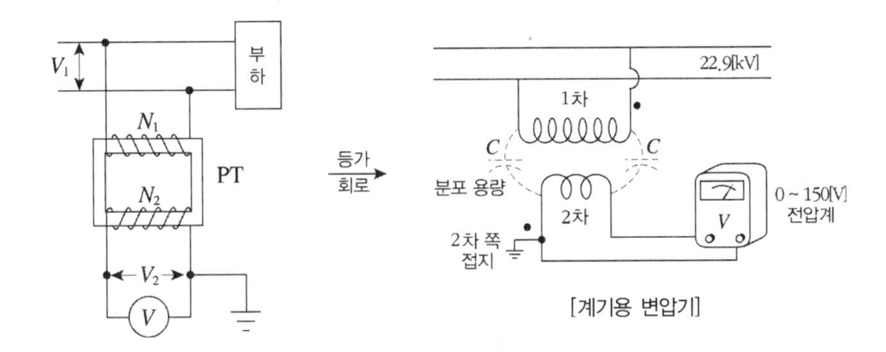

[계기용 변압기]

(2) 계기용 변류기 CT

1차 대전류를 2차 소전류(5A)로 전류를 감소시키는 기계(심벌 ⧼)

① 변류기 2차 전류 : 5[A]가 측정되도록 설계된 것

② 변류기를 사용 중에 2차측에 연결된 계기나 Relay 등을 떼어낼 때는, 반드시 2차측을 단락한 다음 계기를 떼어내야 한다.

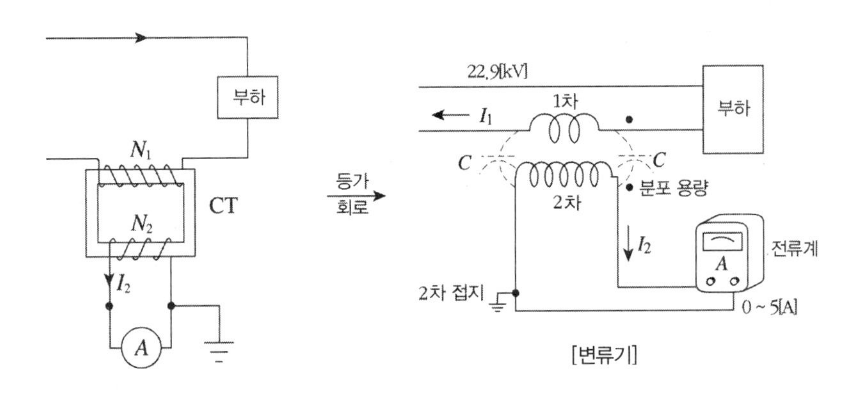

[변류기]

그렇게 하지 않을 시는 2차측에 대단히 높은 기전력이 유도되어 절연이 파괴되고, 변류기가 소손될 위험이 생긴다.

★2차측 개방시 고압이 유기되어 위험하다.

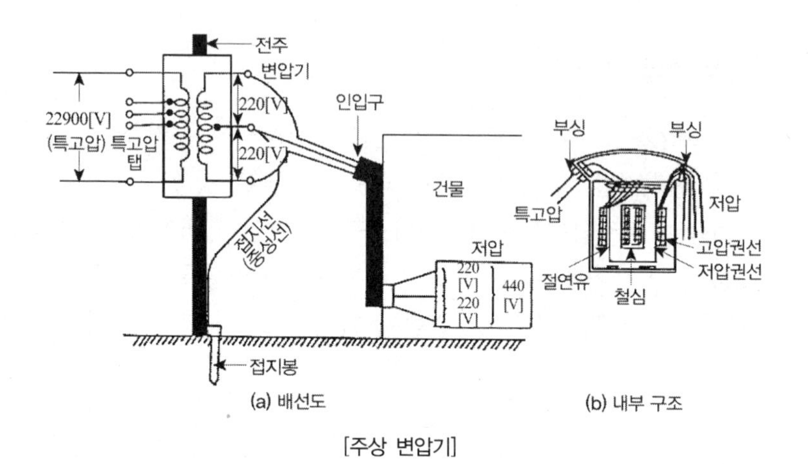

[주상 변압기]

(3) 누설변압기 : 용접용 변압기에 이용된다.

14 변압기 기름(광유, 절연유) 구비 조건

① 절연내력 및 절연저항이 클 것
② 점도가 낮고 냉각효과 클 것
③ 인화점이 높고 응고점이 낮을 것
④ 비중이 적고 열전도율이 클 것
⑤ 절연재료와 (금속에) 접해도 화학작용(산화현상) 일으키지 않을 것
⑥ 석축물이 생기지 않을 것

구비조건	클 것	작을 것	없을 것
값	절연내력, 절연저항, 냉각효과, 인화점, 열전도율	점도, 응고점 비중	산화현상 석출물

(1) 콘서베이터(conservator)

① 사용 목적 : 변압기 기름의 열화(기름의 능력이 떨어지는 것) 방지
② 열화 영향 : ㉠ 절연내력 저하 ㉡ 냉각효과 감소 ㉢ 침식작용

(2) 변압기 보호계전기

★① 부흐홀츠 계전기(BHR) : 변압기 내부고장시 동작으로 차단기 개로시킴
　★위치 : 변압기 주탱크와 콘서베이터와의 연결관 중간에 설치
② 비율 차동계전기(DFR) : 단락이나 접지(지락)사고시 전류의 변화로 동작
③ 전류 차동계전기
④ 충격 압력계전기

열화 방지 대책	브리더	콘서베이터	질소봉입	브흐홀츠 계전기
기능 및 원리	습기차단	공기와 유면 접촉차단	공기와 유면 차단	기름(기포) 흐름 감지

(3) 3상을 → 2상으로 변성법

① 스코트(Scott) 결선(T결선)법 : 권수비 $a = \frac{\sqrt{3}}{2} \times \frac{E_1}{E_2}$

용 도	특별고압 또는 고압 수전시 단상부하 평형 유지가 곤란한 경우 전기 철도에서 전동차의 전원 공급하기 위해 사용

② 우드브리지(Woodbridge) 결선법
③ 메이어(Meyer) 결선법

(4) 3상을 → 6상으로 변성법 : ① 환성 결선 ② 2중 3각 결선 ③ 포크 결선

(5) 변압기 냉각 방식

종　류	내　　용
① 유입 자냉식(ONAN, OA)	공기의 대류 및 방사에 의해 냉각시키는 방식
② 유입 수냉식(ONWF, OW)	냉각수를 이용해서 기름열을 냉각시키는 방식
③ 유입 풍냉식(ONAF, FA)	방열기에 의해 강제 통풍시켜 냉각시키는 방식
④ 유입 수냉식(OFWF, FOW)	냉각기에서 물로 냉각시키는 방식
⑤ 송유 풍냉식(OFAF, FOA)	강제 통풍에 의해 냉각시키는 방식

제3장 → 변압기

실전문제

문제 01 **다음 중 변압기의 원리와 가장 관계가 있는 것은?**

㉮ 전자유도 작용　　㉯ 표피작용
㉰ 전기자 반작용　　㉱ 편자작용

해설 전기유도 작용 : 1차 또는 2차 권선(코일) N에 자속 ϕ이 쇄교하면 기전력(전압)이 유도된다.

문제 02 **변압기의 1차측이란?**

㉮ 고압측　　㉯ 저압측
㉰ 전원측　　㉱ 부하측

해설 변압기 : 1차측＝전원측, 2차측=부하측

문제 03 **변압기유의 열화방지를 위해 쓰이는 방법이 아닌 것은?**

㉮ 방열기　　㉯ 브리더
㉰ 콘서베이터　　㉱ 질소 봉입

열화방지대책	브리더	콘서베이터	질소 봉입
내　용	습기차단	공기와 유면접촉차단	공기와 유면차단

문제 04 **유입변압기에 기름을 사용하는 목적이 아닌 것은?**

㉮ 열 방산을 좋게 하기 위하여
㉯ 냉각을 좋게 하기 위하여
㉰ 절연을 좋게 하기 위하여
㉱ 효율을 좋게 하기 위하여

해설 변압기 기름 사용목적 : 변압기 권선의 절연, 냉각, 열빙산을 좋게 하기 위해 사용

문제 05 **권수비가 100인 변압기에 있어서 2차쪽의 전류가 10^3[A]일 때, 이것을 1차쪽으로 환산하면 얼마인가?**

㉮ 16[A]　　㉯ 10[A]
㉰ 9[A]　　㉱ 6[A]

정답 01. ㉮ 02. ㉰ 03. ㉮ 04. ㉱ 05. ㉯

해설 권수비 $a = \frac{\text{2차 전류 } I_2}{\text{1차 전류 } I_1}$ 식에서 $I_1 = \frac{I_2}{a} = \frac{10^3}{100} = 10[A]$

문제 06 **1차 권수 3,000, 2차 권수 100인 변압기에서 이 변압기의 전압비는 얼마인가?**

㉮ 20 ㉯ 30
㉰ 40 ㉱ 50

해설 권수비(전압비) $a = \frac{\text{1차 전압 } V_1}{\text{2차 전압 } V_2} = \frac{\text{1차 권수 } N_1}{\text{2차 권수 } N_2} = \frac{3000}{100} = 30$

문제 07 **변압기 철심용 강판의 규소함유량은 대략 몇 [%]인가?**

㉮ 2 ㉯ 3
㉰ 4 ㉱ 7

해설 변압기 철심 규소함유량은 4[%]인 강판을 사용한다.

문제 08 **변압기유로 쓰이는 절연유에 요구되는 특성이 아닌 것은?**

㉮ 응고점이 낮을 것 ㉯ 절연내력이 클 것
㉰ 인화점이 높을 것 ㉱ 점도가 클 것

해설 변압기 기름의 구비조건
① 절연내력이 클 것
② 점토가 작고 냉각효과가 클 것
③ 인화점이 높을 것
④ 응고점이 낮을 것
⑤ 절연재료와 금속에 접촉하여도 화학작용을 일으키지 않을 것
⑥ 높은 온도에서 석출물이 생기거나 산화하지 않을 것

문제 09 **변압기에 콘서베이터(conservator)를 설치하는 목적은?**

㉮ 열화 방지 ㉯ 통풍 방지
㉰ 코로나 방지 ㉱ 강제 순환

문제 10 **변압기유의 열화방지 방법 중 옳지 않은 것은?**

㉮ 개방형 콘서베이터 ㉯ 수소 봉입 방식
㉰ 밀봉 방식 ㉱ 흡착제 방식

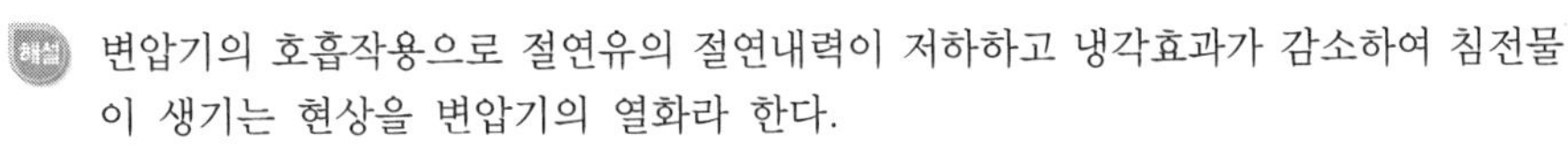
해설 변압기의 호흡작용으로 절연유의 절연내력이 저하하고 냉각효과가 감소하여 침전물이 생기는 현상을 변압기의 열화라 한다.
방지책 : 콘서베이터 설치, 질소가스 봉입 방식, 흡착제 방식이 있다.

정답 06. ㉯ 07. ㉰ 08. ㉱ 09. ㉮ 10. ㉯

문제 11 1차 전압이 13,200V, 2차 전압 220V인 단상변압기의 1차에 6,000V의 전압을 가하면 2차 전압은 몇 [V]인가?

㉮ 100　　㉯ 200
㉰ 1,000　　㉱ 2,000

해설 권수비 $a = \frac{13200}{220} = 60 = \frac{1차\ 전압\ V_1}{2차\ 전압\ V_2}$ 식에서

2차 전압 $V_2 = \frac{V_1}{a} = \frac{6000}{60} = 100[V]$

문제 12 단상 50[kVA] 1차 3,300[V], 2차 210[V] 60[Hz], 1차 권회수 550, 철심의 유효 단면적 150[cm^2]의 변압기 철심의 자속밀도[Wb/m^2]는?

㉮ 약 2.0　　㉯ 약 1.5
㉰ 약 1.2　　㉱ 약 1.0

해설 유도기전력 $E = 4.44 f \phi N[V] = 4.44 f BAN[V]$

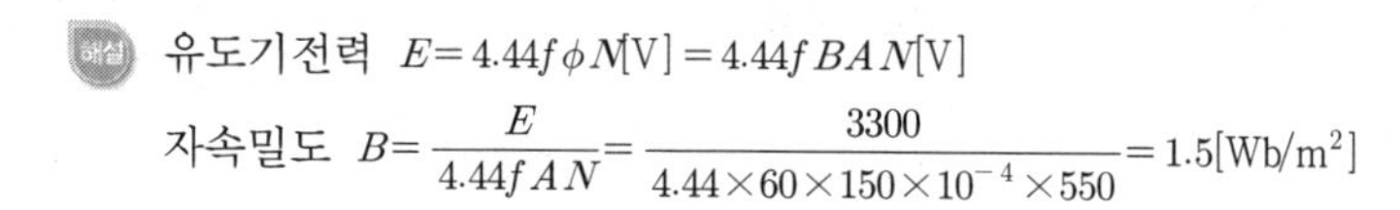

자속밀도 $B = \frac{E}{4.44 f A N} = \frac{3300}{4.44 \times 60 \times 150 \times 10^{-4} \times 550} = 1.5[Wb/m^2]$

문제 13 변압기의 개방회로 시험으로 구할 수 없는 것은?

㉮ 무부하전류　　㉯ 동손
㉰ 철손　　㉱ 여자임피던스

해설 동손은 단락시험(부하시험)에서 구할 수 있다.

문제 14 변압기 여자전류 철손을 알 수 있는 시험은?

㉮ 유도시험　　㉯ 부하시험
㉰ 무부하 시험　　㉱ 단락시험

해설 철손은 무부하 시험(개방시험)에서 알 수 있다.

문제 15 50[Hz]의 변압기에 60[Hz]의 같은 전압을 가했을 때 자속밀도는 50[Hz]일 때의 몇 배인가?

㉮ $\frac{6}{5}$　　㉯ $\frac{5}{6}$
㉰ $\left(\frac{6}{5}\right)^2$　　㉱ $\left(\frac{5}{6}\right)^{1.6}$

정답 11. ㉮ 12. ㉯ 13. ㉯ 14. ㉰ 15. ㉯

해설 $E=4.44fBAN$에서 $B=\frac{E}{4.44fAN}$이므로 B(감소↓)$\propto\frac{1}{f(증가\uparrow)}$이다.

몇 배(50Hz일 때 자속밀도 B)$=\frac{처음\ 주파수\ f_1}{나중\ 주파수\ f_2}=\frac{50}{60}=\frac{5}{6}$

문제 **16** **권수비 2, 2차 전압 100V, 2차 전류 5A, 2차 임피던스 20[Ω]인 변압기의 ㉠ 1차 환산 전압 및 ㉡ 1차 환산임피던스는?**

㉮ ㉠ 200[V], ㉡ 80[Ω]
㉯ ㉠ 200[V], ㉡ 40[Ω]
㉰ ㉠ 50[V], ㉡ 10[Ω]
㉱ ㉠ 50[V], ㉡ 5[Ω]

해설 권수비 $a=\frac{V_1}{V_2}=\sqrt{\frac{Z_1}{Z_2}}$ 이고 $a^2=\frac{Z_1}{Z_2}$이다.
1차 환산 전압 $V_1=a\times V_2=2\times100=200[V]$
1차 환산 임피던스 $Z_1=a^2\times Z_2=2^2\times20=80[\Omega]$

문제 **17** **1차 전압 13200[V], 무부하전류 0.2[A], 철손 100[W]일 때 여자어드미턴스는 약 몇 [℧]인가?**

㉮ 1.5×10^{-5}[℧]　㉯ 3×10^{-5}[℧]
㉰ 1.5×10^{-3}[℧]　㉱ 3×10^{-3}[℧]

해설 여자(무부하시)어드미턴스 $Y_o=\frac{무부하\ 전류\ I_o}{1차\ 전압\ V_1}=\frac{0.2}{13200}=1.5\times10^{-5}$[℧]

문제 **18** **변압기의 무부하인 경우에 1차 권선에 흐르는 전류는?**

㉮ 정격전류　㉯ 단락전류
㉰ 부하전류　㉱ 여자전류

해설 여자전류 : 변압기 2차측 무부하시 1차측 권선에 흐르는 전류

문제 **19** **다음 중 변압기에서 자속과 비례하는 것은?**

㉮ 권수　㉯ 주파수
㉰ 전압　㉱ 전류

해설 유도기전력 $E=4.44f\phi N[V]$에서 자속 $\phi\propto$ 전압 E

정답 16. ㉮ 17. ㉮ 18. ㉱ 19. ㉰

문제 20 **변압기의 여자전류가 일그러지는 이유는 무엇 때문인가?**

㉮ 와류(맴돌이 전류) 때문에
㉯ 자기포화와 히스테리시스 현상 때문에
㉰ 누설리액턴스 때문에
㉱ 선간의 정전용량 때문에

해설

변압기 여자전류 파형	첨두파(전류가 일그러지는 파형값=고조파)
첨두파 원인	변압기 철심의 자기포화와 히스테리시스 현상 때문에

문제 21 **3상 변압기의 임피던스가 $Z[\Omega]$이고, 선간전압이 V[kV], 정격용량이 P[kVA]일 때 %Z[%임피던스]는?**

㉮ $\dfrac{PZ}{V}$　　㉯ $\dfrac{10PZ}{V}$
㉰ $\dfrac{PZ}{10V^2}$　　㉱ $\dfrac{PZ}{100V^2}$

%임피던스(%Z) : 정격전압 V_p에 대한 임피던스 강하 $I_n Z$의 비 값

$$\%Z = \frac{I_n Z}{V_p} \times 100 = \frac{\frac{p}{\sqrt{3}\,V} Z}{\frac{V}{\sqrt{3}}} \times 100 = \frac{PZ}{V^2} \times 100 = \frac{PZ}{10V^2}[\%]$$

문제 22 **변압기의 임피던스 와트와 임피던스 전압을 구하는 시험방법은?**

㉮ 충격전압 시험　　㉯ 부하시험
㉰ 무부하 시험　　㉱ 단락시험

임피던스 와트와 임피던스 전압은 단락시험에서 구할 수 있다.

문제 23 **변압기의 임피던스 전압이란?**

㉮ 1차 정격전류가 흐를 때의 변압기 내의 전압강하
㉯ 여자전류가 흐를 때의 2차측 단자전압
㉰ 1차 정격전류가 흐를 때의 2차측 단자전압
㉱ 2차 단락전류가 흐를 때의 변압기 내의 전압강하

해설 정격전류가 흐를 때, 변압기 내부 전압강하
→ 임피던스 전압 $V_s = I_n \cdot Z$[V]

정답 20. ㉯ 21. ㉰ 22. ㉱ 23. ㉮

문제 24

어떤 단상변압기의 2차 무부하 전압이 240[V]이고 정격부하시의 2차 단자전압이 230[V]이다. 전압 변동률[%]은?

㉮ 2.35　㉯ 3.35
㉰ 4.35　㉱ 5.35

해설 전압변동률 $\varepsilon = \dfrac{\text{무부하전압} - \text{정격전압}}{\text{정격전압}} \times 100 = \dfrac{V_{20} - V_{2n}}{V_{2n}} \times 100$

$= \dfrac{240 - 230}{230} \times 100[\%] = 4.35[\%]$

문제 25

임피던스 강하가 5[%]인 변압기가 운전 중 단락되었을 때 그 단락전류는 정격전류의 몇 배인가?

㉮ 15배　㉯ 20배
㉰ 25배　㉱ 30배

해설 단락전류 $I_s = \dfrac{100}{\%Z} I_n[\mathrm{A}] = \dfrac{100}{5} \times I_n = 20 I_n$

문제 26

3,300/220V 변압기의 1차에 20A의 전류가 흐르면 2차 전류는 몇 A인가?

㉮ $\dfrac{1}{30}$　㉯ $\dfrac{1}{3}$
㉰ 30　㉱ 300

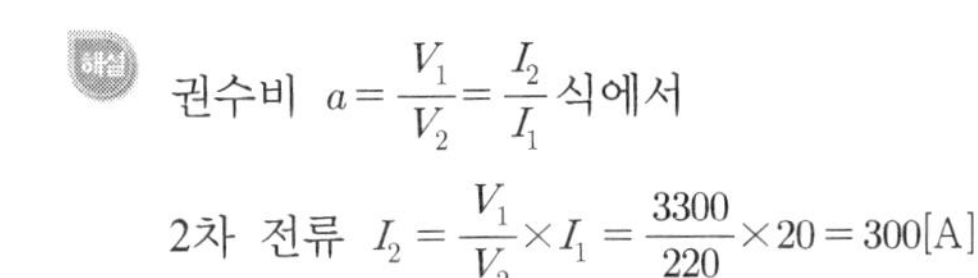

해설 권수비 $a = \dfrac{V_1}{V_2} = \dfrac{I_2}{I_1}$ 식에서

2차 전류 $I_2 = \dfrac{V_1}{V_2} \times I_1 = \dfrac{3300}{220} \times 20 = 300[\mathrm{A}]$

문제 27

단상변압기가 있다. 전부하에서 2차 전압은 115[V]이고, 전압변동률은 2[%]이다. 1차 단자전압을 구하면? (단, 1차, 2차 권선비는 20 : 1이다.)

㉮ 2356[V]　㉯ 2346[V]
㉰ 2336[V]　㉱ 2326[V]

해설 무부하시 2차 전압 $V_{20} = V_2(1+\varepsilon) = 115 \times (1+0.02) = 117.3[\mathrm{V}]$

권수비 $a = \dfrac{V_1}{V_2} = 20$

1차 단자전압 $V_1 = a \times V_2 = 20 \times 117.3 = 2346[\mathrm{V}]$

정답 24. ㉰ 25. ㉯ 26. ㉱ 27. ㉯

문제 28 변압기의 저항강하가 2[%], 리액턴스 강하가 3[%], 부하역률 80[%] 늦음일 때 전압변동률[%]은?

㉮ 1.6　　㉯ 3.4
㉰ 2.0　　㉱ 4.6

 뒤진(늦음, 지상, 유도성) 역률인 경우
전압변동률 $\varepsilon = p \times \cos\theta + q \times \sin\theta[\%] = 2 \times 0.8 + 3 \times 0.6 = 3.4[\%]$

문제 29 어떤 변압기의 단락시험에서 저항강하 1.5[%]와 리액턴스 강하 3[%]를 얻었다. 부하역률이 80[%] 앞선 경우의 전압변동률[%]은?

㉮ -0.6　　㉯ 0.6
㉰ -3.0　　㉱ 3.0

 앞선(진상, 용량성) 역률인 경우
전압변동률 $\varepsilon = p \times \cos\theta - q \times \sin\theta[\%] = 1.5 \times 0.8 - 3 \times 0.6 = -0.6[\%]$

문제 30 퍼센트 저항강하 3%, 리액턴스 강하 4%인 변압기의 최대 전압변동률은 몇 %인가?

㉮ 1　　㉯ 2
㉰ 3　　㉱ 5

 최대 전압변동률 $\varepsilon_{max} = \sqrt{p^2 + q^2} = \sqrt{3^2 + 4^2} = 5[\%]$

문제 31 변압기에서 전압변동률이 최대가 되는 부하의 역률은? (단, p : 퍼센트 저항강하, q : 퍼센트 리액턴스 강하, $\cos\theta$: 역률)

㉮ $\cos\theta_m = \dfrac{p}{\sqrt{p+q}}$　　㉯ $\cos\theta_m = \dfrac{p}{\sqrt{p^2+q^2}}$

㉰ $\cos\theta_m = \dfrac{p}{p^2+q^2}$　　㉱ $\cos\theta_m = \dfrac{p}{p+q}$

문제 32 3300/110[V] 주상변압기를 극성시험을 하기 위하여 그림과 같이 접속하고 1차측에 120[V]의 전압을 가하였다. 이 변압기가 감극성이라면 전압계 지시는?

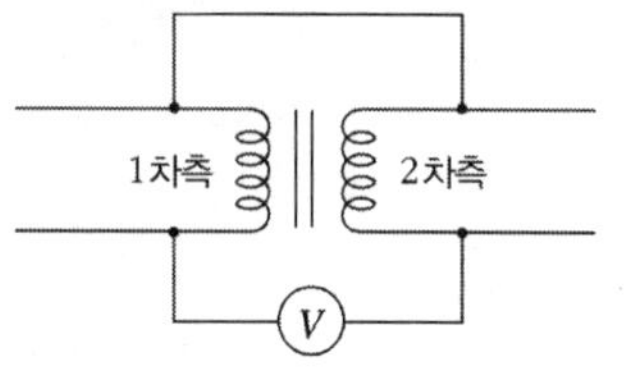

㉮ 116
㉯ 152
㉰ 212
㉱ 242

정답 28. ㉯ 29. ㉮ 30. ㉱ 31. ㉯ 32. ㉮

해설 권수비 $a=\dfrac{V_1}{V_2}=\dfrac{3300}{110}=30$ 1차측에서 120[V]를 가했을 때

2차측 전압 $V_2=\dfrac{V_1}{a}=\dfrac{120}{30}\fallingdotseq 4[\text{V}]$

전압계 지시 전압 $V=V_1-V_2=120-4=116[\text{V}]$

문제 33 단상변압기가 감극성일 때의 단자부호는?

㉮ 위: v U / 아래: u V

㉯ 위: V u / 아래: U v

㉰ 위: u v / 아래: U V

㉱ 위: u v / 아래: V U

해설 변압기 극성시험시 단자부호

구분	감극성인 경우	가극성인 경우
단자 부호	v u 저압측(소문자) V U 고압측(대문자)	v u 저압측(소문자) V U 고압측(대문자)

문제 34 Δ결선 변압기의 한 대가 고장으로 제거되어 V결선으로 공급할 때 공급할 수 있는 전력은 고장 전 전력에 대하여 몇 [%]인가?

㉮ 86.6 ㉯ 75.0

㉰ 66.7 ㉱ 57.7

해설 V결선시 출력비 $=\dfrac{\text{고장 후 출력 } P_V}{\text{고장 전 출력 } P_\Delta}=\dfrac{\sqrt{3}\,VI}{3VI}=\dfrac{\sqrt{3}}{3}\times 100[\%]=57.7[\%]$

문제 35 2대의 변압기로 V결선하여 3상 변압하는 경우 변압기 이용률 [%]은?

㉮ 57.8 ㉯ 66.6

㉰ 86.6 ㉱ 100

V결선시 이용률 $=\dfrac{V\text{결선시 출력}}{\text{2대 사용}}=\dfrac{\sqrt{3}\,VI}{2VI}\times 100[\%]=86.6[\%]$

정답 33. ㉰ 34. ㉱ 35. ㉰

문제 **36**

3상 배전선에 접속된 V결선의 변압기에서 전 부하시의 출력을 P[kVA]라 하면 같은 변압기 한 대를 증설하여 Δ결선하였을 때의 정격출력[kVA]은?

㉮ $\frac{1}{2}P$ ㉯ $\frac{2}{\sqrt{3}P}$

㉰ $\sqrt{3}P$ ㉱ $2P$

V결선시 출력 $P_v = P[\text{kVA}] = \sqrt{3}\,VI$에서 $VI = \frac{P}{\sqrt{3}}$이므로

Δ결선시 출력 $P_\triangle = 3\text{대} \times VI = 3 \times \frac{P}{\sqrt{3}} = \sqrt{3}\,P[\text{kVA}]$

문제 **37**

용량 100[kVA]인 동일정격의 단상변압기 4대로 낼 수 있는 3상 최대 출력용량[kVA]은?

㉮ $200\sqrt{3}$ ㉯ $200\sqrt{2}$

㉰ $300\sqrt{2}$ ㉱ 400

단상 1대 용량 $VI = 100[\text{kVA}]$

4대 출력 $= 2P_V = 2 \times \sqrt{3}\,VI = 2 \times \sqrt{3} \times 100 = 200\sqrt{3}[\text{kVA}]$

문제 **38**

2[kVA]의 단상변압기 3대를 써서 Δ결선하여 급전하고 있는 경우 1대가 소손되어 나머지 2대로 급전하게 되었다. 이 2대의 변압기는 과부하를 20[%]까지 견딜 수 있다고 하면 2대가 부담할 수 있는 최대부하[kVA]는?

㉮ 약 3.46 ㉯ 약 4.15

㉰ 약 5.16 ㉱ 약 6.92

V결선으로 계속 운전가능 120[%] 과부하에 견딜 수 있다고 한다.

$P_v = \sqrt{3}\,VI \times \text{과부하율} = \sqrt{3} \times 2 \times 1.2 = 4.15[\text{kVA}]$

문제 **39**

3상 전원에서 2상 전원을 얻기 위한 변압기의 결선 방법은?

㉮ Δ결선 ㉯ T결선

㉰ Y결선 ㉱ V결선

$3\phi \Rightarrow 2\phi$: 스코트 결선(T 결선), 우드브리지 결선, 메이어 결선

$3\phi \Rightarrow 6\phi$: 포크 결선, 2중 성형 결선, 2중 3각 결선, 환상 결선

정답 36. ㉰ 37. ㉮ 38. ㉯ 39. ㉯

문제 **40** **3상 전원에서 2상 전압을 얻고자 할 때 다음 결선 중 틀린 것은?**

㉮ 포크 결선 ㉯ 스코트 결선
㉰ 우드브리지 결선 ㉱ 메이어 결선

해설 $3\phi \Rightarrow 2\phi$: Scott 결선(T 결선), wood-bridge 결선, Meyer 결선
$3\phi \Rightarrow 6\phi$: 포크 결선, 2중 성형 결선, 2중 3각 결선, 환상 결선

문제 **41** **변압기의 결선 중에서 6상 측의 부하가 수은정류기일 때 주로 사용되는 결선은?**

㉮ 포크 결선(fork connection)
㉯ 환상 결선(ring connection)
㉰ 2중 3각 결선(double star connection)
㉱ 대각 결선(diagonal connection)

해설 $3\phi \Rightarrow 2\phi$: Scott 결선(T 결선), wood-bridge 결선, Meyer 결선
$3\phi \Rightarrow 6\phi$: 포크 결선, 2중 성형 결선, 2중 3각 결선, 환상 결선

문제 **42** **다음 중에서 변압기의 병렬운전 조건에 필요하지 않은 것은?**

㉮ 극성이 같을 것 ㉯ 용량이 같을 것
㉰ 권수비가 같을 것 ㉱ 저항과 리액턴스의 비가 같을 것

해설 변압기 병렬운전 조건
① 극성이 같을 것
② 1차 · 2차 정격과 권수비가 같을 것
③ %Z(퍼센트 임피던스) 강하가 같을 것
④ 3ϕ : 상회전방향과 위상변위가 같을 것. 용량과 출력은 같을 필요가 없다.

문제 **43** **변압기의 병렬운전에서 필요하지 않은 것은?**

㉮ 극성이 같을 것 ㉯ 전압이 같을 것
㉰ 출력이 같을 것 ㉱ 임피던스 전압이 같을 것

해설 변압기 병렬운전 조건
① 극성이 같을 것
② 1차 · 2차 정격과 권수비가 같을 것
③ %Z(퍼센트 임피던스) 강하가 같을 것
④ 3ϕ : 상회전방향과 위상변위가 같을 것. 용량과 출력은 같을 필요가 없다.

정답 40. ㉮ 41. ㉮ 42. ㉯ 43. ㉰

문제 **44**

변압기의 병렬운전에 있어서 각 변압기가 그 용량에 비례해서 전류를 분담하고 상호 간에 순환전류가 흐르지 않기 위한 설명 중 틀린 것은?

㉮ 1, 2차의 정격 전압이 같을 것
㉯ 권수비가 같을 것
㉰ 3상식에서는 상회전방향 및 위상변위가 같을 것
㉱ %저항강하 및 %리액턴스 강하가 용량에 반비례 할 것

해설 변압기 병렬운전 조건
① 극성이 같을 것
② 1차 · 2차 정격과 권수비가 같을 것
③ $\%Z$(퍼센트 임피던스) 강하가 같을 것
④ 3ϕ : 상회전방향과 위상변위가 같을 것. 용량과 출력은 같을 필요가 없다.

문제 **45**

단상변압기를 병렬운전하는 경우 부하전류의 분담은 어떻게 되는가?

㉮ 용량에 비례하고 누설임피던스에 비례한다.
㉯ 용량에 비례하고 누설임피던스에 역비례한다.
㉰ 용량에 역비례하고 누설임피던스에 비례한다.
㉱ 용량에 역비례하고 누설임피던스에 역비례한다.

용량 $P = VI$[VA]
부하전류 $I = \frac{V}{Z}$[A]

문제 **46**

3상 변압기의 병렬운전이 불가능한 결선은?

㉮ $\Delta-$Y와 $\Delta-$Y
㉯ Y$-\Delta$와 Y$-\Delta$
㉰ $\Delta-\Delta$와 $\Delta-\Delta$
㉱ $\Delta-$Y와 $\Delta-\Delta$

3ϕ변압기의 병렬운전

운전가능		운전불가능	
1차	2차	1차	2차
Δ−Δ	Δ−Δ	Y−Y	Y−Δ
Y−Y	Y−Y	Δ−Δ	Δ−Y
Δ−Δ	Y−Y	Y−Δ	Δ−Δ
Δ−Y	Δ−Y	Δ−Y	Y−Y
Y−Δ	Δ−Y		
Δ−Y	Y−Δ		

※ 짝수는 가능, 홀수는 불가능

정답 44. ㉱ 45. ㉯ 46. ㉱

문제 **47**

단권변압기에서 고압측 V_h, 저압축을 V_i, 2차 출력을 P, 단권변압기의 용량을 P_{1n}이라 하면 $\frac{P_{1n}}{P}$은?

㉮ $\frac{V_l + V_h}{V_h}$ ㉯ $\frac{V_h - V_l}{V_h}$

㉰ $\frac{V_l + V_h}{V_l}$ ㉱ $\frac{V_h + V_l}{V_l}$

해설 $\frac{자기용량}{부하용량} = \frac{V_h - V_l}{V_h} = \frac{V_2 - V_1}{V_2}$

문제 **48**

3000[V]의 단상 배전선 전압을 3,300[V]로 승압하는 단권변압기의 자기용량[kVA]을 구하면? (단, 부하 용량은 1000[kVA]이다.)

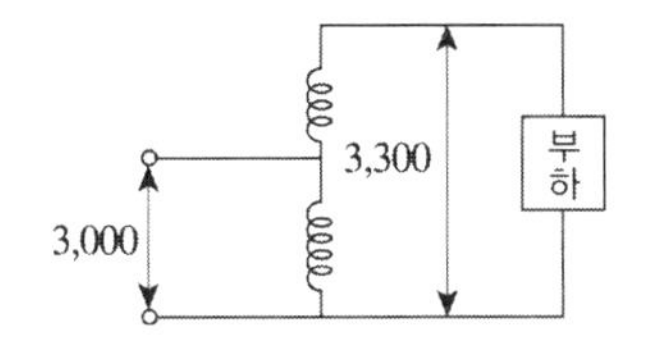

㉮ 70 ㉯ 90

㉰ 50 ㉱ 30

해설 자기용량 $= \frac{V_2 - V_1}{V_2} \times 부하용량 = \frac{3300 - 3000}{3300} \times 1000 = 90[\text{kVA}]$

문제 **49**

용량 10[kVA]의 단권변압기를 그림과 접속하면 역률 80[%]의 부하에 몇 [kW]의 전력을 공급할 수 있는가?

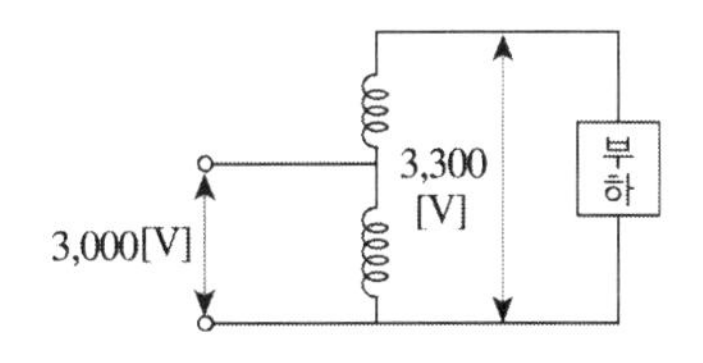

㉮ 55 ㉯ 66

㉰ 77 ㉱ 80

해설 부하용량 $= \frac{V_l}{V_h - V_l} \times 자기용량 = \frac{3000}{3300 - 3000} \times 10 = 100[\text{kVA}]$

따라서 역률 80%일 때 부하용량$= 100 \times 0.8 = 80[\text{kW}]$

문제 **50**

변압기 철심의 와류손은 다음 중 어느 것에 비례하는가? (단, f는 주파수, B_m은 최대 자속밀도, t는 철판의 두께로 한다.)

㉮ $f B_m t$ ㉯ $f B_m^2 t$

㉰ $f^2 B_m^2 t^2$ ㉱ $f B_m^{1.6} t$

해설 와류손 $P_e = k(f B_m t)^2 = kf^2 B_m^2 t^2$

정답 47. ㉯ 48. ㉯ 49. ㉱ 50. ㉰

문제 **51** **변압기의 효율이 가장 좋을 때의 조건은?**

㉮ 철손 $= \frac{1}{2}$동손　　㉯ $\frac{1}{2}$철손 $=$ 동손

㉰ 철손 $=$ 동손　　㉱ 철손 $= \frac{2}{3}$동손

해설 변압기효율 최대조건 : 고정손(철손)＝가변손(동손)

문제 **52** **변압기의 내부고장 보호에 쓰이는 계전기로서 가장 적당한 것은?**

㉮ 과전류 계전기　　㉯ 차동계전기

㉰ 접지계전기　　㉱ 역상계전기

해설 차동 계전기는 변압기의 단락사고가 생기면 1차측과 2차측 전류값이 달라지고 이들 값의 차에 해당되는 전류가 계전기에 흘러 동작한다.

문제 **53** **변압기의 내부고장 보호에 쓰이는 계전기는?**

㉮ 과전류 계전기　　㉯ 역상계전기

㉰ 접지계전기　　㉱ 부흐홀츠 계전기

변압기 보호계전기 종류	내 용
차동계전기	변압기의 1차 및 2차측에 설치된 CT 2차 전류차에 의해 동작
비율 차동계전기	변압기의 1차 및 2차측에 설치된 CT 2차 전류차가 일정비율 이상시 동작
부흐홀츠 계전기	절연유 온도 증가시 발생가스(H) 또는 기름의 흐름에 의해 동작

문제 **54** **아래 계전기 중 변압기의 보호에 사용되지 않는 계전기는?**

㉮ 비율 차동계전기　　㉯ 차동 전류계전기

㉰ 부흐홀츠 계전기　　㉱ 임피던스 계전기

해설 문제 53번 해설 참조

문제 **55** **발전기 또는 주변압기의 내부 고장 보호용으로 가장 널리 쓰이는 계전기는?**

㉮ 거리계전기　　㉯ 비율 차동계전기

㉰ 과전류 계전기　　㉱ 방향 단락계전기

해설 문제 53번 해설 참조

정답 51. ㉰ 52. ㉯ 53. ㉱ 54. ㉱ 55. ㉯

문제 **56** **부흐홀츠 계전기로 보호되는 기기는?**

㉮ 변압기　　㉯ 직류발전기
㉰ 유도전동기　　㉱ 교류발전기

문제 **57** **다음 중 변압기의 온도상승 시험법으로 가장 널리 사용되는 것은?**

㉮ 단락시험법　　㉯ 유도시험법
㉰ 절연전압 시험법　　㉱ 고조파 억제법

 변압기 온도시험법

종류	실부하 시험법(소용량)	반환부하법	등가부하(단락) 시험법
내용	전부하 상태에서 시험	철손과 구리손만 공급시험	권선 하나 단락시 부하손실 공급시험

문제 **58** **변압기, 동기기 등의 층간단락 등의 내부고장 보호에 가장 적합한 계전기는?**

㉮ 방향계전기　　㉯ 온도계전기
㉰ 접지계전기　　㉱ 차동계전기

해설 문제 53번 해설 참조

문제 **59** **변압기의 기름 중 아크 방전에 의하여 생기는 가스 중 가장 많이 발생하는 가스는?**

㉮ 수소　　㉯ 일산화탄소
㉰ 아세틸렌　　㉱ 산소

문제 **60** **변압기에서 발생하는 소음을 적게 하려면 다음 중 어느 것이 가장 적당한가?**

㉮ 냉각을 한다.　　㉯ 철심을 단단히 조인다.
㉰ 절연을 잘한다.　　㉱ 부하를 많이 걸어준다.

문제 **61** **변압기 절연내력 시험과 관계없는 것은?**

㉮ 가압시험　　㉯ 유도시험
㉰ 충격시험　　㉱ 극성시험

해설

변압기 절연내력 시험	가압시험	유도시험	충격시험
절연상태 시험부분	코일과 대지 사이	1차와 2차 사이	코일에 뇌전압 인가시

정답 56. ㉮ 57. ㉮ 58. ㉱ 59. ㉮ 60. ㉯ 61. ㉱

문제 **62** **계기용 변류기(CT)의 정격 2차 전류는 몇 [A]인가?**

㉮ 5 ㉯ 15
㉰ 25 ㉱ 50

해설 계기용 변류기 : 1차 대전류를 2차 소전류(5A)로 변류하는 기계

문제 **63** **계기용 변압기의 2차측 단자에 접속하여야 할 것은?**

㉮ O.C.R ㉯ 전압계
㉰ 전류계 ㉱ 전열부하

변성기 종류	기능 (변성값=표준)	2차측 단자 접속계측기	점검시 2차측	개방 · 단락 이유
계기용 변압기 PT	고압 → 2차 저압(110V)	전압계 Ⓥ	개방시킴	과전류로부터 자신보호
계기용 변류기 CT	대전류 → 2차 소전류(5A)	전류계 Ⓐ	단락시킴	2차측 절연보호

문제 **64** **1차 권선에 전압이 주어졌을 때 2차 권선을 개방하면 안 되는 것은?**

㉮ 계기용 변류기(CT) ㉯ 계기용 변압기(PT)
㉰ 주상변압기 ㉱ 단권변압기

해설 문제 **63**번과 동일

문제 **65** **변류기 개방시 2차측을 단락하는 이유는?**

㉮ 2차측 절연보호 ㉯ 2차측 과전류보호
㉰ 측정오차 방지 ㉱ 1차측 과전류방지

해설 문제 **63**번과 동일

문제 **66** **다음 설명 중 틀린 것은?**

㉮ 3상 유도전압조정기의 회전자 권선은 분로권선이고, Y결선으로 되어 있다.
㉯ 디프 슬롯형 전동기는 냉각효과가 좋아 기동정지가 빈번한 중 · 대형 저속기에 적당하다.
㉰ 누설변압기가 네온사인이나 용접기의 전원으로 알맞은 이유는 수하특성 때문이다.
㉱ 계기용 변압기의 2차 표준은 110/220[V]로 되어 있다.

해설 계기용 변압기의 2차 표준전압은 110[V]이다.

정답 62. ㉮ 63. ㉯ 64. ㉮ 65. ㉮ 66. ㉱

문제 **67** **접지의 목적과 거리가 먼 것은?**

㉮ 감전의 방지 ㉯ 전로의 대지전압의 상승
㉰ 보호계전기의 동작 확보 ㉱ 이상전압 억제

해설

접지목적	감전의 방지	보호계전기 동작 확보	이상전압 억제	전기설비 보호
원인	누설전류	사고(지락)전류	1선지락사고	뇌, 1선 지락사고

문제 **68** **접지사고 발생 시 다른 선로의 전압은 상전압 이상으로 되지 않으며, 이상전압의 위험도 없고 선로나 변압기의 절연레벨을 저감시킬 수 있는 접지방식은?**

㉮ 저항접지 ㉯ 비접지
㉰ 직접접지 ㉱ 소호리액터 접지

 변압기 중성점 접지방식

종류	저항접지	비접지	직접접지	소호리액터 접지
접지방식	저항 R 사용	접지하지 않는 방식	금속선 사용	리액터 $X_L = WL$ 사용
특징	• 지락전류가 작다. • 지락시 전위상승이 작다.	저전압, 단거리용	• 지락전류가 크다. • 변압기 절연낮춤	• 지락전류=0 • 지락시 전위상승이 크다.

문제 **69** **변압기를 Δ-Y로 결선할 때 1, 2차 사이의 위상차는?**

㉮ 0° ㉯ 30°
㉰ 60° ㉱ 90°

해설 변압기 $\Delta-$Y결선시 1차와 2차 사이의 위상차 : 30°

문제 **70** **변압기의 권선과 철심 사이의 습기를 제거하기 위하여 건조하는 방법이 아닌 것은?**

㉮ 열풍법 ㉯ 단락법
㉰ 진공법 ㉱ 가압법

해설

구분	변압기 건조법	변압기 절연내력시험법
종류	열풍법, 단락법, 진공법	가압, 유도, 충격시험법

문제 **71** **변압기의 손실에 해당되지 않는 것은?**

㉮ 동손 ㉯ 와전류손
㉰ 히스테리시스손 ㉱ 기계손

해설 기계손(베어링손, 마찰손)은 회전기에서 발생한다.

정답 67. ㉯ 68. ㉰ 69. ㉯ 70. ㉱ 71. ㉱

문제 **72**

변압기의 무부하 시험, 단락시험에서 구할 수 없는 것은?

㉮ 동손　　㉯ 철손
㉰ 전압변동률　　㉱ 절연내력

변압기 시험	무부하 시험	단락시험
구할 수 있는 값	철손, 무부하 여자전류	동손, 전압변동률, (누설)임피던스(강하)

문제 **73**

변압기의 부하전류 및 전압이 일정하고 주파수만 낮아지면?

㉮ 철손이 증가한다.　　㉯ 동손이 증가한다.
㉰ 철손이 감소한다.　　㉱ 동손이 감소한다.

주파수 f(감소 ↓) $\propto \dfrac{1}{\text{자속밀도 } B(\text{증가 }\uparrow)}$ 이므로

→ 변압기 철손 P_i(증가 ↑) = 와류손$(fB_mt)^2$ 일정 + 히스테리시스손 $fB_m^{1.6}t$ 증가

문제 **74**

변압기의 정격 1차 전압이란?

㉮ 정격출력일 때의 1차 전압　　㉯ 무부하에 있어서의 1차 전압
㉰ 정격 2차 전압×권수비　　㉱ 임피던스 전압×권수비

해설 권수비 $a = \dfrac{V_1}{V_2}$ 에서 1차 전압 V=2차 전압 V_2×권수비 a

문제 **75**

변압기에 철심의 두께를 2배로 하면 와류손은 약 몇 배가 되는가?

㉮ 2배로 증가한다.　　㉯ 1/2배로 증가한다.
㉰ 1/4배로 증가한다.　　㉱ 4배로 증가한다.

해설 와류손(철손) $P_e = k(fB_mt)^2$ 이므로

철심 2배 증가시 와류손 $P_e \propto (2t)^2 = 4t^2$　　∴ 4배 증가

문제 **76**

정격 2차 전압 및 정격주파수에 대한 출력[kW]과 전체손실[kW]이 주어졌을 때 변압기의 규약효율을 나타내는 식은?

㉮ $\dfrac{\text{입력[kW]}}{\text{입력[kW]} - \text{전체손실[kW]}} \times 100[\%]$

㉯ $\dfrac{\text{출력[kW]}}{\text{출력[kW]} + \text{전체손실[kW]}} \times 100[\%]$

㉰ $\dfrac{\text{출력[kW]}}{\text{입력[kW]} - \text{철손[kW]} - \text{동손[kW]}} \times 100[\%]$

㉱ $\dfrac{\text{출력[kW]} - \text{철손[kW]} - \text{동손[kW]}}{\text{입력[kW]}} \times 100[\%]$

정답 72. ㉱ 73. ㉮ 74. ㉰ 75. ㉱ 76. ㉯

문제 77 **변압기 결선 방식에서 $\Delta-\Delta$ 결선 방식에 대한 설명으로 틀린 것은?**

㉮ 단상변압기 3대 중 1대의 고장이 생겼을 때 2대로 V결선하여 사용할 수 있다.
㉯ 외부에 고조파 전압이 나오지 않으므로 통신 장해의 염려가 없다.
㉰ 중성점 접지를 할 수 없다.
㉱ 100kW 이상 되는 계통에서 사용되고 있다.

해설 $\Delta-\Delta$결선은 선간전압과 선간전압이 같아 60[kV] 이하 배전 변압기에 사용된다.

문제 78 **변압기 외함 내에 들어 있는 기름을 펌프를 이용하여 외부에 있는 냉각장치로 보내서 냉각시킨 다음 냉각된 기름을 다시 외함의 내부로 공급하는 방식으로, 냉각효과가 크기 때문에 30,000[kVA] 이상의 대용량의 변압기에서 사용하는 냉각방식은?**

㉮ 건식 풍냉식 ㉯ 유입 자냉식
㉰ 유입 풍냉식 ㉱ 유입 송유식

해설 변압기 냉각방식

종 류	건조 풍냉식	유입 자냉식	유입 풍냉식	유입 송유식
냉각방법	송풍기 사용 강제냉각	기름의 대류 작용 이용 냉각	방열기 사용 냉각	기름펌프 사용 냉각

문제 79 **변압기를 Δ-Y결선(delta-star connection)한 경우에 대한 설명으로 옳지 않은 것은?**

㉮ 1차 선간전압 및 2차 선간전압의 위상차는 60°이다.
㉯ 제3고조파에 의한 장해가 적다.
㉰ 1차 변전소의 승압용으로 사용된다.
㉱ Y결선의 중성점을 접지할 수 있다.

해설 변압기 Δ-Y결선시 1차와 2차 전압은 위상차가 30°이다.

문제 80 **다음 변압기의 냉각방식 종류가 아닌 것은?**

㉮ 건식 자냉식 ㉯ 유입 자냉식
㉰ 유입 예열식 ㉱ 유입 송유식

해설 변압기 냉각방식 : 건식 자냉식 · 풍냉식, 유입 자냉식 · 풍냉식, 유입 송유식

정답 77. ㉱ 78. ㉱ 79. ㉮ 80. ㉰

제4장 유도기

◎ **단상 유도전동기** : 선풍기, 냉장고, 펌프 등 작은 동력을 필요로 하는 곳에 사용
◎ **3상 유도전동기** : 공장의 공작기계, 양수펌프, 컨베이어 벨트 등 큰 동력 요구시 사용

1 유도전동기의 원리와 구조

(1) 구조 = 고정자 + 회전자 + 공극

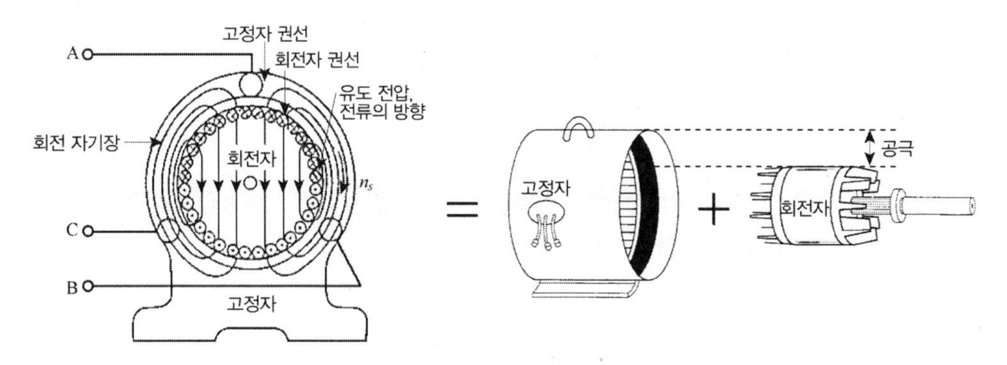

공극이 크면 역률이 낮고↓ 기계적으로 안정하다.

(2) 회전자 종류(★규소강판을 성층하여 제작한다.)

종 류	구조 및 특징
① 농형 회전자	• 회전자의 홈에 구리막대를 넣고 원형 모양으로 연결한 것(소음억제) • 구조가 간단하고 튼튼하며 취급이 쉽고 효율이 양호하다. 단, 속도 조정이 어렵다.
② 권선형 회전자	• 회전자의 홈에 3상 권선을 넣어 결선하고 슬립을 기동저항기와 연결한 것 • 기동이 쉽고 속도 조정이 용이하다.

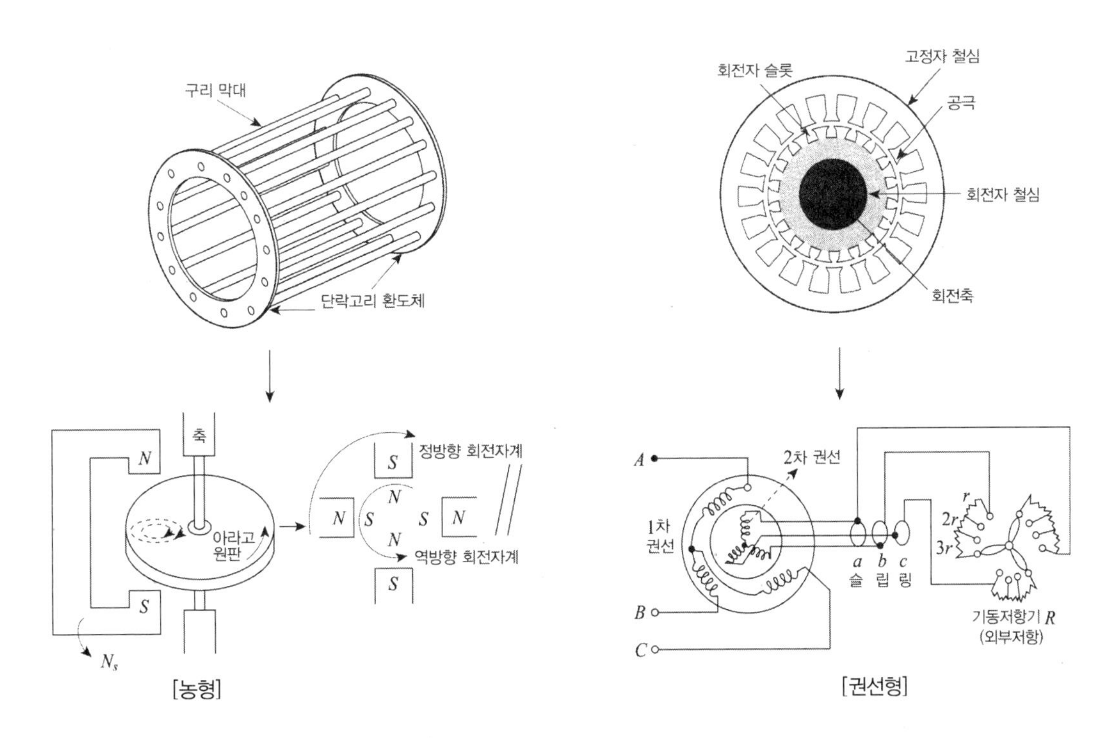

[농형] [권선형]

(3) 원리

회전자에 전류를 공급하는 방식이 다름(직류기와의 차이점)

① **직류기** : 브러시를 통해서 공급

② **유도기** : 고정자(1차 코일)에 3상 교류 전원 인가 → 회전 자기장 발생 → 회전 자기장이 회전자 도체(2차)에 유도전압 발생(플레밍의 오른손법칙 적용) → 유도전류 공급 → 힘 F(전자력) 발생(플레밍의 왼손법칙 적용) → 전동기 회전

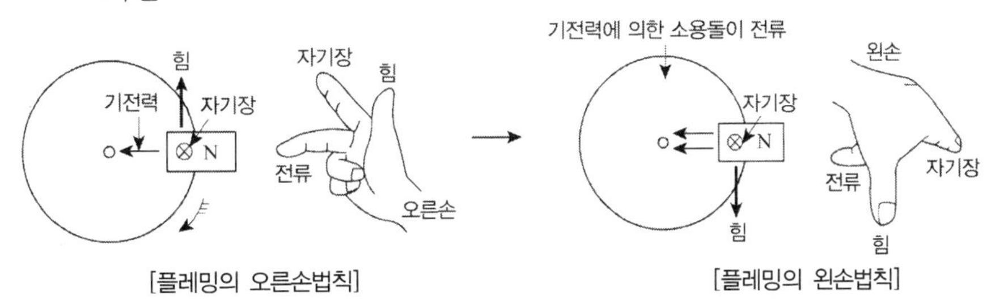

[플레밍의 오른손법칙] [플레밍의 왼손법칙]

1) 회전자계 속도 N_s

정 의	1분 동안 회전 자기장(자계)의 회전수
공 식	동기속도 $N_s = \dfrac{120f(\text{주파수})}{P(\text{극수})}$[rpm] ★ $N_s \propto \dfrac{1}{P}$

2) 회전수 N과 슬립 S(Slip)

① 슬립 S

정의	동기속도 N_s와 회전자 속도 N의 차에 대한 비 값
공식	슬립 $S=\dfrac{N_s-\text{회전자속도 }N}{\text{동기속도 }N_s}\times 100[\%]=1-\dfrac{N}{N_s}\times 100[\%]$
설명	정지상태($S=1$일 때), 동기속도 회전상태($S=0$일 때)

② 회전자속도 $N=(1-S)N_s$ ← 실제 전동기 회전속도

③ 슬립 영역

슬립 식	구 분	슬립 영역
$S=\dfrac{N_s-N}{N_s}$	유도전동기($N_s>N$인 경우)	$0<S<1$
	유도발전기($N_s<N$인 경우)	$-1<S<0$
$S=\dfrac{N_s+N}{N_s}$	유도제동기($N_s>N$인 경우)	$1<S<2$

※ 변압기 : $S=1$

3) 2차 회전자 주파수 $f_{2s}=S\times 1$차 주파수 $f_1[\text{Hz}]$

4) 2차 회전자 전압 $E_{2s}=S\times 2$차 정지시 전압 $E_2[\text{V}]$

2 유도기전력 E(참고)

고정자 1차 권선에 유도되는 유도기전력 $E_1=4.44K_{w1}f_1N_1\phi[\text{V}]$

(1) 전동기 정지시, 2차 유도기전력 $E_2=4.44K_{w2}f_2N_2\phi[\text{V}]$

(2) 전동기 회전시, 2차 유도기전력 $E_{2s}=4.44\cdot K_{w2}(s\cdot f_1)N_2\phi[\text{V}]$

3 유도전동기의 전류(참고)

(1) 2차 전류

① 정지시 전동기의 2차 전류 $I_2=\dfrac{E_2}{\sqrt{r_2^2+x_2^2}}$

② 회전시 전동기의 2차 전류 $I_2=\dfrac{s\cdot E^2}{\sqrt{r_2^2+sx_2^2}}=\dfrac{E_2}{\sqrt{\left(\dfrac{r_2}{s}\right)+x_2^2}}$

용어

2차 전압 $E_2[\text{V}]$, 2차 권선 저항 r_2, 2차 리액턴스 $x_2[\Omega]$

4 유도전동기의 등가회로

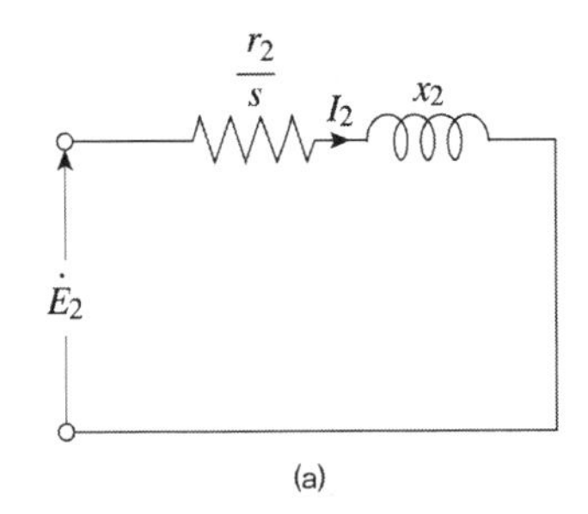

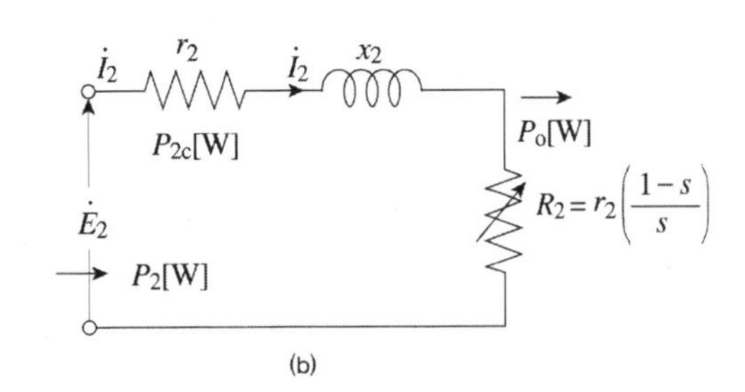

(1) 토크 $T = \dfrac{P_o}{\omega}$ 에서, P_o : 기계적 출력 $= \omega T = 2\pi \times \dfrac{N}{60} \times T$ [W]

$$T = \frac{P_o}{2\pi\frac{N}{60}} = \frac{60}{2\pi} \cdot \frac{P_o}{N} = \frac{60}{2\pi} \cdot \frac{P_2}{N_s}$$

(2) 위 식에서 토크는 입력에 비례하므로,

$$\text{토크 } T = 3I_2^2\left(\frac{r_2}{s}\right) = \frac{V^2 \cdot S \cdot r_2}{r_2^2 + S^2 x_2^2}$$

결국, | 토크 $T \propto V^2$ | 슬립 $S \propto \dfrac{1}{V^2}$ | (← 매우 중요한 공식★)

5 전력변환값

(1) 2차 동손과 기계적 출력과의 관계는,

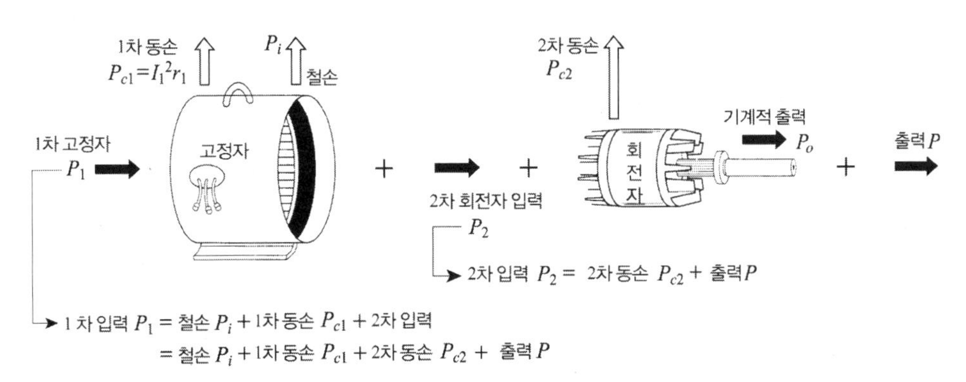

구분	★값	2차 입력 P_2에 대한 (비) 값	$S=\dfrac{N_s-N}{N_s}$
2차 입력 P_2(기준)	$=P_2$(기준값)	1(기준)	
2차 출력 P_o	$P_o=(1-S)P_2$	$P_o=1-S=\dfrac{N}{N_s}$	$N=N_s(1-S)$
2차 동손 P_{c2}	$P_{c2}=SP_2$	S	

∴ (2차 입력) : (2차 동손) : (기계적 출력) $= P_2 : sP_2 : (1-s)P_2$

$$= 1 : s : (1-s)$$

(2) 2차 회전자효율

$$\eta_2 = \frac{\text{출력 } P}{\text{2차 입력 } P_2(\text{동기와트})} \times 100[\%] = (1-S)\times 100[\%]$$

6 비례추이

(1) 권선형 유도전동기에서 2차 저항에 따라 슬립 S도 비례하여 변화되고 최대토크가 일정한 현상(토크를 일정하게 유지시키면서 2차 저항 r_2를 2배로 증가시켜 $2r_2$가 되게 하면, 그때의 전동기 슬립도 $2S$가 된다.)

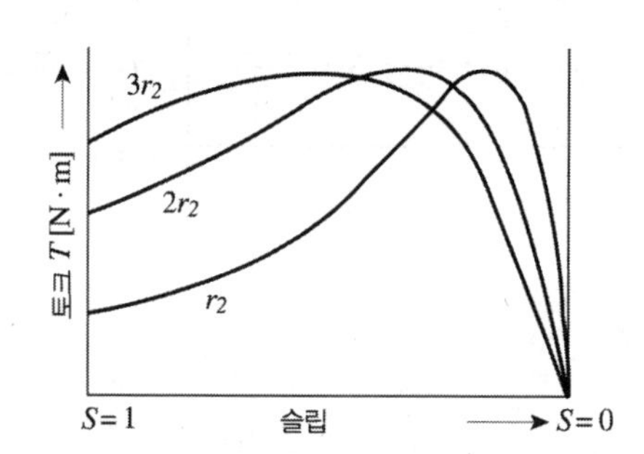

※ ① 농형에서는 2차 저항을 변화시킬 수 없어 응용할 수 없으나,

② 권선형에서는 2차 저항을 자유롭게 조정할 수 있으므로 기동토크 개선과 속도제어에 이용할 수 있다.

$$\frac{r_2}{S} = \frac{r_2 + R}{S'}$$

여기서, r_2 : 2차 저항
R : 외부저항
S : 처음슬립
S' : 나중슬립

비례추이 할 수 있는 것	비례추이 할 수 없는 것
역률, 토크, 1차 전류, 1차 이력	출력, 2차 동손, 효율, 부하

(2) 토크(동기와트) T

단위구분	토크 식
[N·m] 요구시 사용	$T=\frac{P}{W}=\frac{60P(\text{출력})}{2\pi N(\text{회전자속도})}=\frac{60P_2(\text{2차입력})}{2\pi N_s(\text{동기속도})}[\text{N}\cdot\text{m}]$
[kg·m] 요구시 사용	$T=0.975\frac{P}{N}=0.975\frac{P_2}{N_s}[\text{kg}\cdot\text{m}]$

※ 슬립 $S\propto\frac{1}{V^2}$, 토크 $T\propto V^2\propto I^2\propto P$

7 기동과 제동

(1) 3상 유도전동기 기동법

1) 농형

① **전전압기동**(직입기동) : 정지상태에 있는 유도전동기에 전원을 접속하면, 정격전류의 5~6배로 기동전류가 흐른다.
→ 소용량 전동기(3.7kW 이하)에 사용

② **Y-Δ기동** : 1차 권선을 Y접속해서 기동, 정격속도 가까이 가속되었을 때 Δ접속으로 변화하여 운전
→ (5~15kW 이하 중용량 전동기에 사용, ★기동전류, 기동토크는 $\frac{1}{3}$로 감소)

③ **기동보상기법** : 단권변압기로 단자전압을 전원전압보다 낮게 하여 기동하고 운전시에는 전전압을 공급한다.(대용량 전동기에 사용)

④ **리액터 기동**(콘도르퍼 방식) : 리액터를 직렬로 접속하여 기동하고, 가속 후에는 단락시키는 방식 → (펌프나 송풍기 등 소용량 전동기에 적합)

2) 권선형 : 2차 저항을 조정하여 기동하는 방식(비례추이 현상을 이용)

(2) 속도제어법

속도 $N=(1-s)N_s=(1-s)\left(\frac{120f}{P}\right)$에서 속도를 제어하려면 (⇨ 즉, N값을 변화시키려면)

① **2차 저항 가감법** : 권선형 유도전동기에서 비례추이 이용

② **주파수 변환법** : 주파수를 변동시켜 동기속도를 바꾸는 방법(가변전압 가변주파

수 VVVF제어) (주파수 변환장치 필요 – 선박추진용 또는 인견공업에 사용된 Pot-motor)

③ **극수 변환법** : 권선의 접속을 바꿔 극수를 바꾸면 속도가 제어됨

④ **2차 여자법(2차 여자제어법)** : 회전자 기전력과 같은 주파수의 전압을 외부에서 회전자에 가하는 방법이다. (즉, 유도전동기의 2차 회로에 2차 주파수와 같은 주파수로 적당한 크기와 위상의 전압을 외부에서 공급하는 방법이다.)

농형 적용식	농형 속도제어법 종류
$N_s = \frac{120f}{P}$	① 주파수제어법 ② 극수제어법 ③ 전압제어법

(3) 역회전시키는 방법

1차측 3선 중에서 임의의 2선의 접속을 바꾸면 역회전된다.

(4) 제동법

① **발전제동(직류제동)** : 회전하고 있는 전동기의 전원을 끊고, 직류로 여자하면 전동기는 발전기로 바뀌어 제동력이 생긴다.

② **역전제동(플러깅)** : 역접속하여 제동(급정지)

③ **회생제동** : 전동기를 동기속도보다 빠르게 회전하여 제동(예 : 크레인)

④ **단상제동** : 권선형에서 2차 저항이 클 때 단상전원 투입시 제동토크 발생

8 유도기의 이상현상

(1) 크롤링(Crawling) 현상

농형 유도전동기에서 고정자와 회전자 슬롯수가 적당하지 않을 경우, 소음이 발생하는 현상 → 대책으로는 사구(Skewed : 스큐) 방식을 채용

(2) 괴르게스 현상

전류에 고조파 성분이 포함되어서 1선이 단선되는 현상으로 3상 운전 중 1선이 단선된 경우에는 2차에 단상전류가 흐르게 되고, 부하가 많이 걸리면, 토크가 감소하여 회전속도가 떨어지는 현상

9 단상 유도전동기

(1) 원리와 특성

구분	주권선 역할	보조권선(기동권선) 역할
사용이유	운전시 사용	회전자기장을 얻어 기동토크 발생시킴

① 단상 유도전동기의 고정자 권선에 단상교류를 공급하면, 권선의 축방향으로 N극, S극의 극성만이 바뀌지는 교번자기장이 발생한다.

② 교번자계는 기동토크가 없으므로 기동권선(보조권선)을 사용하여 기동토크를 발생하여 회전시킨다.

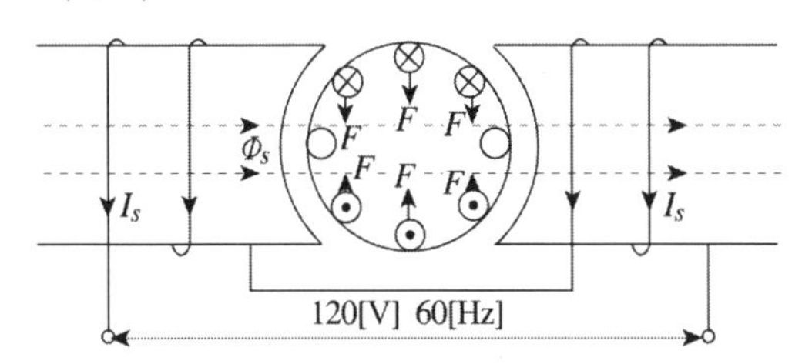

(2) 단상 유도전동기 기동방식에 따른 분류

① **분상기동형** : 기동시에만 주권선과 보조권선에 의해 회전자기장을 만들어 기동시키고, 가속되면 주권선으로만 운전하는 방식

예 전기냉장고, 세탁기, 소형 공작기계, 펌프 등 여러 범위에서 가장 광범위하게 사용

② **콘덴서 기동형** : 분상기동형 기동방식에서 기동코일에 콘덴서를 직렬로 연결한 방식(영구 콘덴서형 : 냉장고, 선풍기, 세탁기 등에 사용, 가격이 싸다.)

③ **셰이딩 코일형(Shading coil)** : 고정자의 주 자극 옆에 조그마한 돌극을 만들고, 그 돌극에 셰이딩 코일을 두 번 정도 감아 단락시킨 소형 유도전동기이다.

예 플레이어, 테이프, 레코더에 사용(10W 이하의 소형 전동기)

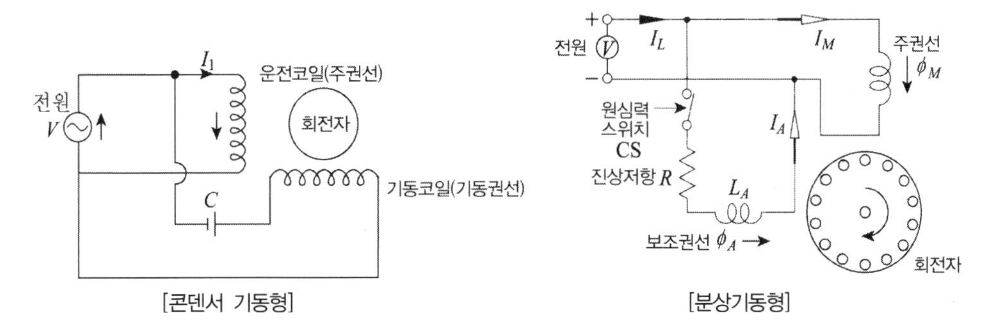

[콘덴서 기동형] [분상기동형]

★**기동토크값 크기 순서** : 반발형㊅ > 콘덴서형 > 분상형 > 셰이딩형㊊

제4장 → 유도기

실 전 문 제

문제 **01** 유도전동기의 공급전압이 1/2로 감소하면 토크는 처음의 몇 배가 되는가?

㉮ 1/2　　㉯ 1/4
㉰ 1/8　　㉱ $1/\sqrt{2}$

해설 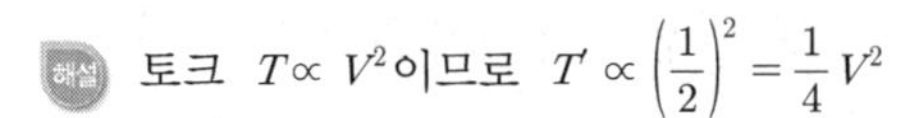
토크 $T \propto V^2$이므로 $T' \propto \left(\frac{1}{2}\right)^2 = \frac{1}{4}V^2$

문제 **02** 3상 유도전동기의 회전방향은 이 전동기에서 발생되는 회전자계의 회전방향과 어떤 관계가 있는가?

㉮ 아무 관계도 없다.
㉯ 회전자계의 회전방향으로 회전한다.
㉰ 부하조건에 따라 정해진다.
㉱ 회전자계의 반대방향으로 회전한다.

해설 회전자계가 회전하는 방향으로 회전한다.

문제 **03** 주파수 60[Hz]의 유도전동기가 있다. 전부하에서의 회전수가 매분 1,164회이면 극수는? (단, 슬립 S는 3[%]이다.)

㉮ 4　　㉯ 6
㉰ 8　　㉱ 10

슬립 $S = \frac{N_s - N}{N_s} \times 100[\%]$　　동기속도 $N_s = \frac{120f}{P}$

회전수 $N = N_s(1-S) = \frac{120f}{P}(1-S)$

$\therefore$ 극수 $P = \frac{120f}{N}(1-S) = \frac{120 \times 60}{1164} \times (1-0.03) = 6$극

문제 **04** 3상 유도전동기의 1상에 200[V]를 가하여 운전하고 있을 때 2차측의 전압을 측정하였더니 6[V]로 나타났다. 이때의 슬립은 얼마인가?

㉮ 0.01　　㉯ 0.03
㉰ 0.05　　㉱ 0.07

정답 01. ㉯ 02. ㉯ 03. ㉯ 04. ㉯

해설 회전시 전압 $E_2' = SE_2 = 6[V]$, 정지시 전압 $E_2 = 200[V]$

슬립 $S = \dfrac{회전시\ 전압}{정지시\ 전압} = \dfrac{E_2'}{E_2} = \dfrac{6}{200} = 0.03$

문제 05

전원주파수가 60Hz이고 슬립 5%로 운전되고 있는 유도전동기와 2차 권선에 유도되는 주파수는?

㉮ 2 ㉯ 3
㉰ 4 ㉱ 5

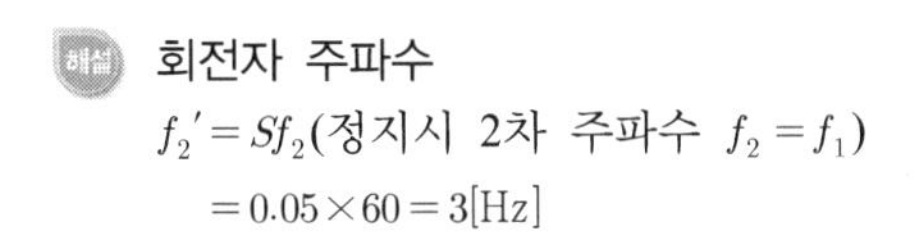

해설 회전자 주파수

$f_2' = Sf_2$(정지시 2차 주파수 $f_2 = f_1$)

$= 0.05 \times 60 = 3[Hz]$

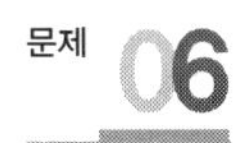

문제 06

6극, 200[V], 10[kW]의 3상 유도전동기가 960[rpm]으로 회전하고 있을 때의 회전자 기전력의 주파수[Hz]는? (단, 전원의 주파수는 60[Hz]이다.)

㉮ 12 ㉯ 8
㉰ 6 ㉱ 4

해설 동기속도 $N_s = \dfrac{120f}{P} = \dfrac{120 \times 60}{6} = 1200[rpm]$

슬립 $S = \dfrac{N_s - N}{N_s} = \dfrac{1200 - 960}{1200} = 0.2$

회전자 주파수 $f_2' = Sf_2$(정지시 2차 주파수) $= 0.2 \times 60 = 12[Hz]$

문제 07

3상 권선형 유도전동기의 속도제어를 위해서 2차 여자법을 사용하고자 할 때 그 방법은?

㉮ 1차 권선에 가해주는 전압과 동일한 전압을 회전자를 가한다.
㉯ 직류전압을 3상 일괄해서 회전자에 가한다.
㉰ 회전자 기전력과 같은 주파수의 전압을 회전자에 가한다.
㉱ 회전자에 저항을 넣어 그 값을 변화한다.

해설 회전자 기전력과 같은 주파수의 전압을 외부에서 회전자에 가하여 속도를 변화시키는 방법이다.

문제 08

50[Hz], 4극의 유도전동기의 슬립이 4[%]인 때의 매분 회전수는?

㉮ 1410[rpm] ㉯ 1440[rpm]
㉰ 1470[rpm] ㉱ 1500[rpm]

정답 05. ㉯ 06. ㉮ 07. ㉰ 08. ㉯

동기속도 $N_s = \frac{120f}{P} = \frac{120 \times 50}{4} = 1500[\text{rpm}]$

회전자속도 $N = N_s(1-s) = 1500 \times (1-0.04) = 1440[\text{rpm}]$

문제 **09** 50[Hz], 500[rpm]의 동기전동기에 직결하여 이것을 기동하기 위한 유도전동기의 적당한 극수는?

㉮ 4극　　㉯ 8극
㉰ 10극　　㉱ 12극

$N_s = \frac{120f}{P}$ 에서 동기전동기 극수 $P = \frac{120 \times 50}{500} = 12$극

기동기로 사용시 유도전동기 극수=동기전동기 극수−2극=12−2=10극
(동기속도 이상으로 운전해야 하므로 2극 적게 한다.)

문제 **10** 60[Hz] 8극인 3상 유도전동기의 전부하에서 회전수가 855[rpm]이다. 이때 슬립은?

㉮ 4[%]　　㉯ 5[%]
㉰ 6[%]　　㉱ 7[%]

동기속도 $N_s = \frac{120f}{P} = \frac{120 \times 60}{8} = 900[\text{rpm}]$

슬립 $S = \frac{N_s - N}{N_s} \times 100[\%] = \frac{900-855}{900} \times 100[\%] = 5[\%]$

문제 **11** 유도전동기의 동기속도가 1200[rpm]이고, 회전수가 1176[rpm]일 때 슬립은?

㉮ 0.06　　㉯ 0.04
㉰ 0.02　　㉱ 0.01

슬립 $S = \frac{\text{동기속도 } N_s - \text{ 회전자속도 } N}{\text{동기속도 } N_s} = \frac{1200-1176}{1200} = 0.02$

문제 **12** 3상 유도전동기의 최고 속도는 우리나라에서 몇 [rpm]인가?

㉮ 3,600　　㉯ 3,000
㉰ 1,800　　㉱ 1,500

최고 속도는 표준주파수 $f = 60[\text{Hz}]$, 극수 $P = 2$일 때이므로

동기속도 $N_s = \frac{120f}{P} = \frac{120 \times 60}{2} = 3600[\text{rpm}]$

정답 09. ㉰ 10. ㉯ 11. ㉰ 12. ㉮

문제 **13** **유도전동기에 있어서 2차 입력 P_2, 출력 P_0, 슬립(slip) S 및 2차 동손 P_{c2}와의 관계를 선정하면?**

㉮ $P_2 : P_0 : P_{c2} = 1 : S : (1-S)$
㉯ $P_2 : P_0 : P_{c2} = (1-S) : 1 : S$
㉰ $P_2 : P_0 : P_{c2} = 1 : \frac{1}{S} : (1-S)$
㉱ $P_2 : P_0 : P_{c2} = 1 : (1-S) : S$

해설 P_2가 1이라면 $P_2 : P_0 : P_{c2} = 1 : (1-S) : S$

2차 입력 P_2	2차 출력 P_0	2차 동손 P_{c2}
P_2	$P_2(1-S)$	SP_2
1	$1-S=\frac{N}{N_s}$	S

문제 **14** **3상 유도전동기의 1차 입력 60[kW], 1차 손실 1[kW], 슬립 3[%]일 때 기계적 출력 [kW]은?**

㉮ 57 ㉯ 75
㉰ 95 ㉱ 100

해설 2차 입력 P_2 =1차 입력 − 1차 손실 $= 60 - 1 = 59$[kW]
기계적(2차) 출력 $P_o = (1-s)P_2 = (1-0.03) \times 59 = 57$[kW]

문제 **15** **회전자 입력 10[kW], 슬립 4[%]인 3상 유도전동기의 2차 동손은 몇 [kW]인가?**

㉮ 9.6 ㉯ 4
㉰ 0.4 ㉱ 0.2

해설 2차 동손 $P_{c2} = S \times$ 2차(회전자) 입력 $P_2 = 0.04 \times 10 = 0.4$[kW]

문제 **16** **슬립 6[%]인 유도전동기의 2차측 효율[%]은?**

㉮ 94 ㉯ 84
㉰ 90 ㉱ 88

해설 2차 효율 $\eta_2 = (1-S) \times 100 = (1-0.06) \times 100 = 94$[%]

정답 13. ㉱ 14. ㉮ 15. ㉰ 16. ㉮

문제 **17** **200[V], 60[Hz], 4극 20[kW]의 3상 유도전동기가 있다. 전부하일 때의 회전수가 1,728[rpm]이라 하면 2차 효율[%]은?**

㉮ 45　　㉯ 56
㉰ 96　　㉱ 100

동기속도 $N_s = \frac{120f}{P} = \frac{120 \times 60}{4} = 1800[\mathrm{rpm}]$

2차 효율 $\eta_2 = \frac{N}{N_s} \times 100 = \frac{1728}{1800} \times 100 = 96[\%]$

문제 **18** **출력 10[kW], 슬립 4[%]로 운전되고 있는 3상 유도전동기의 2차 동손[W]은?**

㉮ 약 250　　㉯ 약 315
㉰ 약 417　　㉱ 약 620

2차 동손 $P_{c2} = \frac{S \times 출력\ P_o}{1-s} = \frac{0.04 \times 10 \times 10^3}{1-0.04} = 417[\mathrm{W}]$

문제 **19** **유도전동기의 특성에서 토크와 2차 입력, 동기속도의 관계는?**

㉮ 토크는 2차 입력과 동기속도의 자승에 비례한다.
㉯ 토크는 2차 입력과 비례하고, 회전속도에 반비례한다.
㉰ 토크는 2차 입력에 비례하고, 동기속도에 반비례한다.
㉱ 토크는 2차 입력에 동기속도의 곱에 비례한다.

토크 $T = 9.55\frac{P}{N}[\mathrm{N \cdot m}] = 9.55 \times \frac{P_2(1-s)}{N_s(1-s)} = 9.55 \times \frac{P_2}{N_s}[\mathrm{N \cdot m}]$

문제 **20** **P[kW], N[rpm]인 전동기의 토크[kg·m]는?**

㉮ $0.01625\frac{P}{N}$　　㉯ $716\frac{P}{N}$
㉰ $956\frac{P}{N}$　　㉱ $975\frac{P}{N}$

출력 $P[\mathrm{W}]$

토크 $T = 0.975\frac{P}{N}[\mathrm{kg \cdot m}] = 0.975 \times \frac{P \times 10^3}{N} = 975\frac{P}{N}[\mathrm{kg \cdot m}]$

정답 17. ㉰ 18. ㉰ 19. ㉰ 20. ㉱

문제 21 출력 3[kW], 1,500[rpm]인 전동기의 토크[kg · m]는?

㉮ 1.5　　㉯ 2
㉰ 3　　㉱ 3.5

 토크 $T = 0.975\dfrac{P}{N} = 0.975 \times \dfrac{3 \times 10^3}{1500} = 1.95[\text{kg} \cdot \text{m}] \xrightarrow{\times 9.8} 19.1[\text{N} \cdot \text{m}]$

문제 22 50[Hz], 4극 20[kW]인 3상 유도전동기가 있다. 전부하시의 회전수가 1,450[rpm]이라면 발생 토크는 몇 [kg · m]인가?

㉮ 약 13.45　　㉯ 약 11.25
㉰ 약 10.02　　㉱ 약 8.75

 토크 $T = 0.975\dfrac{P}{N} = 0.975 \times \dfrac{20 \times 10^3}{1450} = 13.448[\text{kg} \cdot \text{m}]$

문제 23 유도전동기의 토크 속도곡선이 비례추이(proportional shifting) 한다는 것은 그 곡선이 무엇에 비례해서 이동하는 것을 말하는가?

㉮ 슬립　　㉯ 회전수
㉰ 공급전압　　㉱ 2차 합성저항

해설

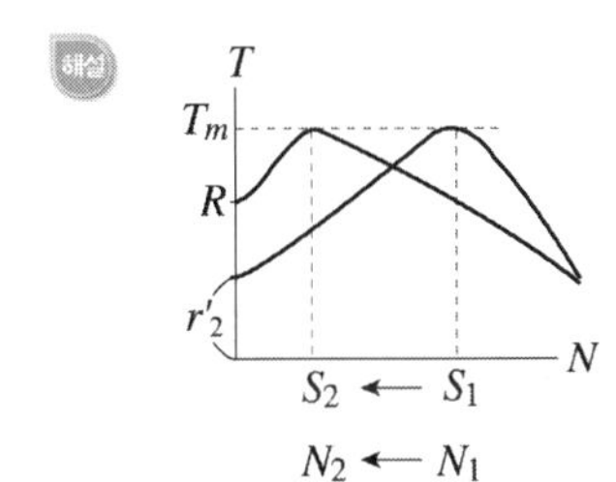

2차 합성저항에 따라서 이동한다.
하지만 최대토크는 항상 일정하다.

문제 24 다음 중 유도전동기에서 비례추이를 할 수 있는 것은?

㉮ 출력　　㉯ 2차 동손
㉰ 효율　　㉱ 역률

해설 비례추이 할 수 없는 것 : 출력, 2차 동손, 효율
비례추이 할 수 있는 것 : 역률, 토크, 1차 전류, 1차 입력

정답 21. ㉯ 22. ㉮ 23. ㉱ 24. ㉱

문제 **25** **권선형 유도전동기에서 2차 저항을 변화시켜 속도를 제어하는 경우 최대토크는?**

㉮ 최대토크가 생기는 점의 슬립에 비례한다.
㉯ 최대토크가 점의 슬립에 반비례한다.
㉰ 2차 저항에만 비례한다.
㉱ 항상 일정하다.

해설

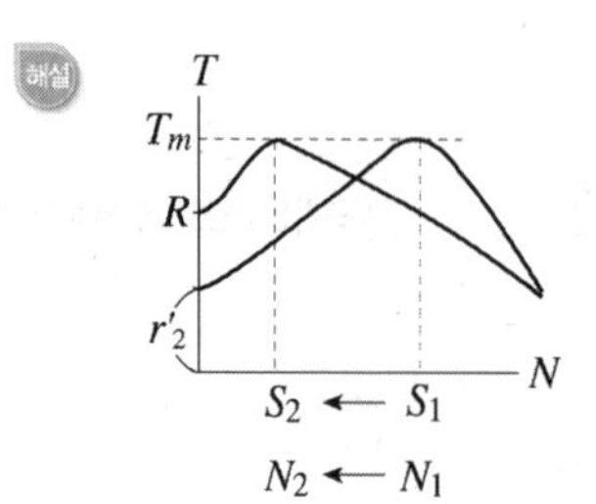

2차 합성저항에 따라서 이동한다.
하지만 최대토크는 항상 일정하다.

문제 **26** **3상 권선형 유도전동기의 2차 회로에 저항을 삽입하는 목적이 아닌 것은?**

㉮ 속도는 줄어지지만 최대토크를 크게 하기 위하여
㉯ 속도제어를 하기 위하여
㉰ 기동토크를 크게 하기 위하여
㉱ 기동전류를 줄이기 위하여

 2차 회로 저항 삽입 이유
① 속도제어
② 기동토크를 크게 해줌
③ 기동전류를 줄여준다.

문제 **27** **3상 유도전동기에서 2차측 저항을 2배로 하면 그 최대토크는 몇 배로 되는가?**

㉮ 2배　　㉯ $\sqrt{2}$ 배
㉰ 1/2배　　㉱ 변하지 않는다.

 2차 저항을 변화시켜도 최대토크는 변하지 않는다.(항상 일정하다.)

문제 **28** **10[kW] 3상 200[V] 유도전동기에서 효율 및 역률이 각각 85[%]의 전부하전류는?**

㉮ 20[A]　　㉯ 40[A]
㉰ 50[A]　　㉱ 60[A]

 $P=\sqrt{3}\ VI\cos\theta\eta\times10^{-3}$[kW] 식에서

전부하전류 $I=\dfrac{10\times10^3}{\sqrt{3}\times200\times0.85\times0.85}=39.95$[A]

정답 25. ㉱ 26. ㉮ 27. ㉱ 28. ㉯

문제 **29** **유도전동기의 기동방식 중 권선형에만 사용할 수 있는 방식은?**

㉮ 리액터 기동 ㉯ Y－Δ기동
㉰ 2차 회로 저항삽입 ㉱ 기동 보상기

해설 비례추이의 원리에 의해 기동전류를 적게 하고 기동토크를 크게 하기 위하여 권선형 유도전동기는 슬립링을 거쳐서 회전자에 기동저항을 접속하여 기동한다.

문제 **30** **30[kW]인 농형 유도전동기의 기동에 가장 적당한 방법은?**

㉮ 기동 보상기에 의한 기동 ㉯ Δ－Y기동
㉰ 저항기동 ㉱ 직접기동

해설 유도전동기의 기동법

농 형	전전압(직입)기동	Y－Δ기동법	기동 보상기법	리액터 기동법
	5[kW] 이하 소형용	5~15[kW] 이하 중형	15[kW] 이상 대형	소형(기동전류제한)
권선형	① 기동 저항기법(2차 저항법) ② 게(괴)르게스법			

문제 **31** **3상 권선형 유도전동기의 기동법은?**

㉮ 변연장 Δ결선법 ㉯ 콘도르파법
㉰ 괴르게스법 ㉱ 기동 보상기법

해설 문제 **30**번과 동일

문제 **32** **유도전동기의 기동법으로 사용되지 않는 것은?**

㉮ 단권변압기형 기동 보상기법
㉯ 2차 저항조정에 의한 기동법
㉰ Δ－Y기동법
㉱ 1차 저항조정에 의한 기동법

해설 유도전동기의 기동법

농 형	전전압(직입)기동	Y－Δ기동법	기동 보상기법	리액터 기동법
	5[kW] 이하 소형용	5~15[kW] 이하 중형	15[kW] 이상 대형	소형(기동전류제한)
권선형	① 기동 저항기법(2차 저항법) ② 게(괴)르게스법			

문제 **33** **농형 유도전동기의 기동법이 아닌 것은?**

㉮ 전전압 기동법 ㉯ 기동 보상기법
㉰ 콘도르파법 ㉱ 기동 저항기법

해설 기동 저항기법은 권선형 유도전동기의 기동법이다.

정답 29. ㉰ 30. ㉮ 31. ㉰ 32. ㉱ 33. ㉱

문제 **34** **유도전동기의 속도제어법 중 저항제어와 무관한 것은?**

㉮ 농형 유도전동기 ㉯ 비례추이
㉰ 속도제어가 간단하고 원활함 ㉱ 속도조정 범위가 적다.

해설 속도제어법 가운데 저항제어는 권선형 유도전동기에 속한다.

문제 **35** **인견공업에 쓰여지는 포트 모터(pot motor)의 속도제어는?**

㉮ 주파수 변화에 의한 제어 ㉯ 극수변환에 의한 제어
㉰ 1차 회전에 의한 제어 ㉱ 저항에 의한 제어

해설 **포트 모터** : 기동과 정지가 빈번하고 견고한 전동기로서(주파수 가변제어) 인견공장에 많이 사용된다.

문제 **36** **유도전동기의 회전자에 슬립주파수의 전압을 공급하여 속도제어를 하는 방법은?**

㉮ 2차 저항법 ㉯ 직류여자법
㉰ 주파수 변환법 ㉱ 2차 여자법

해설 **2차 여자법** : 회전자 기전력과 같은 주파수 전압을 외부에서 회전자에 가해서 제어하는 방법

문제 **37** **3상 권선형 유도전동기의 속도제어를 위해서 2차 여자법을 사용하고자 할 때 그 방법은?**

㉮ 1차 권선에 가해주는 전압과 동일한 전압을 회전자에 가한다.
㉯ 직류전압을 3상 일괄해서 회전자에 가한다.
㉰ 회전자 기전력과 같은 주파수의 전압을 회전자에 가한다.
㉱ 회전자에 저항을 넣어 그 값을 변화시킨다.

해설 회전자 기전력과 같은 주파수 전압을 외부에서 회전자에 가해서 제어하는 방법

문제 **38** **다음 그림의 sE_2는 권선형 3상 유도전동기의 1차 유기 전압이고 E_c는 2차 여자법에 의한 속도제어를 하기 위하여 외부에서 회전자 슬립에 가한 슬립 주파수의 전압이다. 여기서 E_c의 작용 중 옳은 것은?**

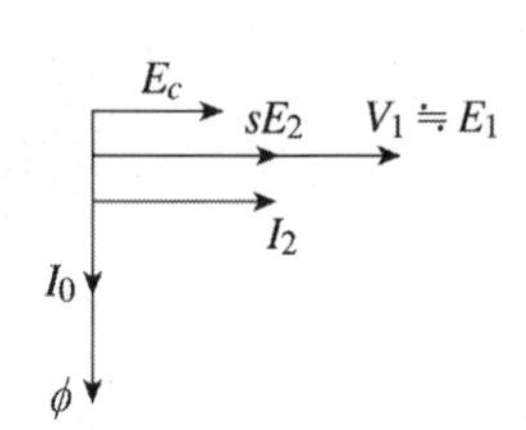

㉮ 역률을 향상시킨다.
㉯ 속도를 강하하게 한다.
㉰ 속도를 상승하게 한다.
㉱ 역률과 속도를 떨어뜨린다.

정답 34. ㉮ 35. ㉮ 36. ㉱ 37. ㉰ 38. ㉰

해설 권선형 유도전동기의 2차 여자법에 의한 속도제어에서 슬립주파수 전압(E_c)을 회전자 전압과 같은 방향으로 가하면 속도가 상승하고, 반대로 가하면 속도가 감소한다.

문제 39 **권선형 유도전동기와 직류 분권전동기와의 유사한 점 두 가지는?**

㉮ 정류자가 있다. 저항의 속도조정이 된다.
㉯ 속도변동률이 작다. 저항으로 속도조정이 된다.
㉰ 속도변동률이 작다. 토크가 전류에 비례한다.
㉱ 속도가 가변, 가동토크가 기동전류에 비례한다.

문제 40 **유도전동기의 제동방법 중 슬립의 범위를 1~2 사이로 하여 3선 중 2선의 접속을 바꾸어 제동하는 방법은?**

㉮ 역상제동 ㉯ 직류제동
㉰ 단상제동 ㉱ 회생제동

해설 역상 제동시 슬립$=\dfrac{N_s-(-N)}{N_s}=\dfrac{N_s+N}{N_s}=\dfrac{N_s+(1-S)N_s}{N_s}=2-S$

$\therefore\ 1<S<2$

문제 41 **크로링(Crawling) 현상은 다음의 어느 것에서 일어나는가?**

㉮ 농형 유도전동기
㉯ 직류 직권전동기
㉰ 회전변류기
㉱ 3상 변압기

해설 크로링 현상이란 유도전동기의 속도가 정격속도 이전의 낮은 속도에서 안정이 되어버리는 현상

문제 42 **소형 유도전동기의 슬롯을 사구(skew slot : 스큐 슬롯)로 하는 이유는?**

㉮ 토크 증가
㉯ 괴르게스 현상의 방지
㉰ 크로링 현상의 방지
㉱ 제동 토크의 증가

해설 크로링 현상을 방지하기 위하여 농형 회전자 표면에 빗금(얇은 홈)을 그어 놓은 것을 사구라 한다.

정답 39. ㉯ 40. ㉮ 41. ㉮ 42. ㉰

문제 **43** **유도전동기를 기동토크가 큰 순서로 배열한 것은?**

㉮ ① 반발유도형 ② 반발기동형 ③ 콘덴서 기동형 ④ 분상기동형
㉯ ① 반발기동형 ② 반발유도형 ③ 콘덴서 기동형 ④ 셰이딩 코일형
㉰ ① 반발기동형 ② 콘덴서 기동형 ③ 셰이딩 코일형 ④ 분상기동형
㉱ ① 반발유도형 ② 모노사이클릭형 ③ 셰이딩 코일형 ④ 콘덴서 전동기

해설 기동토크가 큰 순서 : 반발기동형 → 반발유도형 → 콘덴서 기동형 → 셰이딩 코일형

문제 **44** **단상 유도전동기의 기동방법 중 기동토크가 큰 것은?**

㉮ 분상기동형 ㉯ 반발기동형
㉰ 반발유도형 ㉱ 콘덴서기동형

해설 기동토크가 큰 순서 : 반발기동형 → 반발유도형 → 콘덴서 기동형 → 분상기동형 → 셰이딩 코일형

문제 **45** **단상 유도전동기의 기동방법 중 가장 기동토크가 작은 것은?**

㉮ 셰이딩 코일형 ㉯ 반발기동형
㉰ 콘덴서 분상형 ㉱ 분상기동형

해설 기동토크가 큰 순서 : 반발기동형 → 콘덴서 기동형 → 분상기동형 → 셰이딩 코일형

문제 **46** **브러시를 이동하여 회전속도를 제어하는 전동기는?**

㉮ 직류 직권전동기 ㉯ 단상 직권전동기
㉰ 반발전동기 ㉱ 반발기동형 단상 유도전동기

해설 반발기동형
① 정류자편이 있다.
② 브러시가 있다.

문제 **47** **저항 분상기동형 단상 유도전동기의 기동권선의 저항 R 및 리액턴스 X의 주권선에 대한 대소 관계는?**

㉮ R : 대, X : 대 ㉯ R : 대, X : 소
㉰ R : 소, X : 대 ㉱ R : 소, X : 소

정답 43. ㉯ 44. ㉯ 45. ㉱ 46. ㉰ 47. ㉯

문제 **48** 단상 유도전압조정기의 1차 권선과 2차 권선의 축 사이 각도를 α라 하고, 양권선의 축이 일치할 때 2차 권선의 유기전압을 E_2, 전원 전압을 V_1, 부하측 전압을 V_2라 하면 임의의 각이 α일 때의 V_2를 나타내는 식은?

㉮ $V_2 = V_1 + E_2 \cos\alpha$　　㉯ $V_2 = V_1 - E_2 \cos\alpha$

㉰ $V_2 = E_2 + V_1 \cos\alpha$　　㉱ $V_2 = E_2 - V_1 \cos\alpha$

문제 **49** 200±200[V], 자기용량 3[kVA]인 단상 유도전압조정기가 있다. 최대출력[kVA]은?

㉮ 2　　㉯ 4

㉰ 6　　㉱ 8

해설 자기용량 = 등가용량 = 승압용량 = 조정기 용량

$\frac{\text{자기용량}}{\text{부하용량}} = \frac{w}{W} = \frac{V_h - V_l}{V_h}$ → 부하(출력)용량$= \frac{400}{400-200} \times 3 = 6[\text{kVA}]$

문제 **50** 선로용량 6,600[kVA]의 회로에 사용하는 3,300±330[V], 3상 유도전압조정기의 정격용량은 몇 [kVA]인가?

㉮ 6,000　　㉯ 3,000

㉰ 1,500　　㉱ 600

해설 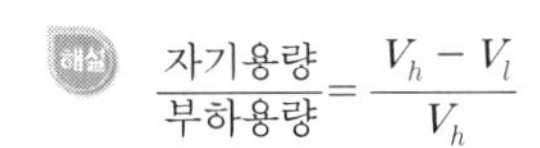

$\frac{\text{자기용량}}{\text{부하용량}} = \frac{V_h - V_l}{V_h}$

자기(정격) 용량 $w = \frac{V_h - V_l}{V_h} \times W = \frac{3630 - 3300}{3630} \times 6600 = 600[\text{kVA}]$

문제 **51** 단상 유도전압조정기의 단락 권선의 역할은?

㉮ 철손 경감　　㉯ 전압강하 경감

㉰ 절연 보호　　㉱ 전압조정 용이

해설 단상 유도전압조정기의 단락권선은 누설리액턴스로 인한 전압강하 방지

문제 **52** 단상 유도전압조정기에 대한 설명 중 옳지 않은 것은?

㉮ 교번자계의 전자유도작용을 이용한다.

㉯ 회전자계에 의한 유도작용을 한다.

㉰ 무단으로 스무스(smooth)하게 전압의 조정이 된다.

㉱ 전압, 위상의 변화가 없다.

정답 48. ㉮ 49. ㉰ 50. ㉱ 51. ㉯ 52. ㉯

종 류	단상 유도전압조정기	3상 유도전압조정기
적용 원리	변압기의 교번자계	3상 유도전동기 회전자계

문제 **53** **200±100[V], 5[kVA]의 3상 유도전압조정기의 정격 2차 전류는 몇 [A]인가?**

㉮ 13.1 ㉯ 22.7
㉰ 28.8 ㉱ 50

해설 조정전압 $E_2 = 100[\text{V}]$, 조정기 용량 $P = 5[\text{kVA}]$
3상 조정 용량 $P = \sqrt{3}\,E_2 \cdot I_2$

$$I_2 = \frac{P}{\sqrt{3}\,E_2} = \frac{5\times10^3}{\sqrt{3}\times100} = 28.8[\text{A}]$$

문제 **54** **단상 유도전압조정기의 1차 전압 100[V], 2차 100±30[V], 2차 전류는 50[A]이다. 이 조정정격은 몇 [kVA]인가?**

㉮ 1.5 ㉯ 3.5
㉰ 15 ㉱ 50

해설 조정전압 $E_2 = 30[\text{V}]$, 2차 전류 $I_2 = 50[\text{A}]$
조정용량 $P = E_2 \cdot I_2 = 30\times50\times10^{-3} = 1.5[\text{kVA}]$

문제 **55** **유도전압조정기에서 2차 회로의 전압을 V_1, 조정전압을 E_2, 직렬권선 전류를 I_2라 하면 3상 유도전압조정기의 정격출력은?**

㉮ $\sqrt{3}\,V_2 I_2$ ㉯ $3\,V_2 I_2$
㉰ $\sqrt{3}\,E_2 I_2$ ㉱ $E_2 I_2$

문제 **56** **분로 권선 및 직렬권선 1상에 유도되는 기전력을 각각 E_1, E_2[V]라 할 때 회전자를 $0°$에서 $180°$까지 돌릴 때, 3상 유도전압조정기 출력측 선간전압의 조정 범위는?**

㉮ $(E_1 \pm E_2)/\sqrt{3}$ ㉯ $\sqrt{3}\,(E_1 \pm E_2)$
㉰ $\sqrt{3}\,(E_1 - E_2)$ ㉱ $\sqrt{3}\,(E_1 + E_2)$

문제 **57** **3상 유도전압조정기의 원리는 어느 것을 응용한 것인가?**

㉮ 3상 동기발전기 ㉯ 3상 변압기
㉰ 3상 유도전동기 ㉱ 3상 교류자 전동기

정답 53. ㉰ 54. ㉮ 55. ㉰ 56. ㉯ 57. ㉰

문제 **58** **단상 유도전압조정기에서 1차 전원전압을 V_1이라 하고, 2차의 유도전압을 E_2라고 할 때 부하단자전압을 연속적으로 가변할 수 있는 조정 범위는?**

㉮ $0 \sim V_1$까지

㉯ $V_1 + E_2$까지

㉰ $V_1 - E_2$까지

㉱ $V_1 + E_2$에서 $V_1 - E_2$까지

전기기기

문제 **59** **단상 유도전압조정기와 3상 유도전압조정기의 비교 설명으로 옳지 않은 것은?**

㉮ 모두 회전자와 고정자가 있으며 한편에 1차 권선을, 다른 편에 2차 권선을 둔다.

㉯ 모두 입력전압과 이에 대응한 출력전압 사이에 위상차가 있다.

㉰ 단상 유도전압조정기에는 단락코일이 필요하나 3상에서는 필요 없다.

㉱ 모두 회전자의 회전각에 따라 조정된다.

해설 3상 유도전압조정기는 입력전압과 출력전압의 위상차가 없다.

문제 **60** **3상 유도전압조정기의 동작원리는?**

㉮ 회전자계에 의한 유도작용을 이용하여 2차 전압의 위상전압의 조정에 따라 변화한다.

㉯ 교번자계의 전자유도작용을 이용한다.

㉰ 충전된 두 물체 사이에 작용하는 힘이다.

㉱ 두 전류 사이에 작용하는 힘이다.

종 류	단상 유도전압조정기	3상 유도전압조정기
적용 원리	변압기의 교번자계	3상 유도전동기 회전자계

문제 **61** **8극과 4극인 2개의 유도전동기를 종속법에 의한 직렬접속법으로 속도제어할 때, 전원주파수가 60[Hz]인 경우 무부하 속도 N_0는 몇 [rpm]인가?**

㉮ 600[rpm]

㉯ 900[rpm]

㉰ 1200[rpm]

㉱ 1800[rpm]

권선형 속도제어법(직렬종접속법) = 두 개의 전동기의 극수의 합

무부하 속도식	1분당 회전수	1초당 회전수
$N_0 = \dfrac{120f}{P_1 + P_2}$ ≒	$\dfrac{120 \times 60}{8+4} = 600[\text{rpm}]$ ≒	$\dfrac{600}{60\text{초}} = 10[\text{rps}]$

문제 **62**

60[Hz]인 3상 8극 및 2극의 유도전동기를 차동종속으로 접속하여 운전할 때의 무부하 속도[rpm]는?

㉮ 3,600[rpm] ㉯ 1200[rpm]
㉰ 900[rpm] ㉱ 720[rpm]

 차동접속법인 경우

무부하 속도식	1분당 회전수	1초당 회전수
$N_0 = \dfrac{120f}{P_1 - P_2}$	$\dfrac{120 \times 60}{8-2} = 1200[\text{rpm}]$	$\dfrac{1200}{60초} = 20[\text{rps}]$

문제 **63**

12극과 8극의 3상 유도전동기를 병렬 종속접속법으로 속도제어를 할 때 전원 주파수가 60[Hz]인 경우 무부하 속도는 몇 [rpm]인가?

㉮ 900[rpm] ㉯ 720[rpm]
㉰ 600[rpm] ㉱ 300[rpm]

 병렬종속 접속법(권선형)

무부하 속도 $N_0 = \dfrac{2 \times 120f}{P_1 + P_2} = \dfrac{2 \times 120 \times 60}{12+8} = 720[\text{rpm}]$

문제 **64**

다음 중 유도전동기의 속도제어에 사용되는 인버터 장치의 약호는?

㉮ CVCF ㉯ VVVF
㉰ CVVF ㉱ VVCF

인버터 장치 약호	CVCF	VVVF(유도전동기 속도제어용)
내 용	정전압 · 정주파수 장치	가변전압, 가변주파수 변환장치

문제 **65**

3상 농형 유도전동기의 속도제어는 주로 어떤 제어를 사용하는가?

㉮ 사이리스터 제어 ㉯ 2차 저항제어
㉰ 주파수 제어 ㉱ 계자제어

 농형 유도전동기 속도제어는 3상 인버터를 이용한 주파수 제어법이 사용된다.

문제 **66**

단상 유도전동기의 정회전 슬립이 s 이면 역회전 슬립은 어떻게 되는가?

㉮ $1-s$ ㉯ $2-s$
㉰ $1+s$ ㉱ $2+s$

슬립 s 구분	정회전($+N$일 때)인 경우	역회전($-N$일 때)인 경우
s 값(식)	$\dfrac{N_s - N}{N_s}$	$\dfrac{N_s-(-N)}{N_s} = \dfrac{N_s+(1-s)N_s}{N_s} = 2-s$

정답 62. ㉯ 63. ㉯ 64. ㉯ 65. ㉰ 66. ㉯

문제 **67** **3상 유도전동기의 공급전압이 일정하고 주파수가 정격값보다 수[%] 감소할 때 다음 현상 중 옳지 않은 것은?**

㉮ 동기속도가 감소한다. ㉯ 철손이 증가한다.
㉰ 누설리액턴스가 증가한다. ㉱ 역률이 나빠진다.

해설 누설리액턴스는 주파수에 비례하므로 감소한다.

문제 **68** **3상 유도전동기의 회전방향을 바꾸기 위한 방법으로 가장 옳은 것은?**

㉮ $\Delta-Y$결선
㉯ 전원의 주파수를 바꾼다.
㉰ 전동기에 가해지는 3개의 단자 중 어느 2개의 단자를 서로 바꾸어 준다.
㉱ 기동보상기를 사용한다.

해설 역상(플러깅) 제동 : 2개 단자를 서로 바꾸어 급제동시키는 방법

문제 **69** **역률과 효율이 좋아서 가정용 선풍기, 전기세탁기, 냉장고 등에 주로 사용되는 것은?**

㉮ 분상기동형 전동기 ㉯ 콘덴서 기동형 전동기
㉰ 반발기동형 전동기 ㉱ 셰이딩 코일형 전동기

해설 콘덴서 기동형은 역률 및 효율, 기동특성이 좋아 가정용 제품에 사용된다.

문제 **70** **선풍기, 드릴, 믹서, 재봉틀 등에 주로 사용되는 전동기는?**

㉮ 단상 유도전동기 ㉯ 권선형 유도전동기
㉰ 동기전동기 ㉱ 직류 직권전동기

해설 단상 유도전동기는 3상에 비해 역률 및 효율이 나빠서 소용량(1마력 이하)에 사용한다.

문제 **71** **회전방향을 바꿀 수 없는 전동기는 어느 것인가?**

㉮ 셰이딩 코일형 ㉯ 콘덴서 기동형
㉰ 반발기동형 ㉱ 분상기동형

문제 **72** **속도가 일정하고 구조가 간단하며 동기이탈이 없는 전동기로서 전기시계, 오실로그래프 등에 많이 사용되는 전동기는?**

㉮ 유도 동기전동기 ㉯ 초동기전동기
㉰ 단상 동기전동기 ㉱ 반동전동기

정답 67. ㉰ 68. ㉰ 69. ㉯ 70. ㉮ 71. ㉮ 72. ㉱

문제 **73**

유도전동기에서 회전방향을 바꿀 수 없고, 구조가 극히 단순하며, 기동토크가 대단히 작아서 운전 중에도 코일에 전류가 계속 흐르므로 소형 선풍기 등 출력이 매우 작은 0.05마력 이하의 소형 전동기에 사용되고 있는 것은?

㉮ 셰이딩 코일형 유도전동기
㉯ 영구 콘덴서형 단상 유도전동기
㉰ 콘덴서 기동형 단상 유도전동기
㉱ 분상 기동형 단상 유도전동기

문제 **74**

다음 중 역률이 가장 좋은 단상 유도전동기는?

㉮ 셰이딩 코일형　　㉯ 분상형 전동기
㉰ 반발형 전동기　　㉱ 콘덴서형 전동기

문제 **75**

3상 유도전동기의 원선도를 그리는 데 필요하지 않은 것은?

㉮ 저항측정　　㉯ 무부하 시험
㉰ 구속시험　　㉱ 슬립 측정

원선도 작성시 시험	원선도에서 알 수 있는 값
고정자 권선의 저항측정 시험, 무부하 시험, 구속시험	전류, 역률, 효율, 슬립, 토크

문제 **76**

1차 쪽에 철심형 리액터를 접속하여 전압강하를 이용해서 저전압 기동하고 기동 후 단락한다. 구조가 간단하여 15kW 이하에서 자동운전, 원격제어용에 사용되는 것은?

㉮ 리액터 기동　　㉯ 기동보상기법
㉰ Y－Δ기동법　　㉱ 전전압 기동

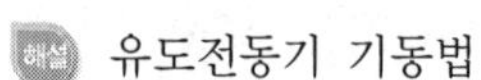

해설 유도전동기 기동법

농 형	전전압(직입)기동	Y－Δ기동법	기동보상기법	리액터 기동법
	5[kW] 이하 소형용	5~15[kW] 이하 중형	15[kW] 이상 대형	소형(기동전류제한)
권선형	① 기동저항기법(2차 저항법) ② 게(괴)르게스법			

문제 **77**

전동기의 제동에서 전동기가 가지는 운동에너지를 전기에너지로 변화시키고 이것을 전원에 변환하여 전력을 회생시킴과 동시에 제동하는 방법은?

㉮ 발전제동(dynamic braking)
㉯ 역전제동(plugging braking)
㉰ 맴돌이전류 제동(eddy current braking)
㉱ 회생제동(regenerative braking)

정답 73. ㉮ 74. ㉱ 75. ㉱ 76. ㉮ 77. ㉱

문제 **78**

유도전동기의 보호방식에 따른 분류가 아닌 것은?

㉮ 방진형　　㉯ 방폭형

㉰ 밀폐형　　㉱ 방수형

전동기 형식	방진형	방폭형	방수형	방식형
내용	먼지에 강함	광산 갱내용	수분에 강함(옥외용)	부식에 강함(해안)

문제 **79**

4극 24홈 표준 농형 3상 유도전동기의 매극 매상당의 홈수는?

㉮ 6　　㉯ 3

㉰ 2　　㉱ 1

해설 매극 매상의 홈수 $= \dfrac{홈수}{극수 \times 상수} = \dfrac{24}{4 \times 3} = 2$

문제 **80**

3상 유도전동기의 회전원리를 설명한 것 중 틀린 것은?

㉮ 회전자의 회전속도가 증가할수록 도체를 관통하는 자속수가 감소한다.

㉯ 회전자의 회전속도가 증가할수록 슬립은 증가한다.

㉰ 부하를 회전시키기 위해서는 회전자의 속도는 동기속도 이하로 운전되어야 한다.

㉱ 3상 교류전압을 고정자에 공급하면 고정자 내부에서 회전 자기장이 발생된다.

해설 회전속도 N가 증가할수록 슬립 $S\left(\dfrac{N_s - N}{N_s}\right)$는 감소한다.

문제 **81**

슬립 링이 있는 유도전동기는?

㉮ 농형　　㉯ 권선형

㉰ 심홈형　　㉱ 2중 농형

해설 권선형 회전자 내부결선은 슬립 링에 하고 브러시는 외부 기동저항기와 접속한다.

문제 **82**

농형 회전자에 비뚤어진 홈을 쓰는 이유로 잘못된 것은?

㉮ 기동특성 개선　　㉯ 파형 개선

㉰ 소음 경감　　㉱ 미관상 좋다.

비뚤어진 홈 사용이유

① 기동특성 개선

② 소음 경감

③ 파형 개선

정답 78. ㉰　79. ㉰　80. ㉯　81. ㉯　82. ㉱

문제 83 **다음 중 승강기용으로 주로 사용되는 전동기는?**

㉮ 동기전동기 ㉯ 단상 유도전동기
㉰ 3상 유도전동기 ㉱ 셸신 전동기

문제 84 **유도전동기의 무부하시 슬립은 얼마인가?**

㉮ 4 ㉯ 3
㉰ 1 ㉱ 0

3상 유도전동기 구분	무부하시	소형(10[kW] 이하)인 경우	중형·대형(10[kW] 이상)인 경우
유도전동기 슬립 s값	$s=0$	5~10[%]	2.5~5[%]

문제 85 **유도전동기에서 슬립이 가장 큰 상태는?**

㉮ 무부하 운전시 ㉯ 경부하 운전시
㉰ 정격부하 운전시 ㉱ 기동시

유도전동기 부하상태	정지시 또는 기동시	무부하시	(정격)부하 운전시
슬립 s값	1($N=0$일 때)	0($N=N_s$일 때)	$0<s<1$ ($0<N<N_s$일 때)

문제 86 **유도전동기에서 슬립이 1이면 전동기의 속도 N은?**

㉮ 동기속도보다 빠르다.
㉯ 정지한다.
㉰ 불변이다.
㉱ 동기속도와 같다.

슬립 $s=\dfrac{N_s-N(\text{정지 }0)}{N_s}=\dfrac{N_s-0}{N_s}=1$일 때 전동기는 정지상태

문제 87 **슬립 4[%]인 유도전동기의 등가 부하저항은 2차 저항의 몇 배인가?**

㉮ 5 ㉯ 19
㉰ 20 ㉱ 24

등가 부하저항 $R=\dfrac{1-S}{S}\times$2차 저항 $r_2=\dfrac{1-0.04}{0.04}\times r_2=24r_2$

정답 83. ㉰ 84. ㉱ 85. ㉱ 86. ㉯ 87. ㉱

문제 88 일반적으로 10[kW] 이하 소용량인 전동기는 동기속도의 몇 [%]에서 최대토크를 발생시키는가?

㉮ 2 [%] ㉯ 5 [%]
㉰ 80 [%] ㉱ 98 [%]

문제 89 3상 유도전동기의 출력이 4kW, 효율 80%의 기계적 손실은 몇 kW인가?

㉮ 0.5 ㉯ 1.0
㉰ 1.5 ㉱ 1.75

해설 효율 $\eta = \frac{출력}{입력} \times 100[\%]$에서 입력 $= \frac{4}{0.8} = 5[kW]$

손실 = 입력 − 출력 = 5 − 4 = 1[kW]

문제 90 정지된 유도전동기가 있다. 1차 권선에서 1상의 직렬권선횟수가 100회이고 1극 당의 평균자속이 0.02[Wb], 주파수가 60[Hz]이라고 하면, 1차 권선의 1상에 유도되는 기전력의 실효값은 약 몇 [V]인가? (단, 1차 권선계수는 1로 한다.)

㉮ 377[V] ㉯ 533[V]
㉰ 635[V] ㉱ 730[V]

해설 정지된 유도전동기(변압기와 동일) 1상 유도기전력 실효값

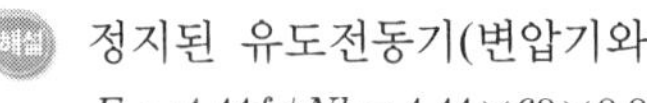

$E_1 = 4.44 f \phi N k = 4.44 \times 60 \times 0.02 \times 100 \times 1 = 533[V]$

문제 91 교류정류자 전동기가 아닌 것은?

㉮ 만능전동기 ㉯ 콘덴서 전동기
㉰ 시라게 전동기 ㉱ 반발전동기

해설 교류정류자 전동기 종류

① 만능전동기
② 반발전동기
③ 시라게 전동기
④ 서보 전동기

문제 92 무부하시 유도전동기는 역률이 낮지만 부하가 증가하면 역률이 높아지는 이유로 가장 알맞은 것은?

㉮ 전압이 떨어지므로
㉯ 효율이 좋아지므로
㉰ 전류가 증가하므로
㉱ 2차측 저항이 증가하므로

정답 88. ㉱ 89. ㉯ 90. ㉯ 91. ㉯ 92. ㉱

제5장 정류기

1 전력용 반도체 소자(정류기)

★ 반도체 소자는 온도를 높이면 전류가 잘 흐른다.

(1) 다이오드(Didode)

① 성질이 다른 두 가지 반도체를 결합하여 한쪽 방향으로만 전류가 흐를 수 있도록 만들어진 소자

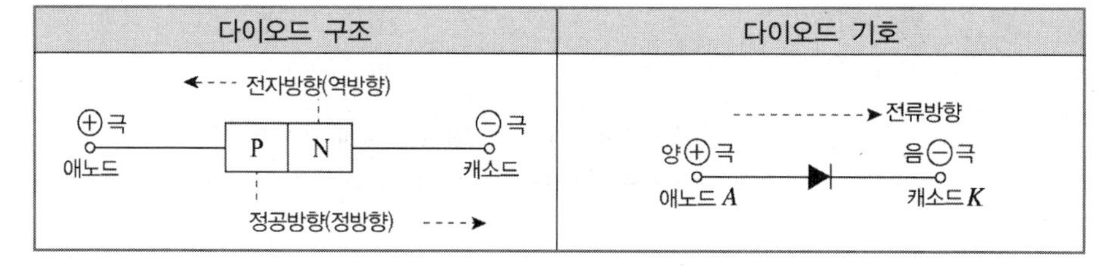

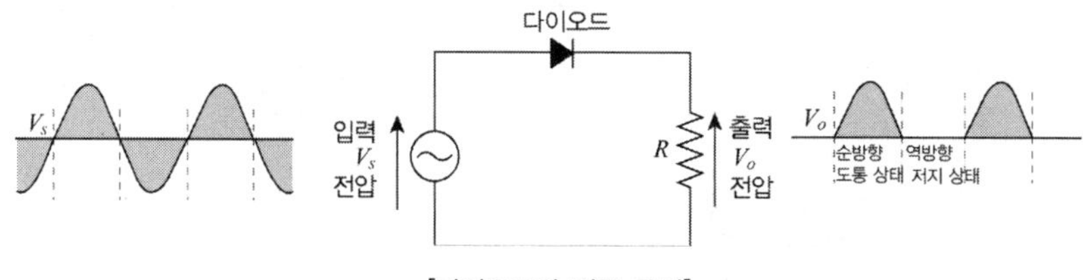

[다이오드의 정류 동작]

② 다이오드 두 단자는 각각 양극(애노드), 음극(캐소드)으로 불리며, 양극에서 음극 방향으로만 전류를 흐르게 할 수 있다.

③ **다이오드 보호**

과전압 보호	다이오드 직렬 추가 접속한다.(○—▶|—▶|— ··· —○)
과전류 보호	다이오드 병렬 추가 접속한다.(○—[▶| 병렬 ▶|]—○)

(2) 사이리스터(Thyristor)

① 다이오드는 순방향 전압이 가해지면 도통하고, 역방향 전압이 가해지면 도통하지 않는 수동적인 소자로서, 아무 때나 ON, OFF 시킬 수 없는 반면에 사이리스터는 원하는 시점에 도통시킬 수 있도록 만든 소자이다.

② 종류는 여러 가지가 있으나, 실리콘 제어정류기(SCR)이 대표적이고, 게이트(Gate) 단자를 통해 도통시키거나 제어할 수 있다.

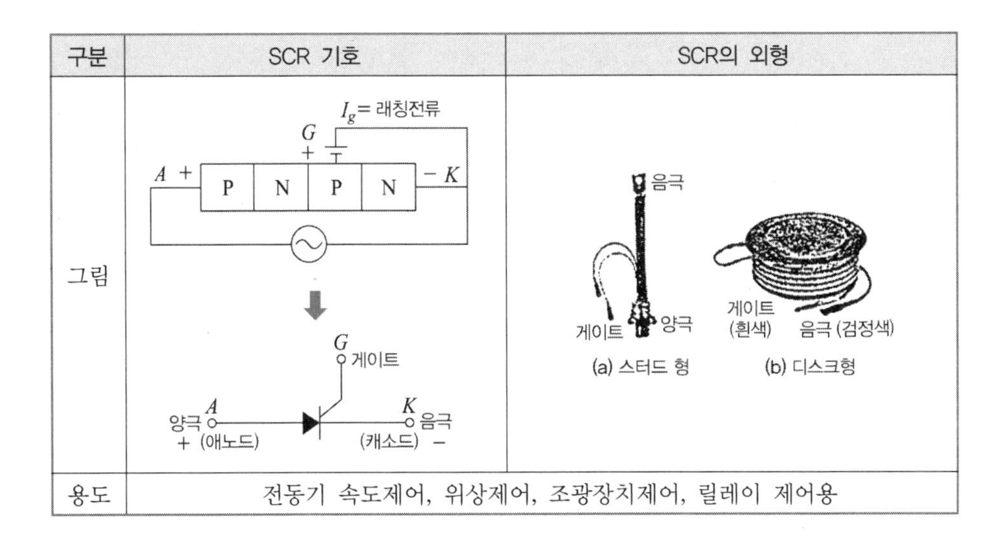

구분	SCR 기호	SCR의 외형
그림		
용도	전동기 속도제어, 위상제어, 조광장치제어, 릴레이 제어용	

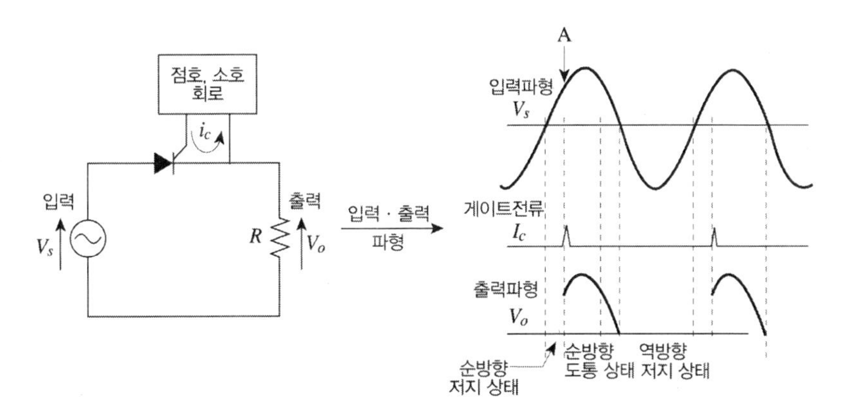

SCR은 PNPN의 4층 구조이며 순방향 전압을 가한 상태에서 게이트에 전압을 걸면 전류가 흐른다.

2 정류회로

교류를 직류로 변환시키는 회로

(1) 다이오드 소자

1) 단상반파정류

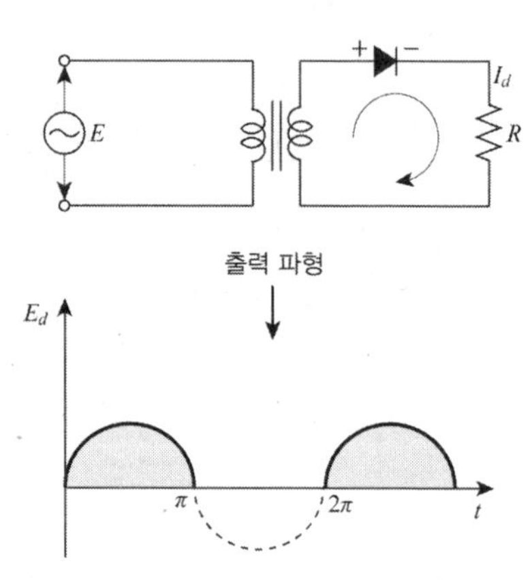

① 직류평균치(직류출력)

$$\bigstar E_d = \frac{\sqrt{2}}{\pi}E = 0.45E$$

여기서, E_d : 직류전압
E : 교류전압

② 정류효율 : 40.6%

③ 맥동률 : 1.21

④ 최대역전압(PIV) : $PIV = \sqrt{2}\,E$

2) 단상전파회로

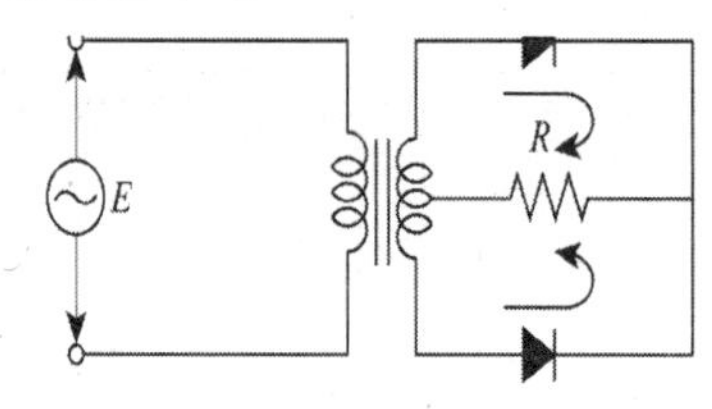

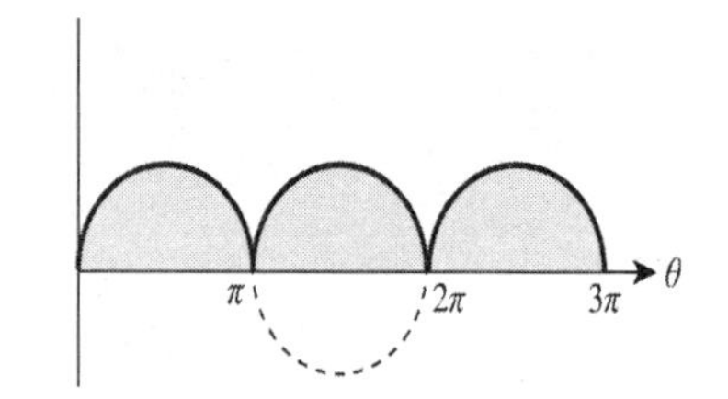

① 직류 평균치 : $\bigstar E_d = \frac{2\sqrt{2}}{\pi}E = 0.90E$

② 정류효율 : 81.2%

③ 맥동률 : 0.48

④ 최대역전압(PIV) : $PIV = 2\sqrt{2}\,E$

참고 | 맥동률 |

정류된 직류 속에 포함된 교류성분크기 정도= $\dfrac{\text{교류분 전압}}{\text{직류분 전압}} \times 100[\%]$

① 맥동률이 큰 순서

㊅단상 반파 121% > ***단상 전파 48%*** > ***3상 반파 17%*** > 3상 전파 4%㊇

② 맥동률이 작을수록 좋은 직류파형이다.

※ **정류회로 상수를 크게 하려면, 맥동주파수를 증가시켜 맥동률을 감소시켜야 한다.**

(2) SCR 소자

1) 단상반파 정류회로

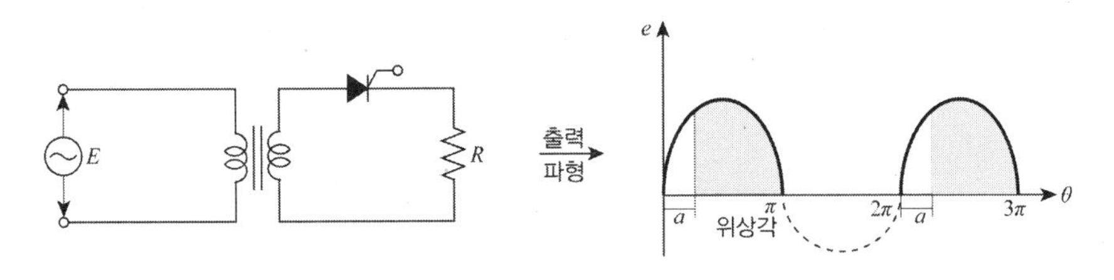

① 직류 평균치 : $E_d = \frac{\sqrt{2}}{2\pi}E\,(1+\cos\alpha)$★

(E_d : 직류전압, E : 교류전압, α : 위상각)

② 제어범위 : $\alpha \leq$ 제어각 $\leq \pi$

2) 단상전파 정류회로

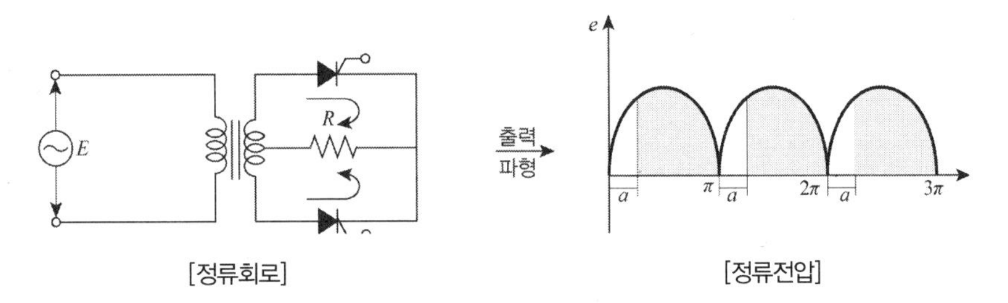

[정류회로] [정류전압]

① 직류평균치 : $E_d = \frac{2\sqrt{2}}{\pi}E\left(\frac{1+\cos\alpha}{2}\right)$

② 제어범위 : $\alpha \leq$ 제어각 $\leq \pi$

참고 ▌사이리스터 래칭 전류(latching current)▐

사이리스터를 턴온(Turn-on)시키기 위한 순전류

3 사이리스터

(1) 역저지 3단자 사이리스터(SCR)

일반적으로 사이리스터라고 하면 SCR을 말하며 기본 특성은 그림과 같다.

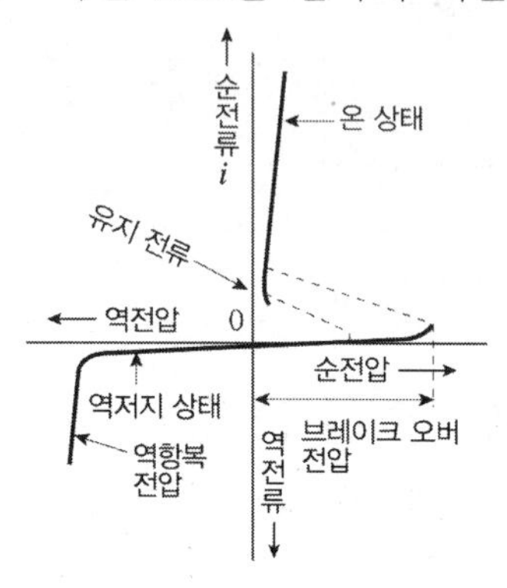

(2) 게이트 턴 오프 사이리스터(GTO)

이것도 역저지 3단자 사이리스터에 속하지만 게이트에 정(+)의 펄스 케이트 전류를 통하게 하는 것에 의해 온 상태로 트리거 할 수 있는 동시에 게이트에 부(−) 턴 오프하는 능력을 가지게 한 것이다.

(3) 광트리거 · 사이리스터(LASCR)

사이리스터의 게이트 트리거 전류를 입사광으로 치환한 것으로 빛을 조사하여 점호시키는 것이다.

(4) 트라이액(Triac)

이것은 순, 역 어느 방향으로도 게이트 전류에 의해 도통할 수 있는 소위 AC 스위치이다.

SCR (역저지 3단자소자)	GTO (게이트 턴 오프 스위치)	DIAC (대칭형 3층 다이오드)	TRIAC (쌍방향 3단자소자)	IGBT (절연게이트 양극성 트랜지스터)
A+ G− K−	A G K		A+ − K	C G E

4 전력 변환장치

① 변압기 : 고압을 저압으로 변성하는 장치
② 정류기(다이오드) : 교류(AC)를 직류(DC)로 바꾸어 주는 장치
③ 인버터 : 직류(DC)를 교류(AC)로 변환시키는 장치
④ 컨버터 : 교류(AC)를 직류(DC)로 변환시키는 장치
⑤ 사이클로컨버터 : 사이리스터를 조합하여 교류에서 직접 주파수가 다른 기타의 낮은 주파수 교류로 변환하는 주파수 변환장치
⑥ 초퍼 : 직류전압의 크기를 높이거나 낮추는 것을 조정하는 장치로서 ON, OFF 고속 변환 스위치이고 직류변압기에 사용되는 회로
⑦ 회전변류기 : 회전기를 사용하여 교류(AC)를 직류(DC)로 변환하는 장치(대전류용에 사용)
⑧ 충전기 : 1차 변환 강압(AC을 CD10 ~ 20V로) → 2차 충전전압 강하(CD을 CD4.2V로 변환)

5 회전변류기

교류전력을 직류전력으로 변성하는 회전기기

(1) 전압비

$$\frac{E_d}{E_d} = \frac{1}{\sqrt{2}} \sin\frac{\pi}{m} \quad (E_d : \text{직류전압},\ E_a : \text{교류전압},\ m : \text{상수})$$

① 단상시$(m=2)$: 전압비 $= \dfrac{1}{\sqrt{2}}$

② 3상시$(m=3)$: 전압비 $= \dfrac{1}{\sqrt{2}} \times \dfrac{\sqrt{3}}{2}$

③ 6상시$(m=6)$: 전압비 $= \dfrac{1}{\sqrt{2}} \times \dfrac{1}{2}$

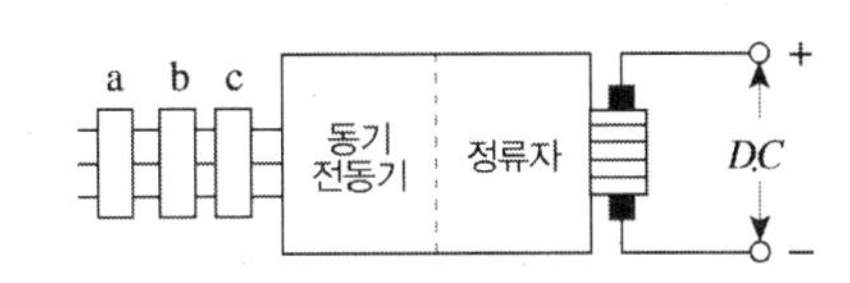

(2) 전류비

$$\frac{I_a}{I_d} = \frac{2\sqrt{2}}{m\cos\theta} \quad (I_d : \text{직류전류},\ I_a : \text{교류전류})$$

(3) 회전변류기의 기동

① 교류측 기동법
② 기동전동기에 의한 기동법
③ 직류측 기동법

(4) 회전변류기의 전압조정 방법

① 유도전압조정기를 사용
② 부하시 전압조정변압기 사용
③ 직렬리액턴스에 의한 방법
④ 동기승압기에 의한 방법
(※ 계자저항기나 여자전류조정과는 전혀 관계없음)

(5) 난조의 원인 및 방지법

1) 난조의 원인

① 브러시의 위치가 중성점보다 늦은 위치에 있을 때
② 직류측 부하가 급변한 경우
③ 교류측 주파수가 주기적으로 맥동하는 경우
④ 역률이 나쁜 경우
⑤ 전기자 회로저항이 리액턴스에 비해 큰 경우

2) 난조의 방지법

① 제동권선의 작용을 강하게 할 것
② 전기자 저항에 비해서 리액턴스를 크게 할 것
③ 허용되는 범위 내에서 자극수를 적게 하고 기하학적 각도와 전기각도의 차를 적게 할 것

6 수은정류기(교류 → 직류로 변환)

(1) 직류측 전압(E_d)

$$E_d = \frac{\sqrt{2}\,E\,\sin\frac{\pi}{m}}{\frac{\pi}{m}}$$

여기서, E : 교류2차 상전압의 실효치
m : 상수

(2) 수은정류기 이상현상

① 역호(Back-Firing) : 정류기 밸브작용이 상실되는 현상
(원인 : 과부하전류, 과부하전압)
② 통호(Arc-Through) : 전류를 저지하지 못하고, 통과하는 현상
③ 실호(mis-Firing) : 전류를 통과시켜야 할 때 통전하지 않는 현상
④ 이상전압

(3) 역호의 발생원인

① 내부 잔존가스 압력의 상승
② 양극의 수은 방울 부착
③ 양극 표면의 불순물 부착
④ 양극 재료의 불량
⑤ 전류, 전압의 과대
⑥ 증기밀도의 과대

(4) 역호의 방지 방법

① 정류기를 과부하로 되지 않도록 할 것
② 내각장치에 주의하여 과열, 과냉을 피할 것
③ 진공도를 충분히 높게 할 것
④ 양극 재료의 선택에 주의할 것
⑤ 양극에 직접 수은 증기가 접촉되지 않도록 양극부의 유리를 구부린다.
⑥ 철제 수은 정류기에서는 그리드를 설치하고 이것을 부전위하여 역호를 저지시킨다.

제5장 → 정류기

실전문제

문제 01 **다음 중 반도체로 만든 PN 접합은 주로 무슨 작용을 하는가?**

㉮ 증폭작용 ㉯ 발진작용
㉰ 정류작용 ㉱ 변조작용

문제 02 **반도체 내에서 정공은 어떻게 생성되는가?**

㉮ 결합전자의 이탈 ㉯ 자유전자의 이동
㉰ 접합 불량 ㉱ 확산 용량

해설 정공(결합전자의 이탈값) : 진성반도체(4가 원소)에 불순물(3가 원소) 첨가시 공유결합에 의해 전자 1개가 이탈한 값

문제 03 **다음 회로도에 대한 설명으로 옳지 않은 것은?**

㉮ 다이오드의 양극의 전압이 음극에 비하여 높을 때를 순방향 도통상태라 한다.
㉯ 다이오드의 양극의 전압이 음극에 비하여 낮을 때를 역방향 저지상태라 한다.
㉰ 실제의 다이오드는 순방향 도통 시 양 단자 간의 전압강하가 발생하지 않는다.
㉱ 역방향 저지상태에서는 역방향으로(음극에서 양극으로) 약간의 전류가 흐르는데 이를 누설전류라고 한다.

해설 다이오드 순방향 도통시 양단 간의 전압강하는 0.7[V] 정도 발생한다.

문제 04 **교류전력을 교류로 변환하는 것은?**

㉮ 정류기 ㉯ 초퍼
㉰ 인버터 ㉱ 사이크로 컨버터

해설 사이크로 컨버터는 정지 사이리스터 회로에 의해 전원 주파수와 다른 주파수의 전력으로 변환시키는 직접회로장치이다.

문제 05 **직류를 교류로 변환하는 장치로서 초고속 전동기의 속도제어용 전원이나 형광등의 고주파 점등에 이용되는 것은?**

㉮ 인버터 ㉯ 컨버터
㉰ 변성기 ㉱ 변류기

정답 01. ㉰ 02. ㉮ 03. ㉰ 04. ㉱ 05. ㉮

해설 인버터는 직류를 교류로 변환하는 역변환 장치이다.

문제 06

회전변류기의 직류측 전압을 조정하려는 방법이 아닌 것은?

㉮ 직렬리액턴스에 의한 방법　㉯ 유도전압조정기를 사용하는 방법
㉰ 여자전류를 조정하는 방법　㉱ 동기승압기에 의한 방법

해설 회전변류기 전압조정 방법
① 직렬리액턴스에 의한 방법
② 유도전압조정기를 사용하는 방법
③ 부하시 전압조정변압기를 사용하는 방법
④ 동기승압기를 사용하는 방법

문제 07

회전변류기의 난조의 원인이 아닌 것은?

㉮ 직류측 부하의 급격한 변화
㉯ 역률이 매우 나쁠 때
㉰ 교류측 전원의 주파수의 주기적 변화
㉱ 브러시 위치가 전기적 중성축보다 앞설 때

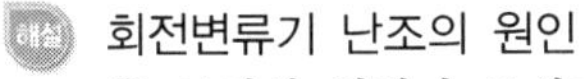

해설 회전변류기 난조의 원인
① 브러시 위치가 중성점보다 늦은 위치에 있을 때
② 직류측 부하가 급변하는 경우
③ 교류측 주파수가 주기적으로 변동하는 경우
④ 역률이 매우 나쁠 때
⑤ 전기자 회로의 저항이 리액턴스에 비하여 큰 경우

문제 08

회전변류기의 직류측 선로전류와 교류측 선로전류의 실효값과의 비는 다음 중 어느 것인가? (단, m은 상수이다.)

㉮ $\dfrac{2\sqrt{2}}{m\sin\theta}$　㉯ $\dfrac{m\cos\theta}{2\sqrt{3}}$

㉰ $\dfrac{2\sqrt{2}\sin\theta}{m}$　㉱ $\dfrac{2\sqrt{2}}{m\cos\theta}$

문제 09

수은정류기 이상현상 또는 전기적 고장이 아닌 것은?

㉮ 역호　㉯ 이상전압
㉰ 점호　㉱ 통호

해설 수은정류기 이상현상은 역호, 이상전압, 통호, 실호이다.

정답 06. ㉰ 07. ㉱ 08. ㉱ 09. ㉰

문제 **10** **수은정류기에 있어서 정류기의 밸브작용이 상실되는 현상을 무엇이라고 하는가?**

㉮ 점호 ㉯ 역호
㉰ 실호 ㉱ 통호

해설 역호 : 수은 정류기의 밸브 작용이 상실되는 것

문제 **11** **수은정류기의 역호 발생의 큰 원인은?**

㉮ 내부저항의 저하 ㉯ 전원 주파수의 저하
㉰ 전원전압의 상승 ㉱ 과부하전류

해설 역호 발생의 원인
① 내부 잔존가스 압력상승
② 양극의 수은 물방울 부착
③ 양극 표면의 불순물 부착
④ 양극 재료의 불량
⑤ 전류, 전압의 과대
⑥ 증기밀도의 과대

문제 **12** **일반적으로 전철이나 화학용과 같이 비교적 용량이 큰 수은정류기용 변압기의 2차측 결선 방식으로 쓰이는 것은?**

㉮ 6상 2중 성형 ㉯ 3상 반파
㉰ 3상 전파 ㉱ 3상 크로즈파

해설 수은정류기의 직류측 전압은 맥동이 있으므로 맥동을 적게 하기 위하여 상수를 6상 또는 12상을 사용한다. 대용량에서는 6상이 쓰인다.

문제 **13** **P형 반도체의 설명 중 틀린 것은?**

㉮ 불순물은 4가 원소이다.
㉯ 다수 반송자는 정공이다.
㉰ 불순물을 억셉터(acceptor)라 한다.
㉱ 정공 및 전자의 이동으로 전도가 된다.

해설

불순물 반도체 종류	불순물 명칭	첨가 불순물 원소 종류	반송자
P형 반도체	억셉터	3가 원소(알루미늄 Al, 붕소 B, 인듐 In)	정공
N형 반도체	도너	5가 원소(인 P, 안티몬 Sb, 비소 As)	전자

정답 10. ㉯ 11. ㉱ 12. ㉮ 13. ㉮

문제 **14** **다이오드를 사용한 정류회로에서 여러 개를 직렬로 연결하여 사용할 경우 얻은 효과는?**

㉮ 다이오드를 과전류로부터 보호한다.
㉯ 다이오드를 과전압으로부터 보호한다.
㉰ 부하출력의 맥동률이 감소한다.
㉱ 전력공급이 증가한다.

해설 정류회로에서 과전압 방지로는 다이오드를 직렬로 추가하고, 과전류 방지로는 다이오드를 병렬로 추가한다.

문제 **15** **SCR의 특성 중 적합하지 않은 것은?**

㉮ PNPN 구조로 되어 있다.
㉯ 정류작용을 할 수 있다.
㉰ 정방향 및 역방향의 제어 특성이 있다.
㉱ 고속도의 스위칭 작용을 할 수 있다.

해설 실리콘 제어 정류기(SCR) : 역방향으로 전류를 못 흐른다.

문제 **16** **게이트(Gate)에 신호를 가해야만 동작되는 소자는?**

㉮ SCR ㉯ MPS
㉰ UJT ㉱ DIAC

해설 SCR 소자 : 게이트에 신호(+)를 가해야만 순방향으로 전류가 흘러 동작한다.

문제 **17** **다음 중 2방향성 중 3단자 사이리스터는?**

㉮ SCR ㉯ SSS
㉰ SCS ㉱ TRIAC

해설 SCR : 3단자 1방향성, SSS : 2단자 2방향성
SCS : 4단자 1방향성, TRIAC : 3단자 2방향성

문제 **18** **교류회로에서 양방향 점호(ON) 및 소호(OFF)를 이용하며, 위상제어를 할 수 있는 소자는?**

㉮ TRIAC ㉯ SCR
㉰ GTO ㉱ IGBT

정답 14. ㉯ 15. ㉰ 16. ㉮ 17. ㉱ 18. ㉮

해설 반도체(사이리스터) 소자

종류	SCR 단방향 3단자 소자	GTO 게이트 턴오프 스위치	TRIAC 쌍방향 3단자 소자	IGBT 절연게이트형 바이폴러 트랜지스터
심벌	A(+) G K(−)	K G A	K G A	C(컬렉터) E(이미터) G(게이트)
동작 특성	• 게이트 신호시 순방향 흐름 • 역방향 전류 못흐름	게이트 역방향 전류시 자기소호	역병렬 접속 양방향으로 전류 흐름	게이트 전압 인가시 컬렉터 전류 흐름
용도	직류, 교류제어	직류, 교류제어	교류제어	고속 인버터, 초퍼 제어

문제 19 **SCR의 설명으로 적당하지 않은 것은?**

㉮ 게이트 전류(I_c)로 통전전압을 가변시킨다.
㉯ 주전류를 차단하려면 게이트 전압을 (0) 또는 (−)로 해야 한다.
㉰ 게이트 전류의 위상각으로 통전전류의 평균값을 제어시킬 수 있다.
㉱ 대전류 제어정류용으로 이용된다.

해설 SCR 게이트에 (+)의 트리거 펄스가 인가되면 통전상태로 되어 정류작용이 개시되고, 일단 통전이 시작되면 게이트 전류를 차단해도 주전류(애노드전류)는 차단되지 않는다. 이때에 이를 차단하려면 애노드 전압을 (0) 또는 (−)로 해야 한다.

문제 20 **SCR 2개를 역병렬로 접속한 그림과 같은 기호의 명칭은?**

㉮ SCR
㉯ TRIAC
㉰ GTO
㉱ UJT

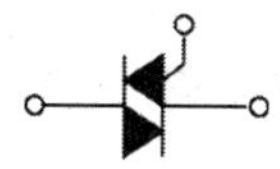

해설 문제 **18**번 참조

문제 21 **다음 중 자기소호 제어용 소자는?**

㉮ SCR ㉯ TRIAC
㉰ DIAC ㉱ GTO

해설 GTO : 게이트 신호가 양(+)일 때 진류가 흐르고 게이트 신호가 음(−)일 때 자기소호된다.

정답 19. ㉯ 20. ㉯ 21. ㉱

문제 **22** **사이리스터가 기계적인 스위치보다 좋은 특성이 될 수 없는 것은?**

㉮ 내충격성
㉯ 소형 경량
㉰ 무소음
㉱ 고온에 강하다.

문제 **23** **그림의 기호는?**

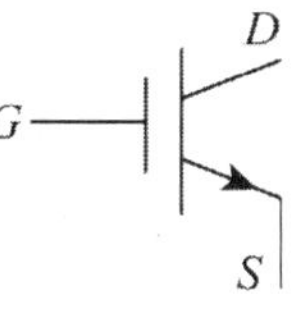

㉮ SCR
㉯ TRIAC
㉰ IGBT
㉱ GTO

문제 18번 참조

문제 **24** **직류전압을 직접 제어하는 것은?**

㉮ 단상 인버터
㉯ 브리지형 인버터
㉰ 초퍼형 인버터
㉱ 3상 인버터

문제 **25** **교류전동기를 직류전동기처럼 속도제어하려면 가변주파수의 전원이 필요하다. 주파수 f_1에서 직류로 변환하지 않고 바로 주파수 f_2로 변환하는 변환기는?**

㉮ 사이클로 컨버터
㉯ 주파수원 인버터
㉰ 전압·전류원 인버터
㉱ 사이리스터 컨버터

문제 **26** **사이리스터(Thyristor)에서는 게이트 전류가 흐르면, 순방향의 저지상태에서 [ ]상태로 된다. 게이트 전류를 가하여 도통완료까지의 시간을 [ ]시간이라고 하나, 이 시간이 길면 [ ]시의 [ ]이 많고, 사이리스터 소자가 파괴되는 수가 있다. 다음 [ ]안에 알맞은 말의 순서는?**

㉮ 온(On), 턴 온(Turn on), 스위칭, 전력손실
㉯ 온(On), 턴 온(Turn on), 전력손실, 스위칭
㉰ 스위칭, 온(On), 턴 온(Turn on), 전력손실
㉱ 턴 온(Turn on), 스위칭, 온(On), 전력손실

정답 22. ㉱ 23. ㉰ 24. ㉰ 25. ㉮ 26. ㉮

문제 **27**

단상 반파 정류회로에서 입력에 교류 실효값 100[V]를 정류하면 직류평균 전압은 몇 [V]인가?

㉮ 45　　　　㉯ 90
㉰ 144　　　　㉱ 282

직류전압 $E_d = \dfrac{\sqrt{2}}{\pi}E$(교류전압) $= 0.45E = 0.45 \times 100 = 45$[V]

문제 **28**

그림은 일반적인 반파정류회로이다. 변압기 2차 전원전압 200[V], 부하저항이 10[Ω]이면 부하전류값은?

㉮ 4
㉯ 9
㉰ 13
㉱ 18

직류전압 $E_d = \dfrac{\sqrt{2}\,E}{\pi}$(교류 또는 전원측 전압) $= 0.45E$

직류전류 $I_d = \dfrac{E_d}{R} = \dfrac{\frac{\sqrt{2}\,E}{\pi}}{R} = \dfrac{\sqrt{2}\,E(\text{교류})}{\pi R} = 0.45 \times \dfrac{E}{R} = 0.45 \times \dfrac{200}{10} = 9$[A]

문제 **29**

위상제어를 하지 않은 단상 반파정류회로에서 소자의 전압강하를 무시할 때 직류평균값 E_d는? (단, E : 직류권선의 상전압(실효값)이다.)

㉮ $0.45E$　　　　㉯ $0.90E$
㉰ $1.17E$　　　　㉱ $1.46E$

직류전압 $E_d = \dfrac{\sqrt{2}}{\pi}E = 0.45E$

문제 **30**

그림과 같은 회로에서 사인파 교류입력 12V(실효값)를 가했을 때, 저항 R 양단에 나타나는 전압[V]은?

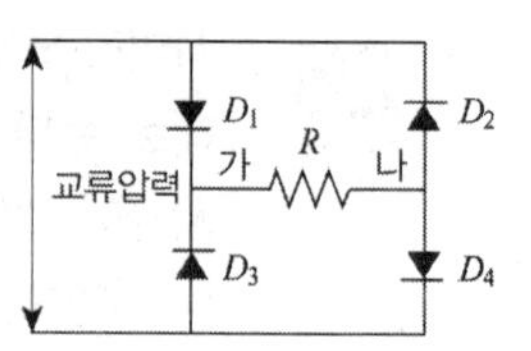

㉮ 5.4[V]

㉯ 6[V]
㉰ 10.8[V]
㉱ 12[V]

직류(평균) 전압 $E_d = \dfrac{2\sqrt{2}}{\pi}E = 0.90 \times 12 = 10.8$[V]

정답 27. ㉮ 28. ㉯ 29. ㉮ 30. ㉰

문제 **31** **다음 그림에 대한 설명으로 틀린 것은?**

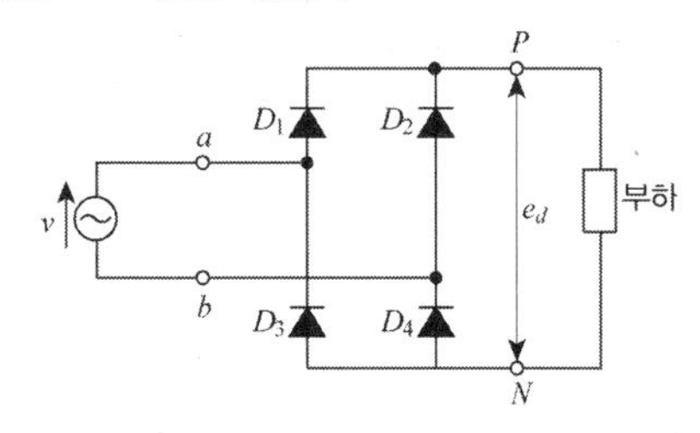

㉮ 브리지(bridge) 회로라고도 한다.
㉯ 실제의 정류기로 널리 사용된다.
㉰ 전체 한 주기 파형 중 절반만 사용한다.
㉱ 전파 정류회로라고도 한다.

해설 단상 전파정류(브리지)회로 : 한 주기 파형 전체를 출력하는 정류기

문제 **32** **3상 전파정류회로에서 전원이 250V라면 부하에 나타나는 전압의 최대값은?**

㉮ 약 177[V] ㉯ 약 292[V]
㉰ 약 354[V] ㉱ 약 433[V]

해설 3상 전파정류 : 직류(부하) 최대전압 $E_d = \sqrt{2}\,V = \sqrt{2} \times 250 = 354$[V]

문제 **33** **상전압 300V의 3상 반파정류회로의 직류전압[V]은?**

㉮ 350 ㉯ 283
㉰ 200 ㉱ 171

해설
- 3상 반파정류 : 직류(부하)전압 $E_d = 1.17\,V$(교류) $= 1.17 \times 300 = 350$[V]
- 3상 전파정류 : 직류(부하)전압 $E_d = 1.35\,V$[V]

문제 **34** **다음 정류방식 중 맥동률이 가장 작은 방식은?**

㉮ 단상 반파식 ㉯ 단상 전파식
㉰ 3상 반파식 ㉱ 3상 전파식

정류방식 종류	단상 반파인 경우	단상 전파인 경우	3상 반파인 경우	3상 전파인 경우
맥동주파수 (맥동률)	f(121%)	$2f$(48%)	$3f$(17%)	$6f$(4%)

정답 31. ㉰ 32. ㉰ 33. ㉮ 34. ㉱

문제 **35** **주로 정전압 다이오드로 사용되는 것은?**

㉮ 터널 다이오드 ㉯ 제너 다이오드
㉰ 쇼트키베리어 다이오드 ㉱ 바렉터 다이오드

해설 제너(정전압) 다이오드 : PN접합이용 역방향 일정 전압인가시 전류가 급격히 흐르는 다이오드

문제 **36** **다음 중 SCR 기호는?**

㉮ 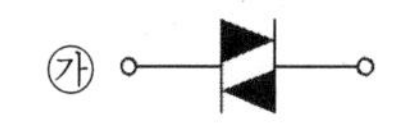
㉯ 
㉰ 
㉱ 

해설 ㉮ 다이액 ㉯ SCR(역저지 3단자소자)
㉰ 다이오드 ㉱ 제너다이오드

문제 **37** **다음 중 DIAC의 기호는?**

㉮ 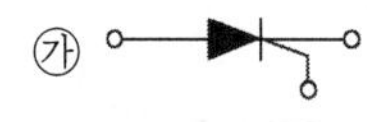
㉯ 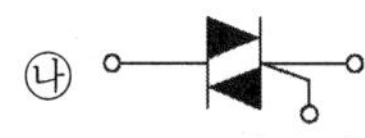
㉰ 
㉱ 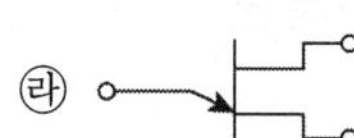

문제 **38** **다음 중에서 초퍼나 인버터용 소자가 아닌 것은?**

㉮ TRIAC ㉯ GTO
㉰ SCR ㉱ BJT

해설 교류 제어용 소자 : 쌍방향 3단자 소자(TRIAC)
직류 및 교류 제어용 소자 : 단방향 소자(GTO, SCR, BJT)

문제 **39** **인버터의 스위칭 주기가 1m · s이면 주파수는 몇 Hz인가?**

㉮ 20 ㉯ 60
㉰ 100 ㉱ 1,000

해설 주파수 $f = \frac{1}{\text{주기 } T} = \frac{1}{1 \times 10^{-3}} = 1{,}000[\text{Hz}]$

정답 35. ㉯ 36. ㉯ 37. ㉰ 38. ㉮ 39. ㉱

문제 40 전파정류회로의 브리지 다이오드 회로를 나타낸 것은? (단, 보기 항의 브리지 회로에서 왼쪽은 입력, 오른쪽은 출력이다.)

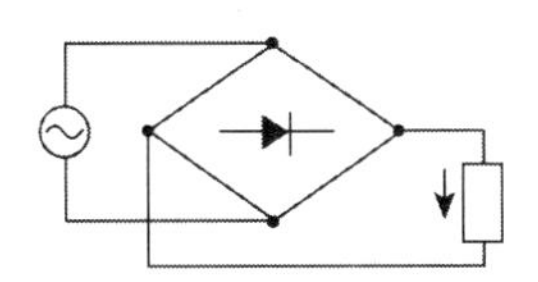

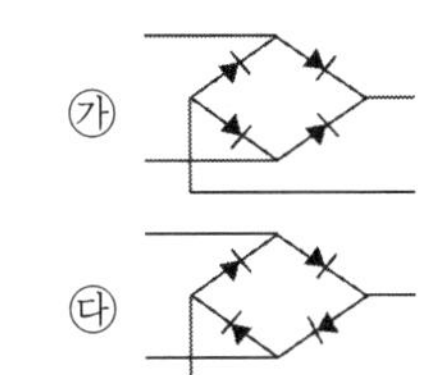

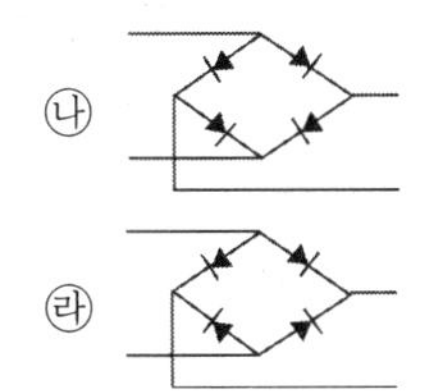

문제 41 단상 전파정류의 맥동률은?

㉮ 약 0.17　　㉯ 약 0.34

㉰ 약 0.48　　㉱ 약 0.96

해설 맥동률 : 단상 반파 12[%], 단상 전파 48[%], 3상 반파 17[%], 3상 전파 4[%]

문제 42 3상 반파정류회로에서 맥동률은 몇 [%]인가? (단, 부하는 저항부하이다.)

㉮ 약 10　　㉯ 약 17

㉰ 약 28　　㉱ 약 40

해설 맥동률 : 단상 반파 12[%], 단상 전파 48[%], 3상 반파 17[%], 3상 전파 4[%]

정답 40. ㉮ 41. ㉰ 42. ㉯

제6장 교류 정류자기

1 교류 단상 직권 정류자 전동기

교류 정류자기는 전기자에 정류가 붙어 있는 교류기이다.
(직류 직권전동기의 특성과 비슷함)

(1) 특성

① 철손을 감소시키기 위해서 계자 및 전기자 철심의 규소강판을 성층한다.
② 계자권선에 의한 리액턴스가 커지므로 권수를 직류기보다 적게 한다.
③ 보상권선을 설치하여 → 역률 및 정류를 개선한다.
④ 저항도선은 단락전류를 작게 하여 → 변압기 기전력을 감소시킨다.
⑤ 역률 및 정류개선을 위해 약계자, 강전기자형으로 한다.
⑥ 역률을 개선하기 위해, 전동기 회전속도를 높인다.
(회전속도를 높이면, 계자자속이 감소되고, 계자자속이 감소하면, 역률이 개선된다.)

(2) 용도

① **소형** : 가정용 재봉틀, 전기 청소기, 믹서, 전기드릴 등
② **대형** : 잘 쓰이지는 않으나, 50[Hz], 500[kW]의 전기 철도용도 있다.
※ 단상 직권 정류자 전동기는 교류, 직류 양용으로 쓰이는 만능전동기로서 Universal motor라고도 한다.

2 단상반발 전동기

(1) 특징

① 브러시에 의하여 단락된 정류자가 있는 단상 전동기
② 회전자 권선을 브러시로 단락하고, 고정자 권선을 전원에 접속하여 회전자에 전류를 공급하면,
③ 브러시가 이동한 방향과는 반대방향으로 회전방향이 바뀐다.
→ 브러시를 이동하여 회전속도를 제어한다.

(2) 종류

① 애트킨슨 전동기
② 톰슨 전동기
③ 데리 전동기

3 3상 정류자 전동기

(1) 3상 직권 정류자 전동기

중간 변압기를 사용, 회전자 전압을 선택하고, 실효 권수비를 조정하여 속도 상승을 제한한다.

(2) 3상 분권 정류자 전동기 : 슈라게 전동기(Schrage motor)

① 슈라게 전동기는 정속도 특성 및 가변속도 전동기이고, 브러시를 이동시켜, 속도제어 및 역률을 개선한다.
② 즉, 슈라게 전동기는 브러시의 이동이나 2차 회로에 가변저항기를 넣어 간단히 속도제어를 할 수 있다.

서보모터

(1) 특성

보통 사용하는 전동기에 비하여 다음과 같은 사양이 다르다.

① 빈번한 기동, 정지, 역전 등 가혹한 상태에 견디도록, 견고하고, 큰 돌입전류에 견딜 것

② 기동토크는 크나, 회전부의 관성모멘트는 작다.

③ 속응성을 크게 하기 위하여 시정수를 짧게 한다.

④ 발생토크는 입력신호에 비례하고, 그 비가 클 것.

⑤ 기동토크는 직류식이 교류식보다 크다.

⑥ 정지상태가 많기 때문에 온도상승을 일으키기 쉽다.

⑦ 2상 서보모터는 제어권선전압 $V_c = 0$일 때, 정지되어야 하며, 2상 전압을 얻는 데는 일반적으로 T결선 변압기가 이용되고, 속도제어에는 콘덴서를 직렬로 접속하여 입력전압의 크기를 변화시킨다.

⑧ 3상 서보모터에서 최대토크가 발생하는 슬립(slip) 범위는 $0.2 < s < 0.8$일 때이다.

제6장 → 교류 정류자기

실전문제

문제 01 **단상 정류자 전동기에 보상권선을 사용하는 가장 큰 이유는?**

㉮ 정류 개선 ㉯ 기동토크 조절
㉰ 속도제어 ㉱ 역률 개선

해설 단상 직권전동기의 보상권선은 직류 직권전동기와 달리 전기자 반작용으로 생기는 필요 없는 자속을 상쇄토록 하여, 무효전력의 증대에 따르는 역률의 저하를 방지한다.

문제 02 **다음은 단상 정류자 전동기에서 보상권선과 저항도선의 작용을 설명한 것이다. 옳지 않은 것은?**

㉮ 저항도선은 변압기 기전력에 의한 단락전류를 작게 한다.
㉯ 변압기 기전력을 크게 한다.
㉰ 역률을 좋게 한다.
㉱ 전기자 반작용을 제거해 준다.

해설 저항도선은 변압기의 기전력에 의한 단락전류를 작게 하여 정류를 좋게 하며 또한 보상권선을 전기자 반작용을 상쇄하여 역률을 좋게 하고 변압기 기전력을 작게 하여 정류작용을 개선한다.

문제 03 **교류 단상직권전동기의 구조를 설명하는 것 중 옳은 것은?**

㉮ 역률 개선을 위해 고정자와 회전자의 자로를 성층철심으로 한다.
㉯ 정류 개선을 위해 강계자 약전기자형으로 한다.
㉰ 전기자 반작용을 줄이기 위해 약계자 강전기자형으로 한다.
㉱ 역률 및 정류 개선을 위해 약계자 강전기자형으로 한다.

해설 교류 단상직권전동기는 역률 및 정류 개선을 위하여 약계자 강전기자형으로 한다.

문제 04 **단상 정류자 전동기에서 보상권선과 저항도선의 작용을 설명한 것이다. 틀린 것은?**

㉮ 역률을 좋게 한다.
㉯ 전기자 반작용을 제거해 준다.
㉰ 변압기 기전력을 크게 한다.
㉱ 저항도선은 변압기 기전력에 의한 단락전류를 작게 한다.

정답 01. ㉱ 02. ㉯ 03. ㉱ 04. ㉰

해설 저항도선은 변압기의 기전력에 의한 단락전류를 작게 하여 정류를 좋게 하며 또한 보상권선을 전기자 반작용을 상쇄하여 역률을 좋게 하고 변압기 기전력을 작게 하여 정류작용을 개선한다.

문제 05 **단상 정류자 전동기에서 전기자 권선수를 계자권선수에 비하여 특히 크게 하는 이유는?**

㉮ 전기자 반작용을 작게 하기 위하여
㉯ 리액턴스 전압을 작게 하기 위하여
㉰ 토크를 작게 하기 위하여
㉱ 역률을 좋게 하기 위하여

해설 약계자 강전기자형으로 역률을 좋게 하고, 변압기 기전력을 작게 한다.

문제 06 **교류 정류자기의 전기자 기전력은 회전으로 발생하는 기전력으로서 속도기전력이라고 하는데 그 식은?**

㉮ $E = \frac{a}{P} Z \frac{N}{60} \phi$　　㉯ $E = \frac{P}{a} Z \frac{60}{N} \phi$

㉰ $E = \frac{P}{a} Z \frac{N}{60} \phi$　　㉱ $E = \frac{P}{a} \times \frac{N}{60Z} \phi$

문제 07 **단상 직권 정류자 전동기의 회전속도를 높이는 이유는?**

㉮ 리액턴스 강하를 크게 한다.
㉯ 전기자에 유도되는 역기전력을 적게 한다.
㉰ 역률을 크게 한다.
㉱ 토크를 증가한다.

해설 속도가 증가할수록 역률이 개선되므로 회전속도를 증가시킨다.

문제 08 **교류 분권 정류자 전동기는 다음 중 어느 때에 가장 적당한 특성을 가지고 있는가?**

㉮ 속도의 연속 가감과 정속도 운전을 아울러 요하는 경우
㉯ 속도를 여러 단으로 변화시킬 수 있고 각 단에서 정속도 운전을 요하는 경우
㉰ 부하토크에 관계없이 완전 일정속도를 요하는 경우
㉱ 무부하와 전부하의 속도변화가 적고 거의 일정속도를 요하는 경우

해설 토크변화에 따른 속도변화가 작아서 정속도 전동기이다.

정답 05. ㉱ 06. ㉰ 07. ㉰ 08. ㉱

문제 09 **단상 정류자 전동기의 일종인 단상 반발전동기에 해당되지 않는 것은 어느 것인가?**

㉮ 데리 전동기　　㉯ 애트킨슨 전동기
㉰ 톰슨 전동기　　㉱ 슈라게 전동기

문제 10 **직류 교류 양용에 사용되는 만능 전동기는?**

㉮ 직권 정류자 전동기　　㉯ 복권전동기
㉰ 유도전동기　　㉱ 동기전동기

해설 가정용 미싱, 소형공구, 영사기, 믹서, 치과 의료용 엔진 등에 사용하고, 교류 직류 양용으로 사용하기 때문에 만능 전동기라 한다.

문제 11 **속도 변화에 편리한 교류전동기는?**

㉮ 농형전동기　　㉯ 2중 농형전동기
㉰ 동기전동기　　㉱ 슈라게 전동기

해설 슈라게 전동기는 브러시 이동으로 간단하게 속도제어가 된다.

문제 12 **브러시를 이동하여 회전속도를 제어하는 전동기는?**

㉮ 직류직권전동기
㉯ 단상직권전동기
㉰ 반발전동기
㉱ 반발기동형 단상유도전동기

문제 13 **3상 직권 정류자 전동기의 중간 변압기의 사용 목적은?**

㉮ 실효 권수비의 종정
㉯ 역회전을 위하여
㉰ 직권특성을 얻기 위하여
㉱ 역회전의 방지

변압기 사용목적
① 전원 전압의 크기에 관계없이 정류에 알맞은 회전자 전압을 선택할 수 있다.
② 중간 변압기의 권수비를 바꾸어 전동기의 특성을 조정할 수 있다.
③ 속도 상승을 제한할 수 있다.

정답 09. ㉱ 10. ㉮ 11. ㉱ 12. ㉰ 13. ㉮

문제 14 **서보모터(servo motor)에 관한 다음 기술 중 옳은 것은?**

㉮ 기동토크가 크다.
㉯ 시정수가 크다.
㉰ 온도상승이 낮다.
㉱ 속응성이 좋지 않다.

해설 기동토크가 크고, 회전부의 관성모멘트는 작고, 빈번한 기동, 정지, 역전 등 가혹한 상태에 견디도록 견고하고 큰 돌입전류에 견딜 수 있다.

문제 15 **2상 서보모터의 특성 중 옳지 않은 것은?**

㉮ 기동토크가 클 것
㉯ 회전자의 관성모멘트가 작을 것
㉰ 제어권선전압 V_c가 0일 때 기동할 것
㉱ 제어권선전압 V_c가 0일 때 속히 정지할 것

해설 V_c가 0일 때는 기동해서는 안 된다.

문제 16 **3상 서보모터에 평형 2상 전압을 가하여 동작시킬 때의 속도-토크 특성곡선에서 최대토크가 발생하는 슬립 s는?**

㉮ $0.05 < s < 0.2$
㉯ $0.2 < s < 0.8$
㉰ $0.8 < s < 1$
㉱ $1 < s < 2$

문제 17 **직류 서보모터와 교류 2상 서보모터의 비교에서 잘못된 것은?**

㉮ 교류식은 회전 부분의 마찰이 크다.
㉯ 기동토크는 직류식이 월등히 크다.
㉰ 회로의 독립은 교류식이 용이하다.
㉱ 대용량의 제작은 직류식이 용이하다.

해설 교류식은 베어링 마찰뿐이므로 회전부분의 마찰이 적다.

문제 18 **제어용 기기에 요구되는 일반적인 조건으로 해당되지 않는 것은?**

㉮ 기동, 정지, 역전을 자유로이 할 수 있을 것
㉯ 기동시에 전류와 토크를 조정할 수 있을 것
㉰ 회전속도 및 토크를 조정할 수 있을 것
㉱ 경부하를 방지할 수 있을 것

정답 14. ㉮ 15. ㉰ 16. ㉯ 17. ㉮ 18. ㉱

전기기능사 시험대비

제 3 과목

전기설비

제1장 전선 및 케이블

1 전선

전선의 구비 조건		전선의 굵기 결정요소
① 비중이 적을 것	② 도전율이 클 것	① 허용전류
③ 가설하기 용이할 것	④ 기계적 강도가 클 것	② 전압강하
⑤ 내부식성이 있을 것	⑥ 경제적일 것	③ 기계적 강도
		④ 허용온도

(1) 나전선(나선) : 피복이 없는 전선

1) 단선 : 전선의 단면적이 1개의 도체로 이루어진 전선이다.

2) 연선 : 여러 개의 단선을 합쳐 꼬아서 만든 전선

연선의 단면	연선 층수	소선의 총수 N	연선의 직경 D 및 단면적 A
소선직경 d, 연선 직경 D, 2층, 1층, 0층, 1층, 2층, 소선의 층수 n	$n=1$층 $n=2$층 $n=3$층 $n=4$층	$N=7$가닥 $N=19$가닥 $N=37$가닥 $N=3n(n+1)+1$	$d=(2n+1)d\,[\text{mm}]$ $A=\frac{\pi}{4}d^2\times N[\text{mm}^2]$

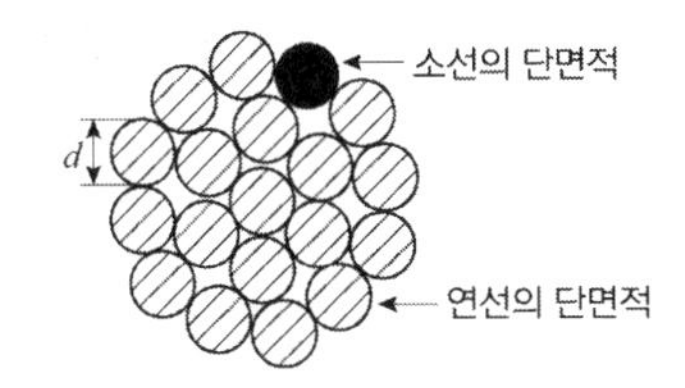

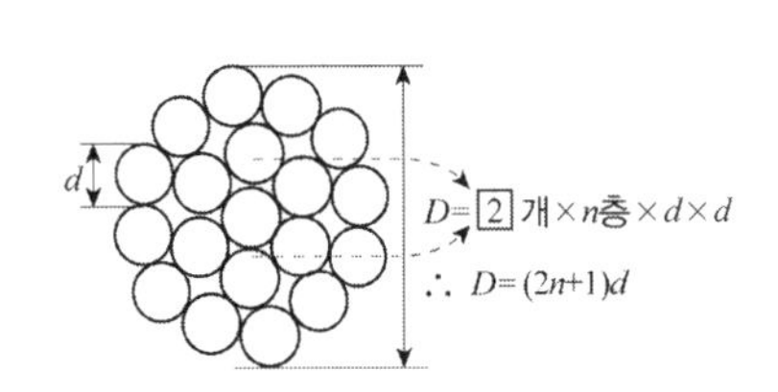

3) 단선과 연선의 비교

① **전선의 굵기 방법**
- ㉠ 단선 : 지름 → [mm]
- ㉡ 연선 : 공칭단면적 → [mm²]

② **전선의 분류**
- ㉠ 단선 : 최소 0.1～최대 12[mm], 42종
- ㉡ 연선 : 최소 0.9～최대 1000[mm²], 26종

	기존 KS 전선 굵기(변경 전)		개정 KS 전선 굵기 : IEC 규격(변경 후)
	단선지름[mm]	연선 공칭단면적[mm^2]	연선 공칭단면적[mm^2] 사용
구분	0.8		1.5
	1	0.75	1.5
	1.2	1.25	1.5
	1.6	2.0	2.5
	2.0	3.5	4
	2.6	5.5	6
	3.2	8.0	10
		14, 22, 30, 38, 50, 60, 100, 125, 150, 200, 250, 325	16, 25, 35, 50, 70, 95, 120, 150, 185, 240, 300, 400
적용방법	기타 전선 적용		연동선(접지선)과 케이블만 적용

③ **경동선** : 인장강도가 매우 크기 때문에 주로 송·배전선로에 사용된다.

④ **연동선** : 전기저항이 작고, 가요성이 커서 주로 옥내 배선에서 사용된다.

⑤ **전선의 고유저항**

㉠ 연동선 : $\frac{1}{58}$ [$\Omega \cdot mm^2/m$]

㉡ 경동선 : $\frac{1}{55}$ [$\Omega \cdot mm^2/m$]

⑥ **A.C.S.R.** : 강심 알루미늄 연선

4) 평각 구리선

전기 기계·기구의 권선에 사용하는 구리선

평각 구리선의 종류	평각 구리선의 특징
㉠ 1호 평각 구리선 : 경질일 것 ㉡ 2호 평각 구리선 : 반경질일 것 ㉢ 3호 평각 구리선 : 연질인 것 ㉣ 4호 평각 구리선 : 연질인 것으로, 에지와이어로 구부려 쓴다.	㉠ 두께 : 0.5～10 [mm] ㉡ 너비 : 1.6～76 [mm] ㉢ 크기 표시법 = 두께 × 너비

 절연전선(피복이 있는 전선)

(1) 고무절연전선 : RB

용도 : 주로 옥내용이므로 600[V] 이하의 저압에서 사용

명칭	약호	재질
600[V] 고무절연전선	RB	단선 / 주석 도금 연동선 / 흑색고무 혼합물 / 고무 입힌 헝겊 테이프 / 꼬임면사 (편조적색) / 꼬임선

(2) 비닐절연전선 : IV

용도 : 사용전압 600[V] 이하의 저압에서 사용

명칭	약호	재질
600[V] 비닐절연전선	IV	단선 / 연동선 / 염화비닐수지 혼합물 / 꼬임선

1) 특징

① 온도에 민감

② 내수성, 내유성, 내약품성

2) 색상 구분

① 착색이 유리하다.

② 표준 색상(9종류) : 검정색, 흰색, 빨간색, 파란색, 초록색, 노란색, 보라색, 황적색, 회색

3) 60°C를 넘으면 절연물이 변질되고, 전선을 손상시켜서 화재의 원인이 된다.

(3) 인입용 비닐절연전선 : DV

용도 : 저압가공 인입선, 옥외 조명용 가공선 등에 사용

명칭	약호	재질
인입용 비닐절연전선	DV	꼬여합친형 22mm² 이상은 연동선 경동선 염화비닐수지 혼합물 평형

1) 인입용 비닐절연전선의 종류

종류	기호	제작되고 있는 도체의 굵기
2개 연 3개 연	2R 3R	2.0, 2.6, 3.2[mm] 8.14, 22, 30, 38, 50, 60[mm²]
2심 평형 3심 평형	2F 3F	2.0, 2.6, 3.2[mm]

2) 색상 구분(3개연) : 검정색, 초록색, 파란색

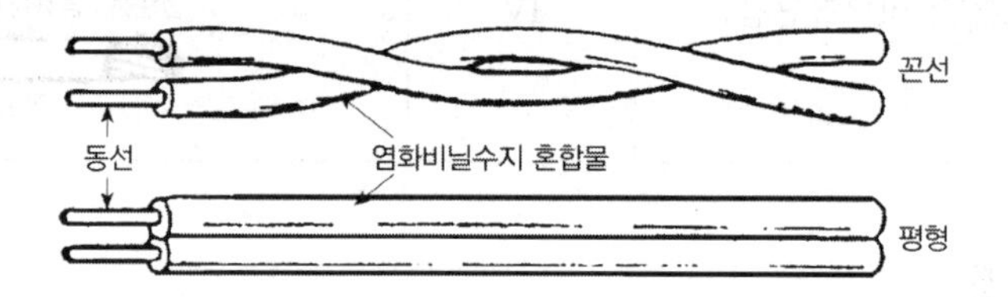

(4) 옥외용 비닐절연전선 : OW

용도 : 경동선에 염화비닐수지를 피복한 것으로 가공선로에 사용

명칭	약호	재질
옥외용 비닐절연전선	OW	단선 경동선 염화비닐수지 혼합물 꼬임선

(5) 폴리에틸렌 절연전선 : IE

용도 : 600[V] 이하의 내약품성을 요구하는 곳에 사용 내열성이 비닐절연전선보다 작으며, 내식성이 우수하다.

명칭	약호	재질
600[V] 폴리에틸렌 절연전선	IE	연(경)동선 폴리에틸렌

(6) 플루오르 수지 절연전선(테플론 절연전선)

① **재질** : 테플론(teflon)이라고 하는 합성수지 절연체로 피복한 것

② **용도** : 기계적 강도가 크고, 흡수성이 없으며 내열성이 우수, 화학적으로 안정. 사용전압 600[V] 이하에 사용

(7) 고압절연전선

① **재질** : 폴리에틸렌 혼합물이나 에틸렌 프로필렌 고무혼합물로 절연한 전선

② **용도** : 고압 가공 인입선, 고압 옥내 배선 등에 사용

(8) 형광등 전선 : FL

① **재질** : 주석 도금한 0.75[mm^2](30/0.18)의 연동 연선에 염화비닐수지를 1.6[mm] 두께로 피복한 것

② **용도** : 관등회로전압 1000[V] 이하 형광방전등에 사용하며, 비닐 코드 또는 비닐절연전선 구별하기 위하여 전선 표면에 약호 1000VFL 기호가 연속으로 표시

명칭	약호	재질
형광등 전선	FL	염화비닐수지 혼합물(회색) 주석 도금 연동 꼬임선

(9) 네온전선

① **용도** : 네온관등 회로의 고압측 배선에 사용

② **종류** : 7500[V]용과 15000[V]의 2가지

기호	명칭
15[kV] N-RV	15[kV] 고무 비닐 네온전선
15[kV] N-RC	15[kV] 고무 클로로프렌 네온전선
15[kV] N-EV	15[kV] 폴리에틸렌 비닐 네온전선
7.5[kV] N-RV	7.5[kV] 고무 비닐 네온전선
7.5[kV] N-RC	7.5[kV] 고무 클로로프렌 네온전선
7.5[kV] N-EV	7.5[kV] 폴리에틸렌 비닐 네온전선
7.5[kV] N-V	7.5[kV] 비닐 네온전선

※ N : 네온전선, R : 고무, V : 비닐, C : 클로로프렌, E : 폴리에틸렌

명칭	약호	재질
네온전선	NRV NRC NEV NV	주석도금 연동 꼬임선, 염화비닐수지 혼합물, 고무

(10) 바인드선

① **용도** : 절연전선을 애자에 묶을 때 사용하는 전선

② **전선의 굵기와 바인드선의 굵기**

바인드선의 굵기	사용전선의 굵기
0.9[mm]	15[mm^2] 이하
1.2[mm] (0.9×2)	50[mm^2] 이하
1.6[mm] (1.2×2)	50[mm^2] 이상

③ **종류** : 0.8/0.9/1.0/1.2[mm]

④ **재질** : 연동선 또는 아연 도금 철선에 무명실로 편조하고, 절연 컴파운드를 침입시킨 것

(11) 접지용 비닐절연전선 : GV

(12) 고압 인하용 전선 : PD

명칭	약호	재질
인하용 고압 절연전선	PDRN PDE PDV	고무 혼합물, 폴리에틸렌, 주석 도금 연동선

(13) 내열용 비닐절연전선 : H IV

용도 : 600[V] 이하 옥내 배선 중 내열성을 요구하는 경우에 사용

절연전선 명칭(허용온도)	약호
450/750V 일반용 유연성 비닐절연전선	NF
450/750V 일반용 단심 비닐절연전선	NR
300/500V 기기 배선용 단심 비닐절연전선(70℃)	NRI(70)
300/500V 기기 배선용 유연성 단심 비닐절연전선(70℃)	NFI(70)
300/500V 기기 배선용 단심 비닐절연전선(90℃)	NRI(90)
300/500V 기기 배선용 유연성 단심 비닐절연전선(90℃)	NFI(90)
750V 내열성 고무절연전선(110℃)	NR(0.75)
300/500V 내열 실리콘 고무절연전선(180℃)	HRS
인입용 비닐절연전선	DV
옥외용 비닐절연전선	OW
형광방전등용 비닐전선	FL
비닐절연 네온전선	NV
6/10kV 고압 인하용 가교 EP 고무절연전선	PDP
6/10kV 고압 인하용 가교 폴리에틸렌 절연전선	PDC

제1장 → 전선 및 케이블

실전문제

문제 01 **동심 연선에서 심선을 뺀 층수는 n, 소선의 지름을 d, 소선 단면적을 S라 할 때 소선수 N을 구하는 식은?**

㉮ $N=n(n+1)$ ㉯ $N=3n(n+1)+1$

㉰ $N=(2n+1)+d+1$ ㉱ $N=n(2n+1)d$

해설 연선의 총가닥수 $N=3n(n+1)+1$

문제 02 **소선수 19가닥, 소선의 지름 2.6[mm]인 전선의 공칭단면적은 얼마인가? (단, 단위는 [mm²]이다.)**

㉮ 50 ㉯ 60

㉰ 80 ㉱ 100

해설 연선의 단면적 $A=\frac{\pi}{4}d^2\times N=\frac{3.14}{4}\times 2.6^2\times 19=100.825\,[\text{mm}^2]$

(N : 가닥수(소선수), d : 소선의 지름)

문제 03 **1.6[mm] 19가닥의 경동 연선의 바깥지름[mm]은?**

㉮ 11 ㉯ 10

㉰ 9 ㉱ 8

해설 연선의 직경 $D=(1+2n)d=(1+2\times 2)1.6=8\,[\text{mm}]$

19가닥일 때 층수 $n=2$

문제 04 **나경동선 2.0[mm] 19본 연선의 공칭단면적[mm²]은?**

㉮ 50[mm²] ㉯ 60[mm²]

㉰ 80[mm²] ㉱ 100[mm²]

해설 $A=\frac{\pi}{4}d^2\times N=\frac{3.14}{4}\times 2^2\times 19=59.66\,[\text{mm}^2]$

정답 01. ㉯ 02. ㉱ 03. ㉱ 04. ㉯

문제 **05**

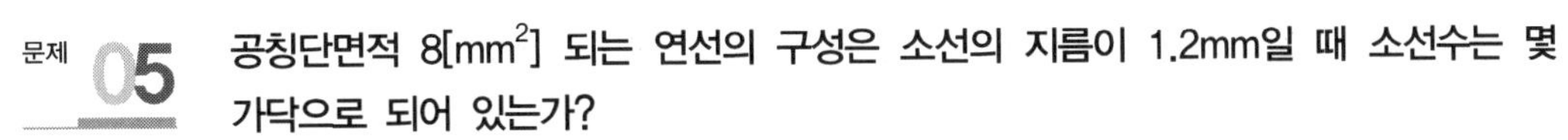

공칭단면적 8[mm^2] 되는 연선의 구성은 소선의 지름이 1.2mm일 때 소선수는 몇 가닥으로 되어 있는가?

㉮ 3　　㉯ 4
㉰ 6　　㉱ 7

해설 연선의 단면적 $A=\frac{\pi}{4}d^2\times N$식에서

소선의 가닥수 $N=\frac{A\times 4}{\pi d^2}=\frac{8\times 4}{3.14\times 1.2^2}=7$가닥

문제 **06**

전기저항이 작고 부드러운 성질이 있으며, 구부리기가 용이하여 주로 옥내 배선에 사용되는 구리선은?

㉮ 경동선　　㉯ 연동선
㉰ 합성 연선　　㉱ 중공 전선

해설 연동선 : 전기저항이 작고, 가요성이 커서 주로 옥내 배선에서 사용된다.

전기설비

문제 **07**

ACSR의 명칭은 무엇인가?

㉮ 경동 연선　　㉯ 강심 알루미늄 연선
㉰ 중공 연선　　㉱ 경알루미늄선

해설 A.C.S.R : 강심 알루미늄 연선

문제 **08**

해안지방의 송전용 나전선에 적당한 것은?

㉮ 철선　　㉯ 강심 알루미늄선
㉰ 동선　　㉱ 알루미늄 합금선

해설 해안지방은 염분이 많기 때문에 동선이 적합하다.

문제 **09**

소선수가 37가닥인 동심 연선의 층수는?

㉮ 3　　㉯ 5
㉰ 7　　㉱ 9

해설

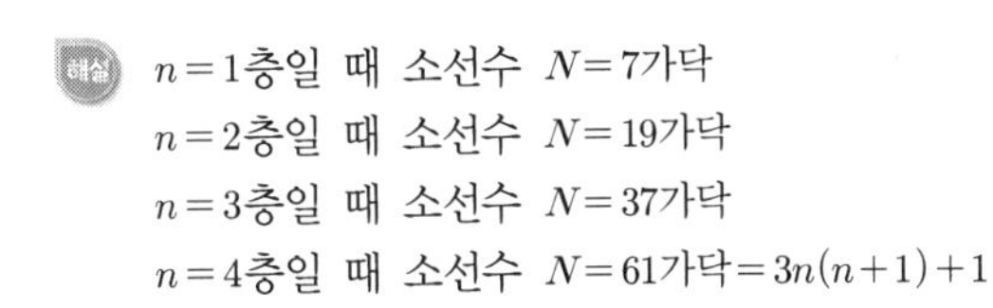

$n=1$층일 때 소선수 $N=7$가닥
$n=2$층일 때 소선수 $N=19$가닥
$n=3$층일 때 소선수 $N=37$가닥
$n=4$층일 때 소선수 $N=61$가닥$=3n(n+1)+1$

정답 05. ㉱ 06. ㉯ 07. ㉯ 08. ㉰ 09. ㉮

문제 10 37/3.2[mm]인 경동선이 있다. 이 전선의 바깥지름[mm]은?

㉮ 22.4　　㉯ 30.4
㉰ 14.4　　㉱ 12.4

해설 연선의 직경 $D=(1+2n)d=(1+2\times 3층)\times 3.2=22.4$[mm]

문제 11 연선 결정에 있어서 중심 소선을 뺀 층수가 4층이다. 전체 소선수는?

㉮ 7　　㉯ 19
㉰ 37　　㉱ 61

해설 문제 10번 참고

문제 12 다음 중 전기 기계 · 기구의 권선에 사용하는 평각 구리선에서 반경질인 것은?

㉮ 1호 평각　　㉯ 2호 평각
㉰ 3호 평각　　㉱ 4호 평각

평각 구리선의 종류
① 1호 평각 구리선 : 경질인 것
② 2호 평각 구리선 : 반경질인 것
③ 3호 평각 구리선 : 연질인 것
④ 4호 평각 구리선 : 연질인 것으로, 에지 와이어(edge wire)로 구부려 쓴다.

문제 13 다음 중 공칭단면적을 설명한 것으로 틀린 것은?

㉮ 단위는 [mm^2]로 나타낸다.
㉯ 전선의 굵기를 표시하는 호칭이다.
㉰ 계산상의 단면적은 따로 있다.
㉱ 전선의 실제 단면적과 반드시 같다.

해설 계산상의 단면적이 따로 있듯이 실제 단면적과 반드시 일치하는 것은 아니다.

문제 14 다음 중 전선의 굵기를 결정할 때 반드시 생각해야 할 사항으로만 된 것은?

㉮ 허용전류, 전압강하, 기계적 강도
㉯ 허용전류, 공사방법, 사용장소
㉰ 공사방법, 사용장소, 기계적 강도
㉱ 공사방법, 전압강하, 기계적 강도

해설 옥내 전선 굵기 선정 3요소 : 허용전류, 전압강하, 기계적 강도 등

정답 10. ㉮ 11. ㉱ 12. ㉯ 13. ㉱ 14. ㉮

문제 **15**

HIV 전선은?

㉮ 전열기용 캡타이어 케이블
㉯ 전열기용 고무절연전선
㉰ 전열기용 평형절연전선
㉱ 내열용 비닐절연전선

해설 600[V] 이하 옥내 배선 중 내열성을 요구하는 경우에 사용

문제 **16**

다음 중 합성수지 절연체로 피복한 것이며, 사용전압 600[V] 이하에 사용되고, 내열성이 우수하며, 기계적 강도가 크고, 흡수성이 없으며, 화학적으로 안정한 절연전선은?

㉮ 비닐절연전선
㉯ 인입용 비닐절연전선
㉰ 폴리에틸렌 절연전선
㉱ 플루오르 수지 절연전선

해설 플루오르 수지 절연전선 : 테프론 절연전선
테플론(teflon)이라고 하는 합성수지 절연체로 피복한 것 기계적 강도가 크고, 흡수성이 없으며 내열성이 우수, 화학적으로 안정. 사용전압 600[V] 이하에 사용

문제 **17**

비닐절연전선의 절연물이 변질하게 되는 최저온도[°C]는?

㉮ 50
㉯ 60
㉰ 70
㉱ 90

해설 비닐절연전선 IV의 절연물이 절연내력이 저하하지 않고, 변질되지 않는 최저온도는 60°C 이다.

문제 **18**

600[V] 비닐절연전선의 약호는?

㉮ DV
㉯ IV
㉰ OW
㉱ VV

해설 IV : Indoor Vinyl

문제 **19**

다음 중 사용전압 600[V] 이하의 옥내 공사용 비닐절연전선의 기호는?

㉮ OW
㉯ RB
㉰ IV
㉱ DV

해설
- OW : 옥외용 비닐절연전선
- DV : 인입용 비닐절연전선
- RB : 고무절연전선

정답 15. ㉱ 16. ㉱ 17. ㉯ 18. ㉯ 19. ㉰

문제 **20** **절연전선의 피복전선에 15[kV] N-RV의 기호가 새겨져 있다면 무엇인가?**

㉮ 15[kV] 고무 폴리에틸렌 네온전선 ㉯ 15[kV] 고무 비닐 네온전선
㉰ 15[kV] 형광등 전선 ㉱ 15[kV] 폴리에틸렌 비닐 네온전선

 네온전선
네온관등 회로의 고압측 배선에 사용되며, 7500[V]용과 15000[V]의 2가지 종류가 있다.

기호	명칭
15[kV] N-RV	15[kV] 고무 비닐 네온전선
15[kV] N-RC	15[kV] 고무 클로로프렌 네온전선
15[kV] N-EV	15[kV] 폴리에틸렌 비닐 네온전선
7.5[kV] N-RV	7.5[kV] 고무 비닐 네온전선
7.5[kV] N-RC	7.5[kV] 고무 클로로프렌 네온전선
7.5[kV] N-EV	7.5[kV] 폴리에틸렌 비닐 네온전선
7.5[kV] N-V	7.5[kV] 비닐 네온전선

※ N : 네온전선, R : 고무, V : 비닐, C : 클로로프렌, E : 폴리에틸렌

문제 **21** **DV 전선이란?**

㉮ 인입용 비닐절연전선 ㉯ 형광등 전선
㉰ 옥내용 비닐절연전선 ㉱ 600[V] 비닐절연전선

- 형광등 전선 : FL
- 600[V] 비닐절연전선 : IV
- 옥내용 비닐절연전선 : OW

문제 **22** **다음 중 고무절연전선의 기호는?**

㉮ DV ㉯ IV
㉰ RB ㉱ IC

 문제 **19**번 참고

문제 **23** **단면적이 0.75[mm^2]인 연동연선에 염화비닐수지로 피복한 위에 1000VFL의 기호가 표시된 것은?**

㉮ 네온전선 ㉯ 비닐 코드
㉰ 형광방전등 ㉱ 비닐절연전선

 형광등 전선
주석 도금한 0.75[mm^2](30/0.18)의 연동 연선에 염화비닐수지를 1.6[mm] 두께로 피복한 것 관등회로전압 1000[V] 이하 형광방전등에 사용하며, 비닐 코드 또는 비닐절연전선 구별하기 위하여 전선 표면에 약호 1000VFL 기호가 연속으로 표시.

정답 20. ㉯ 21. ㉮ 22. ㉰ 23. ㉰

문제 24 옥외용 비닐절연전선의 약호는?

㉮ OW　　㉯ IV
㉰ DV　　㉱ RB

해설 옥외용 비닐절연전선(outdoor polyvinyl chloride insulated wire) : OW

문제 25 옥외용 비닐절연전선은 무슨 색인가?

㉮ 검정색　　㉯ 빨간색
㉰ 흰색　　㉱ 회색

해설 옥외용은 주로 검정색을 사용한다.

문제 26 F40[W]의 의미는?

㉮ 수은등 40[W]　　㉯ 나트륨등 40[W]
㉰ 형광등 40[W]　　㉱ 메탈할라이트등 40[W]

해설 FL : 형광등 전선

문제 27 내식성이 우수하고 600[V] 이하의 내약품성을 요구하는 곳에 사용되는 전선은?

㉮ 비닐절연전선　　㉯ 인입용 비닐절연전선
㉰ 폴리에틸렌 절연전선　　㉱ 플루오르수지 절연전선

폴리에틸렌 절연전선
주로 600[V] 이하의 내약품성을 요구하는 곳에 사용 내열성이 비닐절연전선보다 작으며, 내식성이 우수하다.

문제 28 IV는 어떤 전선인가?

㉮ 옥외용 비닐절연전선　　㉯ 비닐절연전선
㉰ 인입용 절연전선　　㉱ 고무절연전선

해설 600[V] 비닐절연전선

문제 29 같은 굵기로 소선을 여러 줄의 동심원 주위에 배열한 것은?

㉮ 단선　　㉯ 편조선
㉰ 연선　　㉱ ACSR

정답 24. ㉮ 25. ㉮ 26. ㉰ 27. ㉰ 28. ㉯ 29. ㉰

문제 **30** **고무절연전선 및 비닐절연전선에서 몇 [°C]를 넘으면 절연물이 변질되고, 전선을 손상시킬 뿐만 아니라 화재의 원인이 되는가?**

㉮ 100[°C]
㉯ 90[°C]
㉰ 75[°C]
㉱ 60[°C]

해설 60[°C]를 넘으면 절연물이 변질되고, 전선을 손상시켜서 화재의 원인이 된다.

정답 30. ㉱

3 코드

(1) 고무 코드

0.5～5.5[mm^2]의 심선에 고무절연을 하고 실로 겉면을 편조한 것

(2) 기구용 비닐 코드

① **재질** : 주석 도금한 연동 연선의 심선에 염화비닐수지로 절연한 것
② **용도** : 라디오, 선풍기 등과 같은 전열을 이용하지 않는 소형 전기기구에 사용
③ **종류** : 2개연, 평형, 단심

(3) 전열기용

높은 열에도 견딜 수 있도록 겉면을 석면처리한 전선(내열성이 대단히 좋다.)

(4) 극장용 코드

옥내용 코드의 표면에 방습성 절연물질을 혼합시켜 편조한 후 내수성 도료를 칠한 전선

(5) 금실 코드

① **재질** : 연동박을 2줄의 질긴 무명실에 감은 것을 18가닥을 모아, 순고무테이프로 감고, 다시 무명실로 편조한 것
② **용도** : 전기이발기, 전기면도기 등에 사용하는 전선
③ **특징** : 가요성이 좋아 매우 부드러우나 가늘게 되어 있다.
④ **허용전류** : 보통 0.5[A] 이하로 제한

(6) 캡타이어 코드

① **재질** : 연동선 위에 테이프 또는 실을 감아 절연한 심선을 2～4가닥 꼬아 모으고 캡타이어 고무 클로로프렌 또는 비닐심선 사이의 틈을 메워 피복한 전선
② **용도** : 300[V] 이하의 소형 전기기구에 사용
③ **종류** : 0.75/1.25/2.0[mm^2]

(7) 코드의 공칭단면적

① 고무 코드 : 0.5~5.5 [mm^2]
② 기구용 비닐코드 : 0.5~2.0 [mm^2]
③ 극장용 코드 : 3.5, 5.5, 8, 14 [mm^2]
④ 캡타이어 코드 : 0.75, 1.25, 2.0 [mm^2]

(8) 코드 심선의 식별

심선수	색
2심	검정색, 흰색
3심	검정색, 흰색, 빨간색 또는 녹색
4심	검정색, 흰색, 빨간색, 녹색

※ 접지선은 녹색을 사용

제1장 → 전선 및 케이블

실전문제

문제 01

접속기 또는 접속함을 사용하지 않고 접속해도 좋은 것은 다음 중 어느 것인가?

㉮ 코드 상호 간
㉯ 비닐 외장케이블과 코드
㉰ 캡타이어 케이블과 비닐 외장케이블
㉱ 절연전선과 코드

문제 02

두께 약 0.02[mm], 너비 약 0.35[mm]의 도금하지 않은 연동박을 2줄의 질긴 무명실에 감은 것을 18가닥을 모아서 다시 그 위에 순고무 테이프를 감고 편조를 한 2조를 꼬아 종이 테이프를 감고 무명실로 대편형의 표면 편조한 것은?

㉮ 극장용 코드　　㉯ 비닐 코드
㉰ 금실 코드　　㉱ 캡타이어 코드

해설 금실 코드
연동박을 2줄의 질긴 무명실에 감은 것을 18가닥을 모아, 순고무테이프로 감고, 다시 무명실로 편조한 것

문제 03

다음 중 높은 열에 의해 전선의 피복을 타는 것을 막기 위해 사용되는 재료는?

㉮ 비닐　　㉯ 면
㉰ 석면　　㉱ 고무

해설 전열기용
높은 열에도 견딜 수 있도록 겉면을 석면처리한 전선으로, 내열성이 대단히 뛰어나다.

문제 04

옥내 이동전선으로 사용하는 코드의 최소 단면적은 몇 $[mm^2]$인가?

㉮ 0.6　　㉯ 0.75
㉰ 0.9　　㉱ 1.25

문제 05

4심 코드에서 접지선에 사용되는 색은?

㉮ 녹색　　㉯ 흰색
㉰ 검정색　　㉱ 빨간색

정답 01. ㉱ 02. ㉰ 03. ㉰ 04. ㉯ 05. ㉮

문제 **06** **다음 중 코드의 공칭단면적[mm^2]이 아닌 것은?**

㉮ 6.6 ㉯ 5.5
㉰ 2.0 ㉱ 1.25

문제 **07** **다음 중 금실 코드를 사용할 수 없는 전기기기는?**

㉮ 전기 모포 ㉯ 헤어 드라이어
㉰ 전기 이발기 ㉱ 전기 면도기

 금실 코드
전기 이발기, 전기 면도기 등에 사용하는 전선으로, 가요성이 좋아 매우 부드러우나 가늘게 되어 있으므로 전류는 보통 0.5[A] 이하로 제한한다.

문제 **08** **소형 기구용으로 전류는 보통 0.5[A]이고, 전기 이발기, 전기 면도기, 헤어드라이어 등에 사용되는 코드는?**

㉮ 고무 코드 ㉯ 금실 코드
㉰ 극장용 코드 ㉱ 3심 원형 코드

 문제 07번 참고

문제 **09** **다음 중 고무 코드선의 4심선의 색깔로 바르게 짝지어진 것은?**

㉮ 검정색, 흰색, 빨간색, 파란색 ㉯ 검정색, 흰색, 빨간색, 황색
㉰ 검정색, 흰색, 빨간색, 녹색 ㉱ 검정색, 흰색, 빨간색, 회색

 코드 심선의 식별

심선수	색
2심	검정색, 흰색
3심	검정색, 흰색, 빨간색 또는 녹색
4심	검정색, 흰색, 빨간색, 녹색

※ 접지선은 녹색을 사용

문제 **10** **다음 중 비닐 코드를 사용하지 않는 기구는?**

㉮ 형광등, 스탠드 ㉯ 전기 냉장고
㉰ 전기솥 ㉱ 텔레비전

정답 06. ㉮ 07. ㉮ 08. ㉯ 09. ㉰ 10. ㉰

케이블

(1) 캡타이어 케이블

주석 도금한 연동 연선을 종이 테이프로 감거나 무명실로 감은 위에 순고무 30[%] 이상을 함유한 고무 혼합무로 피복하고, 그 위에 캡타이어 고무 클로로프렌 또는 비닐로 심선 사이의 틈을 메워 피복한 전선으로 내수성, 내산성, 내알칼리성, 내유성을 가진 질긴 고무 혼합물로 윗부분을 피복한다.

1) 구조 및 고무의 질에 따른 분류

① **1종** : 표면 피복을 캡타이어 고무로 피복한 것으로, 제한된 장소에만 사용 (전기공사에는 사용 안함)

② **2종** : 고무 피복이 1종보다 좋다.

③ **3종** : 고무 피복 중간에 면포를 넣어서 강도를 보강한 것

④ **4종** : 3종과 같이 만들고, 각 심선 사이에 고무를 채워 만든 것

2) 고무절연체의 색깔에 따른 분류

① **단심** : 검정색

② **2심** : 검정색, 흰색

③ **3심** : 검정색, 흰색, 빨간색

④ **4심** : 검정색, 흰색, 빨간색, 녹색

⑤ **5심** : 검정색, 흰색, 빨간색, 녹색, 노란색

3) **용도 :** 광산, 공장, 농업, 의료, 무대 등에 사용

4) **공칭단면적 :** 최소 0.75[mm^2]~최대 100[mm^2]

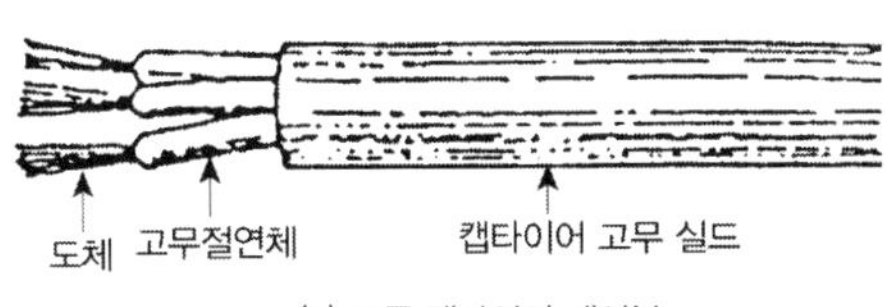

(a) 고무 캡타이어 케이블

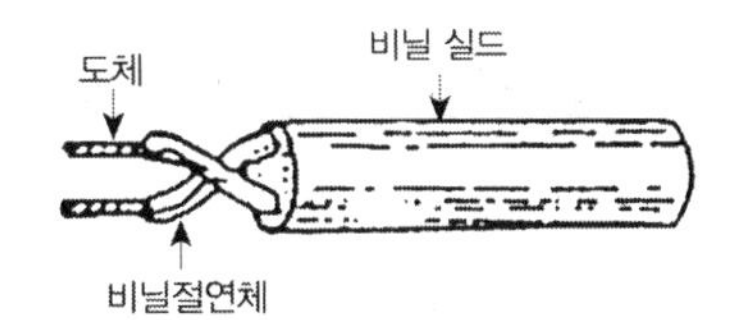

(b) 비닐 캡타이어 케이블

명칭	약호	재질	용도	특징
고무 캡타이어 케이블	CT	주석 도금 연동 꼬임선 / 30% 고무 혼합물 / 50% 고무 혼합물 (캡타이어시스)	이동용, 전기기구에 사용	• 마모, 충격, 굴곡 등에 대하여 저항력이 크다.

(2) 비닐 외장 케이블

① **재질** : 2심 또는 3심의 비닐절연전선 위에 염화비닐수지 혼합물로 외장한 것
② **용도** : 저압 가공케이블, 옥외 조명 가공케이블 인입구 배선, 옥측 배선 등

명칭	약호	재질	용도	특징
비닐 외장 케이블	VVR (환형) VVF (평형)	개재물(쥬트), (환형) 고무 인포 테이프, 연동선, 염화비닐수지 혼합물, (평형)	실내용 실외용 지중선용	• 환형은 SVR 케이블 SV 케이블이라고도 하며 인입구 배선에 쓰이는 일이 많다. • 평형은 VA 케이블, F케이블이라고도 부르며 저압옥내 배선에 쓰이는 일이 많다.

(3) 클로로프렌 외장 케이블

① **재질** : 주석 도금한 연동 단선 또는 연선 위에 순고무 30[%] 이상을 함유한 고무 혼합물로 규정된 두께로 피복한 다음 고무칠을 한 면테이프를 감고 가황한 다음 2조, 3조 또는 4조를 다시 주트(Jute)와 같이 꼬아서 원형으로 만든 다음 다시 고무를 칠한 면테이프를 감고 클로로프렌으로 위를 피복하여 가황한 것이다.
② **용도** : 고압옥내 배선용, 고압가공선, 고압인입선, 고압지중케이블로 사용
(예 변압기 1차측 인입선)

명칭	약호	재질	용도	특징
클로로프렌 외장 케이블	RN	주석 도금 연동선, 고무 인포 테이프, 30% 고무 혼합물, 클로로프렌, 개재물(쥬트)	실내용 실외용 지중선용	• 원형 마무리 • 심선을 부틸고무로 절연한 것도 있다.(기호 BN)

(4) 플렉시블 외장 케이블

고무절연전선 또는 비닐절연전선을 2, 3조 합친 것에 크래프트지를 감고 외장 내면과 전기적 접촉을 하는 접지용 평각 구리선을 전선의 길이대로 넣어서 그 위에 아연 도금연강대를 나사 모양으로 감은 것이다.

1) 심선의 종류

① **2심** : 검정색, 흰색
② **3심** : 검정색, 흰색, 빨간색

2) 플렉시블 외장 케이블의 구조와 용도

형식	구조	비고
AC	심선에 고무절연전선을 사용	건조한 곳의 노출, 은폐 배선용
ACT	심선에 비닐절연전선을 사용	
ACV	주트로 감고 절연 콤파운드를 먹임	공장, 상점용
ACL	외장 밑에 연피가 있는 것	습기, 기름기가 많은 곳

(5) 용접용 케이블

아크 용접기의 2차측에 사용하는 것으로, 절연물질에 따라 다음과 같이 나눈다.

종류	기호	비고
리드용 제1종 케이블	WCT	천연 고무 캡타이어로 피복한 것
리드용 제2종 케이블	WNCT	클로로프렌 캡타이어로 피복한 것
홀더용 제1종 케이블	WRCT	천연 고무 캡타이어로 피복한 것
홀더용 제2종 케이블	WRNCT	클로로프렌 캡타이어로 피복한 것

※ 일반전선의 한 다발 길이는 300m이나, 용접용 케이블은 200m임

(6) 그 외

명칭	약호	재질	용도	특징
MI 케이블	MI	연동선 동관 산화 마그네슘	원자력·화력발전소·선박, 정련, 주물 공장 등 고온 및 화기를 싫어하는 장소의 배선	산화마그네슘과 같은 무기물의 절연물을 충전하여 소둔한 것으로 내열성, 내연성이며 내수·내유·내습·내후성을 가지고 있으며 기계적으로도 강하다.
연피 케이블		연동 꼬임선 개재물(쥬트) 절연물 연피	지중선용	원형에 한 것으로 관로식 지중선에 쓰인다.

제1장
→ 전선 및 케이블

실전문제

문제 **01** **플렉시블 외장 케이블에서 습기, 물기 또는 기름이 있는 곳에서는 어떤 형식이 사용되는가?**

㉮ AC　　㉯ ACT
㉰ ACV　　㉱ ACL

 플렉시블 외장 케이블의 구조와 용도

형식	구조	비고
AC	심선에 고무절연전선을 사용	건조한 곳의 노출, 은폐 배선용
ACT	심선에 비닐절연전선을 사용	
ACV	주트로 감고 절연 콤파운드를 먹임	공장, 상점용
ACL	외장 밑에 연피가 있는 것	습기, 기름기가 많은 곳

문제 **02** **주석으로 도금한 연동 연선에 종이 테이프 또는 무명실을 감고 규정된 고무 혼합물을 입힌 후 질긴 고무로 외장한 것으로서 이동용 배선에 사용되는 것은?**

㉮ 권선류　　㉯ 캡타이어 케이블
㉰ 에나멜선　　㉱ 면 절연전선

 캡타이어 케이블
주석 도금한 연동 연선을 종이 테이프로 감거나 무명실로 감은 위에 순고무 30[%] 이상을 함유한 고무 혼합무로 피복하고, 그 위에 캡타이어 고무 클로로프렌 또는 비닐로 심선 사이의 틈을 메워 피복한 전선으로 내수성, 내산성, 내알칼리성, 내유성을 가진 질긴 고무 혼합물로 윗부분을 피복한다.

문제 **03** **연피가 없는 케이블은 습기나 접속 박스가 없는 경우 케이블의 상호 접속을 어떻게 하는가?**

㉮ 클리트(cleat)를 사용하여 접속
㉯ 납땜 접속
㉰ 애자를 사용하여 접속
㉱ 접속함에서 접속

정답 01. ㉱ 02. ㉯ 03. ㉰

문제 04 **자동차 타이어와 같은 질긴 고무외피로서 전기적 성질보다 기계적 성질에 중점을 두고 만든 전선의 피복재료는?**

㉮ 면 ㉯ 캡타이어
㉰ 석면 ㉱ 주트

해설 문제 02번 참고

문제 05 **다음 중 주로 케이블을 보호하는 외장에 사용되는 것은?**

㉮ 마닐라 삼 ㉯ 목제
㉰ 절연 종이 ㉱ 황마

문제 06 **옥내 저압 이동전선으로 사용하는 캡타이어 케이블 단면적의 최소값[mm^2]은?**

㉮ 0.75 ㉯ 2
㉰ 5.5 ㉱ 8

해설 캡타이어 케이블의 공칭단면적 : 최소 0.75[mm^2]~최대 100[mm^2]

문제 07 **다음 중 캡타이어 케이블에서 캡타이어의 고무 피복 중간에 면포를 넣어 강도를 보강한 것은?**

㉮ 제1종 ㉯ 제2종
㉰ 제3종 ㉱ 제4종

해설 캡타이어 케이블 종류
① 1종 : 표면 피복을 캡타이어 고무로 피복한 것으로, 제한된 장소에만 사용(전기공사에는 사용 안함)
② 2종 : 고무 피복이 1종보다 좋다.
③ 3종 : 고무 피복 중간에 면포를 넣어서 강도를 보강한 것
④ 4종 : 3종과 같이 만들고, 각 심선 사이에 고무를 채워 만든 것

문제 08 **4심 캡타이어 케이블 심선의 색은?**

㉮ 흑, 청, 백, 적 ㉯ 흑, 백, 적, 황
㉰ 흑, 백, 적, 녹 ㉱ 흑, 백, 청, 황

해설 캡타이어 케이블 심선의 종류
① 2심 : 검정색, 흰색
② 3심 : 검정색, 흰색, 빨간색

정답 04. ㉯ 05. ㉱ 06. ㉮ 07. ㉰ 08. ㉰

문제 **09**

캡타이어 케이블은 단심에서부터 몇 심까지 있는가?

㉮ 2 ㉯ 3
㉰ 4 ㉱ 5

 캡타이어 케이블 심선의 종류
① 단심 : 검정색
② 2심 : 검정색, 흰색
③ 3심 : 검정색, 흰색, 빨간색
④ 4심 : 검정색, 흰색, 빨간색, 녹색
⑤ 5심 : 검정색, 흰색, 빨간색, 녹색, 노란색

문제 **10**

다음 중 연피가 없는 케이블은?

㉮ 주트권 케이블 ㉯ 강대 외장 케이블
㉰ NM 케이블 ㉱ 연피 케이블

문제 **11**

직접매설식의 지중선로에 가장 많이 사용되는 케이블은?

㉮ 강대 외장 케이블 ㉯ 플렉시블 케이블
㉰ 클로로프렌 케이블 ㉱ 비닐 외장 케이블

문제 **12**

다음 중 변압기의 1차측 인하선으로 사용하는 전선은?

㉮ 클로로프렌 외장 케이블 ㉯ 옥외용 비닐절연전선
㉰ 비닐 외장 케이블 ㉱ 고무절연전선

 클로로프렌 외장 케이블 용도 : 고압옥내 배선용, 고압가공선, 고압인입선, 고압지중케이블로 사용(예 변압기 1차측 인입선)

문제 **13**

다음 중 홀더용 제1종 용접용 케이블의 기호는?

㉮ WCT ㉯ WNCT
㉰ WRCT ㉱ TRNCT

 용접용 케이블 종류
아크 용접기의 2차측에 사용하는 것으로, 절연물질에 따라 다음과 같이 나눈다.

종류	기호	비고
리드용 제1종 케이블	WCT	천연 고무 캡타이어로 피복한 것
리드용 제2종 케이블	WNCT	클로로프렌 캡타이어로 피복한 것
홀더용 제1종 케이블	WRCT	천연 고무 캡타이어로 피복한 것
홀더용 제2종 케이블	WRNCT	클로로프렌 캡타이어로 피복한 것

※ 일반전선의 한 다발 길이는 300m이나, 용접용 케이블은 200m임

정답 09. ㉱ 10. ㉰ 11. ㉰ 12. ㉮ 13. ㉰

문제 **14**

다음 중 캡타이어 케이블 3심의 고무절연체의 색깔을 바르게 나타낸 것은?

㉮ 검정색, 빨간색, 노란색
㉯ 검정색, 흰색, 녹색
㉰ 흰색, 빨간색, 노란색
㉱ 검정색, 흰색, 빨간색

해설 문제 09번 참고

문제 **15**

다음 중 특별 고압 지중 전선로에서 직접 매설식에 사용하는 것은?

㉮ 연피 케이블
㉯ 고무 외장 케이블
㉰ 클로로프렌 외장 케이블
㉱ 비닐 외장 케이블

문제 **16**

습기가 많은 장소 또는 물기가 있는 장소의 바닥 위에서 사람이 접촉될 우려가 있는 장소에 시설하는 사용전압이 400V 미만인 전구선 및 이동전선은 단면적이 최소 몇 mm^2 이상인 것을 사용하여야 하는가?

㉮ 0.75　　㉯ 1.25
㉰ 2.0　　㉱ 3.5

옥내 저압용 전구선 및 이동전선의 굵기
방습코드 또는 고무 캡타이어 코드에 한해 단면적 0.75[mm^2] 이상 사용

문제 **17**

600V 이하의 저압회로에 사용하는 비닐절연비닐외장 케이블의 약칭으로 맞는 것은?

㉮ VV　　㉯ EV
㉰ FP　　㉱ CV

케이블 약호	VV	EV	CV
케이블 명칭	비닐절연비닐외장 케이블	폴리에틸렌절연비닐 외장 케이블	가교폴리에틸렌절연 비닐외장 케이블

FP : 내화전선, HP : 내열전선

정답 14. ㉱ 15. ㉮ 16. ㉮ 17. ㉮

전선의 허용전류

고무절연전선 및 비닐절연전선에서 60°C를 넘으면 절연물이 변질되어 전선이 손상되고, 화재의 원인이 된다.

(1) 전압의 종별

종류	범위	예
저 압	교류(AC) 600[V] 이하	110, 220, 380, 440[V]
	직류(DC) 750[V] 이하	
고 압	교류 601(600[V] 초과)~7,000[V] 이하	3,300, 6,600[V]
	직류 751(750[V] 초과)~7,000[V] 이하	
특 고 압	교류 7000[V] 초과~100,000[V] 이하	22[kV], 22.9[kV], 66[kV]
초특고압	교류 100,001[V] 이상	154[kV], 345[kV], 765[kV]

(2) 전선의 허용전류

1) 애자 사용 배선에 의하여 IV 전선 및 DV 전선을 시설하는 경우

단선[mm]	허용전류[A]	연선[mm^2]	허용전류[A]	소선수/지름
1.6	27	2.0	27	7 / 0.6
2.0	35	3.2	37	7 / 0.8
2.6	48	5.5	49	7 / 1.0
3.2	62	8.0	61	7 / 1.2
4.0	81	14.0	88	7 / 1.6
5.0	107	22.0	115	7 / 2.0

2) 전류 감소계수

절연전선을 각종 몰드, 전선관 등에 넣었을 경우, 허용 전류계수를 곱한 것을 허용전류로 한다.

예 단선 1.6[mm]를 5~6개 금속관에 넣었을 경우 = $27 \times 0.56 \fallingdotseq 15$[A]

동일 관 내의 전선 수	금속관	합성수지관
3가닥 이하	0.70	0.60
4가닥 이하	0.63	0.53
5~6가닥 이하	0.56	0.46
7~15가닥 이하	0.49	0.39
16~40가닥 이하	0.43	0.33
41~61가닥 이하	0.39	0.29
61가닥 이상	0.34	0.24

3) 코드 및 형광등 전선의 허용전류

공칭단면적[mm^2]	소선수/소선지름	전선의 허용전류[A]
0.75	30 / 0.18	7
1.25	50 / 0.18	12
2.0	27 / 0.26	17
3.5	40 / 0.32	23
5.5	70 / 0.32	35

제1장 → 전선 및 케이블

실전문제

문제 01 **다음 중 전선의 굵기를 결정할 때 반드시 생각해야 할 사항으로만 된 것은?**

㉮ 허용전류, 전압강하, 기계적 강도
㉯ 허용전류, 공사방법, 사용장소
㉰ 공사방법, 사용장소, 기계적 강도
㉱ 공사방법, 전압강하, 기계적 강도

해설 전선의 선정시 고려사항
① 허용 전류
② 기계적 강도
③ 전압 강하

문제 02 **공칭단면적이 2.0[mm^2]인 코드선의 허용전류값은 얼마인가?**

㉮ 7[A] ㉯ 12[A]
㉰ 17[A] ㉱ 0.5[A]

전선의 허용전류
애자 사용 배선에 의하여 IV 전선 및 DV 전선을 시설하는 경우

단선[mm]	허용전류[A]	연선[mm^2]	허용전류[A]	소선수/지름
1.6	27	2.0	27	7 / 0.6
2.0	35	3.2	37	7 / 0.8
2.6	48	5.5	49	7 / 1.0
3.2	62	8.0	61	7 / 1.2
4.0	81	14.0	88	7 / 1.6
5.0	107	22.0	115	7 / 2.0

문제 03 **보통 사용하는 0.75(30/0.18)[mm^2] 굵기의 전등용 코드의 허용전류값[A]은?**

㉮ 7 ㉯ 12
㉰ 17 ㉱ 35

문제 04 **5.5[mm^2]의 600[V] 비닐절연전선의 허용전류로 적당한 것은?**

㉮ 12 ㉯ 27
㉰ 35 ㉱ 49

정답 01. ㉮ 02. ㉰ 03. ㉮ 04. ㉱

문제 **05** 다음 중 옥내 배선의 지름을 결정하는 가장 중요한 요소는?

㉮ 허용전류 ㉯ 전압 강하
㉰ 기계적 강도 ㉱ 옥내 구조

문제 **06** 옥내 배선에서 600[V] 절연전선 4가닥을 넣는 금속관 공사에서 그 절연전선의 허용전류의 감소 계수는?

㉮ 0.49 ㉯ 0.56
㉰ 0.63 ㉱ 0.70

해설 전류 감소계수

동일 관 내의 전선 수	금속관인 경우	합성수지관인 경우
3가닥 이하	0.70	0.60
4가닥 이하	0.63	0.53
5~6가닥 이하	0.56	0.46
7~15가닥 이하	0.49	0.39

문제 **07** 주위 온도 30°C 이하에서 지름 2[mm]의 600[V] 비닐절연전선 3선을 경질 비닐관에 넣어 사용하는 경우의 허용전류는?

㉮ 21.0 ㉯ 24.5
㉰ 28.0 ㉱ 35.0

해설 경질비닐관인 경우 허용전류 I = 허용전류값 × 전류감소계수 = $35 \times 0.6 = 21$[A]

문제 **08** 전열기용 분기회로는 한 개의 용량이 몇 [A]를 초과하는 경우 전열기 전용 분기회로를 시설하는가?

㉮ 6 ㉯ 12
㉰ 15 ㉱ 20

문제 **09** 저압 옥내 배선에서 쓸 수 있는 최소 굵기의 연동선을 사용하여 애자사용 공사를 할 경우 전선 1본에 대한 이용전류[A]는?

㉮ 19 ㉯ 22
㉰ 27 ㉱ 35

정답 05. ㉮ 06. ㉰ 07. ㉮ 08. ㉰ 09. ㉰

제2장 배선 재료와 공구 및 기구

1 개폐기

전기(전류)의 투입 및 차단을 하기 위해 ⊕전선이나 ⊖전선에 시설하는 스위치

(1) 나이프 스위치

1) 용도

전기실과 같이 취급자가 출입하는 장소의 배전반이나 분전반에 설치하여 사용

2) 나이프 스위치의 종별

① **전선 접속의 선수에 따른 구분** : 단극, 2극, 3극

② **나이프를 넣는 방향에 따른 구분** : 단투, 쌍투

3) 개폐기의 기호

① 단극 단투형(SPST) ② 2극 단투형(DPST) ③ 3극 단투형(TPST)

④ 단극 쌍투형(SPDT) ⑤ 2극 쌍투형(DPDT) ⑥ 3극 쌍투형(TPDT)

	명칭	기호
(a)	단극 단투형	SPST
(b)	2극 단투형	DPST
(c)	3극 단투형	TPST
(d)	단극 쌍투형	SPDT
(e)	2극 쌍투형	DPDT
(f)	3극 쌍투형	TPDT

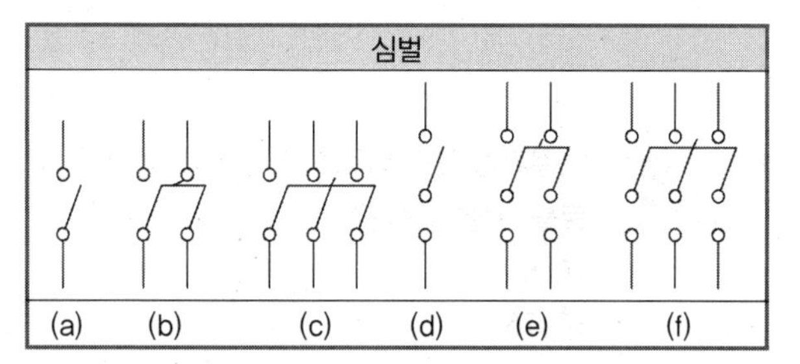

(2) 커버 나이프 스위치

나이프 스위치 앞면의 충전부를 덮은 것으로, 커버를 열지 않고 수동으로 개폐하는 스위치

① **용도** : 전등 전열 및 동력용의 인입용 개폐기 또는 분기 개폐기로 사용

② **정격** : 300[V]용으로 10, 20, 30, 60, 100[A] 강도에 따라 A종, B종으로 구분
주로 옥내용으로는 300[V], 100[V]의 것을 사용

③ **호칭** : 종별+명칭+전선접속구분+극수+정격전류+정격전압+단락차단용량

제2장 → 배선 재료와 공구 및 기구

실전문제

문제 01 **다음은 커버 나이프 스위치의 호칭을 나타낸 것이다. 바른 순서로 나열된 것은?**

㉮ 커버 나이프 스위치, 단투 2극, 300V, 30A, RC1500A
㉯ A종 커버 나이프 스위치, 단투 2극, 30A, 300V, RC1500A
㉰ 커버 나이프 스위치, A종 단투 2극, RC1500A, 30A, 300V
㉱ A종 커버 나이프 스위치, 300V, 30A, RC1500A, 단투 2극

해설 정격 : 300[V]용으로 10, 20, 30, 60, 100[A] 강도에 따라 A종, B종으로 구분. 주로 옥내용으로는 300[V], 100[V]의 것을 사용

문제 02 **분전반에 주개폐기가 필요한 때는 어떤 개폐기를 사용하는가?**

㉮ 자동 차단기 ㉯ 텀블러 스위치
㉰ 배선용 차단기 ㉱ 나이프 스위치

해설 나이프 스위치
전기실과 같이 취급자가 출입하는 장소의 배전반이나 분전반에 설치하여 사용

문제 03 **커버 나이프 스위치는 교류 몇 [V] 이하의 전로에서 정격전류 몇 [A] 이하로 규정되어 있는가?**

㉮ 교류 200[V] 이하, 정격전류 300[A] 이하
㉯ 교류 300[V] 이하, 정격전류 100[A] 이하
㉰ 교류 200[V] 이하, 정격전류 500[A] 이하
㉱ 교류 300[V] 이하, 정격전류 600[A] 이하

해설 문제 01번 참고

문제 04 **A종 커버 나이프 스위치의 커버를 바닥에 놓고 35.8[g] 무게의 강구를 몇 [m] 높이에서 수직으로 떨어뜨릴 때 파손되지 않아야 하는가?**

㉮ 2.5 ㉯ 2.0
㉰ 1.2 ㉱ 1

정답 01. ㉯ 02. ㉱ 03. ㉯ 04. ㉱

문제 **05** **다음 중 저압 개폐기를 생략하여도 좋은 장소는?**

㉮ 부하전류를 단속할 필요가 있는 개소

㉯ 인입구 기타 고장, 점검, 측정 수리 등에서 개로할 필요가 있는 개소

㉰ 퓨즈의 전원 측으로 분기회로용 과전류차단기 이후의 퓨즈가 플러그 퓨즈와 같이 퓨즈 교환 시에 충전부에 접촉될 우려가 없을 경우

㉱ 퓨즈의 전원 측

해설 개폐기 시설 장소

① 부하전류를 개폐(단속)할 필요가 있는 개소(장소)

② 인입구(고장, 점검, 수리시) 개폐 필요가 있는 장소

③ 퓨즈의 전원 측 장소(퓨즈 교체시 감전 방지 때문에)

정답 05. ㉰

2 점멸 스위치

전등의 점멸과 전열기의 열 조절 등에 사용하는 것으로 옥내용 소형 스위치라고도 함

(1) 점멸 스위치의 종류

1) 텀블러 스위치(tumbler switch)

노브(knob)를 위, 아래로 움직여 점멸하는 것으로 가장 많이 사용되며, 매입형과 노출형이 있다.

2) 로터리 스위치(rotary switch)

회전 스위치라고도 하며, 노브를 돌려가며 개로나 폐로 또는 강약을 조절하여 발열량이나 광도를 조절하는 것으로 전기기구의 조작개폐기로 사용

3) 팬던트 스위치(pendant switch)

코드 끝에 붙여 버튼식으로 전등을 하나씩 따로따로 점멸하는 것 정격전류는 1, 3, 6[A]이다. 예 형광등

4) 캐노피 스위치(canopy switch)

풀 스위치의 일종으로 플랜저라고도 하며, 조명기구의 캐노피 안에 스위치가 시설되어 있다.

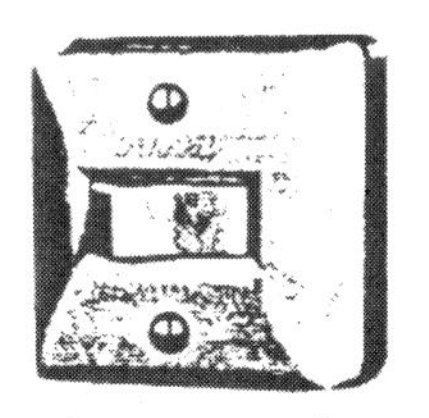
[텀블러 스위치]

[회전 스위치]

[팬던트 스위치]

[캐노피 스위치]

[코드 스위치]

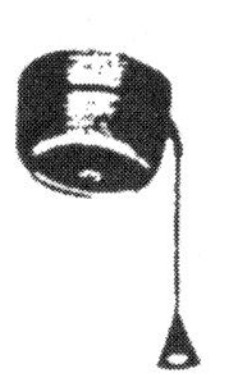
[풀스위치]

[커버 부착 나이프 스위치]

[컷아웃 스위치]

[상자 개폐기]

5) **코드 스위치(cord switch)**

전기기구의 코드 중간에 넣어 회로를 개폐시키는 것으로 중간 스위치라고도 한다.

예 전기담요, 전기방석

6) **도어 스위치(door switch)**

문에 달거나 문기둥에 매입하여 문을 열고 닫을 때 자동적으로 회로를 개폐

예 냉장고

7) **누름단추 스위치(push button switch)**

매입형만 사용하며, 두 개의 단추 중 하나를 누르면 점등과 동시에 다른 버튼이 튀어나오는 연동장치가 부착되어 있다.

8) **풀 스위치(pull switch)**

끈을 당기면 한 번은 폐로, 한 번은 개로가 되는 스위치

9) **히터 스위치(heater switch)**

로터리 스위치의 일종으로 2개의 열선을 직렬이나 병렬로 접속 변경을 하는 것으로 3단 스위치라고도 한다.

10) **3로 스위치와 4로 스위치**

두 곳 이상의 장소에서 자유롭게 점멸이 가능하도록 설치한 것

① 2개소에서의 전등 점멸회로

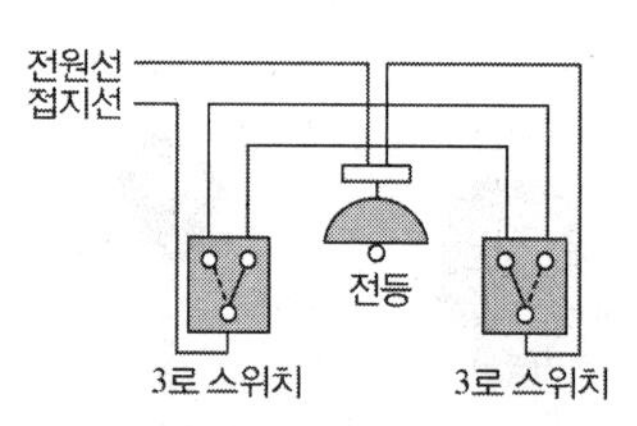

② 4개소에서의 전등 점멸회로

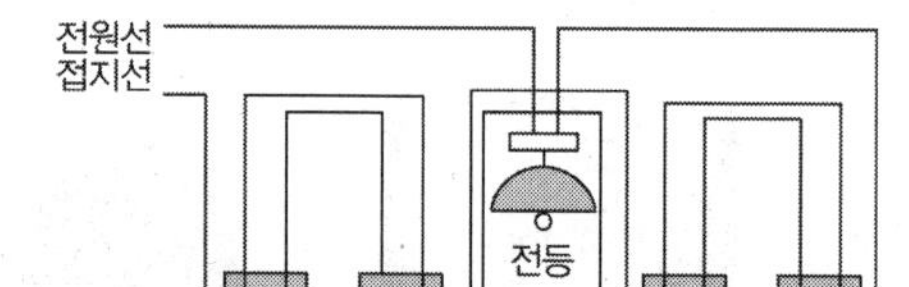

(2) 스위치 개방 상태의 표시

구분	개로의 경우	폐로의 경우
색상	붉은색, 흰색	녹색, 검정색
문자	개, OFF	폐, ON

(3) 타임 스위치 등의 시설 ★

조명용 백열전등은 다음과 같은 원칙에 따라 타임 스위치를 시설해야 한다.

① **호텔** 또는 **여관**의 각 객실 입구등은 **1분** 이내에 소등하여야 한다.

② **일반 주택** 및 **아파트** 각 호실의 현관등은 **3분** 이내에 소등하여야 한다.

제2장 → 배선 재료와 공구 및 기구

실전문제

문제 01 **다음 중 저항선 또는 전구를 직렬이나 병렬로 접속변경하여 발열량 또는 광도를 조절할 수 있는 스위치는?**

㉮ 로터리 스위치　　㉯ 텀블러 스위치
㉰ 나이프 스위치　　㉱ 풀 스위치

해설 로터리 스위치(rotary switch)
회전 스위치라고도 하며, 노브를 돌려가며 개로나 폐로 또는 강약을 조절하여 발열량이나 광도를 조절하는 것으로 전기기구의 조작개폐기로 사용

문제 02 **다음 중 소형 전기기구의 코드 중간에 사용되는 개폐기는?**

㉮ 플롯 스위치　　㉯ 캐노피 스위치
㉰ 컷아웃 스위치　　㉱ 코드 스위치

해설 코드 스위치(cord switch)
전기기구의 코드 중간에 넣어 회로를 개폐시키는 것으로 중간 스위치라고도 한다.

문제 03 **다음 중 캐노피 스위치의 설명으로 맞는 것은?**

㉮ 코드 끝에 붙이는 점멸기
㉯ 코드 중간에 붙이는 점멸기
㉰ 전등 기구의 플랜지에 붙이는 점멸기
㉱ 벽에 매입시키는 스위치

해설 캐노피 스위치(canopy switch)
풀 스위치의 일종으로 플랜저라고도 하며, 조명기구의 캐노피 안에 스위치가 시설되어 있다.

문제 04 **소형 스위치의 정격에서 팬던트 스위치 정격전류[A]가 아닌 것은?**

㉮ 1　　㉯ 2
㉰ 3　　㉱ 6

팬던트 스위치(pendant switch)
코드 끝에 붙여 버튼식으로 전등을 하나씩 따로따로 점멸하는 것
정격전류는 1, 3, 6[A]이다.

정답 01. ㉮ 02. ㉱ 03. ㉰ 04. ㉯

문제 **05** **급 · 배수 회로 공사에서 탱크의 유량을 자동제어하는 데 사용되는 스위치는?**

㉮ 리밋 스위치
㉯ 플로트리스 스위치
㉰ 텀블러 스위치
㉱ 타임 스위치

해설 플로트리스(부레가 없는) 스위치
전극을 설치하여 액체에 전류이동변화로 전자계전기를 동작시키는 스위치

문제 **06** **전동기의 자동제어장치에 사용되지 않는 자동스위치는?**

㉮ 타임 스위치 ㉯ 팬던트 스위치
㉰ 수은 스위치 ㉱ 부동 스위치

문제 **07** **다음 중 저전압 차단 역할을 하는 보호 기구는?**

㉮ 캐치 홀더 ㉯ 개폐기
㉰ 퓨즈 ㉱ 마그넷 스위치

해설 캐치 홀더 : 변압기 2차측 보호

문제 **08** **가정용 전등 점멸스위치는 반드시 무슨 측 전선에 접속해야 하는가?**

㉮ 전압측 ㉯ 접지측
㉰ 노퓨즈 브레이크 ㉱ 통형 퓨즈

문제 **09** **계단의 점등을 계단의 아래와 위의 두 곳에서 자유로이 점멸할 수 있도록 하기 위해 사용하는 스위치는?**

㉮ 단극 스위치 ㉯ 코드 스위치
㉰ 3로 스위치 ㉱ 점멸 스위치

 2개소에서의 전등 점멸회로

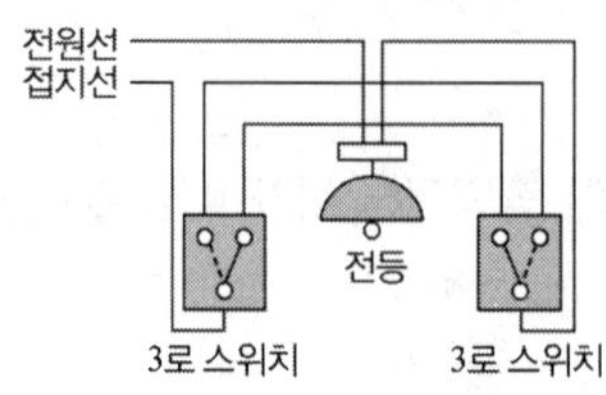

정답 05. ㉯ 06. ㉯ 07. ㉱ 08. ㉮ 09. ㉰

문제 10 **4개소에서 전등을 자유롭게 점등, 점멸할 수 있도록 하기 위해 배선하고자 할 때 필요한 스위치 수는? (단, SW_3은 3로 스위치, SW_4는 4로 스위치)**

㉮ SW_3 4개 ㉯ SW_2 1개, SW_4 3개

㉰ SW_3 2개, SW_4 2개 ㉱ SW_4 4개

 4개소에서의 전등 점멸회로

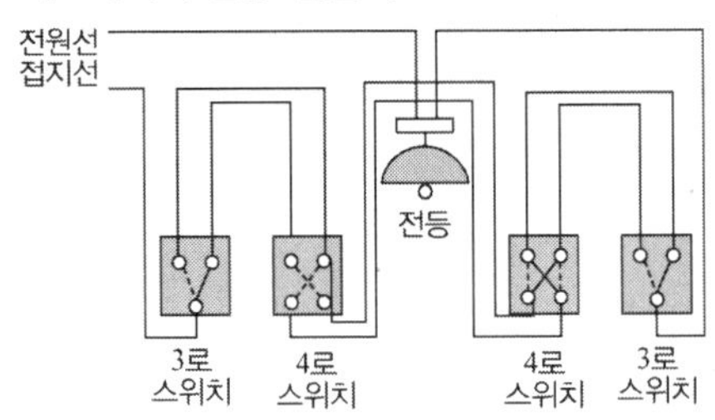

문제 11 **다음 중 인입구용 개폐기는?**

㉮ 노퓨즈 차단기 ㉯ 풀 스위치

㉰ 텀블러 스위치 ㉱ 캐너피 스위치

해설 노퓨즈 차단기 : NFB(No Fuse Breaker)

문제 12 **과부하뿐만 아니라 정전이나 저전압에서도 차단되어 전동기의 소손을 방지하는 스위치는?**

㉮ 안전 스위치 ㉯ 마그넷 스위치

㉰ 자동 스위치 ㉱ 압력 스위치

해설 마그넷 스위치
정격전류이상(1.1~1.2배) 흐를 때 전자접촉기(MC)의 접점이 떨어져 전동기의 소손을 방지하는 스위치

문제 13 **전자 개폐기에 부착하여 전동기의 소손 방지를 위하여 사용되는 것은?**

㉮ 퓨즈 ㉯ 열동 계전기

㉰ 배선용 차단기 ㉱ 수은 계전기

문제 14 **전동기 과부하 보호장치에 해당되지 않는 것은?**

㉮ 전동기용 퓨즈 ㉯ 열동계전기

㉰ 전동기보호용 배선용 차단기 ㉱ 전동기 기동장치

해설 전동기 기동장치 : 기동시 기동전류를 낮추기 위해 사용

정답 10. ㉰ 11. ㉮ 12. ㉯ 13. ㉯ 14. ㉱

문제 15 **조명용 백열전등을 호텔 또는 여관 객실의 입구에 설치할 때나 일반 주택 및 아파트 각 실의 현관에 설치할 때 사용되는 스위치는?**

㉮ 타임 스위치　　㉯ 누름 버튼 스위치
㉰ 토글 스위치　　㉱ 로터리 스위치

문제 16 **조명용 백열전등을 일반주택 및 아파트 각 호실에 설치할 때 현관등은 최대 몇 분 이내에 소등되는 타임스위치를 시설하여야 하는가?**

㉮ 1　　㉯ 2
㉰ 3　　㉱ 4

 타임스위치 시설

구분	호텔, 여관 입구인 경우	주택, 아파트 현관인 경우
점멸시간	1분 이내 점멸(소등)	3분 이내 점멸

정답 15. ㉮ 16. ㉰

3 콘센트 · 플러그 · 소켓

(1) 콘센트

벽, 기둥의 표면에 시설하는 ① **노출형 콘센트**와 벽, 기둥에 매입하여 시설하는 ② **매입형 콘센트**가 있다.

1) 방수용 콘센트(water proof outlet)

물이 들어가지 않도록 마개로 덮어 둘 수 있는 구조. 가옥의 외부 등에 설치

2) 시계용 콘센트(lock outlet)

콘센트 위에 시계를 거는 갈고리가 달려 있다.

3) 선풍기용 콘센트(fan outlet)

무거운 선풍기를 지지할 수 있는 볼트가 달려 있어 그것에 선풍기를 고정시킨다.

4) 플로어 콘센트(floor outlet)

플로어 덕트 공사 및 기타 공사에 사용하는 방바닥용 콘센트로서, 물이 들어가지 않도록 패킹 작용을 할 수 있는 마개가 달려 있다.

5) 턴 로크 콘센트(turn lock outlet)

콘센트에 끼운 플러그가 빠지는 것을 방지하기 위하여 플러그를 끼우고 약 90° 정도 돌려 고정시킨다.

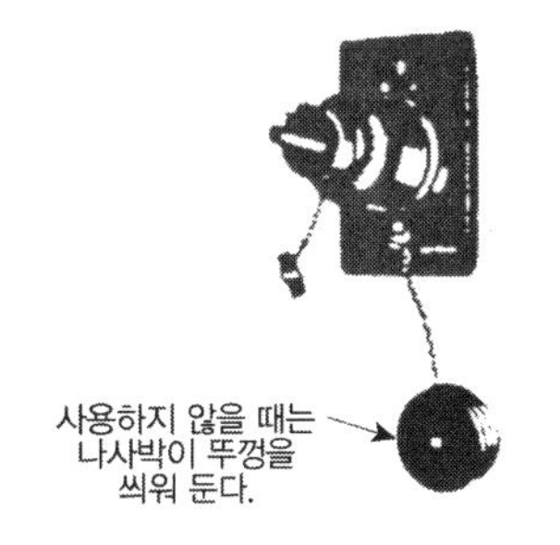

[방수 콘센트(10A, 250V)]

플랫식 플로어 덕트 공사에서 사용한다.

[플로어 콘센트(15A, 125V)]

(2) 플러그

2극용과 3극용 플러그(pulg)가 있으며, 2극용에는 평행형과 T형이 있다.

1) 코드 접속기(cord connection)

코드를 서로 접속할 때 사용한다.

[멀티탭(10A, 125V)]

[테이블 탭(10A, 125V)]

2) 멀티탭(multi-tap)

하나의 콘센트에 2~3가지의 기구를 접속할 때 사용한다.

3) 테이블 탭(table tap)

코드의 길이가 짧을 경우 연장하여 사용할 때 이용한다.

4) 작업등(extension light)

자동차 수리 공장 등에서 사용하며, 테이블 탭 역할을 한다.

5) 아이언 플러그(iron plug)

코드의 한쪽은 꽂임 플러그로 되어 있어 전원 콘센트에 연결하고, 다른 한쪽은 플러그가 달려 전기기구용 콘센트에 끼워 사용하는 것으로 전기다리미, 온탕기 등에 사용한다.

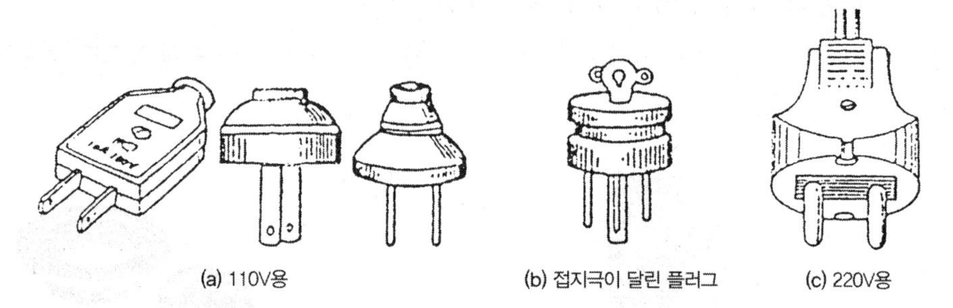
(a) 110V용 (b) 접지극이 달린 플러그 (c) 220V용

(3) 소켓

소켓(socket)은 전구를 끼우는 것으로, 코드의 끝에 붙이거나 전등 기구의 파이프 끝에 끼워서 사용한다. 점멸장치의 유무에 따라 키소켓과 키리스 소켓이 있다.

1) 모걸 소켓(mogul socket)

300[W] 이상의 백열 전구에서 대형 베이스를 사용하는 경우에 사용한다.

2) 풀 소켓(pull socket)

끈을 당겨 ON, OFF 점멸이 가능하도록 되어 있다.

3) 누름 단추 소켓(push button socket)

버튼을 눌러서 점멸한다.

4) 방수용 소켓(water proof socket)

비에 젖을 곳이나 습기가 많은 곳에서 사용한다.

5) 리셉터클 소켓(receptacle socket)

코드 없이 천장이나 벽에 직접 붙이는 소켓으로, 리셉터클에 붙은 스위치를 캐노피 스위치라고 한다.

6) 로제트(rosette)

코드 펜던트를 시설할 때 천장에 코드를 매기 위하여 사용한다.

키리스 소켓

키 소켓

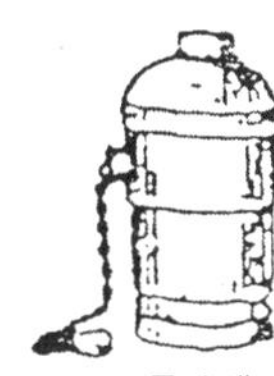
풀 소켓

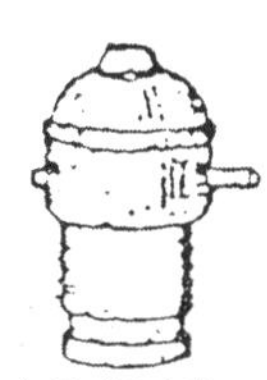
누름버튼 소켓

(a) 일반 소켓

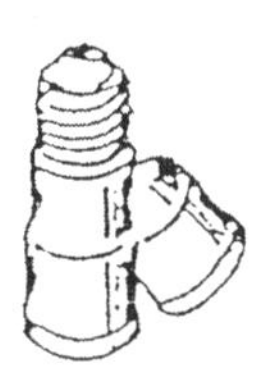
(b) 분기 소켓

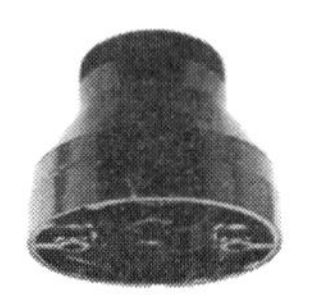
[리셉터클]

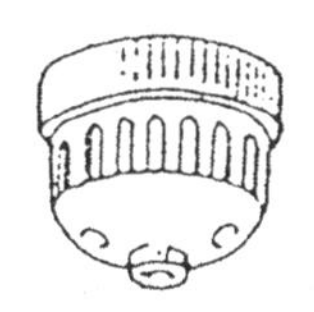
[로제트]

[키 소켓]
(6A, 125V)

[키리스 소켓]
(6A, 125V)

[실드 홀더]
(6A, 125V)

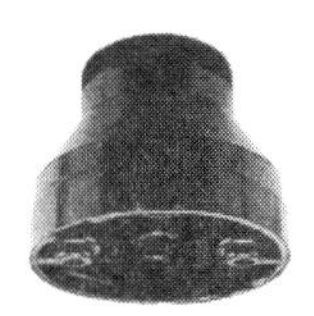
[리셉터클]
(6A, 250V)

전기 스탠드
등에 쓰인다.

[풀소켓]
(1A, 125V)

전기 스탠드
등에 쓰인다.

[압버튼 소켓]
(3A, 250V)

[분기 소켓형 크래스터]
(2灯用, 6A, 250V)

습기가 있는
장소에 쓰인다.

[선부 방수 소켓]
(6A, 250V)

제2장 → 배선 재료와 공구 및 기구

실전문제

문제 01 **하나의 콘센트에 직접 끼워 두세 개의 소형 기구를 사용할 수 있는 것은?**

㉮ 멀티탭 ㉯ 아이언 플러그
㉰ 코드 접속기 ㉱ 나사 플러그

해설 멀티탭(multi-tap)
하나의 콘센트에 두 가지 또는 세 가지의 기구를 접속할 때 사용한다.

문제 02 **소켓, 리셉터클 등에 전선을 접속할 때 어느 쪽 전선을 중심 접촉면에 접속해야 하는가?**

㉮ 접지측 ㉯ 중성측
㉰ 단자측 ㉱ 전압측

문제 03 **다음 중 천장에 코드를 매달기 위해 사용하는 소켓은?**

㉮ 리셉터클 ㉯ 로제트
㉰ 키 소켓 ㉱ 키리스 소켓

로제트(rosette)
코드 펜던트를 시설할 때 천장에 코드를 매달기 위하여 사용한다.

문제 04 **코드 길이가 짧을 때 연장하여 사용하는 것으로 익스텐션 코드라고도 부르는 것은?**

㉮ 멀티탭 ㉯ 테이블 탭
㉰ 작업등 ㉱ 아이언 플러그

문제 05 **코드 없이 천장이나 벽에 붙이는 일종의 배선재료이며 주용도는 실링라이트 속이나 문, 화장실 등의 글로브 안에 붙이게 되는 것은?**

㉮ 로제트 ㉯ 콘센트
㉰ 리셉터클 ㉱ 소켓

리셉터클 소켓(receptacle socket)
코드 없이 천장이나 벽에 직접 붙이는 소켓으로, 리셉터클에 붙은 스위치를 캐노피 스위치라고 한다.

정답 01. ㉮ 02. ㉱ 03. ㉯ 04. ㉯ 05. ㉰

문제 06 먼지가 많은 장소에 사용하는 소켓은 다음 중 어느 것인가?

㉮ 키 소켓　　㉯ 풀 스위치
㉰ 분기 스위치　　㉱ 키리스 소켓

문제 07 다음 중 방수형 콘센트의 심벌은?

㉮ 

㉯ 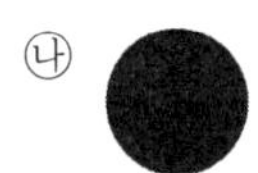

㉰ WP

㉱ 

해설

콘센트 심벌		E	WP	EX
명칭	벽붙이 콘센트	접지극붙이	방수형 콘센트	방폭형 콘센트

정답 06. ㉱ 07. ㉰

전기설비

4 과전류 차단기

옥내 배선과 기구 등에 단락, 접지 또는 과부하 등으로 인하여 대단히 큰 전류가 흐를 경우 자동적으로 보호(차단)하는 장치이다.

(1) 퓨즈

과전류에 의한 열로 회로가 용단(차단)하여 회로를 자동적으로 보호(차단)하는 장치이다.

1) 퓨즈 및 퓨즈 홀더의 표준정격전류

퓨즈[A]	1, 3, 5, 10, 15, 20, 30, 40, 50, 60, 75, 100, 125, 150, 200, 250, 300, 400, 500, 1000
퓨즈 홀더[A]	30, 60, 100, 200, 400, 600, 800, 1000

2) 비포장 퓨즈와 포장 퓨즈

① **비포장 퓨즈** : 실, 훅, 관형 퓨즈

② **포장 퓨즈** : 통형, 플러그 퓨즈

3) 저압용 퓨즈와 고압용 퓨즈

① **저압용 퓨즈** : 600[V] 이하의 전로에 사용하는 퓨즈로, **정격전류의 1.1배**에 견디고, 1.6배 및 2배의 전류에는 다음 표의 시간 이내에 용단되어야 한다.

구분 \ 정격전류	용단 시간		구분 \ 정격전류	용단 시간	
	1.6배	2배		1.6배	2배
30[A] 이하	60분	2분	200～400[A]	180분	10분
30～60[A]	60분	4분	400～600[A]	240분	12분
60～100[A]	120분	6분	600[A] 이상	240분	20분
100～200[A]	120분	8분			

② **고압용 퓨즈**

㉠ 포장 퓨즈 : 정격전류의 **1.3배**에 견디고, 2배의 전류에는 120분 내에 용단되어야 한다.

㉡ 비포장 퓨즈 : 정격전류의 **1.25배**에 견디고, 2배의 전류에는 2분 내에 용단되어야 한다.

4) 퓨즈의 종류

① **실 퓨즈**

㉠ 성분 : 납, 납과 주석의 합금

㉡ 용도 : 5[A] 이하에서 로제트, 리셉터클, 점멸 스위치 등에서 사용

② **훅(고리) 퓨즈** : 납 또는 주석의 합금선 또는 가용체를 구리제의 단자편에 납땜한 것

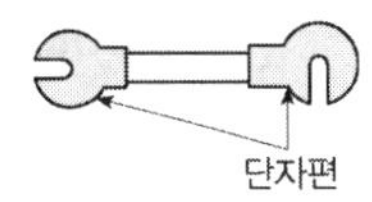

③ **판형 퓨즈** : 아연, 알루미늄 등 경금속판을 펀치를 이용하여 훅 퓨즈 모양으로 눌러 만든 것

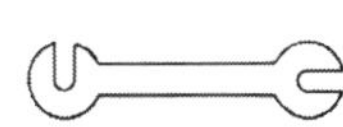

④ **관형 퓨즈** : 유리통 내부에 퓨즈를 봉입한 것으로, 라디오 · 원격제어 회로에 사용된다. 정격전압 125~250[V], 정격전류 0.1~10[A]까지 있다.

⑤ **통형 퓨즈** : 내부에 가용체를 넣은 통의 양 끝에 통형 단자, 또는 나이프 단자를 퓨즈 홀더에 꽂아서 사용

[통형 퓨즈와 홀더 정격]

정격전압	기호	통형 퓨즈 정격전류[A]	홀더 정격전류[A]
AC·DC 250	CF 2 CF 2R	1, 3, 5, 10, 15, 20, 30 40, 50, 60	30 60
	CK 2 CK 2R	1, 3, 5, 10, 15, 20, 30 40, 50, 60 75, 100 125, 150, 200 250, 300, 400 500, 600	30 60 100 200 400 600
AC 600	CF 6 CF 6R	3, 5, 10, 15, 20, 30 40, 50, 60	30 60
	CK 6 CK 6R	3, 5, 10, 15, 20, 30 40, 50, 60 75, 100 125, 150, 200 250, 300, 400 500, 600	30 60 100 200 400 600

[비고] C : 통형 퓨즈, F : 통형 단자, K : 나이프형 단자, R : 재생형,
2 : 정격전압 250[V], 6 : 정격전압 600[V]

⑥ **텅스텐 퓨즈** : 유리관 내에 가용체 텅스텐을 봉입한 것으로, 작은 전류에도 민감하게 용단하며, 주로 전압계, 전류계 등의 소손 방지용으로 사용된다.

⑦ **온도 퓨즈** : 퓨즈에 흐르는 과전류에 의하여 용단되는 것이 아니라 주위 온도에 의하여 용단되는 것으로, 용단 온도 100, 110, 120[°C] 등이 있다.

⑧ **방출형 퓨즈** : 용단될 때 아크열에 의하여 공기가 팽창하고 용단된 퓨즈는 통 밖으로 추출되며, 동시에 아크를 소멸시키는 것이다.

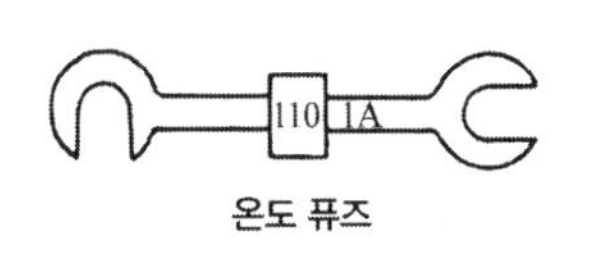

온도 퓨즈

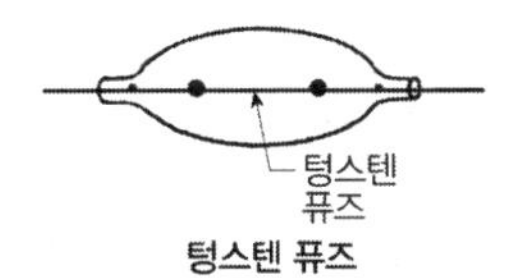

텅스텐 퓨즈

(2) 배선용 차단기

NFB(No Fuse Breaker)라고 부르는 것으로 전류가 비정상적으로 흐를 때 자동적으로 회로를 끊어서 전선 및 기계 기구를 보호하는 것으로, 분기회로에서 사용할 때 개폐기 및 차단기 두 가지 역할을 겸하며, 이때 회로를 구성하는 전선 중에 가장 가는 전선의 허용전류치를 기준으로 한다.

1) 동작시간

정격전류를 오랜 시간 흘려도 차단되지 않도록 하고,
30[A] 이하인 것은 정격전류의 125[%]에서 60분 이내에서 차단 동작을 하고,
30[A] 이상인 것은 200[%]에서 2분 이내에 차단 동작한다.

2) 저압 선로에 사용하는 배선용 차단기

① 정격전류의 1배에 사용하는 전류에 동작하지 않아야 한다.★

② 1.25배 및 2배의 전류를 통한 경우 그 정격전류에 따라 다음과 같은 시간 안에 녹아 끊어져야 한다.

정격전류 / 구분	용단 시간		정격전류 / 구분	용단 시간	
	1.25배	2배		1.25배	2배
30[A] 이하	60분	2분	600～800[A]	120분	14분
30～50[A]	60분	4분	800～1000[A]	120분	16분
50～100[A]	120분	6분	1000～1200[A]	120분	18분
100～255[A]	120분	8분	1200～1600[A]	120분	20분
255～500[A]	120분	10분	1600～2000[A]	120분	22분
500～600[A]	120분	12분	2000[A] 이상	120분	24분

(3) 과전류 차단기 시설금지장소

① 접지공사와 접지선

② 다선식 전로의 중성선

③ 제2종 접지공사를 한 저압가공전로의 접지선

(4) 차단기 정격용량 P_s 계산

① 단상(1ϕ)인 경우 : P_s =정격차단전압 × 정격차단전류

★② 3상(3ϕ)인 경우 : $P_s = \sqrt{3}$ × 정격차단전압 × 정격차단전류[MVA]

(5) 누전차단기 : ELB

옥내 배선선로에 누전발생시 자동으로 선로를 차단하는 장치

제2장 → 배선 재료와 공구 및 기구

실전문제

문제 01 **부하에 전력을 공급하는 상태에서 사용할 수 없는 개폐기는?**

㉮ 유입차단기 ㉯ 자기차단기
㉰ 유입개폐기 ㉱ 단로기

해설 단로기(DS) : Disconnecting Switches
발 · 변전소, 개폐소에서 회로 개폐, 선로의 접속변경, 전력기기의 점검, 수리시 회로 분리를 목적으로 경부하 또는 무부하 회로 개폐에 사용된다. 부하전류 또는 고장 전류는 차단할 수 없다.

문제 02 **전선로 및 전기기기 등의 수리 점검시 이들을 회로에서 분리시키기 위하여 사용하는 것은?**

㉮ 단로기 ㉯ 전자개폐기
㉰ 유입차단기 ㉱ 애자형 유입차단기

해설 문제 01번 참고

문제 03 **다음 중 단로기의 기능으로 가장 적합한 것은?**

㉮ 무부하 회로의 개폐 ㉯ 부하전류의 개폐
㉰ 고장전류의 차단 ㉱ 3상 동시 개폐

해설 문제 01번 참고

문제 04 **저압 옥내 간선으로부터 분기하는 곳에 설치하지 않으면 안되는 것은?**

㉮ 자동차단기 ㉯ 개폐기와 자동차단기
㉰ 전자개폐기 ㉱ 개폐기

문제 05 **다음 과전류 차단기 중에서 전동기의 과부하 보호 역할을 하지 못하는 것은?**

㉮ 온도 퓨즈 ㉯ 마그넷 스위치
㉰ 통형 퓨즈 ㉱ 타임러그 퓨즈

정답 01. ㉱ 02. ㉮ 03. ㉮ 04. ㉯ 05. ㉰

해설 통형 퓨즈
내부에 가용체를 넣은 통의 양 끝에 통형 단자, 또는 나이프 단자를 퓨즈 홀더에 꽂아서 사용

문제 06 **분기회로에 사용하는 것으로 개폐기와 자동차단기의 두 가지 역할을 하는 것은?**

㉮ 유입차단기 ㉯ 컷아웃 스위치
㉰ 노퓨즈 브레이크 ㉱ 통형 퓨즈

 배선용 차단기
전류가 비정상적으로 흐를 때 자동적으로 회로를 끊어서 전선 및 기계 기구를 보호하는 것으로, 분기회로에서 사용할 때 개폐기 및 차단기 두 가지 역할을 겸한다.

문제 07 **정격전류가 30[A]인 저압전로의 과전류 차단기를 배선용 차단기로 사용하는 경우 정격전류의 2배의 전류가 통과하였을 경우 몇 분 이내에 자동적으로 동작하여야 하는가?**

㉮ 1분 ㉯ 2분
㉰ 60분 ㉱ 120분

 배선용 차단기 : 정격전류의 1배의 전류에 견딜 것

정격전류	정격전류 1.25배인 경우	정격전류 2배인 경우
30 이하	60분 이내 용단	2분 이내 용단
31~50 이하	60분 이내 용단	4분 이내 용단
51~100 이하	120분 이내 용단	6분 이내 용단

문제 08 **과전류 차단기로 저압전로에 사용하는 30[A] 이하의 배선용 차단기는 정격전류 1.25배의 전류가 흐를 때 몇 분 내에 자동적으로 동작하여야 하는가?**

㉮ 10분 이내 ㉯ 30분 이내
㉰ 60분 이내 ㉱ 120분 이내

 문제 07번 참고

문제 09 **과전류 차단기를 시설하는 퓨즈 중 고압전로에 사용하는 포장 퓨즈는 정격전류의 몇 배에 견뎌야 하는가?**

㉮ 1배 ㉯ 1.3배
㉰ 1.25배 ㉱ 2배

해설 고압용 퓨즈 종류
① 포장 퓨즈 : 정격전류의 1.3배에 견디고, 2배의 전류에는 120분 내에 용단되어야 한다.
② 비포장 퓨즈 : 정격전류의 1.25배에 견디고, 2배의 전류에는 2분 내에 용단되어야 한다.

정답 06. ㉰ 07. ㉯ 08. ㉰ 09. ㉯

문제 10 저압전로에서 사용하는 과전류 차단기용 퓨즈를 수평으로 붙인 경우 견디어야 할 전류는 정격전류의 몇 배로 정하고 있는가?

㉮ 1.1배 ㉯ 1.2배
㉰ 1.25배 ㉱ 1.5배

해설 저압용 퓨즈
600[V] 이하의 전로에 사용하는 퓨즈로, 정격전류의 1.1배에 견디고, 1.6배 및 2배의 전류에는 다음 표의 시간 이내에 용단되어야 한다.

정격전류 / 구분	용단 시간		정격전류 / 구분	용단 시간	
	1.6배	2배		1.6배	2배
30[A] 이하	60분	2분	200～400[A]	180분	10분
30～60[A]	60분	4분	400～600[A]	240분	12분
60～100[A]	120분	6분	600[A] 이상	240분	20분
100～200[A]	120분	8분			

전기설비

문제 11 통형 퓨즈의 종별 기호 CF 6R에서 F는 무엇을 뜻하는가?

㉮ 정격전압
㉯ 나이프형 단자
㉰ 재생형
㉱ 통형 단자

해설 C : 통형 퓨즈, F : 통형 단자, K : 나이프형 단자,
R : 재생형, 2 : 정격전압 250[V], 6 : 정격전압 600[V]

문제 12 홀더 정격전류가 60[A]일 때 여기서 사용할 수 있는 통형 퓨즈의 정격전류[A]는?

㉮ 50～60 ㉯ 30～60
㉰ 40～60 ㉱ 50～75

해설 통형 퓨즈와 홀더 정격

기호	통형 퓨즈 정격전류[A]	홀더 정격전류[A]
CF 2 CF 2R	1, 3, 5, 10, 15, 20, 30 40, 50, 60	30 60

문제 13 전압계, 전류계 등의 소손방지용으로 계기 내에 장치하고 봉압하는 퓨즈는?

㉮ 텅스텐 퓨즈 ㉯ 판형 퓨즈
㉰ 온도 퓨즈 ㉱ 통형 퓨즈

정답 10. ㉮ 11. ㉱ 12. ㉰ 13. ㉮

문제 **14** **정격전류 30[A] 이하의 A종 퓨즈는 정격전류 200[%]에서 몇 분 이내 용단되어야 하는가?**

㉮ 2분 ㉯ 4분
㉰ 6분 ㉱ 8분

해설 문제 **10**번 참고

문제 **15** **배선용 차단기의 심벌은?**

㉮ B ㉯ E
㉰ BE ㉱ S

심벌(기호)	B	E	BE	S
명칭	배선용 차단기	누전 차단기	과전류겸용 누전 차단기	개폐기

문제 **16** **다음 중 과전류 차단기를 시설해야 할 곳은?**

㉮ 접지공사의 접지선 ㉯ 인입선
㉰ 다선식 전로의 중성선 ㉱ 저압 가공전로의 접지측 전선

해설 과전류 차단기 생략 장소
① 접지선 ② 중성선

문제 **17** **차단기에서 ELB의 용어는?**

㉮ 유입 차단기 ㉯ 진공 차단기
㉰ 배전용 차단기 ㉱ 누전 차단기

약자	OCB	VCB	NFB	ELB
명칭	유입 차단기	진공 차단기	배선용 차단기	누전 차단기

※ ELB : 인체 감전 보호를 위해 옥내 배선 공사시 대지전압 150~300[V] 이하 저압전로의 인입구에 반드시 시설할 것

문제 **18** **다음 중 차단기를 시설해야 하는 곳으로 가장 적당한 것은?**

㉮ 다선식 전로의 중성선
㉯ 제2종 접지공사를 한 저압 가공전로의 접지측 전선
㉰ 고압에서 저압으로 변성하는 2차측의 저압측 전선
㉱ 접지공사의 접지선

해설 문제 **16**번 참고

정답 **14.** ㉮ **15.** ㉮ **16.** ㉯ **17.** ㉱ **18.** ㉰

5 전기 공사용 공구

(1) 게이지

1) **마이크로미터** : 전선의 굵기, 철판, 구리판 등의 두께를 측정하는 공구이다.

2) **와이어 게이지** : 전선의 굵기를 측정하는 기구이다.

3) **버니어 캘리퍼스** : 둥근 물건(전선)의 외경이나 파이프 등의 내경과 깊이를 측정하는 공구

4) **다이얼 게이지** : 길이의 변화 · 변위로 두께 측정

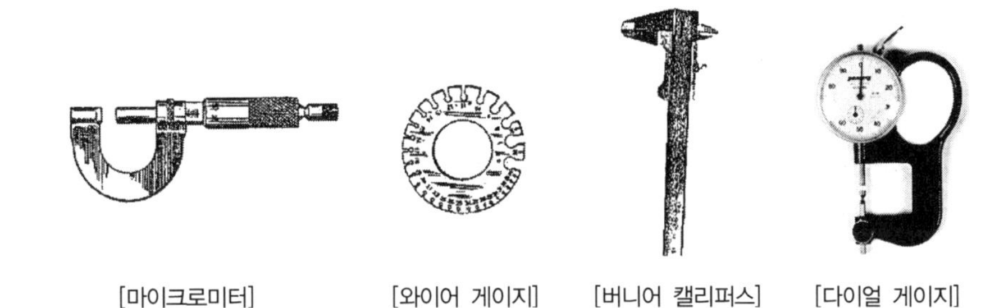

[마이크로미터] [와이어 게이지] [버니어 캘리퍼스] [다이얼 게이지]

(2) 공구 및 기구

① **펜치**(cutting plier) : 전선의 절단, 접속, 바인드 등에 사용한다.

펜치의 크기	용 도
150[mm]	소기구 전선 접속용에 사용
175[mm]	옥내 일반 공사용에 사용
200[mm]	옥외 공사용에 사용

② **나이프**(knife) : 전선의 피복을 벗길 때 사용한다.

★③ **와이어 스트리퍼**(wire striper) : 전선의 피복을 벗기는 자동 공구이다.

④ **드라이버**(screw driver) : 애자, 배선 기구, 조명 기구 등을 시설할 때나 나사못 등을 박을 때 사용한다.

★⑤ **토치 램프**(torch lamp) : 전선 접속의 납땜과 합성수지관의 가공에 열을 가할 때 사용한다.

⑥ **파이어 포트**(fire pot) : 납땜 인두를 가열하거나 납땜 냄비를 올려놓아 납물을 만드는 데 사용하는 회로이다.

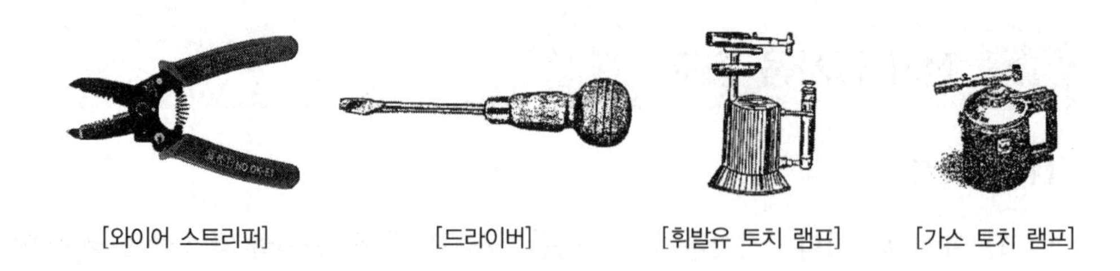
[와이어 스트리퍼] [드라이버] [휘발유 토치 램프] [가스 토치 램프]

⑦ **클리퍼**(clipper 또는 cutter) : 굵은 전선(22[mm^2] 이상)을 절단시 사용

★⑧ **스패너**(spanner) : 너트를 조이는 데 사용한다.

⑨ **플라이어**(handy man plier) : 금속관 공사시 로크너트를 조일 때 사용한다.

⑩ **프레셔 툴**(pressure tool) : 솔더리스 커넥터, 솔더리스 터미널을 압착하는 데 사용한다.

★⑪ **홀소**(key hole saw) : 목재나 철판에 구멍을 뚫을 때 사용하며, 원형 구멍을 뚫을 때는 실톱을 사용한다.

⑫ **쇠톱**(hack saw) : 전선관이나 굵은 전선을 끊을 때 사용한다.

- 톱날 크기 : ① 20[cm^2], ② 25[cm^2], ③ 30[cm^2]

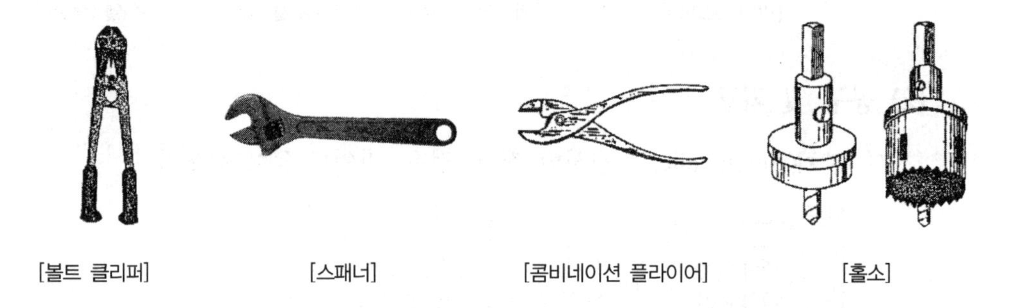
[볼트 클리퍼] [스패너] [콤비네이션 플라이어] [홀소]

⑬ **밴더**(bander) : 금속관을 구부리는 공구로, 구부러진 곳에 대고 한번에 목적한 각도로 구부린다.

⑭ **히키**(hickey) : 금속관을 구부리는 공구로, 금속관을 끼워서 조금씩 위치를 옮겨가며 구부린다.

⑮ **파이프 커터**(pipe cutter) : 금속관을 절단하는 데 사용한다.

★⑯ **오스터**(oster) : 금속관 끝에 나사를 내는 데 사용한다.

★⑰ **녹아웃 펀치**(knock out punch) : 배전반, 분전반 등의 배관을 변경하거나 이미 설치되어 있는 캐비닛에 구멍을 뚫을 때 사용한다.

⑱ **파이프 렌치**(pipe wrench) : 금속관을 커플링으로 접속할 때, 금속관 커플링을 물고 조일 때 사용한다.

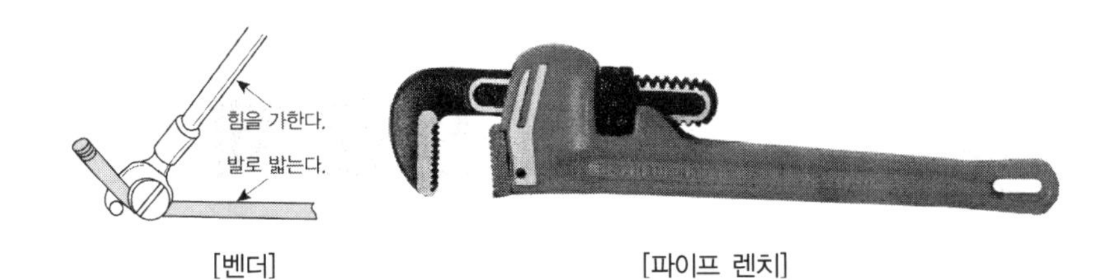

[벤더] [파이프 렌치]

⑲ **파이프 바이스**(pipe vise) : 금속관 절단 또는 금속관에 나사를 낼 때 파이프를 고정시키는 것

★⑳ **리머**(reamer) : 금속관을 쇠톱 등으로 끊은 다음 관 내에 날카로운 것 등을 다듬어 주는 공구이다.

㉑ **드라이브이트 툴**(driveit tool) : 화약의 폭발력을 이용하여, 콘크리트에 구멍을 뚫는 데 사용한다.

㉒ **피시 테이프** : 전선관에 전선을 넣을 때 사용되는 평각 강철선

[파이프 바이스] [리머] [드라이브이트]

(3) 측정 계기

① **절연저항** : 메거
② **접지저항** : 어스 테스터, 코올라시 브리지
③ **충전 유무** : 네온검전기
④ **도통시험** : 테스터, 마그넷 벨, 메거

[메거] [접지저항 측정기] [검전기]

※ 옥내 배선 검사 순서

점검－절연저항 측정(메거)－접지＋저항 측정(어스 테스터, 코올라시 브리지)－통전시험

제2장 → 배선 재료와 공구 및 기구

실전문제

문제 01 쇠톱처럼 금속관의 절단이나 프레임 파이프의 절단에 사용하는 공구의 명칭은?

㉮ 리머　　㉯ 파이프 커터
㉰ 파이프 렌치　　㉱ 파이프 바이스

해설 파이프 커터(pipe cutter)
금속관을 절단하는 데 사용한다.

문제 02 다음 중 합성수지관 P.V.C(경질비닐관)을 구부리는 공구는?

㉮ 토치 램프　　㉯ 파이프 렌치
㉰ 파이프 밴더　　㉱ 파이프 바이스

해설 토치 램프(torch lamp)
전선 접속의 납땜과 합성수지관의 가공에 열을 가할 때 사용한다.

문제 03 다음 중 전선의 굵기, 철판, 구리판 등의 두께를 측정하는 것은?

㉮ 와이어 게이지　　㉯ 파이어 포트
㉰ 스패너　　㉱ 프레셔 툴

해설 와이어 게이지(wire gauge)
전선의 굵기를 측정하는 기구이다.

문제 04 다음 중 펜치로 절단하기 힘든 굵은 전선을 절단할 때 사용하는 공구는?

㉮ 펜치　　㉯ 파이프 커터
㉰ 프레셔 툴　　㉱ 클리퍼

해설 클리퍼(clipper 또는 cutter)
보통 22[mm^2] 이상의 굵은 전선을 절단할 때 사용한다.

문제 05 옥내 일반용 사용으로 가장 많이 쓰이는 펜치의 크기가 아닌 것은?

㉮ 150[mm]　　㉯ 175[mm]
㉰ 200[mm]　　㉱ 300[mm]

정답 01. ㉯ 02. ㉮ 03. ㉮ 04. ㉱ 05. ㉱

 펜치(cutting plier) : 전선의 절단, 접속, 바인드 등에 사용한다.

펜치의 크기 [mm]	150	175	200
용도	소기구 전선 접속	옥내 일반 공사용	옥외 공사용

문제 06

어미자와 아들자의 눈금을 이용하여 두께, 깊이, 안지름 및 바깥지름 측정용에 사용하는 것은?

㉮ 버니어 캘리퍼스　㉯ 스패너
㉰ 와이어 스트리퍼　㉱ 잉글리시 스패너

문제 07

다음 중 진동이 있는 기계 기구의 단자에 전선을 접촉할 때 사용하는 것은?

㉮ 압착 단자　㉯ 스프링 와셔
㉰ 코드 패스너　㉱ 십자머리 볼트

문제 08

다음 중 콘크리트 벽이나 기구에 구멍을 뚫어 전선관이나 기타 배선 기구를 고정하기 위한 배선 재료가 아닌 것은?

㉮ 스크루 앵커　㉯ 익스팬션 볼트
㉰ 토틀 볼트　㉱ 비트 익스팬션

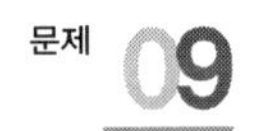

녹아웃 펀치가 아닌 것은?

㉮ 10[mm]　㉯ 15[mm]
㉰ 19[mm]　㉱ 25[mm]

 녹아웃 펀치(knock out punch)
배전반, 분전반 등의 배관을 변경하거나 이미 설치되어 있는 캐비닛에 구멍을 뚫을 때 사용한다.

문제 10

다음 중 절연전선의 피복 절연물을 벗기는 자동 공구는?

㉮ 와이어 스트리퍼　㉯ 나이프
㉰ 파이어 포트　㉱ 클리퍼

 와이어 스트리퍼(wire striper)
전선의 피복을 벗기는 자동 공구이다.

전기설비

정답 06. ㉮ 07. ㉯ 08. ㉱ 09. ㉮ 10. ㉮

문제 **11** **전선에 압착단자를 접속시키는 공구는?**

㉮ 와이어 스트리퍼　　㉯ 프레셔 툴
㉰ 볼트 클리퍼　　㉱ 드라이브이트

 프레셔 툴(pressure tool)
솔더리스 커넥터, 솔더리스 터미널을 압착하는 데 사용한다.

문제 **12** **쇠톱날의 크기가 아닌 것은? (단위 [mm])**

㉮ 200　　㉯ 250
㉰ 300　　㉱ 450

 쇠톱(hack saw) : 전선관이나 굵은 전선을 끊을 때 사용한다.
톱날 크기 : 20[cm^2], 25[cm^2], 30[cm^2]

문제 **13** **절단한 금속관 끝부분의 내면 다듬질에 쓰이는 공구는?**

㉮ 오스터　　㉯ 다이스
㉰ 리머　　㉱ 커터

 리머(reamer)
금속관을 쇠톱 등으로 끊은 다음 관 내에 날카로운 것 등을 다듬어 주는 공구이다.

문제 **14** **녹아웃 펀치와 같은 용도로 배전반이나 분전반 등에 구멍을 뚫을 때 사용하는 것은?**

㉮ 클리퍼(Clipper)　　㉯ 홀소(Hole Saw)
㉰ 프레스 툴(Pressure Tool)　　㉱ 드라이브이트 툴(Driveit Tool)

 홀소(key hole saw)
목재나 철판을 절단할 때 구멍을 뚫을 때 사용하며, 원형 구멍을 뚫을 때는 실톱을 사용한다.

문제 **15** **옥내에 시설하는 저압 전로와 대지 사이의 절연저항 측정에 쓰이는 계기는?**

㉮ 코올라시 브리지　　㉯ 어스 테스터
㉰ 메거　　㉱ 검전기

해설 측정 계기

측정 계기	메거	어스 테스터, 코올라시 브리지	네온검전기	테스터, 마그넷 벨
측정값	절연저항	접지저항	충전 유무 확인	도통시험

정답 11. ㉯ 12. ㉱ 13. ㉰ 14. ㉯ 15. ㉰

문제 **16** **다음 중 충전중에 저압 옥내 배선의 접지측과 비접지측을 간단히 알아볼 수 있는 기구는?**

㉮ 전압계 ㉯ 메거
㉰ 어스 테스터 ㉱ 네온 검전기

해설 문제 15번 참고

문제 **17** **앤트럽스 캡의 용도는?**

㉮ 금속관이 고정되어 회전시킬 수 없을 때 사용
㉯ 인입선 공사에 사용
㉰ 배관이 직각의 굴곡부분에서 사용
㉱ 조명기구가 무거울 때 조명기구 부착용으로 사용

문제 **18** **저압 옥내 배선에 있어서 맨 먼저 시험해야 할 사항은?**

㉮ 절연시험 ㉯ 절연내력
㉰ 접지저항 ㉱ 통전

문제 **19** **접지저항 측정방법으로서 적당하지 못한 것은?**

㉮ 코올라시 브리지 이용 ㉯ 교류의 전압계와 전류계 사용
㉰ 어스 테스터 사용 ㉱ 테스터 사용

문제 **20** **접지저항이나 전해액 저항 측정에 쓰이는 것은?**

㉮ 휘트스톤 브리지 ㉯ 전위차계
㉰ 메거 ㉱ 코올라시 브리지

문제 **21** **저압 옥내 배선의 회로 점검을 하는 경우 필요로 하지 않는 것은?**

㉮ 어스 테스터 ㉯ 슬리이덕스
㉰ 서킷 테스터 ㉱ 메거

문제 **22** **금속관 공사에서 금속 전선관의 나사를 낼 때 사용하는 공구는?**

㉮ 벤더 ㉯ 커플링
㉰ 로크너트 ㉱ 오스터

정답 16. ㉱ 17. ㉯ 18. ㉮ 19. ㉱ 20. ㉱ 21. ㉯ 22. ㉱

문제 23 절연전선으로 가선된 배전선로에서 활선상태인 경우 전선의 피복을 벗기는 것은 매우 곤란한 작업이다. 이런 경우 활선상태에서 전선의 피복을 벗기는 공구는?

㉮ 전선 피박기　　㉯ 애자커버
㉰ 와이어 통　　㉱ 데드 앤드 커버

활선공구 종류	전선 피박기	와이어 통	데드 앤드 커버
용도	전선 피복 벗김	절연봉	감전사고 방지용 커버

문제 24 다음 중 전선의 슬리브 접속에 있어서 펜치와 같이 사용되고 금속관 공사에서 로크너트를 조일 때 사용하는 공구는 어느 것인가?

㉮ 펌프 플라이어(Pump Plier)　　㉯ 히키(Hickey)
㉰ 비트 익스텐션(Bit Extension)　　㉱ 클리퍼(Clipper)

문제 25 다음 중 피시 테이프(Fish Tape)의 용도는 무엇인가?

㉮ 전선을 테이핑하기 위해서
㉯ 전선관의 끝마무리를 위해서
㉰ 배관에 전선을 넣을 때
㉱ 합성수지관을 구부릴 때

해설 피시 테이프 : 배관에 전선을 넣을 때 사용하는 평각 강철선

문제 26 금속관에 여러 가닥의 전선을 넣을 때 매우 편리하게 넣을 수 있는 방법으로 쓰이는 것은?

㉮ 비닐전선　　㉯ 철망 그리프
㉰ 접지선　　㉱ 호밍사

문제 27 전기공사에 사용하는 공구와 작업내용이 잘못된 것은?

㉮ 토치램프－합성 수지관 가공하기
㉯ 홀소－분전반 구멍 뚫기
㉰ 와이어 스트리퍼－전선 피복 벗기기
㉱ 피시 테이프－전선관 보호

정답 23. ㉮ 24. ㉮ 25. ㉰ 26. ㉯ 27. ㉱

제3장 전선의 접속

1 전선의 피복 벗기기

① 반드시 칼이나 와이어 스트리퍼(wire stripper)를 사용
② 연필 깎는 모양으로 벗겨야 하며, 칼을 전선에 직각으로 대고 벗기지 않는다.

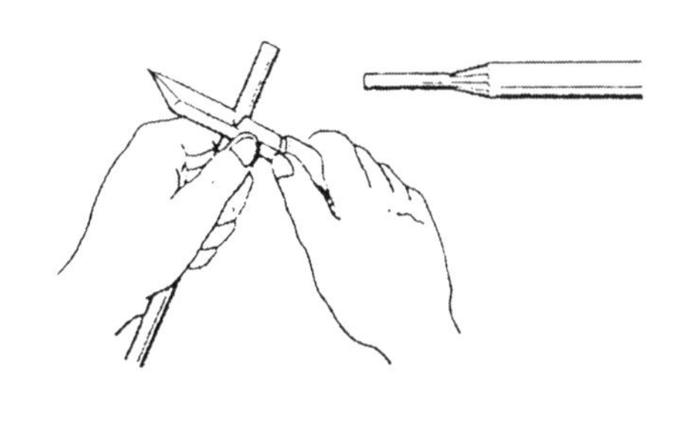

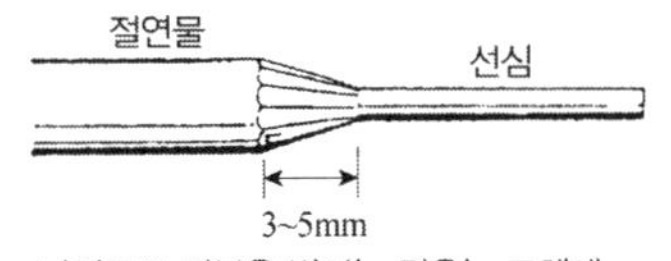

나이프로 피복을 벗기는 경우는 도체에 나이프의 날로 손상시키지 않도록 연필 깎는 요령으로 벗겨낸다.

[나이프에 의한 절연피복의 벗겨내기]

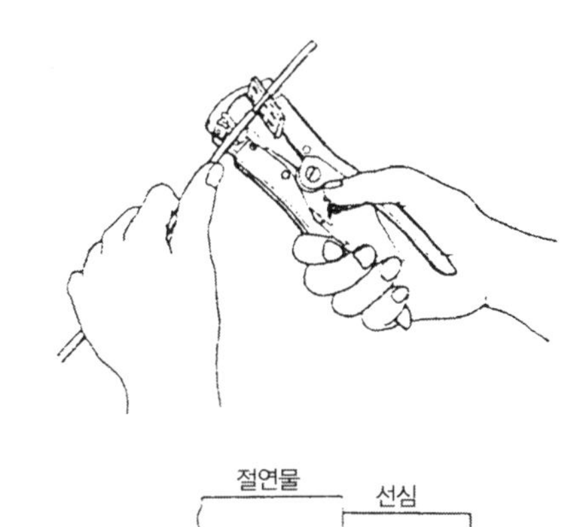

와이어 스트리퍼 등을 사용해서 피복을 벗기는 경우는 이빨 모양이 전선 사이즈에 적합한가의 여부를 확인한다.

[와이어 스트리퍼에 의한 절연피복의 벗겨내기]

2 전선 접속시 유의사항

① 전선의 접속부분의 전기저항을 증가시키지 말아야 한다.
② 전선의 세기(인장하중, 기계적 강도)를 20[%] 이상 감소시키지 말 것(즉, 80[%] 이상 유지)
③ 접속부분은 절연전선의 절연물과 동등 이상의 절연효력이 있는 것(테이핑, 와이어 커넥터)으로 충분히 피복한다.
④ 접속점은 장력이 가해지지 않도록 하고 박스 안에서 한다.

3 접속의 종류

(1) 직선 접속

1) 단선의 직선 접속★

단선의 접속방법	적용 전선 굵기
① 트위스트 접속	단면적 6[mm²] 이하의 가는 전선
② 브리타니아 접속	직경 3.2[mm] 이상의 굵은 전선

2) 연선의 직선 접속

① **권선 접속(브리타니아 접속)** : 접속선을 사용하여 접속하는 방법

② **단권 접속** : 소선 자체를 하나씩 감아서 접속하는 방법

③ **복권 접속** : 소선 전체를 감아서 접속하는 방법

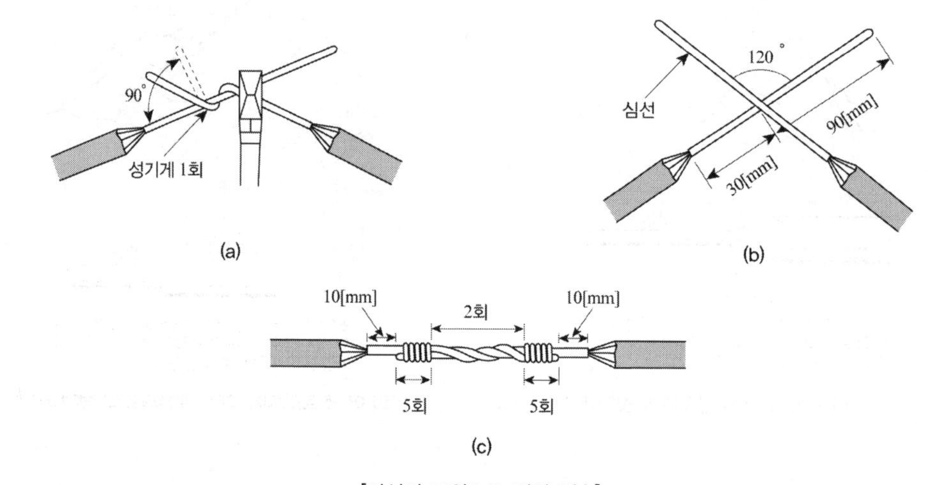

[단선의 트위스트 직선 접속]

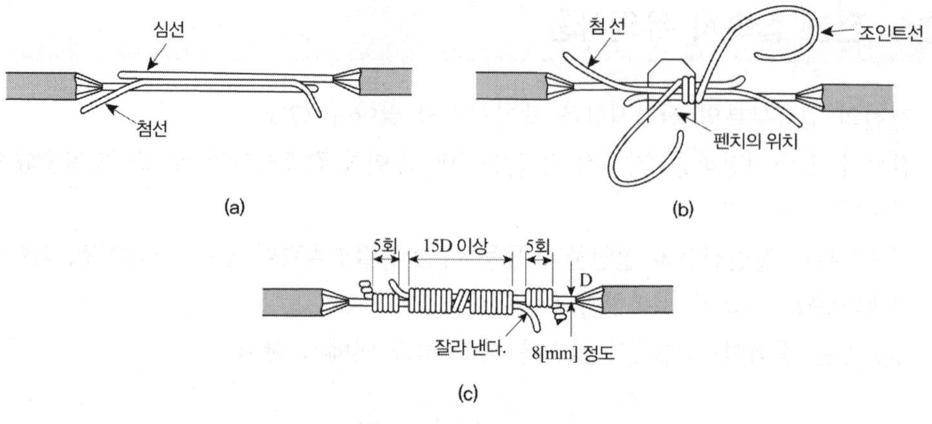

[단선의 브리타니아 직선 접속]

(2) 분기 접속

1) 단선의 분기 접속(트위스트 접속)

분기선의 굵기가 6[mm^2] 이하인 가는 전선인 경우에 사용

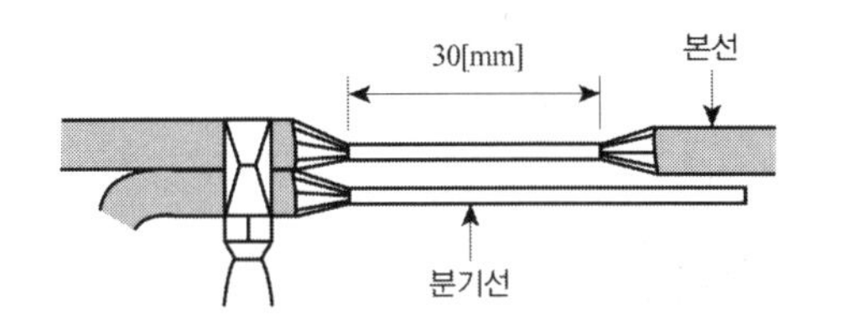

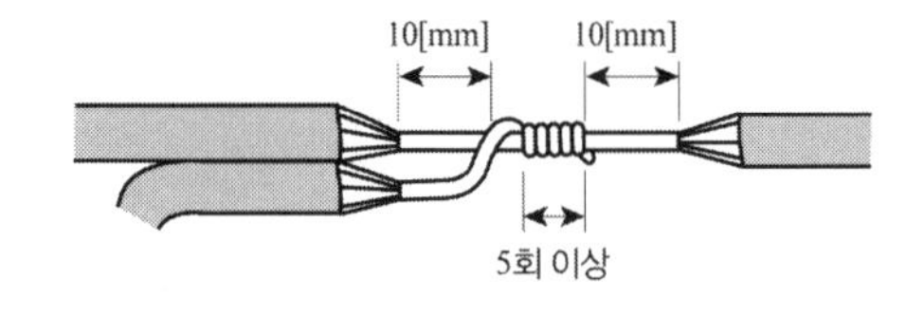

2) 브리타니아 분기 접속

분기선의 굵기가 3.2[mm] 이상의 굵은 전선인 경우에 사용
보통 분기 접속선의 굵기는 1.0~1.2[mm] 정도이다.

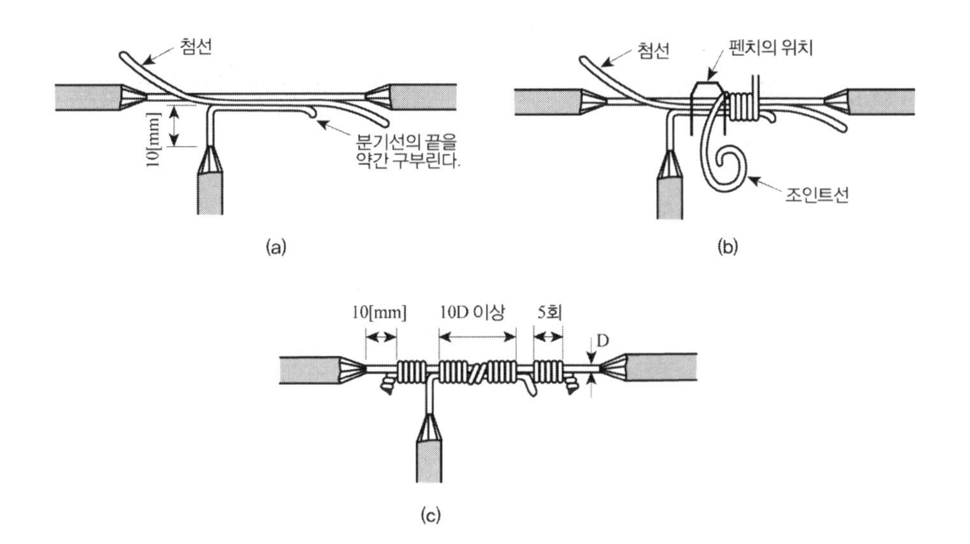

3) 연선의 단권 분기 접속

분기선의 소선 자체를 이용하여 소선을 절반씩 양쪽으로 나누어 붙이고, 소선 하나씩을 감아서 접속하는 방법이다.

4) 연선의 복권 분기 접속

소선 자체를 이용하여 분기선을 두 개로 나눈 다음 소선 전체를 한꺼번에 감아서 접속하는 방법이다.

5) 연선의 분할 분기 접속

본선의 소선을 두 개로 나누어 벌리고, 그 사이에 두 개로 나눈 분기선의 소선을 끼워 감아주는 접속 방법이다.

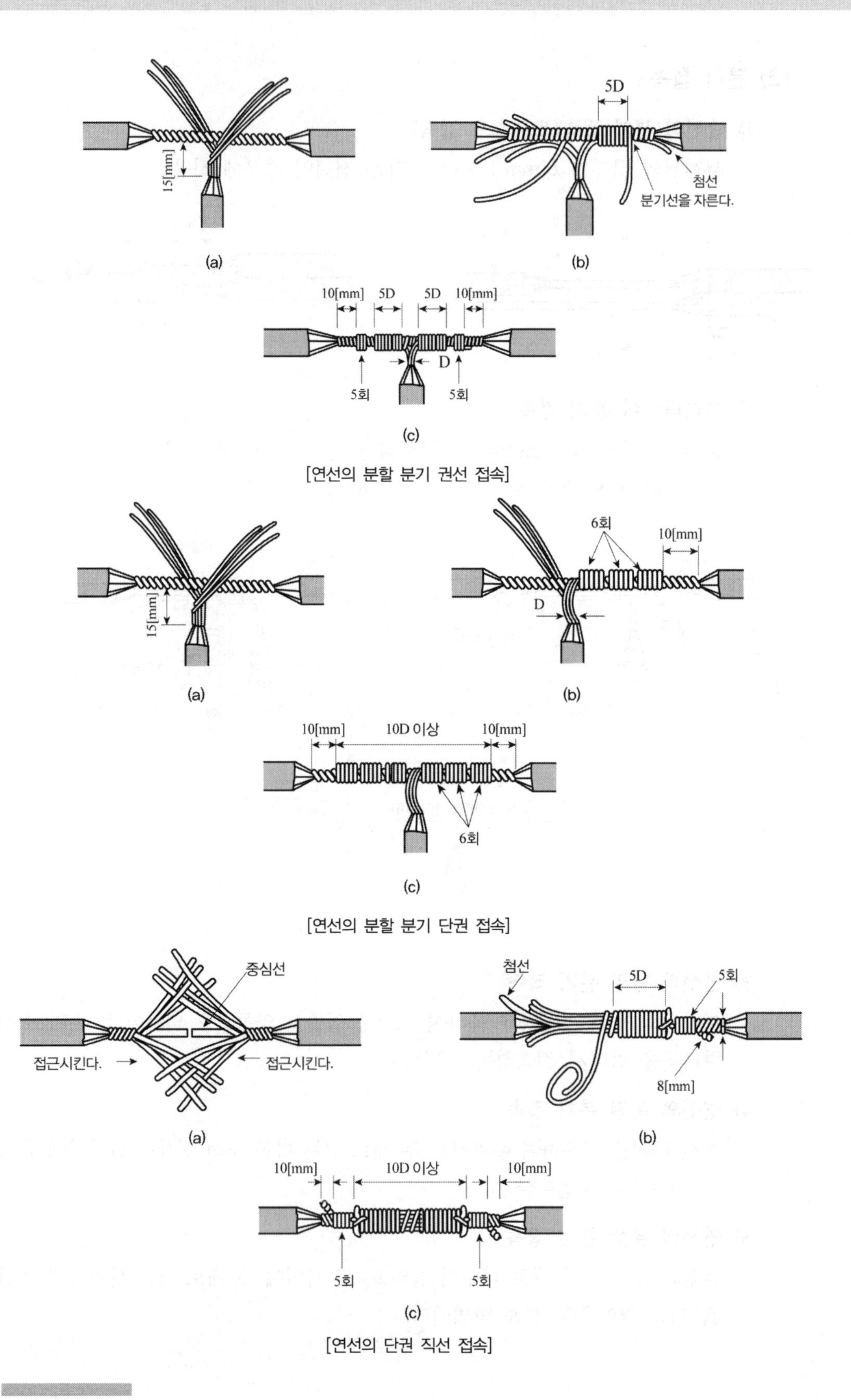

[연선의 분할 분기 권선 접속]

[연선의 분할 분기 단권 접속]

[연선의 단권 직선 접속]

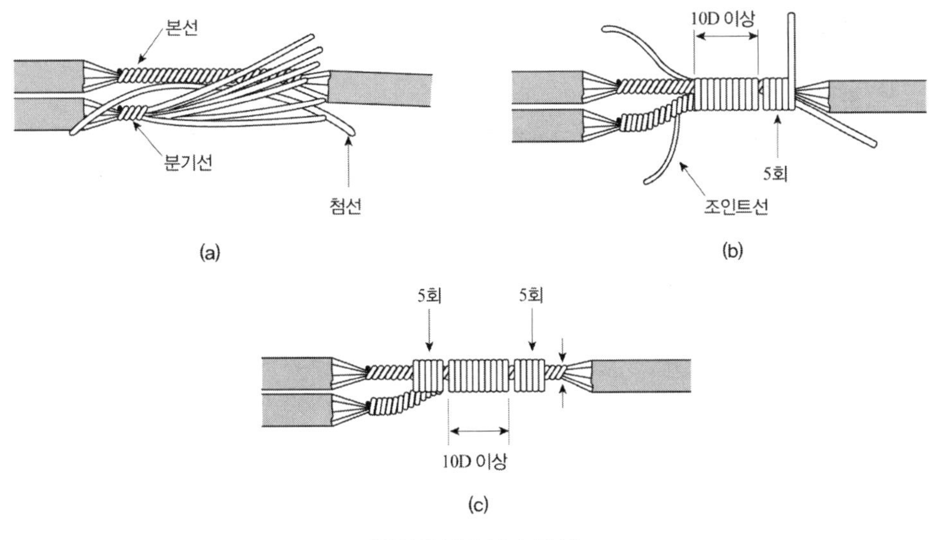

[연선의 권선 분기 접속]

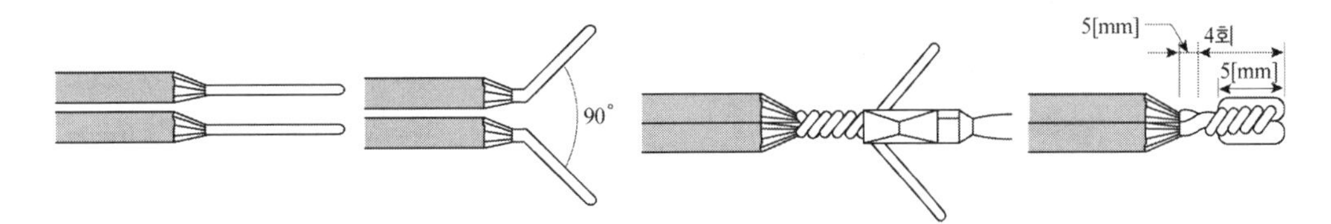

(3) 쥐꼬리 접속

금속관 공사 또는 합성수지관 공사를 할 때 박스 내에서 접속할 때 이용

1) 같은 굵기의 단선 접속인 경우

2) 다른 굵기의 단선 접속인 경우

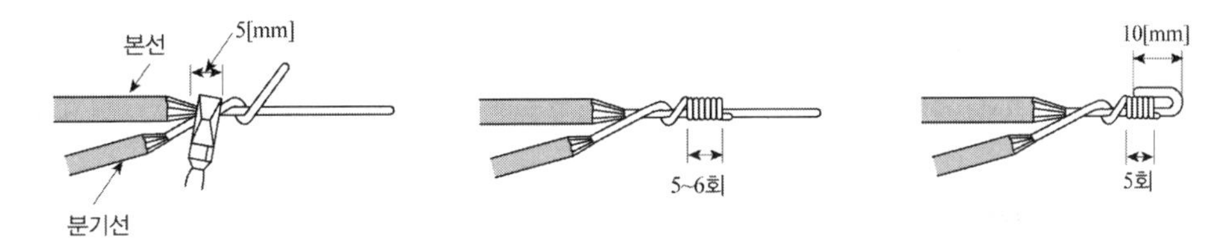

3) 연선의 쥐꼬리 접속인 경우

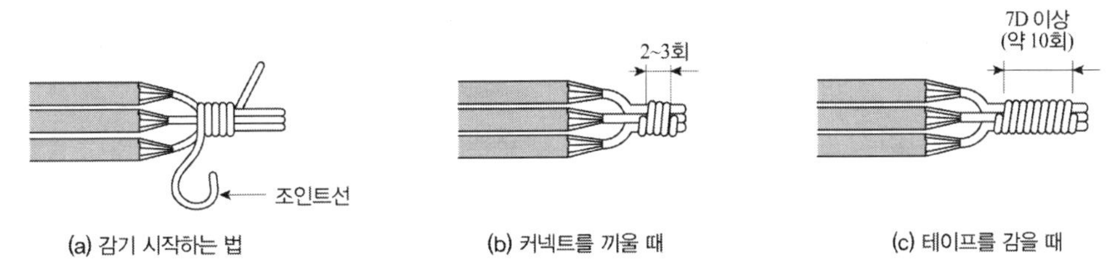

(a) 감기 시작하는 법 (b) 커넥트를 끼울 때 (c) 테이프를 감을 때

(4) 슬리브 및 커넥터 접속

1) 슬리브 접속

슬리브라는 접속 기구를 이용하여, 옥내 배선에서 납땜은 하지 않고 절연을 위해 테이프를 감아준다.

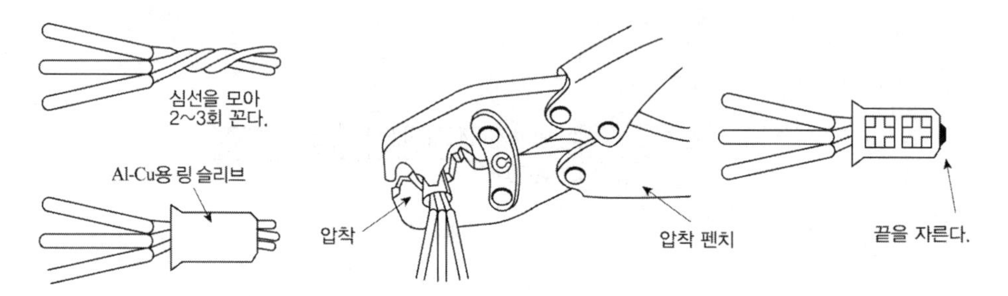

2) 커넥터 접속

전선과 전선을 박스 안에서 접속할 때 이용하며, 피복을 벗긴 전선을 커넥터에 끼우고 돌려주면 압축되어 접속이 이루어진다.

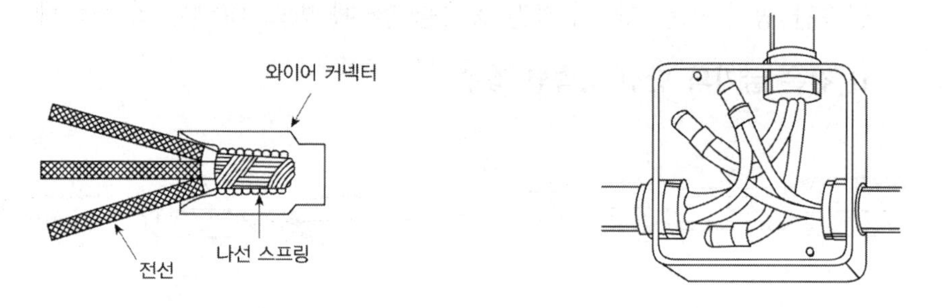

(5) 전선과 기구 단자의 접속

① 3.2[mm] 단선과 연선 5.5[mm^2] 이하의 전선 접속 시 : 기구 단자에 직접 접속
② 진동이 있는 기계 기구 접속 시 : 2중 너트 또는 스프링 와셔를 이용하여 접속

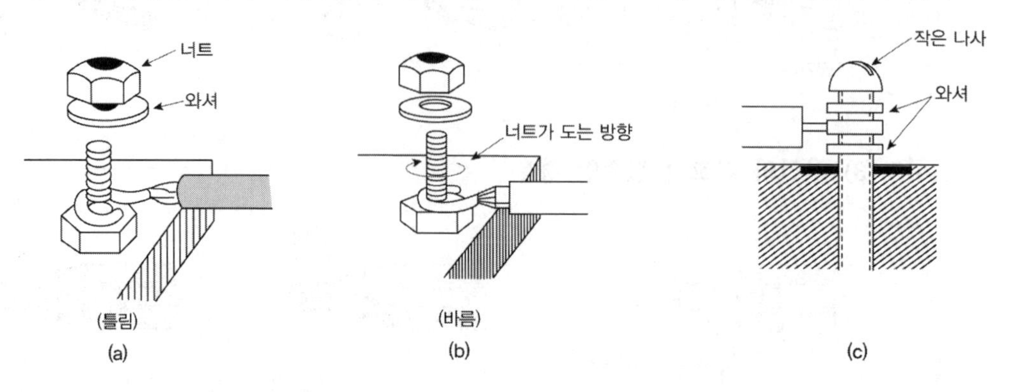

(a) (b) (c)

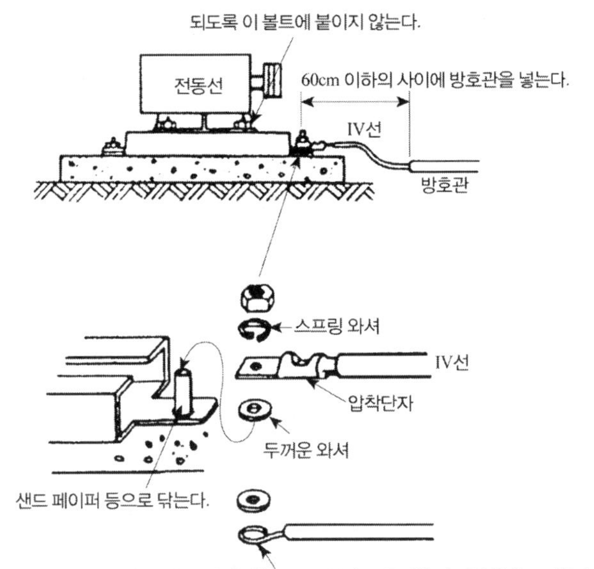

4 납땜과 테이프

(1) 납땜

슬리브나 커넥터를 이용하지 않고 전선을 접속할 경우에 납땜을 할 때는 주석과 납이 각각 50[%]씩 구성된 것을 사용한다.

(2) 테이프

절연전선을 접속할 경우 납땜을 한 후에 접속부의 절연물질은 전선의 절연물질보다 더 절연효과가 큰 것으로 충분히 피복 절연한다.

1) 면 테이프

① 가제 테이프에 검은색 점착성의 고무혼합물을 사용한 테이프
② **특징** : 점착성이 강하다.
③ **규격** : 두께 0.5[mm], 너비 19[mm], 길이 15[m]

2) 고무 테이프

① **사용방법** : 테이프를 2.5배로 늘려서 테이프 폭이 반 정도 겹치도록 감는다.
② **특징** : 서로 밀착되지 않도록 적당한 격리물을 사이에 삽입하여 감아 준다.
③ **규격** : 두께 0.9[mm], 너비 19[mm], 길이 8[m]

3) 비닐 테이프(염화비닐 컴파운드로 만든 것)

① **사용방법** : 테이프 폭 반씩 겹치게 감고 반대방향으로 4겹 이상 감는다.

② **특징** : 테이프에 접착제가 있는 것(스카치테이프)과 없는 것으로 구별된다. 비접착성의 테이프는 테이핑을 할 때 끝에 열을 가하여 융착시켜야 한다.

③ **규격** : 두께 0.15, 0.20, 0.25[mm], 너비 19[mm], 길이 10, 20[m]

④ **9색상** : 검정색, 흰색, 회색, 파란색, 초록색, 노란색, 갈색, 주황색, 빨간색

⑤ **용도** : 전기단자의 피복보호용

4) 리노 테이프

엇갈리게 짠 건조한 목면에 절연성 니스를 몇 차례 바른 다음, 건조시킨 것으로, 노란색과 검정색이 있다.

① **특징** : 절연성, 보온성, 내유성은 좋으나 접착성이 떨어진다.

② **규격** : 두께 0.18, 0.25[mm], 너비 13, 19, 25[mm], 길이 6[m]

③ **용도** : 연피 케이블 접속용(배전반, 분전반, 변압기 단자 부근의 절연선에 사용)

5) 자기 융착 테이프

합성수지와 고무를 주성분으로 하여 압연한 다음 적당한 격리물과 함께 감아서 만든 것

① **특징** : 약 1.2배로 늘여 감는다. 내오존성, 내수성, 내약품성, 내온성이 우수하다.

② **규격** : 두께 0.5～1.0[mm], 너비 19[mm], 길이 5～10[m]

③ **용도** : 비닐 외장 케이블 및 클로로프렌 외장 케이블을 접속할 때 사용한다.

참고 ┃S자형 슬리브에 의한 직선 접속┃

칼, 펜치, 플라이어, 절연전선, S형 슬리브

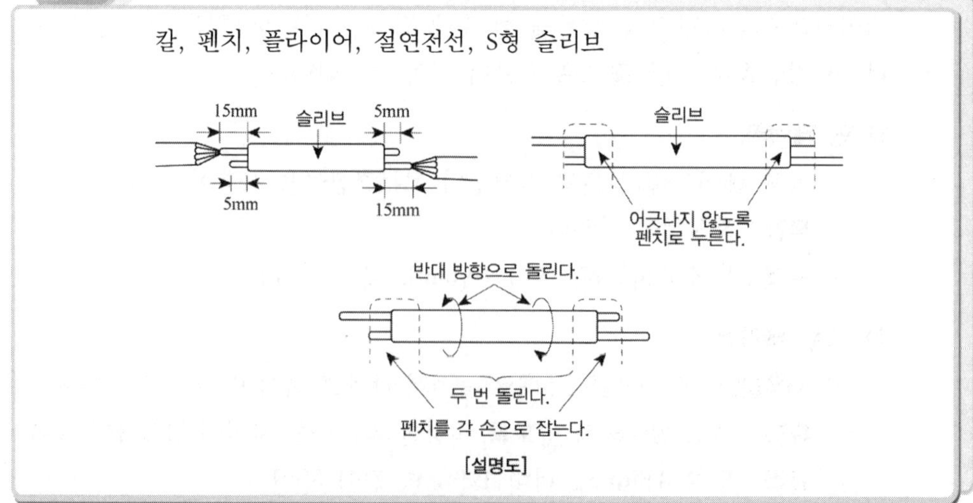

[설명도]

제3장 → 전선의 접속

실전문제

문제 01 **다음 중 전선의 접속에 대한 설명으로 바르게 된 것은?**

㉮ 박스 내에서 전선과 기구의 코드를 접속하는데 코드의 심선을 전선에 6회 감고, 그 위에 테이프를 감았다.
㉯ 저압 가공전선 상호는 규정된 방법으로 접속하였지만, 납땜을 하지 않고 테이프를 감았다.
㉰ 전선과 600[V] 절연전선을 접속하여 전선의 인장하중을 조사하였더니 70[%] 감소하였다.
㉱ 코드와 코드를 서로 꼬아 납땜하고, 정규 테이프를 감았다.

해설 전선의 접속조건
① 전선의 접속부분의 전기저항을 증가시키지 말 것
② 전선의 세기(인장하중)를 20[%] 이상 감소시키지 말 것(즉, 80[%] 이상을 유지)
③ 접속부분의 절연물질은 절연전선의 절연물과 동등 이상의 절연 효력이 있는 것으로 충분히 피복한다.
④ 접속부분에는 전기부식이 생기지 않도록 할 것

문제 02 **다음은 전선의 접속에 관한 설명이다. 틀린 것은?**

㉮ 접속부분의 전기저항을 증가시켜서는 안된다.
㉯ 전선의 세기를 20[%] 이상 유지해야 한다.
㉰ 접속부분은 납땜을 한다.
㉱ 절연을 원래의 절연효력이 있는 테이프로 충분히 한다.

해설 문제 01번 참고

문제 03 **전선의 피복을 벗기는 방법으로 틀린 것은?**

㉮ 600[V] 고무절연선의 경우는 절연물의 단락법이 좋다.
㉯ 600[V] 비닐절연선은 연필을 깎듯이 벗기는 것이 좋다.
㉰ 동관 터미널을 사용할 때는 도체에 직각으로 벗기는 것이 좋다.
㉱ 600[V] 고무 및 비닐절연선은 도체에 직각으로 벗기는 것이 좋다.

해설 ① 반드시 칼이나 와이어 스트리퍼(wire stripper)를 사용
② 연필 깎는 모양으로 벗겨야 하며, 칼을 전선에 직각으로 대고 벗기지 않는다.

정답 01. ㉯ 02. ㉯ 03. ㉱

문제 04

다음 중 절연전선의 피복 절연물을 벗기는 자동 공구는?

㉮ 와이어 스트리퍼 ㉯ 나이프
㉰ 파이어 포트 ㉱ 클리퍼

문제 05

다음 중 단선의 브리타니아 직선 접속에 사용되는 것은?

㉮ 조인트선 ㉯ 파라핀선
㉰ 바인드선 ㉱ 에나멜선

해설 조인트선(접속선) 굵기 : 1.0~1.2[mm] 연동 나선 사용

문제 06

단선의 직선 접속에 트위스트 접속(twist joint)을 하는 선은 몇 [mm^2] 이하인가?

㉮ 1.2 ㉯ 6
㉰ 2.6 ㉱ 3.2

단선의 직선 접속 방법 종류	트위스트 접속	브리타니아 접속
적용 전선 굵기	6[mm^2] 이하 가는 단선	3.2[mm^2] 이하 굵은 단선

문제 07

전선의 접속 방법으로, 직접 접속해서는 안 되는 것은?

㉮ 코드와 절연전선과의 접속
㉯ 8[mm^2] 이상의 캡타이어 케이블 상호의 접속
㉰ 비닐 외장 케이블 상호의 접속
㉱ 비닐 코드 상호의 접속

문제 08

3.2[mm] 이상의 굵은 단선의 분기 접속은 어떤 접속을 하는가?

㉮ 브리타니아 분기 접속 ㉯ 트위스트 분기 접속
㉰ 연선의 단권 접속 ㉱ 쥐꼬리 접속

브리타니아 분기 접속
분기선의 굵기가 3.2[mm] 이상인 경우에 사용
보통 분기 접속선의 굵기는 1.0~1.2[mm] 정도이다.

문제 09

다음 중 전선의 접속 종류에 해당되지 않는 것은?

㉮ 납땜 접속 ㉯ 슬리브 접속
㉰ 커넥터 접속 ㉱ 직접 접속

정답 04. ㉮ 05. ㉮ 06. ㉯ 07. ㉱ 08. ㉮ 09. ㉱

문제 **10** **다음 중 옥내 배선의 박스 내에서 접속하는 전선 접속은?**

㉮ 트위스트 접속 ㉯ 브리타니아 접속
㉰ 쥐꼬리 접속 ㉱ 슬리브 접속

해설 쥐꼬리 접속
금속관 공사 또는 합성수지관 공사를 할 때 박스 내에서 접속할 때 이용

문제 **11** **다음 중 나전선과 절연전선 접속 시 접속부분의 전선의 세기는 일반적으로 어느 정도 유지해야 하는가?**

㉮ 80[%] 이상 ㉯ 70[%] 이상
㉰ 60[%] 이상 ㉱ 50[%] 이상

해설 전선 접속 시 접속부분의 세기는 80% 이상 유지할 것

문제 **12** **다음 중 알루미늄 전선의 접속 방법으로 적합하지 않은 것은?**

㉮ 직선 접속 ㉯ 분기 접속
㉰ 종단 접속 ㉱ 트위스트 접속

해설 트위스트 접속 : 단선의 직선 접속 방법

문제 **13** **전선과 기구단자 접속 시 누름나사를 덜 죌 때 발생할 수 있는 현상과 거리가 먼 것은?**

㉮ 과열 ㉯ 화재
㉰ 절전 ㉱ 전파잡음

해설

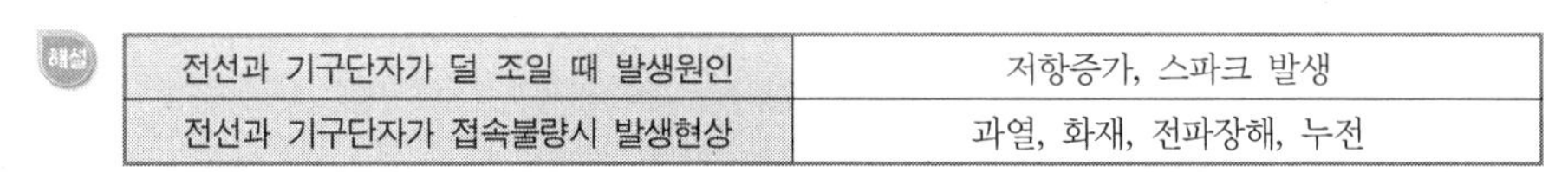

전선과 기구단자가 덜 조일 때 발생원인	저항증가, 스파크 발생
전선과 기구단자가 접속불량시 발생현상	과열, 화재, 전파장해, 누전

문제 **14** **다음 중 굵은 Al선을 박스 안에서 접속하는 방법으로 적합한 것은?**

㉮ 링 슬리브에 의한 접속
㉯ 비틀어 꽂는 형의 전선 접속기에 의한 방법
㉰ C형 접속기에 의한 접속
㉱ 맞대기용 슬리브에 의한 압착 접속

해설 알루미늄 전선의 접속방법 : C형, E형, H형 전선 접속기 사용

정답 10. ㉰ 11. ㉮ 12. ㉱ 13. ㉰ 14. ㉰

문제 **15** **전선을 접속하는 재료로서 납땜을 하는 것은?**

㉮ 동관 단자　　㉯ S형 슬리브
㉰ 와이어 커넥터　　㉱ 박스형 커넥터

해설 동관 단자
전선과 기계기구의 단자를 접속할 때 사용하는 것으로 홈에 납물과 전선을 동시에 넣어 냉각시킨다.

문제 **16** **브리타니아 분기 접속은 3.2[mm] 이상의 굵은 단선인 경우에 이용하는데, 권선 분기 접속의 침선은 보통 몇 [mm]선을 이용하는가?**

㉮ 1.0　　㉯ 1.6
㉰ 2.0　　㉱ 2.6

문제 **17** **캡타이어 케이블 서로의 접속에 접속기, 접속함, 기타 기구를 사용하지 않고 직접 납땜을 할 수 있는 굵기[mm]는?**

㉮ 5.5　　㉯ 8.0
㉰ 0.75　　㉱ 1.25

문제 **18** **다음 중 테이프를 감을 때 약 1.2배 늘려서 감을 필요가 있는 것은?**

㉮ 블랙 테이프　　㉯ 리노 테이프
㉰ 비닐 테이프　　㉱ 자기 융착 테이프

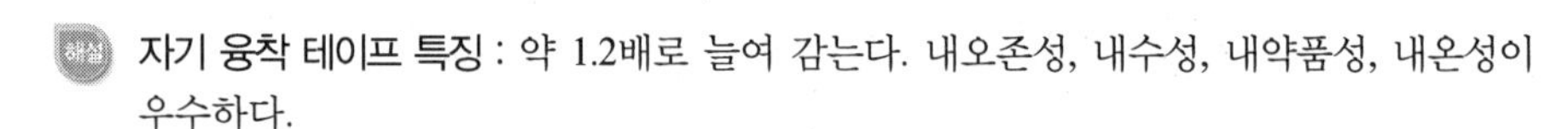
해설 자기 융착 테이프 특징 : 약 1.2배로 늘여 감는다. 내오존성, 내수성, 내약품성, 내온성이 우수하다.

문제 **19** **점착성은 없지만 절연성, 내온성 및 내유성이 있으므로 연피 케이블의 접속에 반드시 사용해야 하는 테이프는?**

㉮ 면 테이프　　㉯ 고무 테이프
㉰ 비닐 테이프　　㉱ 리노 테이프

해설 리노 테이프
① 특징 : 절연성, 보온성, 내유성은 좋으나 접착성이 떨어진다.
② 규격 : 두께 0.18, 0.25[mm], 너비 13, 19, 25[mm], 길이 6[m]
③ 용도 : 배전반, 분전반, 변압기 단자 부근의 절연선, 연피 케이블 접속에 사용

정답 15. ㉮ 16. ㉮ 17. ㉯ 18. ㉱ 19. ㉱

문제 20 **다음 중 기계 · 기구 단자와 전선과의 접속에 사용되는 접속기는?**

㉮ 접속함　　㉯ S형 슬리브
㉰ 관형 슬리브　　㉱ 동관 단자

문제 21 **단선의 브리타니아(Britania) 직선 접속시 전선 피복을 벗기는 길이는 전선 지름의 약 몇 배로 하는가?**

㉮ 5배　　㉯ 10배
㉰ 20배　　㉱ 30배

해설 전선 접속시 첨가선을 15배 이상 감기 때문에 지름의 20배 피복을 벗긴다.

문제 22 **다음 중 연피 케이블의 끝단 처리에 사용되는 것은?**

㉮ 블랙 테이블　　㉯ 비닐 테이프
㉰ 컴파운드　　㉱ 고무 테이프

문제 23 **다음 중 클로로프렌 외장 케이블 서로의 접속에 사용되는 테이프는?**

㉮ 비닐 테이프　　㉯ 블랙 테이프
㉰ 리노 테이프　　㉱ 자기 융착 테이프

해설 자기 융착 테이프
- 규격 : 두께 0.5～1.0[mm], 너비 19[mm], 길이 5～10[m]
- 용도 : 비닐 외장 케이블 및 클로로프렌 외장 케이블을 접속할 때 사용한다.

문제 24 **정션 박스 내에서 절연전선을 쥐꼬리 접속한 후 접속과 절연을 위해 사용되는 재료는?**

㉮ 링형 슬리브　　㉯ S형 슬리브
㉰ 와이어 커넥터　　㉱ 터미널 리그

해설 커넥터 접속
전선과 전선을 박스 안에서 접속할 때 이용하며, 피복을 벗긴 전선을 커넥터에 끼우고 돌려주면 압축되어 접속이 이루어진다.

문제 25 **IV 전선을 사용한 옥내 배선공사 시 박스 안에서 사용되는 전선 접속 방법은?**

㉮ 브리타니아 접속　　㉯ 쥐꼬리 접속
㉰ 복권 직선 접속　　㉱ 트위스트 접속

정답 20. ㉱ 21. ㉰ 22. ㉰ 23. ㉱ 24. ㉰ 25. ㉯

문제 26 **저압 옥내 배선에서 전선 상호를 접속할 때 납땜을 하지 않아도 좋은 경우는?**

㉮ 가는 단선을 조인트선으로 사용하여 접속하는 경우
㉯ 굵은 단선을 트위스트 접속하는 경우
㉰ 꼬인 선을 같이 접속하는 경우
㉱ 압축 슬리브를 사용하는 경우

문제 27 **절연전선 상호의 접속에서 잘못되어 있는 것은?**

㉮ 트위스트, 슬리브를 사용
㉯ 와이어 커넥터를 사용
㉰ 압축 슬리브를 사용
㉱ 굵기 3.2[mm]인 전선을 꼬아서 접속

해설 3.2[mm] 이상인 전선은 브리타니아 접속에 의할 것

문제 28 **단면적 6[mm^2] 이하의 가는 단선(동전선)의 트위스트조인트에 해당되는 전선접속법은?**

㉮ 직선 접속 ㉯ 분기접속
㉰ 슬리브 접속 ㉱ 종단접속

문제 29 **다음 중 전선을 서로 접속할 때 비닐제 캡이 필요한 것은?**

㉮ 관형 슬리브 ㉯ S형 슬리브
㉰ 압축형 슬리브 ㉱ 동관단자

문제 30 **금속관 공사의 박스 내에서 전선을 접속할 때 가장 좋은 것은?**

㉮ 코드 커넥터 ㉯ 와이어 커넥터
㉰ S형 슬리브 ㉱ 칼 플러그

해설 문제 **24**번 참고

문제 31 **코드 상호, 캡타이어 케이블 상호 접속시 사용하여야 하는 것은?**

㉮ 와이어 커넥터 ㉯ 코드접속기
㉰ 게이블 다이 ㉱ 테이블 탭

구분	와이어 커넥터	코드접속기	케이블 타이	테이블 탭
용도	단선의 종단접속용	코드, (캡타이어) 케이블 상호 접속용	케이블 고정용	코드길이가 짧아 연장시 사용

정답 26. ㉱ 27. ㉱ 28. ㉮ 29. ㉰ 30. ㉯ 31. ㉯

문제 32 진동이 있는 기계 · 기구의 단자에 전선을 접속할 때 사용하는 것은?

㉮ 압착 단자 ㉯ 스프링 와셔
㉰ 코드 패스터 ㉱ 십자 머리 볼트

해설 진동의 영향 받지 않는 방법 : 스프링 와셔나 더블 볼트 사용한다.

문제 33 접속기, 접속함 기타 기구를 반드시 사용하여 접속해야 하는 경우는?

㉮ 코드 서로를 접속할 때
㉯ 금속 피복이 없는 케이블 서로를 접속할 때
㉰ 14[mm^2]의 캡타이어 케이블 서로를 접속할 때
㉱ 코드와 절연전선을 접속할 때

문제 34 접속기 또는 접속함을 사용하지 않고 접속해도 좋은 것은?

㉮ 코드 상호
㉯ 비닐 외장 케이블과 코드
㉰ 캡타이어 케이블과 비닐 외장 케이블
㉱ 절연전선과 코드

문제 35 절연전선 상호 간의 접속에서 옳지 않은 것은?

㉮ 납땜접속을 한다.
㉯ 슬리브를 사용하여 접속한다.
㉰ 와이어 커넥터를 사용하여 접속한다.
㉱ 굵기가 2.6[mm] 이하인 것은 브리타니아 접속을 한다.

해설 브리타니아 접속 : 3.2[mm] 이상 굵은 단선 접속시 사용

문제 36 다음 중 전선 및 케이블 접속 방법이 잘못된 것은?

㉮ 전선의 세기를 30[%] 이상 감소시키지 말 것
㉯ 접속 부분은 접속관 기타의 기구를 사용하거나 납땜을 할 것
㉰ 코드 상호, 캡타이어 케이블 상호, 케이블 상호, 또는 이들 상호를 접속하는 경우에는 코드 접속기, 접속함 기타의 기구를 사용할 것
㉱ 도체에 알루미늄을 사용하는 전선과 동을 사용하는 전선을 접속하는 경우에는 접속부분에 전기적 부식이 생기지 않도록 할 것

정답 32. ㉯ 33. ㉮ 34. ㉱ 35. ㉱ 36. ㉮

제4장 옥내 배선 공사

1 저압 옥내 배선 시설 장소에 의한 공사 분류

구분		400[V] 미만인 것	400[V] 이상인 것
전개된 장소	건조한 장소	애자 사용 공사, 합성수지 몰드 공사, 금속 몰드 공사, 금속 덕트 공사, 버스 덕트 공사, 라이팅 덕트 공사	애자 사용 공사 금속 덕트 공사 버스 덕트 공사
	기타 장소	애자 사용 공사	애자 사용 공사
점검할 수 있는 은폐장소	건조한 장소	애자 사용 공사, 합성수지 몰드 공사, 금속 몰드 공사, 금속 덕트 공사, 버스 덕트 공사, 셀룰라 덕트 공사, 라이팅 덕트 공사	애자 사용 공사 금속 덕트 공사 버스 덕트 공사
	기타 장소	애자 사용 공사	애자 사용 공사
점검할 수 없는 은폐장소	건조한 장소	플로어 덕트 공사, 셀룰라 덕트 공사	

※ 단, 특별한 경우에 한하여 시・도지사의 인가를 받은 경우에는 제외가 가능하다.

2 애자 사용 공사

절연성, 내수성, 내화성으로 된 애자에 전선을 지지하여 전선이 조영재, 기타 물질에 접촉할 우려가 없도록 배선하는 공사

(1) 애자의 종류

① 소놉
② 중놉
③ 대놉
④ 특대놉

(2) 전선 상호 및 전선과 조영재와의 이격거리

사용전압	시설장소	전선 상호 간격	조영재와의 거리	전선과 지지점과의 거리
400[V] 이하	모든 장소	6[cm] 이상	2.5[cm] 이상	조영재에 따를 경우 2[m] 이하
400[V] 이상	전개된 장소 및 점검할 수 있는 은폐장소	6[cm] 이상	4.5[cm] 이상 (건조시 2.5[cm] 이상)	

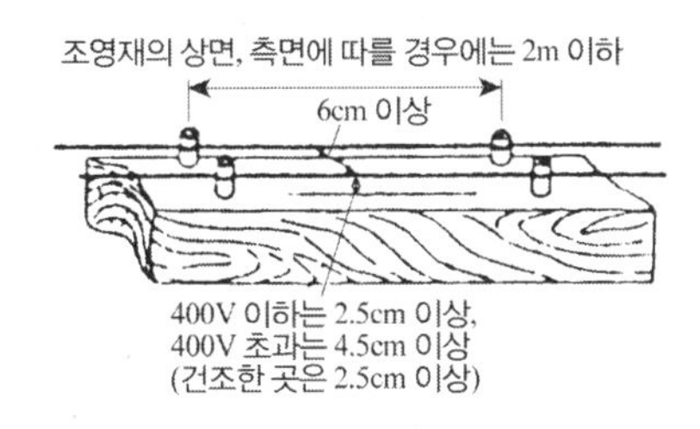

(3) 애자에 전선을 묶는 바인드법

사용전선		바인드법
단선인 경우	연선인 경우	
3.2[mm]	8[mm²]	일(−)자 바인드법
4.0[mm]	14[mm²]	십(+)자 바인드법

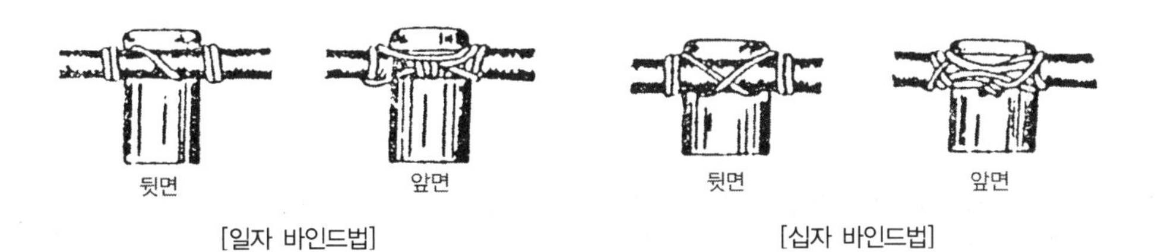

[일자 바인드법] [십자 바인드법]

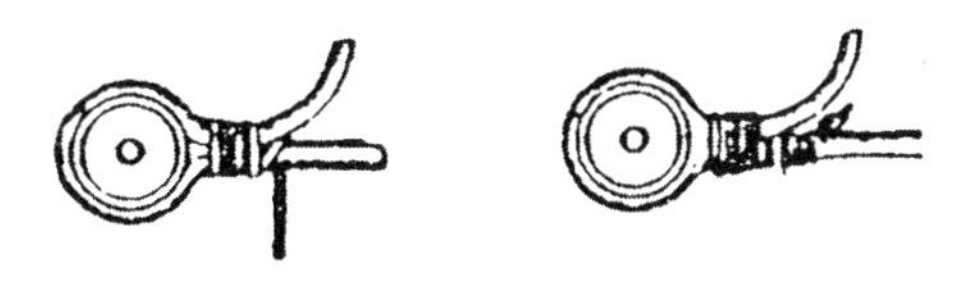

[인류 바인드법]

제4장 → 옥내 배선 공사

실 전 문 제

문제 **01** **애자 사용 공사에 의한 저압 옥내 배선에서 일반적으로 전선 상호 간의 간격은 몇 [cm] 이상이어야 하는가?**

㉮ 2.5[cm] ㉯ 6[cm]
㉰ 25[cm] ㉱ 60[cm]

사용전압	시설장소	전선 상호 간격	조영재와의 거리	전선과 지지점과의 거리
400[V] 이하	모든 장소	6[cm] 이상	2.5[cm] 이상	조영재에 따를 경우 2[m] 이하
400[V] 이상	전개된 장소 및 점검할 수 있는 은폐장소	6[cm] 이상	2.5[cm] 이상	
	점검할 수 없는 은폐장소	12[cm] 이상	4.5[cm] 이상	조영재를 따르지 않는 경우 6[m] 이하

문제 **02** **애자 사용 공사를 건조한 장소에 시설하고자 한다. 사용전압이 400[V] 미만인 경우 전선과 조영재 사이의 이격거리는 최소 몇 [cm] 이상이어야 하는가?**

㉮ 2.5[cm] 이상 ㉯ 4.5[cm] 이상
㉰ 6[cm] 이상 ㉱ 12[cm] 이상

 문제 01번 참고

문제 **03** **노브 애자에 전선을 묶는 방법에 있어서 일자 바인드법과 십자 바인드법으로 맞는 것은?**

㉮ 일자 바인드는 전선이 3.2[mm] 이하, 십자 바인드는 전선이 4.0[mm] 이상
㉯ 일자 바인드는 전선이 3.6[mm] 이하, 십자 바인드는 전선이 40[mm^2] 이상
㉰ 일자 바인드는 전선이 2.6[mm] 이하, 십자 바인드는 전선이 3.2[mm] 이상
㉱ 일자 바인드는 전선이 2.6[mm] 이하, 십자 바인드는 전선이 32[mm^2] 이상

해설

단선	연선	바인드법
3.2[mm]	8[mm^2]	일(−)자 바인드법
4.0[mm]	14[mm^2]	십(+)자 바인드법

정답 01. ㉯ 02. ㉰ 03. ㉮

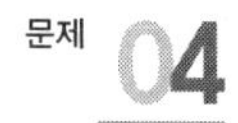

문제 04 애자 사용 공사에 의한 저압 옥내 배선에서 잘못된 것은?

㉮ 600V 비닐절연전선을 사용한다.
㉯ 전선 상호 간의 거리가 6cm이다.
㉰ 전선과 조영재 사이의 이격거리는 사용 전압이 400V 미만인 경우에는 5.5cm 이상일 것
㉱ 절연성, 내연성 및 내구성이 있어야 한다.

문제 05 저압 440[V] 옥내 배선 공사에서 건조하고 전개된 장소에 시설할 수 없는 배선공사는? (단, 400[V]를 넘는 것)

㉮ 애자 사용 공사 ㉯ 금속 덕트 공사
㉰ 플로어 덕트 공사 ㉱ 버스 덕트 공사

문제 06 점검할 수 없는 은폐장소에서 440[V]의 애자 사용 공사의 전선과 조영재와의 최소 이격거리는 몇 [cm]인가?

㉮ 2.5 ㉯ 3.5
㉰ 4.5 ㉱ 5.0

해설 문제 01번 참고

문제 07 애자 사용 공사에서 전선의 지지점 간의 거리는 전선을 조영재의 윗면 또는 옆면에 따라 붙이는 경우에는 몇 [m] 이하인가?

㉮ 1 ㉯ 1.5
㉰ 2 ㉱ 3

해설 애자 지지점 거리(조영재의 윗면, 옆면 시설시) : 2[m] 이하

문제 08 다음 중 애자 사용 공사에 사용되는 애자의 구비조건과 거리가 먼 것은?

㉮ 광택성 ㉯ 절연성
㉰ 난연성 ㉱ 내수성

해설 애자구비조건 : 절연성, 난연성, 내수성

문제 09 다음 중 네온전선을 지지하기 위한 애자는?

㉮ 작은 노브 ㉯ 특 캡
㉰ 튜브 서포트 ㉱ 코트 서포트

정답 04. ㉰ 05. ㉰ 06. ㉰ 07. ㉰ 08. ㉮ 09. ㉱

문제 **10** **저압 옥내 배선에서 400[V] 이상이고 점검할 수 있는 은폐장소에 시공할 수 없는 공사는?**

㉮ 합성수지 몰드 공사 ㉯ 애자 사용 공사
㉰ 버스 덕트 공사 ㉱ 금속 덕트 공사

문제 **11** **사용전압이 400[V] 이상인 저압 옥내 배선에 있어서 점검할 수 있는 은폐장소에 시설하는 경우 사용해서는 안 되는 공사 방법은?**

㉮ 애자 사용 공사 ㉯ 버스 덕트 공사
㉰ 금속 덕트 공사 ㉱ 금속 몰드 공사

문제 **12** **애자 사용 공사의 일반 상식에 어긋나는 설명은?**

㉮ 조영재 옆면, 밑면에 따라 6[m] 이하마다 애자를 박는다.
㉯ 바인드선 끝 매듭은 전선의 반대쪽에 맨다.
㉰ 전선이 직각 굴곡되는 곳에서는 직각쪽에 애자를 박는다.
㉱ 전선의 시작점 종점에는 인류 바인드로 한다.

해설 조영재의 상면, 측면에 따를 경우에는 2m 이하

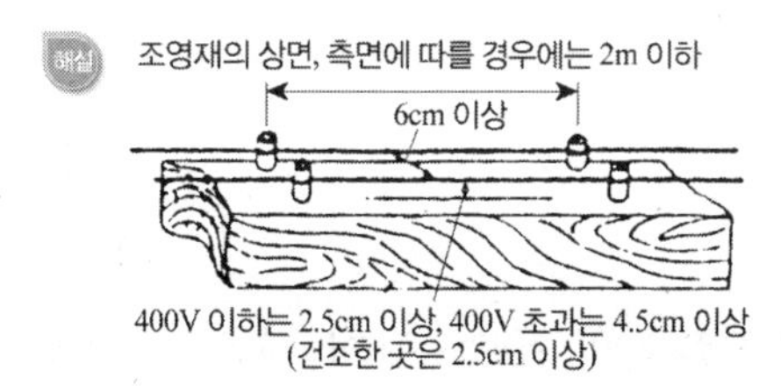

문제 **13** **옥내 배선의 은폐, 또는 건조하고 전개된 곳의 노출 공사에 사용하는 애자는?**

㉮ 현수 애자 ㉯ 놉(노브) 애자
㉰ 장간 애자 ㉱ 구형 애자

해설 송전 · 배전선로용 애자 : 현수 애자, 장간 애자, 구형 애자

정답 10. ㉮ 11. ㉱ 12. ㉮ 13. ㉯

3 몰드 배선 공사(사용전압 : 400[V] 미만)

(1) 목재 몰드 공사

1) 시설 장소

건조하고 전개된 장소나, 점검할 수 있는 건조한 은폐장소 등에 시설한다.

2) 시공시 주의사항

① 고무절연전선 이상의 절연 효력이 있는 것을 사용한다.

② 몰드 안에서 전선의 접속점을 만들면 안 된다.

③ 가급적 분기 교차되는 곳이 없어야 한다. 단, 필요할 때는 필요한 부분을 노출시켜 애자 사용 공사나 금속제 박스 사용 공사를 실시한다.

④ 전선 상호 간 간격 12[mm] 이상, 전선과 조영재와의 이격거리 6[mm] 미만으로 한다.

(2) 합성수지 몰드(배선) 공사

1) 시설장소

전개된 장소나, 은폐장소로서 점검할 수 있는 건조한 장소에 한하여 시설한다.

2) 시공시 주의사항

① 몰드 안에서는 전선의 접속점을 만들지 않아야 한다.

② 사용전압은 400[V] 미만이고, 옥내용 절연전선을 사용한다.

③ 몰드 안에 비닐절연 외장 케이블이나 캡타이어 케이블을 넣는 경우에는 케이블 공사로 취급한다.

④ 홈의 폭과 깊이는 3.5[cm] 이하, 두께는 2[mm] 이상(사람 접촉 우려가 없을 때 폭은 5[cm] 이하, 두께 1[mm] 이상 가능)

(3) 금속 몰드(배선) 공사(1종 금속 몰드)

연강판으로 만든 베이스와 커버로 구성되어 있으며, 제3종 접지공사를 실시한다.

1) 시설 장소

사용전압이 400[V] 미만인 건조된 전개 장소 및 점검할 수 있는 은폐장소(건물의 노출공사용이나 스위치, 콘센트의 배선기구의 인하용으로 사용)

2) 지지점의 거리 : 1.5[m] 이하

3) 몰드에 넣는 전선의 수 : 10본 이하

(4) 레이스웨이 배선(2종 금속 몰드 공사)

1) **시설장소**

사용전압 400[V] 미만 배선 및 기구 설치용으로 주차장, 전시장, 기계실, 공장의 조명, 콘센트 설치시 사용

2) **접지공사** : 제3종 접지

3) **몰드에 넣는 전선의 수** : 몰드 내 단면적의 20[%] 이하

참고 ▌합성수지 몰드에 의한 배선▐

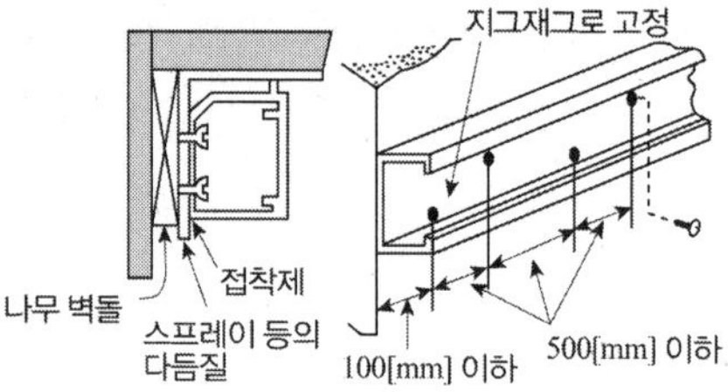

(a) 몰드 설치도

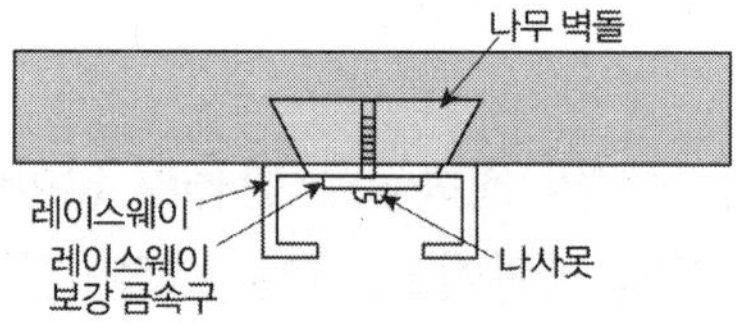

(b) 나무 벽돌을 이용한 설치도

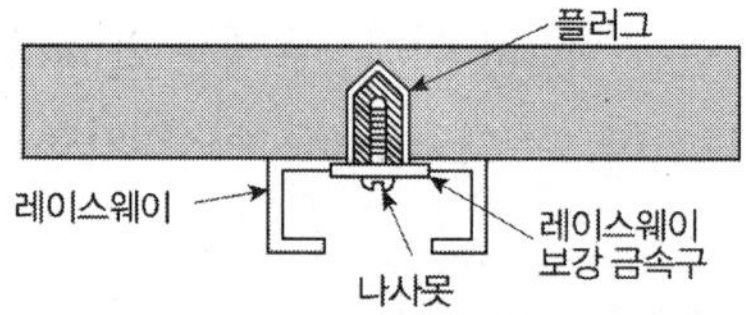

(c) 플러그를 이용한 설치도

참고 | 합성수지 몰드의 가공 |

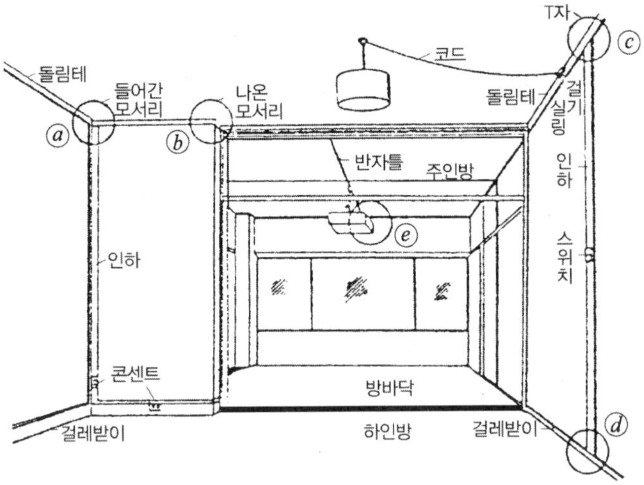

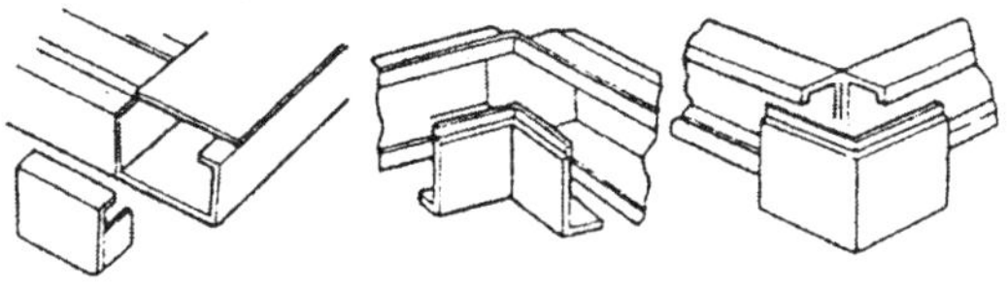

[몰드의 부착]

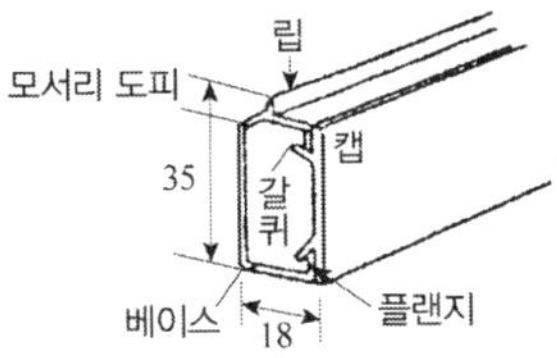

[몰드의 기본형]

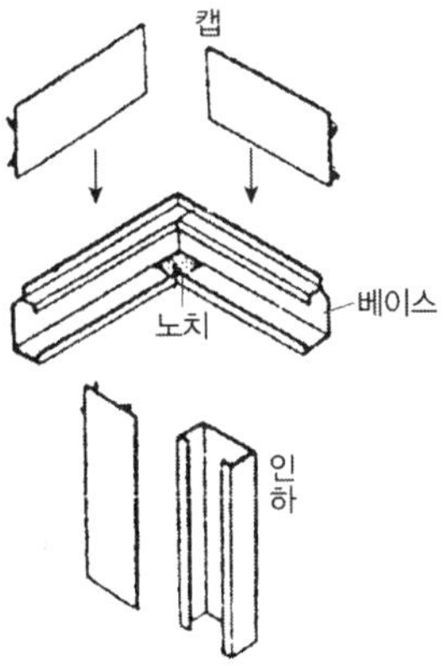

참고 **| 금속몰드에 의한 배선 |**

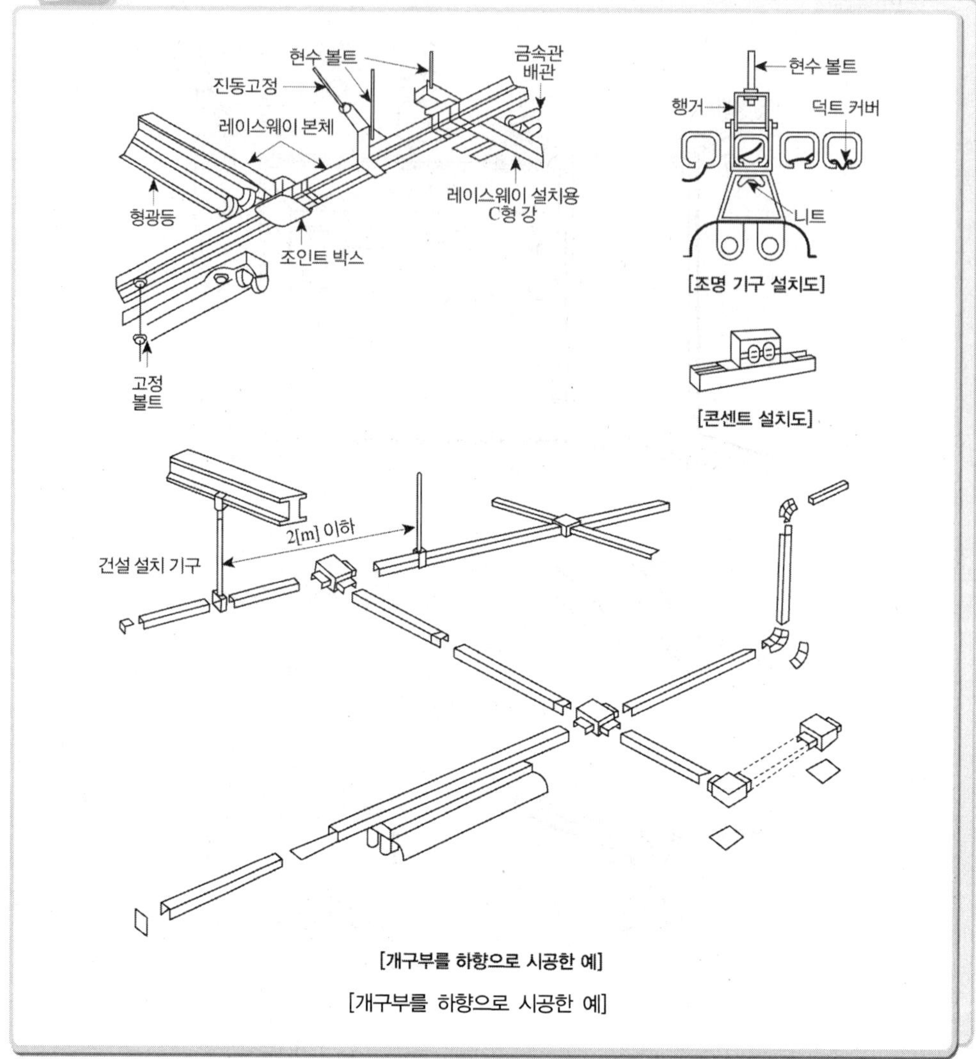

[개구부를 하향으로 시공한 예]

제4장 → 옥내 배선 공사

실전문제

문제 01 금속 몰드 공사 요령 설명 중 틀린 것은?

㉮ 분기점에는 엑서터널 엘보 사용
㉯ 연강판제 베이스와 뚜껑으로 구성
㉰ 기계적 · 전기적으로 완전 접속할 것
㉱ 쇠톱과 줄로 홈을 파서 절단함

해설 연강판으로 만든 베이스와 커버로 구성되어 있으며, 이때 몰드의 접지공사는 제3종 접지공사를 실시한다.

문제 02 다음 중 금속 몰드 공사의 설명으로 틀린 것은?

㉮ 금속 몰드 내에서 공사상 부득이한 경우에는 전선의 접속점을 만들어도 좋다.
㉯ 구리로 견고하게 제작된 것을 사용한다.
㉰ 건조하고 점검할 수 있는 은폐장소에 시공할 수 있다.
㉱ 금속 몰드 4[m] 초과된 것에는 제3종 접지공사를 한다.

해설 금속 몰드 내에는 어떠한 경우라도 접속점을 둘 수 없다.

문제 03 금속 몰드 공사는 몇 종 접지공사를 하여야 하는가?

㉮ 제1종 접지공사　㉯ 제2종 접지공사
㉰ 제3종 접지공사　㉱ 특별 제3종 접지공사

해설 몰드 공사시 사용전압이 400[V] 미만이므로 제3종 접지공사할 것

문제 04 다음에 열거한 것은 금속 몰드 공사를 할 수 있는 방법이다. 여기서 금속 몰드 공사로 적합하지 않은 것은?

㉮ 금속 몰드 안에는 전선의 접속점이 없도록 할 것
㉯ 몰드 안의 전선을 외부로 인출하는 부분은 몰드의 관통부분에서 전선이 손상될 우려가 없도록 시설할 것
㉰ 전선은 절연전선
㉱ 몰드에는 제1종 접지공사를 할 것

해설 문제 03번 참고

정답 01. ㉮ 02. ㉮ 03. ㉰ 04. ㉱

문제 05

다음 중 금속 몰드와 금속관용 박스의 접속에 사용되는 것은?

㉮ 커플링　　㉯ 박스 커넥터
㉰ 코너 박스　　㉱ 콤비네이션 커넥터

문제 06

1종 금속 몰드 배선공사를 할 때 동일 몰드 내에 넣는 전선수는 최대 몇 본 이하로 하여야 하는가?

㉮ 3　　㉯ 5
㉰ 10　　㉱ 12

해설

금속 몰드 공사 종류	1종 금속 몰드	2종 금속 몰드
몰드 내에 넣는 전선수	10본 이하	몰드 내 단면적의 20[%] 이하(피복 포함)

문제 07

2종 금속 몰드 공사에서 같은 몰드 내에서 들어가는 전선은 피복 절연물을 포함하여 단면적의 총합이 몰드 내의 내면 단면적의 몇 [%] 이하로 하여야 하는가?

㉮ 20[%] 이하　　㉯ 30[%] 이하
㉰ 40[%] 이하　　㉱ 50[%] 이하

문제 08

목재 몰드 공사는 고무절연선 이상의 절연효력이 있는 것을 쓰고 몰드 안에서는 절대로 전선이 접속점을 만들어서는 안 된다. 또 전선 상호간의 간격은 몇 [mm] 이상으로 하여야 하는가?

㉮ 10　　㉯ 11
㉰ 12　　㉱ 9

해설 전선 상호 간 간격 12[mm] 이상

문제 09

2종 금속 몰드의 구성 부품으로 조인트 금속의 종류가 아닌 것은?

㉮ L형　　㉯ T형
㉰ 플랫 엘보　　㉱ 크로스형

해설
- 2종 금속 몰드 조인트 금속 종류 : L형, T형, 크로스형
- 플랫 엘보 : 1종 금속 몰드를 수평으로 구부릴 때 사용

문제 10

합성수지 몰드 배선의 사용전압은 몇 [V] 미만이어야 하는가?

㉮ 400　　㉯ 600
㉰ 750　　㉱ 800

해설 금속몰드 및 합성수지 몰드 공사 사용전압은 400[V] 미만이다.

정답 05. ㉯ 06. ㉰ 07. ㉮ 08. ㉰ 09. ㉰ 10. ㉮

가요전선관 공사

두께 0.8[mm] 이상의 연강대에 아연도금을 한 다음 이것을 약 반폭씩 겹쳐서 나선모양으로 만들어 자유로이 구부러지게 한 전선관으로 실시한 공사이다.

(1) 시설 장소

규모가 작은 증설공사나 안전함과 전동기 사이의 배선공사 엘리베이터, 기차(전차) 안의 배선 등에 실시한다.

(2) 금속제 가요전선관의 종류

① 제1종 금속제 가요전선관

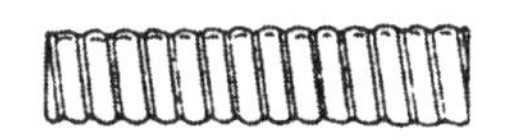

[1종 가요관]

② 제2종 금속제 가요전선관

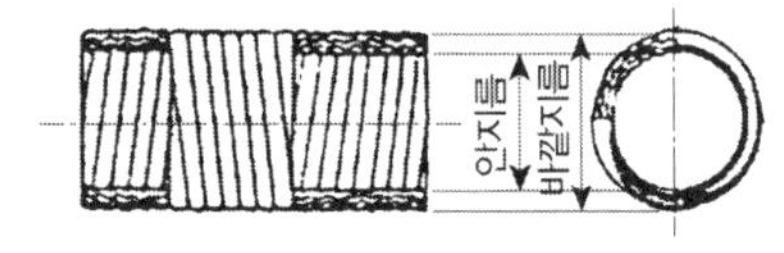

[2종 가요관]

(3) 가요전선관의 접속

구분	전선관 접속시 자재(부속품) 명칭
① 박스와 가요전선관의 접속	스틀렛 박스 커넥터, 앵글 박스 커넥터
② 가요전선관과 가요전선관의 접속	플렉시블 커플링
③ 금속관과 가요전선관의 접속	콤비네이션 커플링

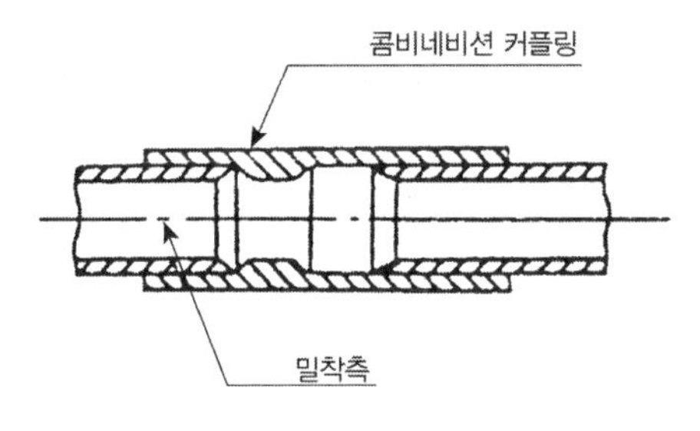

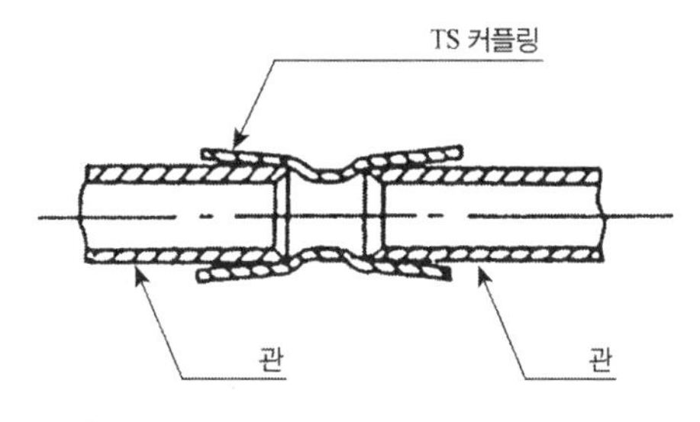

(4) 규격

① **크기** : 안지름에 가까운 홀수로 표시(3종류 : 15, 19, 25[mm])

② **길이** : 10, 15, 30[m]

③ **지지점간의 거리** : 1[m] 이하

④ 구부러지는 쪽의 안쪽 반지름은 가요전선관 안지름의 6배 이상으로 하고, 양쪽으로 고정한다.

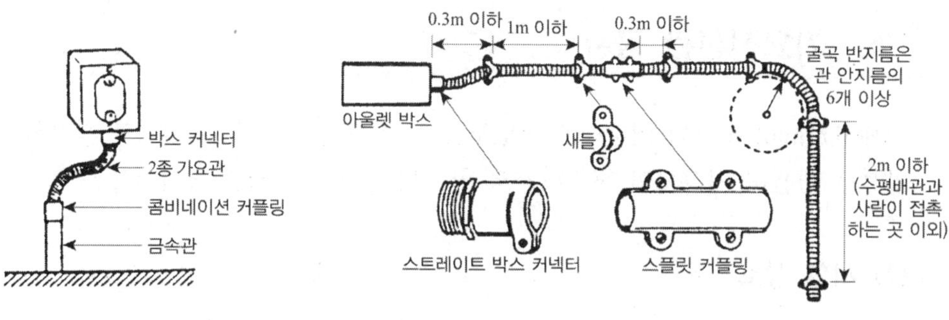

[1종 가요관의 배선 예]

5 덕트(배선) 공사

(1) 금속 덕트 공사

1) 시설 장소

빌딩이나 공장 등의 건기실에서 많은 간선이 입출하는 곳에 사용하며, 건조하고 전개된 장소에만 실시한다.

2) 시공시 주의사항

① 전선은 절연전선이나 케이블을 사용하며, 금속 덕트 내에 공사한 전선의 단면적은 덕트 내부 단면적의 20[%] 이하가 되도록 한다.(단, 전광표시장치, 출퇴근 표시등, 제어회로용 배선만을 넣는 경우에는 50[%] 이하가 되도록 실시한다.)

② 덕트 안에서는 원칙적으로 전선의 접속점이 없어야 하지만, 부득이하게 분기하는 경우에는 접속점을 점검할 수 있도록 접속한다.

③ **덕트(제작) 규격**

㉠ 폭 : 5[cm] 이상 ─┐ 철판으로 제작
㉡ 두께 : 1.2[mm] 이상 ─┘
㉢ 지지점간의 거리 : 3[m] 이내
㉣ 덕트의 끝부분은 패쇄(막는)한다.

④ 금속 덕트는 길이와 상관없이 제3종 접지공사를 실시한다.

(2) 버스 덕트 공사

기계기구의 변경, 증설 공사 등이 빈번히 발생하는 장소에 적합한 공사로서, 철판제의 덕트 안에 평각 구리선을 자기제 절연물로 간격 50[cm] 이내로 지지하여 만든 것을 사용한다.

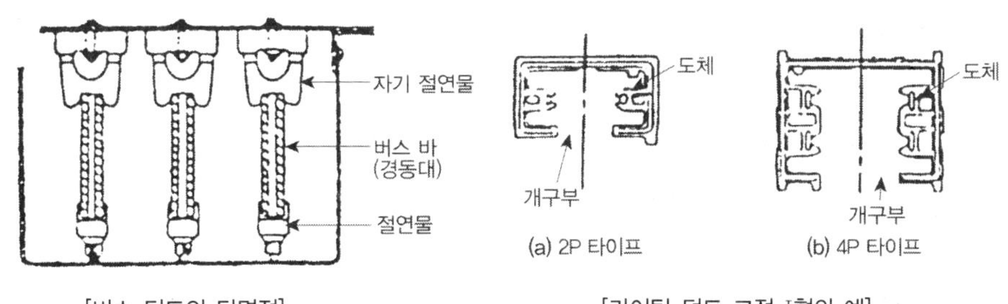

[버스 덕트의 단면적]　　[라이팅 덕트 고정 I형의 예]

(3) 플로어 덕트 공사

강철제 덕트로 콘크리트 건물의 사무실 등 마루 밑에 매입하는 배선용 덕트로 선풍기, 전화기, 벨 등을 시설할 때 전선의 손상을 방지하기 위하여 시설한다.

(4) 라이팅 덕트

전선관 전선을 보호하는 것이 일체형으로 되어 있고, 덕트 본체에 실링이나 콘센트로 구성된다. 화랑이나 벽면 조명등 광원을 이동할 필요가 있는 경우에 사용한다.

6 합성수지관 공사

(1) 시설 장소

염화비닐수지로 만든 것으로 열과 기계적 충격에 의한 외상을 받기 쉬운 곳을 제외한 전개된 장소 또는 은폐된 장소에 시공한다.

(2) 종류

① **경질 비닐 전선관**
② **폴리에틸렌 전선관**(PE관) : 배관 작업시 토치로 가열할 필요가 없다.
③ **합성수지제 가요전선관**(CD관) : 굴곡이 많은 배관시에도 작업이 용이하다.

(3) 장점

① 누전이나 감전의 우려가 없으며, 시공이 간편하다.
② 접지공사가 필요 없으며, 관 자체가 비자성체이므로 교류의 왕복선을 넣을 필요가 없다.
③ 내부식성, 절연성이 우수하며 재료가 가벼워 배관이 편리하다.

(4) 단점

① 열에 약하여 고온 및 저온의 장소에서는 사용할 수 없다.
② 온도 변화에 따른 신축성이 있다.
③ 충격의 강도가 떨어진다.

★ (5) 합성수지관 규격

① 안지름에 가까운 짝수[mm] 9종(14, 16, 22, 28, 36, 42, 54, 70, 82mm)
② **관 한본의 길이** : 4[m]로 제작한다.

(6) 관과 관의 접속

구분	관 접속시 들어가는 관의 길이 l
① 커플링 사용할 때 ② 접착제 사용할 때	관 바깥지름의 1.2배 이상 삽입 관 바깥지름의 0.8배 이상 삽입

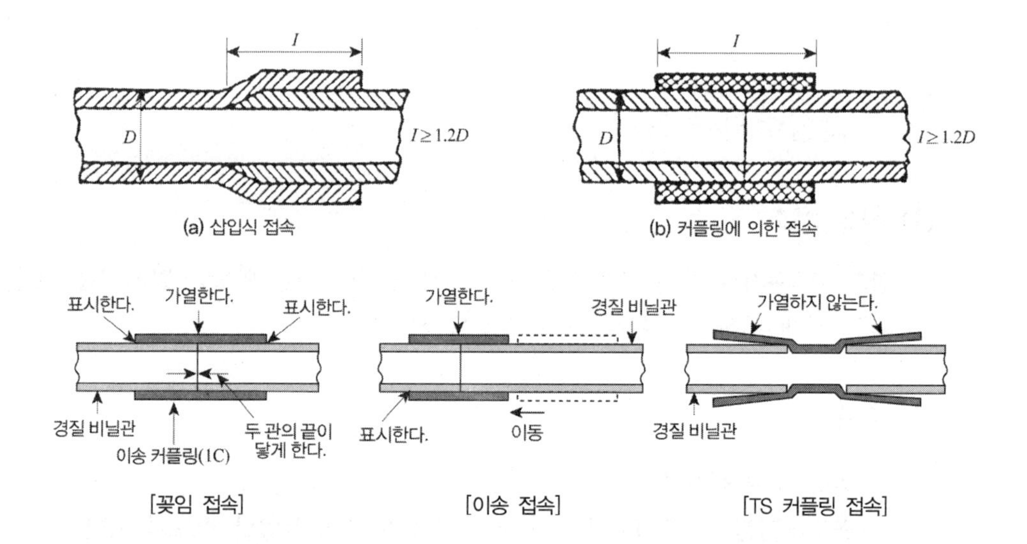

(7) 합성수지관 또는 금속전선관의 굵기 선정

전선 굵기에 따른 구분	적용 전선관 굵기
동일 굵기의 전선을 동일관 내에 넣을 경우	전선관 내단면적의 48% 이하 선정
굵기가 다른 전선을 동일관 내에 넣는 경우	전선관 내단면적의 32% 이하 선정

(8) 합성수지관 시공방법

① 절연전선을 사용할 것
② 관 안쪽에는 접속점이 없도록 한다.
③ **사용전선** : 단선은 단면적 10[mm^2](Al은 16mm^2) 이하, 그 이상은 연선사용
④ **관의 지지점간의 거리** : 1.5[m] 이하
⑤ **직각 L형 곡률 반지름** : 관 안지름의 6배 이상일 것

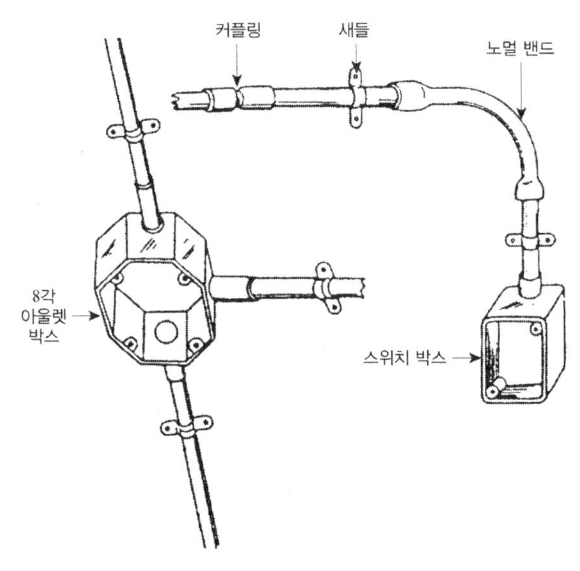

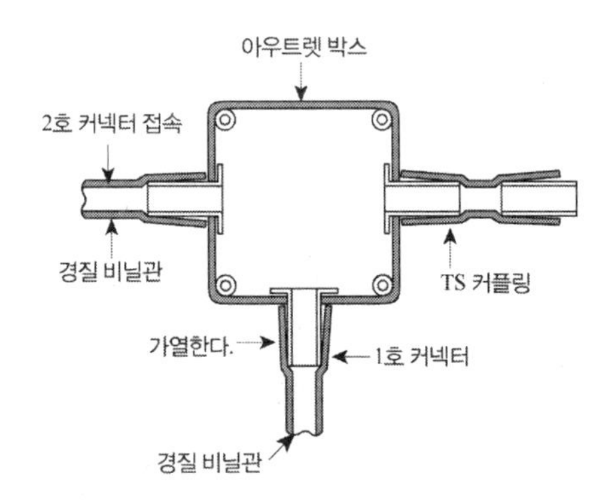

제4장 → 옥내 배선 공사

실전문제

문제 01

경질 비닐 전선관의 설명으로 틀린 것은?

㉮ 1본의 길이는 3.6[m]가 표준이다.
㉯ 굵기는 관 안지름의 크기에 가까운 짝수 [mm]로 나타낸다.
㉰ 금속관에 비해 절연성이 우수하다.
㉱ 금속관에 비해 내식성이 우수하다.

해설 경질 비닐관 1본의 길이 : 4[m]가 표준이다.

문제 02

버스 덕트 공사시 전압이 380[V]였다면 접지공사를 하여야 하는가? 하여야 한다면 몇 종 접지공사를 하여야 하는가?

㉮ 접지공사가 필요없다.
㉯ 제2종 접지공사를 하여야 한다.
㉰ 제3종 접지공사를 하여야 한다.
㉱ 특별 제3종 접지공사를 하여야 한다.

해설
- 400[V] 미만 : 제3종 접지공사
- 400[V] 이상~저압(600[V] 이하)까지 : 특별 제3종 접지공사

문제 03

가요전선관의 크기는 안지름에 가까운 홀수로 최고 얼마까지인가?

㉮ 15[mm]
㉯ 19[mm]
㉰ 25[mm]
㉱ 13[mm]

가요전선관 크기 : 안지름 홀수로 표시(3종류 : 15, 19, 25[mm])

문제 04

다음 중 합성수지관 공사에 대한 설명으로 틀린 것은?

㉮ 관 상호의 접속에 접착제를 사용하였기 때문에 관을 삽입하는 깊이를 관 바깥지름의 0.6배로 하였다.
㉯ 관 내의 전선으로 지름 3.2[mm]인 단선을 사용한다.
㉰ 관 내의 전선에 인입용 비닐절연전선을 사용한다.
㉱ 관의 지지점간의 거리를 1.5[mm]로 하였다.

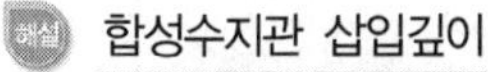
해설 합성수지관 삽입깊이

커플링 사용할 때	관 바깥지름의 1.2배 이상 삽입
접착제 사용할 때	관 바깥지름의 0.8배 이상 삽입

정답 01. ㉮ 02. ㉰ 03. ㉰ 04. ㉮

문제 **05** **합성수지관 공사 시공시 새들과 새들 사이의 최장 지지 간격은?**

㉮ 10[m] ㉯ 1.2[m]
㉰ 1.5[m] ㉱ 2.0[m]

해설 합성수지관 지지점 간의 거리 : 1.5[m] 이하

문제 **06** **합성수지관 공사에 의한 저압 옥내 배선공사에서 잘못된 것은?**

㉮ 관 구 및 내면은 전선의 피복을 손상하지 아니하도록 매끈할 것
㉯ IV선 3.2[mm] 사용
㉰ 관의 지지점 간의 거리를 2[m]로 함
㉱ 관 상호를 접속할 때 삽입깊이를 관 외경의 1.2배로 함

해설 문제 05번 참고

문제 **07** **다음 중 합성수지관 공사의 단점에 해당되는 것은?**

㉮ 중량이 가볍고 시공이 용이하다.
㉯ 관 자체를 접지할 필요가 없다.
㉰ 금속관보다 외상을 받을 우려가 많다.
㉱ 관 자체가 절연체이므로 누전의 우려가 없다.

해설 합성수지관의 단점
① 열에 약하여 고온 및 저온의 장소에서는 사용할 수 없다.
② 기계적(충격) 강도가 낮다.

문제 **08** **합성수지관 공사에 대한 설명 중 옳지 않은 것은?**

㉮ 습기가 많은 장소, 또는 물기가 있는 장소에 시설하는 경우에는 방습장치를 한다.
㉯ 관 상호 간 및 박스와는 관을 삽입하는 깊이를 관의 바깥지름의 1.2배 이상으로 한다.
㉰ 관의 지지점 간의 거리는 3[m] 이상으로 한다.
㉱ 합성수지관 안에는 전선에 접속점이 없도록 한다.

해설 합성수지관의 지지점 간의 거리 : 1.5[m] 이하

전기설비

정답 05. ㉰ 06. ㉰ 07. ㉰ 08. ㉰

문제 **09** **다음은 가요전선관을 설명한 것이다. 옳은 것은?**

㉮ 가요전선관의 크기는 바깥지름에 가까운 홀수로 만든다.
㉯ 가요전선관은 건조하고 점검할 수 없는 은폐장소에 한하여 시설한다.
㉰ 작은 중설공사 안전함과 전동기 사이의 공사 등에 적합하다.
㉱ 가요전선관을 고정할 때에는 조영재에 2[m] 이하마다 새들로 고정한다.

 가요전선관 시설 장소
규모가 작은 증설 공사나 안전함과 전동기 사이의 공사 등에 실시한다.

문제 **10** **합성수지관 공사에 의한 옥내 배선의 사용전압[V]의 한도는?**

㉮ 1,000　　㉯ 800
㉰ 600　　㉱ 400

문제 **11** **합성수지 전선관의 1가닥(규격품)의 길이[m]는?**

㉮ 3.6　　㉯ 2
㉰ 3　　㉱ 4

 합성수지 전선관 규격
① 관 안지름에 가까운 짝수[mm](근사내경)
② 관 길이 : 4[m]

문제 **12** **합성수지관의 굵기를 부르는 호칭은?**

㉮ 반경　　㉯ 단면적
㉰ 근사내경　　㉱ 근사외경

해설 문제 **11**번 참고

문제 **13** **합성수지제 가요전선관(PF관 및 CD관)의 호칭에 포함되지 않는 것은?**

㉮ 16　　㉯ 28
㉰ 38　　㉱ 42

 폴리에틸렌 전선관(PF관) 및 CD관의 호칭
→ 관 안지름의 크기(짝수) : 14, 16, 22, 28, 36, 42[mm]

문제 **14** **MD 심벌의 명칭은?**

㉮ 금속 덕트　　㉯ 버스 덕트
㉰ 피드 버스 덕트　　㉱ 플러그인 버스 덕트

정답 09. ㉰ 10. ㉰ 11. ㉱ 12. ㉰ 13. ㉮ 14. ㉮

문제 15 **플로어 덕트의 전선 접속은 어디서 하는가?**

㉮ 전선 인출구에서 한다.　　㉯ 접속함 내에서 한다.
㉰ 플로어 덕트 내에서 한다.　　㉱ 덕트 끝 단부 내에서 한다.

문제 16 **금속덕트 배선에서 금속덕트를 조영재에 붙이는 경우 지지점 간의 거리는?**

㉮ 0.3[m] 이하　　㉯ 0.6[m] 이하
㉰ 2.0[m] 이하　　㉱ 3.0[m] 이하

해설 지지점 간의 거리 : 3[m] 이내

문제 17 **다음 중 가요전선관과 금속관을 접속하는 데 사용하는 것은?**

㉮ 콤비네이션 커플링　　㉯ 앵글 박스 커넥터
㉰ 플렉시블 커플링　　㉱ 스틀렛 박스 커넥터

전기설비

문제 18 **금속 덕트 공사에 의한 옥내 배선을 검사한 결과가 다음과 같았다. 옳은 것은?**

㉮ 덕트 내 전선의 단면적(절연 피복 포함)의 합이 덕트 내부 단면적의 25[%]였다.
㉯ 덕트를 조영재에 3.5[m]마다 지지하였다.
㉰ 덕트는 두께가 1.0[mm]의 철판으로 만들어져 있었다.
㉱ 덕트의 끝부분이 폐쇄되어 있었다.

해설 금속 덕트 공사시 전선은 절연전선이나 케이블을 사용하며, 금속 덕트 내에 공사한 전선의 단면적은 덕트 내부 단면적의 20[%] 이하가 되도록 한다.(단, 전광표시장치, 출퇴근 표시등, 제어회로용 배선만을 넣는 경우에는 50[%] 이하가 되도록 실시한다.)
두께 : 1.2[mm] 이상

문제 19 **금속 덕트에 넣은 전선의 단면적(절연피복의 단면적 포함)의 합계는 덕트 내부 단면적의 몇 [%] 이하로 하여야 하는가? (단, 전광표시장치 · 출퇴표시등 기타 이와 유사한 장치 또는 제어회로 등의 배선만을 넣는 경우가 아니다.)**

㉮ 20[%]　　㉯ 30[%]
㉰ 40[%]　　㉱ 50[%]

해설 문제 **18**번 참고

문제 20 **저압 옥내 배선 공사에서 부득이한 경우 전선접속을 해도 되는 곳은?**

㉮ 가요전선관 내　　㉯ 금속관 내
㉰ 금속 덕트 내　　㉱ 경질 비닐관 내

정답 15. ㉯ 16. ㉱ 17. ㉮ 18. ㉱ 19. ㉮ 20. ㉰

문제 **21**

플로어 덕트 공사의 설명 중 옳지 않은 것은?

㉮ 덕트 상호 및 덕트와 박스 또는 인출구와 접속은 견고하고 전기적으로 완전하게 접속하여야 한다.
㉯ 덕트의 끝부분은 막는다.
㉰ 덕트 및 박스 기타 부속품은 물이 고이는 부분이 없도록 시설하여야 한다.
㉱ 플로어 덕트는 특별 제3종 접지공사로 하여야 한다.

해설 플로어 덕트 공사
강철제 덕트로 콘크리트 건물의 사무실 등에서 선풍기, 전화기, 벨 등을 시설할 때 전선의 손상을 방지하기 위하여 시설한다.(제3종 접지공사)

문제 **22**

덕트 공사의 종류가 아닌 것은?

㉮ 금속 덕트 공사 ㉯ 케이블 덕트 공사
㉰ 버스 덕트 공사 ㉱ 플로어 덕트 공사

문제 **23**

1종 가요전선관을 구부릴 경우의 곡률반지름은 관 안지름의 몇 배 이상으로 하여야 하는가?

㉮ 3배 ㉯ 4배
㉰ 5배 ㉱ 6배

 가요전선관 곡률반지름
구부러지는 쪽의 안쪽 반지름은 가요전선관 안지름의 6배(자유로운 경우는 3배) 이상으로 하고, 양쪽으로 고정한다.

문제 **24**

다음 중 금속 덕트 공사의 설명으로 틀린 것은?

㉮ 금속 덕트 공사는 건조하고 전개된 장소에만 사용한다.
㉯ 금속 덕트는 두께 1.2[mm] 이상의 철판을 사용하여 만든다.
㉰ 금속 덕트는 2[m] 이하마다 견고하게 지지해야 한다.
㉱ 금속 덕트 내에는 전선 피복을 포함한 덕트 면적 20[%] 이내에 전선을 설치해야 한다.

해설 문제 **16**번 참고

문제 **25**

버스 덕트 공사시 전압이 3ϕ 440[V]였다면 몇 종 접지공사를 하여야 하는가?

㉮ 접지공사가 필요없다.
㉯ 제2종 접지공사를 하여야 한다.
㉰ 특별 제3종 접지공사를 하여야 한다.
㉱ 제3종 접지공사를 하여야 한다.

정답 21. ㉱ 22. ㉯ 23. ㉱ 24. ㉰ 25. ㉰

- 400[V] 미만 : 제3종 접지공사
- 400[V] 이상~저압(600[V] 이하)까지 : 특별 제3종 접지공사

문제 26 **금속 덕트 공사에 있어서 전광표시장치, 출퇴표시장치 등 제어회로용 배전반을 공사할 때는 절연전선의 단면적은 금속 덕트 내 단면적의 몇 [%]까지 차지할 수 있는가?**

㉮ 80[%] ㉯ 70[%]
㉰ 60[%] ㉱ 50[%]

해설 문제 18번 참고

문제 27 **금속 덕트, 버스 덕트, 플로어 덕트에는 어떤 접지를 하는가?**

㉮ 모두 제3종 접지 공사를 한다.
㉯ 모두 제2종 접지 공사를 한다.
㉰ 특별히 접지하지 않아도 좋다.
㉱ 금속 덕트는 제3종, 버스 덕트는 제1종, 플로어 덕트는 하지 않는다.

문제 28 **버스 덕트 공사를 할 때 전압이 3상 380[V]이면 몇 종 접지공사를 하는가?**

㉮ 제1종 접지공사 ㉯ 제3종 접지공사
㉰ 제2종 접지공사 ㉱ 특별 제3종 접지공사

해설 문제 25번 참고

문제 29 **가요전선관의 크기는 안지름에 가까운 홀수로 최고 얼마까지인가?**

㉮ 15[mm] ㉯ 19[mm]
㉰ 25[mm] ㉱ 30[mm]

해설 문제 03번 참고

문제 30 **합성수지관이 금속관과 비교하여 장점으로 볼 수 없는 것은?**

㉮ 누전의 우려가 없다.
㉯ 온도 변화에 따른 신축작용이 크다.
㉰ 내식성이 있어 부식성 가스 등을 사용하는 사업장에 적당하다.
㉱ 관 자체를 접지할 필요가 없고, 무게가 가벼우며 시공하기 쉽다.

정답 26. ㉱ 27. ㉮ 28. ㉯ 29. ㉰ 30. ㉯

문제 **31**

가요전선관 공사에 대한 설명으로 틀린 것은?

㉮ 가요전선관 상호의 접속은 커플링으로 하여야 한다.
㉯ 1종 금속제 가요전선관은 두께 0.7 [mm] 이하인 것을 사용하여야 한다.
㉰ 가요전선관 및 그 부속품은 기계적, 전기적으로 완전하게 연결하고 적당한 방법으로 조영재 등에 확실하게 지지하여야 한다.
㉱ 사용전압이 400[V] 미만인 경우는 가요전선관 및 부속품은 제3종 접지공사에 의하여 접지하여야 한다.

해설 가요전선관은 두께 0.8[mm] 이상의 연강대에 아연도금을 한 것 사용

문제 **32**

가요전선관 공사방법에 대한 설명으로 잘못된 것은?

㉮ 전선은 옥외용 비닐절연전선을 제외한 절연전선을 사용한다.
㉯ 일반적으로 전선은 연선을 사용한다.
㉰ 가요전선관 안에는 전선의 접속점이 없도록 한다.
㉱ 사용전압 400[V] 이하의 저압의 경우에만 사용한다.

해설 가요전선관 공사는 사용전압 400[V] 이상 저압인 경우 가능

문제 **33**

2종 가요전선관의 굵기(관의 호칭)가 아닌 것은?

㉮ 10 [mm] ㉯ 12 [mm]
㉰ 16 [mm] ㉱ 24 [mm]

해설 제2종 가요전선관의 굵기 : 10, 12, 15, 17, 24, 30, 38, 50, 63, 76, 82, 101[mm]

문제 **34**

사람이 접촉될 우려가 있는 것으로서 가요전선관을 새들 등으로 지지하는 경우 지지점 간의 거리는 얼마 이하이어야 하는가?

㉮ 0.3[m] 이하 ㉯ 0.5[m] 이하
㉰ 1[m] 이하 ㉱ 1.5[m] 이하

배관공사의 종류	가요전선관인 경우	합성수지관인 경우	금속관인 경우	라이팅 덕트
지지점 간의 거리	1[m] 이하	1.5[m] 이하	2[m] 이하	2[m] 이하

문제 **35**

다음 가요전선관을 설명한 것이다. 옳은 것은?

㉮ 저압 옥내 배선의 사용전압이 400[V] 이상인 경우에는 가요전선관에 제1종 접지공사를 하여야 한다.
㉯ 가요전선관은 건조하고 점검할 수 없는 은폐장소에만 시설한다.
㉰ 가요전선관 안에는 전선에 접속점이 없도록 한다.
㉱ 1종 금속제 가요전선관은 두께 0.7mm 이하인 것이어야 한다.

정답 31. ㉯ 32. ㉱ 33. ㉰ 34. ㉰ 35. ㉰

 가요전선관 공사시설 규정

접지공사	시설장소	접속점	전선관 두께
400[V] 이상은 특별3종 접지	건조전개 및 점검가능 은폐장소	전선관 안에서 없도록 할 것	0.8[m] 이상

문제 **36** **합성수지관의 장점이 아닌 것은?**

㉮ 절연이 우수하다. ㉯ 기계적 강도가 높다.
㉰ 내부식성이 우수하다. ㉱ 시공하기 쉽다.

해설 합성수지관은 기계적(충격) 강도가 낮다.

문제 **37** **PVC(polyvinyl chloride pipe) 전선관의 표준 규격품 1본의 길이는 몇 [m]인가?**

㉮ 3.0[m] ㉯ 3.6[m]
㉰ 4.0[m] ㉱ 4.5[m]

문제 **38** **합성수지관 상호 간을 연결하는 접속재가 아닌 것은?**

㉮ 로크너트 ㉯ TS 커플링
㉰ 콤비네이션 커플링 ㉱ 2호 커넥터

문제 **39** **합성수지 전선관 공사에서 하나의 관로에 직각 곡률 개소는 몇 개소를 초과하여서는 안 되는가?**

㉮ 2개소 ㉯ 3개소
㉰ 4개소 ㉱ 5개소

해설 합성수지관 공사시 하나의 관로에 구부러진 곳은 4개소 이내로 제한

문제 **40** **합성수지관 공사에서 옥외 등 온도차가 큰 장소에 노출배관을 할 때 사용하는 커플링은?**

㉮ 신축커플링(0C) ㉯ 신축커플링(1C)
㉰ 신축커플링(2C) ㉱ 신축커플링(3C)

문제 **41** **가요전선관의 상호 접속은 무엇을 사용하는가?**

㉮ 콤비네이션 커플링 ㉯ 스플릿 커플링
㉰ 더블 커넥터 ㉱ 앵글 커넥터

관 상호 접속 구분	가요전선관 상호 간	가요전선관과 금속관	가요전선관과 박스 간
접속 자재 명칭	스플릿 커플링	콤비네이션 커플링	앵글(박스) 커넥터

정답 36. ㉯ 37. ㉰ 38. ㉮ 39. ㉰ 40. ㉱ 41. ㉯

문제 42 **금속제 가요전선관 공사방법의 설명으로 옳은 것은?**

㉮ 가요전선관과 박스와의 직각부분에 연결하는 부속품은 앵글박스 커넥터이다.
㉯ 가요전선관과 금속관과의 접속에 사용하는 부속품은 스트레이트박스 커넥터이다.
㉰ 가요전선관 상호접속에 사용하는 부속품은 콤비네이션 커플링이다.
㉱ 스위치박스에는 콤비네이션 커플링을 사용하여 가요전선관과 접속한다.

해설 문제 **41**번 참고

문제 43 **가요전선관 공사에 다음의 전선을 사용하였다. 맞게 사용한 것은?**

㉮ 알루미늄 35[mm^2]의 단선　　㉯ 절연전선 16[mm^2]의 단선
㉰ 절연전선 10[mm^2]의 연선　　㉱ 알루미늄 25[mm^2]의 단선

해설 가요전선관 공사시 사용전선 굵기
절연전선은 단면적 10[mm^2](알루미늄은 16mm^2 초과시 연선) 사용할 것

문제 44 **건물의 모서리(직각)에서 가요전선관을 박스에 연결할 때 필요한 접속기는?**

㉮ 스틀렛 박스 커넥터　　㉯ 앵글 박스 커넥터
㉰ 플렉시블 커플링　　㉱ 콤비네이션 커플링

해설 문제 **41**번 참고

문제 45 **다음 중 금속 덕트 공사 방법과 거리가 가장 먼 것은?**

㉮ 덕트의 말단은 열어 놓을 것
㉯ 금속 덕트는 3[m] 이하의 간격으로 견고하게 지지할 것
㉰ 금속 덕트의 뚜껑은 쉽게 열리지 않도록 시설할 것
㉱ 금속 덕트 상호는 견고하고 또한 전기적으로 완전하게 접속할 것

해설 덕트의 말단은 막아야 한다.

문제 46 **버스 덕트 공사에 의한 저압 옥내 배선 공사에 대한 설명으로 틀린 것은?**

㉮ 덕트 상호 간 및 전선 상호간은 견고하고 또한 전기적으로 완전하게 접속할 것
㉯ 저압 옥내 배선의 사용전압이 400[V] 미만인 경우에는 덕트에 제1종 접지공사를 할 것
㉰ 덕트(환기형의 것을 제외한다)의 끝부분은 막을 것
㉱ 습기가 많은 장소 또는 물기가 있는 장소에 시설하는 경우에는 옥외용 버스 덕트를 사용할 것

해설 사용전압이 400[V] 미만인 경우 덕트는 제3종 접지공사를 할 것

정답 42. ㉮ 43. ㉰ 44. ㉯ 45. ㉮ 46. ㉯

문제 **47** 플로어 덕트 공사에서 금속제 박스는 강판이 몇 [mm] 이상 되는 것을 사용하여야 하는가?

㉮ 2.0 ㉯ 1.5
㉰ 1.2 ㉱ 1.0

문제 **48** 버스 덕트 공사에서 도중에 부하를 접속할 수 있도록 제작한 덕트는?

㉮ 피더 버스 덕트 ㉯ 플로그 인 버스 덕트
㉰ 틀롤리 버스 덕트 ㉱ 이동부하 버스 덕트

해설

버스 덕트 종류	피더 버스 덕트	플러그 인 버스 덕트	트롤리 버스 덕트
내용	도중에 부하접속 하지 않는 것	부하 꽂음 구멍이 있는 것	트롤리 접속식 구조

문제 **49** 절연전선을 동일 플로어 덕트 내에 넣을 경우 플로어 덕트 크기는 전선의 피복절연물을 포함한 단면적의 총합계가 플로어 덕트 내 단면적의 몇 [%] 이하가 되도록 선정하여야 하는가?

㉮ 12[%] ㉯ 22[%]
㉰ 32[%] ㉱ 42[%]

해설 플로어 덕트 공사시 전선단면적은 덕트 내 단면적의 32[%] 이하가 되도록 할 것

문제 **50** 플로어 덕트 부속품 중 박스의 플러그 구멍을 메우는 것의 명칭은?

㉮ 덕트 서포트 ㉯ 아이언 플러그
㉰ 덕트 플러그 ㉱ 인서트 마커

문제 **51** 라이팅 덕트 공사에 의한 저압 옥내 배선 시 덕트의 지지점 간의 거리는 몇 [m] 이하로 해야 하는가?

㉮ 1.0 ㉯ 1.2
㉰ 2.0 ㉱ 3.0

전기설비

정답 47. ㉮ 48. ㉯ 49. ㉰ 50. ㉯ 51. ㉰

7 금속관(배선) 공사

(1) 시설 장소

전개된 장소 또는 은폐된 장소, 물기·먼지가 있는 장소에도 시설 가능

(2) 시설 방법

① **매입 배관 공사** : 콘크리트 또는 흙벽 속에 시설
② **노출 배관 공사** : 조영재에 따라 시설

(3) 시공시 주의사항

① 관 안에서는 전선의 접속점이 없도록 한다.
★ ② **관의 두께**

공사 종류	사용 금속관 두께
콘크리트에 매설 공사를 할 때	1.2[mm] 이상
큰 벽 등의 내에 공사를 할 때	1.0[mm] 이상

③ **접지 방법** : 사용전압이 400[V] 이상인 관에는 특별 제3종 접지공사
(단, 사람이 접촉할 우려가 없도록 하는 경우 제3종 접지공사를 실시 가능)

(4) 금속관 공사의 특징

① 전선이 기계적으로 완전한 보호가 된다.
② 접지사고나 단락사고 등에 의한 화재 및 누전의 우려가 적다.
③ 방습 장치를 하기 때문에 전선을 내수적으로 시설하는 것이 가능하다.
④ 배선변경을 할 때 전선의 교환이 쉽다.
⑤ 접지공사를 완전히 하면 감전 우려가 적다.

(5) 금속관의 처리(시공) 방법

1) 금속관 구부리기

① 구부러진 금속관의 안쪽 반지름은 금속관 안지름의 6배 이상으로 한다.
② 구부러진 곳이 360° 이상이 되면 중간에 풀박스나 정션 박스를 시설한다.

2) 금속관 끊기

금속관을 고정시키고 파이프 커터 또는 쇠톱으로 끊는다.

3) 금속관의 나사내기

금속관을 고정시키고 다이스와 오스터를 이용한다.

4) 박스와 금속관의 접속

로크 아웃의 구멍이 로크너트보다 큰 경우에는 링 리듀서를 사용하여 접속한다.

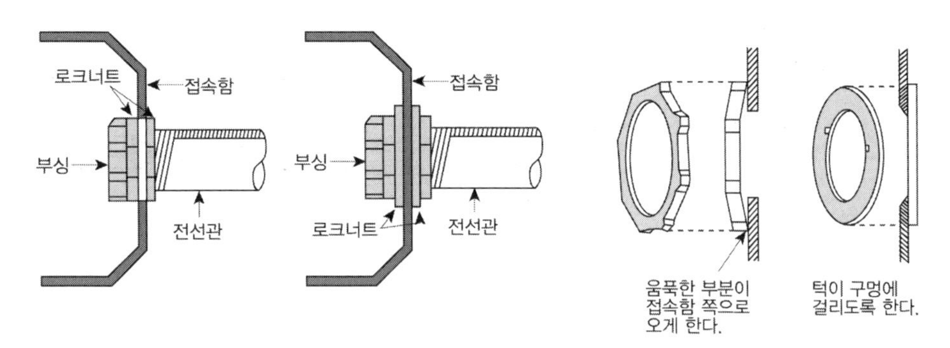

5) 금속관에 전선 넣기

피시 테이프를 이용하지만, 피시 테이프가 없을 경우에는 2.0~2.6[mm]의 철선을 사용한다.

6) 금속관의 전선수

① **금속전선관 굵기 선정**

전선 굵기에 따른 구분	적용전선관 굵기
동일 굵기의 전선을 동일관 내에 넣을 경우	전선관 내단면적의 48% 이하 선정
굵기가 다른 전선을 동일관 내에 넣는 경우	전선관 내단면적의 32% 이하 선정

② 절연전선을 사용하고, 단선은 단면적 6[mm^2](Al은 16mm^2) 이하를 사용하고 그 이상일 경우는 연선을 사용할 것

③ 왕복선(교류 1회로 전선)은 동일 금속관 내에 시설할 것

④ 전선을 2가닥 이상 병렬로 여러 가닥 시설하는 경우 전기적 평형(왕복전류의 합＝0)이 되도록 시설할 것

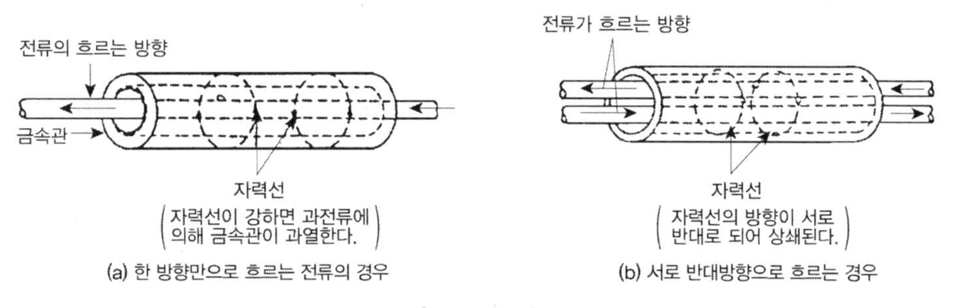

[전자적 평형]

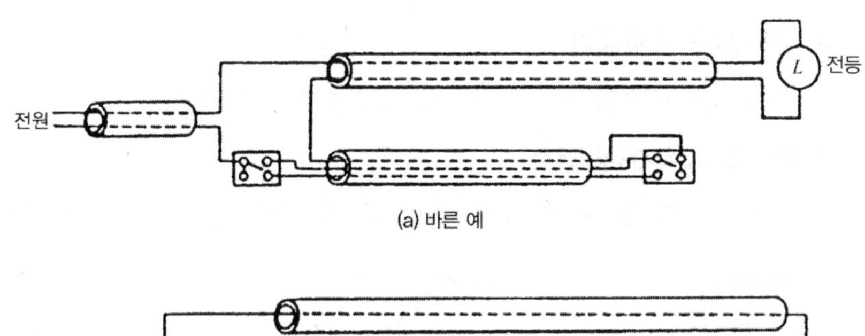

(a) 바른 예

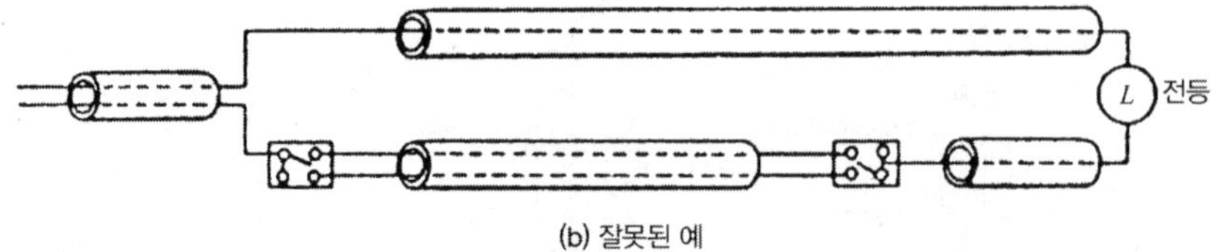

(b) 잘못된 예

[동극 왕복선을 동일 관 내에 넣는 경우]

⑤ 금속전선관의 종류(호칭)

금속관 명칭	전선관 종류(크기)
후강 전선관 (근사내경의 짝수)	• 10종(16, 22, 28, 36, 42, 54, 60, 82, 92, 104[mm]) 한 본의 길이 3.6[m], 두께 2.3[mm] 이상 두꺼운 금속관
박강 전선관 (근사외경의 홀수)	• 8종(15, 19, 25, 31, 39, 51, 63, 75[mm]) 길이 3.6[m], 두께 1.2[mm] 이상 얇은 금속관

⑥ 금속관 굽힘반지름 r

굽힘반지름 r 계산	구부림부분 길이 l
$r=6\times\text{안지름 } d+\dfrac{\text{바깥지름 } D}{2}$ [mm]	$l=2\pi r\times\dfrac{1}{4}$ [mm]

참고 ❙금속관 및 부속품의 접지공사❙

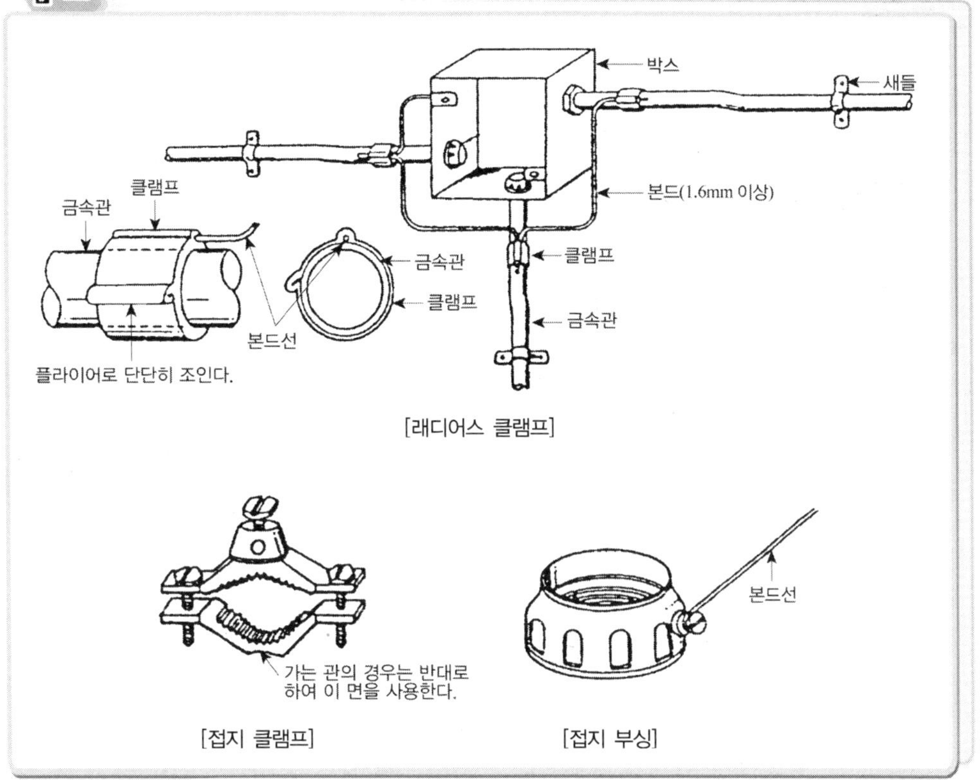

[래디어스 클램프]

[접지 클램프]

[접지 부싱]

금속관 시공시 부품	용도
노멀 밴드	매입배관 시 직각 굴곡부분에 사용자재
유니버설 엘보	노출배관 시 직각 굴곡부분에 사용자재
유니온 커플링	금속관 상호연결 시 사용자재
로크너트	박스와 금속관을 고정시키기 위해 사용자재
(절연) 부싱	전선(절연물)의 피복보호를 위해 금속관 끝에 취부
엔트런스 캡	전선(절연물)의 피복보호를 위해 금속관 끝에 취부
링 리듀서	박스의 녹(록)아웃 지름이 관지름보다 클 때 사용자재
오스터	금속관에 나사를 만드는 기계(나사크기 : 5턱 이상)
벤더, 히키	금속관을 구부리는 공구
리머	절단한 내면을 다듬어 전선피복 손상방지용

참고 ❙ 금속관의 공사의 부속 재료 ❙

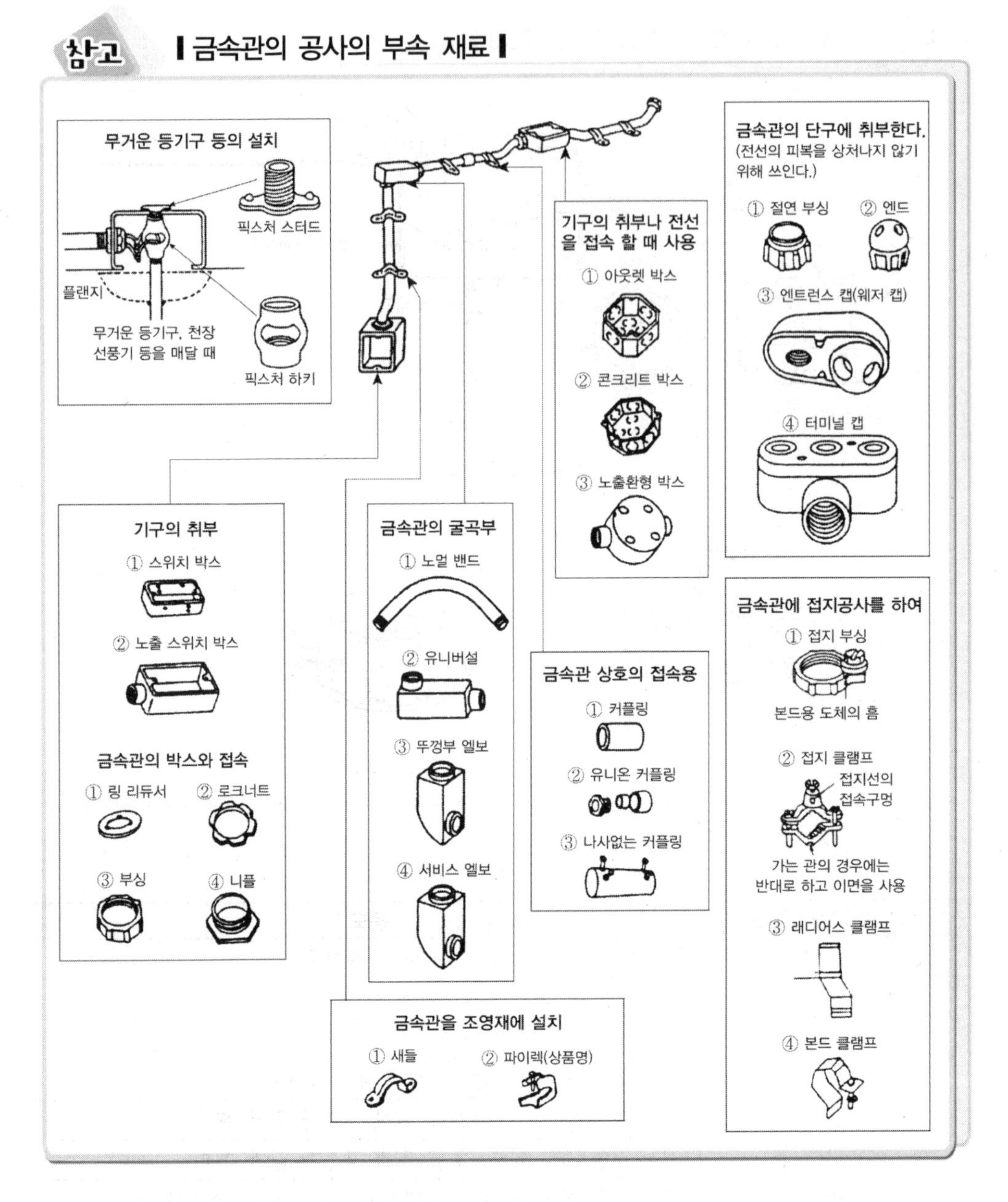

제4장 → 옥내 배선 공사

실전문제

문제 01 **유니온 커플링의 사용 목적은?**

㉮ 경이 틀린 금속관 상호의 접속
㉯ 돌려 끼울 수 없는 금속관 상호의 접속
㉰ 금속관의 박스와의 접속
㉱ 금속관 상호를 나사로 연결하는 접속

문제 02 **박강 전선관의 표준 굵기가 아닌 것은?**

㉮ 15mm　　㉯ 16mm
㉰ 25mm　　㉱ 39mm

금속관의 종류	규격
후강 전선관	안지름의 짝수 길이 3.6[m], 16~104[mm]까지 10종, 두께 2.3[mm] 이상
박강 전선관	바깥지름의 홀수, 15~75[mm]까지 길이 3.6[m]

문제 03 **금속관 및 그 부속품은 몇 종 접지공사에 의하여 접지하여야 하는가?**

㉮ 제1종　　㉯ 제2종
㉰ 제3종　　㉱ 특별 제3종

해설
- 400[V] 미만 : 제3종 접지공사
- 400[V] 이상~600[V] 이하 : 특별 제3종 접지공사

문제 04 **금속관 공사에서 금속관을 콘크리트에 매설할 경우 관의 두께는 몇 [mm] 이상의 것이어야 하는가?**

㉮ 0.8[mm]　　㉯ 1.0[mm]
㉰ 1.2[mm]　　㉱ 1.5[mm]

정답 01. ㉯ 02. ㉯ 03. ㉰ 04. ㉰

문제 **05** **다음 중 금속관 공사의 설명으로 잘못된 것은?**

㉮ 교류회로는 1회로의 전선 전부를 동일관 내에 넣는 것을 원칙으로 한다.
㉯ 교류회로에서 전선을 병렬로 사용하는 경우에는 관 내에 전자적 불평형이 생기지 않도록 시설한다.
㉰ 금속관 내에서는 절대로 전선접속점을 만들지 않아야 한다.
㉱ 관의 두께는 콘크리트에 매입하는 경우 1mm 이상이어야 한다.

해설 금속관 두께는 콘크리트 매입시 1.2[mm] 이상일 것

문제 **06** **다음 그림과 같이 금속관을 구부릴 때 일반적으로 A와 B의 관계식은?**

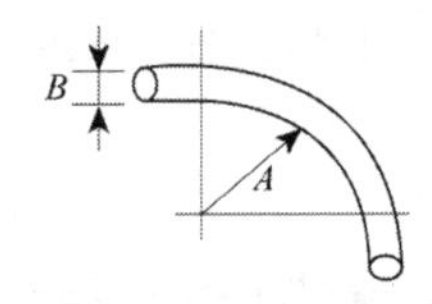

A: 구부러지는 금속관 안측의 반지름
B: 금속관 안지름

㉮ A=2B　　㉯ A≥B
㉰ A=5B　　㉱ A≥6B

문제 **07** **금속전선관을 직각 구부리기 할 때 굽힘반지름 r은? (단, d는 금속전선관의 안지름, D는 금속전선관의 바깥지름이다.)**

㉮ $r = 6d + \frac{D}{2}$　　㉯ $r = 6d + \frac{D}{4}$
㉰ $r = 2d + \frac{D}{6}$　　㉱ $r = 4d + \frac{D}{6}$

문제 **08** **금속관 공사 시 관을 접지하는 데 사용하는 것은?**

㉮ 노출배관용 박스　　㉯ 엘보
㉰ 접지 클램프　　㉱ 터미널 캡

 금속관 접지는 접지 클램프를 사용하여 관로마다 접지할 것

문제 **09** **금속전선관을 구부릴 때 금속관의 단면이 심하게 변형되지 않도록 구부려야 하며, 일반적으로 그 안측의 반지름은 관 안지름의 몇 배 이상이 되어야 하는가?**

㉮ 2배　　㉯ 4배
㉰ 6배　　㉱ 8배

 문제 06번 참고

정답 05. ㉱ 06. ㉱ 07. ㉮ 08. ㉰ 09. ㉰

문제 **10** **콘크리트의 벽이나 기구에 구멍을 뚫어 전선관이나 기타 배선기구를 고정하기 위한 배선재료가 아닌 것은?**

㉮ 스크루 앵커 ㉯ 익스팬션 볼트
㉰ 토글 볼트 ㉱ 비트 익스팬션

해설 스크루 앵커, 코킹 앵커, 토글 볼트, 익스팬션 볼트 : 콘크리트에 구멍을 뚫고 강제로 압입시켜 빠져나오기 힘들게 만든 것

문제 **11** **경질 비닐관 공사에서 접착제를 사용하여 관 상호를 접속할 때 커플링의 관 삽입깊이는?**

㉮ 경질 비닐관 내경의 0.8배 ㉯ 경질 비닐관 외경의 0.8배
㉰ 경질 비닐관 내경의 1.2배 ㉱ 경질 비닐관 외경의 1.2배

해설
- 접착제 사용시는 0.8배(경질비닐관 외경의)
- 접착제 사용하지 않을 시 1.2배(경질비닐관 외경의)

문제 **12** **콘크리트에 매입하는 금속관 공사에서 직각으로 배관할 때 사용하는 것은?**

㉮ 노멀 밴드 ㉯ 뚜껑이 있는 엘보
㉰ 서비스 엘보 ㉱ 유니버설 엘보

문제 **13** **박강 전선관에서 관의 호칭이 잘못 표현된 것은?**

㉮ 15[mm] ㉯ 22[mm]
㉰ 19[mm] ㉱ 25[mm]

해설 홀수 15, 19, 25, 31, 39, 51, 63, 75[mm]

문제 **14** **다음 중 금속관 공사에서 틀린 것은?**

㉮ 22[mm] 금속관의 나사로 유효길이는 19～22[mm]가 적당하다.
㉯ 콘크리트에 매설하는 관의 두께는 10[mm] 이상이어야 한다.
㉰ 16[mm] 금속관에 1.6[mm] 비닐전선을 최대 4가닥 넣을 수 있다.
㉱ 관의 굵기 선정은 절연전선의 피복을 포함한 총 단면적이 관 내 단면적의 40[%]이다.

해설 금속관 시공시 주의사항
① 관 안에서는 전선의 접속점이 없도록 한다.
② 관의 두께
  ㉠ 콘크리트에 매설 공사를 할 때 : 1.2[mm] 이상
  ㉡ 큰 벽 등의 내에 공사를 할 때 : 1.0[mm] 이상
③ 접지 방법 : 사용전압이 400[V] 이상인 관에는 특별 제3종 접지공사
  (단, 사람이 접촉할 우려가 없도록 하는 경우에는 제3종 접지공사를 실시)

정답 10. ㉱ 11. ㉯ 12. ㉮ 13. ㉯ 14. ㉯

문제 15 **금속관의 호칭을 바르게 설명한 것은?**

㉮ 박강, 후강 모두 안지름으로 [mm] 단위로 표시
㉯ 박강, 후강 모두 바깥지름으로 [mm] 단위로 표시
㉰ 박강은 바깥지름, 후강은 안지름으로 [mm] 단위로 표시
㉱ 박강은 안지름, 후강은 바깥지름으로 [mm] 단위로 표시

해설 후강 금속 전선관은 안지름(내경) 짝수이고, 박강 금속 전선관은 바깥지름(외경) 홀수이다.

문제 16 **링 리듀서의 용도는?**

㉮ 박스의 전선접속에 사용
㉯ 녹아웃 지름이 접속하는 금속관보다 큰 경우 사용
㉰ 녹아웃 구멍을 막는 데 사용
㉱ 로크너트를 고정하는 데 사용

문제 17 **가정용 집을 건축할 때 콘크리트 벽 내에 금속관 공사에 대해서 스위치 배선을 하려고 할 때 관의 두께의 최소는 몇 [mm]인가?**

㉮ 1.3　　㉯ 1.2
㉰ 1.1　　㉱ 1.0

문제 18 **다음 중 금속관 공사에서 나사내기에 사용하는 공구는?**

㉮ 토치램프　　㉯ 벤더
㉰ 리머　　㉱ 오스터

문제 19 **금속관 배관공사에서 절연 부싱을 사용하는 이유는?**

㉮ 박스 내에서 전선의 접속을 방지
㉯ 관이 손상되는 것을 방지
㉰ 관 단에서 전선의 인입 및 교체 시 발생하는 전선의 손상 방지
㉱ 관의 입구에서 조영재의 접속을 방지

문제 20 **다음 중 금속관을 박스에 접속할 때 녹아웃(knock out)의 구멍이 로크너트(lock nut)보다 클 때 사용되는 배선 재료는?**

㉮ 부싱　　㉯ 링 리듀서
㉰ 엘보　　㉱ 커플링

정답 15. ㉰ 16. ㉯ 17. ㉯ 18. ㉱ 19. ㉰ 20. ㉯

문제 **21** **교류 전등 공사에서 금속관 내에 전선을 넣어 연결한 방법 중 바른 것은?**

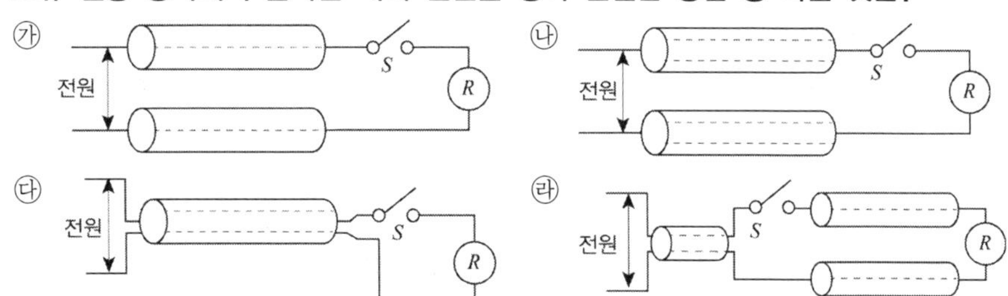

해설 금속관 공사시 교류 왕복선은 동일관 안에 넣어 시공한다.

문제 **22** **후강 안지름의 굵기 가운데 공칭값[mm]이 아닌 것은?**

㉮ 31　　㉯ 36

㉰ 42　　㉱ 54

해설 짝수 16, 22, 28, 36, 42, 54, 70, 82, 92, 104[mm]

문제 **23** **금속관 공사에서 접지공사를 생략해도 좋은 것은?**

㉮ 관의 길이가 4[m] 이하인 건조한 장소
㉯ 사람이 접촉할 우려가 있는 100[V] 회로로 관 길이가 6[m] 이상
㉰ 사람이 접촉할 우려가 없는 장소의 3상 200[V] 회로로 관의 길이 8[m] 이상
㉱ 건조한 장소의 100[V] 전등회로로서 관의 길이가 10[m] 이상

해설 접지공사 생략
① 길이 4[m] 이하 건조장소 시설하는 경우
② DC 300[V] AC 150[V] 이하로 8[m] 이하인 것을 사람 접촉 우려 없도록 하거나 건조 장소 시설하는 경우

문제 **24** **금속관 공사는 다른 공사방법에 비해 여러 특징을 가지고 있는데 그 특징에 속하지 않는 것은?**

㉮ 전선이 기계적으로 완전히 보호된다.
㉯ 단락 접지 사고에 있어서 화재의 우려가 적다.
㉰ 방습장치를 할 수 있으므로 전선을 내수적으로 시설할 수 있다.
㉱ 접지공사를 하지 않아도 감전의 우려가 없다.

해설 금속관 공사의 특징
① 전선이 기계적으로 완전한 보호가 된다.
② 접지 사고나 단락 사고 등에 의한 화재 및 누전의 우려가 적다.
③ 방습 장치를 하기 때문에 전선을 내수적으로 시설하는 것이 가능하다.
④ 배선 변경을 할 때 전선의 교환이 쉽다.

정답 21. ㉰ 22. ㉮ 23. ㉮ 24. ㉱

문제 25 **금속관을 아웃렛 박스에 로크너트만으로 고정하기 어려울 때 보조적으로 사용되는 재료는?**

㉮ 링리듀서　　㉯ 유니언 커플링
㉰ 커넥터　　㉱ 부싱

문제 26 **금속전속관 공사에 필요한 공구가 아닌 것은?**

㉮ 파이프 바이스　　㉯ 스트리퍼
㉰ 리머　　㉱ 오스터

해설 와이어 스트리퍼 : 전선의 피복을 벗기는 공구

문제 27 **금속관 제품 규격 설명 중 바르지 못한 것은?**

㉮ 1본의 길이는 3.6[m]임
㉯ 후강관은 안지름에 가까운 짝수로 호칭
㉰ 후강관 두께는 최소 3.6[mm]
㉱ 박강관은 바깥지름에 가까운 홀수로 호칭

해설 금속관(후강, 박강) 두께는 콘크리트 매설시 1.2[mm] 이상이다.

문제 28 **저압 가공 인입선의 인입구에 사용하며 금속관 공사에서 끝 부분의 빗물 침입을 방지하는 데 적당한 것은?**

㉮ 엔드　　㉯ 엔트런스 캡
㉰ 부싱　　㉱ 라미플

문제 29 **금속관 공사를 할 때 엔트런스 캡의 사용으로 옳은 것은?**

㉮ 금속관이 고정되어 회전시킬 수 없을 때 사용
㉯ 저압 가공 인입선의 인입구에 사용
㉰ 배관의 직각의 굴곡 부분에 사용
㉱ 조명기구가 무거울 때 조명기구 부착용

문제 30 **금속관을 조영재에 따라서 시설하는 경우는 새들 또는 행거 등으로 견고하게 지지하고 그 간격을 몇 m 이하로 하는 것이 가장 바람직한가?**

㉮ 2　　㉯ 3
㉰ 4　　㉱ 5

해설 금속관 지지거리 : 2[m] 이하

정답 25. ㉮ 26. ㉯ 27. ㉰ 28. ㉯ 29. ㉯ 30. ㉮

문제 31 **철근 콘크리트 건물에 노출 금속관 공사를 할 때 직각으로 굽히는 곳에 사용되는 금속관 재료는?**

㉮ 엔트런스 캡　　㉯ 유니버설 엘보
㉰ 4각 박스　　㉱ 터미널 캡

해설

금속관 재료	엔트런스 캡	유니버설 엘보	4각 박스	터미널 캡
사용 장소	저압 인입구	관을 직각으로 굽히는 곳	전선분기(접속) 장소	• 저압인입선에서 금속관으로 옮겨지는 곳 • 금속관에서 전동기 단자 접속하는 곳

문제 32 **16[mm] 금속전선관에 나사 내기를 할 때 반직각 구부리기를 한 곳의 나사산은 몇 산 정도로 하는가?**

㉮ 3~4산　　㉯ 5~6산
㉰ 8~10산　　㉱ 3~4산

금속관 반직각 구부리기 종류	반L형( )	S형( )
관 끝 나사산 횟수	3~4산	7~8산

문제 33 **다음 중 금속전선관을 박스에 고정시킬 때 사용되는 것은 어느 것인가?**

㉮ 새들　　㉯ 부싱
㉰ 로크너트　　㉱ 클램프

정답 31. ㉯ 32. ㉮ 33. ㉰

8 케이블 공사

케이블은 절연전선보다 안전장치가 여러 겹으로 된 전선으로 화약고나 주유소 등과 같이 폭발 위험성 있는 곳에 많이 사용되며 케이블 공사 시 사용전선은 케이블과 캡타이어 케이블을 사용한다.(저압 배선용으로 주로 폴리에틸렌 절연비닐 시스케이블 EV, 0.6/1kV 가교 폴리에틸렌 절연비닐 시스케이블 CV1, 0.6/1kV 비닐절연 시스케이블 VV, 0.6/1kV 비닐절연비닐 캡타이어 케이블 VCT 등)

(1) 연피가 있는 케이블 공사

1) 종류

① 강대 개장 연피 케이블
② 주트권 연피 케이블
③ 연피 케이블

2) 시공시 주의사항

① 콘크리트나 흙벽에 직접 매입하지 않고 금속관 등에 넣어 시공한다. 단, 강대 개장 연피 케이블은 직접 매입할 수 있다.

★ ② 연피 케이블의 굴곡은 케이블 바깥지름의 12배 이상의 반지름으로 구부려 시공하며, 금속관에 넣는 것은 15배 이상으로 구부린다.

③ 케이블을 조영재에 지지할 때는 수평방향으로 시설하며, 접촉할 우려가 있는 곳은 1[m] 이하로 하고, 박스와 기구의 거리는 30[cm] 이하로, 기타 부분은 1.5[m] 이하로 한다.

④ 사용전압 400[V] 미만인 경우의 케이블 방호장치 금속제 부분은 제3종 접지공사를 실시한다.

⑤ 케이블과 절연선과의 접속점에는 케이블 헤드를 사용한다.

⑥ 가옥의 벽이나 담 등과 같이 어떠한 기계적 충격을 받을 우려가 있는 장소에 시설하는 경우에는 구내에서는 1.5[m], 구외에서는 2[m] 높이까지 케이블을 금속관 등에 넣어 외상을 방지한다.

⑦ 연피나 부속품은 기계적, 전기적으로 완전히 접속하고 제3종 접지공사를 한다.

(2) 연피가 없는 케이블 공사

1) 종류

① 캡타이어 케이블

② 고무 외장 케이블

③ 비닐 외장 케이블

④ 클로로프렌 외장 케이블

2) 시공시 주의사항

① 케이블의 지지점 간의 거리는 2[m] 이내

케이블 지지 종류	케이블 지지점 간의 거리
조영재의 수직방향으로 시설할 경우	2[m] 이하(단, 캡타이어 케이블은 1[m]
조영재의 수평방향으로 시설할 경우	1[m] 이하

★ ② 케이블을 구부리는 경우에는 피복이 손상되지 않도록 주의하고, 케이블 바깥지름의 6배(단심인 것은 8배) 이상의 반지름으로 구부려 준다.

③ 케이블과 케이블, 케이블과 절연선 간의 접속은 분전반 또는 접속함 내부에서 실시하는 것을 원칙으로 하고, 습기나 물기가 많은 곳과 접속 박스가 없는 경우에는 애자를 사용하여 분기 접속한다.

④ 단면적 8[mm^2] 이상의 케이블은 심선의 접속부분이 서로 겹쳐지지 않도록 접속하고, 납땜을 실시한 후 외장의 두께 이상으로 테이프를 감는다.

★직접매설식에 의한 압력의 유무에 따른 케이블 매설깊이

구분	매설깊이
① 차량 또는 중량물의 압력을 받을 경우(도로)	1.2[m] 이상
② 차량 또는 중량물의 압력을 받지 않을 경우	0.6[m] 이상

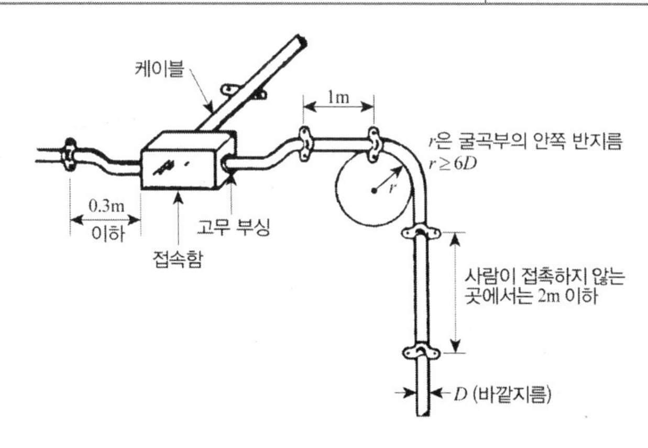

전기설비

제4장 → 옥내 배선 공사

실전문제

문제 01

콘크리트 직매용 케이블 배선에서 일반적으로 케이블을 구부릴 때는 피복이 손상되지 않도록 그 굴곡부 안쪽의 반경은 케이블 외경의 몇 배 이상으로 하여야 하는가? (단, 단심이 아닌 경우이다.)

㉮ 2배　　㉯ 3배
㉰ 6배　　㉱ 12배

구분	연피가 없는 케이블인 경우	연피가 있는 케이블인 경우
케이블 곡률 반지름	케이블 바깥지름의 6배(단심은 8배)	케이블 바깥지름의 12배 이상

문제 02

다음 중 캡타이어 케이블, 고무 외장 케이블, 비닐 외장 케이블, 클로로프렌 외장 케이블 공사에 대한 것으로 틀린 것은?

㉮ 케이블의 지지점 간의 거리는 규정상 2[m] 이하이어야 한다.
㉯ 케이블 바깥지름의 5배 이상의 반지름으로 구부린다.
㉰ 습기나 물기가 많은 곳과 접속 박스가 없는 경우에는 애자를 사용하여 분기 접속한다.
㉱ 단면적 8[mm^2] 이상의 케이블은 심선 접속 부분이 서로 겹치도록 접속하고, 납땜을 할 필요는 없다.

해설 단면적 8[mm^2] 이상의 케이블은 심선의 접속부분이 서로 겹쳐지지 않도록 접속하고, 납땜을 실시한 후 외장의 두께 이상으로 테이프를 감는다.

문제 03

케이블 공사에 의한 저압 옥내 배선에서 케이블을 조영재의 아랫면 또는 옆면에 따라 붙이는 경우에는 전선의 지지점 간 거리는 몇 [m] 이하이어야 하는가?

㉮ 0.5　　㉯ 1
㉰ 1.5　　㉱ 2

케이블 시설 방법	조영재의 수평방향(아랫면, 윗면)인 경우	조영재의 수직방향인 경우
케이블 지지점 간 거리	1[m] 이하	2[m] 이하 (캡타이어 케이블은 1m)

정답 01. ㉰ 02. ㉱ 03. ㉯

문제 04 **캡타이어 케이블을 조영재에 시설하는 경우 그 지지점 간의 거리는 얼마로 하여야 하는가?**

㉮ 1[m] 이하 ㉯ 1.5[m] 이하
㉰ 2.0[m] 이하 ㉱ 2.5[m] 이하

해설 문제 03번 참고

문제 05 **다음 중 고압 옥내 배선에 거의 사용되지 않는 케이블은?**

㉮ 비금속 외장 케이블
㉯ 강대 개장 연피 케이블
㉰ 주트권 연피 케이블
㉱ 클로로프렌 외장 케이블

문제 06 **금속관 공사에서 끝부분에 빗물 침입을 방지하는 데 적당한 것은?**

㉮ 앤드 ㉯ 엔트런스 캡
㉰ 부싱 ㉱ 라미플

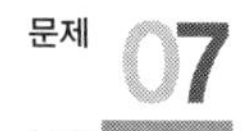

문제 07 **케이블을 조영재에 지지하는 경우 이용되는 것으로 맞지 않는 것은?**

㉮ 새들 ㉯ 클리트
㉰ 스테플러 ㉱ 터미널 캡

구분	터미널 캡	클리트	스테플러	새들
용도	케이블 말단의 터미널 커버	케이블지지애자	케이블 지지 ㄷ자 모양못	케이블 지지 ς 모양 철판

문제 08 **금속제 케이블트레이의 종류가 아닌 것은?**

㉮ 통풍채널형 ㉯ 사다리형
㉰ 바닥밀폐형 ㉱ 크로스형

케이블트레이 종류	사다리형	통풍채널형	바닥밀폐형
케이블트레이 구조	사다리 모양	사다리 바닥밀폐 모양	사다리없는 바닥밀폐형

정답 04. ㉮ 05. ㉮ 06. ㉯ 07. ㉮ 08. ㉱

9 저압 옥내 배선 공사

(1) 전압의 종별

종류	범위	예
저 압	교류(AC) 600[V] 이하	110, 220, 380, 440[V]
	직류(DC) 750[V] 이하	
고 압	교류 601(600[V] 초과)~7,000[V] 이하	3300, 6600[V]
	직류 751(750[V] 초과)~7,000[V] 이하	
특 고 압	교류 7000[V] 초과~100,000[V] 이하	22[kV], 22.9[kV], 66[kV]
초 특 고 압	교류 100,001[V] 이상	154[kV], 345[kV], 765[kV]

(2) 전압 명칭

① **선간전압**(Voltage) V

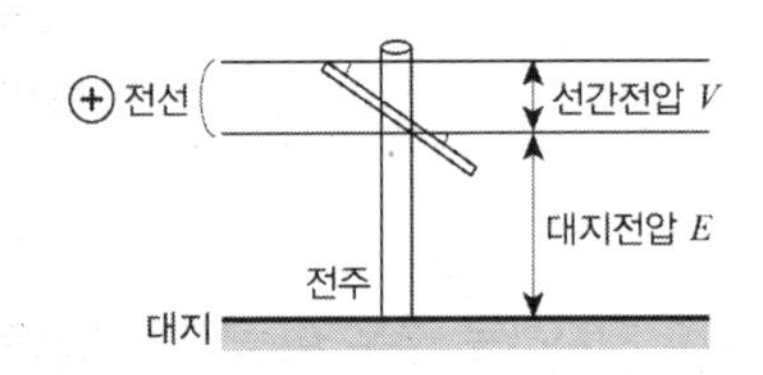

★
- 정격전압(전기기계 · 기구 사용전압)
  - 단상(1ϕ)인 경우 : 110V, 220V
  - 3상(3ϕ)인 경우 :
    - 220, 380, 440V
    - 3300, 6600(고압 motor용)
- 공칭전압(전선로) : 전부하 또는 무부하시 송전단의 선간전압

② **대지전압**(Earth) E

★
- 비접지(3.3, 6.6kV)인 경우 : 전선과 전선 사이 전압
- 접지식(22.9, 66, 154, 345kV)인 경우 : 대지와 전선 사이 전압

(3) 220[V] 전등 배선

① 전등 수용의 옥내 배선은 단상 2선식으로 하며, 전압강하는 간선에서 2[V], 분기선에서 3[V] 이하를 유지한다.

② 옥내 배선의 접지측 전선은 흰색과 회색을 사용한다.

③ 기계 기구의 외함, 금속관 등의 금속부분은 제3종 접지공사를 실시한다.

(4) 220[V] 배선 기구

① **소켓** : 2중 전열의 버튼 소켓이나 키리스 소켓을 사용하고, 습기가 많은 장소에서는 방습형 전등 기구를 사용한다.

② **점멸 스위치** : 300[V]급 이상의 텀블러 스위치, 풀 스위치, 실링, 로제트 등을 시설한다.(스위치 · 시설위치 → 바닥에서 높이 1.2[m])

③ **콘센트** : 접지극이 있는 접지형 2극 콘덴서를 사용하며, 접지극은 제3종 접지공사를 실시한다.(콘센트 시설위치 → 바닥에서 높이 30[cm])

전기공급방식	결선도(회로)	특징	사용장소
단상 2선식 (전압선과 접지선 각 1개 사용)	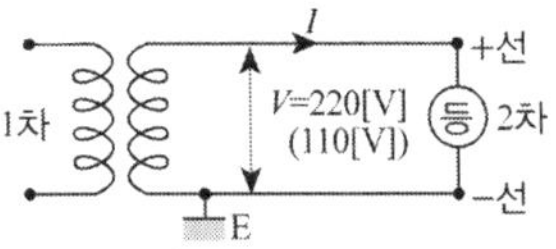 1차 / I / V=220[V] (110[V]) / 등 / 2차 / +선 / −선 / E	① 구조가 간단하고 부하불평형이 없다. ② 대용량 부하에 부적합하다. ③ 전선소요량 및 전력손실이 크다.	전등부하가 많은 일반가정 (주택)
단상 3선식 (전압선 2개와 중성선 1개 사용)	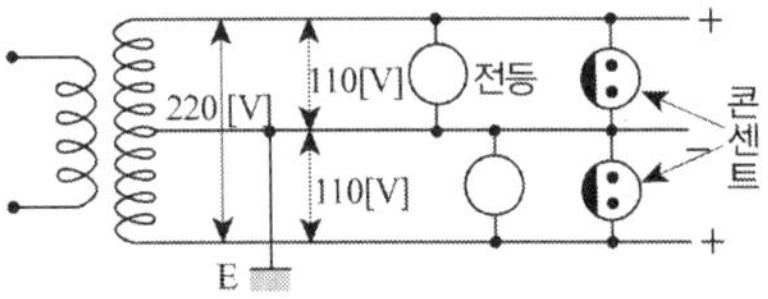 220[V] / 110[V] / 전등 / 110[V] / E / + / + / 콘센트	① 2종류(110, 220V) 전원 사용 가능 ② 부하불평형이 있고 ③ 중성선 단선 시 이상전압 발생 ④ 전선소요량(동량)이 2선식의 37.5[%]	전등 및 전열부하가 많은 소규모 공장

<주의> 단상 3선식에서 2차 중성선은 퓨즈를 넣지 않고 동선으로 직결한다.
(이유 : 중성선 단선시 경부하측 이상 전압 발생방지)

(5) 380[V] 전력 배선

① 옥내 배선의 전기방식은 220/380[V] 3상 4선식, 또는 220/440[V] 단상 3선식으로 한다.

② 조작 개폐기는 금속 상자 개폐기, 배선용 차단기, 커버 나이프 스위치 등으로 충전부에 사람이 접촉할 우려가 없는 구조이어야 하며, 커버 나이프 스위치는 정격전류 30[A] 이하의 것으로 사용한다.

(단, 전동기 출력 $\frac{1}{2}$[HP] 이하에만 사용 가능)

③ **조작 개폐기를 설치할 필요가 없는 경우**

㉠ 전력장치가 전선 긍장 8[m] 이하의 위치로, 분기 개폐기를 조작 개폐기로 겸용할 수 있는 경우

㉡ 전력장치에 현장 조작 개폐기의 역할을 하는 개폐기가 부착된 경우

㉢ 정격출력 200[W] 이하의 전동기 또는 정격입력 15[V·A] 이하의 가열장치나 전력장치를 사용하는 경우

④ **접지공사**

㉠ 사용전압 400[V] 미만 : 제3종 접지공사

㉡ 사용전압 400[V] 이상 : 특별 제3종 접지공사

전기공급방식	결선도(회로)	특징	사용장소
3상3선식 (전압+선 3개 사용)	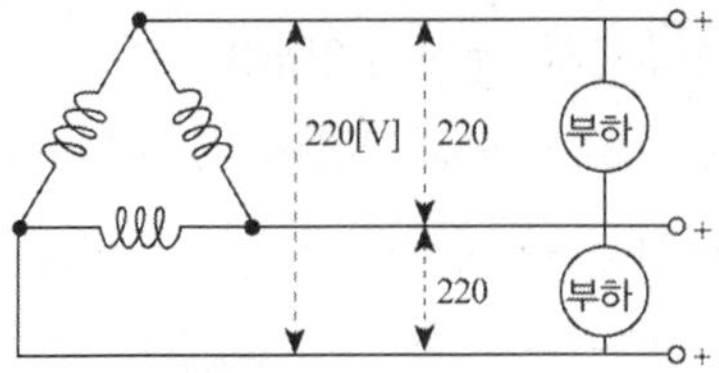 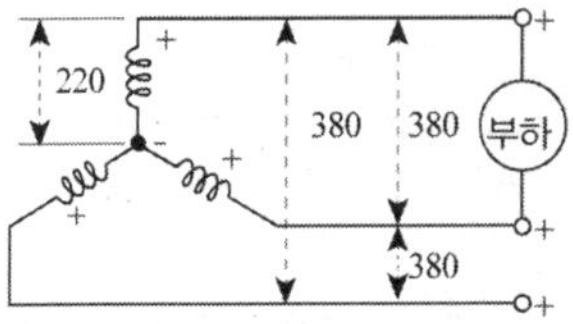 220[V] 220 부하 220 부하 220 380 380 부하 380	① 동력부하에 적합 ② 전선소요량은 2선식의 75[%] ③ 한상고장시(V결선시) • 이용률(86.6%)이 낮다. • 출력비(57.7%)가 작다. ④ 전압강하개선	공장의 동력용
3상4선식 (전압+선 3개와 중성선(−) 1개 사용)	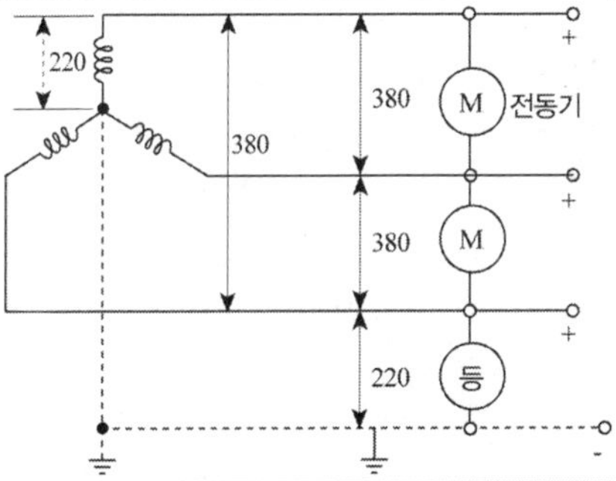 220 380 380 M 전동기 380 M 220 등	① 가장 경제적인 방식 ② 단상과 3상을 동시 사용(전등은 220, 동력은 380V) ③ 전선소요량은 2선식의 33[%]	상가, 빌딩, 공장 등 대용량에 가장 많이 사용

(6) 옥내(배선) 전로(선로)의 대지전압제한 규정

1) 주택의 옥내 전로(선로) 시설규정(★대지전압 300[V] 이하로 할 것)

① 사용전압은 400[V] 미만일 것

② 옥내 배선(기계기구)은 사람이 접촉할 우려가 없도록 시설할 것

③ 주택의 전로 인입구에는 인체 보호용 누전차단기(ELB)를 시설할 것

④ 방전등(백열전등, 형광등) 안정기는 저압 옥내 배선과 직접 접속할 것

⑤ 전구(백열전등) 소켓은 키나 점멸기구가 없는 것일 것

⑥ 전기기계기구(소비전력 2kW 이상)는 전용개폐기 및 과전류 차단기를 시설할 것

2) 주택 이외의 옥내 전로 시설규정(대지전압 300[V] 이하로 할 것 → 150[V] 이하는 제외)

취급자 이외의 사람이 접촉할 우려가 없는 은폐된 장소는

① 합성수지관 공사

② 금속관 공사

③ 케이블공사에 의해 시설할 것

10 고압 옥내 배선 공사

케이블 공사를 원칙으로 하지만, 건조하고 전개된 장소에서는 애자 사용 공사도 가능하다. 애자 사용 공사를 할 때 전선의 지름은 2.6[mm] 연동선 이상의 고압 절연전선 또는 인하용 고압 절연전선을 사용한다.

(1) 이격거리

① **전선 상호 간의 간격** : 8[cm] 이상

② **전선과 조영재의 간격** : 5[cm] 이상

③ **전선의 지지점 간의 거리**

㉠ 공간에 시설하는 경우 : 6[m] 이하

㉡ 조영재에 시설하는 경우 : 2[m] 이하

④ **고압 배선과 다른 배선, 약전선, 수도관과의 이격거리**

㉠ 일반적인 경우 : 15[cm] 이상

㉡ 저 · 고압 배선과 나전선을 사용하는 경우 : 30[cm] 이상

(2) 시공시 주의사항

① 고압 배선이 조영재를 관통하는 경우에는 전선마다 별개의 절연관에 넣어 시공한다.

② 고압 배선에 사용한 케이블의 접속함 및 방호장치의 금속제 부분은 제1종 접지공사를 한다. 단, 사람의 접촉 우려가 없는 경우에는 제3종 접지공사를 한다.

❙고압 애자 사용 공사❙

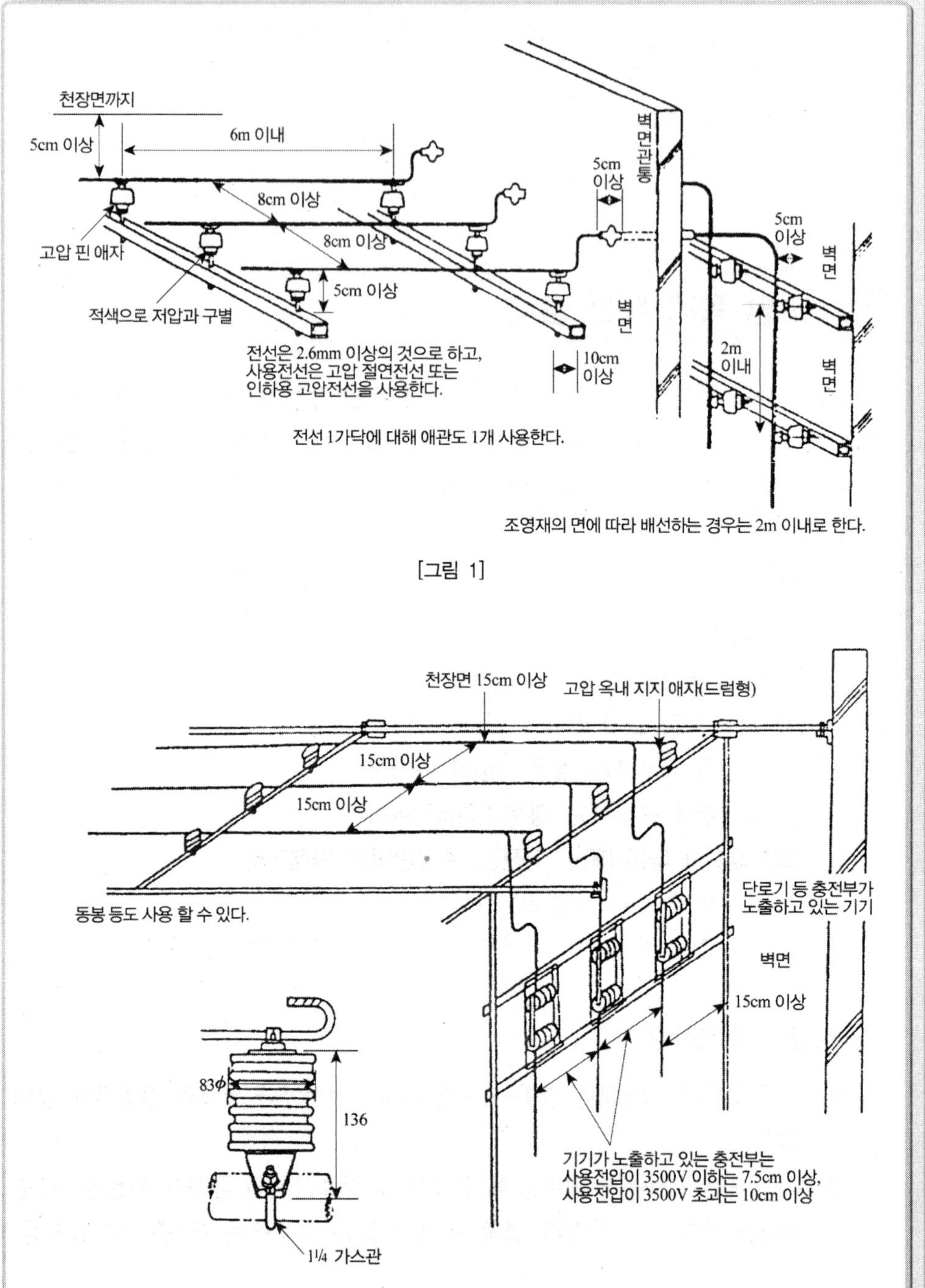

[그림 1]

[그림 2] 수전실 등의 배선

제4장 → 옥내 배선 공사

실전문제

문제 01 400[V] 이상인 전선관, 버스 덕트 공사의 금속부분 및 케이블 공사와 금속 방호물 케이블의 금속피복의 접지는?

㉮ 제1종 접지　　㉯ 제3종 접지
㉰ 특별 제3종 접지　　㉱ 제2종 접지

해설 접지공사
① 사용전압 400[V] 미만 : 제3종 접지공사
② 사용전압 400[V] 이상 : 특별 제3종 접지공사

문제 02 옥내 배선 공사를 케이블 공사로 할 경우 케이블을 넣는 장치의 금속제 부분 금속체의 전선의 접속함의 접지공사는?

㉮ 제1종 접지　　㉯ 제2종 접지
㉰ 제3종 접지　　㉱ 특별 제3종 접지

문제 03 380[V] 전력 배선 공사에서 인입 개폐기 및 분기 개폐기를 사용할 수 없는 것은?

㉮ 금속상자 개폐기　　㉯ 배선용 차단기
㉰ 나이프 스위치　　㉱ 기중 차단기

문제 04 옥내 배선 공사에서 케이블을 직접 매입하여도 좋은 곳은?

㉮ 블록벽 속　　㉯ 흙벽 속
㉰ 콘크리트벽 속　　㉱ 합판사용벽 속

문제 05 전선의 색 구별에 있어서 중성선 또는 접지선은 어떤 색을 쓰고 있는가?

㉮ 흰색　　㉯ 검정색
㉰ 노란색　　㉱ 보라색

문제 06 400[V] 미만에서 전기 기계 · 기구의 철대 및 금속제의 외함에 접지공사 할 때 제 몇 종 접지공사를 하는가?

㉮ 제1종　　㉯ 제2종
㉰ 제3종　　㉱ 특별 제3종

해설 문제 01번 참고

정답 01. ㉰ 02. ㉰ 03. ㉰ 04. ㉱ 05. ㉮ 06. ㉰

제5장 전선 및 기계기구의 보안과 접지공사

1 전선의 보안

(1) 전로

옥내 배선의 단락 또는 접지 사고 시 전선을 보호하기 위하여 과전류 차단기를 설치한다.

① **과전류 차단기** : 퓨즈, 마그넷 스위치, 자동 차단기

② **자동 차단기** : 기중 차단기(ACB), 유입 차단기(OCB), 배선용 차단기(NFB)

(2) 과전류 차단기의 시설 장소

① 발전기, 전동기, 변압기, 정류기 등의 기계・기구를 보호하는 곳

② 송전선로의 보호용

③ 인입구, 간선의 전원측 및 분기점 등 보호상, 보안상 필요한 곳

(3) 과전류 차단기를 시설해서는 안 되는 곳

① 접지공사의 접지선

② 다선식 전로의 중성선

③ 전로의 일부에 제2종 접지공사를 한 저압 가공전로의 접지측 전선

(4) 저압전로의 과전류 차단기(퓨즈) 시설규정

1) **저압용 퓨즈** → 정격전류의 **1.1배**의 전류에 견딜 것

정격전류[A]	정격전류의 1.6배인 경우	정격전류의 2배인 경우
30 이하	60분 이내 용단	2분 이내 용단
31～60 이하	60분 이내 용단	4분 이내 용단
61～100 이하	120분 이내 용단	6분 이내 용단
101～200 이하	120분 이내 용단	8분 이내 용단
201～400 이하	180분 이내 용단	10분 이내 용단
401～600 이하	240분 이내 용단	12분 이내 용단

2) 배선용 차단기 → 정격전류의 1배의 전류에 견딜 것

정격전류[A]	정격전류의 1.25배인 경우	정격전류의 2배인 경우
30 이하	60분 이내 용단	2분 이내 용단
31~50 이하	60분 이내 용단	4분 이내 용단
51~100 이하	120분 이내 용단	6분 이내 용단
101~225 이하	120분 이내 용단	8분 이내 용단
226~400 이하	120분 이내 용단	10분 이내 용단
401~600 이하	120분 이내 용단	12분 이내 용단

3) 고압용 퓨즈

① **포장용** : 정격전류의 1.3배에 견디고 2배의 전류에서는 120분 안에 용단될 것

② **비포장용** : 격전류의 1.25배에 견디고 2배의 전류에서는 2분 내에 용단

③ 고압·특고압의 단락사고시 과전류 차단기는 단락전류 차단 능력을 가질 것

전기설비

2 간선의 보안

간선이란 인입 개폐기 또는 변전실 배전반에서 분기 개폐기까지의 전선이다.

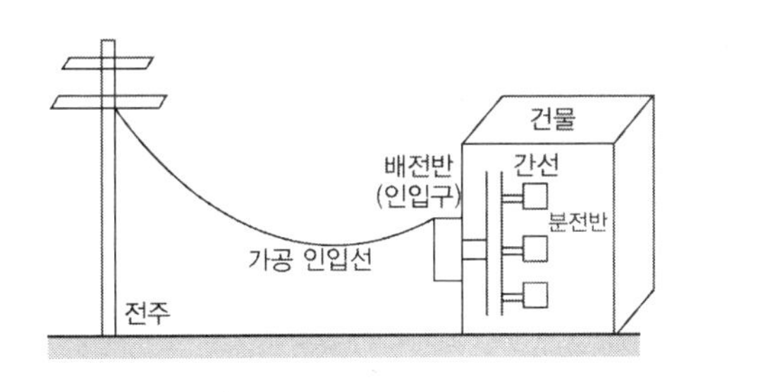

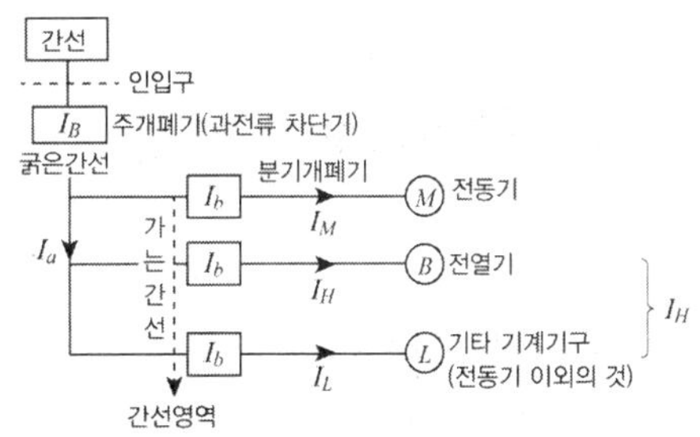

(1) 간선 보호용 과전류 차단기

① 간선의 허용전류 이하의 크기로 제한한다.

② 기동전류가 큰 전동기가 있는 경우 전동기 정격전류의 3배에 다른 모든 부하의 정격전류를 합한 값 이하의 차단기를 시설할 수 있다. 이때 간선의 허용전류의 2.5배를 넘을 수 없다.

(2) 가는 간선의 과전류 차단기를 생략할 수 있는 경우

① 간선의 허용전류가 과전류 차단기의 정격전류의 55[%] 이상인 경우
② 간선의 허용전류가 과전류 차단기의 정격전류의 35[%] 이상, 55[%] 미만이고, 또한 간선의 길이가 8[m] 이하인 경우
③ 굵은 간선에 길이 3[m] 이하의 가는 간선을 접속하는 경우

(3) 전동기 회로의 전선과 과전류 차단기의 전류

전동기의 정격전류[A]	전선의 허용전류[A]=간선 굵기	과전류 차단기의 크기
50[A] 미만인 경우	1.25×전동기 전류의 합계	2.5×전선의 허용전류
50[A] 이상인 경우	1.1×전동기 전류의 합계	2.5×전선의 허용전류

과전류차단기는 각 극에 시설할 것(다선전로의 중성극은 제외)

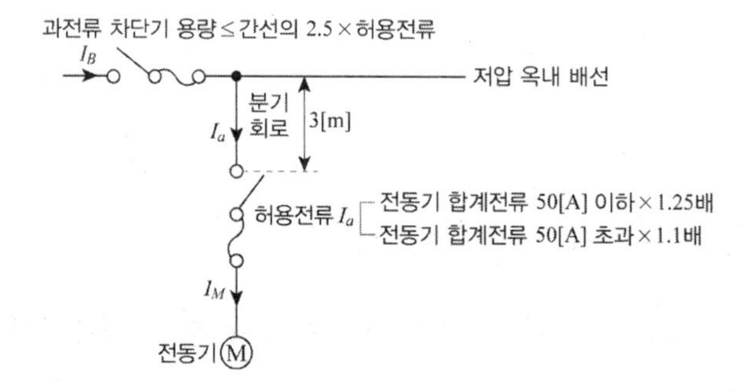

3 분기회로의 보안

분기회로란 간선에서 분기하여 전기 사용 기계·기구에 이르는 부분으로, 간선에서 분기하여 3[m] 이하의 곳에 개폐기 및 과전류 차단기를 시설한다.
단, 전선의 허용전류가 과전류 차단기 정격전류의 35[%] 이상인 경우에는 8[m]로 할 수 있으며, 55[%] 이상인 경우에는 거리 제한을 받지 않는다.
분기회로의 전선과 과전류 차단기의 크기는 다음 표와 같다.

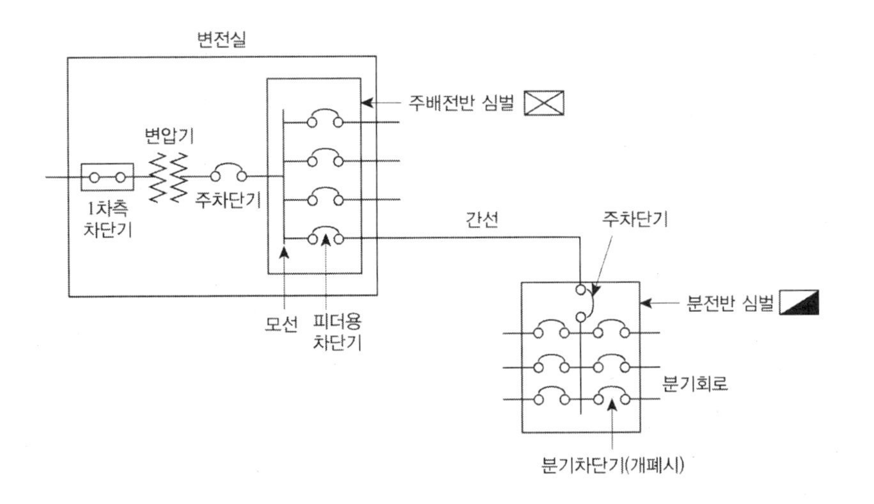

1) 분기회로 종류

분기회로의 종류	전선(연동선)	분기 과전류 차단기
15[A] 분기회로	2.5 [mm^2]	15[A] 퓨즈 사용
20[A] 배선용 차단기 분기회로	2.5 [mm^2]	20[A] 배선용 차단기 사용
20[A] 분기회로	4.0 [mm^2]	20[A] 퓨즈 사용
30[A] 분기회로	6.0 [mm^2]	30[A] 퓨즈 사용
50[A] 분기회로	16 [mm^2]	50[A] 퓨즈 사용

2) 배선설계(부하용량 계산)

부하 종류	예	표준부하밀도
표준부하	공장, 공회장, 사원, 교회, 극장, 영화관, 연회장	10[VA/m^2]
	기숙사, 여관, 호텔, 병원, 음식점, 학교, 목욕탕	20[VA/m^2]
	주택, 아파트, 사무실, 은행, 상점, 이발소, 미장원	30[VA/m^2]
부분부하	복도, 계단, 세면장, 창고, 다락	5[VA/m^2]
	강당, 관람석	10[VA/m^2]
가산부하	주택, 아파트 1세대당	500~1,000[VA]
	상점의 진열장 폭 1[m]당	300[VA]
	옥외광고등, 전광사인, 네온사인 등의 수	1[VA]

※ 부하용량[VA]＝표준부하×면적＋부분부하×면적＋가산부하

저압 가공전선로의 보안

(1) 인입선의 과전류 보호 장치

인입구에서 분기한 인입선의 분기점에 퓨즈를 설치한다.

(2) 저압 가공선로의 보호

주상 변압기 2차측에 캐치 홀더를 설치하며, 중성선과 접지측 전선에는 변압기의 리드선과 저압 간선 사이에 커넥터를 이용하여 접속한다.

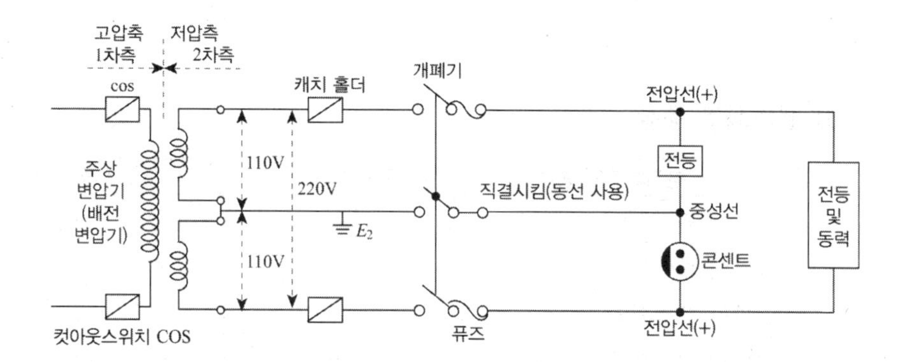

1) 단상 3선식 결선조건 3가지

① 2차측 중성선에 제2종 접지 E_2 할 것 ② 2차측에 동시동작형 개폐기를 시설할 것 ③ 2차측 중성선(접지측 전선)은 퓨즈 넣지 않고 동선으로 직결한다. (이유 : 중성선 단선시 경부하측 전위상승 방지)

2) 장점

① 2종류의 전원을 얻는다.(110V 또는 220V 사용가능) ② 전압 $V=\dfrac{220\text{V}}{110\text{V}}=2$배 차이 전압강하 $e \propto \dfrac{1}{V}=\dfrac{1}{2}$배(↓감소), 손실 $P_l \propto \dfrac{1}{V^2}=\dfrac{1}{2^2}=\dfrac{1}{4}$배(↓감소) 전력 $P \propto V^2=2^2=4$배(↑증가)

5 변압기 용량

(1) 변압기 용량 계산

$$\text{합성 최대전력(변압기 용량)} = \frac{\text{개별수용 최대전력의 합(설비용량×수용률)}}{\text{부등률}} \text{[kVA]}$$

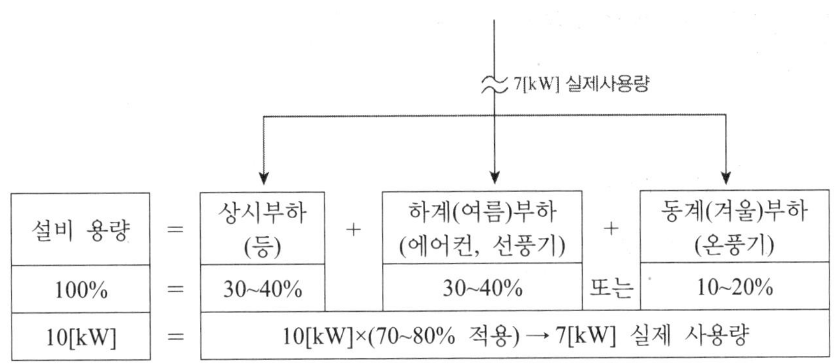

설비 용량	=	상시부하 (등)	+	하계(여름)부하 (에어컨, 선풍기)	+	동계(겨울)부하 (온풍기)
100%	=	30~40%		30~40%	또는	10~20%
10[kW]	=	10[kW]×(70~80% 적용) → 7[kW] 실제 사용량				

(2) 수용률, 부하율, 부등률 ★★

구분	수용률	부하율	부등률
정의	전력소비기기 동시사용 정도	부하설비 유효이용 정도	최대사용전력 발생분산 정도
공식	$\frac{\text{최대(계약)전력}}{\text{설비(도면)용량 합}} \times 100[\%]$	$\frac{\text{평균전력}}{\text{최대전력}} \times 100[\%]$ $= \frac{\text{사용전력량/시간}}{\text{최대전력}}$	$\frac{\text{개별수용 최대전력의 합}}{\text{합성 최대전력}} \geq 1$
특징	수용률이 클수록 동시사용 설비가 많다.	부하율이 클수록(大) 설비가 효율(大)적이다.	부등률이 클수록(大) 부하 분산이 잘돼 설비 이용률(大)이 높다.

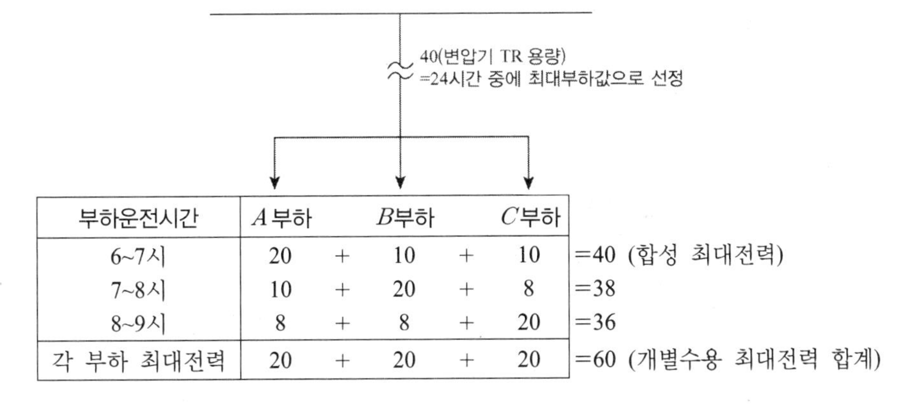

부하운전시간	A부하		B부하		C부하	
6~7시	20	+	10	+	10	=40 (합성 최대전력)
7~8시	10	+	20	+	8	=38
8~9시	8	+	8	+	20	=36
각 부하 최대전력	20	+	20	+	20	=60 (개별수용 최대전력 합계)

$$\therefore \text{부등률} = \frac{\text{개별수용 최대전력 합}}{\text{합성 최대전력}} = \frac{60}{40} = 1.5$$

제5장 → 전선 및 기계 기구의 보안과 접지공사

실전문제

문제 01 **전압의 구분에서 고압에 대한 설명으로 가장 옳은 것은?**

㉮ 직류는 750[V]를, 교류는 600[V] 이하인 것
㉯ 직류는 750[V]를, 교류는 600[V] 이상인 것
㉰ 직류는 750[V]를, 교류는 600[V] 초과하고, 7[kV] 이하인 것
㉱ 7[kV] 초과하는 것

해설

전압종류	범위
저압	교류(AC) 600[V] 이하, 직류(DC) 750[V] 이하
고압	교류 601(600[V] 초과)~7,000[V] 이하, 직류 751(750[V] 초과)~7,000[V] 이하
특고압	교류 7,000[V] 초과~100,000[V] 이하
초특고압	교류 100,000[V] 이상

문제 02 **전압을 저압, 고압 및 특고압으로 구분할 때 교류에서 "저압"이란?**

㉮ 110[V] 이하의 것 ㉯ 220[V] 이하의 것
㉰ 600[V] 이하의 것 ㉱ 750[V] 이하의 것

문제 03 **교류 단상 3선식 배전선로를 잘못 표현한 것은?**

㉮ 두 종류의 전압을 얻을 수 있다.
㉯ 중성선에는 퓨즈를 사용하지 않고 동선으로 연결한다.
㉰ 개폐기는 동시에 개폐하는 것으로 한다.
㉱ 변압기 부하측 중성선은 제3종 접지공사로 한다.

해설 단상 3선식 결선조건 3가지(2차측)
① 중성선에 제2종 접지 E_2 할 것
② 동시동작형 개폐기를 시설할 것
③ 중성선은 퓨즈 넣지 않고 동선으로 직결

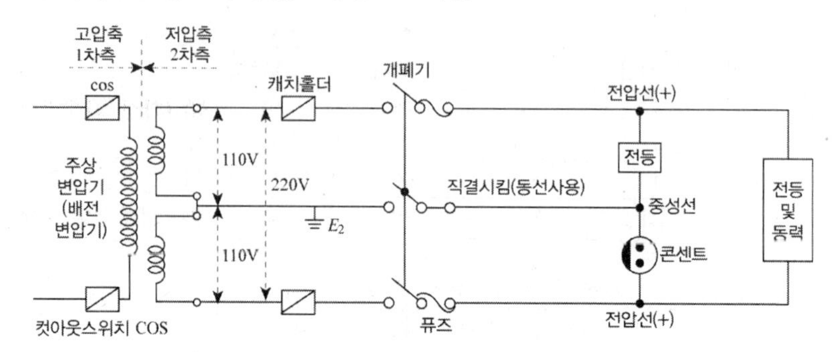

정답 01. ㉰ 02. ㉰ 03. ㉱

문제 04 **저압 단상 3선식 회로의 중성선에는 어떻게 하는가?**

㉮ 다른 선의 퓨즈와 같은 용량의 퓨즈를 넣는다.
㉯ 다른 선의 퓨즈의 2배 용량의 퓨즈를 넣는다.
㉰ 다른 선의 퓨즈의 1/2배 용량의 퓨즈를 넣는다.
㉱ 퓨즈를 넣지 않고 동선으로 직결한다.

해설 중성선 단선시 부하(저항) 불평형 전압 때문에 동선으로 직결한다.

문제 05 **도면과 같은 단상 3선식의 옥외 배선에서 중성선과 양외선 간에 각각 20[A], 30[A]의 전등 부하가 걸렸을 때 인입 개폐기의 X점에서 단자가 빠졌을 경우 발생하는 현상은?**

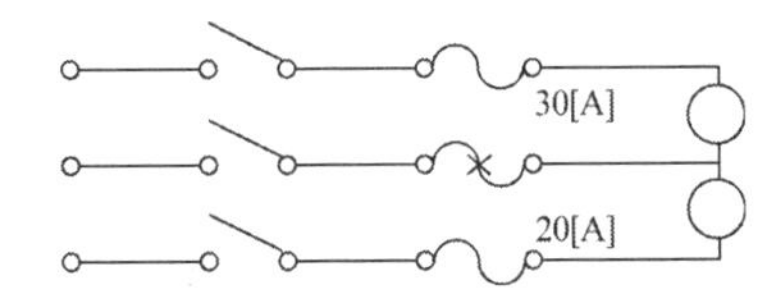

㉮ 별 이상이 일어나지 않는다.
㉯ 20[A] 부하의 단자전압이 상승한다.
㉰ 30[A] 부하의 단자전압이 상승한다.
㉱ 양쪽 부하에 전류가 흐르지 않는다.

해설 중성선 단선시 저항이 큰 20[A] 부하는 전압상승, 30[A] 부하는 전압감소 된다.

문제 06 **저압배선 중의 전압강하는 간선 및 분기회로에서 각각 표준전압의 몇 [%] 이하로 하는 것을 원칙으로 하는가?**

㉮ 2　　㉯ 4
㉰ 6　　㉱ 8

해설 저압배선 중 전압강하는 표준전압의 2[%] 이하로 할 것

문제 07 **1차가 22.9kV-Y의 배전선로이고, 2차가 220/380[V] 부하 공급시는 변압기 결선을 어떻게 하여야 하는가?**

㉮ $\Delta - Y$　　㉯ $Y - \Delta$
㉰ $Y - Y$　　㉱ $\Delta - \Delta$

해설

변압기 결선 방식	변압기 1차(전원)측 결선	변압기 2차(부하)측 결선
$Y - Y$ 방식	22.9[kV]	220[V] 380[V]

문제 08 **공장 내 등에서 대지전압이 150[V]를 초과하고 300[V] 이하인 전로에 백열전등을 시설할 경우 다음 중 잘못된 것은?**

㉮ 백열전등은 사람이 접촉될 우려가 없도록 시설하였다.
㉯ 백열전등은 옥내 배선과 직접 접속을 하지 않고 시설하였다.
㉰ 백열전등의 소켓은 키 및 점멸기구가 없는 것을 사용하였다.
㉱ 백열전등 회로에는 규정에 따라 누전차단기를 설치하였다.

해설 전등회로 : 백열전등 및 형광등 안정기는 옥내 배선과 직접 접속한다.

문제 09 **다음 중 저압 옥내 간선으로부터 분기하는 곳에 설치하지 않으면 안 되는 것은?**

㉮ 자동차단기 ㉯ 개폐기와 자동차단기
㉰ 전자개폐기 ㉱ 개폐기

문제 10 **옥내 배선의 분기회로를 보호하기 위한 개폐기 및 과전류 차단기에 있어서 어떤 측 전선에는 개폐기 및 과전류 차단기를 생략할 수 있는가?**

㉮ 접지측 ㉯ 변압기의 1차측
㉰ 인입구측 ㉱ 분기회로측

 과전류 차단기를 시설해서는 안 되는 곳
① 접지공사의 접지선
② 다선식 전로의 중성선
③ 전로의 일부에 제2종 접지공사를 한 저압 가공전로의 접지측 전선

문제 11 **분기회로의 개폐기 및 과전류 차단기는 저압 옥내 간선과의 분기점에서 전선의 길이가 몇 [m] 이하의 곳에 시설하여야 하는가?**

㉮ 1.5 ㉯ 3
㉰ 5 ㉱ 8

해설 분기회로란 간선에서 분기하여 전기 사용 기계·기구에 이르는 부분으로, 간선에서 분기하여 3[m] 이하의 곳에 개폐기 및 과전류 차단기를 시설한다.

문제 12 **저압 옥내 간선에서 전동기의 정격전류가 40[A]일 때 전선의 허용전류는 몇 [A]인가?**

㉮ 44 ㉯ 50
㉰ 60 ㉱ 100

 전동기 회로의 전선과 과전류 차단기의 전류

전동기의 정격전류[A]	간선 전선의 허용전류[A]	과전류 차단기의 크기
50[A] 미만인 경우	1.25×전동기 전류의 합계	2.5×전선의 허용전류
50[A] 이상인 경우	1.1×전동기 전류의 합계	2.5×전선의 허용전류

전선의 허용전류$=1.25\times40=50$[A]

정답 08. ㉯ 09. ㉯ 10. ㉮ 11. ㉯ 12. ㉯

문제 **13** 다음 중 전자 개폐기에 부착하여 전동기의 소손 방지를 위하여 사용하는 것은?

㉮ 퓨즈 ㉯ 열동 계전기
㉰ 배선용 차단기 ㉱ 비율 차동 계전기

문제 **14** 간선에서 분기하여 분기 과전류 차단기를 거쳐서 부하에 이르는 사이의 배선을 무엇이라 하는가?

㉮ 간선 ㉯ 인입선
㉰ 중성선 ㉱ 분기회로

문제 **15** 간선에 접속하는 전동기의 정격전류의 합계가 100[A]인 경우에 간선의 허용전류가 몇 [A]인 전선의 굵기를 선정하여야 하는가?

㉮ 100 ㉯ 110
㉰ 125 ㉱ 200

해설 간선의 허용전류 $I =$ 전동기의 정격전류$\times 1.1$배$= 100 \times 1.1 = 110$[A]

문제 **16** 110[V]로 인입하는 어느 주택의 총 부하 설비용량이 7050[VA]이다. 최소 분기회로 수는 몇 회로로 하여야 하는가? (단, 전등 및 소형 전기 기계 기구이고, 1650[VA] 이하마다 분기하게 되었다.)

㉮ 3 ㉯ 5
㉰ 6 ㉱ 8

해설 분기회로수 $n = \dfrac{\text{총부하설비용량[VA]}}{\text{분기회로의 정격용량[VA]}} = \dfrac{7050}{1650} = 4.27$회로
절상하여 5회로이다.

문제 **17** 기름을 사용하지 않은 차단기로서 진공에서의 높은 절연내력과 아크 생성물의 진공 중으로의 급속한 확산을 이용해 소호시키는 차단기의 이름은 무엇인가?

㉮ VCB ㉯ MBB
㉰ OCB ㉱ ACB

해설 VCB(Vacuum Circuit Breaker) : 진공중에서 아크(Arc)를 소호한다.

정답 13. ㉯ 14. ㉱ 15. ㉯ 16. ㉯ 17. ㉮

문제 **18** 전동기의 정격전류 합계가 50[A]를 넘을 경우 저압 옥내간선에 사용할 수 있는 전선의 허용전류는 전동기 등의 합계전류의 몇 배 이상인가?

㉮ 1.25배　　㉯ 1.5배
㉰ 1.1배　　㉱ 2배

 문제 04번 참고

문제 **19** 건축물의 종류에서 표준부하율 20[VA/m²]으로 하여야 하는 건축물은 다음 중 어느 것인가?

㉮ 교회, 극장　　㉯ 학교, 음식점
㉰ 은행, 상점　　㉱ 아파트, 미용원

해설

	적용 대상 건물	표준부하밀도[VA/m²]
표준부하	공장, 공회장, 사원, 교회, 극장, 영화관, 연회장	10[VA/m²]
	기숙사, 여관, 호텔, 병원, 음식점, 학교, 목욕탕	20[VA/m²]
	주택, 아파트, 사무실, 은행, 상점, 이발소, 미장원★	30[VA/m²]

문제 **20** 주택, 아파트, 사무실, 은행, 상점, 이발소, 미장원에서 사용하는 표준부하[VA/m²]는?

㉮ 5　　㉯ 10
㉰ 20　　㉱ 30

문제 **21** 변전소에 사용되는 주요 기기로서 ABB는 무엇을 의미하는가?

㉮ 유입 차단기　　㉯ 자기 차단기
㉰ 공기 차단기　　㉱ 가스 차단기

차단기 종류	유입 차단기 OCB	공기차단기 ABB	가스차단기 GCB	자기차단기 MBB
소호 매질	절연유 사용	공기 사용	SF_6 가스	전자력 원리

문제 **22** 다음 중 기계·기구의 운전과 정지 과부하 보호를 하며, 저전압에 동작하는 스위치는?

㉮ 수은 스위치　　㉯ 타임 스위치
㉰ 마그넷 스위치　　㉱ 부동 스위치

 마그넷 스위치

마그넷 스위치(magnet switch)는 과부하뿐만 아니라 기계·기구의 운전과 정지 및 저전압에도 동작하며, 360° 회전 조작이 가능하다.

정답 18. ㉰ 19. ㉯ 20. ㉱ 21. ㉰ 22. ㉰

문제 **23** 정격전류가 40[A]의 3상 200[V] 전동기에 직접 접속되는 전선의 허용전류는 몇 [A] 이상이 필요한가?

㉮ 40　　㉯ 44
㉰ 50　　㉱ 120

해설 간선의 허용전류 $I=$ 전동기 정격전류 × 1.25배
$I=40\times1.25=50$[A]

문제 **24** 공장, 사무실, 학교, 상점 등의 옥내에 시설하는 전등은 부분조명이 가능하도록 시설하여야 하는데 이때 전등군은 몇 등 이내로 하는 것이 바람직한가?

㉮ 6　　㉯ 8
㉰ 10　　㉱ 12

해설 전등군 시설 규정
① 점멸기(스위치)는 등기구마다 시설할 것
② 점멸기 1개당 등기구수는 6개 이하로 할 것

전기설비

문제 **25** 옥내에 시설하는 저압전로와 대지 사이의 절연저항 측정에 사용되는 계기는?

㉮ 콜라우시 브리지　　㉯ 메거
㉰ 어스 테스터　　㉱ 마그넷벨

측정계기	메거	어스 테스터, 콜라우시 브리지	네온 검전기	테스터, 마그넷벨
측정값	절연저항	접지저항	충전유무확인	도통시험

문제 **26** 옥내 배선이 분기회로 보호용에 사용되는 배선용 차단기의 약호는 어느 것인가?

㉮ OCB　　㉯ ACB
㉰ NFB　　㉱ DS

해설 NFB(No Fuse Breaker) : 배선용 차단기

문제 **27** 교류 380[V]를 사용하는 공장의 전선과 대지 사이의 절연저항은 몇 [MΩ] 이상이어야 하는가?

㉮ 0.1[MΩ]　　㉯ 0.3[MΩ]
㉰ 10[MΩ]　　㉱ 100[MΩ]

전로사용(대지) 전압	150[V] 이하	151~300[V] 이하	301~400[V] 미만	400[V] 이상
절연저항값[MΩ]	0.1	0.2	0.3	0.4

정답 23. ㉰ 24. ㉮ 25. ㉯ 26. ㉰ 27. ㉯

문제 **28**

옥내에 시설하는 저압 접촉 전선과 대지 간의 절연저항의 값에 대한 설명으로 틀린 것은?

㉮ 대지전압 200[V] 이하에서는 절연저항값이 0.1[MΩ] 이상이어야 된다.

㉯ 대지전압 150[V]를 넘고 300[V] 이하에서는 절연저항값이 0.2[MΩ] 이상이어야 된다.

㉰ 대지전압 300[V]를 넘고 400[V] 이하에서는 절연저항값이 0.3[MΩ] 이상이어야 된다.

㉱ 대지전압 400[V]이상에서는 절연저항값이 0.4[MΩ] 이상이어야 된다.

해설 문제 **27**번 참고

문제 **29**

어느 수용가의 설비용량이 각각 1[kW], 2[kW], 3[kW], 4[kW]의 부하설비가 있다. 그 수용률이 60[%]인 경우 그 최대 수용전력은 몇 [kW]인가?

㉮ 3 ㉯ 6

㉰ 30 ㉱ 60

해설 $\text{수용률} = \dfrac{\text{최대수용전력}}{\text{수용(부하)설비용량}} \times 100[\%]$ 식에서

→ $\text{최대수용전력} = \text{각 설비용량 합} \times \text{수용률} = (1+2+3+4) \times 0.6 = 6[\text{kW}]$

문제 **30**

$\dfrac{\text{부하의 평균 전력(1시간 평균)}}{\text{최대수용전력(1시간 평균)}} \times 100[\%]$**의 관계를 가지고 있는 것은?**

㉮ 부하율 ㉯ 부등률

㉰ 수용률 ㉱ 설비율

문제 **31**

각 수용가의 최대수용전력이 각각 5[kW], 10[kW], 15[kW], 22[kW]이고, 합성 최대 수용전력이 50[kW]이다. 수용가 상호 간의 부등률은 얼마인가?

㉮ 1.04 ㉯ 2.34

㉰ 4.25 ㉱ 6.94

$\text{부등률} = \dfrac{\text{각 부하 최대수용전력의 합}}{\text{합성 최대수용전력}} = \dfrac{5+10+15+22}{50} = 1.04$

문제 **32**

최대사용전압이 70[kV]인 중성점 직접접지식 전로의 절연내력 시험전압은 몇 [V]인가?

㉮ 35,000[V] ㉯ 42,000[V]

㉰ 44,800[V] ㉱ 50,400[V]

절연내력 시험전압 = 최대사용전압 × 60[kV] 초과 중성점 직접접지식 배수(0.72)

$= 70 \times 1000 \times 0.72 = 50,400[\text{V}]$

정답 28. ㉮ 29. ㉯ 30. ㉮ 31. ㉮ 32. ㉱

절연저항 및 절연내력

전로는 충분히 절연되어 있지 않으면 누설전류에 의한 누전, 화재와 사람, 가축에 대한 감전 및 전력 손실의 증가, 지락전류에 의한 통신 장해 등을 일으키기 때문에 사용전압에 따라서 충분히 대지로부터 절연하여야 한다.

(1) 저압전로의 절연저항

절연저항(Megger) $R = \frac{\text{사용전압}\, V}{\text{누설전류}\, I_l} \times 10^{-6} [\mathrm{M\Omega}]$

전로의 사용전압 구분		절연저항값	과년도
대지 전압	150[V] 이하인 경우	0.1[MΩ] 이상	사용전압 110[V]일 때
	151~300[V] 이하인 경우	0.2[MΩ] 이상	사용전압 220[V]일 때
	301~400[V] 미만인 경우	0.3[MΩ] 이상	사용전압 380[V]일 때
	400 이상~저압(600[V] 이하)	0.4[MΩ] 이상	사용전압 440[V]일 때

(2) 절연내력시험(교류시험전압 ⇒ 연속 10분간 가함)

1) 회전기 절연내력시험

종류			시험전압	최저시험전압	시험방법
회전기인 경우	발전기 전동기 조상기	최대사용전압 7[kV] 이하	최대사용전압×1.5배	500[V]	권선과 대지간 연속 10분간 가한다.
		7[kV] 넘는 것	최대사용전압×1.25배	10,500[V]	
	회전변류기		직류측 최대사용전압×1배의 교류전압	500[V]	

2) 변압기 전로의 절연내력시험전압(교류시험전압 연속 10분간 가함)

① 교류 시험인 경우 ☆★

전로의 종류 (최대사용전압기준)	시험전압= 최대사용전압×배수	최저값 시험전압	과년도 문제
7[kV] 이하 전로인 경우	1.5배	500[V] 이상	500[V]변압기 : 500×1.5=750[V] 220[V]변압기 : 220×1.5 =330[V] 무시 → 500[V] 사용
7~25[kV] 이하 중성점(다중) 접지식 전로인 경우	0.92배	500[V] 이상	22.9[kvy]인 경우 → 22,900×0.92=21,068[V]
7[kV] 초과 60[kV] 이하 전로인 경우	1.25배	10,500[V] 이상	7,200[V] → 7,200×1.25 =9,000[V] → 10,500[V] 사용
60[kV] 초과 중성점 비접지식 전로인 경우		없음	

② **직류시험인 경우**

적용식	교류시험전압×2배(케이블 이용시에만)
내용	교류시험전압의 2배의 직류전압을 전로와 대지 간(다심 케이블은 심선 상호 간 및 심선과 대지 간)에 연속하여 10분간 시험

③ **연료전지 및 태양전지모듈의 절연 내력 시험**

최대사용전압의 1.5배의 직류전압 또는 1배의 교류전압(최저시험전압 500[V])을 충전 부분과 대지 사이에 연속하여 10분간 가함

접지공사

(1) 접지공사의 목적

① 이상전압으로부터의 계통 보호
② 감전, 화재사고 방지
③ 저압측의 전위상승 억제
④ 누전에 의한 감전사고 방지

(2) 접지공사 종류 및 시설 대상

접지 종류	목적	접지 시설 대상(장소)
제1종 접지 E_1	이상전압을 대지로 방전시키고 기기를 보호한다.	• 피뢰기, 피뢰침, 정전방전기(사용전압×3배) • 항공장해등, 전기집진(응용)장치, 1,000[V]를 넘는 방전등, 특고압 계기용 변성기 외함 및 2차측(MOF) • 특고압 보호망, 고압·특고압 기계기구
제2종 접지 E_2	고압·저압 혼촉에 의한 수용가측 전위 상승억제	• 주상변압기 2차측(저압측, 중성측) • 수용 장소의 인입구 추가접지 • 특고압 또는 고압을 저압으로 변성하는 2차측 전로 중성점 • 금속제 혼촉 방지판
제3종 접지 E_3	화재 방지, 기기손상방지, 감전방지	• 고압변성기 2차측 전로 • 지중전선로의 외함, 조가용선 외함, 네온변압기 외함 • 완금장치 • 400[V] 미만 기계기구 외함(380V 전동기 외함) • 전압에 관계없이 사람이 닿을 우려가 없는 경우
특별 제3종 접지 E_{S3}	화재 방지, 기기손상방지, 감전방지	• 풀용 수중조명등 용기 외함 및 금속제 외함 • 분수대 조명등 용기 외함 • 400[V] 이상 기계기구 외함(440V 전동기 외함)

(3) 접지저항 및 접지선 굵기

접지공사의 종류	★접지저항값(이하)	★접지선의 최소 굵기	시설장소
제1종 접지공사	10[Ω] 이하	6[mm^2] 이상 연동선	고압 이상 (피뢰기, 피뢰침)
제2종 접지공사	$\frac{150[V]}{1선지락\ 전류\ I}$[Ω]	① 고압 ⇒ 저압 : 6[mm^2] 이상 ② 특고압 ⇒ 저압 : 16[mm^2] 이상	변압기 2차
제3종 접지공사	100[Ω] 이하	2.5[mm^2] 이상	400[V] 미만의 저압 시설
특별 제3종 접지공사	10[Ω] 이하	2.5[mm^2] 이상	400[V] 이상의 저압 시설

(4) 접지공사의 방법

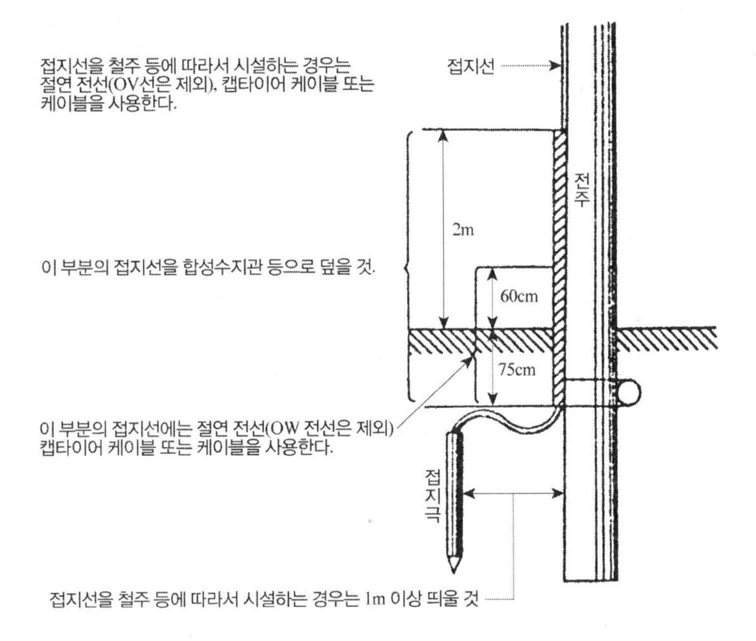

① 접지극은 지하 75[cm] 이상 깊이에 매설한다.
② 접지선은 절연전선이나 케이블을 사용한다.
③ 지지물이 금속체인 경우 접지극와 1[m] 이상 이격한다.
④ 접지선은 지하 75[cm] 이상 지상 2[m]까지는 합성수지관(몰드) 등에 넣어서 시설한다.
⑤ 접지공사를 한 지지물에는 피뢰침용 접지선을 시설하지 않는다.

(5) 접지극 사용

① 지중에 매설되고 접지저항값이 3[Ω] 이하의 금속제 수도관은 각종 접지공사의 접지극으로 사용할 수 있다.

② 접지선과 금속제 수도관의 접속은 안지름 75[mm] 이상의 관 또는 여기에서 분기한 관에서 5[m] 이내에서 하여야 한다.
다만, 접지저항이 2[Ω] 이하인 경우에는 5[m]를 초과할 수 있다.

(6) 피뢰기(LA) $\xrightarrow{\text{심벌}}$

1) 피뢰기의 설치 장소

목적	전선로에 이상전압 내습시 전위상승을 억제하여 기계・기구 보호
접지	제1종 접지공사 E_1
접지저항	10[Ω] 이하 [단, 단독접지(전용접지인 경우) = 30[Ω] 이하]
시설장소	① 발전소, 변전소 이에 준하는 인입구 및 인출구 ② 고압 및 특고압으로부터 수전 받는 수용가의 인입구 ③ 가공전선과 지중전선이 접속되는 곳 ④ 배전용 변압기의 고압측 및 특고압측

2) 피뢰기 접지

① 고압 및 특고압 전로의 경우 제1종 접지공사를 한다.

② 가공전선로에 제1종 접지공사 접지선이 전용인 경우 또는 고압 가공전선로의 피뢰기 접지극을 변압기 제2종 접지공사를 할 때 접지극끼리는 1[m] 이상 이격을 하고, 여러 개 접지하는 경우에는 접지저항을 30[Ω] 이하로 한다.

(7) 피뢰침

목적	뇌해(낙뢰) 방지
시설기준	20[m]을 초과하는 건축물에 시설
보호각	60° 이하(일반적으로), 45° 이하(위험물 존재시)
저항값 (제1종 접지 E_1)	10[Ω] 이하

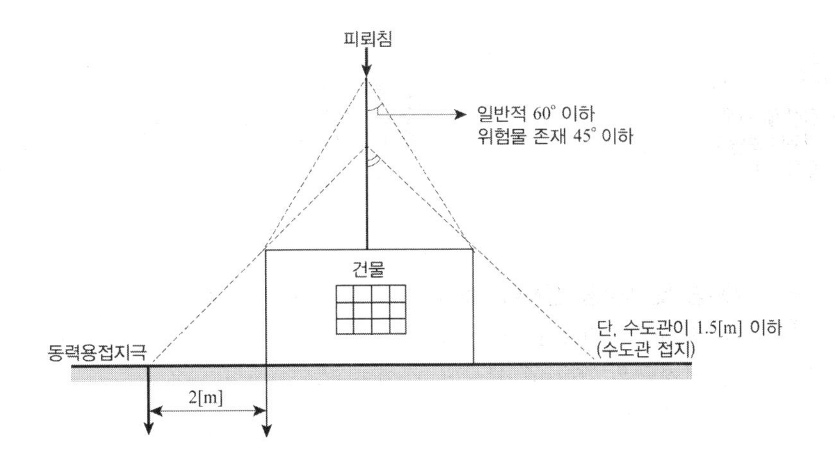

(8) 피뢰설비 방식 종류

종류	돌침방식	용마루위 도체방식	케이지방식	이온방사형 피뢰방식
원리 및 내용	가장 많이 쓰이는 방식	수평피뢰도체를 설치하여 낙뢰를 막는 방식	피뢰도선으로 감싸는 방식, 피뢰 실패가 없다.	돌침부에서 이온 또는 펄스를 발생시켜 뇌운의 전하와 작용하여 뇌운의 방전온도
용도	작은 건물용	큰 건물용	피뢰 실패가 안 될 곳 용	보호범위를 넓게 하는 곳 용

제5장
→ 전선 및 기계 기구의 보안과 접지공사

실전문제

문제 01

제1종 및 제2종 접지공사를 다음과 같이 시행하였다. 잘못된 접지공사는?

㉮ 접지극은 동봉을 사용하였다.
㉯ 접지극은 75[cm] 이상의 깊이에 매설하였다.
㉰ 지표, 지하 모두에 옥외용 비닐절연전선을 사용하였다.
㉱ 접지선과 접지극은 은납땜을 하여 접속하였다.

해설 ① 접지극은 지하 75[cm] 이상 깊이에 매설한다.
② 접지선은 절연전선이나 케이블을 사용한다.
③ 지지물이 금속체인 경우 접지극와 1[m] 이상 이격한다.
④ 접지선은 지하 75[cm] 이상 지상 2[m]까지는 합성수지관 등에 넣어서 시설한다.
⑤ 접지공사를 한 지지물에는 피뢰침용 접지선을 시설하지 않는다.
⑥ 접지극부터 지표상 60[cm]까지 절연전선, 케이블 사용(OW제외)

문제 02

제1종 접지공사 또는 제2종 접지공사에 사용하는 접지선을 사람이 접촉할 우려가 있는 곳에 시설하는 경우 접지극은 지하 몇 [cm] 이상의 깊이에 매설하여야 하는가?

㉮ 30[cm]
㉯ 60[cm]
㉰ 75[cm]
㉱ 90[cm]

해설 문제 01번 참고

문제 03

제3종 접지공사의 접지선으로 연동선을 사용하는 경우 접지선의 굵기(공칭단면적)는 몇 [mm^2] 이상이어야 하는가?

㉮ 2.5[mm^2]
㉯ 6[mm^2]
㉰ 8[mm^2]
㉱ 16[mm^2]

해설

접지 종류	제1종	제2종	제3종 및 특별제3종
접지선(연동선) 굵기	6[mm^2] 이상	6[mm^2] 이상(고압 → 저압 변성시) 16[mm^2] 이상(특고압 → 저압 변성시)	2.5[mm^2]

문제 04

가정용 세탁기의 금속제 외함에 시공할 접지공사의 접지저항 최대값은 몇 [Ω]인가?

㉮ 10
㉯ 75
㉰ 100
㉱ 150

해설 400[V] 미만 : 제3종 접지공사. 최대 접지저항치 100[Ω] 이하이다.

정답 01. ㉱ 02. ㉰ 03. ㉮ 04. ㉮

문제 

기계 · 기구 등의 외함 접지공사 중 고압의 경우 접지공사는?

㉮ 특별 제3종　　㉯ 제3종
㉰ 제1종　　㉱ 제2종

해설

접지종류	1종	2종	3종	특3종
접지기기	고압기계 기구외함	변압기 2차측	400[V] 미만 기계기구외함	400[V] 이상 기계기구외함
접지저항	10[Ω] 이하	$\frac{150}{1선지락전류}$ 이하	100[Ω] 이하	10[Ω] 이하

문제 06

기계 · 기구의 철대 및 외함 접지에서 옳지 못한 것은?

㉮ 400[V] 미만인 저압용에서 제3종 접지공사
㉯ 400[V] 이상인 저압용에서는 제3종 접지공사
㉰ 고압용에서는 제1종 접지공사
㉱ 특별고압용에서는 제1종 접지공사

해설 400[V] 이상인 저압용에서는 특별 제3종 접지공사이다.

문제 07

전기기계 · 기구의 철대 및 금속제 외함에는 400[V] 미만에서는 제3종 접지공사를 하고, 400[V] 이상에서는 제 몇 종 접지공사를 하여야 하는가?

㉮ 1종 접지　　㉯ 2종 접지
㉰ 3종 접지　　㉱ 특3종 접지

해설 문제 05번 참고

문제 08

220[V] 전등 옥내 배선의 접지측 전선의 색은?

㉮ 백색　　㉯ 접지측
㉰ 중성선측　　㉱ 제2종 접지선

문제 09

다음 접지공사 방법 중 옳지 않은 것은?

㉮ 접지극은 지하 75[cm] 이상의 깊이에 묻어야 한다.
㉯ 접지선과 수도관의 접속은 접지저항값이 2[Ω] 이하로 되면 어느 곳에서나 접속할 수 있다.
㉰ 접지선은 저압선로의 중성점에 시설하는 경우 6[mm^2] 이상을 사용한다.
㉱ 접지선은 접지극에서 지표상 2[m]까지의 부분에는 옥내용 절연전선을 사용한다.

해설 접지선은 접지극에서 지표상 60[cm]까지의 부분에 절연전선 사용

정답 05. ㉰ 06. ㉯ 07. ㉱ 08. ㉮ 09. ㉱

문제 **10**

제1종 접지공사의 접지선의 굵기로 알맞은 것은? (단, 공칭단면적으로 나타내며, 연동선의 경우이다.)

㉮ 0.75[mm^2] 이상 ㉯ 2.5[mm^2] 이상
㉰ 6[mm^2] 이상 ㉱ 16[mm^2] 이상

문제 **11**

사용전압이 380[V] 저압용인 유도 전동기 외함은 몇 종 접지공사를 하여야 하는가?

㉮ 제1종 ㉯ 제2종
㉰ 제3종 ㉱ 특별 제3종

문제 **12**

특별고압 또는 고압에서 저압으로 변성하는 변압기의 저압측 중성선 한 단자를 접지하는 것은 몇 종 접지공사인가?

㉮ 제1종 ㉯ 제2종
㉰ 제3종 ㉱ 특별 제1종

문제 **13**

기계 · 기구의 구분에서 고압용 또는 특별고압용 접지공사는?

㉮ 제1종 ㉯ 제2종
㉰ 제3종 ㉱ 특별 제3종

문제 **14**

1차 정격전압이 22.9[kV], 2차 정격전압이 200[V]인 주상 변압기의 저압측 접지선의 최소 굵기[mm^2]는?

㉮ 0.75[mm^2] 이상 ㉯ 6[mm^2] 이상
㉰ 2.5[mm^2] 이상 ㉱ 16[mm^2] 이상

해설 특별고압을 직접 저압으로 변성할 때 변압기 2차측 중성선이나 1단자 접지는 제2종 접지공사이다. 따라서 접지선의 굵기는 6[mm^2] 이상이다.

문제 **15**

습기가 많은 장소 또는 물기가 있는 장소에 사용하는 금속제 외함으로 된 전압 440V인 저압기계 · 기구의 접지공사는?

㉮ 제1종 ㉯ 제2종
㉰ 제3종 ㉱ 특별 제3종

정답 10. ㉰ 11. ㉰ 12. ㉯ 13. ㉮ 14. ㉯ 15. ㉱

문제 16 접지공사의 종류에서 제3종 접지공사의 저항값은 몇 [Ω] 이하로 유지하여야 하는가?

㉮ 10[Ω]　　㉯ 50[Ω]
㉰ 100[Ω]　　㉱ 150[Ω]

접지 종류	제1종 접지	제2종 접지	제3종 접지	특별 제3종 접지
접지 저항 값	10[Ω] 이하	$\frac{150}{1선지락전류\ I_1}$[Ω] 이하	100[Ω] 이하	10[Ω] 이하

문제 17 다음 중 접지의 목적으로 알맞지 않은 것은?

㉮ 감전의 방지　　㉯ 전로의 대지전압 상승
㉰ 보호계전기의 동작 확보　　㉱ 이상전압의 억제

접지목적	감전방지	전기설비보호	보호계전기 동작확보	대지전압 저하(절연강도 낮춤)
원인	누설전류	뇌	지락사고시	이상전압 발생시

문제 18 피뢰기를 시설하지 않아도 되는 곳은?

㉮ 발·변전소 또는 이에 준하는 장소의 가공전선 인입구 및 인출구
㉯ 가공전선로에 접속하는 배전용 변압기의 저압측 및 고압측
㉰ 고압 가공전선로로부터 공급받는 수전력의 용량이 500[kW] 이상의 수용장소 인입구
㉱ 특고압 가공전선로로부터 공급받는 수용장소 인입구

해설 피뢰기의 설치 장소
① 발전소, 변전소 또는 이에 준하는 장소의 가공전선 인입구 및 인출구
② 가공전선로에 접속하는 특고압 배전용 변압기의 고압측 및 특별고압측
③ 고압 및 특고압 가공전선로에서 공급받는 사용장소의 인입구
④ 가공전선로와 지중전선로가 접속되는 곳

문제 19 피뢰기의 접지선으로 사용하는 절연전선의 최소굵기 [mm^2]는?

㉮ 0.75　　㉯ 16
㉰ 6　　㉱ 2.5

해설 피뢰기는 제1종 접지공사이다. 따라서 접지선의 굵기는 6[mm^2] 이상이다.

문제 20 지중에 매설되어 있는 금속제 수도관로는 접지공사의 접지극으로 사용할 수 있다. 이때 수도관로는 대지와의 전기저항치가 얼마 이하여야 하는가?

㉮ 1[Ω]　　㉯ 2[Ω]
㉰ 3[Ω]　　㉱ 4[Ω]

해설 금속 수도관을 접지극 사용시 대지와 접지저항은 3[Ω] 이하일 것

정답 16. ㉰　17. ㉯　18. ㉯　19. ㉰　20. ㉰

문제 **21** **옥내 네온방전등 공사에서 네온변압기 외함의 접지공사는?**

㉮ 제1종 접지 ㉯ 제2종 접지
㉰ 제3종 접지 ㉱ 특별 제3종 접지

문제 **22** **피뢰기 접지공사의 종류는?**

㉮ 제3종 ㉯ 제2종
㉰ 특별 제3종 ㉱ 제1종

문제 **23** **제2종 접지공사의 저항값을 결정하는 가장 큰 요인은?**

㉮ 변압기의 용량
㉯ 고압 가공전선로의 전선 연장
㉰ 변압기 1차측에 넣는 퓨즈 용량
㉱ 변압기 고압 또는 특고압측 전로의 1선지락 전류의 암페어수

해설 제2종 접지저항$=\dfrac{150}{\text{1선지락 전류}}[\Omega]$ 이하

문제 **24** **수전 전력 500[kW] 이상인 고압 수전설비의 인입구에 낙뢰나 혼촉 사고에 의한 이상전압으로부터 선로와 기기를 보호할 목적으로 시설하는 것은?**

㉮ 단로기(DS) ㉯ 배선용 차단기(MCCB)
㉰ 피뢰기(LA) ㉱ 누전 차단기(ELB)

문제 **25** **사람이 접촉할 우려가 있는 곳에 시설할 때 접지극을 지하 몇 [cm] 이상 깊이에 매설하여야 하는가?**

㉮ 45 ㉯ 55
㉰ 75 ㉱ 100

문제 **26** **계측방법에 대한 다음 설명 중 옳은 것은?**

㉮ 어스 테스터로 절연저항을 측정한다.
㉯ 검전기로 전압을 측정한다.
㉰ 메거로서 회로의 저항을 측정한다.
㉱ 콜라우슈 브리지로 접지저항을 측정한다.

해설

계측기 종류	어스 테스터	네온검전기	메거	콜라우슈 브리지
측정값	접지저항	충전의 유무	절연저항	접지저항, 전해액 저항

정답 21. ㉰ 22. ㉱ 23. ㉱ 24. ㉰ 25. ㉰ 26. ㉱

문제 27 고압 또는 특별고압 가공전선로에서 공급을 받는 수용장소의 인입구 또는 이와 근접한 곳에는 무엇을 시설하여야 하는가?

㉮ 계기용 변성기 ㉯ 과전류 계전기
㉰ 접지 계전기 ㉱ 피뢰기

문제 28 다음 중 접지저항의 측정에 사용되는 측정기의 명칭은?

㉮ 회로시험기 ㉯ 변류기
㉰ 검류기 ㉱ 어스 테스터

해설 문제 26번 참고

문제 29 주상변압기 2차측 접지공사는?

㉮ 제2종 ㉯ 제1종
㉰ 제3종 ㉱ 특별 제3종

문제 30 전압 22.9kV-Y 이하의 배전선로에서 수전하는 설비의 피뢰기 정격전압은 몇 [kV]로 적용하는가?

㉮ 18[kV] ㉯ 24[kV]
㉰ 144[kV] ㉱ 288[kV]

수전(공칭) 전압[kV]	345	154	22.9	22	6.6
피뢰기 정격전압[kV]	288	144(138)	18	24	7.5

정답 27. ㉱ 28. ㉱ 29. ㉮ 30. ㉮

제6장 가공 인입선 및 배전반 공사

1 가공 인입선 공사

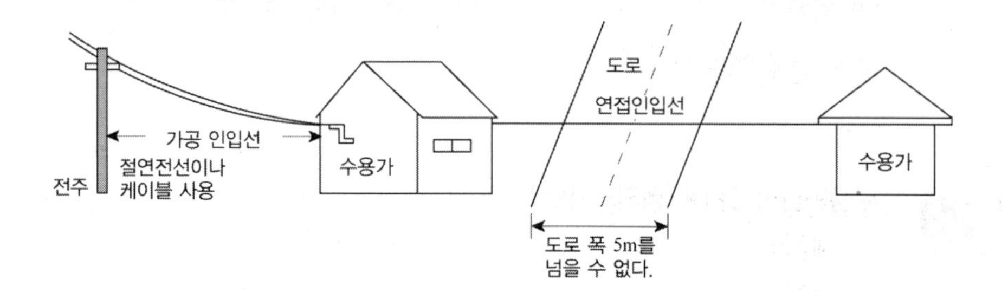

(1) 가공 인입선

지지물(전주)로부터 다른 지지물을 거치지 않고 수용가의 붙임점에 이르는 가공 전선

(2) 연접 인입선

수용장소의 인입구에서 분기하여 다른 지지물을 거치지 않고 다른 수용장소의 인입구에 이르는 부분의 전선

(3) 저압 연접 인입선을 시설할 때의 주의사항

① 인입선에서 분기하는 점으로부터 100[m]를 넘지 않을 것
② 폭 5[m]를 넘는 도로를 횡단하지 말 것
③ 옥내를 관통하지 말 것
④ 고압 연접 인입선은 시설할 수 없다.

(4) 가공 인입선의 굵기 및 설치 높이

① 2.6[mm] 이상의 경동선을 사용(단, 경간 15[m] 이하인 경우 2.0[mm] 사용 가능)
② **사용전선** : 절연전선(옥외용 OW, 인입용 DV) 또는 케이블일 것
③ **저압 인입선 길이** : 50[m] 이하(고압 및 특고압은 30[m])

도로의 조건		높이
도로를 횡단하는 경우	일반 도로	지표상 5[m] 이상
	횡단 보도교	노면상 3[m] 이상
철도 궤도를 횡단하는 경우		레일면상 6.5[m] 이상
위의 사항 이외의 장소		지표상 4[m] 이상

2 가공 배전선로 공사와 재료 및 기구

(1) 목주(나무)

1) 크기

말구의 지름 : 12[cm] 이상의 것을 사용

2) 안전율

① **저압인 경우** : 풍압 하중의 1.2배의 하중

② **고압인 경우** : 풍압 하중의 1.3배의 하중

③ **특고압인 경우** : 풍압 하중의 1.5배의 하중

(2) 철근 콘크리트주(CP주)

원형의 단면으로 중심부가 비어 있는 중공 콘크리트를 사용하고, 완금 등을 접지하는 경우 중공부를 통하여 접지선을 매설한다.

1) 완목, 완금 공사

① **완금 종류** : 경완금(ㅁ형), ㄱ형 완금

② **완목이나 완금을 목주에 붙일 경우** : 볼트 사용

③ **완목이나 완금을 철근 콘크리트에 붙일 경우** : U볼트, 완금 밴드 사용

④ **완목, 완금의 상하 이동 방지** : 암타이 사용

2) 밴드 사용 공사

① **암 밴드** : 완금 고정시 사용

② **암타이 밴드** : 암타이 고정시 사용

③ **지선 밴드** : 지선 고정시 이용

④ **행거 밴드** : 주상변압기 고정시 이용

(3) 애자

1) 애자의 분류

① **사용 전압** : 저압용(흰색), 고압용(빨간색)

② **애자 종류** : 핀애자, 인류애자, 내장애자, 곡핀애자

2) 애자의 종류

① **가지애자** : 전선을 다른 방향으로 돌리는 부분에 사용

② **곡핀애자** : 인입선에 사용

③ **구형애자** : 지선의 중간에 넣는 애자(=옥애자)

④ **노브애자** :

최대 사용 전선의 굵기	
소 노브애자	14[mm²]
중 노브애자	50[mm²]
대 노브애자	100[mm²]

(4) 지선의 시설 규정

★ 철탑은 지선을 시설할 수 없다.

1) 목적 : 지지물의 전도 방지

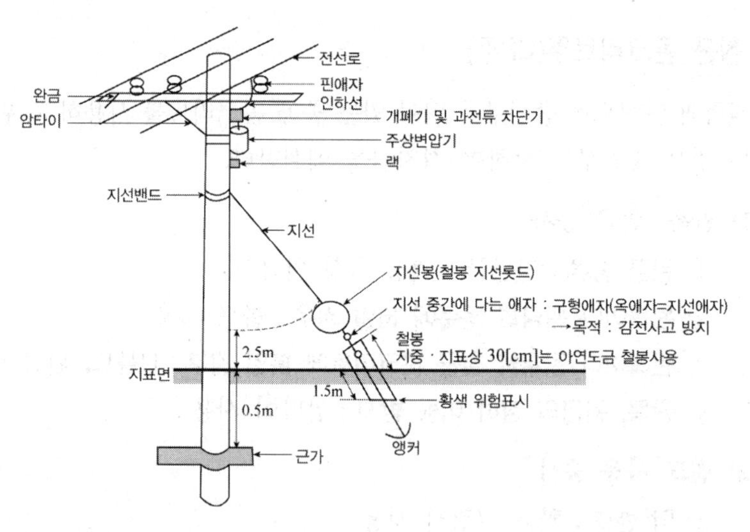

2) 지선 시설 규정

① **안전율** : 2.5 이상, 허용인장하중 440[kg](4.31kN) 이상

② **소선수** : 3가닥 이상의 연선일 것

③ **소선** : 지름 2.6[mm] 이상 금속선 사용할 것(단, 아연도금 강연선은 2.0[mm])

④ 지중부분 및 지표상 30[cm]까지 아연도금 철봉사용근가에 견고히 붙일 것

⑤ 지선의 근가는 지선의 인장하중에 충분히 견디도록 시설할 것

3) 지선의 종류

지선 종류	Y지선 (단주, H주)	궁지선	공동지선	수평지선	보통지선
용도	장력이 큰 경우 사용	장력이 작고 버팀목 사용	직선로에 사용(두 개 지지물에 공동 사용)	도로 횡단시사용 (전주와 전주 또는 지준 간)	일반적 사용
그림					

(5) 배선용 기구

1) 배전용 주상 변압기

① **단상용** : 전등 부하에 이용한다.

② **3상용** : 동력 부하에 이용한다.

2) 구분(고압, 유입) 개폐기(OS)

배전 선로에서 긍장(전선로의 지정된 구간의 수평거리) 2[km] 이하마다 설치

3) 컷아웃 스위치(COS)

배전용 변압기의 1차측에 시설하여 변압기의 단락을 보호

① **6[kV]급 배전 선로** : 프라이머리 컷아웃 스위치(PC) 사용

② **22.9[kV] 배전 선로** : 컷아웃 스위치(COS) 사용

(6) 건주, 장주 및 가선

1) 건주

가공전선로 지지물 종류 : 목주, 철근 콘크리트주, 철탑

① 지지물(전주)을 땅에 고정시키는 것

② **전주의 매설 깊이**

㉠ 지지물의 길이가 15[m] 이하이고 설계하중 700[kg] 이하일 때

전주의 매설깊이 = 지지물(전주)의 길이 × $\frac{1}{6}$[m] 이상

㉡ 지지물의 길이가 15[m] 초과 16[m] 이하인 경우

전주의 매설깊이 = 2.5[m] 이상

㉢ 지지물이 16[m] 초과, 설계하중 700[kg] 초과인 경우

전주의 매설깊이 = 2.8[m] 이상

2) 배전선로의 시설시 주의사항

① 가급적이면 부하의 중심을 통과할 것

② 선로의 점검, 보수 작업이 쉬운 경과지를 선택할 것

3) 배전선로의 경간 선정시 주의사항

가설할 전선의 굵기, 경과지의 상황, 인입선 등의 유무를 고려하여 결정.

① **표준경간**

㉠ 시가지 : 30～40[m]

㉡ 시가지 외 : 40～60[m]

② **지지물에 따른 표준경간**

㉠ 목주, A종 철주, A종 철근 콘크리트주 : 150[m]

㉡ B종 철주, B종 철근 콘크리트주 : 250[m]

㉢ 철탑 : 600[m]

4) 장주

지지물에 전선 및 그 밖의 기구 등을 고정시키기 위하여 애자, 완목, 완금을 장치하는 것

※ 장주를 할 때의 고려사항

① 작업이 간단할 것

② 전선, 기구 등을 튼튼하게 고정할 것

③ 혼촉, 누전의 우려가 없을 것

④ 경제적이며, 미관상 보기가 좋을 것

5) 가선 공사(전선 설치)

① **가공전선의 안전율**

㉠ 경동선, 내열동 합금선 : 2.2 이상

㉡ 기타 전선 : 2.5 이상

② **가공전선의 횡단 높이**

㉠ 도로를 횡단하는 경우 : 6[m] 이상

㉡ 횡단보도교를 횡단하는 경우

ⓐ 저압 : 3[m] 이상, 도로외 ⇒ 지표상 4[m] 이상

ⓑ 고압 : 3.5[m] 이상

ⓒ 특별고압 : 5[m] 이상

㉢ 철도 궤도를 횡단하는 경우 : 레일면상 6.5[m] 이상

6) 가공지선

가공전선에 낙뢰가 침입하는 것을 방지하며, 통신선에 대한 전자유도 장해를 경감시킨다.

7) 주상 기구 설치

① 주상 변압기는 변압기를 행거 밴드나 변대를 사용하여 지지물에 설치한다.

② 변압기 1차측에는 개폐기 및 과전류 차단기를 시설한다.

변압기 보호장치 종류	시설 위치	설치 이유
컷아웃 스위치 COS	변압기 1차측	변압기 단락보호
캐치홀더	변압기 2차측	2차측 사고시 변압기 보호
제2종 접지	2차측 단자	혼촉방지(전위상승 억제)

③ **변압기 시설시 사용전선**

구분	사용전선
1차측 인하선	고압 절연전선 또는 클로로프렌 외장 케이블
2차측 배선	옥외용 비닐절연전선(OW) 또는 비닐 외장 케이블

제6장
→ 가공 인입선 및 배전반 공사

실전문제

문제 01 **한 수용장소의 인입선에 분기하여 지지물을 거치지 아니하고 다른 수용장소의 인입구에 이르는 부분의 전선을 무엇이라 하는가?**

㉮ 인입선 ㉯ 연접 가공선
㉰ 연접 인입선 ㉱ 옥외배선

해설 연접 인입선
수용장소의 인입구에서 분기하여 다른 지지물을 거치지 않고 다른 수용장소의 인입구에 이르는 부분의 전선

문제 02 **100[V] 연접 인입선은 분기하는 점으로부터 최대 얼마의 거리까지 시설하는가?**

㉮ 50[m] ㉯ 75[m]
㉰ 100[m] ㉱ 150[m]

저압 연접 인입선을 시설할 때의 주의사항
① 인입선에서 분기하는 점으로부터 100[m]를 넘지 않을 것
② 폭 5[m]를 넘는 도로를 횡단하지 말 것
③ 옥내를 관통하지 말 것
④ 지름 2.6[mm] 경동선 사용

문제 03 **일반 수용 A에서 일반 수용가 B에 연접 인입선을 설치할 때 가공 인입선에서 얼마를 넘지 아니해야 하는가?**

㉮ 250[m] ㉯ 200[m]
㉰ 150[m] ㉱ 100[m]

해설 문제 02번 참고

문제 04 **저압 연접 인입선이 횡단할 수 있는 도로폭의 최대 거리는?**

㉮ 3[m] ㉯ 4[m]
㉰ 5[m] ㉱ 6[m]

해설 문제 02번 참고

정답 01. ㉰ 02. ㉰ 03. ㉱ 04. ㉰

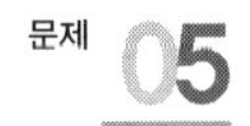

문제 05 **저압 연접 인입선 시설에서 제한 사항이 아닌 것은?**

㉮ 인입선의 분기점에서 100[m]를 넘는 지역에 이르지 말 것
㉯ 폭 5[m]를 넘는 도로를 횡단하지 말 것
㉰ 다른 수용가의 옥내를 관통하지 말 것
㉱ 지름 2.0[mm] 이하의 경동선을 사용하지 말 것

해설 2.6[mm] 이상의 경동선을 사용(단, 거리 15[m] 이하인 경우 2.0[mm] 경동선)

문제 06 **다음 철탑의 사용목적에 의한 분류에서 서로 인접하는 경간의 길이가 크게 달라 지나친 불평형 장력이 가해지는 경우 등에는 어떤 형의 철탑을 사용하여야 하는가?**

㉮ 직선형　　㉯ 각도형
㉰ 인류형　　㉱ 내장형

철탑 종류	직선형	각도형	인류형	내장형	보강형
용도	전선로 각도 3° 이하에 사용	전선로 각도 3°~20° 이하용	선로연결 양종단에 사용 (인류하는 장소)	경간의 차가 큰 장소(큰 장력)	직선부분 보강용

문제 07 **저압 가공 인입선이 도로를 횡단할 경우 노면상의 최소 높이[m]는?**

㉮ 4　　㉯ 5
㉰ 5.5　　㉱ 6

도로의 조건	저압 인입선 높이	고압
도로를 횡단하는 경우	노면상 5[m]	6[m]
철도 궤도를 횡단하는 경우	레일면상 6.5[m] 이상	6.5[m]
위의 사항 이외의 장소	지표상 4[m] 이상	5[m]

문제 08 **전선로의 종류가 아닌 것은?**

㉮ 옥측 전선로　　㉯ 지층 전선로
㉰ 가공전선로　　㉱ 신간 전선로

해설 전선로의 종류 : 가공, 옥측, 옥상, 지중, 수상, 터널 전선로

문제 09 **다음 중에서 지선으로 보강할 수 없는 지지물은?**

㉮ 목주　　㉯ 철주
㉰ 철탑　　㉱ 철근콘크리트

해설 철탑은 지선이 필요없다.

전기설비

정답 05. ㉱ 06. ㉱ 07. ㉯ 08. ㉱ 09. ㉰

문제 10 고압 가공전선로의 지지물로 철탑을 사용하는 경우 경간은 몇 [m] 이하이어야 하는가?

㉮ 150　　㉯ 300
㉰ 500　　㉱ 600

지지물의 종류	목주 · A종(철주, 철근콘크리트주)	B종(철주, 철근콘크리트주)	철탑
고압 가공전선로 경간	150[m] 이하	250[m] 이하	600[m] 이하

문제 11 다음 중 가공전선로의 지지물이 아닌 것은?

㉮ 철탑　　㉯ 지선
㉰ 철주　　㉱ 목주

 지선은 지반이 약한 곳의 지지물 보강용으로 사용한다.

문제 12 전선로의 직선 부분을 지지하는 애자는?

㉮ 핀애자　　㉯ 지지애자
㉰ 가지애자　　㉱ 구형애자

핀애자	현수애자	장간애자	구형애자	놉애자	가지애자
직선부분지지	66kV 이상에 사용	경간이 큰 장소	지선중간에 설치	옥내 노출공사용	방향변경용

문제 13 전주의 길이가 15[m] 이하인 경우 땅에 묻히는 깊이는 전주 길이의 얼마 이상으로 하여야 하는가?

㉮ 1/2　　㉯ 1/3
㉰ 1/5　　㉱ 1/6

전주길이 구분	15[m] 이하인 경우	15[m] 초과인 경우	14~20[m] 이하이고 설계하중 6.8~9.8[kN]인 경우
전주 땅에 묻는 깊이	전주길이$\times\frac{1}{6}$ 이상[m]	2.5[m] 이상	기준값+0.3[m]

문제 14 전주의 길이별 땅에 묻히는 표준깊이에 관한 사항이다. 전주의 길이 16[m]이고, 설계하중이 6.8[kN] 이하의 철근 콘크리트주를 시설할 때 땅에 묻히는 표준깊이는 최소 얼마 이상이어야 하는가?

㉮ 1.2[m]　　㉯ 1.4[m]
㉰ 2.0[m]　　㉱ 2.5[m]

해설 문제 **13**번 참고

정답 10. ㉱ 11. ㉯ 12. ㉮ 13. ㉱ 14. ㉱

문제 15 주상변압기를 철근 콘크리트 전주에 설치할 때 사용되는 기구는?

㉮ 암 밴드　　　　㉯ 암타이 밴드
㉰ 행거　　　　㉱ 행거 밴드

해설 밴드 사용 공사

밴드 종류	암 밴드	암타이 밴드	지선 밴드	행거 밴드
용도	완금 고정시 사용	암타이 고정시 사용	지선 고정시 이용	주상변압기 고정시 이용

문제 16 철근콘크리트주가 원형의 것인 경우 갑종 풍압하중[Pa]은? (단, 수직 투영면적 1m^{2}에 대한 풍압임)

㉮ 588[Pa]　　　　㉯ 882[Pa]
㉰ 1039[Pa]　　　　㉱ 1412[Pa]

지지물 종류	철주(원형의 것)		철근 콘크리트주(원형)	철탑(원형)
갑종 풍압하중 (구성재 수직 투영 면적 1m^{2}의 풍압)	588[Pa]		588[Pa]	588[Pa]
	삼각형	강관	기타	강관
	1412	1117	882	1255

문제 17 철근 콘크리트주에 완금(완철)을 고정시키려면 어떤 밴드를 사용하는가?

㉮ 암 밴드　　　　㉯ 지선 밴드
㉰ 래크 밴드　　　　㉱ 암타이 밴드

해설 문제 15번 참고

문제 18 철근 콘크리트주에 완금을 붙이고 고정하는 데 필요하지 않은 것은?

㉮ 암타이　　　　㉯ 행거 밴드
㉰ U볼트　　　　㉱ 밴드

문제 19 가공전선로의 지지물에 하중이 가해지는 경우에 그 하중을 받는 지지물의 기초의 안전율은 일반적으로 얼마 이상이어야 하는가?

㉮ 1.5　　　　㉯ 2.0
㉰ 2.5　　　　㉱ 4.0

해설 지지물의 기초안전율은 2 이상이어야 한다.

정답 15. ㉱　16. ㉮　17. ㉮　18. ㉯　19. ㉯

문제 20 **인류하는 곳이나 분기하는 곳에 사용하는 애자는?**

㉮ 구형애자 ㉯ 가지애자
㉰ 새클애자 ㉱ 현수애자

해설 문제 12번 참고

문제 21 **콘크리트주에 U볼트나 U밴드로 연결되는 것은?**

㉮ 암타이 ㉯ 완금
㉰ 지선 ㉱ 발판못

문제 22 **배전선로 기기설치 공사에서 전주에 승주 시 발판 못 볼트는 지상 몇 [m] 지점에서 180° 방향에 몇 [m]씩 양쪽으로 설치하여야 하는가?**

㉮ 1.5[m], 0.3[m] ㉯ 1.5[m], 0.45[m]
㉰ 1.8[m], 0.3[m] ㉱ 1.8[m], 0.45[m]

해설 전주의 발판 못 볼트 설치는 지표상 1.8[m] 지점에 180° 방향 0.45[m]씩 설치할 것

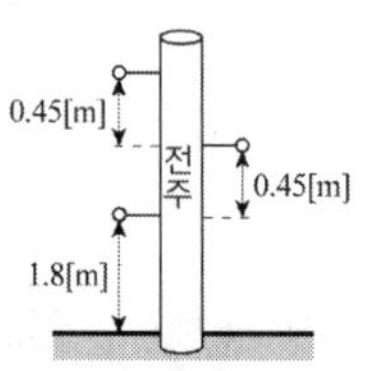

문제 23 **가공전선로의 지지물에 시설하는 지선의 안전율은 얼마 이상이어야 하는가?**

㉮ 3.5 ㉯ 3.0
㉰ 2.5 ㉱ 1.0

해설 지선의 안전율 : 2.5 이상일 것

문제 24 **다음 중 전선로의 지선의 중간에 사용되는 애자는?**

㉮ 현수애자 ㉯ 구형애자
㉰ 인류애자 ㉱ 노브애자

해설 문제 12번 참고

문제 25 **가공전선로의 지지물에 시설하는 지선에서 맞지 않는 것은?**

㉮ 지선의 안전율은 2.5 이상일 것
㉯ 지선의 안전율은 2.5 이상일 것 이 경우 인장하중은 440kg으로 한다.
㉰ 소선의 지름이 1.6[mm] 이상인 동선을 사용한 것일 것
㉱ 지선에 연선을 사용할 경우에는 소선 3가닥 이상의 연선일 것

정답 20. ㉯ 21. ㉯ 22. ㉱ 23. ㉰ 24. ㉯ 25. ㉰

해설 전주길이
지선굵기 : 소선은 2.6[mm] 이상 금속선 사용(아연도금 강연선은 2.0[mm])
소선수 : 3가닥 이상인 연선일 것

문제 26

가공전선로의 지지물에 시설하는 지선에 연선을 사용할 경우 소선수는 몇 가닥 이상이어야 하는가?

㉮ 3가닥　　㉯ 5가닥
㉰ 7가닥　　㉱ 9가닥

해설 지선 : 소선수 3가닥 이상인 연선

문제 27

저압 인입선의 시설에서 잘못 표현된 것은?

㉮ 전선은 절연전선
㉯ 전선은 다심형 전선 또는 케이블
㉰ 전선이 옥외용 비닐절연전선인 경우에는 사람이 접촉하여도 무방함
㉱ 전선은 케이블인 경우 이외에는 지름이 2.6[mm]의 경동선 또는 이와 동등 이상의 세기 및 굵기의 것일 것

문제 28

비교적 장력이 적고 타 종류의 지선을 시설할 수 없는 경우 적용되는 지선은?

㉮ 공동지선　　㉯ 궁지선
㉰ 수평지선　　㉱ Y지선

해설

지선 종류	Y지선	궁지선	공동지선	수평지선	안전율
용도	장력이 큰 경우 사용	장력이 작고 버팀목 사용	직선로에 사용 (두 개 지지물에 공동사용)	도로 횡단시 사용(전주와 전극 또는 기준 간)	2.5

문제 29

철근 콘크리트주의 길이가 14[m]이고, 설계하중이 9.8[kN] 이하일 때, 땅에 묻히는 표준깊이는 몇 [m]이어야 하는가?

㉮ 2 [m]　　㉯ 2.3 [m]
㉰ 2.5 [m]　　㉱ 2.7 [m]

해설 땅에 묻는 깊이= 기준값$(14\times\frac{1}{6})+0.3=2.7$[m]

정답 26. ㉮ 27. ㉰ 28. ㉯ 29. ㉱

전기설비

문제 **30** **철근 콘크리트주의 길이가 16[m]이고 설계하중이 8[kN]인 것을 지반이 약한 곳에 시설하는 경우, 그 묻히는 깊이를 다음의 보기 항과 같이 하였다. 옳게 시공된 것은?**

㉮ 1m ㉯ 1.8m
㉰ 2m ㉱ 2.8m

해설 땅에 묻는 깊이 = 기준값(2.5) + 0.3 = 2.8[m]

문제 **31** **다단의 크로스 암이 설치되고 또한 장력이 클 때와 H주일 때 보통지선은 2단으로 부설하는 지선은?**

㉮ 보통지선 ㉯ 공동지선
㉰ 궁지선 ㉱ Y지선

해설 문제 **28**번 참고

문제 **32** **다음 중 주상 변압기의 1차측에 설치하는 개폐기는?**

㉮ 수동식 유동 개폐기
㉯ 컷아웃 스위치
㉰ 캐치 홀더
㉱ 자동식 유입 개폐기

해설 컷아웃 스위치(COS)
배전용 변압기의 1차측에 시설하여 변압기의 단락을 보호.
① 6[kV]급 배전 선로 : 프라이머리 컷아웃 스위치(PC) 사용
② 22.9[kV] 배전 선로 : 컷아웃 스위치(COS) 사용

문제 **33** **저압 인입선의 색별에서 사용하지 않는 색은?**

㉮ 흑색 ㉯ 청색
㉰ 녹색 ㉱ 적색

문제 **34** **지선의 중간에 넣는 애자의 명칭은?**

㉮ 구형애자 ㉯ 곡핀애자
㉰ 현수애자 ㉱ 핀애자

해설 지선(구형, 옥)애자 : 감전사고 방지를 위해 지선 중간에 설치한 애자

정답 30. ㉱ 31. ㉱ 32. ㉯ 33. ㉯ 34. ㉮

문제 **35** **지지물에 완금, 목금, 애자 등을 장치하는 것은?**

㉮ 건주 ㉯ 가선
㉰ 장주 ㉱ 철탑

해설

배전공사	건주 공사	장주 공사	가선 공사
내용	전주세우기 공사	완금, 애자 설치	전선 시설 공사

문제 **36** **주상 변압기의 1차측이나 저압 분기회로의 분기점 등에 설치하는 것은?**

㉮ 개폐기 ㉯ 캐치 홀더
㉰ 컷아웃 스위치 ㉱ 전력용 콘덴서

해설
- 주상 변압기 1차측 보호장치 : 컷아웃 스위치
- 주상 변압기 2차측 보호장치 : 캐치 홀더

문제 **37** **주상 변압기 2차측 접지공사는?**

㉮ 제2종 ㉯ 제1종
㉰ 제3종 ㉱ 특별 제3종

문제 **38** **도로를 횡단하여 시설하는 지선의 높이는 지표상 몇 [m] 이상이어야 하는가?**

㉮ 5[m] ㉯ 6[m]
㉰ 8[m] ㉱ 10[m]

해설 도로 횡단시 지선의 시설높이 : 5[m] 이상

문제 **39** **고압 가공전선로의 전선의 조수가 3조일 때 완금의 길이는?**

㉮ 1,200[mm] ㉯ 1,400[mm]
㉰ 1,800[mm] ㉱ 2,400[mm]

해설

전선의 조수		저압인 경우	고압인 경우	특고압인 경우
완금 길이	2조	900[mm]	1400[mm]	1800[mm]
	3조	1400	1800★	2400

문제 **40** **저압배전선로에서 전선을 수직으로 지지하는 데 사용되는 장주용 자재명은?**

㉮ 경완철 ㉯ 래크
㉰ LP애자 ㉱ 현수애자

정답 35. ㉰ 36. ㉰ 37. ㉮ 38. ㉮ 39. ㉰ 40. ㉯

전기설비

해설 래크 : 저압선 배선시 완금을 사용 안하고 전주에 전선을 수직으로 설치하는 자재

문제 **41** **저·고압 가공전선이 도로를 횡단하는 경우 지표상 몇 [m] 이상으로 시설하여야 하는가?**

㉮ 4[m] ㉯ 6[m]
㉰ 8[m] ㉱ 10[m]

해설

시설 구분	도로 횡단시	철도 궤도 횡단시	기타
저·고압 가공전선의 높이	6[m] 이상	6.5[m] 이상	5[m] 이상

문제 **42** **다음 중 충전되어 있는 활선을 움직이거나 작업권 밖으로 밀어낼 때 또는 활선을 다른 장소로 옮길 때 사용하는 절연봉은?**

㉮ 애자 커버 ㉯ 전선 커버
㉰ 와이어 통 ㉱ 전선피박기

문제 **43** **절연전선으로 가선된 배전선로에서 활선 상태인 경우 전선의 피복을 벗기는 것은 매우 곤란한 작업이다. 이런 경우 활선 상태에서 전선의 피복을 벗기는 공구는?**

㉮ 전선피박기 ㉯ 애자 커버
㉰ 와이어 통 ㉱ 데드 엔드 커버

해설

활선 공구	전선피박기	와이어 통	데드 엔드 커버
용도	전선 피복 벗김	절연봉	감전사고 방지용 커버

문제 **44** **저압 가공전선과 고압 가공전선을 동일 지지물에 시설하는 경우 상호 이격거리는 몇 [cm] 이상이어야 하는가?**

㉮ 20[cm] ㉯ 30[cm]
㉰ 40[cm] ㉱ 50[cm]

해설

병가	저압·고압선 이격거리
동일 지지물에 고압전선 아래 저압전선을 시설하는 것	고압선 / 저압선 / 이격거리 50[cm] 이상

지중전선로를 직접 매설식에 의하여 시설하는 경우 차량, 기타 중량물의 압력을 받을 우려가 있는 장소의 매설 깊이는?

㉮ 0.6[m] 이상 ㉯ 1.2[m] 이상

정답 41. ㉯ 42. ㉰ 43. ㉮ 44. ㉱ 45. ㉯

문제 **45**

㉰ 1.5[m] 이상 ㉱ 2.0[m] 이상

해설

구분	차량(중량물)의 압력을 받는 경우	기타
케이블 매설깊이	1.2[m] 이상	1[m] 이상

문제 **46**

다음 중 인류 또는 내장주의 선로에서 활선 공법을 할 때 작업자가 현수애자 등에 접촉되어 생기는 안전사고를 예방하기 위해 사용하는 것은?

㉮ 황성 커버 ㉯ 가스 개폐기
㉰ 데드 엔드 커버 ㉱ 프로텍터 차단기

문제 **47**

저압 옥외 전기설비(옥측의 것을 포함한다)의 내염(耐鹽)공사에서 설명이 잘못된 것은?

㉮ 바인드선은 철제의 것을 사용하지 말 것
㉯ 계량기함 등은 금속제를 사용할 것
㉰ 철제류는 아연도금 또는 방청도장을 실시할 것
㉱ 나사못류는 동합금(놋쇠)에의 것 또는 아연도금한 것을 사용할 것

해설 계량기함 등은 금속제를 사용하지 말 것

전기설비

정답 46. ㉰ 47. ㉯

제7장 배전반 및 분전반 공사

1 배전반 공사

배전반이란, 큰 전압을 수전받아 낮은 전압으로 배전하는 설비(변압기, 차단기, 계기류 등) 등을 한 곳(철재 캐비넷)에 시설한 것을 말한다.

(1) 배전반(수변전실)의 종류

① **라이브 프런트식 배전반**(수직형) : ┌ 대리석, 철판으로 만듦
└ 저압 간선용

② **데드 프런트식 배전반**(수직형, 포스트형, 벤치형, 조합형)
┌ 고압수전반, 고압전동기 운전반용
├ 앞면 : 각종 계기와 개폐기 설치
└ 뒷면 : 충전부 설치

③ **폐쇄식 배전반**(조립형, 장갑형) : 폐쇄시켜 만든 것으로 큐비클형이라고 일컬으며, 점유면적이 좁고 운전, 보수에 안전하므로 공장 및 빌딩의 전기실에 많이 사용된다.

배전반 명칭	수직형	컨트롤 데스크형	벤치형	배전반 심벌
그림 구조	전면반 벽, 전면반, 이면반	계기반	계전기반, 계기반	

(2) 배전반 공사의 유의사항

① 스위치 조작을 위해 앞 벽과의 사이는 2[m] 이상을 유지한다.
② 배전선(고 · 저압선)의 높이는 2.5[m] 이상을 유지한다.
③ 배전반 조영재와의 거리는 10[cm] 이상을 유지한다.
④ 전선 지지점 간의 거리는 5[m] 이하로, 조영물에 따르는 경우에는 2[m]로 한다.
⑤ 전선 상호 간의 간격은 15[cm] 이상을 유지한다.

(3) 차단기 CB

1) 심벌 및 목적

심벌	목적
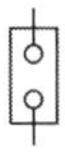 CB	부하전류 개폐 및 사고전류 차단

2) 차단기 종류

종류 \ 구분	소호 매질 및 동작원리	적용(용량)	유입차단기 OCB 구조
OCB 유입차단기	절연유 사용	대용량(옛날)에 사용	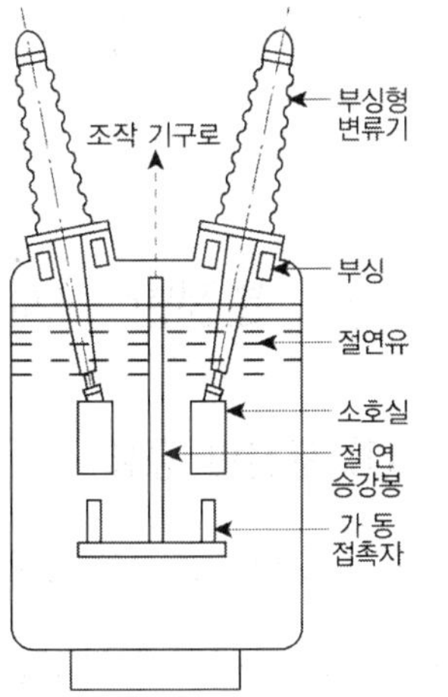 조작 기구로 부싱형 변류기 부싱 절연유 소호실 절연 승강봉 가동 접촉자
ABB 공기차단기	공기	최근 대용량 (변전소)	
GCB 가스차단기	SF_6 가스 소호능력(大)	대용량에 사용 (150kV 변전소) (345kV 변전소)	
VCB 진공차단기	진공 원리	소용량에 사용 (6kV 소내전력용)	
MBB 자기차단기	전자력 원리	3.3kV 사용 6.6kV 사용	
ACB 기중차단기	압축공기		

(4) 개폐기(스위치) $\xrightarrow{\text{심벌}}$

개폐기 종류	용도(기능)
자동고장 구분 개폐기 ASS	한 수용가의 사고가 다른 수용가에 피해 확산 방지
자동부하 전환 개폐기 ALTS(ATS)	주전원(변압기) 정전시 예비전원(비상발전기) 자동투입개폐기
단로기 DS	회로(기기)를 수리, 점검, 변경시 무부하전류 개폐
선로 개폐기 LS	인입구(책임분계점) 보수점검시 무부하전류(소전류) 개폐
부하 개폐기 LBS	전력용 퓨즈 PF 용단시 결상(단선) 방지
컷아웃 스위치 COS	변압기 1차측에 시설, 변압기 단락보호용
전력(용) 퓨즈 PF	단락전류차단
구분 개폐기	정전 및 고장구간 축소

2 분전반 공사

(1) 분전반 종류 $\xrightarrow{\text{심벌}}$

분전반 유닛의 종류에 따라 나이프식, 텀블러식, 브레이크식으로 구분한다.

1) 나이프식 분전반

개폐기로는 퓨즈가 부착된 나이프 스위치를 철제 박스 안에 장치한 것

2) 텀블러식 분전반

개폐기로는 텀블러 스위치를 사용하고 자동 차단기에는 훅 퓨즈나 통형 퓨즈 또는 플러그 퓨즈 등을 철제 캐비닛에 장치한 것

3) 브레이크식 분전반

열계전기로 만든 차단기(배선용 차단기)를 철제 캐비닛에 장치한 것

(2) 분전반 설치

① 간선에서 각 기계 · 기구로 배선하는 전선을 분기하는 곳에 주 개폐기, 분기 개폐기 및 자동 차단기를 설치하기 위해 분전반을 설치한다.

② 분전반은 철제 캐비닛 안에 나이프 스위치, 텀블러 스위치 또는 배선용 차단기를 설치한다.

③ 배선을 쉽게 하기 위해 분전반 내부에는 일정간격 "거터 스페이스"를 두어야 한다.

④ **사용 전선의 색표기**

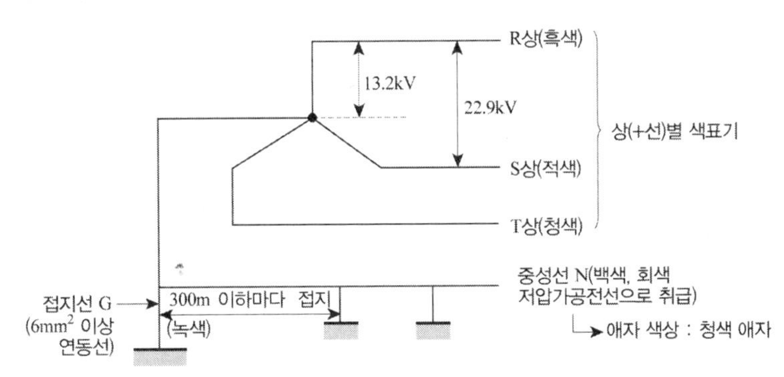

[22.9[kVY] 3ϕ4W 중성점 다중접지]

(3) 보호계전기 종류와 용도

종류(명칭)	용도(기능)
과전압계전기 OVR	일정값(정격) 이상의 전압이 걸렸을 때 동작
부족전압계전기 UVR	일정값(정격) 이하의 전압이 걸렸을 때 동작
과전류계전기 OCR	일정값(정격) 이상의 전류가 흐를 때 동작
지락 과전류계전기 OCGR	지락사고시 보호용(과전류계전기 동작전류를 작게 한 계전기)
선택지락계전기 SGR	다회선(2가닥 이상)에서 접지고장(지락)회선의 선택 동작
지락계전기 GR	단일회선(1가닥)에서 접지고장(지락)시 동작
차동계전기 DFR	소용량 변압기 고장시(1차와 2차측) 전류차가 생기면 동작
비율차동계전기 RDFR	대용량 변압기 고장시(1차와 2차측) 전류차가 일정비율이상 생기면 동작
방향계전기	고장점의 방향을 아는 데 사용
재폐로계전기	일시적인 순간정전시 정전시간 단축용(사고차단 및 전기투입이 자동)
거리계전기	고장점까지 전기적거리($\frac{V}{I}$값$=R$)에 비례하여 한시적 동작

① **반한시 계전기** : ┌ 동작전류 I (大값) → 동작시간 T 짧다(小)
└ 동작전류 I (小값) → 동작시간 T 길다(大)

② **정한시성 계전기** : 정해진 시간이 경과해야 동작하는 계전기
③ **순한시성 계전기** : 사고전류가 흐르는 순간 동작하는 계전기
④ **반한시 정한시성 계전기** : 어느 한도까지 반한시성 동작, 일정한 시간 후 정한시성 동작하는 계전기

(4) 옥내 배선 심벌

옥내 배선 종류	심벌
천장 은폐 배선(기준)	――――――――
노출배선(점선)	- - - - - - - - - - - - - - - - - -
바닥은폐배선	— — — — — —
바닥 노출 배선(② 점 쇄선)	—··—··—··—··—
지중 매설 배선(① 점 쇄선)	—·—·—·—·—

제7장
→ 배전반 및 분전반 공사

실 전 문 제

문제 01

분전반의 종류 중 개폐기와 자동차단기의 두 가지 역할을 하게 하여 분전반 전체가 소형으로 되고 또 조작이 안전하여 누구나 쉽게 취급할 수 있는 분전반은?

㉮ 나이프 분전반　　㉯ 텀블러식 분전반
㉰ 브레이크식 분전반　　㉱ 거터 페이스식 분전반

해설 브레이크식 분전반
열계전기로 만든 차단기 유닛을 철제 캐비닛을 장치한 것으로 개폐기와 차단기의 두 역할을 한다.
① 정격전류 : 최소 15[A] ~ 최대 800[A]
② 동작전류를 변경할 수 없다.

문제 02

다음 중 점유면적이 좁고 운전 보수에 안전하여 공장, 빌딩 등에 전기실에 많이 사용되는 배전반은?

㉮ 큐비클형　　㉯ 라이브 프런트형
㉰ 데드 프런트형　　㉱ 수직형

문제 03

일반적으로 큐비클형(cubicle type)이라 하며, 점유면적이 좁고, 운전, 보수에 안전하므로 공장, 빌딩 등의 전기실에 많이 사용되는 조립형, 장갑형이 있는 배전반은?

㉮ 폐쇄식 배전반　　㉯ 데드 프런트식 배전반
㉰ 철제 수직형 배전반　　㉱ 라이브 프런트식 배전반

해설 폐쇄식 배전반(조립형, 장갑형)
큐비클형이라고 일컬으며, 점유면적이 좁고 운전, 보수에 안전하므로 공장 및 빌딩의 전기실에 많이 사용된다.

문제 04

다선식 옥내 배선인 경우 중성선의 색별 표시는?

㉮ 적색　　㉯ 흑색
㉰ 백색　　㉱ 황색

전선의 구분	3상 전선			중성선	접지선
	R상	S상	T상	N상	G상
전선의 색상	흑색	적색	청색	백(흰)색	녹색

정답 01. ㉰ 02. ㉮ 03. ㉮ 04. ㉰

문제 **05**

배전반 및 분전반의 설치장소로 적합하지 못한 것은?

㉮ 전기회로를 쉽게 조작할 수 있는 장소
㉯ 개폐기를 쉽게 조작할 수 있는 장소
㉰ 안정된 장소
㉱ 은폐된 장소

해설 배전반 및 분전반 설치장소 : 부하의 중심에 위치하고 개폐기를 쉽게 조작할 수 있는 안정된 장소

문제 **06**

변전소의 역할에 대한 내용이 아닌 것은?

㉮ 전압의 변성 ㉯ 전력생산
㉰ 전력의 집중과 배분 ㉱ 역률개선

해설 변전소의 역할 : 전압의 변성, 전력의 집중과 배분, 역률개선

문제 **07**

다음 중 용어와 약호가 바르게 짝지어진 것은?

㉮ 유입차단기 – ABB ㉯ 자기차단기 – ACB
㉰ 공기차단기 – ABB ㉱ 진공차단기 – OCB

차단기 종류	유입차단기 OCB	공기차단기 ABB	가스차단기 GCB	자기차단기 MBB	기중차단기 ACB
소호 매질	절연유 사용	공기사용	SF_6 가스	전자력 원리	압축공기

문제 **08**

수전설비의 저압 배전반은 배전반 앞에서 계측기를 판독하기 위하여 앞면과 최소 몇 [m] 이상 유지하는 것을 원칙으로 하고 있는가?

㉮ 0.6[m] ㉯ 1.2[m]
㉰ 1.5[m] ㉱ 1.7[m]

해설

기기별 최소 이격거리	앞면(조작 계측면)		뒷면(점검면)
	저고압 배전반 · 변압기	1.5[m]	0.6[m]
	특고압반	1.7[m]	0.8[m]

문제 **09**

간선에서 각 기계 · 기구로 배선하는 전선을 분기하는 곳에 주개폐기, 분기 개폐기 및 자동 차단기를 설치하기 위하여 무엇을 설치하는가?

㉮ 분전반 ㉯ 배전반
㉰ 운전반 ㉱ 스위치반

정답 05. ㉱ 06. ㉮ 07. ㉱ 08. ㉱ 09. ㉮

문제 **10** **배전반 및 분전반을 넣은 강판제로 만든 함의 최소 두께는?**

㉮ 1.2[mm] 이상 ㉯ 1.5[mm] 이상
㉰ 2.0[mm] 이상 ㉱ 2.5[mm] 이상

배전반 및 분전반 제질 종류
두께 1.5[mm] 이상 합성수지나 두께 1.2[mm] 이상 강판제 사용

문제 **11** **자연 공기 내에서 개방할 때 접촉자가 떨어지면서 자연 소호되는 방식을 가진 차단기로 저압의 교류 또는 직류차단기로 많이 사용되는 것은?**

㉮ 유입차단기 ㉯ 자기차단기
㉰ 가스차단기 ㉱ 기중차단기

해설 문제 07번 참고

문제 **12** **다음 중 교류차단기의 단선도 심벌은?**

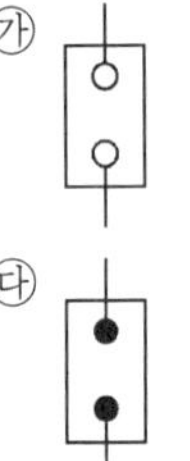

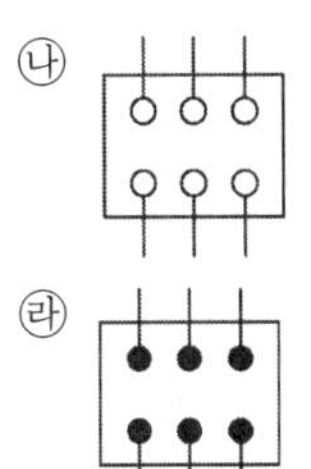

해설 ㉮ 차단기 단선도 ㉯ 차단기 복선도
㉰ 고압개폐기 단선도 ㉱ 고압개폐기 복선도

문제 **13** **수변전설비에서 차단기의 종류 중 가스 차단기에 들어가는 가스의 종류는?**

㉮ CO_2 ㉯ LPG
㉰ SF_6 ㉱ LNG

해설 문제 07번 참고

문제 **14** **가스 절연 개폐기나 가스차단기에 사용되는 가스인 SF_6의 성질이 아닌 것은?**

㉮ 같은 압력에서 공기의 2.5~3.5배의 절연내력이 있다.
㉯ 무색, 무취, 무해가스이다.
㉰ 가스 압력 3~4 [kgf/cm^2]에서는 절연내력은 절연유 이상이다.
㉱ 소호 능력은 공기보다 2.5배 정도 낮다.

해설 SF_6 가스 소호 능력은 공기보다 100배 크다.

정답 10. ㉮ 11. ㉱ 12. ㉮ 13. ㉰ 14. ㉱

문제 15 **가스 절연 개폐기나 가스차단기에 사용되는 가스인 SF_6의 성질이 아닌 것은?**

㉮ 연소하지 않는 성질이다.
㉯ 색깔, 특성, 냄새가 없다.
㉰ 절연유의 1/140로 가볍지만 공기보다 5배 무겁다.
㉱ 공기의 25배 정도로 절연 내력이 낮다.

해설 SF_6 가스 절연 내력은 공기의 2.5~3.5배 높다.

문제 16 **수 · 변전 설비의 인입구 개폐기로 많이 사용되고 있으며 전력 퓨즈의 용단시 결상을 방지하는 목적으로 사용되는 개폐기는?**

㉮ 부하 개폐기　　㉯ 선로 개폐기
㉰ 자동고장구분 개폐기　　㉱ 기중부하 개폐기

해설

개폐기 종류	자동고장구분 개폐기 ASS	선로 개폐기 LS	부하 개폐기 LBS	기중부하 개폐기 IS
용도(기능)	한 수용가 사고시 다른 수용가 영향 최소화시킴	선로 보수 및 점검시 무부하전류개폐	전력 퓨즈 용단시 결상 방지용	수전용량 300[kVA] 이하 인입개폐기용

문제 17 **MOF는 무엇의 약호인가?**

㉮ 계기용 변압기　　㉯ 계기용 변압변류기
㉰ 계기용 변류기　　㉱ 시험용 변압기

해설 계기용 변압변류기 MOF=계기용 변압기 PT+계기용 변류기 CT
→ 고압전기회로의 전기사용량을 적산하는 변성기

문제 18 **변류비 100/5[A]의 변류기(C.T)와 5[A]의 전류계를 사용하여 부하전류를 측정한 경우 전류계의 지시가 4[A]이었다. 이때 부하전류는 몇 [A]인가?**

㉮ 30[A]　　㉯ 40[A]
㉰ 60[A]　　㉱ 80[A]

해설 부하전류=CT비× 전류계 지시전류$=\frac{100}{5}\times 4=80$[A]

문제 19 **배전선로 보호를 위하여 설치하는 보호장치는?**

㉮ 기중 차단기　　㉯ 진공 차단기
㉰ 자동 재폐로 차단기　　㉱ 누전 차단기

정답 15. ㉱ 16. ㉮ 17. ㉯ 18. ㉱ 19. ㉰

문제 **20** **특고압 수전설비의 결선기호와 명칭으로 잘못된 것은?**

㉮ CB-차단기 ㉯ DS-단로기
㉰ LA-피뢰기 ㉱ LF-전력퓨즈

해설

명칭	차단기 CB	단로기 DS	LA	전력용 퓨즈 PF
기능	부하전류 및 사고전류차단	무부하전류차단	뇌차단	단락전류차단

문제 **21** **선로의 도중에 설치하여 회로에 고장전류가 흐르게 되면 자동적으로 고장전류를 감지하여 스스로 차단하는 차단기의 일종으로 단상용과 3상용으로 구분되어 있는 것은?**

㉮ 리클로저 ㉯ 선로용 퓨즈
㉰ 섹셔널라이저 ㉱ 자동 구간 개폐기

문제 **22** **저압전로의 접지극 전선을 식별하는 데 애자의 빛깔에 의하여 표시하는 경우 어떤 빛깔의 애자를 접지측으로 하여야 하는가?**

㉮ 백색 ㉯ 청색
㉰ 갈색 ㉱ 황갈색

해설 애자의 색상 : 전압선-백색, 접지선-청색

문제 **23** **변전소의 전력기기를 시험하기 위하여 회로를 분리하거나 또는 계통의 접속을 바꾸거나 하는 경우에 사용되는 기기는?**

㉮ 나이프 스위치 ㉯ 차단기
㉰ 퓨즈 ㉱ 단로기

해설 단로기(DS) : 선로(기기)수리, 점검시 무부하전류 개폐

문제 **24** **가정용 전등에 사용되는 점멸스위치를 설치하여야 할 위치에 대한 설명으로 가장 적당한 것은?**

㉮ 접지측 전선에 설치한다.
㉯ 중성선에 설치한다.
㉰ 부하의 2차측에 설치한다.
㉱ 전압측 전선에 설치한다.

정답 20. ㉱ 21. ㉮ 22. ㉯ 23. ㉱ 24. ㉱

전기설비

문제 25 **보호계전기를 동작 원리에 따라 구분할 때 해당되지 않는 것은?**

㉮ 유도형　　㉯ 정지형
㉰ 디지털형　　㉱ 저항형

해설 보호계전기 동작 원리에 따른 종류 : 유도(전자)형, 정지형, 디지털형

문제 26 **배전용 기구인 COS(컷아웃스위치)의 용도로 알맞은 것은?**

㉮ 배전용 변압기의 1차측에 시설하여 변압기의 단락 보호용으로 쓰인다.
㉯ 배전용 변압기의 2차측에 시설하여 변압기의 단락 보호용으로 쓰인다.
㉰ 배전용 변압기의 1차측에 시설하여 배전 구역 전환용으로 쓰인다.
㉱ 배전용 변압기의 2차측에 시설하여 배전 구역 전환용으로 쓰인다.

문제 27 **다음과 같은 그림기호(────────)의 명칭은?**

㉮ 천장 은폐 배선　　㉯ 노출 배선
㉰ 지중 매설 배선　　㉱ 바닥 은폐 배선

옥내 배선 종류	심벌
천장 은폐 배선	────────
노출 배선	- - - - - - - - -
바닥 은폐 배선	— — — — — —
지중 매설 배선	—··—··—··—
바닥 노출 배선	—·—·—·—·—

문제 28 **전력용 콘덴서를 회로로부터 개방하였을 때 전하가 잔류함으로써 일어나는 위험의 방지와 재투입할 때 콘덴서에 걸리는 과전압의 방지를 위하여 무엇을 설치하는가?**

㉮ 직렬 리액터　　㉯ 전력용 콘덴서
㉰ 방전 코일　　㉱ 피뢰기

 전력용 콘덴서 SC설비의 부속기기

설비기기	전력용 콘덴서 SC	방전코일 DC	직렬리액터 SR
역할(용도)	부하의 역률개선	개방시 잔류전하 방전시켜 감전방지	고조파 제거하여 과전압 방지

정답 25. ㉱ 26. ㉮ 27. ㉮ 28. ㉰

문제 **29** **한 분전반에 사용전압이 각각 다른 분기회로가 있을 때 분기회로를 쉽게 식별하기 위한 방법으로 가장 적합한 것은?**

㉮ 차단기별로 분리해 놓는다.
㉯ 차단기나 차단기 가까운 곳에 각각 전압을 표시하는 명판을 붙여 놓는다.
㉰ 왼쪽은 고압측, 오른쪽은 저압측으로 분류해 놓고 전압 표시는 하지 않는다.
㉱ 분전반을 철거하고 다른 분전반을 새로 설치한다.

문제 **30** **설치면적과 설치비용이 많이 들지만 가장 이상적이고 효과적인 진상용 콘덴서 설치 방법은?**

㉮ 수전단 모선에 설치
㉯ 수전단 모선과 부하 측에 분산하여 설치
㉰ 부하 측에 분산하여 설치
㉱ 가장 큰 부하 측에만 설치

해설 전력용 콘덴서 SC 설치방법 : ㉮, ㉯, ㉰

문제 **31** **보호 계전기의 시험을 하기 위한 유의사항이 아닌 것은?**

㉮ 시험회로 결선시 교류와 직류 확인
㉯ 영점의 정확성 확인
㉰ 계전기 시험 장비의 오차 확인
㉱ 시험 회로 결선시 교류의 극성 확인

문제 **32** **낙뢰, 수목접촉, 일시적인 섬락 등 순간적인 사고로 계통에서 분리된 구간을 신속히 계통에 투입시킴으로써 계통의 안정도를 향상시키고 정전시간을 단축시키기 위해 사용되는 계전기는?**

㉮ 차동 계전기
㉯ 과전류 계전기
㉰ 거리 계전기
㉱ 재폐로 계전기

보호계전기 종류	차동 계전기	과전류 계전기	거리 계전기	재폐로 계전기★
역할(기능)	변압기 보호	사고시 과전류로 동작	전기적 거리 $\left(\frac{V}{I}\text{비}\right)$로 동작	순간 정전시 동작(자동)

문제 **33** **일정 값 이상의 전류가 흘렀을 때 동작하는 계전기는?**

㉮ OCR　　㉯ OVR
㉰ UVR　　㉱ GR

계전기 종류	과전류 계전기 OCR	과전압 계전기 OVR	부족전압계전기 UVR	지락계전기 GR
동작 원리	이상전류가 흐를 때	이상전압일 때	이하전압일 때	지락전류 흐를 때

문제 **34** **선택지락 계전기의 용도는?**

㉮ 단일회선에서 접지전류의 대소의 선택
㉯ 단일회선에서 접지전류의 방향의 선택
㉰ 단일회선에서 접지사고 지속시간의 선택
㉱ 다회선에서 접지고장 회선의 선택

해설 선택지락 계전기 SGR : 다(2이상)회선에서 지락(접지)사고 된 선을 선택 동작 계전기

문제 **35** **구동전기량이 커질수록 동작시한이 짧아지고, 구동전기량이 작을수록 동작시한이 길어지는 계전기는?**

㉮ 계단형 한시계전기　　㉯ 정한시 계전기
㉰ 순한시 계전기　　㉱ 반한시 계전기

해설

계전기 종류	정한시 계전기	순한시 계전기	반한시 계전기
계전기 동작 특성	정해진 시간 후 동작한다.	사고전류 흐르는 순간 동작한다.	동작전류크다 → 동작시간 짧다. 동작전류작다 → 동작시간 길다.

문제 **36** **평행 2회선의 선로에서 단락 고장회선을 선택하는 데 사용하는 계전기는?**

㉮ 선택단락 계전기　　㉯ 방향단락 계전기
㉰ 차동단락 계전기　　㉱ 거리단락 계전기

해설 선택단락 계전기 : 단락 고장된 회선을 선택 동작하는 계전기

문제 **37** **최소 동작값 이상의 구동 전기량이 주어지면 일정 시한으로 동작하는 계전기는?**

㉮ 반한시 계전기　　㉯ 정한시 계전기
㉰ 역한시 계전기　　㉱ 반한시-정한시 계전기

해설 문제 35번 참고

정답 33. ㉮ 34. ㉱ 35. ㉱ 36. ㉮ 37. ㉯

제8장 위험한 장소의 공사

전기설비

1 먼지가 많은 장소의 공사

① **폭연성 분진**(마그네슘, 알루미늄, 티탄) **또는 화약류의 분말이 존재하는 곳**
금속관 또는 케이블 공사(단, 캡타이어 케이블, CD 케이블은 제외한다. 이동전선은 0.6/1kV EP 고무절연 클로로프렌 캡타이어 케이블 사용)
전동기의 접속부분은 방폭형 플렉시블 피팅을 사용한다.

② **가연성 분진**(소맥분, 전분, 유황)**이 존재하는 곳**
합성수지관, 금속관, 케이블 공사(단, CD 케이블은 제외한다. 이동전선은 0.6/1kV EP 고무절연 클로로프렌 캡타이어 케이블 또는 0.6/1kV 비닐절연비닐 캡타이어 케이블 사용)

③ 패킹을 사용하여 먼지 침입을 방지한다.

④ 관 상호 및 관과 박스 등은 5턱 이상의 죔나사로 접속한다.

2 가연성 가스가 존재하는 곳의 공사

① 모든 기계 기구는 내압 방폭 구조, 이입 방폭 구조의 성능을 갖는 것을 사용
② 금속관, 케이블 공사로 할 것
③ 이동전선은 0.6/1kV EP 고무절연 클로로프렌 캡타이어 케이블 사용

3 위험물이 있는 곳의 공사

인화성 물질(성냥, 석유, 셀룰로이드)을 제조・저장하는 곳에 합성수지관, 금속관, 케이블 공사를 아래와 같이 실시한다.
① 박강 전선관과 후강 전선관을 사용
② 개장된 케이블 또는 MI 케이블을 사용
③ 기계적, 전기적으로 완전히 접속할 것

④ 전기 기계 · 기구는 위험물에 인화 우려가 없도록 시설할 것
⑤ 이동전선은 0.6/1kV EP 고무절연 클로로프렌 캡타이어 케이블 또는 0.6/1kV 비닐 절연비닐 캡타이어 케이블 사용

4 부식성 가스가 존재하는 곳의 공사

전선의 피복물이 부식할 우려가 있는 장소에서는 나전선을 사용한다.

5 화약류 저장소의 전기 설비

① 전로의 대지전압은 **300[V] 이하**로 한다.
② 전기 기계, 기구는 **전폐형**으로 한다.
③ 백열전등, 형광등 및 이들에 전기를 공급하기 위한 전기 공작물만 금속관 또는 **케이블** 공사를 지중선로로 실시한다.

6 흥행장 및 광산 기타 위험 장소

(1) 흥행장의 저압 배전 공사

① 무대, 오케스트라 박스 및 영사실 전로에서 **400[V] 미만**의 저압을 사용
② 각각의 **전용 개폐기** 및 **과전류 차단기** 시설
③ 무대용 콘센트 박스, 플로어 덕트 등 금속제 외함은 제3종 접지공사를 한다.
④ 이동전선은 0.6/1kV EP 고무절연 클로로프렌 캡타이어 케이블 또는 0.6/1kV 비닐절연비닐 캡타이어 케이블 사용

(2) 광산, 기타 갱도 안의 시설

① 저압 배선은 케이블 공사에 의하여 시설(단, 400[V] 이하에서는 옥내 절연전선을 사용한 애자 사용 공사도 가능)
② 고압 배선은 고압용 케이블을 사용하여 케이블 공사
③ 폭발 우려가 있는 갱 내에서는 금속관 또는 케이블 공사를 한다.

참고 ┃분진 위험장소의 배선┃

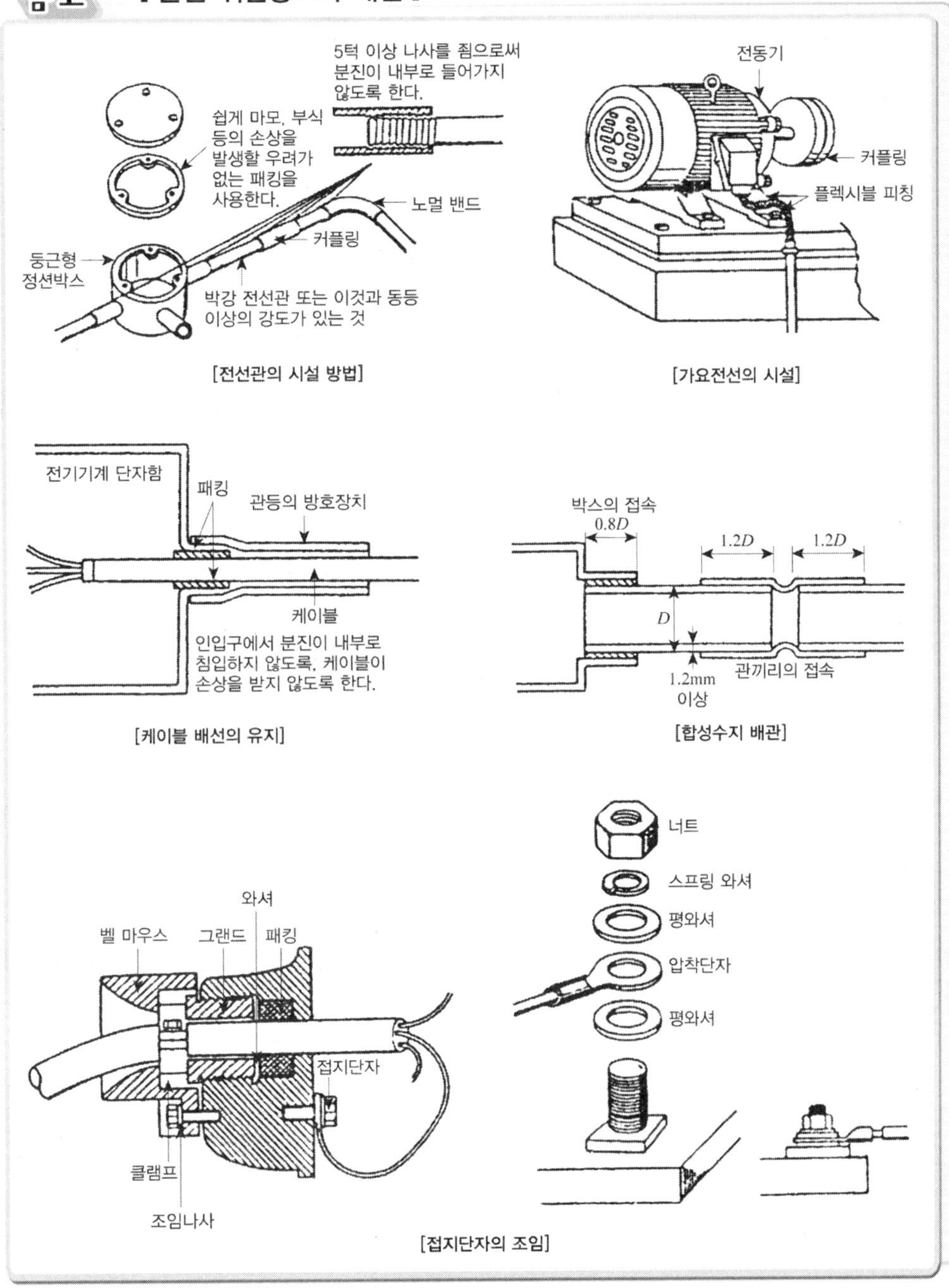

[전선관의 시설 방법]

[가요전선의 시설]

[케이블 배선의 유지]

[합성수지 배관]

[접지단자의 조임]

제8장 → 위험한 장소의 공사

실전문제

문제 01

가연성 분진(소맥분, 전분, 유황기타 가연성 먼지 등)으로 인하여 폭발할 우려가 있는 저압 옥내 설비 공사로 적절하지 않은 것은?

㉮ 케이블 공사 ㉯ 금속관 공사
㉰ 합성수지관 공사 ㉱ 플로어 덕트 공사

해설 가연성 분진이 존재하는 곳
합성수지관, 금속관, 케이블 공사(단, CD 케이블은 제외한다.)

문제 02

화약류 저장소의 배선 공사에서 전용 개폐기 또는 과전류 차단기에서 화약류 저장소의 인입구까지는 어떤 배선 공사에 의하여 시설하여야 하는가?

㉮ 금속관 공사로 지중선로 ㉯ 케이블 공사로 옥측 전선로
㉰ 케이블 사용 지중선로 ㉱ 합성수지관 공사로 지중선로

해설 화약류 저장소의 전기공작물
① 전로의 대지전압은 300[V] 이하로 한다.
② 전기 기계, 기구는 전폐형으로 한다.
③ 백열전등, 형광등 및 이들에 전기를 공급하기 위한 전기 공작물만 금속과 또는 케이블 공사를 실시한다.

문제 03

셀룰로이드, 성냥, 석유류 등 기타 가연성 위험물질을 제조 또는 저장하는 장소의 배선방법이 아닌 것은?

㉮ 배선은 금속관 배선, 합성수지관 배선 또는 케이블 배선에 의할 것
㉯ 금속관은 박강 전선관 또는 이와 동등 이상의 강도가 있는 것을 사용할 것
㉰ 두께가 2[mm] 미만의 합성수지제 전선관을 사용할 것
㉱ 합성수지관 배선에 사용하는 합성수지관 및 박스 기타 부속품은 손상될 우려가 없도록 시설할 것

해설 합성수지관은 두께 2[mm] 이상 사용할 것

문제 04

폭연성 분진 또는 화약류의 분말이 전기설비가 발화원이 되어 폭발할 우려가 있는 곳에 시설하는 저압 옥내 전기설비의 저압 옥내 배선 공사는?

㉮ 금속관 공사 ㉯ 합성수지관 공사
㉰ 가요전선관 공사 ㉱ 애자사용 공사

정답 01. ㉱ 02. ㉰ 03. ㉰ 04. ㉮

문제 05 **불연성 먼지가 많은 장소에서 시설할 수 없는 저압 옥내 배선의 방법은?**

㉮ 금속관 배선
㉯ 두께가 1.2[mm]인 합성수지관 배선
㉰ 금속제 가요전선관 배선
㉱ 애자 사용 배선

해설 불연성 먼지가 많은 장소 시설 가능공사
금속관(배선) 공사, 금속제 가요전선관 공사, 금속 덕트 공사, 합성수지공사(두께 2mm 이상), 케이블 공사

문제 06 **부식성 가스 등이 있는 장소에 시설할 수 없는 배선은?**

㉮ 금속관 배선
㉯ 제1종 금속제 가요전선관 배선
㉰ 케이블 배선
㉱ 캡타이어 케이블 배선

해설 부식성 가스 장소 시설 가능공사
① 금속관 공사
② 애자사용 공사
③ 케이블 공사
④ 캡타이어 케이블 공사

문제 07 **부식성 가스 등이 있는 장소에서 시설이 허용되는 것은?**

㉮ 과전류 차단기
㉯ 전등
㉰ 콘센트
㉱ 개폐기

해설 부식성 가스 장소에는 개폐기, 콘센트, 과전류 차단기를 시설할 수 없다.

문제 08 **셀룰로이드, 성냥, 석유 등 위험한 물질을 제조하거나 저장하는 곳의 전기 배선 방법이 옳지 못한 것은?**

㉮ 후강 전선관 공사
㉯ MI 케이블 공사
㉰ 박강 전선관 공사
㉱ 제1종 캡타이어 케이블 공사

문제 09 **화약류 저장소에서 백열전등이나 형광등 또는 이들에 전기를 공급하기 위한 전기설비를 시설하는 경우 전로의 대지전압은?**

㉮ 100[V] 이하
㉯ 150[V] 이하
㉰ 220[V] 이하
㉱ 300[V] 이하

해설 화약류 저장소 전로의 대지전압은 300[V] 이하일 것

정답 05. ㉯ 06. ㉯ 07. ㉯ 08. ㉱ 09. ㉱

문제 10 **터널, 갱도 기타 이와 유사한 장소에서 사람이 상시 통행하는 터널 내의 배선방법으로 적절하지 않은 것은? (단, 사용전압은 저압이다.)**

㉮ 라이팅 덕트 배선 ㉯ 금속제 가요전선관 배선
㉰ 합성수지관 배선 ㉱ 애자 사용 배선

해설 터널 · 갱도 · 광산시설 가능공사
① 금속(제 가요전)관 공사 ② 케이블 공사
③ 합성수지공사 ④ 애자사용 공사

문제 11 **폭발성 분진이 존재하는 곳의 금속관 공사에 있어서 관 상호 및 관과 박스, 기타의 부속품이나 풀박스 또는 전기기계 기구와의 접속은 몇 턱 이상의 나사 조임으로 접속하여야 하는가?**

㉮ 2턱 ㉯ 3턱
㉰ 4턱 ㉱ 5턱

문제 12 **성냥, 석유류, 셀룰로이드 등 기타 가연성 물질을 제조 또는 저장하는 장소의 배선 방법으로 적당하지 않은 공사는?**

㉮ 케이블 배선 공사 ㉯ 방습형 플렉시블 배선 공사
㉰ 합성수지관 배선 공사 ㉱ 금속관 배선 공사

해설 위험물 존재 장소 시설 가능공사
① 금속관 공사 ② 케이블 공사 ③ 합성수지관 공사(두께 2mm 이상)

문제 13 **가스 증기 위험장소의 배선 방법으로 적합하지 않은 것은?**

㉮ 옥내 배선은 금속관 배선 또는 합성수지관 배선으로 할 것
㉯ 전선관 부속품 및 전선 접속함에는 내압 방폭 구조의 것을 사용할 것
㉰ 금속관 배선으로 할 경우 관 상호 및 관과 박스는 5턱 이상의 나사 조임으로 견고하게 접속할 것
㉱ 금속관과 전동기의 접속시 가요성을 필요로 하는 짧은 부분의 배선에는 안전증가 방폭 구조의 플렉시블 피팅을 사용할 것

해설 가연성 가스 존재 장소 시설가능공사
① 금속관 공사 ② 케이블 공사(캡타이어 케이블 제외)

문제 14 **가연성 가스가 새거나 체류하여 전기설비가 발화원이 되어 폭발할 우려가 있는 곳에 있는 저압 옥내 전기설비의 시설방법으로 가장 적합한 것은?**

㉮ 애자 사용 공사 ㉯ 가요전선관 공사
㉰ 셀룰러 덕트 공사 ㉱ 금속관 공사

정답 10. ㉮ 11. ㉱ 12. ㉱ 13. ㉮ 14. ㉱

제9장 특수 시설의 전기 공사

1 전기 울타리 시설

(1) 사용전압 : 250[V] 이하, 사람이 보기 쉬운 곳에 위험표시 할 것

(2) 지름 2[mm] 이상의 경동선을 사용할 것

(3) 이격거리

① 전선과 지지하는 기둥 사이 이격거리 : 2.5[cm]
② 다른 공작물과 수목 사이 이격거리 : 30[cm]

(4) 전로에는 전용 개폐기를 시설할 것

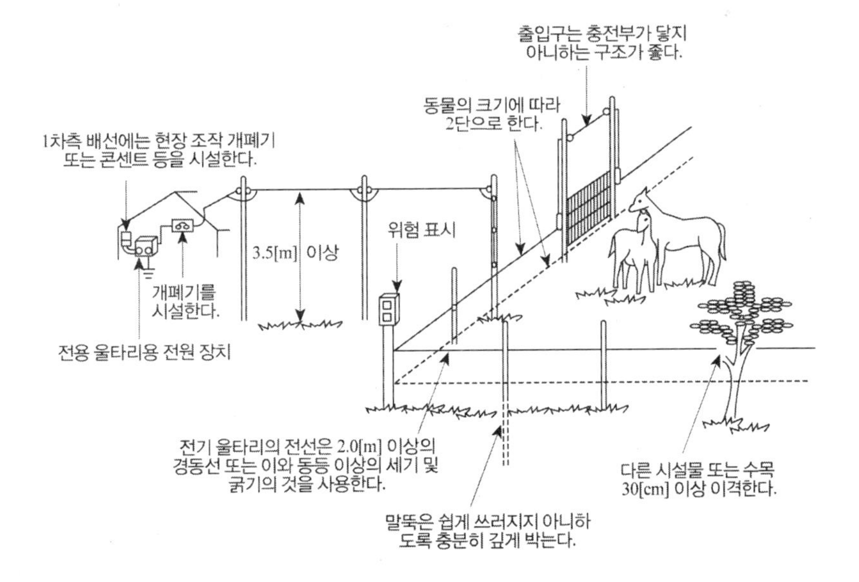

2 유희용 전차 시설

(1) 사용전압 : 1차측은 400[V] 미만

2차측은 ┌ ① 직류(DC) 전압 : 60[V] 이하
└ ② 교류(AC) 전압 : 40[V] 이하

(2) 접촉전선 : 사람들의 출입이 없는 곳에 제3궤조 방식으로 시설할 것

(3) 전로에는 전용 개폐기를 시설할 것

3 교통 신호등 시설

(1) 사용전압 : 300[V] 이하

(2) 사용전선 : 케이블이나 2.5[mm^2] 이상의 연동선

(3) 접지공사 : 제어장치의 금속제 외함에 제3종 공사를 실시한다.

(4) 전선의 도로상 높이 : 6[m] 이상

4 소세력 회로 시설

① 전자 개폐기의 조작 회로 또는 벨(초인종) 등에 접속하는 전로로 최대 사용전압이 2차측 60[V] 이하인 것

② **사용전선** : 단면적 1[mm^2] 이상 연동선 사용(케이블 사용시 제외)

5 출퇴근 표시등 시설

① 변압기 1차측 전로의 대지전압의 300[V] 이하, 2차측 전로의 사용전압이 60[V]인 절연변압을 사용

② **사용전선** : 단면적 1[mm^2] 이상 연동선이나 코드, 캡타이어 케이블, 케이블 사용

6 풀장용 조명등 시설

(1) 사용전압

① **1차측 전로** : 400[V] 이하의 절연변압기 사용
② **2차측 전로** : 150[V] 이하의 절연변압기 사용
단, 2차측 전로는 접지를 하지 않는다.

(2) 접지 공사 : 특별 제3종 접지공사

(3) 사용전선

단면적 2.5[mm^2] 이상의 0.6/1[kV] EP 고무절연 클로로프렌 캡타이어 케이블

7 흥행장 시설(무대, 오케스트라)

① **사용전압** : 400[V] 미만
② **전선** : 고무 캡타이어 케이블
③ **금속제 외함 접지** : 제3종 접지 E_3

제9장
→ 특수 시설의 전기 공사

실전문제

문제 01

흥행장의 400[V] 미만의 저압 전기공사를 시설하는 방법으로 적합하지 않은 것은?

㉮ 영사실에 사용되는 이동전선은 제1종 캡타이어 케이블 이외의 캡타이어 케이블을 사용한다.
㉯ 플라이 덕트를 시설하는 경우에는 덕트의 끝부분은 막아야 한다.
㉰ 무대용의 콘센트 박스, 플라이 덕트 및 보더라이트의 금속제 외함에는 제3종 접지공사를 한다.
㉱ 무대, 무대마루 밑, 오케스트라 박스 및 영사실의 전로에는 과전류차단기 및 개폐기를 시설하지 않아야 한다.

해설 흥행장소의 부하(전등)에 공급하는 전선은 과전류 차단기 및 개폐기를 시설할 것

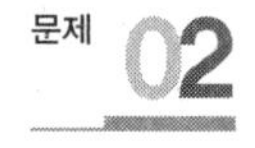

문제 02

무대, 무대마루 및 오케스트라 박스, 영사실, 기타 사람이나 무대 도구가 접촉할 우려가 있는 장소에 시설하는 저압 옥내 배선, 전구선 또는 이동전선은 최고 사용 전압이 몇 [V] 미만이어야 하는가?

㉮ 100　　㉯ 200
㉰ 400　　㉱ 700

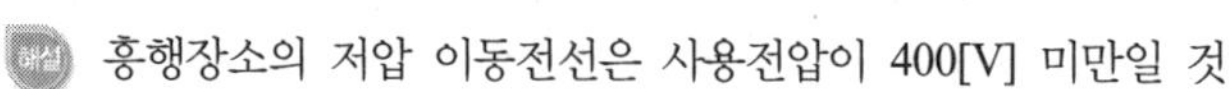
해설 흥행장소의 저압 이동전선은 사용전압이 400[V] 미만일 것

문제 03

유희용 전차에 전기를 공급하는 전로의 사용전압은 최대 몇 [V]인가?

㉮ 60　　㉯ 40
㉰ 30　　㉱ 10

해설 유희용 전차 시설
사용전압 : ① 직류(DC) 전압 : 60[V] 이하 ★
② 교류(AC) 전압 : 40[V] 이하

문제 04

전기 울타리에 시설하는 전선과 이를 지지하는 기둥간의 최소 이격거리는?

㉮ 4.0 [cm]　　㉯ 3.0 [cm]
㉰ 2.5 [cm]　　㉱ 2.0 [cm]

정답 01. ㉱ 02. ㉰ 03. ㉮ 04. ㉰

 전기 울타리 시설
① 지름 2[mm] 이상의 경동선을 사용
② 이격거리
㉠ 전선과 지지하는 기둥 사이 이격거리 : 2.5[cm]
㉡ 다른 공작물과 수목 사이 이격거리 : 30[cm]

문제 05 **교통 신호등 회로의 사용전압은 최대 몇 [V]인가?**

㉮ 100 ㉯ 200
㉰ 300 ㉱ 400

해설 교통 신호등 시설의 사용전압 : 300[V] 이하

문제 06 **사용전압이 60[V] 이하의 소세력 회로의 전선을 가공으로 시설할 경우 경동선의 굵기[mm]는?**

㉮ 0.8 ㉯ 1.0
㉰ 1.2 ㉱ 1.6

문제 07 **화재탐지기 회로의 전선은 최소 몇 [mm]로 사용하는가?**

㉮ 10 ㉯ 1.2
㉰ 1.6 ㉱ 2.0

문제 08 **출퇴근 표시등 회로에 전기를 공급하기 위한 변압기의 2차측 전로의 사용전압은 몇 [V] 이하여야 하는가?**

㉮ 30 ㉯ 60
㉰ 100 ㉱ 150

 출퇴근 표시등 시설
① 최대 사용전압 : 60[V] 이하
② 변압기 1차측 전로의 대지전압의 300[V] 이하, 2차측 전로의 사용전압이 60[V]인 절연 변압기를 사용

문제 09 **목장의 전기 울타리(가축의 탈출 방지용)에 사용하는 경동선의 최소 지름은?**

㉮ 2.6 [mm] ㉯ 2.0 [mm]
㉰ 1.6 [mm] ㉱ 1.2 [mm]

정답 05. ㉰ 06. ㉰ 07. ㉯ 08. ㉯ 09. ㉯

해설 전기 울타리 시설
① 지름 2[mm] 이상의 경동선을 사용
② 이격거리
㉠ 전선과 지지하는 기둥 사이 이격거리 : 2.5[cm]
㉡ 다른 공작물과 수목 사이 이격거리 : 30[cm]

문제 **10** **가로등, 경기장, 공장, 아파트 단지 등의 일반조명을 위하여 시설하는 고압방전등의 효율은 몇 [lm/W] 이상의 것이어야 하는가?**

㉮ 3[lm/W] ㉯ 5[lm/W]
㉰ 70[lm/W] ㉱ 120[lm/W]

문제 **11** **조명기구의 배광에 의한 분류 중 40~60[%] 정도의 빛이 위쪽과 아래쪽으로 고루 향하고 가장 일반적인 용도를 가지고 있으며 상·하 좌우로 빛이 모두 나오므로 부드러운 조명이 되는 방식은?**

㉮ 직접 조명방식 ㉯ 반직접 조명방식
㉰ 전반확산 조명방식 ㉱ 반간접 조명방식

문제 **12** **실내 전반조명을 하고자 한다. 작업대로부터 높이가 2.4[m]인 위치에 조명기구를 배치할 때 벽에서 한 기구 이상 떨어진 기구에서 기구 간의 거리는 일반적인 경우 최대 몇 [m]로 배치하여 설치하는가? (단, $S \leq 1.5\mathrm{H}$ 를 사용하여 구하도록 한다.)**

㉮ 1.8 ㉯ 2.4
㉰ 3.2 ㉱ 3.6

해설 기구 간의 거리 $S = 1.5 \times 2.4 = 3.6$[m]

문제 **13** **흥행장의 무대용 콘센트, 박스, 플라이 덕트 및 보더 라이트의 금속제 외함은 몇 종 접지공사를 하여야 하는가?**

㉮ 제1종 ㉯ 제2종
㉰ 제3종 ㉱ 특별 제3종

해설 흥행장소의 사용전압이 400[V] 미만이므로 제3종 접지할 것

정답 10. ㉰ 11. ㉰ 12. ㉱ 13. ㉰

문제 **14** **흥행장에 시설하는 전구선이 아크 등에 접근하여 과열될 우려가 있을 경우 어떤 전선을 사용하는 것이 바람직한가?**

㉮ 비닐피복전선　　㉯ 내열성 피복전선
㉰ 내약품성 피복전선　　㉱ 내화학성 피복전선

문제 **15** **조명기구의 용량 표시에 관한 사항이다. 다음 중 F40의 설명으로 알맞은 것은?**

㉮ 수은등 40[W]　　㉯ 나트륨등 40[W]
㉰ 메탈 헬라이드등 40[W]　　㉱ 형광등 40[W]

등 종류	수은등	나트륨등	메탈 헬라이드등	형광등
등 기호	H	N	MH	F

전기설비

정답 14. ㉯ 15. ㉱

제10장 조명배선

1 조명방식

(1) 조명기구 배광에 의한 분류

조명방식	하향광속[%]	상향광속[%]
직접조명	100 ~ 90	0 ~ 10
반직접조명	90 ~ 60	10 ~ 40
전반확산조명	60 ~ 40	40 ~ 60
반간접조명	40 ~ 10	60 ~ 90
간접조명	10 ~ 0	90 ~ 100

(2) 조명기구 배치에 의한 분류

분류	내용
전반조명	작업면의 전체를 균일한 조도가 되도록 조명(공장, 사무실, 교실)
국부조명	작업에 필요한 장소마다 그 곳에 맞는 조도를 얻는 방식
전반 국부조명	작업면 전체는 비교적 낮은 조도의 전반조명을 실시하고 필요한 장소에만 높은 조도가 되도록 국부조명을 하는 방식

2 전등의 설치 높이와 간격

(1) 직접조명인 경우

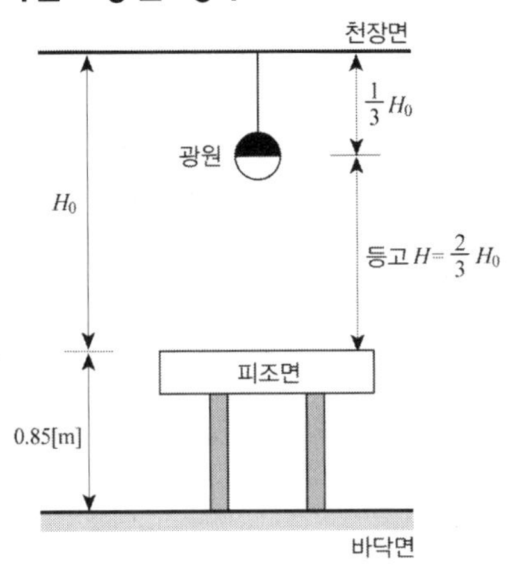

(2) 간접 및 반간접조명인 경우

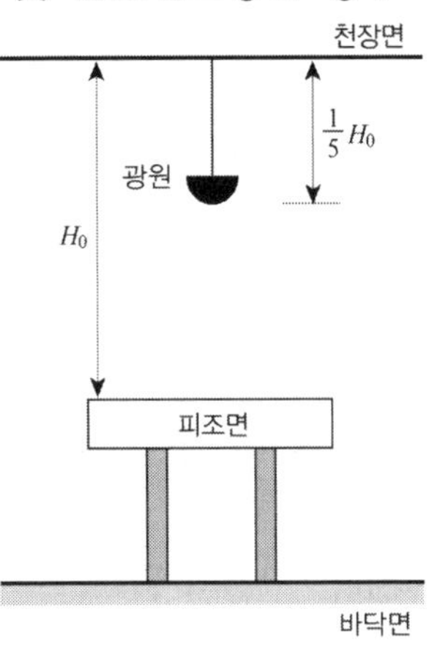

☆★ 등고 H	① 직접조명시 H : 피조면에서 광원까지 높이 ② 반간접조명시 H_0 : 피조면에서 천장까지 높이
☆★ 등간격 S	① 등기구 간격 : $S \leq 1.5H$ (H : 등고) ② 벽면 간격 : $S \leq 0.5H$ (벽측을 사용하지 않을 경우 적용) $S \leq \frac{1}{3}H$ (벽측을 사용하는 경우 적용)
★★ 실지수 K	① 방의 크기와 모양에 대한 광속의 이용 척도가 된다. ② 실지수 $K=\frac{XY}{H(X+Y)}$ [X : 방의 폭(가로길이), Y : 방의 길이(세로길이), H : 작업면에서 광원까지 높이]
조명률 U	① 조명률 결정 : 방지수(실지수), 반사율, 조명기구 선택 ② 조명률 $U=\frac{EAD}{NF}\times 100[\%]=\frac{\text{피조면의 전광속}}{\text{광원의 전광속}}$ [E : 조도, M : 유지율, A : 면적, N : 등수, F : 광속, D : 감광보상률(여유계수 $=\frac{1}{M}$), U : 조명률(이용률)]

3 광속 F[lm 루멘]

복사에너지를 눈으로 보아 빛으로 느끼는 크기(빛의 양)

광원의 종류	전광속 F값
구 광원(백열전구일 때)	기준 $F=4\pi I$[lm]
원통 광원(형광등일 때)	$F=\pi^2 I$[lm]
평판 광원(면광원일 때)	$F=\pi I$[lm]

4 광도 I[cd 칸델라]

빛의 세기=광원의 밝기

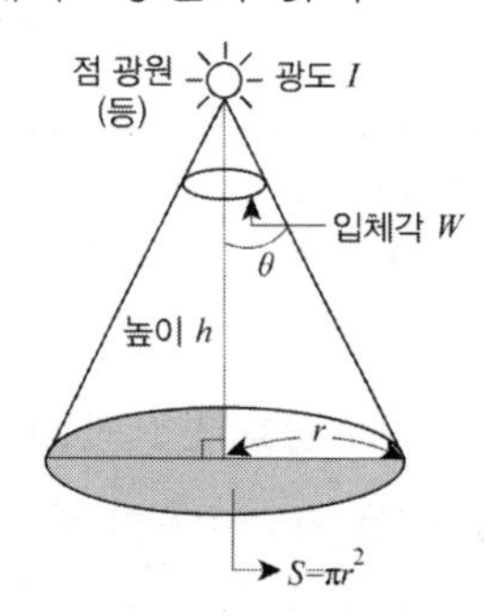

$$광도\ I=\frac{광속\ F}{입체각\ W}[\text{lm/sr 또는 cd}]$$

5 조도 E[lx 룩스]

단위면적당 빛의 양(피조면의 빛의 밝기=빛의 밀도)

$$조도\ E=\frac{F}{S}\times u\times n=값[\text{lm/m}^2]\ 또는\ [\text{lx}]$$

(u : 조명률(이용률), n : 등수가 주어질 때만 곱해서 구한다.)

(1) 직하 조도 E[lx]

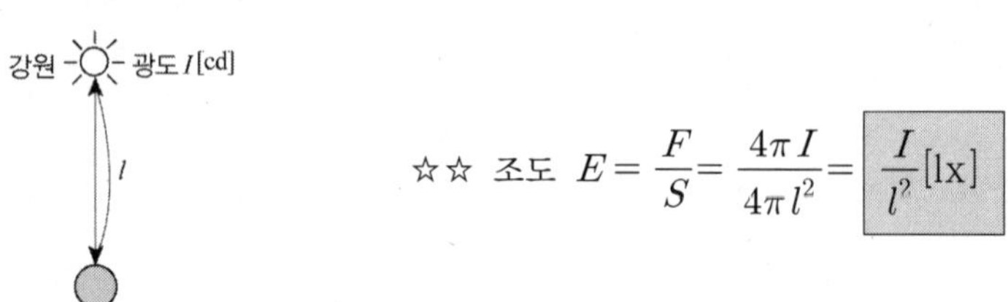

☆☆ $조도\ E=\frac{F}{S}=\frac{4\pi I}{4\pi l^2}=\frac{I}{l^2}[\text{lx}]$

(2) 조도 E의 종류

① **법선 조도**(직하조도) : $E_n = \dfrac{I}{l^2}$[lx]

② **수평면 조도**(바닥, 간판에서 생기는 조도) : $E_h = \dfrac{I}{l^2}\cos\theta = E_n \cos\theta$ [lx]

③ **수직면 조도**(벽면에서 생기는 조도) : $E_v = \dfrac{I}{l^2}\sin\theta = E_n \sin\theta$ [lx]

6 휘도 B [nt 니트]

눈부심의 정도(표면의 밝기)

- 휘도 $B = \dfrac{\text{광도 } I}{\text{면적 } S}$ [cd/m² 또는 nt, cd/cm² 또는 Sb 스틸브]
- 단위 환산 : 1[니트 nt] = 10^{-4}[Sb], 1[스틸브 Sb] = 10^4[nt]

전기설비

전기기능사 시험대비

최근 기출문제

기출 문제

2013년 제1회

문제 **01**

100[V]의 교류 전원에 선풍기를 접속하고 입력과 전류를 측정하였더니 500[W], 7[A]였다. 이 선풍기의 역률은?

① 0.61 ② 0.71
③ 0.81 ④ 0.91

 단상전력

선풍기유효(소비) 전력 P식	선풍기 역률 $\cos\theta$ 계산
$P = VI\cos\theta[w]$	$\cos\theta = \frac{P}{VI} = \frac{500}{100 \times 7} = 0.71$

문제 **02**

정전용량이 같은 콘덴서 10개가 있다. 이것을 병렬 접속할 때의 값은 직렬접속할 때의 값보다 어떻게 되는가?

① $\frac{1}{10}$로 감소한다. ② $\frac{1}{100}$로 감소한다.
③ 10배로 증가한다. ④ 100배로 증가한다.

 콘덴서 C

포인트	몇 배(비) 계산
몇 배(비) = $\frac{주어}{서술어}$ ‖ 병렬시값은 직렬시값의 비	비 = $\frac{병렬시합성값}{직렬시합성값} = \frac{10개 \times 1개C값}{\frac{1개C값}{10}}$ = 100배

문제 **03**

환상철심의 평균자로길이 l[m], 단면적 $A[m^2]$, 비투자율 μ_s, 권수 N_1, N_2인 두 코일의 상호인덕턴스는?

① $\frac{2\pi\mu_s l N_1 N_2}{A} \times 10^{-7}$[H] ② $\frac{A N_1 N_2}{2\pi\mu_s l} \times 10^{-7}$[H]

③ $\frac{4\pi\mu_s A N_1 N_2}{l} \times 10^{-7}$[H] ④ $\frac{4\pi^2\mu_s N_1 N_2}{Al} \times 10^{-7}$[H]

정답 01. ② 02. ④ 03. ③

해설 환상철심

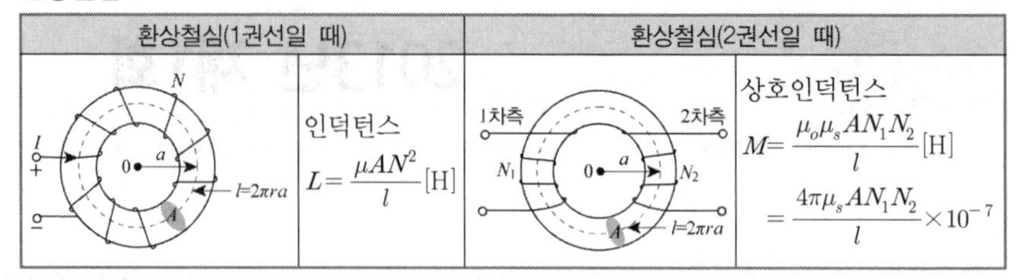

환상철심(1권선일 때)		환상철심(2권선일 때)	
	인덕턴스 $L=\dfrac{\mu AN^2}{l}$[H]		상호인덕턴스 $M=\dfrac{\mu_o\mu_s AN_1N_2}{l}$[H] $=\dfrac{4\pi\mu_s AN_1N_2}{l}\times10^{-7}$

문제 **04** **다음이 설명하는 것은?**

> 금속 A와 B로 만든 열전쌍과 접점 사이에 임의의 금속 C를 연결해도 C의 양 끝의 접점의 온도를 똑같이 유지하면 회로의 열기전력은 변화하지 않는다.

① 제어벡 효과 ② 톰슨 효과
③ 제3금속의 법칙 ④ 펠티에 효과

 열효과

종류	제어벡 효과	펠티에 효과	톰슨 효과	제3금속 법칙
정의	다른 금속에 온도차 주면 전기발생	다른 금속에 전류차 주면 열 흡수효과	동일금속에 온도차와 전류차 주면 열 흡수 또는 발생	접점의 온도 일치 열기전력은 불변

문제 **05** **전류에 의해 발생되는 자기장에서 자력선의 방향을 간단하게 알아내는 법칙은?**

① 오른나사의 법칙 ② 플레밍의 왼손법칙
③ 주회적분의 법칙 ④ 줄의 법칙

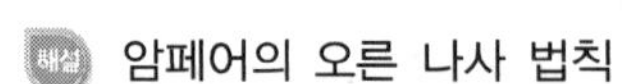
해설 암페어의 오른 나사 법칙

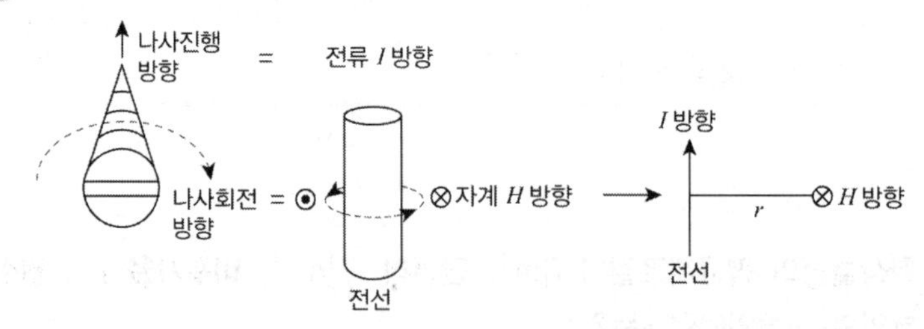

문제 **06** **키르히호프의 법칙을 이용하여 방정식을 세우는 방법으로 잘못된 것은?**

① 키르히호프의 제1법칙을 회로망의 임의의 점에 적용한다.
② 각 폐회로에서 키르히호프의 제2법칙을 적용한다.
③ 각 회로의 전류를 문자로 나타내고 방향을 가정한다.
④ 계산결과 전류가 +로 표시된 것은 처음에 정한 방향과 반대방향임을 나타낸다.

정답 04. ③ 05. ① 06. ④

해설 키르히호프의 법칙

정의	1(전류)법칙	2(전압)법칙	계산결과
유입전기합 ‖ 유출전기합	유입전류합 ‖ 유출전류합	인가전압합 ‖ 각 소자 전압 강하합	전류가+값표기 ‖ 처음방향과 같은 방향임

문제 **07** **1차 전지로 가장 많이 사용되는 것은?**

① 니켈－카드뮴전지 ② 연료전지
③ 망간건전지 ④ 납축전지

해설 건전지 종류

전지구분	1차 전지(재생 불가능 전지)	2차 전지(재생가능 전지)
종류	망간전지, 수은전지, 공기전지	납축전지, 니켈·카드뮴전지, 리튬이온전지

문제 **08** **그림의 회로에서 전압 100[V]의 교류전압을 가했을 때 전력은?**

① 10[W]
② 60[W]
③ 100[W]
④ 600[W]

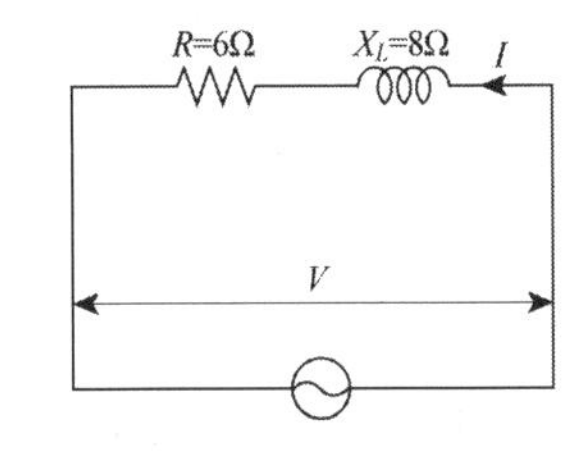

해설 단상 유효전력 P

포인트	전체전류 I계산	유효(소비)전력 P 계산
역률 $\cos\theta$가 없으므로 유효전력 $P=I^2R$[W]를 사용할 것	$I=\frac{100}{6+j8}=\frac{100}{\sqrt{6^2+8^2}}$ $=10[A]$	$P=I^2R$ $=10^2\times6=600[W]$

문제 **09** **절연체 중에서 플라스틱, 고무, 종이, 운모 등과 같이 전기적으로 분극 현상이 일어나는 물체를 특히 무엇이라 하는가?**

① 도체 ② 유전체
③ 도전체 ④ 반도체

해설 유전체

구분	도(전)체	유전체	반도체	절연체
정의	전기를 이동시킬 수 있는 물질	전기를 가하면 물질에 +전기, －전기가 생기는 물질	일정 온도 증가시 부도체가 도체로 바뀌는 물질	전기가 흐르지 않는 물질

정답 07. ③ 08. ④ 09. ②

문제 **10** **Y-Y결선 회로에서 선간전압이 200[V]일 때 상전압은 약 몇 [V]인가?**

① 100[V] ② 115[V]
③ 120[V] ④ 135[V]

3상 Y결선

Y결선 특징	Y결선	상전압 V_P 계산
선간전압 $V_l=\sqrt{3}\times$상전압 V_P 선전류 I_l=상전류 I_P	$V_P=\frac{V_l}{\sqrt{3}}$, V_l	$V_P=\frac{V_l}{\sqrt{3}}=\frac{200}{\sqrt{3}}=115[\text{V}]$

문제 **11** **저항과 코일이 직렬연결된 회로에서 직류 220[V]를 인가하면 20[A]의 전류가 흐르고, 교류 220[V]를 인가하면 10[A]의 전류가 흐른다. 이 코일의 리액턴스[Ω]는?**

① 약 19.05[Ω] ② 약 16.06[Ω]
③ 약 13.06[Ω] ④ 약 11.04[Ω]

R-L 직렬회로

조건	직류인가시	교류인가시	(유도성)리액턴스 X_L 계산
계산값	저항 $R=\frac{V}{I}=\frac{220}{20}=11[\Omega]$	임피던스 $Z=\frac{V}{I}=\frac{220}{10}=22[\Omega]$	$X_L=\sqrt{Z^2-R^2}=\sqrt{22^2-11^2}=19.05[\Omega]$

문제 **12** **100[V], 300[W]의 전열선의 저항값은?**

① 약 0.33[Ω] ② 약 3.33[Ω]
③ 약 33.3[Ω] ④ 약 333[Ω]

전열기(전열선)의 저항 R

적용식	전열선 저항 R 계산
전력 $P=\frac{V^2}{R}[\text{W}]$	$R=\frac{V^2}{P}=\frac{100^2}{300}=33.33[\Omega]$

문제 **13** **RLC 직렬회로에서 전압과 전류가 동상이 되기 위한 조건은?**

① $L=C$ ② $\omega LC=1$
③ $\omega^2 LC=1$ ④ $(\omega LC)^2=1$

R-L-C 직렬공진

R-L-C 직렬회로	동상(공진)조건	동상성립조건식	효과
저항 R, 코일 X_L, 콘덴서 X_c	$Z=R+j\left(wL-\frac{1}{wc}\right)$에서 허수부가 0일 때	$wL-\frac{1}{wC}=0$ 또는 $wL=\frac{1}{wC}$ 또는 $w^2LC=0$	Z 최소 I 최대

정답 10. ② 11. ① 12. ③ 13. ③

문제 14 자석에 대한 성질을 설명한 것으로 옳지 못한 것은?

① 자극은 자석의 양 끝에서 가장 강하다.
② 자극이 가지는 자기량은 항상 N극이 강하다.
③ 자석에는 언제나 두 종류의 극성이 있다.
④ 같은 극성의 자석은 서로 반발하고, 다른 극성은 서로 흡인한다.

해설 자극이 가지는 자기량은 N극과 S극이 같다.

문제 15 다음 중 자장의 세기에 대한 설명으로 잘못된 것은?

① 자속밀도에 투자율을 곱한 것과 같다.
② 단위자극에 작용하는 힘과 같다.
③ 단위 길이당 기자력과 같다.
④ 수직 단면의 자력선 밀도와 같다.

해설 자강의 세기 H

자장 H 정의 및 식		응용 정의 및 식		
단위자극(+1[Wb])에 작용하는 힘(H)	$H=\dfrac{m}{4\pi\mu_0 r^2}$	단위길이(lm)당 기자력 $F(N\times I)$와 같다.	$H=\dfrac{NI}{l}$	자장 H 세기 ‖ 자(기)력선 밀도

문제 16 14[C]의 전기량이 이동해서 560[J]의 일을 했을 때 기전력은 얼마인가?

① 40[V] ② 140[V]
③ 200[V] ④ 240[V]

 기전력 (전압) V

정의	기전력(전압) V 식 및 계산
전하 Q(전기)가 이동하면서 한일 W의 양	전압 $V=\dfrac{일\ w}{전하\ Q}=\dfrac{560}{14}=40[V]$

문제 17 1개의 전자 지량은 약 몇 [kg]인가?

① 1.679×10^{-31} ② 9.109×10^{-31}
③ 1.67×10^{-27} ④ 9.109×10^{-27}

기출문제

정답 14. ② 15. ① 16. ① 17. ②

문제 **18**

평등자장 내에 있는 도선에 전류가 흐를 때 자장의 방향과 어떤 각도로 되어 있으면 작용하는 힘이 최대가 되는가?

① 30°　　② 40°

③ 60°　　④ 90°

 전동기의 도선에 작용하는 힘 F

출제 유형	B가 주어진 경우 사용 식	도체와 자계의 수직(90°)인 경우 최대	전류 I, 힘 F, 수직θ=90°, 자속밀도 B방향, 축, 도선길이 l
힘 F 공식	$F = IBl\sin\theta$	$= IBl$[N], $\sin 90° = 1$	
용어	선(코일)에 흐르는 전류 I[A], 자속밀도 B[Wb/m²], 자계 H[AT/m], 진공 중의 투자율 μ_0[H/m], 전선(코일)길이 l[m], 코일이 회전하면서 자계 H와 이루는 각 θ[rad]		

문제 **19**

반도체로 만든 PN 접합은 무슨 작용을 하는가?

① 정류 작용　　② 발진 작용

③ 증폭 작용　　④ 변조 작용

 정류기

다이오드 구조	다이오드 기호	다이오드 기능
전자방향(역방향), ⊕극 애노드, P N, ⊖극 캐소드, 정공방향(정방향)	전류방향, 양⊕극 애노드 A, 음⊖극 캐소드 K	정류작용

문제 **20**

$V = 200$[V], $C_1 = 10$[μF], $C_2 = 5$[μF]**인 2개의 콘덴서가 병렬로 접속되어 있다. 콘덴서** C_1**에 축적되는 전하**[μC]**는?**

① 100[μC]　　② 200[μC]

③ 1000[μC]　　④ 2000[μC]

 콘덴서 병렬연결

병렬회로도	포인트	콘덴서 C_1의 축적전하 Q_1계산
+전선, Q, Q_1, Q_2, V=200, C_1=10, C_2=5, −전선	병렬시각 콘덴서의 전압이 같다.	$Q_1 = C_1 \times V = 10 \times 200 = 2000$ [μC]

정답 18. ④ 19. ① 20. ④

문제 **21** **ON, OFF를 고속도로 변환할 수 있는 스위치이고 직류 변압기 등에 사용되는 회로는 무엇인가?**

① 초퍼 회로 ② 인버터 회로
③ 컨버터 회로 ④ 정류기 회로

해설

전력변환장치	초퍼	인버터(역변환)	컨버터(순변환)	정류기
기능(역할)	직류전압 크기조절 직류변압기용	직류를 교류로 변환장치	교류를 직류로 변환장치	교류를 직류로 바꾸어주는 장치

문제 **22** **직류발전기의 전기자 반작용에 의하여 나타나는 현상은?**

① 코일이 자극의 중성축에 있을 때도 브러시 사이에 전압을 유기시켜 불꽃을 발생한다.
② 주자속 분포를 찌그러뜨려 중성축을 고정시킨다.
③ 주자속을 감소시켜 유도 전압을 증가시킨다.
④ 직류 전압이 증가한다.

해설 직류발전기의 전기자 반작용

전기자 반작용	영향	대책
전기자 전류가 주자속에 영향을 주는 것	• 전기적 중성축 이동(편차작용) • 정류자편간 전압상승(브러시 불꽃 발생) • 주자속 감소 → 기전력 감소	보상권선 설치

문제 **23** **그림은 교류 전동기 속도제어 회로이다. 전동기 M의 종류로 알맞은 것은?**

① 단상 유도전동기
② 3상 유도전동기
③ 3상 동기전동기
④ 4상 스텝전동기

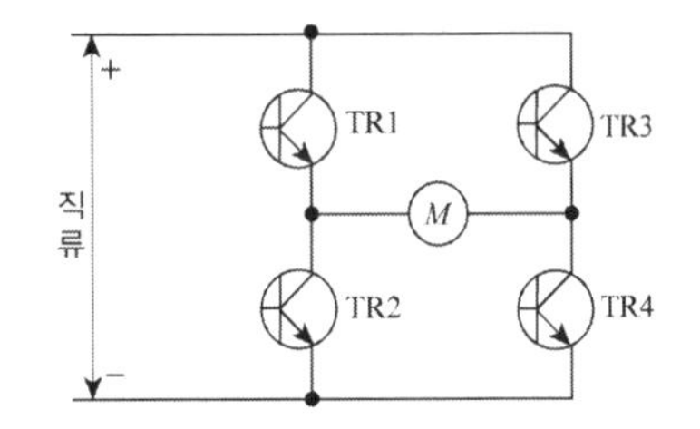

문제 **24** **동기기에서 전기자 전류가 기전력보다 90°만큼 위상이 앞설 때의 전기자 반작용은?**

① 교차 자화 작용 ② 감자 작용
③ 편자 작용 ④ 증자 작용

해설 동기발전기 전기자 반작용

전기자반작용	교차 자화작용	감자작용	증자작용★
부하구분	저항 R(동위상) 부하	코일 L(지상)부하	콘덴서 C(진상)부하
전기자 전류구분	동위상전기자 전류	90° 뒤진 전기자 전류	90° 앞선 전기자 전류

정답 21. ① 22. ① 23. ① 24. ④

문제 25 **변압기 기름의 구비조건이 아닌 것은?**

① 절연내력이 클 것 ② 인화점과 응고점이 높을 것
③ 냉각 효과가 클 것 ④ 산화현상이 없을 것

 변압기 기름 구비조건

구비조건	클 것 大	작을 것 小	없을 것
적용값	절연내력, 절연저항, 냉각효과, 인화점, 열전도율	점도, 응고점, 비중	산화현상 석출물

문제 26 **직류를 교류로 변환하는 장치는?**

① 정류기 ② 충전기
③ 순변환 장치 ④ 역변환 장치

 정류기

전력변환장치	충전기	인버터(역변환)	컨버터(순변환)	정류기
기능(역할)	교류(大) → 직류(中) → 직류(小)변환장치	직류를 교류로 변환장치	교류를 직류로 변환장치	교류를 직류로 바꾸어 주는 장치

문제 27 **병렬 운전 중인 동기발전기의 난조를 방지하기 위하여 자극 면에 유도전동기의 농형권선과 같은 권선을 설치하는데 이 권선의 명칭은?**

① 계자권선 ② 제동권선
③ 전기자권선 ④ 보상권선

원인	대책
㉠ 조속기가 너무 예민한 경우 ㉡ 관성모멘트가 작은 경우 ㉢ 고조파가 포함되어 있을 때 ㉣ 원동기에 전기자 저항이 큰 경우	㉠ 제동권선을 설치(가장 좋은 방법) ★ ㉡ 회전자에게 Fly-Wheel 부착 ㉢ 조속기를 너무 예민하지 않게 한다. ㉣ 전기자 저항을 작게 한다.

문제 28 **동기속도 30[rps]인 교류발전기 기전력의 주파수가 60[Hz]가 되려면 극수는?**

① 2 ② 4
③ 6 ④ 8

 동기속도 N_s

$N_s = \frac{120f}{P}$[rpm] 식에서 극수 $P = \frac{120 \times 60}{30 \times 60분} = 4$극

문제 29 **직류기에서 전압변동률이 (–) 값으로 표시되는 발전기는?**

① 분권 발전기 ② 과복권 발전기
③ 타여자 발전기 ④ 평복권 발전기

정답 25. ② 26. ④ 27. ② 28. ② 29. ②

문제 30

권선 저항과 온도와 관계는?

① 온도와는 무관하다.
② 온도가 상승함에 따라 권선 저항은 감소한다.
③ 온도가 상승함에 따라 권선 저항은 증가한다.
④ 온도가 상승함에 따라 권선의 저항은 증가와 감소를 반복한다.

해설 권선저항 $R(\uparrow$ 증가$)$ $\propto$ 온도 $t(\uparrow$ 증가$)$

문제 31

전기 기기의 철심 재료로 규소 강판을 많이 사용하는 이유로 가장 적당한 것은?

① 와류손을 줄이기 위해
② 맴돌이 전류를 없애기 위해
③ 히스테리시스손을 줄이기 위해
④ 구리손을 줄이기 위해

철손 종류	와류손 P_e	히스테리시스손 P_h
철손감소 대책	성층 철심 사용	규소강판사용

문제 32

3상 유도전동기의 1차 입력 60[kW], 1차 손실 1[kW], 슬립 3[%]일 때 기계적 출력 [kW]은?

① 62
② 60
③ 59
④ 57

 3상 유도전동기

포인트	입력과 출력
$P=(1-s)P_2$ $P_{c2}=sP_2$	1차입력 $P_1=$ 1차손실 $P_{l1}+$ 2차동손 $P_{c2}+$ 기계적 출력 P $=P_{l1}+s\times\frac{P}{1-s}+P$ $\therefore$ 출력 $P=\frac{60-1}{\frac{0.03}{1-0.03}+1}=57[\text{kW}]$

문제 33

2차 전압 200[V], 2차 권선저항 0.03[Ω], 2차 리액턴스 0.04[Ω]인 유도전동기가 3[%]의 슬립으로 운전 중이라면 2차 전류[A]는?

① 20
② 100
③ 200
④ 254

 3상 유도전동기

2차 전류 I_2 식	I_2 계산	계산기
$I_2=\frac{sE_2}{\sqrt{{r_2}^2+(sX_2)^2}}$ =	$\frac{0.03\times200}{\sqrt{0.03^3+(0.03\times0.04)^2}}=200$	0.03 × 200 ÷ √ 0.03 x^2 + (0.03 × 0.04) x^2 =

정답 30. ③ 31. ③ 32. ④ 33. ③

문제 34 **복권 발전기의 병렬 운전을 안전하게 하기 위해서 두 발전기의 전기자와 직권 권선의 접촉점에 연결하여야 하는 것은?**

① 집전환　② 균압선
③ 안정저항　④ 브러시

 직류발전기 병렬운전

직류발전기 병렬 운전조건	균압선 설치 목적	균압선 설치 기계
① 두 발전기 극성이 일치할 것 ② 두 발전기 단자전압이 일치할 것 ③ 외부 특성이 수하 특성일 것	병렬 운전을 안정하게 해줌	• 직권 발전기 • 복권 발전기

문제 35 **부흐홀츠 계전기로 보호되는 기기는?**

① 발전기　② 변압기
③ 전동기　④ 회전 변류기

 변압기 보호계전기 종류

변압기 보호 계전기	동작원리
차동 계전기	변압기의 1차 및 2차 측에 설치된 CT 2차 전류차에 의해 동작
비율 차동 계전기	변압기의 1차 및 2차 측에 설치된 CT 2차 전류차가 일정비율 이상시 동작
부흐홀츠 계전기	절연유온도 증가시 발생가스(H) 또는 기름의 흐름에 의해 동작

문제 36 **직류전동기의 전기적 제동법이 아닌 것은?**

① 발전 제동　② 회생 제동
③ 역전 제동　④ 저항 제동

해설 직류전동기의 전기적인 제동법

① 발전제동 : 제동시 발전된 전력을 저항으로 소비하는 방법
② 회생제동 : 전동기를 발전기로 동작시켜 전원에 되돌려 제동시키는 방법
③ 플러깅(역전제동) : 전기자의 접속을 반대로 바꾸어 회전방향과 반대의 토크를 발생시켜, 정지시키는 방법(급정지에 사용)

문제 37 **출력 10[kW], 슬립 4[%]로 운전되고 있는 1[kW], 슬립 3[%]일 때 기계적 출력[kW]은?**

① 250　② 315
③ 417　④ 620

 3상 유도전동기의 2차 동손 P_{c2}

포인트	2차 동손 P_{c2} 식	2차 동손 P_{c2} 계산
$P_{c2}=s\times P_2$	$P_{c2}=s\times$2차 입력 P_2	$\doteq 0.04\times\frac{10\times10^3}{1-0.04}$
$P=(1-s)\times P_2$	$=s\times\frac{\text{출력 }P}{1-\text{슬립 }s}$	$\doteq 417$[W]

정답 34. ② 35. ② 36. ④ 37. ③

문제 **38** **동기발전기의 병렬 운전 중 기전력의 위상차가 생기면 어떤 현상이 나타나는가?**

① 무효 순환전류가 흐른다.
② 동기화 전류가 흐른다.
③ 유호 순환전류가 흐른다.
④ 무효 순환전류가 흐른다.

 동기발전기 병렬 운전 조건

두 기전력 같을 조건	크기	위상	주파수	파형
두 기전력 다를 경우	무효순환 전류 흐름	유효순환 전류 흐름	난조발생	고조파 무효순환전류

문제 **39** **단상 유도전동기 기동장치에 의한 분류가 아닌 것은?**

① 분상 기동형
② 콘덴서 기동형
③ 셰이딩 코일형
④ 회전계자형

 단산 유도전동기 기동장치에 의한 종류
① 분상기동형
② 콘덴서 기동형
③ 셰이딩 코일형
④ 반발 기동형
⑤ 반발유도형

문제 **40** **직류발전기 전기자의 주된 역할은?**

① 기전력을 유도한다.
② 자속을 만든다.
③ 정류작용을 한다.
④ 회전자와 외부회로를 접속한다.

해설 직류기

직류발전기구조	계자	전기자	정류자	브러시
역할(기능)	자속을 만듦	기전력을 발생시킴	교류 → 직류로 변환시킴	외부 회로와 연결

문제 **41** **저압 연접인입선의 시설 방법으로 틀린 것은?**

① 인입선에서 분기되는 점에서 150[m]를 넘지 않도록 할 것
② 일반적으로 인입선 접속점에서 인입구 장치까지의 배선은 중도에 접속점을 두지 않도록 할 것
③ 폭 5[m]를 넘는 도로를 횡단하지 않도록 할 것
④ 옥내를 통과하지 않도록 할 것

 저압 연접인입선 시설규정

인입선에서 분기점거리	배선도중	옥내관통	횡단불가능 도로 폭	사용전선
100[m] 이내일 것	접속점 없을 것	안됨	5[m] 이상	지름 2.6[mm] 이상

기출문제

정답 38. ③ 39. ④ 40. ① 41. ①

문제 **42**

애자사용공사에 대한 설명 중 틀린 것은?

① 사용전압이 400[V] 미만이면 전선과 조영재의 간격은 2.5[cm] 이상일 것
② 사용전압이 400[V] 미만이면 전선 상호간의 간격은 6[cm] 이상일 것
③ 사용전압이 220[V] 이면 전선과 조영재의 이격거리는 2.5[cm] 이상일 것
④ 전선을 조영재의 옆면을 따라 붙일 경우 전선 지지점간의 거리는 3[m] 이하일 것

해설 애자사용공사 시설규정

사용전압	시설장소	전선 상호간격	조영재 와의 거리	전선과 지지점과의 거리
400[V] 이하	모든 장소	6[cm] 이상	2.5[m] 이상	조영재에 따를 경우 2[m] 이하
400[V] 이상	전개된 장소 및 점검할 수 있는 은폐장소	6[cm] 이상	4.5[cm] 이상 (건조시 2.5[cm] 이상)	

문제 **43**

절연전선을 서로 접속할 때 사용하는 방법이 아닌 것은?

① 커플링에 의한 접속
② 와이어 커넥터에 의한 접속
③ 슬리브에 의한 접속
④ 압축 슬리브에 의한 접속

 절연전선 상호 접속 방법
① 와이어 커넥터에 의한 접속
② 슬리브에 의한 접속
③ 압축 슬리브에 의한 접속

문제 **44**

60[cd]의 점광원으로부터 2[m]의 거리에서 그 방향과 직각인 면과 30° 기울어진 평면위의 조도[lx]는?

① 11
② 13
③ 15
④ 19

 수평면조도 E

그림	수평면조도 E	수직면 조도 E
광원(등), 광도 I=60[cd], θ=30, 거리 l=2[m], 벽면, 높이 h, E_n(법선조도), E_h(바닥위), 바닥면, E_v(벽면위)	바닥, 간판에 생기는 조도 $E=\frac{I}{l^2}\cos\theta$ $=\frac{60}{2^2}\times\cos 30=13[\text{lx}]$	벽면에 생기는 조도 $E=\frac{I}{l^2}\sin\theta$

문제 **45**

220[V] 옥내 배선에서 백열전구를 노출로 설치할 때 사용하는 기구는?

① 리셉터클
② 테이블 탭
③ 콘센트
④ 코드 커넥터

정답 42. ④ 43. ① 44. ② 45. ①

해설 옥내 배선기구

기구종류	리셉터클	테이블탭	콘센트	코드커넥터
용도	백열전구노출로 설치시사용	코드길이 짧다. 연장시 사용	전기공급단자로 벽(기둥)에 고정사용	코드와 코드 연결시 사용

문제 **46** **사용전압이 35[kV] 이하인 특고압 가공전선과 220[V] 가공전선을 병가할 때 가공 선로간의 이격거리는 몇 [m] 이상이어야 하는가?**

① 0.5　　② 0.75
③ 1.2　　④ 1.5

 병가

병가	전선간 이격거리
동일 지지물에 고압전선 아래 저압전선을 시설하는 것	고압선 50[cm] 이상 저압선 / 특고압선 1.2[m] 이상 저고압선

문제 **47** **가공전선로의 지지물이 아닌 것은?**

① 목주　　② 지선
③ 철근 콘크리트주　　④ 철탑

 지지물의 종류
① 목주
② 철근 콘크리트
③ 철탑

문제 **48** **폭발성 분진이 존재하는 곳의 금속관 공사에 있어서 관 상호 및 관과 박스 기타의 부속품이나 풀박스 또는 전기기계기구와의 접속은 몇 턱 이상의 나사 조임으로 접속하여야 하는가?**

① 2턱　　② 3턱
③ 4턱　　④ 5턱

문제 **49** **논이나 기타 지반이 약한 곳에 전주 공사시 전주의 넘어짐을 방지하기 위해 시설하는 것은?**

① 완금　　② 근가
③ 완목　　④ 행거밴드

정답 46. ③ 47. ② 48. ④ 49. ②

문제 **50** **금속덕트 배선에 사용하는 금속덕트의 철판 두께는 몇 [mm] 이상이어야 하는가?**

① 0.8　　② 1.2
③ 1.5　　④ 1.8

해설 금속덕트 배선공사 시설규정

구분	시설가능장소	덕트 철판두께	지지거리	덕트 내부 전선의 단면적
시설규정	전개된 장소만	1.2[mm] 이상	3[m] 이내	덕트 면적 20% 이내

문제 **51** **금속관 배선에 대한 설명으로 잘못된 것은?**

① 금속관 두께는 콘크리트에 매입하는 경우 1.2[mm] 이상일 것
② 교류회로에서 전선을 병렬로 사용하는 경우 관내에 전자적 불평형이 생기지 않도록 시설할 것
③ 굵기가 다른 절연전선을 동일 관내에 넣은 경우 피복절연물을 포함한 단면적이 관내 단면적의 48[%] 이하일 것
④ 관의 호칭에서 후강전선관은 짝수, 박강전선관은 홀수로 표시할 것

해설 금속관 배선공사 시설규정

관호칭	관두께	사용전선관 굵기	전선병렬사용시
후강(짝수) 박강(홀수)	매입시 1.2[m] 이상 기타시 1.0[m] 이상	동일 전선 굵기시 관의 48[%] 이하 다른 전선 굵기시 관의 32[%] 이하	전자적 불평형이 없을 것

문제 **52** **단선의 굵기가 $6[mm^2]$ 이하인 전선을 직선접속할 때 주로 사용하는 접속법은?**

① 트위스트 접속　　② 브리타니아 접속
③ 쥐꼬리 접속　　④ T형 커넥터 접속

단선의 접속, 방법

단선의 직선 접속 방법종류	트위스트 접속	브리타니아 접속
적용 전선 굵기	$6[mm^2]$ 이하 가는 단선	$10[mm^2]$ 이하 굵은 단선

문제 **53** **저압 가공전선로의 지지물이 목주인 경우 풍압하중의 몇 배에 견디는 강도를 가져야 하는가?**

① 2.5　　② 2.0
③ 1.5　　④ 1.2

문제 **54** **간선에 접속하는 전동기의 정격전류의 합계가 50[A] 이하인 경우에는 그 정격전류 합계의 몇 배에 견디는 전선을 선정하여야 하는가?**

① 0.8　　② 1.1
③ 1.25　　④ 3

정답 50. ② 51. ③ 52. ① 53. ④ 54. ③

해설 전동기 회로의 전선과 과전류 차단기의 전류

전동기의 정격전류[A]	전선의 허용전류[A]=간선 굵기	과전류 차단기의 크기
50[A] 미만인 경우	1.25×전동기 전류의 합계	2.5×전선의 허용전류
50[A] 이상인 경우	1.1×전동기 전류의 합계	2.5×전선의 허용전류

문제 **55** **주위온도가 일정 상승률 이상이 되는 경우에 작동하는 것으로서 일정한 장소의 열에 의하여 작동하는 화재감지기는?**

① 차동식 스포트형 감지기
② 차동식 분포형 감지기
③ 광전식 연기 감지기
④ 이온화식 연기 감지기

해설 감지기 종류 및 원리

감지기종류	차동식 스포트형	차동식 분포형	광전식 연기감지기	이온화식 연기감지기
동작원리	일정장소의 열에 의해 동작	넓은 장소의 열에 의해 동작	광량의 변화로 동작	이온전류가 변화하여 동작

문제 **56** **다음 그림 기호가 나타내는 것은?**

① 한시 계전기 접점
② 전자 접촉기 접점
③ 수동 조작 접점
④ 조자 개폐기 잔류 접점

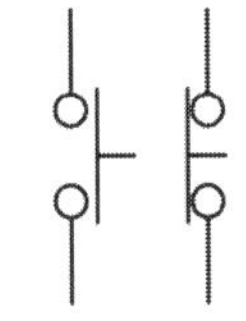

해설 개폐기 접점 표기

개폐기 종류	한시계전기 (타이머 T)	전자접촉기 (MC)	수동조작 (푸시버튼Pb)	조작개폐기 (전등스위치)
접점표기				

문제 **57** **수·변전 설비의 고압회로에 걸리는 전압을 표시하기 위해 전압계를 시설할 때 고압회로와 전압계 사이에 시설하는 것은?**

① 관통형 변압기 ② 계기용 변류기
③ 계기용 변압기 ④ 권선형 변류기

정답 55. ① 56. ③ 57. ③

해설 수변전설비

변성기 종류	기능 (변성값=표준)	2차측 단자 접속계측기	점검시 2차측	개방·단락 이유
계기용 변압기 PT	고압 → 2차 저압(110[V])	전압계(V)	개방시킴	과전류로부터 자신보호
계기용 변류기 CT	대전류 → 2차 소전류(5[A])	전류계(A)	단락시킴	2차측 절연보호

문제 **58** **합성수지제 가요전선관의 규격이 아닌 것은?**

① 14　　② 22

③ 36　　④ 52

 합성수지관 규격

안지름에 가까운 짝수 9종(14, 16, 22, 28, 36, 42, 54, 70, 82[mm])

문제 **59** **400[V] 이상인 저압 옥내배선 공사를 케이블 공사로 할 경우 케이블을 넣는 방호 장치의 금속제 부분은 제 몇 종 접지공사를 하는가?**

① 제1종 접지공사　　② 제2종 접지공사

③ 제3종 접지공사　　④ 특별 제3종 접지공사

 금속제 접지

사용전압 구분	400[V] 미만인 경우	400[V] 이상인 경우
접지종류	제3종 접지	특별 제3종접지(사람 접촉 우려 없는 경우 제3종)

문제 **60** **합성수지관 공사의 특징 중 옳은 것은?**

① 내열성　　② 내한성

③ 내부식성　　④ 내충격성

해설 합성수지관의 장점

① 누전이나 감전의 우려가 없으며, 시공이 간편하다.
② 접지공사가 필요 없으며, 비자성체이므로 교류의 왕복선을 넣을 필요가 없다.
③ 내부식성, 절연성이 우수하며 재료가 가벼워 배관이 편리하다.

정답 58. ④ 59. ④ 60. ③

기출 문제

2013년 제2회

문제 01

히스테리시스 곡선에서 가로축과 만나는 점과 관계있는 것은?

① 보자력　　② 잔류자기
③ 자속밀도　　④ 기자력

해설 히스테리시스 손실 P_h

정의	히스테리시스곡선	곡선과 만나는 점 값 명칭
전류증가시 철심 내에서 발생되는 손실(곡선)	자속밀도 B(종축) B_r 0 H_c 자계 H(횡축)	가로(횡)축 : 보자력 H_C 세로(종)축 : 잔류자기 B_r

문제 02

1[Ah]는 몇 [C]인가?

① 1200　　② 2400
③ 3600　　④ 4800

직류

포인트(기준)	전하(전기량) Q 계산
전하량(전기)은 1초[s]당 계산한다.	$Q = I \times t$[A·s 또는 C] $= 1 \times 60$분$\times 60$초$= 3600$[C]

문제 03

[VA]는 무엇의 단위인가?

① 피상전력　　② 무효전력
③ 유효전력　　④ 역률

전력

명칭 및 표기	피상전력(변압기용량) P_a	= 유효전력 $P+j$	무효전력 P_r
단위	볼트암페어 VA	와트 W	바 Var

정답 01. ① 02. ③ 03. ①

문제 **04** **정전용량이 $10[\mu F]$인 콘덴서 2개를 병렬로 했을 때의 합성정전용량은 직렬로 했을 때의 합성정전용량 보다 어떻게 되는가?**

① 1/4로 줄어든다. ② 1/2로 줄어든다.
③ 2배로 늘어난다. ④ 4배로 늘어난다.

 합성정전용량 C_o

포인트	몇 배(비)계산식	비계산
몇 배(비)$=\frac{주어}{서술어}$ ‖ 병렬시값은 직렬시값의 비	비$=\frac{병렬시합성값}{직렬시합성값}=\frac{n개\times 1개C값}{\frac{1개C값}{n개}}$	$=\frac{2개\times 10}{\frac{10}{2개}}=4배$ 증가

문제 **05** **납축전지의 전해액으로 사용되는 것은?**

① H_2SO_4 ② H_2O
③ PbO_2 ④ $PbSO_4$

 납(연)축전지

구분	양극	음극	전해액	축전지용량	전해액비중
사용재료	이산화납 PbO_2	납 Pb	묽은황산 H_2SO_4	$Q=It$[Ah]	1.23~1.26

문제 **06** **그림과 같이 공기 중에 놓인 2×10^{-8}[C]의 전하에서 2[m] 떨어진 점 P와 1[m] 떨어진 점 Q와의 전위차는?**

① 80[V]
② 90[V]
③ 100[V]
④ 110[V]

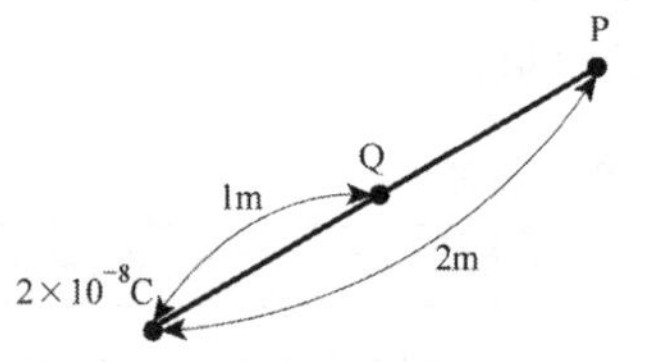

 구전하에서 전위 V

거리 r[m] 점의 전위 V	두 점 사이의 전위차 V
$V=9\times 10^9\frac{Q}{r}$	$V=9\times 10^6\times 2\times 10^{-8}\left(\frac{1}{1}-\frac{1}{2}\right)=90[V]$

문제 **07** **어떤 사인파 교류전압의 평균값이 191[V]이면 최대값은?**

① 150[V] ② 250[V]
③ 300[V] ④ 400[V]

정답 04. ④ 05. ① 06. ② 07. ③

해설 평균값

기준값	평균전압 V_a식	최대전압 V_m
정현 전파의미	$V_a = \frac{2V_m}{\pi}$	$V_m = \frac{\pi}{2} \times V_a = \frac{3.14}{2} \times 191 = 300[V]$

문제 **08**

Δ결선 V_l(선간전압), V_p(상전압), I_l(선전류), I_p(상전류)의 관계식으로 옳은 것은?

① $V_l = \sqrt{3}\,V_p,\ I_l = I_p$　　② $V_l = V_p,\ I_l = \sqrt{3}\,I_p$

③ $V_l = \frac{1}{\sqrt{3}}V_p,\ I_l = I_p$　　④ $V_l = V_p,\ I_l = \frac{1}{\sqrt{3}}I_p$

3상 Δ결선

Δ결선 특징	Δ결선
선간전압 V_l=상전압 V_P 선전류 $I_l = \sqrt{3} \times$상전류 I_P	I_l, I_p, V_p, V_l

문제 **09**

변압기 2대를 V결선 했을 때의 이용률은 몇 [%]인가?

① 57.7[%]　　② 70.7[%]

③ 86.6[%]　　④ 100[%]

V 결선

V 결선	출력 P_V	출력비	이용률
단상변압기 3대 운전 중 1대 고장결선	$P_V = \sqrt{3}\,VI\cos\theta$	$\frac{\sqrt{3}\text{배출력}}{3\text{대운전출력}} \times 100\%$ $= 57.7[\%]$	$\frac{\sqrt{3}\text{배출력}}{2\text{대이용출력}} \times 100\%$ $= 86.6[\%]$

문제 **10**

50회 감은 코일과 쇄교하는 자속이 0.5[sec] 동안 0.1[Wb]에서 0.2[Wb]로 변화하였다면 기전력의 크기는?

① 5[V]　　② 10[V]

③ 12[V]　　④ 15[V]

기전력(전압)크기

전압 E=권수 $N \times \frac{d\phi(\text{자속변동량})}{dt(\text{시간})} = 50\text{회} \times \frac{0.2-0.1}{0.5\text{초}} = 10[V]$

정답 08. ② 09. ③ 10. ②

문제 11 $i_1 = 8\sqrt{2}\sin wt[\text{A}]$, $i_2 = 4\sqrt{2}\sin(wt+180°)[\text{A}]$**과의 차에 상당한 전류의 실효값은?**

① 4[A] ② 6[A]
③ 8[A] ④ 12[A]

 차전류 계산

전류 동일값 표기	두 전류의 차 I 값 계산
순시값 $i=\sqrt{2}I\sin(wt+\theta)$ 극좌표 $i=$ 실효값 $I\angle$ 위상 θ 삼각함수 $i=I(\cos\theta+j\sin\theta)$	전류차 $I=8\angle 0-4\angle 180$ $=8(\cos 0+j\sin 0)-4(\cos 180+j\sin 180)$ $=8\times\cos 0-4\times\cos 180=12[\text{A}]$

문제 12 **제어벡 효과에 대한 설명으로 틀린 것은?**

① 두 종류의 금속을 접속하여 폐회로를 만들고, 두 접속점에 온도의 차이를 주면 기전력이 발생하여 전류가 흐른다.
② 열기전력의 크기와 방향은 두 금속 점의 온도차에 따라서 정해진다.
③ 열전쌍(열전대)은 두 종류의 금속을 조합한 장치이다.
④ 전자 냉동기, 전자 온풍기에 응용된다.

 열과전기 효과

전기효과 종류	정의	용도
제어벡(제베크) 효과	두 종류 금속 접속점에 온도차를 주면 전기발생 효과	열전온도계, 열전대식 감지기
펄티에 효과	두 종류 금속 접속점에 전류를 흘리면 열 흡수 효과	전자냉동기
톰슨효과	동일 금속 접속점에 온도차+전류차 하면 열 흡수 또는 발생 효과	전자냉동기

문제 13 **그림과 같은 비사인파의 제3고조파 주파수는?** (단, $V=20[\text{V}]$, $T=10[\text{ms}]$이다)

① 100[Hz]
② 200[Hz]
③ 300[Hz]
④ 400[Hz]

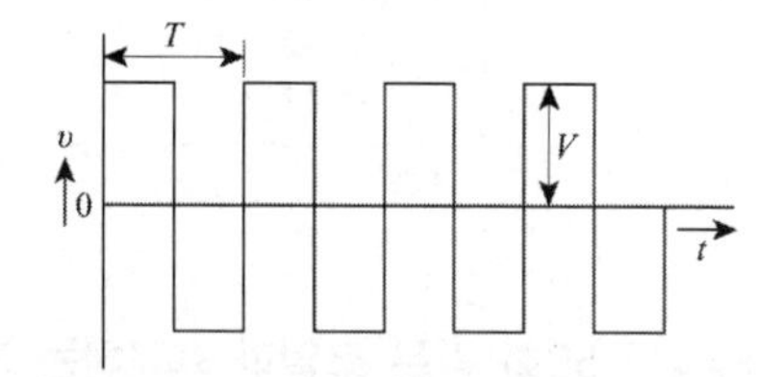

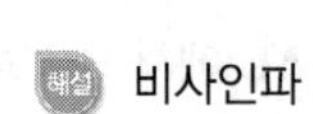 비사인파

기본파	3고조파 주파수 f_3
1고조파 주파수 $=f[\text{HZ}]$ $f=\dfrac{1}{\text{주기}T}$	$f_3=3\text{고조파}\times\text{기본파주파수}f=3\times\dfrac{1}{T}$ $=3\times\dfrac{1}{10\times 10^{-3}}=300[\text{HZ}]$

정답 11. ④ 12. ④ 13. ③

문제 **14** Q_1으로 대전된 용량 C_1의 콘덴서에 용량 C_2를 병렬연결할 경우 C_2가 분배 받는 전기량은?

① $\dfrac{C_1+C_2}{C_2}Q_1$ ② $\dfrac{C_1+C_2}{C_1}Q_1$

③ $\dfrac{C_1+C_2}{C_1}Q_1$ ④ $\dfrac{C_2}{C_1+C_2}Q_1$

해설 콘덴서 병렬연결

회로도	콘덴서 C_1 전하 분배식	콘덴서 C_2 전하 분배식	암기방법
+전선, Q, Q_1, Q_2, C_1, C_2, −전선	$Q_1=\dfrac{C_1}{C_1+C_2}\times Q[\text{C}]$	$Q_2=\dfrac{C_2}{C_1+C_2}\times Q[\text{C}]$	분자값은 자기편값 대입

문제 **15** 반지름 50[cm], 권수 10[회]인 원형 코일에 0.1[A]의 전류가 흐를 때, 이 코일 중심의 자계의 세기 H는?

① 1[AT/m] ② 2[AT/m]

③ 3[AT/m] ④ 4[AT/m]

원형 코일 중심에서 자계의 세기 H

원형코일	원형코일중심의 자계 H값
전류 I, r	$H=\dfrac{NI}{2r}$[AT/m](코일 권수 N, 원형 코일 반지름 r) $=\dfrac{10회\times0.1}{2\times0.5}=1$[AT/m]

문제 **16** 리액턴스가 10[Ω]인 코일에 직류전압 100[V]를 하였더니 전력 500[W]를 소비하였다. 이 코일의 저항은 얼마인가?

① 5[Ω] ② 10[Ω]

③ 20[Ω] ④ 25[Ω]

직류

적용식	저항 R 값 계산
전력 $P=\dfrac{V^2}{R}$	$R=\dfrac{V^2}{P}=\dfrac{100^2}{500}=20[\Omega]$

정답 14. ④ 15. ① 16. ③

기출문제

문제 17

도체가 자기장에서 받는 힘의 관계 중 틀린 것은?

① 자기력선속 밀도에 비례
② 도체의 길이에 반비례
③ 흐르는 전류에 비례
④ 도체가 자기장과 이루는 각도에 비례(0～90°)

해설 직선(도체) 전류에 작용하는 힘 F

전동기 플레밍의 왼손법칙 적용그림	도체(선전류)가 받는 힘 F 식	힘 F와 관계
힘 F 방향, 축, N극 (+), l, 선전류 I 방향, B방향, I, S극 (−), 힘 F 방향=$IBl\sin\theta$	$F = IBl\sin\theta$[N] • 전류 I[A], 자속밀도 B[Wb/m^2] • 도체길이 l[m], 자장과 이루는 각 θ	가. 힘 $F \propto B$ 나. $F \propto l$ 다. $F \propto I$ 라. $F \propto \sin\theta$

문제 18

자력선의 성질을 설명한 것이다. 옳지 않은 것은?

① 자력선은 서로 교차하지 않는다.
② 자력선은 N극에서 나와 S극으로 향한다.
③ 진공 중에서 나오는 자력선의 수는 m개이다.
④ 한 점의 자력선 밀도는 그 점의 자장의 세기를 나타낸다.

해설 자(기)력선의 성질

조건	진공(공기)중에서	비투자율 μ_s 주어진 경우
자력선수	$\frac{m}{\mu_o}$개	$\frac{m}{\mu_o \mu_s}$개

문제 19

임피던스 $Z_1 = 12 + j16[\Omega]$과 $Z_2 = 8 + j24[\Omega]$이 직렬로 접속된 회로에 전압 $V = 200[\text{V}]$를 가할 때 이 회로에 흐르는 전류[A]는?

① 2.35[A]　　② 4.47[A]
③ 6.02[A]　　④ 10.25[A]

해설 R-L 직렬회로

직렬회로	전류 I 계산
I=?, V=200, Z_1 = 12+j16, Z_2 = 8+j24	$I = \frac{V}{Z_1 + Z_2} = \frac{200}{12 + j16 + 8 + j24}$ $= \frac{200}{\sqrt{20^2 + 40^2}} = 4.47[\text{A}]$

정답 17. ② 18. ③ 19. ②

문제 **20**

100[V]의 전위차로 가속된 전자의 운동 에너지는 몇 [J]인가?

① 1.6×10^{-20}[J]　② 1.6×10^{-19}[J]
③ 1.6×10^{-18}[J]　④ 1.6×10^{-17}[J]

해설 전자 운동에너지 W
W=전자 1개 값×전위차 $V=1.602\times10^{-19}\times100=1.6\times10^{-17}$[J]

문제 **21**

동기전동기를 송전선의 전압 조정 및 역률 개선에 사용한 것을 무엇이라 하는가?

① 동기 이탈　② 동기 조상기
③ 댐퍼　④ 제동권선

해설 동기조상기
전력계통에서 전압 및 역률 조정을 위해 계통에 접속한 무부하로 운전 중인 동기전동기

문제 **22**

변압기의 자속에 관한 설명으로 옳은 것은?

① 전압과 주파수에 반비례한다.
② 전압과 주파수에 비례한다.
③ 전압에 반비례하고 주파수에 비례한다.
④ 전압에 비례하고 주파수에 반비례한다.

해설 변압기의 유기기전력 E

유기기전력 E 식	자속 ϕ_m 식	자속과 전압 관계	자속과 주파수 관계
$E=4.44f\phi_m N$	$\phi_m=\dfrac{E}{4.44f\times N}$	비례($\phi_m\propto E$)	반비례$\left(\phi_m\propto\dfrac{1}{f}\right)$

문제 **23**

직류전동기 운전 중에 있는 기동 저항기에서 정전이 되거나 전원 전압이 저하되었을 때 핸들을 기동 위치에 두어 전압이 회복될 때 재 기동 할 수 있도록 역할을 하는 것은?

① 무전압계전기　② 계자제어기
③ 기동저항기　④ 과부하개방기

문제 **24**

직류전동기의 전기자에 가해지는 단자전압을 변화하여 속도를 조정하는 제어법이 아닌 것은?

① 워드 레오나드 방식　② 일그너 방식
③ 직·병렬 제어　④ 계자 제어

정답 20. ④ 21. ② 22. ④ 23. ① 24. ④

문제 **25** **다음 중 거리 계전기의 설명으로 틀린 것은?**

① 전압과 전류의 크기 및 위상차를 이용한다.
② 154[kV] 계통 이상의 송전선로 후비 보호를 한다.
③ 345[kV] 변압기의 후비 보호를 한다.
④ 154[kV] 및 345[kV] 모선 보호에 주로 사용한다.

 거리계전기

원리	기능(역할)	종류
전기적 거리($\frac{V}{I}$비)로 크기와 위상차 이용	• 154[kV] 계통 이상 송전선로 후비 보호용 • 345[kV] 변압기 후비 보호용	저항, 리액턴스계전기 임피던스, Mho 계전기

문제 **26** **전압을 일정하게 유지하기 위해서 이용되는 다이오드는?**

① 발광 다이오드　② 포토 다이오드
③ 제너 다이오드　④ 바리스터 다이오드

 다이오드

종류	발광다이오드	포토다이오드	제너다이오드	바리스터
특징	전기를 가하면 빛을 낸다.	빛을 전기로 변환시키는 센서	전압을 일정하게 유지시킴	서지전압에 대한 회로 보호용

문제 **27** **동기임피던스 5[Ω]인 2대의 3상 동기발전기의 유도기전력에 100[V]의 전압 차이가 있다면 무효순환전류[A]는?**

① 10　② 15
③ 20　④ 25

 동기발전기 병렬 운전

두 발전기 기전력 크기 불일시	무효순환전류 I_c식 및 계산
무효순환전류 I_c가 흐른다.	$I_c = \frac{\text{전압차 } V_S}{2X_S} = \frac{100}{2 \times 5} = 10[\text{A}]$

문제 **28** **3상 66000[kVA], 22900[V] 터빈 발전기의 정격전류는 약 몇 [A]인가?**

① 8764　② 3367
③ 2882　④ 1664

 터빈 발전기

정격전류 $I_n = \frac{\text{발전기용량 } P_n}{\sqrt{2} \times \text{전압 } V_n} = \frac{66000}{\sqrt{3} \times 22.9} = 1{,}664[\text{A}]$

정답 25. ④ 26. ③ 27. ① 28. ④

문제 **29** **변압기의 권선 배치에서 저압 권선을 철심에 가까운 쪽에 배치하는 이유는?**

① 전류 용량　　② 절연 문제
③ 냉각 문제　　④ 구조상 편의

문제 **30** **6극 36슬롯 3상 동기발전기의 매극 매상당 슬롯수는?**

① 2　　② 3
③ 4　　④ 5

해설 3상 동기발전기

매극 매상당 슬롯수	매극 매상당 슬롯수 q 식 및 계산
1개의 극에 1상당 슬롯수	$q=\dfrac{\text{슬롯수 } S}{\text{극수 } P\times\text{상수 } m}=\dfrac{36\text{개}}{6\text{극}\times 3\text{상}}=2$

문제 **31** **동기속도 3600[rpm], 주파수 60[Hz]의 동기발전기의 극수는?**

① 2극　　② 4극
③ 6극　　④ 8극

해설 동기발전기

동기속도 N_S 식	극수 P 계산
$N_S=\dfrac{120f}{P}$	극수 $P=\dfrac{120f}{N_S}=\dfrac{120\times 60}{3600}=2$극

문제 **32** **다음 중 2단자 사이리스터가 아닌 것은?**

① SCR　　② DIAC
③ SSS　　④ Diode

해설 반도체(사이리스터)소자

종류	SCR 단방향 3단자소자	DIAC 쌍방향 2단자소자	SSS 쌍방향 2단자소자	Diode 단방향 2단자소자
심벌	$A(+)$, G, $K(-)$	A, K		전류/방향 애노드 $A(+)$ 캐소드 $K(-)$

정답 29. ② 30. ① 31. ① 32. ①

문제 **33** **유도전동기에 기계적 부하를 걸었을 때 출력에 따라 속도, 토크, 효율, 슬립 등이 변화를 나타낸 출력특성곡선에서 슬립을 나타내는 곡선은?**

① 1
② 2
③ 3
④ 4

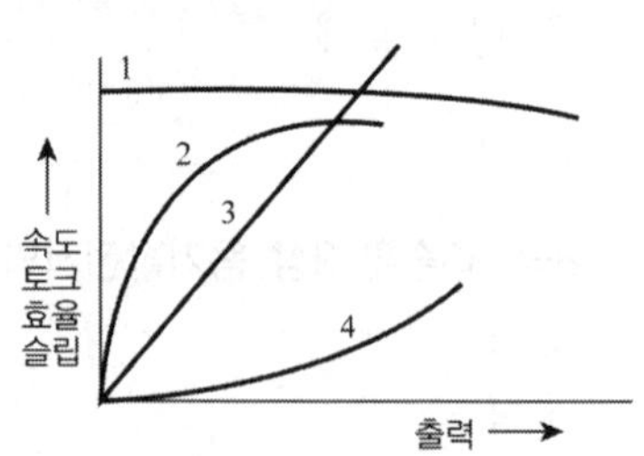

문제 **34** **변압기를 운전하는 경우 특성의 악화, 온도상승에 수반되는 수명의 저하, 기기의 소손 등의 이유 때문에 지켜야 할 정격이 아닌 것은?**

① 정격 전류 ② 정격 전압
③ 정격 저항 ④ 정격 용량

문제 **35** **직류 직권전동기의 회전수(N)와 토크(τ)와의 관계는?**

① $\tau \propto \frac{1}{N}$ ② $\tau \propto \frac{1}{N^2}$
③ $\tau \propto N$ ④ $\tau \propto N^{\frac{3}{2}}$

 직류기

직류 직권전동기의 토크 $T(\tau) \propto I_a^{\,2} \propto \frac{1}{N^2}$

문제 **36** **변압기 절연내력 시험 중 권선의 층간 절연시험은?**

① 충격전압 시험 ② 무부하 시험
③ 가압 시험 ④ 유도 시험

 변압기

변압기 절연 내력시험 종류	가압시험	유도시험	충격시험
절연상태 시험부분	코일과 대지사이	1차와 2차권선 사이	코일에 뇌전압 인가시

문제 **37** **직류발전기에서 전압 정류의 역할을 하는 것은?**

① 보극 ② 탄소브러시
③ 전기자 ④ 리액턴스 코일

정답 33. ④ 34. ③ 35. ② 36. ④ 37. ①

문제 38 직류 복권 발전기의 직권 계자권선은 어디에 설치되어 있는가?

① 주자극 사이에 설치
② 분권 계자권선과 같은 철심에 설치
③ 주자극 표면에 홈을 파고 설치
④ 보극 표면에 홈을 파고 설치

해설 직류기
직류 복권 발전기의 직권계자권선은 분권계자권선과 같은 철심에 설치한다.

문제 39 가정용 선풍기나 세탁기 등에 많이 사용되는 단상 유도전동기는?

① 분상 기동형 ② 콘덴서 기동형
③ 영구 콘덴서 전동기 ④ 반발 기동형

해설 단상 유도전동기

종류	분상 기동형	영구 콘덴서형	반발 기동형	셰이딩 코일형
용도	소형공작기계, 복사기	냉장고, 선풍기, 세탁기	에어컨, 소형펌프	10[kW] 이하 소형기계

문제 40 변압기 내부고장에 대한 보호용으로 가장 많이 사용되는 것은?

① 과전류 계전기 ② 차동 임피던스
③ 비율차동 계전기 ④ 임피던스 계전기

해설 변압기 보호계전기

종류	내용
차동 계전기	변압기의 1차 및 2차 측에 설치된 CT 2차 전류차에 의해 동작
비율차등 계전기	변압기의 1차 및 2차 측에 설치된 CT 2차 전류차가 일정비율이상 시 동작
브흐홀츠 계전기	절연유온도 증가시 발생가스(H) 또는 기름의 흐름에 의해 동작

문제 41 금속 덕트 공사에 있어서 전광표시장치, 출퇴표시장치 등 제어회로용 배선만을 공사할 때 절연전선의 단면적은 금속덕트 내 몇 [%] 이하이어야 하는가?

① 80 ② 70
③ 60 ④ 50

해설 금속덕트공사 시설규정

덕트공사 시설규정	전선수	사용전선	관단
물기장소 시설불가	덕트단 면적 20[%] 이하 적용 (단, 출퇴표시·제어회로용은 50[%] 이내)	절연전선 (ow 제외)	폐쇄시킴

정답 38. ② 39. ③ 40. ③ 41. ④

문제 42 **주상 작업을 할 때 안전 허리띠용 로프는 허리 부분보다 위로 약 몇 도[°] 정도 높게 걸어야 가장 안전한가?**

① 5～10°　② 10～15°
③ 15～20°　④ 20～30°

문제 43 **저압 가공 인입선의 인입구에 사용하며 금속관 공사에서 끝 부분의 빗물 침입을 방지하는데 적당한 것은?**

① 플로어 박스　② 엔트런스 캡
③ 부싱　④ 터미널 캡

 금속관 공사

접속재료	부싱	엔트런스 캡	터미널 캡
용도	절연피복 보호	금속관 단구시설 (빗물 침입 방지)	금속관 단구시설 (전동기 단자접속)

문제 44 **옥내 분전반의 설치에 관한 내용 중 틀린 것은?**

① 분전반에서 분기회로를 위한 배관의 상승 또는 하강이 용이한 곳에 설치한다.
② 분전반에 넣는 금속제의 함 및 이를 지지하는 구조물은 접지를 하여야 한다.
③ 각 층마다 하나 이상을 설치하나, 회로수가 6 이하인 경우 2개층을 담당할 수 있다.
④ 분전반에서 최종 부하까지의 거리는 40[m] 이내로 하는 것이 좋다.

문제 45 **합성수지제 전선관의 호칭은 관 굵기의 무엇으로 표시 하는가?**

① 홀수인 안지름　② 짝수인 바깥지름
③ 짝수인 안지름　④ 홀수인 바깥지름

 합성수지관 규격

안지름에 가까운 짝수 9종(14, 16, 22, 28, 36, 42, 54, 70, 82[mm])

문제 46 **단면적 6[mm^2]의 가는 단선의 직선 접속 방법은?**

① 트위스트 접속　② 종단 접속
③ 종단 겹침용 슬리브 접속　④ 꽂음형 커넥터 접속

 단선의 접속

단선의 직선 접속 방법종류	트위스트 접속	브리타니아 접속
적용 전선 굵기	6[mm^2] 이하 가는 단선	10[mm^2] 이하 굵은 단선

정답 42. 전항정답 43. ② 44. ④ 45. ③ 46. ①

문제 47 전선 단면적 2.5[mm^2], 접지선 1본을 포함한 전선가닥 수 6본을 동일 관내에 넣는 경우의 제2종 가요전선관의 최소 굵기로 적당한 것은?

① 10[mm]　② 15[mm]
③ 17[mm]　④ 24[mm]

문제 48 지선의 시설에서 가공전선로의 직선부분이란 수평각도 몇 도까지 인가?

① 2°　② 3°
③ 5°　④ 6°

문제 49 접착력은 떨어지나 절연성, 내온성, 내유성이 좋아 연피 케이블의 접속에 사용되는 테이프는?

① 고무 테이프　② 리노 테이프
③ 비닐 테이프　④ 자기융착 테이프

테이프 종류 및 용도

종류(재질)	고무 테이프	리노테이프	비닐테이프	자기융착 테이프
특징	2.5배 늘려서 감는다.	절연성, 내온성, 내유성이 좋다.	절연성이 높다	내오존성, 내수성, 내온성이 우수하다.
용도	전선 및 케이블의 접속부 절연용	연피케이블 접속용	전기단자의 피복 보호용	비닐외장케이블 및 클로로프렌 외장 케이블

문제 50 사용전압 415[V]의 3상 3선식 전선로의 1선과 대지 간에 필요한 절연 저항값의 최소값은? (단, 최대공급전류는 500[A]이다)

① 2560[Ω]　② 1660[Ω]
③ 3210[Ω]　④ 4512[Ω]

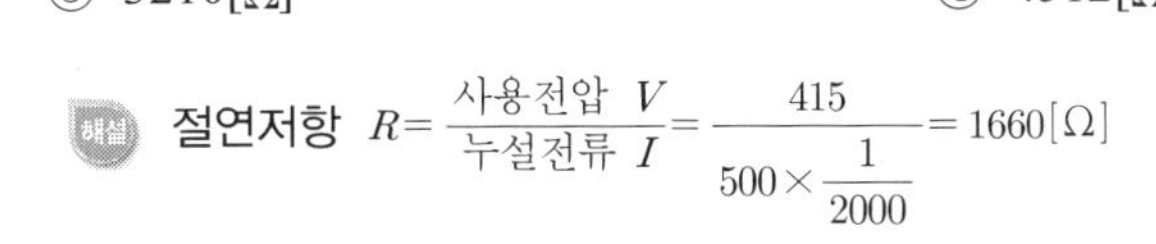
절연저항 $R = \frac{\text{사용전압 } V}{\text{누설전류 } I} = \frac{415}{500 \times \frac{1}{2000}} = 1660[\Omega]$

문제 51 간선에서 분기하여 분기 과전류차단기를 거쳐서 부하에 이르는 사이의 배선을 무엇이라 하는가?

① 간선　② 인입선
③ 중성선　④ 분기회로

정답 47. ④ 48. ③ 49. ② 50. ② 51. ④

 옥내배선

용어	간선	인입선	중선선	분기회로
정의	도중에 부하가 걸리지 않은 선	수용장소 인입구까지 선	전기가 없는 ⊖선	간선에서 분기하여 부하까지 선

문제 **52**

저압 옥내 간선으로부터 분기하는 곳에 설치하여야 하는 것은?

① 지락 차단기　② 과전류 차단기
③ 누전 차단기　④ 과전압 차단기

해설 옥내간선

구분	과전류차단기시설장소	누전차단기 ELB 시설 장소
내용	저압옥내 간선에서 분기하는 곳	60[V] 이상 저압기계기구 및 전로

문제 **53**

저압 옥내 간선에 사용되는 전선에 관한 사항이다. 간선에 접속하는 전동기 등의 정격전류의 합계가 50[A]를 초과하는 경우에 그 정격전류의 합계의 몇 배의 허용전류가 있는 전선 이어야 하는가?

① 0.8　② 1.1
③ 1.25　④ 3.0

 전동기 회로의 전선과 과전류 차단기의 전류

전동기의 정격전류[A]	전선의 허용전류[A]=간선 굵기	과전류 차단기의 크기
50[A] 미만인 경우	1.25×전동기 전류의 합계	2.5×전선의 허용전류
50[A] 이상인 경우	1.1×전동기 전류의 합계	2.5×전선의 허용전류

문제 **54**

흥행장의 저압 배선 공사 방법으로 잘못된 것은?

① 전선 보호를 위해 적당한 방호장치를 할 것
② 무대나 영사실 등의 사용전압은 400[V] 미만일 것
③ 무대용 콘센트, 박스의 금속제 외함은 특별 제3종 접지공사를 할 것
④ 전구 등의 온도 상승 우려가 있는 기구류는 무대막, 목조의 마루 등과 접촉하지 않도록 할 것

해설 흥행장의 저압배선공사

구분	사용전압	사용전선	금속제 외함 접지
내용	400[V] 미만일 것	고무 캡타이어 케이블	제3종 접지

정답 52. ② 53. ② 54. ③

문제 **55** **전등 1개를 2개소에서 점멸하고자 할 때 필요한 3로 스위치는 최소 몇 개인가?**

① 1개　　② 2개
③ 3개　　④ 4개

해설 3로 스위치와 4로 스위치

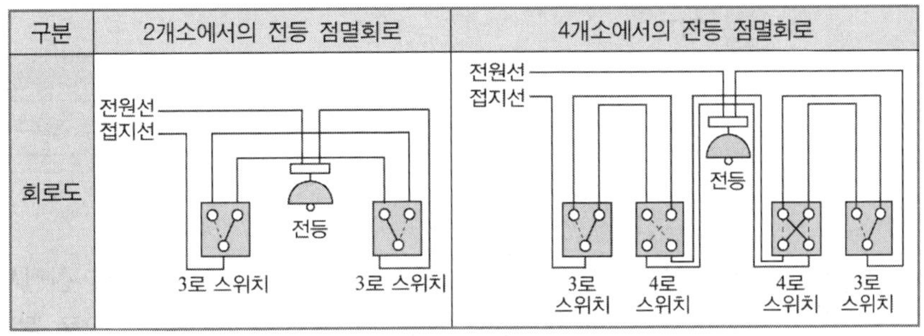

문제 **56** **그림의 전자계전기 구조는 어떤 형의 계전기인가?**

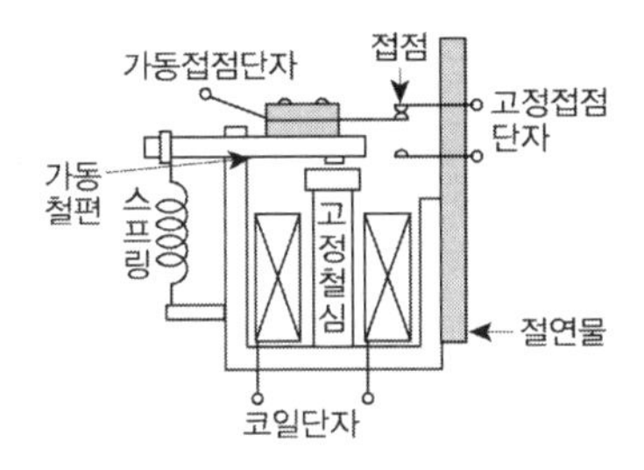

① 힌지형　　② 플런저형
③ 가동코일형　　④ 스프링형

해설 힌지형 전자 계전기
코일에 전류가 흐르면 고정철심이 전자석이 되어 가동철편이 흡입되고 가동접점 단자의 판 스프링이 작동하여 접점을 개폐하는 계전기

문제 **57** **해안지방의 송전용 나전선에 가장 적당한 것은?**

① 철선　　② 강심알루미늄선
③ 동선　　④ 알루미늄합금선

해설 해안지방은 염분으로 인한 전선 부식 때문에 동선을 사용한다.

정답 55. ② 56. ① 57. ③

문제 **58** 사용전압이 400[V] 미만인 케이블공사에서 케이블을 넣는 방호장치의 금속제 부분 및 금속제의 전선 접속함은 몇 종 접지공사를 하여야 하는가?

① 제1종 ② 제2종
③ 제3종 ④ 특별 제3종

 접지

사용전압구분	400[V] 미만인 경우	400[V] 이상인 경우
금속제의 접지 종류	제3종 접지	특별 제3종 접지(사람 접촉우려 없는 경우 제3종)

문제 **59** 배선설계를 위한 전등 및 소형 전기기계기구의 부하용량 산정시 건축물의 종류에 대응한 표준부하에서 원칙적으로 표준부하를 20[VA/m^2]으로 적용하여야 하는 건축물은?

① 교회, 극장 ② 학교, 음식점
③ 은행, 상점 ④ 아파트, 미용원

 배선설계(부하용량 계산)

부하종류	예	표준부하밀도
표준부하	공장, 공회장, 사원, 교회, 극장, 영화관, 연회장	10[VA/m^2]
	기숙사, 여관, 호텔, 병원, 음식점, 학교, 목욕탕	20[VA/m^2]
	주택, 아파트, 사무실, 은행, 상점, 이발소, 미장원	30[VA/m^2]

문제 **60** 성냥을 제조하는 공장의 공사방법으로 적당하지 않는 것은?

① 금속관 공사 ② 케이블 공사
③ 합성수지관 공사 ④ 금속 몰드 공사

 성냥 공장 공사방법 종류
① 금속관공사
② 케이블공사
③ 합성수지관공사

정답 58. ③ 59. ② 60. ④

기출 문제

2013년 제4회

문제 **01**

$R=4[\Omega]$, $X_L=15[\Omega]$, $X_c=12[\Omega]$의 $R-L-C$ 직렬회로에 100[V]의 교류 전압을 가할 때 전류와 위상차는 약 얼마인가?

① 0° ② 37°
③ 53° ④ 90°

 $R-L-C$ 직렬회로

임피던스 Z값	전류와 전압의 위상차 θ계산	계산기
$Z=R+j(X_l-X_C)$ $=4+j(15-12)=4+j3$	$\theta=\tan^{-1}\frac{허수}{실수}=\tan^{-1}\frac{3}{4}$ $=37°$	SHIFT tan 3 ÷ 4) =

문제 **02**

어느 회로의 전류가 다음과 같을 때, 이 회로에 대한 전류의 실효값은?

$$i=3+10\sqrt{2}\sin(\omega t-\frac{\pi}{6})+5\sqrt{2}\sin(3\omega t-\frac{\pi}{3})[A]$$

① 11.6[A] ② 23.2[A]
③ 32.2[A] ④ 48.3[A]

 비사인파의 실효값

전류실효값 I 식	전류실효값 I 계산
$I=\sqrt{직류분I_0^2+1고조파전류I_1^2+3고조파전류I_3^2}$	$=\sqrt{3^2+10^2+5^2}=11.6[A]$

문제 **03**

정전기 발생 방지책으로 틀린 것은?

① 대전 방지제의 사용한다.
② 접지 및 보호구의 착용한다.
③ 배관 내 액체의 흐름 속도 제한한다.
④ 대기의 습도를 30[%] 이하로 하여 건조함을 유지한다.

해설 정전기 발생 방지책
① 대전 방지제의 사용한다.
② 접지 및 보호구의 착용한다.
③ 배관 내 액체의 흐름 속도 제한한다.

정답 01. ② 02. ① 03. ④

문제 **04** **다음 중 상자성체는 어느 것인가?**

① 철 ② 코발트
③ 니켈 ④ 텅스텐

 자성체의 종류

종류	비투자율 μ_s 조건	예
강자성체	$\mu_s \gg 1$인 물체	니켈 Ni, 코발트 Co, 망간 Mn, 철 Fe
상자성체	$\mu_s > 1$인 물체	알루미늄 Al, 백금 pt, 공기 O, 텅스텐
반자성체	$\mu_s < 1$인 물체	금 Au, 은 Ag, 구리 Cu, 아연 Zn, 납 Pb, 수은 Hg

문제 **05** **전선에 일정량 이상의 전류가 흘러서 온도가 높아지면 절연물이 열화하여 절연성을 극도로 악화시킨다. 그러므로 도체에는 안전하게 흘릴 수 있는 최대 전류가 있다. 이 전류를 무엇이라 하는가?**

① 줄 전류 ② 불평형 전류
③ 평형 전류 ④ 허용 전류

 허용전류

최고 허용온도시 안전하게 흐르는 전류 I값

문제 **06** **비오-사바르(Biot-Savart)의 법칙과 가장 관계가 깊은 것은?**

① 전류가 만드는 자장의 세기 ② 전류와 전압의 관계
③ 기전력과 자계의 세기 ④ 기전력과 자속의 변화

 비오-사바르의 법칙

정의	전류 I에 의한 자계의 세기 H값 발생의 관계 법칙
자장의 세기 H값	일부분 자계 $\Delta H = \frac{I \Delta l}{4\pi r^2} \sin\theta$[AT/m]

문제 **07** **2전력계법에 의해 평형 3상 전력을 측정하였더니 전력계가 각각 800[W], 400[W]를 지시하였다면, 이 부하의 전력을 몇 [W]인가?**

① 600[W] ② 800[W]
③ 1200[W] ④ 1600[W]

 2전력계법

전력종류	유효전력 P[W]	무효전력 Pr[Var]	피상전력 Pa[VA]
공식값	$P_1 + P_2 = 800 + 400 = 1200$[W]	$\sqrt{3}(P_1 - P_2)$	$2\sqrt{P_1^2 + P_2^2 - P_1 \times P_2}$

정답 04. ④ 05. ④ 06. ① 07. ③

문제 08

정전용량 C_1, C_2를 병렬로 접속하였을 때의 합성정전용량은?

① $C_1 + C_2$ ② $\frac{1}{C_1 + C_2}$

③ $\frac{1}{C_1} + \frac{1}{C_2}$ ④ $\frac{C_1 C_2}{C_1 + C_2}$

해설 합성정전용량 C_0

병렬연결시 $C_0 = C_1 + C_2$	직렬연결시 $C_0 = \frac{C_1 \times C_2}{C_1 + C_2}$

문제 09

자속밀도 $B[\mathrm{Wb/m^2}]$ 되는 균등한 자계 내에 길이 $l[\mathrm{m}]$의 도선을 자계에 수직인 방향으로 운동시킬 때 도선에 e[V]의 기전력이 발생한다면 이 도선의 속도[m/s]는?

① $Ble\sin\theta$ ② $Ble\cos\theta$

③ $\frac{Bl\sin\theta}{e}$ ④ $\frac{e}{Bl\sin\theta}$

해설 유기기전력 e

발전기 플레밍의 오른손법칙 적용 그림	유기기전력 e식	도선(코일)의 속도 v
속도 v, 자계 B 방향, N극 (+), S극 (−), l, 전압 e 방향, 회전 방향	$e = vBl\sin\theta$ • 자속밀도 $B[\mathrm{Wb/m^2}]$ • 도선(코일) 길이 $l[\mathrm{m}]$ • 도체와 자속이 이루는 각 θ	$v = \frac{e}{Bl\sin\theta}[\mathrm{m/s}]$

문제 10

코일이 접속되어 있을 때, 누설 자속이 없는 이상적인 코일간의 상호인덕턴스는?

① $M = \sqrt{L_1 + L_2}$ ② $M = \sqrt{L_1 - L_2}$

③ $M = \sqrt{L_1 L_2}$ ④ $M = \sqrt{\frac{L_1}{L_2}}$

해설 상호인덕턴스 M

$$M = k\sqrt{L_1 L_2}\,[\mathrm{H}] \xrightarrow[\text{결합계수 } k=1]{\text{이상결합시}} M = \sqrt{L_1 L_2}$$

문제 11

단위길이당 권수 100회인 무한장 솔레노이드에 10[A]의 전류가 흐를 때 솔레노이드 내부의 자장[AT/m]은?

① 10 ② 100

③ 1000 ④ 10000

기출문제

정답 08. ① 09. ④ 10. ③ 11. ③

해설 무한장 철심 내부 자장의 세기 H

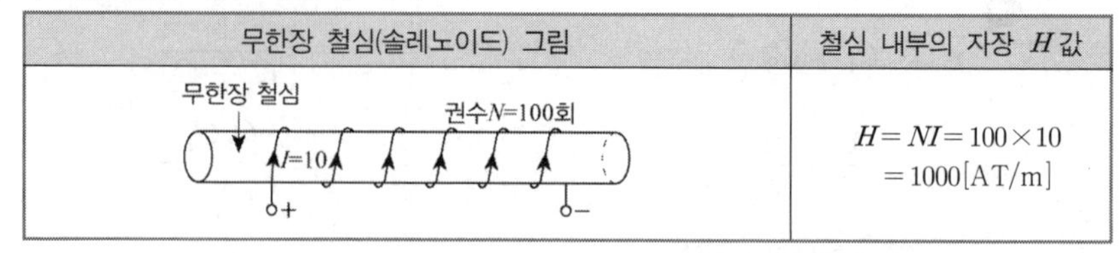

무한장 철심(솔레노이드) 그림	철심 내부의 자장 H값
무한장 철심, 권수N=100회, I=10, +, −	$H=NI=100\times10$ $=1000[\text{AT/m}]$

문제 12 **저항의 병렬접속에서 합성저항을 구하는 설명으로 옳은 것은?**

① 연결된 저항을 모두 합하면 된다.
② 각 저항값의 역수에 대한 합을 구하면 된다.
③ 저항값의 역수에 대한 합을 구하고 다시 그 역수를 취하면 된다.
④ 각 저항값을 모두 합하고 저항 숫자로 나누면 된다.

해설 병렬시 합성저항 R_0 계산

저항병렬연결	병렬시 합성값 R_0 유도식
+, −, R_1, R_2, R_3 ·····	$\frac{1}{R_0}=\frac{1}{R_1}+\frac{1}{R_2}+\frac{1}{R_3}+\cdots$ = 역수의 합

문제 13 **$R[\Omega]$인 저항 3개가 Δ결선으로 되어 있는 것을 Y결선으로 환산하면 1상의 저항 $[\Omega]$은?**

① $\frac{1}{3}R$
② $\frac{1}{3R}$
③ $3R$
④ R

해설 Δ결선 부하 ⇄ Y결선 부하 변환

부하 종류	동일저항 R 부하일 때	동일 콘덴서 C 부하일 때
변환값	R, R, R — $\frac{1}{3}$ 감소 → / ← 3배증가 — $\frac{R}{3}$, $\frac{R}{3}$, $\frac{R}{3}$	C, C, C — 3배증가 → / ← $\frac{1}{3}$ 감소 — $3C$, $3C$, $3C$

문제 14 **N형 반도체의 주반송자는 어느 것인가?**

① 억셉터
② 전자
③ 도우너
④ 정공

정답 12. ③ 13. ① 14. ②

 다이오드

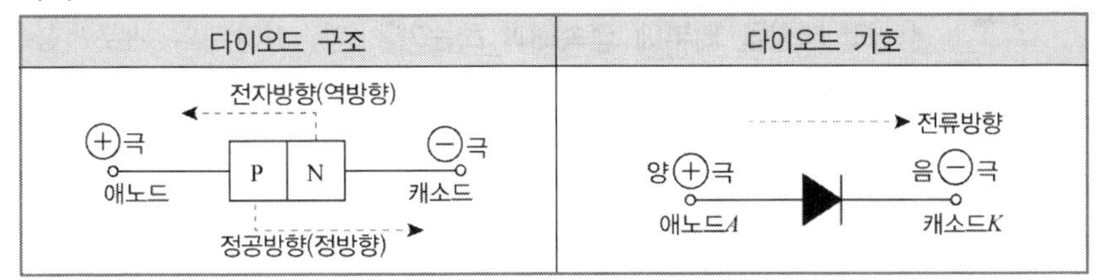

문제 15 **(①), (②)에 들어갈 내용으로 알맞은 것은?**

> 2차 전지의 대표적인 것으로 납축전지가 있다. 전해액으로 비중 약 (①) 정도의 (②)을 사용한다.

① ① 1.15～1.21, ② 묽은황산
② ① 1.25～1.36, ② 질산
③ ① 1.01～1.15, ② 질산
④ ① 1.23～1.26, ② 묽은황산

 납(연) 축전지

구분	양극	음극	전해액	축전지 용량	전해액 비중
사용재료	이산화납 PbO_2	납 Pb	묽은황산 H_2SO_4	$Q=It$[Ah]	1.23～1.26

문제 16 **20[Ω], 30[Ω], 60[Ω]의 저항 3개를 병렬로 접속하고 여기에 60[V]의 전압을 가했을 때, 이 회로에 흐르는 전체 전류는 몇 [A]인가?**

① 3[A]
② 6[A]
③ 30[A]
④ 60[A]

 저항 병렬연결시 전체 전류 I 계산

저항 3개 합성값 R_o	전체전류 I 계산
$R_o=\dfrac{R_1R_2R_3}{R_1R_2+R_2R_3+R_3R_1}=\dfrac{20\times30\times60}{20\times30+30\times60+60\times20}$ $=10[\Omega]$	$I=\dfrac{전압V}{합성저항R_0}=\dfrac{60}{10}=6[A]$

문제 17 **자석의 성질로 옳은 것은?**

① 자석은 고온이 되면 자력이 증가한다.
② 자기력선에는 고무줄과 같은 장력이 존재한다.
③ 자력선은 자석 내부에서도 N극에서 S극으로 이동한다.
④ 자력선은 자성체는 투과하고, 비자성체는 투과하지 못한다.

정답 15. ④ 16. ② 17. ②

문제 **18**

100[V]의 전압계가 있다. 이 전압계를 써서 200[V]의 전압을 측정하려면 최소 몇 [Ω]의 저항을 외부에 접속해야 하는가? (단, 전압계의 내부저항은 5000[Ω]이다)

① 10000　　② 5000

③ 2500　　④ 1000

 저항 직렬접속

외부저항 R_1과 전압계 R_2 직렬	전압 분배식 적용	외부저항 R_1값
전압 V=200, 외부저항 R_1=?, 전압계 내부저항 R_2=5000, V_2=100	$V_2 = \frac{R_2}{R_1 + R_2} \times V$ $100 = \frac{5000}{R_1 + 5000} \times 200$	$R_1 = 5000$

문제 **19**

2분간에 876000[J]의 일을 하였다. 그 전력을 얼마인가?

① 7.3[kW]　　② 29.2[kW]

③ 73[kW]　　④ 438[kW]

 직류

전력 $P = \frac{일\ W}{시간\ t} = \frac{876000}{2분 \times 60초} \times 10^{-3} = 7.3[\mathrm{kW}]$

문제 **20**

최대값이 110[V]인 사인파 교류 전압이 있다. 평균값은 약 몇 [V]인가?

① 30[V]　　② 70[V]

③ 100[V]　　④ 110[V]

 교류

정현전파의 평균값 전압 $V_a = \frac{2V_m(최대값)}{\pi} = \frac{2 \times 110}{3.14} = 70[\mathrm{V}]$

문제 **21**

수전단 발전소용 변압기 결선에 주로 사용하고 있으며 한쪽은 중성점을 접지할 수 있고 다른 한쪽은 제3고조파에 의한 영향을 없애주는 장점을 가지고 있는 3상 결선 방식은?

① Y−Y　　② Δ−Δ

③ Y−Δ　　④ V

 3상 Y−Δ변압기 결선 방식

수전단측 변압기 결선	1차측 Y결선	2차측 Δ결선
이유	중성점 접시 선위상승 억제	제3고조파 제거 유도장해 억제

정답 18. ② 19. ① 20. ② 21. ③

문제 22

단상 유도전동기에서 보조권선을 사용하는 주된 이유는?

① 역률개선을 한다. ② 회전자장을 얻는다.
③ 속도제어를 한다. ④ 기동전류를 줄인다.

해설 단상 유도전동기

구분	주권선	보조권선(기동권선)
사용이유	운전시 사용	회전자기장을 얻어 기동토크 발생시킴

문제 23

다음 중 전력 제어용 반도체 소자가 아닌 것은?

① LED ② TRIAC
③ GTO ④ IGBT

해설 전력 제어용 반도체(사이리스터) 소자

종류	SCR 단방향 3단자 소자	GTO 게이트 턴오프 스위치	TRIAC 쌍방향 3단자소자	IGBT 절연게이트형 바이폴러트랜지스터
심벌	$A(+)$, G, $K(-)$	K, G, A	K, G, A	C(컬렉터) E(이미터) G(게이트)
동작 특성	• 게이트 신호시 순방향 흐름 • 역방향 전류 못 흐름	게이트 역방향 전류시 자기소호	역병렬 접속 양방향으로 전류 흐름	게이트 전압인가시 컬렉터 전류 흐름
용도	직류, 교류제어	직류, 교류제어	교류제어	고속 인버터, 초퍼제어

문제 24

그림과 같은 전동기 제어회로에서 전동기 M의 전류 방향으로 올바른 것은?
(단, 전동기의 역률은 100[%]이고, 사이리스터의 점호각은 0°라고 본다)

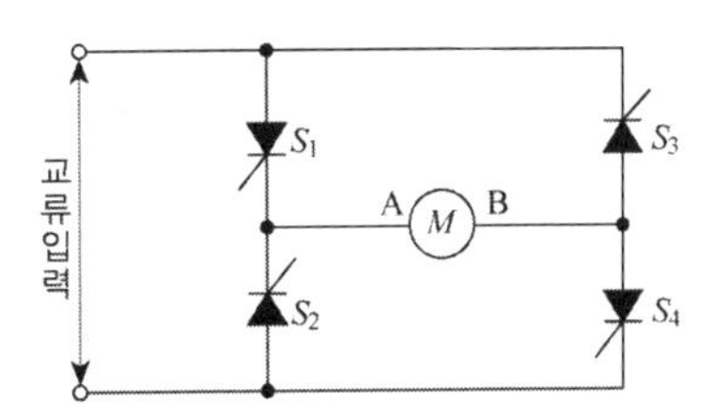

① 항상 "A"에서 "B"의 방향
② 항상 "B"에서 "A"의 방향
③ 입력의 반주기마다 "A"에서 "B"의 방향, "B"에서 "A"의 방향
④ S_1과 S_4, S_2와 S_3의 동작 상태에 따라 "A"에서 "B"의 방향, "B"에서 "A"의 방향

정답 22. ② 23. ① 24. ①

문제 **25** **변압기유가 구비해야 할 조건으로 틀린 것은?**

① 점도가 낮을 것　② 인화점이 높을 것
③ 응고점이 높을 것　④ 절연내력이 클 것

 변압기유(기름) 구비조건

구비조건	클 것 (大)	작을 것 (小)	없을 것
적용값	절연내력, 절연저항, 냉각효과, 인화점, 열전도율	점도, 응고점, 비중	산화현상 석출물

문제 **26** **동기발전기의 병렬운전시 원동기에 필요한 조건으로 구성된 것은?**

① 균일한 각속도와 기전력의 파형이 같을 것
② 균일한 각속도와 적당한 속도 조정률을 가질 것
③ 균일한 주파수와 적당한 속도 조정률을 가질 것
④ 균일한 주파수와 적당한 파형이 같을 것

해설 동기발전기 병렬운전시 원동기

원동기 정의	원동기 구비조건
동기발전기 기동을 위한 무부하 전동기	균일한 각속도와 적당한 속도 조정률을 가질 것

문제 **27** **단락비가 1.2인 동기발전기의 %동기임피던스는 약 몇 [%]인가?**

① 68　② 83
③ 100　④ 120

 동기발전기 단락비 k

단락비 $k = \dfrac{1}{\text{\%동기임피던스}(\%Z_S)}$ 식에서 $\%Z_S = \dfrac{1}{K} = \dfrac{1}{1.2} \times 100 = 83[\%]$

문제 **28** **아크 용접용 변압기가 일반 전력용 변압기와 다른 점은?**

① 권선의 저항이 크다.
② 누설 리액턴스가 크다.
③ 효율이 높다.
④ 역률이 좋다.

해설 특수 변압기

아크용접용 변압기는 일반 전력용 변압기 보다 누설리액턴스가 크다.

정답 25. ③ 26. ② 27. ② 28. ②

문제 **29** **보호를 요하는 회로의 전류가 어떤 일정한 값(정정값) 이상으로 흘렀을 때 동작하는 계전기는?**

① 과전류 계전기　　② 과전압 계전기
③ 차동 계전기　　④ 비율 차동 계전기

해설 보호계전기

종류 및 약호	과전류 계전기 OCR	과전압계전기 OVR	(비율)차동계전기 DFR
역할(기능)	정격전류 이상시 동작	정격전압 이상시 동작	변압기 내부고장시 동작보호

문제 **30** **직류 분권 발전기의 병렬운전의 조건에 해당되지 않는 것은?**

① 극성이 같을 것
② 단자전압이 같을 것
③ 외부특성곡선이 수하특성일 것
④ 균압모선을 접속할 것

해설 직류발전기 병렬 운전 조건
① 두 발전기 극성 및 단자 전압이 같을 것
② 외부특성 곡선이 수하 특성일 것

문제 **31** **접지공사의 종류에서 제3종 접지공사의 접지저항값은 몇 [Ω] 이하로 유지하여야 하는가?**

① 10　　② 50
③ 100　　④ 150

 접지종류 및 접지저항값

접지종류	제1종	제2종	제3종 ★	제특3종
접지기기	고압기계 기구 외함	변압기 2차측	400[V] 미만 기계기구 외함	400[V] 이상 기계기구 외함
접지저항	10[Ω]	$\frac{150}{1선지락전류}$ 이하	100[Ω]	10[Ω]

문제 **32** **상전압 300[V]의 3상 반파 정류회로의 직류 전압은 약 몇 [V]인가?**

① 520[V]　　② 350[V]
③ 260[V]　　④ 50[V]

3상 정류회로 종류	반파일 때	전파일 때
직류 전압 E_d 식	$E_d = 1.17\,[V](교류,\ 상) = 1.17 \times 300 = 350\,[V]$	$E_d = 1.35[V]$

정답 29. ① 30. ④ 31. ③ 32. ②

문제 **33**

용량이 작은 전동기로 직류와 교류를 겸용할 수 있는 전동기는?

① 셰이딩 전동기 ② 단상반발 전동기
③ 단상 직권 정류자 전동기 ④ 리니어 전동기

 단상 직권 정류자 전동기

특징	용도
교류, 직류양용 만능 전동기	소형(전기청소기, 믹서, 전기드릴)에 사용

문제 **34**

15[kW], 60[Hz], 4극의 3상 유도전동기가 있다. 전부하가 걸렸을 때의 슬립이 4[%]라면 이때의 2차(회전자)측 동손은 약 몇 [kW]인가?

① 1.2 ② 1.0
③ 0.8 ④ 0.6

 3상 유도전동기

포인트	2차 동손 P_{c2} 계산
2차 동손 $P_{c2} = s \times 2$차 입력 P_2 출력 $P = (1-s) \times P_2$	$P_{c2} = s \times \frac{P}{1-s} = 0.04 \times \frac{15}{1-0.04} = 0.6[\text{kW}]$

문제 **35**

P형 반도체의 전기 전도의 주된 역할을 하는 반송자는?

① 전자 ② 정공
③ 가전자 ④ 5가 불순물

 불순물 반도체 종류

반도체 종류	불순물 명칭	첨가불순물원소종류	반송자(주전송자)
P형 반도체	억셉터	3가원소(알루미늄 Al, 붕소 B, 인듐 In)	정공
N형 반도체	도우너	5가원소(인 P, 안티몬 Sb, 비소 As)	전자

문제 **36**

직류전동기에서 무부하가 되면 속도가 대단히 높아져서 위험하기 때문에 무부하전이나 벨트를 연결한 운전을 해서는 안 되는 전동기는?

① 직권전동기 ② 복권전동기
③ 타여자전동기 ④ 분권전동기

 직권전동기의 정격전압에 무부하(무여자)상태

무부하시	$I_a = I = I_f = \phi = 0$ 상태 → 회전속도 $N = k\frac{V - I_a(R_S + R_S)}{\phi(0)}$ (↑증가) → 위험상태
대책	기어 또는 체인으로 운전할 것(벨트 운전하지 말 것)

정답 33. ③ 34. ④ 35. ② 36. ①

문제 37 **권선형 유도전동기 기동시 회전자 측에 저항을 넣는 이유는?**

① 기동 전류 증가　　② 기동 토크 감소
③ 회전수 감소　　④ 기동 전류 억제와 토크 증대

해설 권선형 유도전동기 2차 저항 삽입 이유
① 기동전류 억제와 토크 증대
② 속도제어

문제 38 **동기전동기의 부하각(load angle)은?**

① 공급전압 V와 역기전압 E와의 위상각
② 역기전압 E와 부하전류 I와의 위상각
③ 공급전압 V와 부하전류 I와의 위상각
④ 3상 전압의 상전압과 선간전압과의 위상각

해설 동기전동기
부하각 δ = 공급전압 V와 역기전력 E와의 위상차

문제 39 **전기기기의 냉각 매체로 활용하지 않는 것은?**

① 물　　② 수소
③ 공기　　④ 탄소

문제 40 **동기전동기의 계자전류를 가로축에, 전기자 전류를 세로축으로 하여 나타낸 V곡선에 관한 설명으로 옳지 않은 것은?**

① 위상 특성 곡선이라 한다.
② 부하가 클수록 V곡선은 아래쪽으로 이동한다.
③ 곡선의 최저점은 역률 1에 해당한다.
④ 계자전류를 조정하여 역률을 조정할 수 있다.

해설 동기전동기 위상 특성(V) 곡선

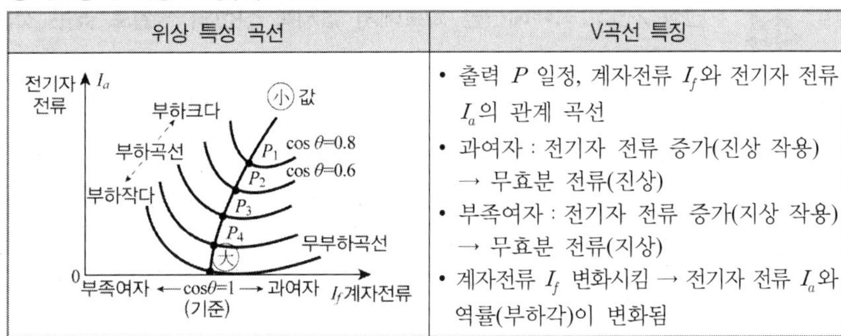

위상 특성 곡선	V곡선 특징
	• 출력 P 일정, 계자전류 I_f와 전기자 전류 I_a의 관계 곡선 • 과여자 : 전기자 전류 증가(진상 작용) → 무효분 전류(진상) • 부족여자 : 전기자 전류 증가(지상 작용) → 무효분 전류(지상) • 계자전류 I_f 변화시킴 → 전기자 전류 I_a와 역률(부하각)이 변화됨

정답 37. ④ 38. ① 39. ④ 40. ②

문제 **41**

설계하중 6.8[kN] 이하인 철근 콘크리트 전주의 길이가 7[m]인 지지물을 건주하는 경우 땅에 묻히는 깊이로 가장 옳은 것은?

① 1.2[m] ② 1.0[m]
③ 0.8[m] ④ 0.6[m]

해설 지지물(전주) 땅에 묻히는 깊이

전주길이 구분	15[m] 이하인 경우	15[m] 초과인 경우	14~20[m] 이하이고 설계하중 6.8~9.8[kN]인 경우
전주 땅에 묻는 깊이	전주길이$\times\frac{1}{6}$ 이상[m] $=7\times\frac{1}{6}=1.2$[m]	2.5[m] 이상	기준값(2.5)+0.3[m]

문제 **42**

옥내 배선에서 주로 사용하는 직선 접속 및 분기접속방법은 어떤 것을 사용하여 접속하는가?

① 동선압착단자 ② 슬리브
③ 와이어 커넥터 ④ 꽂음형 커넥터

문제 **43**

380[V] 전기세탁기의 금속제 외함에 시공한 접지공사의 접지저항값 기준으로 옳은 것은?

① 10[Ω] 이하 ② 75[Ω] 이하
③ 100[Ω] 이하 ④ 150[Ω] 이하

금속제 접지저항

사용전압구분	400[V] 미만인 경우	400[V] 이상인 경우
접지종류	제3종 접지	특별 제3종 접지(사람 접촉우려 없는 경우 제3종)
접지저항 R값	100[Ω] 이하	10[Ω] 이하

문제 **44**

단상 2선식 옥내배전반 회로에서 접지측 전선의 색깔로 옳은 것은?

① 흑색 ② 적색
③ 청색 ④ 백색

전기공급 방식에 따른 전선의 색깔

전선의 구분	3상전선			중성선	접지선	단상2선식 접지선
	R상	S상	T상	N상	G상	
전선의 색상	흑색	적색	청색	백(회)색	녹색	백색

정답 41. ① 42. ② 43. ③ 44. ④

문제 45 하향광속으로 직접 작업면에 직사하고 상부방향으로 향한 빛이 천장과 상부의 벽을 부분 반사하여 작업면에 조도를 증가시키는 조명방식은?

① 직접조명　　② 반직접조명
③ 반간접조명　　④ 전반확산조명

문제 46 60[cd]의 점광원으로부터 2[m]의 거리에서 그 방향과 직각인 면과 30° 기울어진 평면 위의 조도[lx]는?

① 7.5　　② 10.8
③ 13.0　　④ 13.8

수평면 조도 E

그림	수평면 조도 E	수직면 조도 E
광원(등), 광도 I=60[cd], θ=30, 거리 l=2[m], 벽면, 높이 h, E_n(법선조도), E_h(바닥위), 바닥면, E_v(벽면위)	바닥, 간판에 생기는 조도 $E=\dfrac{I}{l^2}\cos\theta$ $=\dfrac{60}{2^2}\times\cos 30=13[\text{lx}]$	벽면에 생기는 조도 $E=\dfrac{I}{l^2}\sin\theta$

문제 47 한 개의 전등을 두 곳에서 점멸할 수 있는 배선으로 옳은 것은?

①
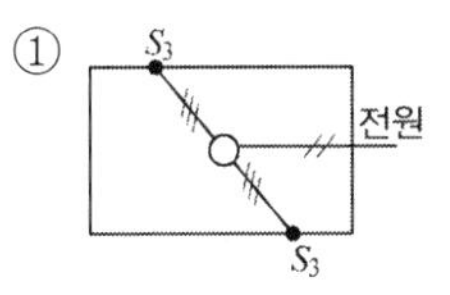

②
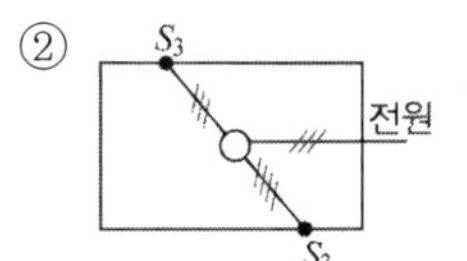

③
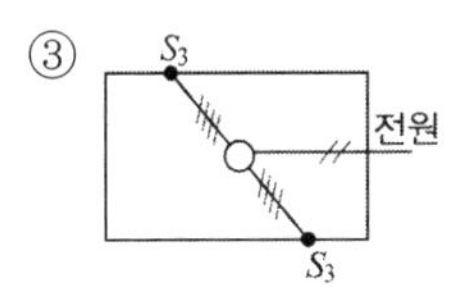

④
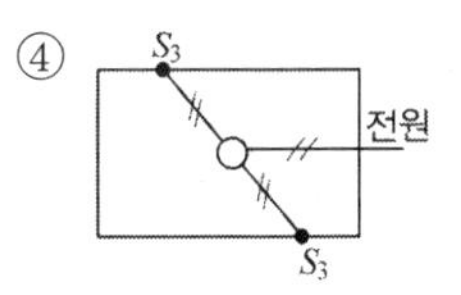

해설
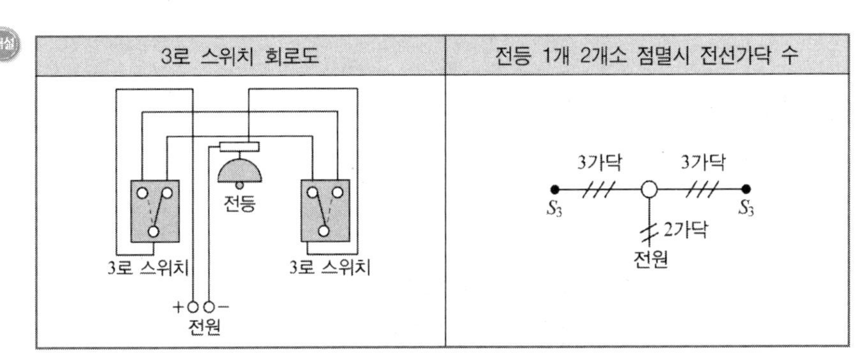

기출문제

문제 **48** **일반적으로 과전류 차단기를 설치하여야 할 곳은?**

① 접지공사의 접지선
② 다선식 전로의 중성선
③ 송배저선의 보호용, 인입선 등 분기선을 보호하는 곳
④ 저압 가공 전로의 접지측 저선

해설 과전류차단기 시설장소

구분	과전류차단기 시설장소	과전류차단기 시설 않는 곳	누전차단기시설장소
시설 장소	송배전선의 보호용, 인입선 등 분기선을 보호하는 곳	접지선 및 중성선	60[V] 이상 저압 기계기구 및 전로

문제 **49** **전선의 공칭단면적에 대한 설명으로 옳지 않은 것은?**

① 소선 수와 소선의 지름으로 나타낸다.
② 단위는 [mm^2]로 표시한다.
③ 전선의 실제단면적과 같다.
④ 연선의 굵기를 나타내는 것이다.

해설 전선의 공칭단면적

연선의 굵기	연선단위	연선표기	공칭단면적 식
공칭단면적(전선면적)	스퀴아 [mm^2]	소선수 n / 소선지름 d	$\frac{\pi d^2}{4} \times \eta$

문제 **50** **코드 상호간 또는 캡타이어 케이블 상호간을 접속하는 경우 가장 많이 사용되는 기구는?**

① T형 접속기　　② 코드 접속기
③ 와이어 커넥터　　④ 박스용 커넥터

 전선의 접속

구분	와이어 커넥터	코드접속기	T형 접속기	박스용 커넥터
용도	단선의 종단접속용	코드, (캡타이어)케이블 상호 접속용	여러 개 동시 접속 시 사용	박스 내에서 전선접속형

문제 **51** **저압 가공인입선이 횡단보도교 위에 시설되는 경우 노면상 몇 [m] 이상의 높이에 설치되어야 하는가?**

① 3　　② 4
③ 5　　④ 6

 가공인입선 높이 시설규정

시설 구분	도로 횡단시	철도궤도 횡단시	횡단보도교★	지표상
저압인입선 높이	5[m] 이상	6.5[m] 이상	3[m] 이상	4[m]
고압인입선 높이	6[m] 이상	6.5[m] 이상	3.5[m] 이상	5[m]

정답 48. ③ 49. ③ 50. ② 51. ①

문제 **52** **금속 전선관 공사에서 사용되는 후강 전선관의 규격이 아닌 것은?**

① 16　　② 28
③ 36　　④ 50

해설 금속관의 종류 및 규격

금속관 종류		규격(mm)
후강	내경(짝수)	10종(16, 22, 28, 36, 42, 54, 70, 82, 92, 104)
박강	외경(홀수)	8종(15, 19, 25, 31, 39, 51, 63, 75)

문제 **53** **다음 중 금속 전선관 부속품이 아닌 것은?**

① 록너트　　② 노말 밴드
③ 커플링　　④ 앵글 커넥터

금속관 부품	록너트	노말 밴드	커플링
용도	금속관과 박스연결	배입배관시 직각굴곡 부분에 사용	금속관 상호 연결시 사용

문제 **54** **저압 옥내전로에서 전동기의 정격전류가 60[A]인 경우 전선의 허용전류[A]는 얼마 이상이 되어야 하는가?**

① 66　　② 75
③ 78　　④ 90

해설 전동기 회로의 전선과 과전류 차단기의 전류

전동기의 정격전류[A]	전선의 허용전류[A]=간선 굵기	과전류 차단기의 크기
50[A] 미만인 경우	1.25×전동기 전류의 합계	2.5×전선의 허용전류
50[A] 이상인 경우	1.1×전동기 전류의 합계 $=1.1\times60=66$[A]	2.5×전선의 허용전류

문제 **55** **저압 옥내 분기회로에 개폐기 및 과전류 차단기를 시설하는 경우 원칙적으로 분기점에서 몇 [m] 이하에 시설하여야 하는가?**

① 3　　② 5
③ 8　　④ 12

해설 저압 옥내 분기회로

구분	원칙(기준)	주개폐기 전류의 35~55[%] 이하시	주개폐기의 55[%] 이상시
개폐기 및 과전류 차단기 시설거리	3[m] 이하에 시설	8[m] 이하에 시설	임의시설 가능

정답 52. ④　53. ④　54. ①　55. ①

문제 **56** **주로 저압 가공전선로 또는 인입선에 사용되는 애자로서 주로 앵글베이스 스트랩과 스트랩볼트 인류바인드선(비닐절연 바인드선)과 함께 사용하는 애자는?**

① 고압 핀 애자 ② 저압 인류 애자
③ 저압 핀 애자 ④ 라인포스트 애자

문제 **57** **다음 중 금속관, 애자, 합성수지 및 케이블 공사가 모두 가능한 특수 장소를 옳게 나열한 것은?**

㉠ 화약고 등의 위험 장소	㉡ 부식성 가스가 있는 장소
㉢ 위험물 등이 존재하는 장소	㉣ 불연성 먼지가 많은 장소
㉤ 습기가 많은 장소	

① ㉠, ㉡, ㉢ ② ㉡, ㉢, ㉣
③ ㉡, ㉣, ㉤ ④ ㉠, ㉣, ㉤

문제 **58** **가스 차단기에 사용되는 가스인 SF_6의 성질이 아닌 것은?**

① 같은 압력에서 공기의 2.5~3.5배의 절연내력이 있다.
② 무색, 무취, 무해 가스이다.
③ 가스압력 3~4[kgf/cm^2]에서 절연내력은 절연유 이상이다.
④ 소호능력은 공기보다 2.5배 정도 낮다.

문제 **59** **금속관 공사를 노출로 시공할 때 직각으로 구부러지는 곳에는 어떤 배선기구를 사용하는가?**

① 유니온 커플링 ② 아웃렛 박스
③ 픽스쳐 히키 ④ 유니버셜 엘보

 금속관 공사

자재명칭	유니온 커플링	픽스쳐 히키	유니버셜 엘보
용도	금속관 상호연결	금속관을 구부리는 공구	노출 배관시 직각굴곡부분에 사용

문제 **60** **물체의 두께, 깊이, 안지름 및 바깥지름 등을 모두 측정할 수 있는 공구의 명칭은?**

① 버니어캘리퍼스 ② 마이크로미터
③ 다이얼게이지 ④ 게이지

 전기공사용 공구

공구명칭	버니어캘리퍼스	마이크로미터	와이어게이지	다이얼게이지
용도	두께, 깊이, 안(바깥)지름 모두 측정	굵기와 두께 측정	전선의 굵기 측정	톱니바퀴에 의해 길이의 변화로 두께 측정

정답 56. ② 57. ③ 58. ④ 59. ④ 60. ①

기출 문제

2013년 제5회

문제 01 **그림에서 a－b 간의 합성정전용량은?**

① C
② 2C
③ 3C
④ 4C

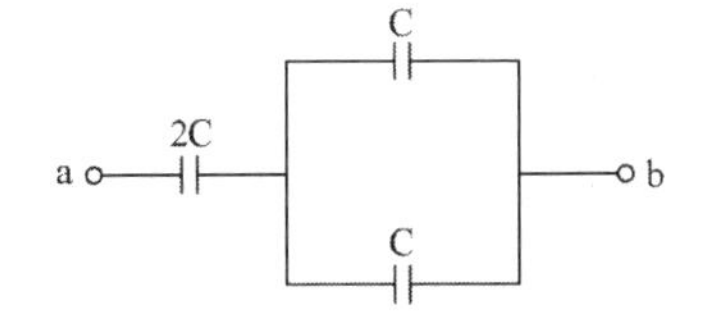

 합성정전용량 C_0

포인트	합성 $C_0(C_{ab})$ 계산
병렬은 합(+)하고 직렬은 나눈(÷)다.	$C_0 =$ —2C—2C— $= \dfrac{2C\times 2C}{2C+2C}$ 또는 $\dfrac{2C}{2개} = C$

문제 02 **묽은황산(H_2SO_4) 용액에 구리(Cu)와 아연(Zn)판을 넣으면 전지가 된다. 이때 양극(+)에 대한 설명으로 옳은 것은?**

① 구리판이며 수소기체가 발생한다.
② 구리판이며 산소기체가 발생한다.
③ 아연판이며 수소기체가 발생한다.
④ 아연판이며 산소기체가 발생한다.

 전지의 원리

구분	전해액	양극	음극
내용	묽은황산(H_2SO_4)	구리판이며 수소기체가 발생하여 기전력을 감소시키는 분극 작용이 된다.	아연판

문제 03 **자기저항의 단위는?**

① AT/m
② Wb/AT
③ AT/Wb
④ Ω/AT

 자기회로

환상 철심구조	자기저항	자기저항 R 식 및 단위
I, ϕ, l(자로), N(권수), r, μ(투자율), 면적S	전류에 의해 철심에서 생기는 자속의 저항	$R=\dfrac{l}{\mu s}=\dfrac{기자력F}{자속\ \phi}=\dfrac{NI}{\phi}$[AT/Wb]

정답 01. ① 02. ① 03. ③

문제 **04**

역률 0.8, 유효전력 4,000[kW]인 부하의 역률을 100[%]로 하기 위한 콘덴서의 용량[kVA]은?

① 3,200　　② 3,000
③ 2,800　　④ 2,400

 콘덴서 용량 Q 계산

구분	콘덴서 용량 Q 식	콘덴서 용량 Q 계산
공식 및 계산	$Q=P\left[\frac{\sqrt{1-\cos\theta_1^2}}{\cos\theta_1}\right]-\left[\frac{\sqrt{1-\cos\theta_2^2}}{\cos\theta_2}\right]$	$=4000\times\left[\frac{\sqrt{1-0.8^2}}{0.8}-\frac{\sqrt{1-1^2}}{1}\right]$ $=3000[\text{KVA}]$
용어	설비용량 $P=4000[\text{kW}]$, 개선 전 역률 $\cos\theta_1=0.8$, 개선 후 역률 $\cos\theta_2=1$	

문제 **05**

$i=I_m\sin\omega t(A)$인 정현파 교류에서 ωt가 몇 도(°)일 때 순시값과 실효값이 같게 되는가?

① 90°　　② 60°
③ 45°　　④ 0°

 순시값 전류 i

용어	문제조건	ωt값 계산	계산기
순시값 전류 $I=I_m\sin\omega t$ $=\sqrt{2}I\sin\omega t$ 최대값 전류 $I_m=\sqrt{2}\times$실효값 I	순시값=실효값 ↓ ↓ $I_m\sin\omega t=I$ → $\sqrt{2}I\sin\omega t=I$	$\sin\omega t=\frac{1}{\sqrt{2}}$ $\omega t=\sin^{-1}\frac{1}{\sqrt{2}}$ $=45°$	SHIFT sin 1 ÷ √ 2) =

문제 **06**

다음 중 가장 무거운 것은?

① 양성자의 질량과 중성자의 질량의 합
② 양성자의 질량과 전자의 질량의 합
③ 원자핵의 질량과 전자의 질량의 합
④ 중성자의 질량과 전자의 질량의 합

문제 **07**

발전기의 유도 전압의 방향을 나타내는 법칙은?

① 패러데이의 법칙
② 렌츠의 법칙
③ 오른나사의 법칙
④ 플레밍의 오른손법칙

정답 04. ② 05. ③ 06. ③ 07. ④

해설 유기기전력 e

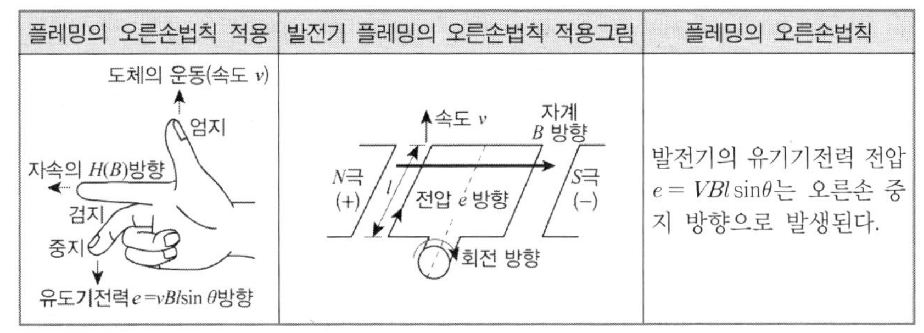

플레밍의 오른손법칙 적용	발전기 플레밍의 오른손법칙 적용그림	플레밍의 오른손법칙
도체의 운동(속도 v) 엄지 자속의 $H(B)$방향 검지 중지 유도기전력 $e=vBl\sin\theta$방향	속도 v 자계 B 방향 N극 (+) l 전압 e 방향 S극 (−) 회전 방향	발전기의 유기기전력 전압 $e=VBl\sin\theta$는 오른손 중지 방향으로 발생된다.

문제 **08** **Y−Y 평형 회로에서 상전압 V_P가 100[V], 부하 $\dot{Z}=8+j6[\Omega]$이면 선전류 I_l의 크기는 몇 [A]인가?**

① 2　② 5
③ 7　④ 10

해설 3상 Y결선에서 선전류 I_l 계산

Y결선 특징	Y결선 회로	선전류 I_l 계산
선간전압 V_l = $\sqrt{3}\times$상전압 V_P 선전류 I_l =상전류 I_P	$I_l=?$ $V_P=\frac{V_l}{\sqrt{3}}=100$ I_P $Z=8+j6$ Z Z V_P	선전류 I_l =상전류 $I_P=\frac{상전압 V_P}{Z}=\frac{100}{8+j6}$ $=\frac{100}{\sqrt{6^2+8^2}}=10[A]$

문제 **09** **전기장의 세기에 관한 단위는?**

① H/m　② F/m
③ AT/m　④ V/m

해설 전기장의 세기 H 단위

명칭	투자율 μ	유전율 ε	자기장 세기 H	전기장의 세기 E
단위값	H/m	F/m	AT/m	V/m

문제 **10** **반지름 0.2[m], 권수 50회의 원형코일이 있다. 코일 중심의 자기장의 세기가 850[AT/m]이었다면 코일에 흐르는 전류의 크기는?**

① 2[A]　② 6.8[A]
③ 10[A]　④ 20[A]

정답 08. ④ 09. ④ 10. ②

해설 원형코일 중심에서 자계의 세기 H

원형코일	중심의 자계 H 식	전류 I 계산
전류 I, r	$H=\dfrac{NI}{2r}$[AT/m]	$I=\dfrac{H\times 2r}{N}=\dfrac{850\times 2\times 0.2}{50}$ $=6.8$[A]

문제 11 같은 저항 4개를 그림과 같이 연결하여 a-b 간에 일정전압을 가했을 때 소비전력이 가장 큰 것은 어느 것인가?

① 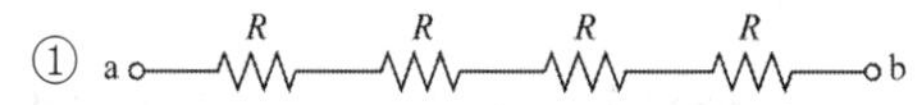

② a — R — R — (R ∥ R) — b

③ a — (R ∥ R) — (R ∥ R) — b

④ 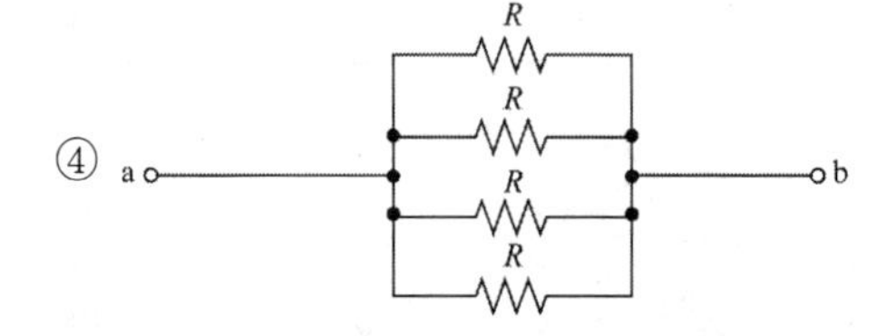

 직류

포인트	합성저항 크기 비교	V만 있는 전력식 적용
일정전압 의미 || 전력식 중에 V만 있는 것 사용할 것	직렬일 때 가장 크다(大) 병렬일 때 가장 작다(小)	소비전력 P(크다↑) $=\dfrac{V^2}{R_0\text{ 4번(병렬합성값↓ 작다)}}$

문제 12 자체인덕턴스 L_1, L_2, 상호인덕턴스 M인 두 코일을 같은 방향으로 직렬연결한 경우 합성인덕턴스는?

① L_1+L_2+M ② L_1+L_2-M
③ L_1+L_2+2M ④ L_1+L_2-2M

 직렬시 합성인덕턴스 L_0

구분	가동접속(두 코일 전류 방향이 같을 때)	차동접속(전류방향이 다를 때)
합성값	$L_0=L_1+L_2+2M$	$L_0=L_1+L_2-2M$

정답 11. ④ 12. ③

문제 **13**

저항이 9[Ω]이고, 용량리액턴스가 12[Ω]인 직렬회로의 임피던스[Ω]는?

① 3[Ω] ② 15[Ω]
③ 21[Ω] ④ 108[Ω]

 $R-C$ 직렬

$R-C$ 직렬회로	임피던스 Z 표기	임피던스 Z의 크기
R=9, X_c=12	Z=저항 $R+j$용량리액턴스 X_C $=9+j12[\Omega]$	$\lvert Z\rvert=\sqrt{R^2+X_c^2}$ $=\sqrt{9^2+12^2}=15$

문제 **14**

전기력선의 성질 중 맞지 않는 것은?

① 전기력선은 양(+)전하에서 나와 음(−)전하에서 끝난다.
② 전기력선의 접선방향이 전장의 방향이다.
③ 전기력선은 도중에 만나거나 끊어지지 않는다.
④ 전기력선은 등전위면과 교차하지 않는다.

 전기력선의 성질
전기력선은 전선표면(등전위면)에 항상 90°(수직)으로 교차한다.

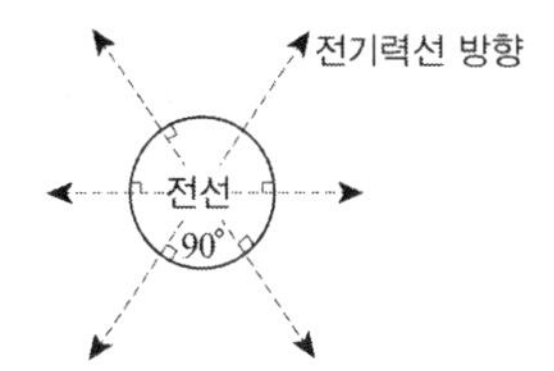

문제 **15**

10[℃], 5000[g]의 물을 40[℃]로 올리기 위하여 1[kW]의 전열기를 쓰면 몇 분이 걸리게 되는가? (단, 여기서 효율은 80%라고 한다)

① 약 13분 ② 약 15분
③ 약 25분 ④ 약 50분

 발열량 H

구분	열량 H식	시간 t[h] 계산식	시간 t[분/min] 계산
내용	$860\eta Pt=CM\theta$	$t=\dfrac{CM(T_2-T_1)}{860\eta P}$[시간h]	$=\dfrac{1\times5\times(40-10)}{860\times0.8\times1}\times60$분$=13$분
용어	비열 $C=1$, 온도차 θ=나중온도 T_2 − 처음온도 T_1, 질량 M[kg]$=5$, 효율 $\eta=0.8$, 소비전력 P[kW]$=1$		

문제 **16**

교류에서 파형률은?

① 파형률$=\dfrac{최대값}{실효값}$ ② 파형률$=\dfrac{실효값}{평균값}$
③ 파형률$=\dfrac{평균값}{실효값}$ ④ 파형률$=\dfrac{최대값}{평균값}$

정답 13. ② 14. ④ 15. ① 16. ②

 교류에서 파고율 및 파형률 공식

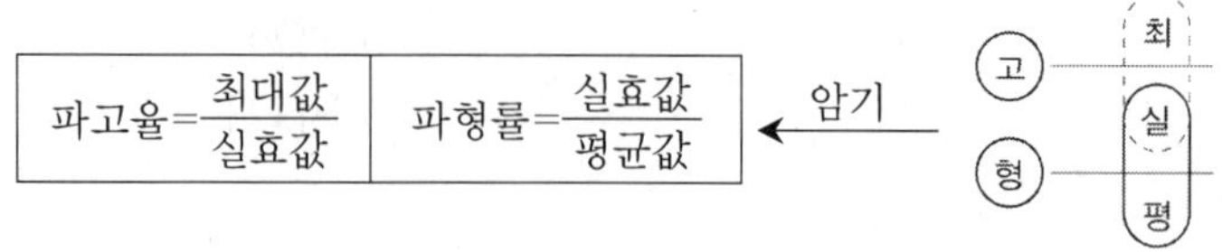

문제 **17** **전류계의 측정범위를 확대시키기 위하여 전류계와 병렬로 접속하는 것은?**

① 분류기
② 배율기
③ 검류계
④ 전위차계

해설 배율기 및 분류기

배율기	더 많은 전압을 공급하기 위해 저항 R_m을 직렬로 삽입하여 전압의 측정범위를 확대시키는 것
분류기	전류의 측정범위를 확대(더 많은 전류 공급)하기 위해 저항을 병렬 삽입시킨 것

문제 **18** **대칭 3상 전압에 Δ 결선으로 부하가 구성되어 있다. 3상 중 한 선이 단선되는 경우, 소비되는 전력은 끊어지기 전과 비교하여 어떻게 되는가?**

① $\frac{3}{2}$으로 증가한다.
② $\frac{2}{3}$로 줄어든다.
③ $\frac{1}{3}$로 줄어든다.
④ $\frac{1}{2}$로 줄어든다.

문제 **19** **전선의 길이를 4배로 늘렸을 때, 처음 저항값을 유지하기 위해서는 도선의 반지름을 어떻게 해야 하는가?**

① 1/4로 줄인다.
② 1/2로 줄인다.
③ 2배로 늘인다.
④ 4배로 늘인다.

 전기저항 R

구분	처음 전선 저항 R식	길이 4배 증가할 R값 일정한 전선 반지름 r
식	$R=$ 고유저항 $e\dfrac{\text{길이 } l}{\text{전선단면적} A(\pi r^2)}$ =	$e\dfrac{4\text{배}\times l}{\pi\times(2\text{배}r)^2}=$ 처음저항 R

∴ 전선길이 4배 증가시 전선 반지름을 2배 증가하면 전선저항 R값은 변하지 않는다.

문제 **20** **$R=15[\Omega]$인 $R-C$ 직렬회로에 60[Hz], 100[V] 전압을 가하니 4[A]의 전류가 흘렀다면 용량리액턴스[Ω]는?**

① 10
② 15
③ 20
④ 25

정답 17. ① 18. ④ 19. ③ 20. ③

해설 $R-C$ 직렬회로

$R-C$ 직렬회로	임피던스 Z 계산	용량(성)리액턴스 X_C 계산	계산기
$i=4[A]$, $R=15[\Omega]$, $V=100$, $f=60$, Z, $X_c=?$	$Z=\frac{\text{전압}V}{\text{전류}I}=\frac{100}{4}$ $=25[\Omega]$ $=R-jXC$	$X_C=\sqrt{Z^2-R^2}$ $=\sqrt{25^2-15^2}$ $=20[\Omega]$	√ 25 x^2 − 15 x^2 =

문제 **21** **다음 중 기동 토크가 가장 큰 전동기는?**

① 분상 기동형　② 콘덴서 모터형
③ 셰이딩 코일형　④ 반발 기동형

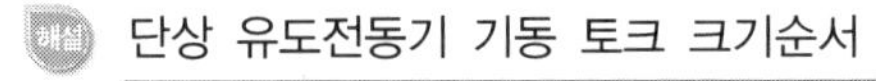
해설 단상 유도전동기 기동 토크 크기순서

유도기 종류	반발 기동형	반발 유도형	콘덴서 기동형	분상 기동형	셰이딩 코일형
토크 크기순서	大 ←	←	←	←	小

문제 **22** **변압기에서 철손은 부하전류와 어떤 관계인가?**

① 부하전류에 비례한다.　② 부하전류의 자승에 비례한다.
③ 부하전류에 반비례한다.　④ 부하전류와 관계없다.

해설 변압기 철손
변압기 철손 P_i은 주파수 f와 자속 ϕ에 관계있고 부하전류에 관계없다.

문제 **23** **$e=\sqrt{2}E\sin\omega t[\mathrm{V}]$의 정현파 전압을 가했을 때 직류 평균값 $E_{do}=0.45E[\mathrm{V}]$인 회로는?**

① 단상 반파 정류회로　② 단상 전파 정류회로
③ 3상 반파 정류회로　④ 3상 전파 정류회로

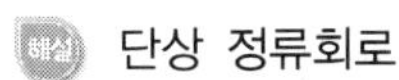
해설 단상 정류회로

단상 정류회로 종류	반파정류인 경우	전파 정류인 경우
직류전압 E_d	$\frac{\sqrt{2}E(\text{교류전압})}{\pi}=0.45E[\mathrm{V}]$	$\frac{1\sqrt{2}E}{\pi}=0.9E$

문제 **24** **직류발전기 중 무부하 전압과 전부하 전압이 같도록 설계된 직류발전기는?**

① 분권 발전기　② 직권 발전기
③ 평복권 발전기　④ 차동복권 발전기

정답 21. ④ 22. ④ 23. ① 24. ③

문제 **25** 변압기의 백분율저항강하가 2[%], 백분율리액턴스강하가 3[%]일 때 부하역률이 80[%]인 변압기의 전압변동률[%]은?

① 1.2　　② 2.4
③ 3.4　　④ 3.6

 변압기의 전압변동률 ε

용어	무효율 $\sin\theta$	전압변동률 ε식 및 계산
백분율 저항강하 $P=2$ 백분율 리액턴스강하 $q=3$ 부하역률 $\cos\theta=0.8$	$\sin\theta=\sqrt{1-\cos^2\theta}$ $=\sqrt{1-0.8^2}$ $=0.6$	$\varepsilon=P\cos+q\sin\theta$ $=2\times0.8+3\times0.6$ $=3.4$

문제 **26** 슬립 4[%]인 3상 유도전동기의 2차 동손이 0.4[kW]일 때 회전자의 입력[kW]은?

① 6　　② 8
③ 10　　④ 12

 3상 유도전동기

적용식	회전자 입력 P_2 계산
2차 동손 P_{C2} = 슬립 $s\times$2차(회전자)입력 P_2	$P_2=\frac{P_{C2}}{s}=\frac{0.4}{0.04}=10[\text{kW}]$

문제 **27** 6600/220[V]인 변압기의 1차 2850[V]를 가하면 2차 전압[V]은?

① 90　　② 95
③ 120　　④ 105

 변압기의 2차 전압 V_2

권수비 a	2차 전압 V_2 계산
$a=\frac{1차전압 V_1}{2차전압 V_2}=\frac{2차전류 I_2}{1차전류 I_1}=\frac{6600}{220}$	$V_2=\frac{V_1}{a}=\frac{2850}{(6600/220)}=95[\text{V}]$

문제 **28** 셰이딩 코일형 유도전동기의 특징을 나타낸 것으로 틀린 것은?

① 역률과 효율이 좋고 구조가 간단하여 세탁기 등 가정용기기에 많이 쓰인다.
② 회전자는 농형이고 고정자의 성층철심은 몇 개의 돌극으로 되어있다.
③ 기동 토크가 작고 출력이 수 10[W] 이하의 소형 전동기에 주로 사용된다.
④ 운전 중에도 셰이딩 코일에 전류가 흐르고 속도변동률이 크다.

해설 셰이딩 코일형 유도전동기

구조	특징	용도
회전자 → 농형 고정자 → 돌극	운전시 셰이딩 코일에 전류 흐르고 속도 변동이 크다.	기동토크가 작은 출력 10[W] 이하 소형(소형선풍기, 레코더, 테이프 …)

정답 25. ③ 26. ③ 27. ② 28. ①

문제 **29** **다음 중 제동권선에 의한 기동토크를 이용하여 동기전동기를 기동시키는 방법은?**

① 저주파 기동법 ② 고주파 기동법
③ 기동 전동기법 ④ 자기 기동법

해설 동기전동기 기동법

기동법 종류	내용
① 자기 기동법	기동용 권선(제동권선의 한 기동토크)을 이용하여 기동시키는 방식
② 타기동법	유도 또는 직류전동기로 동기속도까지 회전시켜 주는 방식
③ 저주파 기동법	작은 주파수에서 시동하여 동기속도가 되면 주전원에 투입방식

문제 **30** **동기발전기의 병렬운전 중에 기전력의 위상차가 생기면?**

① 위상이 일치하는 경우보다 출력이 감소한다.
② 부하 분담이 변한다.
③ 무효 순환전류가 흘러 전기자 권선이 과열된다.
④ 동기화력이 생겨 두 기전력의 위상이 동상이 되도록 작용한다.

 동기발전기 병렬운전

같은 조건 값	위상이 같지 않을 경우 값	대책
기전력의 위상	동기화(유효)전류발생	동기화력이 생겨 위상이 동상이 되도록 작용

문제 **31** **유도전동기의 동기속도 n_s, 회전속도 n일 때 슬립은?**

① $s=\dfrac{n_s-n}{n}$ ② $s=\dfrac{n-n_s}{n}$
③ $s=\dfrac{n_s-n}{n_s}$ ④ $s=\dfrac{n_s+n}{n_s}$

 유도전동기

슬립 s	동기속도 N_s와 회전자 속도 N의 차에 대한 비 값
슬립공식	슬립 $s=\dfrac{N_s-\text{회전자속도 }N}{\text{동기속도 }N_s}\times 100[\%]=1-\dfrac{N}{N_s}\times 100[\%]$
설명	정지 상태($s=1$일 때), 동기속도 회전상태($s=0$일 때)

문제 **32** **직류전동기의 제어에 널리 응용되는 직류－직류 전압 제어장치는?**

① 인버터 ② 컨버터
③ 초퍼 ④ 전파정류

정답 29. ④ 30. ④ 31. ③ 32. ③

전력변환장치

전력변환장치	컨버터	인버터	초퍼	정류기(다이오드)
변환값	교류 → 직류	직류 → 교류	직류전압 크기조절	교류 → 직류

문제 **33** **보호구간에 유입하는 전류와 유출하는 전류의 차에 의해 동작하는 계전기는?**

① 비율차동 계전기　　② 거리 계전기
③ 방향 계전기　　④ 부족전압 계전기

보호계전기 종류	비율차동계전기	방향계전기	거리계전기	부족전압계전기
역할(기능)	내부고장시 전류차로 변압기보호	사고 방향에 따른 과전류로 동작	전기적 거리 $\left(\frac{V}{I}\text{비}\right)$로 동작	정격전압 이하일 때 동작

문제 **34** **3상 유도전동기의 회전방향을 바꾸기 위한 방법으로 가장 옳은 것은?**

① $\Delta-Y$결선으로 결선법을 바꾸어 준다.
② 전원의 전압과 주파수를 바꾸어 준다.
③ 전동기의 1차 권선에 있는 3개의 단자 중 어느 2개의 단자를 서로 바꾸어 준다.
④ 기동보상기를 사용하여 권선을 바꾸어 준다.

문제 **35** **직류발전기의 정류를 개선하는 방법 중 틀린 것은?**

① 코일의 자기인덕턴스가 원인이므로 접촉저항이 작은 브러시를 사용한다.
② 보극을 설치하여 리액턴스 전압을 감소시킨다.
③ 보극 권선은 전기자 권선과 직렬로 접속한다.
④ 브러시를 전기적 중성축을 지나서 회전방향으로 약간 이동시킨다.

직류발전기의 정류 개선 방법

구분	커야 될 값 ↑	작아야 될 값 ↓	설치재료	브러시위치
적용값	정류주기, 브러시 접촉저항	리액턴스전압, 리액턴스	탄소브러시, 보극, 보극권선	발전기 회전방향으로 이동

문제 **36** **동기전동기에 대한 설명으로 옳지 않은 것은?**

① 정속도 전동기로 비교적 회전수가 낮고 큰 출력이 요구되는 부하에 이용된다.
② 난조가 발생하기 쉽고 속도제어가 간단하다.
③ 전력계통의 전류세기, 역률 등을 조정할 수 있는 동기 조상기로 사용된다.
④ 가변 주파수에 의해 정밀속도 제어 전동기로 사용된다.

정답 33. ① 34. ③ 35. ① 36. ②

해설 동기전동기 특징

장점	단점
① 효율이 좋다.(특히 저속도에서) ② 정속도 전동기이다.(속도 불변) ③ 역률을 1, 또는 조정할 수 있다.(동기 조상기) ④ 공극이 넓으므로 기계적으로 튼튼하고 보수가 용이하다.	① 기동 토크가 작고, 기동하는 데 손이 많이 간다. ② 직류 여자(전원장치)가 필요하고, 비싸다. ③ 난조가 일어나기 쉽다.

문제 37

전기자 저항이 0.2[Ω], 전류 100[A], 전압 120[V]일 때 분권전동기의 발생동력[kW]은?

① 5 ② 10
③ 14 ④ 20

해설 분권전동기의 출력 P

분권전동기 회로	역기전력 E	출력(동력) P
I_f, I, I_a=100A, R_a=0.2Ω, R_f, E, L 부하, 전동기 (출력측), 입력측 V=120 $P=VI$, ⊕, ⊖	$E=V-I_aR_a$ $=120-100\times0.2$ $=100[\text{V}]$	$P=E\times I_a[\text{w}]$ $=100\times100\times10^{-3}$ $=10[\text{kW}]$

문제 38

직류전동기의 속도 제어에서 자속을 2배로 하면 회전수는?

① 1/2로 줄어든다. ② 변함이 없다.
③ 2배로 증가한다. ④ 4배로 증가한다.

해설 직류전동기 속도제어

직류전동기	분권전동기	직권전동기	속도N과 자속 ϕ 관계
속도	$N=k\dfrac{V-I_aR_a}{\phi}$ [rpm]	$N=k\dfrac{V-I_a(R_a+R_s)}{\phi}$	반비례 $\left(N\propto\dfrac{1}{\phi}\right)$

문제 39

3상 변압기의 병렬운전이 불가능한 결선 방식으로 짝지은 것은?

① $\Delta-\Delta$와 $Y\Delta Y$ ② $\Delta-Y$와 $\Delta-Y$
③ $Y-Y$와 $Y-Y$ ④ $\Delta-\Delta$와 $\Delta-Y$

해설 3상 변압기군의 병렬운전 가능 및 불가능한 조합

병렬운전 가능(짝수일 때 가능)	병렬운전 불가능(홀수일 때 불가능)
$\Delta-\Delta$와 $\Delta-\Delta$ $Y-\Delta$와 $Y-\Delta$ $Y-Y$와 $Y-Y$ $\Delta-Y$와 $\Delta-Y$ $\Delta-\Delta$와 $Y-Y$	$\Delta-\Delta$와 $\Delta-Y$ $\Delta-Y$와 $Y-Y$ 불가능 이유 : 위상차 때문에

정답 37. ② 38. ① 39. ④

문제 **40** **동기발전기의 공극이 넓을 때의 설명으로 잘못된 것은?**

① 안정도 증대 ② 단락비가 크다.
③ 여자전류가 크다. ④ 전압변동이 크다.

 단락비의 값에 따른 발전기의 특징

구분	단락비가 큰(大)동기기(철기계)인 경우	단락비가 작은(小)동기기(동기계)인 경우
특징	전기자 반작용 작고↓ 전압변동률 ε 작다.↓	전기자 반작용 크고↑ 전압변동률 ε 크다.↑
	공극 크고↑ 과부하 내량 크고↑ 고가다.↑	공극이 좁고↓ 안정도가 낮다.↓
	기계의 중량이 무겁고↑ 효율이 낮다.↓	기계의 중량이 가볍고↓ 효율이 좋다.↑
	충전용량이 크고↑ 비싸다. ↑	충전용량이 작고↓ 싸다.↓

문제 **41** **단선의 직선접속 방법 중에서 트위스트 직선접속을 할 수 있는 최대 단면적은 몇 [mm^2] 이하인가?**

① 2.5 ② 4
③ 6 ④ 10

 단선의 직선 접속 방법

단선의 직선 접속 방법종류	트위스트 접속	브리타니아 접속
적용 전선 굵기	6[mm^2] 이하 가는 단선	10[mm^2] 이하 굵은 단선

문제 **42** **아래 심벌이 나타내는 것은?**

① 저항
② 진상용 콘덴서
③ 유입 개폐기
④ 변압기

 수변전설비

기계기구 명칭	저항 R	진상용 콘덴서 SC	유입개폐기 OS	변압기
단선도 심벌				

문제 **43** **부식성 가스 등이 있는 장소에 전기설비를 시설하는 방법으로 적합하지 않은 것은?**

① 애자사용 배선 시 부식성 가스의 종류에 따라 절연전선인 DV전선을 사용한다.
② 애자사용배선에 의한 경우에는 사람이 쉽게 접촉될 우려가 없는 노출장소에 한 한다.
③ 애자사용 배선 시 부득이 나전선을 사용하는 경우에는 전선과 조영재와의 거리를 4.5[cm] 이상으로 한다.
④ 애자사용 배선 시 전선의 절연물이 상해를 받는 장소는 나전선을 사용할 수 있으며, 이 경우는 바닥 위 2.5[m] 이상 높이에 시설한다.

정답 40. ④ 41. ③ 42. ② 43. ①

해설 부식성 가스 장소 공사 방법

구분	사용전선	애자사용배선공사	나전선 사용시	나전선의 높이
내용	절연전선 사용 (DV전선 제외)	사람 접촉 우려가 없는 노출장소	전선과 조영재 외거리는 4.5[cm]	바닥 위 2.5[m] 이상

문제 44

금속몰드 배선시공시 사용전압은 몇 [V] 미만이어야 하는가?

① 100　　② 200

③ 300　　④ 400

해설 금속몰드 배선공사시 사용전압은 400[V] 미만이어야 한다.

문제 45

6[mm] 합성수지 전선관을 직각 구부리기를 할 경우 구부림 부분의 길이는 약 몇 [mm]인가? (단, 16[mm] 합성수지관의 안지름은 18[mm], 바깥지름은 22[mm]이다)

① 119　　② 132

③ 187　　④ 220

 합성수지관 공사

굽힘 반지름 r 계산	구부림 부분길이 l
$r = 6 \times$ 안지름 $d + \frac{\text{바깥지름 } D}{2}$ $= 6 \times 18 + \frac{22}{2}$ $= 119$[mm]	$l = 2\pi r \times \frac{1}{4}$ $= 2 \times 3.14 \times 119 \times \frac{1}{4}$ $= 187$[mm]

문제 46

셀룰라덕트 공사시 덕트 상호간을 접속하는 것과 셀룰라덕트 끝에 접속하는 부속품에 대한 설명으로 적합하지 않은 것은?

① 알루미늄 판으로 특수 제작할 것

② 부속품의 판 두께는 1.6[mm] 이상일 것

③ 덕트 끝과 내면은 전선의 피복이 손상하지 않도록 매끈한 것일 것

④ 덕트의 내면과 외면은 녹을 방지하기 위하여 도금 또는 도장을 한 것일 것

문제 47

지중전선로에 사용되는 케이블 중 고압용 케이블은?

① 콤바인덕트(CD) 케이블　　② 폴리에틸렌 외장케이블

③ 클로로프렌 외장케이블　　④ 비닐 외장케이블

해설 케이블의 종류

구분	저압 케이블	고압 케이블	특고압 케이블
종류	비닐·클로로프렌·폴리에틸렌 케이블	콤바인덕트(CD)케이블	파이프형 압력 케이블

정답 44. ④ 45. ③ 46. ① 47. 전항정답

문제 **48**

교통 신호등의 제어장치로부터 신호등의 전구까지의 전로에 사용하는 전압은 몇 [V] 이하인가?

① 60 ② 100
③ 300 ④ 440

 교통 신호등 제어장치 시설규정

구분	사용전압	사용전선	금속제 외함
시설내용	300[V] 이하	케이블 또는 2.5[mm^2] 이상 연동선	제3종접지

문제 **49**

사용전압이 400[V] 이상인 경우 금속관 및 부속품 등은 사람이 접촉할 우려가 없는 경우 제 몇 종 접지공사를 하는가?

① 제1종 ② 제2종
③ 제3종 ④ 특별 제3종

 금속제 접지

사용전압구분	400[V] 미만인 경우	400[V] 이상인 경우
금속제의 접지종류	제3종 접지	특별 제3종 접지(사람접촉 우려 없는 경우 제3종)

문제 **50**

옥내배선공사 중 금속관 공사에 사용되는 공구의 설명 중 잘못된 것은?

① 전선관의 굽힘 작업에 사용하는 공구는 토치램프나 스피링 벤더를 사용한다.
② 전선관의 나사를 내는 작업에 오스터를 사용한다.
③ 전선관을 절단하는 공구에는 쇠톱 또는 파이프 커터를 사용한다.
④ 아웃트렛 박스의 천공작업에 사용되는 공구는 녹아웃 펀치를 사용한다.

해설 금속관 공사

자재	벤더, 히키	오스터	파이프커터	녹아웃 펀치
용도	전선관 굽힘 작업시 사용	금속관에 나사 만듦	전선관 절단 공구	박스에 구멍을 냄

문제 **51**

주상 변압기의 고·저압 혼촉방지를 위해 실시하는 2차측 접지공사는?

① 제1종 ② 제2종
③ 제3종 ④ 특별 제3종

 기기별 접지종류

접지종류	1종	2종	3종	특 3종
접지기기	고압기계기구 외함	주상 변압기 2차측	400[V] 미만 기계기구 외함	400[V] 이상 기계기구 외함

정답 48. ③ 49. ③ 50. ① 51. ②

문제 **52**

OW 전선을 사용하는 저압 구내 가공인입전선으로 전선의 길이가 15[m]를 초과하는 경우 그 전선의 지름은 몇 [mm] 이상을 사용하여야 하는가?

① 1.6 ② 2.0
③ 2.6 ④ 3.2

문제 **53**

금속관 내의 같은 굵기의 전선을 넣을 때는 절연전선의 피복을 포함한 총 단면적이 금속관 내부 단면적의 몇 [%] 이하이어야 하는가?

① 16 ② 24
③ 32 ④ 48

 금속관 공사

구분	전선 굵기가 동일할 때	전선 굵기가 다를 때
사용전선관 굵기	관의 48[%]	관의 32[%] 이하

문제 **54**

석유류를 저장하는 장소의 공사 방법 중 틀린 것은?

① 케이블 공사 ② 애자사용 공사
③ 금속관 공사 ④ 합성수지관 공사

 석유류 저장 장소 시설가능 공사
① 케이블 공사
② 금속관 공사
③ 합성수지관 공사

문제 **55**

다음 중 가요전선관 공사로 적당하지 않은 것은?

① 옥내의 천장 은폐배선으로 8각 박스에서 형광등기구에 이르는 짧은 부분의 전선관공사
② 프레스 공작기계 등의 굴곡개소가 많아 금속관 공사가 어려운 부분의 전선관공사
③ 금속관에서 전동기부하에 이르는 짧은 부분의 전선관 공사
④ 수변전실에서 배전반에 이르는 부분의 전선관공사

문제 **56**

무대·무대밑, 오케스트라 박스, 영사실, 기타 사람이나 무대 도구가 접촉될 우려가 있는 장소에 시설하는 저압 옥내배선·전구선 또는 이동전선은 사용전압이 몇 [V] 미만이어야 하는가?

① 400 ② 500
③ 600 ④ 700

정답 52. ③ 53. ④ 54. ② 55. ④ 56. ①

해설 흥행장의 저압 배선공사

구분	사용전압	사용전선	금속제 외함 접지
내용	400[V] 미만일 것	고무 캡타이어 케이블	제3종 접지

문제 **57** **전주의 길이가 16[m]인 지지물을 건주하는 경우에 땅에 묻히는 최소 깊이는 몇 [m]인가?** (단, 설계하중이 6.8[kN] 이하이다)

① 1.5　② 2.0
③ 2.5　④ 3.5

 지지물(전주) 땅에 묻히는 깊이

전주길이 구분	15[m] 이하인 경우	15[m] 초과인 경우 설계하중 6.8[kN] 이하	14~20[m] 이하이고 설계하중 6.8~9.8[kN]인 경우
전주 땅에 묻히는 깊이	전주길이 $\times \frac{1}{6}$ 이상[m]	2.5[m] ★	기준값(2.5)+0.3[m]

문제 **58** **가로등, 경기장, 공장, 아파트 단지 등의 일반조명을 위하여 시설하는 고압방전등의 효율은 몇 [lm/W] 이상의 것이어야 하는가?**

① 30　② 70
③ 90　④ 120

문제 **59** **다음 중 배전반 및 분전반의 설치장소로 적합하지 않는 곳은?**

① 전기 회로를 쉽게 조작할 수 있는 장소
② 개폐기를 쉽게 개폐할 수 있는 장소
③ 노출된 장소
④ 사람이 쉽게 조작할 수 없는 장소

해설 배전반 및 분전반 설치 장소
전기회로(개폐기)를 쉽게 조작(개폐)할 수 있는 노출된 장소에 시설한다.

문제 **60** **전압의 구분에서 저압 직류전압은 몇 [V] 이하인가?**

① 400　② 600
③ 750　④ 900

 전압의 종별

종류	저압	고압	특고압
범위	교류 AC : 600[V] 이하 직류 DC : 750[V] 이하	교류 : 601~7000[V] 이하 직류 : 751~7000[V] 이하	7001[V] 이상

정답 57. ③ 58. ② 59. ④ 60. ③

기출문제 2014년 제1회

문제 01 $i = 3\sin wt + 4\sin(3wt - \theta)$[A]로 표시되는 전류의 등가 사인파 최대값은?

① 2[A] ② 3[A]
③ 4[A] ④ 5[A]

비사인파의 최대전류(I_m) 계산

최대값 용어	최대전류 적용식	계산
1고파전류 $I_{m1} = 3$ 3고파전류 $I_{m3} = 4$	$I_m = \sqrt{I_{m1}^2 + I_{m3}^2}$	$= \sqrt{3^2 + 4^2} = 5$[A]

문제 02 4×10^{-5}[C]과 6×10^{-5}[C]의 두 전하가 자유공간에 2[m]의 거리에 있을 때 그 사이에 작용하는 힘은?

① 5.4[N], 흡입력이 작용한다. ② 5.4[N], 반발력이 작용한다.
③ 7.9[N], 흡인력이 작용한다. ④ 7.9[N], 반발력이 작용한다.

쿨롱의 법칙(두 전하 사이의 힘 F)

이해그림	적용식	계산	힘의 종류
$+4\times10^{-5}$ $+6\times10^{-5}$ Q_1 공기중 ε_0 Q_2 $\leftarrow r = 2[\text{m}] \rightarrow$	$F = 9\times10^9 \dfrac{Q_1 Q_2}{r^2}$	$= 9\times10^9 \dfrac{4\times10^{-5}\times6\times10^{-5}}{2^2}$ $= +5.4$[N]	반발력 작용 (같은 극성이므로)

문제 03 출력 P[kVA]의 단상변압기 2대를 V결선한 때의 3상 출력[kVA]은?

① P ② $\sqrt{3}P$
③ $2P$ ④ $3P$

V결선시 출력 P_V

출제유형	V와 I가 주어진 경우	단상변압기 용량 P[kVA] 주어진 경우
출력 P_V 식	$P_V = \sqrt{3}\,VI\cos\theta$	$P_V = \sqrt{3} \times$변압기 1대용량 $= \sqrt{3}P$ [kVA]

문제 04 그림에서 평형 조건이 맞는 식은?

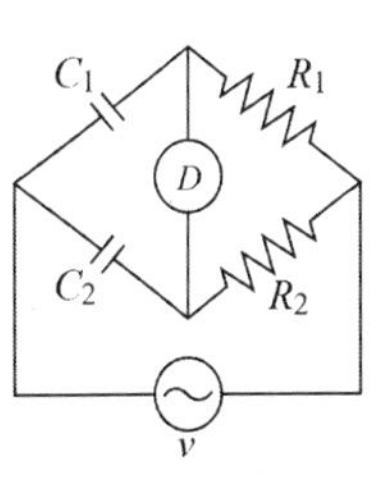

① $C_1R_1 = C_2R_2$ ② $C_1R_2 = C_2R_1$
③ $C_1C_2 = R_1R_2$ ④ $\dfrac{1}{C_1C_2} = R_1R_2$

정답 01. ④ 02. ② 03. ② 04. ①

해설 브리지 평형조건

성립조건	성립식	평형조건
대각선부하끼리 곱셈은 같다	$\frac{1}{jwC_1}\times R_2=\frac{1}{jwC_2}\times R_1$	$C_1R_1=C_2R_2$

문제 05 30[μF]과 40[μF]의 콘덴서를 병렬로 접속한 후 100[V]의 전압을 가했을 때 전 전하량은 몇 [C]인가?

① 17×10^{-4} ② 34×10^{-4}
③ 56×10^{-4} ④ 70×10^{-4}

콘덴서 병렬 연결시 전체 전하 Q 계산

병렬회로	적용식	계산
V=100, Q=?, C_1=30, C_2=40	$Q=C_0\times V$ $=(C_1+C_2)V$	$=(30+40)\times10^{-6}\times100$ $=70\times10^{-6+2}$ $=70\times10^{-4}$[C]

문제 06 공기 중에서 $+m$[Wb]의 자극으로부터 나오는 자기력선의 총 수를 나타낸 것은?

① m ② $\frac{\mu_0}{m}$
③ $\frac{m}{\mu_0}$ ④ $\mu_0 m$

공기중에서 자기력선 수

구 분		기준(공기 중일 때)	기타[비투자율(μ_s)이 주어진 경우]
자속수 : m개	자기력선 수	$\frac{m(\text{구자극})}{\mu_o}$[개]	$\frac{m}{\mu}=\frac{m}{\mu_o\mu_s}$[개]

문제 07 단상전력계 2대를 사용하여 2전력계법으로 3상 전력을 측정하고자 한다. 두 전력계의 지시값이 각각 P_1, P_2[W]이었다. 3상 전력 P[W]를 구하는 식으로 옳은 것은?

① $P=\sqrt{3}(P_1\times P_2)$ ② $P=P_1-P_2$
③ $P=P_1\times P_2$ ④ $P=P_1+P_2$

2전력계법 사용 3상 유효전력 P[W] 계산식

전력 종류	유효전력 P[W]	무효전력 P_r[Var]	피상전력 P_a[VA]
적용공식	$P=P_1+P_2$	$P_r=\sqrt{3}(P_1-R_2)$	$P_a=2\sqrt{P_1^2+P_2^2-P_1\times P_2}$

정답 05. ④ 06. ③ 07. ④

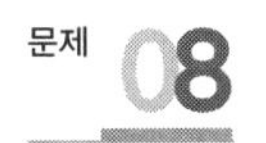

문제 **08** **전류의 발열작용과 관계가 있는 것은?**

① 줄의 법칙 ② 키르히호프의 법칙
③ 옴의 법칙 ④ 플레밍의 법칙

 줄의 법칙

정의	발열량 H 식
전류이동시 발열작용	$H=0.24I^2Rt$[cal]

문제 **09** **24[C]의 전기량이 이동해서 144[J]의 일을 했을 때 기전력은?**

① 2[V] ② 4[V]
③ 6[V] ④ 8[V]

 전압(기전력) V[V] 계산

정의	전압식	계산
전하 $Q=24$[C] 이동시 한 일 $W=144$[J]	$V=\frac{W}{Q}$	$=\frac{144}{24}=6$[V]

문제 **10** **자체 인덕턴스가 L_1, L_2인 두 코일을 직렬로 접속하였을 때 합성 인덕턴스를 나타내는 식은?** (단, 두 코일간의 상호 인덕턴스는 M이다)

① $L_1+L_2\pm M$ ② $L_1-L_2\pm M$
③ $L_1+L_2\pm 2M$ ④ $L_1-L_2\pm 2M$

 직렬시 합성 인덕턴스 L_o

구분	가동접속시	차동접속시	가동·차동 동시표기
합성값 식 L_o	$=L_1+L_2+2M$	$=L_1+L_2-2M$	$=L_1+L_2\pm 2M$[H]

문제 **11** **기전력 1.5[V], 내부저항이 0.2[Ω]인 전지 5개를 직렬로 연결하고 이를 단락하였을 때의 단락전류[A]는?**

① 1.5 ② 4.5
③ 7.5 ④ 15

 건전지 직렬연결시 단락전류(I_s) 계산

이해그림	적용식	계산
0.2[Ω] 1.5[V] ······ n=5개	단락전류 $I_s=\frac{n\times V}{n\times r}$	$=\frac{5개\times 1.5}{5개\times 0.2}=7.5$[A]

정답 08. ① 09. ③ 10. ③ 11. ③

문제 12 **전자석의 특징으로 옳지 않은 것은?**

① 전류의 방향이 바뀌면 전자석의 극도 바뀐다.
② 코일을 감은 횟수가 많을수록 강한 전자석이 된다.
③ 전류를 많이 공급하면 무한정 자력이 강해진다.
④ 같은 전류라도 코일 속에 철심을 넣으면 더 강한 전자석이 된다.

해설 전자석의 특징

전자석의 극성	강한 전자석 조건		전류 많이 공급시
전류 방향이 결정한다	권수가 많을수록 크다	코일 속에 철심을 넣으면 크다	자력은 어느 선에서 일정해짐(포화상태)

문제 13 **다음 중 비유전율이 가장 큰 것은?**

① 종이 ② 염화비닐
③ 운모 ④ 산화티탄 자기

 유전체 종류에 따른 비유전율(ε_s) 크기

물질의 종류	공기	종이(절연지)	염화비닐	운모	산화티탄자기
비유전율(ε_s) 값	1(기준)	1.2~1.6	5~9	5~9	60~100

문제 14 **코일의 자체 인덕턴스(L)와 권수(N)의 관계로 옳은 것은?**

① $L \propto N$ ② $L \propto N^2$
③ $L \propto N^3$ ④ $L \propto 1/N$

 환상철심에서 인덕턴스 L

출제유형	N, ϕ, I 주어진 경우 사용식	μ와 S 주어진 경우 사용식
적용공식	인덕턴스 $L = \dfrac{N\phi}{I}$	$= \dfrac{\mu S N^2}{l}$ 또는 $\dfrac{\mu S N^2}{2\pi a}$[H]
용어	인덕턴스 L[H], 권수 N, 자속 ϕ[Wb], 전류 I[A], 투자율 $\mu=\mu_0\times\mu_s$[H/m] 철심단면적 S[m^2], 자속이 다니는 길 자로 $l=2\pi a$[m]	

문제 15 **어떤 저항(R)에 전압(V)을 가하니 전류(I)가 흘렀다. 이 회로의 저항(R)을 20[%] 줄이면 전류(I)는 처음의 몇 배가 되는가?**

① 0.8 ② 0.88
③ 1.25 ④ 2.04

정답 12. ③ 13. ④ 14. ② 15. ③

해설 저항(R) 20[%] 감소시 전류 변동비

이해 회로 그림	적용식	계산(문자 = 100[%]값 = 1)
$I=?$, V, R	전류 $I=\frac{\text{전압 } V}{\text{저항 } R}$	$=\frac{100[\%]}{100[\%]-20[\%] \text{ 감소}}=\frac{1}{80[\%]}=\frac{1}{0.8}$ $=1.25$배 증가

문제 **16** 도면과 같이 공기 중에 놓인 2×10^{-8}[C]의 전하에서 2[m] 떨어진 점 A와 1[m] 떨어진 점 B와의 전위차는 몇 [V]인가?

① 80[V]
② 90[V]
③ 100[V]
④ 110[V]

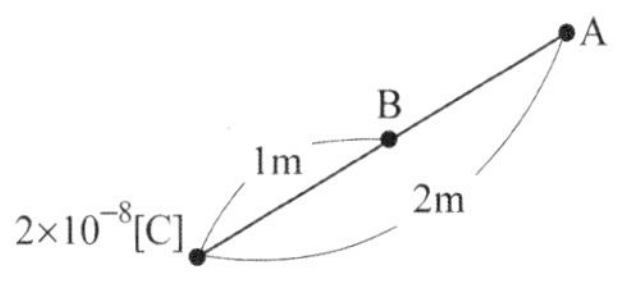

해설 구전하에서 전위차 AB 계산

전위(V) 식	A와 B점 사이 전위차 식	계산
$9\times10^9\frac{Q}{r}$	$V_{AB}=9\times10^9\frac{Q}{r_B}-9\times10^9\frac{Q}{r_A}$	$=9\times10^9\frac{2\times10^{-8}}{1}-9\times10^9\times\frac{2\times10^{-8}}{2}=90[V]$

문제 **17** 200[V], 500[W]의 전열기를 220[V] 전원에 사용하였다면 이때의 전력은?

① 400[W]
② 500[W]
③ 550[W]
④ 605[W]

해설 전열기(저항 R)의 소비전력 P[W] 계산

전력 P식	비례식 적용	계산
$P=\frac{V^2}{R}$	나중전력 $P_2=\left[\frac{V_2}{V_1}\right]^2\times P_1$	$=\left[\frac{220}{200}\right]^2\times500=605[W]$

문제 **18** 2[F], 4[F], 6[F]의 콘덴서 3개를 병렬로 접속했을 때의 합성정전용량은 몇 [F]인가?

① 1.5
② 4
③ 8
④ 12

해설 콘덴서 병렬연결시 합성정전용량 C_o 계산

콘덴서 병렬회로	적용식	계산
$C_1=2$, $C_2=4$, $C_3=6$	합성정전용량 $C_o=C_1+C_2+C_3$	$=2+4+6=12[F]$

정답 16. ② 17. ④ 18. ④

문제 **19** $\pi/6$[rad]는 몇 도[°]인가?

① 30° ② 45°
③ 60° ④ 90°

구분	$\frac{\pi}{6}$	$\frac{\pi}{4}$	$\frac{\pi}{3}$	$\frac{\pi}{2}$	π	2π
각도	30°	45°	60°	90°	180°	360°

문제 **20** 그림과 같이 R_1, R_2, R_3의 저항 3개를 직·병렬 접속되었을 때 합성저항은?

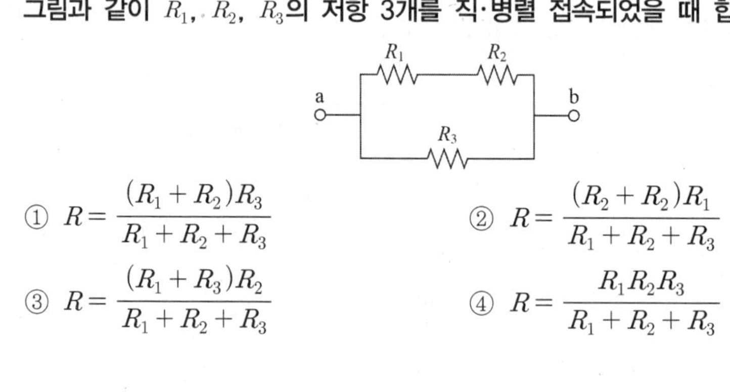

① $R = \dfrac{(R_1 + R_2)R_3}{R_1 + R_2 + R_3}$ ② $R = \dfrac{(R_2 + R_2)R_1}{R_1 + R_2 + R_3}$

③ $R = \dfrac{(R_1 + R_3)R_2}{R_1 + R_2 + R_3}$ ④ $R = \dfrac{R_1 R_2 R_3}{R_1 + R_2 + R_3}$

문제 **21** 계전기가 설치된 위치에서 고장점까지의 임피던스에 비례하여 동작하는 보호계전기는?

① 방향단락 계전기 ② 거리 계전기
③ 과전압 계전기 ④ 단락회로 선택 계전기

 거리계전기

원리	기능(역할)	종류
계전기 설치 위치에서 고장점까지 임피던스$\left(Z=\dfrac{V}{I}\right)$에 비례하여 동작	• 154[kV] 계통 이상 송전선로 후비 보호용 • 345[kV] 변압기 후비 보호용	저항, 리액턴스계전기 임피던스, Mho 계전기

문제 **22** 동기발전기의 난조를 방지하는 가장 유효한 방법은?

① 회전자의 관성을 크게 한다.
② 제동 권선을 자극면에 설치한다.
③ X_s를 작게 하고 동기화력을 크게 한다.
④ 자극 수를 적게 한다.

 난조(동기발전기의 병렬운전 중 부하 급변시 부하각이 주기적으로 진동하는 현상)의 원인과 방지대책

원 인	대 책
㉠ 조속기가 너무 예민한 경우 ㉡ 관성모멘트가 작은 경우 ㉢ 고조파가 포함되어 있을 때 ㉣ 원동기에 전기자 저항이 큰 경우	㉠ 조속기를 너무 예민하지 않게 한다. ㉡ 회전자에 Fly-Wheel 부착 ㉢ 제동권선을 설치(가장 좋은 방법) ㉣ 전기자 저항을 작게 한다.

정답 19. ① 20. ① 21. ② 22. ②

문제 **23** **직류발전기에서 계자의 주된 역할은?**

① 기전력을 유도한다. ② 자속을 만든다.
③ 정류작용을 한다. ④ 정류자면에 접촉한다.

직류발전기 3대 요소	계자	전기자	정류자
역할(기능)	자속을 만듦	기전력을 발생시킴	교류 → 직류로 변환시킴

문제 **24** **다음은 3상 유도전동기 고정자 권선의 결선도를 나타낸 것이다. 맞는 사항을 고르시오.**

① 3상 2극, Y결선
② 3상 4극, Y결선
③ 3상 2극, Δ결선
④ 3상 4극, Δ결선

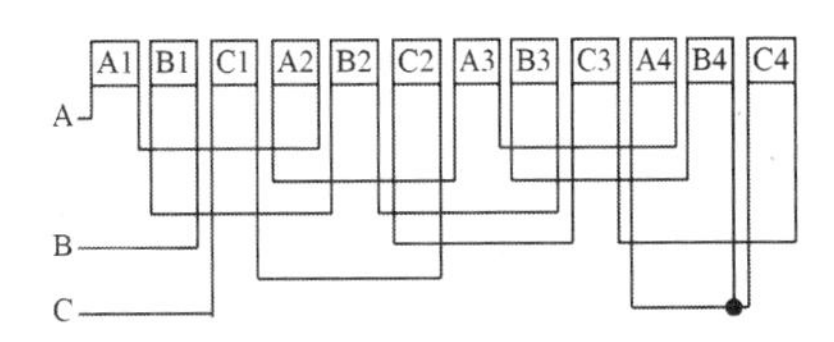

 3상 유도전동기 고정자 권선 결선방법

결선도	3상	4극	공통접속
3상 4극 Y결선	A, B, C상	1극(A_1, B_1, C_1), 2극(A_2, B_2, C_2) 3극(A_3, B_3, C_3), 4극(A_4, B_4, C_4)	A_4, B_4, C_4

문제 **25** **3상 동기전동기의 토크에 대한 설명으로 옳은 것은?**

① 공급전압 크기에 비례한다. ② 공급전압 크기의 제곱에 비례한다.
③ 부하각 크기에 반비례한다. ④ 부하각 크기의 제곱에 비례한다.

 3상 동기전동기의 토크 $T=3\dfrac{EV\sin\delta}{X_s W}$ 이므로 공급전압 E의 크기에 비례한다.

문제 **26** **직류전동기의 특성에 대한 설명으로 틀린 것은?**

① 직권전동기는 가변 속도전동기이다.
② 분권전동기에서는 계자회로에 퓨즈를 사용하지 않는다.
③ 분권전동기는 정속도전동기이다.
④ 가동 복권전동기는 기동시 역회전할 염려가 있다.

 직류전동기

종류	직권전동기	분권전동기(계자 회로 퓨즈 사용금지)
용도	가변속도 전동기(기중기, 전동차)	정속도 전동기(선박 펌프, 송풍기)

문제 **27** **3상 동기발전기에서 전기자 전류와 무부하 유도기전력보다 $\pi/2$[rad] 앞선 경우 (X_c만의 부하)의 전기자 반작용은?**

정답 23. ② 24. ② 25. ① 26. ④ 27. ②

기출문제

① 횡축반작용 ② 증자작용
③ 감자작용 ④ 편자작용

 동기기의 전기자 반작용

부하 구분	코일 L(지상) 부하	콘덴서 C(진상) 부하	저항 R 부하
전기자 전류 구분	뒤진 전기자 전류인 경우	앞선 전기자 전류인 경우	동상인 경우
동기전동기 전기자 반작용	증자작용	감자작용	교차자화작용
동기발전기 전기자 반작용	감자작용	증자작용	교차자화작용

문제 **28** **송배전계통에 거의 사용되지 않는 변압기 3상 결선방식은?**

① $Y-\Delta$ ② $Y-Y$
③ $\Delta-Y$ ④ $\Delta-\Delta$

 변압기 결선방식

구분	$\Delta-Y$ 결선	$Y-\Delta$ 결선	$\Delta-\Delta$	$Y-Y$
용도	송전변전소용	수전 변전소용	60[kV] 이하 배전용	잘 안 쓰임

문제 **29** **변압기의 퍼센트 저항강하가 3[%], 퍼센트 리액턴스 강하가 4[%]이고, 역률이 80[%] 지상이다. 이 변압기의 전압변동률[%]은?**

① 3.2 ② 4.8
③ 5.0 ④ 5.6

 변압기의 전압 변동률(ε) 계산

뒤진(지상, 늦음, 유도성) 역률인 경우 적용식	계산
ε = 저항강하×역률+리액턴스강하×무효율 $= P\times\cos\theta + q\times\sin\theta$	$= 3\times0.8+4\times0.6$ $= 4.8\%$

문제 **30** **병렬운전 중인 두 동기발전기의 유도기전력이 2000[V], 위상차 60[°], 동기 리액턴스 100[Ω]이다. 유효 순환전류[A]는?**

① 5 ② 10
③ 15 ④ 20

 동기 발전기 병렬운전시 기전력 위상이 같을 것

위상이 다른 경우	유효순환전류(I_c) 식	계산
유효순환전류가 흐른다.	$I_c = \frac{V_s}{x_s}\sin\frac{\text{부하각 }\delta}{2}$	$= \frac{2000}{100}\times\sin\frac{60}{2} = 10[A]$

정답 28. ② 29. ② 30. ②

문제 **31** **전압변동률이 적고 자여자이므로 다른 전원이 필요 없으며, 계자저항기를 사용한 전압조정이 가능하므로 전기 화학용, 전지의 충전용 발전기로 가장 적합한 것은?**

① 타여자 발전기
② 직류 복권발전기
③ 직류 분권발전기
④ 직류 직권발전기

 직류기 발전기

구분	타여자 발전기	직권 발전기	분권 발전기
용도	• 저전압 대전류용 • 직류전동기 속도제어용 전원	승압기로 사용	• 전기 화학용 전원 • 전지의 충전용 발전기

문제 **32** **대지전압 150[V] 초과 300[V] 이하인 저압전로의 절연저항값[MΩ]은 얼마 이상인가?**

① 0.1
② 0.2
③ 0.4
④ 0.8

 저압전로의 절연저항

대지전압 범위	150[V] 이하	151~300 이하	301~400 미만	400 이상
절연저항값	0.1[MΩ] 이상	0.2[MΩ] 이상	0.3[MΩ] 이상	0.4[MΩ] 이상

문제 **33** **병렬운전 중인 동기임피던스 5[Ω]인 2대의 3상 동기발전기의 유도기전력에 200[V]의 전압 차이가 있다면 무효순환전류[A]는?**

① 5
② 10
③ 20
④ 40

 동기발전기 병렬운전시 기전력크기 같을 것

기전력 크기가 다른 경우	무효순환전류 적용식 및 계산
무효 순환전류 I_c가 흐른다.	$I_c = \frac{\text{전압차 } V_s}{2x_s} = \frac{200}{2\times 5} = 20[A]$

문제 **34** **변압기 절연물의 열화정도를 파악하는 방법으로서 적절하지 않은 것은?**

① 유전정접
② 유중가스 분석
③ 접지저항 측정
④ 흡수전류나 잔류전류 측정

해설 변압기 열화원인 및 열화정도 파악방법

구분	열화원인	열화정도 파악방법
내용	열, 흡습, 부분방전 기계적 응력	유전정접시험, 유중가스분석시험, 흡수전류나 잔류전류측정, 절연내력시험

정답 31. ③ 32. ② 33. ③ 34. ③

문제 35 **직류 분권발전기를 동일 극성의 전압을 단자에 인가하여 전동기로 사용하면?**

① 동일 방향으로 회전한다.
② 반대 방향으로 회전한다.
③ 회전하지 않는다.
④ 소손된다.

문제 36 **3상 유도전동기의 회전원리를 설명한 것 중 틀린 것은?**

① 회전자의 회전속도가 증가하면 도체를 관통하는 자속수는 감소한다.
② 회전자의 회전속도가 증가하면 슬립도 증가한다.
③ 부하를 회전시키기 위해서는 회전자의 속도는 동기속도 이하로 운전되어야 한다.
④ 3상 교류전압을 고정자에 공급하면 고정자 내부에서 회전 자기장이 발생된다.

3상 유도전동기

슬립(s) 식	슬립(s)과 회전자속도(N)의 관계
$s = \frac{N_s - N}{N_s}$	회전자속도($N\uparrow$) 증가시 슬립($s\downarrow$)은 감소한다.

문제 37 **다음 중 턴-오프(소호)가 가능한 소자는?**

① GTO
② TRIAC
③ SCR
④ LASCR

턴-오프 소자

약자	명칭	심벌	내용
GTO	게이트 턴-오프 스위치	A, K, G	게이트(G)에 부(−)전압 인가시 도통 상태가 오프상태가 됨

문제 38 **권수비 30인 변압기의 저압측 전압이 8[V]인 경우 극성시험에서 가극성과 감극성의 전압차이는 몇 [V]인가?**

① 24
② 16
③ 8
④ 4

변압기에서 가극성과 감극성의 전압차 계산

이해그림	1차 전압 V_1	가극성 전압	감극성 전압	전압차
a=30, V_1, V_2=8	$V_1 = a \times V_2$ $= 30 \times 8$ $= 240$[V]	$V_1 + V_2$ $= 240 + 8$ $= 248$	$V_1 - V_2$ $= 240 - 8$ $= 232$	$248 - 232$ $= 16$[V]

정답 35. ① 36. ② 37. ① 38. ②

문제 **39** 2극의 직류발전기에서 코일변의 유효길이 l[m], 공극의 평균자속밀도 B[Wb/m^2], 주변속도 v[m/s]일 때 전기자 도체 1개에 유도되는 기전력의 평균값 e[V]는?

① $e = Blv$[V]　② $e = \sin wt$[V]
③ $e = 2B\sin wt$[V]　④ $e = v^2 Bl$[V]

 직류발전기의 평균값 e[V] 계산

직류	적용식	직류발전기 전압(e) 계산
$\sin 90 = 1$ 대입	$e = VBl\sin\theta$	$e = VBl\sin 90 = BlV$[V]

문제 **40** 인버터(inverter)란?

① 교류를 직류로 변환　② 직류를 교류로 변환
③ 교류를 교류로 변환　④ 직류를 직류로 변환

 전력변환장치

전력변환장치	컨버터	인버터	초퍼	정류기(다이오드)
변환값	교류 → 직류	직류 → 교류	직류전압 크기조절	교류 → 직류

문제 **41** 계기용 변류기의 약호는?

① CT　② WH
③ CB　④ DS

 수전설비기기

명칭(약자)	계기용 변류기 CT	전력량계 WH	차단기 CB	단로기 DS
역할(기능)	대전류 → 소전류	전력사용량	사고전류차단	무부하전류개폐

문제 **42** 저압크레인 또는 호이스트 등의 트롤리선을 애자사용 공사에 의하여 옥내의 노출장소에 시설하는 경우 트롤리선의 바닥에서의 최소 높이는 몇 [m] 이상으로 설치하는가?

① 2　② 2.5
③ 3　④ 3.5

문제 **43** 간선에서 접속하는 전동기의 정격전류의 합계가 100[A]인 경우에 간선의 허용전류가 몇 [A]인 전선의 굵기를 선정하여야 하는가?

① 100　② 110
③ 125　④ 200

정답 39. ① 40. ② 41. ① 42. ④ 43. ②

 전동기 회로의 전선과 과전류 차단기의 전류

전동기의 정격전류[A]	전선의 허용전류[A]=간선 굵기	과전류 차단기의 크기
50[A] 미만인 경우	1.25×전동기 전류의 합계	2.5×전선의 허용전류
50[A] 이상인 경우	1.1×전동기 전류의 합계 =1.1×100=110[A]	2.5×전선의 허용전류

문제 **44** **가공전선로의 지지물에서 다른 지지물을 거치지 아니하고 수용장소의 인입선 접속점에 이르는 가공전선을 무엇이라 하는가?**

① 옥외 전선 ② 연접인입선
③ 가공 인입 ④ 관등회로

문제 **45** **동전선의 직선접속(트위스트 조인트)은 몇 [mm^2] 이하의 전선이어야 하는가?**

① 2.5 ② 6
③ 10 ④ 16

 단선의 직선접속 방법

단선의 직선 접속 방법종류	트위스트 접속	브리타니아 접속
적용 전선 굵기	6[mm^2] 이하 가는 단선	10[mm^2] 이하 굵은 단선

문제 **46** **사용전압 15[kV] 이하의 특고압 가공전선로의 중성선의 접지선을 중성선으로부터 분리하였을 경우 1[km]마다의 중성선과 대지 사이의 합성 전기저항값은 몇 [Ω] 이하로 하여야 하는가?**

① 30 ② 100
③ 150 ④ 300

 25[kV] 이하 특고압 가공전선로의 중성선과 대지 사이 합성전기저항

전압범위	1[km]마다 합성저항치	각 지점의 대지 전기저항치
15[kV] 초과~25[kV] 이하	15[Ω] 이하	단독인 경우 150[Ω] 이하
15[kV] 이하	30[Ω] 이하	단독인 경우 300[Ω] 이하

문제 **47** **일반적으로 학교 건물이나 은행 건물 등의 간선의 수용률은 얼마인가?**

① 50[%] ② 60[%]
③ 70[%] ④ 80[%]

해설 전등 및 소형전기 기계기구의 용량 합계가 10[kVA] 초과시 수용률값

건축물 종류	주택, 기숙사, 호텔, 병원	학교, 사무실, 은행	10[kVA](기준)
수용률	50[%]	70[%]	100[%](기준)

정답 44. ③ 45. ② 46. ① 47. ③

문제 **48** **옥내배선공사 작업 중 접속함에 쥐꼬리 접속을 할 때 필요한 것은?**

① 커플링　　② 와이어 커넥터
③ 로크 너트　　④ 부싱

문제 **49** **교류 차단기에 포함되지 않는 것은?**

① GCB　　② HSCB
③ VCB　　④ ABB

 차단기(CB)의 종류

구분	직류 차단기	교류 차단기
종류	직류 고속도 차단기 HSCB (High Speed DB)	가스차단기 GCB, 진공차단기 VCB 공기차단기 ABB, 유입차단기 OCB

문제 **50** **사용전압이 440[V]인 3상 유도전동기의 외함접지공사시 접지선의 굵기는 공칭단면적 몇 [mm^2] 이상의 연동선이어야 하는가?**

① 2.5　　② 6
③ 10　　④ 16

 전동기 외함접지

접지종류	1종	2종	3종	특3종
접지기기	고압기계 기구외함	변압기 2차측	400[V] 미만 기계기구외함	400[V] 이상 기계기구외함
접지선 굵기	6[mm^2] 이상	6[mm^2] 이상	2.5[mm^2] 이상	

문제 **51** **연선 결정에 있어서 중심 소선을 뺀 층수가 2층이다. 소선의 총수 N은 얼마인가?**

① 45　　② 39
③ 19　　④ 9

연선의 단면	연선 층수	소선의 총수 N	연선의 직경(D) 및 단면적(A)
소선직경 d 연선 직경 D 2층, 1층, 0층, 1층, 2층 소선의 층수 n	$n=1$층 $n=2$층 $n=3$층 $n=4$층	$N=7$가닥 $N=19$가닥 $N=37$가닥 $N=3n(n+1)+1$	$D=(2n+1)d$[mm] $A=\frac{\pi}{4}d^2\times N$[mm^2]

정답 48. ② 49. ② 50. ① 51. ③

문제 **52** **펜치로 절단하기 힘든 굵은 전선의 절단에 사용되는 공구는?**

① 파이프 렌치 ② 파이프 커터
③ 클리퍼 ④ 와이어 게이지

 전기공사용 공구

파이프 렌치	파이프 커터	클리퍼	와이어 게이지
금속관 커플링을 물고 조일 때 사용	금속관 절단용	굵은 전선 절단용	전선의 굵기 측정

문제 **53** **불연성 먼지가 많은 장소에서 시설할 수 없는 옥내배선공사방법은?**

① 금속관 공사 ② 금속제 가요전선관 공사
③ 두께가 1.2[mm]인 합성수지관 공사 ④ 애자사용 공사

문제 **54** **애자사용 공사에서 전선의 지지점 간의 거리는 전선을 조영재의 위면 또는 옆면에 따라 붙이는 경우에는 몇 [m] 이하인가?**

① 1 ② 2
③ 2.5 ④ 3

 애자사용 공사의 시설규정

사용전압	시설장소	전선상호간격	조영재와의 거리	전선과 지지점과의 거리
400[V] 미만	모든 장소	6[cm] 이상	2.5[m] 이상	조영재에 따를 경우 2[m] 이하
400[V] 이상	전개된 장소 및 점검할 수 있는 은폐장소	6[cm] 이상	4.5[cm] 이상 (건조시 2.5[cm] 이상)	

문제 **55** **자가용 전기설비의 보호계전기의 종류가 아닌 것은?**

① 과전류계전기 ② 과전압계전기
③ 부족전압계전기 ④ 부족전류계전기

문제 **56** **토지의 상황이나 기타 사유로 인하여 보통지선을 시설할 수 없을 때 전주와 전주 간 또는 전주와 지주 간에 시설할 수 있는 지선은?**

① 보통지선 ② 수평지선
③ Y지선 ④ 궁지선

지선 종류	Y지선	궁지선	공동지선	수평지선
용도	장력이 큰 경우 사용	장력이 작고 버팀목 사용	직선로에 사용 (두개 지지물에 공동사용)	노도횡단시 사용 (전주와 전주 또는 지주간)

정답 52. ③ 53. ③ 54. ② 55. ④ 56. ②

문제 **57**

차량, 기타 중량물의 하중을 받을 우려가 있는 장소에 지중선로를 직접 매설식으로 매설하는 경우 매설깊이는?

① 60[cm] 미만
② 60[cm] 이상
③ 120[cm] 미만
④ 120[cm] 이상

해설 직접 매설식에 의한 압력의 유무에 따른 케이블 매설깊이

구분	매설깊이
차량 또는 중량물의 압력을 받을 경우(도로)	1.2[m] 이상
차량 또는 중량물의 압력을 받지 않을 경우	0.6[m] 이상

문제 **58**

경질 비닐 전선관 1본의 표준길이[m]는?

① 2
② 3.6
③ 4
④ 5.5

해설 합성수지관공사 : 경질비닐관(PVC관) 1본의 길이를 4[m]로 제작한다.

문제 **59**

옥외용 비닐절연전선의 약호는?

① OW
② DV
③ NR
④ FTC

전선약호	VV	DV	OW	NR
명칭	0.6/1kV 비닐 절연 비닐시스케이블	인입용 비닐절연전선	옥외용 비닐절연전선	450/750V 일반용 단심 비닐절연전선

문제 **60**

관을 시설하고 제거하는 것이 자유롭고 점검 가능한 은폐장소에서 가요전선관을 구부리는 경우 곡률 반지름은 제2종 가요전선관 안지름의 몇 배 이상으로 하여야 하는가?

① 10
② 9
③ 6
④ 3

정답 57. ④ 58. ③ 59. ① 60. ④

기출 문제

2014년 제2회

문제 01 **어떤 회로의 소자에 일정한 크기의 전압으로 주파수를 2배로 증가시켰더니 흐르는 전류의 크기가 1/2로 되었다. 이 소자의 종류는?**

① 저항 ② 코일
③ 콘덴서 ④ 다이오드

 소자(부하)의 종류

부하종류	저항 R(전열기)	★ 코일 L(전동기)	콘덴서 C(축전지)
주파수 f와 전류 I의 관계	무관$\left(I=\frac{V}{R}\right)$	반비례$\left(I=\frac{V}{2\pi fL}\right)$	비례$(I=2\pi fcV)$

문제 02 **다음 중 자기작용에 관한 설명으로 틀린 것은?**

① 기자력의 단위는 [AT]를 사용한다.
② 자기회로의 자기저항이 작은 경우는 누설자속이 거의 발생되지 않는다.
③ 자기장 내에 있는 도체에 전류를 흘리면 힘이 작용하는데, 이 힘을 기전력이라 한다.
④ 평행한 두 도체 사이에 전류가 동일한 방향으로 흐르면 흡인력이 작용한다.

해설 자기작용

기자력 F[AT]	자기저항 R	평행도선간의 힘 F 종류	
코일을 감고 전류이동시 발생하는 힘	$R=\frac{\text{기자력 } F}{\text{자속 } \phi}$	I_1 I_2 흡입력 작용	I_1 I_2 반발력 작용

문제 03 **어떤 콘덴서에 V[V]의 전압을 가해서 Q[C]의 전하를 충전할 때 저장되는 에너지 [J]는?**

① $2QV$ ② $2QV^2$
③ $\frac{1}{2}QV$ ④ $\frac{1}{2}QV^2$

 콘덴서 축적에너지 W[J]

출제 유형	Q와 V가 주어진 경우 사용	C와 V가 주어진 경우 사용	C와 Q가 주어진 경우 사용
적용 공식	에너지 $W=\frac{1}{2}QV$	$=\frac{1}{2}CV^2$	$=\frac{Q^2}{2C}$[J]

정답 01. ② 02. ③ 03. ③

회로에서 a－b 단자간의 합성저항값[Ω]은?

① 1.5
② 2
③ 2.5
④ 4

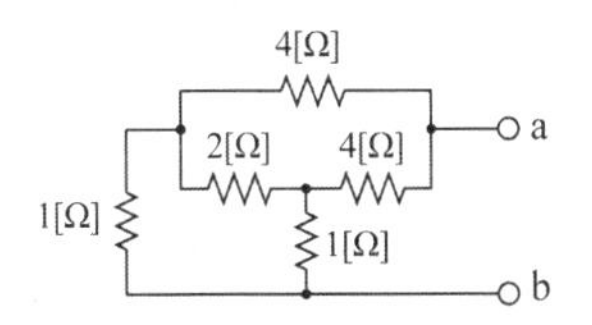

 브리지 평형조건 적용 합성저항 R_{ab} 계산

브리지 회로 →	등가회로 →	합성저항 R_{ab} 계산
4[Ω] 1[Ω] a 2[Ω] b 4[Ω] 1[Ω]	4[Ω] 1[Ω] 4[Ω] 1[Ω]	$R_{ab}=\frac{5}{2\text{개}}=2.5[\Omega]$

문제 **05**

선간전압 210[V], 선전류 10[A]의 Y결선 회로가 있다. 상전압과 상전류는 각각 얼마인가?

① 121[V], 5.77[A]
② 121[V], 10[A]
③ 210[V], 5.77[A]
④ 210[V], 10[A]

 3상 Y결선의 특징

Y결선 회로	특징	계산값
I_l, I_p, $\frac{V_l}{\sqrt{3}}=V_p$, R (한상분), R, R, V_l	선간전압 $V_l=\sqrt{3}\times V_P$ 선전류 $I_l=$ 상전류 I_P	상전압 $V_P=\frac{V_l}{\sqrt{3}}=\frac{210}{\sqrt{3}}$ $=121[\text{V}]$ 상전류 $I_P=10[\text{A}]$

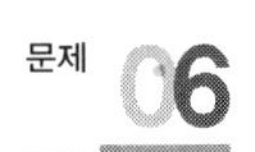

Δ결선으로 된 부하에 각 상의 전류가 10[A]이고 각 상의 저항이 4[Ω], 리액턴스가 3[Ω]이라 하면 전체 소비전력은 몇 [W]인가?

① 2,000
② 1,800
③ 1,500
④ 1,200

 3상 Δ결선시 유효(소비) 전력 P계산

Δ결선 회로	소비전력 P식	계산
I_l, $I_P=10$, V_P, $Z=4+j3$, V_l	$P=3I_P^2R$	$=3\times10^2\times4$ $=1,200[\text{W}]$

정답 04. ③ 05. ② 06. ④

문제 **07** **교류회로에서 무효전력의 단위는?**

① [W] ② [VA]
③ [Var] ④ [V/m]

 교류회로에서 전력

전력 종류	피상전력	= 유효전력	+ 무효전력
표기 및 단위	P_a[VA]	= P [W]	+ P_r[Var]

문제 **08** **도체가 운동하여 자속을 끊었을 때 기전력의 방향을 알아내는데 편리한 법칙은?**

① 렌츠의 법칙 ② 패러데이의 법칙
③ 플레밍의 왼손 법칙 ④ 플레밍의 오른손 법칙

 법칙 종류 및 정의

렌츠의 법칙	패러데이의 법칙	플레밍 왼손 법칙	플레밍의 오른손법칙
자속방향에 따른 기전력의 방향	유도기전력의 크기를 결정	전동기의 힘 F방향 결정	발전기의 기전력 e방향 결정

문제 **09** **진공 중에서 10^{-4}[C]과 10^{-8}[C]의 두 전하가 10[m]의 거리에 놓여 있을 때, 두 전하 사이에 작용하는 힘[N]은?**

① 9×10^{2} ② 1×10^{4}
③ 9×10^{-5} ④ 1×10^{-8}

 두 전하 사이에 작용하는 힘 F

이해그림	적용식	계산	힘의 종류
10^{-4} Q_1 공기중 ε_0 10^{-8} Q_2 ←$r=10$[m]→	$F=9\times10^{9}\left(\dfrac{Q_1Q_2}{r^2}\right)$	$=9\times10^{9}\left(\dfrac{10^{-4}\times10^{-8}}{10^2}\right)$ $=9\times10^{-5}$[W]	반발력 작용 (같은 극성 이므로)

문제 **10** **진공 중의 두 점전하 Q_1[C], Q_2[C]가 거리 r[m] 사이에서 작용하는 정전력[N]의 크기를 옳게 나타낸 것은?**

① $9\times10^{9}\times\dfrac{Q_1Q_2}{r^2}$ ② $6.33\times10^{4}\times\dfrac{Q_1Q_2}{r^2}$
③ $9\times10^{9}\times\dfrac{Q_1Q_2}{r}$ ④ $6.33\times10^{4}\times\dfrac{Q_1Q_2}{r}$

정답 07. ③ 08. ④ 09. ③ 10. ①

문제 11 그림과 같은 자극 사이에 있는 도체에 전류 I가 흐를 때 힘은 어느 방향으로 작용하는가?

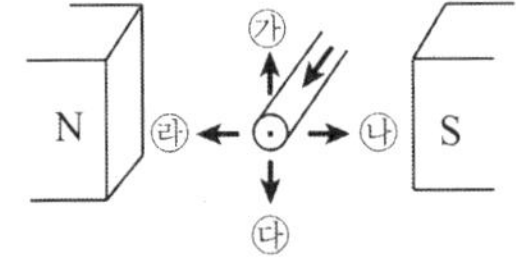

① ①
② ②
③ ③
④ ④

해설 플레밍의 왼손법칙

전동기 구조	플레밍의 왼손법칙 적용	전동기(플레밍의 왼손법칙)에 적용
자석N극 고정자 S극 고정자 B I 회전자 코일 I + − 축(중심)	힘 $F=IBl\sin\theta$ 방향 엄지 검지 자계 $H(B)$ 방향 =자속ϕ 중지 전류 I 방향	축 힘 F 방향 N극 (+) S극 (−) I 선전류 I 방향 B방향 I 힘 F 방향$=IBl\sin\theta$

문제 12 두 코일의 자체 인덕턴스를 L_1[H], L_2[H]라 하고 상호 인덕턴스를 M이라 할 때, 두 코일을 자속이 동일한 방향과 역방향이 되도록 하여 직렬로 각각 연결하였을 경우, 합성 인덕턴스의 큰 쪽과 작은 쪽의 차는?

① M
② $2M$
③ $4M$
④ $8M$

해설 두 코일 직렬연결시 합성 인덕턴스 L_o

적용식	합성인덕턴스 차 값
가동시 L_o(大값) $=L_1+L_2+2M$ 차동시 L_o(小값) $=L_1+L_2-2M$	가동시−차동시 $=+2M-(-2M)=4M$

문제 13 반지름 r[m], 권수 N회의 환상 솔레노이드에 I[A]의 전류가 흐를 때, 그 내부의 자장의 세기 H[AT/m]는 얼마인가?

① $\dfrac{NI}{r^2}$
② $\dfrac{NI}{2r}$
③ $\dfrac{NI}{4\pi r^2}$
④ $\dfrac{NI}{2\pi r}$

해설 환상 철심 내부 자장의 세기 H

환상 철심 그림	철심 내부 자계 H	중심 및 외부의 자계 H
권수 N 중심 r I + $l=2\pi r$ 내부 외부 −	$H=\dfrac{NI}{2\pi r}$ [AT/m]	$H=0$

정답 11. ① 12. ③ 13. ④

문제 14 **묽은황산(H_2SO_4) 용액에 구리(Cu)와 아연(Zn)판을 넣었을 때 아연판은?**

① 음극이 된다. ② 수소기체를 발생한다.
③ 양극이 된다. ④ 황산아연으로 변한다.

 전지의 원리

구분	양극(+)	음극(−)	전해액
사용재료	구리(Cu)판	아연(Zn)판	묽은황산(H_2SO_4)

문제 15 **정전용량이 같은 콘덴서 10개가 있다. 이것을 직렬 접속할 때의 값은 병렬 접속할 때의 값보다 어떻게 되는가?**

① 1/10로 감소한다. ② 1/100로 감소한다.
③ 10배로 증가한다. ④ 100배로 증가한다.

 합성 콘덴서(정전용량) C

직렬연결시	병렬연결시	합성정전용량 몇 배(비) 계산
C C ······ n=10개	C C n=10개	비 $= \frac{\text{직렬시}}{\text{병렬시}} = \frac{\frac{C}{10\text{개}}}{10\text{개} \times C} = \frac{1}{100}$ 감소

문제 16 **그림에서 폐회로에 흐르는 전류는 몇 [A]인가?**

① 1 ② 1.25
③ 2 ④ 2.5

5[Ω] 3[Ω] 15[V] 5[V]

 전류 $I = \frac{V_1 - V_2}{R_1 + R_2} = \frac{15-5}{5+3} = \frac{10}{8} = 1.25[\text{A}]$

문제 17 **그림의 브리지 회로에서 평형이 되었을 때의 C_x는?**

① 0.1[μF]
② 0.2[μF]
③ 0.3[μF]
④ 0.4[μF]

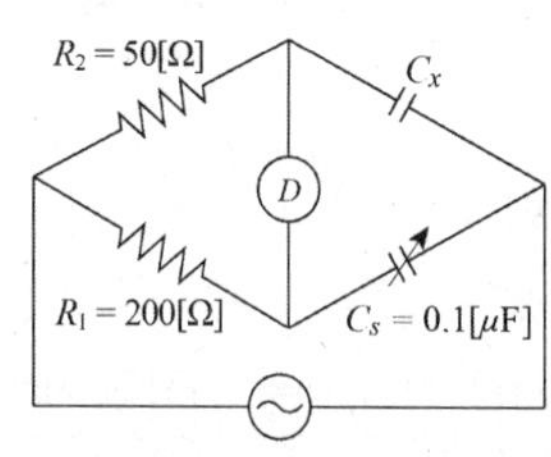

 브리지 평형조건

성립조건	성립식	계산
대각선부하끼리 곱셈은 같다	$R_2 \times \frac{1}{jwc_s} = R_1 \times \frac{1}{jwc_x}$	$C_x = \frac{R_1}{R_2} \times C_S = \frac{200}{50} \times 0.1 = 0.4[\mu\text{F}]$

정답 14. ① 15. ② 16. ② 17. ④

문제 18 **서로 다른 종류의 안티몬과 비스무트의 두 금속을 접속하여 여기에 전류를 통하면, 그 접점에서 열의 발생 또는 흡수가 일어난다. 줄열과 달리 전류의 방향에 따라 열의 흡수와 발생이 다르게 나타나는 이 현상은?**

① 펠티에 효과 ② 제어벡 효과
③ 제3금속의 법칙 ④ 열전 효과

해설 열효과

종류	제어벡 효과	펠티에 효과	톰슨 효과	제3금속 법칙
정의	다른 금속에 온도차 주면 전기발생	다른 금속에 전류차 주면 열 흡수효과	동일금속에 온도차와 전류차 주면 열 흡수 또는 발생	접점의 온도 일치 시 열기전력은 불변

문제 19 **비사인파 교류회로의 전력성분과 거리가 먼 것은?**

① 맥류성분과 사인파와의 곱 ② 직류성분과 사인파와의 곱
③ 직류성분 ④ 주파수가 같은 두 사인파의 곱

문제 20 **동일 전압의 전지 3개를 접속하여 각각 다른 전압을 얻고자 한다. 접속방법에 따라 몇 가지의 전압을 얻을 수 있는가?** (단, 극성은 같은 방향으로 설정한다)

① 1가지 전압 ② 2가지 전압
③ 3가지 전압 ④ 4가지 전압

합성전압(V_o) 종류	$3V$(직렬시)일 때	$2V$(직·병렬시)일 때	V(병렬시 전압이 같다)
이해 회로그림			

문제 21 **복잡한 전기회로를 등가 임피던스를 사용하여 간단히 변화시킨 회로는?**

① 유도회로 ② 전개회로
③ 등가회로 ④ 단순회로

문제 22 **3상 100[kVA], 13,200/200[V] 변압기의 저압측 선전류의 유효분은 약 몇 [A]인가?** (단, 역률은 80[%]이다)

① 100 ② 173
③ 230 ④ 260

정답 18. ① 19. ① 20. ③ 21. ③ 22. ③

해설 변압기 저압측의 선전류의 유효분 계산

선전류 I_l	= 유효분 선전류 + j 무효분 선전류	정답
공식	$=\frac{P}{\sqrt{3}\,V}\cos\theta + j\frac{P}{\sqrt{3}}\sin\theta$	=유효분 + j무효분
계산	$=\frac{100000}{\sqrt{3}\times 200}\times 0.8 + j\frac{100000}{\sqrt{3}\times 200}\times 0.6$	$=230+j173$

문제 **23**

3상 유도전동기의 1차 입력 60[kW], 1차 손실 1[kW], 슬립 3%일 때 기계적 출력은 약 몇 [kW]인가?

① 57　　② 75
③ 95　　④ 100

3상 유도전동기의 기계적 출력 P_o 계산

구분	2차 입력 P_2	기계적(2차) 출력 P_o
공식	P_2 =1차입력 − 1차손실	$P_o = (1-S)P_2$
계산	$= 60-1 = 59$[kW]	$= (1-0.03)\times 59 = 57$[kW]

문제 **24**

동기발전기에서 비돌극기의 출력이 최대가 되는 부하각(power angle)은?

① 0°　　② 45°
③ 90°　　④ 180°

비철극기(비돌극기)와 철극기(돌극기)의 비교

구분	적용 발전기	극수	회전기	크기	단락비 k	리액턴스 X	최대출력 부하각 δ	발전기 설치
비철극기 (비돌극기)	터빈 발전기 (화력·원자력)	2~4극	고속기	직경 D 작다. 길이 l 크다.	0.6~1.0	직축 X =횡축 X	90°일 때 발생	수평형
철극기 (돌극기)	수차 발전기 (수력)	16~32극	저속기	직경 D 크다. 길이 l 작다.	0.9~1.2	직축 X >횡축 X	60°일 때 발생	수직형

문제 **25**

3상 동기발전기 병렬운전 조건이 아닌 것은?

① 전압의 크기가 같을 것　　② 회전수가 같을 것
③ 주파수가 같을 것　　④ 전압 위상이 같을 것

해설 3상 동기발전기 병렬운전 조건
기전력의 크기, 주파수, 위상, 파형, 상회전 방향 등이 같을 것

문제 **26**

직류발전기에서 급전선의 전압강하 보상용으로 사용되는 것은?

① 분권기　　② 직권기
③ 과복권기　　④ 차동복권기

정답 23. ① 24. ③ 25. ② 26. ③

해설 직류발전기에서 과복권기의 용도

과복권기	용도
직권계자의 강약에 따른 접속	급전선의 전압 강하 보상용

문제 **27** **통전 중인 사이리스터를 턴 오프(turn off) 하려면?**

① 순방향 Anode 전류를 유지전류 이하로 한다.
② 순방향 Anode 전류를 증가시킨다.
③ 게이트 전압을 0 또는 (−)로 한다.
④ 역방향 Anode 전류를 통전한다.

문제 **28** **그림은 전동기 제어회로에 대한 설명으로 잘못된 것은?**

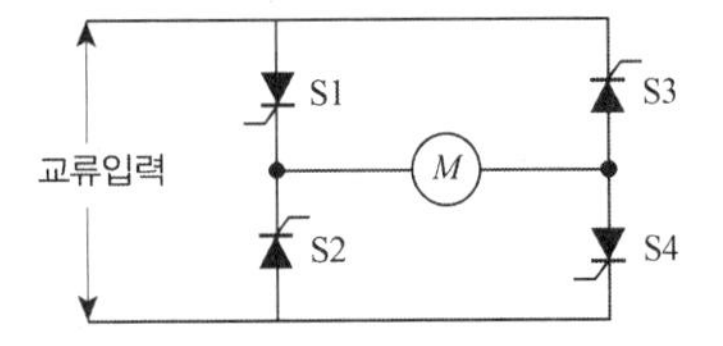

① 교류를 직류로 변환한다.
② 사이리스터 위상제어 회로이다.
③ 전파 정류회로이다.
④ 주파수를 변환하는 회로이다.

문제 **29** **전기기계의 철심을 규소강판으로 성층하는 이유는?**

① 동손 감소 ② 기계손 감소
③ 철손 감소 ④ 제작이 용이

철손 P_i

구 분	철손 종류	식	철손 감소대책
철손 P_i 식	와류손 P_e ⊕ 히스테리시스손 P_h	$P_e = k(fB_m t)^2$ $P_h = kfB_m^{1.6}t$	성층철심 사용 규소강판 사용
용 어	손실계수 k / 주파수 f[Hz] / 최대자속밀도 B_m[Wb/m^2] / 철 두께 t		

문제 **30** **동기 검정기로 알 수 있는 것은?**

① 전압의 크기 ② 전압의 위상
③ 전류의 크기 ④ 주파수

문제 **31** **변압기의 규약 효율은?**

① 출력/입력 ② 출력/(출력+손실)
③ 출력/(입력+손실) ④ (입력−손실)/입력

정답 27. ① 28. ④ 29. ③ 30. ② 31. ②

 변압기의 효율 η

효율 종류	실측효율(측정값 사용)	규약효율(손실값 기준)
공식	$\eta=\frac{\text{출력(측정값)}}{\text{입력(측정값)}}\times 100$	$\eta=\frac{\text{출력}}{\text{출력}+\text{손실}}\times 100$

문제 **32**

직류발전기에서 자속을 만드는 부분은 어느 것인가?

① 계자철심　　② 정류자
③ 브러시　　④ 공극

직류발전기 3대 요소	계자	전기자	정류자
역할(기능)	자속을 만듦	기전력을 발생시킴	교류 → 직류로 변환시킴

문제 **33**

전동기의 제동에서 전동기가 가지는 운동 에너지를 전기에너지로 변화시키고 이것을 전원에 환원시켜 전력을 회생시킴과 동시에 제동하는 방법은?

① 발전제동(dynamic braking)
② 역전제동(plugging braking)
③ 맴돌이전류제동(eddy current braking)
④ 회생제동(regenerative braking)

 전동기 제동(정지)법

종류	내용
회생 제동	전동기를 발전기로 작동시켜 발생전력을 전원으로 공급하는 제동법
발전 제동	전동기를 발전기로 사용하여 전열 내에서 줄열로 소비하여 제동법
역상 제동 또는 플러깅	계자(전기자) 전류 방향을 바꾸어 역토크 발생으로 제동 (3상 중 2상을 바꾸어 제동)

문제 **34**

변압기 명판에 표시된 정격에 대한 설명으로 틀린 것은?

① 변압기의 정격출력 단위는 [kW]이다.
② 변압기 정격은 2차 측을 기준으로 한다.
③ 변압기의 정격은 용량, 전류, 전압, 주파수 등으로 결정된다.
④ 정격이란 정해진 규정에 적합한 범위 내에서 사용할 수 있는 한도이다.

 변압기의 명판 표기값

정격	정격용량[kVA]	정격전압	정격전류	주파수
사용한도	최대사용용량	1·2차 선간전압	1·2차 선전류	특성 및 시험기준

정답 32. ① 33. ④ 34. ①

문제 **35** **보호계전기 시험을 하기 위한 유의사항이 아닌 것은?**

① 시험회로 결선시 교류와 직류 확인
② 시험회로 결선시 교류의 극성 확인
③ 계전기 시험 장비의 오차 확인
④ 영점의 정확성 확인

해설 보호계전기 시험시 유의사항
1) 교류와 직류확인 2) 장비오차 확인 3) 영점확인

문제 **36** **다음 설명 중 틀린 것은?**

① 3상 유도 전압조정기의 회전자 권선은 분로권선이고, Y결선으로 되어 있다.
② 디프 슬롯형 전동기는 냉각효과가 좋아 기동 정지가 빈번한 중·대형 저속기에 적당하다.
③ 누설 변압기가 네온사인이나 용접기의 전원으로 알맞은 이유는 수하특성 때문이다.
④ 계기용 변압기의 2차 표준은 110/220[V]로 되어 있다.

변성기 종류	기능(변성값=표준)	2차측 단자 접속계측기	점검시 2차측	개방·단락 이유
계기용 변압기 PT	1차 고압 → 2차 저압(110[V])	전압계 Ⓥ	개방시킴	과전류로부터 자신보호
계기용 변류기 CT	1차 대전류 → 2차 소전류(5[V])	전류계 Ⓐ	단락시킴	2차측 절연보호

문제 **37** **직류전동기의 출력이 50[kW], 회전수가 1800[rpm]일 때 토크는 약 몇 [kg·m]인가?**

① 12 ② 23
③ 27 ④ 31

직류 전동기 토크 T[kg·m] 계산

적용식	계산	용어
$T = 0.975\dfrac{P}{N}$	$= 0.975 \times \dfrac{50 \times 10^3}{1800} = 27[\text{kg}\cdot\text{m}]$	• 출력 P[W] • 회전수 n [rpm]

문제 **38** **다음 중 정속도 전동기에 속하는 것은?**

① 유도전동기 ② 직권전동기
③ 분권전동기 ④ 교류 정류자전동기

해설 전동기 특징

특성	정속도 전동기	가변속도 전동기
적용전동기	타여자·분권·동기전동기	직권·유도·정류자 전동기

정답 35. ② 36. ④ 37. ③ 38. ③

문제 **39** **다음 사이리스터 중 3단자 형식이 아닌 것은?**

① SCR ② GTO
③ DIAC ④ TRIAC

 사이리스터 소자

소자종류	SCR (역저지 3단자소자)	GTO (게이트 턴 오프 스위치)	DIAC (양방향 2단자소자)	TRIAC (쌍방향 3단자소자)
심벌	A G− K + −	A G K		A K + −

문제 **40** **유도전동기에서 슬립이 가장 큰 경우는?**

① 기동시 ② 무부하 운전시
③ 정격부하 운전시 ④ 경부하 운전시

 유도전동기의 슬립 s

슬립 s 적용식	$s=1$일 때	$s=0$일 때
$s=\dfrac{N_s-\text{회전자속도 } N}{\text{동기속도 } N_s}$	정지상태(기동시)	동기속도 회전상태 (무부하운전시)

문제 **41** **제1종 가요전선관을 구부릴 경우의 곡률 반지름은 관안지름의 몇 배 이상으로 하여야 하는가?**

① 3배 ② 4배
③ 6배 ④ 8배

 가요전선관 공사

구분	크기(규격)	전선관 지지점 거리	곡률반지름
값	안지름의 홀수	1[m] 이하	전선관 안지름의 6배

문제 **42** **저압 옥내배선에서 애자사용 공사를 할 때 올바른 것은?**

① 전선 상호간의 간격은 6[cm] 이상
② 440[V] 초과하는 경우 전선과 조영재 사이의 이격거리는 2.5[cm] 미만
③ 전선의 지지점간의 거리는 조영재의 위면 또는 옆면에 따라 붙일 경우에는 3[m] 이상
④ 애자사용 공사에 사용되는 애자는 절연성·난연성 및 내수성과 무관

 저압애자 사용공사

사용전압	시설장소	전선 상호간격	조영재와의 거리	전선과 지지점과의 거리
400[V] 미만	모든 장소	6[cm] 이상	2.5[cm] 이상	조영재의 아랫면 또는 옆면에 따라 붙이는 경우 2[m] 이하
400[V] 이상	전개된 장소 및 점검할 수 있는 은폐장소	6[cm] 이상	4.5[cm] 이상 (건조시 2.5[cm] 이상)	

정답 39. ③ 40. ① 41. ③ 42. ①

문제 **43** 저압 옥배내선 시설시 캡타이어 케이블을 조영재의 아랫면 또는 옆면에 따라 붙이는 경우 전선의 지지점 간의 거리는 몇 [m] 이하로 하여야 하는가?

① 1 ② 1.5
③ 2 ④ 2.5

 케이블 공사시 케이블 지지점 이격거리

구분	조영재 아랫면·옆면 따라 시설시	캡타이어 케이블인 경우
거리	2[m] 이하	1[m] 이하

문제 **44** 가공전선로의 지지물에 시설하는 지선은 지표상 몇 [cm]까지의 부분에 내식성이 있는 것 또는 아연도금을 한 철봉을 사용하여야 하는가?

① 15 ② 20
③ 30 ④ 50

 지선시설 규정

구분	소선수	안전율	지선애자	아연도금철봉	도로 횡단시 높이
규정	3가닥 이상 연선 사용	2.5 이상	지표상 2.5[m]	지표상 30[cm]까지	5[m] 이상

문제 **45** 접지저항 저감 대책이 아닌 것은?

① 접지봉의 연결개수를 증가시킨다.
② 접지판의 면적을 감소시킨다.
③ 접지극을 깊게 매설한다.
④ 토양의 고유저항을 화학적으로 저감시킨다.

해설 접지저항 저감 대책
접지판의 면적을 증가↑시키면 접지저항값이 감소↓된다.

문제 **46** 다음 중 300/500[V] 기기 배선용 유연성 단심 비닐 절연전선을 나타내는 약호는?

① NFR ② NFI
③ NR ④ NRC

 기기 배선용 비닐 절연전선

명칭	약호
300/500[V] 기기 배선용 단심 비닐 절연전선	NRI
300/500[V] 기기 배선용 유연성 단심 비닐 절연전선	NFI

정답 43. ① 44. ③ 45. ② 46. ②

문제 **47**

다음 중 금속덕트 공사의 시설방법 중 틀린 것은?

① 덕트 상호간은 견고하고 또한 전기적으로 완전하게 접속할 것
② 덕트 지지점 간의 거리는 3[m] 이하로 할 것
③ 덕트의 끝부분은 열어 둘 것
④ 저압 옥내배선의 사용전압이 400[V] 미만인 경우에는 덕트에 제3종 접지공사를 할 것

해설 금속덕트 공사 시설규정

구분	덕트 상호접속	덕트 지지점 거리	덕트 끝부분	접지공사
규정값	견고하고 완전하게	3[m] 이하	폐쇄시킴	제3종

문제 **48**

금속 전선관의 종류에서 후강 전선관 규격[mm]이 아닌 것은?

① 16　　② 19
③ 28　　④ 36

 금속관의 종류 및 규격

금속관 종류		금속관 규격(mm)
후강	내경(짝수)	10종(16, 22, 28, 36, 42, 54, 70, 82, 92, 104)
박강	외경(홀수)	8종(15, 19, 25, 31, 39, 51, 63, 75)

문제 **49**

수변전 설비 중에서 동력설비 회로의 역률을 개선할 목적으로 사용되는 것은?

① 전력 퓨즈　　② MOF
③ 지락 계전기　　④ 진상용 콘덴서

 수변전 설비

구분	전력용퓨즈 PF	계기용 변성기 MOF	지락계전기 GR	진산용 콘덴서 SC
용도	단락전류차단	전력량계를 위해 PT와 CT를 한개함에 넣은 것	지락사고시 지락전류에 의해 동작	동력설비 부하의 역률 개선

문제 **50**

조명설계시 고려해야 할 사항 중 틀린 것은?

① 적당한 조도일 것　　② 휘도 대비가 높을 것
③ 균등한 광속발산도 분포일 것　　④ 적당한 그림자가 있을 것

해설 조명설계시 휘도가 높으면 눈부심이 커진다.

문제 **51**

전선 접속시 사용되는 슬리브(Sleeve)의 종류가 아닌 것은?

① D형　　② S형
③ E형　　④ P형

정답 47. ③ 48. ② 49. ④ 50. ② 51. ①

 슬리브

슬리브 용도	슬리브 종류
전선 중간 접속자재	B형, C형, E형, O형, P형, T형, L형

문제 **52** **인입 개폐기가 아닌 것은?**

① ASS ② LBS
③ LS ④ UPS

 수변전 설비기기

자동고장구분 개폐기 ASS	부하 개폐기 LBS	선로 개폐기 LS	무정전 전원공급장치 UPS
사고시 고장부분 자동분리 개폐기	결상(단선) 방지용	보수점검시 무부하전류 개폐	정전시 비상(예비) 전원

문제 **53** **전기 배선용 도면을 작성할 때 사용하는 콘센트 도면 기호는?**

①
② 
③ 
④ 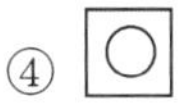

심벌				
명칭	벽붙이 콘센트	비상용 조명	일반용 조명	형광등

문제 **54** **사람의 접촉 우려가 있는 합성수지제 몰드는 홈의 폭 및 깊이가 (㉠)cm 이하로 두께는 (㉡)mm 이상의 것이어야 한다. ( ) 안에 들어갈 내용으로 알맞은 것은?**

① ㉠ 3.5, ㉡ 1 ② ㉠ 5, ㉡ 13
③ ㉠ 3.5, ㉡ 2 ④ ㉠ 5, ㉡ 2

문제 **55** **폭연성 분진이 존재하는 곳의 금속관 공사에 관 상호 및 관과 박스의 접속은 몇 턱 이상의 죔 나사로 시공하여야 하는가?**

① 6턱 ② 5턱
③ 4턱 ④ 3턱

정답 52. ④ 53. ① 54. ③ 55. ②

문제 **56** **저압 옥내간선 시설 시전동기의 정격전류가 20[A]이다. 전동기 전용 분기회로에 있어서 허용전류는 몇 [A] 이상으로 하여야 하는가?**

① 20　　② 25
③ 30　　④ 60

 전동기 전용 분기회로의 허용전류 계산

전동기의 정격전류	전선의 허용전류[A]=간선 굵기	과전류 차단기의 크기
50[A] 미만인 경우	1.25×전동기 전류의 합계 =1.25×20=25[A]	2.5×전선의 허용전류
50[A] 이상인 경우	1.1×전동기 전류의 합계	2.5×전선의 허용전류

문제 **57** **일반적으로 저압 가공인입선이 도로를 횡단하는 경우 노면상 시설하여야 할 높이는?**

① 4[m] 이상　　② 5[m] 이상
③ 6[m] 이상　　④ 6.5[m] 이상

 저압가공인입선 시설 높이

시설구분	도로 횡단시	철도궤도횡단시	횡단보도교	기타
시설높이	노면상 5[m]	레일면상 6.5[m]	노면상 3[m]	4[m]

문제 **58** **가공케이블 시설시 조가용선에 금속테이프 등을 사용하여 케이블 외장을 견고하게 붙여 조가하는 경우 나선형으로 금속테이프를 감는 간격은 몇 [cm] 이하를 확보하여 감아야 하는가?**

① 50　　② 30
③ 20　　④ 10

 가공케이블 시설규정

가공케이블 시설	행거간격	
조가용선에 행거로 시설	금속(철)테이프 사용시 20[cm] 이하	고압은 50[cm] 이하

문제 **59** **지중에 매설되어 있는 금속제 수도관로는 대지와의 전기저항값이 얼마 이하로 유지되어야 접지극으로 사용할 수 있는가?**

① 1[Ω]　　② 3[Ω]
③ 4[Ω]　　④ 5[Ω]

문제 **60** **가공배전선로 시설에는 전선을 지지하고 각종 기기를 설치하기 위한 지지물이 필요하다. 이 지지물 중 가장 많이 사용되는 것은?**

① 철주　　② 철탑
③ 강관 전주　　④ 철근콘크리트주

 지지물의 종류

1) 철근콘크리트주(일반전주로 많이 사용)　2) 철주　3) 철탑　4) 목주

정답 56. ② 57. ② 58. ③ 59. ② 60. ④

기출문제

2014년 제4회

문제 01 단면적 5[cm^2], 길이 1[m], 비투자율 10^3인 환상 철심에 600회의 권선을 감고 이것에 0.5[A]의 전류를 흐르게 한 경우 기자력은?

① 100[AT]
② 200[AT]
③ 300[AT]
④ 400[AT]

해설 기자력 $F=$ 권수 $N\times$ 전류 $I=600$회$\times 0.5=300$[AT]

문제 02 어떤 물질이 정상상태보다 전자수가 많아져 전기를 띠게 되는 현상을 무엇이라 하는가?

① 충전
② 방전
③ 대전
④ 분극

문제 03 다음 물질 중 강자성체로만 짝지어진 것은?

① 철, 니켈, 아연, 망간
② 구리, 비스무트, 코발트, 망간
③ 철, 구리, 니켈, 아연
④ 철, 니켈, 코발트

해설 자성체의 종류

종류	비투자율(μ_s) 조건	예
강자성체	$\mu_s \gg 1$인 물체	니켈(Ni), 코발트(Co), 망간(Mn), 철(Fe)
상자성체	$\mu_s > 1$인 물체	알루미늄(Al), 백금(Pt), 공기(O), 텅스텐(W)
반자성체	$\mu_s < 1$인 물체	금(Au), 은(Ag), 구리(Cu), 아연(Zn), 납(Pb), 수은(Hg)

문제 04 공기 중에서 5[cm] 간격을 유지하고 있는 2개의 평행 도선에 각각 10[A]의 전류가 동일한 방향으로 흐를 때 도선 1[m]당 발생하는 힘의 크기[N]는?

① 4×10^{-4}
② 2×10^{-5}
③ 4×10^{-5}
④ 2×10^{-4}

정답 01. ③ 02. ③ 03. ④ 04. ①

해설 평행도선간의 힘 F 계산

평행도선 그림	적용식	계산
권수 N, 중심, r, I, +, −, $l=2\pi r$, 내부, 외부	$F=2\times\dfrac{I_1 I_2\times10^{-7}}{r}\times l\,[\text{N}]$	$=2\times\dfrac{10\times10\times10^{-7}}{5\times10^{-2}}\times1$ $=4\times10^{-4}\,[\text{N}]$

문제 **05** **정격전압에서 1[kW]의 전력을 소비하는 저항에 정격의 90[%] 전압을 가했을 때, 전력은 몇 [W]가 되는가?**

① 630[W] ② 780[W]
③ 810[W] ④ 900[W]

소비전력 P 계산

이해그림	적용식	계산
$V_1=100\%$ ↓ $V_2=0.9V_1$, R, $P_1=1[\text{kW}]$ ↓ $P_2=?$	$P=\dfrac{V^2}{R}$ ★ $P\propto V^2$	$P_2=\left[\dfrac{V_2}{V_1}\right]^2\times P_1=\left[\dfrac{0.9V_1}{V_1}\right]^2\times1000$ $=810[\text{W}]$

문제 **06** **기전력 1.5[V], 내부저항 0.1[Ω]인 전지 4개를 직렬로 연결하고 이를 단락했을 때의 단락전류[A]는?**

① 10 ② 12.5
③ 15 ④ 17.5

건전지 직렬연결시 단락전류 I_S 계산

이해그림	적용식	계산
0.1[Ω], 1.5[V], n=4개	단락전류 $I_S=\dfrac{n\times V}{n\times r}$	$=\dfrac{4개\times1.5}{4개\times0.1}=15[\text{A}]$

문제 **07** **$R-L$ 직렬회로에서 임피던스(Z)의 크기를 나타내는 식은?**

① $R^2+X_L^2$ ② $R^2-X_L^2$
③ $\sqrt{R^2+X_L^2}$ ④ $\sqrt{R^2-X_L^2}$

$R-L$ 직렬회로

$R-L$ 직렬회로	임피던스 Z	크기 $\lvert Z\rvert$ 계산
저항 R 코일 $V_L=\omega_L$	$Z=R+jX_L$	$\lvert Z\rvert=\sqrt{R^2+X_L^2}\,[\Omega]$

정답 05. ③ 06. ③ 07. ③

문제 08 그림에서 $C_1 = 1[\mu F]$, $C_2 = 2[\mu F]$, $C_3 = 2[\mu F]$일 때 합성정전용량은 몇 $[\mu F]$인가?

① 1/2
② 1/5
③ 3
④ 5

콘덴서 직렬연결시 합성정전용량 C_o 계산

구분	콘덴서 2개일 때	콘덴서 3개일 때	계산
합성 C_o값	$=\dfrac{C_1 \times C_2}{C_1 + C_2}$	$=\dfrac{C_1 C_2 C_3}{C_1 C_2 + C_2 C_3 + C_3 C_1}$	$=\dfrac{1\times2\times2}{1\times2+2\times2+2\times1}=\dfrac{1}{2}[\mu F]$

문제 09 자기회로에 기자력을 주면 자로에 자속이 흐른다. 그러나 기자력에 의해 발생되는 자속전부가 자기회로 내를 통과하는 것이 아니라, 자로 이외의 부분을 통과하는 자속도 있다. 이와 같이 자기회로 이외 부분을 통과하는 자속을 무엇이라 하는가?

① 종속자속 ② 누설자속
③ 주자속 ④ 반사자속

해설 자기회로

환상철심 그림	주자속	누설자속
N, 주자속, I, +, 0, a, 자로 $l=2\pi ra$, A	철심에 발생된 자속	자로(철심부분) 이외의 부분(철심외부공간)에 발생자속

문제 10 비사인파의 일반적인 구성이 아닌 것은?

① 순시파 ② 고조파
③ 기본파 ④ 직류분

해설 비사인파의 구성요소
비사인파(전기값) = 직류분(평균값) + 기본파 + 고조파

문제 11 다음 중 도전율을 나타내는 단위는?

① [Ω] ② [Ω·m]
③ [℧·m] ④ [℧/m]

해설 변압기의 명판 표기값

구분	저항	고유저항	컨덕턴스	도전율
기호 및 단위	$R[\Omega]$	$e[\Omega\cdot m]$	$G=1/R[℧]$	$\delta=1/e[℧/m]$

문제 **12**

정전용량이 같은 콘덴서 2개를 병렬로 연결하였을 때의 합성정전용량은 직렬로 접속하였을 때의 몇 배인가?

① 1/4　② 1/2
③ 2　④ 4

해설 콘덴서의 합성정전용량비 계산

직렬연결	병렬연결	합성값비(몇 배) 계산
C C	C C	몇 배$=\dfrac{\text{병렬일 때}}{\text{직렬일 때}}=\dfrac{2C}{\frac{C}{2}}=4$배 차이

문제 **13**

$e=200\sin(100\pi t)$[V]의 교류 전압에서 $t=1/600$초일 때 순시값은?

① 100[V]　② 173[V]
③ 200[V]　④ 346[V]

해설 전압 순시값 $e=200\sin\left(100\times180\times\dfrac{1}{600}\right)=100[\text{V}]$

문제 **14**

자체 인덕턴스가 100[H]가 되는 코일에 전류를 1초 동안 0.1[A]만큼 변화시켰다면 유도기전력[V]은?

① 1　② 10
③ 100　④ 1,000

해설 유도기전력 V[V] 계산

이해그림	유도기전력 V식	계산
$\frac{d_i}{d_t}=0.1$, V, $L=100$	$V=L\times\dfrac{di}{dt}$	$=100\times\dfrac{0.1}{1\text{초}}=10[\text{V}]$

문제 **15**

Y결선에서 선간전압 V_l과 상전압 V_p의 관계는?

① $V_l=V_p$　② $V_l=\dfrac{1}{3}V_p$
③ $V_l=\sqrt{3}\,V_p$　④ $V_l=3V_p$

정답 12. ④ 13. ① 14. ② 15. ③

해설 3상 결선

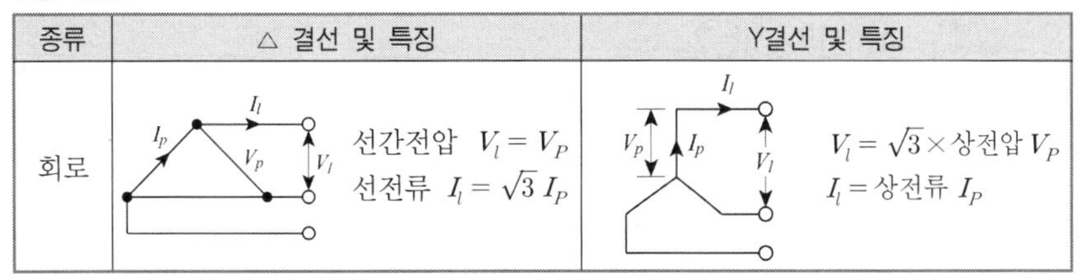

종류	△ 결선 및 특징	Y결선 및 특징
회로	선간전압 $V_l = V_P$ 선전류 $I_l = \sqrt{3}\,I_P$	$V_l = \sqrt{3} \times$ 상전압 V_P $I_l =$ 상전류 I_P

문제 **16** **단상 100[V], 800[W], 역률 80%인 회로의 리액턴스는 몇 [Ω]인가?**

① 10　　② 8

③ 6　　④ 2

해설 단상교류에서 리액턴스 X 계산

순서	전류 I →	임피던스 Z →	저항 R →	리액턴스 X
계산	$I = \dfrac{P}{V\cos\theta} = \dfrac{800}{100 \times 0.8}$ $= 10[A]$	$Z = \dfrac{V}{I} = \dfrac{100}{10}$ $= [10[\Omega]$	$\cos\theta = \dfrac{R}{Z}$에서 $R = 10 \times 0.8 = 8$	$X = \sqrt{Z^2 - R^2}$ $= \sqrt{10^2 - 8^2} = 6$

문제 **17** **자기력선에 대한 설명으로 옳지 않은 것은?**

① 자기장의 모양을 나타낸 선이다.

② 자기력선이 조밀할수록 자기력이 세다.

③ 자석의 N극에서 나와 S극으로 들어간다.

④ 자기력선이 교차된 곳에서 자기력이 세다.

해설 자기력선은 서로 교차하지 않고 반발력이 작용한다.

문제 **18** **R[Ω]인 저항 3개가 Δ결선으로 되어 있는 것을 Y결선으로 환산하면 1상의 저항[Ω]은?**

① $\dfrac{R}{3}$　　② R

③ $3R$　　④ $\dfrac{1}{R}$

해설 Δ결선 부하 ⇄ Y결선 부하 변환

부하종류	동일저항 R 부하일 때	동일 콘덴서 C 부하일 때
변환값	R, R, R (Δ) → $\frac{1}{3}$ 감소 → $\frac{R}{3}$, $\frac{R}{3}$, $\frac{R}{3}$ (Y) ← 3배증가 ←	C, C, C (Δ) → 3배증가 → $3C$, $3C$, $3C$ (Y) ← $\frac{1}{3}$ 감소 ←

정답 16. ③ 17. ④ 18. ①

문제 **19**

$\omega L=5[\Omega]$, $1/\omega C=25[\Omega]$의 $L-C$ 직렬회로에서 100[V]의 교류를 가할 때 전류[A]는?

① 3.3[A], 유도성
② 5[A], 유도성
③ 3.3[A], 용량성
④ 5[A], 용량성

해설 $L-C$ 직렬회로에서 전류 실효값 I 계산

코일 L – 콘덴서 C 회로	합성리액턴스 X	전류실효값 I
+5[Ω] −25[Ω]	$X=wL-\frac{1}{wC}=5-25$ $=-20[\Omega]$(용량성)	$I=\frac{V}{X}=\frac{100}{20}=5[A]$

문제 **20**

전기장 중에 단위전하를 놓았을 때 그것이 작용하는 힘은 어느 값과 같은가?

① 전장의 세기
② 전하
③ 전위
④ 전위차

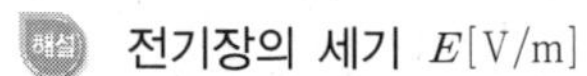

해설 전기장의 세기 E[V/m]

이해그림	정의
구전하 Q[C] → 단위전하 +1[C]	구전하 Q에서 지정하는 점에 단위전하를 놓았을 때 힘의 세기

문제 **21**

3상 동기전동기의 출력(P)을 부하각으로 나타낸 것은?
(단, V는 1상 단자전압, E는 역기전력, X_s는 동기 리액턴스, δ는 부하각이다)

① $P=3VE\sin\delta$[W]
② $P=\frac{3VE\sin\delta}{X_S}$[W]
③ $P=\frac{3VE\cos\delta}{X_S}$[W]
④ $P=3VE\cos\delta$[W]

해설 동기전동기의 출력 P[W]

단상의 출력	3상 출력	용어
$P=\frac{EV}{X_S}\sin\delta$	$P=3\frac{EV}{X_S}\sin\delta$	• 1상 단자전압 V • 역기전력 E • 동기 리액턴스 X_S • 부하각 δ

문제 **22**

3차 권선 변압기에 대한 설명으로 옳은 것은?

① 한 개의 전기회로에 3개의 자기회로로 구성되어 있다.
② 3차 권선에 조상기를 접속하여 송전선의 전압조정과 역률개선에 사용된다.
③ 3차 권선에 단권변압기를 접속하여 송전선의 전압조정에 사용된다.
④ 고압배전선의 전압을 10[%] 정도 올리는 승압용이다.

정답 19. ④ 20. ① 21. ② 22. ②

해설 3차 권선 변압기

이해 그림	용도
1차 S/S(송전변전소) 1차 송전선 → Y Y → 2차 송전선 Δ 3차 권선 C 동기 조상기	3차 권선에 조상기를 접속하여 송전선의 전압조정 및 역률 개선에 사용

문제 **23**

동기전동기의 자기 기동법에서 계자권선을 단락하는 이유는?

① 기동이 쉽다.

② 기동권선으로 이용

③ 고전압 유도에 의한 절연파괴 위험 방지

④ 전기자 반작용을 방지한다.

해설 동기전동기 기동법

자기(자체) 기동법	회전 자극 표면에 기동권선을 설치하여 농형유도전동기로 기동시키는 방법
계자권선 단락이유	고전압 유도에 의한(계자회로) 절연파괴 위험 방지

문제 **24**

3상 380[V], 60[Hz], 4P, 슬립 5%, 55[kW] 유도전동기가 있다. 회전자속도는 몇 [rpm]인가?

① 1,200 ② 1,526

③ 1,710 ④ 2,280

해설 유도전동기의 회전자속도 N 계산

동기속도(N_s) 대입식	회전자속도(N)
$N_s = \frac{120f}{P} = \frac{120 \times 60}{4} = 1800$	$N = (1-s) \times N_s = (1-0.05) \times 1800$ $= 1{,}710$[rpm]

문제 **25**

전기기계에 있어 와전류손(eddy current loss)을 감소하기 위한 적합한 방법은?

① 규소강판에 성층철심을 사용한다. ② 보상권선을 설치한다.

③ 교류전원을 사용한다. ④ 냉각 압연한다.

해설 철손 P_i의 종류와 감소대책

구분	철손 종류	식	철손 감소대책
철손 P_i식	와류손 P_e ⊕ 히스테리시스손 P_h	$P_e = k(fB_m t)^2$ $P_h = kfB_m^{1.6}t$	성층철심 사용 규소강판 사용
용어	손실계수 k / 주파수 f[Hz] / 최대자속밀도 B_m[Wb/m^2] / 철 두께 t		

정답 23. ③ 24. ③ 25. ①

문제 26 **변압기 내부고장시 급격한 유류 또는 Gas의 이동이 생기면 동작하는 부흐홀츠 계전기의 설치 위치는?**

① 변압기 본체
② 변압기의 고압측 부싱
③ 컨서베이터 내부
④ 변압기 본체와 컨서베이터를 연결하는 파이프

해설 변압기에서

부흐홀츠 계전기	계전기 설치위치
변압기 내부고장시 기름 또는 가스이동시 동작계전기	변압기 주탱크와 콘서베이터와의 연결관 중간에 설치한다.

문제 27 **회전수 1,728[rpm]인 유도전동기의 슬립[%]은?** (단, 동기속도는 1,800[rpm]이다)

① 2　　② 3
③ 4　　④ 5

유도전동기의 슬립 s 계산

슬립 s 적용식	계산
$s = \dfrac{N_s - \text{회전자속도 } N}{\text{동기속도 } N_s} \times 100\%$	$= \dfrac{1800 - 1728}{1800} \times 100 = 4\%$

문제 28 **주상변압기의 고압측에 탭을 여러 개 만드는 이유는?**

① 역률 개선　　② 단자 고장 대비
③ 선로 전류 조정　　④ 선로 전압 조정

해설 변압기의 탭조정
변압기 권수비 변경(탭조정) → 선로 전압 조정 → 일정 출력전압 유지

문제 29 **전기 철도에 사용하는 직류전동기로 가장 적합한 전동기는?**

① 분권전동기　　② 직권전동기
③ 가동 복권전동기　　④ 차동 복권전동기

직류전동기 종류 및 용도

종류	직권전동기	분권전동기
용도	가변속도전동기(기중기, 전동차, 전기자동차)	정속도 전동기(선박펌프, 송풍기)

정답 26. ④ 27. ③ 28. ④ 29. ②

문제 **30**

50[Hz], 6극인 3상 유도전동기의 전부하에서 회전수가 955[rpm]일 때 슬립[%]은?

① 4 ② 4.5
③ 5 ④ 5.5

 유도전동기의 슬립 s 계산

동기속도 N_s 계산 →	슬립 s 계산
$N_s = \frac{120f}{P} = \frac{120 \times 50}{6} = 1{,}000[\text{rpm}]$	$s = \frac{N_s - N}{N_s} \times 100\% = \frac{1000-955}{1000} \times 100 = 4.5\%$

문제 **31**

슬립이 0.05이고 전원 주파수가 60[Hz]인 유도전동기의 회전자 회로의 주파수 [Hz]는?

① 1 ② 2
③ 3 ④ 4

 유도전동기의 회전자 2차 주파수 f_{2S} 계산

적용식	계산
$f_{2s} = s \times 1$차 주파수 f_1	$= 0.05 \times 60 = 3[\text{Hz}]$

문제 **32**

직류발전기에서 전기자 반작용을 없애는 방법으로 옳은 것은?

① 브러시 위치를 전기적 중성점이 아닌 곳으로 이동시킨다.
② 보극과 보상 권선을 설치한다.
③ 브러시의 압력을 조정한다.
④ 보극은 설치하되 보상 권선은 설치하지 않는다.

기출문제

문제 **33**

동기기에서 사용되는 절연재료로 B종 절연물의 온도상승 한도는 약 몇 [℃]인가?
(단, 기준온도는 공기 중에서 40[℃]이다)

① 65 ② 75
③ 90 ④ 120

 절연물의 온도상승 한도[℃]

절연물의 허용온도	온도 상승한도 계산
허용온도 = 온도상승한도+주위온도	허용온도(130°) − 주위온도(40°) = 90°

허용온도 : Y종(90°), A종(105°), E종(120°), B종(130°), F종(155°), H종(180°)

문제 **34**

동기전동기의 여자전류를 변화시켜도 변하지 않는 것은?
(단, 공급전압과 부하는 일정하다)

① 동기속도 ② 역기전력
③ 역률 ④ 전기자 전류

정답 30. ② 31. ③ 32. ② 33. ③ 34. ①

해설 동기전동기의 여자전류 변화에 따른 변동값

변하지 않는 값	변하는 값
동기속도 N_s	역률 $\cos\theta$, 전기자 전류 I_a, 역기전력 E

문제 **35**

직권 발전기의 설명 중 틀린 것은?

① 계자권선과 전기자권선이 직렬로 접속되어 있다.

② 승압기로 사용되며 수전 전압을 일정하게 유지하고자 할 때 사용된다.

③ 단자전압을 V, 유기기전력을 E, 부하전류를 I, 전기자 저항 및 직권 계자저항을 각각 r_a, r_s라 할 때 $V=E+I(r_a+r_s)$[V]이다.

④ 부하전류에 의해 여자되므로 무부하시 자기여자에 의한 전압 확립은 일어나지 않는다.

해설 직권 발전기

이해그림	유기기전력 E	용도
I, I_f, 계자권선 R_s, I_a, 전기자 권선 R_a, E 전원측, 단자전압 V	$E=V+I(R_a+R_s)$ 단자전압 $V=E-I(R_a+R_s)$	수전전압을 일정하게 유지시키는 승압기로 사용

문제 **36**

어떤 변압기에서 임피던스 강하가 5[%]인 변압기가 운전 중 단락되었을 때 그 단락 전류는 정격전류의 몇 배인가?

① 5　　② 20

③ 50　　④ 200

변압기에서 단락전류 I_s

적용식	계산	몇 배
$I_s=\frac{100}{\%Z}\times I_n$	$=\frac{100}{5}\times I_n=20I_n$	단락사고시 단락전류 I_s는 정격전류 I_n의 20배가 흐른다.

문제 **37**

다음 중 유도전동기에서 비례추이를 할 수 있는 것은?

① 출력　　② 2차동손

③ 효율　　④ 역률

권선형 유도전동기에서 비례추이

비례추이	비례추이 할 수 있는 것	비례추이 할 수 없는 것
2차저항에 따라서 슬립 s 비례변동 토크일정	역률, 토크, 1차전류, 1차입력	출력, 2차동손, 효율

정답 35. ③ 36. ② 37. ④

문제 38 **동기발전기를 회전계자형으로 하는 이유가 아닌 것은?**

① 고전압에 견딜 수 있게 전기자 권선을 절연하기가 쉽다.
② 전기자 단자에 발생한 고전압을 슬립링 없이 간단하게 외부회로에 인가할 수 있다.
③ 기계적으로 튼튼하게 만드는데 용이하다.
④ 전기자가 고정되어 있지 않아 제작비용이 저렴하다.

해설 동기발전기 회전계자형 사용 이유
전기자 권선을 절연하기 쉽고, 계자는 기계적으로 튼튼하며, 발생고전압을 외부회로 인가가 쉽다.

문제 39 **다음 그림에 대한 설명으로 틀린 것은?**

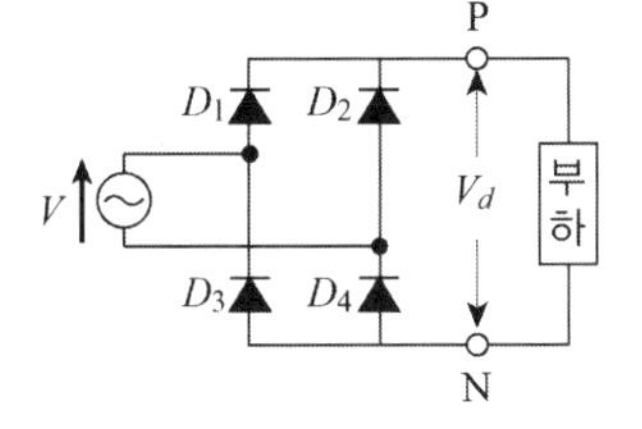

① 브리지(bridge) 회로라고도 한다.
② 실제의 정류기로 널리 사용된다.
③ 반파 정류회로라고도 한다.
④ 전파 정류회로라고도 한다.

구분	다이오드 2개 또는 4개	다이오드 1개 또는 3개
회로 종류	전파 정류회로	반파 정류회로

문제 40 **변압기의 1차 권회수 80회, 2차 권회수 320회일 때 2차측의 전압이 100[V]이면 1차 전압은?**

① 15　② 25
③ 50　④ 100

 변압기 1차 전압 V_1 계산

이해그림	권수비 a 적용식	1차 전압 V_1 계산
a, $V_1=?$, $N_1=80$, $N_2=320$, $V_2=100$	$a=\frac{N_1}{N_2}=\frac{V_1}{V_2}$	$V_1=\frac{N_1}{N_2}\times V_2=\frac{80}{320}\times 100=25[V]$

문제 41 **단선의 직선접속시 트위스트 접속을 할 경우 적합하지 않은 전선규격[mm^2]은?**

① 2.5　② 4.0
③ 6.0　④ 10

 단선의 직선접속 방법

단선의 직선 접속 방법종류	트위스트 접속	브리타니아 접속
적용 전선 굵기	6[mm^2] 이하 가는 단선	10[mm^2] 이하 굵은 단선

정답 38. ④ 39. ③ 40. ② 41. ④

문제 42 **사용전압 400[V] 이상, 건조한 장소로 점검할 수 있는 은폐된 곳에 저압 옥내 배선시 공사할 수 있는 방법은?**

① 합성수지 몰드공사　　② 금속몰드 공사
③ 버스덕트 공사　　④ 라이팅덕트 공사

해설 저압 옥내배선시설 장소별 가능공사

구분		400[V] 미만인 것(가능공사)	400[V] 이상인 것
전개된 장소	건조한 장소	애자 사용 공사, 합성수지 몰드 공사, 금속 몰드 공사, 금속 덕트 공사, 버스 덕트 공사, 라이팅 덕트 공사	애자 사용 공사 금속 덕트 공사 버스 덕트 공사
	기타 장소	애자 사용 공사	애자 사용 공사
점검할 수 있는 은폐장소	건조한 장소	애자 사용 공사, 합성수지 몰드 공사, 금속 몰드 공사, 금속 덕트 공사, 버스 덕트 공사, 셀룰라 덕트 공사, 라이팅 덕트 공사	애자 사용 공사 금속 덕트 공사 버스 덕트 공사
	기타 장소	애자 사용 공사	애자 사용 공사
점검할 수 없는 은폐장소	건조한 장소	플로어 덕트 공사, 셀룰라 덕트 공사	

문제 43 **무대, 오케스트라박스 등 흥행장의 저압 옥내배선공사의 사용전압은 몇 [V] 미만인가?**

① 200　　② 300
③ 400　　④ 600

해설 흥행장소의 저압 이동전선은 사용전압이 400[V] 미만일 것

문제 44 **금속 전선관 작업에서 나사를 낼 때 필요한 공구는 어느 것인가?**

① 파이프 벤더　　② 볼트 클리퍼
③ 오스터　　④ 파이프 렌치

해설 금속관 공사시 사용공구

명칭	파이프 벤더	볼트 클리퍼	오스터	파이프 렌치
용도	금속관을 구부리는 공구	굵은 전선 절단용	금속관에 나사 내는 공구	금속관에 커플링 접속시 사용

문제 45 **배전반 및 분전반의 설치장소로 적합하지 않은 곳은?**

① 접근이 어려운 장소
② 전기회로를 쉽게 조작할 수 있는 장소
③ 개폐기를 쉽게 개폐할 수 있는 장소
④ 안정된 장소

정답 42. ③ 43. ③ 44. ③ 45. ①

 배전반 및 분전반의 설치장소

1) 접근이 쉽고 전기회로를 쉽게 조작할 수 있는 장소
2) 안정되고 개폐기를 쉽게 개폐할 수 있는 장소
3) 관리·조작·점검이 용이한 장소

문제 **46** **저압 옥내용 기기에 제3종 접지공사를 하는 주된 목적은?**

① 이상전류에 의한 기기의 손상방지
② 과전류에 의한 감전방지
③ 누전에 의한 감전방지
④ 누전에 의한 기기의 손상방지

문제 **47** **알루미늄전선과 전기 기계·기구단자의 접속방법으로 틀린 것은?**

① 전선을 나사로 고정하는 경우 나사가 진동 등으로 헐거워질 우려가 있는 장소는 이중너트 등을 사용할 것
② 전선에 터미널러그 등을 부착하는 경우는 도체에 손상을 주지 않도록 피복을 벗길 것
③ 나사 단자에 전선을 접속하는 경우는 전선을 나사의 홈에 가능한 한 밀착하여 3/4 바퀴 이상 1바퀴 이하로 감을 것
④ 누름나사단자 등에 전선을 접속하는 경우는 전선을 단자 깊이의 2/3 위치까지만 삽입할 것

해설 알루미늄 전선과 기계·기구단자 접속방법

구리선보다 전도율, 비중, 장력이 크게 떨어지므로 알루미늄 전선을 단자 깊이에 충분히 삽입할 것

문제 **48** **저압 연접인입선의 시설과 관련된 설명으로 잘못된 것은?**

① 옥내를 통과하지 아니할 것
② 전선의 굵기는 1.5[mm^2] 이하 일 것
③ 폭 5[m]를 넘는 도로를 횡단하지 아니할 것
④ 인입선에서 분기하는 점으로부터 100[m]를 넘는 지역에 미치지 아니할 것

해설 저압 연접인입선 시설규정

조건	전선길이	옥내관통여부	횡단 못하는 도로폭	사용전선굵기	고압
적용값	분기점에서 100[m] 이하	통과시키지 말 것	5[m] 넘는 도로	지름 2.6[mm] 이상 경동선	시설불가

문제 **49** **전선접속시 S형 슬리브 사용에 대한 설명으로 틀린 것은?**

① 전선의 끝은 슬리브의 끝에서 조금 나오는 것이 바람직하다.
② 슬리브 전선의 굵기에 적합한 것을 선정한다.
③ 열린 쪽 홈의 측면을 고르게 눌러서 밀착시킨다.
④ 단선은 사용가능하나 연선 접속시에는 사용하지 않는다.

정답 46. ③ 47. ④ 48. ② 49. ④

문제 **50**

풀용 수중조명등을 넣는 용기의 금속제 부분은 몇 종 접지를 하여야 하는가?

① 제1종 접지　② 제2종 접지
③ 제3종 접지　④ 특별 제3종 접지

 풀용 수중조명등 시설 규정

절연변압기 사용전압	금속부분 접지공사
• 1차전로 : 400[V] 이하 • 2차전로 : 150[V] 이하	제3종 접지공사

문제 **51**

인입용 비닐절연전선의 공칭단면적 8[mm^2] 되는 연선의 구성은 소선의 지름이 1.2[mm]일 때 소선 수는 몇 가닥으로 되어 있는가?

① 3　② 4
③ 6　④ 7

 연선의 소선수 N 계산

적용식	소선 수 N 계산	소선 수 N값
연선 단면적 $A=\frac{\pi d^2}{4}\times N$	$8=\frac{3.14\times 1.2^2}{4}\times N$	N=7가닥

문제 **52**

라이팅 덕트를 조영재에 따라 부착할 경우 지지점 간의 거리는 몇 [m] 이하로 하여야 하는가?

① 1.0　② 1.2
③ 1.5　④ 2.0

문제 **53**

과전류차단기 A종 퓨즈로 정격전류의 몇 [%]에 용단되지 않아야 하는가?

① 110　② 120
③ 140　④ 140

 저압 퓨즈 규격

저압퓨즈 종류	A종 퓨즈	B종 퓨즈
고리퓨즈, 통형퓨즈 플러그 퓨즈	정격전류의 110[%]에 용단되지 않을 것(특성이 배선용 차단기와 같다)	정격의 130[%]에 용단되지 않을 것

문제 **54**

고압전로에 지락사고가 생겼을 때 지락전류를 검출하는데 사용하는 것은?

① CT　② ZCT
③ MOF　④ PT

정답 50. ④ 51. ④ 52. ④ 53. ① 54. ②

해설 수전설비

계기용 변류기 CT	영상 변류기 ZCT	계기용 변성기 MOF	계기용 변압기 PT
대전류 → 소전류로 변류 계측기 전원공급	지락사고시 지락전류검출	전력량계를 위해 PT와 CT을 넣은 함	고압 → 저압으로 변성 계측기 전원공급

문제 **55** **고압 가공전선로의 지지물 중 지선을 사용해서는 안 되는 것은?**

① 목주 ② 철탑
③ A종 철주 ④ A종 철근콘크리트주

해설 철탑은 지선을 시설할 수 없다.

문제 **56** **특고압(22.9[kV-Y]) 가공전선로의 완금 접지시 접지선은 어느 곳에 연결하여야 하는가?**

① 변압기 ② 전주
③ 지선 ④ 중성선

문제 **57** **네온 변압기를 넣는 외함의 접지공사는?**

① 제1종 ② 제2종
③ 특별 제3종 ④ 제3종

문제 **58** **화약고 등의 위험장소에서 전기설비시설에 관한 내용으로 옳은 것은?**

① 전로의 대지전압을 400[V] 이하 일 것
② 전기기계·기구는 전폐형을 사용할 것
③ 화약고 내의 전기설비는 화약고 장소에 전용개폐기 및 과전류차단기를 시설할 것
④ 개폐기 및 과전류차단기에서 화약고 인입구까지의 배선은 케이블 배선으로 노출로 시설할 것

화약류 저장소의 시설규정

대지전압	기계기구	전용개폐기 및 차단기	인입구 배선
300[V] 이하일 것	전폐형(방폭형)	화약류 저장소 이외의 곳에 시설	케이블 사용 지중전선로로 시공

기출문제

정답 55. ② 56. ④ 57. ④ 58. ②

문제 **59** **전기공사 시공에 필요한 공구사용법 설명 중 잘못된 것은?**

① 콘크리트의 구멍을 뚫기 위한 공구로 타격용 임팩트 전기드릴을 사용한다.
② 스위치박스에 전선관용 구멍을 뚫기 위해 녹아웃 펀치를 사용한다.
③ 합성수지 가요전선관의 굽힘 작업을 위해 토치램프를 사용한다.
④ 금속 전선관의 굽힘 작업을 위해 파이프 밴더를 사용한다.

해설

공구명칭	임팩트드릴	녹아웃펀치	토치램프	스프링	파이프 밴더
용도	콘크리트에 구멍뚫기용	박스에 구멍뚫기용	합성수지관 굽힘용	합성수지 가요전선관	금속관 굽힘용

문제 **60** **지지물의 지선에 연선을 사용하는 경우 소선 몇 가닥 이상의 연선을 사용하는가?**

① 1　　② 2
③ 3　　④ 4

지선시설 규정

구분	소선수	안전율	지선애자 높이	아연도금 철봉	도로횡단시 높이
규정	3가닥 이상 연선 사용	2.5 이상	지표상 2.5[m]	지표상 30[cm]까지	5[m] 이상

정답 59. ③ 60. ③

기출문제

2014년 제5회

문제 01

일반적으로 온도가 높아지게 되면 전도율이 커져서 온도계수가 부(−)의 값을 가지는 것이 아닌 것은?

① 구리　　② 반도체
③ 탄소　　④ 전해액

 온도계수

도체 종류	특징	예
금속도체(부특성)	온도증가↑ → 저항↑ · 전도율↓	금속(구리)
반도체(정특성)	온도증가↑ → 저항↓ · 전도율↑	전해질, 탄소, 서미스터

문제 02

전류에 의한 자기장의 세기를 구하는 비오－사바르의 법칙을 옳게 나타낸 것은?

① $\Delta H = \dfrac{I\Delta l\sin\theta}{4\pi r^2}$[AT/m]　　② $\Delta H = \dfrac{I\Delta l\sin\theta}{4\pi r}$[AT/m]

③ $\Delta H = \dfrac{I\Delta l\cos\theta}{4\pi r}$[AT/m]　　④ $\Delta H = \dfrac{I\Delta l\cos\theta}{4\pi r^2}$[AT/m]

 비오－사바르의 법칙

정의	공식
전류 I에 의한 자계 H값 크기	일부분 자계 $\Delta H = \dfrac{I\Delta l\sin\theta}{4\pi r^2}$

문제 03

교류전력에서 일반적으로 전기기기의 용량을 표시하는데 쓰이는 전력은?

① 피상전력　　② 유효전력
③ 무효전력　　④ 기전력

 교류전력 P

전력종류	피상전력 P_a[VA]	= 유효전력 P[W]	+ j무효전력 P_r[Var]
구분	변압기 용량(전원)	= 부하에서 소비된 전기	+ j소비 안 되는 전기

정답 01. ① 02. ① 03. ①

문제 04 **인덕턴스 0.5[H]에 주파수가 60[Hz]이고 전압이 220[V]인 교류전압이 가해질 때 흐르는 전류는 약 몇 [A]인가?**

① 0.59　② 0.87
③ 0.97　④ 1.17

 코일 L[H]만 회로에서 전류실효값 I 계산

인덕턴스 L 회로	전류 I 식	계산
I=?, V=220, L=0.5[H], $X_L=wL[\Omega]$	$I=\dfrac{V}{wL}=\dfrac{V}{2\pi fL}$	$=\dfrac{220}{2\times3.14\times60\times0.5}$ $=1.17$[A]

문제 05 **Δ 결선에서 선전류가 $10\sqrt{3}$[A]이면 상전류는?**

① 5[A]　② 10[A]
③ $10\sqrt{3}$[A]　④ 30[A]

 3상 Δ결선에서 상전류 I_P 계산

Δ결선	Δ결선 특징	상전류 I_P 계산
$I_l=10\sqrt{3}$, I_p=?	$V_l=V_P$ $I_l=\sqrt{3}\,I_P$	$I_P=\dfrac{\text{선전류 } I_l}{\sqrt{3}}=\dfrac{10\sqrt{3}}{\sqrt{3}}$ $=10$[A]

문제 06 **권선수 100회 감은 코일에 2[A]의 전류가 흘렀을 때 50×10^{-3}[Wb]의 자속이 코일에 쇄교되었다면 자기 인덕턴스는 몇 [H]인가?**

① 1.0　② 1.5
③ 2.0　④ 2.5

 인덕턴스 L 계산

적용식	L 계산식	계산
$LI=N\phi$	$L=\dfrac{\text{권수 } N\times\text{자속 } \phi}{\text{전류 } I}$	$=\dfrac{100\times50\times10^{-3}}{2}=2.5$[H]

문제 07 **코일의 성질에 대한 설명으로 틀린 것은?**

① 공진하는 성질이 있다.　② 상호유도작용이 있다.
③ 전원 노이즈 차단기능이 있다.　④ 전류의 변화를 확대시키려는 성질이 있다.

정답 04. ④ 05. ② 06. ④ 07. ④

 코일의 성질

성질	전자석 성질	공진 성질	상호유도작용	전원노이즈차단	전류변화안정
사용예	릴레이	필터회로	변압기	잡음, 불규칙주파수	저항으로 억제됨

문제 **08** **평행한 두 도선 간의 전자력은?**

① 거리 r에 비례한다.　② 거리 r에 반비례한다.
③ 거리 r^2에 비례한다.　④ 거리 r^2에 반비례한다.

 평행도선간의 작용하는 힘 F(전자력)

평행도선 그림	적용식	힘 F와 거리 r의 관계
권수 N, 중심, r, I, +, −, $l=2\pi r$, 내부, 외부	$F=2\times\dfrac{I_1 I_2\times10^{-7}}{r}\times l$ [N]	반비례관계 : 전자력(힘) F는 거리 r에 반비례한다.

문제 **09** **임의의 폐회로에서 키르히호프의 제2법칙을 가장 잘 나타낸 것은?**

① 기전력의 합 = 합성저항의 합　② 기전력의 합 = 전압 강하의 합
③ 전압 강하의 합 = 합성저항의 합　④ 합성저항의 합 = 회로 전류의 합

 키르히호프의 법칙

종류	제1법칙 : 전류	제2법칙 : 전압
내용	유입전류합 = 유출전류합	인가 기전력의 합 = 전압강하의 합

문제 **10** **200[V]의 교류전원에 선풍기를 접속하고 전력과 전류를 측정하였더니 600[W], 5[A]이었다. 이 선풍기의 역률은?**

① 0.5　② 0.6
③ 0.7　④ 0.8

해설 단상교류 전력에서 역률

전력식	역률 $\cos\theta$ 식	계산
$P=VI\cos\theta$	$\cos\theta=\dfrac{P}{VI}$	$=\dfrac{600}{200\times5}=0.6$

정답 08. ② 09. ② 10. ②

기출문제

문제 **11** **그림에서 단자 A-B 사이의 전압은 몇 [V]인가?**

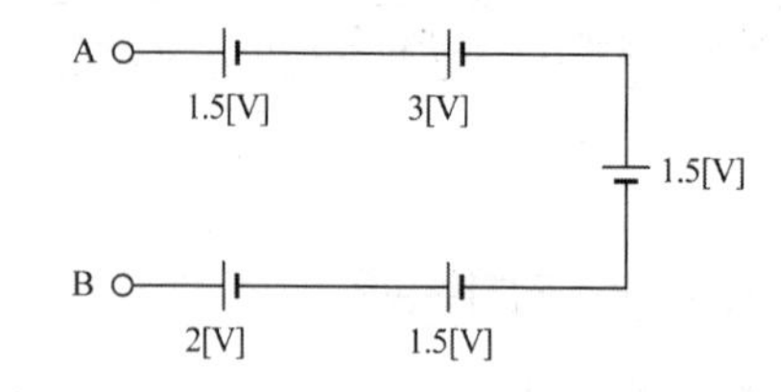

① 1.5　　② 2.5
③ 6.5　　④ 9.5

해설 건전지 직렬시 합성전압 V_0 계산

건전지 극성	A와 B 사이 합성전압 V_o 계산
V_2=3, V_4=1.5, V_1=1.5, V_3=1.5, V_5=2	$V_o = V_1 + V_2 + V_3 - V_4 - V_5$ $=1.5+3+1.5-1.5-2$ $=2.5$[V]

문제 **12** **공기 중에서 m[Wb]의 자극으로부터 나오는 자력선의 총수는 얼마인가?**
(단, μ는 물체의 투자율이다)

① m　　② μm
③ m/μ　　④ μ/m

해설 공기 중에서 자기력선 수

구 분		기준(공기 중일 때)	기타(비투자율 μ_s 주어진 경우)
자속수 : m개	자기력선수	$\frac{m(\text{구자극})}{\mu_o}$ [개]	$\frac{m}{\mu} = \frac{m}{\mu_o \mu_s}$ [개]

문제 **13** **일반적으로 절연체를 서로 마찰시키면 이들 물체는 전기를 띠게 된다. 이와 같은 현상은?**

① 분극　　② 정전
③ 대전　　④ 코로나

문제 **14** **자속밀도 0.5[Wb/m^2]의 자장 안에 자장과 직각으로 20[cm]의 도체를 놓고 이것에 10[A]의 전류를 흘릴 때 도체가 50[cm] 운동한 경우의 한 일은 몇 [J]인가?**

① 0.5　　② 1
③ 1.5　　④ 5

정답 11. ② 12. ③ 13. ③ 14. ①

해설 전동기의 도선 회전시 한 일 $W[J]$ 계산

전동기 그림	일 W 식
$I=10[A]$, 힘 F 방향, 수직 $\theta=90°$, 자속밀도 $B=0.5$, 도선길이 $l=20[cm]$, 축, 힘 F 방향	$W=$힘 $F\times$ 이동거리 d $=IBl\sin\theta\times d$ $=10\times0.5\times0.2\times\sin90°\times0.5$ $=0.5[J]$

문제 **15** **전구를 점등하기 전의 저항과 점등한 후의 저항을 비교하면 어떻게 되는가?**

① 점등 후의 저항이 크다.
② 점등 전의 저항이 크다.
③ 변동 없다.
④ 경우에 따라 다르다.

 전구(등) 점등 전·후의 저항 R

저항 R과 온도 T와의 관계	전기투입 후 전구 저항 크기
비례관계($R\uparrow \propto$ 온도 $T\uparrow$)	전기투입 → 온도 $T\uparrow$ 증가 → 저항 $R\uparrow$ 증가

문제 **16** **5[Wh]는 몇 [J]인가?**

① 720
② 1,800
③ 7,200
④ 18,000

 전력량 단위환산

동일단위	환산값
J = W·s	5[Wh] = 5×60분×60초[W·s] = 18,000[J]

문제 **17** **2개의 저항 R_1, R_2를 병렬 접속하면 합성저항은?**

① $1/R_1+R_2$
② $\dfrac{R_1}{R_1+R_2}$
③ $\dfrac{R_1R_2}{R_1+R_2}$
④ $\dfrac{R_2}{R_1+R_2}$

문제 **18** **진공중에서 같은 크기의 두 자극을 1[m] 거리에 놓았을 때 작용하는 힘이 6.33×10^4[N]이 되는 자극의 단위는?**

① 1[N]
② 1[J]
③ 1[Wb]
④ 1[C]

정답 15. ① 16. ④ 17. ③ 18. ③

해설 두 자극 사이의 작용 힘 F에서 자극 m 계산

이해그림	힘 F 공식	자극 m 계산
$m_1=m$, $m_2=m=?$ $F=6.33\times10^4$ 거리 $r=1$[m]	$F=6.33\times10^4\dfrac{m_1m_2}{r^2}$ ↓ ↓ $6.33\times10^4=6.33\times10^4\dfrac{m\times m}{1^2}$	$1=m\times m=m^2$ $m_1=m_2=+1$[Wb]

문제 19

납축전지가 완전히 방전되면 음극과 양극은 무엇으로 변하는가?

① $PbSO_4$ ② PbO_2
③ H_2SO_4 ④ Pb

 2차 납(연) 축전지 방전과 충전시 화학반응식

$$\underset{\text{양극 (이산화납)}}{PbO_2} + \underset{\text{전해액 (황산)}}{2H_2SO_4} + \underset{\text{음극 (납)}}{Pb} \underset{\text{충전}}{\overset{\text{방전}}{\rightleftarrows}} \underset{\text{양극 (황산납)}}{PbSO_4} + \underset{\text{물 (물)}}{2H_2O} + \underset{\text{음극 (황산납)}}{PbSO_4}$$

문제 20

다음 전압 파형의 주파수는 약 몇 [Hz]인가?

$$e=100\sin\left(377t-\frac{\pi}{5}\right)\,[\mathrm{V}]$$

① 50 ② 60
③ 80 ④ 100

 전압 순시값 표기

전압 순시값 표기	적용식	주파수 f 계산
$e=V_m\sin(\omega t+\theta)$ $=100\sin\left(377t-\dfrac{\pi}{5}\right)$ (V_m : 최대값, ω : 각속도, θ : 위상)	$w=2\pi f$	$f=\dfrac{w}{2\pi}=\dfrac{377}{2\times3.14}=60\,[\mathrm{Hz}]$

문제 21

변압기의 정격출력으로 맞는 것은?

① 정격 1차전압 × 정격 1차전류 ② 정격 1차 전압 × 정격 2차전류
③ 정격 2차전압 × 정격 1차전류 ④ 정격 2차 전압 × 정격 2차전류

 변압기의 정격출력 P_2 =2차 정격전압×2차 정격전류

문제 22

동기기의 전기자 권선법이 아닌 것은?

① 전절권 ② 분포권
③ 2층권 ④ 중권

정답 19. ① 20. ② 21. ④ 22. ①

해설 동기기의 전기자 권선법

동기기 전기자 권선법	교류기(동기기, 유도기)에 사용하지 않는 권선법
단절권, 분포권, 2층권, 중권	전절권, 집중권

문제 23 **역률이 좋아 가정용 선풍기, 세탁기, 냉장고 등에 주로 사용되는 것은?**

① 분상 기동형　　② 콘덴서 기동형
③ 반발 기동형　　④ 셰이딩 코일형

해설 단상 유도전동기의 종류 및 용도

종류	반발 기동형	콘덴서 기동형	분상 기동형	셰이딩 코일형
용도	• 소형펌프 • 에어컨	선풍기, 냉장고, 세탁기	복사기	기동토크가 작은 10[W] 이하 소형

문제 24 **동기전동기의 공급전압이 앞선 전류는 어떤 작용을 하는가?**

① 역률 작용　　② 교차 자화작용
③ 증자 작용　　④ 감자 작용

해설 동기기의 전기자 반작용

부하 구분	코일 L(지상) 부하	콘덴서 C(진상) 부하	저항 R 부하
전기자 전류 구분	뒤진 전기자 전류인 경우	앞선 전기자 전류인 경우	동상인 경우
동기전동기일 때	증자작용	감자작용	교차자화작용
동기발전기일 때	감자작용	증자작용	교차자화작용

기출문제

문제 25 **직류기에서 정류를 좋게 하는 방법 중 전압 정류의 역할은?**

① 보극　　② 탄소
③ 보상권선　　④ 리액턴스 전압

해설 직류기에서 정류를 좋게 하는 방법

조건	리액턴스 전압 작을 것	브러시 접촉저항 클 것	정류주기 T_c
방법	전압 정류(보극 설치)	저항전류(탄소브러시 사용)	크게 할 것

문제 26 **기중기, 전기자동차, 전기철도와 같은 곳에 가장 많이 사용되는 전동기는?**

① 가동 복권전동기　　② 차동 복권전동기
③ 분권전동기　　④ 직권전동기

정답 23. ② 24. ④ 25. ① 26. ④

 직류전동기 종류 및 용도

종류	직권 전동기	분권전동기
용도	가변속도 전동기(기중기, 전동차, 전기자동차)	정속도 전동기(선박펌프, 송풍기)

문제 **27** **직류를 교류로 변환하는 기기는?**

① 변류기 ② 정류기
③ 초퍼 ④ 인버터

 전력변환장치

전력변환장치	컨버터	인버터	초퍼	정류기(다이오드)
변환값	교류 → 직류	직류 → 교류	직류전압 크기조절	교류 → 직류

문제 **28** **그림의 정류회로에서 다이오드의 전압강하를 무시할 때 콘덴서 양단의 최대전압은 약 몇 [V]까지 충전되는가?**

① 70
② 141
③ 280
④ 352

 콘덴서 양단의 최대전압 V_m 계산

변압비(권수비)	최대전압 V_m 계산
$\frac{V_1}{V_2}=\frac{N_1}{N_2}\rightarrow\frac{200}{V_2}\rightarrow V_2=100$	$V_m=\sqrt{2}\,V_2=\sqrt{2}\times 100=141[\text{V}]$

문제 **29** **동기조상기를 과여자로 사용하면?**

① 리액터로 작용 ② 저항손의 보상
③ 일반부하의 뒤진 전류 보상 ④ 콘덴서로 작용

해설 동기조상기

동기조상기 여자	부족여자로 사용시	과여자로 사용시	기준
내용	리액터로 작용	콘덴서로 작용	동위상($\cos\theta=1$)

문제 **30** **농형 유도전동기의 기동법이 아닌 것은?**

① 전전압 기동 ② $\Delta-\Delta$ 기동
③ 기동보상기에 의한 기동 ④ 리액터 기동

정답 27. ④ 28. ② 29. ④ 30. ②

해설 유도전동기의 기동법

농 형	전전압(직입) 기동	Y−Δ 기동법	기동 보상기법	리액터 기동법
	5[kW] 이하 소형용	5~15[kW] 이하 중형	15[kW] 이상 대형	소형(기동전류제한)
권선형	기동 저항기법(2차 저항법), 게(괴)르게스법			

문제 **31** **직류 분권전동기의 회전방향을 바꾸기 위해 일반적으로 무엇의 방향을 바꾸어야 하는가?**

① 전원 ② 주파수
③ 계자저항 ④ 전기자전류

 직류전동기의 역회전 방법

직류전동기 회전방향	변하지 않는 경우	반대로 회전하는 경우
결선 방법 구분	극성을 반대로 했을 때	전기자나 계자권선 둘 중 1개 접속을 반대로 했을 때

문제 **32** **회전수 540[rpm], 12극, 3상 유도전동기의 슬립[%]은?** (단, 주파수는 60[Hz]이다)

① 1 ② 4
③ 6 ④ 10

 유도전동기 슬립 s 계산

동기속도 N_s	슬립 s 계산
$N_s = \frac{120f}{P} = \frac{120 \times 60}{12} = 600$	$s = \frac{N_s - N}{N_s} \times 100 = \frac{600 - 540}{600} = 10[\%]$

문제 **33** **3상 유도전동기의 토크는?**

① 2차 유도기전력의 2승에 비례한다.
② 2차 유도기전력에 비례한다.
③ 2차 유도기전력과 무관하다.
④ 2차 유도기전력의 0.5승에 비례한다.

해설 3상유도전동기의 토크는 2차유도 기전력의 2승에 비례한다.($T \propto V^2$)

문제 **34** **동기기 운전시 안정도 증진법이 아닌 것은?**

① 단락비를 크게 한다. ② 회전부의 관성을 크게 한다.
③ 속응 여자방식을 채용한다. ④ 역상 및 영상임피던스를 작게 한다.

정답 31. ④ 32. ④ 33. ① 34. ④

해설 동기기 운전시 안정도 증진법

구분	커야 될 값 ↑	작아야 할 값 ↓	채용방식
내용	영상 및 역상 임피던스, 회전자의 관성, 단락비	동기화 리액턴스	속응 여자 방식

문제 35

다음 중 변압기의 1차측이란?

① 고압측　② 저압측
③ 전원측　④ 부하측

해설 변압기 1차측＝전원측, 변압기 2차측＝부하측

문제 36

50[kW]의 농형 유도전동기를 기동하려고 할 때, 다음 중 가장 적당한 기동방법은?

① 분상기동법　② 기동보상기법
③ 권선형 기동법　④ 2차 저항기동법

해설 유도전동기의 기동법

농 형	전전압(직입)기동	Y－Δ기동법	기동 보상기법	리액터 기동법
	5[kW] 이하 소형용	5~15[kW] 이하 중형	15[kW] 이상 대형	소형(기동전류제한)
권선형	기동 저항기법(2차 저항법), 게(괴)르게스법			

문제 37

다음 중 변압기의 원리와 관계있는 것은?

① 전기자 반작용　② 전자유도작용
③ 플레밍의 오른손 법칙　④ 플레밍의 왼손 법칙

해설 변압기의 원리
1차 전기에너지 → 자기에너지(전자유도작용) → 2차 전기에너지로 변환시키는 기계

문제 38

1차 전압 13,200[V], 2차 전압 220[V]인 단상변압기의 1차에 6,000[V]의 전압을 가하면 2차 전압은 몇 [V]인가?

① 100　② 200
③ 50　④ 250

해설 변압기 2차측 전압 V_2 계산

변압기 이해그림	권수비 a 적용식	2차 전압 V_2 계산
$a=30$, $V_1=6,000$, N_1, N_2, V_2	$a=\frac{E_1}{E_2}=\frac{13200}{220}=60$	$V_2=\frac{V_1}{a}=\frac{6000}{60}=100[V]$

정답 35. ③ 36. ② 37. ② 38. ①

문제 **39** **보극이 없는 직류기 운전 중 중성점의 위치가 변하지 않는 경우는?**

① 과부하 ② 전부하
③ 중부하 ④ 무부하

해설 직류기 무부하 운전시 전기자의 중성점 위치가 변하지 않는다.

문제 **40** **수·변전 설비의 고압회로에 걸리는 전압을 표시하기 위해 전압계를 시설할 때 고압회로와 전압계 사이에 시설하는 것은?**

① 수전용 변압기 ② 계기용 변류기
③ 계기용 변압기 ④ 권선형 변류기

변성기 종류	기능 (변성값=표준)	2차측 단자 접속계측기	점검시 2차측	개방·단락 이유
계기용 변압기 PT	1차 고압 → 2차 저압(110[V])	전압계 Ⓥ	개방시킴	과전류로부터 자신보호
계기용 변류기 CT	1차 대전류 → 2차 소전류(5[A])	전류계 Ⓐ	단락시킴	2차측 절연보호

문제 **41** **자속밀도 0.8[Wb/m²]인 자계에서 길이 50[cm]인 도체가 30[m/s] 수직으로 회전할 때 유기되는 기전력[V]은?**

① 8 ② 12
③ 1 ④ 25

도체의 유기기전력 E[V] 계산

발전기 구조	적용식	용어
전류 I, 힘 F, 수직$\theta=90°$, 자속밀도 B방향, 축, 도선길이 l	유기기전력 $E = VBl\sin\theta$ $=30\times0.8\times0.5\times\sin 90$ $=12$[V]	도체 이동속도 V[m/s] 자속밀도 B[Wb/m²] 도체길이 l[m]

문제 **42** **전선의 접속이 불완전하여 발생할 수 있는 사고로 볼 수 없는 것은?**

① 감전 ② 누전
③ 화재 ④ 절전

해설 전선과 기구단자 접속 접촉불량시 발생 영향

접촉불량시 문제점 →	영향(현상)
저항 증가 및 전기스파크 발생	과열, 화재, 누전, 전파잡음 등 발생

정답 39. ④ 40. ③ 41. ② 42. ④

문제 **43** **가연성 분진에 전기설비가 발화원이 되어 폭발의 우려가 있는 곳에 시설하는 저압 옥내배선공사방법이 아닌 것은?**

① 금속관 공사　② 케이블 공사
③ 애자사용 공사　④ 합성수지관 공사

 가연성 분진장소 시설가능 공사

가연성 분진 예	시설가능공사
소맥분, 전분, 유황	금속관공사, 케이블공사, 합성수지관공사

문제 **44** **나전선 등의 금속선에 속하지 않는 것은?**

① 경동선(지름 12[mm] 이하의 것)
② 연동선
③ 동합금선(단면적 35[mm^2] 이하의 것)
④ 경알루미늄선(단면적 35[mm^2] 이하의 것)

해설 금속선의 규격

종류	경동선	연동선	동합금선	경알루미늄선
굵기	지름 12[mm] 이하		지름 5[mm] 이하 (단면적 20[mm^2] 이하)	지름 6.6[mm] 이하 (단면적 35[mm^2] 이하)

문제 **45** **아래의 그림기호가 나타내는 것은?**

① 비상 콘센트
② 형광등
③ 점멸기
④ 접지저항 측정용 단자

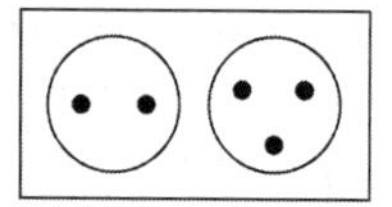

문제 **46** **저압 구내 가공인입선으로 DV전선 사용시 전선의 길이가 15[m] 이하인 경우 사용할 수 있는 최소 굵기는 몇 [mm] 이상인가?**

① 1.5　② 2.0
③ 2.6　④ 4.0

 저압 가공인입선의 굵기

전선종류		OW, DV (특)고압 절연전선	450/750[V] 일반용 단심 비닐 절연전선
전선 굵기	전선길이 15[m] 이하	2.0[mm] 이상	4[mm^2] 이상
	전선길이 15[m] 초과	2.6[mm] 이상	6[mm^2] 이상

정답 43. ③ 44. ③ 45. ① 46. ②

문제 **47** **배선용 차단기의 심벌은?**

① B　　② E
③ BE　　④ S

해설

심벌(기호)	B	E	BE	S
명칭	배선용 차단기	누전 차단기	과전류 겸용 누전 차단기	개폐기

문제 **48** **무대·오케스트라 박스·영사실, 기타 사람이나 무대 도구가 접촉될 우려가 있는 장소에 시설하는 저압 옥내배선의 사용전압은?**

① 400[V] 미만　　② 500[V] 이상
③ 600[V] 미만　　④ 700[V] 이상

해설 흥행장소의 저압 이동전선은 사용전압이 400[V] 미만일 것

문제 **49** **변압기의 정격출력으로 맞는 것은?**

① 정격1차전압 × 정격1차전류　　② 정격1차전압 × 정격2차전류
③ 정격2차전압 × 정격1차전류　　④ 정격2차전압 × 정격2차전류

해설 변압기 정격출력(피상전력) P_a = 2차전압 × 2차전류[kVA]

문제 **50** **금속관 공사에 의한 저압 옥내배선에서 잘못된 것은?**

① 전선은 절연전선일 것
② 금속관 안에서는 전선의 접속점이 없도록 할 것
③ 알루미늄 전선은 단면적 16[mm²] 초과시 연선을 사용할 것
④ 옥외용 비닐절연전선을 사용할 것

해설 금속관 공사시 시설규정

사용전선 종류	금속관 내부	연선 사용시	단선 사용시
절연전선(옥외용 비닐 절연전선 제외)	전선접속점이 없을 것	단면적 10[mm²] 이상 (Al은 16[mm²])	단면적 10[mm²] 이하 (Al은 16[mm²])

정답 47. ① 48. ① 49. ④ 50. ④

문제 **51** **조명기구를 반간접 조명방식으로 설치하였을 때 위(상방향)로 향하는 광속의 양[%]은?**

① 0～10[%]　② 10～40[%]
③ 40～60[%]　④ 60～90[%]

조명기구에서 광속의 양에 의한 분류

조명방식	직접조명	반직접조명	반간접조명	간접조명
상향광속	0～10[%]	10～40[%]	60～90[%]	90～100[%]

문제 **52** **접지공사의 종류가 아닌 것은?**

① 제1종 접지공사　② 제2종 접지공사
③ 특별 제2종 접지공사　④ 제3종 접지공사

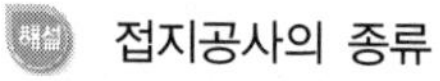
접지공사의 종류

1) 제1종 접지공사 E_1　2) 제2종 접지공사 E_2
3) 제3종 접지공사 E_3　4) 특별 제3종 E_{S3}

문제 **53** **전주의 길이가 16[m]이고, 설계하중이 6.8[kN] 이하의 철근콘크리트주를 시설할 때 땅에 묻히는 깊이는 몇 [m] 이상이어야 하는가?**

① 1.2　② 1.4
③ 2.0　④ 2.5

지지물(전주) 땅에 묻히는 깊이

전주길이 구분	15[m] 이하인 경우	15[m] 초과인 경우 설계하중 6.8[kN] 이하	14～20[m] 이하이고 설계하중 6.8～9.8[kN]인 경우
전주 땅에 묻히는 깊이	전주길이×$\frac{1}{6}$ 이상[m]	2.5[m] ★	기준값(2.5)+0.3[m]

문제 **54** **다음 (　) 안에 알맞은 내용은?**

고압 및 특고압용 기계기구의 시설에 있어 고압은 지표상 (㉠) 이상(시가지에 시설하는 경우), 특고압은 지표상 (㉡) 이상의 높이에 설치하고 사람이 접촉될 우려가 없도록 시설하여야 한다.

① ㉠ 3.5[m], ㉡ 4[m]　② ㉠ 4.5[m], ㉡ 5[m]
③ ㉠ 5.5[m], ㉡ 6[m]　④ ㉠ 5.5[m], ㉡ 7[m]

기계기구의 시설규정

전압에 따른 구분	고압용 기계기구	특고압용 기계기구
기계기구 지표상 높이	4.5[m] 이상(시가지외는 4[m])	5[m] 이상

정답 51. ④ 52. ③ 53. ④ 54. ②

문제 **55** **알루미늄 전선의 접속방법으로 적합하지 않은 것은?**

① 직선 접속　　② 분기 접속
③ 종단 접속　　④ 트위스트 접속

 전선 접속방법

전선구분	6[mm^2] 이하 가는 선	10[mm^2] 이상 굵은 선	알루미늄전선
접속방법	트위스트 접속	브리타니아 접속	직선·분기·종단 접속

문제 **56** **하나의 콘센트에 두 개 이상의 플러그를 꽂아 사용할 수 있는 기구는?**

① 코드 접속기　　② 멀티 탭
③ 테이블 탭　　④ 아이언 플러그

명칭	코드접속기	멀티탭	테이블 탭	아이언플러그
용도	코드상호 접속용	한개 콘센트에 여러 개의 기구 접속용	코드길이가 짧을 때 연장시 사용	한쪽은 꽂음 플러그 다른 쪽은 플러그형태

문제 **57** **전선을 접속하는 경우 전선의 강도는 몇 [%] 이상 감소시키지 않아야 하는가?**

① 10　　② 20
③ 40　　④ 80

 전선 접속시 주의사항

접속부분 조건	전기부식	전선의 세기(강도)	전기저항
내용	없을 것	80[%] 이상 유지 (20[%] 이상 감소시키지 말 것)	증가시키지 말 것

문제 **58** **배전반 및 분전반과 연결된 배관을 변경하거나 이미 설치되어 있는 캐비닛에 구멍을 뚫을 때 필요한 공구는?**

① 오스터　　② 클리퍼
③ 토치램프　　④ 녹아웃펀치

구분	오스터	클리퍼	토치램프	녹아웃펀치
용도	금속관에 나사 만듦	굵은 전선 절단용	합성수지관을 구부릴 때 사용	박스에 구멍을 뚫을 사용

기출문제

정답 55. ④ 56. ② 57. ② 58. ④

문제 **59** 저압 인입선 공사시 저압 가공인입선이 철도 또는 궤도를 횡단하는 경우 레일면상에서 몇 [m] 이상 시설하여야 하는가?

① 3
② 4
③ 5.5
④ 6.5

 저압 가공인입선의 최소높이

시설 장소	도로횡단시	철도 또는 궤도 횡단시	횡단보도교
시설 높이	노면상 5[m] 이상	레일면상 6.5[m] 이상	노면상 3[m] 이상

문제 **60** 150[kW]의 수전설비에서 역률을 80[%]에서 95[%]로 개선하려고 한다. 이때 전력용 콘덴서의 용량은 약 몇 [kVA]인가?

① 63.2
② 126.4
③ 133.5
④ 157.6

 콘덴서 용량 Q_c 계산

콘덴서 용량 적용식	계산
$Q=P\times\left[\frac{\sqrt{1-\cos\theta_1^2}}{\cos\theta_1}-\frac{\sqrt{1-\cos\theta_2^2}}{\cos\theta_2}\right]$	$=150\times\left[\frac{0.6}{0.8}-\frac{\sqrt{1-0.95^2}}{0.95}\right]=63.2[\text{kVA}]$

정답 59. ④ 60. ①

기출 문제

2015년 제1회

문제 **01** **그림의 단자 1-2에서 본 노튼 등가회로의 개방인 컨덕턴스는 몇 [℧]인가?**

① 0.5
② 1
③ 2
④ 5.8

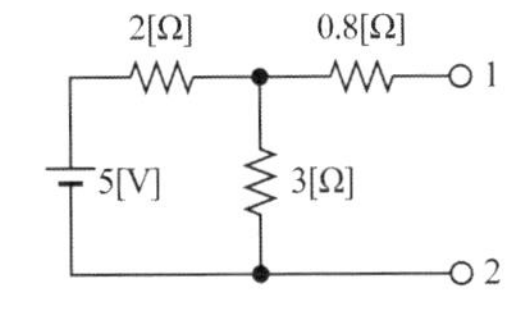

 노튼정리

조건	등가회로	합성저항 R_o	컨덕턴스 G
전압원 : 단락시킴 전류원 : 개방시킴	2[Ω], 0.8[Ω], 3[Ω], 1 +, 2 −	$R_o = 0.8 + \frac{2\times3}{2+3} = 2[\Omega]$	$G = \frac{1}{R_o} = \frac{1}{2} = 0.5[℧]$

문제 **02** $e = 100\sin\left(314t - \frac{\pi}{6}\right)$**[V]인 파형의 주파수는 약 몇 [Hz]인가?**

① 40　　② 50
③ 60　　④ 80

 교류전압 순시값

전압 순시값 표기 v	각속도 ω	주파수 f	주파수 계산
최대값 × sin(ωt + 위상) ↓ ↓ ↓ 100 × sin(314t − 30°)	$\omega = 2\pi f$	$f = \frac{w}{2\pi}$	$= \frac{314}{2\times3.14} = 50[\text{Hz}]$

문제 **03** **비정현파의 실효값을 나타낸 것은?**

① 최대파의 실효값
② 각 고조파의 실효값의 합
③ 각 고조파의 실효값의 합의 제곱근
④ 각 고조파의 실효값의 제곱의 합의 제곱근

해설 비정현파의 실효값

전압 비정현파 v	실효값 정의 →	식표기
$v = V_0 + \sqrt{2}\,V_1 \sin\omega t + \cdots$	각고조파 실효값제곱 합의 제곱근	$= \sqrt{V_0^2 + V_1^2 + V_2^2 + \cdots}$

정답 01. ① 02. ② 03. ④

문제 04 **평균반지름이 r[m]이고, 감은 횟수가 N인 환상 솔레노이드에 전류 I[A]가 흐를 때 내부의 자기장의 세기 H[AT/m]는?**

① $H=\dfrac{NI}{2\pi r}$ ② $H=\dfrac{NI}{2r}$

③ $H=\dfrac{2\pi r}{NI}$ ④ $H=\dfrac{2r}{NI}$

해설 환상철심 내부 자계의 세기 H값

환상 철심 그림	자계의 세기 H 식	용어
I, N, r, +, −	$H=\dfrac{NI}{2\pi r}$[AT/m]	• 권수 N • 전류 I[A] • 반지름 r[m] • $\pi=3.14$

문제 05 **어떤 도체의 길이를 2배로 하고 단면적을 $\frac{1}{3}$로 했을 때의 저항은 원래 몇 배가 되는가?**

① 3배 ② 4배

③ 6배 ④ 9배

해설 전기저항 R

전선그림(처음저항 R)	전선의 처음저항 R	나중저항 R'(길이 2배, 면적 $\frac{1}{3}$배시)
길이 l, 반지름 r, 전선, $A(S)$	$R=e\dfrac{l}{S}$	$R'=e\dfrac{2l}{S\times\frac{1}{3}}=6\times e\dfrac{l}{S}=6R$

문제 06 **기전력이 V_0[V], 내부저항이 r[Ω]인 n개의 전지를 직렬 연결하였다. 전체 내부저항을 옳게 나타낸 것은?**

① $\dfrac{r}{n}$ ② nr

③ $\dfrac{r}{n^2}$ ④ nr^2

해설

건전지 n개 직렬시 회로 →	등가회로 →	부하전류 I
전류 I, 기전력 V, r, V, 내부저항 r, 부하 R, n개 연결	nV, +, −, nr, I, R	건전지 전체전압 ↓ $I=\dfrac{nV}{nr+R}$[A] ↑ 건전지 전체내부저항

정답 04. ① 05. ③ 06. ②

문제 07

공기 중에서 자속밀도 3[Wb/m²]의 평등 자장 속에 길이 10[cm]의 직선 도선을 자장의 방향과 직각으로 놓고 여기에 4[A]의 전류를 흐르게 하면 이 도선이 받는 힘은 몇 [N]인가?

① 0.5　　② 1.2
③ 2.8　　④ 4.2

 플레밍의 왼손법칙 적용

전동기의 코일(전기자권선) 그림	힘 F식 및 계산
$I=4[A]$, 힘 F, $\theta=90°$, 자속밀도 방향 $B=3[Wb/m^2]$, 축, 도선길이 $l=10[cm]$	도선(코일)이 받는 힘 $F=IBl\sin\theta$ $=4\times3\times10\times10^{-2}\sin 90$ $=1.2[N]$

문제 08

정전용량 $C[\mu F]$의 콘덴서에 충전된 전하가 $q=\sqrt{2}\,Q\sin\omega t$[C]와 같이 변화하도록 하였다면 이때 콘덴서에 흘러들어가는 전류의 값은?

① $i=\sqrt{2}\,Qw\sin\omega t$　　② $i=\sqrt{2}\,wQ\cos\omega t$
③ $i=\sqrt{2}\,wQ\sin(\omega t-60°)$　　④ $i=\sqrt{2}\,wQ\cos(\omega t-60°)$

 콘덴서의 전류 i

정의식	대입식	콘덴서 전류 i식	
$i=\dfrac{dq}{dt}$	$=\dfrac{d}{dt}\sqrt{2}\,Q\sin\omega t$	$=\sqrt{2}\,wQ\cos\omega t$	$=\sqrt{3}\,wQ\sin(\omega t+90)$

문제 09

4[F]와 6[F]의 콘덴서를 병렬접속하고 10[V]의 전압을 가했을 때 축적되는 전하량 Q[C]는?

① 19　　② 50
③ 80　　④ 100

 콘덴서 병렬연결시 전하량 Q 계산

콘덴서 병렬회로	적용식	계산
$V=10[V]$, $Q=?$, $C_1=4$, $C_2=6$	전하량 $Q=C_0\times V$ $=(C_1+C_2)\times V$	$=(4+6)\times10$ $=100[V]$

문제 10

회로망의 임의의 접속점에 유입되는 전류는 $\Sigma I=0$라는 법칙은?

① 쿨롱의 법칙　　② 패러데이의 법칙
③ 키르히호프의 제1법칙　　④ 키르히호프의 제2법칙

정답 07. ② 08. ② 09. ④ 10. ③

해설 키르히호프의 법칙

종류	제1법칙(전류 법칙)	제2법칙(전압 법칙)
내용	유입 전류합 = 유출 전류합	유입 전압합 = 유출 전압합
식 표기	유입 전류합−유출 전류합=0 → $\sum I=0$	유입 전압합−유출 전압합=0 → $\sum E=0$

문제 **11** **자체 인덕턴스가 각각 160[mH], 250[mH]의 두 코일이 있다. 두 코일 사이의 상호 인덕턴스가 150[mH]이면 결합계수는?**

① 0.5 ② 0.62
③ 0.75 ④ 0.86

 상호인덕턴스 M

적용식	결합계수 K 계산식	계산
$M=K\sqrt{L_1L_2}$	$K=\dfrac{M}{\sqrt{L_1L_2}}$	$=\dfrac{150}{\sqrt{160\times250}}=0.75$

문제 **12** **저항이 10[Ω]인 도체에 1[A]의 전류를 10분간 흘렸다면 발생하는 열량은 몇 [kcal]인가?**

① 0.62 ② 1.44
③ 4.46 ④ 5.24

 (발)열량 H 계산

적용식	계산
열량 $H=0.24\times I^2Rt$ [cal]	$=0.24\times1^2\times10\times10$분$\times60$초$\times10^{-3}=1.44$[kcal]

문제 **13** **히스테리시스손은 최대 자속밀도 및 주파수의 각각 몇 승에 비례하는가?**

① 최대자속밀도 : 1.6, 주파수 : 1.0
② 최대자속밀도 : 1.0, 주파수 : 1.6
③ 최대자속밀도 : 1.0, 주파수 : 1.0
④ 최대자속밀도 : 1.6, 주파수 : 1.6

해설 철손 P_i

구분	철손 종류	식	철손 감소대책
철손 P_i 식	와류손 P_e ⊕ 히스테리시스손 P_h	$P_e=k(fB_mt)^2$ $P_h=kfB_m^{1.6}t$	성층철심 사용 규소강판 사용
용어	손실계수 k / 주파수 f[Hz] / 최대자속밀도 B_m[Wb/m^2] / 철 두께 t		

정답 11. ③ 12. ② 13. ①

문제 **14**

유효전력의 식으로 옳은 것은? (단, E는 전압, I는 전류, θ는 위상각이다)

① $EI\cos\theta$　　② $EI\sin\theta$
③ $EI\tan\theta$　　④ EI

해설 단상전력의 종류

종류	피상전력 P_a	= 유효전력 P +	무효전력 P_r
식	$P_a = EI$[VA]	$= EI\cos\theta$[W]	$EI\sin\theta$[Var]

문제 **15**

전원과 부하가 다같이 Δ 결선된 3상 평형회로가 있다. 상전압이 200[V], 부하 임피던스가 $Z = 6 + j8[\Omega]$인 경우 선전류는 몇 [A]인가?

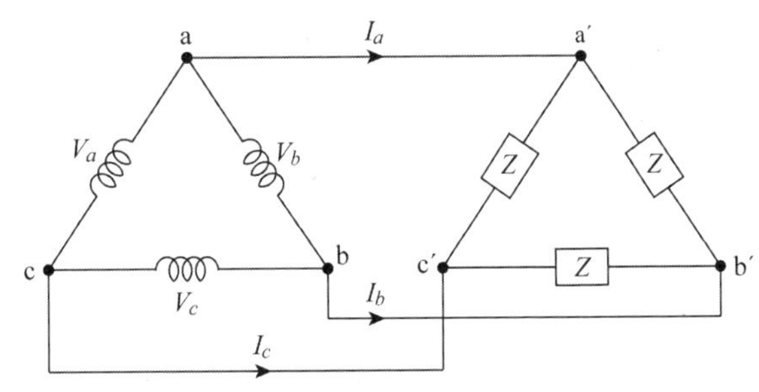

① 20　　② $\dfrac{20}{\sqrt{3}}$
③ $20\sqrt{3}$　　④ $10\sqrt{3}$

해설 3상 Δ결선시 선전류 I_l 계산

Δ결선회로	Δ결선 특징	선전류 I_l 계산
$I_l = ?$ $V_P = 200$ Z = $6+j8$[Ω] $V_l = 200$	• 선간전압 V_l = 상전압 V_P • 선전류 $I_l = \sqrt{3} \times$ 상전류 I_P	$I_l = \sqrt{3} \times \dfrac{V_l}{Z}$ $= \sqrt{3} \times \dfrac{200}{\sqrt{6^2+8^2}}$ $= 20\sqrt{3}$

문제 **16**

다음 회로의 합성정전용량[μF]은?

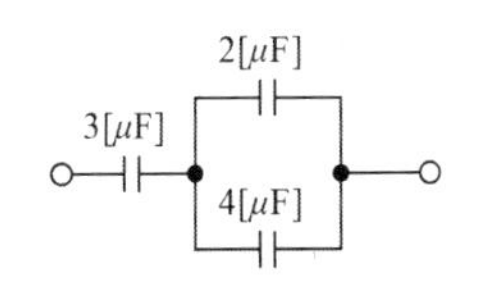

① 5　　② 4
③ 3　　④ 2

해설 합성정전용량 C_0 계산

순서	콘덴서 병렬(2와 4)은 더한다(+)		직렬(3과 6)은 나눈다	
등가 회로	3[μF] 6[μF]	• 병렬합성값 6=2+4	2[μF]	• 직렬합성값 $\dfrac{3\times6}{3+6} = 2$

정답 14. ① 15. ③ 16. ④

문제 **17** **물질에 따라 자석에 반발하는 물체를 무엇이라 하는가?**

① 비자성체　② 상자성체
③ 반자성체　④ 가역성체

문제 **18** **그림의 병렬회로에서 공진주파수 f_0[Hz]는?**

① $f_0 = \frac{1}{2\pi}\sqrt{\frac{R}{L} - \frac{1}{LC}}$

② $f_0 = \frac{1}{2\pi}\sqrt{\frac{L^2}{R^2} - \frac{1}{LC}}$

③ $f_0 = \frac{1}{2\pi}\sqrt{\frac{1}{LC} - \frac{L}{R}}$

④ $f_0 = \frac{1}{2\pi}\sqrt{\frac{1}{LC} - \frac{R^2}{L^2}}$

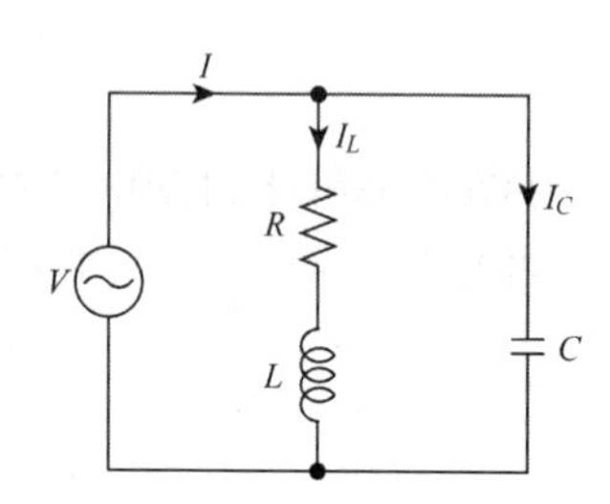

해설 일반적인 공진회로

1) 공진주파수 $f_0 = \frac{1}{2\pi}\sqrt{\frac{1}{LC} - \frac{R^2}{L^2}}$ [Hz]

2) 공진어드미턴스 $Y = \frac{RC}{L}$[℧]

문제 **19** **전기장의 세기 단위로 옳은 것은?**

① [H/m]　② [F/m]
③ [AT/m]　④ [V/m]

해설 전기용어 및 단위

명칭	유전율	투자율	전기장(전계)의 세기	자기장(자계)의 세기
표기 및 단위	ε[F/m]	μ[H/m]	E[V/m]	H[AT/m]

문제 **20** **전기 전도도가 좋은 순서대로 도체를 나열한 것은?**

① 은 → 구리 → 금 → 알루미늄
② 구리 → 금 → 은 → 알루미늄
③ 금 → 구리 → 알루미늄 → 은
④ 알루미늄 → 금 → 은 → 구리

해설

구분	전기 전도도 좋은 순서	전기저항 큰 순서
예	(大)은 > 구리 > 금 > 알루미늄(小)	(小)은 < 구리 < 금 < 알루미늄(大)

정답 17. ③ 18. ④ 19. ④ 20. ①

문제 **21**

3상 농형 유도전동기의 $Y-\Delta$ 기동시의 기동전류를 전전압 기동시와 비교하면?

① 전전압 기동전류의 1/3로 된다.
② 전전압 기동전류의 $\sqrt{3}$ 배로 된다.
③ 전전압 기동전류의 3배로 된다.
④ 전전압 기동전류의 9배로 된다.

해설 3상 농형 유도전동기의 $Y-\Delta$ 기동법

전동기 기동시	운전시	기동전류 및 기동토크
Y결선 기동	Δ결선 운전	$\frac{1}{3}$로 감소

문제 **22**

선풍기, 가정용 펌프, 헤어 드라이기 등에 주로 사용되는 전동기는?

① 단상 유도전동기
② 권선형 유도전동기
③ 동기전동기
④ 직류 직권전동기

 전동기 용도

종류	단 상유도전동기	권선형 유도전동기	동기전동기	직류 직권전동기
용도	가정용(선풍기, 헤어드라이기)	대형(권상기, 크레인)	저속·대용량 (압연기, 송풍기)	큰 토크 요구시 (전기차, 전동차)

문제 **23**

3상 전파 정류회로에서 전원 250[V]일 때 부하에 나타나는 전압[V]의 최대값은?

① 약 177
② 약 292
③ 약 354
④ 약 433

문제 **24**

3단자 사이리스터가 아닌 것은?

① SCS
② SCR
③ TRIAC
④ GTO

 반도체(사이리스터) 소자

종류	SCR 단방향 3단자 소자	GTO 게이트 턴오프 스위치 3단자 소자	TRIAC 쌍방향 3단자 소자	SCS 단방향 4단자 소자
심벌	$A(+)$, G, $K(-)$	K, G, A	K, G, A	K, G_2, G_1, A

정답 21. ① 22. ① 23. ③ 24. ①

문제 **25** **직류 직권전동기의 특징에 대한 설명으로 틀린 것은?**

① 부하전류가 증가하면 속도가 크게 감소된다.
② 기동 토크가 작다.
③ 무부하 운전이나 벨트를 연결한 운전은 위험하다.
④ 계자권선과 전기자권선이 직렬로 접속되어 있다.

해설 직류 직권전동기의 특징

직권전동기 회로	회전속도 N와 토크 T	무부하운전
I_f, I, +, R_s 계자, 입력측 V (전원측), I_a, R_a(전기자), E, L, 출력측 (전동기), 부하, −	부하전류 I 증가 → 자속 ϕ 증가 • $N(\downarrow \text{감소}) = k\dfrac{V - I_a(R_a + R_s)}{\phi(\uparrow \text{증가})}$ • 기동토크($T \propto I_a^2$)는 커진다.	위험속도 → 하지 말 것 대책 : 기어 또는 체인 운전할 것

문제 **26** **3상 유도전동기의 회전 방향을 바꾸려면?**

① 전원의 극수를 바꾼다.
② 전원의 주파수를 바꾼다.
③ 3상 전원 3선 중 두선의 접속을 바꾼다.
④ 기동 보상기를 이용한다.

문제 **27** **동기전동기의 직류 여자전류가 증가될 때의 현상으로 옳은 것은?**

① 진상 역률을 만든다.
② 지상 역률을 만든다.
③ 동상 역률을 만든다.
④ 진상·지상 역률을 만든다.

동기조상기 여자 운전

여자종류	부족여자 $I_f(\downarrow)$ 운전시	과여자 $I_f(\uparrow)$ 운전시
작용값	리액터로 작용 → 지상역률 만듦	콘덴서로 작용 → 진상역률 만듦

문제 **28** **슬립이 4%인 유도전동기에서 동기속도가 1200[rpm]일 때 전동기의 회전속도[rpm]는?**

① 697
② 1,051
③ 1,152
④ 1,321

유도전동기 회전자속도 N 계산

회전자속도 N 적용식	계산
$N = (1-s)N_s$	$= (1-0.04) \times 1200 = 1{,}152$[rpm]

정답 25. ② 26. ③ 27. ① 28. ③

문제 **29**

부호홀츠 계전기로 보호되는 기기는?

① 변압기 ② 유도전동기
③ 직류 발전기 ④ 교류 발전기

해설 변압기 보호계전기
부호홀츠 계전기 : 변압기 내부고장시 동작으로 차단기 개로시킴

문제 **30**

34극 60[MVA], 역률 0.8, 60[Hz], 22.9[kV] 수차발전기의 전부하 손실이 1,600[kW]이면 전부하 효율[%]은?

① 90 ② 95
③ 97 ④ 99

해설 발전기 효율 $\eta = \dfrac{출력\ P}{P+손실\ P_\ell} \times 100[\%] = \dfrac{60\times10^3\times0.8}{60\times10^3\times0.8+1600}\times100 = 97[\%]$

문제 **31**

주상변압기의 고압측에 여러 개의 탭을 설치하는 이유는?

① 선로 고장대비 ② 선로 전압조정
③ 선로 역률개선 ④ 선로 과부하 방지

해설 주상변압기의 고압측에 탭을 설치하여 선로 전압크기를 조정한다.

문제 **32**

낮은 전압을 높은 전압으로 승압할 때 일반적으로 사용되는 변압기의 3상 결선방식은?

① $\Delta-\Delta$ ② $\Delta-Y$
③ $Y-Y$ ④ $Y-\Delta$

 승압용 변압기 결선방식

변압기 종류	승압용 변압기	강압용 변압기
변압기 1차·2차 결선방식	$\Delta-Y$: 송전변전소용	$Y-\Delta$: 배전 변전소용

문제 **33**

정류자와 접촉하여 전기자 권선과 외부 회로를 연결하는 역할을 하는 것은?

① 계자 ② 전기자
③ 브러시 ④ 계자철심

 직류기

직류발전기구조	계자	전기자	정류자	브러시
역할(기능)	자속을 만듦	기전력을 발생시킴	교류 → 직류로 변환시킴	외부 회로와 연결

기출문제

정답 29. ① 30. ③ 31. ② 32. ② 33. ③

문제 **34** **사용 중인 변류기의 2차를 개방하면?**

① 1차 전류가 감소한다.
② 2차 권선에 110[V]가 걸린다.
③ 개방단의 전압은 불변하고 안전하다.
④ 2차 권선에 고압이 유도된다.

해설 수변전설비

변성기 종류	기능 (변성값=표준)	2차측 단자 접속계측기	점검시 2차측	개방·단락 이유
계기용 변압기 PT	1차 고압 → 2차 저압(110[V])	전압계(V)	개방시킴	과전류로부터 자신보호
계기용 변류기 CT	1차 대전류 → 2차 소전류(5[A])	전류계(A)	단락시킴	2차측 절연보호

문제 **35** **변압기유의 구비조건으로 옳은 것은?**

① 절연내력이 클 것
② 인화점이 낮을 것
③ 응고점이 높을 것
④ 비열이 작을 것

해설 변압기유의 구비조건

구비조건	클 것(값)	작을 것(값)	없을 것
값	절연내력, 절연저항, 냉각효과, 인화점, 열전도율	점도, 응고점, 비중	• 산화현상 • 석출물

문제 **36** **동기기에 제동권선을 설치하는 이유로 옳은 것은?**

① 역률 개선
② 출력 증가
③ 전압 조정
④ 난조 방지

문제 **37** **동기전동기에 관한 내용으로 틀린 것은?**

① 기동토크가 작다.
② 역률을 조정할 수 없다.
③ 난조가 발생하기 쉽다.
④ 여자기자 필요하다.

해설 동기전동기의 장점 및 단점

장 점	단 점
① 역률 1로 운전가능하다. ② 필요시 지상, 진상으로 운전 가능하다. ③ 정속도 전동기(속도가 불변) ④ 유도기에 비해 효율이 좋다.	① 기동토크가 0이다. ② 기동시 여자전원이 필요하고 구조가 복잡하다. ③ 속도조정이 곤란하다. ④ 난조가 일어나기 쉽다.

정답 34. ④ 35. ① 36. ④ 37. ②

문제 **38** **유도전동기의 무부하시 슬립은?**

① 4　　② 3
③ 1　　④ 0

해설 유도전동기의 슬립

슬립 s식	기동시(정지시) 슬립	무부하시
$s = \dfrac{N_s - \text{회전자속도 } N}{\text{동기속도 } N_s}$	$s = 1$	$s = 0$

문제 **39** **직류발전기의 정격전압 100[V], 무부하 전압 109[V]이다. 이 발전기의 전압 변동률 ε[%]은?**

① 1　　② 3
③ 6　　④ 9

 직류발전기의 전압 변동률 ε

전압 변동률 적용식 →	계산
$\varepsilon = \dfrac{\text{무부하시 전압 } V_o - V_n}{\text{부하시 전압 } V_n} \times 100\%$	$= \dfrac{109-100}{100} \times 100 = 9\%$

문제 **40** **직류 스테핑 모터(DC stepping motor)의 특징이다. 다음 중 가장 옳은 것은?**

① 교류 동기 서보 모터에 비하여 효율이 나쁘고 토크 발생도 작다.
② 입력되는 전기신호에 따라 계속하여 회전한다.
③ 일반적인 공작 기계에 많이 사용된다.
④ 출력을 이용하여 특수기계의 속도, 거리, 방향 등을 정확하게 제어할 수 있다.

해설 직류 스테핑 모터
단위시간당 발생토크가 크고 효율이 좋고 특수기계의 속도, 거리, 방향을 제어한다.

문제 **41** **S형 슬리브를 사용하여 전선을 접속하는 경우의 유의사항이 아닌 것은?**

① 전선은 연선만 사용이 가능하다.
② 전선의 끝은 슬리브의 끝에서 조금 나오는 것이 좋다.
③ 슬리브는 전선의 굵기에 적합한 것을 사용한다.
④ 도체는 샌드페이퍼 등으로 닦아서 사용한다.

문제 **42** **가공전선의 지지물에 승탑 또는 승강용으로 사용하는 발판 볼트 등은 지표상 몇 [m] 미만에 시설하여서는 안 되는가?**

① 1.2　　② 1.5
③ 1.6　　④ 1.8

정답 38. ④ 39. ④ 40. ④ 41. ① 42. ④

해설 가공전선로 지지물의 승탑 및 승주 방지시설 가공전선로의 지지물에 취급자가 오르내리는데 사용하는 발판 볼트 등을 지표상 1.8[m] 이상에 시설한다.

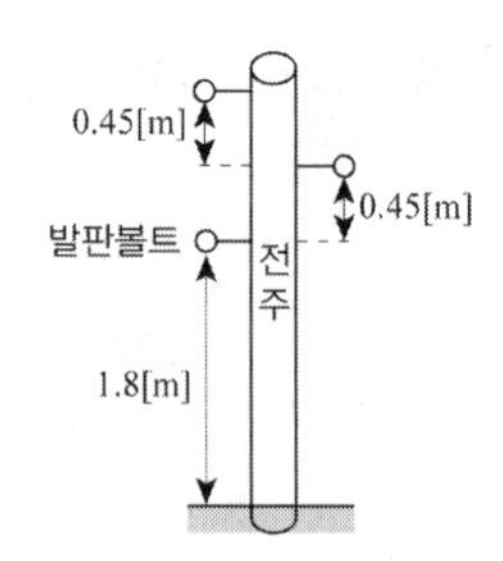

문제 43 **조명기구를 배광에 따라 분류하는 경우 특정한 장소만을 고조도로 하기 위한 조명기구는?**

① 직접 조명기구　② 전반확산 조명기구
③ 광천장 조명기구　④ 반직접 조명기구

문제 44 **과전류차단기로 저압전로에 사용하는 퓨즈를 수평으로 붙인 경우 퓨즈는 정격전류 몇 배의 전류에 견디어야 하는가?**

① 2.0　② 1.6
③ 1.25　④ 1.1

해설 저압전로의 과전류 차단기(퓨즈) 시설

저압 차단기 종류	저압용 퓨즈	배선용 차단기(NFB)
견딜 전류	정격전류의 1.1배	정격전류의 1배

문제 45 **고압 이상에서 기기의 점검, 수리시 무전압, 무전류 상태로 전로에서 단독으로 전로의 접속 또는 분리하는 것을 주목적으로 사용되는 수변전기기는?**

① 기중부하 개폐기　② 단로기
③ 전력퓨즈　④ 컷아웃 스위치

해설 보호계전기 종류 및 용도

구분	기중부하 개폐기 IS	단로기 DS	전력용 퓨즈 PF	컷아웃스위치 COS
용도	수전용량 300[kVA] 이하 인입 개폐기용	선로 수리, 점검, 변경시 무부하 전류개폐용	단락전류 차단	변압기 1차측 보호

문제 46 **지중전선로 시설 방식이 아닌 것은?**

① 직접 매설식　② 관로식
③ 트라이식　④ 암거식

해설 지중전선로 시설방식
1) 직접 매설식　2) 관로식　3) 암거식

정답 43. ① 44. ④ 45. ② 46. ③

문제 **47** **화약류의 분말이 전기설비가 발화원이 되어 폭발할 우려가 있는 곳에 시설하는 저압 옥내배선의 공사 방법으로 가장 알맞은 것은?**

① 금속관 공사
② 애자 사용 공사
③ 버스덕트 공사
④ 합성수지몰드 공사

해설

구분	예제	공사방법
화약류저장장소	화약, 총포 등 화약류 저장장소	금속관 또는 케이블 공사

문제 **48** **금속관을 절단할 때 사용되는 공구는?**

① 오스터
② 녹아웃 펀치
③ 파이프 커터
④ 파이프 렌치

해설 금속관 공사시 자재 및 용도

자재	파이프 렌치	오스터	파이프 커터	녹아웃 펀치
용도	금속관에 커플링 물고 조일 때 사용	금속관에 나사 만듦	전선관 절단 공구	박스에 구멍을 냄

문제 **49** **합성수지 몰드 공사에서 틀린 것은?**

① 전선은 절연 전선일 것
② 합성수지 몰드 안에는 접속점이 없도록 할 것
③ 합성수지 몰드는 홈의 폭 및 깊이가 6.5[cm] 이하일 것
④ 합성수지 몰드와 박스 기타의 부속품과는 전선이 노출되지 않도록 할 것

해설 합성수지 몰드 공사 시설

조건	사용전선	몰드 안	몰드 홈 깊이	몰드와 박스기타 부속품
적용내용	절연전선 (OW 제외)	접속점이 없을 것	3.5[cm] 이하	전선과 노출되지 말 것

문제 **50** **배전반 및 분전반을 넣은 강판제로 만든 함의 두께는 몇 [mm] 이상인가?**
(단, 가로 세로의 길이가 30[cm] 초과한 경우이다)

① 0.8
② 1.2
③ 1.5
④ 2.0

해설 배전반 및 분전반은 두께 1.5[mm] 이상 합성수지나 두께 1.2[mm] 이상 강판제를 사용할 것

문제 **51** **실링, 직접부착등을 시설하고자 한다. 배선도에 표기할 그림 기호로 옳은 것은?**

① ├(N)
② ⊗
③ (CL)
④ (R)

정답 47. ① 48. ③ 49. ③ 50. ② 51. ③

해설 등 심벌과 명칭

심벌			CL	R			CH
명칭	벽등	옥외보안등	실링라이트	리셉터클	센서등	서크라인	샹들리에

문제 52 저압가공전선이 철도 또는 궤도를 횡단하는 경우에는 레일면상 몇 [m] 이상이어야 하는가?

① 3.5　　② 4.5

③ 5.5　　④ 6.5

가공전선 시설장소	도로 횡단시	철도궤도 횡단시	기타
저·고압 가공전선의 높이	6[m] 이상	6.5[m] 이상	5[m] 이상

문제 53 인입용 비닐절연전선을 나타내는 약호는?

① OW　　② EV

③ DV　　④ NV

 전선의 종류

약호	OW	DV	EV	NV
명칭	옥외용 비닐 절연 전선	인입용 비닐 절연전선	폴리에틸렌 절연 비닐 외장 케이블	클로로프렌 절연 비닐 외장 케이블

문제 54 애자사용 공사에서 전선 상호 간의 간격은 몇 [cm] 이상이어야 하는가?

① 4　　② 5

③ 6　　④ 8

 애자사용 공사

조건	전선지지점	전선 상호간	전선과 조영재간
이격거리	6[m] 이하 (단, 조영재 면따라 2[m])	6[cm] 이상	400[V] 미만 : 2.5[cm] 이상 400[V] 이상 : 4.5[cm] 이상

문제 55 옥내배선의 접속함이나 박스 내에서 접속할 때 주로 사용하는 접속법은?

① 슬리브 접속　　② 쥐꼬리 접속

③ 트위스트 접속　　④ 브리타니아 접속

정답 52. ④ 53. ③ 54. ③ 55. ②

문제 **56** **위험물 등이 있는 곳에서의 저압 옥내배선 공사방법이 아닌 것은?**

① 케이블 공사　　② 합성수지관 공사
③ 금속관 공사　　④ 애자사용 공사

해설

구분	예	공사방법
위험물 저장장소	성냥, 석유류등 제조 및 저장장소	합성수지·금속관·케이블공사

문제 **57** **금속몰드의 지지점 간의 거리는 몇 [m] 이하로 하는 것이 가장 바람직한가?**

① 1　　② 1.5
③ 2　　④ 3

해설 금속몰드의 지지점 간의 거리 : 1.5[m] 이하

문제 **58** **접지공사의 종류와 접지저항 값이 틀린 것은?**

① 제1종 접지 : 10[Ω] 이하　　② 제3종 접지 : 100[Ω] 이하
③ 특별 제3종 접지 : 10[Ω] 이하　　④ 특별 제1종 접지 : 10[Ω] 이하

접지종류	제1종 접지	제2종 접지	제3종 접지	특별 제3종 접지
접지저항값	10[Ω] 이하	$\frac{150}{1선지락\ 전류\ I_1}$[Ω] 이하	100[Ω] 이하	10[Ω] 이하

문제 **59** **정격전압 3상 24[kV], 정격차단전류 300[A]인 수전설비의 차단용량은 몇 [MVA]인가?**

① 17.26　　② 28.34
③ 12.47　　④ 24.94

 차단기 용량 P_S 계산

차단기 용량 적용식	계산
$P_S = \sqrt{3} \times$ 정격전압 $V \times$ 정격차단전류 I	$= \sqrt{3} \times 24 \times 10^3 \times 300 \times 10^{-6}$ =12.47[MVA]

문제 **60** **합성수지관 상호 및 관과 박스는 접속시에 삽입하는 깊이를 관 바깥지름의 몇 배 이상으로 하여야 하는가?** (단, 접착제를 사용하지 않은 경우이다)

① 0.2　　② 0.5
③ 1　　④ 1.2

 합성수지관 상호접속시 관 삽입깊이

접속방법	커플링 사용시	접착제 사용시
삽입깊이	관 바깥지름의 1.2배 이상	관 바깥지름의 0.8배 이상

정답 56. ④ 57. ② 58. ④ 59. ③ 60. ④

기출문제 2015년 제2회

문제 01

다음 (   ) 안에 들어갈 알맞은 내용은?

자기인덕턴스 1[H]는 전류의 변화율이 1[A/s]일 때, (   )가(이) 발생할 때의 값이다.

① 1[N]의 힘
② 1[J]의 에너지
③ 1[V]의 기전력
④ 1[Hz]의 주파수

유도기전력 V 계산

적용법칙	적용식	계산	정답값
패러데이 법칙	유도기전력 $V[V] = L\dfrac{dI}{dt}$	$= 1 \times \dfrac{1[A]}{1초}$	$=1[V]$

문제 02

Q[C]의 전기량이 도체를 이동하면서 한 일을 W[J]이라 했을 때 전위차 V[V]를 나타내는 관계식으로 옳은 것은?

① $V = QW$
② $V = \dfrac{W}{Q}$
③ $V = \dfrac{Q}{W}$
④ $V = \dfrac{1}{QW}$

전위차 V[V]식

전위차 V 정의	적용식
전기량 Q가 이동하면서 한 일(w)의 양	전위차 $V[V] = \dfrac{일\ W}{전기량\ Q}\left[\dfrac{J}{C}\right]$

문제 03

단면적 $A[m^2]$, 자로의 길이 l[m], 투자율 μ, 권수 N회인 환상 철심의 자체인덕턴스[H]는?

① $\dfrac{\mu A N^2}{l}$
② $\dfrac{AlN^2}{4\pi\mu}$
③ $\dfrac{4\pi A N^2}{l}$
④ $\dfrac{\mu l N^2}{A}$

정답 01. ③ 02. ② 03. ①

해설 환상철심

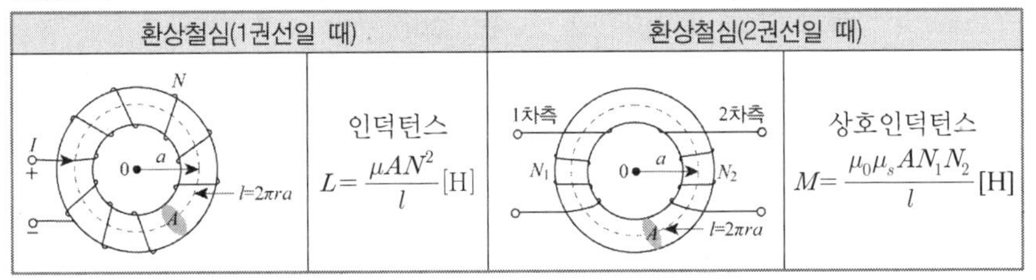

환상철심(1권선일 때)		환상철심(2권선일 때)	
(그림: N, I, a, A, $l=2\pi ra$)	인덕턴스 $L=\frac{\mu AN^2}{l}$[H]	(그림: 1차측, 2차측, N_1, N_2, a, A, $l=2\pi ra$)	상호인덕턴스 $M=\frac{\mu_0\mu_s AN_1N_2}{l}$[H]

문제 **04**

자기회로에 강자성체를 사용하는 이유는?

① 자기저항을 감소시키기 위하여　② 자기저항을 증가시키기 위하여
③ 공극을 크게 하기 위하여　④ 주자속을 감소시키기 위하여

강자성체 사용 이유

적용식 ←	비례식 ←	강자성체 사용이유
자속$\phi(\uparrow$증가$)=\frac{\text{기자력 } F(N\times I)}{\text{자기저항 } R(\downarrow \text{감소})}$	$\phi(\uparrow)\propto\frac{1}{R(\downarrow)}$	자기저항 감소

문제 **05**

4[Ω]의 저항에 200[V]의 전압을 인가할 때 소비되는 전력은?

① 20[W]　② 400[W]
③ 2.5[W]　④ 10[kW]

회로조건	적용식	단위환산 및 계산	정답값
전압 $V=200$, $R=4[\Omega]$	전력 $P=\frac{V^2}{R}$	$=\frac{200^2}{4}\times10^{-3}$	$=10[\text{kW}]$

문제 **06**

6[Ω]의 저항과, 8[Ω]의 용량성 리액턴스의 병렬회로가 있다. 이 병렬회로의 임피던스는 몇 [Ω]인가?

① 1.5　② 2.6
③ 3.8　④ 4.8

$R-C$ 병렬회로	어드미턴스 $Y[\mho]$	임피던스 $Z[\Omega]$	정답값
$R=6[\Omega]$, $X_c=8[\Omega]$	$Y=\frac{1}{6}+j\frac{1}{8}$ $=\sqrt{\frac{1}{6^2}+\frac{1}{8^2}}=\frac{5}{24}$	$Z=\frac{1}{\lvert Y\rvert}$ $=\frac{24}{5}=4.8[\Omega]$	4.8[Ω]

정답 04. ① 05. ④ 06. ④

문제 07 **평형 3상 교류 회로에서 Δ부하의 한 상의 임피던스가 Z_Δ일 때, 등가 변환한 Y부하의 한 상의 임피던스 Z_Y는 얼마인가?**

① $Z_Y = \sqrt{3}\,Z_\Delta$　　② $Z_Y = 3Z_\Delta$

③ $Z_Y = \frac{1}{\sqrt{3}}Z_\Delta$　　④ $Z_Y = \frac{1}{3}Z_\Delta$

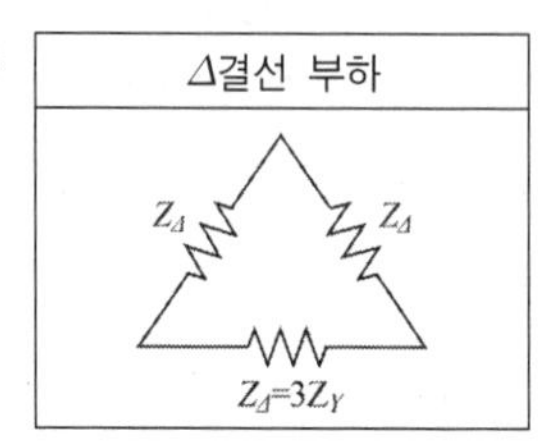

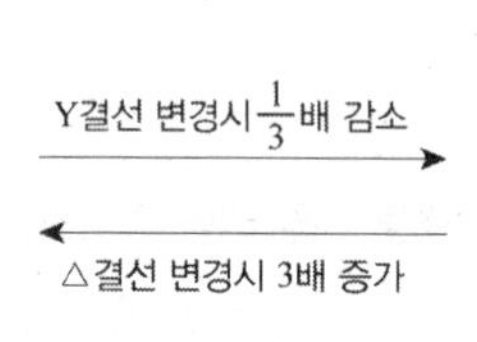

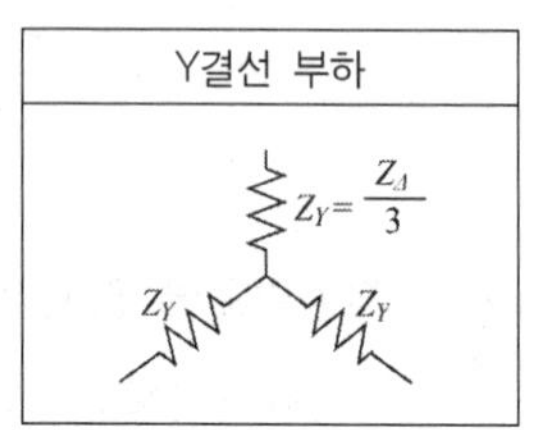

문제 08 **다음 중 전동기의 원리에 적용되는 법칙은?**

① 렌츠의 법칙　　② 플레밍의 오른손 법칙

③ 플레밍의 왼손 법칙　　④ 옴의 법칙

법칙 종류	렌츠의 법칙	플레밍의 오른손 법칙	플레밍의 왼손 법칙	옴의 법칙
적용 내용	유도 기전력의 방향 결정	발전기의 회전 원리	전동기의 회전 원리	전류 I는 전압 V에 비례하고 저항 R에 반비례

문제 09 **1[eV]는 몇 [J]인가?**

① 1　　② 1×10^{-10}

③ 1.16×10^{4}　　④ 1.602×10^{-19}

성립조건	전자볼트[eV] 정의
1[eV] = 1.602×10^{-19}[J]	전자에 1[V]를 가했을 때 에너지

문제 10 **평행한 왕복 도체에 흐르는 전류에 의한 작용력은?**

① 흡인력　　② 반발력

③ 회전력　　④ 작용력이 없다.

정답 07. ④ 08. ③ 09. ④ 10. ②

해설 두 평행 도선간의 힘 F 종류

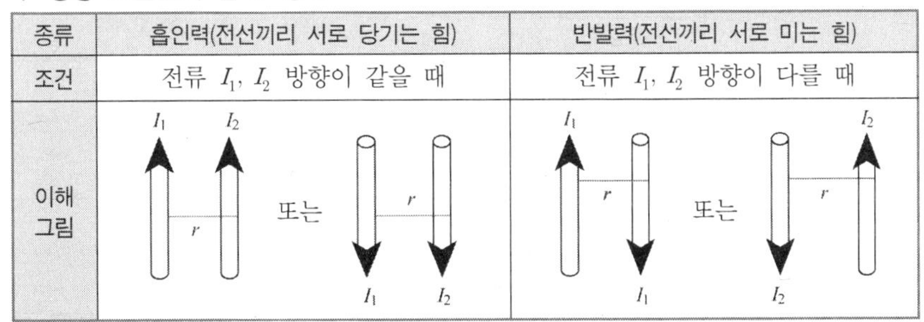

종류	흡인력(전선끼리 서로 당기는 힘)	반발력(전선끼리 서로 미는 힘)
조건	전류 I_1, I_2 방향이 같을 때	전류 I_1, I_2 방향이 다를 때
이해 그림	I_1 I_2 r 또는 r I_1 I_2	I_1 r I_1 또는 I_2 r I_2

문제 **11** **저항 50[Ω]인 전구에 $e = 100\sqrt{2}\sin\omega t$[A]의 전압을 가할 때 순시전류[A]값은?**

① $\sqrt{2}\sin\omega t$　② $2\sqrt{2}\sin\omega t$
③ $5\sqrt{2}\sin\omega t$　④ $10\sqrt{2}\sin\omega t$

해설 저항 R부하일 때 순시값 전류 i 계산

순서	회로 그림	전류 실효값 I계산	전류 i순시값 표기	정답값
내용	$I=?$, e, $R=50$	$I=\dfrac{V}{R}=\dfrac{100}{50}=2$	$i=I_m\sin\omega t$ $=\sqrt{2}\times I\times\sin\omega t$	$i=\sqrt{2}\times 2\sin\omega t$ $=2\sqrt{2}\sin\omega t$

문제 **12** **진공 중에서 같은 크기의 두 자극을 1[m] 거리에 놓았을 때, 그 작용하는 힘이 6.33×10^4[N]이 되는 자극 세기의 단위는?**

① 1[Wb]　② 1[C]
③ 1[A]　④ 1[W]

해설 두 자극 사이 작용하는 힘 F[N] 계산

순서	공기 중에서 그림	적용식	계산	정답값
내용	m_1-m　m_1-m 힘 $F=6.33\times10^4$ 거리 $r=1\text{m}$	힘 $F=6.33\times10^4\times\dfrac{m_1\times m_2}{r^2}$[N] $6.33\times10^4=6.33\times10^4\times\dfrac{m\times m}{1^2}$	$1=m^2$	자극 $m=1$[Wb]

문제 **13** **사인파 교류 전압을 표시한 것으로 잘못된 것은?** (단, θ는 회전각이며, ω는 각속도이다)

① $v=V_m\sin\theta$　② $v=V_m\sin\omega t$
③ $v=V_m\sin 2\pi t$　④ $v=V_m\sin\dfrac{2\pi}{T}t$

정답 11. ② 12. ① 13. ③

기출문제

해설 교류(순시값) 전압 v 표기

각속도 w 조건식	주파수 f[Hz]	주기 T[sec]	순시값 전압 표기 종류
$w=\frac{각\theta}{시간t}=2\pi f$ ↓ $\theta=wt$[rad]	$f=\frac{w}{2\pi}=\frac{1}{T}$	$T=\frac{1}{f}=\frac{2\pi}{w}$	$V=V_m\sin\theta=V_m\sin wt$ $=V_m\sin 2\pi ft=V_m\sin\frac{2\pi}{T}t$

문제 **14**

공기 중 자장의 세기가 20[AT/m]인 곳에 8×10^{-3}[Wb]의 자극을 놓으면 작용하는 힘[N]은?

① 0.16 ② 0.32
③ 0.43 ④ 0.56

해설 평등자계 중에서 자극 m이 받는 힘 F 계산

이해그림	적용식	계산	정답값
N(+)극 --- 자장 H=20 ---→ 자극 m --- S(−)극	힘 $F=mH$	$=8\times10^{-3}\times20$	=0.16[N]

문제 **15**

평등자계 B[Wb/m^2] 속을 V[m/s]의 속도를 가진 전자가 움직일 때 받는 힘[N]은?

① B^2eV ② $\frac{eV}{B}$
③ BeV ④ $\frac{BV}{e}$

 자기장(B)에 전자(e) 진입시 받는 힘 F 계산

이해그림	적용식	계산	정답값
전하 $q(e)$, 속도 v / 90° / P점 / B방향 / 자기력선	힘 $F=evB\sin\theta$	$=evB\sin90°$	$=Bev$[N]

문제 **16**

$R=8[\Omega]$, $L=19.1$[mH]의 직렬회로에 5[A]가 흐르고 있을 때 인덕턴스[L]에 걸리는 단자 전압의 크기는 약 몇 [V]인가? (단, 주파수는 60[Hz]이다)

① 12 ② 25
③ 29 ④ 36

정답 14. ① 15. ③ 16. ④

해설 $R-L$ 직렬시 코일전압 V_L 계산

$R-L$ 직렬회로	적용식	계산	정답
$I=5$, $R=8$, $L=19.1$, $f=60$, $w=377$	코일전압 $V_L = I\times X_L$ $= I\times wL$ $= I\times 2\pi fL$	$= 5\times 377\times 19.1\times 10^{-3}$ ※ $w = 2\times 3.14\times 60 = 377$	$=36[V]$

문제 **17** **무효전력에 대한 설명으로 틀린 것은?**

① $P = VI\cos\theta$로 계산된다.
② 부하에서 소모되지 않는다.
③ 단위로는 [Var]를 사용한다.
④ 전원과 부하 사이를 왕복하기만 하고 부하에 유효하게 사용되지 않는 에너지이다.

해설 무효전력 P_r

정의 ④	적용식 ①	단위 ③	정답
일하지 않는 전기	$P_r = VI\times$ 무효율 $\sin\theta$	[Var]	①

문제 **18** **두 금속을 접속하여 여기에 전류를 흘리면, 줄열 외에 그 접점에서 열의 발생 또는 흡수가 일어나는 현상은?**

① 줄 효과
② 홀 효과
③ 제어벡 효과
④ 펠티에 효과

해설 열과 전기효과

종류	줄 효과	홀 효과	제어벡 효과	펠티에 효과
내용	전류 이동시 열발생 효과	도체에 자계인가시 정부의 전하발생 효과	다른 금속 접속점에 온도차를 주면 전류 발생 효과	다름 금속 접속점에 전류차를 주면 열의 흡수 또는 발생 효과

문제 **19** **전지의 전압 강하 원인으로 틀린 것은?**

① 국부 작용
② 산화 작용
③ 성극 작용
④ 자기 방전

해설 전자의 전압강하원인

원인	국부작용	분극(성극)작용	자기방전
내용	불순물에 의한 부식작용	양극에 수소가 생겨 기전력 감소	건전지 자체방전
방지법	수은도금	감극제(MnO_2) 사용	

정답 17. ① 18. ④ 19. ②

문제 **20** **실효값 5[A], 주파수 f[Hz], 위상 60°인 전류의 순시값 i[A]를 수식으로 옳게 표현한 것은?**

① $i = 5\sqrt{2}\sin\left(2\pi ft + \frac{\pi}{2}\right)$
② $i = 5\sqrt{2}\sin\left(2\pi ft + \frac{\pi}{3}\right)$
③ $i = 5\sin\left(2\pi ft + \frac{\pi}{2}\right)$
④ $i = 5\sin\left(2\pi ft + \frac{\pi}{3}\right)$

해설 전류 순시값 i 표기

대입값		전류 순시값
• 전류 실효값 $I=5$ • 위상 $\theta = 60° = \frac{\pi}{3}$	• 각속도 $\omega = 2\pi f$	$i = \sqrt{2}I\sin(wt + \text{위상})$ $= \sqrt{2} \times 5 \times \sin\left(2\pi ft + \frac{\pi}{3}\right)$

문제 **21** **직류전동기의 규약효율을 표시하는 식은?**

① $\frac{\text{출력}}{\text{출력+손실}} \times 100[\%]$
② $\frac{\text{출력}}{\text{입력}} \times 100[\%]$
③ $\frac{\text{입력}-\text{손실}}{\text{입력}} \times 100[\%]$
④ $\frac{\text{입력}}{\text{출력+손실}} \times 100[\%]$

 직류기 규약효율 η

정의	발전기 효율	전동기 효율
손실값을 기준으로 계산한 효율	$\eta_G = \frac{\text{출력}}{\text{출력}+\text{손실}} \times 100\%$	$\eta_M = \frac{\text{입력}-\text{손실}}{\text{입력}} \times 100\%$

문제 **22** **부하의 변동에 대하여 단자전압의 변화가 가장 적은 직류발전기는?**

① 직권
② 분권
③ 평복권
④ 과복권

 평복권 발전기는 부하의 변동에 대해 단자전압 변동이 가장 작다.

문제 **23** **부하의 저항을 어느 정도 감소시켜도 전류는 일정하게 되는 수하특성을 이용하여 정전류를 만드는 곳이나 아크용접 등에 사용되는 직류발전기는?**

① 직권발전기
② 분권발전기
③ 가동 복권발전기
④ 차동 복권발전기

정답 20. ② 21. ③ 22. ③ 23. ④

문제 **24** **변압기유가 구비해야 할 조건 중 맞는 것은?**

① 절연내력이 작고 산화하지 않을 것
② 비열이 작아서 냉각 효과가 클 것
③ 인화점이 높고 응고점이 낮을 것
④ 절연재료나 금속에 접촉할 때 화학작용을 일으킬 것

해설 변압기 절연유 구비조건

구비조건	클 것 ↑	작을 것 ↓	없을 것
적용값	절연내력, 절연저항, 냉각효과, 인화점, 열전도율	점도, 응고점, 비중	산화현상, 석출물

문제 **25** **다음 단상 유도전동기 중 기동토크가 큰 것부터 옳게 나열한 것은?**

㉠ 반발 기동형	㉡ 콘덴서 기동형
㉢ 분상 기동형	㉣ 셰이딩 코일형

① ㉠ > ㉡ > ㉢ > ㉣
② ㉠ > ㉣ > ㉡ > ㉢
③ ㉠ > ㉢ > ㉣ > ㉡
④ ㉠ > ㉡ > ㉣ > ㉢

단상 유도전동기 기동토크 크기 순서
반발 기동형 > 콘덴서 기동형 > 분상 기동형 > 셰이딩 코일형

문제 **26** **유도전동기의 제동법이 아닌 것은?**

① 3상 제동
② 발전 제동
③ 회생 제동
④ 역상 제동

전동기 제동법 종류	내용
회생제동	전동기를 발전기로 작동시켜 발생전력을 전원으로 공급하는 제동법
발전제동	전동기를 발전기로 사용하여 전열 내에서 줄열로 소비하는 제동법
역상제동/플러깅	계자(전기자)전류 방향을 바꾸어 역토크 발생으로 제동

문제 **27** **변압기, 동기기 등의 층간 단락 등의 내부 고장보호에 사용되는 계전기는?**

① 차동계전기
② 접지계전기
③ 과전압계전기
④ 역상계전기

해설 보호계전기

종류	차동계전기	접지계전기	과전압계전기	역상계전기
역할(기능)	변압기 보호	지락사고로부터 보호계전기	정격전압 이상일 때 동작계전기	상이 바뀐 경우 동작계전기

정답 24. ③ 25. ① 26. ① 27. ①

문제 **28** **단상 전파 정류회로에서 전원이 220[V]이면 부하에 나타나는 전압의 평균값은 약 몇 [V]인가?**

① 99　② 198
③ 257.4　④ 297

 단상 전파 정류회로

적용식	계산
평균전압 $E_d = \frac{2\sqrt{2}\,V(\text{전원})}{\pi}$	$=0.9V=0.9\times220=198$[V]

문제 **29** **PN 접합 정류소자의 설명 중 틀린 것은?** (단, 실리콘 정류소자인 경우이다)

① 온도가 높아지면 순방향 및 역방향 전류가 모두 감소한다.
② 순방향 전압은 P형에 (+), N형에 (−) 전압을 가함을 말한다.
③ 정류비가 클수록 정류특성은 좋다.
④ 역방향 전압에서는 극히 작은 전류만이 흐른다.

 반도체 소자는 온도를 높이면 전류가 잘 흐른다.

문제 **30** **회전자 입력 10[kW], 슬립 3[%]인 3상 유도전동기의 2차 동손[W]은?**

① 300　② 400
③ 500　④ 700

해설 3상 유도전동기의 2차동손 P_{c2} 계산

적용식	계산
2차 동손 P_{c2} = 슬립 s × 2차 입력 P_2	$=0.03\times10\times10^{3}=300$[W]

문제 **31** **변압기의 효율이 가장 좋을 때의 조건은?**

① 철손 = 동손　② 철손 = 1/2동손
③ 동손 = 1/2철손　④ 동손 = 2철손

 변압기 최대 효율조건 : 고정손(철손) = 가변손(동손)

문제 **32** **동기발전기의 전기자 권선을 단절권으로 하면?**

① 고조파를 제거한다.　② 절연이 잘 된다.
③ 역률이 좋아진다.　④ 기전력을 높인다.

정답 28. ② 29. ① 30. ① 31. ① 32. ①

해설 동기발전기 전기자 권선의 단절권 사용 이유

단절권	단절권 사용 이유
극간격보다 코일을 짧게 감는 방법	• 고조파 제거 기전력 파형 개선 • 동량이 적게 든다.

문제 **33** **전력계통에 접속되어 있는 변압기나 장거리 송전시 정전용량으로 인한 충전특성 등을 보상하기 위한 기기는?**

① 유도전동기 ② 동기발전기
③ 유도발전기 ④ 동기조상기

해설 동기조상기

정의	용도
무부하로 운전중인 동기전동기	전력계통 송전시 정전용량으로 인한 보상용 (무효분전류 지상 및 진상 조정)

문제 **34** **전력 변환기기가 아닌 것은?**

① 변압기 ② 정류기
③ 유도전동기 ④ 인버터

해설 전력 변환장치

구분	변압기	정류기	인버터	컨버터
기능	고압을 저압으로 변성기	교류를 직류로 변환	직류를 교류로 변환	교류를 직류로 변환

문제 **35** **직류전동기의 속도 제어법이 아닌 것은?**

① 전압 제어법 ② 계자 제어법
③ 저항 제어법 ④ 주파수 제어법

종류	계자 제어	전압 제어	저항 제어
특징	정출력 제어	정토크 제어	손실이 크고, 속도 제어 범위가 좁다.

문제 **36** **동기발전기의 병렬운전에서 기전력의 크기가 다를 경우 나타나는 현상은?**

① 주파수가 변한다. ② 동기화 전류가 흐른다.
③ 난조 현상이 발생한다. ④ 무효순환전류가 흐른다.

정답 33. ④ 34. ③ 35. ④ 36. ④

해설 동기발전기 병렬 운전 조건

두 기전력이 같을 조건	크기	위상	주파수	파형
두 기전력이 다를 경우	무효 순환전류 흐름	유효 순환전류 흐름	난조발생	고조파 무효순환전류

문제 **37**

변압기에서 2차측이란?

① 부하측 ② 고압측
③ 전원측 ④ 저압측

해설 변압기

변압기 그림	정의	동일 용어
1차측 2차측	고압을 저압으로 감소시켜 부하에 공급	1차측=전원측=고압측 2차측=부하측=저압측

문제 **38**

8극 파권 직류발전기의 전기자 권선의 병렬회로수 a는 얼마로 하고 있는가?

① 1 ② 2
③ 6 ④ 8

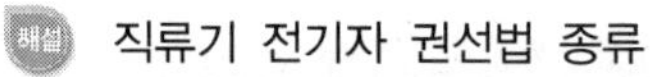
해설 직류기 전기자 권선법 종류

종류	용도	병렬회로수 a와 브러시 수 b와 극수 P 관계
중권(병렬권)	저전압·대전류(장점)	$a=b=P$
파권(직렬권)	고전압(장점)·소전류	$a=b=2$

문제 **39**

변압기의 절연내력시험법이 아닌 것은?

① 유도시험 ② 가압시험
③ 단락시험 ④ 충격전압시험

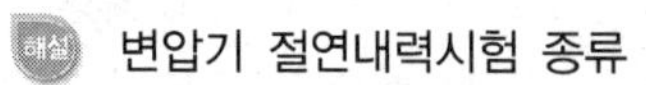
해설 변압기 절연내력시험 종류

절연내력시험	기압시험	유도시험	충격시험
시험부분	코일과 대지 사이	1차와 2차 사이	코일에 뇌전압 인가시

문제 **40**

동기전동기 중 안정도 증진법으로 틀린 것은?

① 전기자 저항 감소 ② 관성 효과 증대
③ 동기임피던스 증대 ④ 속응여자 채용

정답 37. ③ 38. ② 39. ③ 40. ③

해설 동기임피던스(Z_s)가 작아야↓ 안정도가 높다.

문제 **41** **금속관을 구부릴 때 금속관의 단면이 심하게 변형되지 아니하도록 구부려야 하며, 그 안쪽의 반지름은 관 안지름의 몇 배 이상이 되어야 하는가?**

① 6　② 8
③ 10　④ 12

해설 금속관 구부릴 때 안쪽 반지름은 관안지름의 6배 이상 할 것

문제 **42** **금속관 배관공사를 할 때 금속관을 구부리는데 사용하는 공구는?**

① 히키(hickey)　② 파이프렌치(pipe wrench)
③ 오스터(ouster)　④ 파이프 커터(pipe cutter)

해설 금속관 공사시 자재 및 용도

자재	파이프 렌치	오스터	파이프 커터	히키
용도	금속관에 커플링 물고 조일 때 사용	금속관에 나사 만듦	전선관 절단 공구	금속관 구부리는 공구

문제 **43** **접지저항값에 가장 큰 영향을 주는 것은?**

① 접지선 굵기　② 접지 전극 크기
③ 온도　④ 대지저항

문제 **44** **제1종 및 제2종 접지공사에서 접지선을 철주, 기타 금속체를 따라 시설하는 경우 접지극은 지중에서 그 금속체로부터 몇 [cm] 이상 떼어 매설하나?**

① 30　② 60
③ 75　④ 100

해설 1종·2종 접지공사 시설규정

접지극 시설	접지극과 금속체 이격거리
지중 75[cm] 이상 매설할 것	1[m] = 100[cm]

문제 **45** **금속관 공사에서 노크아웃의 지름이 금속관의 지름보다 큰 경우에 사용하는 재료는?**

① 로크너트　② 부싱
③ 콘넥터　④ 링 리듀서

정답 41. ① 42. ① 43. ④ 44. ④ 45. ④

금속관 접속 기구	부싱	링리듀서	로크너트	리머
용도	절연물 피복보호	녹크아웃 구멍이 금속관보다 클 때 사용	박스와 금속관 고정	과 절단면을 다듬는 공구

문제 **46** **애자사용 배선공사시 사용할 수 없는 전선은?**

① 고무 절연전선 ② 폴리에틸렌 절연전선
③ 플루오르 수지 절연전선 ④ 인입용 비닐 절연전선

 저압애자 사용공사

사용전선	사용 불가능 전선
절연전선	옥외용 OW 및 인입용 비닐절연전선 DV

문제 **47** **전선의 재료로서 구비해야할 조건이 아닌 것은?**

① 기계적 강도가 클 것 ② 가요성이 풍부할 것
③ 고유저항이 클 것 ④ 비중이 작을 것

해설 전선은 도전율이 커야↑ 하므로 고유저항이 작아야↓ 된다.

문제 **48** **수변전 배전반에 설치된 고압 계기용 변성기의 2차측 전로의 접지공사는?**

① 제1종 접지공사 ② 제2종 접지공사
③ 제3종 접지공사 ④ 특별 제3종 접지공사

구분	고압 계기용 변성기 2차측	특고압 계기용 변성기 2차측
접지	제3종 접지공사	제1종 접지공사

문제 **49** **화재시 소방대가 조명 기구나 파괴용 기구, 배연기 등 소화활동 및 인명 구조활동에 필요한 전원으로 사용하기 위해 설치하는 것은?**

① 상용전원장치 ② 유도등
③ 비상용 콘센트 ④ 비상등

문제 **50** **가공 전선 지지물의 기초 강도는 주체(主體)에 가하여지는 곡하중(曲荷重)에 대하여 안전율은 얼마 이상으로 하여야 하는가?**

① 1.0 ② 1.5
③ 1.8 ④ 2.0

정답 46. ④ 47. ③ 48. ③ 49. ③ 50. ④

해설 가공전선 지지물의 기초 안전율은 2 이상이어야 한다.

문제 **51** **전선의 접속에 대한 설명으로 틀린 것은?**

① 접속 부분의 전기저항을 20[%] 이상 증가되도록 한다.
② 접속 부분의 인장강도를 80[%] 이상 유지되도록 한다.
③ 접속 부분에 전선 접속 기구를 사용한다.
④ 알루미늄전선과 구리선의 접속시 전기적인 부식이 생기지 않도록 한다.

해설 전선 접속시 주의사항

접속부분 조건	전기부식	전선의 세기(강도)	전기저항
내용	없을 것	80[%] 이상 유지 (20[%] 이상 감소시키지 말 것)	증가시키지 말 것

문제 **52** **전주 외등 설치시 백열전등 및 형광등의 조명기구를 전주에 부착하는 경우 부착한 점으로부터 돌출되는 수평거리는 몇 [m] 이내로 하여야 하는가?**

① 0.5 ② 0.8
③ 1.0 ④ 1.2

해설 전동기 회로의 전선과 과전류 차단기의 전류

전동기의 정격전류합[A]	전선의 허용전류[A]=간선굵기	과전류 차단기의 크기
50[A] 미만인 경우	1.25×전동기 전류의 합계	2.5×전선의 허용전류
50[A] 이상인 경우	1.1×전동기 전류의 합계	2.5×전선의 허용전류

기출문제

문제 **53** **간선에 접속하는 전동기의 정격전류의 합계가 50[A]를 초과하는 경우에는 그 정격전류 합계의 몇 배에 견디는 전선을 선정하여야 하는가?**

① 0.8 ② 1.1
③ 1.25 ④ 3

해설 전주 외등 설치규정
① 조명기구는 도착점으로부터 돌출 수평거리는 1[m] 이내일 것
② 기구의 부착높이는 지표상 4.5[m] 이상(교통지장 없는 경우 3[m])

문제 **54** **전선 약호가 VV인 케이블의 종류로 옳은 것은?**

① 0.6/1[kV] 비닐절연 비닐시스 케이블
② 0.6/1[kV] EP 고무절연 클로로프렌시스 케이블
③ 0.6/1[kV] EP 고무절연 비닐시스 케이블
④ 0.6/1[kV] 비닐절연 비닐캡타이어 케이블

정답 51. ① 52. ② 53. ③ 54. ①

전선약호	VV	VCT	옥내저압의 이동전선
명칭	0.6/1[kV] 비닐 절연 비닐 시스 케이블	0.6/1[kV] 비닐 절연 비닐 캡타이어 케이블	0.6/1[kV] EP 고무절연 클로로프렌 캡타이어 케이블

문제 **55** **저압 2조의 전선을 설치시 크로스 완금의 표준 길이[mm]는?**

① 900 ② 1400
③ 1800 ④ 2400

전선의 조수		저압인 경우	고압인 경우	특고압인 경우
완금길이	2조 설치	★ 900[mm]	1400[mm]	1800[mm]
	3조 설치	1400	1800	2400

문제 **56** **전등 1개를 2개소에서 점멸하고자 할 때 3로 스위치는 최소 몇 개 필요한가?**

① 4개 ② 3개
③ 2개 ④ 1개

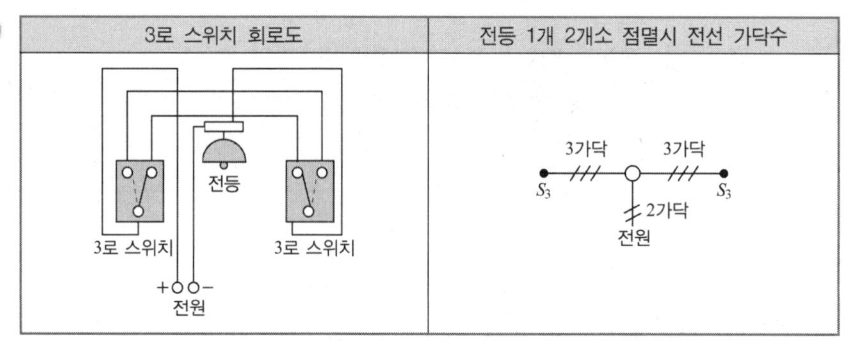

문제 **57** **수변전설비 구성기기의 계기용 변압기(PT) 설명으로 맞는 것은?**

① 높은 전압을 낮은 전압으로 변성하는 기기이다.
② 높은 전류를 낮은 전류로 변성하는 기기이다.
③ 회로에 병렬로 접속하여 사용하는 기기이다.
④ 부족전압 트립 코일의 전원으로 사용된다.

해설

구분	계기용 변압기 PT	계기용 변류기 CT
용도	고압을 저압(110[V])으로 낮추어 계측기 전원공급	대전류를 소전류(5[A])로 낮추어 계측기 전원공급

정답 55. ① 56. ③ 57. ①

문제 58 **폭연성 분진이 존재하는 곳의 저압 옥내배선 공사시 공사 방법으로 짝지어진 것은?**

① 금속관 공사, MI케이블 공사, 개장된 케이블 공사
② CD케이블 공사, MI케이블 공사, 금속관 공사
③ CD케이블 공사, MI케이블 공사, 제1종 캡타이어 케이블 공사
④ 개장된 케이블 공사, CD케이블 공사, 제1종 캡타이어 케이블 공사

해설

폭연선 분진 위험장소	가능공사	사용(이동)전선	나사조임
마그네슘, 알루미늄, 티탄	금속관 또는 케이블 공사	0.6/1[kV]고무절연 클로로프렌 캡타이어 케이블	5턱 이상 접속

문제 59 **22.9[kV−Y] 가공전선의 굵기는 단면적이 몇 [mm^2] 이상이어야 하는가?**
(단, 동선의 경우이다)

① 22
② 32
③ 40
④ 50

22.9[kV−Y] 특고압 시설 전선굵기

구분	가공전선(+)	중성선	접지선
전선 굵기	동선 : 22[mm^2] 이상 A1선 : 32[mm^2] 이상	ACSR 최소 32∼95[mm^2] 이하	연동선 6[mm^2] 이상

문제 60 **화약고의 배선공사시 개폐기 및 과전류 차단기에서 화약고 인입구까지는 어떤 배선 공사에 의하여 시설하여야 하는가?**

① 합성수지관 공사로 지중선로
② 금속관 공사로 지중선로
③ 합성수지몰드 지중선로
④ 케이블 사용 지중선로

화약류 저장소의 전기설비

조건	전로대지전압	전기기계기구	전용개폐기 및 과전류 차단기에서 인입구까지
시설값	300[V]	전폐형으로 시설	케이블 사용 지중선로로 시설

기출문제

정답 58. ① 59. ① 60. ④

기출 문제

2015년 제4회

문제 01 **콘덴서의 정전용량에 대한 설명으로 틀린 것은?**

① 전압에 반비례한다. ② 이동 전하량에 비례한다.
③ 극판의 넓이에 비례한다. ④ 극판의 간격에 비례한다.

정전용량 C에서 비례 및 반비례 요소

회로	적용식	비례요소	반비례요소
Q[C], V (+, −), 공기콘덴서 $C[\text{F}]=\dfrac{\epsilon_0 S}{d}$	$C=\dfrac{Q}{V}=\dfrac{\varepsilon_0 S}{d}$	$C \propto Q \propto \varepsilon_0 S$	$C \propto \dfrac{1}{V} \propto \dfrac{1}{d}$

문제 02 **전류에 의해 만들어지는 자기장의 자기력선 방향을 간단하게 알아내는 방법은?**

① 플레밍의 왼손 법칙 ② 렌츠의 자기유도 법칙
③ 앙페르의 오른나사 법칙 ④ 패러데이의 전자유도 법칙

앙페르의 오른나사 법칙에 따른 자기장(H)의 자력선 방향

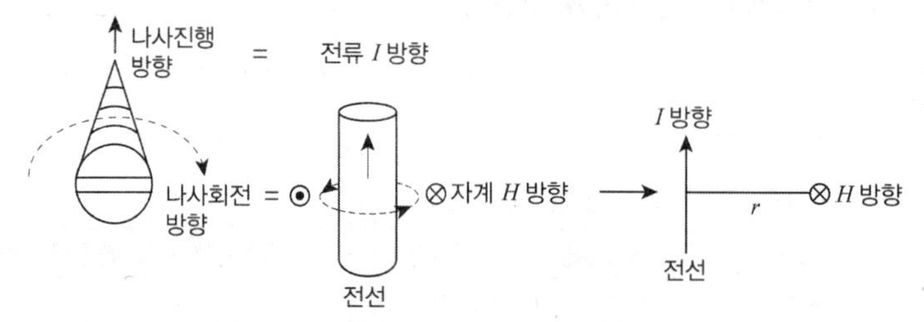

문제 03 **20분간 876,000[J]의 일을 할 때 전력[kW]은?**

① 0.73 ② 7.3
③ 73 ④ 730

해설

적용식	계산
전력 $P=\dfrac{\text{일 } W}{\text{시간 } t}$[J/S 또는 W]	$=\dfrac{876000}{20\text{분}\times 60\text{초}}=10^{-3}=0.73[\text{kW}]$

정답 01. ④ 02. ③ 03. ①

문제 **04**

그림과 같은 $R-L$ 병렬회로에서 $R=25[\Omega]$, $\omega L=\dfrac{100}{3}[\Omega]$일 때 200[V]의 전압을 가하면 코일에 흐르는 전류 I_L[A]은?

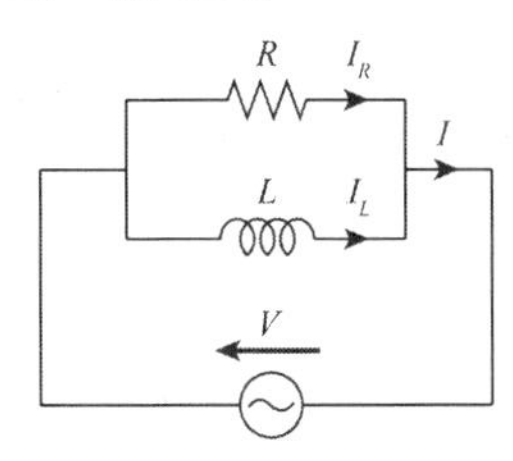

① 3.0[A] ② 4.8[A]
③ 6.0[A] ④ 8.2[A]

해설 $R-L$ 병렬시 코일 L에 흐르는 전류 I_L 계산

병렬회로 특징	적용식	계산
각 부하의 전압 V가 같다	코일전류 $I_L=\dfrac{V}{WL}$	$=\dfrac{200}{100/3}2\times3=6[A]$

문제 **05**

그림과 같은 회로의 저항값이 $R_1>R_2>R_3>R_4$일 때 전류가 최소가 최소로 흐르는 저항은?

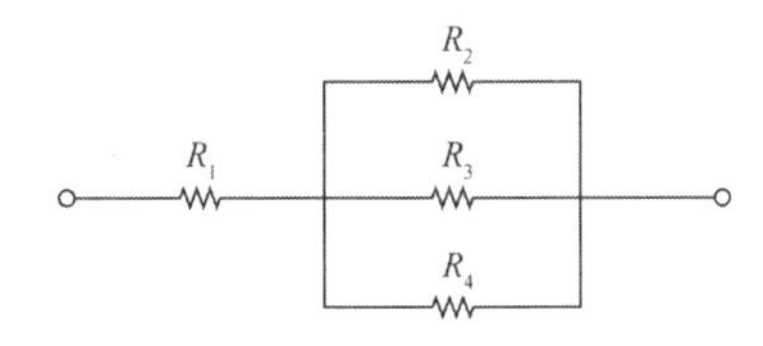

① R_1 ② R_2
③ R_3 ④ R_4

 저항 병렬연결시 분배전류 크기

전류회로	저항 및 전류 크기	병렬 특징
+극 I R_1 전체전류 I_2(小) R_2(大) I_3(中) R_3(中) I_4(大) R_4(小) I −극	$R_2>R_3>R_4$일 때 $I_2<I_3<I_4$이다.	저항이 크며 전류는 적게 흐른다. $\left(I_b=\dfrac{V}{R(\text{증가시})}\right)$

문제 **06**

$R-L$ 직렬회로에 교류 전압 $v=V_m\sin\omega t$[V]를 가했을 때 회로의 위상차 θ를 나타낸 것은?

① $\theta=\tan^{-1}\dfrac{R}{\omega L}$ ② $\theta=\tan^{-1}\dfrac{\omega L}{R}$

③ $\theta=\tan^{-1}\dfrac{1}{R\omega L}$ ④ $\theta=\tan^{-1}\dfrac{R}{\sqrt{R^2+(\omega L)^2}}$

정답 04. ③ 05. ② 06. ②

해설

부하[Ω]	크기	위상각
임피던스 $Z = R + jwL$	$\lvert Z \rvert = \sqrt{R^2 + (wL)^3}$	$\theta = \tan^{-1}\frac{wL}{R}$

문제 **07** **그림에서 a－b간의 합성저항은 c－d간의 합성저항의 몇 배인가?**

① 1배
② 2배
③ 3배
④ 4배

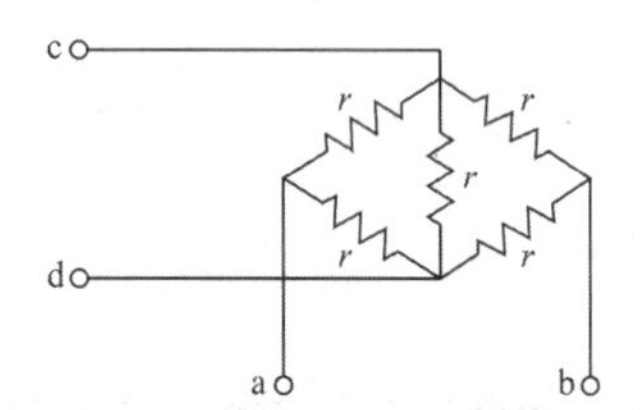

a와 b 사이 합성저항 R_{ab}	c와 d사이의 합성저항 R_{cd}	합성저항비(몇 배) 계산
a, b, r, r, r, r	c, d, r, r, r, r, r	몇 배 $= \frac{R_{ab}}{R_{cd}} = \frac{\frac{2r}{2개}}{\frac{r}{2개}} = 2배$

문제 **08** **권수가 150인 코일에서 2초간 1[Wb]의 자속이 변화한다면 코일에 발생되는 유도기전력의 크기는 몇 [V]인가?**

① 50　　② 75
③ 100　　④ 150

적용법칙	적용식	계산
패러데이법칙	유도기전력 $e = N \times \frac{d\phi}{dt}$	$= 150 \times \frac{1}{2초} = 75[V]$

문제 **09** **평형 3상 교류회로에서 Y결선할 때 선간전압 V_l과 상전압 V_p와의 관계는?**

① $V_l = V_p$　　② $V_l = \sqrt{2}\,V_p$
③ $V_l = \sqrt{3}\,V_p$　　④ $V_l = \frac{1}{\sqrt{3}}\,V_p$

3상 Y결선	Y결선 특징	상전압 V_P 계산
$V_P = \frac{V_l}{\sqrt{3}}$, V_l, +, +, +	선간전압 $V_l = \sqrt{3} \times$ 상전압 V_P 선전류 $I_l =$ 상전류 I_P	$V_P = \frac{V_l}{\sqrt{3}}$

정답 07. ② 08. ② 09. ③

문제 **10** **정전에너지 W[J]를 구하는 식으로 옳은 것은?** (단, C는 콘덴서 용량[μF], V는 공급전압[V]이다)

① $W=\frac{1}{2}CV^2$ ② $W=\frac{1}{2}CV$
③ $W=\frac{1}{2}C^2V$ ④ $W=2CV^2$

해설 콘덴서(정전용량) 축적에너지 $W=\frac{1}{2}QV=\frac{1}{2}CV^2=\frac{Q^2}{2C}$[J]

문제 **11** **$R=5[\Omega]$, $L=30$[mH]인 $R-L$ 직렬회로에 $V=200$[V], $f=60$[Hz]인 교류 전압을 가할 때 전류의 크기는 약 몇 [A]인가?**

① 8.67 ② 11.42
③ 16.17 ④ 21.25

$R-L$ 직렬회로	유도성 리액턴스 X_L	전류 I 계산
V=200, f=60, w=377, R=5[Ω], L=30[mH]	$X_L=wL=2\pi fL$ $=377\times30\times10^{-3}$ $=11.31[\Omega]$	$I=\frac{V}{\sqrt{R^2+X_L^2}}=\frac{200}{\sqrt{5^2+11.31^2}}$ $=16.17$[A]

문제 **12** **원자핵의 구속력을 벗어나서 물질 내에서 자유로이 이동할 수 있는 것은?**

① 중성자 ② 양자
③ 분자 ④ 자유전자

자유전자	자유전자 1개 크기
물질 내에서 자유로이 이동하는 전자	1.602×10^{-19}[C]

문제 **13** **복소수에 대한 설명으로 틀린 것은?**

① 실수부와 허수부로 구성된다.
② 허수를 제곱하면 음수가 된다.
③ 복소수는 $A=a+jb$의 형태로 표시된다.
④ 거리와 방향을 나타내는 스칼라량으로 표시한다.

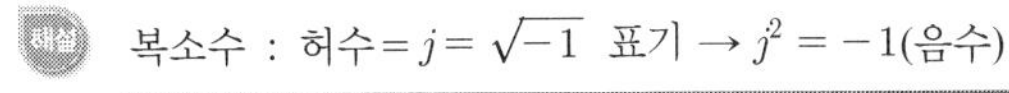
해설 복소수 : 허수 $=j=\sqrt{-1}$ 표기 → $j^2=-1$(음수)

수학용어	복소수 A=실수부 $a+j$허수부 b	=거리∠방향	벡터표기
전기용어	전기값=유효분전기+무효분전기	=크기(실효값)∠위상	

정답 10. ① 11. ③ 12. ④ 13. ④

문제 **14** **자기인덕턴스가 각각 L_1[H], L_2[H]인 두 개의 코일이 직렬로 가동접속되었을 때 합성인덕턴스는?** (단, 자기력선에 의한 영향을 서로 받는 경우이다)

① $L_1 + L_2 - M$　　② $L_1 + L_2 - 2M$
③ $L_1 + L_2 + M$　　④ $L_1 + L_2 + 2M$

 직렬시 합성인덕턴스 L_0

구분	기동접속시	차동접속시	가동·차동 동시표기
합성값 식 L_0	$= L_1 + L_2 + 2M$	$= L_1 + L_2 - 2M$	$= L_1 + L_2 \pm 2M$[H]

문제 **15** **2전력계법으로 3상 전력을 측정할 때 지시값이 $P_1 = 200[\mathrm{W}]$, $P_2 = 200[\mathrm{W}]$일 때 부하전력[W]은?**

① 200　　② 400
③ 600　　④ 800

 2전력계법 사용 3상 전력 계산

전력 종류	유효전력 P[W]	무효전력 P_r[Var]	피상전력 P_a[VA]
공식값	$P_1 + P_2 = 200 + 200 = 400[\mathrm{W}]$	$\sqrt{3}\,(P_1 - P_2)$	$2\sqrt{P_1^2 + P_2^2 - P_1 \times P_2}$

문제 **16** **1[cm]당 권선수가 10인 무한 길이 솔레노이드에 1[A]의 전류가 흐르고 있을 때 솔레노이드 외부 자계의 세기[AT/m]는?**

① 0　　② 5
③ 10　　④ 20

무한장 철심(솔레노이드) 그림	철심 내부의 자장 H값	철심 외부 H값
철심, 외부, 내부, 권수 N=10회×100배, I=1, +, −	$H = N \times I$ [AT/m] $= 1000 \times 1$ $= 1000$	$H = 0$

문제 **17** **저항이 있는 도선에 전류가 흐르면 열이 발생한다. 이와 같이 전류의 열작용과 가장 관계가 깊은 법칙은?**

① 패러데이의 법칙　　② 키르히호프의 법칙
③ 줄의 법칙　　④ 옴의 법칙

정답 14. ④ 15. ② 16. ① 17. ③

구분	패러데이의 법칙	키르히호프 법칙	줄의 법칙	옴의 법칙
내용	기전력 크기 결정법칙	유입전기량 || 소비전기량	전류이동시 열$(0.24+I^2Rt)$ 발생	전류는 전압에 비례, 저항에 반비례한다. $\left(I=\frac{V}{R}\right)$

문제 **18** **다음 중 1[V]와 같은 값을 갖는 것은?**

① 1[J/C]　　② 1[Wb/m]
③ 1[Ω/m]　　④ 1[A·sec]

전압 V[V] 정의	적용식	1[V] 계산
전하 Q가 이동하면서 한 일 W의 양	전압 $V=\frac{\text{일 } W}{\text{전하 } Q}$[J/C 또는 V]	$=\frac{1}{1}=1$[J/C]

문제 **19** **등전위면과 전기력선과의 교차 관계는?**

① 직각으로 교차한다.　　② 30°로 교차한다.
③ 45°로 교차한다.　　④ 교차하지 않는다.

 전기력선의 성질

이해 그림	성질
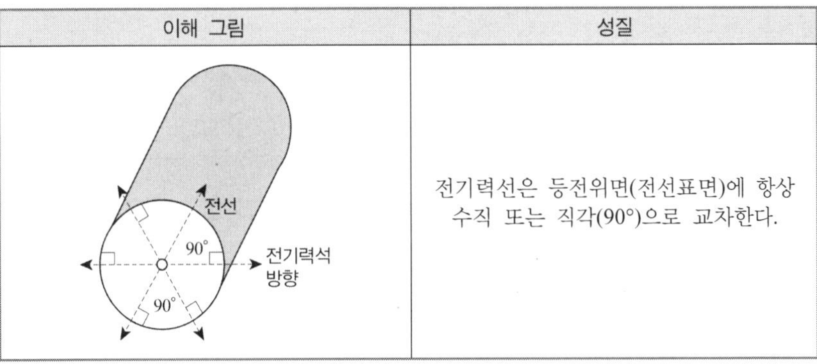	전기력선은 등전위면(전선표면)에 항상 수직 또는 직각(90°)으로 교차한다.

문제 **20** **전기분해를 통하여 석출된 물질의 양은 통과한 전기량 및 화학당량과 어떤 관계가 있는가?**

① 전기량과 화학당량에 비례한다.
② 전기량과 화학당량에 반비례한다.
③ 전기량에 비례하고 화학당량에 반비례한다.
④ 전기량에 반비례하고 화학당량에 비례한다.

정답 18. ① 19. ① 20. ①

해설 전기분해에서 패러데이 법칙

전극에서 석출량 W식	명칭	비례관계
$W = KQ = KIt$[g]	• 전기화학당량 $K = \dfrac{원자량}{원자가}$ • 전기량 Q	석출량 $W \propto K \times Q$

문제 **21** **슬립이 일정한 경우 유도전동기의 공급전압이 $\frac{1}{2}$로 감소하면 토크는 처음에 비해 어떻게 되는가?**

① 2배가 된다.
② 1배가 된다.
③ $\frac{1}{2}$로 줄어든다.
④ $\frac{1}{4}$로 줄어든다.

해설 유도전동기의 토크 T

토크 T와 공급전압 V 관계	계산	결론
$T \propto V^2$	$= \left(\frac{1}{2} \times V\right)^2 = \frac{1}{4} V^2$	전압 $\frac{1}{2}$ 감소 → 토크 $\frac{1}{4}$ 감소

문제 **22** **그림은 전력 제어 소자를 이용한 위상 제어 회로이다. 전동기의 속도를 제어하기 위하여 '가' 부분에 사용되는 소자는?**

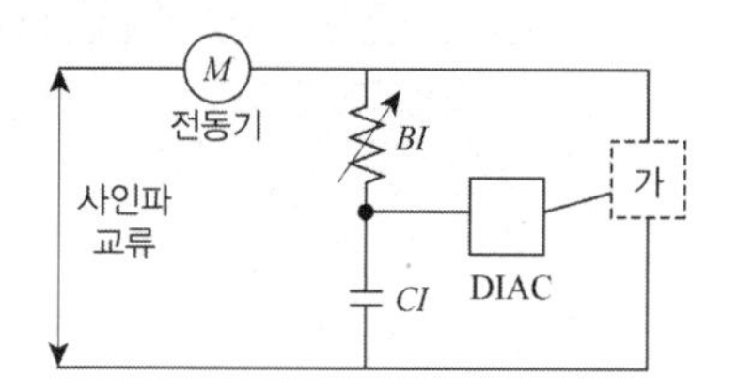

① 전력용 트랜지스터
② 제어 다이오드
③ 트라이악
④ 레귤레이터 78XX 시리즈

 전파 위상제어 회로
트리거소자인 다이액(DIAC)으로 트리거 신호를 발생시켜 트라이액(TRIAC)을 구동시키는 회로

문제 **23** **다음의 변압기 극성에 관한 설명에서 틀린 것은?**

① 우리나라는 감극성이 표준이다.
② 1차와 2차 권선에 유기되는 전압의 극성이 반대이면 감극성이다.
③ 3상 결선시 극성을 고려한다.
④ 병렬 운전시 극성을 고려해야 한다.

정답 21. ④ 22. ③ 23. ②

해설 변압기 병렬 운전

감극성(우리나라) 회로	가극성 회로	병렬 운전시 조건
1차 V_1 2차 V_2	V_1 V_2	병렬 운전시 전압이 같을 것 (극성을 고려할 것)

문제 **24** **그림에서와 같이 ㉠, ㉡의 약 자극 사이에 정류자를 가진 코일을 두고 ㉢, ㉣에 직류를 공급하여 X, X'을 축으로 하여 코일을 시계방향으로 회전시키고자 한다. ㉠, ㉡의 자극 극성과 ㉢, ㉣의 전원 극성을 어떻게 해야 되는가?**

① ㉠ N ㉡ S ㉢ + ㉣ −
② ㉠ N ㉡ S ㉢ − ㉣ +
③ ㉠ S ㉡ N ㉢ + ㉣ −
④ ㉠ S ㉡ N ㉢ − ㉣ +

해설 플레밍 왼손법칙 적용 전동기 회전원리

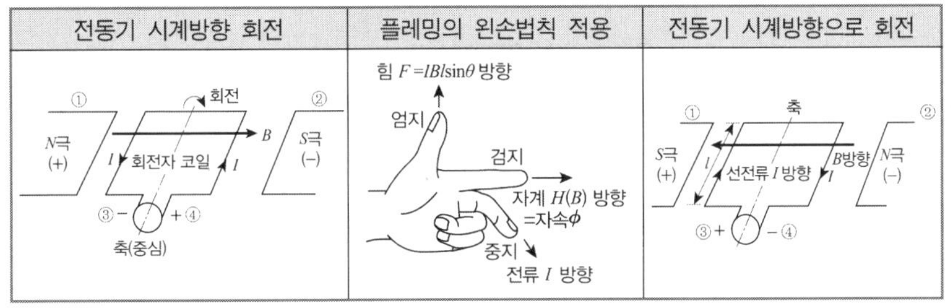

전동기 시계방향 회전	플레밍의 왼손법칙 적용	전동기 시계방향으로 회전
① 회전 ② N극 (+) B S극 (−) I 회전자 코일 I ③ − + ④ 축(중심)	힘 $F=IBl\sin\theta$ 방향 엄지 검지 자계 $H(B)$ 방향 =자속ϕ 중지 전류 I 방향	① 축 ② S극 (+) I 선전류 I 방향 B방향 I N극 (−) ③ + − ④

문제 **25** **정격이 10,000[V], 500[A], 역률 90[%]의 3상 동기발전기의 단락전류 I_s[A]는?** (단, 단락비는 1.3으로 하고 전기자저항은 무시한다)

① 450 ② 550
③ 650 ④ 750

해설 동기 발전기에서 단락전류 I_s 계산

적용식	계산식	계산
단락비 $K = \dfrac{\text{단락전류 } I_s}{\text{정격전류 } I_n}$	$I_s = K \times I_n$	$= 1.3 \times 500 = 650$[A]

문제 **26** **다음 중 병렬 운전시 균압선을 설치해야 하는 직류발전기는?**

① 분권 ② 차동복권
③ 평복권 ④ 부족복권

정답 24. ② 25. ③ 26. ③

직류 발전기 균압선 사용이유	균압선 설치기계	목적
두 발전기 병렬 운전시 전압크기를 같게 하기 위해	직권·복권발전기	안정운전

문제 27 **그림과 같은 분상 기동형 단상 유도전동기를 역회전시키기 위한 방법이 아닌 것은?**

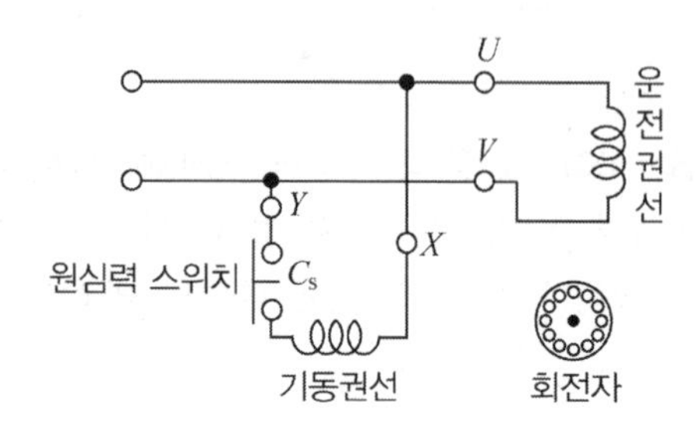

① 원심력 스위치를 개로 또는 폐로 한다.
② 기동권선이나 운전권선의 어느 한 권선의 단자접속을 반대로 한다.
③ 기동권선의 단자접속을 반대로 한다.
④ 운전권선의 단자접속을 반대로 한다.

해설 **단상 유도전동기 역회전시키는 방법** : 기동권선이나 운전권선 중 한권선의 접속을 반대로 한다.

문제 28 **2대의 동기발전기 A, B가 병렬 운전하고 있을 때 여자전류를 증가시키면 어떻게 되는가?**

① A기의 역률은 낮아지고 B기의 역률은 높아진다.
② A기의 역률은 높아지고 B기의 역률은 낮아진다.
③ A, B 양 발전기의 역률이 높아진다.
④ A, B 양 발전기의 역률이 낮아진다.

해설 **동기발전기 A, B 병렬운전**
A동기발전기 여자(계자) 증가↑→ 자속(무효분) 증가↑→ A기 역률감소 및 B기 역률 증가

문제 29 **권선형에서 비례추이를 이용한 기동법은?**

① 리액터 기동법 ② 기동 보상기법
③ 2차 저항 기동법 ④ Y－Δ 기동법

해설

유도기 종류	농형 유도전동기	권선형 유도전동기
기동법 종류	전전압 기동법, Y－△ 기동법 기동보상기법, 리액터 기동법	2차 저항기법(비례추이)

정답 27. ① 28. ① 29. ③

문제 30 **전력용 변압기의 내부고장 보호용 계전방식은?**

① 역상계전기　　② 차동계전기
③ 접지계전기　　④ 과전류 계전기

해설 보호계전기

종류	차동계전기	접지계전기	과전압계전기	역상계전기
역할(기능)	변압기 보호	지락사고로부터 보호계전기	정격전압 이상일 때 동작계전기	상이 바뀐 경우 동작계전기

문제 31 **다음의 정류곡선 중 브러시의 후단에서 불꽃이 발생하기 쉬운 곳은?**

① 직선 정류　　② 정현파 정류
③ 과정류　　④ 부족 정류

 브러시 정류곡선

불꽃 없는 이상정류	브러시 앞쪽 불꽃 발생	브러시 뒤쪽 불꽃 발생
직선 또는 정현파 정류	과정류(정류초기)	부족정류(정류말기)

문제 32 **동기발전기의 역률각이 90° 늦을 때의 전기자 반작용은?**

① 증자 작용　　② 편자 작용
③ 교차 작용　　④ 감자 작용

전기자 전류 구분	90° 뒤진 전기자 전류인 경우	90° 앞선 전기자 전류인 경우
동기발전기 전기자 반작용	감자 작용	증자 작용

기출문제

문제 33 **유도전동기가 회전하고 있을 때 생기는 손실 중에서 구리손이란?**

① 브러시의 마찰손　　② 베어링의 마찰손
③ 표유 부하손　　④ 1차, 2차 권선의 저항손

해설 유도전동기의 구리손 : 1차와 2차의 권선의 저항손

문제 34 **변압기의 임피던스 전압이란?**

① 정격전류가 흐를 때의 변압기 내의 전압강하
② 여자전류가 흐를 때의 2차측 단자전압
③ 정격전류가 흐를 때의 2차측 단자전압
④ 2차 단락전류가 흐를 때 변압기 내의 전압 강하

정답 30. ② 31. ④ 32. ④ 33. ④ 34. ①

해설

변압기 인피던스 전압	정격전류가 흐를 때 변압기 내의 전압강하
내용	변압기 2차 단락시 1차 정격전류 흐를 때 1차측 전압

문제 **35** **다음 그림의 직류전동기는 어떤 전동기인가?**

① 직권전동기
② 타여자전동기
③ 분권전동기
④ 복권전동기

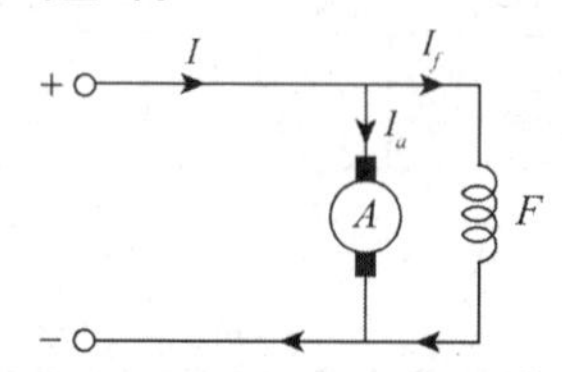

해설

직류가 종류	타여자기	자여자기		
		직권기	분권기	복권기
구조	여자(계자)전류를 외부에서 공급받음	계자와 전기자가 직렬로 접속된 것	계자와 전기자가 병렬로 접속된 것	계자와 전기자가 직렬 및 병렬 혼합형

문제 **36** **애벌런치 항복 전압은 온도 증가에 따라 어떻게 변화하는가?**

① 감소한다. ② 증가한다.
③ 증가했다 감소한다. ④ 무관하다.

해설 애벌런치 항복 전압은 온도에 비례한다.

문제 **37** **다음 그림은 단상 변압기 결선도이다. 1, 2차는 각각 어떤 결선인가?**

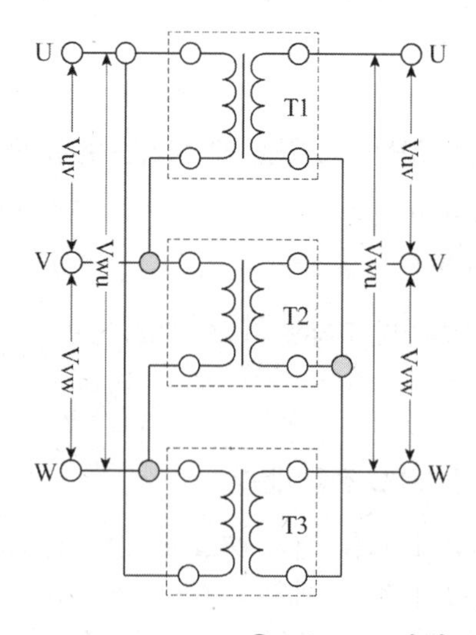

① Y−Y 결선 ② Δ−Y 결선
③ Δ−Δ 결선 ④ Y−Δ 결선

정답 35. ③ 36. ② 37. ②

문제 **38** 용량이 작은 유도전동기의 경우 전부하에서의 슬립[%]은?

① 1 ~ 2.5 ② 2.5 ~ 4
③ 5 ~ 10 ④ 10 ~ 20

구분	소형 유도전동기	중형 및 대형 유도전동기
슬롯 범위	5~10[%]	2.5~5[%]

문제 **39** 60[Hz], 20,000[kVA]의 발전기의 회전수가 1200[rpm]이라면 이 발전기의 극수는 얼마인가?

① 6극 ② 8극
③ 12극 ④ 14극

적용식	계산식
동기속도 $N_s = \frac{120f}{P}$	극수 $P = \frac{120f}{N_s} = \frac{120 \times 60}{1200} = 6$극

문제 **40** 변압기를 Y－Δ로 연결할 때 1, 2차간의 위상차는?

① 30° ② 45°
③ 60° ④ 90°

문제 **41** 전선을 접속할 경우의 설명으로 틀린 것은?

① 접속 부분의 전기저항이 증가되지 않아야 한다.
② 전선의 세기를 80[%] 이상 감소시키지 않아야 한다.
③ 접속 부분은 접속 기구를 사용하거나 납땜을 하여야 한다.
④ 알루미늄 전선과 동선을 접속하는 경우 전기적 부식이 생기지 않도록 해야 한다.

 전선 접속시 주의사항

접속부분 조건	전기부식	전선의 세기(강도)	전기저항
내용	없을 것	80[%] 이상 유지 (20[%] 이상 감소시키지 말 것)	증가시키지 말 것

문제 **42** 특별 제3종 접지공사의 접지저항은 몇 [Ω]이하여야 하는가?

① 10 ② 20
③ 50 ④ 100

정답 38. ③ 39. ① 40. ① 41. ② 42. ①

해설

접지종류	제1종접지	제2종접지	제3종접지	특별 제3종접지
접지저항값	10[Ω]	$\frac{150}{1선지락전류 I_1}$[Ω] 이하	100[Ω] 이하	10[Ω] 이하

문제 **43** **전기 난방기구인 전기담요나 전기장판의 보호용으로 사용되는 퓨즈는?**

① 플러그 퓨즈　　② 온도 퓨즈
③ 절연 퓨즈　　④ 유리관 퓨즈

해설

종류	플러그 퓨즈	온도 퓨즈	유리관 퓨즈
용도	전구처럼 끼워 넣어 최대 30[A]	설정온도 이상시 동작 (동작담요, 히터용)	정밀도가 요구되는 곳에 사용(통신기기나 계측기용)

문제 **44** **가공전선로의 지지물에서 다른 지지물을 거치지 아니하고 수용장소의 인입선 접속점에 이르는 가공전선을 무엇이라 하는가?**

① 연접인입선　　② 가공인입선
③ 구내전선로　　④ 구내인입선

구분	가공인입선	연접인입섭
정의	가공전선로 지지물에서 분기하여 한 수용장소의 인입구까지의 전선	한 수용장소 인입구에서 다른 수용장소 인입구에 이르는 전선

문제 **45** **합성수지관 공사의 설명 중 틀린 것은?**

① 관의 지지점간의 거리는 1.5[m] 이하로 할 것
② 합성수지관 안에서는 전선의 접속점이 없도록 할 것
③ 전선은 절연전선(옥외용 비닐 절연전선을 제외한다)일 것
④ 관 상호간 및 박스와는 관을 삽입하는 깊이를 관의 바깥지름의 1.5배 이상으로 할 것

 합성수지관 공사 시설 규정

한 본길이	사용전선	관지지점	전선관 접속	관안 접속점
4[m]	절연전선 (단, OW 제외)	1.5[m] 이하	관외경의 1.2배 이상	없을 것

문제 **46** **정격전류 20[A]인 전동기 1대와 정격전류 5[A]인 전열기 3대가 연결된 분기 회로에 시설하는 과전류 차단기의 정격 전류는?**

① 35　　② 50
③ 75　　④ 100

정답 43. ② 44. ② 45. ④ 46. ③

 과전류 차단기 용량
=전동기 전류 합계 × 3배 + 기타전류 = 20 × 3 + 5 × 3대 = 75[A]

문제 **47** **다음 중 버스덕트가 아닌 것은?**

① 플로어 버스덕트 ② 피더 버스덕트
③ 트롤리 버스덕트 ④ 플러그인 버스덕트

해설 버스덕트 종류 : 피더, 트롤리, 플러그인 버스덕트

문제 **48** **배선설계를 위한 전등 및 소형 전기기계·기구의 부하용량 산정시 건축물의 종류에 대응한 표준부하에서 원칙적으로 표준부하를 20[VA/m²]으로 적용하는 건축물은?**

① 교회, 극장 ② 호텔, 병원
③ 은행, 상점 ④ 아파트, 미용원

부하 종류	예	표준부하밀도
표준부하	공장, 공회장, 사원, 교회, 극장, 영화관, 연회장	$10[VA/m^2]$
	기숙사, 여관, 호텔, 병원, 음식점, 학교, 목욕탕	$20[VA/m^2]$
	주택, 아파트, 사무실, 은행, 상점, 이발소, 미장원	$30[VA/m^2]$

문제 **49** **화약류 저장소에서 백열전등이나 형광등 또는 이들에 전기를 공급하기 위한 전기설비를 시설하는 경우 전로의 대지 전압[V]은?**

① 100[V] 이하 ② 200[V] 이하
③ 220[V] 이하 ④ 300[V] 이하

 화약류 저장소의 전기설비

조건	전로 대지전압	전기기계기구	전용개폐기 및 과전류 차단기에서 인입구까지
시설값	300[V]	전폐형으로 시설	케이블 사용 지중선로로 시설

문제 **50** **저압 연접 인입선의 시설 규정으로 적합한 것은?**

① 분기점으로부터 90[m] 지점에 시설
② 6[m] 도로를 횡단하여 시설
③ 수용가 옥내를 관통하여 설치
④ 지름 1.5[mm] 인입용 비닐 절연전선을 사용

기출문제

정답 47. ① 48. ② 49. ④ 50. ①

 저압 연접 인입선 시설 규정

길이	횡단 가능 도로폭	옥내관통	사용전선
분기점으로부터 100[m] 넘지 않을 것	5[m]	안됨	2.6[mm] 이상 경동선 (단, 15[m] 이하는 2.0[mm] 가능)

문제 **51** **동전선의 직선 접속에서 단선 및 연선에 적용되는 접속방법은?**

① 직선 맞대기용 슬리브에 의한 압착 접속
② 가는 단선(2.6[mm] 이상)의 분기 접속
③ S형 슬리브에 의한 분기 접속
④ 터미널 러그에 의한 접속

문제 **52** **큰 건물의 공장에서 콘크리트에 구멍을 뚫어 드라이브 핀을 경제적으로 고정하는 공구는?**

① 스패너　② 드라이브이트 툴
③ 오스터　④ 록 아웃 펀치

자재	오스터	스패터	드라이브이트 툴	록 아웃 펀치
용도	금속관에 나사 만듦	너트를 조이는 공구	콘크리트에 구멍을 뚫어 핀 고정	박스에 구멍을 뚫을 때 사용

문제 **53** **사람이 쉽게 접촉하는 장소에 설치하는 누전차단기의 사용전압 기준은 몇 [V] 초과인가?**

① 60　② 110
③ 150　④ 220

 누전차단기 ELB

60[V] 이상 저압기계기구 및 전로에 지락사고 시 자동으로 전로차단 장치

문제 **54** **지중전선로를 직접 매설식에 의하여 시설하는 경우 차량, 기타 중량물의 압력을 받을 우려가 있는 장소의 매설 깊이[m]는?**

① 0.6[m] 이상　② 1.2[m] 이상
③ 1.5[m] 이상　④ 2.0[m] 이상

정답 51. ① 52. ② 53. ① 54. ②

 직접 매설식에 의한 압력의 유무에 따른 케이블 매설깊이

구분	매설 깊이
차량 또는 중량물의 압력을 받을 경우(도로)	1.2[m] 이상
차량 도는 중량물의 압력을 받지 않을 경우	0.6[m] 이상

문제 **55** **접지저항 측정 방법으로 가장 적당한 것은?**

① 절연 저항계　② 전력계
③ 교류의 전압, 전류계　④ 콜라우시 브리지

측정계기	메거	어스 테스터, 콜라우시 브리지	네온 검전기	테스터, 마그넷 벨
측정값	절연저항	접지저항	충전유무 확인	도통시험

문제 **56** **전자 접촉기 2개를 이용하여 유도전동기 1대를 정·역 운전하고 있는 시설에서 전자 접촉기 2개가 동시에 여자되어 상간 단락되는 것을 방지하기 위하여 구성하는 회로는?**

① 자기유지 회로　② 순차 제어 회로
③ Y－Δ 기동 회로　④ 인터록 회로

Y－△ 회로	자기유지회로	인터록 회로	순차제어 회로
• 전동기 기동 : Y결선 • 전동기 운전 : △결선	ON 스위치를 OFF 시켜도 전원 자동투입회로	전동기의 정회전과 역회전 동시 전원투입 방지회로	타이머를 달아 순차적으로 전원 투입

문제 **57** **금속관 공사에 관하여 설명한 것으로 옳은 것은?**

① 저압 옥내배선의 사용전압이 400[V] 미만인 경우에는 제1종 접지를 사용한다.
② 저압 옥내배선의 사용전압이 400[V] 이상인 경우에는 제 2종 접지를 사용한다.
③ 콘크리트에 매설하는 것은 전선관의 두께를 1.2[mm] 이상으로 한다.
④ 전선은 옥외용 비닐 절연전선을 사용한다.

 금속관 공사 시설 규정

사용 금속관 두께	사용절연전선(OW 제외)	400[V] 이상	사람 접촉우려 없을 시
매설시 1.2[mm] 이상 기타 1.0[mm] 이상	단선은 6[mm^2] 이하 (Al은 16[mm^2] 이하) 그 이상은 연선	특별 제3종 접지공사	제3종 접지

정답 55. ④ 56. ④ 57. ③

기출문제

문제 **58**

과전류 차단기로서 저압전로에 사용되는 배선용 차단기에 있어서 정격전류가 25[A]인 회로에 50[A]의 전류가 흘렀을 때 몇 분 이내에 자동적으로 동작하여야 하는가?

① 1분　　② 2분
③ 4분　　④ 8분

배선용 차단기 : 정격전류 1배의 전류에 견딜 것(옥내배선 분기회로용)

정격전류	정격전류 1.25배인 경우	정격전류 2배인 경우
30 이하	60분 이내 용단	★ 2분 이내 용단
31～50 이하	60분 이내 용단	4분 이내 용단
51～100 이하	120분 이내 용단	6분 이내 용단

문제 **59**

연피 없는 케이블을 배선할 때 직각 구부리기(L형)는 대략 굴곡 반지름을 케이블 바깥지름의 몇 배 이상으로 하는가?

① 3　　② 4
③ 6　　④ 10

구분	연피가 없는 케이블인 경우	연피가 있는 케이블인 경우
케이블 곡률 반지름	케이블 바깥지름의 6배 (단심은 8배)	케이블 바깥지름의 12배 이상

문제 **60**

특고압 계기용 변성기 2차측에는 어떤 접지 공사를 하는가?

① 제1종　　② 제2종
③ 제3종　　④ 특별 제3종

구분	고압 계기용 변성기 2차측	특고압 계기용 변성기 2차측
접지	제3종 접지공사	제1종 접지공사

정답 58. ② 59. ③ 60. ①

기출문제

2015년 제5회

문제 01 3[kW] 전열기를 정격 상태에서 20분간 사용하였을 때 열량은 몇 [kcal]인가?

① 430　② 520
③ 610　④ 860

열량 H 계산

적용식	계산	값
열량 $H=0.24p\times t$	$=0.24\times3\times20$분$\times60$초	$\fallingdotseq860$[kcal]

문제 02 가정용 전등 전압이 200[V]이다. 이 교류의 최대값은 몇 [V]인가?

① 70.7　② 86.7
③ 141.4　④ 282.8

해설 정현 전파의 최대전압 계산
최대전압 $V_m=\sqrt{2}\times$ 실효값(정격) $V=\sqrt{2}\times200=282.8$[V]

문제 03 Y결선의 전원에서 각 상전압이 100[V]일 때 선간전압은 약 몇 [V]인가?

① 100　② 150
③ 173　④ 195

3상 Y결선의 선간전압

3상 Y결선	Y결선 특징	V_l 계산
V_P V_l	선간전압 $V_l=\sqrt{3}\times$상전압 V_p 선전류 $I_l=$상전류 I_p	$=\sqrt{3}\times100$ $=173$[V]

문제 04 전류의 방향과 자장의 방향은 각각 나사의 진행 방향과 회전 방향에 일치한다와 관계가 있는 법칙은?

① 플레밍의 왼손 법칙　② 앙페르의 오른나사 법칙
③ 플레밍의 오른손 법칙　④ 키르히호프의 법칙

정답 01. ④ 02. ④ 03. ③ 04. ②

해설 앙페르(암페어) 오른나사(오른손) 법칙

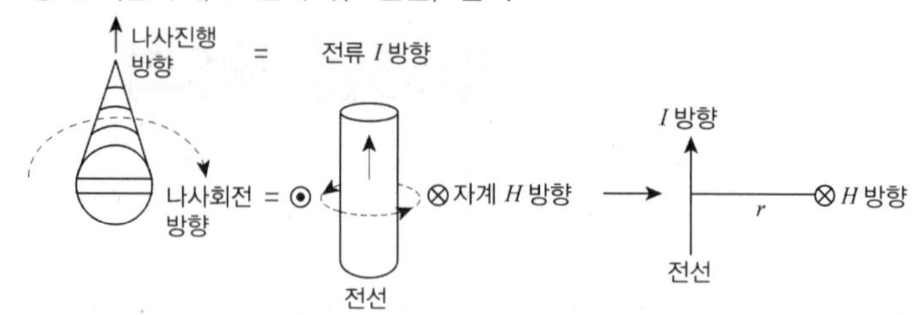

문제 **05** **$I=8+j6$[A]로 표시되는 전류의 크기 I[A]는 얼마인가?**

① 6 ② 8
③ 10 ④ 12

전류 I 복소수의 실효값(크기) 계산

조건	적용식	계산
전류 $I=8$(실수)$+j6$(허수)	$\lvert I \rvert = \sqrt{실수^2 + 허수^2}$	$=\sqrt{8^2+6^2}=10$[A]

문제 **06** **삼각파 전압의 최대값이 V_m[V]일 때 실효값은?**

① V_m ② $\dfrac{V_m}{\sqrt{2}}$
③ $\dfrac{2V_m}{\pi}$ ④ $\dfrac{V_m}{\sqrt{3}}$

삼각파의 실효값 전압 V식

삼각전파	평균값 전압	실효값 전압
V_m 전파	$V_a=\dfrac{V_m}{2}$	$V=\dfrac{V_m}{\sqrt{3}}$

문제 **07** **L_1, L_2 두 코일이 접속되어 있을 때, 누설 자속이 없는 이상적인 코일간의 상호인덕턴스는?**

① $M=\sqrt{L_1+L_2}$ ② $M=\sqrt{L_1-L_2}$
③ $M=\sqrt{L_1 L_2}$ ④ $M=\sqrt{\dfrac{L_1}{L_2}}$

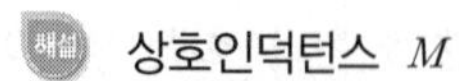
상호인덕턴스 M

적용식	용어	이상결합(결합계수 $k=1$)시 M값
$M=k\sqrt{L_1 L_2}$ [H]	자기인덕턴스 : L_1, L_2	$M=1\times\sqrt{L_1 L_2}=\sqrt{L_1 L_2}$ [H]

정답 05. ③ 06. ④ 07. ③

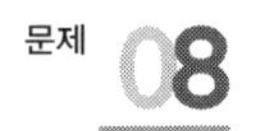

10[Ω]의 저항과 R[Ω]의 저항이 병렬로 접속되고 10[Ω]의 전류가 5[A], R[Ω]의 저항의 전류가 2[A]라면 저항 R[Ω]은?

① 10 ② 30
③ 25 ④ 30

 저항 R_1과 R_2 병렬회로

병렬회로	병렬 특징	전압 V 계산	저항 R 계산
V, $I_1=5[A]$, $I_2=2[A]$, R_1 10, R_2 $R=?$	각 저항의 전압이 같다.	$V=I_1\times R_1$ $=5\times10$ $=50[V]$	$R=\dfrac{V}{I_2}=\dfrac{50}{2}$ $=25[\Omega]$

문제 09

비유전율이 큰 산화티탄 등을 유전체로 사용한 것으로 극성이 없으며 가격에 비해 성능이 우수하여 널리 사용되고 있는 콘덴서의 종류는?

① 전해 콘덴서 ② 세라믹 콘덴서
③ 마일러 콘덴서 ④ 마이카 콘덴서

 콘덴서의 종류

종류	마일러 콘덴서	마이카 콘덴서(표준)	전해 콘덴서	세라믹 콘덴서
재질	폴리에스테르	운모+금속박막	금속표면에 산화피막사용	산화티탄
특징	내열성 절연 저항이 양호	온도 대비 용량 변화 작고 절연저항이 우수	• 소형이고 큰 용량을 얻음 • 극성이 있어 교류 사용 못함	• 가격대비 성능 우수 • 가장 많이 사용

문제 10

저항 8[Ω]과 코일이 직렬로 접속된 회로에 200[V]의 교류 전압을 가하면 20[A]의 전류가 흐른다. 코일의 리액턴스는 몇 [Ω]인가?

① 2 ② 4
③ 6 ④ 8

 $R-L$ 직렬에서 유도(코일) 리액턴스 X_L 계산

$R-L$ 직렬회로	임피던스 Z 계산	코일 리액턴스 X_L 값
$I=20$, $R=8[\Omega]$, $V=200$, $X_L=?$	$Z=\dfrac{V}{I}=\dfrac{200}{20}$ $=10=R+jX_L$	$X_L=\sqrt{Z^2-R^2}$ $=\sqrt{10^2-8^2}$ $=6[\Omega]$

정답 08. ③ 09. ② 10. ③

기출문제

문제 11 **쿨롱의 법칙에서 2개의 점전하 사이에 작용하는 정전력의 크기는?**

① 두 전하의 곱에 비례하고 거리에 반비례한다.
② 두 전하의 곱에 반비례하고 거리에 비례한다.
③ 두 전하의 곱에 비례하고 거리의 제곱에 비례한다.
④ 두 전하의 곱에 비례하고 거리의 제곱에 반비례한다.

해설 쿨롱의 법칙(두 전하 사이의 정전력 힘 F)

이해그림	적용식	비례 및 반비례 관계
양(+)전하 음(−)전하 Q_1 공기중 ε_0 Q_2 ⋮ ← r[m] → ⋮	$F=9\times10^9\dfrac{Q_1Q_2}{r^2}$	• 힘 F는 두 전하 곱에 비례 ($F\propto Q_1\times Q_2$) • 힘 F는 거리제곱에 반비례 $\left(F\propto\dfrac{1}{r^2}\right)$

문제 12 **대칭 3상 Δ결선에서 선전류와 상전류와의 위상관계는?**

① 상전류가 $\dfrac{\pi}{3}$[rad] 앞선다.
② 상전류가 $\dfrac{\pi}{3}$[rad] 뒤진다.
③ 상전류가 $\dfrac{\pi}{6}$[rad] 앞선다.
④ 상전류가 $\dfrac{\pi}{6}$[rad] 뒤진다.

해설

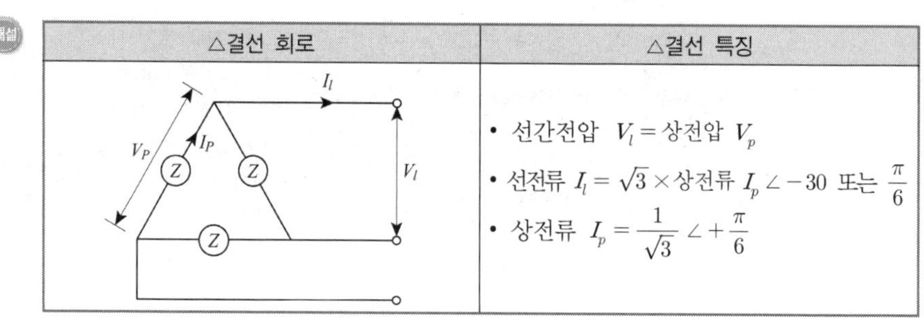

△결선 회로	△결선 특징
	• 선간전압 $V_l=$상전압 V_p • 선전류 $I_l=\sqrt{3}\times$상전류 $I_p\angle-30$ 또는 $\dfrac{\pi}{6}$ • 상전류 $I_p=\dfrac{1}{\sqrt{3}}\angle+\dfrac{\pi}{6}$

문제 13 **$m_1=4\times10^{-5}$[Wb], $m_2=6\times10^{-3}$[Wb], $r=10$[cm]이면 두 자극 m_1, m_2 사이에 작용하는 힘은 약 몇 [N]인가?**

① 1.52
② 2.4
③ 24
④ 152

해설

이해그림	적용식	계산
4×10^{-5} 6×10^{-3} 자극m_1 진공중μ_0 자극m_2 ⋮ ← r = 0.1[m] → ⋮	$F=6.33\times10^4\left(\dfrac{m_1m_2}{r^2}\right)$	$=6.33\times10^4\left(\dfrac{4\times10^{-5}\times6\times10^{-3}}{0.1^2}\right)$ $=1.52$[N]

정답 11. ③ 12. ③ 13. ①

문제 14

다음 중 큰 값일수록 좋은 것은?

① 접지저항　　② 절연저항
③ 도체저항　　④ 접촉저항

해설 절연저항은 클수록↑ 접지저항은 작을수록↓ 좋다.

문제 15

$R=6[\Omega]$, $X_c=8[\Omega]$일 때 임피던스 $Z=6-j8[\Omega]$으로 표시되는 것은 일반적으로 어떤 회로인가?

① RC 직렬회로　　② RL 직렬회로
③ RC 병렬회로　　④ RL 병렬회로

해설

회로 종류	$R-L$ 직렬	$R-C$ 직렬
임피던스 Z 표기	$Z=R+jX_L(wL)$ $=6+j8$	$Z=R-jX_c\left(\frac{1}{wC}\right)[\Omega]$ $=6-j8$

문제 16

다음 설명 중에서 틀린 것은?

① 리액턴스는 주파수의 함수이다.
② 콘덴서는 직렬로 연결할수록 용량이 커진다.
③ 저항은 병렬로 연결할수록 저항치가 작아진다.
④ 코일은 직렬로 연결할수록 인덕턴스가 커진다.

해설 $R-L-C$ 기본회로

주파수 함수	합성값이 큰 경우	합성값이 작은 경우
• 유도성 리액턴스 wL • 용량성 리액턴스 $\frac{1}{wC}$	• 저항 직렬 연결시 • 코일 직렬 연결시 • 콘덴서 병렬 연결시	• 저항 병렬 연결시 • 코일 병렬 연결시 • 콘덴서 직렬 연결시

문제 17

자체인덕턴스가 40[mH]인 코일에 10[A]의 전류가 흐를 때 저장되는 에너지는 몇 [J]인가?

① 2　　② 3
③ 4　　④ 8

코일 축적 에너지 w

적용식	계산
에너지 $w=\frac{1}{2}LI^2$	$=\frac{1}{2}\times 40\times 10^{-3}\times 10^2$ $=2[J]$

정답 14. ② 15. ① 16. ② 17. ①

기출문제

문제 18

RLC **병렬 공진회로에서 공진주파수는?**

① $\dfrac{1}{\pi\sqrt{LC}}$ ② $\dfrac{1}{\sqrt{LC}}$

③ $\dfrac{2\pi}{\sqrt{LC}}$ ④ $\dfrac{1}{2\pi\sqrt{LC}}$

 $R-L-C$ 직렬 및 병렬 공진주파수 $f=\dfrac{1}{2\pi\sqrt{LC}}$[Hz]

문제 19

$i(t)=I_m\sin\omega t$**[A]인 사인파 교류에서** ωt**가 몇 도[°]일 때 순시값과 실효값이 같게 되는가?**

① 30° ② 45°

③ 60° ④ 90°

 정현파 교류

조건	적용식	계산
순시값전류 i = 실효값전류 I ↓ ↓ $I_m\sin\omega t$ = I	$\sqrt{2}\,I\sin\omega t=I$ $\therefore\ \sin\omega t=\dfrac{1}{\sqrt{2}}$	$\omega t=\sin^{-1}\dfrac{1}{\sqrt{2}}$ $=45°$

문제 20

전기분해를 하면 석출되는 물질의 양은 통과한 전기량에 관계가 있다. 이것을 나타낸 법칙은?

① 옴의 법칙 ② 쿨롱의 법칙

③ 앙페르의 법칙 ④ 패러데이 법칙

 전기분해에서 패러데이 합격

전극에서 석출량 w식	명칭	비례관계
$w=KQ$ $=KIt$[g]	• 전기화학당량 $k=\dfrac{\text{원자량}}{\text{원자가}}$ • 전기량 Q	석출량 $w\propto k\times Q$

문제 21

3상 유도전동기의 2차 저항을 2배로 하면 그 값이 2배로 되는 것은?

① 슬립 ② 토크

③ 전류 ④ 역률

해설 3상 유도전동기의 2차 저항을 2배 증가시키면 슬립도 2배 증가한다.

정답 18. ④ 19. ② 20. ④ 21. ①

문제 **22** **다음 제동 방법 중 급정지하는데 가장 좋은 제동 방법은?**

① 발전제동 ② 회생제동
③ 역상제동 ④ 단상제동

전동기 제동법 종류	내 용
회생제동	전동기를 발전기로 작동시켜 발생전력을 전원으로 공급하는 제동법
발전제동	전동기를 발전기로 사용하여 전열 내에서 줄열로 소비하는 제동법
역상제동 또는 플러깅	계자(전기자)전류 방향을 바꾸어 역토크 발생으로 제동

문제 **23** **슬립 $s = 5[\%]$, 저항 $r_2 = 0.1[\Omega]$인 유도전동기의 등가저항 $R[\Omega]$은 얼마인가?**

① 0.4 ② 0.5
③ 1.9 ④ 2.0

 유도전동기 등가저항 R 계산

적용식	계산
등가저항 R = 2차저항 $R_2 \times \frac{1-s}{\text{슬립 } s}$	$= 0.1 \times \frac{1-0.05}{0.05} = 1.9[\Omega]$

문제 **24** **동기전동기의 장점이 아닌 것은?**

① 직류 여자가 필요하다. ② 전부하 효율이 양호하다.
③ 역률 1로 운전할 수 있다. ④ 동기속도를 얻을 수 있다.

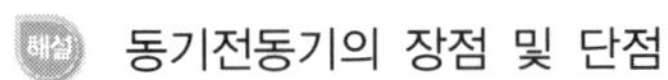 동기전동기의 장점 및 단점

장점	단점
① 필요시 진상·지상으로 변환 가능하다. ② 정속도 전동기(속도가 불변) ③ 유도기에 비해서 효율이 좋다. ④ 역률 $\cos\theta = 1$로 운전가능하다.	① 기동토크가 0이기 때문에(기동불가) ② 여자전원(직류변환장치)이 필요하므로 구조가 복잡 ③ 난조가 일어나기 쉽다. ④ 탈조 현상(난조가 커져 동기운전을 이탈하는 현상)

문제 **25** **부흐홀츠 계전기의 설치 위치는?**

① 콘서베이터 내부 ② 변압기 주탱크 내부
③ 변압기의 고압측 부싱 ④ 변압기 본체와 콘서베이터 사이

변압기 보호 계전기 명칭	설치 위치
부흐홀츠 계전기	변압기 본체와 콘서베이터 사이에 설치

정답 22. ③ 23. ③ 24. ① 25. ④

기출문제

문제 **26**

고압 전동기 철심의 강판 홈(slot)의 모양은?

① 반폐형　　② 개방형
③ 반구형　　④ 밀폐형

전동기 철심의 강판 홈(슬롯)의 모양

전동기 종류	소용량 저압 전동기		중용량 고압 전동기	
사용슬롯 명칭	반폐형 슬롯		개방형 슬롯	

문제 **27**

다음 그림은 직류발전기의 분류 중 어느 것에 해당되는가?

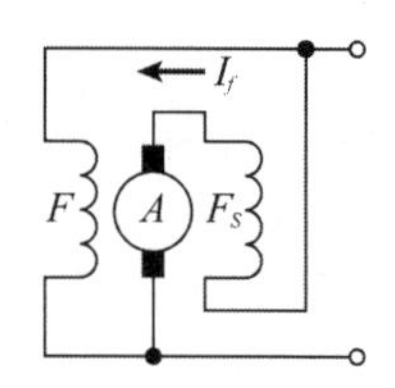

① 분권발전기　　② 직권발전기
③ 자석발전기　　④ 복권발전기

직류기 종류	타여자기	자여자기		
		직권기	분권기	복권기
구조	여자(계자)전류를 외부에서 공급받음	계자와 전기자가 직렬로 접속된 것	계자와 전기자가 병렬로 접속된 것	계자와 전기자가 직렬 및 병렬 혼합형

문제 **28**

유도전동기가 많이 사용되는 이유가 아닌 것은?

① 값이 저렴　　② 취급이 어려움
③ 전원을 쉽게 얻음　　④ 구조가 간단하고 튼튼함

유도전동기가 많이 사용되는 이유

1) 싸다.
2) 전원을 쉽게 얻는다.
3) 구조가 간단하고 튼튼하다.

문제 **29**

100[V], 10[V], 전기자저항 1[Ω], 회전수 1800[rpm]인 전동기의 역기전력은 몇 [V]인가?

① 90　　② 100
③ 110　　④ 186

정답 26. ② 27. ④ 28. ② 29. ①

전동기 역기전력 E 계산

용어	적용식	계산
• 단자전압 $V=100[V]$ • 전기자저항 $R_a=1[\Omega]$ • 전기자전류 $I_a=10[A]$	$E=V-I_aR_a$	$=100-10\times1$ $=90[V]$

문제 **30** **정격속도로 운전하는 무부하 분권발전기의 계자저항이 60[Ω], 계자전류가 1[A], 전기자 저항이 0.5[Ω]라 하면 유도기전력은 약 몇 [V]인가?**

① 30.5　　② 50.5
③ 60.5　　④ 80.5

직류 분권발전기의 유도기전력 E 계산

용어	적용식	계산
• 계자저항 $R_f=60[\Omega]$ • 계자전류 $I_f=1[A]=I_a$ • 전기자저항 $R_a=0.5[\Omega]$	$E=V+I_aR_a$ $=I_fR_f+I_aR_a$	$=1\times60+1\times0.5$ $=60.5[V]$

문제 **31** **변압기의 2차측을 개방하였을 경우 1차측에 흐르는 전류는 무엇에 의하여 결정되는가?**

① 저항　　② 임피던스
③ 누설 리액턴스　　④ 여자 어드미턴스

변압기 여자전류

구분	여자전류 I_a	여자(1차)전류 결정요소
내용	변압기 2차 개방 시 1차 권선에 흐르는 전류	여자 어드미턴스 Y_o

문제 **32** **입력으로 펄스 신호를 가해주고 속도를 입력펄스의 주파수에 의해 조절하는 전동기는?**

① 전기 동력계　　② 서보 전동기
③ 스테핑 전동기　　④ 권선형 유도전동기

스테핑 전동기

정의	디지털 기계기구에 사용되며 1펄스 입력마다 일정한 각도로 회전하는 모터
특징	직류전원 사용, 오픈루프로 제어회로 간단, 위치 결정 오차가 누적되지 않는다.

기출문제

정답 30. ③ 31. ④ 32. ③

문제 33 농형 유도전동기의 기동법이 아닌 것은?

① 2차 저항기법　　② Y－Δ 기동법
③ 전전압기동법　　④ 기동보상기에 의한 기동법

유도전동기 기동법

농 형	전전압(직입) 기동	Y－Δ 기동법	기동 보상기법	리액터 기동법
	5[kW] 이하 소형용	5~15[kW] 이하 중형	15[kW] 이상 대형	소형(기동전류제한)
권선형	기동 저항기법(2차 저항법), 게(괴)르게스법			

문제 34 변압기의 V결선의 특징으로 틀린 것은?

① 고장시 응급처치 방법으로도 쓰인다.
② 단상 변압기 2대로 3상 전력을 공급한다.
③ 부하증가가 예상되는 지역에 시설한다.
④ V결선시 출력은 Δ결선시 출력과 그 크기가 같다.

해설 변압기 V결선

정의	출력비	용도
단상변압기 3대 운전 중 1대 고장결선운전	$\frac{2대운전출력}{3대사용출력}=\frac{\sqrt{3}\,VI}{3VI}=0.577$	부하 증가 예상지역에 시설

문제 35 직류 분권전동기에서 운전 중 계자권선의 저항을 증가하면 회전속도의 값은?

① 감소한다.　　② 증가한다.
③ 일정하다.　　④ 관계없다.

직류 분권전동기 회전속도

적용식	계자저항	전동기 회전속도 N
속도 $N=K\frac{V-I_aR_a}{\phi}$	계자 R_f 증가↑ → 자속 ϕ 감소↓ 계자 R_f 감소↓ → 자속 ϕ 증가↑	→ 증가↑ → 감소↓

문제 36 직류발전기의 전기자 반작용의 영향에 대한 설명으로 틀린 것은?

① 브러시 사이의 불꽃을 발생시킨다.
② 주자속이 찌그러지거나 감소된다.
③ 전기자 전류에 의한 자속이 주자속에 영향을 준다.
④ 회전방향과 반대방향으로 자기적 중성축이 이동된다.

정답 33. ② 34. ④ 35. ② 36. ④

 **직류발전기의 전기자 반작용 영향** : 발전기는 회전방향으로 축 이동됨

전기자 반작용	영향	감소 대책
전기자 전류가 주자속에 영향을 주는 것	• 전기적 중성축 회전방향으로 이동(편차작용) • 정류자편간 전압 상승(브러시 불꽃 발생) • 주자속 감소 → 기전력 감소	• 브러시 위치 회전방향으로 이동시킴 • 보극(중성축에) 설치 • 보상권선(주자극 표면에) 설치

문제 **37** **반도체 사이리스터에 의한 전동기의 속도 제어 중 주파수 제어는?**

① 초퍼 제어　　② 인버터 제어
③ 컨버터 제어　　④ 브리지 정류 제어

 3상 농형 유도전동기의 속도제어

사용장치	제어방법	제어대상
인버터 제어	기변전압, 가변주파수제어	전동기의 속도와 토크제어

문제 **38** **변압기의 용도가 아닌 것은?**

① 교류 전압의 변환　　② 주파수의 변환
③ 임피던스의 변환　　④ 교류 전류의 변환

 변압기 용도

정의	권수 N 이용 변환 용도
고압을 저압으로 변성 부하에 공급	$N=\dfrac{1\text{차 전압 } V_1}{2\text{차전압 } V_2}=\dfrac{2\text{차전류 } I_2}{1\text{차전류 } I_1}=\sqrt{\dfrac{1\text{차 임피던스 } Z_1}{2\text{차 임피던스 } Z_2}}$

기출문제

문제 **39** **변압기에 대한 설명 중 틀린 것은?**

① 전압을 변성한다.
② 전력을 발생하지 않는다.
③ 정격출력은 1차측 단자를 기준으로 한다.
④ 변압기의 정격용량은 피상전력으로 표시한다.

 변압기

조건	변성요소	정격출력기준	변압기 정격용량	전력 발생
내용	전압크기 조절	2차측 단자	피상전력 P_a[VA]	없음

정답 37. ② 38. ② 39. ③

문제 **40** **동기발전기의 병렬 운전 중 주파수가 틀리면 어떤 현상이 나타나는가?**

① 무효전력이 생긴다. ② 무효순환 전류가 흐른다.
③ 유효순환 전류가 흐른다. ④ 출력이 요동치고 권선이 가열된다.

동기발전기 병렬운전 조건

두 기전력이 같은 조건	크기	위상	주파수	파형
두 기전력이 다를 경우	무효순환 전류 흐름	유효순환전류 흐름	난조 발생 (출력요동권선가열)	고조파 무효순환전류

문제 **41** **연피 케이블을 직접 매설식에 의하여 차량 기타 중량물의 압력을 받을 우려가 있는 장소에 시설하는 경우 매설 깊이는 몇 [m] 이상이어야 하는가?**

① 0.6 ② 1.0
③ 1.2 ④ 1.6

해설 직접 매설식에 의한 압력의 유무에 따른 케이블 매설깊이

구분	매설깊이
차량 또는 중량물의 압력을 받을 경우(도로)	1.2[m] 이상

문제 **42** **하나의 콘센트에 둘 또는 세 가지의 기계기구를 끼워서 사용할 때 사용되는 것은?**

① 노출형 콘센트 ② 키 리스 소켓
③ 멀티 탭 ④ 아이언 플러그

명칭	코드접속기	멀티탭	테이블 탭	아이언플러그
용도	코드상호 접속용	한 개 콘센트에 여러 개의 기구 접속용	코드길이가 짧을 때 연장시 사용	한쪽은 꽂음 플러그 다른 쪽은 플러그 형태

문제 **43** **다음 중 특별 고압은?**

① 600[V] 이하 ② 750[V] 이하
③ 600[V] 초과, 7000[V] 이하 ④ 7000[V] 초과

전압의 종류

종류	저압	고압	특고압
범위	교류 600[V] 이하	교류 600[V]초과 ~ 7000[V] 이하	7000[V] 초과
	직류 750[V] 이하	직류 750[V]초과 ~ 7000[V] 이하	

정답 40. ④ 41. ③ 42. ③ 43. ④

문제 44 배전반 및 분전반의 설치 장소로 적합하지 않는 곳은?

① 안정된 장소
② 밀폐된 장소
③ 개폐기를 쉽게 개폐할 수 있는 장소
④ 전기회로를 쉽게 조작할 수 있는 장소

해설 배전반 및 분전반은 밀폐된 장소에 설치할 수 없다.

문제 45 주상변압기 1차측 보호장치로 사용하는 것은?

① 컷아웃 스위치　② 자동구분 개폐기
③ 캐치홀더　④ 리클로저

변압기 보호장치 종류	시설위치	설치이유
컷아웃 스위치 COS	변압기 1차측	변압기 단락 보호
캐치홀더	변압기 2차측	2차측 사고시 변압기 보호
제2종 접지	2차측 단자	혼촉 방지(전위상승 억제)

문제 46 화약류 저장 장소의 배선공사에서 전용 개폐기에서 화약류 저장소의 인입구까지는 어떤 공사를 하여야 하는가?

① 케이블을 사용한 옥측 전선로　② 금속관을 사용한 지중 전선로
③ 케이블을 사용한 지중 전선로　④ 금속관을 사용한 옥측 전선로

 화약류 저장소의 전기설비

조건	전로대지전압	전기기계기구	전용개폐기 및 과전류 차단기에서 인입구까지
시설값	300[V]	전폐형으로 시설	케이블 사용 지중전로로 시설

기출문제

문제 47 일반적으로 정크션 박스 내에서 사용되는 전선 접속방식은?

① 슬리브　② 코드 놋트
③ 코드 패스너　④ 와이어 커넥터

해설 와이어 커넥터 : 단선의 종단 접속용

문제 48 저압 옥내간선으로부터 분기하는 곳에 설치하여야 하는 것은?

① 과전압차단기　② 과전류 차단기
③ 누전차단기　④ 지락차단기

정답 44. ② 45. ① 46. ③ 47. ④ 48. ②

 **분기회로 시설 규정** : 분기회로란 간선에서 분기하여 전기 사용기계·기구에 이르는 부분으로, 간선에서 분기하여 3[m] 이하의 곳에 개폐기 및 과전류 차단기를 시설한다.

문제 **49**

합성수지관 배선에서 경질 비닐전선관의 굵기에 해당되지 않는 것은? (단, 관의 호칭을 말한다)

① 14 ② 16
③ 18 ④ 22

 경질 비닐 전선관(합성수지관)

구분	관의 호칭(굵기) 표기	종류(10종)
내용	관안지름의 짝수[mm]	14, 16, 22, 28, 36, 42, 54, 70, 82, 100

문제 **50**

전주를 건주할 경우에 A종 철근콘크리트주의 길이가 10[m]이면 땅에 묻는 표준 깊이는 최저 약 몇 [m]인가? (단, 설계하중이 6.8[kN] 이하이다)

① 2.5 ② 3.0
③ 1.7 ④ 2.4

지지물(전주) 땅에 묻히는 깊이

전주길이 구분	15[m] 이하인 경우	15[m] 초과인 경우 설계하중이 6.8[N] 이하	14~20[m] 이하이고 설계하중이 6.8~9.8[N]인 경우
전주 땅에 묻는 깊이	전주길이$\times\frac{1}{6}$ 이상[m] $=10\times\frac{1}{6}=1.7$[m]	2.5[m] 이상	기준값(2.5)+0.3[m]

문제 **51**

전로에 지락이 생겼을 경우에 부하기기, 금속제 외함 등에 발생하는 고장전압 또는 지락전류를 검출하는 부분과 차단기 부분을 조합하여 자동적으로 전로를 차단하는 장치는?

① 누전차단장치 ② 과전류 차단기
③ 누전경보장치 ④ 배선용 차단기

 **누전차단기** : 60[V] 이상 저압기계기구 및 전로에 지락사고시 자동으로 전로 차단장치

문제 **52**

소맥분, 전분, 기타 가연성의 분진이 존재하는 곳의 저압 옥내배선 공사 방법에 해당하는 것으로 짝지어진 것은?

① 케이블 공사, 애자사용 공사
② 금속관 공사, 콤바인 덕트관
③ 케이블 공사, 금속관 공사, 애자사용 공사
④ 케이블 공사, 금속관 공사, 합성수지관 공사

정답 49. ③ 50. ③ 51. ① 52. ④

가연성 분진 예	시설가능공사
소맥분, 전분, 유황	금속관공사, 케이블공사, 합성수지관공사

문제 53

가로 20[m], 세로 18[m], 천장의 높이 3.85[m], 작업면의 높이 0.85[m], 간접 조명 방식인 호텔 연회장의 실지수는 약 얼마인가?

① 1.16　② 2.16
③ 3.16　④ 4.16

해설 조명 실지수 k 계산

용어	적용식	계산
• 방의 가로길이 $X=20$[m] • 방의 세로길이 $Y=18$[m] • 작업면에서 광원 높이 H =천장높이-0.85	$k=\dfrac{XY}{H(X+Y)}$	$=\dfrac{20\times18}{(3.85-0.85)(20+18)}$ $=3.16$

문제 54

전선의 도체 단면적이 2.5[mm^2]인 전선 3본을 동일 관내에 넣는 경우의 2종 가요전선관의 최소 굵기[mm]는?

① 10　② 15
③ 17　④ 24

가요전선관의 굵기(단면적) 선정표

전선수 전선 / 단면적[mm^2]	1	2	★ 3	4	5	6	7	8	9	10
	2종 가요전선관의 굵기[mm]									
2.5 ★	10	15	15	17	24	24	24	24	30	30
4	10	17	17	24	24	24	24	30	30	30

문제 55

굵은 전선이나 케이블을 절단할 때 사용되는 공구는?

① 클리퍼　② 펜치
③ 나이프　④ 플라이어

공구 명칭 및 용도

명칭	클리퍼	펜치	나이프	플라이어
용도	굵은 전선 절단용	전선절단, 접속, 바인드용	전선피복 벗기기용	금속관 공사시 로크너트 조임용

문제 56

ACSR 약호의 품명은?

① 경동연선　② 중공연선
③ 알루미늄선　④ 강심알루미늄 연선

정답 53. ③ 54. ② 55. ① 56. ④

 합금연선

강심 알루미늄 연선(ACSR) : 2층권 구조	ACSR 용도
→ 알루미늄(Al) : 비중 때문에 → 강 사용(이유 : 세기 때문에)	22.9[kV-Y] 배전선로에 사용 154, 345[kV] 가공지선에 사용

문제 **57**

물탱크의 물의 양에 따라 동작하는 자동 스위치는?

① 부동 스위치　　② 압력 스위치
③ 타임 스위치　　④ 3로 스위치

 스위치 종류와 용도

종류	부동(플로트) 스위치	압력 스위치	타임 스위치	3로 스위치
용도	물탱크 물의 양에 따른 수위조절용	컴프레서에서 공기의 압축으로 동작	아파트 현장 등에 사용	계단에서 사용

문제 **58**

후강 전선관의 관 호칭은 (㉠) 크기로 정하여 (㉡)로 표시하는데 ㉠, ㉡에 들어갈 내용으로 옳은 것은?

① ㉠ 안지름, ㉡ 홀수　　② ㉠ 안지름, ㉡ 짝수
③ ㉠ 바깥지름, ㉡ 홀수　　④ ㉠ 바깥지름, ㉡ 짝수

 금속전선관의 종류(호칭)

금속관 명칭	전선관 종류(크기)
후강 전선관 (안지름의 짝수)	• 10종(16, 22, 28, 36, 42, 54, 60, 82, 92, 104[mm]) 한 본의 길이 3.6[m], 두께 2.3[mm] 이상 두꺼운 금속관
박강 전선관 (바깥지름의 홀수)	• 8종(15, 19, 25, 31, 39, 51, 63, 75[mm]) 길이 3.6[m], 두께 1.2[mm] 이상 얇은 금속관

문제 **59**

노출 장소 또는 점검 가능한 은폐 장소에서 제2종 가요전선관을 시설하고 제거하는 것이 부자유하거나 점검 불가능한 경우의 곡률 반지름은 안지름의 몇 배 이상으로 하여야 하는가?

① 2　　② 3
③ 5　　④ 6

해설 가요전선관 공사시 곡률 반지름

조건	시설이 자유로운 곳일 때	시설이 부자유로운 곳일 때
곡률 반지름	전선관 안지름의 3배 이상	전선관 안지름의 6배 이상

정답 57. ① 58. ② 59. ④

문제 60 저고압 가공전선이 철도 또는 궤도를 횡단하는 경우 높이는 궤조면상 몇 [m] 이상이어야 하는가?

① 10 ② 8.5

③ 7.5 ④ 6.5

해설 저압 가공인입선의 최소높이

시설장소	도로횡단시	철도 또는 궤도 횡단시	횡단보도교
시설높이	노면상 5[m] 이상	레일면상 6.5[m] 이상	노면상 3[m] 이상

기출문제

정답 60. ④

기출 문제

2016년 제1회

문제 **01**

기전력이 120[V], 내부저항(r)이 15[Ω]인 전원이 있다. 여기에 부하저항(R)을 연결하여 얻을 수 있는 최대전력[W]은? (단, 최대전력 전달조건은 $r=R$이다)

① 100　　② 140
③ 200　　④ 240

 최대전력 조건 : 내부저항 $r=$ 부하 R

회로그림	최대전력 P_m 식	계산
전원내부 저항 $r=5$ 기전력 $E=50$ 외부저항 R (부하)	$P_m=\dfrac{E^2}{4R}$	$=\dfrac{120^2}{4\times15}=240$[W]

문제 **02**

자기인덕턴스에 축적되는 에너지에 대한 설명으로 가장 옳은 것은?

① 자기인덕턴스 및 전류에 비례한다.
② 자기인덕턴스 및 전류에 반비례한다.
③ 자기인덕턴스와 전류의 제곱에 반비례한다.
④ 자기인덕턴스에 비례하고 전류의 제곱에 비례한다.

해설 코일(자기 인덕턴스) L축적 에너지 $W=\frac{1}{2}LI^2$[J]
$\therefore W\propto L\times I^2$

문제 **03**

권수 300회의 코일에 6[A]의 전류가 흘러서 0.05[Wb]의 자속이 코일을 지난다고 하면, 이 코일의 자체 인덕턴스는 몇 [H]인가?

① 0.25　　② 0.35
③ 2.5　　④ 3.5

 코일의 자체 인덕턴스 $L=\dfrac{N\phi}{I}=\dfrac{300\times0.05}{6}=2.5$[H]

정답 01. ④ 02. ④ 03. ③

문제 04 $R-L$ 직렬회로에서 서셉턴스는?

① $\dfrac{R}{R^2+X_L^2}$ ② $\dfrac{X_L}{R^2+X_L^2}$

③ $\dfrac{-R}{R^2+X_L^2}$ ④ $\dfrac{-X_L}{R^2+X_L^2}$

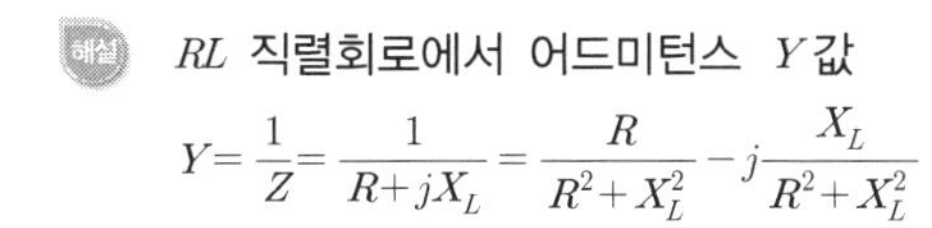

해설 RL 직렬회로에서 어드미턴스 Y값

$$Y=\frac{1}{Z}=\frac{1}{R+jX_L}=\frac{R}{R^2+X_L^2}-j\frac{X_L}{R^2+X_L^2}$$

문제 05 전류에 의한 자기장과 직접적으로 관련이 없는 것은?

① 줄의 법칙 ② 플레밍의 왼손 법칙

③ 비오-사바르의 법칙 ④ 앙페르의 오른나사법칙

해설 줄의 법칙

전류에 의한 단위시간 내 열량 $H=0.24I^2Rt$[cal] 값이다.

문제 06 $C_1=5[\mu F]$, $C_2=10[\mu F]$의 콘덴서를 직렬로 접속하고 직류 30[V]를 가했을 때 C_1의 양단의 전압[V]은?

① 5 ② 10

③ 20 ④ 30

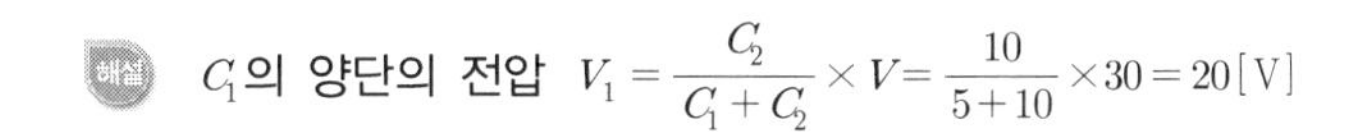

해설 C_1의 양단의 전압 $V_1=\dfrac{C_2}{C_1+C_2}\times V=\dfrac{10}{5+10}\times 30=20$[V]

문제 07 3상 교류회로의 선간전압이 13,200[V], 선전류가 800[A], 역률 80[%] 부하의 소비 전력은 약 몇 [MW]인가?

① 4.88 ② 8.45

③ 14.63 ④ 25.34

해설 3상 유효전력

$P=\sqrt{3}\,V_lI_l\cos\theta=\sqrt{3}\times 13200\times 800\times 0.8\times 10^{-6}=14.63$[MW]

문제 08 1[Ω·m]는 몇 [Ω·cm]인가?

① 10^2 ② 10^{-2}

③ 10^6 ④ 10^{-6}

정답 04. ④ 05. ① 06. ③ 07. ③ 08. ①

해설 고유저항단위에서 $1[\Omega \cdot m] = 100 = 10^2[\Omega \cdot cm]$

문제 **09** **자체인덕턴스가 1[H]인 코일에 200[V], 60[Hz]의 사인파 교류전압을 가했을 때 전류와 전압의 위상차는?** (단, 저항성분은 무시한다)

① 전류는 전압보다 위상이 $\frac{\pi}{2}$[rad]만큼 뒤진다.
② 전류는 전압보다 위상이 π[rad]만큼 뒤진다.
③ 전류는 전압보다 위상이 $\frac{\pi}{2}$[rad]만큼 앞선다.
④ 전류는 전압보다 위상이 π[rad]만큼 앞선다.

해설 부하종류에 따른 전류위상

부하종류	저항 R	코일 L	콘덴서 C
전류식	$i = I_m \sin \omega t$[A]	$L_m \sin(\omega t - 90)$	$L_m \sin(\omega t + 90)$
위상	동위상	지상(90도 뒤짐)	진상(90도 앞섬)

문제 **10** **알칼리 축전지의 대표적인 축전지로 널리 사용되고 있는 2차 전지는?**

① 망간전지
② 산화은 전지
③ 페이퍼 전지
④ 니켈－카드뮴 전지

문제 **11** **파고율, 파형률이 모두 1인 파형은?**

① 사인파
② 고조파
③ 구형파
④ 삼각파

해설 구형전파의 파고율 및 파형률은 1이다.

문제 **12** **황산구리($CuSO_4$) 전해액에 2개의 구리판을 넣고 전원을 연결하였을 때 음극에서 나타나는 현상으로 옳은 것은?**

① 변화가 없다.
② 구리판이 두터워진다.
③ 구리판이 얇아진다.
④ 수소가스가 발생한다.

전기분해
양극의 구리가 음극으로 이동하므로 양극쪽은 얇아지고, 음극쪽은 두터워진다.

정답 09. ① 10. ④ 11. ③ 12. ②

문제 **13** **두 종류의 금속 접합부에 전류를 흘리면 전류의 방향에 따라 줄열 이외의 열의 흡수 또는 발생 현상이 생긴다. 이러한 현상을 무엇이라 하는가?**

① 제어벡 효과　　② 페란티 효과
③ 펠티에 효과　　④ 초전도 효과

해설 열과 전기효과

전기효과 종류	정 의	용 도
제어벡(제베크) 효과	두 종류 금속 접속점에 온도차를 주면 전기발생 효과	열전온도계, 열전대식 감지기
펠티에 효과	두 종류 금속 접속점에 전류를 흘리면 열 흡수 효과	전자냉동기
톰슨 효과	동일 금속 접속점에 온도차+전류차 하면 열 흡수 또는 발생 효과	전자냉동기

문제 **14** **자극 가까이에 물체를 두었을 때 자화되는 물체와 자석이 그림과 같은 방향으로 자화되는 자성체는?**

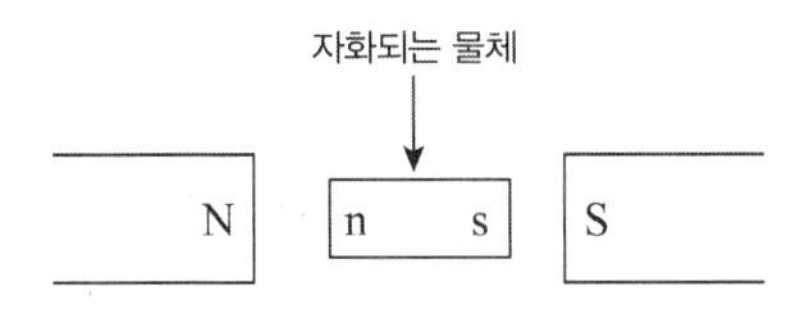

① 상자성체　　② 반자성체
③ 강자성체　　④ 비자성체

 자성체의 종류

종류	강자성체($\mu_s \gg 1$)	상자성체($\mu_s > 1$)	반자성체($\mu_s < 1$)
내용	자석에 자화되어 잘 끌리는 물체	자석에 자화되어 끌리는 물체	자석에 반발하는 물체

문제 **15** **다이오드의 정특성이란 무엇을 말하는가?**

① PN접합면에서의 반송자 이동특성
② 소신호로 동작할 때의 전압과 전류의 관계
③ 다이오드를 움직이지 않고 저항률을 측정한 것
④ 직류전압을 걸었을 때 다이오드에 걸리는 전압과 전류의 관계

문제 **16** **공기중에 10[μC]과 20[μC]을 1[m] 간격으로 놓을 때 발생되는 정전력[N]은?**

① 1.8　　② 2.2
③ 4.4　　④ 6.3

정답 13. ③ 14. ② 15. ④ 16. ①

기출문제

해설 쿨롱의 법칙 적용

이해그림	적용식	계산	힘의 종류
$+4\times10^{-5}$ $+6\times10^{-5}$ Q_1 공기중 ε_0 Q_2 $\leftarrow r=2[\mathrm{m}]\rightarrow$	$F=9\times10^9\dfrac{Q_1Q_2}{r^2}$	$=9\times10^9\dfrac{10\times10^{-6}\times20\times10^{-}}{1^2}$ $=+1.8[\mathrm{N}]$	반발력 작용 (같은 극성 이므로)

문제 **17** **200[V], 2[kW]의 전열선 2개를 같은 전압에서 직렬로 접속한 경우의 전력은 병렬로 접속한 경우의 전력보다 어떻게 되는가?**

① $\dfrac{1}{2}$로 줄어든다.　② $\dfrac{1}{4}$로 줄어든다.
③ 2배로 증가된다.　④ 4배로 증가된다.

해설 $\text{전력비(몇 배)}==\dfrac{\text{전열선 } R\,2\text{개 직렬}}{\text{전열선 } R\,2\text{개 병렬}}=\dfrac{\dfrac{V^2}{2R}}{\dfrac{V^2}{R/2}}=\dfrac{1}{4}$로 감소

문제 **18** **"회로의 접속점에서 볼 때, 접속점에 흘러들어오는 전류의 합은 흘러나가는 전류의 합과 같다."라고 정의되는 법칙은?**

① 키르히호프의 제1법칙　② 키르히호프의 제2법칙
③ 플레밍의 오른손법칙　④ 앙페르의 오른나사법칙

 키르히호프의 법칙

정의	제1(전류)법칙	제2(전압)법칙	계산결과
유입 전기합 = 유출 전기합	유입 전류합 = 유출 전류합	인가 전압합 = 각 소자 전압 강하합	전류가+값표기 = 처음 방향과 같은 방향임

문제 **19** **그림과 같은 회로에서 저항 R_1에 흐르는 전류는?**

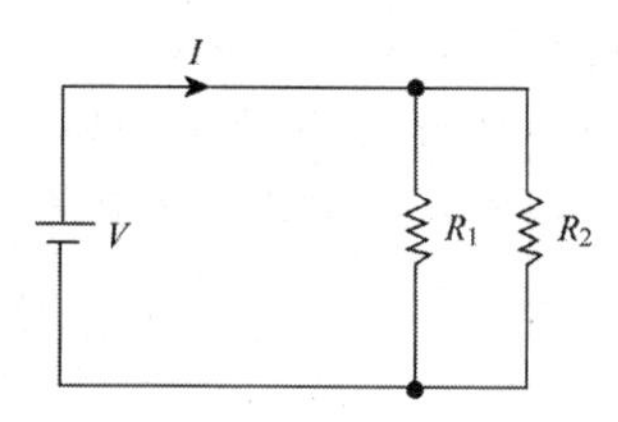

① $(R_1+R_2)I$　② $\dfrac{R_2}{R_1+R_2}I$
③ $\dfrac{R_1}{R_1+R_2}I$　④ $\dfrac{R_1R_2}{R_1+R_2}$

정답 17. ② 18. ① 19. ②

해설 저항 병렬연결시 전류분배식 $I_1 = \frac{R_2}{R_1 + R_2} I$(전체전류)

문제 **20** **동일한 저항 4개를 접속하여 얻을 수 있는 최대 저항값은 최소 저항값의 몇 배인가?**

① 2　② 4
③ 8　④ 16

해설 저항비(몇 배) $\frac{\text{최대합성저항값}}{\text{최소합성저항값}} = \frac{4 \times R}{\frac{R}{4}} = 4 \times 4 = 16$

문제 **21** **3상 교류발전기의 기전력에 대하여 90° 늦은 전류가 통할 때의 반작용 기자력은?**

① 자극축과 일치하고 감자작용　② 자극축보다 90° 빠른 증자작용
③ 자극축보다 90° 늦은 감자작용　④ 자극축과 직교하는 교차자화작용

해설 동기기의 전기자 반작용

부하구분	코일 L(지상) 부하	콘덴서 C(진상) 부하	저항 R 부하
전기자 전류 구분	뒤진 전기자 전류인 경우	앞선 전기자 전류인 경우	동상인 경우
동기전동기일 때	증자작용	감자작용	교차자화작용
동기발전기일 때	★감자작용	증자작용	교차자화작용

문제 **22** **반파 정류회로에서 변압기 2차 전압의 실효치를 $E[\mathrm{V}]$라 하면 직류 전류 평균치는?** (단, 정류기의 전압강하는 무시한다)

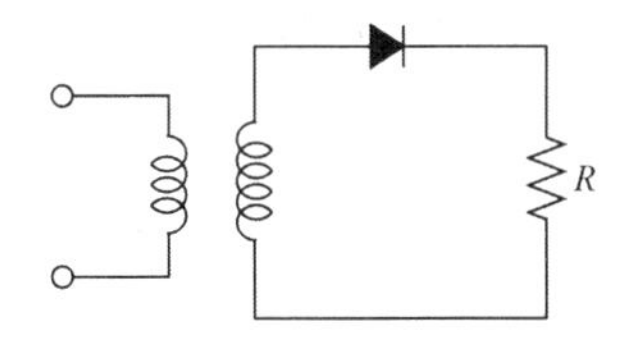

① $\frac{E}{R}$　② $\frac{1}{2} \cdot \frac{E}{R}$
③ $\frac{2\sqrt{2}}{\pi} \cdot \frac{E}{R}$　④ $\frac{\sqrt{2}}{\pi} \cdot \frac{E}{R}$

해설 단상 반파 정류회로

출력 직류전압 $E_d = \frac{V_m}{\pi} = \frac{\sqrt{2}\,E(\text{교류전압})}{\pi} = 0.45E[\mathrm{V}]$

출력 직류전류 $I_d = \frac{E_d}{R} = \frac{\sqrt{2}\,E}{\pi R} = 0.45\frac{E}{R}[\mathrm{A}]$

정답 20. ④ 21. ① 22. ④

문제 **23** **1차 전압 6,300[V], 2차 전압 210[V], 주파수 50[Hz]의 변압기가 있다. 이 변압기의 권수비는?**

① 30 ② 40
③ 50 ④ 60

 변압기의 권수비 $a = \frac{1\text{차 전압 } V_1}{2\text{차 전압 } V_2} = \frac{6300}{210} = 30$

문제 **24** **동기전동기를 송전선의 전압 조정 및 역률 개선에 사용한 것은 무엇이라 하는가?**

① 댐퍼 ② 동기이탈
③ 제동권선 ④ 동기 조상기

 **동기조상기** : 전력계통에서 전압 및 역률 조정을 위해 계통에 접속한 무부하로 운전중인 동기전동기

문제 **25** **3상 동기발전기의 상간 접속을 Y결선으로 하는 이유 중 틀린 것은?**

① 중성점을 이용할 수 있다.
② 선간전압이 상전압의 $\sqrt{3}$ 배가 된다.
③ 선간전압에 제3고조파가 나타나지 않는다.
④ 같은 선간전압의 결선에 비하여 절연이 어렵다.

해설 Y결선시 선간전압의 결선에 비하여 절연이 용이하다.

문제 **26** **동기기의 손실에서 고정손에 해당되는 것은?**

① 계자철심의 자손 ② 브러시의 전기손
③ 계자 권선의 저항손 ④ 전기자 권선의 저항손

 고정손은 철손을 의미한다.

문제 **27** **60[Hz], 4극 유도전동기가 1,700[rpm]으로 회전하고 있다. 이 전동기의 슬립은 약 얼마인가?**

① 3.42[%] ② 4.56[%]
③ 5.56[%] ④ 6.64[%]

정답 23. ① 24. ④ 25. ④ 26. ① 27. ③

해설 유도전동기의 슬립 s

대입값	슬립 s식	계산
$N_s = \frac{120f}{P} = \frac{120 \times 60}{4} = 1800$	$s = \frac{N_s - \text{회전자속도 } N}{\text{동기속도 } N_s}$	$= \frac{1800 - 1700}{1800} = 0.0556$

문제 28

발전기 권선의 층간 단락보호에 가장 적합한 계전기는?

① 차동 계전기
② 방향 계전기
③ 온도 계전기
④ 접지 계전기

해설 차동 계전기는 발전기 권선의 층간단락보호용이다.

문제 29

다음 중 ( )속에 들어갈 내용은?

유입변압기에 많이 사용되는 목면, 명주, 종이 등의 절연재료는 내열등급 ( )으로 분류되고, 장시간 지속하여 최고허용온도 ( )[℃]를 넘어서는 안 된다.

① Y종 − 90
② A종 − 105
③ E종 − 120
④ B종 − 130

절연재료 종류	Y종	A종	E종	B종	F종	H종	C종
재질	목면·견·종이	면·견·종이+기름	플라스틱	운모·석면·유리섬유	운모·석면·유리섬유+에폭시수지	운모·석면·유리섬유+규소수지	운모·석면·유리섬유+시멘트
최고허용온도	90[℃]	105[℃]	120[℃]	130[℃]	155[℃]	180[℃]	180[℃] 이상

문제 30

퍼센트 저항강하 3[%], 리액턴스 강하 4[%]인 변압기의 최대 전압 변동률[%]은?

① 1
② 5
③ 7
④ 12

변압기의 전압 변동률(ε)

뒤전(지상, 늦음, 유도성) 역률인 경우 적용식	최대값 계산
ε = 저항강하 × 역률 + 리액턴스 × 무효율 $= P \times \cos\theta + q \times \sin\theta$	$= \sqrt{3^2 + 4^2} = 5[\%]$

문제 31

다음 중 자기소호 기능이 가장 좋은 소자는?

① SCR
② GTO
③ TRIAC
④ LASCR

정답 28. ① 29. ② 30. ② 31. ②

해설 **게이트 턴 오프 스위치 GTO** : 게이트 역방향 전류시 자기소호소자

문제 **32** **3상 유도전동기의 속도제어 방법 중 인버터(inverter)를 이용한 속도 제어법은?**

① 극수 변환법 ② 전압 제어법
③ 초퍼 제어법 ④ 주파수 제어법

해설 **주파수 제어법** : 인버터 이용 3상 유도전동기의 속도제어

문제 **33** **회전 변류기의 직류측 전압을 조정하려는 방법이 아닌 것은?**

① 직렬 리액턴스에 의한 방법 ② 여자 전류를 조정하는 방법
③ 동기 승압기를 사용하는 방법 ④ 부하시 전압 조정 변압기를 사용하는 방법

해설 **회전 변류기 직류측 전압조정방법**
리액턴스/전압조정기/동기승압기 등을 사용한다.

문제 **34** **변압기의 규약효율은?**

① $\dfrac{출력}{입력}$ ② $\dfrac{출력}{입력-손실}$
③ $\dfrac{출력}{출력+손실}$ ④ $\dfrac{입력+손실}{입력}$

 **변압기의 효율 η**

효율 종류	실측효율(측정값 사용)	규약효율(손실값 기준)
공식	$\eta=\dfrac{출력(측정값)}{입력(측정값)}\times 100$	$\eta=\dfrac{출력}{출력+손실}\times 100$

문제 **35** **다음 중 권선저항 측정 방법은?**

① 메거 ② 전압 전류계법
③ 켈빈 더블 브리지법 ④ 휘스톤 브리지법

해설 메거는 절연저항을 측정한다.

문제 **36** **직류발전기의 병렬운전 중 한쪽 발전기의 여자를 늘리면 그 발전기는?**

① 부하전류는 불변, 전압은 증가 ② 부하전류는 줄고, 전압은 증가
③ 부하전류는 늘고, 전압은 증가 ④ 부하전류는 늘고, 전압은 불변

정답 32. ④ 33. ② 34. ③ 35. ②·③·④ 36. ③

해설 직류 발전기의 병렬 운전시 부하분담
한쪽 발전기의 여자(계자전류)를 증가시키면 전압 및 전류가 증가한다.

문제 **37** **직류전압을 직접 제어하는 것은?**

① 브리지형 인버터 ② 단상 인버터
③ 3상 인버터 ④ 초퍼형 인버터

해설 초퍼형 인버터 : 직류전압을 직접 제어하여 교류전압으로 변환

문제 **38** **전동기 접지공사를 하는 주된 이유는?**

① 보안상 ② 미관상
③ 역률 증가 ④ 감전사고 방지

해설 전동기 외함(철제) 접지공사 : 누설전류에 의한 감전사고 방지

문제 **39** **동기기를 병렬운전할 때 순환전류가 흐르는 원인은?**

① 기전력의 저항이 다른 경우 ② 기전력의 위상이 다른 경우
③ 기전력의 전류가 다른 경우 ④ 기전력의 역률이 다른 경우

해설 동기발전기 병렬운전조건

두 기전력 같을 조건	크기	위상	주파수	파형
두 기전력 다를 경우	무효순환 전류 흐름	유효순환 전류 흐름	난조발생	고조파 무효순환전류

문제 **40** **역률과 효율이 좋아서 가정용 선풍기, 전기세탁기, 냉장고 등에 주로 사용되는 것은?**

① 분상 기동형 전동기 ② 반발 기동형 전동기
③ 콘덴서 기동형 전동기 ④ 셰이딩 코일형 전동기

단상 유도전동기

종류	분상 기동형	영구 콘덴서형	반발 기동형	셰이딩 코일형
용도	소형공작기계, 복사기	냉장고, 선풍기, 세탁기	에어컨, 소형펌프	10[kW] 이하 소형기계

기출문제

정답 37. ④ 38. ④ 39. ② 40. ③

문제 **41** **3상 4선식 380/220[V] 전로에서 전원의 중성극에 접속된 전선은 무엇이라 하는가?**

① 접지선 ② 중성선
③ 전원선 ④ 접지측선

해설 전기공급 방식에 따른 전선의 색깔

전선의 구분	3상전선			중성선	접지선	단상2선식 접지선
	R상	S상	T상	N상	G상	
전선의 색상	흑색	적색	청색	백(회)색	녹색	백색

문제 **42** **플로어덕트 배선의 사용전압은 몇 [V] 미만으로 제한되어야 하는가?**

① 220 ② 400
③ 600 ④ 700

해설 플로어덕트 배선공사시 사용전압은 400[V] 미만이어야 한다.

문제 **43** **자동화재 탐지설비의 구성 요소가 아닌 것은?**

① 비상콘센트 ② 발신기
③ 수신기 ④ 감지기

해설 자동화재 탐지설비

구성요소	감지기	수신기	발신기	중계기
역 할	화재시 동작	화재시 관리자에 통보	화재신호를 보내는 장치	신호변환장치(수신기와 감지기사에 설치)

※ 비상경보설비 : 비상경보기(화재시 건물 내 사람들에게 알리는 장치)

문제 **44** **셀룰로이드, 성냥, 석유류 등 기타 가연성 위험물질을 제조 또는 저장하는 장소의 배선으로 틀린 것은?**

① 금속관 배선 ② 케이블 배선
③ 플로어 덕트 배선 ④ 합성수지관(CD관 제외) 배선

해설 위험물 제조 또는 저장장소 배선가능 공사
① 금속관공사 ② 케이블공사 ③ 합성수지관 공사(두께 2.0[mm] 이상)

문제 **45** **합성수지관을 새들 등으로 지지하는 경우 지지점간의 거리는 몇 [m] 이하인가?**

① 1.5 ② 2.0
③ 2.5 ④ 3.0

정답 41. ② 42. ② 43. ① 44. ③ 45. ①

전선과의 종류	가요전선관인 경우★	합성수지관인 경우	금속관인 경우	라이팅 덕트
지지점간의 거리	1[m] 이하	1.5[m] 이하	2[m] 이하	1[m] 이하

문제 **46** **가요전선관 공사에서 접지공사 방법으로 틀린 것은?**

① 사람이 접촉될 우려가 없도록 시설한 사용전압 400[V] 이상인 경우의 가요전선관 및 부속품에는 제3종 접지공사를 할 수 있다.
② 강전류회로의 전선과 약전류회로의 약전류전선을 동일박스 내에 넣는 경우에는 격벽을 시설하고 제3종 접지공사를 하여야 한다.
③ 사용전압 400[V] 미만인 경우의 가요전선관 및 부속품에는 제3종 접지공사를 하여야 한다.
④ 1종 가요전선관은 단면적 2.5[mm^2] 이상의 나연동선을 접지선으로 하여 배관의 전체의 길이에 삽입 또는 첨가한다.

해설 가요전선관 접지공사 : 강전류회로의 전선과 약전류회로의 약전류 전선을 동일박스 내에 넣는 경우에는 격벽을 시설하고 금속제부분은 특별 제3종 접지공사를 한다.

문제 **47** **금속관 공사를 할 경우 케이블 손상방지용으로 사용하는 부품은?**

① 부싱 ② 엘보
③ 커플링 ④ 로크너트

금속관 접속 기구	부싱	엘보	로크너트	커플링
용도	절연물 피복보호	금속관 직각부분연결	박스와 금속관 고정	금속관 상호연결

문제 **48** **부하의 역률이 규정값 이하인 경우 역률 개선을 위하여 설치하는 것은?**

① 저항 ② 리액터
③ 컨덕턴스 ④ 진상용 콘덴서

전력용 콘덴서 SC 설비의 부속기기

설비기기	전력용 콘덴서 SC	방전코일 DC	직렬리액터 SR
역할(용도)	부하의 역률개선	잔류전하방전	고조파 제거

문제 **49** **전선을 종단겹침용 슬리브에 의해 종단 접속할 경우 소정의 압축공구를 사용하여 보통 몇 개소를 압착하는가?**

① 1 ② 2
③ 3 ④ 4

정답 46. ② 47. ① 48. ④ 49. ②

해설 슬리브 사용 종단 접속시 압축공구를 사용하여 보통 2개소를 압착

문제 **50** **사람이 상시 통행하는 터널 내 배선의 사용전압이 저압을 때 배선 방법으로 틀린 것은?**

① 금속관 배선 ② 금속덕트 배선
③ 합성수지관 배선 ④ 금속제 가요전선관 배선

해설 터널 내 배선시설 가능공사
애자(2.5[m] 이상) / 금속관 / 합성수지관 / 금속제 가요전선관 / 케이블공사

문제 **51** **변압기 중성점에 2종 접지공사를 하는 이유는?**

① 전류 변동의 방지 ② 전압변동의 방지
③ 전력 변동의 방지 ④ 고저압 혼촉 방지

해설 2종 접지 목적 : 고저압 혼촉에 의한 저위상승 억제

문제 **52** **어느 가정집이 40[W] LED등 10개, 1[kW] 전자레인지 1개, 100[W] 컴퓨터세트 2대, 1[kW] 세탁기 1대를 사용하고 하루평균사용 시간이 LED등은 5시간, 전자레인지 30분, 컴퓨터 5시간, 세탁기 1시간이라면 1개월(30일)간의 사용 전력량[kWh]은?**

① 115 ② 135
③ 155 ④ 175

해설 전력량 $W = (0.04\times10\times5+1\times1\times\frac{1}{2}\text{시간}+0.1\times2\times5+1\times1\times1)\times30\text{일}=135$

문제 **53** **고압 가공전선로의 지지물로 철탑을 사용하는 경우 경간은 몇 [m] 이하로 제한하는가?**

① 150 ② 300
③ 500 ④ 600

해설

지지물 종류	목주, A종 철주, 철근콘크리트주	B종 철주, 철근콘크리트주	철탑
표준경간	150[m] 이하	250[m] 이하	600[m] 이하

문제 **54** **금속관 구부리기에 있어서 관의 굴곡이 3개소가 넘거나 관의 길이가 30[m]를 초과하는 경우 적용하는 것은?**

① 커플링 ② 풀박스
③ 로크너트 ④ 링 리듀서

정답 50. ② 51. ④ 52. ② 53. ④ 54. ②

해설 금속관 구부리기
관굴곡이 3개소가 넘거나 길이가 30[m]를 초과시 풀박스 사용함

문제 55 옥내배선공사 할 때 연동선을 사용할 경우 전선의 최소 굵기[mm^2]는?

① 1.5　　② 2.5
③ 4　　④ 6

해설 옥내배선공사시 전선의 굵기
1) 연동선 : 최소 2.5[mm^2] 이상 사용
2) 제어회로 : 1.5[mm^2] 이상 연동선 사용

문제 56 연선 결정에 있어서 중심 소선을 뺀 층수가 3층이다. 전체 소선수는?

① 91　　② 61
③ 37　　④ 19

연선의 단면	연선 층수	소선의 층수 N	연선의 직경(D) 및 단면적(A)
소선직경 d, 연선 직경 D, 2층, 1층, 0층, 1층, 2층, 소선의 층수 n	$n=1$층 $n=2$층 $n=3$층 $n=4$층	$N=7$가닥 $N=19$가닥 $N=37$가닥 $N=3n(n+1)+1$	$D=(2n+1)d$ [mm] $A=\frac{\pi}{4}d^2\times N$ [mm^2]

문제 57 접지전극의 매설 깊이는 몇 [m] 이상인가?

① 0.6　　② 0.65
③ 0.7　　④ 0.75

해설 접지전극의 매설 깊이 : 75[cm] = 0.75[m] 이상

문제 58 금속관 절단구에 대한 다듬기에 쓰이는 공구는?

① 리머　　② 홀쏘
③ 프레셔 툴　　④ 파이프 렌치

기출문제

정답 55. ② 56. ③ 57. ④ 58. ①

문제 **59** **동전선의 종단접속 방법이 아닌 것은?**

① 동선압착단자에 의한 접속
② 종단겹침용 슬리브에 의한 접속
③ C형 전선접속기 등에 의한 접속
④ 비틀어 꽂는 형의 전선 접속기에 의한 접속

해설 알루미늄전선 접속방법 : C형 전선접속기에 의한 접속

문제 **60** **합성수지관 상호 접속시에 관을 삽입하는 깊이는 관 바깥지름의 몇 배 이상으로 하여야 하는가?**

① 0.6 ② 0.8
③ 1.0 ④ 1.2

 합성수지관 상호접속시 관 삽입깊이

접속방법	커플링 사용시	접착제 사용시
삽입깊이	관 바깥지름의 1.2배 이상	관 바깥지름의 0.8배 이상

정답 59. ③ 60. ④

기출 문제

2016년 제2회

문제 **01** **다음 ( )안의 알맞은 내용으로 옳은 것은?**

회로에 흐르는 전류의 크기는 저항에 (①)하고, 가해진 전압에 (②)한다.

① ① 비례, ② 비례　　② ① 비례, ② 반비례
③ ① 반비례, ② 비례　　④ ① 반비례, ② 반비례

옴의 법칙	전기 회로도	전류 공식
회로에 흐르는 전류 I는 저항 R에(반비례) 하고 전압 V에(비례)한다.	전류 I, 전압 V, 저항 R	$I=\frac{V}{R}=GV$[A]

문제 **02** **초산은($AgNO_3$) 용액에 1[A]의 전류를 2시간 동안 흘렸다. 이때 은의 석출량[g]은?**
(단, 은의 전기 화학당량은 1.1×10^{-3}[g/C]이다)

① 5.44　　② 6.08
③ 7.92　　④ 9.84

해설 전기분해시 석출량 : $W=kQ-kIt=1.1\times10^{-3}\times1\times2\times60분\times60초=7.92$[g]

문제 **03** **평균반지름이 10[cm]이고 감은 횟수 10회의 원형 코일에 5[A]의 전류를 흐르게 하면 코일중심의 자장의 세기[AT/m]는?**

① 250　　② 500
③ 750　　④ 1,000

 원형 코일 중심의 자기장 세기

$$H=\frac{NI}{2r}=\frac{10\times5}{2\times10\times10^{-2}}=250[AT/m]$$

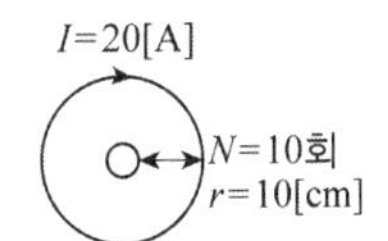

문제 **04** **3[V]의 기전력으로 300[C]의 전기량이 이동할 때 몇 [J]의 일을 하게 되는가?**

① 1,200　　② 900
③ 600　　④ 100

정답 01. ③ 02. ③ 03. ① 04. ②

해설 전기량 이동시 일 $W = QV = 300 \times 3 = 900[\mathrm{J}]$

문제 **05** **충전된 대전체를 대지(大地)에 연결하면 대전체는 어떻게 되는가?**

① 방전한다.
② 반발한다.
③ 충전이 계속된다.
④ 반발과 흡인을 반복한다.

해설 전류는 (+)전선(충전된 대전체)에서 (−)전선(대지)으로 이동(방전)한다.

문제 **06** **반자성체 물질의 특색을 나타낸 것은?** (단, μ_s는 비투자율이다)

① $\mu_s > 1$
② $\mu_s \gg 1$
③ $\mu_s = 1$
④ $\mu_s < 1$

 자성체의 종류

종류	강자성체($\mu_s \gg 1$)	상자성체($\mu_s > 1$)	반자성체($\mu_s < 1$)
내용	자석에 자화되어 잘 끌리는 물체	자석에 자화되어 끌리는 물체	자석에 반발하는 물체

문제 **07** **비사인파 교류회로의 전력에 대한 설명으로 옳은 것은?**

① 전압의 제3고조파와 전류의 제3고조파 성분 사이에서 소비전력이 발생한다.
② 전압의 제2고조파와 전류의 제3고조파 성분 사이에서 소비전력이 발생한다.
③ 전압의 제3고조파와 전류의 제5고조파 성분 사이에서 소비전력이 발생한다.
④ 전압의 제5고조파와 전류의 제7고조파 성분 사이에서 소비전력이 발생한다.

해설 비사인파 소비(유효)전력은 전압과 전류의 고조파 차수가 동일할 때 발생(계산)할 수 있다.

문제 **08** $2[\mu\mathrm{F}]$, $3[\mu\mathrm{F}]$, $5[\mu\mathrm{F}]$**인 3개의 콘덴서가 병렬로 접속되었을 때의 합성정전용량** $[\mu\mathrm{F}]$**은?**

① 0.97
② 3
③ 5
④ 10

 콘덴서 병렬 합성값 $C_0 = 2+3+5 = 10[\mu\mathrm{F}]$

문제 **09** **PN 접합 다이오드의 대표적인 작용으로 옳은 것은?**

① 정류작용
② 변조작용
③ 증폭작용
④ 발진작용

정답 05. ① 06. ④ 07. ① 08. ④ 09. ①

해설

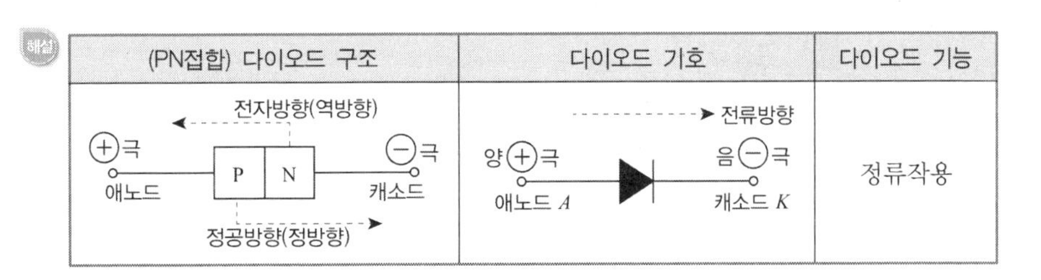

(PN접합) 다이오드 구조	다이오드 기호	다이오드 기능
전자방향(역방향) ⊕극 애노드 P N ⊖극 캐소드 정공방향(정방향)	전류방향 양⊕극 애노드 A 음⊖극 캐소드 K	정류작용

문제 **10**

$R=2[\Omega]$, $L=10[\text{mH}]$, $C=4[\mu\text{F}]$으로 구성되는 직렬 공진회로의 L과 C에서의 전압 확대율은?

① 3　② 6
③ 16　④ 25

해설 RLC 직렬공진에서 전압 확대율 $Q=\frac{1}{R}\sqrt{\frac{L}{C}}=\frac{1}{2}\sqrt{\frac{10\times10^{-3}}{4\times10^{-6}}}=25$

문제 **11**

최대눈금 1[A], 내부저항 10[Ω]의 전류계로 최대 101[A]까지 측정하려면 몇 [Ω]의 분류기가 필요한가?

① 0.01　② 0.02
③ 0.05　④ 0.1

해설 전류계와 병렬로 연결하는 저항(분류기)값 계산

적용식	계산	정답
$\frac{I(\text{전체 전류})}{I_r(\text{전류계 전류})}=1+\frac{\text{전류계 내부 } r}{\text{분류기 } R_m}$	$\frac{101}{1}=1+\frac{10}{R_m}$	$R_m=\frac{1}{10}=0.1$

문제 **12**

전력과 전력량에 관한 설명으로 틀린 것은?

① 전력은 전력량과 다르다.
② 전력량은 와트로 환산된다.
③ 전력량은 칼로리 단위로 환산된다.
④ 전력은 칼로리 단위로 환산할 수 없다.

문제 **13**

전자 냉동기는 어떤 효과를 응용한 것인가?

① 제어벡 효과　② 톰슨 효과
③ 펠티에 효과　④ 주울 효과

정답 10. ④ 11. ④ 12. ② 13. ③

기출문제

해설 열효과

전기효과 종류	정 의	용 도
제어벡(제베크) 효과	두 종류 금속 접속점에 온도차를 주면 전기발생 효과	열전온도계, 열전대식 감지기
펠티에 효과	두 종류 금속 접속점에 전류를 흘리면 열 흡수 효과	전자냉동기
톰슨 효과	동일 금속 접속점에 온도차+전류차 하면 열 흡수 또는 발생 효과	전자냉동기

문제 14 자속밀도가 2[Wb/m²]인 평등 자기장 중에 자기장과 30° 의 방향으로 길이 0.5[m]인 도체에 8[A]의 전류가 흐르는 경우 전자력[N]은?

① 8　　② 4
③ 2　　④ 1

해설 전자력(선전류에 작용 힘) $F = IBl\sin\theta = 8 \times 2 \times 0.5 \times \sin 30 = 4[\text{N}]$

문제 15 어떤 3상 회로에서 선간전압이 200[V], 선전류 25[A], 3상 전력이 7[kW]이었다. 이때의 역률은 약 얼마인가?

① 0.65　　② 0.73
③ 0.81　　④ 0.97

해설 3상 유효(소비)전력 $P[\text{W}]$

$$P = \sqrt{3}\,V_\ell I_\ell \cos\theta \rightarrow \text{역률 } \cos\theta = \frac{P}{\sqrt{3}\,V_\ell I_\ell} = \frac{7 \times 10^3}{\sqrt{3} \times 200 \times 25} = 0.8$$

문제 16 3상 220[V], Δ 결선에서 1상의 부하가 $Z = 8 + j6[\Omega]$이면 선전류[A]는?

① 11　　② $22\sqrt{3}$
③ 22　　④ $\frac{22}{\sqrt{3}}$

해설 Δ결선시 선전류 $I_\ell = \sqrt{3} \times \text{상전류}I_p = \sqrt{3}\,\frac{V_p}{Z} = \sqrt{3} \times \frac{220}{\sqrt{8^2 + 6^2}} = 22\sqrt{3}$

문제 17 환상솔레노이드에 감겨진 코일의 권회수를 3배로 늘리면 자체 인덕턴스는 몇 배로 되는가?

① 3　　② 9
③ $\frac{1}{3}$　　④ $\frac{1}{9}$

정답 14. ② 15. ③ 16. ② 17. ②

해설 환상철심의 인덕턴스 $L \propto N^2 = 3^2 = 9$배 증가

문제 18 $+Q_1$[C]과 $-Q_2$[C]의 전하가 진공 중에서 r[m]의 거리에 있을 때 이들 사이에 작용하는 정전기력 F[N]는?

① $F = 9 \times 10^{-7} \times \dfrac{Q_1 Q_2}{r^2}$　② $F = 9 \times 10^{-9} \times \dfrac{Q_1 Q_2}{r^2}$

③ $F = 9 \times 10^{9} \times \dfrac{Q_1 Q_2}{r^2}$　④ $F = 9 \times 10^{10} \times \dfrac{Q_1 Q_2}{r^2}$

해설 쿨롱의 법칙(F)

두 전하 사이의 힘 $F = \dfrac{Q_1 \times Q_2}{4\pi\varepsilon_0 r^2} = 9 \times 10^9 \dfrac{Q_1 Q_2}{r^2}$[N]

문제 19 다음에서 나타내는 법칙은?

유도 기전력은 자신이 발생 원인이 되는 자속의 변화를 방해하려는 방향으로 발생한다.

① 줄의 법칙　② 렌츠의 법칙

③ 플레밍의 법칙　④ 패러데이의 법칙

문제 20 임피던스 $Z = 6 + j8$[Ω]에서 서셉턴스[℧]는?

① 0.06　② 0.08

③ 0.6　④ 0.8

구분	어드미턴스 Y	계산	컨덕턴스 G	서셉턴스 B
내용	$Y = \dfrac{1}{Z} = \dfrac{1}{6+j8}$	$= \dfrac{1 \times (6-j8)}{(6+j8)(6-j8)}$	$= 0.06$	$-j0.08$[℧]

문제 21 3상 유도전동기의 회전방향을 바꾸기 위한 방법으로 옳은 것은?

① 전원의 전압과 주파수를 바꾸어 준다.

② $\Delta - \mathrm{Y}$ 결선으로 결선법을 바꾸어 준다.

③ 기동보상기를 사용하여 권선을 바꾸어 준다.

④ 전동기의 1차 권선에 있는 3개의 단자 중 어느 2개의 단자를 서로 바꾸어 준다.

해설 3상 유도전동기 역회전 방법 : 3선중 2선을 바꾸어 접속

정답 18. ③　19. ②　20. ②　21. ④

문제 **22**

발전기를 정격전압 220[V]로 전부하 운전하다가 무부하로 운전하였더니 단자전압이 242[V]가 되었다. 이 발전기의 전압 변동률[%]은?

① 10　　② 14
③ 20　　④ 25

발전기 전압변동률 ε 계산

적용식	계산
전압변동률 $\varepsilon = \dfrac{\text{무부하전압 } V_o - V_n}{\text{정격전압 } V_n} \times 100[\%]$	$= \dfrac{242-220}{220} \times 100 = 10[\%]$

문제 **23**

6극 직렬권 발전기의 전기자 도체 수 300, 매극 자속 0.02[Wb], 회전수 900[rpm]일 때 유도기전력[V]은?

① 90　　② 110
③ 220　　④ 270

직결권(파권)일 때 직류발전기 유기기전력

$$E = \frac{P}{a} Z\Phi \frac{N}{60} = \frac{6\text{극}}{2} \times 300 \times 0.02 \times \frac{900}{60} = 270[\text{V}]$$

문제 **24**

동기조상기의 계자를 부족여자로 하여 운전하면?

① 콘덴서로 작용　　② 뒤진역률 보상
③ 리액터로 작용　　④ 저항손의 보상

동기조상기

동기조상기 여자	부족여자로 사용시	과여자로 사용시	기준
내용	리액터로 작용	콘덴서로 작용	동위상($\cos\theta = 1$)

문제 **25**

3상 교류 발전기의 기전력에 대하여 $\frac{\pi}{2}$[rad] 뒤진 전기자 전류가 흐르면 전기자 반작용은?

① 횡축 반작용으로 기전력을 증가시킨다.
② 증자 작용을 하여 기전력을 증가시킨다.
③ 감자 작용을 하여 기전력을 감소시킨다.
④ 교차 자화작용으로 기전력을 감소시킨다.

동기기의 전기자 반작용

부하구분	코일 L(지상) 부하	콘덴서 C(진상) 부하	저항 R 부하
전기자 전류 구분	뒤진 전기자 전류인 경우	앞선 전기자 전류인 경우	동상인 경우
동기전동기일 때	증자작용	감자작용	교차자화작용
동기발전기일 때	★감자작용	증자작용	교차자화작용

정답 22. ① 23. ④ 24. ③ 25. ③

문제 **26**

전기기기의 철심 재료로 규소 강판을 많이 사용하는 이유로 가장 적당한 것은?

① 와류손을 줄이기 위해　② 구리손을 줄이기 위해
③ 맴돌이 전류를 없애기 위해　④ 히스테리시스손을 줄이기 위해

철손 종류	와류손 P_e	히스테리시스손 P_h
철손감소 대책	성층 철심 사용	규소강판 사용

문제 **27**

역병렬 결합의 SCR의 특성과 같은 반도체 소자는?

① PUT　② UJT
③ Diac　④ Triac

문제 **28**

전기기계의 효율 중 발전기의 규약 효율 η_G는 몇 [%]인가?
(단, P는 입력, Q는 출력, L은 손실이다)

① $\eta_G = \dfrac{P-L}{P} \times 100$　② $\eta_G = \dfrac{P-L}{P+L} \times 100$

③ $\eta_G = \dfrac{Q}{P} \times 100$　④ $\eta_G = \dfrac{Q}{Q+L} \times 100$

규약효율 η 종류	발전기 G 일 때	전동기 M 일 때
효율 공식	$\eta = \dfrac{\text{출력 } Q}{\text{출력 } Q + \text{손실 } L} \times 100[\%]$	$\eta = \dfrac{\text{입력} - \text{손실}}{\text{입력}} \times 100[\%]$

문제 **29**

20[kVA]의 단상 변압기 2대를 사용하여 V−V결선으로 하고 3상 전원을 얻고자 한다. 이때 여기에 접속시킬 수 있는 3상 부하의 용량은 약 몇 [kVA]인가?

① 34.6　② 44.6
③ 54.6　④ 66.6

해설 변압기 V 결선시 출력 $P_V = \sqrt{3}$ 변압기 1대 용량 $= \sqrt{3} \times 20 = 34.6$

문제 **30**

동기 발전기의 병렬운전 조건이 아닌 것은?

① 유도 기전력의 크기가 같을 것　② 동기 발전기의 용량이 같을 것
③ 유도 기전력의 위상이 같을 것　④ 유도 기전력의 주파수가 같을 것

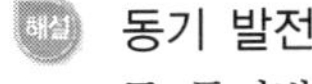

동기 발전기의 병렬운전조건
두 동기발전기 기전력의 크기, 위상, 주파수, 파형이 같을 것

정답 26. ④ 27. ④ 28. ④ 29. ① 30. ②

문제 31 **직류 분권전동기의 기동방법 중 가장 적당한 것은?**

① 기동 토크를 작게 한다.
② 계자 저항기의 저항값을 크게 한다.
③ 계자 저항기의 저항값을 0으로 한다.
④ 기동저항기를 전기자와 병렬접속 한다.

해설 직류 전동기 기동법 : 계자 저항기값을 0으로 한다.

문제 32 **극수 10, 동기속도 600[rpm]인 동기 발전기에서 나오는 전압의 주파수는 몇 [Hz]인가?**

① 50 ② 60
③ 80 ④ 120

해설 동기발전기의 동기속도 $N_s = \frac{120f}{P}$[rpm] 식에서 전압주파수 $f = \frac{N_s P}{120} = \frac{600 \times 10}{120} = 50$

문제 33 **변압기유의 구비조건으로 틀린 것은?**

① 냉각효과가 클 것 ② 응고점이 높을 것
③ 절연내력이 클 것 ④ 고온에서 화학반응이 없을 것

해설 동기발전기의 동기속도 $N_s = \frac{120f}{P}$[rpm] 식에서 전압주파수 $f = \frac{N_s P}{120} = \frac{600 \times 10}{120} = 50$

문제 34 **동기기 손실 중 무부하손(no load loss)이 아닌 것은?**

① 풍손 ② 와류손
③ 전기자 동손 ④ 베어링 마찰손

해설 전기자 동손은 부하손이다.

문제 35 **직류 전동기의 제어에 널리 응용되는 직류전압 제어장치는?**

① 초퍼 ② 인버터
③ 전파정류회로 ④ 사이클로 컨버터

전력변환장치	컨버터	인버터	초퍼	사이클로 컨버터
변환값	교류 → 직류	직류 → 교류	직류전압 크기조절	교류 → 직류

정답 31. ③ 32. ① 33. ② 34. ③ 35. ①

문제 36 **동기 와트 P_2, 출력 P_0, 슬립 s, 동기속도 N_s, 회전속도 N, 2차 동손 P_{2c}일 때 2차 효율 표기로 틀린 것은?**

① $1-s$
② P_{2c}/P_2
③ P_0/P_2
④ N/N_s

해설 유도전동기 2차 효율 $\eta_2=\dfrac{P_0}{P_2}=1-s=\dfrac{N}{N_s}$

문제 37 **변압기의 결선에서 제3고조파를 발생시켜 통신선에 유도장해를 일으키는 3상 결선은?**

① Y−Y
② $\varDelta-\varDelta$
③ Y−$\varDelta$
④ $\varDelta$−Y

해설 변압기 △결선은 제3고조파를 발생시키지 않는다.

문제 38 **부흐홀츠 계전기의 설치 위치로 가장 적당한 곳은?**

① 콘서베이터 내부
② 변압기 고압측 부싱
③ 변압기 주 탱크 내부
④ 변압기 주 탱크와 콘서베이터 사이

해설
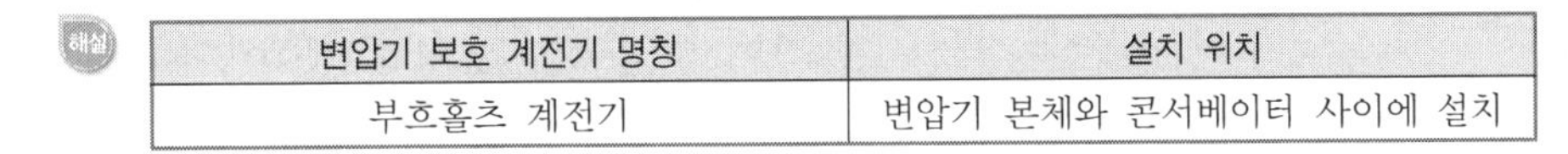

변압기 보호 계전기 명칭	설치 위치
부흐홀츠 계전기	변압기 본체와 콘서베이터 사이에 설치

문제 39 **3상 유도전동기의 운전 중 급속 정지가 필요할 때 사용하는 제동방식은?**

① 단상 제동
② 회생 제동
③ 발전 제동
④ 역상 제동

해설
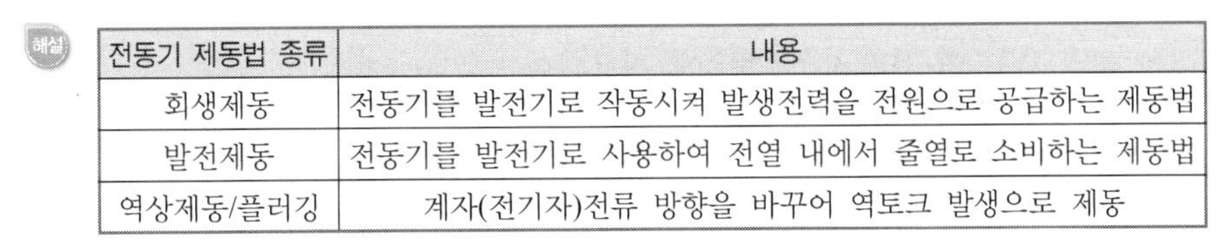

전동기 제동법 종류	내용
회생제동	전동기를 발전기로 작동시켜 발생전력을 전원으로 공급하는 제동법
발전제동	전동기를 발전기로 사용하여 전열 내에서 줄열로 소비하는 제동법
역상제동/플러깅	계자(전기자)전류 방향을 바꾸어 역토크 발생으로 제동

문제 40 **슬립 4[%]인 유도전동기의 등가부하저항은 2차 저항의 몇 배인가?**

① 5
② 19
③ 20
④ 24

해설 유도전동기의 등가부하저항 $R=r_2^1\times\dfrac{1-s}{s}=r_2^1\times\dfrac{1-0.04}{0.04}=24r_2^1$

정답 36. ② 37. ① 38. ④ 39. ④ 40. ④

문제 41 **역률개선의 효과로 볼 수 없는 것은?**

① 전력손실 감소　　② 전압강하 감소
③ 감전사고 감소　　④ 설비용량의 이용률 증가

문제 42 **옥내배선 공사에서 절연전선의 피복을 벗길 때 사용하면 편리한 공구는?**

① 드라이버　　② 플라이어
③ 압착펜치　　④ 와이어 스트리퍼

해설 역률개선효과
1) 전압강하감소 2) 전력손실감소 3) 설비여유용량 증가

문제 43 **전기설비기술기준의 판단기준에 의하여 애자사용 공사를 건조한 장소에 시설하고자 한다. 사용 전압이 400[V] 미만인 경우 전선의 조영재 사이의 이격거리는 최소 몇 [cm] 이상이어야 하는가?**

① 2.5　　② 4.5
③ 6.0　　④ 12

 애자사용 공사의 시설규정

사용전압	시설장소	전선 상호간격	조영재 와의 거리	전선과 지지점과의 거리
400[V] 이하	모든 장소	6[cm] 이상	2.5[m] 이상	조영재에 따를 경우 2[m] 이하
400[V] 이상	전개된 장소 및 점검할 수 있는 은폐장소	6[cm] 이상	4.5[cm] 이상 (건조시 2.5[cm] 이상)	

문제 44 **전선 접속 방법 중 트위스트 직선 접속의 설명으로 옳은 것은?**

① 연선의 직선 접속에 적용된다.
② 연선의 분기 접속에 적용된다.
③ 6[mm^2] 이하의 가는 단선인 경우에 적용된다.
④ 6[mm^2] 초과의 굵은 단선인 경우에 적용된다.

해설

단선의 직선 접속 방법 종류	트위스트 접속	브리타니아 접속
적용 전선 굵기	6[mm^2] 이하 가는 단선	10[mm^2] 이상 굵은 단선

문제 45 **건축물에 고정되는 본체부와 제거할 수 있거나 개폐할 수 있는 커버로 이루어지며 절연전선, 케이블 및 코드를 완전하게 수용할 수 있는 구조의 배선설비의 명칭은?**

정답 41. ③ 42. ④ 43. ① 44. ③ 45. ③

① 케이블 래더 ② 케이블 트레이
③ 케이블 트렁킹 ④ 케이블 브라킷

문제 **46** **금속전선관 공사에서 금속관에 나사를 내기 위해 사용하는 공구는?**

① 리머 ② 오스터
③ 프레셔 툴 ④ 파이프 벤더

해설 금속관 공사시 사용공구

명칭	파이프 벤더	리머	오스터	프레서 툴
용도	금속관을 구부리는 공구	금속관을 다듬는 공구	금속관에 나사 내는 공구	터미널 압착용

문제 **47** **성냥을 제조하는 공장의 공사 방법으로 틀린 것은?**

① 금속관 공사
② 케이블 공사
③ 금속 몰드 공사
④ 합성수지관 공사(두께 2[mm] 미만 및 난연성이 없는 것은 제외)

해설 성냥공장 공사방법 종류
① 금속관공사 ② 케이블공사 ③ 합성수지관공사

문제 **48** **콘크리트 조영재에 볼트를 시설할 때 필요한 공구는?**

① 파이프 렌치 ② 볼트 클리퍼
③ 노크아웃 펀치 ④ 드라이브이트

해설 드라이브이트 : 콘크리트에 구멍을 뚫어 핀 고정시 사용

문제 **49** **실내 면적 100[m^2]인 교실에 전광속이 2,500[lm]인 40[W] 형광등을 설치하여 평균조도를 150[lx]로 하려면 몇 개의 등을 설치하면 되겠는가?** (단, 조명률은 50[%], 감광보상률은 1.25로 한다)

① 15개 ② 20개
③ 25개 ④ 30개

 조명에서 등수 N 계산

용어	적용식	계산	등수
조도 E / 면적 A / 광속 F 감광보상률 D / 조명률 U / 등수 N	$N=\dfrac{EAD}{UF}$	$=\dfrac{150\times100\times1.25}{0.5\times2500}$	$=15$

정답 46. ② 47. ③ 48. ④ 49. ①

문제 50 **교류 배전반에서 전류가 많이 흘러 전류계를 직접 주 회로에 연결할 수 없을 때 사용하는 기기는?**

① 전류 제한기　　② 계기용 변압기
③ 계기용 변류기　　④ 전류계용 절환 개폐기

변성기 종류	기능 (변성값=표준)	2차측 단자 접속계측기	점검시 2차측	개방·단락 이유
계기용 변압기 PT	1차고압 → 2차고압(110[V])	전압계 Ⓥ	개방시킴	과전류로부터 자신보호
계기용 변류기 CT	1차 대전류 → 2차 소전류 (5[V])	전류계 Ⓐ	단락시킴	2차측 절연보호

문제 51 **플로어 덕트 공사의 설명 중 틀린 것은?**

① 덕트의 끝 부분은 막는다.
② 플로어 덕트는 특별 제3종 접지공사로 하여야 한다.
③ 덕트 상호 간 접속은 견고하고 전기적으로 완전하게 접속 하여야 한다.
④ 덕트 및 박스 기타 부속품은 물이 고이는 부분이 없도록 시설하여야 한다.

해설

플로어 덕트 공사	사용전압	사용전선	접지	관단처리
바닥시설공사	400[V] 미만	절연전선(OW 제외)	제3종	폐쇄시킴

문제 52 **진동이 심한 전기 기계·기구의 단자에 전선을 접속할 때 사용되는 것은?**

① 커플링　　② 압착단자
③ 링 슬리브　　④ 스프링 와셔

해설 전선과 단자접속시 진동이 존재하는 곳은 스프링와셔 또는 더블너트를 사용한다.

문제 53 **전기설비기술기준의 판단기준에 의하여 가공전선에 케이블을 사용하는 경우 케이블은 조가용선에 행거로 시설하여야 한다. 이 경우 사용전압이 고압인 때에는 그 행거의 간격은 몇 [cm] 이하로 시설하여야 하는가?**

① 50　　② 60
③ 70　　④ 80

가공케이블 시설시 행거 간격
① 고압인 경우 : 50[cm] 이하
② 금속테이블인 경우 : 20[cm] 이하

정답 50. ③ 51. ② 52. ④ 53. ①

문제 **54** **라이팅 덕트 공사에 의한 저압 옥내배선의 시설기준으로 틀린 것은?**

① 덕트의 끝부분은 막을 것
② 덕트는 조영재에 견고하게 붙일 것
③ 덕트의 개구부는 위로 향하여 시설할 것
④ 덕트는 조영재를 관통하여 시설하지 아니할 것

해설 덕트의 개구부는 아래로 향하여 시설할 것

문제 **55** **전기설비기술기준의 판단기준에 의한 고압 가공전선로 철탑의 경간은 몇 [m] 이하로 제한하고 있는가?**

① 150　　② 250
③ 500　　④ 600

지지물 종류	목주, A종 철주, 철근콘크리트주	B종 철주, 철근콘크리트주	철탑
표준경간	150[m] 이하	250[m] 이하	600[m] 이하

문제 **56** **A종 철근 콘크리트주의 길이가 9[m]이고, 설계 하중이 6.8[kN]인 경우 땅에 묻히는 깊이는 최소 몇 [m] 이상이어야 하는가?**

① 1.2　　② 1.5
③ 1.8　　④ 2.0

전주 길이 구분	15[m] 이하인 경우	15[m] 초과인 경우
전주 땅에 묻는 깊이	전주길이$\times\frac{1}{6}$ 이상[m]	2.5[m] 이상

문제 **57** **전선의 접속법에서 두 개 이상의 전선을 병렬로 사용하는 경우의 시설기준으로 틀린 것은?**

① 각 전선의 굵기는 구리인 경우 50[mm^2] 이상이어야 한다.
② 각 전선의 굵기는 알루미늄인 경우 70[mm^2] 이상이어야 한다.
③ 병렬로 사용하는 전선은 각각에 퓨즈를 설치할 것
④ 동극의 각 전선은 동일한 터미널리그에 완전히 접속할 것

해설 병렬로 사용하는 전선은 각각에 퓨즈를 설치하지 말 것

정답 54. ③ 55. ④ 56. ② 57. ③

문제 **58**

정격전류가 50[A]인 저압전로의 과전류차단기를 배선용 차단기로 사용하는 경우 정격전류의 2배의 전류가 통과하였을 경우 몇 분 이내에 자동적으로 동작하여야 하는가?

① 2분　　② 4분
③ 6분　　④ 8분

해설 배선용 차단기 : 정격전류 1배의 전류에 견딜 것(옥내배선 분기회로용)

정격전류	정격전류 1.25배인 경우	정격전류 2배인 경우
30 이하	60분 이내 용단	2분 이내 용단
31~50 이하	60분 이내 용단	★4분 이내 용단
51~100 이하	120분 이내 용단	6분 이내 용단

문제 **59**

서로 다른 굵기의 절연전선을 동일 관내에 넣는 경우 금속관의 굵기는 전선의 피복 절연물을 포함한 단면적의 총합계가 관의 내 단면적의 몇 [%] 이하가 되도록 선정하여야 하는가?

① 32　　② 38
③ 45　　④ 48

금속관 공사

구분	전선 굵기가 동일할 때	전선 굵기가 다를 때
사용전선관 굵기	관의 48[%]	관의 32[%] 이하

문제 **60**

제3종 접지공사를 시설하는 주된 목적은?

① 기기의 효율을 좋게 한다.
② 기기의 절연을 좋게 한다.
③ 기기의 누전에 의한 감전을 방지한다.
④ 기기의 누전에 의한 역률을 좋게 한다.

해설 제3종 접지공사 목적
① 누전에 의한 감전 방지
② 화재 방지
③ 기계기구 손상 방지

정답 58. ② 59. ① 60. ③

기출문제

2016년 제4회

문제 **01** **2전력계법으로 3상 전력을 측정할 때 지시값이 $P_t = 200[\mathrm{W}]$, $P_2 = 200[\mathrm{W}]$이었다. 부하전력[W]은?**

① 600　　② 500
③ 400　　④ 300

2전력계법

전력종류	유효전력 $P[\mathrm{W}]$	무효전력 $P_r[\mathrm{Var}]$	피상전력 $P_a[\mathrm{VA}]$
공식값	$P_1 + P_2 = 200 + 200 = 400[\mathrm{W}]$	$\sqrt{3}(P_1 - P_2)$	$2\sqrt{P_1^2 + P_2^2 - P_1 \times P_2}$

문제 **02** **다음은 어떤 법칙을 설명한 것인가?**

> 전류가 흐르려고 하면 코일은 전류의 흐름을 방해한다. 또, 전류가 감소하면 이를 계속 유지하려고 하는 성질이 있다.

① 쿨롱의 법칙　　② 렌츠의 법칙
③ 패러데이의 법칙　　④ 플레밍의 왼손 법칙

법칙 종류	플레밍의 왼손법칙	렌츠의 법칙	쿨롱의 법칙	패러데이 법칙
정의	힘 F방향 결정(전동기)	전압방향 결정	두 전하 또는 두 자극 사이 힘 결정	전압크기 결정

문제 **03** **플레밍의 왼손법칙에서 전류의 방향을 나타내는 손가락은?**

① 엄지　　② 검지
③ 중지　　④ 약지

정답 01. ③ 02. ② 03. ③

해설

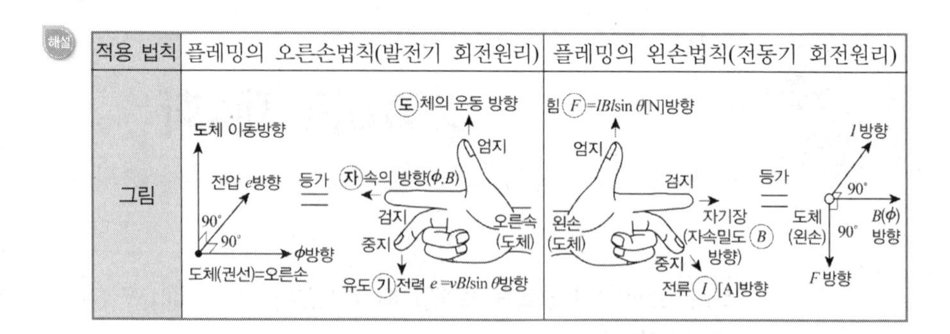

적용 법칙	플레밍의 오른손법칙(발전기 회전원리)	플레밍의 왼손법칙(전동기 회전원리)
그림		

문제 **04**

진공 중에 10[μC]과 20[μC]의 점전하를 1[m]의 거리로 놓았을 때 작용하는 힘 [N]은?

① 18×10^{-1}　　② 2×10^{-2}

③ 9.8×10^{-9}　　④ 98×10^{-9}

해설 두 전하의 힘 $F=9\times10^9\dfrac{Q_1Q_2}{r^2}=9\times10^9\dfrac{10\times10^{-6}\times20\times10^{-6}}{1^2}=18\times10^{-1}$ [N]

문제 **05**

어느 회로의 전류가 다음과 같을 때, 이 회로에 대한 전류의 실효값[A]은?

$$i=3+10\sqrt{2}\sin\left(\omega t-\frac{\pi}{6}\right)+5\sqrt{2}\sin\left(3\omega t-\frac{\pi}{3}\right)[\text{A}]$$

① 11.6　　② 23.2

③ 32.2　　④ 48.3

 비사인파의 실효값

전류실효값 I 식	전류실효값 I 계산
$I=\sqrt{직류분I_0^2+1고조파전류I_1^2+3고조파전류I_3^2}$	$=\sqrt{3^2+10^2+5^2}=11.6$[A]

문제 **06**

전력량 1[Wh]와 그 의미가 같은 것은?

① 1[C]　　② 1[J]

③ 3,600[C]　　④ 3,600[J]

 전력량 $W=1[\text{Wh}]=1\times60분\times60초[\text{W}\cdot\text{s}]=3600[\text{J}]$

문제 **07**

평형 3상 회로에서 1상의 소비전력이 P[W]라면, 3상회로 전체 소비전력[W]은?

① $2P$　　② $\sqrt{2}P$

③ $3P$　　④ $\sqrt{3}P$

정답 04. ① 05. ① 06. ④ 07. ③

해설 3상 소비전력

적용구분	상전압 V_p, 상전류 I_p 적용시	선간전압 V_l, 선전류 I_l 적용시
3상 소비전력 식	3배×1상소비전력($V_p I_p \cos\theta$)$=3P$	$\sqrt{3}\times V_l I_l \cos\theta$[W]

문제 08 어떤 교류회로의 순시값이 $v=\sqrt{2}\,V\sin\omega t$[V]인 전압에서 $\omega t=\frac{\pi}{6}$[rad]일 때 $100\sqrt{2}$[V]이면 이 전압의 실효값[V]은?

① 100 ② $100\sqrt{2}$
③ 200 ④ $200\sqrt{2}$

해설 전압순시값 $\sqrt{2}\,V\sin\omega t=\sqrt{2}\,V\sin 30=100\sqrt{2}$ 이므로 전압의 실효값은 200[V]이다.

문제 09 공기 중에서 m[Wb]의 자극으로부터 나오는 자속수는?

① m ② $\mu_0 m$
③ $\frac{1}{m}$ ④ $\frac{m}{\mu_0}$

해설 자속수는 m개이고 자기력선수는 m/μ_0개이다.

문제 10 그림과 같은 RC 병렬회로의 위상각 θ는?

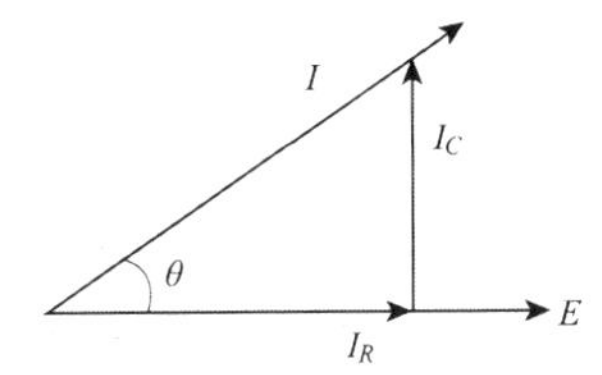

① $\tan^{-1}\frac{\omega C}{R}$ ② $\tan^{-1}\omega CR$
③ $\tan^{-1}\frac{R}{\omega C}$ ④ $\tan^{-1}\frac{1}{\omega CR}$

해설 RC 병렬시 어드미턴스 $Y=\frac{1}{R}+j\omega C$이고 위상각 $\theta=\tan^{-1}\omega CR$ 이다.

문제 11 0.2[℧]의 컨덕턴스 2개를 직렬로 접속하여 3[A]의 전류를 흘리려면 몇 [V]의 전압을 공급하면 되는가?

① 12 ② 15
③ 30 ④ 45

정답 08. ③ 09. ④ 10. ② 11. ③

해설

직렬회로	적용식	계산
$I=3$, 전압 $V=?$, $G_1=0.2$, $G_2=0.2$	• 전류 $I=G_0V$ • $V=\dfrac{I}{G_0}$	$V=\dfrac{3}{\frac{0.2}{2개}}=30[V]$

문제 **12**

비유전율 2.5의 유전체 내부의 전속밀도가 2×10^{-6}[C/m^2] 되는 점의 전기장의 세기는 약 몇 [V/m]인가?

① 18×10^4 ② 9×10^4
③ 6×10^4 ④ 3.6×10^4

적용식	계산식	계산
전속밀도 $C=\varepsilon_0\varepsilon_S E$	전기장의 세기 $E=\dfrac{D}{\varepsilon_0\varepsilon_S}$	$=\dfrac{2\times10^{-6}}{8.855\times10^{-12}\times2.5}=9\times10^4$[V/m]

문제 **13**

1차 전지로 가장 많이 사용되는 것은?

① 니켈－카드뮴전지 ② 연료전지
③ 망간건전지 ④ 납축전지

건전지 종류

전지구분	1차 전지(재생 불가능 전지)	2차 전지(재생가능 전지)
종류	망간전지, 수은전지, 공기전지	납축전지, 니켈·카드뮴전지, 리튬이온전지

문제 **14**

그림과 같은 회로에서 a－b간에 E[V]의 전압을 가하여 일정하게 하고, 스위치 S를 닫았을 때의 전전류 I[A]가 닫기 전 전류의 3배가 되었다면 저항 R_X의 값은 약 몇 [Ω]인가?

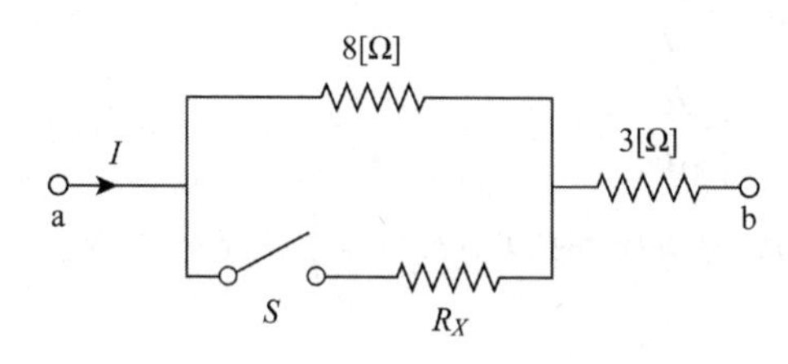

① 0.73 ② 1.44
③ 2.16 ④ 2.88

정답 12. ② 13. ③ 14. ①

해설 스위치 투입(ON)시 전류

$\left[\dfrac{E}{\dfrac{8\times R_X}{8+R_X}+3}\right]$ = 3배 × 스위치 개방(off)시 전류 $\left[\dfrac{E}{8+3}\right] \rightarrow \dfrac{3E}{11}$

즉, $11=3\left[\dfrac{8\times R_X}{8+R_X}+3\right]$을 풀면 저항 $Rx=0.73[\Omega]$

문제 15 **정상상태에서의 원자를 설명한 것으로 틀린 것은?**

① 양성자와 전자의 극성은 같다.
② 원자는 전체적으로 보면 전기적으로 중성이다.
③ 원자를 이루고 있는 양성자의 수는 전자의 수와 같다.
④ 양성자 1개가 지니는 전기량은 전자 1개가 지니는 전기량과 크기가 같다.

해설 양성자는 (+)극이고 전자는 (−)극이다.

문제 16 **$R_1[\Omega]$, $R_2[\Omega]$, $R_3[\Omega]$의 저항 3개를 직렬 접속했을 때의 합성저항[Ω]은?**

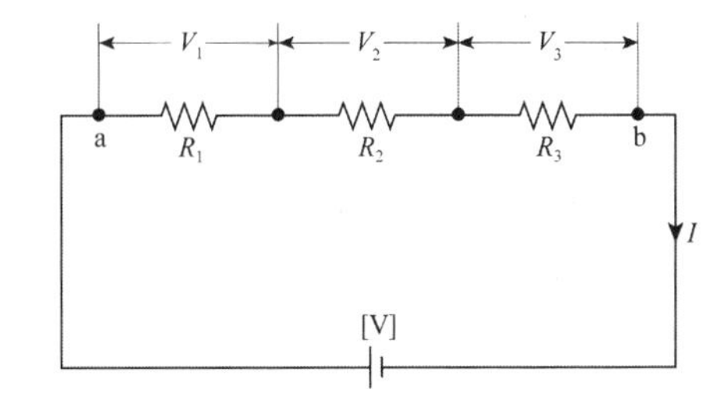

① $R=\dfrac{R_1\cdot R_2\cdot R_3}{R_1+R_2+R_3}$　　② $R=\dfrac{R_1+R_2+R_3}{R_1\cdot R_2\cdot R_3}$

③ $R=R_1\cdot R_2\cdot R_3$　　④ $R=R_1+R_2+R_3$

해설 직렬시 합성저항 $R_0=R_1+R_2+R_3+\cdots[\Omega]$

문제 17 **3[kW]의 전열기를 1시간 동안 사용할 때 발생하는 열량[kcal]은?**

① 3　　② 180
③ 860　　④ 2,580

해설 발열량 $H=0.24Pt=0.24\times3\times60$분$\times60$초$=2580$[kcal]

정답 15. ① 16. ④ 17. ④

문제 **18** **영구자석의 재료로서 적당한 것은?**

① 잔류자기가 적고 보자력이 큰 것 ② 잔류자기와 보자력이 모두 큰 것
③ 잔류자기와 보자력이 모두 작은 것 ④ 잔류자기가 크고 보자력이 작은 것

해설 영구자석은 잔류자기와 보자력이 커야 된다.

문제 **19** **전기력선에 대한 설명으로 틀린 것은?**

① 같은 전기력선은 흡입한다.
② 전기력선은 서로 교차하지 않는다.
③ 전기력선은 도체의 표면에 수직으로 출입한다.
④ 전기력선은 양전하의 표면에서 나와서 음전하의 표면에서 끝난다.

해설 같은 전기력선은 서로 반발한다.

문제 **20** **다음 설명 중 틀린 것은?**

① 같은 부호의 전하끼리는 반발력이 생긴다.
② 정전유도에 의하여 작용하는 힘은 반발력이다.
③ 정전용량이란 콘덴서가 전하를 축적하는 능력을 말한다.
④ 콘덴서에 전압을 가하는 순간은 콘덴서는 단락상태가 된다.

해설 정전유도에서 작용하는 힘은 흡입력이다.

문제 **21** **고장 시의 불평형 차전류가 평형 전류의 어떤 비율 이상으로 되었을 때 동작하는 계전기는?**

① 과전압 계전기 ② 과전류 계전기
③ 전압 차동 계전기 ④ 비율차동계전기

해설 변압기 보호계전기 종류

변압기 보호 계전기	동작원리
차동 계전기	변압기의 1차 및 2차 측에 설치된 CT 2차 전류차에 의해 동작
비율 차동 계전기	변압기의 1차 및 2차 측에 설치된 CT 2차 전류차가 일정비율 이상시 동작
부흐홀츠 계전기	절연유온도 증가시 발생가스(H) 또는 기름의 흐름에 의해 동작

문제 **22** **단락비가 큰 동기발전기에 대한 설명으로 틀린 것은?**

① 단락 전류가 크다. ② 동기임피던스가 작다.
③ 전기자 반작용이 크다. ④ 공극이 크고 전압 변동률이 작다.

정답 18. ② 19. ① 20. ② 21. ④ 22. ③

해설 단락비의 값에 따른 발전기의 특징

구분	단락비가 큰(大)동기기(철기계)인 경우	단락비가 작은(小)동기기(동기계)인 경우
특징	전기자 반작용 작고↓ 전압변동률 ε 작다.↓	전기자 반작용 크고↑ 전압변동률 ε 크다.↑
	공극 크고↑ 과부하 내량 크고↑ 고가다.↑	공극이 좁고↓ 안정도가 낮다.↓
	기계의 중량이 무겁고↑ 효율이 낮다.↓	기계의 중량이 가볍고↓ 효율이 좋다.↑
	충전용량이 크고↑ 비싸다. ↑	충전용량이 작고↓ 싸다.↓

문제 **23** **전압을 일정하게 유지하기 위해서 이용되는 다이오드는?**

① 발광 다이오드　② 포토 다이오드
③ 제너 다이오드　④ 바리스터 다이오드

종류	발광다이오드	포토다이오드	제너다이오드	바리스터
특징	전기를 가하면 빛을 낸다.	빛을 전기로 변환시키는 센서	전압을 일정하게 유지시킴	서지전압에 대한 회로 보호용

문제 **24** **변압기의 철심에서 실제 철의 단면적과 철심의 유효 면적과의 비를 무엇이라고 하는가?**

① 권수비　② 변류비
③ 변동률　④ 점적률

해설 점적률 : 층간 절연물을 뺀 철심만의 단면적

문제 **25** **단상 유도전동기의 기동 방법 중 기동 토크가 가장 큰 것은?**

① 반발 기동형　② 분상 기동형
③ 반발 유도형　④ 콘덴서 기동형

단상 유도전동기 기동토크 크기 순서

유도기 종류	반발 기동형	반발유도형	콘덴서 기동형	분상 기동형	셰이딩 코일형
토크 크기 순서	大 ←	←	←	←	小

문제 **26** **직류기의 파권에서 극수에 관계없이 병렬회로수 a는 얼마인가?**

① 1　② 2
③ 4　④ 6

정답 23. ③ 24. ④ 25. ① 26. ②

해설 직류기의 전기자 권선법

종류	용도	병렬회로수 a와 브러시 수 b와 극수 P 관계
중권(병렬권)	저전압·대전류(장점)	$a=b=P$
파권(직렬권)	고전압(장점)·소전류	$a=b=2$

문제 **27**

변압기의 무부하 시험, 단락 시험에서 구할 수 없는 것은?

① 동손　　② 철손
③ 절연 내력　　④ 전압 변동률

 변압기의 무부하 시험 및 단락 시험에서 알 수 있는 것

무부하 시험	단락 시험
철손, 무부하전류	동손, 전압 변동률, 역률

문제 **28**

주파수 60[Hz]를 내는 발전용 원동기인 터빈 발전기의 최고 속도[rpm]는?

① 1,800　　② 2,400
③ 3,600　　④ 4,800

해설 터빈 발전기의 최고 속도 $N_s=\dfrac{120f}{P}=\dfrac{120\times 60}{2극일\ 때}=3600[\mathrm{rpm}]$

문제 **29**

직류 전동기의 최저 절연저항값[MΩ]은?

① $\dfrac{정격전압[\mathrm{V}]}{1{,}000+정격출력[\mathrm{kW}]}$　　② $\dfrac{정격출력[\mathrm{kW}]}{1{,}000+정격입력[\mathrm{kW}]}$
③ $\dfrac{정격입력[\mathrm{kW}]}{1{,}000+정격출력[\mathrm{kW}]}$　　④ $\dfrac{정격전압[\mathrm{V}]}{1{,}000+정격입력[\mathrm{kW}]}$

해설 직류 전동기의 최저 절연저항값 $=\dfrac{정격전압[\mathrm{V}]}{1000+정격출력[\mathrm{kW}]}[\mathrm{M\Omega}]$ 이상

문제 **30**

동기 발전기의 병렬 운전 중 기전력의 크기가 다를 경우 나타나는 현상이 아닌 것은?

① 권선이 가열된다.　　② 동기화 전력이 생긴다.
③ 무효 순환 전류가 흐른다.　　④ 고압측에 감자 작용이 생긴다.

해설 동기발전기 병렬 운전 조건

두 기전력 같을 조건	크기	위상	주파수	파형
두 기전력 다를 경우	무효순환 전류 흐름 권선 가열 현상 고압측 감자작용 발생	유효 순환 전류 흐름	난조 발생	고조파 무효 순환 전류

정답 27. ③ 28. ③ 29. ① 30. ②

문제 **31** 변압기의 권수비가 60일 때 2차측 저항이 0.1[Ω]이다. 이것을 1차로 환산하면 몇 [Ω]인가?

① 310 ② 360
③ 390 ④ 410

 1차 저항 $R_1 = a^2R_2 = 60^2 \times 0.1 = 360[\Omega]$

문제 **32** 전압 변동률 ε의 식은? (단, 정격전압 V_n[V], 무부하 전압 V_0[V]이다)

① $\varepsilon = \dfrac{V_0 - V_n}{V_n} \times 100[\%]$ ② $\varepsilon = \dfrac{V_n - V_0}{V_n} \times 100[\%]$
③ $\varepsilon = \dfrac{V_n - V_0}{V_0} \times 100[\%]$ ④ $\varepsilon = \dfrac{V_0 - V_n}{V_0} \times 100[\%]$

문제 **33** 6극 36슬롯 3상 동기발전기의 매극 매상당 슬롯 수는?

① 2 ② 3
③ 4 ④ 5

 3상 동기발전기

매극 매상당 슬롯수	매극 매상당 슬롯수 q 식 및 계산
1개의 극에 1상당 슬롯수	$q = \dfrac{\text{슬롯수 } S}{\text{극수 } P \times \text{상수 } m} = \dfrac{36\text{개}}{6\text{극} \times 3\text{상}} = 2$

문제 **34** 주파수 60[Hz]의 회로에 접속되어 슬립 3[%], 회전수 1,164[rpm]으로 회전하고 있는 유도전동기의 극수는?

① 4 ② 6
③ 8 ④ 10

 유도전동기

회전자 속도 $N = (1-s) \times$ 동기속도 $N_s \rightarrow N_s = \dfrac{N}{1-s} = \dfrac{1164}{1-0.03} = 1200[\text{rpm}]$

동기속도 $N_s = \dfrac{120f}{P}$ 식에서 극수 $P = \dfrac{120f}{N_s} = \dfrac{120 \times 60}{1200} = 6$극

정답 31. ② 32. ① 33. ① 34. ②

기출문제

문제 **35**

그림은 트랜지스터의 스위칭 작용에 의한 직류 전동기의 속도제어 회로이다. 전동기의 속도가 $N = K\dfrac{V - I_a R_a}{\phi}$ [rpm]이라고 할 때, 이 회로에서 사용한 전동기의 속도제어법은?

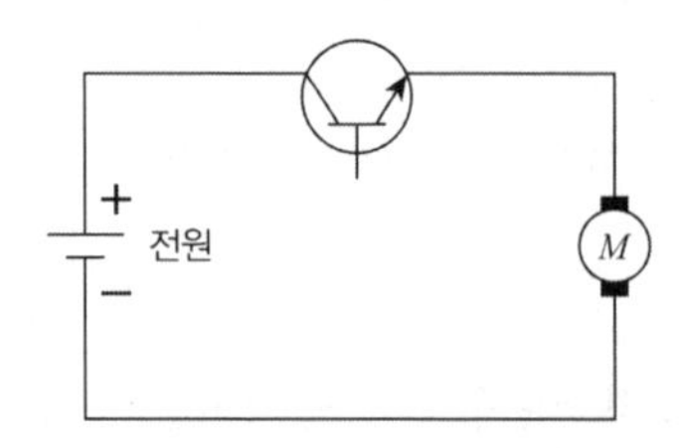

① 전압제어법　　② 계자제어법
③ 저항제어법　　④ 주파수제어법

문제 **36**

계자 권선이 전기자와 접속되어 있지 않은 직류기는?

① 직권기　　② 분권기
③ 복권기　　④ 타여자기

직류기 구분	타여자기 (계자와 전기자권선이 접속 안 됨)	자여자기 (계자와 전기자권선이 접속된 것)
적용기기	타여자발전기, 전동기	직권, 분권, 복권발전기 및 전동기

문제 **37**

대전류·고전압의 전기량을 제어할 수 있는 자기소호형 소자는?

① FET　　② Diode
③ Triac　　④ IGBT

해설 IGBT 절연게이트형 바이폴러 트랜지스터 : 대전류·고전압 제어 소자

문제 **38**

교류 전동기를 기동할 때 그림과 같은 기동 특성을 가지는 전동기는?
(단, 곡선 (1)~(5)는 기동 단계에 대한 토크 특성 곡선이다)

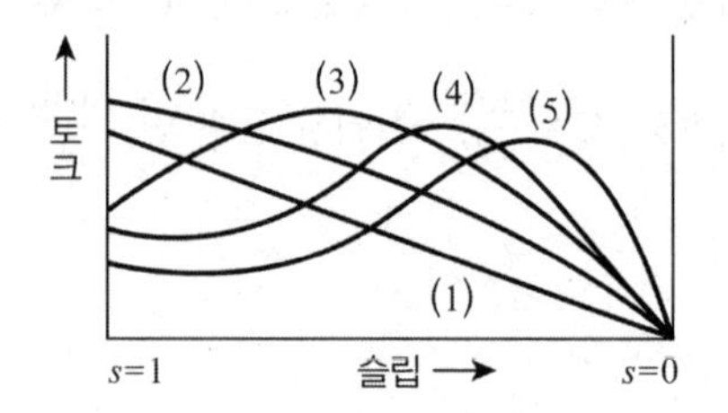

① 반발 유도전동기　　② 2중 농형 유도전동기
③ 3상 분권 정류자 전동기　　④ 3상 권선형 유도전동기

정답 35. ① 36. ④ 37. ④ 38. ④

문제 39 1차 권수 6,000, 2차 권수 200인 변압기의 전압비는?

① 10 ② 30
③ 60 ④ 90

해설 권수비 $a = \frac{1\text{차전압 } V_1}{2\text{차전압 } V_2} = \frac{2\text{차전류 } I_2}{1\text{차전류 } I_2} = \frac{6000}{200} = 30$

문제 40 3상 유도전동기의 정격 전압을 V_n[V], 출력을 P[kW], 1차 전류를 I_1[A], 역률을 $\cos\theta$라 하면 효율을 나타내는 식은?

① $\frac{P \times 10^3}{3V_n I_1 \cos\theta} \times 100[\%]$ ② $\frac{3V_n I_1 \cos\theta}{P \times 10^3} \times 100[\%]$
③ $\frac{P \times 10^3}{\sqrt{3}\, V_n I_1 \cos\theta} \times 100[\%]$ ④ $\frac{\sqrt{3}\, V_n I_1 \cos\theta}{P \times 10^3} \times 100[\%]$

문제 41 합성수지 전선관 공사에서 관 상호간 접속에 필요한 부속품은?

① 커플링 ② 커넥터
③ 리머 ④ 노멀 밴드

자재 명칭	커플링	커넥터	리머	노멀밴드
용도	관상호접속	박스와 관 연결	금속관 다듬기	직각부분에

기출문제

문제 42 다음 중 배선기구가 아닌 것은?

① 배전반 ② 개폐기
③ 접속기 ④ 배선용 차단기

해설 배전반 : 변압기, 차단기, 계기류 등을 시설한 철재로 된 함

문제 43 전기설비기술기준의 판단기준에서 교통신호등 회로의 사용전압이 몇 [V]를 초과하는 경우에는 지락 발생시 자동적으로 전로를 차단하는 장치를 시설하여야 하는가?

① 50 ② 100
③ 150 ④ 200

해설 가공전선 지지물의 기초 안전율은 2 이상이어야 한다.

정답 39. ② 40. ③ 41. ① 42. ① 43. ④

문제 **44** **최대사용전압이 220[V]인 3상 유도전동기가 있다. 이것의 절연내력시험 전압은 몇 [V]로 하여야 하는가?**

① 330 ② 500
③ 750 ④ 1,050

해설

시험전압	최저시험전압	시험방법
최대사용전압 × 1.5배	500[V]	권선과 대지간 10분 연속가함

문제 **45** **피뢰기의 약호는?**

① LA ② PF
③ SA ④ COS

수전설비기기

명칭(약자)	피뢰기 LA	전력퓨즈 PF	서지흡수기 SA
역할(기능)	뇌전류 차단	단락전류 차단	개폐서지 차단

문제 **46** **배전반을 나타내는 그림 기호는?**

①  ② 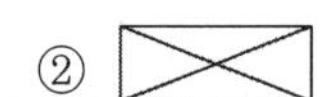

③ 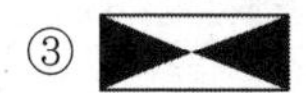 ④ 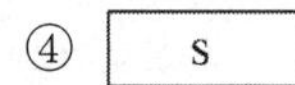

명칭	배전반	분전반	제어반	개폐기
기호(심벌)				S

문제 **47** **조명공학에서 사용되는 칸델라[cd]는 무엇의 단위인가?**

① 광도 ② 조도
③ 광속 ④ 휘도

해설

광도 I[cd]	조도 E[lx]	광속 F[lm]	휘도 B[nt]
광원(빛)의 밝기	빛의 밀도	빛의 양	눈부심의 정도

문제 **48** **케이블 공사에서 비닐 외장 케이블을 조영재의 옆면에 따라 붙이는 경우 전선의 지지점 간의 거리는 최대 몇 [m]인가?**

① 1.0 ② 1.5
③ 2.0 ④ 2.5

정답 44. ② 45. ① 46. ② 47. ① 48. ③

해설 케이블 공사시 케이블 지지점 이격거리

구분	조영재 아랫면·옆면 따라 시설시	캡타이어 케이블인 경우
거리	2[m] 이하	1[m] 이하

문제 49 **흥행장의 저압 옥내배선, 전구선 또는 이동전선의 사용전압은 최대 몇 [V] 미만인가?**

① 400 ② 440
③ 450 ④ 750

해설 흥행장소의 저압 이동전선은 사용전압이 400[V] 미만일 것

문제 50 **누전차단기의 설치목적은 무엇인가?**

① 단락 ② 단선
③ 지락 ④ 과부하

해설 누전차단기 ELB : 누전(지락)전류 차단하여 인체의 감전사고 방지

문제 51 **절연물 중에서 가교폴리에틸렌(XLPE)과 에틸렌 프로필렌고무혼합물(EPR)의 허용온도[℃]는?**

① 70(전선) ② 90(전선)
③ 95(전선) ④ 105(전선)

해설 절연물에 따른 허용온도
1) 염화비닐 : 70
2) 가교폴리에틸렌과 에틸렌 프로필렌고무혼합물 : 90

문제 52 **금속덕트를 조영재에 붙이는 경우에는 지지점 간의 거리를 최대 몇 [m] 이하로 하여야 하는가?**

① 1.5 ② 2.0
③ 3.0 ④ 3.5

해설 금속덕트공사 시설규정

덕트공사 시설규정	조영재 이격거리	사용전선	관단
물기장소 시설불가	3[m] 이하	절연전선(OW 제외)	폐쇄시킴

정답 49. ① 50. ③ 51. ② 52. ③

문제 **53** **금속 전선관 공사에서 사용되는 후강 전선관의 규격이 아닌 것은?**

① 16 ② 28
③ 36 ④ 50

 금속관의 종류 및 규격

금속관 종류		규격(mm)
후강	내경(짝수)	10종(16, 22, 28, 36, 42, 54, 70, 82, 92, 104)
박강	외경(홀수)	8종(15, 19, 25, 31, 39, 51, 63, 75)

문제 **54** **완전 확산면은 어느 방향에서 보아도 무엇이 동일한가?**

① 광속 ② 휘도
③ 조도 ④ 광도

해설 완전 확산면 : 어느 방향에서나 눈부심(휘도)이 같은 면

문제 **55** **전기설비기술기준의 판단기준에서 가공전선로의 지지물에 하중이 가하여지는 경우에 그 하중을 받는 지지물의 기초의 안전율은 얼마 이상인가?**

① 0.5 ② 1
③ 1.5 ④ 2

해설 교통신호등 회로 사용전압
150[V] 초과 지락 발생시 자동적으로 전로를 차단하는 장치를 시설

문제 **56** **구리 전선과 전기 기계·기구 단자를 접속하는 경우에 진동 등으로 인하여 헐거워질 염려가 있는 곳에는 어떤 것을 사용하여 접속하여야 하는가?**

① 정 슬리브를 끼운다. ② 평와셔 2개를 끼운다.
③ 코드 패스너를 끼운다. ④ 스프링 와셔를 끼운다.

해설 전선관 단자 접속시 진동이 존재하는 곳은 스프링와셔 또는 더블너트를 사용한다.

문제 **57** **금속관을 구부릴 때 그 안쪽의 반지름은 관 안지름의 최소 몇 배 이상이 되어야 하는가?**

① 4 ② 6
③ 8 ④ 10

해설 금속관 구부릴 때 안쪽 반지름은 관안지름의 6배 이상 할 것

정답 53. ④ 54. ② 55. ③ 56. ④ 57. ②

문제 **58** 옥내 배선을 합성수지관 공사에 의하여 실시할 때 사용할 수 있는 단선의 최대 굵기[mm^2]는?

① 4　　② 6
③ 10　　④ 16

문제 **59** 450/750[V] 일반용 단심 비닐절연전선의 약호는?

① NRI　　② NF
③ NFI　　④ NR

비닐 절연전선 명칭	약호
300/500[V] 기기 배선용 단심 비닐절연전전선	NRI
300/500[V] 기기 배선용 유연성 단심 비닐절연전선	NFI
450/750[V] 일반용 단심 비닐 절연전선	NR
450/750[V] 일반용 유연성 비닐 절연전선	NF

문제 **60** 차단기 문자 기호 중 "OCB"는?

① 진공 차단기　　② 기중 차단기
③ 자기 차단기　　④ 유입 차단기

차단기 CB

VCB	ACB	MBB	OCB
진공차단기	기중차단기	자기차단기	유입차단기

정답 58. ③ 59. ④ 60. ⑤

기출문제 2016년 제5회

문제 **01** 각속도 $\omega = 300$ [rad/sec]인 사인파 교류의 주파수[Hz]는 얼마인가?

① $\frac{70}{\pi}$ ② $\frac{150}{\pi}$

③ $\frac{180}{\pi}$ ④ $\frac{360}{\pi}$

해설 각속도 $\omega = 2\pi f$[rad/s]이므로 주파수 $f = \frac{\omega}{2\pi} = \frac{300}{2\pi} = \frac{150}{\pi}$[Hz]

문제 **02** R_1, R_2, R_3의 저항 3개를 직렬접속했을 때의 합성저항값은?

① $R = R_1 + R_2 \cdot R_3$

② $R = R_1 \cdot R_2 + R_3$

③ $R = R_1 \cdot R_2 \cdot R_3$

④ $R = R_1 + R_2 + R_3$

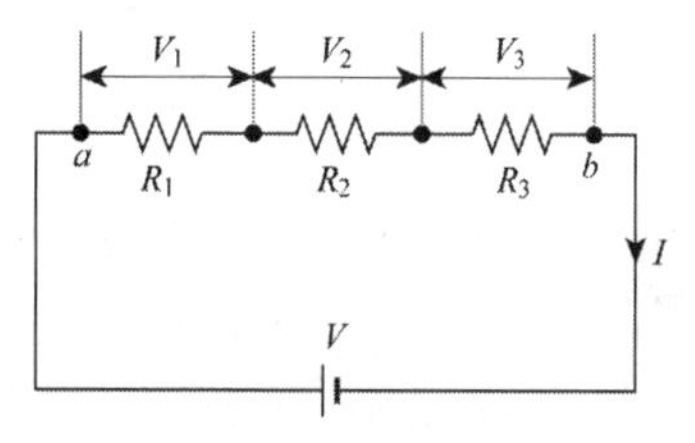

해설 직렬시 합성저항 $R_o = R_1 + R_2 + R_3 + \cdots [\Omega]$

문제 **03** 10[A]의 전류로 6시간 방전할 수 있는 축전지의 용량은?

① 2[Ah] ② 15[Ah]

③ 30[Ah] ④ 60[Ah]

해설 축전지 용량 Q=전류 I[A]×시간 t[h]=10×6시간=60[Ah]

문제 **04** 감은 횟수 200회의 코일 P와 300회의 코일 S를 가까이 놓고 P에 1[A]의 전류를 흘릴 때 S와 쇄교하는 자속이 4×10^{-4}[Wb]이었다면 이들 코일 사이의 상호인덕턴스는?

① 0.12[H] ② 0.12[mH]

③ 0.08[H] ④ 0.08[mH]

해설 2차(S)측 유도기전력 $V_2 = -N_2\frac{d\phi}{dt} = -M\frac{dI_1(P\text{측 전류})}{dt}$[V] 식에서

$N_2\phi = MI_1$ 성립된다.

상호인덕턴스 $M = \frac{N_2\phi}{I_1} = \frac{300\times4\times10^{-4}}{1} = 0.12$[H]

정답 01. ② 02. ④ 03. ④ 04. ①

문제 **05** **그림과 같은 평형 3상 Δ회로를 등가 Y결선으로 환산하면 각상의 임피던스는 몇 [Ω]이 되는가?** (단, $Z=12[\Omega]$이다)

① 48[Ω]
② 36[Ω]
③ 4[Ω]
④ 3[Ω]

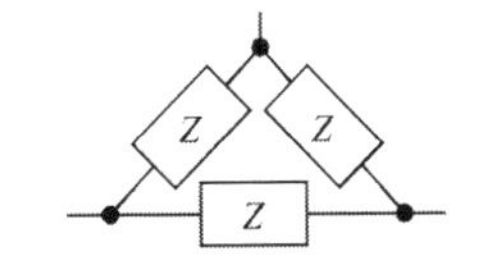

 3상 부하 크기 변환

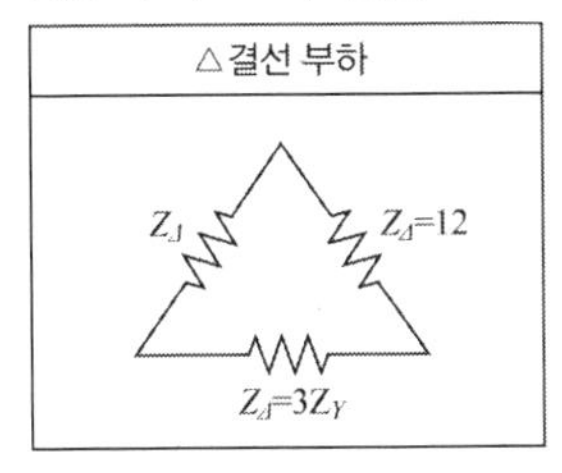

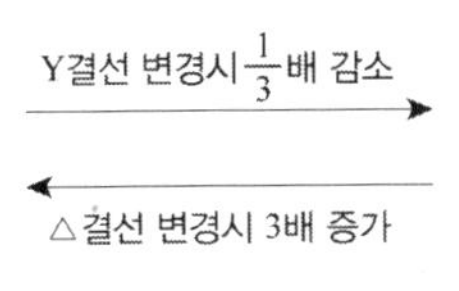

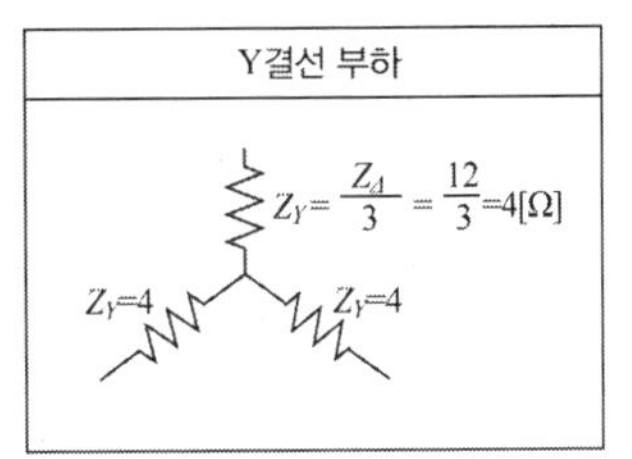

문제 **06** **3상 교류를 Y결선하였을 때 선간전압과 상전압, 선전류와 상전류의 관계를 바르게 나타낸 것은?**

① 상전압 = $\sqrt{3}$ 선간전압
② 선간전압 = $\sqrt{3}$ 상전압
③ 선전류 = $\sqrt{3}$ 상전류
④ 상전류 = $\sqrt{3}$ 선전류

3상 결선종류	특 징
Δ결선	선간전압 V_l = 상전압 V_p 선전류 $I_l=\sqrt{3}$ 상전류 $I_P\angle-\frac{\pi}{6}$(선전류가 위상이 30° 뒤진다)
Y결선	선간전압 $V_l=\sqrt{3}\times$상전압 $V_P\angle+\frac{\pi}{6}$(선간전압이 30° 위상이 앞선다) 선전류 $I_l=I_P$ 상전류

문제 **07** **"회로에 흐르는 전류의 크기는 저항에 (㉠)하고, 가해진 전압에 (㉡)한다." ( )에 알맞은 내용을 바르게 나열한 것은?**

① ㉠ 비례, ㉡ 비례
② ㉠ 비례, ㉡ 반비례
③ ㉠ 반비례, ㉡ 비례
④ ㉠ 반비례, ㉡ 반비례

옴의 법칙	전기 회로도	전류 공식
회로에 흐르는 전류 I는 저항 R에(반비례) 하고 전압 V에(비례)한다.	전류 I 전압 V + − 저항	$I=\frac{V}{R}=GV$[A]

정답 05. ③ 06. ② 07. ③

문제 08 **다음 중 파형률을 나타낸 것은?**

① $\frac{\text{실효값}}{\text{평균값}}$　② $\frac{\text{최대값}}{\text{실효값}}$　③ $\frac{\text{평균값}}{\text{실효값}}$　④ $\frac{\text{실효값}}{\text{최대값}}$

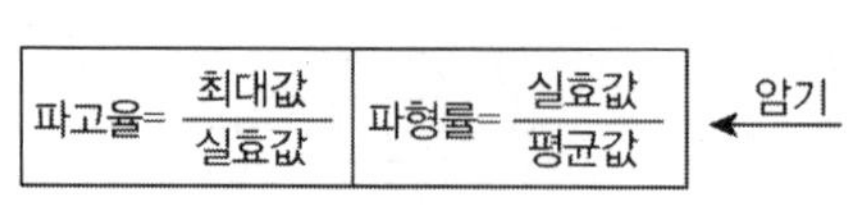

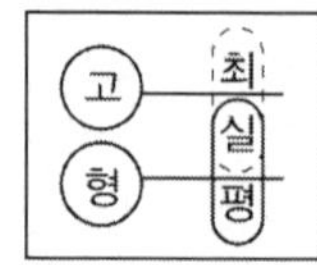

문제 09 **다음 중 1[J]과 같은 것은?**

① 1[cal]　② 1[W·s]
③ 1[kg·m]　④ 1[N·m]

전력량 W(발열량 H)=전력 $P\times$ 시간 t[W·S 또는 J]

∴ 1[J]=1[W·S]

문제 10 **자체인덕턴스 2[H]의 코일에 25[J]의 에너지가 저장되어 있다면 코일에 흐르는 전류는?**

① 2[A]　② 3[A]
③ 4[A]　④ 5[A]

해설 코일 축적 에너지 $W=\frac{1}{2}LI^2$[J]에서 전류 $I=\sqrt{\frac{2W}{L}}=\sqrt{\frac{2\times 25}{2}}=5$[A]

문제 11 **다음 중에서 자석의 일반적인 성질에 대한 설명으로 틀린 것은?**

① N극과 S극이 있다.
② 자력선은 N극에서 나와 S극으로 향한다.
③ 자력이 강할수록 자기력선의 수가 많다.
④ 자석은 고온이 되면 자력이 증가한다.

자석은 고온이 되면 자력이 감소한다.

문제 12 **브리지 회로에서 미지의 인덕턴스 L_x를 구하면?**

① $L_x=\frac{R_2}{R_1}L_s$　② $L_x=\frac{R_1}{R_2}L_s$

③ $L_x=\frac{R_s}{R_1}L_s$　④ $L_x=\frac{R_1}{R_s}L_s$

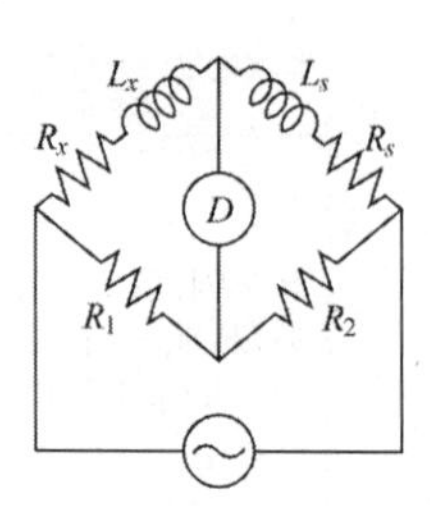

정답 08. ① 09. ② 10. ④ 11. ④ 12. ②

브리지 회로 성립조건	대각선 부하곱끼리 같을 것
성립식	$R_2(R_x + j\omega L_x) = R_1(R_s + j\omega L_s)$ $R_2R_x + R_2 j\omega L_x = R_1R_s + R_1 j\omega L_s$
성립식 처리방법	★ 좌·우변 실수부와 허수부가 각각 일치할 것 실수부 : $R_2R_x = R_1R_s$ 허수부 : $R_2\omega L_x = R_1\omega L_s \rightarrow L_x = \frac{R_1}{R_2}L_s$

문제 **13** 기전력 1.5[V], 내부저항 0.2[Ω]인 전지 5개를 직렬로 접속하여 단락시켰을 때의 전류[A]는?

① 1.5[A] ② 2.5[A]
③ 6.5[A] ④ 7.5[A]

건전지 직렬연결

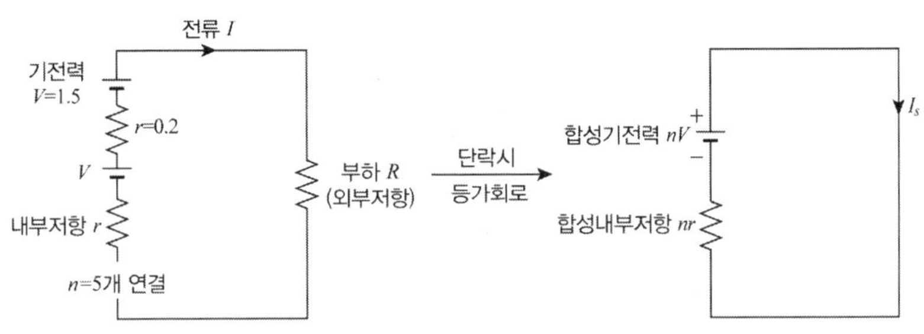

$\therefore$ 부하전류 $I = \frac{nV}{nr+R}$[A] → 단락전류 $I_s = \frac{nV}{nr} = \frac{5개 \times 1.5}{0.2} = 7.5$[A]

문제 **14** 플레밍의 오른손 법칙에서 셋째 손가락의 방향은?

① 운동 방향 ② 자속밀도의 방향
③ 유도기전력의 방향 ④ 자력선의 방향

적용 법칙	플레밍의 오른손법칙(발전기 회전원리)	플레밍의 왼손법칙(전동기 회전원리)
그림	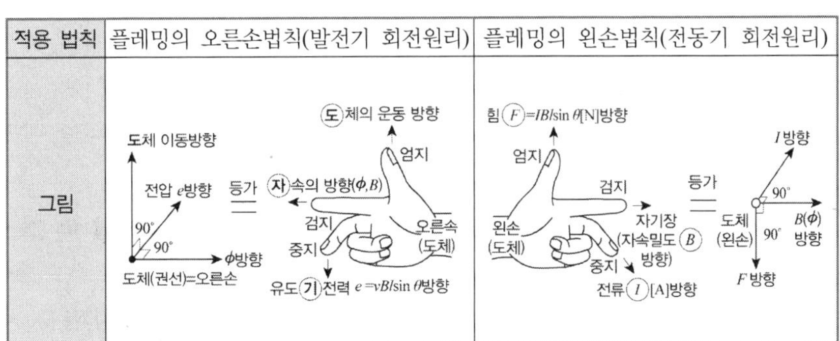	

정답 13. ④ 14. ③

문제 **15** **비정현파의 실효값을 나타낸 것은?**

① 최대파의 실효값
② 각 고조파의 실효값의 합
③ 각 고조파의 실효값의 합의 제곱근
④ 각 고조파의 실효값의 제곱의 합의 제곱근

해설 비정현파(비사인파) 실효값 = 각 고조파의 실효값의 제곱의 합의 제곱근

문제 **16** **C_1, C_2를 직렬로 접속한 회로에 C_3를 병렬로 접속하였다. 이 회로의 합성정전용량 [F]은?**

① $C_3 + \frac{1}{\frac{1}{C_1} + \frac{1}{C_2}}$
② $C_1 + \frac{1}{\frac{1}{C_2} + \frac{1}{C_3}}$
③ $\frac{C_1 + C_2}{C_3}$
④ $C_1 + C_2 + \frac{1}{C_3}$

해설

콘덴서 연결회로	합성정전용량 C_o값 계산
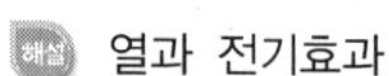	$C_o = C_3 + \frac{C_1 C_2}{C_1 + C_2} = C_3 + \frac{1}{\frac{1}{C_1} + \frac{1}{C_2}}$

문제 **17** **두 개의 서로 다른 금속의 접속점에 온도차를 주면 열기전력이 생기는 현상은?**

① 홀 효과
② 줄 효과
③ 압전기 효과
④ 제어벡 효과

해설 열과 전기효과

전기효과 종류	정의	용도
제어벡(제베크) 효과	두 종류 금속 접속점에 온도차를 주면 전기발생효과	열전온도계, 열전대식감지기
펠티에 효과	두 종류 금속 접속점에 전류를 흘리면 열흡수효과	전자냉동기
톰슨 효과	동일금속 접속점에 온도차+전류차 하면 열흡수 또는 발생효과	전자냉동기

문제 **18** **진공 중에서 같은 크기의 두 자극을 1[m] 거리에 놓았을 때 그 작용하는 힘은?**
(단, 자극의 세기는 1[Wb]이다)

① 6.33×10^4 [N]
② 8.33×10^4 [N]
③ 9.33×10^5 [N]
④ 9.09×10^9 [N]

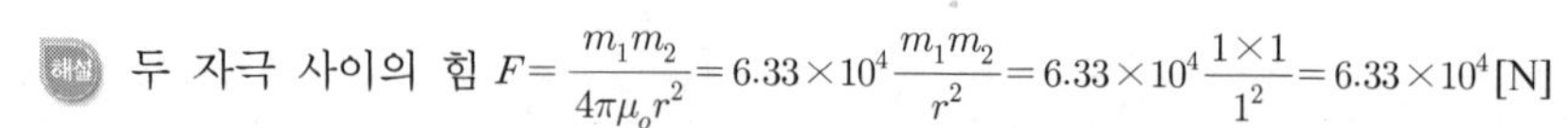
해설 두 자극 사이의 힘 $F = \frac{m_1 m_2}{4\pi\mu_o r^2} = 6.33 \times 10^4 \frac{m_1 m_2}{r^2} = 6.33 \times 10^4 \frac{1 \times 1}{1^2} = 6.33 \times 10^4$ [N]

정답 15. ④ 16. ① 17. ④ 18. ①

문제 **19**

$Z_1=5+j3[\Omega]$과 $Z_2=7-j3[\Omega]$이 직렬연결된 회로에 $V=36[V]$를 가한 경우의 전류[A]는?

① 1[A]　　② 3[A]
③ 6[A]　　④ 10[A]

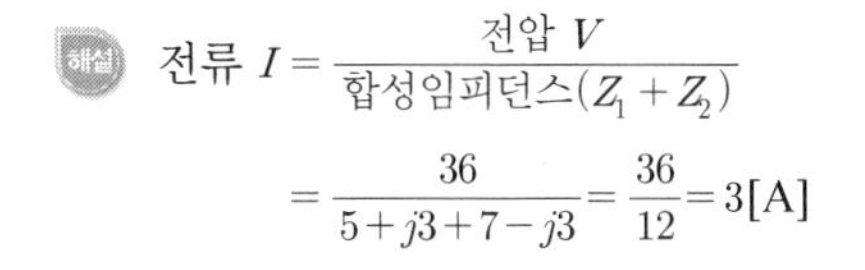

해설 전류 $I=\dfrac{\text{전압 } V}{\text{합성임피던스}(Z_1+Z_2)}$

$$=\frac{36}{5+j3+7-j3}=\frac{36}{12}=3[A]$$

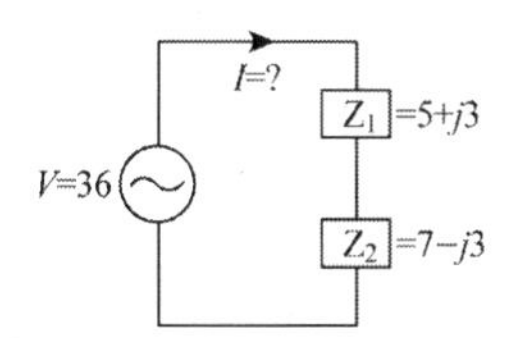

문제 **20**

2[C]의 전기량이 이동을 하여 10[J]의 일을 하였다면 두 점 사이의 전위차는 몇 [V]인가?

① 0.2[V]　　② 0.5[V]
③ 5[V]　　④ 20[V]

해설 전위(차) $V=\dfrac{\text{일 } W}{\text{전기량 } Q}=\dfrac{10}{2}=5[V]$

문제 **21**

직류기의 손실 중 기계손에 속하는 것은?

① 풍손　　② 와전류손
③ 히스테리시스손　　④ 표유 부하손

직류기 손실	부하손(가변손)	철손(고정손)	기계손
종류	동손, 표유부하손	와류손, 히스테리시스손	풍손, 마찰손

문제 **22**

직류발전기를 구성하는 부분 중 정류자란?

① 전기자와 쇄교하는 자속을 만들어 주는 부분
② 자속을 끊어서 기전력을 유기하는 부분
③ 전기자 권선에서 생긴 교류를 직류로 바꾸어 주는 부분
④ 계자 권선과 외부 회로를 연결시켜 주는 부분

직류발전기 구성요소	계자	전기자	정류자	브러시
용도(역할)	자속을 발생	기전력 발생	교류 → 직류	외부회로 연결

정답 19. ② 20. ③ 21. ① 22. ③

문제 23 **변압기 내부 고장 시 발생하는 기름의 흐름변화를 검출하는 부흐홀츠 계전기의 설치 위치로 알맞은 것은?**

① 변압기 본체
② 변압기의 고압측 부싱
③ 컨서베이터 내부
④ 변압기 본체와 컨서베이터를 연결하는 파이프

해설 변압기 보호 계전기
부흐홀츠 계전기(BHR) : 변압기 내부 고장시 동작으로 차단기 개로시킴.
위치 : 주탱크와 콘서베이터와의 연결관 중간에 설치

문제 24 **주파수 60[Hz]를 내는 발전용 원동기인 터빈 발전기의 최고 속도는 얼마인가?**

① 1800[rpm] ② 2400[rpm]
③ 3600[rpm] ④ 4800[rpm]

해설 터빈 발전기의 최고 속도 $N_s = \frac{120f}{P} = \frac{120 \times 60}{2극일\ 때} = 3600[rpm]$

문제 25 **분상기동형 단상 유도전동기 원심개폐기의 작동 시기는 회전자 속도가 동기속도의 몇 % 정도인가?**

① 10～30% ② 40～50%
③ 60～80% ④ 90～100%

해설 단상유도전동기 원심 개폐기 작동시기 : 회전자속도 = (60～80%)×동기속도

문제 26 **동기전동기를 자기 기동법으로 기동시킬 때 계자 회로는 어떻게 하여야 하는가?**

① 단락시킨다. ② 개방시킨다.
③ 직류를 공급한다. ④ 단상교류를 공급한다.

 동기전동기 기동법

자기(자체) 기동법	회전 자극 표면에 기동권선을 설치하여 농형 유도전동기로 기동시키는 방법
계자권선 단락이유	고전압 유도에 의한(계자회로) 절연파괴 위험방지

문제 27 **직류 복권 발전기를 병렬 운전할 때 반드시 필요한 것은?**

① 과부하 계전기 ② 균압선
③ 용량이 같을 것 ④ 외부특성 곡선이 일치할 것

직류발전기 균압선 사용이유	균압선 설치 기계	목적
두 발전기 병렬 운전시 전압크기를 같게 하기 위해	직권·복권발전기	안정운전

정답 23. ④ 24. ③ 25. ③ 26. ① 27. ②

문제 **28** **유도전동기에 대한 설명 중 옳은 것은?**

① 유도 발전기일 때의 슬립은 1보다 크다.
② 유도전동기의 회전자 회로의 주파수는 슬립에 반비례한다.
③ 전동기 슬립은 2차 동손을 2차 입력으로 나눈 것과 같다.
④ 슬립은 크면 클수록 2차 효율은 커진다.

해설

유도기 슬립 관계	유도발전기일 때	유도전동기일 때	2차 동손 P_{C2}	2차 효율 η
슬립 s값	슬립은 0보다 작다.	회전자주파수 $f_2 = s \times f_1$	$P_{C2} = s \times$ 2차 입력 P_2	$\eta = 1 - s$

문제 **29** **동기전동기의 특징으로 잘못된 것은?**

① 일정한 속도로 운전이 가능하다.
② 난조가 발생하기 쉽다.
③ 역률을 조정하기 힘들다.
④ 공극이 넓어 기계적으로 견고하다.

 동기전동기의 장점 및 단점

장 점 ★	단 점 ★
① 필요시 진상·지상으로 변환 가능하다. ② 정속도 전동기(속도가 불변) ③ 유도기에 비해서 효율이 좋다. ④ 역률 $\cos\theta = 1$로 운전 가능하다.(역률조정가능하다)	① 기동 토크 0이기 때문에(기동 불가) ② 여자전원(직류변환장치)이 필요하므로 구조 복잡하다. ③ 난조가 일어나기 쉽다. ④ 탈조 현상(난조가 커져 동기운전을 이탈하는 현상) ⑤ 속도 조정 곤란(주파수로 조정) ⑥ 고가이다.(비싸다)

문제 **30** **계자 권선이 전기자와 접속되어 있지 않은 직류기는?**

① 직권기
② 분권기
③ 복권기
④ 타여자기

직류기 구분	타여자기 (계자와 전기자권선이 접속안됨)	자여자기 (계자와 전기자권선이 접속된 것)
적용기기	타여자발전기, 전동기	직권, 분권, 복권발전기 및 전동기

문제 **31** **동기기를 병렬운전할 때 순환전류가 흐르는 원인은?**

① 기전력의 저항이 다른 경우
② 기전력의 위상이 다른 경우
③ 기전력의 전류가 다른 경우
④ 기전력의 역률이 다른 경우

정답 28. ③ 29. ③ 30. ④ 31. ②

해설 동기발전기 병렬운전조건

두 기전력 같을 조건	크기	위상	주파수	파형
두 기전력 다를 경우	무효 순환 전류 흐름	유효 순환 전류 흐름	난조 발생	고조파 무효 순환 전류

문제 **32** **반도체 정류 소자로 사용할 수 없는 것은?**

① 게르마늄　② 비스무트
③ 실리콘　④ 산화구리

해설 반도체 소자 종류 : 게르마늄, 실리콘, 산화구리, 셀렌

문제 **33** **단상 전파 사이리스터 정류회로에서 부하가 큰 인덕턴스가 있는 경우, 점호각이 60° 일 때의 정류 전압은 약 몇 [V]인가?** (단, 전원측 전압의 실효값은 100[V]이고 직류측 전류는 연속이다)

① 141　② 100
③ 85　④ 45

 사이리스터 단상 정류회로(제어정류기)

부하 종류	저항 R인 경우	코일(인덕턴스) L인 경우
출력(정류) 전압 E_d	$\frac{\sqrt{2}\,V}{\pi}[1+\cos\alpha]$	$\frac{2\sqrt{2}\,V}{\pi}\cos\alpha=\frac{2\sqrt{2}\times100}{3.14}\times\cos60°=45[V]$

문제 **34** **변압기 철심에는 철손을 적게 하기 위하여 철이 몇 %인 강판을 사용하는가?**

① 약 50～55[%]　② 약 60～70[%]
③ 약 76～86[%]　④ 약 96～97[%]

문제 **35** **전기자 반작용이란 전기자 전류에 의해 발생한 기자력이 주자속에 영향을 주는 현상으로 다음 중 전기자반작용의 영향이 아닌 것은?**

① 전기적 중성축 이동에 의한 정류의 악화
② 기전력의 불균일에 의한 정류자편간 전압의 상승
③ 주자속 감소에 의한 기전력 감소
④ 자기 포화현상에 의한 자속의 평균치 증가

해설

전기자반작용	영향	대책
전기자 전류가 주자속에 영향을 주는 것	전기적 중성축 이동(편차작용) 정류자편간 전압상승(브러시불꽃 발생) 주자속 감소 → 기전력 감소	보상권선 설치

정답 32. ② 33. ④ 34. ④ 35. ④

문제 **36**

2대의 동기발전기가 병렬운전하고 있을 때 동기화 전류가 흐르는 경우는?

① 기전력의 크기에 차가 있을 때
② 기전력의 위상에 차가 있을 때
③ 부하분담에 차가 있을 때
④ 기전력의 파형에 차가 있을 때

동기발전기 병렬운전조건

두 기전력 같을 조건	크기	위상	주파수
두 기전력 다를 경우	무효순환전류흐름	동기화(유효순환) 전류흐름	난조발생

문제 **37**

직류전동기에서 전부하 속도가 1500[rpm], 속도 변동률이 3[%]일 때 무부하 회전 속도는 몇 [rpm]인가?

① 1455 ② 1410
③ 1545 ④ 1590

해설 직류전동기 속도 변동률 $\varepsilon = \dfrac{\text{무부하속도 } N_o - \text{정격속도 } N_n}{\text{정격속도 } N_n} \times 100[\%]$

$\therefore$ 무부하속도 $N_o = N_n(1+\varepsilon) = 1500(1+0.03) = 1545[\text{rpm}]$

문제 **38**

3상 유도전동기의 슬립의 범위는?

① $0 < s < 1$ ② $-1 < s < 0$
③ $1 < s < 2$ ④ $0 < s < 2$

3상유도기 종류	제동기인 경우	전동기인 경우	발전기인 경우
슬립 s 범위	$1 < s < 2$	$0 < s < 1$	$s < 0$

문제 **39**

단상 전파 정류회로에서 직류 전압의 평균값으로 가장 적당한 것은? (단, E는 교류 전압의 실효값)

① $1.35E$ [V] ② $1.17E$ [V]
③ $0.9E$ [V] ④ $0.45E$ [V]

단상 정류회로 종류	반파 정류인 경우	전파 정류인 경우
직류전압 E_d	$\dfrac{\sqrt{2}E(\text{교류전압})}{\pi} = 0.45E[\text{V}]$	$\dfrac{2\sqrt{2}E}{\pi} = 0.9E[\text{V}]$
직류전류 I_d	$\dfrac{\sqrt{2}E}{\pi R} = 0.45\dfrac{E}{R}[\text{A}]$	$\dfrac{2\sqrt{2}E}{\pi R} = 0.9\dfrac{E}{R}[\text{A}]$

정답 36. ② 37. ③ 38. ① 39. ③

문제 40 **직류발전기 전기자의 구성으로 옳은 것은?**

① 전기자 철심, 정류자 ② 전기자 권선, 전기자 철심
③ 전기자 권선, 계자 ④ 전기자 철심, 브러시

문제 41 **권상기, 기중기 등으로 물건을 내릴 때와 같이 전동기가 가지는 운동에너지를 발전기로 동작시켜 발생한 전력을 반환시켜서 제동하는 방식은?**

① 역전제동 ② 발전제동
③ 회생제동 ④ 와류제동

 전동기 제동(정지)법

종류	내용
① 회생 제동	전동기를 발전기로 작동시켜 발생전력을 전원으로 공급하는 제동법
② 발전 제동	전동기를 발전기로 사용하여 전열 내에서 줄열로 소비하여 제동법
③ 역상 제동 또는 플러깅	계자(전기자) 전류 방향을 바꾸어 역토크 발생으로 제동(3상 중 2상을 바꾸어 제동)

문제 42 **터널·갱도 기타 이와 유사한 장소에서 사람이 상시 통행하는 터널 내의 배선방법으로 적절하지 않은 것은?** (단, 사용전압은 저압이다)

① 라이팅덕트 배선 ② 금속제 가요전선관 배선
③ 합성수지관 배선 ④ 애자사용 배선

 터널 및 갱도 시설 공사

1) 애자사용공사
2) 합성수지관공사
3) 금속관공사
4) 케이블공사
5) 금속제 가요전선관공사

문제 43 **다음 중 방수형 콘센트의 심벌은?**

① E ②
③ wp ④

콘센트 심벌		E	WP	EX
명칭	벽붙이 콘센트	접지극붙이	방수형 콘센트	방폭형 콘센트

정답 40. ② 41. ③ 42. ① 43. ③

문제 **44** **금속 전선관과 비교한 합성수지 전선관 공사의 특징으로 거리가 먼 것은?**

① 내식성이 우수하다. ② 배관 작업이 용이하다.
③ 열에 강하다. ④ 절연성이 우수하다.

해설 합성수지관은 열과 충격에 약하다.

문제 **45** **폭발성 분진이 있는 위험장소의 금속관 공사에 있어서 관상호 및 관과 박스 기타의 부속품이나 풀박스 또는 전기기계기구는 몇 턱 이상의 나사 조임으로 시공하여야 하는가?**

① 2턱 ② 3턱
③ 4턱 ④ 5턱

폭연성 분진 위험장소	가능공사	사용(이동)전선	나사조임
내용	금속관 또는 케이블공사	0.6/1kV 고무절연 클로로프렌 캡타이어 케이블	5턱이상 접속

문제 **46** **옥내에 시설하는 사용전압이 400[V] 이상인 저압의 이동전선은 0.6/1[kV] EP 고무절연 클로로프렌 캡타이어 케이블로서 단면적이 몇 [mm^2] 이상이어야 하는가?**

① 0.75[mm^2] ② 2[mm^2]
③ 5.5[mm^2] ④ 8[mm^2]

 옥내 저압의 이동전선

전압구분	사용전선 굵기	전선명칭
400[V] 미만	단면적 0.75[mm^2]	고무코드 또는 0.6/1kV EP 고무절연 클로로프렌 캡타이어 케이블
400[V] 이상	단면적 0.75[mm^2]	0.6/1kV EP 고무절연 클로로프렌 캡타이어 케이블

문제 **47** **400[V] 이하 옥내배선의 절연저항 측정에 가장 알맞은 절연저항계는?**

① 250[V] 메거 ② 500[V] 메거
③ 1000[V] 메거 ④ 1500[V] 메거

전압구분	저압인 경우	고압 및 특고압인 경우
사용메거(절연저항측정기) 종류	500[V] 메거	1000[V] 메거

문제 **48** **고압 가공 인입선이 일반적인 도로 횡단 시 설치 높이는?**

① 3[m] 이상 ② 3.5[m] 이상
③ 5[m] 이상 ④ 6[m] 이상

정답 44. ③ 45. ④ 46. ① 47. ② 48. ④

시설구분	도로 횡단시	철도 궤도 횡단시	기타
저압 인입선 높이	5[m] 이상	6.5[m] 이상	4[m] 이상
고압 인입선 높이	6[m] 이상	6.5[m] 이상	5[m] 이상

문제 **49**

가연성 가스가 새거나 체류하여 전기설비가 발화원이 되어 폭발할 우려가 있는 곳에 있는 저압 옥내전기설비의 시설 방법으로 가장 적합한 것은?

① 애자사용 공사 ② 가요전선관 공사
③ 셀룰라 덕트 공사 ④ 금속관 공사

 가연성가스 존재시 가능공사

1) 금속관공사
2) 케이블공사(캡타이어 케이블은 제외)

문제 **50**

가공전선에 케이블을 사용하는 경우에는 케이블은 조가용선에 행거를 사용하여 조가 한다. 사용전압이 고압일 경우 그 행거의 간격은?

① 50[cm] 이하 ② 50[cm] 이상
③ 75[cm] 이하 ④ 75[cm] 이상

해설 조가용선 시설 규정

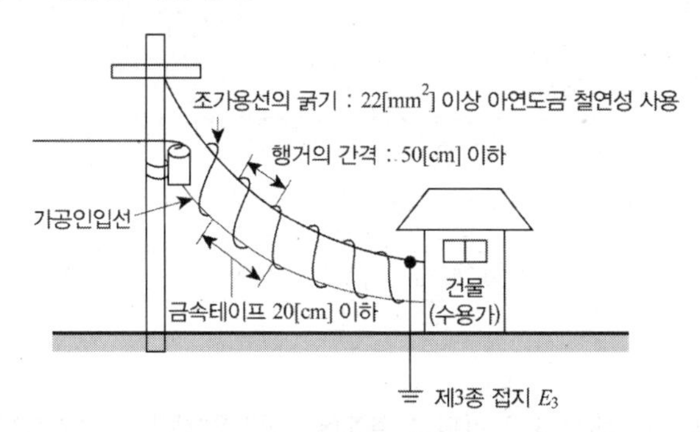

문제 **51**

분전반에 대한 설명으로 틀린 것은?

① 배선과 기구는 모두 전면에 배치하였다.
② 두께 1.5[mm] 이상의 난연성 합성수지로 제작하였다.
③ 강판제의 분전함은 두께 1.2[mm] 이상의 강판으로 제작하였다.
④ 배선은 모두 분전반 이면으로 하였다.

해설

분전반 재질 종류	전면 배치	(반)표면배치	이면배치
두께 1.5[mm] 이상 합성수지 두께 1.2[mm] 이상 강판	배선 및 기구	각종기계 및 개폐기 조작핸들	충전부분

정답 49. ④ 50. ① 51. ④

문제 **52** **가요전선관 공사에서 가요전선관의 상호 접속에 사용하는 것은?**

① 유니언 커플링　② 2호 커플링
③ 콤비네이션 커플링　④ 스플릿 커플링

관상호접속구분	가요전선관상호간	가요전선관과 금속관	가요전선관과 박스간
접속자재명칭	스플릿 커플링	콤비네이션 커플링	앵글커넥터

문제 **53** **폭연성 분진이 존재하는 곳의 금속관 공사시 전동기에 접속하는 부분에서 가요성을 필요로 하는 부분의 배선에는 방폭형의 부속품 중 어떤 것을 사용하여야 하는가?**

① 플렉시블 피팅　② 분진 플렉시블 피팅
③ 분진 방폭형 플렉시블 피팅　④ 안전 증가 플렉시블 피팅

문제 **54** **전선 접속 방법 중 트위스트 직선 접속의 설명으로 옳은 것은?**

① 6[mm^2] 이하의 가는 단선인 경우에 적용된다.
② 6[mm^2] 이상의 굵은 단선인 경우에 적용된다.
③ 연선의 직선 접속에 적용된다.
④ 연선의 분기 접속에 적용된다.

단선의 직선 접속 방법 종류	트위스트 접속	브리타니아 접속
적용 전선 굵기	6[mm^2] 이하 가는 단선	10[mm^2] 이상 굵은 단선

기출문제

문제 **55** **흥행장 저압공사에서 무대용 콘센트 박스의 접지공사 방법으로 맞는 것은?**

① 제1종 접지공사　② 제2종 접지공사
③ 제3종 접지공사　④ 특별 제3종 접지공사

 흥행장소는 사용전압 400[V] 미만이고 제3종 접지공사를 할 것

문제 **56** **합성수지관 공사에서 관의 지지점 간 거리는 최대 몇 [m]인가?**

① 1　② 1.2
③ 1.5　④ 2

문제 **57** **폴리에틸렌 절연 비닐 시스 케이블의 약호는?**

① DV　② EE
③ EV　④ OW

정답 52. ④　53. ③　54. ①　55. ③　56. ③　57. ③

문제 **58** **비교적 장력이 적고 다른 종류의 지선을 시설할 수 없는 경우에 적용하며 지선용 근가를 지지물 근원 가까이 매설하여 시설하는 지선은?**

① Y지선 ② 궁지선
③ 공동지선 ④ 수평지선

지선 종류	Y지선	궁지선	공동지선	수평지선
용도	장력이 큰 경우 사용	장력이 작고 버팀목 사용	직선로에 사용 (두개 지지물에 공동 사용)	도로횡단시 사용 (전주와 전주 또는 지준간)

문제 **59** **절연전선을 동일 금속 덕트 내에 넣을 경우 금속 덕트의 크기는 전선의 피복 절연물을 포함한 단면적의 총합계가 금속 덕트 내 단면적의 몇 % 이하로 하여야 하는가?**

① 10 ② 20
③ 32 ④ 48

덕트공사 시설규정	전선수	사용전선	관단
물기 장소 시설 불가	덕트 단면적 20% 이하 적용 (단, 출퇴표시·제어회로용은 50% 이내)	절연전선 (OW 제외)	폐쇄시킴

문제 **60** **일반적으로 특고압 전로에 시설하는 피뢰기의 접지공사는?**

① 제1종 접지공사 ② 제2종 접지공사
③ 제3종 접지공사 ④ 특별 제3종 접지공사

 특고압 전로의 피뢰기 LA는 제1종 접지공사 한다.

정답 58. ② 59. ② 60. ①

기출문제

2017년 제1회

문제 01 전압 220[V], 전류 10[A], 역률 0.8인 3상 전동기 사용시 소비전력은?

① 약 1.5[kW] ② 약 3.0[kW]
③ 약 5.2[kW] ④ 약 7.1[kW]

해설 3상 유효(소비)전력 P

$P=\sqrt{3}\,V_l I_l \cos\theta[\text{W}]=\sqrt{3}\times 220\times 10\times 0.8\times 10^{-3}=3.0[\text{kW}]$

문제 02 다음 회로에서 a, b간의 합성저항은?

① 1[Ω] ② 2[Ω]
③ 3[Ω] ④ 4[Ω]

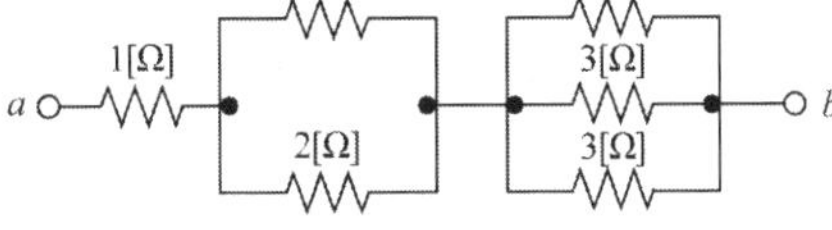

해설 저항 직렬연결 시 합성저항

합성저항 $R_{ab}=1+\dfrac{1\text{개 저항 }2\text{값}}{2\text{개 연결}}+\dfrac{1\text{개 저항 }3\text{값}}{3\text{개 연결}}=1+\dfrac{2}{2}+\dfrac{3}{3}=3[\Omega]$

문제 03 기본파의 3[%]인 제3고조파와 4[%]인 제5고조파, 1[%]인 제7고조파를 포함하는 전압파의 왜율은?

① 약 2.7% ② 약 5.1%
③ 약 7.7% ④ 약 14.1%

해설 전압파의 왜율 D

왜(형)율 $D=\dfrac{\sqrt{3\text{고조파 전압 }V_3^2+5\text{고조파 전압 }V_5^2+7\text{고조파 전압 }V_7^2}}{\text{기본파 전압 }V_1}\times 100[\%]$

$=\dfrac{\sqrt{0.03^2+0.04^2+0.01^2}}{1}\times 100[\%]=5.1[\%]$

문제 04 어떤 3상 회로에서 선간전압이 200[V], 선전류 25[A], 3상 전력이 7[kW]이었다. 이때의 역률은?

① 약 60% ② 약 70%
③ 약 80% ④ 약 90%

해설 3상 유효(소비)전력 P[W]

$P=\sqrt{3}\,V_l I_l\cos\theta$ → 역률 $\cos\theta=\dfrac{P}{\sqrt{3}\,V_l I_l}=\dfrac{7\times 10^3}{\sqrt{3}\times 200\times 25}=0.8=80[\%]$

정답 01. ② 02. ③ 03. ② 04. ③

문제 **05** **전류에 의한 자계의 세기와 관계가 있는 법칙은?**

① 옴의 법칙　② 렌츠의 법칙
③ 키르히호프의 법칙　④ 비오-사바르의 법칙

 비오-사바르의 법칙

정 의	전류 I에 의한 자계의 세기 H값 발생의 관계 법칙
자장의 세기 H값	$\Delta H = \frac{I\Delta l}{4\pi r^2}\sin\theta[\mathrm{AT/m}]$

문제 **06** **어떤 콘덴서에 1,000[V]의 전압을 가하였더니 5×10^{-3}[C]의 전하가 축적되었다. 이 콘덴서의 용량은?**

① 2.5[μF]　② 5[μF]
③ 250[μF]　④ 5,000[μF]

해설 전하 $Q = C\times V$[C]에서

콘덴서의 용량(정전용량) $C = \frac{Q}{V}[\mathrm{F}] = \frac{5\times10^{-3}}{1000}\times10^{+6} = 5[\mu\mathrm{F}]$

문제 **07** **1[Ω·m]와 같은 것은?**

① 1[μΩ·cm]　② 10^6[Ω·mm²/m]
③ 10^2[Ω·mm]　④ 10^4[Ω·cm]

 고유저항 ρ[Ω·m]의 동일값 → $1[\Omega\cdot\mathrm{m}] = 10^{+6}[\Omega\cdot\mathrm{mm^2/m}]$

문제 **08** **자기인덕턴스에 축적되는 에너지에 대한 설명으로 가장 옳은 것은?**

① 자기인덕턴스 및 전류에 비례한다.
② 자기인덕턴스 및 전류에 반비례한다.
③ 자기인덕턴스에 비례하고 전류의 제곱에 비례한다.
④ 자기인덕턴스에 반비례하고 전류의 제곱에 반비례한다.

해설 코일(자기인덕턴스 L) 축적 에너지 $W = \frac{1}{2}LI^2[\mathrm{J}]$

$\therefore\ W \propto L\times I^2$

문제 **09** **3분 동안에 18,000[J]의 일을 하였다면 전력은?**

① 1[kW]　② 30[kW]
③ 1,000[kW]　④ 3,240[kW]

해설 (소비)전력 $P = \frac{\text{일(에너지)}\ W}{\text{시간}\ t}[\mathrm{J/s}\ \text{또는}\ \mathrm{W}] = \frac{18000}{3\text{분}\times60\text{초}} = 1000[\mathrm{W}] = 1[\mathrm{kW}]$

정답 05. ④ 06. ② 07. ② 08. ③ 09. ①

문제 **10** **$v = V_m \sin(\omega t + 30°)$[V], $i = I_m \sin(\omega t - 30°)$[A]일 때 전압을 기준으로 할 때 전류의 위상차는?**

① 60° 뒤진다. ② 60° 앞선다.
③ 30° 뒤진다. ④ 30° 앞선다.

 위상차

전류의 위상차=전류위상$(\omega t - 30°)$−전압위상$(\omega t + 30°)$=−60°(−는 뒤진다는 의미)

전압의 위상차=전압위상$(\omega t + 30°)$−전류위상$(\omega t - 30°)$=+60°(+는 앞선다는 의미)

문제 **11** **교류 기기나 교류 전원의 용량을 나타낼 때 사용되는 것과 그 단위가 바르게 나열된 것은?**

① 유효전력−[VAh] ② 무효전력−[W]
③ 피상전력−[VA] ④ 최대전력−[Wh]

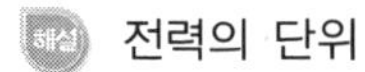 전력의 단위

① 유효(소비)전력 P[W]
② 무효전력 Pr[VAR]
③ 피상전력 Pa[VA]
④ 전력량 W[Wh]

문제 **12** **동일한 용량의 콘덴서 5개를 병렬로 접속하였을 때의 합성용량을 C_p라고 하고, 5개를 직렬로 접속하였을 때의 합성용량을 C_s라 할 때 C_p와 C_s의 관계는?**

① $C_p = 5C_s$ ② $C_p = 10C_s$
③ $C_p = 25C_s$ ④ $C_p = 50C_s$

 콘덴서 합성용량

$$\frac{\text{병렬시 합성값 } C_p}{\text{직렬시 합성값 } C_s} = \frac{\text{콘덴서 1개 } C\text{값} \times 5\text{개}}{\frac{\text{콘덴서 1개 } C\text{값}}{5\text{개}}} = \frac{5}{\frac{1}{5}} = 5 \times 5 = 25\text{배}$$

$\therefore\ C_p = 25C_s$

문제 **13** **부하의 전압과 전류를 측정하기 위한 전압계와 전류계의 접속방법으로 옳은 것은?**

① 전압계 : 직렬, 전류계 : 병렬 ② 전압계 : 직렬, 전류계 : 직렬
③ 전압계 : 병렬, 전류계 : 직렬 ④ 전압계 : 병렬, 전류계 : 병렬

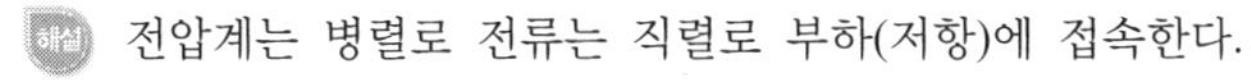 전압계는 병렬로 전류는 직렬로 부하(저항)에 접속한다.

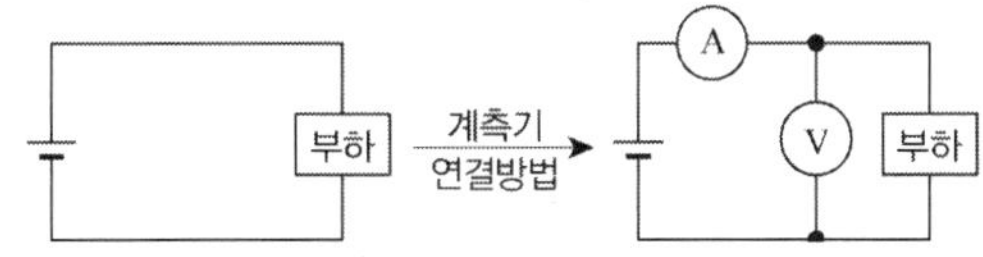

문제 **14** **$R-L-C$ 직렬 공진 회로에서 최소가 되는 것은?**

① 저항값 ② 임피던스값
③ 전류값 ④ 전압값

 $R-L-C$ 직렬 공진 회로

공진 종류	★ 최소	최대	공진조건	공진주파수 f
직렬 공진	임피던스 Z=저항 R	전류 I	$\omega L-\frac{1}{\omega C}=0$ 또는 $\omega^2LC=1$	$f=\frac{1}{2\pi\sqrt{LC}}$
병렬 공진	어드미턴스 Y, 전류 I	없음	$\omega L-\frac{1}{\omega C}=0$ 또는 $\omega^2LC=1$	$f=\frac{1}{2\pi\sqrt{LC}}$

문제 **15** **서로 다른 종류의 안티몬과 비스무트의 두 금속을 접속하여 여기에 전류를 통하면, 그 접점에서 열의 발생 또는 흡수가 일어난다. 줄열과 달리 전류의 방향에 따라 열의 흡수와 발생이 다르게 나타나는 이 현상은?**

① 펠티에 효과 ② 제백 효과
③ 제3금속의 법칙 ④ 열전 효과

 열과 전기효과

전기효과 종류	정 의	용 도
제어벡(제베크) 효과	두 종류 금속 접속점에 온도차를 주면 전기발생 효과	열전온도계, 열전대식 감지기
펠티에 효과	두 종류 금속 접속점에 전류를 흘리면 열 흡수 효과	전자냉동기
톰슨 효과	동일 금속 접속점에 온도차+전류차 하면 열 흡수 또는 발생 효과	전자냉동기

문제 **16** **진성 반도체인 4가의 실리콘에 N형 반도체를 만들기 위하여 첨가하는 것은?**

① 게르마늄 ② 갈륨
③ 인듐 ④ 안티몬

 반도체 소자

반도체 종류	P형 반도체	N형 반도체
반도체 첨가 물질	인듐 In, 알루미늄 Al, 갈륨 Ga	인 P, 안티몬 Sb, 금 Au

문제 **17** **자체인덕턴스 0.1[H]의 코일에 5[A]의 전류가 흐르고 있다. 축적되는 전자에너지는?**

① 0.25[J] ② 0.5[J]
③ 1.25[J] ④ 2.5[J]

해설 코일(인덕턴스) 축적 전자에너지 $W=\frac{1}{2}LI^2=\frac{1}{2}\times0.1\times5^2=1.25$[J]

정답 14. ② 15. ① 16. ④ 17. ③

문제 **18** **권수가 200인 코일에서 0.1초 사이에 0.4[Wb]의 자속이 변화한다면, 코일에 발생되는 기전력은?**

① 8[V] ② 200[V]
③ 800[V] ④ 2,000[V]

해설 코일 발생 기전력(전압) $\rho = N \times \frac{d\phi(\text{자속})}{dt(\text{시간})} = 200 \times \frac{0.4}{0.1\text{초}} = 800[\text{V}]$

문제 **19** **니켈의 원자가는 2.0이고 원자량은 58.70이다. 이때 화학당량의 값은?**

① 117.4 ② 60.70
③ 56.70 ④ 29.35

해설 (전기)화학당량 $= \frac{\text{원자량}}{\text{원자가}} = \frac{58.7}{2} = 29.35$

문제 **20** **평균반지름이 10[cm]이고 감은 횟수 10회의 원형 코일에 20[A]의 전류를 흐르게 하면 코일 중심의 자기장의 세기는?**

① 10[AT/m] ② 20[AT/m]
③ 1,000[AT/m] ④ 2,000[AT/m]

해설 원형 코일 중심의 자기장 세기

$$H = \frac{NI}{2r} = \frac{10 \times 20}{2 \times 10 \times 10^{-2}} = 1000[\text{AT/m}]$$

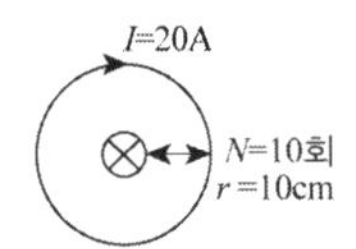

문제 **21** **3상 전파 정류회로에서 출력전압의 평균전압값은?** (단, V는 선간전압의 실효값)

① $0.45V$[V] ② $0.9V$[V]
③ $1.17V$[V] ④ $1.35V$[V]

해설 3상 정류회로

구 분	3상 반파 정류인 경우	3상 전파 정류인 경우
출력 직류(평균) 전압	$V_d = 1.17V$(교류)	$V_d = 1.35V$

문제 **22** **같은 회로의 두 점에서 전류가 같을 때에는 동작하지 않으나 고장시에 전류의 차가 생기면 동작하는 계전기는?**

① 과전류 계전기 ② 거리 계전기
③ 접지 계전기 ④ 차동 계전기

해설 차동 계전기
변압기 내부 고장시 1차 및 2차측에 설치된 변류기 CT의 2차 전류차에 의해 동작하여 변압기 보호 계전기

정답 18. ③ 19. ④ 20. ③ 21. ④ 22. ④

문제 **23** **3상 동기기에 제동권선을 설치하는 주된 목적은?**

① 출력 증가　　② 효율 증가
③ 역률 개선　　④ 난조 방지

해설 3상 동기기에 난조(떨림)방지를 위해 제동권선을 설치한다.

문제 **24** **변압기의 손실에 해당되지 않는 것은?**

① 동손　　② 와전류손
③ 히스테리시스손　　④ 기계손

해설 변압기(고정기) 손실 = 부하손(동손) + 무부하(철)손(와전류손 및 히스테리시스손)
회전기 손실(기계손) = 풍손 + 베어링마찰손 + 브러시마찰손

문제 **25** **직류 분권전동기를 사용하려고 할 때 벨트(belt)를 걸고 운전하면 안 되는 가장 타당한 이유는?**

① 벨트가 기동할 때나 또는 갑자기 중 부하를 걸 때 미끄러지기 때문에
② 벨트가 벗겨지면 전동기가 갑자기 고속으로 회전하기 때문에
③ 벨트가 끊어졌을 때 전동기의 급정지 때문에
④ 부하에 대한 손실을 최대로 줄이기 위해서

해설 직권전동기의 정격전압에 무부하(무여자) 상태

무부하시	$I_a = I = I_f = \phi = 0$상태 → 회전속도 $N = k\frac{V - I_a(R_s + R_s)}{\phi(0)}$(↑증가) → 위험상태
대책	기어 또는 체인으로 운전할 것(벨트 운전하지 말 것)

문제 **26** **다음 중 직류발전기의 전기자 반작용을 없애는 방향으로 옳지 않은 것은?**

① 보상권선 설치
② 보극 설치
③ 브러시 위치를 전기적 중성점으로 이동
④ 균압환 설치

전기자 반작용 없애는 방법
① 보상권선 설치
② 보극 설치
③ 브러시 위치 이동

[도우미] 균압환 : 직류발전기 병렬안정운전 위해 설치한 선

정답 23. ④ 24. ④ 25. ② 26. ④

문제 27

동기발전기에서 전기자 전류가 무부하 유도기전력보다 $\pi/2$[rad] 앞서 있는 경우에 나타나는 전기자 반작용은?

① 증자 작용 ② 감자 작용
③ 교차 자화 작용 ④ 직축 반작용

전기자 전류 구분	뒤진 전기자 전류인 경우	앞선 전기자 전류인 경우
동기발전기 전기자 반작용	감자 작용	증자 작용

문제 28

전동기에 접지공사를 하는 주된 이유는?

① 보안상 ② 미관상
③ 감전사고 방지 ④ 안전 운행

해설 전동기 외함(철제) 접지공사는 누설전류에 의한 감전사고방지가 주된 이유이다.

문제 29

변압기의 부하와 전압이 일정하고 주파수만 높아지면 어떻게 되는가?

① 철손 감소 ② 철손 증가
③ 동손 증가 ④ 동손 감소

해설 주파수 $f(\uparrow \text{증가}) \propto \dfrac{1}{\text{자속밀도 } B(\downarrow \text{감소})}$ 이므로

변압기 철손 $P_i(\downarrow \text{감소}) = \boxed{\text{와류손}(fB_m t)^2}$ 일정 $+ \boxed{\text{히스테리시스손 } fB_m^{1.6}t}$ 감소↓

문제 30

전기자 지름 0.2[m]의 직류발전기가 1.5[kW]의 출력에서 1,800[rpm]으로 회전하고 있을 때 전기자 주변속도는 약 몇 [m/s]인가?

① 9.42 ② 18.84
③ 21.43 ④ 42.86

해설 전기자 주변속도 $v = \pi D \dfrac{N}{60} = 3.14 \times 0.2 \times \dfrac{1800}{60} = 18.84$[m/s]

문제 31

보호 계전기를 동작 원리에 따라 구분할 때 해당되지 않는 것은?

① 유도형 ② 정지형
③ 디지털형 ④ 저항형

보호계전기 동작원리에 따른 종류

종류	유도(전자)형	정지형	디지털형
원리	전자력	트랜지스터 또는 IC회로 사용	판정부에 CPU 사용

정답 27. ① 28. ③ 29. ① 30. ② 31. ④

기출문제

문제 **32** **측정이나 계산으로 구할 수 없는 손실로 부하전류가 흐를 때 도체 또는 철심 내부에서 생기는 손실을 무엇이라 하는가?**

① 구리손 ② 히스테리시스손
③ 맴돌이 전류손 ④ 표류부하손

해설 **표류부하손** : 부하전류가 흐를 때 도체 또는 철심내부 발생손실

문제 **33** **단상 유도전동기의 정회전 슬립이 s 이면 역회전 슬립은 어떻게 되는가?**

① $1-s$ ② $2-s$
③ $1+s$ ④ $2+s$

해설 단상 유도전동기 슬립 s, $N=(1-s)N_s$ 사용

슬립 s 구분	정회전($+N$일 때)인 경우	역회전($-N$일 때)인 경우
s 값(식)	$\frac{N_s-N}{N_s}$	$\frac{N_s-(-N)}{N_s}=\frac{N_s+(1-s)N_s}{N_s}=2-s$

문제 **34** **전부하에서 용량 10[kW] 이하인 소형 3상 유도전동기의 슬립은?**

① 0.1～0.5[%] ② 0.5～5[%]
③ 5～10[%] ④ 25～50[%]

문제 **35** **일정한 주파수의 전원에서 운전하는 3상 유도전동기의 전원 전압이 80[%]가 되었다면 토크는 약 몇 [%]가 되는가?** (단, 회전수는 변하지 않는 상태로 한다)

① 55 ② 64
③ 76 ④ 82

해설 3상 유도전동기 토크 $T \propto V^2$이므로 $0.8^2=0.64=64[\%]$ 값이 된다.

문제 **36** **3상 동기전동기의 단자전압 부하를 일정하게 유지하고, 회전자 여자전류의 크기를 변화시킬 때 옳은 것은?**

① 전기자 전류의 크기와 위상이 바뀐다.
② 전기자 권선의 역기전력은 변하지 않는다.
③ 동기전동기의 기계적 출력은 일정하다.
④ 회전속도가 바뀐다.

해설 동기전동기는 회전자 여자 전류의 크기로 전기자 전류 크기와 위상을 조정할 수 있다.

정답 32. ④ 33. ② 34. ③ 35. ② 36. ①

문제 37 **다음 중에서 초퍼나 인버터용 소자가 아닌 것은?**

① TRIAC ② GTO
③ SCR ④ BJT

해설 교류제어용 소자 : 트라이액 TRIAC
교류 및 직류제어용 소자 : 케이트 턴 오프 스위치 GTO, SCR, BJT

문제 38 **6극 1,200[rpm]의 교류발전기와 병렬 운전하는 극수 8의 동기발전기의 회전수 [rpm]는?**

① 1,200 ② 1,000
③ 900 ④ 750

해설
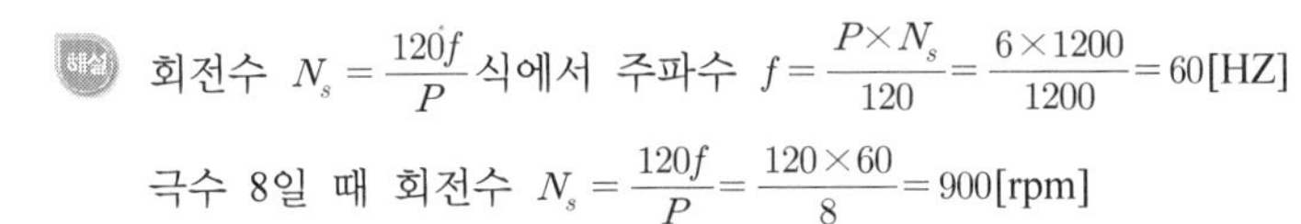
회전수 $N_s = \frac{120f}{P}$ 식에서 주파수 $f = \frac{P \times N_s}{120} = \frac{6 \times 1200}{1200} = 60[HZ]$

극수 8일 때 회전수 $N_s = \frac{120f}{P} = \frac{120 \times 60}{8} = 900[rpm]$

문제 39 **동기발전기의 돌발 단락전류를 주로 제한하는 것은?**

① 누설 리액턴스 ② 동기 임피던스
③ 권선 저항 ④ 동기 리액턴스

동기발전기 단락전류 구분	돌발 단락전류	지속 단락전류
단락전류제한(억제)값	누설리액턴스 x_l	동기리액턴스 x_s

기출문제

문제 40 **그림은 전동기 속도제어 회로이다. 〈보기〉에서 ⓐ와 ⓑ를 순서대로 나열한 것은?**

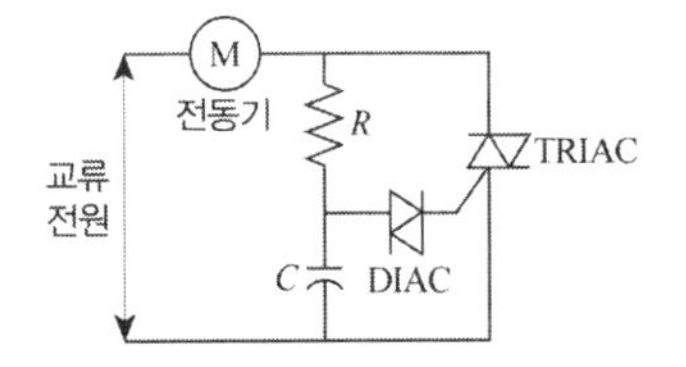

〈보기〉
전동기를 기동할 때는 저항 R을 (ⓐ), 전동기를 운전할 때는 저항 R을 (ⓑ)로 한다.

① ⓐ 최대, ⓑ 최대 ② ⓐ 최소, ⓑ 최소
③ ⓐ 최대, ⓑ 최소 ④ ⓐ 최소, ⓑ 최대

해설 전동기 기동 및 운전시 기동저항 R값

구 분	전동기 기동시 조건	전동기 운전시 조건
기동저항 R	최대로 할 것	최소로 할 것

정답 37. ① 38. ③ 39. ① 40. ③

문제 41 **케정션 박스 내에서 절연전선을 쥐꼬리 접속한 후 접속과 절연을 위해 사용되는 재료는?**

① 링형 슬리브 ② S형 슬리브
③ 와이어 커넥터 ④ 터미널 러그

문제 42 **케이블 공사에 의한 저압 옥내배선에서 케이블을 조영재의 아랫면 또는 옆면에 따라 붙이는 경우에는 전선의 지지점간의 거리는 몇 [m] 이하이어야 하는가?**

① 0.5 ② 1
③ 1.5 ④ 2

 케이블공사

시설 방법	조영재의 수평방향(아랫면, 옆면)인 경우	조영재의 수직방향인 경우
케이블 지지점간 거리	1[m] 이하	2[m] 이하(캡타이어 케이블은 1[m])

문제 43 **분전반 및 배전반은 어떤 장소에 설치하는 것이 바람직한가?**

① 전기회로를 쉽게 조작할 수 있는 장소
② 개폐기를 쉽게 개폐할 수 없는 장소
③ 은폐된 장소
④ 이동이 심한 장소

해설 분전반 및 배전반은 부하 중심에 위치하고 전기회로(스위치) 조작을 쉽게 할 수 있는 장소에 설치할 것

문제 44 **합성수지 몰드 공사는 사용 전압이 몇 [V] 미만의 배선에 사용되는가?**

① 200[V] ② 400[V]
③ 600[V] ④ 800[V]

문제 45 **천장에 작은 구멍을 뚫어 그 속에 등기구를 매입시키는 방식으로 건축의 공간을 유효하게 하는 조명방식은?**

① 코브 방식 ② 코퍼 방식
③ 밸런스 방식 ④ 다운라이트 방식

해설

건축화조명종류	시 설 방 법
코브 조명	벽 또는 천정면에 목재, 플라스틱을 사용하여 등을 감추는 조명방식
코퍼 조명	천장면에 환형 또는 4각형 형상의 기구 매입 방식
밸런스 조명	벽면에 나무나 금속판을 시설하고 내부에 등을 설치하는 방식
다운라이트 조명	천장에 작은 구멍을 뚫어 그 속에 등기구를 매입시키는 방식

정답 41. ③ 42. ② 43. ① 44. ② 45. ④

문제 **46** **동전선의 접속방법에서 종단접속 방법이 아닌 것은?**

① 비틀어 꽂는 형의 전선접속기에 의한 접속
② 종단겹침용 슬리브(E형)에 의한 접속
③ 직선 맞대기용 슬리브(B형)에 의한 압착접속
④ 직선 겹침용 슬리브(P형)에 의한 접속

해설 동전선의 접속 방법
1) 전선접속기에 의한 접속
2) 슬리브(E형, B형)에 의한 접속
3) 압착단자에 의한 접속

문제 **47** **가연성 가스가 존재하는 저압 옥내전기설비 공사 방법으로 옳은 것은?**

① 가요전선관 공사 ② 합성수지관 공사
③ 금속관 공사 ④ 금속 몰드 공사

해설 자연성 가스 존재시 시설가능공사 : 케이블 또는 금속관 공사

문제 **48** **셀룰로이드, 성냥, 석유류 등 기타 가연성 위험물질을 제조 또는 저장하는 장소의 배선 방법이 아닌 것은?**

① 배선은 금속관 배선, 합성수지관 배선 또는 케이블 배선에 의할 것
② 금속관은 박강 전선과 또는 이와 동등 이상의 강도가 있는 것을 사용할 것
③ 두께가 2[mm] 미만의 합성수지제 전선관을 사용할 것
④ 합성수지관 배선에 사용하는 합성수지관 및 박스 기타 부속품은 손상될 우려가 없도록 시설할 것

해설 위험물 존재시 시설가능공사 : 금속관·합성수지관(두께 2[mm] 이상)·케이블공사

문제 **49** **라이팅 덕트 공사에 의한 저압 옥내 배선 시 덕트의 지지점간의 거리는 몇 [m] 이하로 해야 하는가?**

① 1.0 ② 1.2
③ 2.0 ④ 3.0

문제 **50** **소맥분, 전분 기타 가연성의 분진이 존재하는 곳의 저압 옥내 배선공사 방법에 해당되지 않는 것은?**

① 케이블 공사 ② 금속관 공사
③ 애자사용 공사 ④ 합성수지관 공사

해설 가연성 분진 존재시 시설가능 공사 : 금속관·합성수지관·케이블 공사

정답 46. ③ 47. ③ 48. ③ 49. ③ 50. ③

문제 **51**

지중 전선로를 직접매설식에 의하여 시설하는 경우 차량의 압력을 받을 우려가 있는 장소의 매설 깊이는?

① 0.6[m] 이상 ② 0.8[m] 이상
③ 1.0[m] 이상 ④ 1.2[m] 이상

구 분	차량(중량물)의 압력을 받는 곳	기타
케이블 매설 깊이	1.2[m] 이상	0.6[m] 이상

문제 **52**

접지를 하는 목적이 아닌 것은?

① 이상전압의 발생 ② 전로의 대지전압의 저하
③ 보호 계전기의 동작 확보 ④ 감전의 방지

접지목적	감전방지	전기설비보호	보호계전기 동작확보	대지전압저하(절연강도낮춤)
원인	누설전류	뇌	지락사고시	이상전압 발생시

문제 **53**

가요전선관 공사에 다음의 전선을 사용하였다. 맞게 사용한 것은?

① 알루미늄 35[mm^2]의 단선 ② 절연전선 16[mm^2]의 단선
③ 절연전선 10[mm^2]의 연선 ④ 알루미늄 25[mm^2]의 단선

가요전선관 공사시 사용 전선 굵기
절연전선 단면적 10[mm^2]의 연선(알루미늄선 16[mm^2] 연선) 사용

문제 **54**

철근 콘크리트 건물에 노출 금속관 공사를 할 때 직각으로 굽히는 곳에 사용되는 금속관 재료는?

① 엔트런스 캡 ② 유니버셜 엘보
③ 4각 박스 ④ 터미널 캡

해설

금속관 재료	엔트런스 캡	유니버셜 엘보	4각 박스	터미널 캡
용 도	금속관 단구시설 (전선피복보호)	관을 직각 굽히는 곳에 사용	전선의 접속	금속관 단구시설 (전동기 단자접속)

문제 **55**

전주의 길이가 16[m]인 지지물을 건주하는 경우에 땅에 묻히는 최소 깊이는 몇 [m]인가? (단, 설계하중이 6.8[kN] 이하이다)

① 1.5 ② 2
③ 2.5 ④ 3

정답 51. ④ 52. ① 53. ③ 54. ② 55. ③

전주 길이 구분	15[m] 이하인 경우	15[m] 초과인 경우
전주 땅에 묻히는 깊이	전주길이$\times\frac{1}{6}$ 이상[m]	2.5[m] 이상

문제 **56** **하나의 수용장소의 인입선 접속점에서 분기하여 지지물을 거치지 아니하고 다른 수용장소의 인입선 접속점에 이르는 전선은?**

① 가공 인입선 ② 구내 인입선
③ 연접 인입선 ④ 옥측배선

문제 **57** **가공전선로의 지선에 사용되는 애자는?**

① 노브 애자 ② 인류 애자
③ 현수 애자 ④ 구형 애자

애자종류	노브애자	인류애자	현수애자	구형애자
용도	옥내배선용	인입선용	가공전선로 지지애자	지선용

문제 **58** **전기공사에서 접지저항 측정할 때 사용하는 측정기는 무엇인가?**

① 검류기 ② 변류기
③ 메거 ④ 어스 테스터

측정기	검류기	변류기	메거	어스테스터
용도(측정값)	충전유무확인	대전류를 소전류로 변류	절연저항	접지저항

문제 **59** **다음 중 3로 스위치를 나타내는 그림 기호는?**

① ●EX ② ●3
③ ●2P ④ ●15A

스위치 심벌	●EX	●3	●2P	●WP	●15A
명 칭	방폭형 스위치	3로 스위치	2극 스위치	방수형	15[A] 이상은 전류치 표기할 것

기출문제

정답 56. ③ 57. ④ 58. ④ 59. ②

문제 60 **최대 사용전압이 70[kV]인 중성점 직접접지식 전로의 절연내력 시험전압은 몇 [V]인가?**

① 35,000[V] ② 42,000[V]
③ 44,800[V] ④ 50,400[V]

변압기 전로의 절연내력시험전압

전로의 종류 (최대사용전압기준)	시험전압= 최대사용전압 ×배수	최저값 시험전압	과년도 문제
7[kV] 이하 전로인 경우	1.5배	500[V] 이상	500[V]변압기 : 500×1.5=750[V] 220[V]변압기 : 220×1.5 = 330[V] 무시 → 500[V] 사용
7~25[kV] 이하 중성점(다중) 접지식 전로인 경우	0.92배	500[V] 이상	22.9[kV-Y]인 경우 → 22,900×0.92=21,068[V]
7[kV] 초과 60[kV] 이하 전로인 경우	1.25배	10,500[V] 이상	7,200[V] → 7,200×1.25 = 9,000[V] → 10,500[V] 사용
60[kV] 초과 중성점 비접지식 전로인 경우		없 음	
60[kV] 초과 중성점 접지식 전로인 경우	1.1배	75,000[V] 이상	66,000[V] → 66,000×1.1 = 72,600[V] → 75,000[V] 사용
60[kV] 초과 중성점 직접 접지식인 경우 ★	0.72배	없 음	70000×0.72=50,400[V]

정답 60. ④

기출 문제

2017년 제2회

문제 **01** **서로 가까이 나란히 있는 두 도체에 전류가 반대방향으로 흐를 때 각 도체 간에 작용하는 힘은?**

① 흡인한다. ② 반발한다.
③ 흡인과 반발을 되풀이한다. ④ 처음에는 흡인하다가 나중에는 반발한다.

해설 두 평행도선간의 작용하는 힘 F의 종류

종류	흡인력(전선끼리 서로 당기는 힘)	반발력(전선끼리 서로 미는 힘)
조건	전류 I_1, I_2 방향이 같을 때	전류 I_1, I_2 방향이 다를 때
	I_1 I_2 r 또는 r I_1 I_2	I_1 r I_1 또는 I_2 r I_2

문제 **02** **3[μF], 4[μF], 5[μF]의 3개의 콘덴서를 병렬로 연결된 회로의 합성정전용량은 얼마인가?**

① 1.2[μF] ② 3.6[μF]
③ 12[μF] ④ 36[μF]

콘덴서 합성값

출제유형	콘덴서 병렬연결시	콘덴서 직렬연결시
회로도	+전선 −전선 $C_1=3$ $C_2=4$ $C_3=5$ …	C_1 C_2 C_3 + −
합성값 C_o	$C_1+C_2+C_3+\cdots=3+4+5=12[\mu\text{F}]$	$\dfrac{C_1C_2C_3}{C_1C_2+C_2C_3+C_3C_1}$

문제 **03** **다음 설명 중에서 틀린 것은?**

① 코일은 직렬로 연결할수록 인덕턴스가 커진다.
② 콘덴서는 직렬로 연결할수록 용량이 커진다.
③ 저항은 병렬로 연결할수록 저항치가 작아진다.
④ 리액턴스는 주파수의 함수이다.

정답 01. ② 02. ③ 03. ②

해설 콘덴서는 직렬연결시 합성용량이 작고 병렬연결시 크다.
저항과 코일은 직렬연결시 합성값이 크고 병렬연결시 작다.

문제 04 **회전자가 1초에 30회전을 하면 각속도는?**

① 30π [rad/s] ② 60π [rad/s]
③ 90π [rad/s] ④ 120π [rad/s]

해설 각속도 $\omega = \dfrac{\text{위상차}\,\theta}{\text{시간}\,t}[\text{rad/s}] = \dfrac{1\text{회전시}(2\pi)\times 30\text{번}}{1\text{초}} = \dfrac{60\pi}{1} = 60\pi[\text{rad/s}]$

문제 05 **평균반지름 r[m]의 환상 솔레노이드에 I[A]의 전류가 흐를 때, 내부 자계가 H [AT/m]이었다. 권수 N은?**

① $\dfrac{HI}{2\pi r}$ ② $\dfrac{2\pi r}{HI}$
③ $\dfrac{2\pi r H}{I}$ ④ $\dfrac{I}{2\pi r H}$

환상 철심(솔레노이드)의 자계의 세기 H[AT/m]

$H = \dfrac{NI}{2\pi r}$ [AT/m 또는 A/m]

$\therefore$ 권수 $N = \dfrac{2\pi r \times H}{I}$ [회]

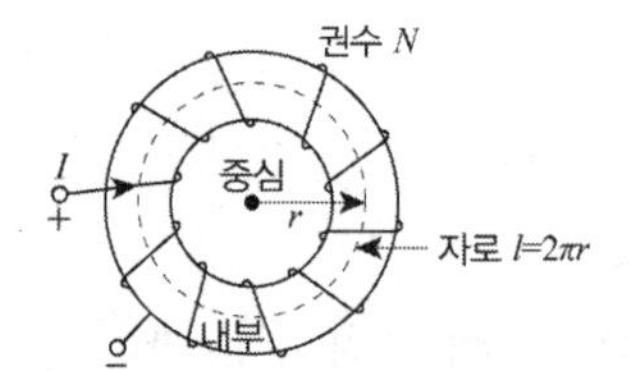

20[A]의 전류를 흘렸을 때 전력이 60[W]인 저항에 30[A]를 흘리면 전력은 몇 [W]가 되겠는가?

① 80 ② 90
③ 120 ④ 135

전력 $P = I^2 R$[W]에서 $P \propto I^2$이므로

나중전력 P_2 = 전력비^2 × 처음전력 $P_1 = \left[\dfrac{\text{나중전류}\,I_2}{\text{처음전류}\,I_1}\right]^2 \times P_1$

$= \left[\dfrac{30}{20}\right]^2 \times 60 = 135[\text{W}]$

문제 07 **P-N 접합 정류기는 무슨 작용을 하는가?**

① 증폭작용 ② 제어작용
③ 정류작용 ④ 스위치 작용

정답 04. ② 05. ③ 06. ④ 07. ③

해설 다이오드(P–N 접합 정류기)

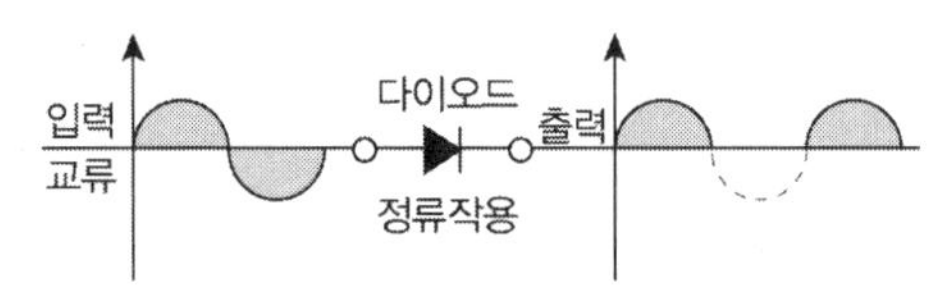

문제 08

3상 교류회로에 2개의 전력계 W_1, W_2로 측정해서 W_1의 지시값이 P_1, W_2의 지시값이 P_2라고 하면 3상 전력은 어떻게 표현되는가?

① $P_1 - P_2$　　② $3(P_1 - P_2)$
③ $P_1 + P_2$　　④ $3(P_1 + P_2)$

해설 2전력계 사용 3상 교류 전력 계산

1) 유효전력 $P = P_1 + P_2$[W]
2) 무효전력 $P_r = \sqrt{3}(P_1 - P_2)$[Var]
3) 피상전력 $P_a = 2\sqrt{P_1^2 + P_2^2 - P_1 \cdot P_2}$[VA]

문제 09

부하의 결선방식에서 Y결선에서 Δ결선으로 변환하였을 때의 임피던스는?

① $Z_\Delta = \sqrt{3}\,Z_Y$　　② $Z_\Delta = \dfrac{1}{\sqrt{3}}Z_Y$
③ $Z_\Delta = 3Z_Y$　　④ $Z_\Delta = \dfrac{1}{3}Z_Y$

해설 3상 부하 크기 변환

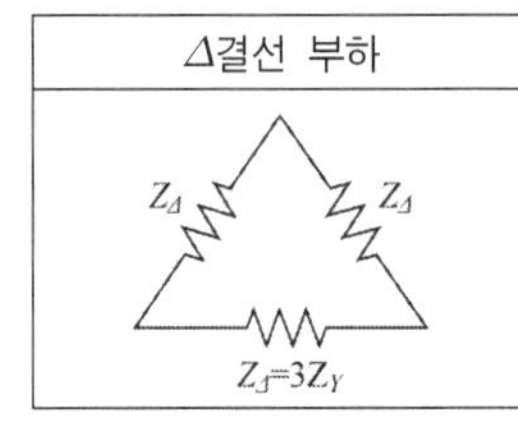

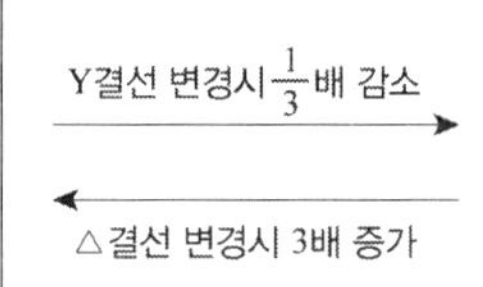

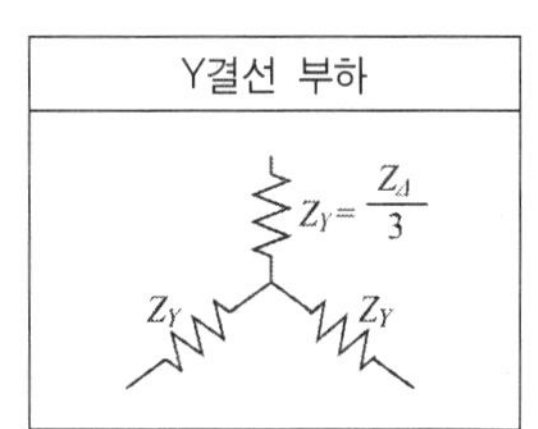

문제 10

다음 중 자기저항의 단위에 해당되는 것은?

① [Ω]　　② [Wb/AT]
③ [H/m]　　④ [AT/Wb]

해설 자기저항 R(환상철심 저항값)

$$R = \frac{l}{\mu s} = \frac{\text{기자력 } F}{\text{자속 } \phi} = \frac{NI}{\phi}\text{[AT/Wb]}$$

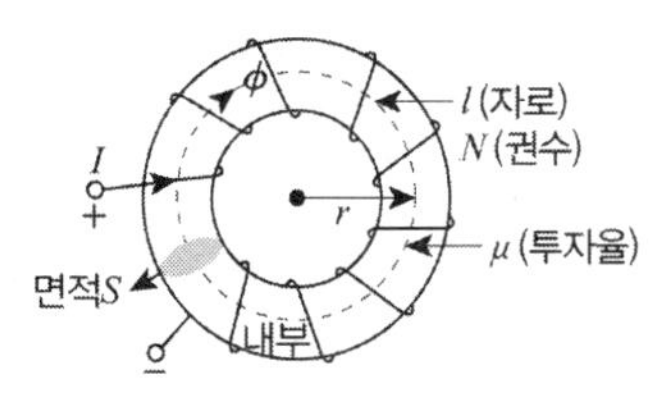

정답 08. ③ 09. ③ 10. ④

문제 **11** **다음 중 저항값이 클수록 좋은 것은?**

① 접지저항 ② 절연저항
③ 도체저항 ④ 접촉저항

해설 저항(전기가 이동하는 데 방해되는 값)
1) 절연저항(전기를 차단하는 저항) : 클수록 좋다.
2) 접지·도체·접촉저항(전기를 잘 흘리는 저항) : 작을수록 좋다.

문제 **12** **콘덴서 용량 0.001[F]과 같은 것은?**

① 10 [μF] ② 1,000 [μF]
③ 10,000 [μF] ④ 100,000 [μF]

해설 단위환산 : 요구하는 단위의 반대크기를 곱한다.
콘덴서 $C = 0.001[F] = 0.001 \times 10^{+6} [\mu F] = 1000[\mu F]$

문제 **13** **단상 전압 220[V]에 소형 전동기를 접속하였더니 2.5[A]의 전류가 흘렀다. 이때의 역률이 75%이었다. 이 전동기의 소비전력[W]은?**

① 187.5[W] ② 412.5[W]
③ 545.5[W] ④ 714.5[W]

해설 단상 유효(소비) 전력
$P = VI\cos\theta = 220 \times 2.5 \times 0.75 = 412.5[W]$

문제 **14** **전류의 열작용과 관계가 있는 법칙은 어느 것인가?**

① 옴의 법칙 ② 키르히호프의 법칙
③ 줄의 법칙 ④ 플레밍의 오른손법칙

해설 줄의 법칙
전류에 의한 단위시간 내 열량 $H = 0.24I^2Rt$[cal] 값이다.

문제 **15** **패러데이의 전자유도 법칙에서 유도기전력의 크기는 코일을 지나는 (㉠)의 매초 변화량과 코일의 (㉡)에 비례한다.**

① ㉠ 자속 ㉡ 굵기 ② ㉠ 자속 ㉡ 권수
③ ㉠ 전류 ② 권수 ④ ㉠ 전류 ㉡ 굵기

해설 패러데이 법칙
유도기전력의 크기(전압) $e = 권수\ N \times \frac{d\phi(자속)}{dt(시간)}$[V]

정답 11. ② 12. ② 13. ② 14. ③ 15. ②

문제 **16** **정현파 교류의 왜형률(distortion factor)은?**

① 0　② 0.1212
③ 0.2273　④ 0.4834

해설 정현파 교류의 왜형률은 고조파가 없기 때문에 "0"이다.

문제 **17** **컨덕턴스 G[℧], 저항 R[Ω], 전압 V[V], 전류를 I[A]라 할 때 G와의 관계가 옳은 것은?**

① $G=\dfrac{R}{V}$　② $G=\dfrac{1}{V}$
③ $G=\dfrac{V}{R}$　④ $G=\dfrac{V}{I}$

해설 컨덕턴스 : $G=\dfrac{1}{\text{저항 }R}$[℧]
옴의 법칙 : 전류 $I=\dfrac{V}{R}=GV$[A]에서 $G=\dfrac{I}{V}$가 성립된다.

문제 **18** **패러데이 법칙과 관계 없는 것은?**

① 전극에서 석출되는 물질의 양은 통과한 전기량에 비례한다.
② 전해질이나 전극이 어떤 것이라도 같은 전기량이면 항상 같은 화학당량의 물질을 석출한다.
③ 화학당량이란 $\dfrac{\text{원자량}}{\text{원자가}}$을 말한다.
④ 석출되는 물질의 양은 전류의 세기와 전기량의 곱으로 나타낸다.

해설 전기분해에서 패러데이 법칙
전기분해시 석출량 $W=kQ=kIt$[g]

문제 **19** **자속의 변화에 의한 유도기전력의 방향 결정은?**

① 렌츠의 법칙　② 패러데이의 법칙
③ 앙페르의 법칙　④ 줄의 법칙

패러데이 법칙	유도기전력의 (크기) 결정 법칙
렌츠의 법칙	유도기전력의 (방향) 결정 법칙

유도기전력 $e = \ominus \times \boxed{N \times \dfrac{d\phi}{dt}}$ [V]
(⊖ : 렌츠의 법칙(방향), $N\times\dfrac{d\phi}{dt}$: 패러데이 법칙(크기))

정답 16. ① 17. ② 18. ④ 19. ①

기출문제

문제 **20**

10[Ω] 저항 5개를 가지고 얻을 수 있는 가장 작은 합성저항값은?

① 1[Ω] ② 2[Ω]
③ 4[Ω] ④ 5[Ω]

 저항값 크기 동일시 합성값

회로구분	직렬연결시	병렬연결시
회로	R=10 10 … n=5개	+ − R=10 10 … n=5개
합성저항값	$R_o = R \times 5$개 $= 10 \times 5 = 50[\Omega]$	$R_o = \frac{R}{5개} = \frac{10}{5} = 2[\Omega]$

문제 **21**

양방향으로 전류를 흘릴 수 있는 양방향 소자는?

① SCR ② GTO
③ TRIAC ④ MOSFET

 반도체(사이리스터) 소자

종류	SCR 단방향 3단자 소자	GTO 게이트 턴오프 스위치	TRIAC 쌍방향 3단자 소자	MOSFET 금속산화막 반도체 전계효과 트랜지스터
심벌	$A(+)$, G, $K(-)$	K, G, A	K, G, A	Drain, Gate, Source

문제 **22**

정속도 전동기로 공작기계 등에 주로 사용되는 전동기는?

① 직류 분권전동기 ② 직류 직권전동기
③ 직류 차동 복권전동기 ④ 단상 유도전동기

 직류 분권전동기

특 징	무여자(계자전류 $I_f = 0$)하지 말 것
용 도	정속도 전동기 / 정토크 / 정출력 부하에 적용한다.
	선박의 펌프, 송풍기, 공작기계, 권상기, 압연기 보조용에 사용한다.

문제 **23**

유도전동기의 2차에 있어 E_2가 127[V], r_2가 0.03[Ω], x_2가 0.05[Ω], s가 5%로 운전하고 있다. 이 전동기의 2차 전류 I_2는? (단, s는 슬립, x_2는 2차 권선 1상의 누설 리액턴스, r_2는 2차 권선 1상의 저항, E_2는 2차 권선 1상의 유기기전력이다)

① 약 201[A] ② 약 211[A]
③ 약 221[A] ④ 약 231[A]

정답 20. ② 21. ③ 22. ① 23. ②

해설 유도전동기 2차 전류 $I_2 = \frac{sE_2}{\sqrt{r_2^2 + (sx_2)^2}} = \frac{0.05 \times 127}{\sqrt{0.03^2 + (0.05 \times 0.05)^2}} = 211[A]$

문제 **24** **기중기로 100[t]의 하중을 2[m/min]의 속도로 권상할 때 소요되는 전동기의 용량은?** (단, 기계 효율은 70[%]이다)

① 약 47[kW]
② 약 94[kW]
③ 약 143[kW]
④ 약 286[kW]

해설 기중기, 권상기, 엘리베이터용 전동기 출력

출력 식	$P = \frac{wv}{6.12\eta}[kW] = \frac{100 \times 2}{6.12 \times 0.7} = 47[kW]$
용 어	w[ton] : 권상하중, v[m/분] : 권상속도, η : 효율

문제 **25** **유도전동기에서 권선도 작성시 필요하지 않은 시험은?**

① 무부하 시험
② 구속 시험
③ 저항 측정
④ 슬립 측정

해설 유도전동기 원선도 작성에 필요한 시험
① 무부하 시험 ② 구속 시험 ③ 저항 측정

문제 **26** **3상 권선형 유도전동기의 기동시 2차측에 저항을 접속하는 이유는?**

① 기동 토크를 크게 하기 위해
② 회전수를 감소시키기 위해
③ 기동전류를 크게 하기 위해
④ 역률을 개선하기 위해

해설 3상 권선형 유도전동기 2차 저항 삽입 이유
① 기동 토크를 크게 하기 위해
② 기동전류 억제(작게) 하기 위해
③ 속도 제어

문제 **27** **계자 철심에 잔류자기가 없어도 발전되는 직류기는?**

① 분권기
② 직권기
③ 복권기
④ 타여자기

해설 직류기

구 분	계자전류 I_f 공급여부	발전가능 여부	적 용
타여자기	외부에서	잔류자기가 없어도 가능	타여자 발전기
자여자기 (직권기, 분권기, 복권기)	내부 스스로	잔류자기가 있어야 가능	직류직권·분권·복권 발전기

정답 24. ① 25. ④ 26. ① 27. ④

문제 **28**

스위칭 주기 10[μs], 온(on)시간 5[μs]일 때 강압형 초퍼의 출력전압 E_2와 입력전압 E_1의 관계는?

① $E_2 = 3E_1$　　② $E_2 = 2E_1$
③ $E_2 = E_1$　　④ $E_2 = 0.5E_1$

해설 강압형 초퍼 출력전압 $E_2 = \frac{\text{온시간 } T_o}{\text{스위칭 주기 } T} \times \text{입력전압 } E_1 = \frac{5}{10}E_1 = 0.5E_1$

문제 **29**

직류발전기의 철심을 규소 강판으로 성층하여 사용하는 주된 이유는?

① 브러시에서의 불꽃 방지 및 정류 개선
② 맴돌이 전류손과 히스테리시스손의 감소
③ 전기자 반작용의 감소
④ 기계적 강도 개선

해설 직류발전기 철손 P_i

철손 종류	감소 대책
와류손 P_e	성층 철심 사용
히스테리시스손 P_h	규소 강판 사용

문제 **30**

동기발전기의 병렬운전 중에 기전력의 위상차가 생기면?

① 위상이 일치하는 경우보다 출력이 감소한다.
② 부하 분담이 변한다.
③ 무효 순환전류가 흘러 전기자 권선이 과열된다.
④ 동기화력이 생겨 두 기전력의 위상이 동상이 되도록 작용한다.

해설 동기발전기 병렬운전
두 발전기 기전력의 위상이 다르면 순환전류(유효횡류)가 흐르고, 두 기전력의 위상이 동상이 되도록 (동기화력)이 작용한다.

문제 **31**

3상 전원에서 2상 전원을 얻기 위한 변압기 결선 방법은?

① Δ　　② Y
③ V　　④ T

 3상 전원을 2상 전원으로 변환시키는 결선
① 스코트 결선(T결선)
② 우드브리지 결선
③ 메이어 결선

정답 28. ④ 29. ② 30. ④ 31. ④

문제 **32**

접지사고 발생시 다른 선로의 전압은 상전압 이상으로 되지 않으며, 이상전압의 위험도 없고 선로나 변압기의 절연 레벨을 저감시킬 수 있는 접지방식은?

① 저항접지 ② 비접지
③ 직접접지 ④ 소호 리액터 접지

문제 **33**

직류 분권전동기의 계자전류를 약하게 하면 회전수는?

① 감소한다. ② 정지한다.
③ 증가한다. ④ 변화 없다.

해설 직류 분권전동기 회전수(속도)제어 $N = k\left(\dfrac{V - I_a R_a}{\phi}\right)$[rpm]

- 계자전류 $I_f(\phi)$을 약하게(감소↓) → 회전수 N(증가↑) 된다.
- 계자전류 $I_f(\phi)$을 강하게(증가↑) → 회전수 N(감소↓) 된다.

문제 **34**

주파수 60[Hz]의 회로에 접속되어 슬립 3[%], 회전수 1,164[rpm]으로 회전하고 있는 유도전동기의 극수는?

① 5극 ② 6극
③ 7극 ④ 10극

해설 유도전동기

- 회전자 속도 $N = (1-s) \times$ 동기속도 N_s → $N_s = \dfrac{N}{1-s} = \dfrac{1164}{1-0.03} = 1200$[rpm]
- → 동기속도 $N_s = \dfrac{120f}{P}$ 식에서 극수 $P = \dfrac{120f}{N_s} = \dfrac{120 \times 60}{1200} = 6$극

문제 **35**

권수비 2, 2차 전압 100[V], 2차 전류 5[A], 2차 임피던스 20[Ω]인 변압기의 ㉠ 1차 환산 전압 및 ㉡ 1차 환산 임피던스는?

① ㉠ 200[V] ㉡ 80[Ω] ② ㉠ 200[V] ㉡ 40[Ω]
③ ㉠ 50[V] ㉡ 10[Ω] ④ ㉠ 50[V] ㉡ 5[Ω]

해설 변압기 환산값

권수비 $a = \dfrac{1차\ 권수\ N_1}{2차\ 권수\ N_2} = \dfrac{1차\ 전압\ V_1}{2차\ 전압\ V_2} = \dfrac{2차\ 전류\ I_2}{1차\ 전류\ I_1}$

$= \sqrt{\dfrac{1차\ 임피던스\ Z_1}{2차\ 임피던스\ Z_2}} \rightarrow a^2 = \dfrac{Z_1}{Z_2}$

- 1차 환산전압 $V_1 = a \times V_2 = 2 \times 100 = 200$[V]
- 1차 환산임피던스 $Z_1 = a^2 Z_2 = 2^2 \times 20 = 80$[Ω]

정답 32. ③ 33. ③ 34. ② 35. ①

문제 36

트라이악(TRIAC)의 기호는?

① 

② 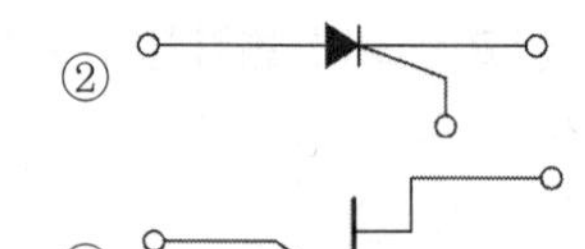

③ 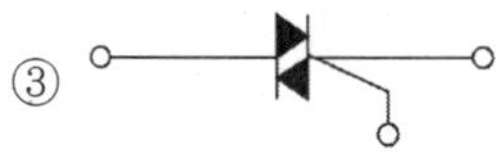

④

해설

구분	다이액 DIAC	실리콘 제어정류기 SCR	트라이액 TRIAC	단접합 트랜지스터 UJT
심벌		G	G	

문제 37

다음 설명 중 틀린 것은?

① 3상 유도 전압 조정기의 회전자 권선은 분로 권선이고, Y결선으로 되어 있다.
② 딥 슬롯형 전동기는 냉각효과가 좋아 기동 정지가 빈번한 중·대형 저속기에 적당하다.
③ 누설 변압기가 네온사인이나 용접기의 전원으로 알맞은 이유는 수하특성 때문이다.
④ 계기용 변압기의 2차 표준은 110/220[V]로 되어 있다.

해설 계기용 변압기 PT의 2차 표준전압은 110[V]로 설계되어 있다.

문제 38

3상 유도전동기의 회전방향을 바꾸기 위한 방법은?

① 3상의 3선 접속을 모두 바꾼다.
② 3상의 3선 중 2선의 접속을 바꾼다.
③ 3상의 3선 중 1선에 리액턴스를 연결한다.
④ 3상의 3선 중 2선에 같은 값의 리액턴스를 연결한다.

 전동기 회전방향 바꾸는 방법

직권전동기	전기자 전류라 계자전류(권선) 중 1개의 방향을 바꾼다.
3상 유도전동기	3상의 3선 중 2선의 접속을 바꾼다.

문제 39

동기전동기에 대한 설명으로 틀린 것은?

① 정속도 전동기이고, 저속도에서 특히 효율이 좋다.
② 역률을 조정할 수 있다.
③ 난조가 일어나기 쉽다.
④ 직류 여자기가 필요하지 않다.

정답 36. ③ 37. ④ 38. ② 39. ④

 동기전동기의 장점 및 단점

장 점 ★	단 점 ★
① 필요시 진상·지상으로 변환 가능하다. ② 정속도 전동기(속도가 불변) ③ 유도기에 비해서 효율이 좋다. ④ 역률 $\cos\theta = 1$로 운전 가능하다. (역률 조정가능하다)	① 기동 토크 0이 기동 불가기 때문에 ② 여자전원(직류변환장치)이 필요하므로 구조가 복잡하다. ③ 난조가 일어나기 쉽다. ④ 탈조 현상(난조가 커져 동기운전을 이탈하는 현상) ⑤ 속도 조정 곤란(주파수로 조정) ⑥ 고가이다.(비싸다)

문제 **40**

3상 제어정류회로에서 점호각의 최대값은?

① 30°　　② 150°
③ 180°　　④ 210°

해설 3상 제어정류회로의 점호각은 30∼150° 범위이다.

문제 **41**

엘리베이터 장치를 시설할 때 승강기 내에서 사용하는 전등 및 전기기계기구에 사용할 수 있는 최대전압은?

① 110[V] 미만　　② 220[V] 미만
③ 400[V] 미만　　④ 440[V] 미만

해설 저압 옥내 배선 시설(엘리베이터 내 전등 및 전기기계기구) 사용전압은 400[V] 미만일 것

문제 **42**

애자사용 공사에서 전선의 지지점간의 거리는 전선을 조영재의 위면 또는 옆면에 따라 붙이는 경우에는 몇 [m] 이하인가?

① 1　　② 1.5
③ 2　　④ 3

문제 **43**

가요전선관의 상호접속은 무엇을 사용하는가?

① 콤비네이션 커플링　　② 스플릿 커플링
③ 더블 커넥터　　④ 앵글 커넥터

관상호접속구분	가요전선관 상호간	가요전선관과 금속관	가요전선관과 박스간
접속자재명칭	스플릿 커플링	콤비네이션 커플링	앵글 커넥터

기출문제

정답 40. ② 41. ③ 42. ③ 43. ②

문제 44 전주의 길이가 15[m] 이하인 경우 땅에 묻히는 깊이는 전주 길이의 얼마 이상으로 하여야 하는가?

① 1/2　　② 1/3
③ 1/5　　④ 1/6

전주 길이 구분	15[m] 이하인 경우	15[m] 초과인 경우
전주 땅에 묻히는 깊이	전주길이$\times\frac{1}{6}$ 이상[m]	2.5[m] 이상

문제 45 배전선로 기기 설치 공사에서 전주에 승주 시 발판 못 볼트는 지상 몇 [m] 지점에서 180° 방향에 몇 [m]씩 양쪽으로 설치하여야 하는가?

① 1.5[m], 0.3[m]　　② 1.5[m], 0.45[m]
③ 1.8[m], 0.3[m]　　④ 1.8[m], 0.45[m]

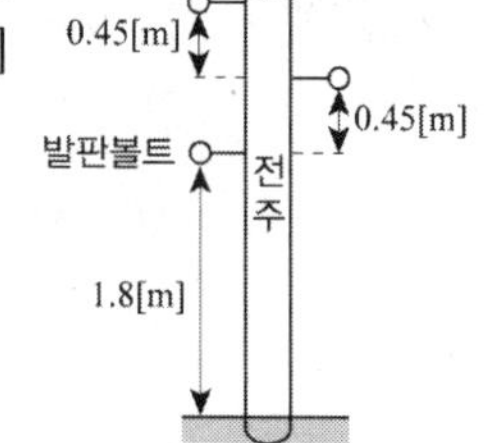

해설 전주의 발판 못 볼트 설치는 지표상 1.8[m] 지점에 180° 방향 0.45[m]씩 설치할 것

문제 46 버스 덕트 공사에서 덕트를 조영재에 붙이는 경우에는 덕트의 지지점간의 거리를 몇 [m] 이하로 하여야 하는가?

① 3　　② 4.5
③ 6　　④ 9

문제 47 사용전압이 400[V] 미만인 경우의 금속관 및 그 부속품 등은 몇 종 접지공사를 하여야 하는가?

① 제1종 접지공사　　② 제2종 접지공사
③ 제3종 접지공사　　④ 특별 제3종 접지공사

사용전압구분	400[V] 미만인 경우	400[V] 이상인 경우
금속관의 접지종류	제3종 접지	특별 제3종 접지(사람 접촉 우려 없는 경우 제3종)

문제 48 도면과 같은 단상 3선식의 옥외 배선에서 중성선과 양외선간에 각각 20[A], 30[A]의 전등 부하가 걸렸을 때 인입 개폐기의 X점에서 단자가 빠졌을 경우 발생하는 현상은?

① 별 이상이 일어나지 않는다.
② 20[A] 부하의 단자전압이 상승
③ 30[A] 부하의 단자전압이 상승
④ 양쪽 부하에 전류가 흐르지 않는다.

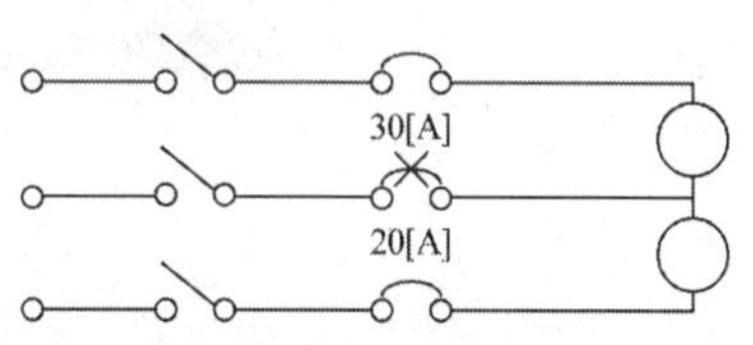

정답 44. ④ 45. ④ 46. ① 47. ③ 48. ②

해설 단상3선식에서 중성선 단선시 전등이 직렬회로가 되어 전류가 작은 20[A] 전등의 단자전압이 상승한다.

문제 **49** **경질 비닐 전선관의 설명으로 틀린 것은?**

① 1본의 길이는 3.6[m]가 표준이다.
② 굵기는 관 안지름의 크기에 가까운 짝수[mm]로 나타낸다.
③ 금속관에 비해 절연성이 우수하다.
④ 금속관에 비해 내식성이 우수하다.

해설 경질 비닐 전선관의 한 본의 길이는 4[m]가 표준이다.

문제 **50** **옥내의 저압전로와 대지 사이의 절연저항 측정에 알맞은 계기는?**

① 회로 시험기
② 접지 측정기
③ 네온 검전기
④ 메거 측정기

문제 **51** **지중 또는 수중에 시설하는 양극과 피방식체 간의 전기부식방지 시설에 대한 설명으로 틀린 것은?**

① 사용전압은 직류 60[V] 초과일 것
② 지중에 매설하는 양극은 75[cm] 이상의 깊이일 것
③ 수중에 시설하는 양극과 그 주위 1[m] 안의 임의의 점과의 전위차는 10[V]를 넘지 않을 것
④ 지표에서 1[m] 간격의 임의의 2점간의 전위차가 5[V]를 넘지 않을 것

해설 전기부식방지 시설규정
전원장치로부터 양극과 피방식체 간의 사용전압은 직류 60[V] 이하일 것

문제 **52** **수변전설비에서 차단기의 종류 중 가스 차단기에 들어가는 가스의 종류는?**

① CO_2
② LPG
③ SF_6
④ LNG

해설

차단기 종류	유입차단기 OCB	공기차단기 ABB	가스차단기 GCB	자기차단기 MBB
소호매질	절연유사용	공기사용	SF_6 가스	전자력원리

문제 **53** **폭연성 분진이 존재하는 곳의 금속관 공사에 있어서 관 상호간 및 관과 박스의 접속은 몇 턱 이상의 나사조임으로 시공하여야 하는가?**

① 3턱
② 5턱
③ 7턱
④ 9턱

정답 49. ① 50. ④ 51. ① 52. ③ 53. ②

문제 **54**

연접인입선 시설 제한규정에 대한 설명으로 잘못된 것은?

① 분기하는 점에서 100[m]를 넘지 않아야 한다.
② 폭 5[m]를 넘는 도로를 횡단하지 않아야 한다.
③ 옥내를 통과해서는 안 된다.
④ 분기하는 점에서 고압의 경우에는 200[m]를 넘지 않아야 한다.

연접인입선은 분기점에서 100[m]를 넘지 않아야 한다.

문제 **55**

단면적 6[mm²] 이하의 가는 단선(동전선)의 트위스트 조인트에 해당되는 전선접속법은?

① 직선접속 ② 분기접속
③ 슬리브 접속 ④ 종단접속

단선의 직선 접속 방법 종류	트위스트 접속	브리타니아 접속
적용 전선 굵기	6[mm²] 이하 가는 단선	10[mm²] 이상 굵은 단선

문제 **56**

배전반 및 분전반을 넣은 강판제로 만든 함의 최소 두께는?

① 1.2[mm] 이상 ② 1.5[mm] 이상
③ 2.0[mm] 이상 ④ 2.5[mm] 이상

배전반 및 분전반 재질 종류	합성수지로 만든 것	강판제로 만든 것
배전반 및 분전반함의 두께	최소 1.5[mm] 이상	최소 1.2[mm] 이상

문제 **57**

지중에 매설되어 있는 금속제 수도관로는 접지공사의 접지극으로 사용할 수 있다. 이때 수도관로는 대지와의 전기저항치가 얼마 이하여야 하는가?

① 1[Ω] ② 2[Ω]
③ 3[Ω] ④ 4[Ω]

금속제 수도관 접지저항 : 3[Ω] 이하

문제 **58**

각 수용가의 최대 수용전력이 각각 5[kW], 10[kW], 15[kW], 22[kW]이고, 합성 최대 수용전력이 50[kW]이다. 수용가 상호간의 부등률은 얼마인가?

① 1.04 ② 2.34
③ 4.25 ④ 6.94

해설 수용가 상호간 부등률 $= \frac{\text{각수용가(부하) 최대수용전력합}}{\text{합성 최대수용전력}} = \frac{5+10+15+22}{50} = 1.04$

정답 54. ④ 55. ① 56. ① 57. ③ 58. ①

문제 **59** 정격전류 30[A] 이하의 A종 퓨즈는 정격전류 200[%]에서 몇 분 이내 용단되어야 하는가?

① 2분 ② 4분
③ 6분 ④ 8분

 저압용 퓨즈 : 정격전류의 1.1배의 전류에 견딜 것

정격전류[A]	정격전류의 1.6배인 경우	정격전류의 2배인 경우
30 이하	60분 이내 용단	★ 2분 이내 용단
31~60 이하	60분 이내 용단	4분 이내 용단
61~100 이하	120분 이내 용단	6분 이내 용단
101~200 이하	120분 이내 용단	8분 이내 용단

문제 **60** 캡타이어 케이블을 조영재에 시설하는 경우 그 지지점간의 거리는 얼마로 하여야 하는가?

① 1[m] 이하 ② 1.5[m] 이하
③ 2.0[m] 이하 ④ 2.5[m] 이하

 케이블 공사

시설방법	조영재의 수평방향(아랫면, 옆면)	조영재의 수직방향
케이블 지지점간 거리	1[m] 이하	2[m] 이하(캡타이어 케이블은 1[m])

기출문제

정답 59. ① 60. ①

기출문제 2017년 제3회

문제 01 **저항 $R=15[\Omega]$, 자체인덕턴스 $L=35[mH]$, 정전용량 $C=300[\mu F]$의 직렬회로에서 공진주파수 f_r는 약 몇 [Hz]인가?**

① 40　　② 50
③ 60　　④ 70

해설 $R-L-C$ 직렬 공진

공진주파수 $f=\frac{1}{2\pi\sqrt{LC}}=\frac{1}{2\times3.14\times\sqrt{35\times10^{-3}\times300\times10^{-6}}}=50[Hz]$

문제 02 **그림과 같은 회로에서 $4[\Omega]$에 흐르는 전류[A]값은?**

① 0.6
② 0.8
③ 1.0
④ 1.2

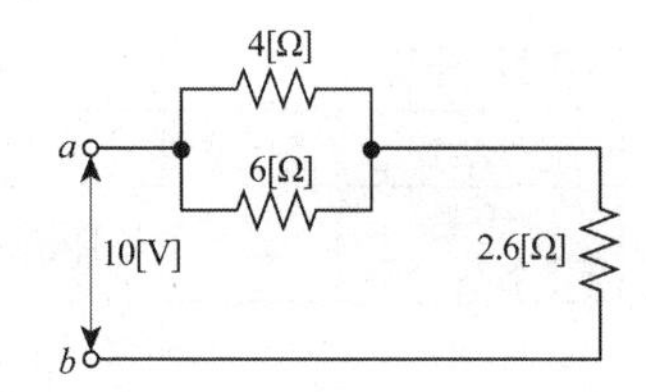

해설 전류 분배식 사용

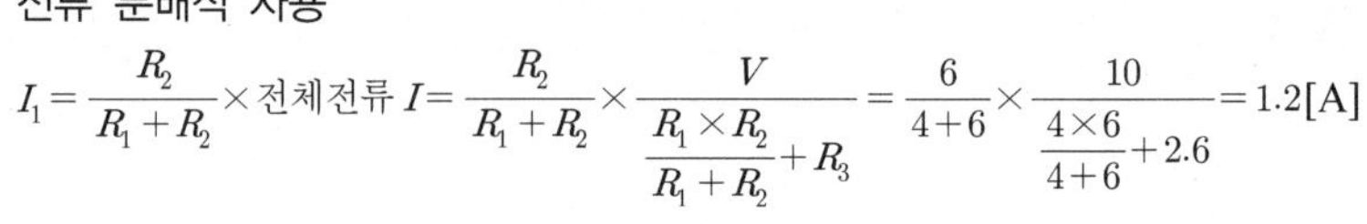

$$I_1=\frac{R_2}{R_1+R_2}\times\text{전체전류 }I=\frac{R_2}{R_1+R_2}\times\frac{V}{\frac{R_1\times R_2}{R_1+R_2}+R_3}=\frac{6}{4+6}\times\frac{10}{\frac{4\times6}{4+6}+2.6}=1.2[A]$$

문제 03 **"같은 전기량에 의해서 여러 가지 화합물이 전해될 때 석출되는 물질의 양은 그 물질의 화학당량에 비례한다." 이 법칙은?**

① 렌츠의 법칙　　② 패러데이의 법칙
③ 앙페르의 법칙　　④ 줄의 법칙

해설 전기분해에서 패러데이 법칙
전기분해시 석출량 W=전기화학당량 $k\times$전하 $Q=kIt$ [g]

문제 04 **용량을 변화시킬 수 있는 콘덴서는?**

① 바리콘　　② 마일러 콘덴서
③ 전해 콘덴서　　④ 세라믹 콘덴서

정답 01. ② 02. ④ 03. ② 04. ①

문제 **05** **상호 유도 회로에서 결합계수 k는?** (단, M은 상호인덕턴스, L_1, L_2는 자기인덕턴스이다.)

① $k=M\sqrt{L_1L_2}$　　② $k=\sqrt{M\cdot L_1L_2}$

③ $k=\dfrac{M}{\sqrt{L_1L_2}}$　　④ $k=\sqrt{\dfrac{L_1L_2}{M}}$

해설 상호인덕턴스 $M=k\sqrt{L_1L_2}$ [H] 식에서 결합계수 $k=\dfrac{M}{L_1L_2}$

문제 **06** **일반적으로 교류전압계의 지시값은?**

① 최대값　　② 순시값

③ 평균값　　④ 실효값

전압 종류	실효값전압 V ★	최대값전압 E_m	순시값전압 v	평균값전압 V_a
의미	실제기계기구 투입값	$\sqrt{2}\times$실효값 V	$E_m\sin wt$	직류(평균)환산값

문제 **07** **$+Q_1$[C]과 $-Q_2$[C]의 전하가 진공 중에서 r[m]의 거리에 있을 때 이들 사이에 작용하는 정전기력 F[N]은?**

① $F=0.9\times10^{-9}\times\dfrac{Q_1Q_2}{r^2}$　　② $F=9\times10^{-9}\times\dfrac{Q_1Q_2}{r^2}$

③ $F=9\times10^{9}\times\dfrac{Q_1Q_2}{r^2}$　　④ $F=90\times10^{9}\times\dfrac{Q_1Q_2}{r^2}$

해설 쿨롱의 법칙(F)

두 전하 사이의 힘 $F=\dfrac{Q_1\times Q_2}{4\pi\varepsilon_o r^2}=9\times10^9\dfrac{Q_1Q_2}{r^2}$ [N]

문제 **08** **교류회로에서 코일과 콘덴서를 병렬로 연결한 상태에서 주파수가 증가하면 어느 쪽이 전류가 잘 흐르는가?**

① 코일　　② 콘덴서

③ 코일과 콘덴서에 같이 흐른다.　　④ 모두 흐르지 않는다.

$L-C$ 병렬회로

코일측 전류 $I_L=\dfrac{V}{wL}=\dfrac{V}{2\pi f\uparrow L}$(↓ 감소)

콘덴서측 전류 $I_C=\dfrac{V}{\dfrac{1}{wC}}=2\pi f\uparrow CV$(↑ 증가)

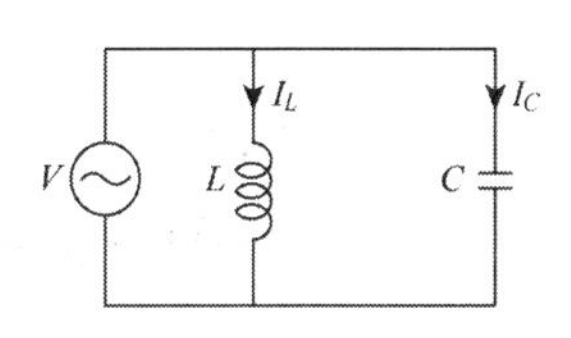

기출문제

정답 05. ③ 06. ④ 07. ③ 08. ②

문제 **09**

어떤 회로에 50[V]의 전압을 가하니 $8+j6$[A]의 전류가 흘렀다면 이 회로의 임피던스[Ω]는?

① $3-j4$　　② $3+j4$

③ $4-j3$　　④ $4+j3$

임피던스 $Z=\frac{\text{전압}\ V}{\text{전류}\ I}=\frac{50}{8+j6}=\frac{50(8-j6)}{(8+j6)(8-j6)}=\frac{50}{8^2+6^2}(8-j6)=4-j3[\Omega]$

문제 **10**

전하의 성질에 대한 설명 중 옳지 않은 것은?

① 같은 종류의 전하는 흡인하고 다른 종류의 전하끼리는 반발한다.

② 대전체에 들어 있는 전하를 없애려면 접지시킨다.

③ 대전체의 영향으로 비대전체에 전기가 유도된다.

④ 전하는 가장 안전한 상태를 유지하려는 성질이 있다.

해설

힘 F의 종류	흡인력(두 전하 극성이 다를 때)	반발력(두 전하 극성이 같을 때)
두 전하 극성	$+Q$전하 ↔ $-Q$전하	$+Q$전하 ↔ $+Q$전하

문제 **11**

다음 중 저항의 온도계수가 부(−)의 특성을 가지는 것은?

① 경동선　　② 백금선

③ 텅스텐　　④ 서미스터

문제 **12**

금속 내부를 지나는 자속의 변화로 금속 내부에 생기는 맴돌이 전류를 작게 하려면 어떻게 하여야 하는가?

① 두꺼운 철판을 사용한다.　　② 높은 전류를 가한다.

③ 얇은 철판을 성층하여 사용한다.　　④ 철판 양면에 절연지를 부착한다.

금속(철심) 손실 종류	와류(맴돌이전류)손	히스테리시스손
철손 감소 대책	성층철심사용	규소강판사용

문제 **13**

반지름 5[cm], 권수 100회인 원형 코일에 15[A]의 전류가 흐를 때 코일 중심의 자장의 세기는 몇 [AT/m]인가?

① 750　　② 3,000

③ 15,000　　④ 22,500

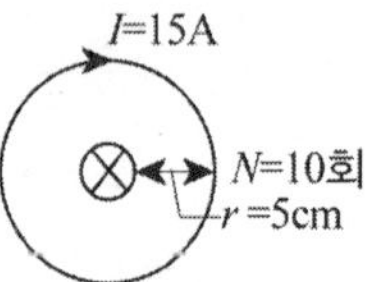

해설 원형 코일 중심의 자기장 세기

$$H=\frac{NI}{2r}=\frac{100\times 15}{2\times 5\times 10^{-2}}=15000[\text{AT/m}]$$

정답 09. ③ 10. ① 11. ④ 12. ③ 13. ③

문제 **14** **0.2[H]인 자기인덕턴스 5[A]의 전류가 흐를 때 축적되는 에너지[J]는?**

① 0.2 ② 2.5
③ 5 ④ 10

해설 코일(자기인덕턴스 L) 축적에너지 $W=\frac{1}{2}LI^2=\frac{1}{2}\times0.2\times5^2=2.5$[J]

문제 **15** **1대의 출력이 100[kVA]인 단상 변압기 2대로 V결선하여 3상 전력을 공급할 수 있는 최대 전력은 몇 [kVA]인가?**

① 100 ② $100\sqrt{2}$
③ $100\sqrt{3}$ ④ 200

해설 V결선시 출력 $P_V=\sqrt{3}\times$변압기 1대 용량$=\sqrt{3}\times100=100\sqrt{3}$ [kVA]

문제 **16** **비정현파가 발생하는 원인과 거리가 먼 것은?**

① 자기포화 ② 옴의 법칙
③ 히스테리시스 ④ 전기자반작용

해설 비정현파 발생원인
1) 변압기 철심 자기포화 및 히스테리시스 현상
2) 발전기의 전기자 전류에 의한 전기자 반작용

문제 **17** **누설자속이 발생되기 어려운 경우는 어느 것인가?**

① 자로에 공극이 있는 경우
② 자로의 자속밀도가 높은 경우
③ 철심이 자기 포화되어 있는 경우
④ 자기회로의 자기저항이 작은 경우

해설 누설자속이 발생하기 쉬운 경우
1) 자로에 공극이 크거나 자속밀도 높을 때
2) 철심이 자기포화가 상태일 때

문제 **18** **다음은 전기력선의 성질이다. 틀린 것은?**

① 전기력선은 서로 교차하지 않는다.
② 전기력선은 도체의 표면에 수직이다.
③ 전기력선의 밀도는 전기장의 크기를 나타낸다.
④ 같은 전기력선은 서로 끌어당긴다.

해설 같은 전기력선은 서로 반발력이 작용한다.

정답 14. ② 15. ③ 16. ② 17. ④ 18. ④

문제 **19**

평형 3상 회로에서 1상의 소비전력이 P라면 3상 회로의 전체 소비전력은?

① P　　② $2P$
③ $3P$　　④ $\sqrt{3}P$

 3상 소비전력

적용구분	상전압 V_p, 상전류 I_p 적용시	선간전압 V_l, 선전류 I_l 적용시
3상 소비전력 식	3배×1상소비전력($V_p I_p \cos\theta$)$=3P$	$\sqrt{3}\times V_l I_l \cos\theta$[W]

문제 **20**

접지저항이나 전해액 저항 측정에 쓰이는 것은?

① 휘스톤 브리지　　② 전위차계
③ 콜라우시 브리지　　④ 메거

문제 **21**

동기발전기의 전기자 반작용에 대한 설명으로 틀린 사항은?

① 전기자 반작용은 부하 역률에 따라 크게 변화된다.
② 전기자 전류에 의한 자속의 영향으로 감자 및 자화현상과 편자현상이 발생된다.
③ 전기자 반작용의 결과 감자현상이 발생될 때 반작용 리액턴스의 값은 감소된다.
④ 계자 자극의 중심축과 전기자 전류에 의한 자속이 전기적으로 90°를 이룰 때 편자현상이 발생된다.

해설 전기자 반작용
전기자 반작용 리액턴스는 감자현상일 때 발생된다.

문제 **22**

직류전동기의 속도 제어법 중 전압제어법으로서 제철소의 압연기, 고속 엘리베이터의 제어에 사용되는 방법은?

① 워드 레오나드 방식　　② 정지 레오나드 방식
③ 일그너 방식　　④ 크래머 방식

 직류전동기의 속도제어법

전압제어법 종류	워드 레오나드 방식	일그너 방식
특 징	플라이휠이 없다	플라이휠이 있다
용 도	소형부하	대형부하(압연기, 엘리베이터)

문제 **23**

변압기 절연내력 시험과 관계 없는 것은?

① 가압시험　　② 유도시험
③ 충격시험　　④ 극성시험

해설

변압기 절연내력시험	가압시험	유도시험	충격시험
절연상태시험부분	코일과 대지 사이	1차와 2차 사이	코일에 뇌전압 인가시

정답 19. ③ 20. ③ 21. ③ 22. ① 23. ④

문제 24

직류를 교류로 변환하는 장치는?

① 컨버터　　② 초퍼
③ 인버터　　④ 정류기

전력변환장치	컨버터	인버터	초퍼	정류기(다이오드)
변환값	교류 → 직류	직류 → 교류	직류전압크기조절	교류 → 직류

문제 25

변압기의 임피던스 전압이란?

① 정격전류가 흐를 때 변압기 내의 전압강하
② 여자전류가 흐를 때 2차측 단자전압
③ 정격전류가 흐를 때 2차측 단자전압
④ 2차 단락전류가 흐를 때 변압기 내의 전압강하

변압기 임피던스 전압	정격전류가 흐를 때 변압기 내의 전압강하
내 용	변압기 2차 단락시 1차 정격전류 흐를 때 1차측 전압

문제 26

4극 고정자 홈 수 36의 3상 유도전동기의 홈 간격은 전기각으로 몇 도인가?

① 5°　　② 10°
③ 15°　　④ 20°

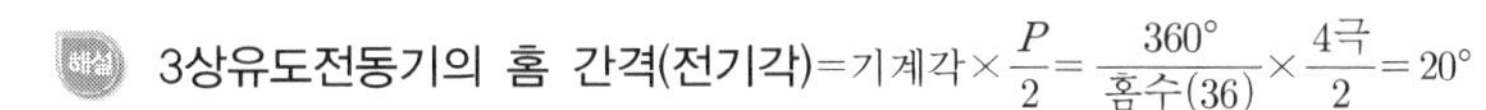

해설 3상유도전동기의 홈 간격(전기각)=기계각$\times\frac{P}{2}=\frac{360°}{\text{홈수}(36)}\times\frac{4\text{극}}{2}=20°$

문제 27

동기전동기의 여자전류를 변화시켜도 변하지 않는 것은? (단, 공급전압과 부하는 일정하다.)

① 역률　　② 역기전력
③ 속도　　④ 전기자 전류

해설 동기전동기는 여자전류변화에 관계없이 동기속도로 회전하는 정속도 전동기이다.

문제 28

절연물을 전극 사이에 삽입하고 전압을 가하면 전류가 흐르는데 이 전류는?

① 과전류　　② 접촉전류
③ 단락전류　　④ 누설전류

전류구분	과전류	접촉전류	단락전류	누설전류
정 의	정격전류보다 큰 전류	두 도체 접촉시 흐르는 전류	합선시 전류	절연물에 흐르는 전류

정답 24. ③ 25. ① 26. ④ 27. ③ 28. ④

문제 **29**

직류 직권전동기의 벨트 운전을 금지하는 이유는?

① 벨트가 벗겨지면 위험속도에 도달한다.
② 손실이 많아진다.
③ 벨트가 마모하여 보수가 곤란하다.
④ 직결하지 않으면 속도 제어가 곤란하다.

해설 직권전동기 벨트 운전 중 벨트가 벗겨지면 무부하 상태가 되어 위험속도에 도달한다.

문제 **30**

직류발전기에서 유기기전력 E를 바르게 나타낸 것은? (단, 자속은 ϕ, 회전속도는 n이다.)

① $E \propto \phi n$
② $E \propto \phi n^2$
③ $E \propto \frac{\phi}{n}$
④ $E \propto \frac{n}{\phi}$

해설 직류발전기 유기기전력 E[V]

구 분	중권 또는 파권이 주어진 경우 사용 식	중권 또는 파권이 안 주어진 경우 사용 식
적용 공식	전압 $E=\frac{P}{a}Z\phi\frac{N}{60}$	$=k\phi N$[V] $\fallingdotseq \phi N$
용 어	중권 $a=b=P$ / 파권 $a=b=2$ / 총 도체수 Z / 자속 ϕ[Wb] / 회전속도 N[rpm]	

문제 **31**

동기발전기를 계통에 접속하여 병렬운전할 때 관계없는 것은?

① 전류
② 전압
③ 위상
④ 주파수

해설 동기발전기 병렬운전시 조건 : 기전력의 ① 크기 ② 위상 ③ 주파수 ④ 파형이 같을 것

문제 **32**

단상 유도전동기 중 ㉠ 반발 기동형, ㉡ 콘덴서 기동형, ㉢ 분상 기동형, ㉣ 셰이딩 코일형이 있을 때, 기동 토크가 큰 것부터 옳게 나열한 것은?

① ㉠ > ㉡ > ㉢ > ㉣
② ㉠ > ㉣ > ㉡ > ㉢
③ ㉠ > ㉢ > ㉣ > ㉡
④ ㉠ > ㉡ > ㉣ > ㉢

해설 단상유도전동기 기동토크 크기 순서
반발 기동형 > 콘덴서 기동형 > 분상 기동형 > 셰이딩 코일형

문제 **33**

정격속도에 비하여 기동 회전력이 가장 큰 전동기는?

① 타여자기
② 직권기
③ 분권기
④ 복권기

해설 직권기(직권전동기)는 기동시 부하전류증가에 속도는 감소, 기동회전력은 크다.

정답 29. ① 30. ① 31. ① 32. ① 33. ②

문제 **34** **보호 계전기 시험을 하기 위한 유의사항이 아닌 것은?**

① 시험회로 결선시 교류와 직류 확인
② 영점의 정확성 확인
③ 계전기 시험 장비의 오차 확인
④ 시험회로 결선시 교류의 극성 확인

해설 보호계전기 시험회로 결선시 교류의 극성확인은 하지 않아도 된다.

문제 **35** **단상 반파 정류회로의 전원전압 200[V], 부하저항이 10[Ω]이면 부하전류는 약 몇 [A]인가?**

① 4
② 9
③ 13
④ 18

해설 단상 반파 정류회로

출력직류전압 $E_d = \frac{V_m}{\pi} = \frac{\sqrt{2} \times V(\text{교류전압})}{\pi} = 0.45V[\text{V}]$

출력직류전류 $I_d = \frac{E_d}{R} = 0.45 \times \frac{V}{R} = 0.45 \times \frac{200}{10} = 9[\text{V}]$

문제 **36** **12극과 8극인 2개의 유도전동기를 종속법에 의한 직렬 종속법으로 속도 제어할 때 전원 주파수가 50[Hz]인 경우 무부하 속도 N은 몇 [rps]인가?**

① 5
② 50
③ 300
④ 3,000

유도전동기 속도 제어법	내용	속도 공식
① 직렬 종속법	2대 전동기 극수를 합한 속도제어	$N = \frac{120f}{P_1+P_2} = \frac{120\times50}{12+8} \times \frac{1}{60} = 5[\text{rps}]$
② 병렬 종속법	1대 발전기 1대 전동기로서 속도 제어	$N = 2\times\frac{120f}{P_1+P_2}[\text{rpm}]$
③ 차동 종속법	2대 전동기의 극수차를 갖는 속도 제어	$N = \frac{120f}{P_1-P_2}[\text{rpm}]$

문제 **37** **3상 유도전동기의 최고 속도는 우리나라에서 몇 [rpm]인가?**

① 3,600
② 3,000
③ 1,800
④ 1,500

 3상 유도전동기 최고속도

우리나라 조건	최고속도(동기속도) N_s
주파수 $f = 60[\text{HZ}]$이고 극수 $P = 2$일 때	$N_s = \frac{120f}{P} = \frac{120\times60}{2} = 3600[\text{rpm}]$

정답 34. ④ 35. ② 36. ① 37. ①

기출문제

문제 38 **변압기 내부 고장 보호에 쓰이는 계전기는?**

① 접지 계전기　　② 차동 계전기
③ 과전압 계전기　　④ 역상 계전기

해설 변압기 내부 고장시 보호계전기

명 칭	내 용
(비율)차동계전기	변압기 내부 고장시 1차와 2차측 변류기 CT 2차 전류차에 의해 동작하는 계전기

문제 39 **동기전동기의 자기기동에서 계자권선을 단락하는 이유는?**

① 기동이 쉽다.
② 기동권선으로 이용
③ 고전압 유도에 의한 절연파괴 위험 방지
④ 전기자 반작용을 방지한다.

 동기전동기 기동법

자기(자체) 기동법	회전 자극 표면에 기동권선을 설치하여 농형유도전동기로 기동시키는 방법
계자권선 단락이유	고전압 유도에 의한(계자회로) 절연파괴 위험 방지

문제 40 **그림과 같은 회로에서 사인파 교류입력 12[V](실효값)를 가했을 때, 저항 R 양단에 나타나는 전압[V]은?**

① 5.4[V]
② 6[V]
③ 10.8[V]
④ 12[V]

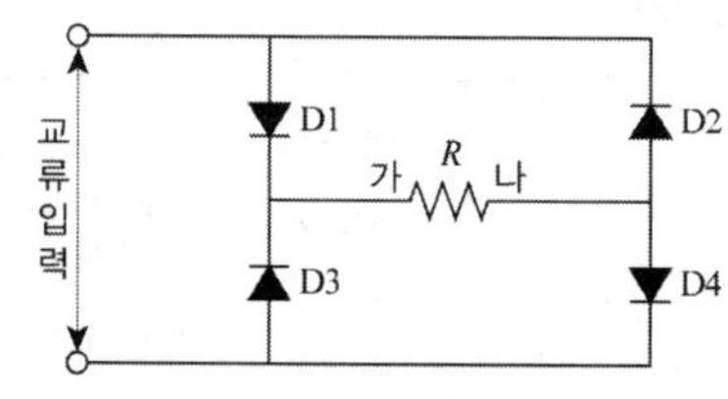

 단상 전파 정류회로

출력직류전압 $E_d = \frac{2V_m}{\pi} = \frac{2\sqrt{2}\,V(\text{교류전압})}{\pi} = 0.9V = 0.9 \times 12 = 10.8[\text{V}]$

문제 41 **흥행장의 무대용 콘센트, 박스, 플라이 덕트 및 보더 라이트의 금속제 외함은 몇 종 접지공사를 하여야 하는가?**

① 제1종　　② 제2종
③ 제3종　　④ 특별 제3종

 흥행장의 사용전압은 400[V] 미만이므로 제3종 접지공사를 한다.

정답 38. ② 39. ③ 40. ③ 41. ③

문제 **42** **저압 연접 인입선의 시설과 관련된 설명으로 틀린 것은?**

① 옥내를 통과하지 아니할 것
② 전선의 굵기는 1.5[mm^2] 이하일 것
③ 폭 5[m]를 넘는 도로를 횡단하지 아니할 것
④ 인입선에서 분기하는 점으로부터 100[m]를 넘는 지역에 미치지 아니할 것

해설 저압 연접 인입선 시설 규정
① 인입선에서 분기하는 점에서 긍장 100[m] 이내 시설할 것
② 옥내를 관통해서는 안 됨.
③ 사용전선 : 지름 2.6[mm] 이상의 경동선(단, 15[m] 이하시는 2.0[mm]) 사용
④ 폭 5[m] 이상 도로를 횡단할 수 없다.

문제 **43** **소맥분, 전분, 기타 가연성의 분진이 존재하는 곳의 저압 옥내 배선공사 방법 중 적당하지 않은 것은?**

① 애자 사용 공사
② 합성수지관 공사
③ 케이블 공사
④ 금속관 공사

해설 가연성 분진 존재시 저압 옥내 배선가능공사
① 합성수지관 공사
② 금속관 공사
③ 케이블 공사

문제 **44** **전선과 기구단자 접속시 누름나사를 덜 죌 때 발생할 수 있는 현상과 거리가 먼 것은?**

① 과열
② 화재
③ 절전
④ 전파잡음

해설 전선과 기구단자 접속 접촉 불량시 발생 영향

접촉 불량시 문제점	영향(현상)
저항증가 및 전기스파크 발생	과열, 화재, 누전, 전파잡음 등 발생

문제 **45** **가공전선의 지지물에 승탑 또는 승강용으로 사용하는 발판 볼트 등은 지표상 몇 [m] 미만에 시설하여서는 안 되는가?**

① 1.2[m]
② 1.5[m]
③ 1.6[m]
④ 1.8[m]

해설 가공전선의 지지물(전주)에 취급자가 사용하는 발판볼트는 지표상 1.8[m] 이상 시설할 것

기출문제

정답 42. ② 43. ① 44. ③ 45. ④

문제 **46**

제1종 접지공사의 접지선의 굵기로 알맞은 것은? (단, 공칭단면적으로 나타내며, 연동선의 경우이다.)

① 0.75[mm²] 이상
② 2.5[mm²] 이상
③ 6[mm²] 이상
④ 16[mm²] 이상

 접지공사

접지공사 종류	접지선의 굵기(연동선)
제1종 접지공사 E_1	6[mm²] 이상 연동선
제2종 접지공사 E_2	16[mm²] 이상(특고압 → 저압변성시) 연동선
	6[mm²] 이상(고압, 22.9[kV-Y] → 저압변성시) 연동선
제3종 접지공사 E_3	2.5[mm²] 이상 연동선
특별 제3종 접지공사 E_{s3}	

문제 **47**

녹아웃 펀치와 같은 용도로 배전반이나 분전반 등에 구멍을 뚫을 때 사용하는 것은?

① 클리퍼(clipper)
② 홀소(hole saw)
③ 프레스 툴(pressure tool)
④ 드라이브이트 툴(driveit tool)

 공구 명칭 및 용도

① 클리퍼 : 굵은 전선 절단시 사용하는 가위
② 홀소 : 배전반이나 분전반에 구멍을 뚫는 공구
③ 프레스 툴 : 커렉터 또는 터미널을 압착하는 공구
④ 드라이브이트 툴 : 화약의 폭발력을 이용하여 핀을 박을 때 사용하는 공구

문제 **48**

전압의 구분에서 고압에 대한 설명으로 가장 옳은 것은?

① 직류는 750[V]를, 교류는 600[V] 이하인 것
② 직류는 750[V]를, 교류는 600[V] 이상인 것
③ 직류는 750[V]를, 교류는 600[V]를 초과하고, 7[kV] 이하인 것
④ 7[kV]를 초과하는 것

 전압의 종류

전압 종류	전 압 범 위
저압	교류 AC : 600[V] 이하, 직류 DC : 750[V] 이하
고압	교류 AC : 600[V] 초과 ~ 7000[V] 이하 직류 DC : 750[V] 초과 ~ 7000[V] 이하
특별고압	7000[V] 초과

문제 **49**

전선로의 직선부분을 지지하는 애자는?

① 핀애자
② 지지애자
③ 가지애자
④ 구형애자

정답 46. ③ 47. ② 48. ③ 49. ①

 애자

(사용)애자	용 도
핀애자	전선로의 직선부분을 지지할 때 사용하는 애자
가지애자	전선로의 방향을 변경할 때 사용하는 애자
구형애자	감전방지용으로 지선 중간에 사용하는 애자

문제 **50** **금속관 공사에서 금속관을 콘크리트에 매설할 경우 관의 두께는 몇 [mm] 이상의 것이어야 하는가?**

① 0.8[mm] ② 1.0[mm]
③ 1.2[mm] ④ 1.5[mm]

 금속관 공사

매설공사 구분	콘크리트 매설시	기타
사용금속관 두께	1.2[mm] 이상 사용	1.0[mm] 이상

문제 **51** **나전선 상호를 접속하는 경우 일반적으로 전선의 세기를 몇 [%] 이상 감소시키지 아니하여야 하는가?**

① 2[%] ② 3[%]
③ 20[%] ④ 80[%]

해설 전선 상호 접속시 접속 부분의 전선의 세기는 80[%] 이상 유지시킬 것(20[%] 이상 감소시키지 말 것)

문제 **52** **일반적으로 분기회로의 개폐기 및 과전류 차단기는 저압 옥내간선과의 분기점에서 전선의 길이가 몇 [m] 이하의 곳에 시설하여야 하는가?**

① 3[m] ② 4[m]
③ 5[m] ④ 8[m]

해설 분기회로의 개폐기 및 과전류 차단기 시설은 분기점에선 3[m] 이하에 시설할 것

문제 **53** **전동기에 공급하는 간선의 굵기는 그 간선에 접속하는 전동기의 정격전류의 합계가 50[A]를 초과하는 경우 그 정격전류 합계의 몇 배 이상의 허용전류를 갖는 전선을 사용하여야 하는가?**

① 1.1배 ② 1.25배
③ 1.3배 ④ 2배

정답 50. ③ 51. ③ 52. ① 53. ①

 간선 굵기

전동기 정격전류의 합계	50[A] 이하인 경우	★50[A] 초과인 경우★
허용전류(간선 굵기)	정격전류 합계×1.25배	정격전류 합계×1.1배

문제 **54** **조명용 백열전등을 호텔 또는 여관 객실의 입구에 설치할 때나 일반 주택 및 아파트 각 실의 현관에 설치할 때 사용되는 스위치는?**

① 타임 스위치 ② 누름 버튼 스위치
③ 토글 스위치 ④ 로터리 스위치

 타임 스위치 시설

구 분	호텔, 여관입구인 경우	주택, 아파트 현관인 경우
점멸시간	1분 이내 점멸(소등)	3분 이내 점멸

문제 **55** **저압 옥외조명시설에 전기를 공급하는 가공전선 또는 지중 전선에서 분기하여 전등 또는 개폐기에 이르는 배선에 사용하는 절연전선의 단면적은 몇 [mm^2] 이상이어야 하는가?**

① 2.0[mm^2] ② 2.5[mm^2]
③ 6[mm^2] ④ 16[mm^2]

 저압 옥외조명시설
전등 및 개폐기에 이르는 전선은 단면적 2.5[mm^2] 이상 연동선(옥외용 비닐절연전선은 제외) 사용

문제 **56** **절연전선을 동일 플로어 덕트 내에 넣을 경우 플로어 덕트 크기는 전선의 피복절연물을 포함한 단면적의 총합계가 플로어 덕트 내 단면적의 몇 [%] 이하가 되도록 선정하여야 하는가?**

① 12[%] ② 22[%]
③ 32[%] ④ 42[%]

해설 플로어 덕트 공사
덕트 안 수용전선은 절연물을 포함한 단면적 총합이 덕트 내 단면적의 32[%] 이하로 선정할 것

문제 **57** **절연전선으로 가선된 배전선로에서 활선상태인 경우 전선의 피복을 벗기는 것은 매우 곤란한 작업이다. 이런 경우 활선상태에서 전선의 피복을 벗기는 공구는?**

① 전선 피박기 ② 애자 커버
③ 와이어 통 ④ 데드엔드 커버

정답 54. ① 55. ② 56. ③ 57. ①

문제 **58** **사람이 접촉될 우려가 있는 것으로서 가요전선관을 새들 등으로 지지하는 경우 지지점간의 거리는 얼마 이하이어야 하는가?**

① 0.3[m] 이하 ② 0.5[m] 이하
③ 1[m] 이하 ④ 1.5[m] 이하

 배관 공사시 지지점간의 거리

구 분	가요전선관인 경우★	합성수지관인 경우	금속관인 경우
지지점간의 거리	1[m] 이하	1.5[m] 이하	2[m] 이하

문제 **59** **금속제 케이블 트레이의 종류가 아닌 것은?**

① 통풍채널형 ② 사다리형
③ 바닥밀폐형 ④ 크로스형

해설 케이블 트레이 종류
① 통풍채널형
② 사다리형
③ 바닥밀폐형

문제 **60** **콘크리트 직매용 케이블 배선에서 일반적으로 케이블을 구부릴 때는 피복이 손상되지 않도록 그 굴곡부 안쪽의 반경은 케이블 외경의 몇 배 이상으로 하여야 하는가?** (단, 단심이 아닌 경우이다.)

① 2배 ② 3배
③ 6배 ④ 12배

 케이블 곡률 반지름

구 분	연피가 없는 케이블	연피가 있는 케이블
케이블 곡률 반지름	케이블 바깥지름의 6배 (단심은 8배) 이상	케이블 바깥지름의 12배 이상

기출문제

정답 58. ③ 59. ④ 60. ③

기출 문제

2017년 제4회

문제 **01** **전기력선의 성질을 설명한 것으로 옳지 않은 것은?**

① 전기력선의 방향은 전기장의 방향과 같으며, 전기력선의 밀도는 전기장의 크기와 같다.
② 전기력선은 도체 내부에 존재한다.
③ 전기력선은 등전위면에 수직으로 출입한다.
④ 전기력선은 양전하에서 음전하로 이동한다.

해설 전기력선은 도체 내부에 존재하지 않는다.

문제 **02** $e=141\sin\left(120\pi t-\frac{\pi}{3}\right)$**인 파형의 주파수는 몇 [Hz]인가?**

① 10 ② 15
③ 30 ④ 60

해설 각속도 $w=2\pi f$[rad/s]에서 주파수 $f=\frac{w}{2\pi}=\frac{120\pi}{2\pi}=60$[Hz]

문제 **03** **표면 전하밀도 σ [C/m²]로 대전된 도체 내부의 전속밀도는 몇 [C/m²]인가?**

① $\varepsilon_0 E$ ② 0
③ σ ④ $\frac{E}{\varepsilon_0}$

해설 도체 내부의 전속밀도(전기력선)는 "0"이다.

문제 **04** **자극의 세기 4[Wb], 자축의 길이 10[cm]의 막대자석이 100[AT/m]의 평등자장 내에서 20[N·m]의 회전력을 받았다면 이때 막대자석과 자장과의 이루는 각도는?**

① 0° ② 30°
③ 60° ④ 90°

해설 막대자석의 회전력(토크) $T=mlH\sin\theta$[N·m]

$\sin\theta=\frac{T}{mlH}=\frac{20}{4\times0.1\times100}=0.5$

자석과 자계 H가 이루는 각 $\theta=\sin^{-1}0.5=30°$

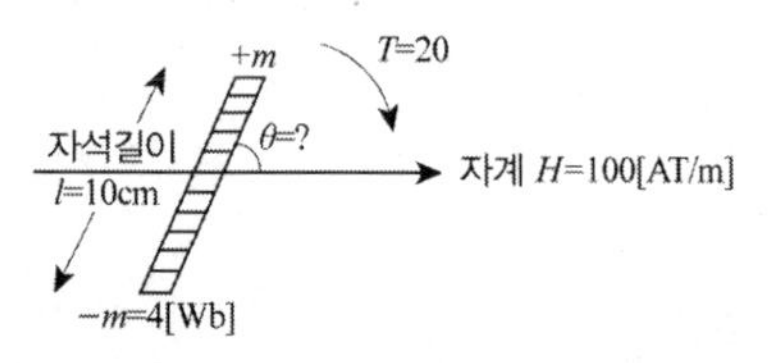

정답 01. ② 02. ④ 03. ② 04. ②

문제 **05** **그림과 같은 회로에서 a, b 간에 E[V]의 전압을 가하여 일정하게 하고, 스위치 S를 닫았을 때의 전전류 I[A]가 닫기 전 전류의 3배가 되었다면 저항 R_x의 값은 약 몇 [Ω]인가?**

① 727 [Ω]
② 27 [Ω]
③ 0.73 [Ω]
④ 0.27 [Ω]

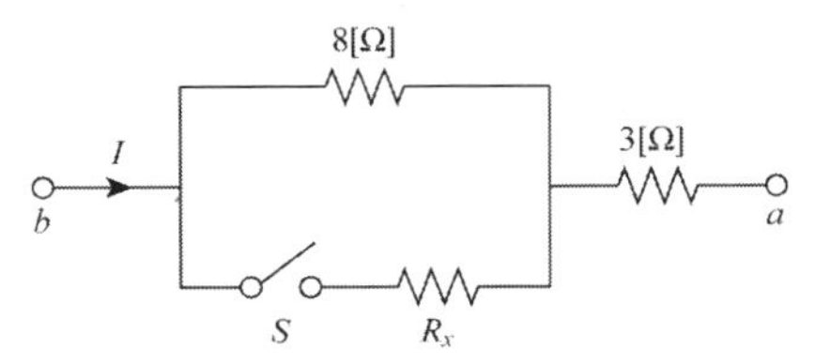

해설 스위치 투입(ON)시 전류

$\left[\dfrac{E}{\dfrac{8\times R_X}{8+R_X}+3}\right]$=3배×스위치 개방(off)시 전류 $\left[\dfrac{E}{8+3}\right]\rightarrow\dfrac{3E}{11}$

즉, $11=3\left[\dfrac{8\times R_X}{8+R_X}+3\right]$을 풀면 저항 $R_X=0.73[\Omega]$

문제 **06** **대칭 3상 Δ 결선에서 선전류와 상전류와의 위상 관계는?**

① 상전류가 $\frac{\pi}{6}$[rad] 앞선다.
② 상전류가 $\frac{\pi}{6}$[rad] 뒤진다.
③ 상전류가 $\frac{\pi}{3}$[rad] 앞선다.
④ 상전류가 $\frac{\pi}{3}$[rad] 뒤진다.

3상 결선 종류	특 징
Δ결선	선간전압 V_l = 상전압 V_p 선전류 $I_l=\sqrt{3}$ 상전류 $I_P\angle-\frac{\pi}{6}$(선전류가 위상이 30° 뒤진다.)
Y결선	선간전압 $V_l=\sqrt{3}\times$상전압 $V_P\angle+\frac{\pi}{6}$(선간전압이 30° 위상이 앞선다.) 선전류 $I_l=I_P$ 상전류

문제 **07** **전류와 자속에 관한 설명 중 옳은 것은?**

① 전류와 자속은 항상 폐회로를 이룬다.
② 전류와 자속은 항상 폐회로를 이루지 않는다.
③ 전류는 폐회로이나 자속은 아니다.
④ 자속은 폐회로이나 전류는 아니다.

해설 전류(자속)는 +(N)극에서 −(S)극으로 이동하며 폐회로를 이룬다.

정답 05. ③ 06. ① 07. ①

문제 **08** **1[Ah]는 몇 [C]인가?**

① 7,200 ② 3,600
③ 1,200 ④ 60

 전하(전기량) $Q = I \times t$[A·s 또는 C]이므로

∴ 1[Ah] = 1[A]×1시간[h] = 1×60분×60초 = 3600[A·s 또는 C]

문제 **09** **$R = 10[\Omega]$, $X_L = 15[\Omega]$, $X_C = 15[\Omega]$의 직렬회로에 100[V]의 교류전압을 인가할 때 흐르는 전류[A]는?**

① 6 ② 8
③ 10 ④ 12

 **$R-L-C$ 직렬회로**

전류실효값

$$I = \frac{\text{전압 } V}{\text{임피던스 } Z} = \frac{V}{\sqrt{R^2 + (X_L - X_C)^2}}$$

$$= \frac{100}{\sqrt{10^2 + (15-15)^2}} = 10[A]$$

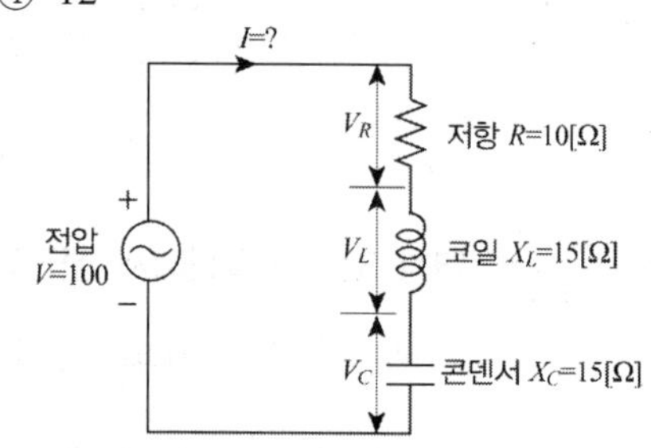

문제 **10** **전장 중에 단위정전하를 놓을 때 여기에 작용하는 힘과 같은 것은?**

① 전하 ② 전장의 세기
③ 전위 ④ 전속

 전장(전계)의 세기 E[V/m]

정의	그림(이해도)
도체의 지정하는 점 P(외부 또는 내부)에 단위전하 +1[C]을 놓았을 때 힘의 세기	구(점)전하 Q + / P점 (외부) +1[C] / 공기중에서 거리r[m]

문제 **11** **전압계 및 전류계의 측정 범위를 넓히기 위하여 사용하는 배율기와 분류기의 접속 방법은?**

① 배율기는 전압계와 병렬접속, 분류기는 전류계와 직렬접속
② 배율기는 전압계와 직렬접속, 분류기는 전류계와 병렬접속
③ 배율기 및 분류기 모두 전압계와 전류계에 직렬접속
④ 배율기 및 분류기 모두 전압계와 전류계에 병렬접속

정답 08. ② 09. ③ 10. ② 11. ②

해설

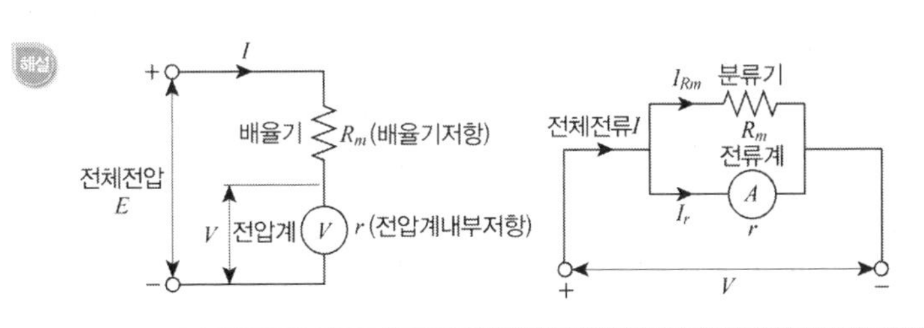

분류기	전류의 측정범위를 확대(더 많은 전류 공급)하기 위해 저항을 병렬 삽입시킨 것
배율기	더 많은 전압을 공급하기 위해 저항 R_m을 직렬로 삽입시킨 것

문제 **12** **다음 설명의 (㉠), (㉡)에 들어갈 내용으로 옳은 것은?**

> 히스테리시스 곡선에서 종축과 만나는 점은 (㉠)이고, 횡축과 만나는 점은 (㉡)이다.

① ㉠ 보자력 ㉡ 잔류자기
② ㉠ 잔류자기 ㉡ 보자력
③ ㉠ 자속밀도 ㉡ 자기저항
④ ㉠ 자기저항 ㉡ 자속밀도

해설 히스테리시스 곡선

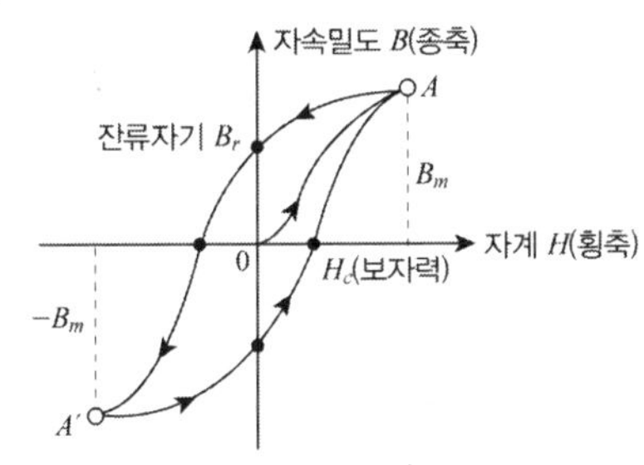

잔류자기 B_r	전류 $I=0$일 때 철심의 자석 성질
보자력(항자력)	자화 안 된 상태로 되돌리는 데 필요한 힘

문제 **13** **자체인덕턴스가 0.01[H]인 코일에 100[V], 60[Hz]의 사인파 전압을 가할 때 유도 리액턴스는 약 몇 [Ω]인가?**

① 3.77
② 6.28
③ 12.28
④ 37.68

해설 유도(코일) 리액턴스 $X_L = wL$ 또는 $2\pi fL[\Omega] = 2\times3.14\times60\times0.01 = 3.77[\Omega]$

문제 **14** **황산구리($CuSO_4$)의 전해액에 2개의 동일한 구리판을 넣고 전원을 연결하였을 때 구리판의 변화를 옳게 설명한 것은?**

① 2개의 구리판 모두 얇아진다.
② 2개의 구리판 모두 두터워진다.
③ 양극 쪽은 얇아지고, 음극 쪽은 두터워진다.
④ 양극 쪽은 두터워지고, 음극 쪽은 얇아진다.

정답 12. ② 13. ① 14. ③

해설 전기분해
양극의 구리가 음극으로 이동하므로 양극쪽은 얇아지고, 음극쪽은 두터워진다.

문제 **15**

비사인파 교류의 일반적인 구성이 아닌 것은?

① 기본파 ② 직류분
③ 고조파 ④ 삼각파

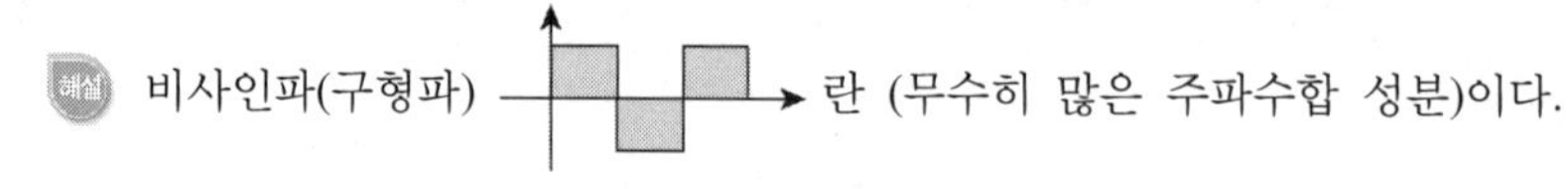

해설 비사인파(구형파) 란 (무수히 많은 주파수합 성분)이다.

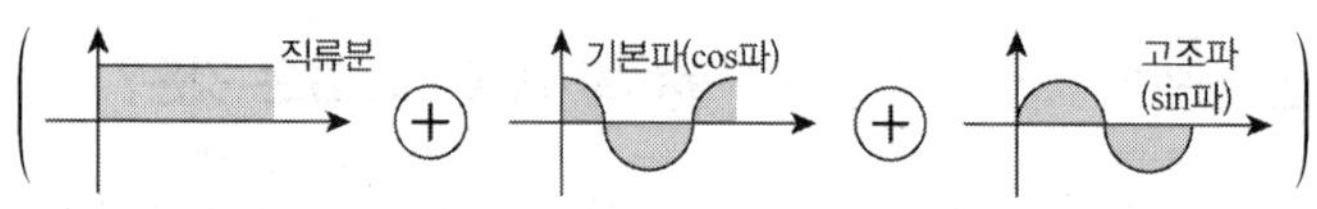

문제 **16**

2전력계법으로 3상 전력을 측정하였더니 전력계의 지시값이 $P_1 = 450$[W], $P_2 = 450$[W]이었다. 이 부하의 전력[W]은 얼마인가?

① 450[W] ② 900[W]
③ 1,350[W] ④ 1,560[W]

2전력계 사용 3상 교류전력 계산
1) 유효전력 $P = P_1 + P_2$[W] $= 450 + 450 = 900$[W]
2) 무효전력 $P_r = \sqrt{3}(P_1 - P_2)$[Var] $= \sqrt{3}(450 - 450) = 0$
3) 피상전력 $P_a = 2\sqrt{P_1^2 + P_2^2 - P_1 \cdot P_2}$ [VA]

문제 **17**

콘덴서에 V[V]의 전압을 가해서 Q[C]의 전하를 충전할 때 저장되는 에너지는 몇 [J]인가?

① $2QV$ ② $2QV^2$
③ $\frac{1}{2}QV$ ④ $\frac{1}{2}QV^2$

콘덴서 축적 에너지 $W = \frac{1}{2}QV = \frac{1}{2}CV^2 = \frac{Q^2}{2C}$[J]

문제 **18**

1[Ω], 2[Ω], 3[Ω]의 저항 3개를 이용하여 합성저항을 2.2[Ω]으로 만들고자 할 때 접속 방법을 옳게 설명한 것은?

① 저항 3개를 직렬로 접속한다.
② 저항 3개를 병렬로 접속한다.
③ 2[Ω]과 3[Ω]의 저항을 병렬로 연결한 다음 1[Ω]의 저항을 직렬로 접속을 한다.
④ 1[Ω]과 2[Ω]의 저항을 병렬로 연결한 다음 3[Ω]의 저항을 직렬로 접속을 한다.

정답 15. ④ 16. ② 17. ③ 18. ③

보기	①	②	③	④
합성저항 R_o값[Ω]	$1+2+3=6$	$\frac{1\times2\times3}{1\times2+2\times3+3\times1}=0.55$	$\frac{2\times3}{2+3}+1=2.2$	$\frac{1\times2}{1+2}+3=3.67$

문제 **19**

1.5[kW]의 전열기를 정격상태에서 30분간 사용할 때의 발열량은 몇 [kcal]인가?

① 648 ② 1,290
③ 1,500 ④ 2,700

해설 발열량 H(전력량 W) $=0.24Pt$
$=0.24\times1.5\times30$분$\times60$초
$=648$[kcal]

문제 **20**

공기 중 +1[Wb]의 자극에서 나오는 자력선의 수는 몇 개인가?

① 6.33×10^4 ② 7.958×10^5
③ 8.855×10^3 ④ 1.256×10^6

해설 자(기)력선 수 : $\frac{\text{자극 } m}{\mu_o}=\frac{1}{4\pi\times10^{-7}}=7.958\times10^5$개

문제 **21**

전동기의 회전 방향을 바꾸는 역회전의 원리를 이용한 제동 방법은?

① 역상제동 ② 유도제동
③ 발전제동 ④ 회생제동

해설 제동(정지)법

종 류	내 용
① 회생 제동	전동기를 발전기로 작동시켜 발생전력을 전원으로 공급하는 제동법
② 발전 제동	전동기를 발전기로 사용하여 전열 내에서 줄열로 소비하여 제동법
③ 역상 제동 또는 플러깅	계자(전기자) 전류 방향을 바꾸어 역토크 발생으로 제동 (3상 중 2상을 바꾸어 제동)

문제 **22**

동기발전기의 무부하포화곡선을 나타낸 것이다. 포화계수에 해당하는 것은?

① $\frac{ob}{oc'}$

② $\frac{bc'}{bc}$

③ $\frac{cc'}{bc'}$

④ $\frac{cc'}{bc}$

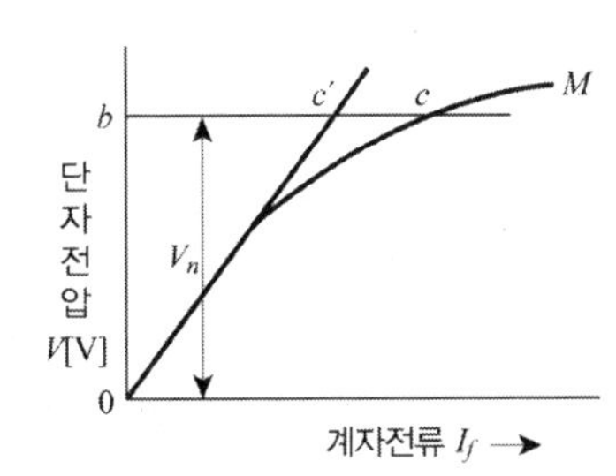

정답 19. ① 20. ② 21. ① 22. ③

문제 **23**

부흐홀츠 계전기의 설치 위치로 가장 적당한 곳은?

① 변압기 주 탱크 내부
② 콘서베이터 내부
③ 변압기 고압측 부싱
④ 변압기 주 탱크와 콘서베이터 사이

변압기 보호 계전기

- 부흐홀츠 계전기(BHR) : 변압기 내부 고장시 동작으로 차단기 개로시킴
- 위치 : 주탱크와 콘서베이터와의 연결관 중간에 설치

문제 **24**

직류 분권발전기가 있다. 전기자 총도체수 220, 매극의 자속수 0.01[Wb], 극수 6, 회전수 1,500[rpm]일 때, 유기기전력은 몇 [V]인가? (단, 전기자 권선은 파권이다)

① 60
② 120
③ 165
④ 240

유기기전력	전압 $E=\frac{P}{a}Z\phi\frac{N}{60}=\frac{6}{2}\times 220\times 0.01\times\frac{1500}{60}=165[V]$
용 어	중권 $a=b=P$ / 파권 $a=b=2$ / 총 도체수 Z 자속 ϕ[Wb] / 회전속도 N[rpm]

문제 **25**

다음 직류전동기에 대한 설명 중 옳은 것은?

① 전기철도용 전동기는 차동 복권전동기이다.
② 분권전동기는 계자 저항기로 쉽게 회전속도를 조정할 수 있다.
③ 직권전동기에서는 부하가 줄면 속도가 감소한다.
④ 분권전동기는 부하에 따라 속도가 현저하게 변한다.

해설 직류전동기

1) 직권전동기 : 전동차, 기중기, 크레인에 사용되며 부하감소시 속도가 증가한다.
2) 분권전동기 : 선박펌프, 송풍기, 공작기기에 사용되며 부하 정속도전동기이다.

문제 **26**

다음 회로도에 대한 설명으로 옳지 않은 것은?

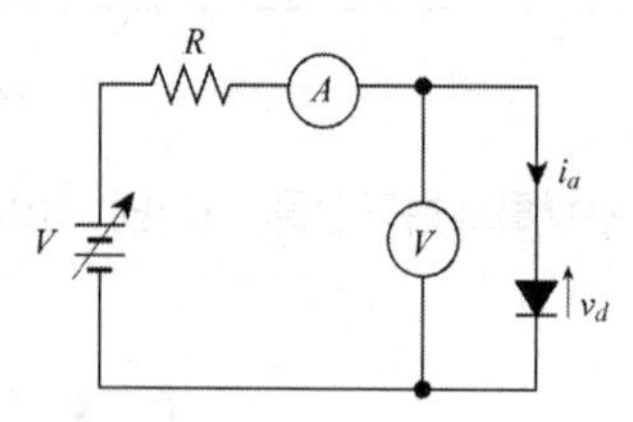

① 다이도드의 양극의 전압이 음극에 비하여 높을 때를 순방향 도통 상태라 한다.
② 다이오드의 양극의 전압이 음극에 비하여 낮을 때를 역방향 저지 상태라 한다.
③ 실제의 다이오드는 순방향 도통 시 양 단자간의 전압 강하가 발생하지 않는다.
④ 역방향 저지 상태에서는 역방향으로(음극에서 양극으로) 약간의 전류가 흐르는데 이를 누설전류라고 한다.

정답 23. ④ 24. ③ 25. ② 26. ③

해설 다이오드 순방향 도통시 0.7[V] 정도 전압강하가 발생한다.

문제 **27** **3상 유도전동기의 토크는?**

① 2차 유도기전력의 2승에 비례한다.
② 2차 유도기전력에 비례한다.
③ 2차 유도기전력과 무관하다.
④ 2차 유도기전력의 0.5승에 비례한다.

해설 3상 유도전동기의 토크 $T \propto$ 2차 유도기전력 V^2

문제 **28** **접지전극과 대지 사이의 저항은?**

① 고유저항　② 대지전극저항
③ 접지저항　④ 접촉저항

구분	고유저항	대지전극저항	접지저항 ★	접촉저항
정의	도체가 갖고 있는 저항	두 접지극 사이 저항	접지극과 대지 사이 저항	도체의 기계적 접촉부 존재 저항

문제 **29** **직류전동기의 속도특성 곡선을 나타낸 것이다. 직권전동기의 속도특성을 나타낸 것은?**

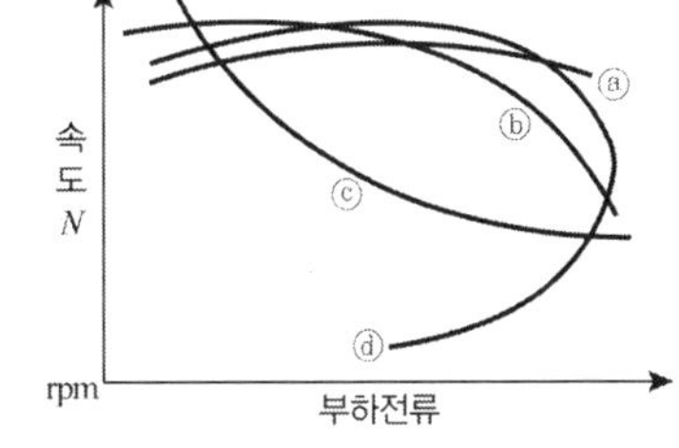

① ⓐ
② ⓑ
③ ⓒ
④ ⓓ

직권전동기 속도 $N \propto \frac{1}{\text{전류 } I}$(반비례)이며 부하증가시 속도가 감소한다.

문제 **30** **낙뢰, 수목 접촉, 일시적인 섬락 등 순간적인 사고로 계통에서 분리된 구간을 신속히 계통에 투입시킴으로써 계통의 안정도를 향상시키고 정전시간을 단축시키기 위해 사용되는 계전기는?**

① 차동 계전기　② 과전류 계전기
③ 거리 계전기　④ 재폐로 계전기

보호계전기 종류	차동계전기	과전류계전기	거리계전기	재폐로계전기 ★
역할(기능)	변압기보호	사고 시 과전류로 동작	전기적 거리 $\left(\frac{V}{I}\text{비}\right)$로 동작	순간 정전 시 동작(자동)

정답 27. ① 28. ③ 29. ③ 30. ④

문제 **31**

보극이 없는 직류기의 운전 중 중성점의 위치가 변하지 않는 경우는?

① 무부하 ② 전부하
③ 중부하 ④ 과부하

 전기자 반작용 : 무부하시(전기자 전류=0) 보극이 없는 직류기는 운전 중 중성점의 위치가 변하지 않는다.

문제 **32**

그림은 유도전동기 속도제어 회로 및 트랜지스터의 컬렉터 전류 그래프이다. ⓐ와 ⓑ에 해당하는 트랜지스터는?

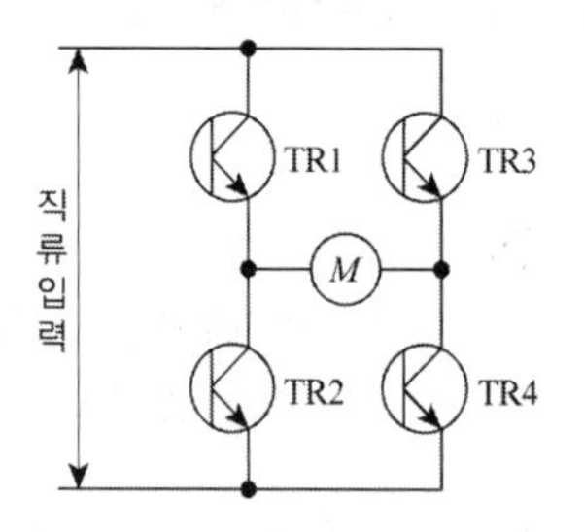

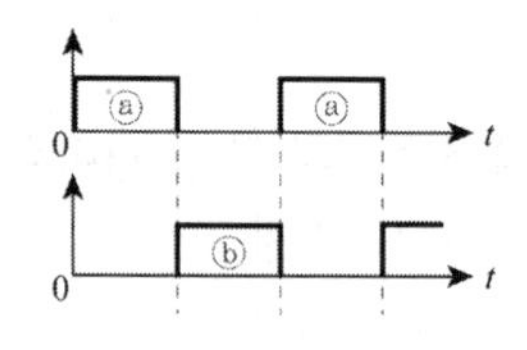

① ⓐ는 TR1, TR2, ⓑ는 TR3과 TR4
② ⓐ는 TR1, TR3, ⓑ는 TR2과 TR4
③ ⓐ는 TR2, TR4, ⓑ는 TR1과 TR3
④ ⓐ는 TR1, TR4, ⓑ는 TR2과 TR3

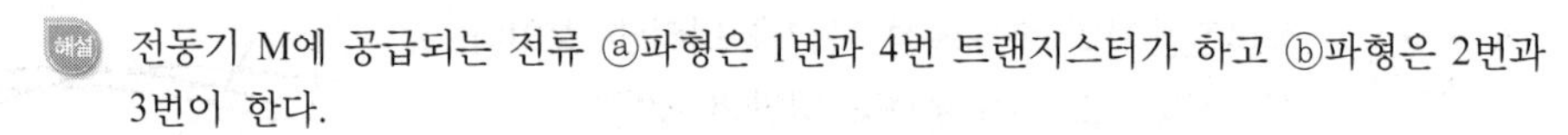
해설 전동기 M에 공급되는 전류 ⓐ파형은 1번과 4번 트랜지스터가 하고 ⓑ파형은 2번과 3번이 한다.

문제 **33**

다음 중 변압기에서 자속과 비례하는 것은?

① 권수 ② 주파수
③ 전압 ④ 전류

 변압기의 유도기전력 $E=4.44f\phi N$[V]에서 전압 $E \propto$ 자속 ϕ(비례)

문제 **34**

비돌극형 동기발전기의 단자전압(1상)을 V, 유도기전력(1상)을 E, 동기 리액턴스를 X_S, 부하각을 δ라고 하면, 1상의 출력[W]은? (단, 전기자 저항 등은 무시한다.)

① $\dfrac{EV}{X_S}\sin\delta$ ② $\dfrac{E^2}{2X_S}\cos\delta$

③ $\dfrac{EV}{X_S}\cos\delta$ ④ $\dfrac{E^2}{2X_S}\sin\delta$

 동기발전기 1상의 출력

$$P=\frac{EV}{X_s}\sin\delta[\text{W}]$$

정답 31. ① 32. ④ 33. ③ 34. ①

문제 **35** **3상 동기전동기 자기동법에 관한 사항 중 틀린 것은?**

① 기동토크를 적당한 값으로 유지하기 위하여 변압기 탭에 의해 정격전압의 80[%] 정도로 저압을 가해 기동을 한다.

② 기동토크는 일반적으로 적고 전부하 토크의 40~60[%] 정도이다.

③ 제동권선에 의한 기동토크를 이용하는 것으로 제동권선은 2차권선으로서 기동토크를 발생한다.

④ 기동할 때에는 회전자 속에 의하여 계자권선 안에는 고압이 유도되어 절연을 파괴할 우려가 있다.

해설 동기전동기의 자기(자체)기동법
기동전압은 변압기 탭에 의해 정격전압의 30~50[%]로 한다.

문제 **36** **유도전동기 권선법 중 맞지 않는 것은?**

① 고정자 권선은 단층 파권이다.
② 고정자 권선은 3상 권선이 쓰인다.
③ 소형 전동기는 보통 4극이다.
④ 홈 수는 24개 또는 36개이다.

해설 유도전동기의 고정자 권선
2층권(3상 권선 사용)이며, 소형은 4극, 홈수는 24개 또는 36개

문제 **37** **3상 동기기의 제동 권선의 역할은?**

① 난조 방지
② 효율 증가
③ 출력 증가
④ 역률 증가

해설 제동권선은 난조(떨림)를 방지한다.

문제 **38** **60[Hz], 20,000[kVA]의 발전기의 회전수가 900[rpm]이라면 이 발전기의 극수는 얼마인가?**

① 8극
② 12극
③ 14극
④ 16극

해설 동기속도 $N_s = \frac{120f}{P}$[rpm]에서 극수 $P = \frac{120f}{N_s} = \frac{120 \times 60}{900} = 8$극

문제 **39** **일반적으로 반도체의 저항값과 온도와의 관계가 바른 것은?**

① 저항값은 온도에 비례한다.
② 저항값은 온도에 반비례한다.
③ 저항값은 온도의 제곱에 반비례한다.
④ 저항값은 온도의 제곱에 비례한다.

해설 반도체 저항 $R \propto \frac{1}{\text{온도 } T}$(반비례), 도체(전선) 저항 $R \propto$ 온도 T(비례)

정답 35. ① 36. ① 37. ① 38. ① 39. ②

문제 **40**

출력에 대한 전부하 동손이 2[%], 철손이 1[%]인 변압기의 전부하 효율[%]은?

① 95 ② 96
③ 97 ④ 98

 변압기 전부하 효율 η

$$\eta = \frac{\text{출력 } P}{\text{출력 } P + \text{동손 } P_o + \text{철손 } P_i} \times 100[\%]$$

$$= \frac{\text{출력}1(100\%\text{값})}{1(100\%) + 0.02(2\%) + 0.01(1\%)} \times 100[\%] = 97[\%]$$

문제 **41**

전선과 기구 단자 접속시 나사를 덜 죄었을 경우 발생할 수 있는 위험과 거리가 먼 것은?

① 누전 ② 화재 위험
③ 과열 발생 ④ 저항 감소

 전선과 기구단자접속 접촉불량시 발생 영향

접촉불량시 문제점	영향(현상)
저항증가 및 전기스파크 발생	과열, 화재, 누전, 전파잡음 등 발생

문제 **42**

설치면적과 설치비용이 많이 들지만 가장 이상적이고 효과적인 진상용 콘덴서 설치 방법은?

① 수전단 모선에 설치 ② 수전단 모선과 부하 측에 분산하여 설치
③ 부하측에 분산하여 설치 ④ 가장 큰 부하 측에만 설치

 진상용 콘덴서 설치 방법

1) 수전단 모선에 설치
2) 수전단 모선과 부하측에 분산 설치
3) 부하측 분산 설치(가장 이상적)

문제 **43**

옥내배선에서 전선접속에 관한 사항으로 옳지 않은 것은?

① 전기저항을 증가시킨다.
② 전선의 강도를 20[%] 이상 감소시키지 않는다.
③ 접속슬리브, 전선접속기를 사용하여 접속한다.
④ 접속부분의 온도상승 값이 접속부 이외의 온도상승 값을 넘지 않도록 한다.

해설 전선 접속시 주의점

① 접속부분이 전기 부식이 일어나지 않을 것(슬리브, 접속기 사용)
② 전선 접속시 전선의 세기를 20[%] 이상 감소시키지 않을 것(80[%] 이상 유지)
③ 전선 접속시 전기저항값을 증가시키지 말 것
④ 접속부분은 절연물과 동등 이상의 절연효력이 있는 것으로 충분히 피복할 것

정답 40. ③ 41. ④ 42. ③ 43. ①

문제 **44** **다음 중 금속관 공사의 설명으로 잘못된 것은?**

① 교류회로는 1회로의 전선 전부를 동일관 내에 넣는 것을 원칙으로 한다.
② 교류회로에서 전선을 병렬로 사용하는 경우에는 관내에 전자적 불평형이 생기지 않도록 시설한다.
③ 금속관 내에서는 절대로 전선접속점을 만들지 않아야 한다.
④ 관의 두께는 콘크리트에 매입하는 경우 1[mm] 이상이어야 한다.

해설 금속관 공사

매설공사 구분	콘크리트 매설시	기타
사용금속관 두께	1.2[mm] 이상 사용	1.0[mm] 이상

문제 **45** **저압 개폐기를 생략하여도 무방한 개소는?**

① 부하전류를 끊거나 흐르게 할 필요가 있는 개소
② 인입구 기타 고장, 점검, 측정 수리 등에서 개로할 필요가 있는 개소
③ 퓨즈의 전원측으로 분기회로용 과전류차단기 이후의 퓨즈가 플러그 퓨즈와 같이 퓨즈 교환 시에 충전부에 접촉될 우려가 없을 경우
④ 퓨즈에 근접하여 설치한 개폐기인 경우의 퓨즈 전원측

해설 저압 개폐기 시설장소
1) 부하전류개폐를 필요로 하는 개소(장소)
2) 인입구에서 개로할 필요가 있는 개소(고장, 수리, 점검 때문에 설치)
3) 퓨즈 전원측 개소(퓨즈 교체시 감전사고방지 때문에 설치)

기출문제

문제 **46** **가공 인입선 중 수용장소의 인입선에서 분기하여 다른 수용장소의 인입구에 이르는 전선을 무엇이라 하는가?**

① 소주 인입선
② 연접 인입선
③ 본주 인입선
④ 인입간선

문제 **47** **금속전선관 공사에서 금속관과 접속함을 접속하는 경우 녹아웃 구멍이 금속관보다 클 때 사용하는 부품은?**

① 록너트(로크너트)
② 부싱
③ 새들
④ 링 리듀서

- 로크너트 : 금속관과 박스 연결 사용
- 부싱 : 전선의 절연 피복 보호용
- 새들 : 금속관을 고정시킬 때 사용
- 링 리듀서 : 박스의 녹아웃구멍이 금속관보다 클 때 사용

정답 **44.** ④ **45.** ③ **46.** ② **47.** ④

문제 **48**

전력용 콘덴서를 회로로부터 개방하였을 때 전하가 잔류함으로써 일어나는 위험의 방지와 재투입할 때 콘덴서에 걸리는 과전압의 방지를 위하여 무엇을 설치하는가?

① 직렬 리액터 ② 전력용 콘덴서
③ 방전 코일 ④ 피뢰기

해설 전력용 콘덴서 SC 설비의 부속기기

설비기기	전력용 콘덴서 SC	방전코일 DC	직렬리액터 SR
역할(용도)	부하의 역률개선	잔류전하방전시켜 감전방지	고조파제거하여 과전압방지

문제 **49**

과전류 차단기로 저압 전로에 사용하는 배선용 차단기는 정격전류 30[A] 이하일 때 정격전류의 1.25배 전류를 통한 경우 몇 분 안에 자동으로 동작되어야 하는가?

① 2 ② 10
③ 20 ④ 60

해설 배선용 차단기 → 정격전류의 1배의 전류에 견딜 것

정격전류	정격전류 1.25배인 경우	정격전류 2배인 경우
30 이하	★ 60분 이내 용단	2분 이내 용단
31~50 이하	60분 이내 용단	4분 이내 용단
51~100 이하	120분 이내 용단	6분 이내 용단

문제 **50**

자동화재탐지설비는 화재의 발생을 초기에 자동적으로 탐지하여 소방대상물의 관계자에게 화재의 발생을 통보해 주는 설비이다. 이러한 자동화재탐지설비의 구성요소가 아닌 것은?

① 수신기 ② 비상경보기
③ 발신기 ④ 중계기

해설 자동화재 탐지설비

구성요소	감지기	수신기	발신기	중계기
역 할	화재시 동작	화재시 관리자에 통보	화재신호를 보내는 장치	신호변환장치(수신기와 감지기사에 설치)

※ 비상경보설비 : 비상경보기(화재시 건물 내 사람들에게 알리는 장치)

문제 **51**

주택, 아파트, 사무실, 은행, 상점, 이발소, 미장원에서 사용하는 표준부하[VA/m²]는?

① 5 ② 10
③ 20 ④ 30

해설

	적용 대상 건물	표준부하밀도[VA/m²]
건물의 표준 부하	공장, 공회장, 사원, 교회, 극장, 영화관	10[VA/m²]
	기숙사, 여관, 호텔, 병원, 음식점, 다방	20[VA/m²]
	주택, 아파트, 사무실, 은행, 백화점, 상점, 이발소, 미장원★	30[VA/m²]

정답 48. ③ 49. ④ 50. ② 51. ④

문제 **52** **지중배전선로에서 케이블을 개폐기와 연결하는 몸체는?**

① 스틱형 접속단자 ② 엘보 커넥터
③ 절연 캡 ④ 접속 플러그

문제 **53** **전동기 과부하 보호장치에 해당되지 않는 것은?**

① 전동기용 퓨즈 ② 열동계전기
③ 전동기 보호용 배선용 차단기 ④ 전동기 기동장치

해설 전동기 과부하 보호장치 : 전동기용 퓨즈, 열동 계전기, 배선용 차단기

문제 **54** **옥내 배선의 은폐, 또는 건조하고 전개된 곳의 노출공사에 사용하는 애자는?**

① 현수 애자 ② 놉(노브) 애자
③ 장간 애자 ④ 구형 애자

 애자

애자종류	현수애자	장간애자	구형애자	놉애자
용도	66[kV] 이상에 사용	경간이 큰 장소	지선중간에 설치	옥내 노출공사용

문제 **55** **전주의 길이가 15[m] 이하인 경우 땅에 묻히는 깊이는 전장의 얼마 이상인가?**

① 1/8 이상 ② 1/6 이상
③ 1/4 이상 ④ 1/3 이상

해설 전주(지지물) 땅에 묻히는 깊이 : 전주의 길이(전장) ×1/6 이상

문제 **56** **플로어 덕트 공사에서 금속제 박스는 강판이 몇 [mm] 이상 되는 것을 사용하여야 하는가?**

① 2.0 ② 1.5
③ 1.2 ④ 1.0

해설 플로어 덕트 공사시 사용 강판의 두께는 2.0[mm] 이상일 것

문제 **57** **접착제를 사용하여 합성수지관을 삽입해 접속할 경우 관의 깊이는 합성수지관 외경의 최소 몇 배인가?**

① 0.8배 ② 1.2배
③ 1.5배 ④ 1.8배

기출문제

정답 52. ② 53. ④ 54. ② 55. ② 56. ① 57. ①

해설 합성수지관 상호 접속 방법 : 커플링 사용
관외경의 1.2배(접착제 사용시 0.8배) 이상 접속한다.

문제 58 **화약고 등의 위험장소의 배선 공사에서 전로의 대지전압은 몇 [V] 이하이어야 하는가?**

① 300 ② 400
③ 500 ④ 600

문제 59 **다음 중 옥내에 시설하는 저압 전로와 대지 사이의 절연저항 측정에 사용되는 계기는?**

① 멀티 테스터 ② 메거
③ 어스 테스터 ④ 훅 온 미터

계측기 종류	멀티테스터	어스테스터	메거 ★	훅 온 미터
측정값	전압, 전류, 저항	접지저항	절연저항	전류

문제 60 **가공전선로의 지지물을 지선으로 보강하여서는 안 되는 것은?**

① 목주 ② A종 철근콘크리트주
③ B종 철근콘크리트주 ④ 철탑

해설 철탑은 지선을 시설할 수 없다.

정답 58. ① 59. ② 60. ④

전기기능사 필기 값 28,000원

저 자 원 명 수
나 승 권
발행인 문 형 진

2018년 3월 30일 제1판 제1쇄 인쇄
2018년 4월 6일 제1판 제1쇄 발행

발행처 세 진 사

㊙02859 서울특별시 성북구 보문로 38 세진빌딩
TEL : 02)922-6371~3, 923-3422 / FAX : 02)927-2462
Homepage : www.sejinbook.com
〈등록. 1976. 9. 21 / 서울 제307-2009-22호〉